数值传热学实训

——NHT/CFD 原理与应用

（第二版）

宇 波 李敬法 孙东亮 邓雅军 编著

科 学 出 版 社

北 京

内 容 简 介

本书主要以陶文铨院士编著的《数值传热学》和《计算传热学的近代进展》部分章节为基础，并结合作者在数值传热学教学、科研中积累的心得体会编写而成。全书对数值传热学的重点知识进行归纳总结，设计了大量习题，并给出了详细的参考答案，以加深读者对数值传热学知识的理解。为了提高初学者应用数值传热学的能力，本书设计了一些典型的编程题并给出了部分编程题的参考程序，同时对数值传热学的编程、调程及应用经验进行了比较系统的总结。此外，为方便读者进行自主学习，本书配套了慕课线上学习内容。

本书可作为能源动力、石油化工等领域相关专业的数值传热学课程的参考用书，也可为高等院校和科研院所相关专业的研究生、工程技术人员和科研人员提供一定的参考。

图书在版编目（CIP）数据

数值传热学实训：NHT/CFD原理与应用/宇波等编著. —2版. —北京：科学出版社，2024.3

ISBN 978-7-03-062044-6

Ⅰ. ①数… Ⅱ. ①宇… Ⅲ. ①数值计算–应用–传热学 Ⅳ. ①TK124

中国版本图书馆CIP数据核字（2019）第163534号

责任编辑：万群霞 / 责任校对：王萌萌
责任印制：吴兆东 / 封面设计：无极书装

科学出版社 出版
北京东黄城根北街16号
邮政编码：100717
http://www.sciencep.com
北京富资园科技发展有限公司印刷
科学出版社发行 各地新华书店经销
*
2018年6月第 一 版 开本：787×1092 1/16
2024年3月第 二 版 印张：39 1/2
2024年7月第二次印刷 字数：942 000

定价：280.00元

（如有印装质量问题，我社负责调换）

第二版序

展现在笔者眼前电脑屏幕中的是宇波、李敬法、孙东亮、邓雅军四位教授编著的《数值传热学实训——NHT/CFD原理与应用》(第二版)[以下简称《实训》(第二版)]的电子文档。在仔细研读了文稿后，笔者感触良多，于是写下了下面这些文字，权作为受宇波教授邀请撰写的《实训》(第二版)的序。

根据笔者近60年的从教及40余年的编写教材的经历与感受，大凡较好的教材可以区分为两大类，一类教材对所属学科的知识点做了良好梳理，很有利于后来人进入这个学科，但缺少编者自己的心得体会，因此在培养学生的创新精神方面就稍微逊色；另一类教材则除了在梳理已有的知识点方面有独特的地方外，更加重要的是传授了编著者本人在这个领域的研究成果和体会。宇波教授等编著的《实训》(第二版)就是后者这样的教材。

首先在梳理现有的知识点方面仅以控制方程离散这个内容来说明。该书分别用4章来展开这个内容，即第4章正交结构化网格有限差分法，第5章正交结构化网格有限容积法，第9章贴体坐标有限容积法和SIMPLE算法，以及第10章非结构化网格有限容积法和SIMPLE算法。这样就全面地涵盖了多种不同情况下的控制方程的离散方法。而且由于这四章排列的顺序，读者可以先就较简单的第4章和第5章进行学习和教学，而把第9章和第10两章留待第二阶段的学习与教学之用。

在传授编著者本人的研究成果和体会方面该书尤其出色，其特点大致可以归纳为以下三方面。首先，该书介绍的IDEAL算法和VOSET方法就是该书第三作者孙东亮教授在笔者团队攻读博士学位时提出的，而且其后孙东亮教授又做了进一步发展，提出了相变的Sun模型。宇波教授的博士学位论文在格式的有界性及高阶有界格式的构建方面做出了创新性的工作，以后在同位网格的界面插值方面也有不少新作。其次，该书的大部分章节均有典型习题解析及编程实践这样两节，在题为“数值传热学调程和应用经验”的第17章做了系统的总结，很具特色，是目前各类中外CFD/NHT教材所没有的，这是非常可贵的材料，没有编著者本人大量的编程实践及所积累的资料，是无法写出这样的内容的。最后，即使在介绍现有的商用软件如OpenFOAM方面，该书也很有创意。这类图书坊间已有不少，但实际上一般只是商业软件的使用手册及使用案例的介绍，尽管这也是必需的，但缺少创新。该书则增加了Fluent与OpenFOAM的二次开发的内容，如OpenFOAM自定义求解器开发实例(16.5节)等，这样读者不仅能利用这种工具软件，而且培养了自己开发这类软件的能力。笔者一直认为，如果我们的高等教育只是使学生学会如何使用现有商业软件，我们的水平最多是二流，必须培养学生具备自己开发软件的能力，才能使建立具有自主知识产权的国产软件成为可能并能持续发展，该书就是一本这样的好教材。

笔者在宇波教授的专著《流动与传热数值计算——若干问题的研究与探讨》一书的序中曾对商业软件使用中的“泛化”现象表示忧心，目前这种现象还有进一步扩大的趋向，就连在不少著名的国际期刊上发表的文章中也时常出现诸如“动量方程采用二阶迎风格式离散”这样似是而非的文字表述，虽然文章的计算结果是正确的，但使计算结果与文章的部分内容成了“两张皮”。要克服这种不良的“两张皮”现象，我们需要有更多的像宇波教授研究组这样的在 NHT/CFD 方面辛勤耕耘、脚踏实地工作的团队。

在该书的内容简介中提到该书是以拙作《数值传热学》及《计算传热学的近代进展》为基础的，笔者衷心感谢《实训》的四位作者写出这样优秀的配合学习资料；其实该书不少章节内容超出了拙作的内容，完全可以独立使用。

陶文铨

西安交通大学教授

中国科学院院士

2024 年 1 月 6 日于西安

第一版序

笔者年少时喜欢逛老家的旧书店(摊)，经常见到一些流行书的序言上这样写道：目前坊间关于××××的书籍可谓汗牛充栋，唯……。当时年幼不理解“汗牛充栋”的真正意思，及至近年来，各种关于如何使用各类商业软件的书籍及培训班招生的兴旺火爆的景象，才对“汗牛充栋”这个成语有了比较深刻的理解。笔者这样写绝非对各类商业软件有任何不敬，也没有对讲解商业软件的书籍及培训班有任何菲薄之意，学会正确使用商业软件是快速求解工程问题、至少定性上得出正确结果的一种有效途径，是眼下大学工科教育不可或缺的内容，而且呈现目前这样兴旺火爆的景象也是几十年来广大数值计算的研究与使用人员努力的结果。但笔者的确对目前状态隐含的某些问题有些杞人忧天：如果我们培养的大学生甚至研究生，只会使用商业软件，而不会自己开发软件，特别考虑到目前广为使用的商业软件均是国外的产品，那么多年后我们国家的工程技术和研究人员的开发水平会是什么样子？不堪想象！

商业软件有很多的优点，不需要我来赘述，但商业软件在作为教育手段方面存在的问题却往往被忽略。笔者愿意和读者共享两个亲身的经历。第一件是2005年1月，一款著名的流动与传热商业软件的中国用户大会在沿海某城市召开，当时中国地区的负责人邀请我在会上就计算传热学的应用作报告，因此有幸见到时任该软件的总工程师。我当时就对他说:“作为大学教授希望刨根究底,你们能否把你们软件中的各种处理方法详细公开，我就会在课堂上介绍学生去用，不要光给出一个名字，有的名字连文献上都查不到，作为大学教授很不放心。”这位老总只是笑笑，不予回答。第二件事是在2017年3月，笔者有幸参加了在美国召开的一个学会的年会。该会议的第一个大会报告的汇报人是一个欧洲很著名的商业软件的开发人员，介绍了软件的功能及应用实例。报告完毕，笔者第一个提问，希望报告人说明他报告中一个例子的边界条件的具体数值处理方法，回答的结果也是不得要领。由此笔者深刻体会到商业软件的“商业”两个字是不能忘记的。

笔者目前仍然在西安交通大学开设数值传热学课程，也已经把商业软件的使用作为课程的一部分介绍，但始终要求学生既能使用商业软件，也需要理解数值方法的基本内容并具备开发程序的能力。正当我感到年迈力衰需要友军予以大力支持我的观点的时候，我见到了宇波、李敬法和孙东亮三位作者编著的《数值传热学实训》的初稿，笔者的眼睛顿时一亮，在进一步阅读了该书稿内容后更加确认这是一本好书。具体的内容读者自己会马上看到不用我细说，在这里仅举一例，此书的第10章是数值传热学的编程与调程，就十分独特。笔者一贯主张学习数值传热学要“明其全而析其微”，就是既要对数值方法在原理上有透彻的理解，又要知道具体实施的细节。我只是提出了这样的要求，但没有给出怎样做到“析其微”，该书的第10章描述了作者们的亲身体会，对读者学习如何实施数值方法必定很有帮助。

宇波教授和孙东亮教授在西安交通大学攻读博士学位时就对数值计算表现出很大的兴趣和很高的悟性，分别提出了 MSIMPLER/ECBC 算法及 IDEAL/VOSET 方法，参加工作后在从事教学过程中还继续孜孜不倦地进行研究与实践，并取得显著成绩，值得称道；特别可喜的是第二作者李敬法博士是宇波教授的学生，他的加入表明坚持发展算法和独立开发程序的精神已经传播到了年轻一代的学子；同时也要感谢科学出版社编辑的慧眼，为计算传热学界遴选了一本好书。

陶文铨

西安交通大学教授

中国科学院院士

2018 年 4 月识于西安交通大学建校 122 周年之际

第二版前言

传热与流动现象广泛存在于石油化工、能源动力、航空航天等诸多领域中，数值模拟是研究传热与流动过程的重要手段。长期以来，国际上应用较广的 NHT/CFD(数值传热学/计算流体力学)商业软件均为国外开发，我国自主知识产权的 NHT/CFD 通用软件尚处于发展阶段。目前，我国的传热与流动数值模拟大量依赖国外产品，已经对国家安全、国民经济造成潜在危害，成为关键“卡脖子”技术之一，这与我国科技的高速发展极不协调。科技自立自强是国家强盛之基、安全之要，是突破“卡脖子”技术的关键。党的二十大报告对加快实施创新驱动发展战略作出重要部署，要求“加快实现高水平科技自立自强”，以国家战略需求为导向，集聚力量进行原创性引领性科技攻关，坚决打赢关键核心技术攻坚战。为了让读者更容易地掌握 NHT/CFD 原理、培养独立开发程序的能力，进而助力开发具有我国自主知识产权的 NHT/CFD 通用软件，笔者决定对本书进行再版。

我国数值传热学开创者、西安交通大学陶文铨院士一贯主张学习数值传热学要“明其全而析其微”，既要透彻理解数值方法的原理，又要知道具体实施的细节。在这一思想的指引下，笔者对本书第一版内容进行了重新编排和大量扩充，以期读者能够更好地掌握 NHT/CFD 的原理及实施细节，具体章节安排详见 1.5 节。值得指出的是，本书第一版出版以来，笔者收到大量读者来信，建议增加多相流和 NHT/CFD 软件的内容。为了满足更多读者的需求，本书有针对性地增加了相应内容，说明如下：多相流动计算涉及内容众多，笔者学识有限，难以进行全面介绍，因此仅新增笔者擅长的“两相界面捕捉方法及相变模型”，对界面捕捉方法-VOSET 及其相应的相变模型进行详细介绍；在众多 NHT/CFD 软件中，Fluent 和 OpenFOAM 是应用较广泛的商业软件和开源软件，因此本书重点对这两款软件的基本使用和二次开发进行了简要介绍。同时，本书第 1～6 章还融入了第一版出版以来，笔者对有限容积法深度思考后的感悟和最新研究成果。此外，NHT 和 CFD 的基本原理存在很多相同点，且从广义上来说 NHT 是 CFD 的一个分支。为让更多读者受益，特将书名由《数值传热学实训》变更为《数值传热学实训——NHT/CFD 原理与应用》(第二版)。

全书共 17 章，由宇波、李敬法、孙东亮和邓雅军编写。其中，宇波编写第 1～6 章及附录，李敬法、宇波编写第 7 章、第 9～11 章和第 13～14 章，孙东亮编写第 8 章和第 12 章，邓雅军、孙东亮编写第 15 章和第 16 章，宇波、孙东亮编写第 17 章。全书由宇波统稿。能够完成本书，要感谢研究生焦开拓、陈宇杰、苏越、蒋卫鑫、张炜韬、朱跃强、李庭宇、石国赟、唐庆峰、张衡、卞瑞豪、路伟、翟庆伟和郑度奎等在资料收集、程序编写、图表绘制等方面提供的大量帮助，感谢王艺、韩东旭、王鹏、袁庆、付在国、禹国军等老师提供的宝贵意见。兰州交通大学王良璧教授、中国科学院大学倪明玖教授、同济大学李卓教授、中国石油大学(华东)巩亮教授、西安交通大学魏进家、屈治国和冀文涛教授认真审阅了本书，在此表示衷心的感谢！

最后，要衷心感谢西安交通大学陶文铨院士！本书作者均为陶文铨院士的弟子或再传弟子，本书的完成离不开先生一直以来的关心、支持和帮助！陶先生一直十分关注国产 NHT/CFD 工业软件的开发，在其帮助下凌空等人成立了西安数峰信息科技有限责任公司，通过完全自主研发形式，打破国外垄断，成功开发了基于多物理场的流动传热通用仿真软件——MHT。该软件具备强大的软件架构、灵活的接口与丰富的计算功能，旨在更加高效、方便地纳入最新数值计算方法，已成功应用于实际工程问题。期待在陶先生的指导下，MHT 软件能够日益发展成熟，在 NHT/CFD 领域占据一席之地，发出“中国声音”。

本书得到了国家自然科学基金项目(51936001, 52176150)的资助，在此深表谢意！

此外，为了帮助研究生新生更快地掌握数值传热学，笔者自 2012 年以来一直坚持在新生入学前的暑期开设为期一个月的数值传热学培训课程。经过多年实践，笔者发现该课程主要存在两点不足：一方面，每年讲授该课程需要授课教师持续投入大量的时间和精力；另一方面，课程内容相对集中，难以保证学生的学习效果。因此，为了减轻授课教师的工作量，并方便学生能够进行有效预习和复习，笔者及其同事韩东旭和王鹏决定引入慕课这一新的线上教学形式。通过 4 年多的准备，在本书出版之际，配套的慕课将在智慧树平台同步上线(https://coursehome.zhihuishu.com/courseHome/1000083245#teachTeam)，可扫描封底二维码进行观看。

由于笔者才疏学浅，书中及慕课中难免存在疏漏或不当之处，恳请读者不吝批评指正。

宇　波　李敬法　孙东亮　邓雅军

2023 年 12 月

yubobox@vip.163.com

cupljf@163.com

sundongliang@bipt.edu.cn

dengyajun2013@163.com

第一版前言

数值传热学是对描述流动与传热问题的控制方程采用数值方法，通过计算机予以求解的一门交叉学科，在探索未知领域、促进科技发展和保障国防安全等方面有着不可替代的作用。为方便广大科研工作者学习和掌握这一强有力的工具，西安交通大学陶文铨院士编写了《数值传热学》和《计算传热学的近代进展》两本著作。目前，国内很多高校均以这两本著作为教材开设了数值传热学的相关课程，这两本书的问世对促进我国数值传热学教学与科研工作的开展起到了非常重要的作用。

多年来，笔者在讲授数值传热学课程及培养研究生的过程中发现，由于数值传热学课程知识点较多且实践性很强，初学者掌握这门课程的难度较大，往往需要投入大量的时间和精力，这促使笔者不断思考如何才能帮助初学者更快地学习和掌握这门课程。陶文铨院士在传授数值传热学学习方法时曾强调“要学会游泳，就必须下水”，意思是只有通过实践训练才能真正掌握数值传热学课程。基于这一理念，笔者在深入学习《数值传热学》和《计算传热学的近代进展》部分章节的基础上，对数值传热学的重、难点知识进行了归纳总结。同时，为了加深读者对这些知识的理解，笔者对拙著《流动与传热数值计算——若干问题的研究与探讨》附录中给出的部分随堂测试题及新设计的习题进行了解析，同时对拙著附录中所给的编程训练题进行扩展和补充，最终形成了这本《数值传热学实训》。本书是《数值传热学》和《计算传热学的近代进展》这两本著作的补充学习材料，希望本书能帮助初学者更快地掌握数值传热学这门课程并能给相关研究人员带来一定的参考价值。

针对数值传热学知识点多、实践性强的特点，笔者在编写此书时着重考虑了以下几个方面。

(1) 重、难点知识的归纳总结。本书按照一定的逻辑对重、难点知识进行梳理，同时将相互关联的知识点进行总结和比较，通过归纳总结试图使初学者“既见树木，又见森林”，从而提高学习效率。

(2) 重、难点知识的习题训练。在数值传热学实践中，程序开发的成败往往取决于研究者对细节的理解程度。为了加深初学者对数值传热学知识细节上的理解，笔者设计了大量的习题并给出详细的参考答案。

(3) 典型问题的编程训练。为了方便初学者有针对性地开展编程训练，本书第 3～8 章设计了一些典型的编程题。另外，为了帮助初学者更快地掌握编程和调程方法并养成良好的编程风格，本书给出了 7 道代表性编程题的参考程序，详见附录说明。

(4) 编程和调程经验的总结。编程是一份艰苦、细致的工作，掌握一些编程和调程的方法可大幅度缩减程序开发的周期。本书总结了笔者的一些编程和调程经验，希望这些经验能使初学者在编程时事半功倍。

(5) 应用经验的总结。初学者在应用数值传热学解决流动与传热问题时常会面临诸多困惑，如选择什么样的湍流模型和对流离散格式等。对此本书总结了笔者多年来所积累的应用经验，以供参考。

全书共 11 章，由宇波、李敬法和孙东亮编写。其中，宇波编写第 1～4 章，孙东亮编写第 5 章，李敬法、宇波编写第 6～9 章，宇波、孙东亮编写第 10 章和第 11 章，全书由宇波统稿。能够完成本书，要感谢研究生曹志柱、邓雅军、袁庆、陈宇杰、邵倩倩、敖尚民、宁旭丹、杜世琦和齐亚强等在资料收集和程序编写方面提供的大量帮助；感谢研究生李岩岩、张琳、文硕、陈炳男和马渊博等在图表绘制方面提供的帮助；感谢王鹏、汪道兵、禹国军、王敏、张文华、章涛、向月、冯晓宇和张康鑫等对本书提出的宝贵建议。

最后，要衷心感谢西安交通大学陶文铨院士！本书作者宇波教授和孙东亮教授均师承陶文铨院士，正是陶文铨院士一直以来的谆谆教导才使笔者在数值传热学领域有所领悟，而他潜精研思的科研精神也鼓舞着笔者在数值传热学领域不断前行。本书完成之际正值陶文铨院士八十大寿，谨以此书献给陶文铨院士，祝先生松鹤同春、福寿康宁！

本书得到了国家重点研发计划项目(2016YFE0204200)和北京市属高校高水平教师队伍建设支持计划高水平创新团队建设计划项目(IDHT20170507)的资助，在此深表谢意！

由于笔者才疏学浅，书中难免存在疏漏或不当之处，恳请读者批评指正。

宇　波　李敬法　孙东亮

2018 年 3 月于北京石油化工学院

目　录

第1章　数值传热学简介

本章首先简介数值传热学的定义及其与计算流体力学的异同、数值传热学求解问题的基本步骤、几种常见的流动与传热数值离散方法、数值解的误差来源等重点和难点知识；然后给出数值传热学实训的内容设置；最后以两个工程实际问题为例介绍数学模型的建立过程及模型误差的来源。

1.1　数值传热学定义及常用数值方法

数值传热学(numerical heat transfer，NHT)采用数值计算方法对描述流动与传热问题的控制方程进行离散，借助计算机编程求解获得流场和温度场，进而分析得到求解对象传热规律的学科，也常称为计算传热学或流动与传热数值计算。本义上讲，计算流体力学(computational fluid dynamics，CFD)是采用数值计算方法通过计算机求解流体力学控制方程，得到流场定量描述的学科。数值传热学与计算流体力学的相同点在于两者都是采用数值计算方法求解物理问题的学科，不同点主要体现在研究内容的侧重点和应用场合。前者侧重于对流换热等问题的研究，主要应用于电子元件的冷却、换热器的性能分析与设计等与传热密切相关的领域；而后者侧重于外部绕流和激波等问题的研究，主要应用于飞行器和汽车外形设计等与空气动力学相关的领域。广义上，计算流体力学包罗万象，如传热传质、化学反应和燃烧等过程的数值模拟都属于其范畴。从这个层面讲，数值传热学是计算流体力学的一个分支。

数值传热学常用的数值方法有有限差分法、有限容积法、有限元法、边界元法和谱方法。表 1.1 对比了这些方法的原理与计算性能。这些方法中，有限容积法能较好地保证在任何大小的子区域内，各物理量的通量总是守恒且具有明确的物理意义。虽然与其他方法相比，有限容积法难以实现高阶精度，一般只有二阶精度，但能满足绝大多数工程实际问题的需求。此外，与其他离散方法相比，有限容积法具有形式简单、计算速度较快、适应性强等优点。由于其优异的综合性能，有限容积法成为目前工程实际中应用最广泛和最有效的解决流动与传热问题的数值离散方法，也是商业软件中采用最多的方法。

表 1.1　数值传热常用数值方法对比

	有限差分法	有限容积法	有限元法	边界元法	谱方法
原理	差商代替微商	控制容积积分	变分与加权余量	加权余量降维	有限级数代替
离散形式	简单	简单	复杂	复杂	复杂
物理意义	不明确	明确	不明确	不明确	不明确
离散精度	由低到高可控	精度一般为二阶	精度较高	精度较高	精度高

续表

	有限差分法	有限容积法	有限元法	边界元法	谱方法
计算速度	较快	较快	一般	快	快
迭代收敛性	较好	好	较差	一般	较好
适应性	多用于简单区域	简单与复杂区域	简单与复杂区域	简单与复杂区域*	周期性区域*

*仅适用于特定的流动与传热问题，应用受限。

研究流动与传热问题的方法主要有分析传热学、实验传热学和数值传热学。

分析传热学的优点是可以通过函数关系定量地反映各个参数之间的关系，其经济性和可靠性好，缺点是仅适用于简单问题。

实验传热学主要的优点在于对大多数问题均适用，得到的数据通常是真实可靠的，不足之处：①实验测试周期一般较长、成本高；②全尺寸实验通常难以实现，模型实验结果推广到原型存在误差；③影响物理问题的各因素难以分离；④测试点有限，物理场数据不完备；⑤由于危险性、实验条件、测量技术、测量空间等因素限制，某些实验不易开展，在一些极端条件下甚至无法开展。

数值传热学的优点：①周期一般较短、成本低；②较容易直接对原型进行全尺寸数值模拟；③由于影响物理问题的各因素容易控制与分离，且得到物理场的时空数据详尽完备，分析和揭示流动与传热规律更容易；④可替代具有危险性或不可能进行的实验。然而，数值模拟是在给定的条件下采用计算机进行的数值实验，也存在一定的局限性并面临一些问题：①针对如多相流传热等机理尚未完全揭示的物理问题，数值计算的模型误差会很大，计算结果不准确甚至完全失真；②数值计算方法理论发展还不完善，对非线性方程还没有严格的稳定性分析、误差估计和收敛性证明；③由于计算机运行速度和容量的限制，对高雷诺数湍流流动和传热等问题，网格尺度不能达到湍流的最小尺度，尚无法直接求解；④计算结果的可靠性与建模中的简化和假设密切相关，其正确性需要通过实验来验证。

由上可见，三种方法各有所长。将它们相辅相成地应用起来，可以起到相得益彰的作用。随着更高效、准确和健壮的数值计算方法与性能越来越强的计算设备的发展，数值传热学作为一种有效和经济的方法，将在解决流动与传热问题方面发挥越来越大的作用。数值传热学的主要发展方向：①发展高效、稳定、准确的计算方法；②研究揭示湍流、多相流等复杂流动传热机理；③与其他学科交叉，解决流场、温度场、应力场和浓度场等多场耦合的复杂流动与传热工程实际问题。

1.2 数值传热学求解问题的流程

数值传热学求解流动与传热问题的流程见图 1.1，主要包括 6 个基本步骤。

步骤 1 和步骤 2 针对物理问题建立数学模型(简称建模)，建模分为两个过程：一是对物理问题进行分析和简化，找出影响该物理问题的主要因素，在保证满足工程实际需要的情况下，尽可能忽略次要因素的影响；二是基于质量守恒、动量守恒和能量守恒等原理，建立起描述简化物理问题的控制方程和定解条件，其中定解条件包括模型参数(计算区域几何参数、物性参数、模型常数)、初始条件和边界条件。如何建立控制方程在流体力学和传热学课程中已经介绍；譬如这两门课推导了傅里叶导热方程、不可压缩牛顿流体的连续性方程和动量方程等。数学模型的建立分为如下两种情况。

(1)对于傅里叶导热和不可压缩牛顿流体对流换热等问题，直接应用教科书中给出的已得到公认的控制方程；此时数学建模的主要工作是针对所研究问题的具体情况和特点，采用教科书中的方程，或对方程进行进一步简化(如充分发展矩形截面管道流动的动量方程可以简化为一个扩散型方程)并确定定解条件。

(2)对于复杂流动传热问题(如多相流等)，可采用以下三种方式进行建模：在已有模型中选择相对合适的直接使用、对已有模型进行改进后使用和建立全新的数学模型。值得指出的是，对于同一物理问题根据不同的研究目的进行不同的简化，会得到不同的数学模型，数值传热学中常见的数学模型见第 2 章。数学模型建立后，即可按照流程图中接下来的步骤进行数值求解。

步骤 3～步骤 5 是数值传热学求解问题的核心流程，该过程将数学模型在计算区域上离散并求解，简称求解。其基本思想是把空间和时间域上连续的物理场，用有限个离散节点上的物理变量值的集合来替代，通过一定的原则和方式对控制方程和边界条件进行离散，建立起离散节点上物理变量值之间关系的代数方程组，然后求解所建立的代数方程组，获得物理变量的近似值。各步骤简要说明如下：计算区域的离散也称网格生成(步骤 3)包括对时间域(对瞬态问题)和空间域的离散，由于时间域的离散相对简单，计算区域的离散通常指的是空间域的离散。通过该步骤，连续的空间域被划分为离散子区域的集合，连续的空间由众多离散的节点来替代。控制方程和边界条件的离散(步骤 4)是指通过一定的原则和方式(离散方法和格式)，将计算区域上连续的微分方程/积分方程，近似成众多离散节点上物理变量值之间关系的封闭代数方程组。通过该步骤，连续的微分方程/积分方程被离散的代数方程组替代。离散方程组的求解(步骤 5)是指采用直接法或迭代法求解离散方程组得到待求物理量的数值解。离散方程组是原连续的微分/积分方程在离散空间上的近似，其解近似原方程真解的程度与网格的疏密密切相关：通常在稀疏的网格下，数值解的近似程度差，与原方程的真解偏差较大；随着网格的加密，二者的偏差逐步减小。因此得到数值解后，需要评估网格密度对结果的影响。通常通过对比不同疏密的几套网格对应的数值解，来确定数值结果的可靠性。加密网格到一定程度，数值解基本不再随网格加密而变化时的解，称为网格无关解。数值计算中一般要对网格的影响进行考核，并将网格无关解作为最终的计算结果。

对一般的工程问题，通常取多套相差较大的网格(一般相邻两套网格中密网格在各个方向的网格数为粗网格的 2 倍)进行计算，当其中一套网格与最密网格计算所得特征物理量(如平均努塞特数、最大努塞特数、平均阻力系数、最大阻力系数、最大流速等)的相对偏差小于 5%，物理量的等值线或等值面吻合较好时，就可以认为该网格所获得的解是网格无关的解。在研究对精度要求较高的工程问题或流动与传热机理问题时，一般要求两套网格得到的特征物理量的相对偏差小于 1%，甚至更小，此时物理量的局部细节特征相同，等值线或等值面基本重合。对于复杂工程问题，特别是三维问题，受计算机性能等因素限制，难以保证相邻两套网格中密网格在各个方向的网格数为粗网格的 2 倍，此时相邻两套网格数相差较少，可采用网格收敛指数(见 13.2 节)来判定是否获得了网格无关解。

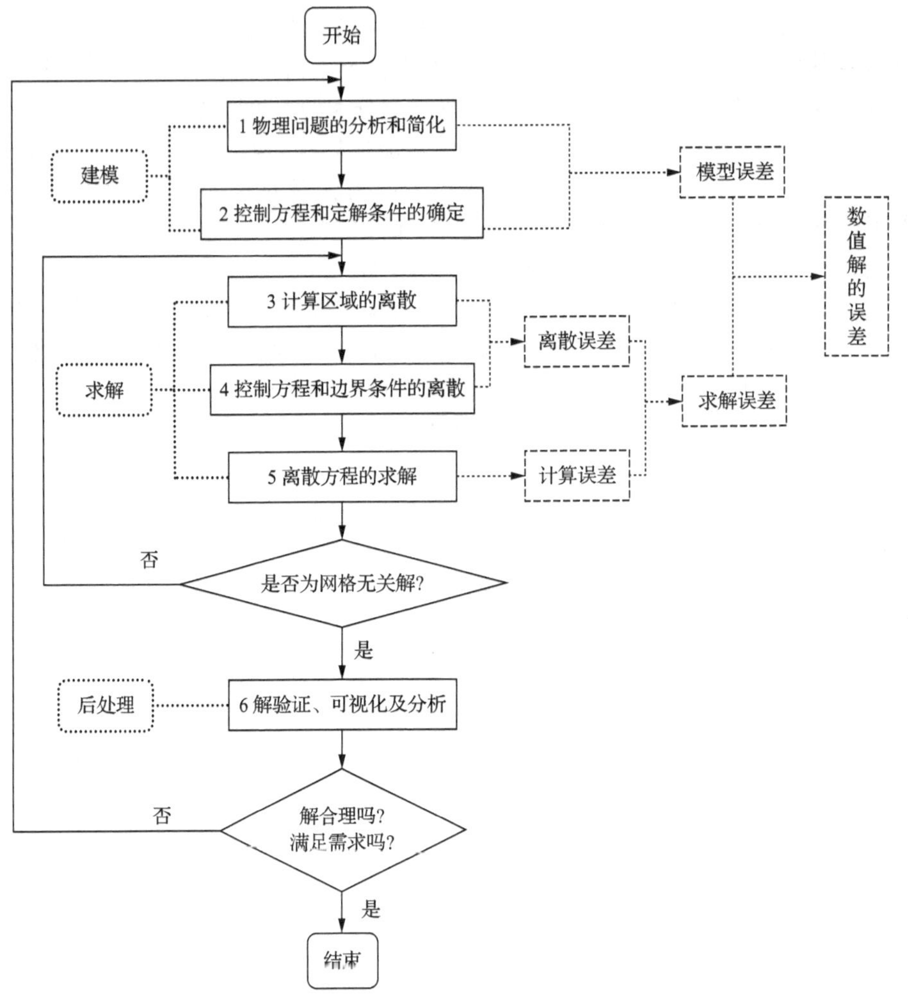

图 1.1 数值传热学求解问题的流程及数值解的误差

步骤 6 为数值解的解验证、可视化及分析，简称后处理。解的可视化是指为有效地观察和分析计算机输出的大量数据，对它们进行的图形化处理以实现计算结果的直观化的过程。解验证是指通过将数值解与分析解或/和实验解等可靠数据进行对比，以判断数值解是否合理、是否满足研究或/和工程实际要求的过程。当数值解不合理或者达不到要求时，须对物理问题进行再分析，改进模型甚至全盘否定、重新建模；当数值解可接受时，则对数值解中包含的信息和规律进行分析或/和应用，以达到预期目标。

1.3 数值解的误差

数值计算结果的可靠性取决于数值解误差的大小。数值解的误差η为计算机求解得到的数值解ϕ_c和物理问题真实解ϕ_r之间的偏差，即$\eta=\phi_r-\phi_c$。分析图 1.1 中数值传热学求解问题的流程，可知数值解的误差由模型误差η_m和求解误差η_s组成，即$\eta=\eta_m+\eta_s$。

模型误差η_m为数学模型精确解ϕ_m与实际物理问题真解ϕ_r之间的偏差，即$\eta_m=\phi_r-$

ϕ_m。其中数学模型为对物理问题进行简化得到的数学描述，即控制方程与定解条件。模型误差的大小与求解物理问题时所做的简化有关，主要来源于以下 5 个方面。

(1) 时空维度的简化，如速度、温度等物理场随时间变化很小时，将非稳态问题简化为稳态问题；将周向变化可以忽略的问题简化为轴对称问题。

(2) 物性参数的简化，如将物性变化较小的变物性问题当作常物性问题处理。

(3) 内在影响因素，如忽略微小内热源和黏性耗散等因素对传热的影响。

(4) 外部影响因素的简化，如忽略太阳辐射的影响，忽略周围空气的波动与非均匀性，忽略重力、电场力、磁场力等作用力对流动的影响。

(5) 对控制方程和定解条件所做出的其他因素假设和简化。

求解误差 η_s 是计算机实际求得的离散方程数值解 ϕ_c 与数学模型精确解 ϕ_m 之间的偏差，即 $\eta_s = \phi_m - \phi_c$。求解误差由离散误差 η_d 和计算误差 η_c 组成，即 $\eta_s = \eta_d + \eta_c$。

离散误差 η_d 为离散方程精确解 ϕ_d 和数学模型精确解 ϕ_m 之间的偏差，即 $\eta_d = \phi_m - \phi_d$。离散误差越小，离散精度越高。离散误差来源：①计算区域的离散；②控制方程和边界条件的离散。前者与计算区域的网格数目、网格的正交性及其疏密分布密切相关；后者取决于截断误差(离散方程与控制方程、边界条件方程的差)。计算误差 η_c 为离散方程精确解 ϕ_d 与计算机实际求得的离散方程数值解 ϕ_c 之间的偏差，即 $\eta_c = \phi_d - \phi_c$。计算误差由舍入误差和迭代计算不完全误差组成。前者是由浮点运算引起的，与计算机字长有关；后者与迭代法收敛标准的设置有关。

要计算这些误差，需要先确定 $\phi_r, \phi_m, \phi_d, \phi_c$。显然由于测量精度等因素，物理问题的真解 ϕ_r 是不可知的；由于物理问题的非线性，数学模型精确解 ϕ_m 往往也不易得；由于舍入误差和计算机字长等因素，ϕ_d 也不可得；只有 ϕ_c 通过计算机求解可确定。ϕ_r, ϕ_m, ϕ_d 取值建议采用满足问题需求的近似值来代替：如 ϕ_r 取为物理问题的实验或试验的测试结果 ϕ_e，即 $\phi_r \approx \phi_e$，这种近似的可靠性取决于测量的精度。ϕ_m 可取为网格无关解 ϕ_g，即 $\phi_m \approx \phi_g$。ϕ_d 取为采用计算机求解时将收敛标准设置得更严格、数据类型精度设置得更高时得到的解 ϕ_c'，即 $\phi_d \approx \phi_c'$。于是 η_m, η_d, η_c 分别由以下 3 个式子近似确定：$\eta_m = \phi_r - \phi_m \approx \phi_e - \phi_g, \eta_d = \phi_m - \phi_d \approx \phi_g - \phi_c', \eta_c = \phi_d - \phi_c \approx \phi_c' - \phi_c$。

从上述的分析可知，减少数值解的误差，需要从模型误差和求解误差两方面着手。数值解与网格无关时才有意义，因此数值解的误差通常指的是网格无关解的误差。为节省计算资源和时间，网格规模的确定应综合考虑模型误差的大小和量级。当模型误差较大时，一味地加密网格以减小求解误差对提高数值解的精度没有意义。值得指出的是，由于真解和精确解往往不可知，常常把误差称作偏差，也就是 η_m, η_d, η_c 分别称作模型偏差、离散偏差和计算偏差。

1.4　自主编程、商业软件和开源软件

自主编程、商业软件和开源软件是数值求解流动与传热问题常用的三种手段。研究者应综合考虑研究基础、自身数值计算背景、问题复杂程度和时间要求等因素选择合适的研究手段。下面对三种研究手段及其优缺点进行简要介绍。

自主编程的优点是容易对模型和算法进行改进，并根据自身需要对程序进行扩展，

该方法可操作性强。对于研究问题相对简单，侧重于新模型、新算法开发的研究者来说，自主编程是最好的选择。但自主编程要求研究者对物理问题、数值计算方法和编程语言等均有较深入了解。对于多相流、燃烧和化学反应等复杂工程问题，网格生成和方程离散的过程均很复杂，编程难度很大，编程和调程的周期会很长，此时可采用软件进行求解。从笔者在科学研究和研究生培养方面的经验来看，自主开发一些小型程序对理解并深入掌握软件的使用是十分有益的。

商业软件是指作为商品进行交易的软件。商业软件的优势在于拥有友好的图形用户界面和丰富的帮助文档，而且程序的稳定性较好，用户使用简单方便。但由于商业软件代码是封闭的，用户很难知道程序中模型和算法及其实施的具体细节，只能通过用户自定义函数(user-defined functions, UDF)来进行有限的扩展，难以对算法或者模型进行较大改进。对侧重于工程应用、不太关心模型和算法开发的研究者来说，商业软件是最好的选择。在流动与传热数值计算领域常用的商业软件有 ANSYS Fluent、STAR-CCM+、COMSOL Multiphysics、STAR-CD、CFX、PHOENICS 等。其中，ANSYS Fluent 是目前应用于模拟和分析复杂几何区域内的流体流动与传热现象最广泛的商业软件。它基于“CFD 计算机软件群的概念”设计，针对每一种流动与传热物理问题的具体特点，采用适合的数值解法，在计算速度、稳定性和精度等各方面均能达到较佳的效果。此外，其还拥有十分灵活的非结构化网格和强大的物理建模功能，在传热与相变、化学反应与燃烧、多相流、旋转机械、航空航天、石油天然气和涡轮机设计等方面都有着广泛的应用。

开源软件是指源代码开放且可以被公众无偿使用的软件。由于开源软件的开放性，用户可以很容易地获知模型和算法的一切细节，因而可以进行任意的扩展。因此，对于需要开发新模型和新算法，同时又不想从头开发程序的研究者，开源软件是一个好的选择。不过，开源软件一般没有图形用户界面，帮助文档较少，入门比较困难。目前在流动与传热数值模拟领域常用的开源软件有 OpenFOAM、SU2、MFiX 等，其中 OpenFOAM 的应用最为广泛。OpenFOAM 是一款采用 C++语言开发的面向对象的通用开源软件，采用有限容积法求解，支持任意多面体网格，可以处理复杂的几何形状。OpenFOAM 的核心在于采用了运算符重载技术，通过对偏微分方程算子进行加减操作就可以方便地将复杂偏微分方程离散为代数方程组，因此用户无需手动对方程进行离散，只需要选择相应的离散格式即可，这极大提高了编程效率，降低了编程难度。例如，采用 OpenFOAM 求解动量方程的代码可写为

```
solve
(
  fvm::ddt(rho,U)
+ fvm::div(phi,U)
- fvm::laplacian(mu,U)
==
- fvc::grad(p)
);
```

1.5　数值传热学实训的内容设置

《数值传热学实训——NHT/CFD 原理与应用》(第二版)是一本辅助教材，选材主要来源于《数值传热学》《计算传热学的近代进展》、ANSYS Fluent 软件和 OpenFOAM 软件说明书以及笔者的教研成果。

数值传热学是一门交叉学科，不少读者在学习之初很迷茫、很困惑，感到很难。笔者通过多年的学习和教学，发现问题在于数值传热学的知识点多而杂，关系不容易理顺。为帮助读者厘清这些知识之间的关系，下面介绍本教材的研究对象、内容设置和学习建议。建议读者在学习的过程中常回顾这部分，相信这对理清学习头绪会有较大帮助。

数值传热学的应用范围很广，即使不考虑传质和化学反应等因素，只考虑流动与传热过程，其研究的问题范围也很大，如图 1.2 所示。限于篇幅、笔者的学识和精力等因素，本书的研究对象仅限于图 1.2 中虚线框，即傅里叶导热问题、不可压缩牛顿流体流动与换热问题、气液两相流动与换热问题、傅里叶导热和不可压缩流体对流换热的耦合问题。

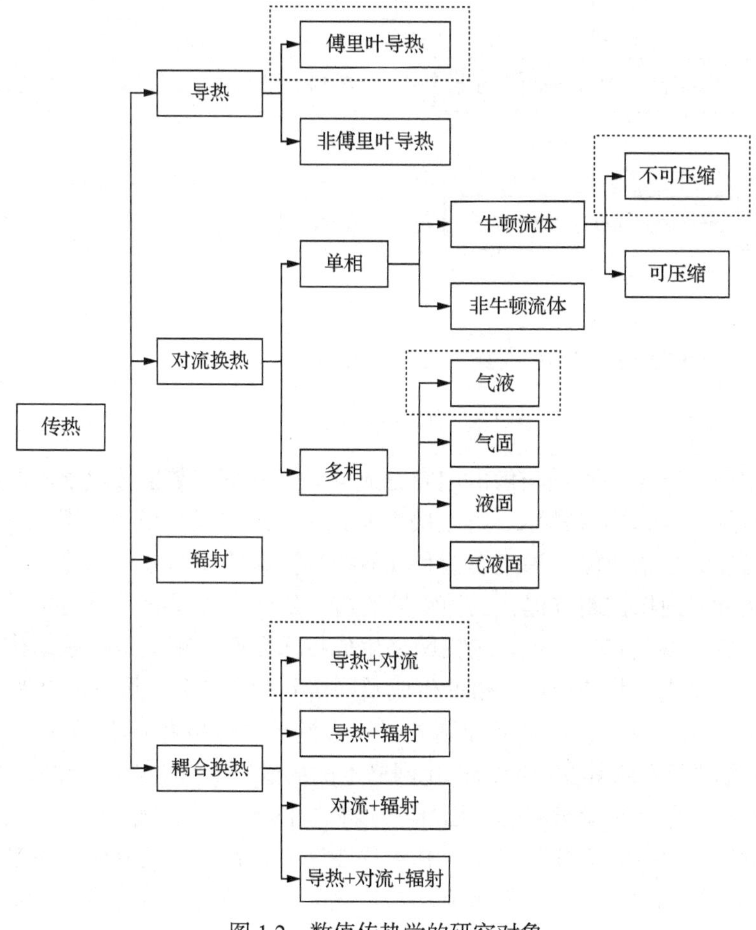

图 1.2　数值传热学的研究对象

本书既重视数值传热学基本原理的理解，也重视其应用。全书共 17 章，分成五部分，如图 1.3 所示。第一部分(第 1 章)，简要介绍数值传热学求解问题的基本思想、方法和工具。第二部分(第 2～14 章)介绍基本原理、解的验证与分析和计算结果的后处理。第三部分(第 15 章)简要介绍商业软件 ANSYS Fluent 的基本操作流程、用户自定义函数(UDF)和基于 UDF 的模型开发。第四部分(第 16 章)简要介绍 OpenFOAM 软件的常用类与求解器及用户自定义求解器的开发。第五部分(第 17 章)，介绍笔者在学习、研究和应用数值传热学时积累的一些经验。

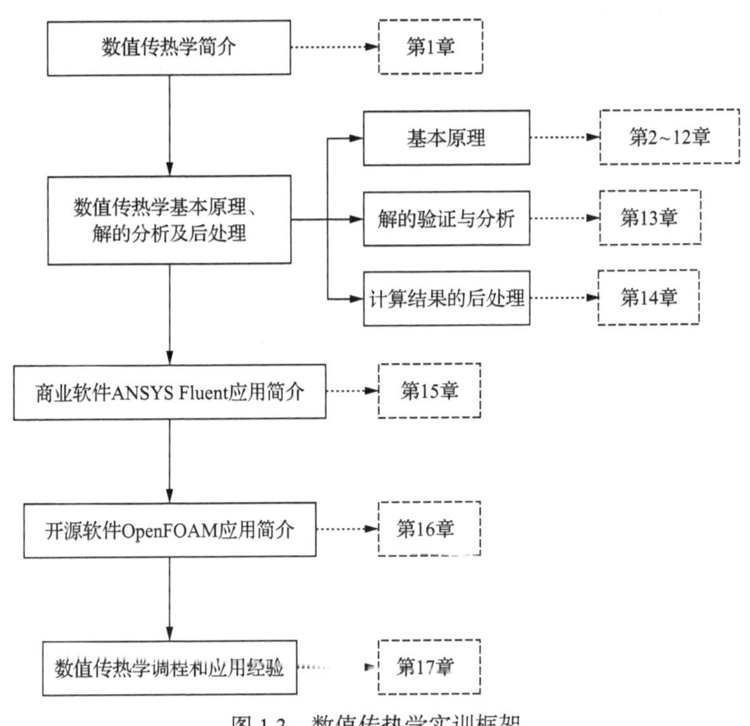

图 1.3　数值传热学实训框架

基本原理(第 2～12 章)所讲解的内容分成 4 块，正好与数值传热学求解问题的步骤 2～步骤 5 相对应，如图 1.4 所示。第 1 块主要介绍控制方程的相关知识，主要包括傅里叶导热、不可压缩牛顿流体、湍流模型和气液两相流动的控制方程，控制方程的类型、性质和适用条件、通用控制方程、三种常见的边界条件及方程的无量纲化等。第 2 块主要介绍网格生成的相关知识，主要包括网格生成技术概况、正交坐标系结构化网格的生成、贴体坐标的生成、非结构化网格的生成及网格元素的计算。第 3 块主要介绍控制方程离散的相关知识，主要包括离散控制方程和边界条件的两种方法(重点介绍有限容积法，对有限差分法只介绍其在正交结构化网格下的离散)和离散方程的性质。第 4 块介绍离散方程的求解，包括单变量问题和压强-速度耦合的多变量问题。

本书的章节并没有完全按照图 1.4 中 4 块顺序来设置，而是遵循先简单后复杂的原则来设置。在第 2～8 章中，针对简单流动与传热问题来阐述数值传热学求解问题的基本思想和方法，讲解规则区域结构化网格系统下，傅里叶导热和不可压缩牛顿流体流动和换热方程的有限差分与有限容积离散、离散方程的性质、单变量与多变量离散方程的求解等问题。第 9～12 章与前述内容相比，差异在于所涉及的问题更为复杂，第 9 章和第 10 章体现为计算区域更复杂，第 11 章和第 12 章体现为控制方程及边界条件复杂化。第 9～13 章主要讲解由于问题变得复杂后，各自出现的新问题及相应的解决方法。

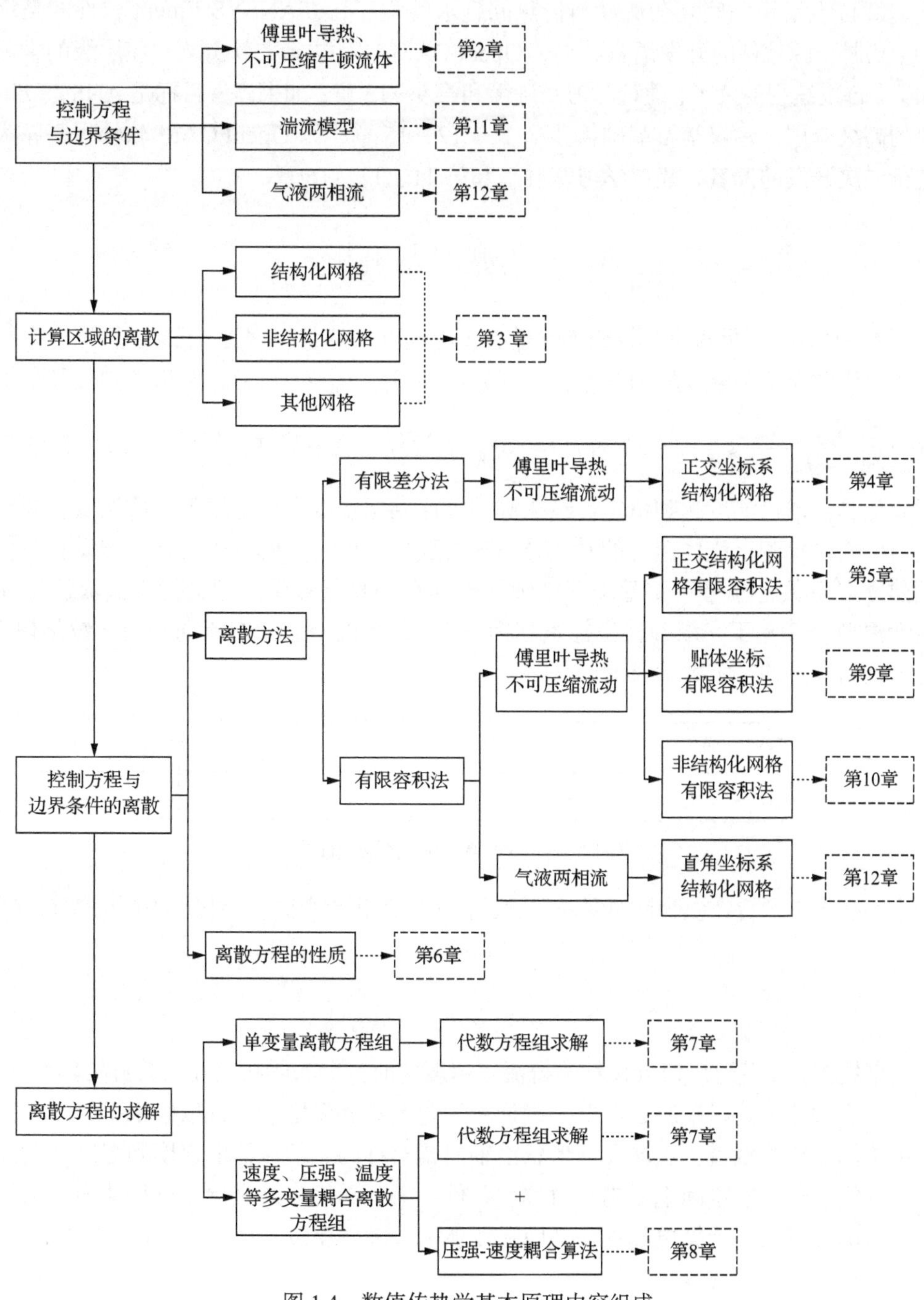

图 1.4　数值传热学基本原理内容组成

根据基本原理内容的设置特点和读者的不同需求，本书的学习可划分为两个层级：基础篇和进阶篇。基础篇要求：①了解数值传热学的基本原理和方法；②自主编写一些简单的程序求解简单的流动与传热问题；③掌握 ANSYS Fluent 软件的初级应用。该层级建议学习第 1～8 章、第 15 章和第 17 章。进阶篇要求：①掌握数值传热学的基本原理和方法；②自主编写一些复杂流动与传热问题求解程序；③ANSYS Fluent 软件的高级应用；④掌握开源软件的开发语言，能对 OpenFOAM 软件进行二次开发。该层级的学习建议如下：自主编程的读者，建议学习基础篇和第 9～13 章；如果读者目标是 ANSYS Fluent 软件的高级应用，建议学习基础篇和第 11、12、15 章；以 OpenFOAM 软件程序库为基础进行二次开发的读者，建议学习基础篇和第 11、12、16 章。

1.6　典型习题解析

例 1　如图 1.5 所示为一管壁均匀敷有石墨烯电加热膜的钢管。已知：管道入口某牛顿流体介质的流速和温度均匀分布，分别为 u_{in} 和 T_{in}（$u_{\text{in}}<2\text{m/s}$）；管道的内外径分别为 d_{in} 和 $d_{\text{out}}\left(\dfrac{d_{\text{out}}-d_{\text{in}}}{d_{\text{out}}}\ll 1\right)$，长度为 $l\,(l\gg d_{\text{out}})$；管外包裹绝热性很好的保温层，管道经过长时间加热，出口温度达到恒定。经探测管外保温层温度和保温层外介质温度相同，在管道出口处探针测得流体速度的时空分布随机变化。试对该问题进行合理假设和简化，分别建立以下数学模型：①基于三维圆柱坐标系和直接数值模拟的管内湍流流动和换热数学模型；②基于二维圆柱坐标系和标准 k-ε 湍流模型的管内流动和换热数学模型；③管内流动换热的一维数学模型。

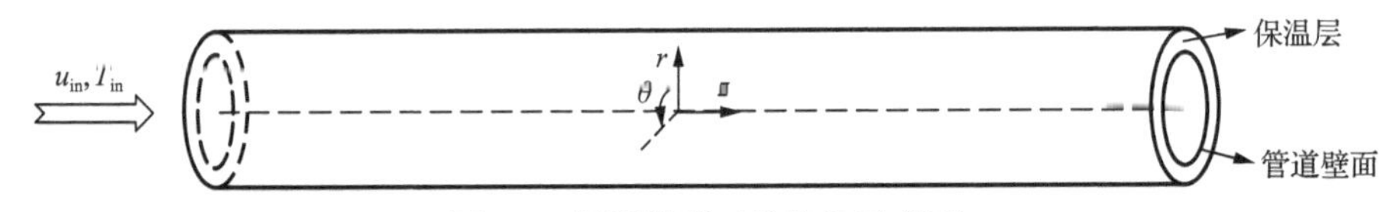

图 1.5　保温管道对流换热示意图

【解析】本题旨在说明针对同一问题进行不同简化会得到复杂程度不同的控制方程。

1. 三维模型

1）计算区域和坐标系

根据题意，在管道出口处探针测得流体速度的时空分布随机变化，说明流动为湍流。研究圆管内湍流换热机理时，需要准确计算管内流场和温度场，选取整根钢管为研究对象。由于圆管内为湍流，虽然几何形状沿轴向是对称的，但流体的速度和温度在时间和空间上随机变化，在空间上不满足对称性条件，必须采用三维坐标系进行建模。由于流体区域是圆柱形的，为简单起见，采用圆柱坐标系进行建模。

2）物理过程的假设与简化

（1）研究介质的流速比较小，可以视为不可压缩流体。在流动过程中，介质的温升较小，其热物性如黏度和比热容等变化较小，可以假设成常物性问题。

(2) 钢的导热系数很大，管壁很薄，忽略管壁的厚度，假设管道内外壁温度相同。

(3) 圆管外壁采用均匀敷设的石墨烯电加热膜加热，管外包裹绝热性很好的保温层，管道经过长时间加热，测得保温层内温度和保温层外介质温度相同，这说明保温层效果好，不向外界环境散热，可将圆管内壁面近似为恒热流边界条件。

(4) 管长远大于管径，管道出口处流体流动可假设为充分发展流动。

(5) 由于管径比较小，重力对流场的相对压强驱动影响小，可以忽略不计。

3) 控制方程

从上述假设可以看出，研究对象为不可压缩常物性牛顿流体，其三维圆柱坐标系下的控制方程非常成熟，无需自己建模，可直接应用文献中公认的控制方程，如下所示。

(1) 连续性方程。

$$\frac{\partial(\rho r u_r)}{r\partial r}+\frac{\partial(\rho u_\theta)}{r\partial\theta}+\frac{\partial(\rho u_z)}{\partial z}=0 \tag{1.1}$$

(2) 动量方程。

z 方向动量方程：

$$\begin{aligned}&\frac{\partial(\rho u_z)}{\partial t}+\frac{\partial(\rho r u_r u_z)}{r\partial r}+\frac{\partial(\rho u_\theta u_z)}{r\partial\theta}+\frac{\partial(\rho u_z u_z)}{\partial z}\\&=-\frac{\partial p}{\partial z}+\frac{\partial}{r\partial r}\left(r\mu\frac{\partial u_z}{\partial r}\right)+\frac{\partial}{r\partial\theta}\left(\mu\frac{\partial u_z}{r\partial\theta}\right)+\frac{\partial}{\partial z}\left(\mu\frac{\partial u_z}{\partial z}\right)\end{aligned} \tag{1.2}$$

r 方向动量方程：

$$\begin{aligned}&\frac{\partial(\rho u_r)}{\partial t}+\frac{\partial(\rho r u_r u_r)}{r\partial r}+\frac{\partial(\rho u_\theta u_r)}{r\partial\theta}+\frac{\partial(\rho u_z u_r)}{\partial z}\\&=-\frac{\partial p}{\partial r}+\frac{\partial}{r\partial r}\left(r\mu\frac{\partial u_r}{\partial r}\right)+\frac{\partial}{r\partial\theta}\left(\mu\frac{\partial u_r}{r\partial\theta}\right)+\frac{\partial}{\partial z}\left(\mu\frac{\partial u_r}{\partial z}\right)\\&+\frac{\rho u_\theta^2}{r}-\frac{\mu u_r}{r^2}-\frac{2\mu}{r^2}\frac{\partial u_\theta}{\partial\theta}\end{aligned} \tag{1.3}$$

θ 方向动量方程：

$$\begin{aligned}&\frac{\partial(\rho u_\theta)}{\partial t}+\frac{\partial(\rho r u_r u_\theta)}{r\partial r}+\frac{\partial(\rho u_\theta u_\theta)}{r\partial\theta}+\frac{\partial(\rho u_z u_\theta)}{\partial z}\\&=-\frac{\partial p}{r\partial\theta}+\frac{\partial}{r\partial r}\left(r\mu\frac{\partial u_\theta}{\partial r}\right)+\frac{\partial}{r\partial\theta}\left(\mu\frac{\partial u_\theta}{r\partial\theta}\right)+\frac{\partial}{\partial z}\left(\mu\frac{\partial u_\theta}{\partial z}\right)\\&-\frac{\rho u_r u_\theta}{r}-\frac{\mu u_\theta}{r^2}+\frac{2\mu}{r^2}\frac{\partial u_r}{\partial\theta}\end{aligned} \tag{1.4}$$

(3) 能量方程。

$$\frac{\partial(\rho c_p T)}{\partial t}+\frac{\partial(\rho c_p r u_r T)}{r\partial r}+\frac{\partial(\rho c_p u_\theta T)}{r\partial\theta}+\frac{\partial(\rho c_p u_z T)}{\partial z}$$

$$=\frac{\partial}{r\partial r}\left(r\lambda\frac{\partial T}{\partial r}\right)+\frac{\partial}{r\partial\theta}\left(\lambda\frac{\partial T}{r\partial\theta}\right)+\frac{\partial}{\partial z}\left(\lambda\frac{\partial T}{\partial z}\right) \tag{1.5}$$

4) 边界条件

入口来流速度和温度是均匀的：

$$u_r=u_\theta=0, u_z=u_{\text{in}}, T=T_{\text{in}} \tag{1.6}$$

圆管内壁面满足无滑移边界条件且为恒热流边界，设电加热膜加热的热流密度为 q，则

$$u_r=u_\theta=u_z=0, \lambda\frac{\partial T}{\partial r}=q \tag{1.7}$$

出口处速度为充分发展条件，温度可以通过热平衡推导得

$$u_r=u_\theta=0, \frac{\partial u_z}{\partial z}=0, \frac{\partial T}{\partial z}=\frac{4qd_{\text{out}}}{\rho c_p d_{\text{in}}^2 u_z} \tag{1.8}$$

2. 二维模型

1) 计算区域与坐标系

虽然湍流流动在时空上是三维的，但是如果关心的物理量为时均流速和时均温度，则该问题可假设为二维中心对称问题。可沿轴线取任一对称面为计算区域，采用二维圆柱坐标系进行分析。

2) 物理过程假设与简化

不关心管内的瞬时变化，只关心时均信息，可建立起关于时均流速和时均温度的控制方程，这会引入雷诺应力等新的变量，需要通过一定的模化来封闭。文献中通过多种不同的假设和简化，得到了多种方法来封闭时均流速和时均温度控制方程，形成各种不同的湍流模型。涉及湍流流动建模的相关理论与模型可参考第 11 章。

3) 控制方程

这里采用常用的标准 k-ε 湍流模型。为简单起见，这里仍用 u_r 和 u_z 表示时均速度。

(1) 连续性方程。

$$\frac{\partial(\rho r u_r)}{r\partial r}+\frac{\partial(\rho u_z)}{\partial z}=0 \tag{1.9}$$

(2) 动量方程。

z 方向动量方程：

$$\frac{\partial(\rho u_z u_z)}{\partial z}+\frac{\partial(\rho r u_r u_z)}{r\partial r}=-\frac{\partial p}{\partial z}+\frac{1}{r}\frac{\partial}{\partial r}\left[(\mu+\mu_t)r\frac{\partial u_z}{\partial r}\right]+\frac{\partial}{\partial z}\left[(\mu+\mu_t)\frac{\partial u_z}{\partial z}\right]$$
$$+\frac{1}{r}\frac{\partial}{\partial r}\left[r(\mu+\mu_t)\frac{\partial u_r}{\partial z}\right]+\frac{\partial}{\partial z}\left[(\mu+\mu_t)\frac{\partial u_z}{\partial z}\right] \tag{1.10}$$

r 方向动量方程：

$$\frac{\partial(\rho r u_r u_r)}{r\partial r}+\frac{\partial(\rho u_z u_r)}{\partial z}=-\frac{\partial p}{\partial r}+\frac{\partial}{\partial z}\left[(\mu+\mu_t)\frac{\partial u_r}{\partial z}\right]+\frac{1}{r}\frac{\partial}{\partial r}\left[(\mu+\mu_t)r\frac{\partial u_r}{\partial r}\right]$$
$$+\frac{1}{r}\frac{\partial}{\partial r}\left[(\mu+\mu_t)r\frac{\partial u_r}{\partial r}\right]+\frac{\partial}{\partial z}\left[(\mu+\mu_t)\frac{\partial u_z}{\partial r}\right]-\frac{2(\mu+\mu_t)u_r}{r^2} \tag{1.11}$$

(3) 湍动能 k 方程。

$$\frac{\partial(\rho r u_r k)}{r\partial r}+\frac{\partial(\rho u_z k)}{\partial z}=\frac{\partial}{r\partial r}\left[r\left(\mu+\frac{\mu_t}{\sigma_k}\right)\frac{\partial k}{\partial r}\right]+\frac{\partial}{\partial z}\left[\left(\mu+\frac{\mu_t}{\sigma_k}\right)\frac{\partial k}{\partial z}\right]$$
$$+2\mu_t\left(\frac{\partial u_r}{\partial r}\right)^2+2\mu_t\left(\frac{u_r}{r}\right)^2+2\mu_t\left(\frac{\partial u_z}{\partial z}\right)^2+\mu_t\left(\frac{\partial u_z}{\partial r}+\frac{\partial u_r}{\partial z}\right)^2-\rho\varepsilon \tag{1.12}$$

(4) 湍流耗散率 ε 方程。

$$\frac{\partial(\rho r u_r \varepsilon)}{r\partial r}+\frac{\partial(\rho u_z \varepsilon)}{\partial z}=\frac{\partial}{r\partial r}\left[r\left(\mu+\frac{\mu_t}{\sigma_k}\right)\frac{\partial \varepsilon}{\partial r}\right]+\frac{\partial}{\partial z}\left[\left(\mu+\frac{\mu_t}{\sigma_k}\right)\frac{\partial \varepsilon}{\partial z}\right]$$
$$+2\frac{c_1\varepsilon}{k}\mu_t\left(\frac{\partial u_r}{\partial r}\right)^2+2\frac{c_1\varepsilon}{k}\mu_t\left(\frac{u_r}{r}\right)^2+2\frac{c_1\varepsilon}{k}\mu_t\left(\frac{\partial u_z}{\partial z}\right)^2$$
$$+\frac{c_1\varepsilon}{k}\mu_t\left(\frac{\partial u_z}{\partial r}+\frac{\partial u_r}{\partial z}\right)^2-c_2\rho\frac{\varepsilon^2}{k} \tag{1.13}$$

式(1.10)～式(1.13)中，$\mu_t=\rho C_\mu\frac{k^2}{\varepsilon}$，其中 $C_\mu=0.09$。

(5) 能量方程。

$$\frac{\partial(\rho c_p r u_r T)}{r\partial r}+\frac{\partial(\rho c_p u_z T)}{\partial z}=\frac{\partial}{r\partial r}\left(r(\lambda+\lambda_t)\frac{\partial T}{\partial r}\right)+\frac{\partial}{\partial z}\left((\lambda+\lambda_t)\frac{\partial T}{\partial z}\right) \tag{1.14}$$

4) 边界条件

关于标准 k-ε 模型的边界条件设置参考第 11 章。

3. 一维模型

当工程实际中只关心管道进出口流体平均温度时，该问题可以简化为沿管道轴向的一维流动换热问题，速度 u_z 为常数，能量方程简化为一维方程，圆管内流体与外界的换热通过能量方程中的源项来引入。对强湍流问题，轴向导热可忽略不计。

1) 控制方程

基于以上假设和简化，建立管内湍流换热一维能量控制方程的过程如下。取图 1.6 所示 dz 长度的微元管段，从左边界流入微元管段的热量为

图 1.6　微元管段示意图

$$\rho c_p u_z \frac{\pi d_{\text{in}}^2}{4} T \tag{1.15}$$

从右边界流出微元管段的热量为

$$\frac{\pi d_{\text{in}}^2}{4}\left[\rho c_p u_z T + \frac{\partial(\rho c_p u_z T)}{\partial z}\text{d}z\right] \tag{1.16}$$

微元管段管壁上的加热量为

$$q\pi d_{\text{out}}\text{d}z \tag{1.17}$$

对于 dz 长度的微元管段，根据能量守恒定理，左边界进入的热量式(1.15)+管壁加热量式(1.17)=右边界流出的热量式(1.16)，即

$$\rho c_p u_z \frac{\pi d_{\text{in}}^2}{4} T + q\pi d_{\text{out}}\text{d}z = \frac{\pi d_{\text{in}}^2}{4}\left[\rho c_p u_z T + \frac{\partial(\rho c_p u_z T)}{\partial z}\text{d}z\right] \tag{1.18}$$

式(1.18)整理得

$$\frac{\partial(\rho c_p u_z T)}{\partial z} = \frac{4qd_{\text{out}}}{d_{\text{in}}^2} \tag{1.19}$$

2) 边界条件

入口边界条件：

$$T = T_{\text{in}} \tag{1.20}$$

例 2　在您研究的领域，找一至两个涉及流动与传热过程的工程问题，对该问题进行合理的假设和简化，建立描述该流动与传热过程的物理模型，得到控制方程与边界条件，并分析模型误差的主要来源。

【解析】以埋地热油管道停输过程和旋风分离器气固分离过程这两个问题为例进行分析。

1. 埋地热油管道停输过程

我国所产原油 80%以上为含蜡原油和稠油，这两类原油通常采用加热输送技术。由于计划检修或事故抢修等原因，加热输送管道不可避免地存在着停输。停输后，管内原油温度逐渐下降，原油流动性逐渐变差。如果停输时间过长，原油性质恶化，有可能造成凝管事故，将给管道企业带来巨大的经济损失。因此，为了保障停输后管道运营的安全性，一般会通过数值模拟方法查明停输后管道沿线油温的分布规律，进而确定管道最长安全停输时间。图 1.7 为埋地热油管道停输过程的示意图。下面以长距离稠油加热输送管道为例，针对管道停输过程，建立数学模型并分析模型误差的主要来源。

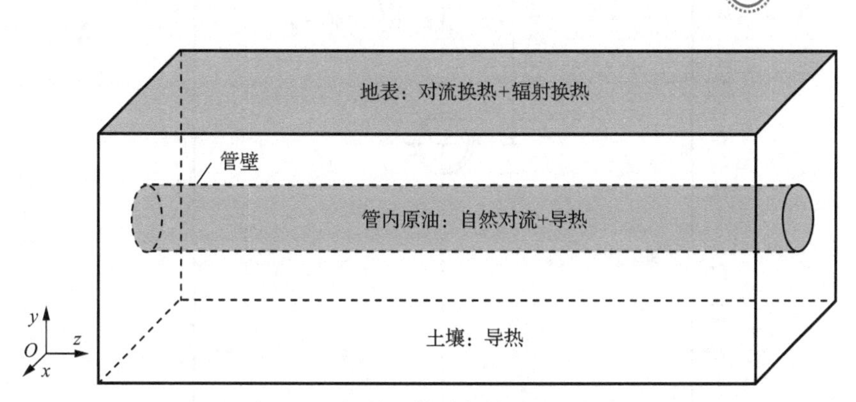

图 1.7　埋地热油管道停输过程示意图

热油管道停输后，管道系统、半无限大的土壤区域及半无限大的空气区域会逐渐趋于新的热平衡。在此过程中，原油中的热量逐渐散失到周围土壤中，其温度逐渐降低；若停输时间过长，将发生胶凝。由于计算条件的限制，无法对三维的完整物理过程进行数值计算，须进行必要的简化以建立物理数学模型；下面从几何、物理过程、控制方程及边界条件方面来分析。从几何上来说，半无限大的三维土壤区域和大气区域可以根据管道实际作用范围进行简化，以满足计算能力的要求。对于物理过程，土壤区域内可能存在的对流换热一般不会太强，因此可以考虑成纯导热；地表空气流动性好、散热快，可认为温度不受管道散热的影响，因此可不对大气区域内的实际传热过程进行计算，而认为土壤上表面通过第三类边界条件与大气进行热交换。从控制方程来看，土壤区域、管壁和防腐层区域的传热过程可通过简单的导热方程来表述，而对于原油区域内的“移动边界”型相变传热过程的描述，常用的有两种模型：完全考虑自然对流的相变传热模型和当量导热系数模型。对于边界情况，基于热力影响区域法的物理模型的边界条件较为明确。下面将对以上三个方面的内容进行详细分析。

1) 计算区域与坐标系

埋地热油管道物理系统的轴向横截面如图 1.8 所示；考虑到管道正常输送过程中轴

向原油温度梯度非常小(只有径向温度梯度的万分之一)，停输温降过程可当作二维问题求解。地表空气与周围大气间的热交换快，温度基本不受管道系统的影响，因此无须对空气区域内的温度分布进行计算，直接取为气象数据即可；地表与空气间的热交换可直接通过第三类边界条件来描述。此外，热油管道运行过程中热力影响范围有限，影响范围之外的土壤区域受管道物理过程的影响程度极小，因此可认为管道横向热力影响范围的边界为绝热型边界条件；而离地表一定深度(约 10m)的土壤受季节和管道运行参数的影响很小，温度基本不变，因此可取为第一类边界条件。综上可建立如图 1.8 所示的基于热力影响区域法的物理模型，图 1.8 中 $2L$ 通常取 10m。

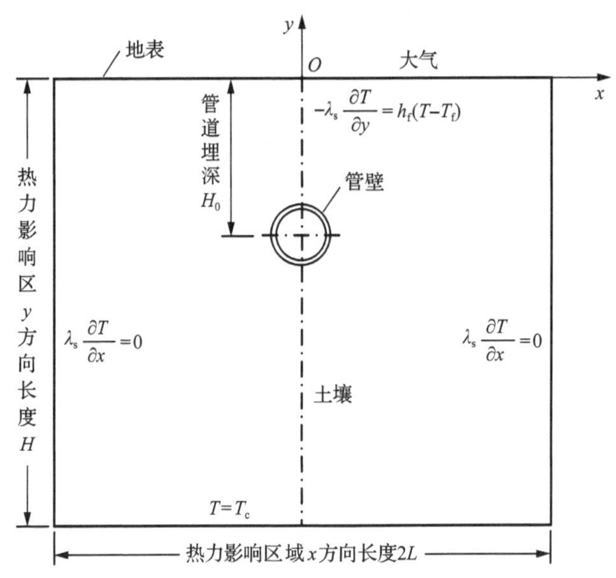

图 1.8　在一个管道系统横截面计算区域上边界条件分布示意图

2) 物理过程假设和简化

(1) 土壤里的传热过程为单纯的导热，且物性为常数。

(2) 液态原油自然对流为层流，且流体为不可压缩的牛顿流体。

(3) 忽略太阳辐射的影响。

(4) 地表温度分布均匀。

(5) 管壁、防腐层热物性均为常数。

3) 控制方程

土壤区、管道结构区及固相原油区内的传热过程为导热，用导热方程描述；液相原油传热机制为对流换热，描述该传热过程有两种模型：对流扩散模型和当量导热系数模型。

(1) 土壤导热方程。

土壤是一种含水多孔介质，根据自由水含量的多少，其内部传热机制可能是自然对流或纯导热。在热油管道水热力计算中通常忽略土壤内部的自然对流，将该传热过程当作纯导热处理。控制方程如式(1.21)所示：

$$\rho_{\mathrm{s}}c_{\mathrm{s}}\frac{\partial T}{\partial t}=\frac{\partial}{\partial x}\left(\lambda_{\mathrm{s}}\frac{\partial T}{\partial x}\right)+\frac{\partial}{\partial y}\left(\lambda_{\mathrm{s}}\frac{\partial T}{\partial y}\right) \tag{1.21}$$

式中，T 为土壤温度，℃；ρ_{s} 为土壤的密度，kg/m^3；c_{s} 为土壤的比热容，J/(kg·℃)；λ_{s} 为土壤的导热系数，W/(m·℃)。

(2) 管壁、防腐层导热方程。

$$\rho_i c_i\frac{\partial T}{\partial t}=\frac{1}{r}\frac{\partial}{\partial r}\left(r\lambda_i\frac{\partial T}{\partial r}\right)+\frac{1}{r^2}\frac{\partial}{\partial\theta}\left(\lambda_i\frac{\partial T}{\partial\theta}\right) \tag{1.22}$$

式中，i=1, 2 分别表示钢管层和防腐层；ρ_i 为第 i 层的密度，kg/m^3；c_i 为第 i 层的比热容，J/(kg·℃)；λ_i 为第 i 层的导热系数，W/(m·℃)。

(3) 管内原油对流扩散方程。

①完全考虑自然对流的对流扩散模型。

热油管道停输过程中，随着温降的进行管内原油由外向内逐渐胶凝，固液相界面逐渐向管中心移动。描述此类“移动边界”问题通常有两种方法，即移动边界法(或自适应网格法)和焓方法(其变体也称为等效热容法)。对于移动边界法，需跟踪相界面，在相界面的两侧分别针对固相和液相列方程，认为潜热只在相界面产生或释放，但相界面在计算中又是未知的；而焓方法不需要跟踪相界面，因为界面的位置已包含在焓与温度的关系中。因此，焓方法是最为便捷和常用的方法，以下将基于焓方法给出数学模型。

液体凝固过程通常不是一个液相到固相的突变过程，中间存在一个过渡区域(称为模糊区)。模糊区可当作一种多孔介质，随着凝固的发展其渗透率逐渐降低，最终变为固相区。因此，可以建立原油相变过程的焓-多孔介质模型，此类模型是当前应用最为广泛的相变传热模型。

连续性方程：

$$\frac{1}{r}\frac{\partial(\rho_{\mathrm{o}}ru_r)}{\partial r}+\frac{1}{r}\frac{\partial(\rho_{\mathrm{o}}u_\theta)}{\partial\theta}=0 \tag{1.23}$$

动量方程：

$$\begin{aligned}&\frac{\partial(\rho_{\mathrm{o}}u_r)}{\partial t}+\frac{1}{r}\frac{\partial(\rho_{\mathrm{o}}ru_ru_r)}{\partial r}+\frac{1}{r}\frac{\partial(\rho_{\mathrm{o}}u_\theta u_r)}{\partial\theta}-\frac{\rho_{\mathrm{o}}u_\theta u_\theta}{r}\\&=-\frac{\partial p}{\partial r}+\left[\frac{1}{r}\frac{\partial(r\boldsymbol{\tau}_{rr})}{\partial r}+\frac{1}{r}\frac{\partial\boldsymbol{\tau}_{r\theta}}{\partial\theta}-\frac{\boldsymbol{\tau}_{\theta\theta}}{r}\right]-\rho_{\mathrm{o}}g\cos\theta-\frac{\mu}{K_{\mathrm{d}}}u_r\end{aligned} \tag{1.24}$$

$$\begin{aligned}&\frac{\partial(\rho_{\mathrm{o}}u_\theta)}{\partial t}+\frac{1}{r}\frac{\partial(\rho_{\mathrm{o}}ru_ru_\theta)}{\partial r}+\frac{1}{r}\frac{\partial(\rho_{\mathrm{o}}u_\theta u_\theta)}{\partial\theta}+\frac{\rho_{\mathrm{o}}u_ru_\theta}{r}\\&=-\frac{1}{r}\frac{\partial p}{\partial\theta}+\left[\frac{1}{r^2}\frac{\partial(r^2\boldsymbol{\tau}_{r\theta})}{\partial r}+\frac{1}{r}\frac{\partial\boldsymbol{\tau}_{\theta\theta}}{\partial\theta}\right]-\rho_{\mathrm{o}}g\sin\theta-\frac{\mu}{K_{\mathrm{d}}}u_\theta\end{aligned} \tag{1.25}$$

能量方程：

$$\rho_o c_o \frac{\partial T}{\partial t}+\frac{\rho_o c_o}{r}\frac{\partial(r u_r T)}{\partial r}+\frac{\rho_o c_o}{r}\frac{\partial(u_\theta T)}{\partial \theta}=\frac{1}{r}\frac{\partial}{\partial r}\left(r\lambda_o\frac{\partial T}{\partial r}\right)+\frac{1}{r^2}\frac{\partial}{\partial \theta}\left(\lambda_o\frac{\partial T}{\partial \theta}\right)$$
$$-\frac{1}{r}\left[\frac{\partial(\rho r u_r \Delta H)}{\partial r}+\frac{\partial(\rho u_\theta \Delta H)}{\partial \theta}\right]-\frac{\partial(\rho \Delta H)}{\partial t} \tag{1.26}$$

式(1.23)～式(1.26)中，u_θ和u_r分别为速度在θ方向和r方向的分量，m/s；在模糊区中认为固相速度为 0；$\boldsymbol{\tau}_{ij}$为应力张量(i, j取值为r和θ)，对于牛顿流体，$\boldsymbol{\tau}_{ij}=\mu(2\boldsymbol{S}_{ij})$，其中$\boldsymbol{S}_{ij}$为变形速率张量，其在极坐标系下的表达式如式(1.27)所示；$\Delta H=\alpha_1 L$，其中L为原油的相变潜热，α_1为液相体积百分数；K_d为模糊区渗透率，可采用 Kozeny-Carman 方程计算，如式(1.28)所示。动量方程中最后一项为基于达西定律的模糊区内固相孔隙对流动的束缚力，随着凝固程度的发展，渗透率逐渐减小，达西项逐渐增大至无穷，流速也随之变为 0。式(1.26)中等号右边第三项为模糊区内由对流传递的相变潜热，对于阶跃相变(step phase change)问题以及模糊区非常窄的问题此项可以设为 0，而对于大部分材料的相变都存在一定范围的模糊区

$$\boldsymbol{S}_{ij}=\begin{pmatrix}\frac{1}{r}\frac{\partial u_\theta}{\partial \theta}+\frac{u_r}{r} & \frac{1}{2}\left(-\frac{u_\theta}{r}+\frac{\partial u_\theta}{\partial r}+\frac{1}{r}\frac{\partial u_r}{\partial \theta}\right)\\ \frac{1}{2}\left(-\frac{u_\theta}{r}+\frac{\partial u_\theta}{\partial r}+\frac{1}{r}\frac{\partial u_r}{\partial \theta}\right) & \frac{\partial u_r}{\partial r}\end{pmatrix} \tag{1.27}$$

$$K_d=K_0\frac{(1-\alpha_s)^3}{\alpha_s^2} \tag{1.28}$$

式中，α_s为固相体积分数；K_0是基于两相区结构的一个常数，跟孔隙中固相结构形态有关，可以结合实验数据反算，对于原油可取 10^{-8}。

②“等效”自然对流的当量导热系数模型。

自然对流控制方程为高度非线性的对流扩散方程，求解难度远远大于导热方程；为此，很多研究通过当量导热系数法将自然对流问题等效为导热问题进行求解。该方法通过引入一个滞流点，把原油分为固相区和液相区：当某个径向位置处的平均油温刚好等于滞留点时，认为小于该径向位置区域内的原油表现为液相；大于该径向位置区域内的原油则表现为固相。在液相区内，原油温度分布均匀，不存在梯度。通过原油固液相界面的热量守恒可以推导得到当量导热系数，如式(1.29)所示。

$$\lambda_e=-\frac{\alpha_o(T_{lo}-T_w)}{\left(\frac{\partial T_{lo}}{\partial r}\right)_w} \tag{1.29}$$

式中，α_{o}为原油区固液相界面的对流换热系数，可根据类似物理问题的自然对流换热准则关系式确定；T_{w}为原油区固液相界面温度；T_{lo}为液相原油的温度。

将自然对流“等效”成导热后，原油区内的换热过程就可以由式(1.30)所示的导热方程来统一描述。需要注意的是，液相区原油的导热系数应取当量导热系数。

$$\rho_{o}c_{o}\frac{\partial T}{\partial t}=\frac{1}{r}\frac{\partial}{\partial r}\left(r\lambda_{o}\frac{\partial T}{\partial r}\right)+\frac{1}{r^{2}}\frac{\partial}{\partial\theta}\left(\lambda_{o}\frac{\partial T}{\partial\theta}\right) \tag{1.30}$$

③两种油流传热模型的比较。

从传热机制方面来讲，自然对流和导热有着本质的区别，两种方法计算得到的原油温度分布有很大的差异。当量导热系数法的误差相对较大，但由于其计算简单，对于热油管道的设计、方案比选等情况常采用该方法。

4) 边界条件和内部耦合条件

根据热力影响区的概念，影响区的左边界和右边界与外界无热量交换，为绝热型边界条件。与地表的距离达到一定的深度 H 后(根据相关研究，H=10m)，此范围内的土壤温度几乎不随昼夜和季节更替及热油管道是否运行发生变化，因此下边界可近似为恒温边界。上边界与地表空气进行对流换热，为第三类边界条件；对流换热系数按式(1.31)经验式确定。本模型的详细边界条件如图 1.8 所示。不同计算区域(土壤区、管壁、防腐层)之间须通过热量平衡进行耦合，形成完整的数学模型。

$$h_{f}=11.6+7.0\sqrt{v_{a}} \tag{1.31}$$

式中，h_{f}为对流换热系数，W/(m^{2}·℃)；v_{a}为地表风速，m/s。

以上基于一定的假设和简化建立的数学模型与实际问题之间的模型误差在数值计算中应充分考虑和评价。

2. 旋风分离器气固分离过程

旋风分离器是一种利用离心力将固体颗粒(或液滴)从含尘气体中分离出来的静止机械设备。其结构简单、紧凑，无运动部件，可以在较高温度和压强下运行，因此被广泛应用于石油化工等诸多行业中。例如，在催化裂化工艺过程中将昂贵的催化剂分离出来反复使用，在发电厂和各种加工制造厂中将有害粉尘分离出来以减少环境污染。旋风分离器最关心的性能指标有两个：分离效率和压降。随着数值计算方法和计算机性能的发展，数值模拟已经部分取代实验，成为预测旋风分离器分离性能，进而优化其结构的重要研究手段。分离效率主要取决于气体流场分布和颗粒运动特性，压降主要取决于气体压强场分布。若要采用数值模拟方法获得分离效率和压降，需建立气体流动和颗粒运动的数学模型并求解。图 1.9 为旋风分离器的物理系统示意图。下面以颗粒浓度较低的稀相气固分离过程为例，建立数学模型并分析模型误差的主要来源。

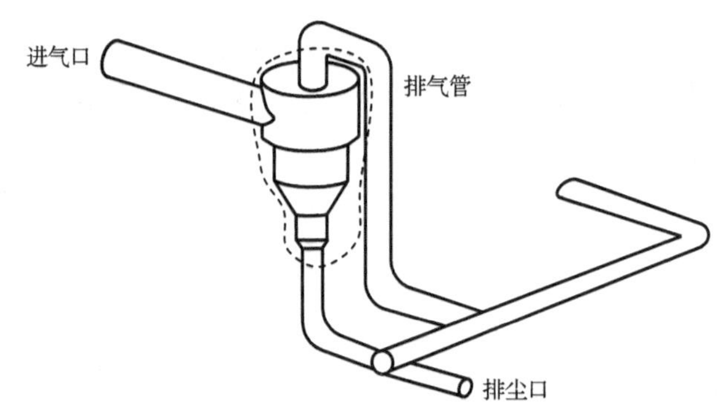

图 1.9　旋风分离器物理系统示意图

气体沿顶部切向进入分离器后，首先沿轴向作向下的旋转运动，此时具有较大惯性离心力的固体颗粒被甩向外壁面，然后通过壁面附近向下的气流将已分离的颗粒带到排尘口。净化后的气体从底部逆转而上，由分离器顶部的排气管排出。一般来说，分离器内的固体颗粒的浓度较低，流动为稀疏流动。下面从几何、流动、控制方程及边界等方面对物理问题进行分析。从几何上来说，旋风分离器通常是一个复杂物理系统的一部分，如果对整个物理系统进行建模，计算区域会很大，从而导致数值模拟耗时很长。实际颗粒一般为不规则形状，且形状存在着较大的差异。如果不进行一定的假设，会导致颗粒的计算参数无法确定。从物理过程来说，颗粒浓度很低时，颗粒运动对气体流动仍有很小的影响。但如果考虑颗粒运动对气体流动的影响及颗粒与颗粒之间的相互作用，会极大地增加计算量，但对计算精度的提升非常有限。从控制方程来看，旋风分离器内气体流动一般为湍流，需对其进行合理模化；从边界条件来看，由于计算区域为复杂系统的一部分，因此需要选择合适的边界位置。此外，选定的进、出口边界一般存在着一定的不均匀性，而且很难准确获得。为了保证计算的可行性，对该问题作如下假设。

1) 计算区域与坐标系

选择旋风分离器计算区域并将其从完整的物理系统中分割出来。分割出来的旋风分离器的几何模型如图 1.10 所示。为了保证计算的精度和稳定性，进、出口边界的位置选择在扰动较小气流相对稳定的区域。

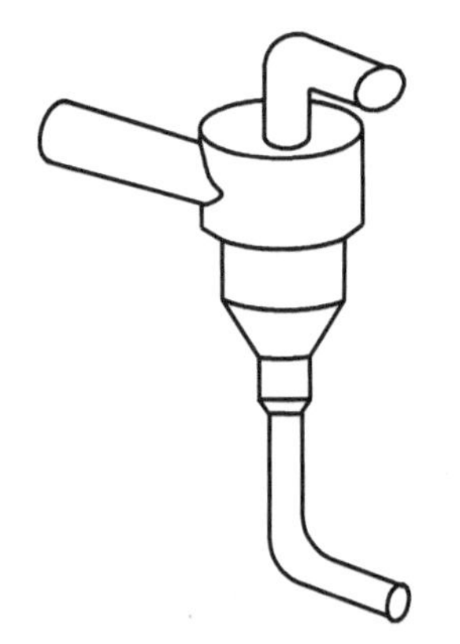

图 1.10　旋风分离器几何模型示意图

2) 物理过程假设和简化

(1) 由于颗粒浓度较低，认为分离器内的气体流动为连续流动。

(2) 分离器内气体的流速较低，因此将气体视为不可压缩流体，密度为常数。

(3) 假定颗粒为密度恒定的球形颗粒，在运动过程中没有破碎、变形等现象发生。

(4) 颗粒浓度较低，颗粒运动对气体流动的影响非常小，因此只考虑气体流动对颗粒的影响，而不考虑颗粒对气体流动的影响，也就是单向耦合。

3) 控制方程

(1) 气体流动控制方程。

旋风分离器内的气体流动雷诺数较高，一般为湍流流动。气体流动控制方程的误差主要来源于湍流的模化。湍流的模化方法主要有直接数值模拟方法、大涡模拟方法和雷诺平均方法(详见本书第11章)。直接数值模拟方法精度最高，但模拟高雷诺数流动需要海量的计算资源，因此旋风分离器中一般很少采用。大涡模拟方法的精度稍低于直接数值模拟方法，所需要的计算量依然较大，随着计算机能力的提升，该方法得到了越来越多的应用。目前，工程上应用最为广泛的是基于雷诺平均方法的雷诺应力模型，其计算精度较高，且计算量相对较小。此外，众多研究者还从提高计算精度、减少计算量及计算精度与计算量之间的平衡这三个角度出发，提出了不少针对旋风分离器的改进湍流模型。下面给出描述旋风分离器内气体流动最常见的数学模型。

连续性方程：

$$\nabla\cdot(\rho\boldsymbol{u})=0 \tag{1.32}$$

式中，ρ 为气体密度，kg/m^3；$\boldsymbol{u}$ 为速度矢量，m/s。

动量方程：

$$\frac{\partial(\rho\boldsymbol{u})}{\partial t}+\nabla\cdot(\rho\boldsymbol{u}\boldsymbol{u})=-\nabla p+\nabla\cdot(\mu\nabla\boldsymbol{u}-\boldsymbol{R})+\rho\boldsymbol{g}+\boldsymbol{S} \tag{1.33}$$

式中，t 为时间，s；p 为气体压强，Pa；μ为气体动力黏度，Pa·s；$\boldsymbol{R}=\rho\langle\boldsymbol{u}'\boldsymbol{u}'\rangle$ 表示雷诺应力张量，kg/(m·s^2)；$\boldsymbol{g}$ 为重力加速度，m/s^2；$\boldsymbol{S}$ 为气体与颗粒之间相互作用引起的动量源项，kg/(m^2·s^2)，对于单向耦合，该项可忽略。

LRR 雷诺应力模型：

$$\frac{\partial(\rho\boldsymbol{R})}{\partial t}+\nabla\cdot(\rho\boldsymbol{u}\boldsymbol{R})=\nabla\cdot[(\mu+C_s\mu_{\mathrm{t}})\nabla\boldsymbol{R}]+\rho(\boldsymbol{P}+\boldsymbol{\Phi}-\boldsymbol{\varepsilon}) \tag{1.34}$$

式中，$\nabla\cdot[(\mu+C_s\mu_{\mathrm{t}})\nabla\boldsymbol{R}]$ 为扩散项；$\boldsymbol{P},\boldsymbol{\Phi},\boldsymbol{\varepsilon}$ 分别表示产生项、压强应变项和耗散项张量，kg/(m·s^3)；μ_{t} 为湍流动力黏度，Pa·s。

采用上述方程对气体流动进行求解后，排气管出口平均压强减去进气口平均压强即可得到压降。

(2) 颗粒运动控制方程。

颗粒运动的数值模拟方法主要有四向耦合（完全考虑流体流动对颗粒的影响、流体与颗粒之间的相互作用及颗粒与颗粒之间的相互作用）、两向耦合（不考虑颗粒与颗粒之间的相互作用）和单向耦合（仅考虑流体流动对颗粒的影响）。颗粒运动控制方程的误差主要来源于对流体与颗粒之间相互作用及颗粒与颗粒之间相互作用的忽略。本例题主要针对颗粒浓度较低的情况，颗粒之间的相互作用非常弱，颗粒运动对气体流动的影响也非常弱，因此模型误差非常小，可以忽略不计。下面给出单向耦合下的颗粒运动数学模型。

颗粒运动方程：

$$\frac{\mathrm{d}\boldsymbol{u}_{\mathrm{p}}}{\mathrm{d}t}=\frac{\boldsymbol{u}-\boldsymbol{u}_{\mathrm{p}}}{\tau_{\mathrm{r}}}+\frac{\boldsymbol{g}(\rho_{\mathrm{p}}-\rho)}{\rho_{\mathrm{p}}}+\boldsymbol{F} \tag{1.35}$$

式中，$\boldsymbol{u}_{\mathrm{p}}$ 为颗粒速度，m/s；τ_{r} 为颗粒松弛时间，s；ρ_{p} 为颗粒密度，kg/m^3；$\boldsymbol{F}$ 为单位颗粒质量下曳力和重力以外的其他作用力，m/s^2。

对式(1.35)进行积分即可得到颗粒的运动轨迹。计算过程结束后，用排尘口捕获的颗粒质量除以进气口的颗粒质量即可得到颗粒分离效率。

4) 边界条件假设

(1) 假设入口边界处气体流速均匀，处于充分发展的湍流状态。

(2) 假设出口边界处气流处于充分发展状态，除压强外的其他变量沿排气管轴向的梯度为零。

以上基于一定的假设和简化建立的数学模型与实际问题之间的模型误差在数值计算中应充分考虑和评价。

第 2 章　控制方程和定解条件

数值求解首先要对物理问题进行合理简化，确定控制方程和定解条件。对于不同的物理问题，控制方程和定解条件存在较大差异，数值模拟的成败与其是否合理密切相关。本章首先对守恒型方程和非守恒型方程、数值传热学中常用控制方程、控制方程的选择和简化、定解条件作简要介绍，然后介绍控制方程和定解条件的无量纲化，最后介绍控制方程的通用形式和类型。

2.1　守恒型方程和非守恒型方程

流体流动与传热问题控制方程的推导有拉格朗日法和欧拉法两种方法。前者以流体微团和流体系统为对象，在拉格朗日坐标系中分别推导得到描述其流动和传热特性的微分型和积分型控制方程。后者以微元体积和控制体为对象，在欧拉坐标系下可推导得到控制方程。表 2.1 给出了采用这两种方法推导得到的描述流体流动和传热过程特性的连续性方程、动量方程和能量方程的微分形式和积分形式。一般来讲，在不进行数学变换的前提下，对拉格朗日法推导得到的方程进行离散，往往不能恒保证离散空间质量、动量和能量的守恒性，这种类型的方程称为非守恒型方程。而基于欧拉法推导得到的方程，采用合适的数值离散方法时，在离散空间任何大小的有限体积内质量、动量和能量守恒性总能得到保证，这种类型的方程称为守恒型方程。值得指出的是，应用物质导数和雷诺输运方程可以分别对微分型和积分型的守恒型方程和非守恒型方程实现对应转化。此外，应用高斯定理等可以实现积分型方程和微分型方程之间的转化。

守恒型方程和非守恒型方程分别对应流体流动的欧拉和拉格朗日描述，本质相同，在无限小的空间是等价的。尽管守恒型方程和非守恒型方程在连续空间性质完全相同，但将它们应用到离散区域时，所形成的离散方程性质在网格稀疏时可能相差较大。由非守恒型方程得到的离散方程不能保证物理通量在离散空间的守恒性，可能造成计算过程的不稳定和数值解的不准确甚至失真。因此守恒型方程在数值计算中应用更为普遍。

控制方程的守恒性和非守恒性通常是针对对流项而言的。广义的非守恒性还包括对方程进行数学变形导致物理量在离散空间的非守恒性。以导热方程的扩散项$\nabla\cdot(\lambda\nabla T)$为例，该项是守恒的，通过链导法则可以写成$\nabla\lambda\cdot\nabla T+\lambda\nabla\cdot\nabla T$，两式虽然在数学上是等价的，但是展开式$\nabla\lambda\cdot\nabla T+\lambda\nabla\cdot\nabla T$不是采用散度形式表示的，在离散空间不能恒保证能量守恒。

由上可知，判断微分型控制方程是否具有守恒性，应看该方程的对流项是否写成了对流通量密度的散度形式，扩散项是否写成了扩散通量密度的散度形式。若两者都满足，则该方程为微分型守恒方程。而对积分型控制方程是否具有守恒性，应看该方程的对流项是否写成了对流通量密度的积分形式，扩散项是否写成了扩散通量密度的积分形式，若两者都满足，则该方程为积分型守恒方程。

表 2.1　流动与传热控制方程的一般形式(适用各类单相流体)

方程类型	推导方法	方程形式	方程表达式	守恒性
连续性方程	拉格朗日法	微分型	$\frac{\mathrm{D}\rho}{\mathrm{D}t}+\rho\nabla\cdot\boldsymbol{u}=0$	非守恒
		积分型	$\frac{\mathrm{D}}{\mathrm{D}t}\int\rho\mathrm{d}V=0$	
	欧拉法	微分型	$\frac{\partial\rho}{\partial t}+\nabla\cdot(\rho\boldsymbol{u})=0$	守恒
		积分型	$\frac{\partial}{\partial t}\int\rho\mathrm{d}V+\oint\mathrm{d}\boldsymbol{S}\cdot(\rho\boldsymbol{u})=0$	
动量方程	拉格朗日法	微分型	$\rho\frac{\mathrm{D}\boldsymbol{u}}{\mathrm{D}t}+(\rho\boldsymbol{u})\cdot\nabla\boldsymbol{u}=-\nabla p+\nabla\cdot\boldsymbol{\tau}+\rho\boldsymbol{f}$	非守恒
		积分型	$\frac{\mathrm{D}}{\mathrm{D}t}\int\rho\boldsymbol{u}\mathrm{d}V=-\oint\mathrm{d}\boldsymbol{S}\cdot\boldsymbol{p}+\oint\mathrm{d}\boldsymbol{S}\cdot\boldsymbol{\tau}+\int\rho\boldsymbol{f}\mathrm{d}V$	
	欧拉法	微分型	$\frac{\partial(\rho\boldsymbol{u})}{\partial t}+\nabla\cdot(\rho\boldsymbol{uu})=-\nabla p+\nabla\cdot\boldsymbol{\tau}+\rho\boldsymbol{f}$	守恒
		积分型	$\frac{\partial}{\partial t}\int\rho\boldsymbol{u}\mathrm{d}V+\oint\mathrm{d}\boldsymbol{S}\cdot(\rho\boldsymbol{uu})$ $=-\oint\mathrm{d}\boldsymbol{S}\cdot\boldsymbol{p}+\oint\mathrm{d}\boldsymbol{S}\cdot\boldsymbol{\tau}+\int\rho\boldsymbol{f}\mathrm{d}V$	
能量方程	拉格朗日法	微分型	$\rho\frac{\mathrm{D}}{\mathrm{D}t}\left(e+\frac{1}{2}\lvert\boldsymbol{u}\rvert^2\right)+\boldsymbol{u}\cdot\nabla\left(e+\frac{1}{2}\lvert\boldsymbol{u}\rvert^2\right)$ $=-\nabla\cdot\boldsymbol{q}-\nabla\cdot(p\boldsymbol{u})+\nabla\cdot(\boldsymbol{\tau}\cdot\boldsymbol{u})+\rho\boldsymbol{f}\cdot\boldsymbol{u}+S$	非守恒
		积分型	$\frac{\mathrm{D}}{\mathrm{D}t}\int\rho\left(e+\frac{1}{2}\lvert\boldsymbol{u}\rvert^2\right)\mathrm{d}V=\oint\mathrm{d}\boldsymbol{S}\cdot\boldsymbol{q}$ $-\oint\mathrm{d}\boldsymbol{S}\cdot p\boldsymbol{u}+\oint\mathrm{d}\boldsymbol{S}\cdot(\boldsymbol{\tau}\cdot\boldsymbol{u})+\int(\rho\boldsymbol{f}\cdot\boldsymbol{u})\mathrm{d}V+\int S\mathrm{d}V$	
	欧拉法	微分型	$\frac{\mathrm{D}}{\mathrm{D}t}\left[\rho\left(e+\frac{1}{2}\lvert\boldsymbol{u}\rvert^2\right)\right]+\nabla\cdot\left[\rho\boldsymbol{u}\left(e+\frac{1}{2}\lvert\boldsymbol{u}\rvert^2\right)\right]$ $=-\nabla\cdot\boldsymbol{q}-\nabla\cdot(p\boldsymbol{u})+\nabla\cdot(\boldsymbol{\tau}\cdot\boldsymbol{u})+\rho\boldsymbol{f}\cdot\boldsymbol{u}+S$	守恒
		积分型	$\frac{\partial}{\partial t}\int\rho\left(e+\frac{1}{2}\lvert\boldsymbol{u}\rvert^2\right)\mathrm{d}V+\oint\mathrm{d}\boldsymbol{S}\cdot\rho\boldsymbol{u}\left(e+\frac{1}{2}\lvert\boldsymbol{u}\rvert^2\right)$ $=\oint\mathrm{d}\boldsymbol{S}\cdot\boldsymbol{q}-\oint\mathrm{d}\boldsymbol{S}\cdot p\boldsymbol{u}+\oint\mathrm{d}\boldsymbol{S}\cdot(\boldsymbol{\tau}\cdot\boldsymbol{u})+\int(\rho\boldsymbol{f}\cdot\boldsymbol{u})\mathrm{d}V$ $+\int S\mathrm{d}V$	

2.2　数值传热学中常见控制方程的推导及其适用条件

表 2.1 给出的控制方程主要针对的是单相流动，适用于不可压缩流动和可压缩流动、

牛顿流体和非牛顿流体、常物性和变物性等各类问题。对于湍流、多相流等流动问题，往往还需要额外引入模型或方程。例如，对于高雷诺数湍流流动，受计算资源的制约，一般需引入湍流模型；对于多相流动，一般需引入体积分数计算模型等。湍流数值模拟和多相流数值模拟将在本书第 11 章和第 12 章予以介绍。

数值传热学中常见的控制方程主要针对的是不可压缩牛顿流体的流动与传热，以及傅里叶导热问题。在数值传热学研究和应用中易出现不深入分析物理本质而误用控制方程的现象。例如，传热学和数值传热学教材中广泛采用的以温度为变量的能量方程，该方程是基于不可压缩牛顿流体流动和比热容为常数的假设推导得到的，若将其应用于比热容不为常数的问题，会导致计算误差较大甚至计算结果完全错误。下面从守恒型微分控制方程的一般形式出发，推导得到数值传热学领域中常见的不可压缩牛顿流体流动与传热等问题的控制方程。

(1) 连续性方程。

连续性方程的一般形式为

$$\frac{\partial \rho}{\partial t}+\nabla\cdot(\rho\boldsymbol{u})=0 \tag{2.1}$$

对于不可压缩流体，其流体密度为常数，连续性方程可简化为

$$\nabla\cdot\boldsymbol{u}=0 \tag{2.2}$$

(2) 动量方程。

动量方程的一般形式为

$$\frac{\partial(\rho\boldsymbol{u})}{\partial t}+\nabla\cdot(\rho\boldsymbol{u}\boldsymbol{u})=-\nabla p+\nabla\cdot\boldsymbol{\tau}+\rho\boldsymbol{f} \tag{2.3}$$

对于牛顿流体，应力张量 $\boldsymbol{\tau}$ 的表达式为

$$\boldsymbol{\tau}=\mu(\nabla\boldsymbol{u}+\nabla\boldsymbol{u}^{\mathrm{T}})+\lambda(\nabla\cdot\boldsymbol{u})\boldsymbol{I} \tag{2.4}$$

将式 (2.4) 代入式 (2.3)，可得到牛顿流体的动量方程：

$$\frac{\partial(\rho\boldsymbol{u})}{\partial t}+\nabla\cdot(\rho\boldsymbol{u}\boldsymbol{u})=-\nabla p+\nabla\cdot\left[\mu(\nabla\boldsymbol{u}+\nabla\boldsymbol{u}^{\mathrm{T}})+\lambda(\nabla\cdot\boldsymbol{u})\boldsymbol{I}\right]+\rho\boldsymbol{f} \tag{2.5}$$

对于不可压缩流体，根据连续性方程式 (2.2)，式 (2.5) 可简化为

$$\rho\frac{\partial\boldsymbol{u}}{\partial t}+\nabla\cdot(\rho\boldsymbol{u}\boldsymbol{u})=-\nabla p+\nabla\cdot\left[\mu(\nabla\boldsymbol{u}+\nabla\boldsymbol{u}^{\mathrm{T}})\right]+\rho\boldsymbol{f} \tag{2.6}$$

当黏度为常数时，式 (2.6) 可进一步简化为

$$\rho\frac{\partial\boldsymbol{u}}{\partial t}+\nabla\cdot(\rho\boldsymbol{u}\boldsymbol{u})=-\nabla p+\nabla\cdot(\mu\nabla\boldsymbol{u})+\rho\boldsymbol{f} \tag{2.7}$$

在计算自然对流问题时，为便于处理由于温差引起的浮升力项，通常采用布西内斯克(Boussinesq)假设，即密度的变化只对体积力有影响，得到动量方程为

$$\rho\frac{\partial \boldsymbol{u}}{\partial t}+\nabla\cdot(\rho\boldsymbol{u}\boldsymbol{u})=-\nabla p+\nabla\cdot(\mu\nabla\boldsymbol{u})+\rho_{\text{ref}}\left[1-\beta(T-T_{\text{ref}})\right]\boldsymbol{g} \tag{2.8}$$

(3)能量方程。

以总比能为变量的能量方程一般形式为

$$\frac{\partial\left[\rho(e+K)\right]}{\partial t}+\nabla\cdot\left[\rho\boldsymbol{u}(e+K)\right]=-\nabla\cdot\boldsymbol{q}-\nabla\cdot(p\boldsymbol{u})+\nabla\cdot(\boldsymbol{\tau}\cdot\boldsymbol{u})+\rho\boldsymbol{f}\cdot\boldsymbol{u}+S \tag{2.9}$$

式中，e为比内能；K为比动能，$K=\frac{1}{2}|\boldsymbol{u}|^2$。

根据比焓的定义$\left(h=e+\frac{p}{\rho}\right)$，能量方程还可写为以总比焓为变量的形式：

$$\frac{\partial\left[\rho(h+K)\right]}{\partial t}+\nabla\cdot\left[\rho\boldsymbol{u}(h+K)\right]-\frac{\partial p}{\partial t}=-\nabla\cdot\boldsymbol{q}+\nabla\cdot(\boldsymbol{\tau}\cdot\boldsymbol{u})+\rho\boldsymbol{f}\cdot\boldsymbol{u}+S \tag{2.10}$$

在数值传热学中，常遇到以比内能为变量的能量方程。将式(2.9)减去动量方程[式(2.3)]与速度的点乘，即可得到能量方程的比内能形式：

$$\frac{\partial(\rho e)}{\partial t}+\nabla\cdot(\rho\boldsymbol{u}e)=-\nabla\cdot\boldsymbol{q}-p\nabla\cdot\boldsymbol{u}+\boldsymbol{\tau}:\nabla\boldsymbol{u}+S \tag{2.11}$$

根据内能和焓的关系，式(2.11)可写为以比焓为变量的形式：

$$\frac{\partial(\rho h)}{\partial t}+\nabla\cdot(\rho\boldsymbol{u}h)=-\nabla\cdot\boldsymbol{q}+\boldsymbol{\tau}:\nabla\boldsymbol{u}+\frac{\mathrm{D}p}{\mathrm{D}t}+S \tag{2.12}$$

数值传热学研究领域广泛采用的是以温度为变量的能量方程，下面通过焓和温度之间的关系推导得到该方程。比焓为压强p和温度T的函数，即$h=h(p,T)$，$\mathrm{d}h$可写为

$$\mathrm{d}h=\left(\frac{\partial h}{\partial T}\right)_p\mathrm{d}T+\left(\frac{\partial h}{\partial p}\right)_T\mathrm{d}p \tag{2.13}$$

将$\left(\frac{\partial h}{\partial p}\right)_T=v-T\left(\frac{\partial v}{\partial T}\right)_p$（$v$为比体积)代入式(2.13)，得

$$\mathrm{d}h=c_p\mathrm{d}T+\left[v-T\left(\frac{\partial v}{\partial T}\right)_p\right]\mathrm{d}p \tag{2.14}$$

利用式(2.14)，式(2.12)的左边可表示为

$$\begin{aligned}\frac{\partial(\rho h)}{\partial t}+\nabla\cdot(\rho\boldsymbol{u}h)=\rho\frac{\mathrm{D}h}{\mathrm{D}t}&=\rho c_p\frac{\mathrm{D}T}{\mathrm{D}t}+\left\{1-\rho T\left[\frac{\partial(1/\rho)}{\partial T}\right]_p\right\}\frac{\mathrm{D}p}{\mathrm{D}t}\\&=\rho c_p\frac{\mathrm{D}T}{\mathrm{D}t}+\left\{1+\left[\frac{\partial(\ln\rho)}{\partial(\ln T)}\right]_p\right\}\frac{\mathrm{D}p}{\mathrm{D}t}\end{aligned}\tag{2.15}$$

将式(2.15)代入式(2.12)，可得到以温度为变量的能量方程完整形式。

$$\rho c_p\frac{\partial T}{\partial t}+\rho c_p\boldsymbol{u}\nabla\cdot T=-\nabla\cdot\boldsymbol{q}-\left[\frac{\partial(\ln\rho)}{\partial(\ln T)}\right]_p\frac{\mathrm{D}p}{\mathrm{D}t}+\boldsymbol{\tau}:\nabla\boldsymbol{u}+S\tag{2.16}$$

式(2.16)中的对流项为非散度形式，因此该方程为非守恒型方程。结合连续性方程，式(2.16)可以变形为

$$c_p\frac{\partial(\rho T)}{\partial t}+\nabla\cdot(\rho c_p\boldsymbol{u}T)=-\nabla\cdot\boldsymbol{q}-\left[\frac{\partial(\ln\rho)}{\partial(\ln T)}\right]_p\frac{\mathrm{D}p}{\mathrm{D}t}+\boldsymbol{\tau}:\nabla\boldsymbol{u}+S+\rho\boldsymbol{u}T\cdot\nabla c_p\tag{2.17}$$

尽管从形式上看该方程的对流项为散度形式，但是方程右边的 $\rho\boldsymbol{u}T\cdot\nabla c_p$ 实质上为对流项的一部分，因此变化后的该方程依然是非守恒型方程。

对不可压缩流体，$\frac{\partial(\ln\rho)}{\partial\ln T}=0$，当热流密度 $\boldsymbol{q}$ 采用傅里叶导热（$\boldsymbol{q}=-\lambda\nabla T$）描述时，式(2.17)可化简为

$$\rho c_p\frac{\partial T}{\partial t}+\nabla\cdot(\rho c_p\boldsymbol{u}T)=\nabla\cdot(\lambda\nabla T)+\boldsymbol{\tau}:\nabla\boldsymbol{u}+S+\rho\boldsymbol{u}T\cdot\nabla c_p\tag{2.18}$$

当忽略黏性耗散且 c_p 为常数时，式(2.18)中 $\boldsymbol{\tau}:\nabla\boldsymbol{u}=0,\quad \rho\boldsymbol{u}T\cdot\nabla c_p=0$，此时不可压缩流体以温度为变量的能量方程为

$$\rho c_p\frac{\partial T}{\partial t}+\nabla\cdot(\rho c_p\boldsymbol{u}T)=\nabla\cdot(\lambda\nabla T)+S\tag{2.19}$$

式(2.19)中的对流项为散度形式，因此该方程为守恒型方程。从上可知，当 c_p 变化不为常数时，以温度为变量的能量方程为非守恒型方程，建议采用以比焓为变量的守恒型方程——式(2.12)。当 c_p 为常数时，常直接采用式(2.19)。

式(2.16)也可写为关于比定容热容 c_V 的形式：

$$\rho c_V\frac{\partial T}{\partial t}+\rho c_V\boldsymbol{u}\nabla\cdot T=-\nabla\cdot\boldsymbol{q}-T\left(\frac{\partial p}{\partial T}\right)_\rho\nabla\cdot\boldsymbol{u}+\boldsymbol{\tau}:\nabla\boldsymbol{u}+S\tag{2.20}$$

根据式(2.20)可得到适用于固体、液体和气体三种物质形态的导热方程为

$$\rho c_V \frac{\partial T}{\partial t} = \nabla \cdot (\lambda \nabla T) + S \tag{2.21}$$

值得指出的是，上述导热方程既适用于比热容为常数的情况，也适用于比热容变化的情况。此外，对于固体和液体，定压比热容和比定容热容相差很小，$c_p \approx c_V$。由于c_V的测定要困难得多，在工程问题中，一般可以用c_p来代替c_V，得到在传热学和数值传热学领域教材和文献中固体和液体的导热方程的形式如下：

$$\rho c_p \frac{\partial T}{\partial t} = \nabla \cdot (\lambda \nabla T) + S \tag{2.22}$$

对气体的纯导热问题，c_p和c_V的差异不能忽略。严格意义上讲，导热方程需采用式(2.21)。

表 2.2 对数值传热学中常见控制方程及其适用条件进行了总结。在采用这些控制方程求解单相不可压缩流动与传热问题时，应判断物理问题是否满足方程的适用条件。若表中控制方程的适用条件不满足，应在文献中查找或从表 2.1 中控制方程的一般形式出发重新推导合适的控制方程。对于高雷诺数湍流模拟和多相流模拟等其他控制方程，同样应注意方程的适用条件，选用或推导合适的控制方程。

表 2.2　常见控制方程及其适用条件

方程类型	方程表达式	适用条件
连续性方程	$\frac{\partial \rho}{\partial t} + \nabla \cdot (\rho \boldsymbol{u}) = 0$	各类单相流体
	$\nabla \cdot (\rho \boldsymbol{u}) = 0$	不可压缩流体
动量方程	$\frac{\partial (\rho \boldsymbol{u})}{\partial t} + \nabla \cdot (\rho \boldsymbol{u}\boldsymbol{u}) = -\nabla p + \nabla \cdot \boldsymbol{\tau} + \rho \boldsymbol{f}$	各类单相流体
	$\rho \frac{\partial \boldsymbol{u}}{\partial t} + \nabla \cdot (\rho \boldsymbol{u}\boldsymbol{u}) = -\nabla p + \nabla \cdot \left[\mu (\nabla \boldsymbol{u} + \nabla \boldsymbol{u}^{\mathrm{T}}) \right] + \rho \boldsymbol{f}$	不可压缩牛顿流体
	$\rho \frac{\partial \boldsymbol{u}}{\partial t} + \nabla \cdot (\rho \boldsymbol{u}\boldsymbol{u}) = -\nabla p + \nabla \cdot (\mu \nabla \boldsymbol{u}) + \rho \boldsymbol{f}$	不可压缩牛顿流体、黏度为常数
	$\rho \frac{\partial \boldsymbol{u}}{\partial t} + \nabla \cdot (\rho \boldsymbol{u}\boldsymbol{u}) = -\nabla p + \nabla \cdot (\mu \nabla \boldsymbol{u}) + \rho_{\mathrm{ref}} \left[1 - \beta (T - T_{\mathrm{ref}}) \right] \boldsymbol{g}$	不可压缩牛顿流体的自然对流，体积力只有重力，浮升力的计算采用 Boussinesq 假设
能量方程	$\frac{\partial (\rho h)}{\partial t} + \nabla \cdot (\rho \boldsymbol{u} h) = -\nabla \cdot \boldsymbol{q} + \frac{Dp}{Dt} + S + \boldsymbol{\tau} : \nabla \boldsymbol{u}$	各类单相流体
	$\rho c_p \frac{\partial T}{\partial t} + \rho c_p \boldsymbol{u} \nabla \cdot T = \nabla \cdot (\lambda \nabla T) + S + \boldsymbol{\tau} : \nabla \boldsymbol{u}$ 或 $\rho c_p \frac{\partial T}{\partial t} + \nabla \cdot (\rho c_p \boldsymbol{u} T) = \nabla \cdot (\lambda \nabla T) + S + \boldsymbol{\tau} : \nabla \boldsymbol{u} + \rho \boldsymbol{u} T \cdot \nabla c_p$	不可压缩流体

续表

方程类型	方程表达式	适用条件
能量方程	$\rho c_p \frac{\partial T}{\partial t} + \nabla \cdot (\rho c_p \boldsymbol{u} T) = \nabla \cdot (\lambda \nabla T) + S$	不可压缩流体，比热容为常数，且忽略黏性耗散
	$\rho c_p \frac{\partial T}{\partial t} = \nabla \cdot (\lambda \nabla T) + S$	固体/流体的傅里叶导热
	$\rho c_V \frac{\partial T}{\partial t} = \nabla \cdot (\lambda \nabla T) + S$	气体的傅里叶导热

2.3　控制方程的选择与简化

为降低数值计算难度和计算量，对控制方程选择与简化应注意以下几点。

(1) 根据计算区域的特点，选取合适的坐标系，得到便于描述物理问题的控制方程形式。同一物理问题在不同坐标系下的控制方程表达形式存在较大差异，选择与之相适应的坐标系得到其控制方程，可减少计算难度和计算量。例如，对于一个圆柱区域的导热问题，采用圆柱坐标系控制方程相对于其他坐标系计算更简单。

(2) 根据物理问题的性质，对物理过程和方程进行合理简化，在保证所求解问题精度要求的前提下，减少方程中的自变量或因变量的数目，或化简为更容易求解的方程类型。主要的简化有：当物理量随时间变化较小时，忽略其时间变化，消除方程中与时间相关的非稳态项，将非稳态方程简化为稳态方程；根据物理量空间分布的特点，忽略物理量在某些方向上的空间变化，将三维问题简化为二维甚至一维问题；根据流动与传热特性，忽略某些空间项的导数，简化为不同特性的方程类型。

(3) 通过变量变换，简化控制方程。例如对二维不可压缩流动，根据涡量和流函数的定义，可以消去压强项，得到自动满足连续性方程的涡量-流函数方程，同时求解变量由 3 个减少到 2 个。

(4) 选取合适的特征量，对控制方程进行无量纲化。无量纲化可将控制方程中的常数运算转化成相似参数运算，从而避免方程中不同物理参数在量级上的悬殊差异，减少不必要的数值误差和精度损失。

(5) 为便于不可压缩流动和传热问题的求解过程及其离散方程性质的讲解，常采用下列简化的一维模型方程。

非守恒型模型方程：

$$\rho \frac{\partial \phi}{\partial t} + \rho u \frac{\partial \phi}{\partial x} = \Gamma \frac{\partial^2 \phi}{\partial x^2} + S \tag{2.23}$$

守恒型模型方程：

$$\rho \frac{\partial \phi}{\partial t} + \frac{\partial (\rho u \phi)}{\partial x} = \frac{\partial}{\partial x}\left(\Gamma \frac{\partial \phi}{\partial x}\right) + S \tag{2.24}$$

2.4　定解条件

为了得到确定的流场和温度场，确定控制方程之后，还需给出定解条件。定解条件一般包括模型参数、边界条件和初始条件。

1. 模型参数

模型参数包括几何参数、物性参数和模型常数。任何流动与传热问题都发生在一定的空间区域。进行数值计算时，必须给出求解区域的几何形状及其大小等几何参数。物性参数是指描述一个物理问题基本性质的参数，常见的物性参数有密度、黏度、导热系数、比热容等，这些参数值或其变化规律应该尽量准确给出。在物理问题建模过程中还可能会引入一些模型常数，通常又称为经验常数，其值需要根据物理问题实际情况给定。

2. 边界条件

边界包括内边界和外边界。通常，边界条件指的是外边界条件，反映系统与外界环境之间的联系和相互作用。常见的边界有 6 种：固体壁面、流动入口、流动出口、对称边界、周期边界和流固耦合界面。本节主要介绍前面 4 种情况在速度和温度变量边界条件的确定，其他变量如压强、湍动能、耗散率等的边界条件及后两种边界情况的介绍见后续章节其他变量。最常见的边界条件有三类。

(1) 第一类边界条件，又称狄利克雷边界条件(Dirichlet boundary condition)，在边界上给定待求变量的分布：

$$\phi = c \tag{2.25}$$

(2) 第二类边界条件，又称诺依曼边界条件(Neumann boundary condition)，在边界上给定待求变量法向的一阶导数：

$$\frac{\partial \phi}{\partial n} = c \tag{2.26}$$

(3) 第三类边界条件，又称洛平边界条件(Robin boundary condition)或混合条件，在边界上给定待求变量与其法向的一阶导数值之间的函数关系：

$$a\phi + b\frac{\partial \phi}{\partial n} = c \tag{2.27}$$

$-\lambda \dfrac{\partial T}{\partial n} = h_{\mathrm{f}}(T - T_{\mathrm{f}})$ 是典型的第三类边界条件，此时，$a = h_{\mathrm{f}}, b = \lambda, c = h_{\mathrm{f}} T_{\mathrm{f}}$。式(2.25)～式(2.27)中，$c$ 多为常数，也可以是时间或/和空间坐标的函数。

常见的速度和温度的边界条件见表 2.3 和表 2.4，关于边界条件的几点说明如下。

(1) 速度边界条件通常只有第一类和第二类边界条件；温度有三类典型的边界条件，

第三类边界条件通常发生在固壁上，绝热和对称是第二类边界的特例。

(2)对于几何形状、边界条件和初始条件均对称(或者轴对称)，物性参数全场均匀的物理问题，一般可根据几何形状的对称线取几何形状的一半进行计算或根据对称轴取旋转体的轴对称面进行计算，以提高计算效率。有些物理问题虽然几何形状、边界条件和初始条件均对称，但其流动传热特性是非对称的，此时不能采用该处理方法，计算区域应取整个区域。也就是说采用对称边界条件的必要条件：物性参数对称、几何参数对称、初始条件对称(非稳态问题)、边界条件对称；对称边界条件的充要条件是在必要条件的基础上加物理现象对称。

(3)边界条件必须适定：边界条件不能多，也不能少。当边界条件不够时，不能得到唯一的解；当边界条件多余时，往往不能得到适定的解。

表 2.3　常见速度边界条件

<table>
<tr><th colspan="2">边界</th><th>法向速度</th><th>边界类型</th><th>切向速度</th><th>边界类型</th></tr>
<tr><td colspan="2">固体壁面</td><td>$u_n = 0$</td><td>第一类</td><td>$u_\tau = u_{\mathrm{w}}$</td><td>第一类</td></tr>
<tr><td colspan="2">流动入口</td><td>$u_n = u_{\mathrm{in}}$</td><td>第一类</td><td>$u_\tau = 0$</td><td>第一类</td></tr>
<tr><td rowspan="2">流动出口</td><td>充分发展</td><td>$\frac{\partial u_n}{\partial n} = 0$</td><td>第二类</td><td>$u_\tau = 0$</td><td>第一类</td></tr>
<tr><td>局部单向化</td><td>$\frac{\partial u_n}{\partial n} = 0$</td><td>第二类</td><td>$\frac{\partial u_\tau}{\partial n} = 0$</td><td>第二类</td></tr>
<tr><td colspan="2">对称面</td><td>$u_n = 0$</td><td>第一类</td><td>$\frac{\partial u_\tau}{\partial n} = 0$</td><td>第二类</td></tr>
</table>

注：下标 n 和 τ 分别表示法向和切向。

表 2.4　常见温度边界条件

<table>
<tr><th>边界</th><th>法向速度</th><th>边界类型</th><th>其他说明</th></tr>
<tr><td rowspan="3">固体壁面</td><td>$T = T_{\mathrm{w}}$</td><td>第一类</td><td rowspan="3">$q = 0$ 时，为绝热边界，是第二类边界条件的一种特殊情况；第二类、第三类中热流方向默认为边界的外法线方向，如果热流方向规定为内法线方向，则应将等号左边的负号变为正号</td></tr>
<tr><td>$-\lambda \frac{\partial T}{\partial n} = q$</td><td>第二类</td></tr>
<tr><td>$-\lambda \frac{\partial T}{\partial n} = h_{\mathrm{f}}(T - T_{\mathrm{f}})$</td><td>第三类</td></tr>
<tr><td>流动入口</td><td>$T = T_{\mathrm{in}}$</td><td>第一类</td><td>—</td></tr>
<tr><td>流动出口</td><td>$\frac{\partial T}{\partial n} = -\frac{\int_L q \mathrm{d}L}{\int_A \rho c_p u_n \mathrm{d}A}$</td><td>第二类</td><td>$L, A, u_{\mathrm{n}}, q$ 分别为流动出口断面的周长、面积、法向方向的速度和固壁法向方向的热流密度，q 默认为外法线方向，如果为内法线方向，则应将等号右边负号变为正号</td></tr>
<tr><td>对称面</td><td>$\frac{\partial T}{\partial n} = 0$</td><td>第二类</td><td>—</td></tr>
</table>

3. 初始条件

非稳态流动与传热问题的解除了受边界条件影响外，还受到初始条件影响。初始条件是关于时间变量的定解条件，反映待求变量在初始时刻的空间分布：

$$\phi|_{t=0} = \phi_0 \tag{2.28}$$

式中，ϕ_0 可以为常数，也可以是空间坐标的函数。

此处需要注意以下四点。

(1) 稳态问题不需要初始条件，只有非稳态问题需要给出初始条件。

(2) 初始条件在不同的时间段对计算结果的影响大小不相同，对初始阶段影响非常明显；随着时间的推移，影响逐渐减弱；时间无限长时，初始条件的影响完全消失。

(3) 如果边界条件不随时间变化，非稳态过程最终将达到一个稳定状态，此时的解与初始条件无关，由边界条件决定。因此，也可通过求解非稳态方程求解稳态问题。

(4) 非稳态问题可能会出现多个有物理意义的解，如对纳维-斯托克斯 (Navier-Stokes，N-S) 方程，当雷诺数比较大时，可以求出一个层流解和一个湍流解。

2.5　控制方程和定解条件的无量纲化

建立数学模型后，在进行方程求解前，常对其进行简化。无量纲化是一种常用的简化方程方法，易于实现数值计算中的相似模拟，计算结果适用于满足相似条件的同类问题，因此某一特定问题得到的解能推广到一般的情况。该方法一般仅应用于常物性流动与传热机理的研究或简单工程问题的求解。对复杂工程流动与传热问题，物理过程复杂，涉及的空间尺寸多，物性参数多且常随时空变化，特征量的选取较困难，因此常采用有量纲控制方程。

无量纲化包括控制方程的无量纲化、边界条件和初始条件的无量纲化，实施步骤简介如下。

(1) 根据流动与传热问题的特点，选取合适的特征量。

对同一个变量，特征量选取有多种可能性，其选取与物理问题的特点和研究者的习惯等因素相关。建议选取简单的、便于物理问题分析的或约定俗成的特征量。一般选取特征长度、特征速度和特征温度作为基本特征量：①选取求解区域中最影响流动传热特性的特征几何尺寸作为特征长度；②选取入口或者出口流速的平均值作为特征速度；③选取壁温或者不同壁面的温差作为特征温度。其他特征量如特征时间与特征压强等，一般根据量纲一致性原理，由基本特征量或/和物性参数组合得到。

(2) 根据选取的特征量，构造各变量对应的无量纲量。

(3) 将变量表示成无量纲量与特征量的乘积，代入到控制方程，并进行化简和整理，得到无量纲控制方程。

(4) 将变量表示为无量纲量与特征量的乘积，代入到边界条件和初始条件，得到相应的无量纲定解条件。

2.6　通用控制方程

为提高编程效率和程序通用性，流动与传热数值计算中常将不同物理问题的控制方程写成通用控制方程的形式。数值传热学教材通常采用的通用控制方程包含连续性方程、动量方程和能量方程，而事实上连续性方程与动量方程、能量方程的性质、离散过程和求解均有较大的差异，将其写成通用控制方程时，待求变量为 $\phi=1$，没有物理意义。因此，笔者认为对编程有意义的通用控制方程为对流扩散型方程，包含动量方程、能量方程和其他可以写成非稳态项、对流项、扩散项和源项形式的方程。此外，数值传热学中常见的通用控制方程并未考虑定压比热容 c_p 变化对能量方程的影响。针对上述问题，笔者提出了一种针对不可压缩牛顿流体的通用控制方程新形式：

$$\rho_\phi \frac{\partial \phi}{\partial t} + \nabla \cdot (\rho_\phi \boldsymbol{u} \phi) = \nabla \cdot (\Gamma_\phi \nabla \phi) + S_\phi \tag{2.29}$$

非稳态项 广义对流项　广义扩散项 广义源项

式中，ϕ 为通用变量；$\boldsymbol{u}$ 为速度矢量；ρ_ϕ 为广义密度；Γ_ϕ 为广义扩散系数；S_ϕ 为广义源项，这些参数对应不可压缩牛顿流体流动与传热方程的含义见表 2.5。表 2.6 给出了动量和能量方程中的广义源项在不同条件下的表达式。由式(2.29)可以看出，控制方程均可写成非稳态项、广义对流项、广义扩散项与广义源项的组合形式。值得指出的是，非稳态项中需要将 ρ_ϕ 放到偏导数外面才可适应 c_p 为非常数的情况。此外，能量方程中的 λ 为导热系数，反映物体导热能力的大小，具有扩散性质。动量方程中的 μ 为动力黏度，反映流体单位接触面积上由流速切向变化产生的内摩擦力，流速在物理本质上不是各向同性的，因此不具有扩散性质。动量方程中的黏性项之所以与能量方程中的热扩散项形式相同，是因为数学变换过程中对流速的切向变化率在切向或法向再次求导并利用不可压缩流体连续性方程消去一阶导数项所致。因此，能量方程和动量方程中含有二阶导数的项虽然形式上相同，但物理含义有很大的差异。也就是说，虽然动量方程的该项形式上具有扩散的特征，但物理本质上不具有扩散的性质，故我们用广义扩散项而不是用扩散项表示该项。

表 2.5　对流扩散通用控制方程新形式中各变量对应关系

方程	ϕ	ρ_ϕ	Γ_ϕ	S_ϕ
动量方程	$\boldsymbol{u}$	ρ	μ	S_u
能量方程	T	ρc_p	λ	S_T

数值传热学研究的绝大部分工程问题中，当流体的密度变化很小时，可以当成不可压缩流体；黏度和比热容随空间和时间的变化小时，可以当成常数；当黏性耗散产生的

热量小时，可以忽略摩擦效应影响。因此，数值传热学教材中常常只给出了这种不考虑物性参数变化和摩擦效应情况下的源项表达式，见表 2.6 阴影部分。值得指出的是，当流体工质的黏度不是常数且流场变化较剧烈时，动量方程中由于黏度变化产生的附加项类似于传热问题中的内热源项，会对计算结果产生一定影响。在进行精确数值模拟时，需考虑此项的影响。此时，源项中需加入 $\nabla\cdot(\mu\nabla \boldsymbol{u}^{\mathrm{T}})$，见表 2.6 中第一行。当定压比热容 c_p 的变化较大时，需考虑物性变化的影响，能量方程的源项应增加由于 c_p 变化而带来的附加源项，即 $\rho \boldsymbol{u} T\cdot\nabla c_p$，见表 2.6 中第四行。此外，当流体工质的黏度较大且流场变化剧烈时，能量方程中由于摩擦作用产生的附加项不可忽略。该项相当于一个内热源项，会对计算结果产生较大影响，严重时甚至导致计算结果失真，此时，需考虑摩擦效应的影响，源项中需加入 $\boldsymbol{\tau}:\nabla \boldsymbol{u}$，见表 2.6 中第 4、5 行。

表 2.6　动量和能量方程中的广义源项

源项	源项表达式	适用条件
S_u	$-\nabla p+\rho \boldsymbol{f}+\nabla\cdot(\mu\nabla \boldsymbol{u}^{\mathrm{T}})$	不可压缩牛顿流体
	$-\nabla p+\rho \boldsymbol{f}$	不可压缩牛顿流体，黏度为常数
	$-\nabla p+\rho_{\mathrm{ref}}(1-\beta(T-T_{\mathrm{ref}}))\boldsymbol{g}$	不可压缩牛顿流体，黏度为常数，体积力只有重力，浮升力的计算采用 Boussinesq 假设
S_T	$S+\boldsymbol{\tau}:\nabla \boldsymbol{u}+\rho \boldsymbol{u} T\cdot\nabla c_p^*$	不可压缩流体
	$S+\boldsymbol{\tau}:\nabla \boldsymbol{u}$	不可压缩流体，比热容为常数
	S	不可压缩流体，比热容为常数且忽略黏性耗散

值得指出的是，表中源项 S_T 带“*”时，若 c_p 不为常数，则能量方程为非守恒型方程。当 $\rho \boldsymbol{u} T\cdot\nabla c_p$ 很小时，其影响可以忽略。事实上，笔者曾忽略该项，计算得到了精度和守恒性均较好的结果。但严格意义上来讲，该项的大小不能忽略，为保证精度，建议采用以焓为变量的能量方程。此外，由于采用温度作为变量一般计算更为方便，因此对守恒性要求不高的流动与传热问题，可以采用该非守恒型方程求解。

直角坐标系和圆柱坐标系是最常用的两类正交坐标系。这两类坐标系下的守恒型通用控制方程可写成以下具体形式。

(1) 直角坐标系下的守恒型通用控制方程。

直角坐标系下的不可压缩牛顿流体守恒型通用控制方程常写成以下形式：

$$\rho_\phi\frac{\partial\phi}{\partial t}+\frac{\partial(\rho_\phi u_x\phi)}{\partial x}+\frac{\partial(\rho_\phi u_y\phi)}{\partial y}+\frac{\partial(\rho_\phi u_z\phi)}{\partial z}$$
$$=\frac{\partial}{\partial x}\left(\Gamma_\phi\frac{\partial\phi}{\partial x}\right)+\frac{\partial}{\partial y}\left(\Gamma_\phi\frac{\partial\phi}{\partial y}\right)+\frac{\partial}{\partial z}\left(\Gamma_\phi\frac{\partial\phi}{\partial z}\right)+S_\phi \tag{2.30}$$

式中对应不同方程各参数变量的含义见表 2.7～表 2.9。

表 2.7　直角坐标系守恒型通用控制方程新形式中各变量对应关系

方程	ϕ	ρ_ϕ	Γ_ϕ	S_ϕ
x 方向动量方程	u_x	ρ	μ	S_{u_x}
y 方向动量方程	u_y	ρ	μ	S_{u_y}
z 方向动量方程	u_z	ρ	μ	S_{u_z}
能量方程	T	ρc_p	λ	S_T

表 2.8　直角坐标系动量方程中的广义源项

源项	源项表达式	适用条件
S_{u_x}	$-\frac{\partial p}{\partial x}+\rho f_x+\frac{\partial}{\partial x}\left(\mu\frac{\partial u_x}{\partial x}\right)+\frac{\partial}{\partial y}\left(\mu\frac{\partial u_y}{\partial x}\right)+\frac{\partial}{\partial z}\left(\mu\frac{\partial u_z}{\partial x}\right)$	不可压缩牛顿流体
S_{u_y}	$-\frac{\partial p}{\partial y}+\rho f_y+\frac{\partial}{\partial x}\left(\mu\frac{\partial u_x}{\partial y}\right)+\frac{\partial}{\partial y}\left(\mu\frac{\partial u_y}{\partial y}\right)+\frac{\partial}{\partial z}\left(\mu\frac{\partial u_z}{\partial y}\right)$	
S_{u_z}	$-\frac{\partial p}{\partial z}+\rho f_z+\frac{\partial}{\partial x}\left(\mu\frac{\partial u_x}{\partial z}\right)+\frac{\partial}{\partial y}\left(\mu\frac{\partial u_y}{\partial z}\right)+\frac{\partial}{\partial z}\left(\mu\frac{\partial u_z}{\partial z}\right)$	
S_{u_x}	$-\frac{\partial p}{\partial x}+\rho f_x$	不可压缩牛顿流体，黏度为常数
S_{u_y}	$-\frac{\partial p}{\partial y}+\rho f_y$	
S_{u_z}	$-\frac{\partial p}{\partial z}+\rho f_z$	
S_{u_x}	$-\frac{\partial p}{\partial x}+\rho_{\text{ref}}[1-\beta(T-T_{\text{ref}})]g_x$	不可压缩牛顿流体，黏度为常数，体积力只有重力，浮升力的计算采用 Boussinesq 假设
S_{u_y}	$-\frac{\partial p}{\partial y}+\rho_{\text{ref}}[1-\beta(T-T_{\text{ref}})]g_y$	
S_{u_z}	$-\frac{\partial p}{\partial z}+\rho_{\text{ref}}[1-\beta(T-T_{\text{ref}})]g_z$	

表 2.9　直角坐标系能量方程中的广义源项

源项	源项表达式	适用条件
S_T	$S+\rho u_x T\frac{\partial c_p}{\partial x}+\rho u_y T\frac{\partial c_p}{\partial y}+\rho u_z T\frac{\partial c_p}{\partial z}+2\mu\left[\left(\frac{\partial u_x}{\partial x}\right)^2+\left(\frac{\partial u_y}{\partial y}\right)^2+\left(\frac{\partial u_z}{\partial z}\right)^2\right]+\mu\left(\frac{\partial u_x}{\partial y}+\frac{\partial u_y}{\partial x}\right)^2+\mu\left(\frac{\partial u_x}{\partial z}+\frac{\partial u_z}{\partial x}\right)^2+\mu\left(\frac{\partial u_y}{\partial z}+\frac{\partial u_z}{\partial y}\right)^2$	不可压缩流体
	$S+2\mu\left[\left(\frac{\partial u_x}{\partial x}\right)^2+\left(\frac{\partial u_y}{\partial y}\right)^2+\left(\frac{\partial u_z}{\partial z}\right)^2\right]+\mu\left(\frac{\partial u_x}{\partial y}+\frac{\partial u_y}{\partial x}\right)^2+\mu\left(\frac{\partial u_x}{\partial z}+\frac{\partial u_z}{\partial x}\right)^2+\mu\left(\frac{\partial u_y}{\partial z}+\frac{\partial u_z}{\partial y}\right)^2$	不可压缩流体，比热容为常数
	S	不可压缩流体，比热容为常数且忽略黏性耗散

(2) 圆柱坐标系下的守恒型通用控制方程

圆柱坐标系下的不可压缩牛顿流体守恒型通用控制方程常写成以下形式：

$$
\begin{aligned}
&\rho_\phi \frac{\partial \phi}{\partial t}+\frac{\partial(\rho_\phi r u_r \phi)}{r\partial r}+\frac{\partial(\rho_\phi u_\theta \phi)}{r\partial \theta}+\frac{\partial(\rho_\phi u_z \phi)}{\partial z} \\
&=\frac{\partial}{r\partial r}\left(r\Gamma_\phi \frac{\partial \phi}{\partial r}\right)+\frac{\partial}{r\partial \theta}\left(\Gamma_\phi \frac{\partial \phi}{r\partial \theta}\right)+\frac{\partial}{\partial z}\left(\Gamma_\phi \frac{\partial \phi}{\partial z}\right)+S_\phi
\end{aligned}
\tag{2.31}
$$

对不可压缩牛顿流体，黏度和比热容均为常数且忽略黏性耗散情况下，式(2.31)中各变量的含义见表 2.10。圆柱坐标系下考虑物性参数变化和摩擦效应情况下的源项表达式，感兴趣的读者可自行推导。严格意义上讲，式(2.31)对能量方程守恒性能严格保证，但动量方程的守恒性并不能严格保证，原因是直角坐标变换成圆柱坐标时，对流项和扩散项的一部分变成了广义源项。此时，r 方向和 θ 方向的动量方程为弱守恒方程。

表 2.10　圆柱坐标系下的守恒型通用控制方程新形式各变量含义

方程	ϕ	ρ_ϕ	Γ_ϕ	S_ϕ
r 方向动量方程	u_r	ρ	μ	$-\frac{\partial p}{\partial r}+\rho f_r+\frac{\rho u_\theta^2}{r}-\frac{\mu u_r}{r^2}-\frac{2\mu}{r^2}\frac{\partial u_\theta}{\partial \theta}$
θ 方向动量方程	u_θ	ρ	μ	$-\frac{\partial p}{r\partial \theta}+\rho f_\theta-\frac{\rho u_r u_\theta}{r}-\frac{\mu u_\theta}{r^2}+\frac{2\mu}{r^2}\frac{\partial u_r}{\partial \theta}$
z 方向动量方程	u_z	ρ	μ	$-\frac{\partial p}{\partial z}+\rho f_z$
能量方程	T	ρc_p	λ	S_T

为简便起见，后续内容中的 ρ_ϕ、Γ_ϕ 和 S_ϕ 统一用 ρ、Γ 和 S 表示，此时，对能量方程而言，ρ_ϕ 的含义为 $\rho_\phi=\rho c_p$。

本节以单相不可压缩牛顿流体动量方程、能量方程为例给出了通用控制方程。对于采用涡量-流函数法和涡量-速度法等非原始变量法得到的控制方程及后续章节中将介绍的湍流模型方程和体积分数输运方程等，都可以写出通用控制方程的形式。此外，本节给出的通用控制方程采用的是有量纲形式，当采用无量纲形式的通用控制方程时，方程的变量及物性参数会根据选取的特征量转换为对应的无量纲量，特征量的选取不同，方程的广义扩散系数、广义源项等不同。

2.7　控制方程的类型及性质

任何有效的数值求解必须遵循控制方程的一般数学特性。如果控制方程中关于待求变量及其各阶导数都是一次，则称为线性方程。如果控制方程不是线性方程，但待求变量的所有最高阶导数都是线性的，则称为拟线性方程。不是线性又不是拟线性的方程称为完全非线性方程。拟线性方程与完全非线性方程都属于非线性方程。流动与传热的微分控制方程一般为包含时间的一阶导数和空间坐标的一阶、二阶导数的线性或拟线性方程。下面用式(2.32)来分析方程的类型及性质：

$$a\phi_{xx}+b\phi_{xy}+c\phi_{yy}+d\phi_x+e\phi_y+f\phi=g(x,y) \tag{2.32}$$

式中，$\phi_{xx},\phi_{xy},\phi_{yy}$表示二阶偏导数；$\phi_x,\phi_y$表示一阶偏导数。需注意的是，$x$既可以表示空间坐标也可以表示时间坐标。流动与传热的控制方程与该方程在形式上类似，具有相似的数学性质，因此可以用该方程进行控制方程的类型和性质分析。控制方程的类型根据特征线可以分为双曲型、抛物型和椭圆型。控制方程类型的判别准则、特征和常见物理问题见表 2.11。有些控制方程的数学性质随不同的自变量的选取表现出不同的数学性质，具有混合特性。

不同类型的控制方程对应的流动与传热物理性质不同，应采用不同的数值计算方法，如表 2.11 所示。不同类型方程中的坐标性质不同，可以利用坐标的性质来直观地判别方程的性质。对给定的坐标，若坐标上给定点的状态只受该点一侧状态影响，该坐标具有单向性质；若受该点两侧状态的影响，则该坐标具有双向性质。当控制方程中有一个单向性质坐标时，该方程具有抛物性质，若有双向性质坐标则该方程具有椭圆性质。时间坐标的性质总是单向的，扩散总是具有双向性质，边界层流动在流动方向的坐标具有单向性质。在单向坐标方向采用步进法求解，可以节省大量的计算机存储和计算时间。

表 2.11　控制方程的类型、特征和常见物理问题

类型	双曲型方程	抛物型方程	椭圆型方程
判别准则	$b^2-4ac>0$	$b^2-4ac=0$	$b^2-4ac<0$
判别举例	$\frac{1}{m}\frac{\partial T}{\partial t}+\frac{1}{n^2}\frac{\partial^2 T}{\partial t^2}=\frac{\partial^2 T}{\partial y^2}$ $(1/n^2)\phi_{tt}-\phi_{yy}+(1/m)\phi_t=0$ $a=1/n^2,b=0,c=-1$ $b^2-4ac>0$	$\frac{\partial T}{\partial t}=m\frac{\partial^2 T}{\partial y^2}$ $m\phi_{yy}-\phi_t=0$ $a=0,b=0,c=m$ $b^2-4ac=0$	$\frac{\partial^2 T}{\partial x^2}+\frac{\partial^2 T}{\partial y^2}=0$ $\phi_{xx}+\phi_{yy}=0$ $a=1,b=0,c=1$ $b^2-4ac<0$
特征线数目	两条	一条	无
依赖区和影响区			
常见物理问题	波动方程、非傅里叶导热、无黏流体的稳定超音速流动、无黏流体的非稳定流动等	非稳态导热、边界层流动等	稳态导热、稳态非边界层对流换热等
定解条件	无需给定终了值	无需给定终了值或下游值	在计算区域的整个边界上给定边界条件
数值计算方法	特征线法	步进法	整场耦合求解法

2.8　典型习题解析

例 1　流动传热控制方程通常有四种不同形式，且能够相互转化。请以守恒积分型连续性方程为例，推导出守恒微分型控制方程。

$$\frac{\partial}{\partial t}\int \rho \mathrm{d}V + \oint \mathrm{d}\boldsymbol{S}\cdot(\rho \boldsymbol{u}) = 0$$

【解析】本题考查应用高斯定理等实现积分型方程和微分型方程之间的转化。

由高斯定理得

$$\frac{\partial}{\partial t}\int \rho \mathrm{d}V + \oint \mathrm{d}\boldsymbol{S}\cdot(\rho \boldsymbol{u}) = \frac{\partial}{\partial t}\int \rho \mathrm{d}V + \int \nabla\cdot(\rho \boldsymbol{u})\mathrm{d}V \tag{2.33}$$

由控制体体积固定得

$$\frac{\partial}{\partial t}\int \rho \mathrm{d}V = \int \frac{\partial \rho}{\partial t}\mathrm{d}V \tag{2.34}$$

将式(2.34)代入式(2.33)得

$$\int\left[\frac{\partial \rho}{\partial t} + \nabla\cdot(\rho \boldsymbol{u})\right]\mathrm{d}V = 0 \tag{2.35}$$

于是守恒积分型控制方程可转化为以下守恒微分型控制方程：

$$\frac{\partial \rho}{\partial t} + \nabla\cdot(\rho \boldsymbol{u}) = 0 \tag{2.36}$$

例 2　基于直角坐标系写出如下不可压缩变黏性牛顿流体动量方程的分量形式，并推导出忽略黏性变化时的动量方程分量形式。

$$\rho\frac{\partial \boldsymbol{u}}{\partial t} + \nabla\cdot(\rho \boldsymbol{u}\boldsymbol{u}) = -\nabla p + \nabla\cdot\left[\mu(\nabla \boldsymbol{u} + \nabla \boldsymbol{u}^{\mathrm{T}})\right] + \rho \boldsymbol{f}$$

【解析】本题考查动量方程的矢量形式如何转换成其分量的形式，且考查变黏性流体与常黏性流体控制方程的区别。

将动量方程矢量表达式左边第一项展开得

$$\rho\frac{\partial \boldsymbol{u}}{\partial t} = \rho\frac{\partial(u_x\boldsymbol{i} + u_y\boldsymbol{j} + u_z\boldsymbol{k})}{\partial t} = \rho\frac{\partial u_x}{\partial t}\boldsymbol{i} + \rho\frac{\partial u_y}{\partial t}\boldsymbol{j} + \rho\frac{\partial u_z}{\partial t}\boldsymbol{k} \tag{2.37}$$

将动量方程矢量表达式左边第二项展开得

$$
\begin{aligned}
\nabla\cdot(\rho\boldsymbol{u}\boldsymbol{u}) &= \nabla\cdot\left[\rho(u_x\boldsymbol{i}+u_y\boldsymbol{j}+u_z\boldsymbol{k})(u_x\boldsymbol{i}+u_y\boldsymbol{j}+u_z\boldsymbol{k})\right] \\
&= \nabla\cdot\begin{bmatrix}(\rho u_x u_x\boldsymbol{ii}+\rho u_x u_y\boldsymbol{ij}+\rho u_x u_z\boldsymbol{ik})+(\rho u_y u_x\boldsymbol{ji}+\rho u_y u_y\boldsymbol{jj}+\rho u_y u_z\boldsymbol{jk}) \\ +(\rho u_z u_x\boldsymbol{ki}+\rho u_z u_y\boldsymbol{kj}+\rho u_z u_z\boldsymbol{kk})\end{bmatrix} \\
&= \left(\frac{\partial}{\partial x},\frac{\partial}{\partial y},\frac{\partial}{\partial z}\right)\cdot\begin{pmatrix}\rho u_x u_x & \rho u_x u_y & \rho u_x u_z \\ \rho u_y u_x & \rho u_y u_y & \rho u_y u_z \\ \rho u_z u_x & \rho u_z u_y & \rho u_z u_z\end{pmatrix} \\
&= \left[\frac{\partial}{\partial x}(\rho u_x u_x)+\frac{\partial}{\partial y}(\rho u_y u_x)+\frac{\partial}{\partial z}(\rho u_z u_x)\right]\boldsymbol{i} \\
&\quad+\left[\frac{\partial}{\partial x}(\rho u_x u_y)+\frac{\partial}{\partial y}(\rho u_y u_y)+\frac{\partial}{\partial z}(\rho u_z u_y)\right]\boldsymbol{j} \\
&\quad+\left[\frac{\partial}{\partial x}(\rho u_x u_z)+\frac{\partial}{\partial y}(\rho u_y u_z)+\frac{\partial}{\partial z}(\rho u_z u_z)\right]\boldsymbol{k}
\end{aligned} \tag{2.38}
$$

将动量方程矢量表达式右边第一项展开得

$$
-\nabla p=-\frac{\partial p}{\partial x}\boldsymbol{i}-\frac{\partial p}{\partial y}\boldsymbol{j}-\frac{\partial p}{\partial z}\boldsymbol{k} \tag{2.39}
$$

根据哈密顿算子的定义，

$$
\begin{aligned}
\nabla\boldsymbol{u} &= \nabla(u_x\boldsymbol{i}+u_y\boldsymbol{j}+u_z\boldsymbol{k}) \\
&= \frac{\partial(u_x\boldsymbol{i}+u_y\boldsymbol{j}+u_z\boldsymbol{k})}{\partial x}\boldsymbol{i}+\frac{\partial(u_x\boldsymbol{i}+u_y\boldsymbol{j}+u_z\boldsymbol{k})}{\partial y}\boldsymbol{j}+\frac{\partial(u_x\boldsymbol{i}+u_y\boldsymbol{j}+u_z\boldsymbol{k})}{\partial z}\boldsymbol{k} \\
&= \frac{\partial u_x}{\partial x}\boldsymbol{ii}+\frac{\partial u_y}{\partial x}\boldsymbol{ji}+\frac{\partial u_z}{\partial x}\boldsymbol{ki}+\frac{\partial u_x}{\partial y}\boldsymbol{ij}+\frac{\partial u_y}{\partial y}\boldsymbol{jj}+\frac{\partial u_z}{\partial y}\boldsymbol{kj}+\frac{\partial u_x}{\partial z}\boldsymbol{ik}+\frac{\partial u_y}{\partial z}\boldsymbol{jk}+\frac{\partial u_z}{\partial z}\boldsymbol{kk}
\end{aligned} \tag{2.40}
$$

同理可得 $\nabla\boldsymbol{u}^{\mathrm{T}}$，将 $\nabla\boldsymbol{u}$ 和 $\nabla\boldsymbol{u}^{\mathrm{T}}$ 这两个式子代入动量方程矢量表达式右边第二项并展开得

$$
\begin{aligned}
&\nabla\cdot\left[\mu(\nabla\boldsymbol{u}+\nabla\boldsymbol{u}^{\mathrm{T}})\right] \\
&= \nabla\cdot\left[\mu(\nabla\boldsymbol{u})\right]+\nabla\cdot\left[\mu(\nabla\boldsymbol{u}^{\mathrm{T}})\right] \\
&= \nabla\cdot\left[\mu\begin{pmatrix}\dfrac{\partial u_x}{\partial x} & \dfrac{\partial u_y}{\partial x} & \dfrac{\partial u_z}{\partial x} \\ \dfrac{\partial u_x}{\partial y} & \dfrac{\partial u_y}{\partial y} & \dfrac{\partial u_z}{\partial y} \\ \dfrac{\partial u_x}{\partial z} & \dfrac{\partial u_y}{\partial z} & \dfrac{\partial u_z}{\partial z}\end{pmatrix}\right]+\nabla\cdot\left[\mu\begin{pmatrix}\dfrac{\partial u_x}{\partial x} & \dfrac{\partial u_x}{\partial y} & \dfrac{\partial u_x}{\partial z} \\ \dfrac{\partial u_y}{\partial x} & \dfrac{\partial u_y}{\partial y} & \dfrac{\partial u_y}{\partial z} \\ \dfrac{\partial u_z}{\partial x} & \dfrac{\partial u_z}{\partial y} & \dfrac{\partial u_z}{\partial z}\end{pmatrix}\right]
\end{aligned}
$$

$$
=\left(\frac{\partial}{\partial x},\frac{\partial}{\partial y},\frac{\partial}{\partial z}\right)\cdot\left[\mu\begin{pmatrix}\frac{\partial u_x}{\partial x} & \frac{\partial u_y}{\partial x} & \frac{\partial u_z}{\partial x}\\ \frac{\partial u_x}{\partial y} & \frac{\partial u_y}{\partial y} & \frac{\partial u_z}{\partial y}\\ \frac{\partial u_x}{\partial z} & \frac{\partial u_y}{\partial z} & \frac{\partial u_z}{\partial z}\end{pmatrix}\right]+\left(\frac{\partial}{\partial x},\frac{\partial}{\partial y},\frac{\partial}{\partial z}\right)\cdot\left[\mu\begin{pmatrix}\frac{\partial u_x}{\partial x} & \frac{\partial u_x}{\partial y} & \frac{\partial u_x}{\partial z}\\ \frac{\partial u_y}{\partial x} & \frac{\partial u_y}{\partial y} & \frac{\partial u_y}{\partial z}\\ \frac{\partial u_z}{\partial x} & \frac{\partial u_z}{\partial y} & \frac{\partial u_z}{\partial z}\end{pmatrix}\right]
$$

$$
\begin{aligned}
=&\left[\frac{\partial}{\partial x}\left(\mu\frac{\partial u_x}{\partial x}\right)+\frac{\partial}{\partial y}\left(\mu\frac{\partial u_x}{\partial y}\right)+\frac{\partial}{\partial z}\left(\mu\frac{\partial u_x}{\partial z}\right)+\frac{\partial}{\partial x}\left(\mu\frac{\partial u_x}{\partial x}\right)+\frac{\partial}{\partial y}\left(\mu\frac{\partial u_y}{\partial x}\right)+\frac{\partial}{\partial z}\left(\mu\frac{\partial u_z}{\partial x}\right)\right]\boldsymbol{i}\\
&+\left[\frac{\partial}{\partial x}\left(\mu\frac{\partial u_y}{\partial x}\right)+\frac{\partial}{\partial y}\left(\mu\frac{\partial u_y}{\partial y}\right)+\frac{\partial}{\partial z}\left(\mu\frac{\partial u_y}{\partial z}\right)+\frac{\partial}{\partial x}\left(\mu\frac{\partial u_x}{\partial y}\right)+\frac{\partial}{\partial y}\left(\mu\frac{\partial u_y}{\partial y}\right)+\frac{\partial}{\partial z}\left(\mu\frac{\partial u_z}{\partial y}\right)\right]\boldsymbol{j}\\
&+\left[\frac{\partial}{\partial x}\left(\mu\frac{\partial u_z}{\partial x}\right)+\frac{\partial}{\partial y}\left(\mu\frac{\partial u_z}{\partial y}\right)+\frac{\partial}{\partial z}\left(\mu\frac{\partial u_z}{\partial z}\right)+\frac{\partial}{\partial x}\left(\mu\frac{\partial u_x}{\partial z}\right)+\frac{\partial}{\partial y}\left(\mu\frac{\partial u_y}{\partial z}\right)+\frac{\partial}{\partial z}\left(\mu\frac{\partial u_z}{\partial z}\right)\right]\boldsymbol{k}
\end{aligned}
\tag{2.41}
$$

将动量方程矢量表达式右边第三项展开得

$$
\rho\boldsymbol{f}=\rho f_x\boldsymbol{i}+\rho f_y\boldsymbol{j}+\rho f_z\boldsymbol{k} \tag{2.42}
$$

将式(2.37)～式(2.39)、式(2.41)和式(2.42)代入动量方程矢量表达式并整理可得 3 个方向上动量方程的分量形式：

$$
\begin{aligned}
\rho\frac{\partial u_x}{\partial t}+\frac{\partial(\rho u_x u_x)}{\partial x}+\frac{\partial(\rho u_y u_x)}{\partial y}+\frac{\partial(\rho u_z u_x)}{\partial z}=&-\frac{\partial p}{\partial x}+\frac{\partial}{\partial x}\left(\mu\frac{\partial u_x}{\partial x}\right)+\frac{\partial}{\partial y}\left(\mu\frac{\partial u_x}{\partial y}\right)+\frac{\partial}{\partial z}\left(\mu\frac{\partial u_x}{\partial z}\right)\\
&+\frac{\partial}{\partial x}\left(\mu\frac{\partial u_x}{\partial x}\right)+\frac{\partial}{\partial y}\left(\mu\frac{\partial u_y}{\partial x}\right)+\frac{\partial}{\partial z}\left(\mu\frac{\partial u_z}{\partial x}\right)+\rho f_x
\end{aligned}
\tag{2.43}
$$

$$
\begin{aligned}
\rho\frac{\partial u_y}{\partial t}+\frac{\partial(\rho u_x u_y)}{\partial x}+\frac{\partial(\rho u_y u_y)}{\partial y}+\frac{\partial(\rho u_z u_y)}{\partial z}=&-\frac{\partial p}{\partial y}+\frac{\partial}{\partial x}\left(\mu\frac{\partial u_y}{\partial x}\right)+\frac{\partial}{\partial y}\left(\mu\frac{\partial u_y}{\partial y}\right)+\frac{\partial}{\partial z}\left(\mu\frac{\partial u_y}{\partial z}\right)\\
&+\frac{\partial}{\partial x}\left(\mu\frac{\partial u_x}{\partial y}\right)+\frac{\partial}{\partial y}\left(\mu\frac{\partial u_y}{\partial y}\right)+\frac{\partial}{\partial z}\left(\mu\frac{\partial u_z}{\partial y}\right)+\rho f_y
\end{aligned}
\tag{2.44}
$$

$$
\begin{aligned}
\rho\frac{\partial u_z}{\partial t}+\frac{\partial(\rho u_x u_z)}{\partial x}+\frac{\partial(\rho u_y u_z)}{\partial y}+\frac{\partial(\rho u_z u_z)}{\partial z}=&-\frac{\partial p}{\partial z}+\frac{\partial}{\partial x}\left(\mu\frac{\partial u_z}{\partial x}\right)+\frac{\partial}{\partial y}\left(\mu\frac{\partial u_z}{\partial y}\right)+\frac{\partial}{\partial z}\left(\mu\frac{\partial u_z}{\partial z}\right)\\
&+\frac{\partial}{\partial x}\left(\mu\frac{\partial u_x}{\partial z}\right)+\frac{\partial}{\partial y}\left(\mu\frac{\partial u_y}{\partial z}\right)+\frac{\partial}{\partial z}\left(\mu\frac{\partial u_z}{\partial z}\right)+\rho f_z
\end{aligned}
\tag{2.45}
$$

当黏度为常数时，以 x 方向动量方程形式为例，式(2.43)等号右侧第 5～7 项可化简为

$$
\begin{aligned}
&\frac{\partial}{\partial x}\left(\mu\frac{\partial u_x}{\partial x}\right)+\frac{\partial}{\partial y}\left(\mu\frac{\partial u_y}{\partial x}\right)+\frac{\partial}{\partial z}\left(\mu\frac{\partial u_z}{\partial x}\right)\\
&=\mu\frac{\partial}{\partial x}\left(\frac{\partial u_x}{\partial x}\right)+\mu\frac{\partial}{\partial y}\left(\frac{\partial u_y}{\partial x}\right)+\mu\frac{\partial}{\partial z}\left(\frac{\partial u_z}{\partial x}\right)\\
&=\mu\frac{\partial}{\partial x}\left(\frac{\partial u_x}{\partial x}\right)+\mu\frac{\partial}{\partial x}\left(\frac{\partial u_y}{\partial y}\right)+\mu\frac{\partial}{\partial x}\left(\frac{\partial u_z}{\partial z}\right)\\
&=\mu\frac{\partial}{\partial x}\left(\frac{\partial u_x}{\partial x}+\frac{\partial u_y}{\partial y}+\frac{\partial u_z}{\partial z}\right)\\
&=0
\end{aligned}
\tag{2.46}
$$

则 x 方向动量方程分量形式可简化为

$$
\begin{aligned}
&\rho\frac{\partial u_x}{\partial t}+\frac{\partial(\rho u_x u_x)}{\partial x}+\frac{\partial(\rho u_y u_x)}{\partial y}+\frac{\partial(\rho u_z u_x)}{\partial z}\\
&=-\frac{\partial p}{\partial x}+\frac{\partial}{\partial x}\left(\mu\frac{\partial u_x}{\partial x}\right)+\frac{\partial}{\partial y}\left(\mu\frac{\partial u_x}{\partial y}\right)+\frac{\partial}{\partial z}\left(\mu\frac{\partial u_x}{\partial z}\right)+\rho f_x
\end{aligned}
\tag{2.47}
$$

同理可得 y 和 z 方向的动量方程分量形式可简化为

$$
\begin{aligned}
&\rho\frac{\partial u_y}{\partial t}+\frac{\partial(\rho u_x u_y)}{\partial x}+\frac{\partial(\rho u_y u_y)}{\partial y}+\frac{\partial(\rho u_z u_y)}{\partial z}\\
&=-\frac{\partial p}{\partial y}+\frac{\partial}{\partial x}\left(\mu\frac{\partial u_y}{\partial x}\right)+\frac{\partial}{\partial y}\left(\mu\frac{\partial u_y}{\partial y}\right)+\frac{\partial}{\partial z}\left(\mu\frac{\partial u_y}{\partial z}\right)+\rho f_y
\end{aligned}
\tag{2.48}
$$

$$
\begin{aligned}
&\rho\frac{\partial u_z}{\partial t}+\frac{\partial(\rho u_x u_z)}{\partial x}+\frac{\partial(\rho u_y u_z)}{\partial y}+\frac{\partial(\rho u_z u_z)}{\partial z}\\
&=-\frac{\partial p}{\partial z}+\frac{\partial}{\partial x}\left(\mu\frac{\partial u_z}{\partial x}\right)+\frac{\partial}{\partial y}\left(\mu\frac{\partial u_z}{\partial y}\right)+\frac{\partial}{\partial z}\left(\mu\frac{\partial u_z}{\partial z}\right)+\rho f_z
\end{aligned}
\tag{2.49}
$$

例 3　已知某一工件由两种材料构成，如图 2.1 所示。左侧材料的导热系数为 100W/(m·℃)，右侧材料的导热系数为 1W/(m·℃)，试问能用控制方程 $\lambda\frac{\partial^2 T}{\partial x^2}+S=0$ 采用整体离散的方法求解该工件的温度分布吗？

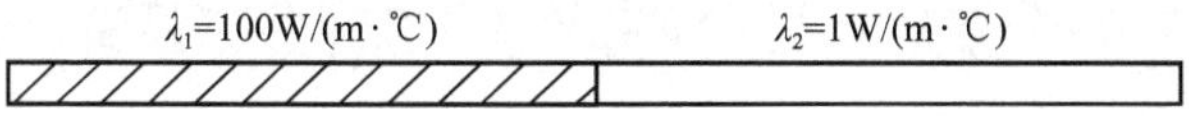

λ_1=100W/(m·℃)　　λ_2=1W/(m·℃)

图 2.1　某一工件的导热系数分布示意图

【解析】本题考查非守恒控制方程形式对数值计算结果的影响。

一维稳态导热方程的守恒形式为 $\frac{\partial}{\partial x}\left(\lambda\frac{\partial T}{\partial x}\right)+S=0$，对应的非守恒形式为 $\lambda\frac{\partial^2 T}{\partial x^2}+\frac{\partial T}{\partial x}\frac{\partial \lambda}{\partial x}+S=0$。由此可知，当导热系数随空间坐标发生变化时，必须考虑 $\frac{\partial \lambda}{\partial x}$ 的影响，不能采用 $\lambda\frac{\partial^2 T}{\partial x^2}+S=0$ 进行整体求解。当采用整体离散方法时，控制方程 $\lambda\frac{\partial^2 T}{\partial x^2}+S=0$ 只适合导热系数不随空间坐标发生变化的情况。

采用守恒型方程 $\frac{\partial}{\partial x}\left(\lambda\frac{\partial T}{\partial x}\right)+S=0$ 可进行整体求解，原因在于守恒型方程可保证在两个材料的接触面上从左右两侧计算的流出和流入的热流相等。而采用非守恒型方程 $\lambda\frac{\partial^2 T}{\partial x^2}+S=0$ 时，需要采用分区求解。即对导热系数不同的两段分别进行离散并建立控制方程，在分界面处补充热流密度相等的边界点方程，最后联立求解。

例 4 下面哪种控制方程形式能够正确描述比热容随空间变化、无内热源的一维非稳态固体导热问题。

$$\frac{\partial}{\partial t}(\rho c_p T)=\frac{\partial}{\partial x}\left(\lambda\frac{\partial T}{\partial x}\right) \tag{2.50}$$

$$\rho c_p\frac{\partial T}{\partial t}=\frac{\partial}{\partial x}\left(\lambda\frac{\partial T}{\partial x}\right) \tag{2.51}$$

【解析】本题考查 c_p 不为常数时导热方程的形式。

式(2.51)为无内热源的一维非稳态固体导热方程，既适用于 c_p 为常数，也适用于 c_p 不为常数的情况。因此，式(2.51)能够正确描述该物理问题。

式(2.50)仅适用于 ρ 和 c_p 为常数的情况，若要采用这种形式描述 ρ 和 c_p 不为常数的情况，需添加源项，具体形式如下：

$$\frac{\partial}{\partial t}(\rho c_p T)=\frac{\partial}{\partial x}\left(\lambda\frac{\partial T}{\partial x}\right)+T\frac{\partial(\rho c_p)}{\partial t}$$

例 5 判断下列方程的守恒性。

$$\rho c_v\frac{\partial T}{\partial t}=\frac{\partial}{\partial x}\left(\lambda\frac{\partial T}{\partial x}\right)+\frac{\partial}{\partial y}\left(\lambda\frac{\partial T}{\partial y}\right)$$

$$\rho c_p\frac{\partial T}{\partial t}+\rho c_p\frac{\partial}{\partial x}(u_x T)+\rho c_p\frac{\partial}{\partial y}(u_y T)=\frac{\partial}{\partial x}\left(\lambda\frac{\partial T}{\partial x}\right)+\frac{\partial}{\partial y}\left(\lambda\frac{\partial T}{\partial y}\right)$$

【解析】本题考查守恒型和非守恒型方程的判别。

(1)第一个方程中扩散项写成了散度的形式，因此为守恒型方程。

(2)第二个方程虽然扩散项写成了散度的形式，但对流项不是散度的形式，该方程是非守恒型方程。当 ρ 和 c_p 均为常数时，对流项为散度形式，此特殊情况为守恒型方程。

例 6　试将以下 x 方向稳态守恒型动量方程的对流项写成非守恒形式。

$$\frac{\partial(\rho uu)}{\partial x}+\frac{\partial(\rho vu)}{\partial y}+\frac{\partial(\rho wu)}{\partial z}=\frac{\partial}{\partial x}\left(\mu\frac{\partial u}{\partial x}\right)+\frac{\partial}{\partial y}\left(\mu\frac{\partial u}{\partial y}\right)+\frac{\partial}{\partial z}\left(\mu\frac{\partial u}{\partial z}\right)+\rho f_x-\frac{\partial p}{\partial x}$$

【解析】本题考查守恒型方程和非守恒型方程的转化。

根据链式法则，将上述 x 方向稳态守恒型动量方程的对流项展开：

$$\begin{aligned}&\frac{\partial(\rho uu)}{\partial x}+\frac{\partial(\rho vu)}{\partial y}+\frac{\partial(\rho wu)}{\partial z}\\&=\rho u\frac{\partial u}{\partial x}+u\frac{\partial(\rho u)}{\partial x}+\rho v\frac{\partial u}{\partial y}+u\frac{\partial(\rho v)}{\partial y}+\rho w\frac{\partial u}{\partial z}+u\frac{\partial(\rho w)}{\partial z}\\&=\rho\left(u\frac{\partial u}{\partial x}+v\frac{\partial u}{\partial y}+w\frac{\partial u}{\partial z}\right)+u\left[\frac{\partial(\rho u)}{\partial x}+\frac{\partial(\rho v)}{\partial y}+\frac{\partial(\rho w)}{\partial z}\right]\end{aligned}\tag{2.52}$$

将稳态连续性方程：

$$\frac{\partial(\rho u)}{\partial x}+\frac{\partial(\rho v)}{\partial y}+\frac{\partial(\rho w)}{\partial z}=0\tag{2.53}$$

代入式(2.52)可得

$$\frac{\partial(\rho uu)}{\partial x}+\frac{\partial(\rho vu)}{\partial y}+\frac{\partial(\rho wu)}{\partial z}=\rho\left(u\frac{\partial u}{\partial x}+v\frac{\partial u}{\partial y}+w\frac{\partial u}{\partial z}\right)\tag{2.54}$$

式(2.54)中等号右边即为 x 方向稳态动量方程的非守恒型对流项。

例 7　超稠油是一种在地层条件下黏度大于 5×10^4mPa·s 的原油。随着温度的升高，超稠油的黏度会急剧下降，而比热容会急剧上升。假设超稠油为不可压缩牛顿流体，试问是否可以采用以下控制方程对超稠油在强剪切下的流动传热过程进行描述？

$$\nabla\cdot\boldsymbol{u}=0$$

$$\rho\frac{\partial\boldsymbol{u}}{\partial t}+\nabla\cdot(\rho\boldsymbol{uu})=-\nabla p+\nabla\cdot(\mu\nabla\boldsymbol{u})+\rho\boldsymbol{f}$$

$$\frac{\partial}{\partial t}(\rho c_pT)+\nabla\cdot(\rho c_p\boldsymbol{u}T)=\nabla\cdot(\lambda\nabla T)+S$$

【解析】本题考查控制方程的适用条件。

上述控制方程适用于不可压缩牛顿流体流动与传热、黏度和比热容为常数的情况。超稠油的黏度和比热容随温度剧烈变化，其物性不为常数，因此不适用于上述控制方程。

要想对超稠油的流动传热过程进行准确描述，动量方程应考虑黏性耗散项，能量方程应采用焓方程的形式，控制方程如下：

$$\nabla \cdot \boldsymbol{u} = 0 \tag{2.55}$$

$$\rho \frac{\partial \boldsymbol{u}}{\partial t} + \nabla \cdot (\rho \boldsymbol{u}\boldsymbol{u}) = -\nabla p + \nabla \cdot \left[\mu (\nabla \boldsymbol{u} + \nabla \boldsymbol{u}^{\mathrm{T}}) \right] + \rho \boldsymbol{f} \tag{2.56}$$

$$\rho \frac{\partial h}{\partial t} + \nabla \cdot (\rho \boldsymbol{u} h) = \nabla \cdot (\lambda \nabla T) + \boldsymbol{\tau} : \nabla \boldsymbol{u} + \frac{Dp}{Dt} + S \tag{2.57}$$

例 8　由二维不可压缩稳态流动 Navier-Stokes 方程、涡量定义$\left(\omega = \frac{\partial v}{\partial x} - \frac{\partial u}{\partial y} \right)$和流函数定义$\left(u = \frac{\partial \psi}{\partial y}, v = -\frac{\partial \psi}{\partial x} \right)$，推导涡量和流函数方程。

$$\rho \left(u \frac{\partial u}{\partial x} + v \frac{\partial u}{\partial y} \right) = -\frac{\partial p}{\partial x} + \mu \left(\frac{\partial^2 u}{\partial x^2} + \frac{\partial^2 u}{\partial y^2} \right) \tag{2.58}$$

$$\rho \left(u \frac{\partial v}{\partial x} + v \frac{\partial v}{\partial y} \right) = -\frac{\partial p}{\partial y} + \mu \left(\frac{\partial^2 v}{\partial x^2} + \frac{\partial^2 v}{\partial y^2} \right) \tag{2.59}$$

【解析】本题考查控制方程的变换。

(1) 涡量方程的推导。

为消去动量方程中的压强梯度项，将式(2.58)对 y 求偏导，式(2.59)对 x 求偏导，然后两式相减，并利用上述涡量的定义，可得

$$\rho \left(u \frac{\partial \omega}{\partial x} + v \frac{\partial \omega}{\partial y} \right) = \mu \left(\frac{\partial^2 \omega}{\partial x^2} + \frac{\partial^2 \omega}{\partial y^2} \right) \tag{2.60}$$

(2) 流函数方程的推导。

将流函数的定义代入涡量的定义中，有

$$\omega = \frac{\partial}{\partial x}\left(-\frac{\partial \psi}{\partial x} \right) - \frac{\partial}{\partial y}\left(\frac{\partial \psi}{\partial y} \right) = -\frac{\partial^2 \psi}{\partial x^2} - \frac{\partial^2 \psi}{\partial y^2} \tag{2.61}$$

即

$$0 = \frac{\partial^2 \psi}{\partial x^2} + \frac{\partial^2 \psi}{\partial y^2} + \omega \tag{2.62}$$

由上述推导过程可知，对于二维问题，两个动量方程可以简化为一个涡量方程和一

个流函数方程，待求变量也由原来的 u、v、p 变为 ψ、ω。当求解得到 ψ、ω 后，可以根据涡量和流函数的定义计算得到 u、v、p。

例 9　如图 2.2 所示，东西边界的温度均为 T_w，流体温度为 T_f，对流换热系数为 h_f；南北边界为恒热流边界条件，请分别写出各边界条件表达式，并比较异同。

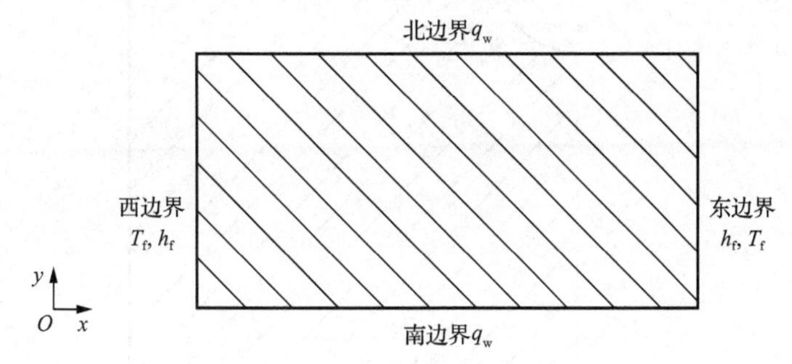

图 2.2　壁面对流换热示意图

【解析】本题考查热流方向的问题，当未明确指出热流方向时，默认的热流方向为外法线方向，各边界条件如下。

东边界：

$$-\lambda\frac{\partial T}{\partial x}=h_f(T-T_f) \tag{2.63}$$

西边界：

$$\lambda\frac{\partial T}{\partial x}=h_f(T-T_f) \tag{2.64}$$

南边界：

$$\lambda\frac{\partial T}{\partial y}=q_w \tag{2.65}$$

北边界：

$$-\lambda\frac{\partial T}{\partial y}=q_w \tag{2.66}$$

式(2.63)和式(2.64)、式(2.65)和式(2.66)均相差一个负号，是因为东边界与西边界、南边界和北边界的外法线方向相反。

当明确热流方向为内法线方向时，式(2.63)～式(2.66)等号左端项符号反号，等号右端项符号不变。

例 10　试写出图 2.3 所示不规则区域导热问题的边界条件。

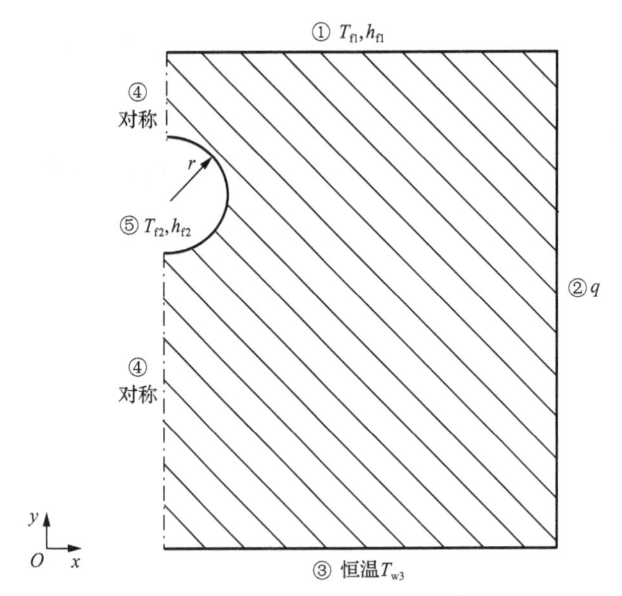

图 2.3　不规则区域导热问题示意图

【解析】本题考查数值计算中三类边界条件的确定。

该问题的边界条件如下。

①为第三类边界条件：

$$-\lambda\frac{\partial T}{\partial y}=h_{f1}(T-T_{f1}) \tag{2.67}$$

②为第二类边界条件：

$$-\lambda\frac{\partial T}{\partial x}=q \tag{2.68}$$

一般来讲，若没有明确指定热流方向，暗含热流方向为外法线方向。如果明确指出了热流方向为内法线方向，则式(2.68)应为 $\lambda\frac{\partial T}{\partial x}=q$ 。

③为第一类边界条件：

$$T=T_{w3} \tag{2.69}$$

④为第二类边界条件：

$$\frac{\partial T}{\partial x}=0 \tag{2.70}$$

⑤为第三类边界条件：

$$\lambda\frac{\partial T}{\partial r}=h_{f2}(T-T_{f2}) \tag{2.71}$$

例 11　图 2.4 所示为二维突扩流动换热问题，试给出速度和温度边界条件。

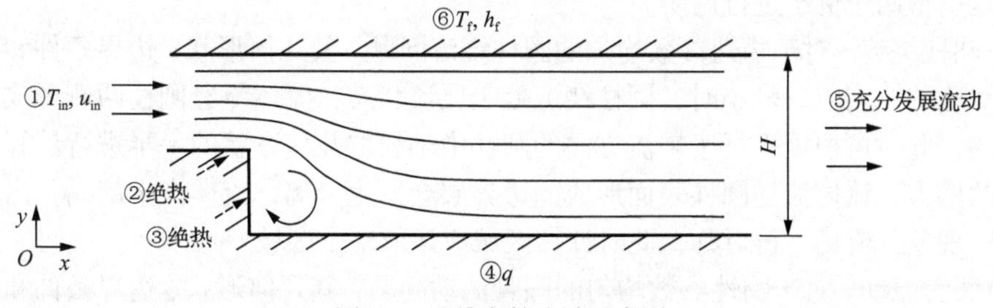

图 2.4　二维突扩流动示意图

【解析】本题考查边界条件的确定。

①边界：

$$u_x = u_{in}, u_y = 0, T = T_{in} \tag{2.72}$$

②边界：

$$u_x = 0, u_y = 0, \frac{\partial T}{\partial y} = 0 \tag{2.73}$$

③边界：

$$u_x = 0, u_y = 0, \frac{\partial T}{\partial x} = 0 \tag{2.74}$$

④边界（q 方向外法线方向为正）：

$$u_x = 0, u_y = 0, \lambda \frac{\partial T}{\partial y} = q \tag{2.75}$$

⑤边界：

$$\frac{\partial u_x}{\partial x} = 0, u_y = 0, \frac{\partial T}{\partial x} = \frac{h_f(T_f - T) - q}{\rho u_x c_p H} \tag{2.76}$$

⑥边界：

$$u_x = 0, u_y = 0, -\lambda \frac{\partial T}{\partial y} = h_f(T - T_f) \tag{2.77}$$

例 12　对于某一物理问题，其几何形状、边界条件和初始条件均对称（或者轴对称），物性参数全场均匀，试问该物理问题是否可根据几何形状的对称线（或者轴对称面）取几何形状的一半进行计算？

【解析】本题考查对称（或轴对称）问题的简化条件。

对于一般物理问题而言，可选取几何形状的一半进行计算，以提高计算效率。但有些物理问题的流动传热特性是非对称的，此时不能采用该处理方法，计算区域应取整个区域。这里举两个例子进行说明。

(1) 圆柱绕流。对于物性参数均匀的圆柱绕流问题，其几何形状、边界条件和初始条件都是对称的。当流速较小时，圆柱绕流处于层流状态，流体流经圆柱两侧形成的流场是对称的，此时可根据平行于来流方向的圆柱中轴线取几何形状的一半进行计算。但随着流速的增大，流体流经圆柱表面形成的边界层会发生分离，流体产生旋涡，出现“卡门涡街”现象，流场不再对称，此时计算区域应该取整个区域。

(2) 圆管流动。对于物性参数均匀的圆管流动问题，其几何形状、边界条件和初始条件都是轴对称的。当圆管内流速较小时，流体质点以平行而不相混杂的方式分层流动(流动状态为层流)，圆管内的流场是轴对称的，此时可按轴对称问题处理。随着流速的增大，流体质点的轨迹变得紊乱，质点相互混杂和碰撞，流动状态变为湍流。湍流状态下，管道径向和轴向均存在杂乱无章的速度脉动和压强脉动，管内的流场不再对称，计算区域应该取整个区域。

例 13　试将以下一维模型方程及边界条件无量纲化。

$$\rho\frac{\partial\phi}{\partial t}+\rho u\frac{\partial\phi}{\partial x}=\Gamma\frac{\partial^2\phi}{\partial x^2}$$

$$x=0, \phi=0; x=l, \phi=\phi_0$$

【解析】本题考查方程无量纲化的方法。

假设模型方程中的物性参数为常物。选取计算区域长度 l 为特征长度对 x 进行无量纲化，选取右边界处 ϕ_0 对待求变量进行无量纲化。对比 $\rho\frac{\partial\phi}{\partial t}$ 和 $\rho u\frac{\partial\phi}{\partial x}$ 项，选取 $\frac{l}{u}$ 对时间 t 进行无量纲化。

基于上述特征量，定义如下无量纲量。

无量纲长度：

$$X=x/l \tag{2.78}$$

无量纲时间：

$$\tau=t\Big/\left(\frac{l}{u}\right) \tag{2.79}$$

无量纲变量：

$$\Phi=\phi/\phi_0 \tag{2.80}$$

将控制方程中的 x、t、ϕ 用无量纲量表示，可得

$$\rho\frac{\partial(\Phi\phi_0)}{\partial\left(\tau\frac{l}{u}\right)}+\rho u\frac{\partial(\Phi\phi_0)}{\partial(Xl)}=\Gamma\frac{\partial^2(\Phi\phi_0)}{\partial(Xl)^2} \tag{2.81}$$

整理得

$$\frac{\partial \Phi}{\partial \tau}+\frac{\partial \Phi}{\partial X}=\frac{\Gamma}{\rho u l}\frac{\partial^2 \Phi}{\partial X} \tag{2.82}$$

定义贝克莱数 $Pe=\frac{\rho u l}{\Gamma}$，则式(2.82)可写为

$$\frac{\partial \Phi}{\partial \tau}+\frac{\partial \Phi}{\partial X}=\frac{1}{Pe}\frac{\partial^2 \Phi}{\partial X} \tag{2.83}$$

边界条件无量化结果为

$$X=0, \Phi=0;\ X=1,\ \Phi=1 \tag{2.84}$$

例 14　图 2.5 所示为一维常物性非稳态有源项导热问题，描述该问题的控制方程、初始条件和边界条件如下，试对其进行无量纲化。要求特征温度采用四种不同形式：①左边界温度 T_c；②初始温度 T_0；③基于傅里叶定律和量纲一致性原理，以 q_c 为参照量；④基于控制方程和量纲一致性原理，以恒热源 S_C 为参照量。

(1)控制方程：

$$\rho c_p \frac{\partial T}{\partial t}=\lambda \frac{\partial^2 T}{\partial x^2}+S$$

(2)边界条件：

$$\begin{cases} x=0, & T=T_c \\ x=l, & -\lambda \dfrac{\partial T}{\partial x}=q_c \end{cases}$$

(3)初始条件：

$$t=0, T=T_0$$

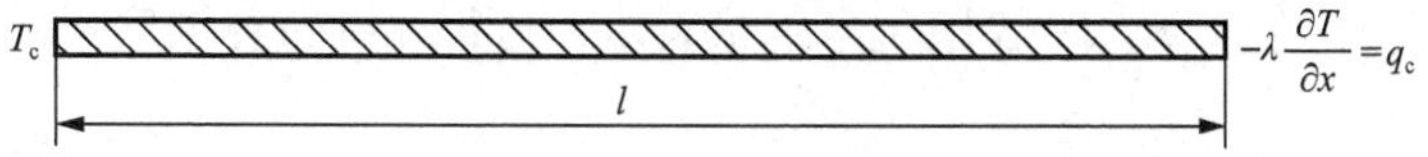

图 2.5　一维常物性非稳态有源项导热示意图

【解析】本题考查特征量的选取和控制方程、边界条件、初始条件的无量纲化。

选取计算区域长度 l 为特征长度，特征温度 T^* 采用题中四种不同形式。其中，根据热流密度 q_c 和源项 S_C 选取特征温度是本题的难点。温度的国际单位为 K，其量纲为[Θ]，因此温度特征量的量纲也必须为[Θ]。根据傅里叶导热定律，对比 $\lambda \frac{\partial T}{\partial x}$ 和 $\Theta=\frac{T}{T_c}$，

$\Theta = \dfrac{T - T_0}{T_c - T_0}, \Theta = \dfrac{\lambda T}{lq_c}, \Theta = \dfrac{\lambda T}{l^2 S_C}$ 量纲，可采用热流 $\Theta = \dfrac{T}{T_c}, \Theta = \dfrac{T - T_0}{T_c - T_0}, \Theta = \dfrac{\lambda T}{lq_c}, \Theta = \dfrac{\lambda T}{l^2 S_C}$，特征长度 l 和导热系数 λ 的组合 $q_c l/\lambda$ 表示特征温度；对比导热方程中 $\Theta = \dfrac{T}{T_c}, \Theta = \dfrac{T - T_0}{T_c - T_0}$，$\Theta = \dfrac{\lambda T}{lq_c}, \Theta = \dfrac{\lambda T}{l^2 S_C}$ 和 S 的量纲，可采用 S_C、l 和 λ 的组合 $S_C l^2/\lambda$ 表示特征温度。当特征温度 T^* 确定之后，可用 T^*、l、λ 的组合 $(\lambda T^*/l^2)$ 表示特征源项。类似地，通过对比导热方程中 $\Theta = \dfrac{T}{T_c}, \Theta = \dfrac{T - T_0}{T_c - T_0}, \Theta = \dfrac{\lambda T}{lq_c}, \Theta = \dfrac{\lambda T}{l^2 S_C}$ 和 $\Theta = \dfrac{T}{T_c}, \Theta = \dfrac{T - T_0}{T_c - T_0}, \Theta = \dfrac{\lambda T}{lq_c}, \Theta = \dfrac{\lambda T}{l^2 S_C}$ 的量纲，采用 l、ρ、λ、c_p 的组合 $\rho c_p l^2/\lambda$ 表示特征时间。

基于上述特征量，定义如下无量纲量。

无量纲长度：

$$X = x/l \tag{2.85}$$

无量时间：

$$\tau = \frac{t}{\rho c_p l^2/\lambda} \tag{2.86}$$

无量纲温度：

$$\Theta = \frac{T}{T_c}, \Theta = \frac{T - T_0}{T_c - T_0}, \Theta = \frac{\lambda T}{lq_c}, \Theta = \frac{\lambda T}{l^2 S_c} \tag{2.87}$$

无量纲源项：

$$S^* = \frac{S}{\lambda T_c/l^2}, S^* = \frac{S}{\lambda(T_c - T_0)/l^2}, S^* = \frac{S}{q_c/l}, S^* = \frac{S}{S_c} \tag{2.88}$$

将控制方程中的 x、t、T、S 用无量纲量表示，可得 4 种特征温度下的方程如下：

$$\rho c_p \frac{\partial(\Theta T_c)}{\partial(\tau \rho c_p l^2/\lambda)} = \lambda \frac{\partial^2(\Theta T_c)}{\partial(Xl)^2} + S^* \lambda T_c/l^2 \tag{2.89}$$

$$\rho c_p \frac{\partial\left[\Theta(T_c - T_0) + T_0\right]}{\partial(\tau \rho c_p l^2/\lambda)} = \lambda \frac{\partial^2\left[\Theta(T_c - T_0) + T_0\right]}{\partial(Xl)^2} + S^* \lambda(T_c - T_0)/l^2 \tag{2.90}$$

$$\rho c_p \frac{\partial\left(\Theta \frac{lq_c}{\lambda}\right)}{\partial(\tau\rho c_p l^2/\lambda)} = \lambda \frac{\partial^2\left(\Theta \frac{lq_c}{\lambda}\right)}{\partial(Xl)^2} + S^* q_c / l \tag{2.91}$$

$$\rho c_p \frac{\partial\left(\Theta \frac{l^2 S_c}{\lambda}\right)}{\partial(\tau\rho c_p l^2/\lambda)} = \lambda \frac{\partial^2\left(\Theta \frac{l^2 S_c}{\lambda}\right)}{\partial(Xl)^2} + S^* S_c \tag{2.92}$$

对式(2.89)～式(2.92)进行整理，可得相同的无量纲控制方程表达式如下：

$$\frac{\partial \Theta}{\partial \tau} = \frac{\partial^2 \Theta}{\partial X^2} + S^* \tag{2.93}$$

同理可得无量纲初始和边界条件：

$$\tau = 0, \Theta = \Theta(0, X) \tag{2.94}$$

$$\begin{cases} X = 0, \Theta = \Theta(\tau, 0) \\ X = 1, -\dfrac{\partial \Theta}{\partial X} = Q^*(\tau, 1) \end{cases} \tag{2.95}$$

式(2.94)和式(2.95)中，$\Theta(0,X), \Theta(\tau,0), Q^*(\tau,1)$ 在四种不同情况下的表达式见表 2.12。

表 2.12　一维常物性非稳态有源导热问题无量纲化结果

Θ	S^*	$\Theta(0,X)$	$\Theta(\tau,0)$	$Q^*(\tau,1)$
$\frac{T}{T_c}$	$\frac{S}{\lambda T_c/l^2}$	$\frac{T_0}{T_c}$	1	$q_c \frac{l}{\lambda T_c}$
$\frac{T-T_0}{T_c-T_0}$	$\frac{S}{\lambda(T_c-T_0)/l^2}$	0	1	$q_c \frac{l}{\lambda(T_c-T_0)}$
$\frac{T}{lq_c/\lambda}$	$\frac{S}{q_c/l}$	$\frac{T_0}{lq_c/\lambda}$	$\frac{\lambda T_c}{lq_c}$	1
$\frac{T}{l^2 S_C/\lambda}$	$\frac{S}{S_C}$	$\frac{T_0}{l^2 S_C/\lambda}$	$\frac{\lambda T_c}{l^2 S_C}$	$\frac{q_c}{lS_C}$

由表 2.12 可知采用不同特征温度时，无量纲方程的表达式相同，但特征源项、初始条件和边界条件均不相同，因而所求得的无量纲温度不同。但可以通过温度的无量纲表达式转化成相同的有量纲温度。

例 15　图 2.6 所示为常物性二维方腔稳态自然对流问题，描述该问题的控制方程及边界条件如下，试对其进行无量纲化，并指出无量纲密度、无量纲黏度和无量纲导热系数。

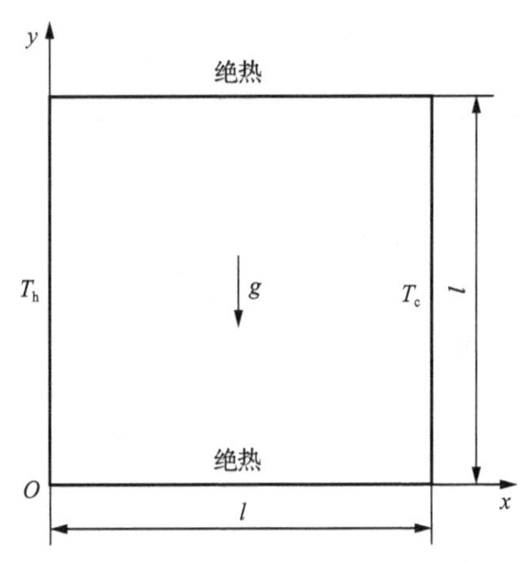

图 2.6　二维方腔稳态自然对流示意图

(1)控制方程：

$$\frac{\partial(\rho u)}{\partial x}+\frac{\partial(\rho v)}{\partial y}=0$$

$$\frac{\partial(\rho uu)}{\partial x}+\frac{\partial(\rho vu)}{\partial y}=-\frac{\partial p}{\partial x}+\frac{\partial}{\partial x}\left(\mu\frac{\partial u}{\partial x}\right)+\frac{\partial}{\partial y}\left(\mu\frac{\partial u}{\partial y}\right)$$

$$\frac{\partial(\rho uv)}{\partial x}+\frac{\partial(\rho vv)}{\partial y}=-\frac{\partial p}{\partial y}+\frac{\partial}{\partial x}\left(\mu\frac{\partial v}{\partial x}\right)+\frac{\partial}{\partial y}\left(\mu\frac{\partial v}{\partial y}\right)+\rho g\beta(T-T_c)$$

$$\frac{\partial(\rho c_p uT)}{\partial x}+\frac{\partial(\rho c_p vT)}{\partial y}=\frac{\partial}{\partial x}\left(\lambda\frac{\partial T}{\partial x}\right)+\frac{\partial}{\partial y}\left(\lambda\frac{\partial T}{\partial y}\right)$$

(2)边界条件：

$$\begin{cases}x=0,\ u=v=0,\ \ T=T_h\\ x=l,\ \ u=v=0,\ \ T=T_c\\ y=0,\ u=v=0,\ \ \dfrac{\partial T}{\partial y}=0\\ y=l,\ \ u=v=0,\ \ \dfrac{\partial T}{\partial y}=0\end{cases}$$

【解析】本题考查控制方程的无量纲化。

选取方腔边长 l 为特征长度，高、低温边界温差 T_h-T_c 为特征温度。由于该问题的边界条件中不显含特征速度和特征压强，它们的选取是本题的难点。这里首先对速度进行量纲分析，速度的国际单位为 m/s，其量纲为[LT^{-1}]，因此速度特征量的量纲也必须为[LT^{-1}]。对比动量方程中$\dfrac{\partial(\rho uu)}{\partial x}$和$\dfrac{\partial}{\partial x}\left(\mu\dfrac{\partial u}{\partial x}\right)$的量纲，可采用特征长度 l、密度 ρ 和动力

黏度 μ 的组合 $\mu/(\rho l)$ 表示特征速度。接下来对压强进行量纲分析，压强的国际单位为 Pa，其量纲为[ML^{-1}T^{-2}]，因此特征压强的量纲也必须为[ML^{-1}T^{-2}]。对比动量方程中 $\frac{\partial(\rho uu)}{\partial x}$ 和 $-\frac{\partial p}{\partial x}$ 的量纲，可采用密度 ρ 和特征速度 $\mu/(\rho l)$ 的组合 $\rho[\mu/(\rho l)]^2$ [即$\mu^2/(\rho l^2)$]表示特征压强，两者量纲一致。

基于上述特征量，定义如下无量纲量。

无量纲长度：

$$X = x/l, Y = y/l \tag{2.96}$$

无量纲速度：

$$U = u\big/\big[\mu/(\rho l)\big], V = v\big/\big[\mu/(\rho l)\big] \tag{2.97}$$

无量纲压强：

$$P = p\big/[\mu^2/(\rho l^2)] \tag{2.98}$$

无量纲温度：

$$\Theta = (T - T_c)\big/(T_h - T_c) \tag{2.99}$$

将控制方程中的 x, y, u, v, p, T 用无量纲量表示，可得

$$\frac{\partial\left(\rho\frac{\mu}{\rho l}U\right)}{\partial(Xl)} + \frac{\partial\left(\rho\frac{\mu}{\rho l}V\right)}{\partial(Yl)} = 0 \tag{2.100}$$

$$\frac{\partial\left(\rho\frac{\mu}{\rho l}U\frac{\mu}{\rho l}U\right)}{\partial(Xl)} + \frac{\partial\left(\rho\frac{\mu}{\rho l}V\frac{\mu}{\rho l}U\right)}{\partial(Yl)} = -\frac{\partial\left(P\frac{\mu^2}{\rho l^2}\right)}{\partial(Xl)} + \frac{\partial}{\partial(Xl)}\left[\mu\frac{\partial\left(\frac{\mu}{\rho l}U\right)}{\partial(Xl)}\right] + \frac{\partial}{\partial(Yl)}\left[\mu\frac{\partial\left(\frac{\mu}{\rho l}U\right)}{\partial(Yl)}\right] \tag{2.101}$$

$$\frac{\partial\left(\rho\frac{\mu}{\rho l}U\frac{\mu}{\rho l}V\right)}{\partial(Xl)} + \frac{\partial\left(\rho\frac{\mu}{\rho l}V\frac{\mu}{\rho l}V\right)}{\partial(Yl)} = -\frac{\partial\left(P\frac{\mu^2}{\rho l^2}\right)}{\partial(Yl)} + \frac{\partial}{\partial(Xl)}\left[\mu\frac{\partial\left(\frac{\mu}{\rho l}V\right)}{\partial(Xl)}\right] + \frac{\partial}{\partial(Yl)}\left[\mu\frac{\partial\left(\frac{\mu}{\rho l}V\right)}{\partial(Yl)}\right] + \rho g\beta\Theta(T_h - T_c) \tag{2.102}$$

$$\frac{\partial\left\{\rho c_p \frac{\mu}{\rho l} U\left[\Theta\left(T_{\mathrm{h}}-T_{\mathrm{c}}\right)+T_{\mathrm{c}}\right]\right\}}{\partial(Xl)}+\frac{\partial\left\{\rho c_p \frac{\mu}{\rho l} V\left[\Theta\left(T_{\mathrm{h}}-T_{\mathrm{c}}\right)+T_{\mathrm{c}}\right]\right\}}{\partial(Yl)}$$
$$=\frac{\partial}{\partial(Xl)}\left\{\lambda \frac{\partial\left[\Theta\left(T_{\mathrm{h}}-T_{\mathrm{c}}\right)+T_{\mathrm{c}}\right]}{\partial(Xl)}\right\}+\frac{\partial}{\partial(Yl)}\left\{\lambda \frac{\partial\left[\Theta\left(T_{\mathrm{h}}-T_{\mathrm{c}}\right)+T_{\mathrm{c}}\right]}{\partial(Yl)}\right\} \tag{2.103}$$

对式(2.100)～式(2.103)进行整理，可得

$$\frac{\partial U}{\partial X}+\frac{\partial V}{\partial Y}=0 \tag{2.104}$$

$$\frac{\partial(UU)}{\partial X}+\frac{\partial(VU)}{\partial Y}=-\frac{\partial P}{\partial X}+\frac{\partial}{\partial X}\left(\frac{\partial U}{\partial X}\right)+\frac{\partial}{\partial Y}\left(\frac{\partial U}{\partial Y}\right) \tag{2.105}$$

$$\frac{\partial(UV)}{\partial X}+\frac{\partial(VV)}{\partial Y}=-\frac{\partial P}{\partial Y}+\frac{\partial}{\partial X}\left(\frac{\partial V}{\partial X}\right)+\frac{\partial}{\partial Y}\left(\frac{\partial V}{\partial Y}\right)+\frac{g\beta\Theta(T_{\mathrm{h}}-T_{\mathrm{c}})\rho^2 l^3}{\mu^2} \tag{2.106}$$

$$\frac{\partial(U\Theta)}{\partial X}+\frac{\partial(V\Theta)}{\partial Y}=\frac{\partial}{\partial X}\left(\frac{\lambda}{\mu c_p}\frac{\partial\Theta}{\partial X}\right)+\frac{\partial}{\partial Y}\left(\frac{\lambda}{\mu c_p}\frac{\partial\Theta}{\partial Y}\right) \tag{2.107}$$

根据 Gr 的定义$\left[Gr=\frac{g\beta(T_{\mathrm{h}}-T_{\mathrm{c}})\rho^2 l^3}{\mu^2}\right]$和 Pr 的定义$\left(Pr=\frac{\mu c_p}{\lambda}\right)$，最终可得二维稳态方腔自然对流问题的无量纲控制方程：

$$\frac{\partial U}{\partial X}+\frac{\partial V}{\partial Y}=0 \tag{2.108}$$

$$\frac{\partial(UU)}{\partial X}+\frac{\partial(VU)}{\partial Y}=-\frac{\partial P}{\partial X}+\left(\frac{\partial^2 U}{\partial X^2}+\frac{\partial^2 U}{\partial Y^2}\right) \tag{2.109}$$

$$\frac{\partial(UV)}{\partial X}+\frac{\partial(VV)}{\partial Y}=-\frac{\partial P}{\partial Y}+\left(\frac{\partial^2 V}{\partial X^2}+\frac{\partial^2 V}{\partial Y^2}\right)+Gr\Theta \tag{2.110}$$

$$\frac{\partial(U\Theta)}{\partial X}+\frac{\partial(V\Theta)}{\partial Y}=\frac{\partial}{\partial X}\left(\frac{1}{Pr}\frac{\partial\Theta}{\partial X}\right)+\frac{\partial}{\partial Y}\left(\frac{1}{Pr}\frac{\partial\Theta}{\partial Y}\right) \tag{2.111}$$

其中，无量纲密度和黏度均为 1，而无量纲导热系数为 $\frac{1}{Pr}$，在控制方程的无量纲化过程中，物性参数常以 1 或无量纲数的形式出现。

同理可得边界条件的无量纲化结果：

$$
\begin{cases}
X=0, U=V=0, \Theta=1 \\
X=1, U=V=0, \Theta=0 \\
Y=0, U=V=0, \partial\Theta/\partial Y=0 \\
Y=1, U=V=0, \partial\Theta/\partial Y=0
\end{cases}
\tag{2.112}
$$

例 16　图 2.7 所示为常物性二维方腔稳态混合对流问题，描述该问题的控制方程及边界条件如下，试对其进行无量纲化。

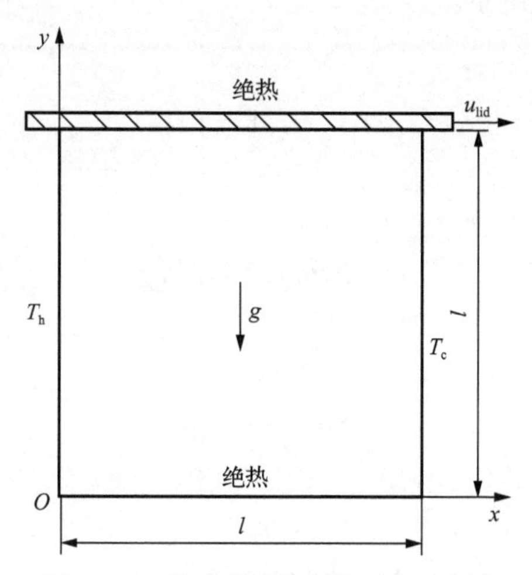

图 2.7　二维方腔稳态混合对流示意图

(1)控制方程：

$$
\frac{\partial(\rho u)}{\partial x}+\frac{\partial(\rho v)}{\partial y}=0
$$

$$
\frac{\partial(\rho uu)}{\partial x}+\frac{\partial(\rho vu)}{\partial y}=-\frac{\partial p}{\partial x}+\frac{\partial}{\partial x}\left(\mu\frac{\partial u}{\partial x}\right)+\frac{\partial}{\partial y}\left(\mu\frac{\partial u}{\partial y}\right)
$$

$$
\frac{\partial(\rho uv)}{\partial x}+\frac{\partial(\rho vv)}{\partial y}=-\frac{\partial p}{\partial y}+\frac{\partial}{\partial x}\left(\mu\frac{\partial v}{\partial x}\right)+\frac{\partial}{\partial y}\left(\mu\frac{\partial v}{\partial y}\right)+\rho g\beta(T-T_c)
$$

$$
\frac{\partial(\rho c_p uT)}{\partial x}+\frac{\partial(\rho c_p vT)}{\partial y}=\frac{\partial}{\partial x}\left(\lambda\frac{\partial T}{\partial x}\right)+\frac{\partial}{\partial y}\left(\lambda\frac{\partial T}{\partial y}\right)
$$

(2)边界条件：

$$
\begin{cases}
x=0, u=v=0, T=T_h \\
x=l, u=v=0, T=T_c \\
y=0, u=v=0, \dfrac{\partial T}{\partial y}=0 \\
y=l, u=u_{lid}, v=0, \dfrac{\partial T}{\partial y}=0
\end{cases}
$$

【解析】本题考查控制方程的无量纲化。

选取方腔长度 l 为特征长度，顶盖拖动速度 u_{lid} 为特征速度，高、低温边界温差 $T_{\mathrm{h}}-T_{\mathrm{c}}$ 为特征温度。由于该问题的边界条件中不显含特征压强，它的选取是本题的难点。对压强进行量纲分析，压强的国际单位为 Pa，其量纲为[ML^{-1}T^{-2}]，因此特征压强的量纲也必须为[ML^{-1}T^{-2}]。对比动量方程中 $\dfrac{\partial(\rho vu)}{\partial y}$ 和 $-\dfrac{\partial p}{\partial x}$ 量纲，可选取 $\rho u_{\mathrm{lid}}^{2}$ 为特征压强。基于上述特征量，定义如下无量纲量。

无量纲长度：

$$X=x/l, Y=y/l \tag{2.113}$$

无量纲速度：

$$U=u/u_{\mathrm{lid}}, V=v/u_{\mathrm{lid}} \tag{2.114}$$

无量纲压强：

$$P=p\Big/\left(\rho u_{\mathrm{lid}}^{2}\right) \tag{2.115}$$

无量纲温度：

$$\Theta=(T-T_{\mathrm{c}})/(T_{\mathrm{h}}-T_{\mathrm{c}}) \tag{2.116}$$

将控制方程中的 x、y、u、v、p 和 T 用无量纲量表示，可得

$$\frac{\partial(u_{\mathrm{lid}}U)}{\partial(Xl)}+\frac{\partial(u_{\mathrm{lid}}V)}{\partial(Yl)}=0 \tag{2.117}$$

$$\begin{aligned}&\frac{\partial(\rho u_{\mathrm{lid}}Uu_{\mathrm{lid}}U)}{\partial(Xl)}+\frac{\partial(\rho u_{\mathrm{lid}}Vu_{\mathrm{lid}}U)}{\partial(Yl)}\\&=-\frac{\partial(P\rho u_{\mathrm{lid}}^{2})}{\partial(Xl)}+\frac{\partial}{\partial(Xl)}\left[\mu\frac{\partial(u_{\mathrm{lid}}U)}{\partial(Xl)}\right]+\frac{\partial}{\partial(Yl)}\left[\mu\frac{\partial(u_{\mathrm{lid}}U)}{\partial(Yl)}\right]\end{aligned} \tag{2.118}$$

$$\begin{aligned}\frac{\partial(\rho u_{\mathrm{lid}}Uu_{\mathrm{lid}}V)}{\partial(Xl)}+\frac{\partial(\rho u_{\mathrm{lid}}Vu_{\mathrm{lid}}V)}{\partial(Yl)}=&-\frac{\partial(P\rho u_{\mathrm{lid}}^{2})}{\partial(Xl)}+\frac{\partial}{\partial(Xl)}\left[\mu\frac{\partial(u_{\mathrm{lid}}V)}{\partial(Xl)}\right]\\&+\frac{\partial}{\partial(Yl)}\left[\mu\frac{\partial(u_{\mathrm{lid}}V)}{\partial(Yl)}\right]+\rho g\beta\Theta(T_{\mathrm{h}}-T_{\mathrm{c}})\end{aligned} \tag{2.119}$$

$$\begin{aligned}&\frac{\partial\left\{\rho c_{p}u_{\mathrm{lid}}U\left[\Theta(T_{\mathrm{h}}-T_{\mathrm{c}})+T_{\mathrm{c}}\right]\right\}}{\partial(Xl)}+\frac{\partial\left\{\rho c_{p}u_{\mathrm{lid}}V\left[\Theta(T_{\mathrm{h}}-T_{\mathrm{c}})+T_{\mathrm{c}}\right]\right\}}{\partial(Yl)}\\&=\frac{\partial}{\partial(Xl)}\left\{\lambda\frac{\partial\left[\Theta(T_{\mathrm{h}}-T_{\mathrm{c}})+T_{\mathrm{c}}\right]}{\partial(Xl)}\right\}+\frac{\partial}{\partial(Yl)}\left\{\lambda\frac{\partial\left[\Theta(T_{\mathrm{h}}-T_{\mathrm{c}})+T_{\mathrm{c}}\right]}{\partial(Yl)}\right\}\end{aligned} \tag{2.120}$$

对式(2.117)～式(2.120)进行整理，可得

$$\frac{\partial U}{\partial X}+\frac{\partial V}{\partial Y}=0 \tag{2.121}$$

$$\frac{\partial (UU)}{\partial X}+\frac{\partial (VU)}{\partial Y}=-\frac{\partial P}{\partial X}+\frac{\partial}{\partial X}\left(\frac{\mu}{\rho l u_{\text{lid}}}\frac{\partial U}{\partial X}\right)+\frac{\partial}{\partial Y}\left(\frac{\mu}{\rho l u_{\text{lid}}}\frac{\partial U}{\partial Y}\right) \tag{2.122}$$

$$\frac{\partial (UV)}{\partial X}+\frac{\partial (VV)}{\partial Y}=-\frac{\partial P}{\partial Y}+\frac{\partial}{\partial X}\left(\frac{\mu}{\rho l u_{\text{lid}}}\frac{\partial V}{\partial X}\right)+\frac{\partial}{\partial Y}\left(\frac{\mu}{\rho l u_{\text{lid}}}\frac{\partial V}{\partial Y}\right)+\frac{g\beta(T_{\text{h}}-T_{\text{c}})l}{u_{\text{lid}}^2}\Theta \tag{2.123}$$

$$\frac{\partial (U\Theta)}{\partial X}+\frac{\partial (V\Theta)}{\partial Y}=\frac{\partial}{\partial X}\left(\frac{\lambda}{\rho c_p l u_{\text{lid}}}\frac{\partial \Theta}{\partial X}\right)+\frac{\partial}{\partial Y}\left(\frac{\lambda}{\rho c_p l u_{\text{lid}}}\frac{\partial \Theta}{\partial Y}\right) \tag{2.124}$$

根据 Gr 的定义 $\left[Gr=\dfrac{g\beta(T_{\text{h}}-T_{\text{c}})\rho^2 l^3}{\mu^2}\right]$、$Re$ 的定义 $\left(Re=\dfrac{\rho u_{\text{lid}} l}{\mu}\right)$ 和 Pr 的定义 $\left(Pr=\dfrac{\mu c_p}{\lambda}\right)$，最终可得二维稳态方腔混合对流问题的无量纲控制方程：

$$\frac{\partial U}{\partial X}+\frac{\partial V}{\partial Y}=0 \tag{2.125}$$

$$\frac{\partial (UU)}{\partial X}+\frac{\partial (VU)}{\partial Y}=-\frac{\partial P}{\partial X}+\frac{\partial}{\partial X}\left(\frac{1}{Re}\frac{\partial U}{\partial X}\right)+\frac{\partial}{\partial Y}\left(\frac{1}{Re}\frac{\partial U}{\partial Y}\right) \tag{2.126}$$

$$\frac{\partial (UV)}{\partial X}+\frac{\partial (VV)}{\partial Y}=-\frac{\partial P}{\partial Y}++\frac{\partial}{\partial X}\left(\frac{1}{Re}\frac{\partial V}{\partial X}\right)+\frac{\partial}{\partial Y}\left(\frac{1}{Re}\frac{\partial V}{\partial Y}\right)+\frac{Gr\Theta}{Re^2} \tag{2.127}$$

$$\frac{\partial (U\Theta)}{\partial X}+\frac{\partial (V\Theta)}{\partial Y}=\frac{\partial}{\partial X}\left(\frac{1}{RePr}\frac{\partial \Theta}{\partial X}\right)+\frac{\partial}{\partial Y}\left(\frac{1}{RePr}\frac{\partial \Theta}{\partial Y}\right) \tag{2.128}$$

同理可得边界条件的无量纲化结果：

$$\begin{cases} X=0, U=V=0, \Theta=1 \\ X=1, U=V=0, \Theta=0 \\ Y=0, U=V=0, \partial\Theta/\partial Y=0 \\ Y=1, U=1, V=0, \partial\Theta/\partial Y=0 \end{cases} \tag{2.129}$$

例 17　将以下控制方程写成通用控制方程形式，并给出各广义量 $\phi, \rho_\phi, \Gamma_\phi, S_\phi$ 表达式。

$$0=\nabla\cdot(\nabla\psi)+\omega \tag{2.130}$$

$$\frac{\partial U_x}{\partial \tau} + \nabla \cdot (\boldsymbol{U} U_x) = -\frac{\partial P}{\partial X} + \nabla \cdot \left(\frac{1}{Re} \nabla U_x \right) \tag{2.131}$$

$$\rho \frac{\partial k}{\partial t} + \nabla \cdot (\rho \boldsymbol{u} k) = \nabla \cdot \left(\mu + \frac{\mu_t}{\sigma_k} \right) \nabla k + G_k - \rho \varepsilon \tag{2.132}$$

$$\rho c_p \frac{\partial T}{\partial t} + \nabla \cdot (\rho c_p \boldsymbol{u} T) = \nabla \cdot (\lambda \nabla T) + \rho \boldsymbol{u} T \cdot \nabla c_p \tag{2.133}$$

【解析】本题考查通用控制方程。

式(2.130)是流函数方程，方程(2.131)是 X 方向动量方程的无量纲形式，方程(2.132)是湍动能方程，式(2.133)是考虑 c_p 变化，忽略黏性耗散影响且无内热源的能量方程。当这些方程写为通用控制方程时，对应的变量 $\phi, \rho_\phi, \Gamma_\phi, S_\phi$ 表达式见表 2.13。

表 2.13　通用控制方程各变量含义

方程	ϕ	ρ_ϕ	Γ_ϕ	S_ϕ
流函数方程	ψ	—	1	ω
X 方向无量纲动量方程	U_x	1	$\frac{1}{Re}$	$-\frac{\partial P}{\partial X}$
湍动能方程	k	ρ	$\mu + \frac{\mu_t}{\sigma_k}$	$G_k - \rho\varepsilon$
能量方程	T	ρc_p	λ	$\rho \boldsymbol{u} T \cdot \nabla c_p$

例 18　数值传热学中不可压缩流体常见的通用控制方程形式为

$$\frac{\partial(\rho_\phi \phi)}{\partial t} + \nabla \cdot (\rho_\phi \boldsymbol{u} \phi) = \nabla \cdot (\Gamma_\phi \nabla \phi) + S_\phi \tag{2.134}$$

式中，$\phi, \rho_\phi, \Gamma_\phi, S_\phi$ 在直角坐标系含义见表 2.14。

表 2.14　常见的通用控制方程变量含义

方程	ϕ	ρ_ϕ	Γ_ϕ	S_ϕ
连续性方程	1	ρ	0	0
动量方程(x 方向)	u	ρ	μ	$-\frac{\partial p}{\partial x} + \rho f_x$
动量方程(y 方向)	v	ρ	μ	$-\frac{\partial p}{\partial y} + \rho f_y$
动量方程(z 方向)	w	ρ	μ	$-\frac{\partial p}{\partial z} + \rho f_z$
能量方程	T	ρ	$\frac{\lambda}{c_p}$	$\frac{S_T}{c_p}$

笔者提出了针对不可压缩流体的通用控制方程新形式为

$$\rho_\phi \frac{\partial \phi}{\partial t} + \nabla \cdot (\rho_\phi \boldsymbol{u} \phi) = \nabla \cdot (\Gamma_\phi \nabla \phi) + S_\phi \tag{2.135}$$

式中，$\phi, \rho_\phi, \Gamma_\phi, S_\phi$ 在直角坐标系中的含义见表 2.7～表 2.9。

试分析常见的通用控制方程和通用控制方程新形式的区别，并说明后者的优点。

【解析】本题考查通用控制方程。

比较常见的通用控制方程和通用控制方程新形式，发现区别体现在能量方程上：

(1) 在常见的通用控制方程中，Γ_ϕ 和 S_ϕ 无物理意义；而在通用控制方程新形式中，它们是真实的导热系数和内热源，具有物理意义；

(2) 常见的通用控制方程是数值传热学教材中常用的形式，这种形式的通用控制方程只适用于比热容 c_p 为常数的情况。对于 c_p 不为常数的物理问题，若采用常见的通用控制方程形式，相当于在正确的能量方程中添加了一个伪源项。

例 19　试判断以下 5 个方程是线性方程、拟线性方程还是完全非线性方程。

$$\nabla \cdot (\nabla \psi) + \omega = 0 \tag{2.136}$$

$$\frac{\partial}{\partial x}\left[(aT+b)\frac{\partial T}{\partial x}\right] + \frac{\partial}{\partial y}\left[(aT+b)\frac{\partial T}{\partial y}\right] = 0 \tag{2.137}$$

$$\frac{\partial}{\partial x}\left[(aT+b)\frac{\partial T}{\partial x}\right] + \frac{\partial}{\partial y}\left[(aT+b)\frac{\partial T}{\partial y}\right] + T^2 = 0 \tag{2.138}$$

$$\rho \frac{\partial u_x}{\partial t} + \frac{\partial (\rho u_x u_x)}{\partial x} + \frac{\partial (\rho u_y u_x)}{\partial y} = \frac{\partial}{\partial x}\left(\mu \frac{\partial u_x}{\partial x}\right) + \frac{\partial}{\partial y}\left(\mu \frac{\partial u_x}{\partial y}\right) \tag{2.139}$$

$$\begin{aligned} \rho \frac{\partial u_r}{\partial t} + \frac{\partial (\rho u_r u_r r)}{r \partial r} + \frac{\partial (\rho u_\theta u_r)}{r \partial \theta} = {} & \frac{\partial}{r \partial r}\left(r \mu \frac{\partial u_r}{\partial r}\right) + \frac{\partial}{r \partial \theta}\left(\mu \frac{\partial u_r}{r \partial \theta}\right) + \rho f_r - \frac{\partial p}{\partial r} + \frac{\rho u_\theta^2}{r} \\ & - \frac{\mu u_r}{r^2} - \frac{2\mu}{r^2}\frac{\partial u_\theta}{\partial \theta} \end{aligned} \tag{2.140}$$

【解析】本题考查线性方程、拟线性方程还是完全非线性方程的判别。

式 (2.136) 为流函数方程，待求变量为流函数 ψ，仅存在二阶导数且是一次，因此式 (2.136) 为线性方程。

式 (2.137) 为二维变物性无源项稳态导热方程，待求变量为温度 T，仅存在二阶导数，但二阶导数不是一次的，因此式 (2.137) 不是线性方程。由于温度 T 的最高阶导数是线性的，因此式 (2.137) 为拟线性方程。

式 (2.138) 在式 (2.137) 的基础上增加了与待求变量 T 相关的内热源项，且该项是二次的，因此式 (2.138) 是完全非线性方程。

式 (2.139) 为二维直角坐标下 x 方向的动量方程，待求变量为 u_x，其二阶导数是一次的，但其一阶导数不是一次的，因此不是线性方程。但 u_x 的所有最高阶导数都是线性的，因此式(2.139)是拟线性方程。

式(2.140)为二维柱坐标下 r 方向的动量方程，待求变量为 u_r。与式(2.139)类似，u_r 的一阶导数不是一次的，但 u_r 的所有最高阶导数都是线性的，虽然存在二次项 $\dfrac{\rho u_\theta^2}{r}$，但其与待求变量 u_r 无关，因此式(2.140)是拟线性方程。

例 20　试问二维非稳态导热方程 $\rho c_p \dfrac{\partial T}{\partial t} = \lambda\left(\dfrac{\partial^2 T}{\partial x^2} + \dfrac{\partial^2 T}{\partial y^2}\right) + S$ 为何种类型的方程。

【解析】本题考查控制方程类型的判别。

当把 t 和 x 或 t 和 y 看作自变量时，由判别式 $b^2 - 4ac = 0^2 - 4\times 0\times\lambda = 0$ 可知，该方程为抛物型方程；当把 x 和 y 看作自变量时，由判别式 $b^2 - 4ac = 0^2 - 4\times\lambda\times\lambda < 0$ 可知，该方程为椭圆型方程。因而该方程为抛物-椭圆混合型方程。

例 21　描述管内流体瞬变流动的一维运动方程为 $\dfrac{\partial u}{\partial t} + u\dfrac{\partial u}{\partial x} + \dfrac{1}{\rho}\dfrac{\partial p}{\partial x} + g\sin\alpha + \dfrac{f}{2D}u|u| = 0$，试判断该方程的类型(提示：运动方程对 t 求偏导，并结合连续性方程 $\dfrac{\partial p}{\partial t} + u\dfrac{\partial p}{\partial x} + \rho a^2\dfrac{\partial u}{\partial x} = 0$ 进行判断)。

【解析】本题考查控制方程类型的判别。

将运动方程 $\dfrac{\partial u}{\partial t} + u\dfrac{\partial u}{\partial x} + \dfrac{1}{\rho}\dfrac{\partial p}{\partial x} + g\sin\alpha + \dfrac{f}{2D}u|u| = 0$ (密度、摩阻系数和管径为常数)对 t 求偏导可得

$$\frac{\partial^2 u}{\partial t^2} + \frac{\partial u}{\partial t}\frac{\partial u}{\partial x} + u\frac{\partial^2 u}{\partial x\partial t} + \frac{1}{\rho}\frac{\partial^2 p}{\partial x\partial t} + \frac{f}{2D}\left(\frac{\partial u}{\partial t}|u| + u\frac{\partial |u|}{\partial t}\right) = 0 \tag{2.141}$$

将连续性方程 $\dfrac{\partial p}{\partial t} + u\dfrac{\partial p}{\partial x} + \rho a^2\dfrac{\partial u}{\partial x} = 0$ 对 x 求偏导可得

$$\frac{\partial^2 p}{\partial t\partial x} + \frac{\partial u}{\partial x}\frac{\partial p}{\partial x} + u\frac{\partial^2 p}{\partial x^2} + \rho a^2\frac{\partial^2 u}{\partial x^2} = 0 \tag{2.142}$$

将式(2.142)带入式(2.141)，整理可得

$$\frac{\partial^2 u}{\partial t^2} + u\frac{\partial^2 u}{\partial x\partial t} - a^2\frac{\partial^2 u}{\partial x^2} + \frac{\partial u}{\partial t}\frac{\partial u}{\partial x} - \frac{1}{\rho}\frac{\partial u}{\partial x}\frac{\partial p}{\partial x} - \frac{u}{\rho}\frac{\partial^2 p}{\partial x^2} + \frac{f}{2D}\left(\frac{\partial u}{\partial t}|u| + u\frac{\partial |u|}{\partial t}\right) = 0 \tag{2.143}$$

将运动方程代入式(2.143)得

$$\begin{aligned}&\frac{\partial^2 u}{\partial t^2} + u\frac{\partial^2 u}{\partial x\partial t} - a^2\frac{\partial^2 u}{\partial x^2} + \frac{\partial u}{\partial t}\frac{\partial u}{\partial x} + \frac{\partial u}{\partial x}\left(\frac{\partial u}{\partial t} + u\frac{\partial u}{\partial x} + g\sin\alpha + \frac{f}{2D}u|u|\right)\\&+u\frac{\partial}{\partial x}\left(\frac{\partial u}{\partial t} + u\frac{\partial u}{\partial x} + g\sin\alpha + \frac{f}{2D}u|u|\right) + \frac{f}{2D}\left(\frac{\partial u}{\partial t}|u| + u\frac{\partial |u|}{\partial t}\right) = 0\end{aligned} \tag{2.144}$$

进一步整理得

$$\frac{\partial^2 u}{\partial t^2}+2u\frac{\partial^2 u}{\partial x\partial t}+(u^2-a^2)\frac{\partial^2 u}{\partial x^2}+2\frac{\partial u}{\partial t}\frac{\partial u}{\partial x}+2u\left(\frac{\partial u}{\partial x}\right)^2+g\sin\alpha\frac{\partial u}{\partial x}$$
$$+\frac{f}{2D}\left(2u|u|\frac{\partial u}{\partial x}+u^2\frac{\partial|u|}{\partial x}+|u|\frac{\partial u}{\partial t}+u\frac{\partial|u|}{\partial t}\right)=0 \tag{2.145}$$

对于管内流体瞬变流动的一维运动方程，将 t 和 x 看作 u 的自变量，由方程类型判别式 $b^2-4ac=(2u)^2-4\times1\times(u^2-a^2)=4a^2>0$ 可知，该方程为双曲型方程。

例 22　普朗特于 1904 年基于实验观察首次提出了边界层理论。对于二维边界层，普朗特边界层控制方程为

$$\begin{cases}\dfrac{\partial u}{\partial x}+\dfrac{\partial v}{\partial y}=0\\ u\dfrac{\partial u}{\partial x}+v\dfrac{\partial u}{\partial y}=-\dfrac{1}{\rho}\dfrac{\partial p}{\partial x}+\dfrac{\mu}{\rho}\dfrac{\partial^2 u}{\partial y^2}\\ \dfrac{\partial p}{\partial y}=0\end{cases}$$

试判断 u 动量方程的方程类型和方程特点。

【解析】本题考查控制方程类型的判别。

对于 u 动量方程，x, y 可看作 u 的自变量，由判别式 $b^2-4ac=0^2-4\times0\times\left(-\dfrac{\mu}{\rho}\right)=0$ 可知，该方程为抛物型方程。由抛物型方程的性质可知，对于边界层类型的流动问题，由于略去了主流方向的黏性作用，下游的物理量取决于上游的物理量，而上游的物理量不会受下游物理量的影响。

例 23　图 2.8 所示为矩形通道不可压缩充分发展恒定层流流动问题，其控制方程如下。请对该控制方程化简并判断化简后的方程类型。

$$\frac{\partial u_x}{\partial x}+\frac{\partial u_y}{\partial y}+\frac{\partial u_z}{\partial z}=0$$

$$\rho\frac{\partial u_x}{\partial t}+\rho u_x\frac{\partial u_x}{\partial x}+\rho u_y\frac{\partial u_x}{\partial y}+\rho u_z\frac{\partial u_x}{\partial z}=\rho f_x-\frac{\partial p}{\partial x}+\frac{\partial}{\partial x}\left(\mu\frac{\partial u_x}{\partial x}\right)+\frac{\partial}{\partial y}\left(\mu\frac{\partial u_x}{\partial y}\right)+\frac{\partial}{\partial z}\left(\mu\frac{\partial u_x}{\partial z}\right)$$

$$\rho\frac{\partial u_y}{\partial t}+\rho u_x\frac{\partial u_y}{\partial x}+\rho u_y\frac{\partial u_y}{\partial y}+\rho u_z\frac{\partial u_y}{\partial z}=\rho f_y-\frac{\partial p}{\partial y}+\frac{\partial}{\partial x}\left(\mu\frac{\partial u_y}{\partial x}\right)+\frac{\partial}{\partial y}\left(\mu\frac{\partial u_y}{\partial y}\right)+\frac{\partial}{\partial z}\left(\mu\frac{\partial u_y}{\partial z}\right)$$

$$\rho\frac{\partial u_z}{\partial t}+\rho u_x\frac{\partial u_z}{\partial x}+\rho u_y\frac{\partial u_z}{\partial y}+\rho u_z\frac{\partial u_z}{\partial z}=\rho f_z-\frac{\partial p}{\partial z}+\frac{\partial}{\partial x}\left(\mu\frac{\partial u_z}{\partial x}\right)+\frac{\partial}{\partial y}\left(\mu\frac{\partial u_z}{\partial y}\right)+\frac{\partial}{\partial z}\left(\mu\frac{\partial u_z}{\partial z}\right)$$

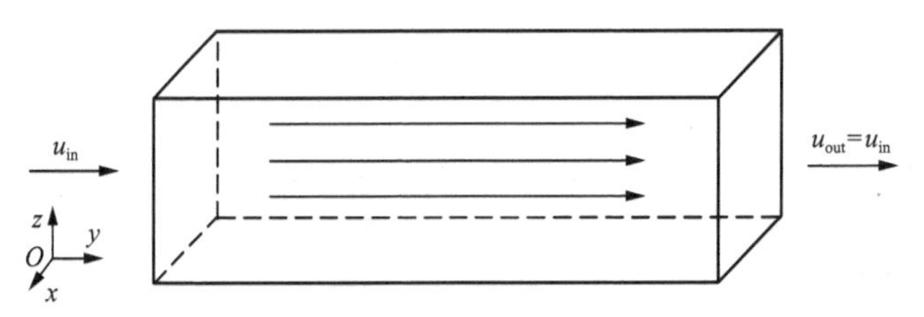

图 2.8　矩形通道内充分发展流动的示意图

【解析】本题考查控制方程简化和控制方程类型判断。

由于流动为恒定流动，流场不随时间变化，因此有 $\frac{\partial u_x}{\partial t}=\frac{\partial u_y}{\partial t}=\frac{\partial u_z}{\partial t}=0$，控制方程可简化为

$$\rho u_x\frac{\partial u_x}{\partial x}+\rho u_y\frac{\partial u_x}{\partial y}+\rho u_z\frac{\partial u_x}{\partial z}=\rho f_x-\frac{\partial p}{\partial x}+\frac{\partial}{\partial x}\left(\mu\frac{\partial u_x}{\partial x}\right)+\frac{\partial}{\partial y}\left(\mu\frac{\partial u_x}{\partial y}\right)+\frac{\partial}{\partial z}\left(\mu\frac{\partial u_x}{\partial z}\right)\tag{2.146}$$

$$\rho u_x\frac{\partial u_y}{\partial x}+\rho u_y\frac{\partial u_y}{\partial y}+\rho u_z\frac{\partial u_y}{\partial z}=\rho f_y-\frac{\partial p}{\partial y}+\frac{\partial}{\partial x}\left(\mu\frac{\partial u_y}{\partial x}\right)+\frac{\partial}{\partial y}\left(\mu\frac{\partial u_y}{\partial y}\right)+\frac{\partial}{\partial z}\left(\mu\frac{\partial u_y}{\partial z}\right)\tag{2.147}$$

$$\rho u_x\frac{\partial u_z}{\partial x}+\rho u_y\frac{\partial u_z}{\partial y}+\rho u_z\frac{\partial u_z}{\partial z}=\rho f_z-\frac{\partial p}{\partial z}+\frac{\partial}{\partial x}\left(\mu\frac{\partial u_z}{\partial x}\right)+\frac{\partial}{\partial y}\left(\mu\frac{\partial u_z}{\partial y}\right)+\frac{\partial}{\partial z}\left(\mu\frac{\partial u_z}{\partial z}\right)\tag{2.148}$$

由于流动为矩形通道充分发展层流流动，流体仅沿 y 方向流动，故 $u_x=u_z=0$，待求变量从 3 个减少为 1 个，控制方程可进一步简化为

$$\rho u_y\frac{\partial u_y}{\partial y}=\rho f_y-\frac{\partial p}{\partial y}+\frac{\partial}{\partial x}\left(\mu\frac{\partial u_y}{\partial x}\right)+\frac{\partial}{\partial y}\left(\mu\frac{\partial u_y}{\partial y}\right)+\frac{\partial}{\partial z}\left(\mu\frac{\partial u_y}{\partial z}\right)\tag{2.149}$$

由连续性方程可得 $\frac{\partial u_y}{\partial y}=0$，式(2.149)进一步简化为

$$0=\rho f_y-\frac{\partial p}{\partial y}+\frac{\partial}{\partial x}\left(\mu\frac{\partial u_y}{\partial x}\right)+\frac{\partial}{\partial z}\left(\mu\frac{\partial u_y}{\partial z}\right)\tag{2.150}$$

对 u_y 动量方程式(2.150)，将 x 和 z 可看作 u_y 的自变量，由判别式 $b^2-4ac=0^2-4\times\mu\times\mu<0$ 可知，u_y 动量方程为椭圆型方程。可以看出，通过简化，方程由非稳态对流扩散方程转化为了稳态纯扩散方程，所研究的问题也由三维问题转化成为二维问题。

第3章　计算区域的离散

本章首先概述网格生成方法分类，然后简介结构化网格、非结构化网格和其他网格的生成方法，最后介绍常见正交坐标系下规则计算区域的网格信息。由于时间域为一维单向坐标，与空间域一维情况类似，其离散过程相对较简单，因此本章仅介绍空间计算区域的离散。

3.1　网格生成方法概述

在第 2 章中，我们介绍了流动与传热问题的控制方程。控制方程的实质是表示因变量(数值传热学中关注速度 $\boldsymbol{u}$、压强 p、温度 T 等)和自变量(时间域 t 和空间域 x, y, z)之间的定量数学关系。数值求解就是将控制方程在自变量值域内对因变量进行离散求解。要实现这一过程，首先要将连续的自变量值域(时间域和空间域)表示为离散的自变量值域，得到离散节点的坐标及其与相邻节点的关系等信息，这一过程称为计算区域的离散，又称为网格生成。需要注意的是，在网格生成之前首先要根据物体几何形状的特征来确定计算区域，此时要保证边界条件和初始条件能够合理确定，求解有回流的问题时，计算区域的下游边界一般要远离回流区。

网格生成在流动与传热数值计算中具有重要的地位，目前已发展为流动与传热数值计算领域的一个研究分支。一方面，只有通过网格生成，才能将无限自由度的连续自变量值域转化为有限自由度的离散自变量值域；另一方面，数值求解的精度和计算效率受网格生成质量的影响。为满足不同的计算需求，现已发展了多种网格生成方法，按照其适用范围和特点，大致可以划分为如图 3.1 所示的类型。为保证计算精度同时提高计算效率，不管采用何种方法，生成的网格通常要求具有良好的拓扑结构和单元质量。其中，良好的拓扑结构要求网格点、线、面、体的关系尽可能简单，容易表达和存储，通过该拓扑结构形成的代数方程组形式尽可能简单；良好的单元质量要求网格具有良好的正交性，在不同方向的网格尺度不应相差太大，在待求物理量变化剧烈的区域对网格进行局部加密时，还需保证网格的平缓过渡，以保证计算的精度与收敛性。

3.2　结构化网格生成方法

结构化网格是指网格区域内所有的内部节点都具有相同的毗邻单元结构的网格。在结构化网格中，每个单元都排列有序，除了必须存储每个节点及其控制容积的几何信息外，其他诸如节点邻接关系不需要存储就可以根据节点编号规律自动计算得到，这一特性使结构化网格在划分一般复杂度的计算区域时效率较高，所形成的代数方程组矩阵呈

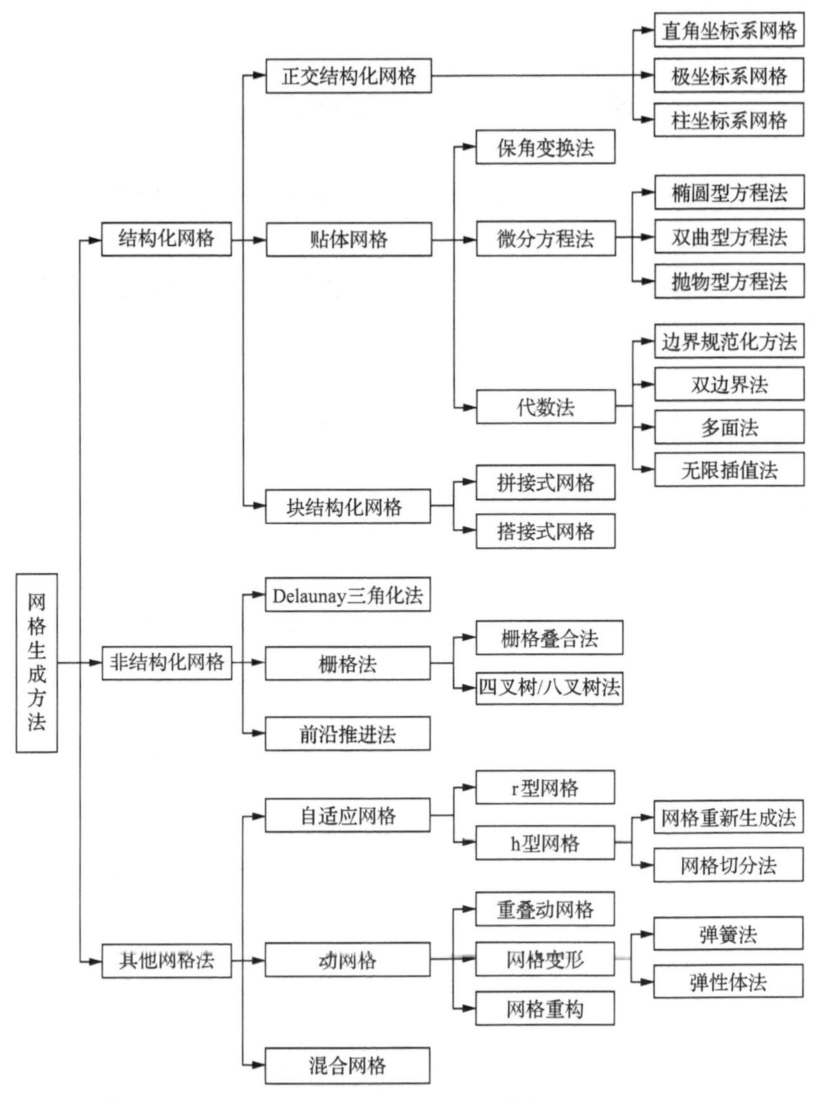

图 3.1　网格生成方法分类

现规律的带状结构。结构化网格的主要缺点是不适合非常复杂的计算区域，对结构化网格进行局部加密时会导致某些其他区域也进行不必要的加密，造成计算资源的浪费。结构化网格生成方法通常可分为三类：正交曲线坐标系中的常规方法、贴体网格方法和块结构化网格方法。

3.2.1　正交曲线坐标系中的常规方法

正交曲线坐标系常规方法画出的网格线两两垂直。该方法比较简单，但仅适用于简单规则的计算区域。对二维问题，常见的正交坐标系有直角坐标系、极坐标系和柱坐标系。图 3.2 给出了二维情况下三种常见正交坐标系使用常规方法生成的网格示意图。对三维问题，常见的正交坐标系有直角坐标系、圆柱坐标系和球坐标系。

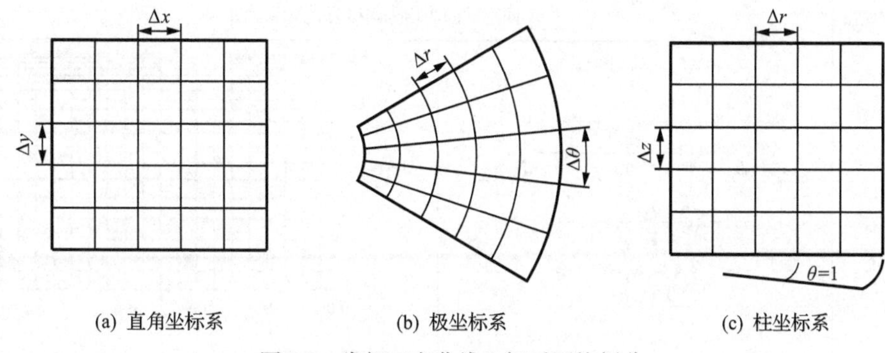

(a) 直角坐标系　　(b) 极坐标系　　(c) 柱坐标系

图 3.2　常规正交曲线坐标系网格划分

网格根据其间距特点，分为均分网格和非均分网格。采用非均分网格时，相邻两个网格单元的间距之比，即网格增长因子，应控制在一定范围之内，一般建议取 0.8～1.25。常用等比数列、抛物函数和双曲函数等来生成非均分网格。表 3.1 给出了采用等比数列生成的上疏下密、上密下疏、上下密内部疏和上下疏内部密等 4 种网格。表中 q 为公比，L_y, N, j, h 分别为 y 方向的总长度、网格线的数目、网格的序号、网格疏密变化的分界位置。表 3.2 为双曲函数生成的非均分网格。

表 3.1　等比数列生成的非均分网格

网格分布规律	不同形式的非均分网格公式及示意图	
上疏 下密	$\dfrac{y_j}{L_y}=\dfrac{1-q^{j-1}}{1-q^{N-1}}$ $1\leqslant j\leqslant N$ $q>1$	网格数 20×20, N=21, q=1.2
上密 下疏	$\dfrac{y_j}{L_y}=\dfrac{1-q^{j-1}}{1-q^{N-1}}$ $1\leqslant j\leqslant N$ $0<q<1$	网格数 20×20, N=21, q=0.8

续表

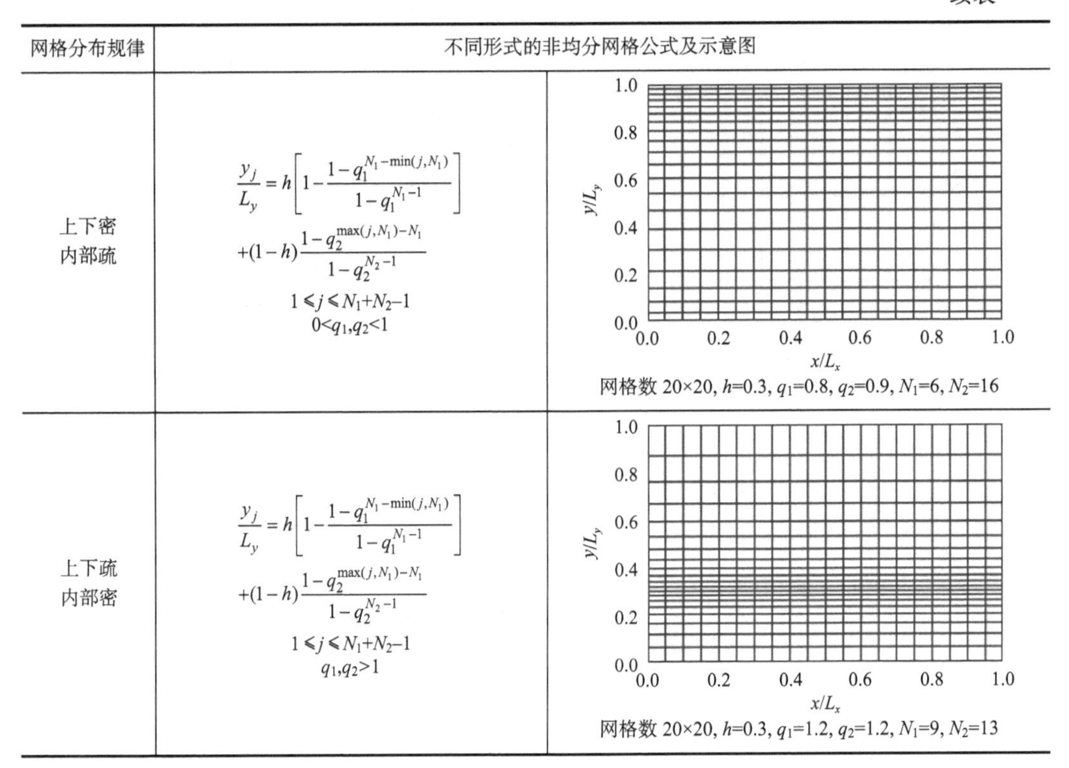

网格分布规律	不同形式的非均分网格公式及示意图	
上下密 内部疏	$\frac{y_j}{L_y}=h\left[1-\frac{1-q_1^{N_1-\min(j,N_1)}}{1-q_1^{N_1-1}}\right]+(1-h)\frac{1-q_2^{\max(j,N_1)-N_1}}{1-q_2^{N_2-1}}$ $1\leqslant j\leqslant N_1+N_2-1$ $0<q_1,q_2<1$	网格数 20×20, h=0.3, q_1=0.8, q_2=0.9, N_1=6, N_2=16
上下疏 内部密	$\frac{y_j}{L_y}=h\left[1-\frac{1-q_1^{N_1-\min(j,N_1)}}{1-q_1^{N_1-1}}\right]+(1-h)\frac{1-q_2^{\max(j,N_1)-N_1}}{1-q_2^{N_2-1}}$ $1\leqslant j\leqslant N_1+N_2-1$ $q_1,q_2>1$	网格数 20×20, h=0.3, q_1=1.2, q_2=1.2, N_1=9, N_2=13

表 3.2　双曲函数生成的非均分网格

网格分布规律	不同形式的非均分网格公式及示意图	
上疏 下密	$\frac{y_j}{L_y}=1+\frac{\tanh\left[\frac{j-N}{a(N-1)}\right]}{\tanh\left(\frac{1}{a}\right)}$ $1\leqslant j\leqslant N$	网格数 20×20, N=21, a=0.6
上密 下疏	$\frac{y_j}{L_y}=\frac{\tanh\left[\frac{j-1}{a(N-1)}\right]}{\tanh\left(\frac{1}{a}\right)}$ $1\leqslant j\leqslant N$	网格数 20×20, N=21, a=0.6

续表

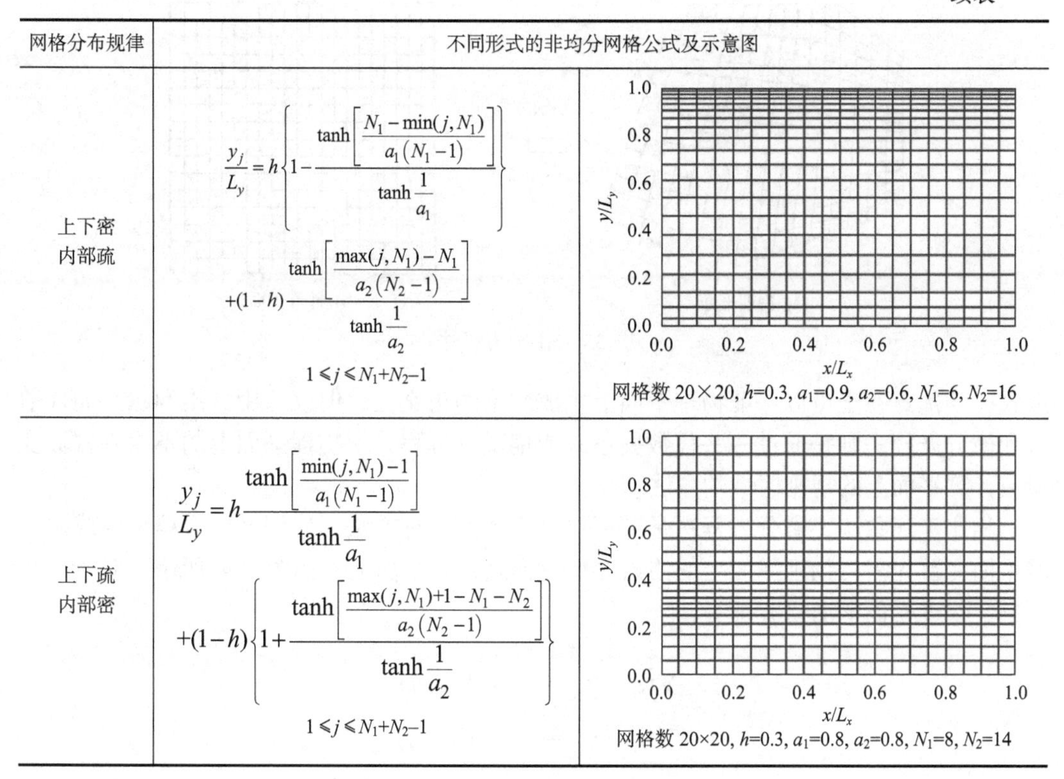

网格分布规律	不同形式的非均分网格公式及示意图	
上下密 内部疏	$\frac{y_j}{L_y}=h\left\{1-\frac{\tanh\left[\frac{N_1-\min(j,N_1)}{a_1(N_1-1)}\right]}{\tanh\frac{1}{a_1}}\right\}+(1-h)\frac{\tanh\left[\frac{\max(j,N_1)-N_1}{a_2(N_2-1)}\right]}{\tanh\frac{1}{a_2}}$ $1\leqslant j\leqslant N_1+N_2-1$	网格数 20×20, h=0.3, a_1=0.9, a_2=0.6, N_1=6, N_2=16
上下疏 内部密	$\frac{y_j}{L_y}=h\frac{\tanh\left[\frac{\min(j,N_1)-1}{a_1(N_1-1)}\right]}{\tanh\frac{1}{a_1}}+(1-h)\left\{1+\frac{\tanh\left[\frac{\max(j,N_1)+1-N_1-N_2}{a_2(N_2-1)}\right]}{\tanh\frac{1}{a_2}}\right\}$ $1\leqslant j\leqslant N_1+N_2-1$	网格数 20×20, h=0.3, a_1=0.8, a_2=0.8, N_1=8, N_2=14

3.2.2　贴体网格

贴体网格作为另一种结构化网格生成方法，本质上是一种坐标变换法，又称为参数变换法/映射法，其基本思想是通过一定的变换关系或法则，将物理平面上的不规则区域变换成计算平面上的规则区域，建立计算平面的点与物理平面的点之间的对应关系，由此生成计算平面和物理平面上的网格。此时计算平面上的网格正交，但物理平面上网格线大多数情况下不正交。贴体网格可在一定范围内控制网格形状与密度，较难适用于边界形状非常复杂的不规则计算区域。贴体网格的生成方法主要有保角变换法、代数法(图 3.3)和微分方程法(图 3.4)。保角变换法应用的变换是复变函数理论中一些成熟的关

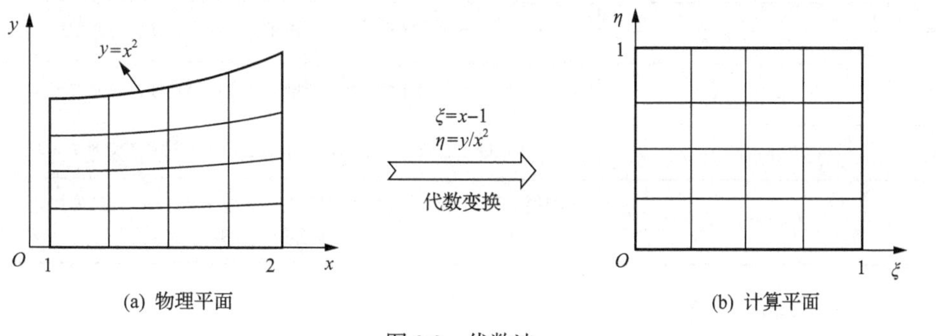

(a) 物理平面　　(b) 计算平面

图 3.3　代数法

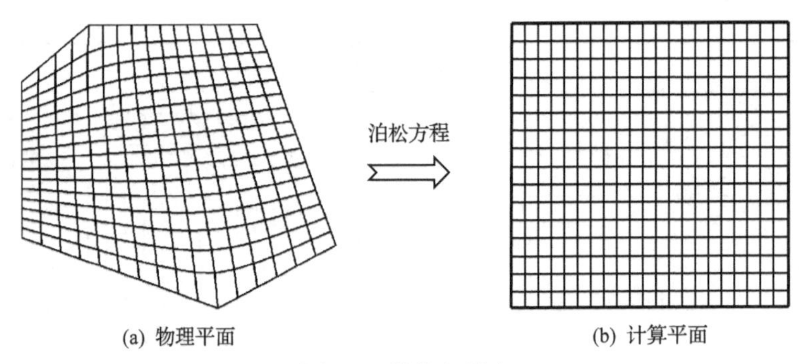

(a) 物理平面　　(b) 计算平面

图 3.4　微分方程法

系式，其优点在于可以保证物理平面上生成网格的正交性，但仅适用二维问题。而代数法和微分方程法则是通过一些代数关系式或偏微分方程，把物理平面上的不规则区域变换成计算平面上的规则区域的方法。

相比于代数法，微分方程法是应用更为广泛的一种方法。采用微分方程法生成贴体网格前，首先需将物理平面上的泊松方程变换到计算平面上，如图 3.4 所示。对于二维问题，物理平面上泊松方程为

$$\begin{aligned}\nabla^2\xi=\xi_{xx}+\xi_{yy}=P(\xi,\eta)\\\nabla^2\eta=\eta_{xx}+\eta_{yy}=Q(\xi,\eta)\end{aligned}\tag{3.1}$$

式中，$P(\xi,\eta)$, $Q(\xi,\eta)$ 为控制函数，用于调节区域内部网格分布及网格的正交性。

变换到计算平面上为

$$\begin{aligned}\alpha x_{\xi\xi}-2\beta x_{\eta\xi}+\gamma x_{\eta\eta}=-J^2(x_\xi P+x_\eta Q)\\\alpha y_{\xi\xi}-2\beta y_{\eta\xi}+\gamma y_{\eta\eta}=-J^2(y_\xi P+y_\eta Q)\end{aligned}\tag{3.2}$$

式(3.2)各参数的具体含义见表 3.3。

表 3.3　微分方程法生成二维贴体网格计算平面方程各参数含义

参数	表达式	物理意义
α	$\alpha=x_\eta^2+y_\eta^2$	η 方向的度规系数，反映了 η 方向网格线的疏密程度
γ	$\gamma=x_\xi^2+y_\xi^2$	ξ 方向的度规系数，反映了 ξ 方向网格线的疏密程度
β	$\beta=x_\xi x_\eta+y_\xi y_\eta$	反映了物理平面上网格的正交性，网格局部正交时 $\beta=0$
J	$J=x_\xi y_\eta-x_\eta y_\xi$	表示计算平面上控制容积的胀缩程度，即 $\mathrm{d}V=J\mathrm{d}\xi\mathrm{d}\eta$，$\mathrm{d}V$ 为物理平面中控制容积的体积

对于三维问题，泊松方程变换到计算平面上为

$$
\begin{aligned}
&\alpha x_{\xi\xi}+\beta x_{\eta\eta}+\gamma x_{\zeta\zeta}+2x_{\xi\eta}\lambda_{12}+2x_{\xi\zeta}\lambda_{13}+2x_{\eta\zeta}\lambda_{23}=-J^2(x_\xi P+x_\eta Q+x_\zeta R)\\
&\alpha y_{\xi\xi}+\beta y_{\eta\eta}+\gamma y_{\zeta\zeta}+2y_{\xi\eta}\lambda_{12}+2y_{\xi\zeta}\lambda_{13}+2y_{\eta\zeta}\lambda_{23}=-J^2(y_\xi P+y_\eta Q+y_\zeta R)\\
&\alpha z_{\xi\xi}+\beta z_{\eta\eta}+\gamma z_{\zeta\zeta}+2z_{\xi\eta}\lambda_{12}+2z_{\xi\zeta}\lambda_{13}+2z_{\eta\zeta}\lambda_{23}=-J^2(z_\xi P+z_\eta Q+z_\zeta R)
\end{aligned}
\tag{3.3}
$$

式中，P, Q, R 为控制函数；各参数的具体含义见表 3.4。

表 3.4　微分方程法生成三维贴体网格计算平面方程各参数含义

参数	表达式	物理意义
α	$\alpha=\alpha_1^2+\alpha_2^2+\alpha_3^2,\ \begin{cases}\alpha_1=y_\eta z_\zeta-y_\zeta z_\eta\\ \alpha_2=x_\zeta z_\eta-x_\eta z_\zeta\\ \alpha_3=x_\eta y_\zeta-x_\zeta y_\eta\end{cases}$	$\eta\zeta$ 方向的度规系数
β	$\beta=\beta_1^2+\beta_2^2+\beta_3^2,\ \begin{cases}\beta_1=y_\zeta z_\xi-y_\xi z_\zeta\\ \beta_2=x_\xi z_\zeta-x_\zeta z_\xi\\ \beta_3=x_\zeta y_\xi-x_\xi y_\zeta\end{cases}$	$\xi\zeta$ 方向的度规系数
γ	$\gamma=\gamma_1^2+\gamma_2^2+\gamma_3^2,\ \begin{cases}\gamma_1=y_\xi z_\eta-y_\eta z_\xi\\ \gamma_2=x_\eta z_\xi-x_\xi z_\eta\\ \gamma_3=x_\xi y_\eta-x_\eta y_\xi\end{cases}$	$\xi\eta$ 方向的度规系数
λ_{12}	$\lambda_{12}=\beta_1\alpha_1+\beta_2\alpha_2+\beta_3\alpha_3$	交叉项反映了物理平面上网格的正交性，各节点处的值偏离 0 的多少反映了局部坐标偏离正交性的程度，网格局部正交时为 0
λ_{13}	$\lambda_{13}=\gamma_1\alpha_1+\gamma_2\alpha_2+\gamma_3\alpha_3$	
λ_{23}	$\lambda_{23}=\gamma_1\beta_1+\gamma_2\beta_2+\gamma_3\beta_3$	
J	$J=x_\xi y_\eta z_\zeta+x_\eta z_\xi y_\zeta+y_\xi z_\eta x_\zeta-x_\zeta y_\eta z_\xi-x_\xi y_\zeta z_\eta-x_\eta y_\xi z_\zeta$	表示计算平面上控制容积的胀缩程度

3.2.3　块结构化网格

块结构化网格分为拼接式网格和搭接式网格，其中拼接式网格是将求解区域分成若干块，块与块之间采用公共边连接，不同块单独划分网格，每块网格的划分根据其特点要么采用正交曲线坐标系中的常规方法，要么采用贴体网格。不同块之间可以无缝拼接[图 3.5(a)]，也可以错开拼接[图 3.5(b)]。搭接式网格与拼接式网格类似，但在搭接式网格中相邻块存在重叠区域，如图 3.6 所示。块结构化网格有利于结构化网格生成及局部加密，使用块结构化网格的关键是保证块与块之间的信息高效、准确传递。

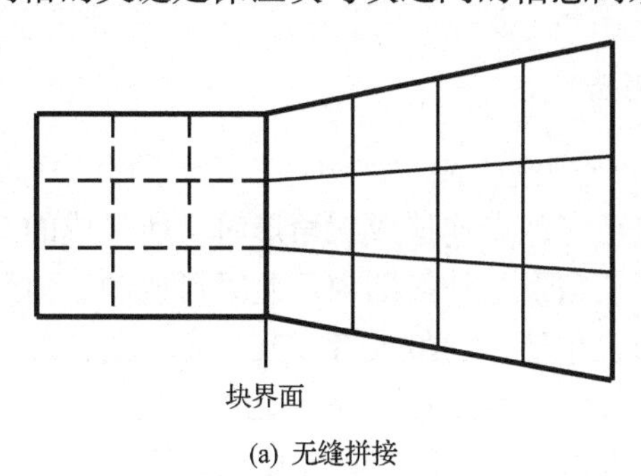

(a) 无缝拼接

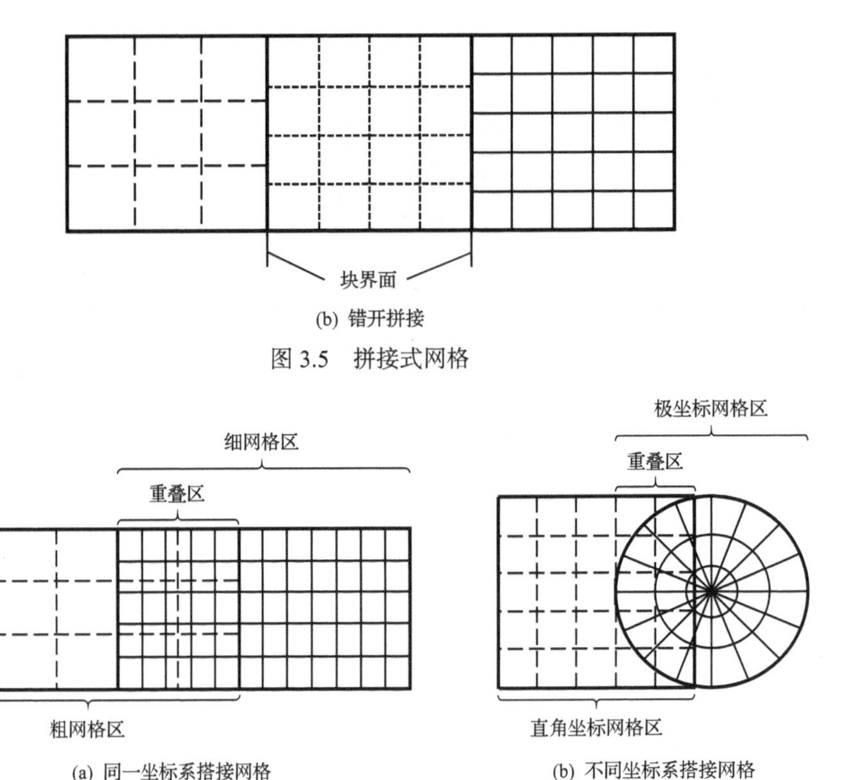

(b) 错开拼接

图 3.5　拼接式网格

(a) 同一坐标系搭接网格　　(b) 不同坐标系搭接网格

图 3.6　搭接式网格

3.3　非结构化网格生成方法

非结构化网格是指网格区域内部节点不一定具有相同的毗邻单元结构的网格。与结构化网格相比，非结构化网格更为灵活，具有适用于复杂度高的计算区域、网格局部加密容易实现等优点。但非结构化网格也具有以下缺点：①生成效率往往比结构化网格生成效率低；②除了需要保存节点信息以外，还需保存节点的邻接关系信息，因此需要更大的数据存储空间；③形成的代数方程组的结构不再规律、带宽大，求解通常比结构化网格慢。非结构化网格通常可分为三类：德洛奈(Delaunay)三角形化法、栅格法和前沿推进法，下面简要介绍。

3.3.1　Delaunay 三角形化法

采用 Delaunay 三角形化规则生成非结构化三角形的方法称为 Delaunay 三角形化法。该规则要求将平面上一组给定的点连接成三角形时，所形成的三角形互不重叠且每一个点均不位于不包含该点的三角形的外接圆内，此时形成的三角形的最小角是给定的这一组点各种连接方案形成的三角形中的最大者，其三角形边长的均匀性在各种连接方案中最好，如图 3.7(c)所示。采用 Delaunay 三角形化规则生成的网格边长均匀性较好，比较接近正三角形，故采用该方法生成的网格单元质量较好。

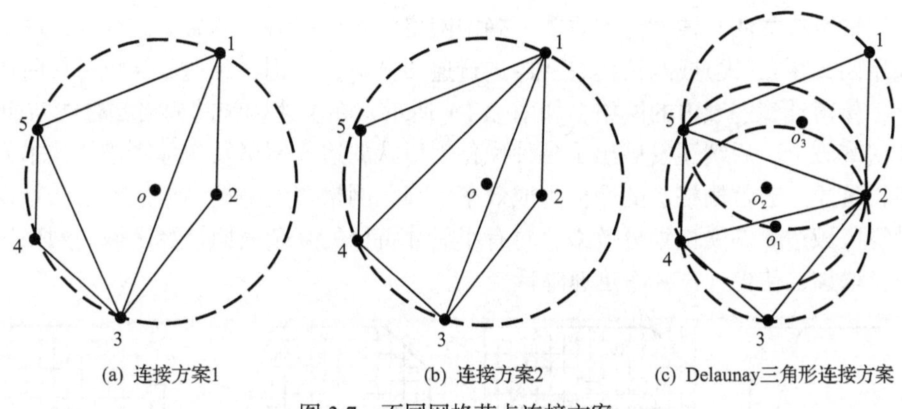

(a) 连接方案1　(b) 连接方案2　(c) Delaunay三角形连接方案

图 3.7　不同网格节点连接方案

实施 Delaunay 三角形化主要分为四步：①采用某种法则，将所有的边界点连接成互不重叠的三角形；②对所有的三角形的性质进行判断，选取其中性质最差的三角形，将其外接圆的圆心作为一个网格节点；③破坏其外接圆包含该点的三角形，形成 Delaunay 腔，根据 Delaunay 三角形化原理形成新的三角形；④重复步骤②和③，直至所生成的网格满足要求。Delaunay 三角形化的关键是如何自动地向求解区域加点，如何将边界上已经设定的网格点疏密程度光滑地传递到求解区域内部，如何实现局部区域的网格疏密控制。该方法生成的网格一般具有全局最优性，当所生成的网格数量较多时计算量较大。图 3.8 给出了采用 Delaunay 三角形化方法生成非结构化网格的过程示例。

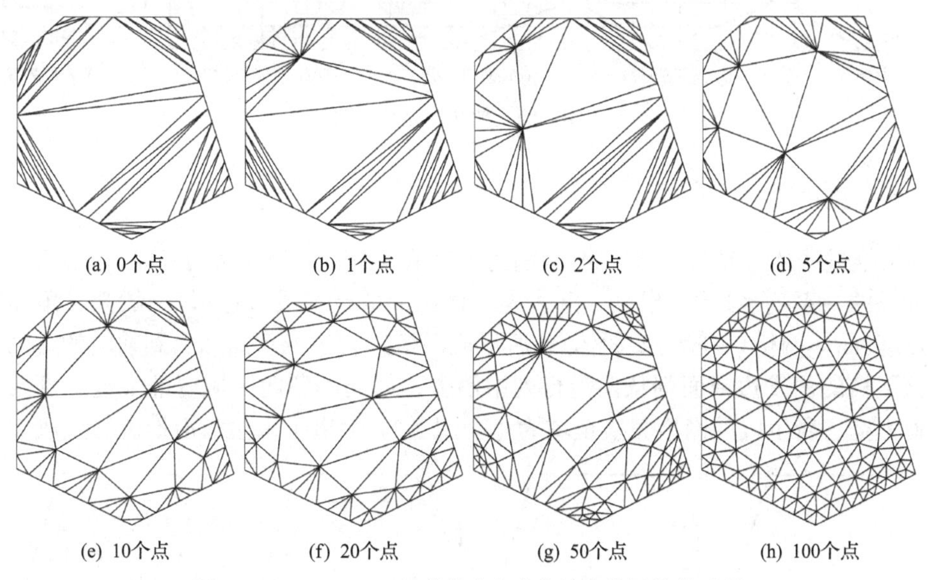
(a) 0个点　(b) 1个点　(c) 2个点　(d) 5个点

(e) 10个点　(f) 20个点　(g) 50个点　(h) 100个点

图 3.8　Delaunay 三角形化法生成非结构化网格的过程

3.3.2　栅格法

栅格法分为栅格叠合法与四叉树/八叉树法。栅格叠合法采用栅格覆盖计算区域，保留计算区域内的网格，删除计算区域外的网格，如图 3.9 所示。四叉树/八叉树法是一种递归的网格生成方法，该方法首先需要确定网格的生成区域，然后对该计算区域沿坐标轴方向用四叉树(二维)或八叉树(三维)进行递归分解，直到达到迭代终止条件时停止网格划分，保留计算区域内的网格，如图 3.10 所示。在上述传统的栅格叠合法与四叉树/八叉树法基础上，后续还发展出了多种优化锯齿状的边界网格及内部网格的技术方法，在此不再赘述。通常栅格法的网格生成效率较高，网格密度易控制。但栅格法难以保证复杂计算区域边界的网格划分效果，对有小尺寸特征的复杂表面计算区域，网格单元的数量急剧增加，使得计算效率迅速降低。

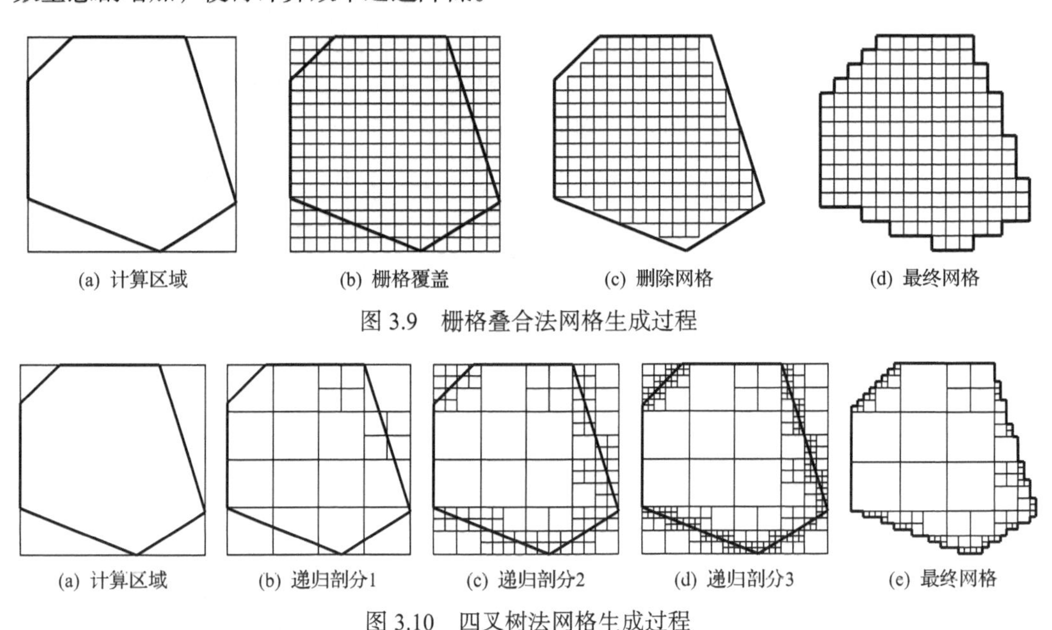

(a) 计算区域　(b) 栅格覆盖　(c) 删除网格　(d) 最终网格

图 3.9　栅格叠合法网格生成过程

(a) 计算区域　(b) 递归剖分1　(c) 递归剖分2　(d) 递归剖分3　(e) 最终网格

图 3.10　四叉树法网格生成过程

3.3.3　前沿推进法

前沿推进法从边界前沿(对二维问题为边界节点所形成的一系列线段,对三维问题为线段围成的一系列多边形)出发，逐一与区域内部的点形成多边形(一般为三角形或四边形)或多面体网格(一般为四面体)，所形成网格的新边或新面加入到前沿的行列，而生成该网格的出发边或面则从前沿行列中消去，如此不断向区域内部推进，直至前沿的行列为空、所生成的网格覆盖全域为止。图 3.11 给出了采用前沿推进法生成二维非

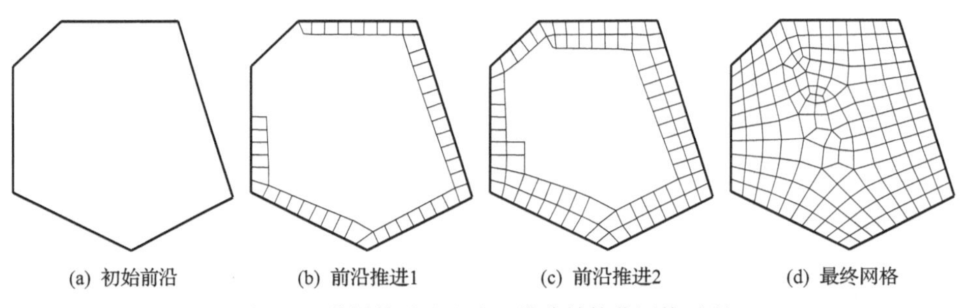

(a) 初始前沿　(b) 前沿推进1　(c) 前沿推进2　(d) 最终网格

图 3.11　前沿推进法生成二维非结构化网格过程

结构化四边形网格的过程。前沿推进法具有边界拟合性优越且生成的网格质量好、过渡平滑等优点。但为保证网格单元的质量，在前沿推进法中需要做大量的判断，网格生成效率不高。

3.4　其他网格生成方法

3.4.1　自适应网格方法

自适应网格通过一定的规则在计算过程中对网格进行调整，使网格的疏密分布与物理场的变化相匹配，即网格分布在物理场变化剧烈的位置密，在物理场变化平缓的位置稀疏，从而采用较经济的网格使整个求解域上物理量的误差基本相当，达到提高计算精度和效率的目的。常见的自适应网格有 r 型与 h 型。

r 型自适应网格的拓扑关系在计算过程中保持不变，仅通过移动网格点来加密局部网格。h 型自适应网格的拓扑关系在计算过程中发生变化，一般通过网格重新生成与网格切分两种方法调整网格疏密。网格重新生成方法是在初始网格的基础上对局部需要加密的区域重新生成更密的网格，如图 3.12 所示。该方法一般应用于非结构化网格。网格切分方法是在初始网格上将需要加密区域的原网格单元分割成几个子单元。该方法计算效率比网格重新生成方法高，在工程中更常用。

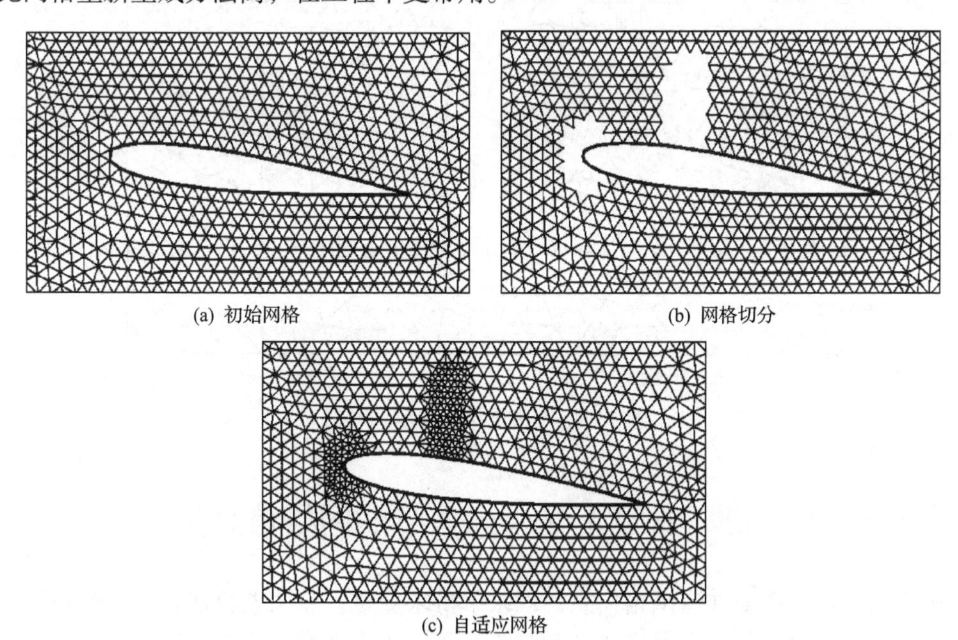

(a) 初始网格　(b) 网格切分

(c) 自适应网格

图 3.12　h 型网格自适应过程(通过网格切分方法生成)

3.4.2　动网格方法

动网格方法是一种网格动态调整以适应模拟中计算区域发生改变的方法，主要包括重叠动网格法、网格变形法与网格重构法。

重叠动网格法将计算区域划分为多个子区域，并在这些子区域上生成相互重叠的结构化网格，不同子区域间的信息通过网格的重叠部分来传递。该方法适合处理动网格的大变形问题，但计算量一般较大。网格变形法不改变网格节点的个数和拓扑结构，通过移动网格节点适应计算区域变形，一般可以分为弹簧法与弹性体法。该方法实施相对简单，但对网格的变形程度有一定的限制，适合处理动网格的小变形问题。网格重构法在每个时间步均重新生成一次网格，如图 3.13 所示，采用该方法生成的网格质量较好，容易处理大变形或大位移问题，但由于每一步都需要插值，计算量较大。

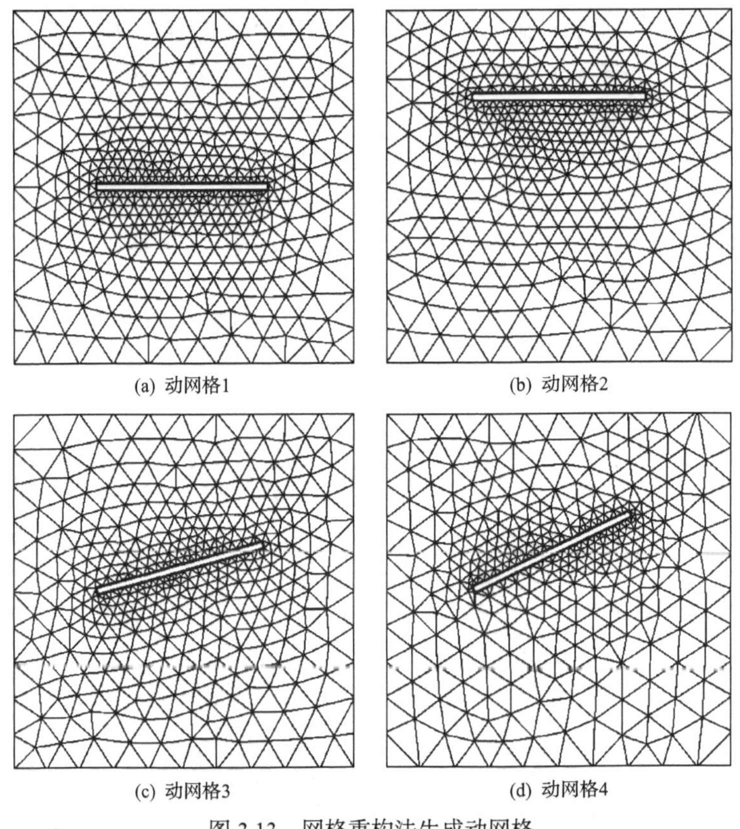

(a) 动网格1　　(b) 动网格2

(c) 动网格3　　(d) 动网格4

图 3.13　网格重构法生成动网格

3.5　常见正交坐标系下的网格信息

生成网格后，需要知道网格信息，以求解待求变量。有限差分法和有限容积法是两种常用的求解方法，将在本书第 4 章和第 5 章予以重点介绍。本节介绍有限差分法和有限容积法的网格信息，为后续采用二者进行控制方程离散和求解奠定基础。

3.5.1　有限差分法和有限容积法网格信息简介

对于有限差分法而言，通常将计算区域分成若干子区域，一般将计算节点置于子区域角点。有限差分法网格生成步骤相对简单，其主要步骤如下：首先，确定计算区域和网格数，作出网格线；然后，根据网格线确定节点坐标；最后，确定节点之间的间距，如图 3.14 所示。可知，有限差分法的网格信息较少，主要包括节点坐标和节点间距。

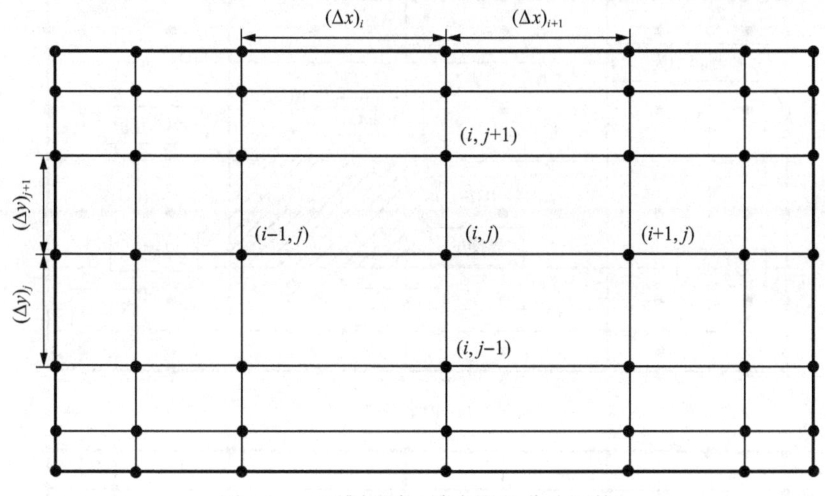

图 3.14　二维规则区域有限差分法网格

有限容积法所需的网格信息比有限差分法复杂得多，主要包括网格单元的界面位置及间距、节点坐标及间距、界面面积、控制容积大小等网格要素。对于有限容积法而言，计算区域的离散有内节点法和外节点法，这两种方法的主要异同如表 3.5 和图 3.15 所示。一般而言，内节点法控制容积的界面自然生成，程序编制较容易，其应用较为广泛。常见正交坐标系下网格信息将在 3.5.3 节中重点介绍。

值得指出的是，边界节点的作用仅仅是传递边界信息，不应该包含如图 3.15(b)所示的半个控制容积，否则动量守恒和能量守恒不一定能得到保证，详见第 6 章例 3 和例 4。建议把外节点法边界节点的半个控制容积和角点的 1/4 个控制容积归入到与之相邻的第一个内节点的控制容积上，于是图 3.15(b)中的控制容积调整为图 3.16 中的控制容积。事实上，在交错网格的离散过程中，速度分量采用的是外节点法，对边界控制容积的处理采用的正是这种处理方法。通过这种处理，当节点位置、界面位置确定以后，内、外节点法的参数计算和编程可以统一。

表 3.5　二维直角坐标内节点法和外节点法的对比

对比项	内节点法	外节点法
节点位置特征	子区域中心	子区域角点
节点分类	内节点，边界节点	内节点，边界节点
节点及其邻点命名	P, W, E, S, N $(i, j), (i-1, j), (i+1, j), (i, j-1), (i, j+1)$	P, W, E, S, N $(i, j), (i-1, j), (i+1, j), (i, j-1), (i, j+1)$
各方向界面数	网格线数	网格线数-1
各方向节点数	网格线数+1	网格线数
界面和节点关系	内节点始终位于相邻两界面中央	内界面始终位于相邻两节点中央

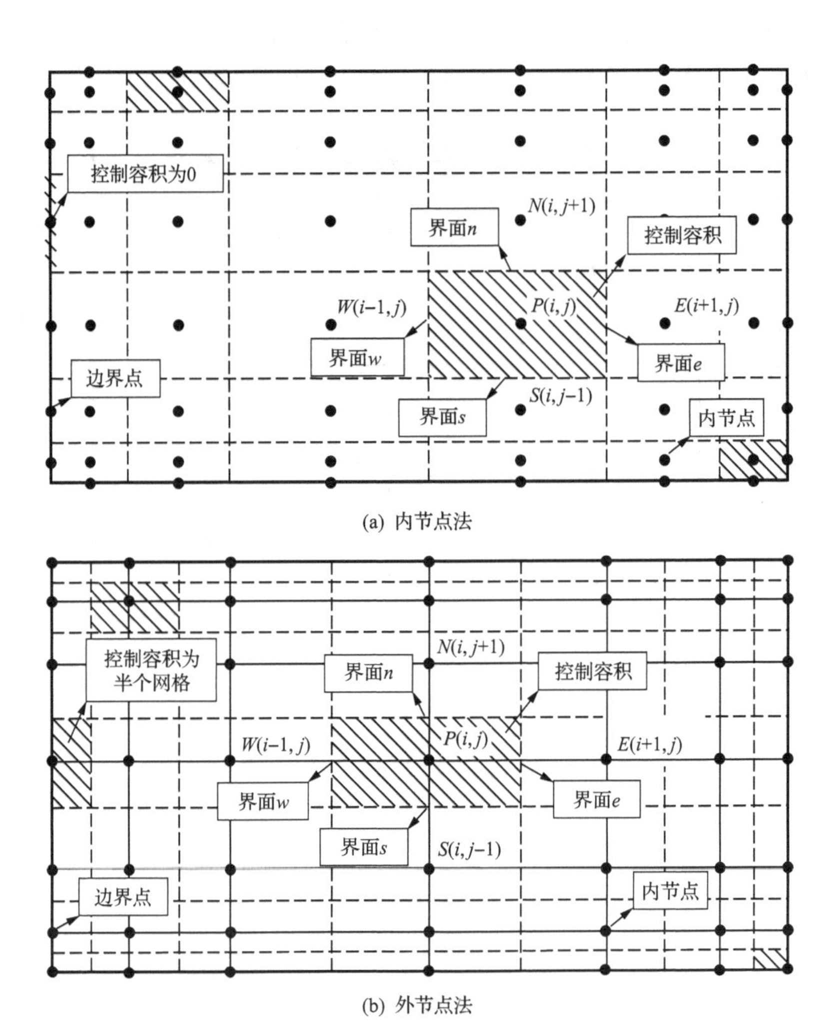

(a) 内节点法

(b) 外节点法

图 3.15　二维规则区域结构化网格内节点法和外节点法对比

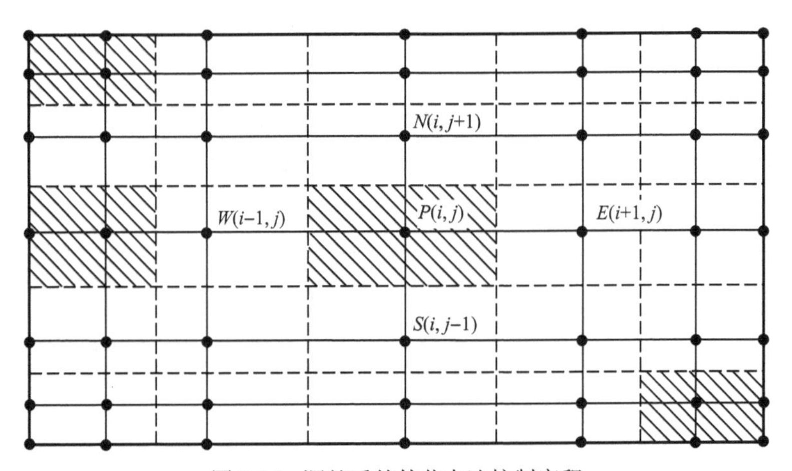

图 3.16　调整后的外节点法控制容积

3.5.2　有限容积法网格参数

在常见正交坐标系下网格的主要参数：节点之间的距离、节点和界面之间的距离、界面的面积和控制容积的体积。为便于统一编程，这里对不同的坐标系均用 $l_e, l_w, l_n, l_s, l_u, l_d$ 表示节点 E, W, N, S, U, D 到节点 P 的距离；均用 $l_e^-, l_w^+, l_n^-, l_s^+, l_u^-, l_d^+$ 分别表示界面 e, w, n, s, u, d 到节点 P 的距离；均用 $l_e^+, l_w^-, l_n^+, l_s^-, l_u^+, l_d^-$ 分别表示界面 e, w, n, s, u, d 到相应节点 E, W, N, S, U, D 的距离；均用 $A_e, A_w, A_n, A_s, A_u, A_d$ 表示界面 e, w, n, s, u, d 的面积；均用 ΔV 表示控制容积的体积。对一维、二维、三维常见坐标系，这些参数的表达式见表 3.6～表 3.8。图 3.17～图 3.19 分别给出了二维直角坐标系、圆柱坐标系和极坐标系下的内、外节点法网格参数的示意图。

表 3.6　一维常见坐标系网格参数

网格参数	坐标系		
	直角坐标系	极坐标系	一维变截面
l_e	$(\delta x)_e$	$(\delta r)_e$	$(\delta x)_e$
l_e^+	$(\delta x)_e^+$	$(\delta r)_e^+$	$(\delta x)_e^+$
l_e^-	$(\delta x)_e^-$	$(\delta r)_e^-$	$(\delta x)_e^-$
l_w	$(\delta x)_w$	$(\delta r)_w$	$(\delta x)_w$
l_w^+	$(\delta x)_w^+$	$(\delta r)_w^+$	$(\delta x)_w^+$
l_w^-	$(\delta x)_w^-$	$(\delta r)_w^-$	$(\delta x)_w^-$
A_e	1	r_e	a_e
A_w	1	r_w	a_w
ΔV	Δx	$r\Delta r$	$a\Delta x$

表 3.7　二维常见坐标系网格参数

网格参数	坐标系		
	直角坐标系	圆柱坐标系	极坐标系
l_e	$(\delta x)_e$	$(\delta r)_e$	$(\delta r)_e$
l_e^+	$(\delta x)_e^+$	$(\delta r)_e^+$	$(\delta r)_e^+$
l_e^-	$(\delta x)_e^-$	$(\delta r)_e^-$	$(\delta r)_e^-$
l_w	$(\delta x)_w$	$(\delta r)_w$	$(\delta r)_w$
l_w^+	$(\delta x)_w^+$	$(\delta r)_w^+$	$(\delta r)_w^+$
l_w^-	$(\delta x)_w^-$	$(\delta r)_w^-$	$(\delta r)_w^-$

续表

网格参数	坐标系		
	直角坐标系	圆柱坐标系	极坐标系
l_n	$(\delta y)_n$	$(\delta z)_n$	$(r\delta\theta)_n$
l_n^+	$(\delta y)_n^+$	$(\delta z)_n^+$	$(r\delta\theta)_n^+$
l_n^-	$(\delta y)_n^-$	$(\delta z)_n^-$	$(r\delta\theta)_n^-$
l_s	$(\delta y)_s$	$(\delta z)_s$	$(r\delta\theta)_s$
l_s^+	$(\delta y)_s^+$	$(\delta z)_s^+$	$(r\delta\theta)_s^+$
l_s^-	$(\delta y)_s^-$	$(\delta z)_s^-$	$(r\delta\theta)_s^-$
A_e	Δy	$r_e\Delta z$	$r_e\Delta\theta$
A_w	Δy	$r_w\Delta z$	$r_w\Delta\theta$
A_n	Δx	$r_n\Delta r$	Δr
A_s	Δx	$r_s\Delta r$	Δr
ΔV	$\Delta x\Delta y$	$r\Delta r\Delta z$	$r\Delta r\Delta\theta$

表 3.8　三维常见坐标系网格参数

网格参数	坐标系	
	直角坐标系	圆柱坐标系
l_e	$(\delta x)_e$	$(\delta r)_e$
l_e^+	$(\delta x)_e^+$	$(\delta r)_e^+$
l_e^-	$(\delta x)_e^-$	$(\delta r)_e^-$
l_w	$(\delta x)_w$	$(\delta r)_w$
l_w^+	$(\delta x)_w^+$	$(\delta r)_w^+$
l_w^-	$(\delta x)_w^-$	$(\delta r)_w^-$
l_n	$(\delta y)_n$	$(r\delta\theta)_n$
l_n^+	$(\delta y)_n^+$	$(r\delta\theta)_n^+$
l_n^-	$(\delta y)_n^-$	$(r\delta\theta)_n^-$
l_s	$(\delta y)_s$	$(r\delta\theta)_s$
l_s^+	$(\delta y)_s^+$	$(r\delta\theta)_s^+$
l_s^-	$(\delta y)_s^-$	$(r\delta\theta)_s^-$

续表

网格参数	坐标系	
	直角坐标系	圆柱坐标系
l_u	$(\delta z)_u$	$(\delta z)_u$
l_u^+	$(\delta z)_u^+$	$(\delta z)_u^+$
l_u^-	$(\delta z)_u^-$	$(\delta z)_u^-$
l_d	$(\delta z)_d$	$(\delta z)_d$
l_d^+	$(\delta z)_d^+$	$(\delta z)_d^+$
l_d^-	$(\delta z)_d^-$	$(\delta z)_d^-$
A_e	$\Delta y\Delta z$	$r_e\Delta\theta\Delta z$
A_w	$\Delta y\Delta z$	$r_w\Delta\theta\Delta z$
A_n	$\Delta x\Delta z$	$\Delta r\Delta z$
A_s	$\Delta x\Delta z$	$\Delta r\Delta z$
A_u	$\Delta x\Delta y$	$r\Delta r\Delta\theta$
A_d	$\Delta x\Delta y$	$r\Delta r\Delta\theta$
ΔV	$\Delta x\Delta y\Delta z$	$r\Delta r\Delta\theta\Delta z$

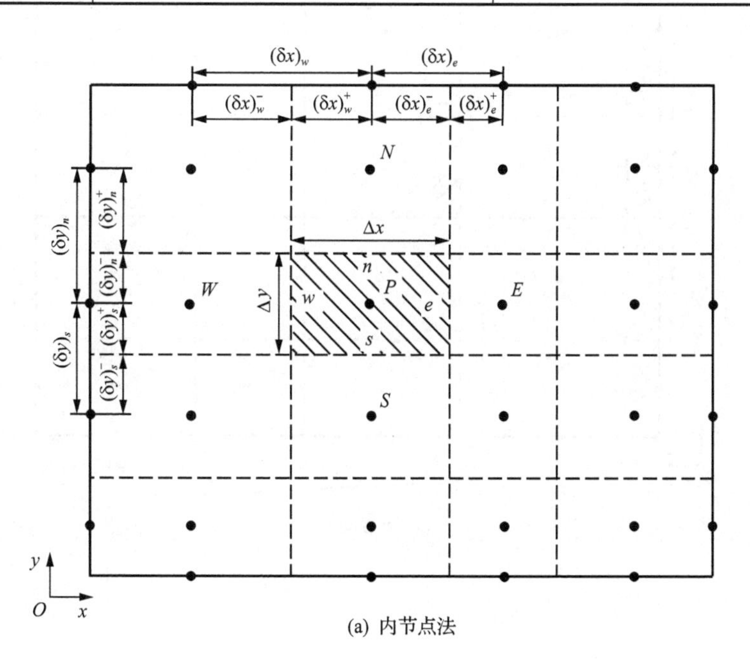

(a) 内节点法

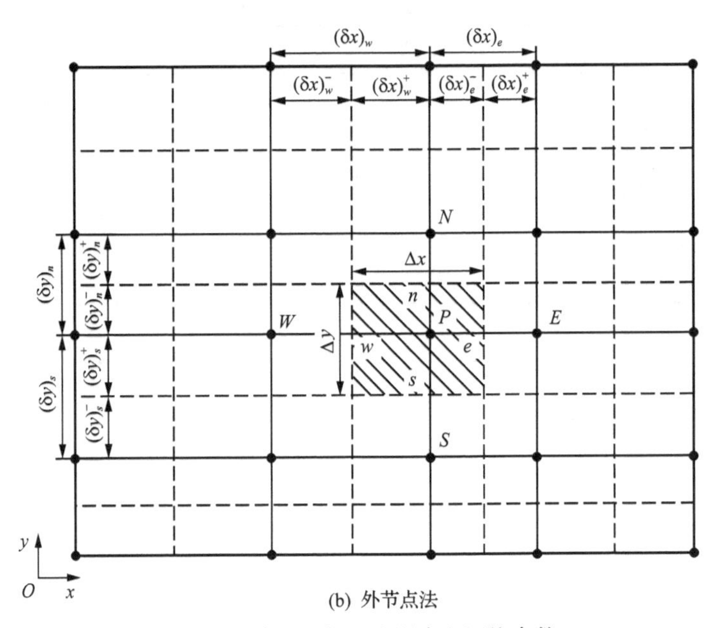

(b) 外节点法

图 3.17　直角坐标系有限容积网格参数

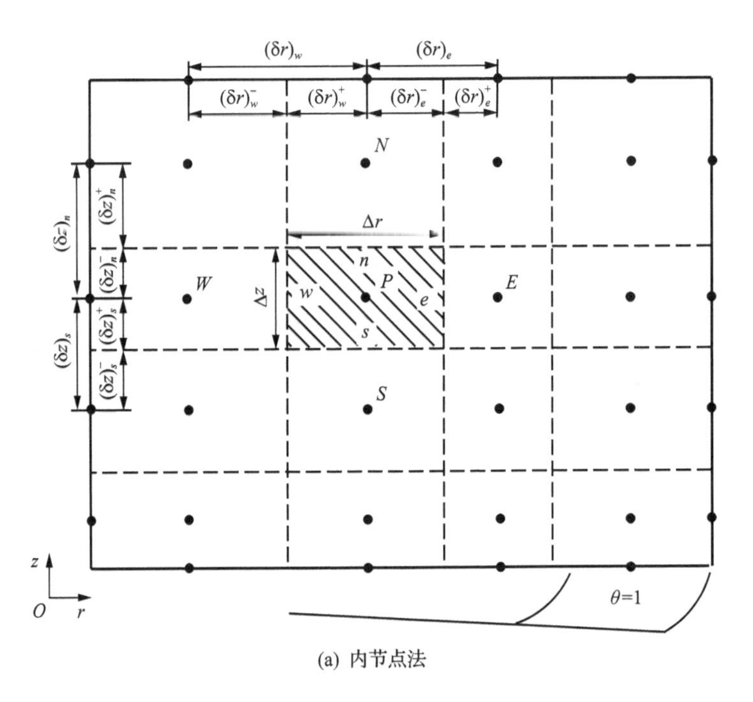

(a) 内节点法

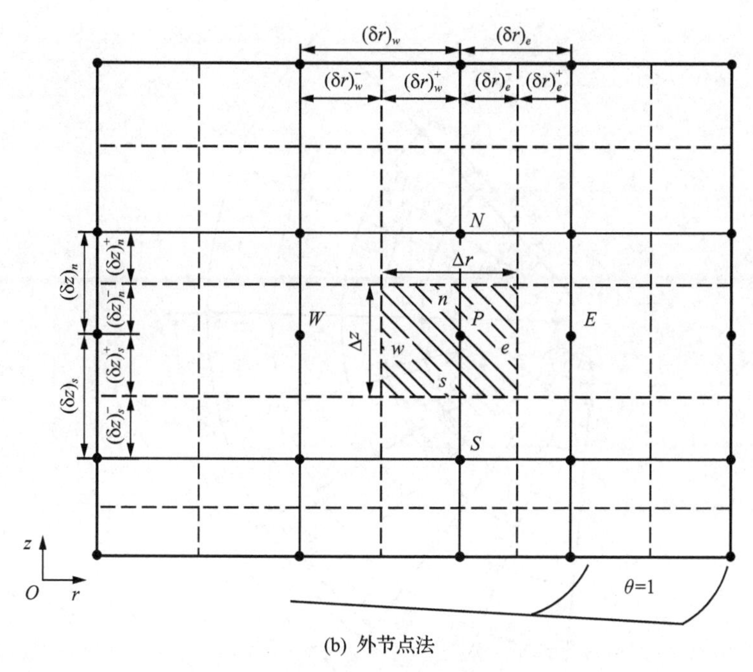

(b) 外节点法

图 3.18　圆柱坐标系有限容积网格参数

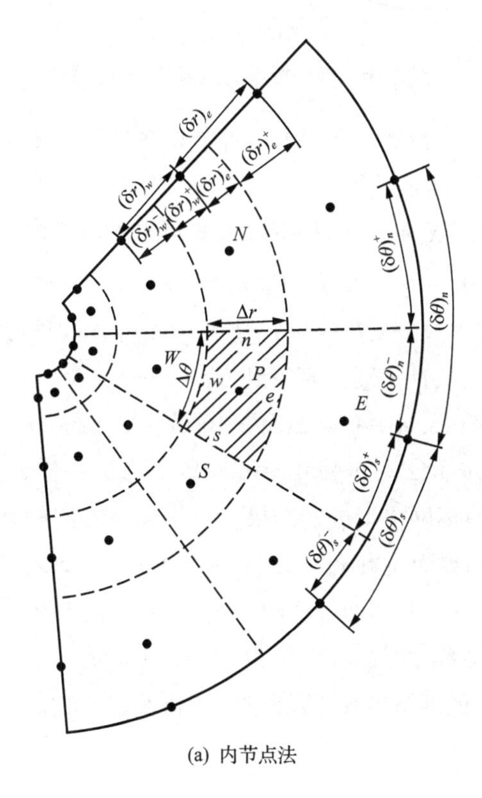

(a) 内节点法

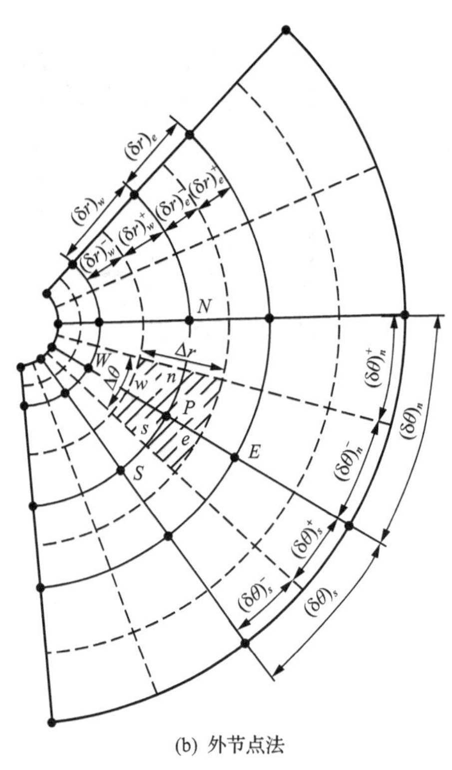

(b) 外节点法

图 3.19　极坐标系有限容积网格参数

下面以三维直角坐标系为例，介绍内、外节点法计算上述参数的过程。对内节点法计算步骤如下：①根据网格生成结果，可以得到 x 方向界面位置 x_e 和 x_w，由内节点法的特点得内节点坐标为 $x_P = 0.5(x_e + x_w)$，根据该通式可得到所有内节点的坐标；②根据节点坐标，可计算得到 l_e=$(\delta x)_e = x_E - x_P, l_w$=$(\delta x)_w = x_P - x_W$；③根据节点和界面之间的关系可得 l_e^-=$(\delta x)_e^- = l_w^+ = (\delta x)_w^+ = 0.5\Delta x, l_e^+$=$l_e - l_e^-, l_w^-$=$l_w - l_w^+$；④同理可求得 y 和 z 方向的 $l_n, l_s, l_u, l_d, l_n^-, l_n^+, l_s^-, l_s^+, l_u^-, l_u^+, l_d^-, l_d^+$；⑤计算得到 $\Delta x = x_e - x_w, \Delta y = y_n - y_s, \Delta z = z_u - z_d$，于是 A_e=$A_w = \Delta y\Delta z, A_n$=$A_s = \Delta x\Delta z, A_u$=$A_d = \Delta x\Delta y$；⑥最后可求得 $\Delta V = \Delta x\Delta y\Delta z$。

对于外节点法计算步骤②与步骤④～⑥与内节点法一样，步骤①与步骤③有所区别，具体如下：步骤①根据网格生成的结果，可得到 x 方向所有节点位置坐标，由外节点法的特点，可知 x 方向界面位置 $x_e = 0.5(x_E + x_P), x_w = 0.5(x_W + x_P)$，当节点 P 紧邻东界面时，$x_e = x_E$，当节点 P 紧邻西界面时，$x_w = x_W$，此时边界不占控制容积；步骤③根据节点和界面之间的关系可得 l_e^-=$l_e^+ = 0.5l_e, l_w^-$=$l_w^+ = 0.5l_w$。

其他维度和坐标系下的网格参数计算类似，不再赘述，详见图 3.17～图 3.19 和表 3.6～表 3.8。

3.6　典型习题解析

例 1　非结构化网格和结构化网格的最根本区别是什么？

【解析】本题考查结构化网格和非结构化网格的差异。在结构化网格中，每个单元都排列有序，只需储存每个节点及其控制容积的几何信息，其他诸如节点邻接关系不需要存储就可以根据节点编号规律自动计算得到。与结构化网格相比，非结构化网格除了需要保存节点信息以外，还需保存节点的邻接关系信息，需要更大的数据存储空间。

例 2　试采用外节点法画出图 3.20 中节点 P 的控制容积。

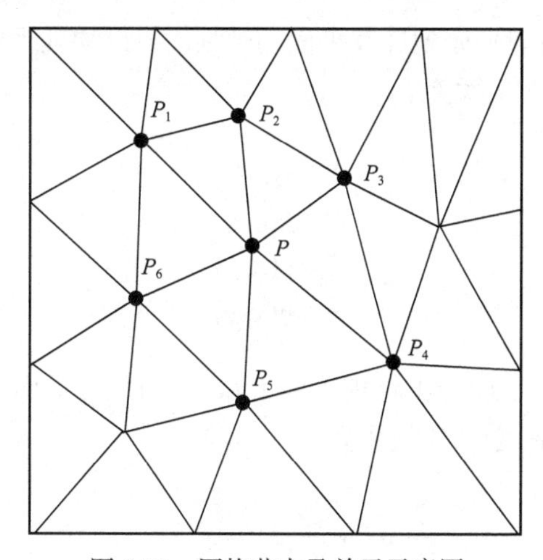

图 3.20　网格节点及单元示意图

【解析】本题考查外节点法的控制容积及其界面的概念。采用外节点法时，子区域的顶点作为存储变量的位置(节点)，各界面为两相邻三角形重心的连线。这些界面围成的区间为节点 P 的控制容积，如图 3.21 所示。

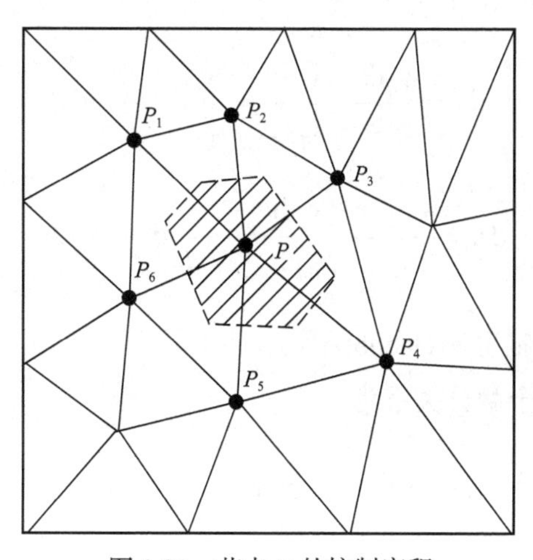

图 3.21　节点 P 的控制容积

例 3　采用微分方程法生成贴体网格前，首先需将物理平面上的泊松方程变换到计算平面上。试由如下物理平面上的二维泊松方程：

$$\begin{aligned}\nabla^2\xi &= \xi_{xx} + \xi_{yy} = P(\xi,\eta)\\ \nabla^2\eta &= \eta_{xx} + \eta_{yy} = Q(\xi,\eta)\end{aligned} \tag{3.4}$$

推导如下计算平面上的泊松方程：

$$\begin{aligned}\alpha x_{\xi\xi} - 2\beta x_{\eta\xi} + \gamma x_{\eta\eta} &= -J^2(x_\xi P + x_\eta Q)\\ \alpha y_{\xi\xi} - 2\beta y_{\eta\xi} + \gamma y_{\eta\eta} &= -J^2(y_\xi P + y_\eta Q)\end{aligned}$$

【解析】本题考查物理平面到计算平面的转换。假设物理平面上点 (x, y) 与计算平面上点 (ξ,η) 存在如下一一对应关系：

$$\begin{aligned}x &= x(\xi,\eta)\\ y &= y(\xi,\eta)\\ \xi &= \xi(x,y)\\ \eta &= \eta(x,y)\end{aligned} \tag{3.5}$$

根据数学变换关系，下面给出物理平面上 (x, y) 和计算平面上 (ξ,η) 之间存在的微分关系。物理平面上 (x, y) 的全微分关系为

$$\mathrm{d}x = \frac{\partial x}{\partial \xi}\mathrm{d}\xi + \frac{\partial x}{\partial \eta}\mathrm{d}\eta = x_\xi \mathrm{d}\xi + x_\eta \mathrm{d}\eta \tag{3.6}$$

$$\mathrm{d}y = \frac{\partial y}{\partial \xi}\mathrm{d}\xi + \frac{\partial y}{\partial \eta}\mathrm{d}\eta = y_\xi \mathrm{d}\xi + y_\eta \mathrm{d}\eta \tag{3.7}$$

由式(3.6)和式(3.7)可求得

$$\mathrm{d}\xi = \frac{y_\eta \mathrm{d}x - x_\eta \mathrm{d}y}{x_\xi y_\eta - x_\eta y_\xi} = \frac{y_\eta}{J}\mathrm{d}x - \frac{x_\eta}{J}\mathrm{d}y \tag{3.8}$$

$$\mathrm{d}\eta = \frac{-y_\xi \mathrm{d}x + x_\xi \mathrm{d}y}{x_\xi y_\eta - x_\eta y_\xi} = -\frac{y_\xi}{J}\mathrm{d}x + \frac{x_\xi}{J}\mathrm{d}y \tag{3.9}$$

式中，$J = x_\xi y_\eta - x_\eta y_\xi$ 为雅可比(Jacobi)因子。

计算平面上 (ξ,η) 的全微分关系为

$$\mathrm{d}\xi = \frac{\partial \xi}{\partial x}\mathrm{d}x + \frac{\partial \xi}{\partial y}\mathrm{d}y = \xi_x \mathrm{d}x + \xi_y \mathrm{d}y \tag{3.10}$$

$$d\eta = \frac{\partial \eta}{\partial x}dx + \frac{\partial \eta}{\partial y}dy = \eta_x dx + \eta_y dy \tag{3.11}$$

对比式(3.8)和式(3.10)可得

$$\xi_x = \frac{y_\eta}{J}, \xi_y = -\frac{x_\eta}{J} \tag{3.12}$$

对比式(3.9)和式(3.11)可得

$$\eta_x = -\frac{y_\xi}{J}, \eta_y = \frac{x_\xi}{J} \tag{3.13}$$

假设物理平面上的物理量 ϕ 为 (ξ,η) 的函数，即 $\phi(\xi,\eta) = \phi[\xi(x,y),\eta(x,y)]$ ，对 ϕ 求一阶偏导数可得

$$\phi_x = \phi_\xi \xi_x + \phi_\eta \eta_x \tag{3.14}$$

$$\phi_y = \phi_\xi \xi_y + \phi_\eta \eta_y \tag{3.15}$$

继续对式(3.14)和式(3.15)中 ϕ 求二阶偏导数可得

$$\phi_{xx} = (\phi_\xi \xi_x + \phi_\eta \eta_x)_x = (\phi_{\xi\xi}\xi_x + \phi_{\xi\eta}\eta_x)\xi_x + \phi_\xi \xi_{xx} + (\phi_{\eta\xi}\xi_x + \phi_{\eta\eta}\eta_x)\eta_x + \phi_\eta \eta_{xx} \tag{3.16}$$

$$\phi_{yy} = (\phi_\xi \xi_y + \phi_\eta \eta_y)_y = (\phi_{\xi\xi}\xi_y + \phi_{\xi\eta}\eta_y)\xi_y + \phi_\xi \xi_{yy} + (\phi_{\eta\xi}\xi_y + \phi_{\eta\eta}\eta_y)\eta_y + \phi_\eta \eta_{yy} \tag{3.17}$$

将式(3.16)和式(3.17)相加可得

$$\begin{aligned}\phi_{xx} + \phi_{yy} = {} & \phi_{\xi\xi}(\xi_x^2 + \xi_y^2) + \phi_{\eta\eta}(\eta_x^2 + \eta_y^2) + 2\phi_{\xi\eta}(\eta_x \xi_x + \eta_y \xi_y) \\ & + \phi_\xi(\xi_{xx} + \xi_{yy}) + \phi_\eta(\eta_{xx} + \eta_{yy})\end{aligned} \tag{3.18}$$

将式(3.4)代入式(3.18)可得

$$\begin{aligned}\phi_{xx} + \phi_{yy} = {} & \phi_{\xi\xi}(\xi_x^2 + \xi_y^2) + \phi_{\eta\eta}(\eta_x^2 + \eta_y^2) + 2\phi_{\xi\eta}(\eta_x \xi_x + \eta_y \xi_y) \\ & + \phi_\xi P(\xi,\eta) + \phi_\eta Q(\xi,\eta)\end{aligned} \tag{3.19}$$

将式(3.12)和式(3.13)代入式(3.19)，并分别令 $\phi = x$ ， $\phi = y$ 得

$$x_{\xi\xi}(x_\eta^2 + y_\eta^2) + x_{\eta\eta}(x_\xi^2 + y_\xi^2) - 2x_{\xi\eta}(x_\xi x_\eta + y_\xi y_\eta) = -J^2(x_\xi P + x_\eta Q) \tag{3.20}$$

$$y_{\xi\xi}(x_\eta^2 + y_\eta^2) + y_{\eta\eta}(x_\xi^2 + y_\xi^2) - 2y_{\xi\eta}(x_\xi x_\eta + y_\xi y_\eta) = -J^2(y_\xi P + y_\eta Q) \tag{3.21}$$

进一步整理式(3.20)和式(3.21)可得

$$\alpha x_{\xi\xi} - 2\beta x_{\xi\eta} + \gamma x_{\eta\eta} = -J^2(x_\xi P + x_\eta Q) \tag{3.22}$$

$$\alpha y_{\xi\xi} - 2\beta y_{\xi\eta} + \gamma y_{\eta\eta} = -J^2(y_\xi P + y_\eta Q) \tag{3.23}$$

式中，$\alpha = x_\eta^2 + y_\eta^2; \gamma = x_\xi^2 + y_\xi^2; \beta = x_\xi x_\eta + y_\xi y_\eta; J = x_\xi y_\eta - x_\eta y_\xi$。

例 4　如第 3 题所示，试由如下物理平面上的三维泊松方程：

$$\begin{aligned}
\nabla^2\xi &= \xi_{xx} + \xi_{yy} + \xi_{zz} = P(\xi,\eta,\zeta) \\
\nabla^2\eta &= \eta_{xx} + \eta_{yy} + \eta_{zz} = Q(\xi,\eta,\zeta) \\
\nabla^2\zeta &= \zeta_{xx} + \zeta_{yy} + \zeta_{zz} = R(\xi,\eta,\zeta)
\end{aligned} \tag{3.24}$$

推导如下计算平面上的泊松方程：

$$\begin{aligned}
\alpha x_{\xi\xi} + \beta x_{\eta\eta} + \gamma x_{\zeta\zeta} + 2x_{\xi\eta}\lambda_{12} + 2x_{\xi\zeta}\lambda_{13} + 2x_{\eta\zeta}\lambda_{23} &= -J^2(x_\xi P + x_\eta Q + x_\zeta R) \\
\alpha y_{\xi\xi} + \beta y_{\eta\eta} + \gamma y_{\zeta\zeta} + 2y_{\xi\eta}\lambda_{12} + 2y_{\xi\zeta}\lambda_{13} + 2y_{\eta\zeta}\lambda_{23} &= -J^2(y_\xi P + y_\eta Q + y_\zeta R) \\
\alpha z_{\xi\xi} + \beta z_{\eta\eta} + \gamma z_{\zeta\zeta} + 2z_{\xi\eta}\lambda_{12} + 2z_{\xi\zeta}\lambda_{13} + 2z_{\eta\zeta}\lambda_{23} &= -J^2(z_\xi P + z_\eta Q + z_\zeta R)
\end{aligned}$$

【解析】本题考查生成贴体网格的微分方程法。假设物理平面的 (x, y, z) 与计算平面的 (ξ,η,ζ) 节点间存在如下的一一对应关系：

$$\begin{aligned}
&x = x(\xi,\eta,\zeta),\ \ y = y(\xi,\eta,\zeta),\ \ z = z(\xi,\eta,\zeta) \\
&\xi = \xi(x,y,z),\ \ \eta = \eta(x,y,z),\ \ \zeta = \zeta(x,y,z)
\end{aligned}$$

根据数学转换关系，物理平面上的变量 (x, y, z) 和计算平面上的 (ξ,η,ζ) 存在的微分关系推导如下。

物理平面上 (x, y, z) 的全微分关系为

$$\mathrm{d}x = \frac{\partial x}{\partial \xi}\mathrm{d}\xi + \frac{\partial x}{\partial \eta}\mathrm{d}\eta + \frac{\partial x}{\partial \zeta}\mathrm{d}\zeta = x_\xi \mathrm{d}\xi + x_\eta \mathrm{d}\eta + x_\zeta \mathrm{d}\zeta \tag{3.25}$$

$$\mathrm{d}y = \frac{\partial y}{\partial \xi}\mathrm{d}\xi + \frac{\partial y}{\partial \eta}\mathrm{d}\eta + \frac{\partial y}{\partial \zeta}\mathrm{d}\zeta = y_\xi \mathrm{d}\xi + y_\eta \mathrm{d}\eta + y_\zeta \mathrm{d}\zeta \tag{3.26}$$

$$\mathrm{d}z = \frac{\partial z}{\partial \xi}\mathrm{d}\xi + \frac{\partial z}{\partial \eta}\mathrm{d}\eta + \frac{\partial z}{\partial \zeta}\mathrm{d}\zeta = z_\xi \mathrm{d}\xi + z_\eta \mathrm{d}\eta + z_\zeta \mathrm{d}\zeta \tag{3.27}$$

由式(3.25)～式(3.27)可以求得

$$\mathrm{d}\xi = \frac{\alpha_1 \mathrm{d}x + \alpha_2 \mathrm{d}y + \alpha_3 \mathrm{d}z}{J} \tag{3.28}$$

$$\mathrm{d}\eta = \frac{\beta_1 \mathrm{d}x + \beta_2 \mathrm{d}y + \beta_3 \mathrm{d}z}{J} \tag{3.29}$$

$$d\zeta = \frac{\gamma_1 dx + \gamma_2 dy + \gamma_3 dz}{J} \tag{3.30}$$

式中，$J = x_\xi y_\eta z_\zeta + x_\eta z_\xi y_\zeta + y_\xi z_\eta x_\zeta - x_\zeta y_\eta z_\xi - x_\xi y_\zeta z_\eta - x_\eta y_\xi z_\zeta$；

$$\begin{cases}\alpha_1 = y_\eta z_\zeta - y_\zeta z_\eta \\ \alpha_2 = x_\zeta z_\eta - x_\eta z_\zeta \\ \alpha_3 = x_\eta y_\zeta - x_\zeta y_\eta\end{cases};\begin{cases}\beta_1 = y_\zeta z_\xi - y_\xi z_\zeta \\ \beta_2 = x_\xi z_\zeta - x_\zeta z_\xi \\ \beta_3 = x_\zeta y_\xi - x_\xi y_\zeta\end{cases};\begin{cases}\gamma_1 = y_\xi z_\eta - y_\eta z_\xi \\ \gamma_2 = x_\eta z_\xi - x_\xi z_\eta \\ \gamma_3 = x_\xi y_\eta - x_\eta y_\xi\end{cases}$$

同样可得计算平面上的全微分关系，进而有如下系数的表达式：

$$\begin{cases}\xi_x = \dfrac{\alpha_1}{J} \\ \xi_y = \dfrac{\alpha_2}{J} \\ \xi_z = \dfrac{\alpha_3}{J}\end{cases},\begin{cases}\eta_x = \dfrac{\beta_1}{J} \\ \eta_y = \dfrac{\beta_2}{J} \\ \eta_z = \dfrac{\beta_3}{J}\end{cases},\begin{cases}\zeta_x = \dfrac{\gamma_1}{J} \\ \zeta_y = \dfrac{\gamma_2}{J} \\ \zeta_z = \dfrac{\gamma_3}{J}\end{cases} \tag{3.31}$$

假设物理平面上的物理量 u 为 (ξ,η,ζ) 的函数，即 $u(\xi,\eta,\zeta) = u[\xi(x,y,z),\eta(x,y,z),\zeta(x,y,z)]$，对 u 求一阶偏导数，可得

$$u_x = u_\xi \xi_x + u_\eta \eta_x + u_\zeta \zeta_x \tag{3.32}$$

$$u_y = u_\xi \xi_y + u_\eta \eta_y + u_\zeta \zeta_y \tag{3.33}$$

$$u_z = u_\xi \xi_z + u_\eta \eta_z + u_\zeta \zeta_z \tag{3.34}$$

继续对 u 求二阶偏导数，可得

$$\begin{aligned} u_{xx} = &(u_{\xi\xi}\xi_x + u_{\xi\eta}\eta_x + u_{\xi\zeta}\zeta_x)\xi_x + u_\xi \xi_{xx} \\ &+ (u_{\eta\xi}\xi_x + u_{\eta\eta}\eta_x + u_{\eta\zeta}\zeta_x)\eta_x + u_\eta \eta_{xx} \\ &+ (u_{\zeta\xi}\xi_x + u_{\zeta\eta}\eta_x + u_{\zeta\zeta}\zeta_x)\zeta_x + u_\zeta \zeta_{xx} \end{aligned} \tag{3.35}$$

同理可得 u_{yy} 和 u_{zz} 的表达式，三者相加：

$$\begin{aligned} &u_{xx} + u_{yy} + u_{zz} \\ =& u_{\xi\xi}(\xi_x^2 + \xi_y^2 + \xi_z^2) + u_{\eta\eta}(\eta_x^2 + \eta_y^2 + \eta_z^2) + u_{\zeta\zeta}(\zeta_x^2 + \zeta_y^2 + \zeta_z^2) \\ &+ 2u_{\xi\eta}(\eta_x\xi_x + \eta_y\xi_y + \eta_z\xi_z) + 2u_{\xi\zeta}(\zeta_x\xi_x + \zeta_y\xi_y + \zeta_z\xi_z) + 2u_{\eta\zeta}(\zeta_x\eta_x + \zeta_y\eta_y + \zeta_z\eta_z) \\ &+ u_\xi(\xi_{xx} + \xi_{yy} + \xi_{zz}) + u_\eta(\eta_{xx} + \eta_{yy} + \eta_{zz}) + u_\zeta(\zeta_{xx} + \zeta_{yy} + \zeta_{zz}) \end{aligned} \tag{3.36}$$

令 $u = x$，并且将式(3.24)和式(3.31)代入式(3.36)，可得

$$
\begin{aligned}
& x_{\xi\xi}\left(\frac{\alpha_1^2}{J^2}+\frac{\alpha_2^2}{J^2}+\frac{\alpha_3^2}{J^2}\right)+x_{\eta\eta}\left(\frac{\beta_1^2}{J^2}+\frac{\beta_2^2}{J^2}+\frac{\beta_3^2}{J^2}\right) \\
& +x_{\zeta\zeta}\left(\frac{\gamma_1^2}{J^2}+\frac{\gamma_2^2}{J^2}+\frac{\gamma_3^2}{J^2}\right)+2x_{\xi\eta}\left(\frac{\beta_1}{J}\frac{\alpha_1}{J}+\frac{\beta_2}{J}\frac{\alpha_2}{J}+\frac{\beta_3}{J}\frac{\alpha_3}{J}\right) \\
& +2x_{\xi\zeta}\left(\frac{\gamma_1}{J}\frac{\alpha_1}{J}+\frac{\gamma_2}{J}\frac{\alpha_2}{J}+\frac{\gamma_3}{J}\frac{\alpha_3}{J}\right)+2x_{\eta\zeta}\left(\frac{\gamma_1}{J}\frac{\beta_1}{J}+\frac{\gamma_2}{J}\frac{\beta_2}{J}+\frac{\gamma_3}{J}\frac{\beta_3}{J}\right) \\
= & -\left[x_\xi P(\xi,\eta,\zeta)+x_\eta Q(\xi,\eta,\zeta)+x_\zeta R(\xi,\eta,\zeta)\right]
\end{aligned}
\tag{3.37}
$$

同理，令 $u=y, u=z$，分别可得 y 和 z 方向表达式，化简后有

$$
\begin{cases}
\dfrac{\alpha}{J^2}x_{\xi\xi}+\dfrac{\beta}{J^2}x_{\eta\eta}+\dfrac{\gamma}{J^2}x_{\zeta\zeta}+2x_{\xi\eta}\dfrac{\lambda_{12}}{J^2}+2x_{\xi\zeta}\dfrac{\lambda_{13}}{J^2}+2x_{\eta\zeta}\dfrac{\lambda_{23}}{J^2}=-(x_\xi P+x_\eta Q+x_\zeta R) \\
\dfrac{\alpha}{J^2}y_{\xi\xi}+\dfrac{\beta}{J^2}y_{\eta\eta}+\dfrac{\gamma}{J^2}y_{\zeta\zeta}+2y_{\xi\eta}\dfrac{\lambda_{12}}{J^2}+2y_{\xi\zeta}\dfrac{\lambda_{13}}{J^2}+2y_{\eta\zeta}\dfrac{\lambda_{23}}{J^2}=-(y_\xi P+y_\eta Q+y_\zeta R) \\
\dfrac{\alpha}{J^2}z_{\xi\xi}+\dfrac{\beta}{J^2}z_{\eta\eta}+\dfrac{\gamma}{J^2}z_{\zeta\zeta}+2z_{\xi\eta}\dfrac{\lambda_{12}}{J^2}+2z_{\xi\zeta}\dfrac{\lambda_{13}}{J^2}+2z_{\eta\zeta}\dfrac{\lambda_{23}}{J^2}=-(z_\xi P+z_\eta Q+z_\zeta R)
\end{cases}
\tag{3.38}
$$

式中，各系数的定义见表 3.4，进一步整理式(3.38)可得

$$
\begin{aligned}
& \alpha x_{\xi\xi}+\beta x_{\eta\eta}+\gamma x_{\zeta\zeta}+2x_{\xi\eta}\lambda_{12}+2x_{\xi\zeta}\lambda_{13}+2x_{\eta\zeta}\lambda_{23}=-J^2(x_\xi P+x_\eta Q+x_\zeta R) \\
& \alpha y_{\xi\xi}+\beta y_{\eta\eta}+\gamma y_{\zeta\zeta}+2y_{\xi\eta}\lambda_{12}+2y_{\xi\zeta}\lambda_{13}+2y_{\eta\zeta}\lambda_{23}=-J^2(y_\xi P+y_\eta Q+y_\zeta R) \\
& \alpha z_{\xi\xi}+\beta z_{\eta\eta}+\gamma z_{\zeta\zeta}+2z_{\xi\eta}\lambda_{12}+2z_{\xi\zeta}\lambda_{13}+2z_{\eta\zeta}\lambda_{23}=-J^2(z_\xi P+z_\eta Q+z_\zeta R)
\end{aligned}
\tag{3.39}
$$

例 5　如图 3.22 所示，试计算二维直角坐标系、柱坐标系和极坐标系下使用有限容积法内节点法生成的均分网格中节点 $P(2,2)$、$P(4,4)$ 和 $P(6,6)$ 的网格信息。

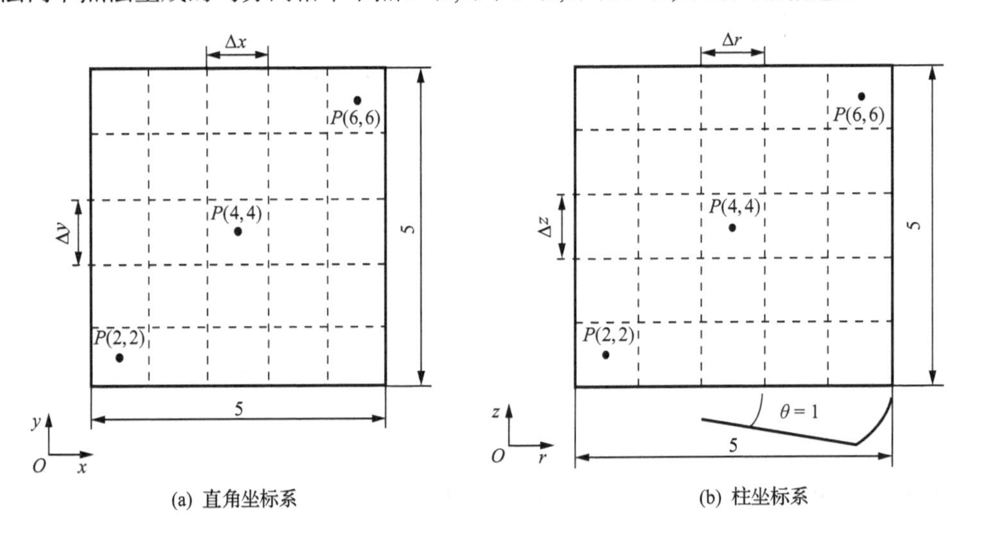

(a) 直角坐标系　　(b) 柱坐标系

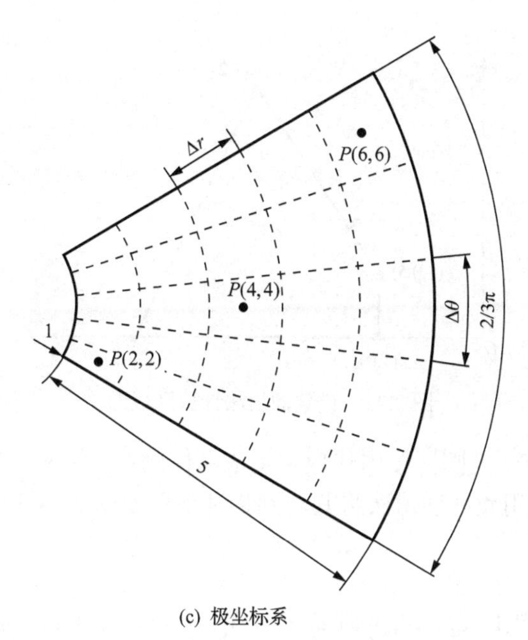

(c) 极坐标系

图 3.22　二维规则区域常见坐标系下有限容积法内节点法均分网格

【解析】本题考查网格信息的计算。根据 3.5.3 常见正交坐标系下有限容积法内节点法网格信息计算步骤和表 3.5 网格信息表达式，计算得到不同坐标系下节点 $P(2,2)$、$P(4,4)$、$P(6,6)$ 的网格信息，如表 3.9 所示。

表 3.9　二维常见坐标系均分网格下节点 $P(2,2)$、$P(4,4)$ 和 $P(6,6)$ 的网格信息计算结果

节点	坐标系	网格要素								
		l_e	l_w	l_n	l_s	A_e	A_w	A_n	A_s	ΔV
$P(2,2)$	直角坐标系	1	0.5	1	0.5	1	1	1	1	1
	圆柱坐标系	1	0.5	1	0.5	1	0	0.5	0.5	0.5
	极坐标系	1	0.5	0.2π	0.1π	0.267π	0.133π	1	1	0.2π
$P(4,4)$	直角坐标系	1	1	1	1	1	1	1	1	1
	圆柱坐标系	1	1	1	1	3	2	2.5	2.5	2.5
	极坐标系	1	1	0.467π	0.467π	0.533π	0.4π	1	1	0.467π
$P(6,6)$	直角坐标系	0.5	1	0.5	1	1	1	1	1	1
	圆柱坐标系	0.5	1	0.5	1	5	4	4.5	4.5	4.5
	极坐标系	0.5	1	0.367π	0.733π	0.8π	0.667π	1	1	0.733π

例 6　对如图 3.23 所示的不规则区域，试采用代数插值法生成 3×3 的网格。

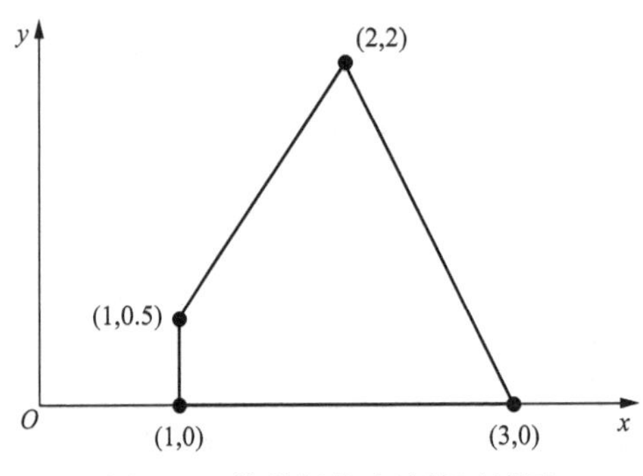

图 3.23　代数插值法计算区域图

【解析】本题考查不规则区域内代数法生成贴体网格。将图 3.24(a)所示计算平面划分为 3×3 网格，并使用线性插值法将其转到物理平面如图 3.24(b)所示，线性插值法计算公式为

$$x(\xi_i,\eta_j)=0.5[(1-\xi_i)x(0,\eta_j)+\xi_i x(1,\eta_j)]+0.5[(1-\eta_j)x(\xi_i,0)+\eta_i x(\xi_i,1)]$$

$$y(\xi_i,\eta_j)=0.5[(1-\xi_i)y(0,\eta_j)+\xi_i y(1,\eta_j)]+0.5[(1-\eta_j)y(\xi_i,0)+\eta_i y(\xi_i,1)]$$

以物理平面上节点 $P(2,2)$ 为例介绍计算过程，对应计算平面上节点为 (ξ_2,η_2)，坐标为(0.333,0.333)，代入上式得

$$x(\xi_2,\eta_2)=0.5[(1-0.333)\times1+0.333\times2.667]+0.5[(1-0.333)\times1.667+0.333\times1.333]\approx1.554$$

$$y(\xi_2,\eta_2)=0.5[(1-0.333)\times0.167+0.333\times0.666]+0.5[(1-0.333)\times0+0.333\times1]\approx0.333$$

其余节点的坐标如表 3.10 所示。

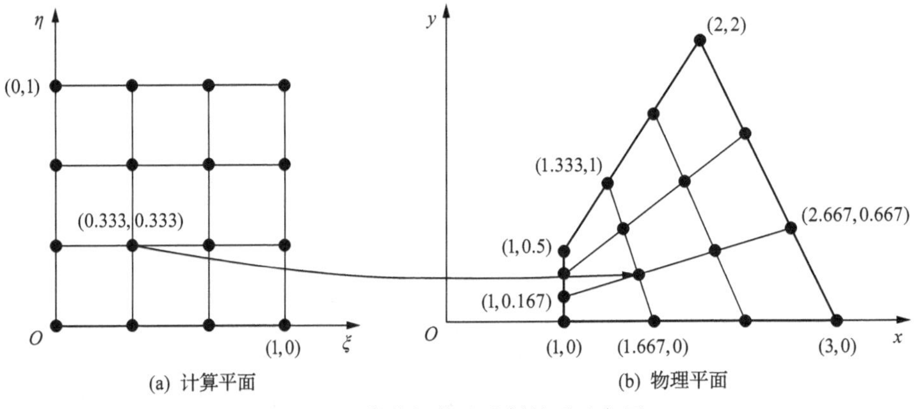

图 3.24　代数插值法映射关系示意图

表 3.10　代数插值法节点映射关系

节点序号	计算平面位置	物理平面位置
(1,1)	(0,0)	(1,0)
(1,2)	(0,0.333)	(1,0.167)
(1,3)	(0,0.667)	(1,0.333)
(1,4)	(0,1)	(1,0.5)
(2,1)	(0.333,0)	(1.667,0)
(2,2)	(0.333,0.333)	(1.554,0.333)
(2,3)	(0.333,0.667)	(1.443,0.666)
(2,4)	(0.333,1)	(1.333,1)
(3,1)	(0.667,0)	(2.333,0)
(3,2)	(0.667,0.333)	(2.111,0.5)
(3,3)	(0.667,0.667)	(1.889,1)
(3,4)	(0.667,1)	(1.667,1.5)
(4,1)	(1,0)	(3,0)
(4,2)	(1,0.333)	(2.667,0.667)
(4,3)	(1,0.667)	(2.333,1.333)
(4,4)	(1,1)	(2,2)

3.7　编程实践

习题 1　图 3.25 为矩形和平行四边形计算区域，采用均分矩形网格和平行四边形网格离散相应的计算区域，网格数设为 30×10，试分别编程计算出采用内节点法和外节点法离散时的网格信息，要求如下。

(1) 计算控制容积节点坐标。

(2) 计算控制容积界面中点坐标。

(3) 计算控制容积大小。

(4) 总结编程和调程的心得体会及对内外节点法的认识。

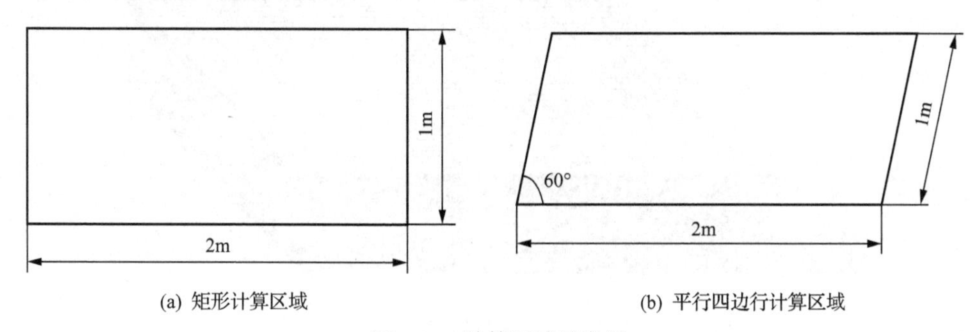

(a) 矩形计算区域　　(b) 平行四边行计算区域

图 3.25　计算区域示意图

习题 2　试将 3.6 节中例 5 所示的计算区域用 30×30 的网格编程画出网格，并计算内节点法的网格要素，要求如下。

(1) 对图 3.22 (a) 中的区域，在 x 方向两端密中间疏、y 方向中间密两端疏的网格，x 方向和 y 方向的分界线为 $x=2, y=3$，分界线两侧的网格数相等，分界线两侧的网格大小相等。

(2) 对图 3.22 (b) 中的区域，在 z 方向剖分成上疏下密、r 方向剖分成左疏右密的网格，z 和 r 方向 q 分别取 1.2, 0.8。

(3) 对图 3.22 (c) 中的区域，在 r 方向剖分成上疏下密、θ 方向剖分成左密右疏的网格，r 和 θ 方向 q 均取 1.1。

习题 3　某三维槽道如图 3.26 所示，在流向和展向采用均分网格而在壁面法向采用如下双曲型函数进行非均分网格划分，生成如图 3.27 所示网格。

$$y_j = \frac{h}{a}\tanh\left(\frac{1}{2}\zeta_j \ln\frac{1+a}{1-a}\right)+h$$

$$\zeta_j = -1 + 2\frac{j}{M}$$

式中，j 为槽道壁面法向第 j 个节点的编号；M 为壁面法向网格总数；a 为可调节参数；h 为槽道半高。

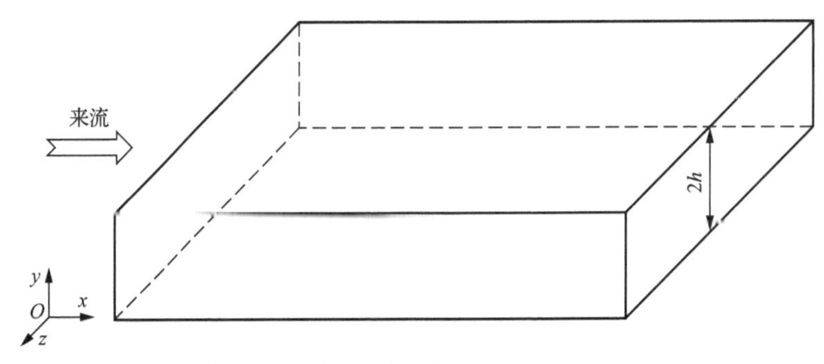

图 3.26　三维槽道湍流计算区域示意图

长宽高尺寸分别为 $10h\times 5h\times 2h$

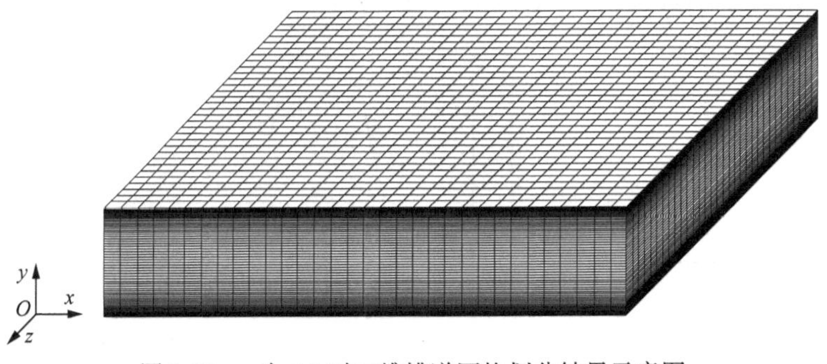

图 3.27　a 为 0.9 时三维槽道网格划分结果示意图

要求如下。

(1) 网格数为 32×64×32。

(2) 画出网格并对比 a 取不同值时，非均分网格的特点。

(3) 采用内节点法计算网格要素。

习题 4　编程再现表 3.1 等比数列法生成的非均分网格和表 3.2 双曲函数生成的非均分网格，并调整网格数及比例系数等分析不同网格参数下的非均分网格特点。

习题 5　编制通用程序模块，能够计算 3 种正交坐标系(直角坐标系、极坐标系和柱坐标系)下的二维网格的主要信息，要求采用内节点法和外节点法。

第 4 章　正交结构化网格有限差分法

有限差分法的思想非常简单，借助泰勒级数展开得到时间项和空间项各阶导数在离散节点的差分表达式，将其代入微分控制方程和边界条件得到差分方程，通过求解差分方程，得到微分方程的近似解。有限差分法多用于求解常物性问题。本章介绍正交结构化网格有限差分方法，依次介绍导数的差分表达式、控制方程和边界条件的有限差分离散、高阶紧致有限差分格式。

4.1　导数的差分表达式

以一维常物性非守恒型通用控制方程为例，来说明控制方程的有限差分离散。

$$\rho\frac{\partial\phi}{\partial t}+\rho u\frac{\partial\phi}{\partial x}=\Gamma\frac{\partial^2\phi}{\partial x^2}+S \tag{4.1}$$

为方便起见，将式(4.1)改写为

$$\rho\frac{\partial\phi}{\partial t}=-C+D+S \tag{4.2}$$

式中，C、D、S 分别表示对流项、扩散项和源项，其表达式分别为 $C=\rho u\frac{\partial\phi}{\partial x}$，$D=\Gamma\frac{\partial^2\phi}{\partial x^2}$，$S=S(t,x)$。显然 C 和 D 中包含导数项和非导数项，同样 S 也可能包含导数项和非导数项，S 中的导数项一般常为一阶导数项和二阶导数项。常见的三类边界条件包含非导数项和一阶导数项。对控制方程和边界条件中的非导数项采用节点上的常数值进行计算，而对一阶导数和二阶导数项可采用泰勒展开法得到其差分表达式。待定系数法是常用的一种确定差分表达式的方法。

根据所选取的网格基架的不同，可以得到不同形式和精度的导数差分表达式。表 4.1 和表 4.2 分别给出了均分网格下一部分常见的差分表达式及其截差精度。对于非均分网格，笔者推导并得到了任意网格基架下达到的最高截差精度的一阶导数和二阶导数的差分表达式。

取 $x_{i-m},x_{i-m+1},\cdots,x_{i-1},x_i,x_{i+1},\cdots,x_{i+n-1},x_{i+n}$ 共 $m+n+1$ 个网格基架点，可以推导得到一阶导数在节点 i 处的 $m+n$ 阶截差精度的差分表达式：

$$\left.\frac{\partial\phi}{\partial x}\right|_i=\sum_{k=i-m}^{i+n}a_k\phi_k+O\left[(\overline{\Delta x})^{m+n}\right] \tag{4.3}$$

式中，

$$a_k=\begin{cases}\dfrac{\prod\limits_{j=i-m,j\neq k,j\neq i}^{i+n}(x_i-x_j)}{\prod\limits_{j=i-m,j\neq k}^{i+n}(x_k-x_j)}, & k\neq i\\ -\sum\limits_{j=i-m,j\neq i}^{i+n}a_j, & k=i\end{cases} \tag{4.4}$$

$$\overline{\Delta x}=\frac{x_{i+n}-x_{i-m}}{m+n} \tag{4.5}$$

如果关心截断误差的首项，则截断误差可写为

$$O\left[(\overline{\Delta x})^{m+n}\right]=\left[\frac{1}{(m+n+1)!}\prod_{j=i-m,j\neq i}^{i+n}\frac{(x_i-x_j)}{\overline{\Delta x}}\frac{\partial^{m+n+1}\phi}{\partial x^{m+n+1}}\right](\overline{\Delta x})^{m+n}+O\left[(\overline{\Delta x})^{m+n+1}\right] \tag{4.6}$$

类似地，选取 $x_{i-m},x_{i-m+1},\cdots,x_{i-1},x_i,x_{i+1},\cdots,x_{i+n-1},x_{i+n}$ 为网格基架点，可以推导得到二阶导数在节点 i 处 $m+n-1$ 阶截差精度的差分表达式：

$$\left.\frac{\partial^2\phi}{\partial x^2}\right|_i=\sum_{k=i-m}^{i+n}a_k\phi_k+O\left[(\overline{\Delta x})^{m+n-1}\right] \tag{4.7}$$

式中，

$$a_k=\begin{cases}\dfrac{2\prod\limits_{j=i-m;j\neq i,k}^{i+n}(x_i-x_j)}{\prod\limits_{j=i-m,j\neq k}^{i+n}(x_k-x_j)}\sum\limits_{j=i-m;j\neq i,k}^{i+n}\left(\dfrac{1}{x_i-x_j}\right), & k\neq i\\ -\sum\limits_{j=i-m,j\neq i}^{i+n}a_j, & k=i\end{cases} \tag{4.8}$$

同理，截断误差可以写成

$$\begin{aligned}&O\left[(\overline{\Delta x})^{m+n-1}\right]\\&=\left[\frac{2}{(m+n+1)!}\left(\prod_{j=i-m,j\neq i}^{i+n}\frac{x_i-x_j}{\overline{\Delta x}}\right)\left(\sum_{j=i-m,j\neq i}^{i+n}\frac{\overline{\Delta x}}{x_i-x_j}\right)\frac{\partial^{m+n+1}\phi}{\partial x^{m+n+1}}\right](\overline{\Delta x})^{m+n-1}+O\left[(\overline{\Delta x})^{m+n}\right]\end{aligned} \tag{4.9}$$

在均分网格下，在 i 点两侧取对称节点时，即 $m=n$ 时：

$$\sum_{j=i-m,j\neq i}^{i+n}\frac{\overline{\Delta x}}{(x_i-x_j)}=0 \tag{4.10}$$

式(4.9)等号右侧第一项为 0，此时的精度变为 $m+n$ 阶。

由于均分网格是非均分网格的一种特殊情况，根据以上通式，可以得到均分网格和非均分网格任意网格基架下的一阶导数和二阶导数的差分表达式。表 4.1 和表 4.2 中的表达式可根据式(4.3)～式(4.10)得到。当网格尺度足够小时，导数的截断误差可以近似地由式(4.6)和式(4.9)截差首项来表示，其大小与首项中的系数、偏导数、网格步长的大小及其截差的阶数等有关。

由上可知，对一阶导数的逼近，网格基架点数至少为 2 个。不管是均分网格还是非均分网格，得到 $m+n$ 阶截差所需要的最少网格基架点数相同，均为 $m+n+1$ 个。对二阶导数的逼近，网格基架点数至少为 3 个。得到 n 阶截差，均分网格和非均分所需要的最少网格基架点数分别为 $m+n+1$ 个和 $m+n+2$ 个。

表 4.1　均分网格下常见一阶导数差分表达式

编号	离散表达式	网格示意图	截差
1	$\dfrac{\phi_i-\phi_{i-1}}{\Delta x}$	$i-1$　i　x	$O(\Delta x)$
2	$\dfrac{\phi_{i+1}-\phi_i}{\Delta x}$	i　$i+1$　x	$O(\Delta x)$
3	$\dfrac{3\phi_i-4\phi_{i-1}+\phi_{i-2}}{2\Delta x}$	$i-2$　$i-1$　i　x	$O[(\Delta x)^2]$
4	$\dfrac{-\phi_{i+2}+4\phi_{i+1}-3\phi_i}{2\Delta x}$	i　$i+1$　$i+2$　x	$O[(\Delta x)^2]$
5	$\dfrac{\phi_{i+1}-\phi_{i-1}}{2\Delta x}$	$i-1$　i　$i+1$　x	$O[(\Delta x)^2]$
6	$\dfrac{11\phi_i-18\phi_{i-1}+9\phi_{i-2}-2\phi_{i-3}}{6\Delta x}$	$i-3$　$i-2$　$i-1$　i　x	$O[(\Delta x)^3]$
7	$\dfrac{2\phi_{i+1}+3\phi_i-6\phi_{i-1}+\phi_{i-2}}{6\Delta x}$	$i-2$　$i-1$　i　$i+1$　x	$O[(\Delta x)^3]$
8	$\dfrac{-\phi_{i+2}+6\phi_{i+1}-3\phi_i-2\phi_{i-1}}{6\Delta x}$	$i-1$　i　$i+1$　$i+2$　x	$O[(\Delta x)^3]$
9	$\dfrac{2\phi_{i+3}-9\phi_{i+2}+18\phi_{i+1}-11\phi_i}{6\Delta x}$	i　$i+1$　$i+2$　$i+3$　x	$O[(\Delta x)^3]$
10	$\dfrac{25\phi_i-48\phi_{i-1}+36\phi_{i-2}-16\phi_{i-3}+3\phi_{i-4}}{12\Delta x}$	$i-4$　$i-3$　$i-2$　$i-1$　i　x	$O[(\Delta x)^4]$
11	$\dfrac{3\phi_{i+1}+10\phi_i-18\phi_{i-1}+6\phi_{i-2}-\phi_{i-3}}{12\Delta x}$	$i-3$　$i-2$　$i-1$　i　$i+1$　x	$O[(\Delta x)^4]$
12	$\dfrac{-\phi_{i+2}+8\phi_{i+1}-8\phi_{i-1}+\phi_{i-2}}{12\Delta x}$	$i-2$　$i-1$　i　$i+1$　$i+2$　x	$O[(\Delta x)^4]$
13	$\dfrac{\phi_{i+3}-6\phi_{i+2}+18\phi_{i+1}-10\phi_i-3\phi_{i-1}}{12\Delta x}$	$i-1$　i　$i+1$　$i+2$　$i+3$　x	$O[(\Delta x)^4]$
14	$\dfrac{-3\phi_{i+4}+16\phi_{i+3}-36\phi_{i+2}+48\phi_{i+1}-25\phi_i}{12\Delta x}$	i　$i+1$　$i+2$　$i+3$　$i+4$　x	$O[(\Delta x)^4]$

表 4.2　均分网格下常见二阶导数差分表达式

编号	离散表达式	网格示意图	截差
1	$\dfrac{\phi_i - 2\phi_{i-1} + \phi_{i-2}}{\Delta x^2}$	$i-2$ ●, $i-1$ ●, i ○ → x	$O(\Delta x)$
2	$\dfrac{\phi_{i+2} - 2\phi_{i+1} + \phi_i}{\Delta x^2}$	i ○, $i+1$ ●, $i+2$ ● → x	$O(\Delta x)$
3	$\dfrac{\phi_{i+1} - 2\phi_i + \phi_{i-1}}{\Delta x^2}$	$i-1$ ●, i ○, $i+1$ ● → x	$O[(\Delta x)^2]$
4	$\dfrac{35\phi_i - 104\phi_{i-1} + 114\phi_{i-2} - 56\phi_{i-3} + 11\phi_{i-4}}{12\Delta x^2}$	$i-4$ ●, $i-3$ ●, $i-2$ ●, $i-1$ ●, i ○ → x	$O[(\Delta x)^3]$
5	$\dfrac{11\phi_{i+1} - 20\phi_i + 6\phi_{i-1} + 4\phi_{i-2} - \phi_{i-3}}{12\Delta x^2}$	$i-3$ ●, $i-2$ ●, $i-1$ ●, i ○, $i+1$ ● → x	$O[(\Delta x)^3]$
6	$\dfrac{-\phi_{i-2} + 16\phi_{i-1} - 30\phi_i + 16\phi_{i+1} - \phi_{i+2}}{12\Delta x^2}$	$i-2$ ●, $i-1$ ●, i ○, $i+1$ ●, $i+2$ ● → x	$O[(\Delta x)^4]$
7	$\dfrac{-\phi_{i+3} + 4\phi_{i+2} + 6\phi_{i+1} - 20\phi_i + 11\phi_{i-1}}{12\Delta x^2}$	$i-1$ ●, i ○, $i+1$ ●, $i+2$ ●, $i+3$ ● → x	$O[(\Delta x)^3]$
8	$\dfrac{11\phi_{i+4} - 56\phi_{i+3} + 114\phi_{i+2} - 104\phi_{i+1} + 35\phi_i}{12\Delta x^2}$	i ○, $i+1$ ●, $i+2$ ●, $i+3$ ●, $i+4$ ● → x	$O[(\Delta x)^3]$

4.2　空间项的离散

微分方程中对流项、扩散项和源项的离散，统称为空间项的离散。空间项的离散除源项中的非导数项外，指空间导数的离散，也就是选择合适的网格基架得到空间导数的差分表达式。对均分网格，一般对精度要求不高时，可直接从表 4.1 和表 4.2 分别得到不同网格基架下的一阶导数和二阶导数的差分表达式；对非均分网格，可通过式(4.3)和(4.7)计算得到差分表达式。值得指出的是，网格基架的选取要考虑各项的物理意义。

对流项具有迁移特性(详见第 6 章)，网格基架的选取应考虑到对流项的方向特性。一般选取非对称型的网格基架，即网格基架中上游侧节点数要比下游侧节点数多，当只在上游取点构建格式时称为迎风格式，当上游取点比下游多时称为迎风性格式，当上下游取点相同时，称为中心差分格式。表 4.3 列出了均分网格下一阶迎风、二阶迎风、三阶

表 4.3　均分网格下常见有限差分法对流项离散格式

格式	网格示意图	差分表达式
一阶迎风格式	$i-1$ ●, i ○ → x；u →	$\dfrac{\phi_i - \phi_{i-1}}{\Delta x}$(向后差分)
	i ○, $i+1$ ● → x；← u	$\dfrac{\phi_{i+1} - \phi_i}{\Delta x}$(向前差分)
二阶迎风格式	$i-2$ ●, $i-1$ ●, i ○ → x；u →	$\dfrac{3\phi_i - 4\phi_{i-1} + \phi_{i-2}}{2\Delta x}$(向后差分)
	i ○, $i+1$ ●, $i+2$ ● → x；← u	$\dfrac{-\phi_{i+2} + 4\phi_{i+1} - 3\phi_i}{2\Delta x}$(向前差分)

续表

格式	网格示意图	差分表达式
三阶迎风格式	$i-2$　$i-1$　i　$i+1$　x　$u \rightarrow$	$\dfrac{2\phi_{i+1}+3\phi_i-6\phi_{i-1}+\phi_{i-2}}{6\Delta x}$（向后性偏差分）
	$i-1$　i　$i+1$　$i+2$　x　$\leftarrow u$	$\dfrac{-\phi_{i+2}+6\phi_{i+1}-3\phi_i-2\phi_{i-1}}{6\Delta x}$（向前性偏差分）
二阶中心差分	$i-1$　i　$i+1$　x	$\dfrac{\phi_{i+1}-\phi_{i-1}}{2\Delta x}$

迎风格式和二阶中心差分格式在不同的速度方向下所取的网格基架及差分表达式。在非均分网格下，不同格式的差分表达式可通过式(4.3)进行计算。与边界相邻的点，当来流为边界点这一侧时，有可能上游的节点个数少于格式所需要的节点数，此时可取比内部节点低阶的迎风格式或迎风性格式。

由于扩散过程和源项的影响均有向四周传播的性质，导数项的离散一般应选取对称型网格基架，即网格基架中节点 i 两侧的节点数应相同。在均分网格下，扩散项的离散可采用如表 4.2 中的二阶中心差分格式和四阶中心差分格式。对非均分网格，可采用式(4.7)计算得到其差分表达式。值得指出的是，对与边界相邻的内节点，其边界侧相邻的节点数少于格式所需要的节点数时，可以取低阶的中心差分格式，也可选取非对称型的高阶偏差分格式，以达到与内节点相同的截差精度。

对于对流项，均分网格和非均分网格选取相同的网格基架，截差精度相同，但截差系数会有较大的差异。对扩散项，均分网格与非均分网格都取对称型网格基架时，均分网格截差精度比非均分网格要高一阶。

源项可包括导数项和非导数项，对于非导数项采用节点上的值计算，对于源项中的一阶和/或二阶导数，与对流项采用中心差分格式和/或扩散项的相同方式进行离散。

4.3　非稳态项的离散

非稳态项的离散既包含时间项的离散，又包含空间项取哪个时层的值进行离散。

时间项的离散通常采用式(4.11)的表达式，根据所离散时层的不同，该表达式可以是一阶向前差分、一阶向后差分或二阶中心差分：

$$\rho\left.\frac{\partial\phi}{\partial t}\right|_i \approx \rho\frac{\phi_i^{n+1}-\phi_i^n}{\Delta t} \tag{4.11}$$

若空间项均采用已知时层的值进行计算，则式(4.2)离散为

$$\rho\frac{\phi_i^{n+1}-\phi_i^n}{\Delta t} = -C_i^n + D_i^n + S_i^n \tag{4.12}$$

这种非稳态项的离散格式称为显式格式，该格式在时间上具有一阶截差精度。由于是在 n 时层的时间导数项进行离散，因此式(4.11)中的离散为一阶向前差分。

若空间项均采用未知时层的值进行计算，则式(4.2)离散为

$$\rho\frac{\phi_i^{n+1}-\phi_i^n}{\Delta t}=-C_i^{n+1}+D_i^{n+1}+S_i^{n+1} \tag{4.13}$$

这种非稳态项的离散格式称为隐式格式，该格式在时间上具有一阶截差精度。由于是对 $n+1$ 时层的时间导数项进行离散，因此式(4.11)中的离散为一阶向后差分。

值得指出的是，由于式(4.12)右侧 n 时层的值已知，下一时层的值可以显式计算得到，不需要求解代数方程组。式(4.13)右侧有 $n+1$ 时层的未知量，因此下一时层的值不能显式得到，必须求解代数方程组。如何求解代数方程组见第 7 章。

若空间项采用已知时层和未知时层的均值进行计算，则式(4.2)离散为

$$\rho\frac{\phi_i^{n+1}-\phi_i^n}{\Delta t}=\frac{1}{2}(-C_i^{n+1}+D_i^{n+1}+S_i^{n+1})+\frac{1}{2}(-C_i^n+D_i^n+S_i^n) \tag{4.14}$$

这种离散格式称为克兰克-尼科尔森(Crank-Nicolson)格式，简称 C-N 格式，该格式在时间上具有二阶截差精度。C-N 格式相当于是对 $n+1/2$ 时层进行离散，因此式(4.11)为对 $n+1/2$ 时层的时间导数项的二阶中心差分，具有二阶精度。

若空间项采用 n 和 n-1 两个已知时层的值进行计算：

$$\rho\frac{\phi_i^{n+1}-\phi_i^n}{\Delta t}=\frac{3}{2}(-C_i^n+D_i^n+S_i^n)-\frac{1}{2}(-C_i^{n-1}+D_i^{n-1}+S_i^{n-1}) \tag{4.15}$$

这种离散格式称为亚当斯-巴什福斯(Adams-Bashforth)格式，简称 A-B 格式，该格式在时间上具有二阶截差精度。该格式的离散精度与 C-N 格式一致，均为二阶。

上述常用的 4 种非稳态项离散表达式及其优缺点对比如表 4.4 所示。此外，为得到更高截差精度的离散形式，还可采用龙格-库塔法、预报校正法等。读者如感兴趣，可参考相关书籍。需要指出的是，针对不同的问题，C, D, S 可根据需要各自选取不同时层的值进行计算。例如，对流项和源项采用显式格式，扩散项采用隐式格式，则(4.2)可离散为

$$\rho\frac{\phi_i^{n+1}-\phi_i^n}{\Delta t}=-C_i^n+D_i^{n+1}+S_i^n \tag{4.16}$$

表 4.4　常用非稳态项离散表达式及其优缺点

格式	离散表达式	示意图 (实心已知值，空心未知值)	优点	缺点
显式	$\rho\frac{\phi_i^{n+1}-\phi_i^n}{\Delta t}=-C_i^n+D_i^n+S_i^n$	$i-1$　i　$i+1$ $n+1$ n $n-1$	方程的建立和编程简单	条件稳定*；一般时间步长较小时需要的计算耗时比隐式离散格式长

续表

格式	离散表达式	示意图 (实心已知值，空心未知值)	优点	缺点
隐式	$\rho\frac{\phi_i^{n+1}-\phi_i^n}{\Delta t}=-C_i^{n+1}+D_i^{n+1}+S_i^{n+1}$	i−1　i　i+1 n+1 n n−1	稳定性强*；需要的计算耗时往往比显式离散格式短	方程的建立和编程相对复杂
C-N 格式	$\rho\frac{\phi_i^{n+1}-\phi_i^n}{\Delta t}=\frac{1}{2}(-C_i^{n+1}+D_i^{n+1}+S_i^{n+1})+\frac{1}{2}(-C_i^n+D_i^n+S_i^n)$	i−1　i　i+1 n+1 n n−1	稳定性强*，计算耗时比隐式格式稍长，但计算精度比隐式格式高	方程的建立和编程相对复杂；时间步长较大时，不一定得到具有物理意义的解
A-B 格式	$\rho\frac{\phi_i^{n+1}-\phi_i^n}{\Delta t}=\frac{3}{2}(-C_i^n+D_i^n+S_i^n)-\frac{1}{2}(-C_i^{n-1}+D_i^{n-1}+S_i^{n-1})$	i−1　i　i+1 n+1 n n−1	方程的建立和编程简单；计算精度比显式格式高	条件稳定*；需要的计算耗时一般比 C-N 离散格式长

* 非稳态问题的初值稳定性问题在第 6 章介绍。

4.4　差分方程及其截差精度

将 4.2 节和 4.3 节中得到非稳态项、对流项、扩散项和源项的离散表达式代入到控制方程中，可以得到其差分方程。对一维非稳态无源项的对流扩散方程，在均分网格下，非稳态项取显式格式，对流项取二阶迎风格式，扩散项取二阶中心差分格式，差分方程如下：

$$\rho\frac{\phi_i^{n+1}-\phi_i^n}{\Delta t}=-\rho u\frac{3\phi_i^n-4\phi_{i-1}^n+\phi_{i-2}^n}{2\Delta x}+\Gamma\frac{\phi_{i+1}^n-2\phi_i^n+\phi_{i-1}^n}{\Delta x^2}\tag{4.17}$$

其他格式不变，当非稳态项取隐式格式、C-N 格式和 A-B 格式时，

$$\rho\frac{\phi_i^{n+1}-\phi_i^n}{\Delta t}=-\rho u\frac{3\phi_i^{n+1}-4\phi_{i-1}^{n+1}+\phi_{i-2}^{n+1}}{2\Delta x}+\Gamma\frac{\phi_{i+1}^{n+1}-2\phi_i^{n+1}+\phi_{i-1}^{n+1}}{\Delta x^2}\tag{4.18}$$

$$\begin{aligned}\rho\frac{\phi_i^{n+1}-\phi_i^n}{\Delta t}=&\frac{1}{2}\left(-\rho u\frac{3\phi_i^{n+1}-4\phi_{i-1}^{n+1}+\phi_{i-2}^{n+1}}{2\Delta x}+\Gamma\frac{\phi_{i+1}^{n+1}-2\phi_i^{n+1}+\phi_{i-1}^{n+1}}{\Delta x^2}\right)\\&+\frac{1}{2}\left(-\rho u\frac{3\phi_i^n-4\phi_{i-1}^n+\phi_{i-2}^n}{2\Delta x}+\Gamma\frac{\phi_{i+1}^n-2\phi_i^n+\phi_{i-1}^n}{\Delta x^2}\right)\end{aligned}\tag{4.19}$$

$$\rho\frac{\phi_i^{n+1}-\phi_i^n}{\Delta t}=\frac{3}{2}\left(-\rho u\frac{3\phi_i^n-4\phi_{i-1}^n+\phi_{i-2}^n}{2\Delta x}+\Gamma\frac{\phi_{i+1}^n-2\phi_i^n+\phi_{i-1}^n}{\Delta x^2}\right)$$
$$-\frac{1}{2}\left(-\rho u\frac{3\phi_i^{n-1}-4\phi_{i-1}^{n-1}+\phi_{i-2}^{n-1}}{2\Delta x}+\Gamma\frac{\phi_{i+1}^{n-1}-2\phi_i^{n-1}+\phi_{i-1}^{n-1}}{\Delta x^2}\right) \tag{4.20}$$

微分方程和差分方程的差称为差分方程的截断误差，简称方程的截差。截断误差的阶数由各个偏导数的截断误差的阶数组成，如式(4.17)～式(4.20)截差分别为$O(\Delta t,\Delta x^2),O(\Delta t,\Delta x^2),O(\Delta t^2,\Delta x^2),O(\Delta t^2,\Delta x^2)$。截断误差随着网格步长的减小而下降。当$\Delta x$较小时，高阶截差相对于低阶截差而言可以忽略不计，离散误差可近似由截断误差的首项决定，取决于首项中的系数、偏导数、网格步长的大小及其阶数等的综合影响。

控制方程离散后，还需对边界条件进行离散，才能使离散方程组封闭。第一类边界条件直接给出边界点待求变量值，不需要离散。第二类和第三类边界条件中都包含待求变量的一阶导数，此时需选取与边界相邻的内节点对一阶导数项进行离散。选取的内节点个数不同，得到精度不同的边界节点差分方程。对均分网格可选取表 4.1 中所列的常用表达式进行离散。对非均分网格，可通过式(4.3)计算得到一阶导数的差分表达式。第二类和第三类边界条件常采用一阶和二阶格式来离散，以下给出了均分网格条件下，这两类边界条件的差分方程。

(1)第二类边界条件(M为右边界节点编号)。

一阶精度：$\dfrac{\phi_2-\phi_1}{\Delta x}=c,\dfrac{\phi_M-\phi_{M-1}}{\Delta x}=c$。

二阶精度：$\dfrac{4\phi_2-\phi_3-3\phi_1}{2\Delta x}=c,\dfrac{3\phi_M-4\phi_{M-1}+\phi_{M-2}}{2\Delta x}=c$。

(2)第三类边界条件。

一阶精度：$a\phi_1+b\dfrac{\phi_2-\phi_1}{\Delta x}=c,a\phi_M+b\dfrac{\phi_M-\phi_{M-1}}{\Delta x}=c$。

二阶精度：$a\phi_1+b\dfrac{4\phi_2-\phi_3-3\phi_1}{2\Delta x}=c,a\phi_M+b\dfrac{3\phi_M-4\phi_{M-1}+\phi_{M-2}}{2\Delta x}=c$。

高阶精度的差分格式得到的计算结果一般比低阶精度的差分格式得到的计算结果更准确。在物理量剧烈变化区域，高阶格式截断误差首项中的偏导数值可能会比低阶格式截断误差首项中的偏导数值大得多，此时若采用较粗的网格，高阶格式的结果并不一定比低阶格式更准确。由于高阶格式包含更多的网格基架点，编程更为复杂且计算量会增大，考虑计算的经济性，在工程实际中一般采用二阶截差的精度格式。

在剧烈变化的区域粗网格不能够刻画其变化，应采用密网格。另一方面，为节省计算资源，在物理量变化缓慢的区域通常仍采用较粗的网格，这样在计算区域内形成了网格尺寸大小不一的非均分网格系统。注意从粗网格到细网格过渡时，网格尺寸大小应渐进变化，避免突变，相邻网格尺寸的变化因子范围一般推荐为 0.8～1.25。当网格数一定时，若网格变化因子大幅度偏离此范围，则计算精度反而可能降低。

控制方程和边界条件的离散中，应尽量保证所有节点的离散精度相同。若边界条件的离散精度或与边界相邻的内节点的离散精度低于远离边界的内节点时，此时尽管这些节点与远离边界的内节点相比数目很少，但是计算精度通常会有较大程度的降低。

值得指出的是，不同格式的截差项不同，截差系数符号、大小及所包含的偏导数等因素会影响差分方程的特性，这些特性包括收敛性、稳定性、有界性、精度和假扩散等。本节只介绍差分方程的截差精度这一特性，其他特性见第 6 章。

4.5 高阶紧致有限差分格式

高阶紧致有限差分格式适合模拟复杂而精度要求高的物理问题，相比传统型差分格式，在相同的网格基架上，具有更高的精度和分辨率。紧致有限差分格式中“紧致”一词的含义是指达到相同精度的解，在形式上可利用较少的网格基架点。

中心紧致有限差分格式可以用如下公式表述：

$$\Delta x \sum_{k=i-p}^{i+p} \alpha_k \left.\frac{\partial \phi}{\partial x}\right|_k = \sum_{m=i-p}^{i+p} \beta_m \phi_m \tag{4.21}$$

$$\Delta x^2 \sum_{k=i-p}^{i+p} \alpha_k \left.\frac{\partial^2 \phi}{\partial x^2}\right|_k = \sum_{m=i-p}^{i+p} \beta_m \phi_m \tag{4.22}$$

式中，$\sum \alpha_k = 1, \sum \beta_m = 0$，一般采用待定系数法得到$\alpha_k$、$\beta_m$的值。下面给出均分网格下常见的几种中心紧致有限差分格式。

1. 一阶导数的中心紧致有限差分格式

四阶精度：

$$\frac{1}{6}\left.\frac{\partial \phi}{\partial x}\right|_{i+1} + \frac{2}{3}\left.\frac{\partial \phi}{\partial x}\right|_{i} + \frac{1}{6}\left.\frac{\partial \phi}{\partial x}\right|_{i-1} = \frac{\phi_{i+1} - \phi_{i-1}}{2\Delta x}$$

六阶精度：

$$\frac{1}{5}\left.\frac{\partial \phi}{\partial x}\right|_{i+1} + \frac{3}{5}\left.\frac{\partial \phi}{\partial x}\right|_{i} + \frac{1}{5}\left.\frac{\partial \phi}{\partial x}\right|_{i-1} = \frac{\phi_{i+2} + 28\phi_{i+1} - 28\phi_{i-1} - \phi_{i-2}}{60\Delta x}$$

八阶精度：

$$\frac{1}{70}\left.\frac{\partial \phi}{\partial x}\right|_{i+2} + \frac{8}{35}\left.\frac{\partial \phi}{\partial x}\right|_{i+1} + \frac{18}{35}\left.\frac{\partial \phi}{\partial x}\right|_{i} + \frac{8}{35}\left.\frac{\partial \phi}{\partial x}\right|_{i-1} + \frac{1}{70}\left.\frac{\partial \phi}{\partial x}\right|_{i-2} = \frac{5\phi_{i+2} + 32\phi_{i+1} - 32\phi_{i-1} - 5\phi_{i-2}}{84\Delta x}$$

2. 二阶导数的中心紧致有限差分格式

四阶精度：

$$\frac{1}{12}\frac{\partial^2\phi}{\partial x^2}\bigg|_{i+1}+\frac{5}{6}\frac{\partial^2\phi}{\partial x^2}\bigg|_{i}+\frac{1}{12}\frac{\partial^2\phi}{\partial x^2}\bigg|_{i-1}=\frac{\phi_{i+1}-2\phi_i+\phi_{i-1}}{\Delta x^2}$$

六阶精度：

$$\frac{2}{15}\frac{\partial^2\phi}{\partial x^2}\bigg|_{i+1}+\frac{11}{15}\frac{\partial^2\phi}{\partial x^2}\bigg|_{i}+\frac{2}{15}\frac{\partial^2\phi}{\partial x^2}\bigg|_{i-1}=\frac{3\phi_{i+2}+48\phi_{i+1}-102\phi_i+48\phi_{i-1}+3\phi_{i-2}}{60\Delta x}$$

八阶精度：

$$\frac{23}{3780}\frac{\partial^2\phi}{\partial x^2}\bigg|_{i+2}+\frac{172}{945}\frac{\partial^2\phi}{\partial x^2}\bigg|_{i+1}+\frac{131}{210}\frac{\partial^2\phi}{\partial x^2}\bigg|_{i}+\frac{172}{945}\frac{\partial^2\phi}{\partial x^2}\bigg|_{i-1}+\frac{23}{3780}\frac{\partial^2\phi}{\partial x^2}\bigg|_{i-2}$$
$$=\frac{93\phi_{i+2}+384\phi_{i+1}-954\phi_i+384\phi_{i-1}+93\phi_{i-2}}{756\Delta x}$$

为模拟强对流问题常采用迎风紧致有限差分格式，下面给出均分网格下常见的几种迎风紧致有限差分格式。

三阶精度：

$$\frac{2}{3}\frac{\partial\phi}{\partial x}\bigg|_{i}+\frac{1}{3}\frac{\partial\phi}{\partial x}\bigg|_{i-1}=\frac{\phi_{i+1}+4\phi_i-5\phi_{i-1}}{6\Delta x},\quad u>0$$

$$\frac{2}{3}\frac{\partial\phi}{\partial x}\bigg|_{i}+\frac{1}{3}\frac{\partial\phi}{\partial x}\bigg|_{i+1}=\frac{5\phi_{i+1}-4\phi_i-\phi_{i-1}}{6\Delta x},\quad u<0$$

五阶精度：

$$\frac{3}{5}\frac{\partial\phi}{\partial x}\bigg|_{i}+\frac{2}{5}\frac{\partial\phi}{\partial x}\bigg|_{i-1}=\frac{-\phi_{i+2}+12\phi_{i+1}+36\phi_i-44\phi_{i-1}-3\phi_{i-2}}{60\Delta x},\quad u>0$$

$$\frac{3}{5}\frac{\partial\phi}{\partial x}\bigg|_{i}+\frac{2}{5}\frac{\partial\phi}{\partial x}\bigg|_{i+1}=\frac{3\phi_{i+2}+44\phi_{i+1}-36\phi_i-12\phi_{i-1}+\phi_{i-2}}{60\Delta x},\quad u<0$$

更高精度及非均分网格下的高阶紧致有限差分格式，读者如有兴趣，可参考相关文献。

4.6　典型习题解析

例 1　网格是不是划分的越密越好？为什么？

【解析】本题考查网格数与计算精度之间的关系。

随着网格数的增加，数值解和精确解趋近于相等，此时进一步加密网格对于计算精度的影响微乎其微，而计算的效率却大幅下降，另外过于细密的网格使得方程数目增多，从而导致在计算过程中产生舍入误差和迭代误差来源增多，这些增加的误差来源反而会使计算精度下降，所以网格不是划分得越密越好。对于微小尺度物理问题的计算，网格如划分得过密，过小的网格尺度将不满足连续介质假设条件，此时控制方程不成立，这也说明网格并不是越密越好。此外，对工程问题的计算，由于数学模型存在着模型误差，使用过密的网格得到高精度的数值解没有必要。

例 2　在均分网格下，试推导一阶偏导数 $\dfrac{\partial \phi}{\partial x}$ 在 i 节点处的四阶中心差分表达式。

【解析】本题考查应用待定系数法求均分网格上导数的差分表达式。

差分表达式的截差精度越高，表达式越复杂，推导过程也越复杂，此时一般采用待定系数法确定离散格式表达式。下面采用节点 $i-2, i-1, i, i+1, i+2$ 推导 $\dfrac{\partial \phi}{\partial x}$ 在 i 节点处的四阶中心差分表达式，并采用待定系数法求解。

分别将 $\phi_{i-2}, \phi_{i-1}, \phi_{i+1}, \phi_{i+2}$ 在 i 节点处泰勒展开到五阶截差精度：

$$\phi_{i-2} = \phi_i - \left.\frac{\partial \phi}{\partial x}\right|_i (2\Delta x) + \left.\frac{\partial^2 \phi}{\partial x^2}\right|_i \frac{(2\Delta x)^2}{2!} - \left.\frac{\partial^3 \phi}{\partial x^3}\right|_i \frac{(2\Delta x)^3}{3!} + \left.\frac{\partial^4 \phi}{\partial x^4}\right|_i \frac{(2\Delta x)^4}{4!} + O[(\Delta x)^5] \tag{4.23}$$

$$\phi_{i-1} = \phi_i - \left.\frac{\partial \phi}{\partial x}\right|_i \Delta x + \left.\frac{\partial^2 \phi}{\partial x^2}\right|_i \frac{(\Delta x)^2}{2!} - \left.\frac{\partial^3 \phi}{\partial x^3}\right|_i \frac{(\Delta x)^3}{3!} + \left.\frac{\partial^4 \phi}{\partial x^4}\right|_i \frac{(\Delta x)^4}{4!} + O[(\Delta x)^5] \tag{4.24}$$

$$\phi_{i+1} = \phi_i + \left.\frac{\partial \phi}{\partial x}\right|_i \Delta x + \left.\frac{\partial^2 \phi}{\partial x^2}\right|_i \frac{(\Delta x)^2}{2!} + \left.\frac{\partial^3 \phi}{\partial x^3}\right|_i \frac{(\Delta x)^3}{3!} + \left.\frac{\partial^4 \phi}{\partial x^4}\right|_i \frac{(\Delta x)^4}{4!} + O[(\Delta x)^5] \tag{4.25}$$

$$\phi_{i+2} = \phi_i + \left.\frac{\partial \phi}{\partial x}\right|_i (2\Delta x) + \left.\frac{\partial^2 \phi}{\partial x^2}\right|_i \frac{(2\Delta x)^2}{2!} + \left.\frac{\partial^3 \phi}{\partial x^3}\right|_i \frac{(2\Delta x)^3}{3!} + \left.\frac{\partial^4 \phi}{\partial x^4}\right|_i \frac{(2\Delta x)^4}{4!} + O[(\Delta x)^5] \tag{4.26}$$

令式(4.23)$\times A$、式(4.24)$\times B$、式(4.25)$\times C$、式(4.26)$\times D$ 后相加，由于要求 $\dfrac{\partial \phi}{\partial x}$ 的离散表达式在 i 节点处具有四阶截差精度，因此上述 4 个式子二阶、三阶、四阶偏导数的系数之和分别为 0：

$$\begin{cases} 4A + B + C + 4D = 0 \\ -8A - B + C + 8D = 0 \\ 16A + B + C + 16D = 0 \end{cases} \tag{4.27}$$

解得

$$B = -8A, C = 8A, D = -A \tag{4.28}$$

将 B、C、D 的值回代，移项整理可得

$$\left.\frac{\partial\phi}{\partial x}\right|_i=\frac{A\phi_{i-2}+B\phi_{i-1}+C\phi_{i+1}+D\phi_{i+2}-(A+B+C+D)\phi_i}{(-2A-B+C+2D)\Delta x}+O[(\Delta x)^4]$$
$$=\frac{A\phi_{i-2}-8A\phi_{i-1}+8A\phi_{i+1}-A\phi_{i+2}-(A-8A+8A-A)\phi_i}{(-2A+8A+8A-2A)\Delta x}+O[(\Delta x)^4] \tag{4.29}$$
$$=\frac{\phi_{i-2}-8\phi_{i-1}+8\phi_{i+1}-\phi_{i+2}}{12\Delta x}+O[(\Delta x)^4]$$

例 3　如图 4.1 所示，试推导非均分网格下二阶偏导数 $\frac{\partial^2\phi}{\partial x^2}$ 的三点中心差分格式表达式($a\neq1$)。

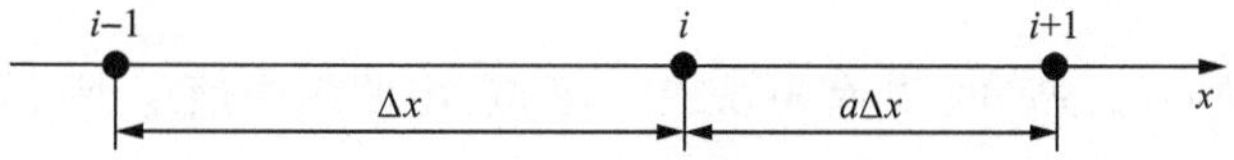

图 4.1　一维非均分网格示意图

【解析】本题考查应用待定系数法求非均分网格上导数的差分表达式。

将 ϕ_{i-1} 和 ϕ_{i+1} 在 i 节点处泰勒展开到四阶截差精度有

$$\phi_{i-1}=\phi_i-\left.\frac{\partial\phi}{\partial x}\right|_i\Delta x+\left.\frac{\partial^2\phi}{\partial x^2}\right|_i\frac{(\Delta x)^2}{2!}-\left.\frac{\partial^3\phi}{\partial x^3}\right|_i\frac{(\Delta x)^3}{3!}+O[(\Delta x)^4] \tag{4.30}$$

$$\phi_{i+1}=\phi_i+\left.\frac{\partial\phi}{\partial x}\right|_i(a\Delta x)+\left.\frac{\partial^2\phi}{\partial x^2}\right|_i\frac{(a\Delta x)^2}{2!}+\left.\frac{\partial^3\phi}{\partial x^3}\right|_i\frac{(a\Delta x)^3}{3!}+O[(\Delta x)^4] \tag{4.31}$$

由式(4.30)×a+式(4.31)消去一阶导数项可得

$$a\phi_{i-1}+\phi_{i+1}=(a+1)\phi_i+(a^2+a)\left.\frac{\partial^2\phi}{\partial x^2}\right|_i\frac{(\Delta x)^2}{2!}+(a^3-a)\left.\frac{\partial^3\phi}{\partial x^3}\right|_i\frac{(\Delta x)^3}{3!}+O[(\Delta x)^4] \tag{4.32}$$

对式(4.32)整理得

$$\left.\frac{\partial^2\phi}{\partial x^2}\right|_i=\frac{2[\phi_{i+1}-(a+1)\phi_i+a\phi_{i-1}]}{(a^2+a)(\Delta x)^2}-\frac{a^3-a}{a^2+a}\left.\frac{\partial^3\phi}{\partial x^3}\right|_i\frac{\Delta x}{3}++O[(\Delta x)^2]$$
$$=\frac{2[\phi_{i+1}-(a+1)\phi_i+a\phi_{i-1}]}{(a^2+a)(\Delta x)^2}+O(\Delta x) \tag{4.33}$$

例 4　给出任意网格基架点下一阶导数及其截差通式的证明过程。

【解析】本题考查一阶导数差分通式的证明。

该假设等式已在多个不同网格基架点下验证成立，下面进行证明。

设 $f(x)=\prod_{j=i-m}^{j=i+n}(x-x_j), g(x)=\prod_{j=i-m\ j\neq k}^{j=i+n}(x-x_j), L(x)=\sum_{k=i-m}^{i+n}\phi(x_k)\frac{g(x)}{g(x_k)}, R(x)=\phi(x)-L(x)$

定义辅助函数：

$$F(x)=R(x)-cf(x)=\phi(x)-L(x)-cf(x) \tag{4.34}$$

式中，c 为常数。调整 c 的取值，对于任意点 $x_p\in(x_{i-m},x_{i-m+1})\cup(x_{i-m+1},x_{i-m+2})\cup\cdots\cup(x_{i-n-1},x_{i-n})$(此区间表示 x_p 为区间(x_{i-m},x_{i+n})上不属于离散点的任意值)，使 $F(x_p)=0$（令 $c=\frac{\phi(x_p)-L(x_p)}{f(x_p)}$ 即可)。易知 $x_l\in\{x_{i-m},x_{i-m+1},\cdots,x_{i+n-1},x_{i+n}\}$ 时，$L(x_l)=\phi(x_l)$，$f(x_l)=0$，所以 $F(x_l)=0$。

算上 x_p, $F(x)$ 在[x_{i-m}, x_{i+n}]中共有 $m+n+2$ 个零点，由罗尔中值定理可知，$F'(x)$ 有 $m+n+1$ 个零点，$F''(x)$ 有 $m+n$ 个零点……$F^{(m+n+1)}(x)$ 有一个零点。设这个零点的值为 ξ，且 $L^{(m+n+1)}(x)\equiv 0$，$g^{(m+n+1)}(x)\equiv 0$，因此 $0=\phi^{(m+n+1)}(\xi)-c(m+n+1)!$，得 $c=\frac{\phi^{(m+n+1)}(\xi)}{(m+n+1)!}$。

若 $x_p\in\{x_{i-m},x_{i-m+1},\cdots,x_{i+n-1},x_{i+n}\}$，应用极限延拓仍可证明上述结论。

因此，

$$R(x)=\frac{1}{(m+n+1)!}\left.\frac{\partial^{(m+n+1)}\phi}{\partial x^{m+n+1}}\right|_{\xi}f(x) \tag{4.35}$$

对 $R(x)=\phi(x)-L(x)$ 两边求微分可得

$$\left.\frac{\partial\phi}{\partial x}\right|_i=\left.\frac{\partial L}{\partial x}\right|_i+\left.\frac{\partial R}{\partial x}\right|_i \tag{4.36}$$

式中，$\left.\frac{\partial L}{\partial x}\right|_i=\sum_{k=i-m}^{i+n}\phi(x_k)\frac{g'(x_i)}{g(x_k)}$。

根据链式求导法则：

$$\begin{aligned}g'(x)=&(x-x_{i-m+1})\cdots(x-x_{k-1})(x-x_{k+1})\cdots(x-x_{i+n-1})(x-x_{i+n})\\&+(x-x_{i-m})(x-x_{i-m+2})\cdots(x-x_{k-1})(x-x_{k+1})\cdots(x-x_{i+n-1})(x-x_{i+n})\\&+(x-x_{i-m})x-x_{i-m+1}(x-x_{i-m+3})\cdots(x-x_{k-1})(x-x_{k+1})\cdots(x-x_{i+n-1})(x-x_{i+n})\\&+\cdots\\&+(x-x_{i-m})x-x_{i-m+1}\cdots(x-x_{k-1})(x-x_{k+1})\cdots(x-x_{i+n-2})(x-x_{i+n})\end{aligned} \tag{4.37}$$

可知 $g'(x)$ 为 $g(x)$ 每次减少乘积的一项并作累加。

把 $x=x_i$ 代入式(4.37)只剩一行，其他均为 0，因此，

$$g'(x_i) = \prod_{j=i-m, j\neq k, j\neq i}^{i+n} (x_i - x_j) \tag{4.38}$$

因此，

$$\left.\frac{\partial L}{\partial x}\right|_i = \sum_{k=i-m}^{i+n} \frac{\prod\limits_{j=i-m, j\neq k, j\neq i}^{i+n} (x_i - x_j)}{\prod\limits_{j=i-m, j\neq k}^{i+n} (x_i - x_j)} \phi(x_k) \tag{4.39}$$

即

$$a_k = \frac{\prod\limits_{j=i-m, j\neq k, j\neq i}^{i+n} (x_i - x_j)}{\prod\limits_{j=i-m, j\neq k}^{i+n} (x_i - x_j)} \tag{4.40}$$

其中，截差为

$$\left.\frac{\partial R}{\partial x}\right|_i = \frac{1}{(m+n+1)!} \left.\frac{\partial^{m+n+1}\phi}{\partial x^{m+n+1}}\right|_\xi \left.\frac{\partial f(x)}{\partial x}\right|_i = \frac{1}{(m+n+1)!} \left.\frac{\partial^{m+n+1}\phi}{\partial x^{m+n+1}}\right|_\xi \prod_{j=i-m, j\neq i}^{j=i+n} (x_i - x_j) \tag{4.41}$$

将 $\left.\frac{\partial^{m+n+1}\phi}{\partial x^{m+n+1}}\right|_\xi$ 在 x_i 点泰勒展开可知：

$$\left.\frac{\partial^{m+n+1}\phi}{\partial x^{m+n+1}}\right|_\xi = \left.\frac{\partial^{m+n+1}\phi}{\partial x^{m+n+1}}\right|_{x_i} + O(\overline{\Delta x}) \tag{4.42}$$

代入截差表达式：

$$\begin{aligned}\left.\frac{\partial R}{\partial x}\right|_i &= \frac{1}{(m+n+1)!} \left.\frac{\partial^{m+n+1}\phi}{\partial x^{m+n+1}}\right|_\xi \prod_{j=i-m, j\neq i}^{j=i+n} (x_i - x_j) = \frac{\left.\frac{\partial^{m+n+1}\phi}{\partial x^{m+n+1}}\right|_\xi + O(\overline{\Delta x})}{(m+n+1)!} \prod_{j=i-m, j\neq i}^{j=i+n} (x_i - x_j) \\ &= \frac{1}{(m+n+1)!} \left.\frac{\partial^{m+n+1}\phi}{\partial x^{m+n+1}}\right|_\xi \prod_{j=i-m, j\neq i}^{j=i+n} (x_i - x_j) + O\left[(\overline{\Delta x})\right]^{m+n+1}\end{aligned} \tag{4.43}$$

式(4.3)得证。

例 5　给出任意网格基架点下，二阶导数及其截差通式的证明过程。

对例 4 式(4.36)两边继续求导可得

$$\left.\frac{\partial^2\phi}{\partial x^2}\right|_i = \left.\frac{\partial^2 L}{\partial x^2}\right|_i + \left.\frac{\partial^2 R}{\partial x^2}\right|_i \tag{4.44}$$

式中，

$$\left.\frac{\partial^2 L}{\partial x^2}\right|_i = \sum_{k=i-m}^{i+n} \phi(x_k)\frac{g''(x_i)}{g(x_k)} \tag{4.45}$$

对式(4.37) $g'(x)$ 求导可得

$$g''(x)=\begin{bmatrix}(x-x_{i-m+2})\cdots(x-x_{k-1})(x-x_{k+1})\cdots(x-x_{i+n-1})(x-x_{i+n})+\\(x-x_{i-m+1})(x-x_{i-m+3})\cdots(x-x_{k-1})(x-x_{k+1})\cdots(x-x_{i+n-1})(x-x_{i+n})+\\(x-x_{i-m+1})(x-x_{i-m+2})(x-x_{i-m+4})\cdots(x-x_{k-1})(x-x_{k+1})\cdots(x-x_{i+n-1})(x-x_{i+n})\\+\cdots\\+(x-x_{i-m+1})(x-x_{i-m+2})\cdots(x-x_{k-1})(x-x_{k+1})\cdots(x-x_{i+n-2})(x-x_{i+n})\\(x-x_{i-m+1})(x-x_{i-m+2})\cdots(x-x_{k-1})(x-x_{k+1})\cdots(x-x_{i+n-2})(x-x_{i+n-1})\end{bmatrix}$$
$$+\begin{bmatrix}(x-x_{i-m+2})(x-x_{i-m+3})\cdots(x-x_{k-1})(x-x_{k+1})\cdots(x-x_{i+n-1})(x-x_{i+n})+\\(x-x_{i-m})(x-x_{i-m+3})\cdots(x-x_{k-1})(x-x_{k+1})\cdots(x-x_{i+n-1})(x-x_{i+n})+\\(x-x_{i-m})(x-x_{i-m+2})(x-x_{i-m+4})\cdots(x-x_{k-1})(x-x_{k+1})\cdots(x-x_{i-n-1})(x-x_{i-n})+\\\ldots+(x-x_{i-m})(x-x_{i-m+2})\cdots(x-x_{k-1})(x-x_{k+1})\cdots(x-x_{i+n-2})(x-x_{i+n})\\+(x-x_{i-m})(x-x_{i-m+2})\cdots(x-x_{k-1})(x-x_{k+1})\cdots(x-x_{i+n-2})(x-x_{i+n-1})\end{bmatrix}$$
$$+\begin{bmatrix}(x-x_{i-m+1})(x-x_{i-m+3})\cdots(x-x_{k-1})(x-x_{k+1})\cdots(x-x_{i+n-1})(x-x_{i+n})+\\(x-x_{i-m})(x-x_{i-m+3})\cdots(x-x_{k-1})(x-x_{k+1})\cdots(x-x_{i+n-1})(x-x_{i+n})+\\\ldots+(x-x_{i-m})(x-x_{i-m+1})\cdots(x-x_{k-1})(x-x_{k+1})\cdots(x-x_{i+n-2})(x-x_{i+n})\\+(x-x_{i-m})(x-x_{i-m+1})\cdots(x-x_{k-1})(x-x_{k+1})\cdots(x-x_{i+n-2})(x-x_{i+n-1})\end{bmatrix}+\cdots \tag{4.46}$$

式(4.46)中每一部分的多项式的乘积都出现了两次，并且每一项的累积都比 $g'(x)$ 少了一项并最终进行累加，因此可以表示成

$$g''(x)=2\prod_{j=i-m,j\neq k,j\neq i}^{i+n}(x_i-x_j)\left[\sum_{j=i-m,j\neq k,j\neq i}^{i+n}\frac{1}{x_i-x_j}\right] \tag{4.47}$$

因此，$\left.\dfrac{\partial^2 L}{\partial x^2}\right|_i=\sum_{k=i-m}^{i+n}2\dfrac{\prod_{j=i-m,j\neq k,j\neq i}^{i+n}(x_i-x_j)}{\prod_{j=i-m,j\neq k}^{i+n}(x_k-x_j)}\left(\sum_{j=i-m,j\neq k,j\neq i}^{i+n}\dfrac{1}{x_i-x_j}\right)\phi(x_k)$。

同例 4，截差可以表示为

$$\left.\frac{\partial^2 R}{\partial x^2}\right|_i=\frac{2}{(m+n+1)!}\prod_{j=i-m,\ j\neq i}^{j=i+n}(x_i-x_j)\left(\sum_{j=i-m,j\neq i}^{i+n}\frac{1}{(x_i-x_j)}\right)+O\left[(\Delta x)\right]^{m+n+1} \tag{4.48}$$

例 6　图 4.2 为均分网格系统，试根据式(4.3)和式(4.7)给出的一阶和二阶导数的通用表达式，计算节点 i 处采用图 4.2 所示网格基架时的导数差分表达式。

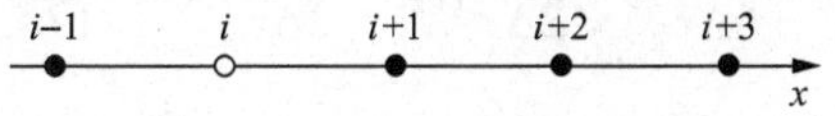

图 4.2　均分网格基架点示意图

【解析】本题考查应用公式法求均分网格的导数的差分表达式。

图中一共有 $i-1, i, i+1, i+2, i+3$ 共 5 个网格基架点，根据式(4.3)可得，一阶导数在点 i 处具有四阶精度。其差分表达式如下：

$$\left.\frac{\partial \phi}{\partial x}\right|_i = \sum_{k=i-1}^{i+3} a_k \phi_k + O[(\Delta x)^4] \tag{4.49}$$

式中，

$$a_k = \begin{cases} \dfrac{\prod\limits_{j=i-1, j\neq k, j\neq i}^{i+3} (x_i - x_j)}{\prod\limits_{j=i-1, j\neq k}^{i+3} (x_k - x_j)}, & k \neq i \\ -\sum\limits_{j=i-1, j\neq i}^{i+3} a_j, & k \neq i \end{cases} \tag{4.50}$$

则

$$\begin{aligned} a_{i-1} &= \frac{\prod\limits_{j=i+1}^{i+3} (x_i - x_j)}{\prod\limits_{j=i}^{i+3} (x_{i-1} - x_j)} \\ &= \frac{(x_i - x_{i+1})(x_i - x_{i+2})(x_i - x_{i+3})}{(x_{i-1} - x_i)(x_{i-1} - x_{i+1})(x_{i-1} - x_{i+2})(x_{i-1} - x_{i+3})} \\ &= \frac{(-\Delta x)(-2\Delta x)(-3\Delta x)}{(-\Delta x)(-2\Delta x)(-3\Delta x)(-4\Delta x)} \\ &= -\frac{1}{4\Delta x} \end{aligned} \tag{4.51}$$

同理可得

$$a_{i+1} = \frac{3}{2\Delta x}, a_{i+2} = -\frac{1}{2\Delta x}, a_{i+3} = \frac{1}{12\Delta x}$$

$$a_i = -(a_{i-1} + a_{i+1} + a_{i+2} + a_{i+3}) = -\frac{5}{6\Delta x}$$

于是有

$$\left.\frac{\partial \phi}{\partial x}\right|_i = -\frac{1}{4\Delta x}\phi_{i-1} - \frac{5}{6\Delta x}\phi_i + \frac{3}{2\Delta x}\phi_{i+1} - \frac{1}{2\Delta x}\phi_{i+2} + \frac{1}{12\Delta x}\phi_{i+3} + O[(\Delta x)^4] \tag{4.52}$$

即

$$\left.\frac{\partial \phi}{\partial x}\right|_i = \frac{\phi_{i+3} - 6\phi_{i+2} + 18\phi_{i+1} - 10\phi_i - 3\phi_{i-1}}{12\Delta x} + O[(\Delta x)^4] \tag{4.53}$$

类似地，根据式(4.7)可得到二阶导数在节点 i 处三阶截差精度的差分表达式：

$$\left.\frac{\partial^2 \phi}{\partial x^2}\right|_i = \sum_{k=i-1}^{i+3} a_k \phi_k + O[(\Delta x)^3] \tag{4.54}$$

式中，

$$a_k = \begin{cases} \dfrac{2\prod\limits_{j=i-1, j\neq k, j\neq i}^{i+3}(x_j - x_i)}{\prod\limits_{j=i-1, j\neq k}^{i+3}(x_j - x_k)} \sum\limits_{j=i-1; j\neq i, k}^{i+3} \dfrac{1}{x_j - x_i}, & k \neq i \\ -\sum\limits_{j=i-1, j\neq i}^{i+n} a_j, & k = i \end{cases} \tag{4.55}$$

根据观察可知，二阶导数系数中的前半部分 $\dfrac{2\prod\limits_{j=i-1, j\neq k, j\neq i}^{i+3}(x_i - x_j)}{\prod\limits_{j=i-1, j\neq k}^{i+3}(x_k - x_j)}$，是一阶导数通式的 2 倍，该项在上面已经计算，直接应用即可。

$$\begin{aligned} a_{i-1} &= \frac{2\prod\limits_{j=i+1}^{i+3}(x_i - x_j)}{\prod\limits_{j=i}^{i+3}(x_{i-1} - x_j)} \sum_{j=i+1}^{i+3} \frac{1}{x_i - x_j} \\ &= -\frac{1}{2\Delta x}\left(\frac{1}{x_i - x_{i+1}} + \frac{1}{x_i - x_{i+2}} + \frac{1}{x_i - x_{i+3}}\right) \\ &= -\frac{1}{2\Delta x}\left(-\frac{1}{\Delta x} - \frac{1}{2\Delta x} - \frac{1}{3\Delta x}\right) \\ &= \frac{11}{12\Delta x^2} \end{aligned} \tag{4.56}$$

同理可得

$$a_{i+1} = \frac{1}{2\Delta x^2}$$

$$a_{i+2}=\frac{1}{3\Delta x^2}$$

$$a_{i+3}=-\frac{1}{12\Delta x^2}$$

$$a_i=-(a_{i-1}+a_{i+1}+a_{i+2}+a_{i+3})=-\frac{5}{3\Delta x^2}$$

于是有

$$\left.\frac{\partial^2\phi}{\partial x^2}\right|_i=\frac{11}{12\Delta x^2}\phi_{i-1}-\frac{5}{3\Delta x^2}\phi_i+\frac{1}{2\Delta x^2}\phi_{i+1}+\frac{1}{3\Delta x^2}\phi_{i+2}-\frac{1}{12\Delta x^2}\phi_{i+3}+O[(\Delta x)^3] \quad (4.57)$$

即

$$\left.\frac{\partial^2\phi}{\partial x^2}\right|_i=\frac{-\phi_{i+3}+4\phi_{i+2}+6\phi_{i+1}-20\phi_i+11\phi_{i-1}}{12\Delta x^2}+O[(\Delta x)^3] \quad (4.58)$$

可以看出，采用通式计算得到的一阶导数和二阶导数的差分表达式与表 4.1 和表 4.2 中的完全一致。

例 7　对下图的非均分网格基架，试根据式(4.3)和式(4.7)给出的一阶和二阶导数的通用表达式，计算节点 i 处一阶和二阶导数差分表达式。

【解析】本题考查应用公式法求非均分网格的导数的差分表达式。

图 4.3 中一共有 $i, i+1, i+2, i+3$,4 个网格基架点,网格长度分别为 $\Delta x, 1.1\Delta x, 1.21\Delta x$ 。根据式(4.3)可得，一阶导数在点 i 处具有三阶精度。其差分表达式如下：

$$\left.\frac{\partial\phi}{\partial x}\right|_i=\sum_{k=i}^{i+3}a_k\phi_k+O[(\Delta x)^3] \quad (4.59)$$

式中，

$$a_k=\begin{cases}\dfrac{\prod\limits_{j=i+1,j\neq k}^{i+3}(x_i-x_j)}{\prod\limits_{j=i,j\neq k}^{i+3}(x_k-x_j)}, & k\neq i\\ -\sum\limits_{j=i+1}^{i+3}a_j, & k=i\end{cases}$$

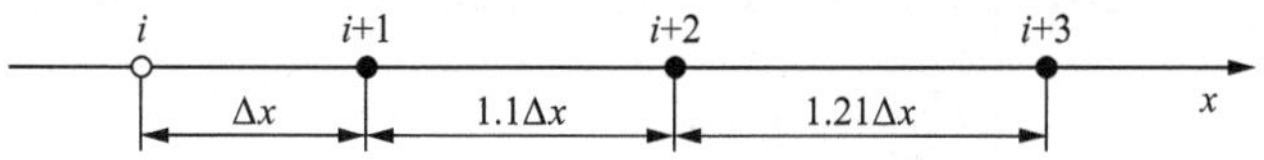

i　i+1　i+2　i+3
Δx　1.1Δx　1.21Δx　x

图 4.3　非均分网格基架点示意图

则

$$
\begin{aligned}
a_{i+1} &= \frac{\prod_{j=i+2}^{i+3}(x_i - x_j)}{\prod_{j=i,\, j\neq i+1}^{i+3}(x_{i+1} - x_j)} \\
&= \frac{(x_i - x_{i+2})(x_i - x_{i+3})}{(x_{i+1} - x_i)(x_{i+1} - x_{i+2})(x_{i+1} - x_{i+3})} \\
&= \frac{\left[(x_i - x_{i+1}) + (x_{i+1} - x_{i+2})\right]\left[(x_i - x_{i+1}) + (x_{i+1} - x_{i+2}) + (x_{i+2} - x_{i+3})\right]}{(x_{i+1} - x_i)(x_{i+1} - x_{i+2})\left[(x_{i+1} - x_{i+2}) + (x_{i+2} - x_{i+3})\right]} \\
&= \frac{(-\Delta x - 1.1\Delta x)(-\Delta x - 1.1\Delta x - 1.21\Delta x)}{\Delta x(-1.1\Delta x)(-1.1\Delta x - 1.21\Delta x)} \\
&= \frac{2.736}{\Delta x}
\end{aligned}
$$

同理可得 $a_{i+2} = -\frac{1.184}{\Delta x}$, $a_{i+3} = \frac{0.227}{\Delta x}$, $a_i = -(a_{i+1} + a_{i+2} + a_{i+3}) = -\frac{1.779}{\Delta x}$

于是有

$$
\left.\frac{\partial \phi}{\partial x}\right|_i = -\frac{1.779}{\Delta x}\phi_i + \frac{2.736}{\Delta x}\phi_{i+1} - \frac{1.184}{\Delta x}\phi_{i+2} + \frac{0.227}{\Delta x}\phi_{i+3} + O\left[(\overline{\Delta x})^3\right] \tag{4.60}
$$

即

$$
\left.\frac{\partial \phi}{\partial x}\right|_i = \frac{-1.779\phi_i + 2.736\phi_{i+1} - 1.184\phi_{i+2} + 0.227\phi_{i+3}}{\Delta x} + O\left[(\overline{\Delta x})^3\right] \tag{4.61}
$$

类似地，根据式(4.7)可得到二阶导数在节点 i 处三阶截差精度的差分表达式：

$$
\left.\frac{\partial^2 \phi}{\partial x^2}\right|_i = \sum_{k=i}^{i+3} a_k \phi_k + O\left[(\overline{\Delta x})^3\right] \tag{4.62}
$$

式中，

$$
a_k = \begin{cases}
\dfrac{2\prod_{j\neq i,\, j\neq k}^{i+3}(x_i - x_j)}{\prod_{j=i,\, j\neq k}^{i+3}(x_k - x_j)} \sum_{j\neq i \quad j\neq k}^{i+3} \dfrac{1}{x_i - x_j}, & k \neq i \\
-\sum_{j=k}^{i+3} a_j, & k = i
\end{cases}
$$

则

$$
\begin{aligned}
a_{i+1} &= \frac{2\prod\limits_{j=i,j\neq i+1}^{i+3}(x_i - x_j)}{\prod\limits_{j=i,j\neq i+1}^{i+3}(x_{i+1} - x_j)} \sum_{j=i+2}^{i+3}\left(\frac{1}{x_i - x_j}\right) \\
&= \frac{5.472}{\Delta x}\left(\frac{1}{x_i - x_{i+2}} + \frac{1}{x_i - x_{i+3}}\right) \\
&= \frac{5.472}{\Delta x}\left(-\frac{1}{2.1\Delta x} - \frac{1}{3.31\Delta x}\right) \\
&= -\frac{4.259}{\Delta x^2}
\end{aligned}
$$

同理可得 $a_{i+2} = \dfrac{3.083}{\Delta x^2}$，$a_{i+3} = -\dfrac{0.829}{\Delta x^2}$，$a_i = -(a_{i+1} + a_{i+2} + a_{i+3}) = \dfrac{2.005}{\Delta x^2}$

于是有

$$
\left.\frac{\partial^2 \phi}{\partial x^2}\right|_i = -\frac{4.259}{\Delta x^2}\phi_{i+1} + \frac{3.083}{\Delta x^2}\phi_{i+2} - \frac{0.829}{\Delta x^2}\phi_{i+3} + \frac{2.005}{\Delta x^2}\phi_i + O\left[(\overline{\Delta x})^2\right] \tag{4.63}
$$

即

$$
\left.\frac{\partial^2 \phi}{\partial x^2}\right|_i = \frac{-4.259\phi_{i+1} + 3.083\phi_{i+2} - 0.829\phi_{i+3} + 2.005\phi_i}{\Delta x^2} + O\left[(\overline{\Delta x})^2\right] \tag{4.64}
$$

例 8　当一阶导数和二阶导数的差分表达式具有相同截差精度时，试比较所需要的最少网格节点数是否相同。

【解析】本题考查导数差分表达式通式。

不一定相同。根据公式(4.6)，一阶导数差分表达式的截差首项为

$$
\left[\frac{1}{(m+n+1)!}\prod_{j=i-m,j\neq i}^{i+n}\frac{x_i - x_j}{\overline{\Delta x}}\frac{\partial^{m+n+1}\phi}{\partial x^{m+n+1}}\right](\overline{\Delta x})^{m+n} \tag{4.65}
$$

二阶导数差分表达式的截差首项为

$$
\left\{\frac{2}{(m+n+1)!}\left(\prod_{j=i-m,j\neq i}^{i+n}\frac{x_i - x_j}{\overline{\Delta x}}\right)\left(\sum_{j=i-m,j\neq i}^{i+n}\frac{\overline{\Delta x}}{x_i - x_j}\right)\frac{\partial^{m+n+1}\phi}{\partial x^{m+n+1}}\right\}(\overline{\Delta x})^{m+n-1} \tag{4.66}
$$

(1) 当所取的差分点不关于 i 点对称时，式(4.65)和式(4.66)均不为 0。若得到相同的截差精度，二阶导数需要比一阶导数多取一个点进行离散。

(2) 若所取差分点关于 i 点对称，那么式(4.66)中的累加项为 0，截差首项被消去，

截差第二项成为截差首项，此时相同的网格基架点下一阶导数和二阶导数具有相同的截差精度。

例 9　有些人认为边界条件是多余的，可将控制方程应用于边界点得到边界点的方程，来封闭由内节点建立起的代数方程组，此说法正确否？为什么？

【解析】本题考查离散方程中边界条件的作用。

否。边界条件是决定计算区域内部的定解条件，边界条件独立于控制方程，与控制方程形式无关。因此，只有在边界点处引入对边界条件离散的方程，才能使整个方程组封闭存在定解。若仅应用控制方程得到边界点的方程，则会得到没有定解的方程组。以图 4.4 一维稳态无源项的导热方程为例来进行说明，仅取 3 个内节点，西边界为第二类边界条件，东边界为第一类边界条件。

$$\lambda \frac{\partial^2 T}{\partial x^2} = 0 \tag{4.67}$$

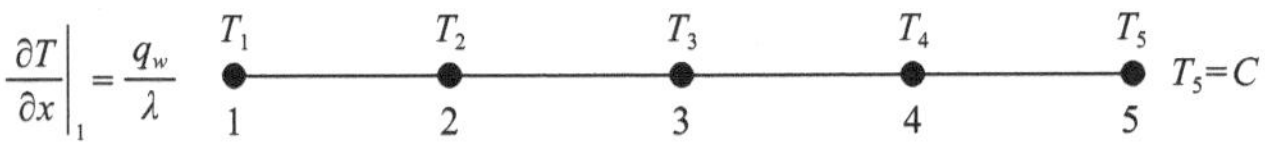

$$\left.\frac{\partial T}{\partial x}\right|_1 = \frac{q_w}{\lambda} \quad T_1 \ (1) \text{———} T_2 \ (2) \text{———} T_3 \ (3) \text{———} T_4 \ (4) \text{———} T_5 \ (5) \quad T_5 = C$$

图 4.4　网格与边界条件示意图

若对西边界 1 点不采用边界条件，而是利用 2 点和 3 点对 1 点的二阶偏导数进行一阶向前差分，得到西边界点的方程如下所示：

$$\frac{T_3 - 2T_2 + T_1}{\Delta x^2} = 0 \tag{4.68}$$

对内节点采用中心差分格式离散得到的方程如下所示：

$$\frac{T_{i+1} - 2T_i + T_{i-1}}{\Delta x^2} = 0 \tag{4.69}$$

从而得到的方程组如下所示：

$$\begin{cases} \dfrac{T_3 - 2T_2 + T_1}{\Delta x^2} = 0 \\ \dfrac{T_3 - 2T_2 + T_1}{\Delta x^2} = 0 \\ \dfrac{T_4 - 2T_3 + T_2}{\Delta x^2} = 0 \\ \dfrac{T_5 - 2T_4 + T_3}{\Delta x^2} = 0 \\ T_5 = C \end{cases} \tag{4.70}$$

方程组式(4.70)中第一个式子和第二个式子是相同的，因此方程组式(4.70)是线性相关的，无定解，因此在边界点处若不采用边界条件是无解的。

例 10　图 4.5 为具有不同来流方向的一维问题，试给出不同来流方向下一阶向前差分、一阶向后差分、一阶迎风格式和一阶顺风格式的表达式并比较它们的差异。

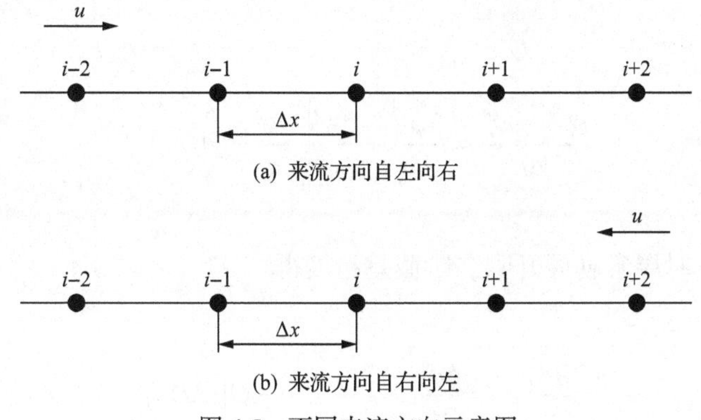

(a) 来流方向自左向右

(b) 来流方向自右向左

图 4.5　不同来流方向示意图

【解析】本题考查迎风方向和差分方向的定义。

不同来流方向下一阶向前差分、一阶向后差分、一阶迎风格式和一阶顺风格式的表达式如表 4.5 所示。迎风格式是指迎着来流方向取点构造差分格式，顺风格式即顺着来流方向取点构造差分格式。从图 4.5 可以看出，向前差分和向后差分是针对坐标轴而言，与流动方向无关。而迎风格式和顺风格式是针对流动方向而言，与坐标轴方向无关。

表 4.5　一阶对流差分格式对比

差分格式	图 4.5(a)表达式($u>0$)	图 4.5(b)表达式($u<0$)
一阶向前差分	$\dfrac{\phi_{i+1}-\phi_i}{\Delta x}$	$\dfrac{\phi_{i+1}-\phi_i}{\Delta x}$
一阶向后差分	$\dfrac{\phi_i-\phi_{i-1}}{\Delta x}$	$\dfrac{\phi_i-\phi_{i-1}}{\Delta x}$
一阶迎风格式	$\dfrac{\phi_i-\phi_{i-1}}{\Delta x}$	$\dfrac{\phi_{i+1}-\phi_i}{\Delta x}$
一阶顺风格式	$\dfrac{\phi_{i+1}-\phi_i}{\Delta x}$	$\dfrac{\phi_i-\phi_{i-1}}{\Delta x}$

例 11　对非稳态方程 $\dfrac{\partial\phi}{\partial t}=f(\phi)$ 采用 C-N 格式离散，试证明该格式在时间上具有二阶截差精度。

$$\frac{\phi_i^{n+1}-\phi_i^n}{\Delta t}=\frac{1}{2}f(\phi^{n+1})+\frac{1}{2}f(\phi^n)$$

【解析】本题考查 C-N 格式截差精度的证明。

(1) 证法 1(对 n 时层进行泰勒展开)。

将 ϕ_i^{n+1} 在 n 时层泰勒展开到三阶截差精度有

$$\phi_i^{n+1} = \phi_i^n + \left.\frac{\partial \phi}{\partial t}\right|_i^n \Delta t + \left.\frac{\partial^2 \phi}{\partial t^2}\right|_i^n \frac{\Delta t^2}{2} + O[(\Delta t)^3] \tag{4.71}$$

即

$$\frac{\phi_i^{n+1} - \phi_i^n}{\Delta t} = \left.\frac{\partial \phi}{\partial t}\right|_i^n + \left.\frac{\partial^2 \phi}{\partial t^2}\right|_i^n \frac{\Delta t}{2} + O[(\Delta t)^2] \tag{4.72}$$

将 $\left.\frac{\partial \phi}{\partial t}\right|_i^{n+1}$ 在 n 时层泰勒展开到二阶截差精度得

$$\left.\frac{\partial \phi}{\partial t}\right|_i^{n+1} = \left.\frac{\partial \phi}{\partial t}\right|_i^n + \left.\frac{\partial^2 \phi}{\partial t^2}\right|_i^n \Delta t + O[(\Delta t)^2] \tag{4.73}$$

式(4.73)移项整理得

$$\left.\frac{\partial^2 \phi}{\partial t^2}\right|_i^n \Delta t = \left.\frac{\partial \phi}{\partial t}\right|_i^{n+1} - \left.\frac{\partial \phi}{\partial t}\right|_i^n + O[(\Delta t)^2] \tag{4.74}$$

将式(4.74)代入式(4.72)整理得

$$\begin{aligned}\frac{\phi_i^{n+1} - \phi_i^n}{\Delta t} &= \frac{1}{2}\left.\frac{\partial \phi}{\partial t}\right|_i^{n+1} + \frac{1}{2}\left.\frac{\partial \phi}{\partial t}\right|_i^n + O[(\Delta t)^2] \\ &= \frac{1}{2} f(\phi^{n+1}) + \frac{1}{2} f(\phi^n) + O[(\Delta t)^2]\end{aligned} \tag{4.75}$$

由式(4.75)可知，C-N 格式在时间上具有二阶截差精度。

(2)证法 2(对 n+1/2 时层进行泰勒展开)。

将 ϕ_i^n, ϕ_i^{n+1} 在 n+1/2 时层泰勒展开到三阶截差精度有

$$\phi_i^{n+1} = \phi_i^{n+\frac{1}{2}} + \left.\frac{\partial \phi}{\partial t}\right|_i^{n+\frac{1}{2}} \frac{\Delta t}{2} + \left.\frac{\partial^2 \phi}{\partial t^2}\right|_i^{n+\frac{1}{2}} \frac{\Delta t^2}{8} + O[(\Delta t)^3] \tag{4.76}$$

$$\phi_i^n = \phi_i^{n+\frac{1}{2}} - \left.\frac{\partial \phi}{\partial t}\right|_i^{n+\frac{1}{2}} \frac{\Delta t}{2} + \left.\frac{\partial^2 \phi}{\partial t^2}\right|_i^{n+\frac{1}{2}} \frac{\Delta t^2}{8} + O[(\Delta t)^3] \tag{4.77}$$

式(4.76)减式(4.77)得

$$\frac{\phi_i^{n+1} - \phi_i^n}{\Delta t} = \left.\frac{\partial \phi}{\partial t}\right|_i^{n+\frac{1}{2}} + O[(\Delta t)^2] \tag{4.78}$$

将 $\left.\dfrac{\partial \phi}{\partial t}\right|_i^{n+1}$ 在 $\left.\dfrac{\partial \phi}{\partial t}\right|_i^{n}$ 处展开:

$$\left.\frac{\partial \phi}{\partial t}\right|_i^{n+1} = \left.\frac{\partial \phi}{\partial t}\right|_i^{n} + \left.\frac{\partial^2 \phi}{\partial t^2}\right|_i^{n} \Delta t + O[(\Delta t)^2] \tag{4.79}$$

将 $\left.\dfrac{\partial \phi}{\partial t}\right|_i^{n}$ 在 $\left.\dfrac{\partial \phi}{\partial t}\right|_i^{n+1}$ 处展开:

$$\left.\frac{\partial \phi}{\partial t}\right|_i^{n} = \left.\frac{\partial \phi}{\partial t}\right|_i^{n+1} - \left.\frac{\partial^2 \phi}{\partial t^2}\right|_i^{n+1} \Delta t + O[(\Delta t)^2] \tag{4.80}$$

式(4.79)加式(4.80)得

$$\left.\frac{\partial^2 \phi}{\partial t^2}\right|_i^{n} = \left.\frac{\partial^2 \phi}{\partial t^2}\right|_i^{n+1} + O[(\Delta t)^2] \tag{4.81}$$

将 $\left.\dfrac{\partial \phi}{\partial t}\right|_i^{n+\frac{1}{2}}$ 在 $\left.\dfrac{\partial \phi}{\partial t}\right|_i^{n}$ 和 $\left.\dfrac{\partial \phi}{\partial t}\right|_i^{n+1}$ 处泰勒展开可得

$$\left.\frac{\partial \phi}{\partial t}\right|_i^{n+\frac{1}{2}} = \left.\frac{\partial \phi}{\partial t}\right|_i^{n} + \left.\frac{\partial^2 \phi}{\partial t^2}\right|_i^{n} \frac{\Delta t}{2} + O[(\Delta t)^2] \tag{4.82}$$

$$\left.\frac{\partial \phi}{\partial t}\right|_i^{n+\frac{1}{2}} = \left.\frac{\partial \phi}{\partial t}\right|_i^{n+1} - \left.\frac{\partial^2 \phi}{\partial t^2}\right|_i^{n+1} \frac{\Delta t}{2} + O[(\Delta t)^2] \tag{4.83}$$

式(4.82)加式(4.83)并结合式(4.81)可得

$$\left.\frac{\partial \phi}{\partial t}\right|_i^{n+\frac{1}{2}} = \frac{1}{2}\left.\frac{\partial \phi}{\partial t}\right|_i^{n} + \frac{1}{2}\left.\frac{\partial \phi}{\partial t}\right|_i^{n+1} + O[(\Delta t)^2] \tag{4.84}$$

将式(4.84)代入式(4.78)可得

$$\begin{aligned}\frac{\phi_i^{n+1} - \phi_i^n}{\Delta t} &= \frac{1}{2}\left.\frac{\partial \phi}{\partial t}\right|_i^{n} + \frac{1}{2}\left.\frac{\partial \phi}{\partial t}\right|_i^{n+1} + O[(\Delta t)^2] \\ &= \frac{1}{2} f(\phi_i^{n+1}) + \frac{1}{2} f(\phi_i^{n}) + O[(\Delta t)^2]\end{aligned} \tag{4.85}$$

由式(4.85)可知，C-N 格式在时间上具有二阶截差精度。

例 12　对非稳态方程 $\dfrac{\partial \phi}{\partial t} = f(\phi)$ 采用如下式所示的 A-B 格式离散，试证明该格式在时间上具有二阶截差精度。

$$\frac{\phi_i^{n+1}-\phi_i^n}{\Delta t}=\frac{3}{2}f(\phi^n)-\frac{1}{2}f(\phi^{n-1})$$

【解析】本题考查 A-B 格式截差精度的证明。

(1)证法 1(对 n 时层进行泰勒展开)。

将 ϕ_i^{n+1} 在 n 时层泰勒展开到三阶截差精度有

$$\phi_i^{n+1}=\phi_i^n+\left.\frac{\partial\phi}{\partial t}\right|_i^n\Delta t+\frac{1}{2}\left.\frac{\partial^2\phi}{\partial t^2}\right|_i^n\Delta t^2+O[(\Delta t)^3] \tag{4.86}$$

式(4.86)整理得

$$\frac{\phi_i^{n+1}-\phi_i^n}{\Delta t}=\left.\frac{\partial\phi}{\partial t}\right|_i^n+\frac{1}{2}\left.\frac{\partial^2\phi}{\partial t^2}\right|_i^n\Delta t+O[(\Delta t)^2] \tag{4.87}$$

将 $\left.\frac{\partial\phi}{\partial t}\right|_i^{n-1}$ 在 n 时层泰勒展开到二阶截差精度有

$$\left.\frac{\partial\phi}{\partial t}\right|_i^{n-1}=\left.\frac{\partial\phi}{\partial t}\right|_i^n-\left.\frac{\partial^2\phi}{\partial t^2}\right|_i^n\Delta t+O[(\Delta t)^2] \tag{4.88}$$

式(4.88)移项整理得

$$\left.\frac{\partial^2\phi}{\partial t^2}\right|_i^n\Delta t=\left.\frac{\partial\phi}{\partial t}\right|_i^n-\left.\frac{\partial\phi}{\partial t}\right|_i^{n-1}+O[(\Delta t)^2] \tag{4.89}$$

将式(4.89)代入(4.87)整理得

$$\begin{aligned}\frac{\phi_i^{n+1}-\phi_i^n}{\Delta t}&=\frac{3}{2}\left.\frac{\partial\phi}{\partial t}\right|_i^n-\frac{1}{2}\left.\frac{\partial\phi}{\partial t}\right|_i^{n-1}+O[(\Delta t)^2]\\&=\frac{3}{2}f(\phi^n)-\frac{1}{2}f(\phi^{n-1})+O[(\Delta t)^2]\end{aligned} \tag{4.90}$$

由式(4.90)可知，A-B 格式在时间上具有二阶截差精度。

(2)证法 2(对 n+1/2 时层进行泰勒展开)。

将 ϕ_i^n,ϕ_i^{n+1} 在 n+1/2 时层泰勒展开到三阶截差精度有

$$\phi_i^{n+1}=\phi_i^{n+\frac{1}{2}}+\left.\frac{\partial\phi}{\partial t}\right|_i^{n+\frac{1}{2}}\frac{\Delta t}{2}+\left.\frac{\partial^2\phi}{\partial t^2}\right|_i^{n+\frac{1}{2}}\frac{\Delta t^2}{8}+O[(\Delta t)^3] \tag{4.91}$$

$$\phi_i^n=\phi_i^{n+\frac{1}{2}}-\left.\frac{\partial\phi}{\partial t}\right|_i^{n+\frac{1}{2}}\frac{\Delta t}{2}+\left.\frac{\partial^2\phi}{\partial t^2}\right|_i^{n+\frac{1}{2}}\frac{\Delta t^2}{8}+O[(\Delta t)^3] \tag{4.92}$$

式(4.91)–式(4.92)得

$$\frac{\phi_i^{n+1}-\phi_i^n}{\Delta t}=\left.\frac{\partial\phi}{\partial t}\right|_i^{n+\frac{1}{2}}+O[(\Delta t)^2] \tag{4.93}$$

将 $\left.\frac{\partial\phi}{\partial t}\right|_i^{n+\frac{1}{2}}$ 在 $\left.\frac{\partial\phi}{\partial t}\right|_i^{n}$ 和 $\left.\frac{\partial\phi}{\partial t}\right|_i^{n-1}$ 处泰勒展开可得

$$\left.\frac{\partial\phi}{\partial t}\right|_i^{n+\frac{1}{2}}=\left.\frac{\partial\phi}{\partial t}\right|_i^{n}+\left.\frac{\partial^2\phi}{\partial t^2}\right|_i^{n}\frac{\Delta t}{2}+O[(\Delta t)^2] \tag{4.94}$$

$$\left.\frac{\partial\phi}{\partial t}\right|_i^{n+\frac{1}{2}}=\left.\frac{\partial\phi}{\partial t}\right|_i^{n-1}+\left.\frac{\partial^2\phi}{\partial t^2}\right|_i^{n-1}\frac{3\Delta t}{2}+O[(\Delta t)^2] \tag{4.95}$$

在 C-N 格式证明中已知 $\left.\frac{\partial^2\phi}{\partial t^2}\right|_i^{n}=\left.\frac{\partial^2\phi}{\partial t^2}\right|_i^{n-1}+O[(\Delta t)^2]$，则式(4.94)×3–式(4.95)可得

$$\left.\frac{\partial\phi}{\partial t}\right|_i^{n+\frac{1}{2}}=\frac{3}{2}\left.\frac{\partial\phi}{\partial t}\right|_i^{n}-\frac{1}{2}\left.\frac{\partial\phi}{\partial t}\right|_i^{n-1}+O[(\Delta t)^2] \tag{4.96}$$

式(4.96)与式(4.93)联立可得

$$\begin{aligned}\frac{\phi_i^{n+1}-\phi_i^n}{\Delta t}&=\frac{3}{2}\left.\frac{\partial\phi}{\partial t}\right|_i^{n}-\frac{1}{2}\left.\frac{\partial\phi}{\partial t}\right|_i^{n-1}+O[(\Delta t)^2]\\&=\frac{3}{2}f\left(\phi_i^n\right)-\frac{1}{2}f\left(\phi_i^{n-1}\right)+O[(\Delta t)^2]\end{aligned} \tag{4.97}$$

由式(4.97)可知，A-B 格式在时间上具有二阶截差精度。

例 13　已知方程为 $\frac{\partial T}{\partial t}=\frac{1}{20}t$，其初值条件：$t=0, T=100$℃。试分别采用显式、隐式和 C-N 格式对方程进行离散并将结果与精确解进行对比。

【解析】对控制方程积分得

$$T=\frac{1}{40}t^2+C \tag{4.98}$$

将初值条件 $t=0, T=100$ 代入上式，可得解析解表达式为

$$T=\frac{1}{40}t^2+100 \tag{4.99}$$

分别采用显式、隐式和 C-N 格式对控制方程进行离散。

显式：

$$\frac{T^{n+1}-T^n}{\Delta t}=\frac{1}{20}t^n \tag{4.100}$$

隐式：

$$\frac{T^{n+1}-T^n}{\Delta t}=\frac{1}{20}t^{n+1} \tag{4.101}$$

C-N 格式：

$$\frac{T^{n+1}-T^n}{\Delta t}=\frac{1}{40}t^n+\frac{1}{40}t^{n+1} \tag{4.102}$$

将初始条件 $t=0$, $T=100$ 代入式(4.100)～(4.102)进行迭代求解，时间步长取 $\Delta t=1$，表 4.6 给出了三种离散格式在不同典型时刻的计算结果与解析解的对比。

表 4.6　不同离散格式数值解与解析解结果对比

时间/s	数值解			解析解
	显式格式	隐式格式	C-N 格式	
5	100.5	100.75	100.625	100.625
10	102.25	102.75	102.5	102.5
15	105.25	106	105.625	105.625
20	109.5	110.5	110	110
25	115	116.25	115.625	115.625
30	121.75	123.25	122.5	122.5

为方便与解析解比较，定义数值解与解析解之间的偏差 ε 为

$$\varepsilon=T_{解值解}-T_{解析解} \tag{4.103}$$

表 4.7 和图 4.6 分别给出了三种离散格式在不同典型时刻的数值解与解析解的误差数值和对比图。对离散后的方程截断误差进行分析，显式格式离散后的方程截断误差具有正值一阶小项，而隐式格式离散后的方程截断误差具有负值一阶小项，且显式格式和隐式格式的一阶截差系数绝对值相同，因此在表 4.6 和图 4.6 中显式和隐式格式的误差互为

表 4.7　不同离散格式数值解与解析解误差对比

时间/s	误差		
	显式格式	隐式格式	C-N 格式
5	−0.125	0.125	0
10	−0.25	0.25	0
15	−0.375	0.375	0
20	−0.5	0.5	0
25	−0.625	0.625	0
30	−0.75	0.75	0

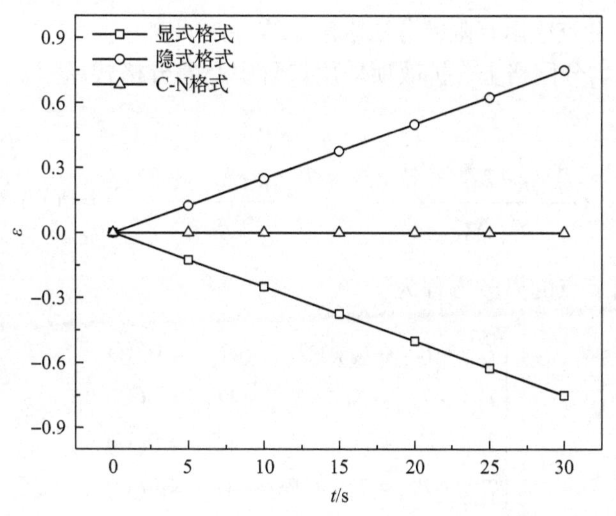

图 4.6　显式格式、隐式格式和 C-N 格式与解析解的偏差对比图

相反数。对于 C-N 格式，其离散后的方程截断误差具有二阶截差精度，在本题中可以忽略不计，因此数值解与解析解的偏差几乎为 0。

例 14　二维稳态无源项导热问题的控制方程如下：

$$\lambda \frac{\partial^2 T}{\partial x^2} + \lambda \frac{\partial^2 T}{\partial y^2} = 0$$

已知计算区域为正方形，边长为 3m，导热系数 λ=1W/(m·℃)，西边界温度为 0℃，东边界热流密度 q=−3W/m^2，北边界绝热，南边界为第三类边界条件，其对流换热系数 h_f=1W/(m^2·℃)，外界环境温度 T_f =0℃。试采用有限差分法在图 4.7 所示的均分网格上离散控制方程，计算除四个角点以外的节点上的温度值。

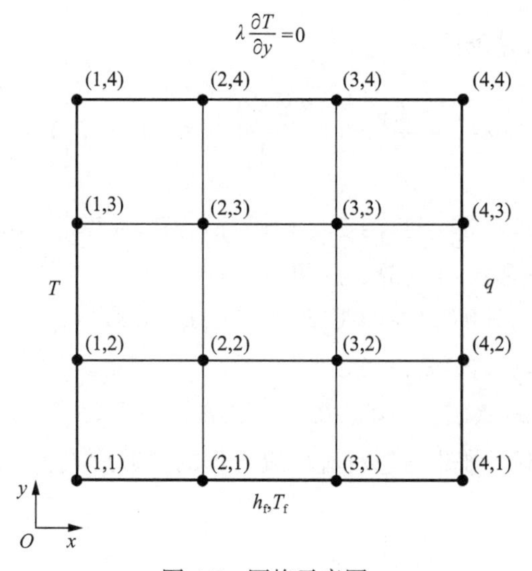

图 4.7　网格示意图

【解析】本题考查应用有限差分法求解二维导热问题。

在图 4.7 所示均分网格上，扩散项采用二阶中心差分格式离散，可得内节点上的离散方程为

$$\lambda\frac{T_{i+1,j}-2T_{i,j}+T_{i-1,j}}{\Delta x^2}+\lambda\frac{T_{i,j+1}-2T_{i,j}+T_{i,j-1}}{\Delta y^2}=0(℃) \tag{4.104}$$

整理得 4 个内节点的离散方程为

$$\begin{cases}T_{1,2}+T_{2,1}+T_{3,2}+T_{2,3}-4T_{2,2}=0(℃)\\T_{2,2}+T_{4,2}+T_{3,1}+T_{3,3}-4T_{3,2}=0(℃)\\T_{1,3}+T_{3,3}+T_{2,2}+T_{2,4}-4T_{2,3}=0(℃)\\T_{3,2}+T_{2,3}+T_{4,3}+T_{3,4}-4T_{3,3}=0(℃)\end{cases} \tag{4.105}$$

西边界为第一类边界条件：$T_{1,j}$=0℃，即 $T_{1,2}=0℃, T_{1,3}=0℃$。

东边界为第二类边界条件，采用一阶差分格式离散：

$$-\lambda\frac{\partial T}{\partial x}\bigg|_{i=4}=-\lambda\frac{T_{4,j}-T_{3,j}}{\Delta x}=-1\times\frac{T_{4,j}-T_{3,j}}{1}=-3 \tag{4.106}$$

于是有 $T_{4,j}-T_{3,j}=3(℃)$，即 $T_{4,2}-T_{3,2}=3(℃), T_{4,3}-T_{3,3}=3(℃)$。

北边界为绝热边界条件：

$$\lambda\frac{\partial T}{\partial y}\bigg|_{j=4}=\lambda\frac{T_{i,4}-T_{i,3}}{\Delta y}=0 \tag{4.107}$$

即 $T_{2,4}-T_{2,3}=0(℃), T_{3,4}-T_{3,3}=0(℃)$。

南边界为第三类边界条件：

$$\lambda\frac{\partial T}{\partial y}\bigg|_{j=1}=\lambda\frac{T_{i,2}-T_{i,1}}{\Delta y}=1\times\frac{T_{i,2}-T_{i,1}}{1}=h_f(T_{i,1}-T_f)=1\times(T_{i,1}-0) \tag{4.108}$$

于是有 $-2T_{i,1}+T_{i,2}=0(℃)$，即 $-2T_{2,1}+T_{2,2}=0(℃), -2T_{3,1}+T_{3,2}=0(℃)$。

联立边界节点方程和式(4.105)，解得

东西边界温度：$T_{1,2}=0℃, T_{1,3}=0℃, T_{4,2}=7℃, T_{4,3}=8℃$。

南北边界温度：$T_{2,1}=1℃, T_{3,1}=2℃, T_{2,4}=3℃, T_{3,4}=5℃$。

内节点温度：$T_{2,2}=2℃, T_{3,2}=4℃, T_{2,3}=3℃, T_{3,3}=5℃$。

例 15　试写出如下一维非稳态对流扩散方程的离散形式：

$$\rho\frac{\partial\phi}{\partial t}+\rho u\frac{\partial\phi}{\partial x}=\Gamma\frac{\partial^2\phi}{\partial x^2}, u>0$$

要求：①采用均分网格；②非稳态项采用 C-N 格式，对流项采用三阶迎风格式(上游取两个点，下游取一个点)，扩散项采用二阶中心差分格式。

【解析】本题考查一维对流扩散方程的离散格式问题。

对于内节点，三阶迎风格式网格示意图如图 4.8 所示：

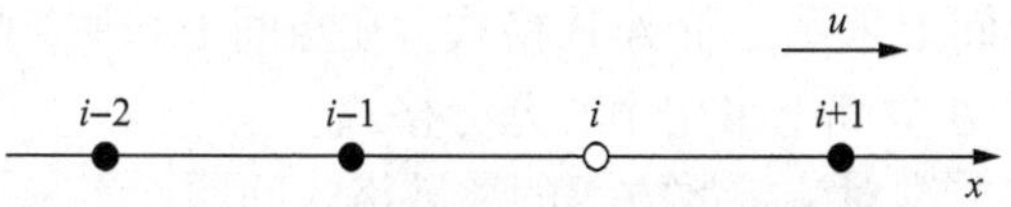

u

$i-2$　$i-1$　i　$i+1$　x

图 4.8　内节点迎风格式网格示意图

对流项离散格式可以表示为

$$\rho u\left.\frac{\partial\phi}{\partial x}\right|_i=\rho u\frac{\phi_{i-2}-6\phi_{i-1}+3\phi_i+2\phi_{i+1}}{6\Delta x}+O[(\Delta x)^3] \tag{4.109}$$

内节点扩散项中心差分格式网格示意图如图 4.9 所示。

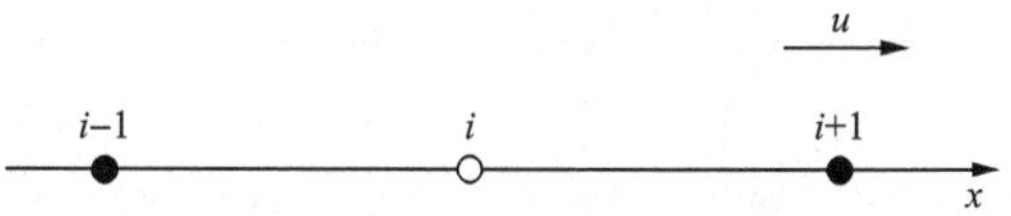

u

$i-1$　i　$i+1$　x

图 4.9　内节点中心差分格式网格示意图

扩散项中心差分离散格式可以表示为

$$\Gamma\left.\frac{\partial^2\phi}{\partial x^2}\right|_i=\Gamma\frac{\phi_{i+1}-2\phi_i+\phi_{i-1}}{(\Delta x)^2}+O[(\Delta x)^2] \tag{4.110}$$

将式(4.109)和式(4.110)及 C-N 格式表达式代入一维对流扩散方程可得

$$\begin{aligned}\rho\frac{\phi_i^{n+1}-\phi_i^n}{\Delta t}=&\frac{1}{2}\left(-\rho u\frac{\phi_{i-2}^{n+1}-6\phi_{i-1}^{n+1}+3\phi_i^{n+1}+2\phi_{i+1}^{n+1}}{6\Delta x}+\Gamma\frac{\phi_{i+1}^{n+1}-2\phi_i^{n+1}+\phi_{i-1}^{n+1}}{(\Delta x)^2}\right)\\&+\frac{1}{2}\left(-\rho u\frac{\phi_{i-2}^{n}-6\phi_{i-1}^{n}+3\phi_i^{n}+2\phi_{i+1}^{n}}{6\Delta x}+\Gamma\frac{\phi_{i+1}^{n}-2\phi_i^{n}+\phi_{i-1}^{n}}{(\Delta x)^2}\right)\end{aligned} \tag{4.111}$$

对式(4.111)进行整理，可得

$$a_i\phi_i^{n+1}=a_{i-2}\phi_{i-2}^{n+1}+a_{i-1}\phi_{i-1}^{n+1}+a_{i+1}\phi_{i+1}^{n+1}+b \tag{4.112}$$

式中，

$$a_i=\rho+\frac{\rho u\Delta t}{4\Delta x}+\frac{\Gamma\Delta t}{(\Delta x)^2};a_{i-2}=-\frac{\rho u\Delta t}{12\Delta x};a_{i-1}=\frac{\rho u\Delta t}{2\Delta x}+\frac{\Gamma\Delta t}{2(\Delta x)^2};a_{i+1}=\frac{\Gamma\Delta t}{2(\Delta x)^2}-\frac{\rho u\Delta t}{6\Delta x};$$

$$b=-\frac{\rho u\Delta t}{12\Delta x}\phi_{i-2}^n+\left(\frac{\Gamma\Delta t}{2(\Delta x)^2}+\frac{\rho u\Delta t}{2\Delta x}\right)\phi_{i-1}^n+\left(\rho-\frac{\Gamma\Delta t}{(\Delta x)^2}-\frac{\rho u\Delta t}{4\Delta x}\right)\phi_i^n+\left(\frac{\Gamma\Delta t}{2(\Delta x)^2}-\frac{\rho u\Delta t}{6\Delta x}\right)\phi_{i+1}^n$$

例 16　在均分网格上离散二维常物性对流扩散方程：

$$\rho\frac{\partial\phi}{\partial t}+\rho u_x\frac{\partial\phi}{\partial x}+\rho u_y\frac{\partial\phi}{\partial y}=\Gamma\frac{\partial^2\phi}{\partial x^2}+\Gamma\frac{\partial^2\phi}{\partial y^2},u_x>0,u_y>0$$

要求：对流项在时间上采用二阶 A-B 格式，在空间上采用二阶迎风格式；扩散项在时间上采用 C-N 格式，在空间上采用中心差分格式。

【解析】本题考查二维对流扩散方程的离散格式问题。

对于内节点，空间上二阶迎风格式的网格如图 4.10 所示。

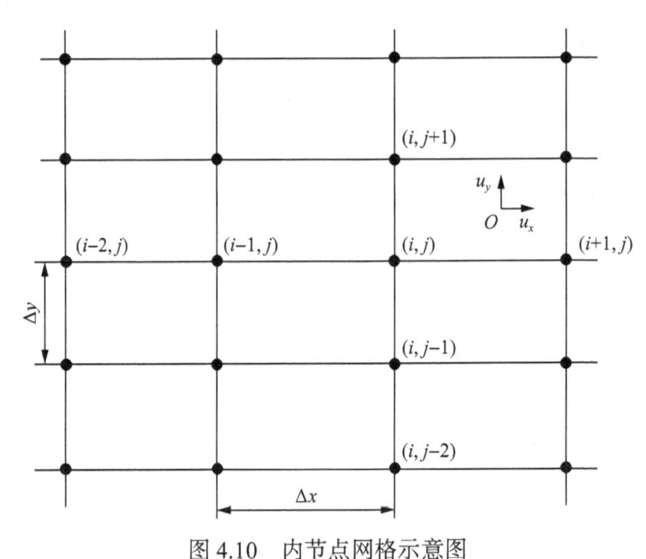

图 4.10　内节点网格示意图

对流项时间上采用二阶 A-B 格式，空间上采用二阶迎风格式得

$$\rho u_x\frac{\partial\phi}{\partial x}=\frac{3\rho u_x}{2}\left(\frac{3\phi_{i,j}^n-4\phi_{i-1,j}^n+\phi_{i-2,j}^n}{2\Delta x}\right)-\frac{\rho u_x}{2}\left(\frac{3\phi_{i,j}^{n-1}-4\phi_{i-1,j}^{n-1}+\phi_{i-2,j}^{n-1}}{2\Delta x}\right)\tag{4.113}$$

$$\rho u_y\frac{\partial\phi}{\partial y}=\frac{3\rho u_y}{2}\left(\frac{3\phi_{i,j}^n-4\phi_{i,j-1}^n+\phi_{i,j-2}^n}{2\Delta y}\right)-\frac{\rho u_y}{2}\left(\frac{3\phi_{i,j}^{n-1}-4\phi_{i,j-1}^{n-1}+\phi_{i,j-2}^{n-1}}{2\Delta y}\right)\tag{4.114}$$

扩散项时间上采用二阶 C-N 格式，空间上采用中心差分格式得

$$\Gamma\frac{\partial^2\phi}{\partial x^2}=\frac{\Gamma}{2}\left(\frac{\phi_{i+1,j}^{n+1}-2\phi_{i,j}^{n+1}+\phi_{i-1,j}^{n+1}}{\Delta x^2}\right)+\frac{\Gamma}{2}\left(\frac{\phi_{i+1,j}^n-2\phi_{i,j}^n+\phi_{i-1,j}^n}{\Delta x^2}\right)\tag{4.115}$$

$$\Gamma\frac{\partial^2\phi}{\partial y^2}=\frac{\Gamma}{2}\left(\frac{\phi_{i,j+1}^{n+1}-2\phi_{i,j}^{n+1}+\phi_{i,j-1}^{n+1}}{\Delta y^2}\right)+\frac{\Gamma}{2}\left(\frac{\phi_{i,j+1}^n-2\phi_{i,j}^n+\phi_{i,j-1}^n}{\Delta y^2}\right)\tag{4.116}$$

上述离散表达式带入控制方程，得到均分网格上二维常物性对流扩散方程离散表达式：

$$\rho\frac{\phi_{i,j}^{n+1}-\phi_{i,j}^{n}}{\Delta t}=-\frac{3\rho u_x}{2}\left(\frac{3\phi_{i,j}^{n}-4\phi_{i-1,j}^{n}+\phi_{i-2,j}^{n}}{2\Delta x}\right)+\frac{\rho u_x}{2}\left(\frac{3\phi_{i,j}^{n-1}-4\phi_{i-1,j}^{n-1}+\phi_{i-2,j}^{n-1}}{2\Delta x}\right)$$
$$-\frac{3\rho u_y}{2}\left(\frac{3\phi_{i,j}^{n}-4\phi_{i,j-1}^{n}+\phi_{i,j-2}^{n}}{2\Delta y}\right)+\frac{\rho u_y}{2}\left(\frac{3\phi_{i,j}^{n-1}-4\phi_{i,j-1}^{n-1}+\phi_{i,j-2}^{n-1}}{2\Delta y}\right)$$
$$+\frac{\Gamma}{2}\left(\frac{\phi_{i+1,j}^{n+1}-2\phi_{i,j}^{n+1}+\phi_{i-1,j}^{n+1}}{\Delta x^2}+\frac{\phi_{i+1,j}^{n}-2\phi_{i,j}^{n}+\phi_{i-1,j}^{n}}{\Delta x^2}\right.$$
$$\left.+\frac{\phi_{i,j+1}^{n+1}-2\phi_{i,j}^{n+1}+\phi_{i,j-1}^{n+1}}{\Delta y^2}+\frac{\phi_{i,j+1}^{n}-2\phi_{i,j}^{n}+\phi_{i,j-1}^{n}}{\Delta y^2}\right) \tag{4.117}$$

整理得

$$a_{i,j}\phi_{i,j}^{n+1}=a_{i+1,j}\phi_{i+1,j}^{n+1}+a_{i-1,j}\phi_{i-1,j}^{n+1}+a_{i,j+1}\phi_{i,j+1}^{n+1}+a_{i,j-1}\phi_{i,j-1}^{n+1}+b \tag{4.118}$$

式中，$a_{i+1,j}=\dfrac{\Gamma}{2\Delta x^2}; a_{i-1,j}=\dfrac{\Gamma}{2\Delta x^2}; a_{i,j+1}=\dfrac{\Gamma}{2\Delta y^2}; a_{i,j-1}=\dfrac{\Gamma}{2\Delta y^2}$;

$a_{i,j}=a_{i+1,j}+a_{i-1,j}+a_{i,j+1}+a_{i,j-1}+\dfrac{\rho}{\Delta t}$;

$$b=\left(\frac{\rho}{\Delta t}-\frac{9\rho u_x}{4\Delta x}-\frac{9\rho u_y}{4\Delta y}-\frac{\Gamma}{\Delta x^2}-\frac{\Gamma}{\Delta y^2}\right)\phi_{i,j}^{n}+\frac{\Gamma}{2\Delta x^2}\phi_{i+1,j}^{n}+\left(\frac{\rho u_x}{4\Delta x}+\frac{\Gamma}{2\Delta x^2}\right)\phi_{i-1,j}^{n}-\frac{3\rho u_x}{4\Delta x}\phi_{i-2,j}^{n}$$
$$+\frac{\Gamma}{2\Delta y^2}\phi_{i,j+1}^{n}+\left(\frac{3\rho u_y}{4\Delta y}+\frac{\Gamma}{2\Delta y^2}\right)\phi_{i,j-1}^{n}-\frac{3\rho u_y}{4\Delta y}\phi_{i,j-2}^{n}$$
$$+\left(\frac{3\rho u_x}{4\Delta x}+\frac{3\rho u_y}{4\Delta y}\right)\phi_{i,j}^{n-1}-\frac{\rho u_x}{\Delta x}\phi_{i-1,j}^{n-1}+\frac{\rho u_x}{4\Delta x}\phi_{i-2,j}^{n-1}-\frac{\rho u_y}{\Delta y}\phi_{i,j-1}^{n-1}+\frac{\rho u_y}{4\Delta y}\phi_{i,j-2}^{n-1}$$

例 17　已知某一维扩散问题控制方程为 $\dfrac{\partial^2\phi}{\partial x^2}=\mathrm{e}^x$，计算区域长度为 10，边界条件满足：$x=0,\phi=1; x=10,\phi=\mathrm{e}^{10}$。试采用二阶中心差分格式对扩散项离散，并分别对比以下两种网格划分方案的数值解与解析解。

(1)方案一：均分网格，网格数为 10，网格步长 $\Delta x=1$，网格示意图见图 4.11。

$\phi_1=1$　●—●—●—●—●—●—●—●—●—●—●　$\phi_{11}=\mathrm{e}^{10}$

图 4.11　方案一网格示意图

(2)方案二：非均分网格，网格数为 10，网格步长 Δx 集合为{2, 2, 1, 1, 1, 1, 0.5, 0.5, 0.5, 0.5}，网格示意图见图 4.12。

$\phi_1=1$ ●——●——●——●——●——●——●——●——●——●——● $\phi_{11}=e^{10}$

图 4.12　方案二网格示意图

【解析】本题考查均分网格与非均分网格的计算精度问题。

首先求该控制方程的解析解，两边积分后可得

$$\phi = e^x + C_1 x + C_2 \tag{4.119}$$

代入边界条件，可知解析解为

$$\phi = e^x \tag{4.120}$$

当采用方案一进行网格划分时，离散后的控制方程为

$$\frac{\phi_{i+1} - 2\phi_i + \phi_{i-1}}{\Delta x^2} = e^{(i-1)\Delta x} \tag{4.121}$$

当采用方案二进行网格划分，离散后的控制方程为

$$\frac{2\phi_{i+1}}{(\Delta x_{i-1} + \Delta x_i)\Delta x_i} - \frac{2\phi_i}{\Delta x_{i-1}\Delta x_i} + \frac{2\phi_{i-1}}{(\Delta x_{i-1} + \Delta x_i)\Delta x_{i-1}} = e^{\sum\limits_{k=1}^{i-1}\Delta x_k} \tag{4.122}$$

将边界条件代入式(4.121)和式(4.122)，利用计算机求解，并将数值计算结果与解析解式(4.119)的计算结果进行对比，如图 4.13 所示。由图可以看出，当网格数相等时，若在变化剧烈处设置较多节点，在变化平缓的地方设置较少节点，其计算结果精度比均分网格要高。

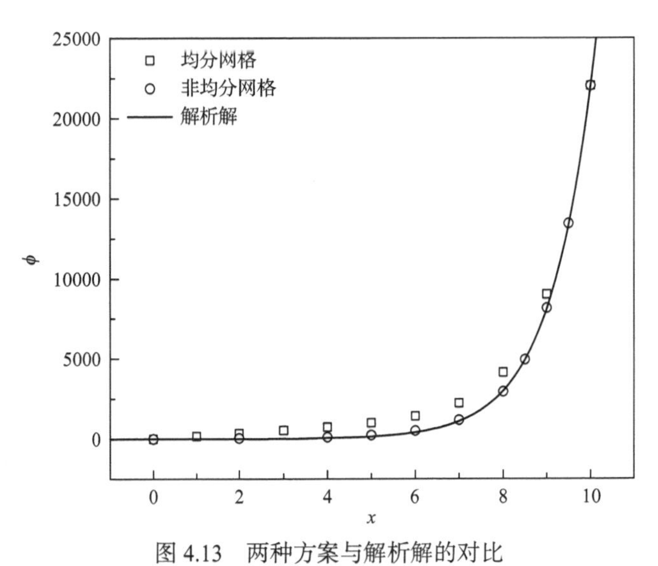

图 4.13　两种方案与解析解的对比

例 18　一维稳态对流扩散问题的无量纲控制方程为 $\frac{\mathrm{d}\Phi}{\mathrm{d}X} = \frac{1}{Pe}\frac{\mathrm{d}^2\Phi}{\mathrm{d}X^2}$，已知 Pe=10，边

界条件为$\Phi|_{X=0}=0$，$\Phi|_{X=1}=1$。试求解Φ随X的分布，要求：①均分网格，节点数为10；②采用有限差分法离散控制方程，其中扩散项采用二阶中心差分格式离散，对流项分别采用一阶、二阶和三阶迎风格式离散(上游分别取 1,2,3 个节点)；③写出不同离散格式下的离散方程表达式；④画出对流项采用 3 种不同离散格式时Φ随X的分布，并与解析解对比。

【解析】本题考查不同对流项离散格式的计算精度问题。

网格划分如图 4.14 所示。

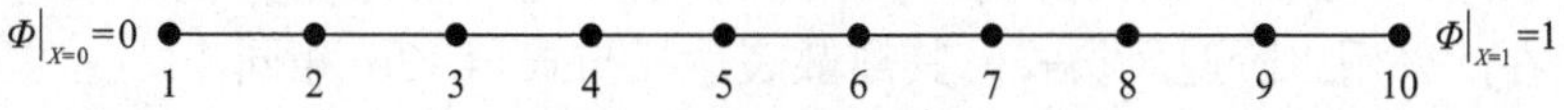

$\Phi|_{X=0}=0$　1　2　3　4　5　6　7　8　9　10　$\Phi|_{X=1}=1$

图 4.14　均分网格节点示意图

(1)对流项采用一阶迎风格式离散，扩散项采用二阶中心差分格式离散，内节点 2～9 的离散表达式为

$$\frac{\Phi_i-\Phi_{i-1}}{\Delta X}=\frac{1}{Pe}\frac{\Phi_{i+1}-2\Phi_i+\Phi_{i-1}}{\Delta X^2} \tag{4.123}$$

整理得

$$a_i\Phi_i=a_{i-1}\Phi_{i-1}+a_{i+1}\Phi_{i+1} \tag{4.124}$$

式中，$a_{i-1}=\dfrac{1}{\Delta X}+\dfrac{1}{Pe\Delta X^2}$；$a_{i+1}=\dfrac{1}{Pe\Delta X^2}$；$a_i=a_{i-1}+a_{i+1}$。

(2)对流项采用二阶迎风格式离散，扩散项采用二阶中心差分格式离散，内节点 3～9 的离散表达式为

$$\frac{3\Phi_i-4\Phi_{i-1}+\Phi_{i-2}}{2\Delta X}=\frac{1}{Pe}\frac{\Phi_{i+1}-2\Phi_i+\Phi_{i-1}}{\Delta X^2} \tag{4.125}$$

整理得

$$a_i\Phi_i=a_{i-2}\Phi_{i-2}+a_{i-1}\Phi_{i-1}+a_{i+1}\Phi_{i+1} \tag{4.126}$$

式中，$a_{i-2}=-\dfrac{1}{2\Delta X}$；$a_{i-1}=\dfrac{2}{\Delta X}+\dfrac{1}{Pe\Delta X^2}$；$a_{i+1}=\dfrac{1}{Pe\Delta X^2}$；$a_i=a_{i-2}+a_{i-1}+a_{i+1}$。

对节点 2，由于上游仅有一个节点，无法采用二阶迎风格式，在此采用一阶迎风格式，其离散方程与式(4.124)相同。

(3)对流项采用三阶迎风格式离散，扩散项采用二阶中心差分格式离散，内节点 4～9 的离散表达式为

$$\frac{11\Phi_i-18\Phi_{i-1}+9\Phi_{i-2}-2\Phi_{i-3}}{6\Delta X}=\frac{1}{Pe}\frac{\Phi_{i+1}-2\Phi_i+\Phi_{i-1}}{\Delta X^2} \tag{4.127}$$

整理得

$$a_i\Phi_i = a_{i-3}\Phi_{i-3} + a_{i-2}\Phi_{i-2} + a_{i-1}\Phi_{i-1} + a_{i+1}\Phi_{i+1} \tag{4.128}$$

式中，$a_{i-3} = \dfrac{1}{3\Delta X}$；$a_{i-2} = -\dfrac{3}{2\Delta X}$；$a_{i-1} = \dfrac{3}{\Delta X} + \dfrac{1}{Pe\Delta X^2}$；$a_{i+1} = \dfrac{1}{Pe\Delta X^2}$；$a_i = a_{i-3} + a_{i-2} + a_{i-1} + a_{i+1}$。

对节点 2，由于上游仅有一个节点，无法采用二阶迎风格式，在此采用一阶迎风格式，其离散表达式与式(4.124)相同。对节点 3，由于上游仅有 2 个节点，无法采用三阶迎风格式，在此采用二阶迎风格式，其离散表达式与式(4.126)相同。

此外，由题意可求得该问题的解析解表达式为

$$\Phi = \frac{e^{PeX} - 1}{e^{Pe} - 1} \tag{4.129}$$

将边界点和内节点离散表达式联立迭代求解，可得到三种不同对流离散格式下的数值解。图 4.15 给出了数值解与解析解的对比，从图中可以看出，对流项采用三阶迎风格式的计算结果要优于二阶迎风格式，二阶迎风格式的计算结果要优于一阶迎风格式。由此说明，在保证离散方程可以得到有物理意义解的前提下，高阶格式计算结果一般比低阶格式计算结果更准确。

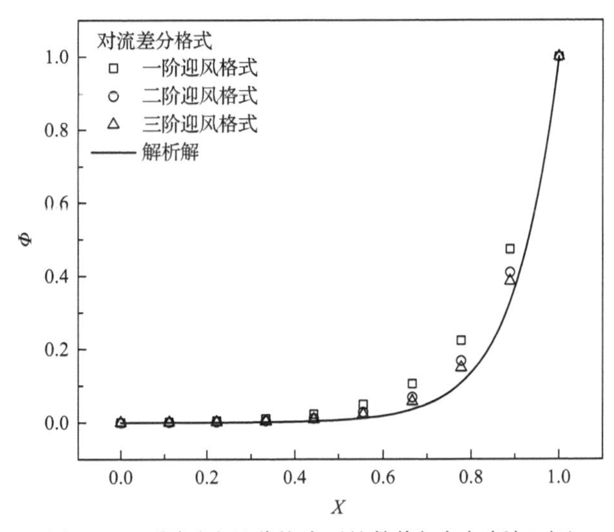

图 4.15　不同对流差分格式下的数值解与解析解对比

例 19　一维稳态对流扩散问题的无量纲控制方程为 $\left.\dfrac{d\Phi}{dX}\right|_{X=1} = 1-\Phi$，已知 Pe=10，边界条件为 $\Phi|_{x=0} = 0$，$\left.\dfrac{\partial\Phi}{\partial X}\right|_{X=1} = 1-\Phi$。试求解 Φ 随 X 的分布，要求：①均分网格，网格数为 10；②采用有限差分法离散控制方程，其中扩散项采用二阶中心差分格式离散，对流项分别采用二阶和三阶迎风格式离散(上游分别取两三个节点)；③右边界条件分别

取一阶、二阶和三阶精度的离散格式；④写出不同离散格式下的离散方程表达式；⑤求解并画出对流项采用 2 种不同的离散格式，右边界条件分别取一阶、二阶、三阶精度离散格式时 Φ 随 X 的分布，并与解析解对比。

【解析】本题网格划分如图 4.16 所示。

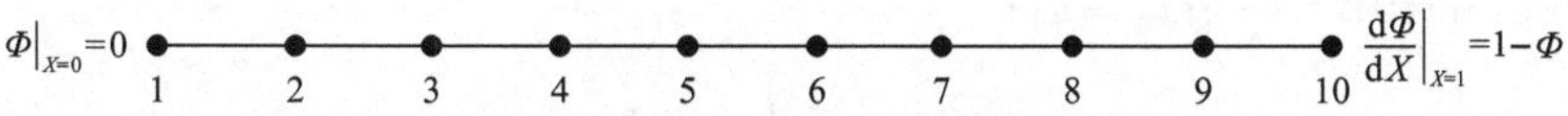

$\Phi|_{X=0}=0$ 　1　2　3　4　5　6　7　8　9　10　$\left.\frac{d\Phi}{dX}\right|_{X=1}=1-\Phi$

图 4.16　网格节点示意图

1) 对流项采用二阶迎风格式离散，扩散项采用二阶中心差分格式离散，内节点 3～9 的离散表达式为

$$\frac{3\Phi_i-4\Phi_{i-1}+\Phi_{i-2}}{2\Delta X}=\frac{1}{Pe}\frac{\Phi_{i+1}-2\Phi_i+\Phi_{i-1}}{\Delta X^2} \tag{4.130}$$

整理得

$$a_i\Phi_i=a_{i-2}\Phi_{i-2}+a_{i-1}\Phi_{i-1}+a_{i+1}\Phi_{i+1} \tag{4.131}$$

式中，$a_{i-2}=-\frac{1}{2\Delta X}$；$a_{i-1}=\frac{2}{\Delta X}+\frac{1}{Pe\Delta X^2}$；$a_{i+1}=\frac{1}{Pe\Delta X^2}$；$a_i=a_{i-2}+a_{i-1}+a_{i+1}$。

对节点 2，由于上游仅有 1 个节点，无法采用二阶迎风格式，在此采用一阶迎风格式，其离散方程如下：

$$\frac{\Phi_2-\Phi_1}{\Delta X}=\frac{1}{Pe}\frac{\Phi_3-2\Phi_2+\Phi_1}{\Delta X^2} \tag{4.132}$$

整理得

$$a_2\Phi_2=a_1\Phi_1+a_3\Phi_3 \tag{4.133}$$

式中，$a_1=\frac{1}{\Delta X}+\frac{1}{Pe\Delta X^2}$；$a_3=\frac{1}{Pe\Delta X^2}$；$a_2=a_1+a_3$。

(1) 右边界采用一阶格式离散：

$$\frac{\Phi_{10}-\Phi_9}{\Delta X}=1-\Phi_{10} \tag{4.134}$$

整理得

$$a_{10}\Phi_{10}=a_9\Phi_9+b \tag{4.135}$$

式中，$a_9=1$；$b=\Delta X$；$a_{10}=a_9+b$。

(2) 右边界采用二阶格式离散：

$$\frac{3\Phi_{10}-4\Phi_9+\Phi_8}{2\Delta X}=1-\Phi_{10} \tag{4.136}$$

整理得

$$a_{10}\Phi_{10} = a_8\Phi_8 + a_9\Phi_9 + b \tag{4.137}$$

式中，$a_8 = -1$；$a_9 = 4$；$b = 2\Delta X$；$a_{10} = a_8 + a_9 + b$。

(3)右边界采用三阶格式离散：

$$\frac{11\Phi_{10} - 18\Phi_9 + 9\Phi_8 - 2\Phi_7}{6\Delta X} = 1 - \Phi_{10} \tag{4.138}$$

整理得

$$a_{10}\Phi_{10} = a_7\Phi_7 + a_8\Phi_8 + a_9\Phi_9 + b \tag{4.139}$$

式中，$a_7 = 2$；$a_8 = -9$；$a_9 = 18$；$b = 6\Delta X$；$a_{10} = a_7 + a_8 + a_9 + b$。

将边界节点方程和内节点离散方程联立求解，可得到Φ随X的分布，如图 4.17 所示。从图中可以看出，对流项采用二阶迎风格式离散、右边界采用三阶精度格式离散的数值解精度要优于二阶精度格式，二阶精度格式要优于一阶精度格式。由此说明，在保证离散方程可以得到有物理意义解的前提下，高阶格式边界条件得到的计算结果要比低阶格式得到的计算结果更准确。

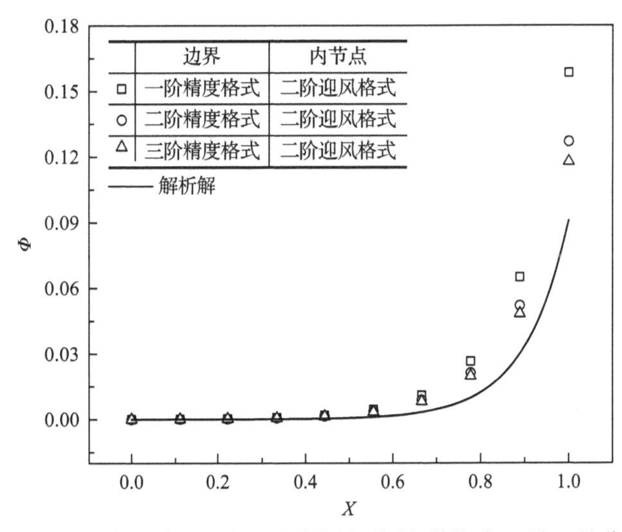

图 4.17　对流项采用二阶迎风时边界不同离散格式 Φ 随 X 的分布

2) 对流项采用三阶迎风格式离散，扩散项采用二阶中心差分格式离散时，内节点 4～9 的离散表达式为

$$\frac{11\Phi_i - 18\Phi_{i-1} + 9\Phi_{i-2} - 2\Phi_{i-3}}{6\Delta X} = \frac{1}{Pe}\frac{\Phi_{i+1} - 2\Phi_i + \Phi_{i-1}}{\Delta X^2} \tag{4.140}$$

整理得

$$a_i\Phi_i = a_{i-3}\Phi_{i-3} + a_{i-2}\Phi_{i-2} + a_{i-1}\Phi_{i-1} + a_{i+1}\Phi_{i+1} \tag{4.141}$$

式中，$a_{i-3}=\dfrac{1}{3\Delta X}$；$a_{i-2}=-\dfrac{3}{2\Delta X}$；$a_{i-1}=\dfrac{3}{\Delta X}+\dfrac{1}{Pe\Delta X^2}$；$a_{i+1}=\dfrac{2}{Pe\Delta X^2}$；$a_i=a_{i-3}+a_{i-2}+a_{i-1}+a_{i+1}$。

对节点 3，由于上游仅有两个节点，无法采用三阶迎风格式，在此采用二阶迎风格式，其离散方程如下：

$$\frac{3\Phi_3-4\Phi_2+\Phi_1}{2\Delta X}=\frac{1}{Pe}\frac{\Phi_3-2\Phi_2+\Phi_1}{(\Delta X)^2} \tag{4.142}$$

整理得

$$a_2\Phi_2=a_1\Phi_1+a_3\Phi_3 \tag{4.143}$$

式中，$a_1=-\dfrac{1}{2\Delta X}+\dfrac{1}{Pe\Delta X^2}$；$a_3=\dfrac{1}{Pe\Delta X^2}-\dfrac{3}{2\Delta X}$；$a_2=a_1+a_3$。

(1) 右边界采用一阶格式离散：

$$\frac{\Phi_{10}-\Phi_9}{\Delta X}=1-\Phi_{10} \tag{4.144}$$

整理得

$$a_{10}\Phi_{10}=a_9\Phi_9+b \tag{4.145}$$

式中，$a_9=1$；$b=\Delta X$；$a_{10}=a_9+b$。

(2) 右边界采用二阶格式离散：

$$\frac{3\Phi_{10}-4\Phi_9+\Phi_8}{2\Delta X}=1-\Phi_{10} \tag{4.146}$$

整理得

$$a_{10}\Phi_{10}=a_8\Phi_8+a_9\Phi_9+b \tag{4.147}$$

式中，$a_8=-1$；$a_9=4$；$b=2\Delta X$；$a_{10}=a_8+a_9+b$。

(3) 右边界采用三阶格式离散：

$$\frac{11\Phi_{10}-18\Phi_9+9\Phi_8-2\Phi_7}{6\Delta X}=1-\Phi_{10} \tag{4.148}$$

整理得

$$a_{10}\Phi_{10}=a_7\Phi_7+a_8\Phi_8+a_9\Phi_9+b \tag{4.149}$$

式中，$a_7=2$；$a_8=-9$；$a_9=18$；$b=6\Delta X$；$a_{10}=a_7+a_8+a_9+b$。

左边界为第一类边界条件 $\Phi_1=0$，右边界为第三类边界条件，不同格式的边界条件与内节点方程联立，求解方程组，得到均分网格下扩散项采用中心差分，对流项采用三阶迎风格式，右侧边界条件分别取一阶、二阶、三阶精度的离散格式时 Φ 随 X 的分布，如图 4.18 所示。从图中可以看出，对流项采用三阶迎风格式离散、右边界采用三阶精度格式离散的数值解精度要优于二阶精度格式，二阶精度格式的要优于一阶精度格式。由此说明，在保证离散方程可以得到有物理意义解的前提下，高阶格式边界条件得到的计算结果要比低阶格式得到的计算结果更准确。

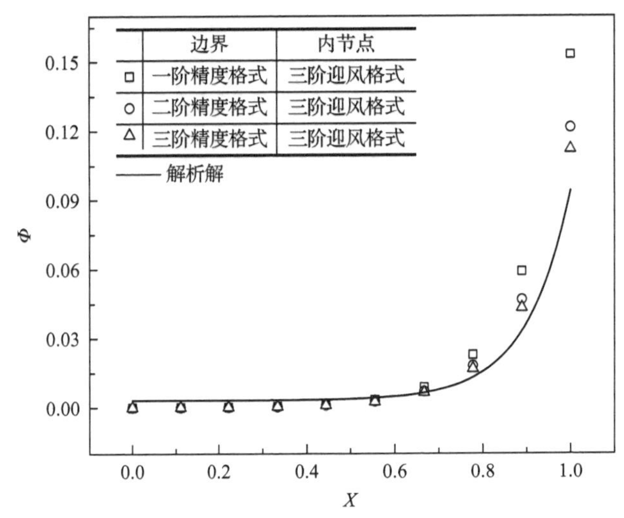

图 4.18　对流项采用三阶迎风格式时，边界不同离散格式的 Φ 随 X 的分布

当对流项采用三阶迎风格式离散、右边界条件采用一阶精度格式离散，和对流项采用二阶迎风格式离散、右边界条件采用二阶精度格式离散时，Φ 随 X 的分布如图 4.19 所示。

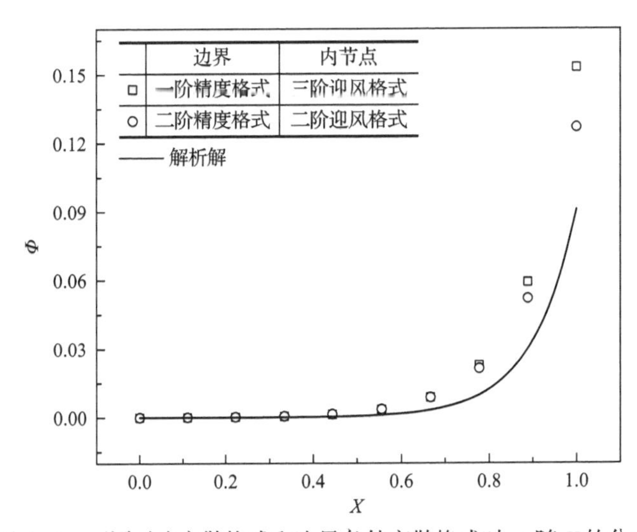

图 4.19　不同对流离散格式和边界条件离散格式时 Φ 随 X 的分布

从图 4.19 中可以看出，对流项采用二阶迎风格式、边界采用二阶精度的计算结果要优于三阶迎风格式、边界一阶精度的计算结果。由此说明，对流项取二阶精度的离散格式时，右侧边界条件选取的格式精度越高，最终得到的计算结果更准确。但对流项取三

阶精度的离散格式时，右侧边界选取一阶精度的格式，计算结果的准确性反而降低。

例 20　一维稳态对流扩散问题的无量纲控制方程为$\dfrac{\mathrm{d}\Phi}{\mathrm{d}X}=\dfrac{1}{Pe}\dfrac{\mathrm{d}^2\Phi}{\mathrm{d}X^2}$，已知 Pe=10，边界条件为$\Phi\big|_{X=0}=0, \Phi\big|_{X=1}=1$。试编程求解$\Phi$随 X 的分布，要求：①采用四套网格离散计算区域，网格数为 10(含边界点)，网格增长因子 q 分别为 0.5, 0.8, 1, 1.25；②采用有限差分法离散控制方程，其中对流项用二阶迎风格式离散(上游取两个点)，扩散项采用二阶中心差分格式离散；③写出不同离散格式下的离散方程表达式；④求解并画出四套不同网格下Φ随 X 的分布，并与解析解对比。

【解析】本题网格划分如图 4.20 所示。

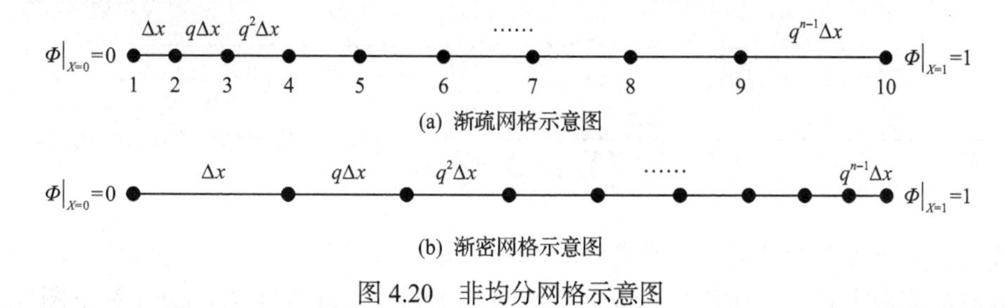

图 4.20　非均分网格示意图

网格长度满足等比数列，公比为 q。设第一个网格长度为ΔX_1，则第 n 个网格长度为$q^{n-1}\Delta X_1$，满足$(1+q+q^2+\cdots+q^{n-1})\Delta X_1=1$。根据等比数列求和公式$S_n=\dfrac{\Delta X_1-q^n\Delta X_1}{1-q}$，可求得第一个网格长度为

$$\Delta X_1=\frac{1-q}{1-q^n} \tag{4.150}$$

因此，任意网格节点与节点 1 的距离通式为

$$X_i=\sum_{n=2}^{i}(q^{n-2}\Delta X_1), X_1=0 \tag{4.151}$$

对于节点 2，对流项采用一阶迎风格式离散：

$$\frac{\Phi_2-\Phi_1}{X_2-X_1}=\frac{1}{Pe}\frac{\Phi_3-2\Phi_2+\Phi_1}{(X_2-X_1)(X_3-X_2)} \tag{4.152}$$

整理得到离散方程的一般表达式：

$$a_2\Phi_2=a_3\Phi_3+a_1\Phi_1+b \tag{4.153}$$

式中，$a_2=\dfrac{1}{X_2-X_1}+\dfrac{1}{Pe}\dfrac{2}{(X_2-X_1)(X_3-X_2)}$；$a_3=\dfrac{1}{Pe}\dfrac{1}{\left(X_2-X_1\right)\left(X_3-X_2\right)}$；$a_1=\dfrac{1}{X_2-X_1}+\dfrac{1}{Pe}\dfrac{1}{(X_2-X_1)(X_3-X_2)}$；$b=0$。

对于节点 3～9，对流项采用二阶迎风格式离散，扩散项采用中心差分格式离散，可

得离散方程表达式为

$$\frac{X_{i-2}-X_i}{(X_{i-2}-X_{i-1})(X_{i-1}-X_i)}\Phi_{i-1}-\frac{X_{i-1}-X_i}{(X_{i-2}-X_i)(X_{i-2}-X_{i-1})}\Phi_{i-2}-\frac{(X_{i-2}-X_i)+(X_{i-1}-X_i)}{(X_{i-2}-X_i)(X_{i-1}-X_i)}\Phi_i$$
$$=\frac{1}{Pe}\left[\frac{2}{(X_{i+1}-X_{i-1})(X_{i+1}-X_i)}\Phi_{i+1}-\frac{2}{(X_{i-1}-X_i)(X_{i+1}-X_{i-1})}\Phi_{i-1}+\frac{2}{(X_{i+1}-X_i)(X_{i-1}-X_i)}\Phi_i\right] \tag{4.154}$$

整理得到离散方程的一般表达式：

$$a_i\Phi_i=a_{i-2}\Phi_{i-2}+a_{i-1}\Phi_{i-1}+a_{i+1}\Phi_{i+1}+b \tag{4.155}$$

式中，$a_{i-2}=-\dfrac{X_{i-1}-X_i}{(X_{i-2}-X_i)(X_{i-2}-X_{i-1})}$；$a_{i+1}=-\dfrac{1}{Pe}\cdot\dfrac{2}{(X_{i+1}-X_{i-1})(X_{i+1}-X_i)}$；$a_{i-1}=\dfrac{X_{i-2}-X_i}{(X_{i-2}-X_{i-1})(X_{i-1}-X_i)}+\dfrac{1}{Pe}\cdot\dfrac{2}{(X_{i-1}-X_i)(X_{i+1}-X_{i-1})}$；$a_i=a_{i+1}+a_{i-1}+a_{i-2}$；$b=0$。

代入边界条件及公比 q，得到均分网格(q=1)、渐疏网格(q=1.25)和渐密网格(q=0.5 或 q=0.8)的离散方程组，迭代计算求得不同网格下的数值解 Φ 随 X 的分布如下图 4.21 所示。从图中可看出，虽然非均分网格扩散项的截差精度比均分网格的截差精度低一阶，对物理量变化剧烈的区域加密网格，得到计算结果更准确；反之，若对剧烈区域稀疏网格，得到的结果会更加不准确。原因是变化剧烈处截差系数中的偏导数项较大，减小当地的网格步长可以抵消这一影响。

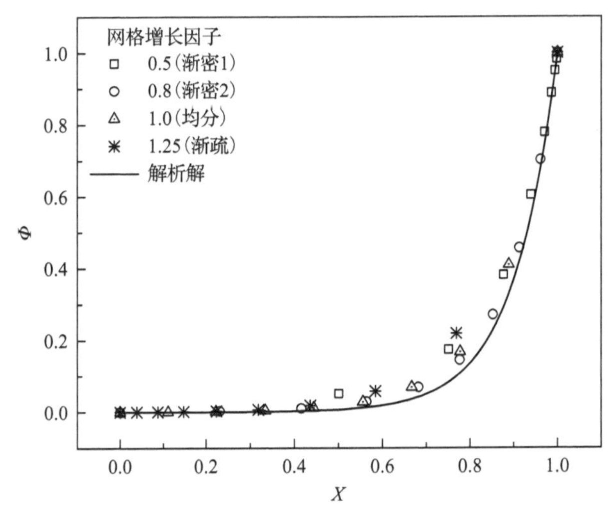

图 4.21　四套不同网格下 Φ 随 X 的分布

例 21　试推导出均分网格下一阶导数四阶精度的有限差分格式：

$$\frac{1}{6}\frac{\partial\phi}{\partial x}\bigg|_{i+1}+\frac{2}{3}\frac{\partial\phi}{\partial x}\bigg|_i+\frac{1}{6}\frac{\partial\phi}{\partial x}\bigg|_{i-1}=\frac{\phi_{i+1}-\phi_{i-1}}{2\Delta x}$$

【解析】本题考查高阶紧致格式的应用。

采用待定系数法求取系数值，将 ϕ_{i-1} 和 ϕ_{i+1} 在 i 点展开至五阶：

$$\phi_{i-1}^n=\phi_i^n-\left.\frac{\partial\phi}{\partial x}\right|_i^n\Delta x+\left.\frac{\partial^2\phi}{\partial x^2}\right|_i^n\frac{\Delta x^2}{2}-\left.\frac{\partial^3\phi}{\partial x^3}\right|_i^n\frac{\Delta x^3}{3!}+\left.\frac{\partial^4\phi}{\partial x^4}\right|_i^n\frac{\Delta x^4}{4!}-\left.\frac{\partial^5\phi}{\partial x^5}\right|_i^n\frac{\Delta x^5}{5!}+O[(\Delta x)^6] \tag{4.156}$$

$$\phi_{i+1}^n=\phi_i^n+\left.\frac{\partial\phi}{\partial x}\right|_i^n\Delta x+\left.\frac{\partial^2\phi}{\partial x^2}\right|_i^n\frac{\Delta x^2}{2}+\left.\frac{\partial^3\phi}{\partial x^3}\right|_i^n\frac{\Delta x^3}{3!}+\left.\frac{\partial^4\phi}{\partial x^4}\right|_i^n\frac{\Delta x^4}{4!}+\left.\frac{\partial^5\phi}{\partial x^5}\right|_i^n\frac{\Delta x^5}{5!}+O[(\Delta x)^6] \tag{4.157}$$

将 $\left.\frac{\partial\phi}{\partial x}\right|_{i+1},\left.\frac{\partial\phi}{\partial x}\right|_{i-1}$ 在 $\left.\frac{\partial\phi}{\partial x}\right|_i$ 展开至四阶：

$$\left.\frac{\partial\phi}{\partial x}\right|_{i+1}=\left.\frac{\partial\phi}{\partial x}\right|_i+\left.\frac{\partial^2\phi}{\partial x^2}\right|_i\Delta x+\frac{1}{2}\left.\frac{\partial^3\phi}{\partial x^3}\right|_i\Delta x^2+\frac{1}{3!}\left.\frac{\partial^4\phi}{\partial x^4}\right|_i\Delta x^3+\frac{1}{4!}\left.\frac{\partial^5\phi}{\partial x^5}\right|_i\Delta x^4++O[(\Delta x)^5] \tag{4.158}$$

$$\left.\frac{\partial\phi}{\partial x}\right|_{i-1}=\left.\frac{\partial\phi}{\partial x}\right|_i-\left.\frac{\partial^2\phi}{\partial x^2}\right|_i\Delta x+\frac{1}{2}\left.\frac{\partial^3\phi}{\partial x^3}\right|_i\Delta x^2-\frac{1}{3!}\left.\frac{\partial^4\phi}{\partial x^4}\right|_i\Delta x^3+\frac{1}{4!}\left.\frac{\partial^5\phi}{\partial x^5}\right|_i\Delta x^4+O[(\Delta x)^5] \tag{4.159}$$

将式(4.156)～式(4.159)式代入式(4.21)，由方程左右两边各阶导数项前的系数相等可得

$$\sum\alpha_k=1,\alpha_{i+1}+\alpha_i+\alpha_{i-1}=1 \tag{4.160a}$$

$$\sum\beta_m=0,\beta_{i+1}+\beta_i+\beta_{i-1}=0 \tag{4.160b}$$

$\left.\frac{\partial\phi}{\partial x}\right|_i$ 项系数为0:

$$\alpha_{i+1}+\alpha_i+\alpha_{i-1}=-\beta_{i-1}+\beta_{i+1} \tag{4.160c}$$

$\left.\frac{\partial^2\phi}{\partial x^2}\right|_i$ 项系数为0:

$$\alpha_{i+1}-\alpha_{i-1}=\frac{1}{2}\beta_{i-1}+\frac{1}{2}\beta_{i+1} \tag{4.160d}$$

$\left.\frac{\partial^3\phi}{\partial x^3}\right|_i$ 项系数为0:

$$\frac{1}{2}\alpha_{i-1}+\frac{1}{2}\alpha_{i+1}=-\frac{1}{6}\beta_{i-1}+\frac{1}{6}\beta_{i+1} \tag{4.160e}$$

$\left.\frac{\partial^4\phi}{\partial x^4}\right|_i$ 项系数为0:

$$-\frac{1}{6}\alpha_{i-1}+\frac{1}{6}\alpha_{i+1}=\frac{1}{24}\beta_{i-1}+\frac{1}{24}\beta_{i+1} \tag{4.160f}$$

求解方程组得

$$\alpha_{i-1}=\frac{1}{6},\alpha_i=\frac{2}{3},\alpha_{i+1}=\frac{1}{6}$$

$$\beta_{i-1}=-\frac{1}{2},\beta_i=0,\beta_{i+1}=\frac{1}{2}$$

于是有

$$\frac{1}{6}\frac{\partial\phi}{\partial x}\bigg|_{i+1}+\frac{2}{3}\frac{\partial\phi}{\partial x}\bigg|_i+\frac{1}{6}\frac{\partial\phi}{\partial x}\bigg|_{i-1}=\frac{\phi_{i+1}-\phi_{i-1}}{2\Delta x}-\frac{1}{180}\frac{\partial^5\phi}{\partial x^5}\bigg|_i\Delta x^4++O[(\Delta x)^6] \tag{4.161}$$

例 22　试推导出均分网格下二阶导数四阶精度的有限差分格式：

$$\frac{1}{12}\frac{\partial^2\phi}{\partial x^2}\bigg|_{i+1}+\frac{5}{6}\frac{\partial^2\phi}{\partial x^2}\bigg|_i+\frac{1}{12}\frac{\partial^2\phi}{\partial x^2}\bigg|_{i-1}=\frac{\phi_{i+1}-2\phi_i+\phi_{i-1}}{\Delta x^2}$$

【解析】本题考查高阶紧致格式的应用。

采用待定系数法求取系数值，将 ϕ_{i-1} 和 ϕ_{i+1} 在 i 点展开至六阶：

$$\phi_{i-1}^n=\phi_i^n-\frac{\partial\phi}{\partial x}\bigg|_i^n\Delta x+\frac{\partial^2\phi}{\partial x^2}\bigg|_i^n\frac{\Delta x^2}{2}-\frac{\partial^3\phi}{\partial x^3}\bigg|_i^n\frac{\Delta x^3}{3!}+\frac{\partial^4\phi}{\partial x^4}\bigg|_i^n\frac{\Delta x^4}{4!}-\frac{\partial^5\phi}{\partial x^5}\bigg|_i^n\frac{\Delta x^5}{5!}+\frac{\partial^6\phi}{\partial x^6}\bigg|_i^n\frac{\Delta x^6}{6!}+O\left[(\Delta x)^7\right] \tag{4.162}$$

$$\phi_{i+1}^n=\phi_i^n+\frac{\partial\phi}{\partial x}\bigg|_i^n\Delta x+\frac{\partial^2\phi}{\partial x^2}\bigg|_i^n\frac{\Delta x^2}{2}+\frac{\partial^3\phi}{\partial x^3}\bigg|_i^n\frac{\Delta x^3}{3!}+\frac{\partial^4\phi}{\partial x^4}\bigg|_i^n\frac{\Delta x^4}{4!}+\frac{\partial^5\phi}{\partial x^5}\bigg|_i^n\frac{\Delta x^5}{5!}+\frac{\partial^6\phi}{\partial x^6}\bigg|_i^n\frac{\Delta x^6}{6!}+O\left[(\Delta x)^7\right] \tag{4.163}$$

将二阶导数 $\frac{\partial^2\phi}{\partial x^2}\Big|_{i-1}$，$\frac{\partial^2\phi}{\partial x^2}\Big|_{i+1}$ 在 $\frac{\partial^2\phi}{\partial x^2}\Big|_i$ 展开至四阶：

$$\frac{\partial^2\phi}{\partial x^2}\bigg|_{i-1}=\frac{\partial^2\phi}{\partial x^2}\bigg|_i-\frac{\partial^3\phi}{\partial x^3}\bigg|_i\Delta x+\frac{\partial^4\phi}{\partial x^4}\bigg|_i\frac{\Delta x^2}{2!}-\frac{\partial^5\phi}{\partial x^5}\bigg|_i\frac{\Delta x^3}{3!}+\frac{\partial^6\phi}{\partial x^6}\bigg|_i\frac{\Delta x^4}{4!}+O\left[(\Delta x)^5\right] \tag{4.164}$$

$$\frac{\partial^2\phi}{\partial x^2}\bigg|_{i+1}=\frac{\partial^2\phi}{\partial x^2}\bigg|_i+\frac{\partial^3\phi}{\partial x^3}\bigg|_i\Delta x+\frac{\partial^4\phi}{\partial x^4}\bigg|_i\frac{\Delta x^2}{2!}+\frac{\partial^5\phi}{\partial x^5}\bigg|_i\frac{\Delta x^3}{3!}+\frac{\partial^6\phi}{\partial x^6}\bigg|_i\frac{\Delta x^4}{4!}+O\left[(\Delta x)^5\right] \tag{4.165}$$

将式(4.162)～式(4.165)式代入式(4.22)，由方程左右两边各阶导数项前的系数相等可得

$$\sum\alpha_k=1:\alpha_{i+1}+\alpha_i+\alpha_{i-1}=1 \tag{4.166}$$

$$\sum\beta_m=0:\ \beta_{i+1}+\beta_i+\beta_{i-1}=0 \tag{4.167}$$

$\left.\frac{\partial \phi}{\partial x}\right|_i$ 项系数为0:

$$-\beta_{i-1}+\beta_{i+1}=0 \tag{4.168}$$

$\left.\frac{\partial^2 \phi}{\partial x^2}\right|_i$ 项系数为0:

$$\alpha_{i+1}+\alpha_i+\alpha_{i-1}=\frac{1}{2}\beta_{i-1}+\frac{1}{2}\beta_{i+1} \tag{4.169}$$

$\left.\frac{\partial^3 \phi}{\partial x^3}\right|_i$ 项系数为0:

$$-\alpha_{i-1}+\alpha_{i+1}=-\frac{1}{6}\beta_{i-1}+\frac{1}{6}\beta_{i+1} \tag{4.170}$$

$\left.\frac{\partial^4 \phi}{\partial x^4}\right|_i$ 项系数为0:

$$\frac{1}{2}\alpha_{i-1}+\frac{1}{2}\alpha_{i+1}=\frac{1}{24}\beta_{i-1}+\frac{1}{24}\beta_{i+1} \tag{4.171}$$

从而求解上述方程组得

$$\alpha_{i-1}=\frac{1}{12}, \alpha_i=\frac{5}{6}, \alpha_{i-1}=\frac{1}{12}$$

$$\beta_{i-1}=1, \beta_i=-2, \beta_{i+1}=1$$

此外，由于均分网格取点的对称性，五阶导数项 $\left.\frac{\partial^5 \phi}{\partial x^5}\right|_i$ 左右两边系数均为 0，$-\frac{1}{6}\alpha_{i-1}+\frac{1}{6}\alpha_{i+1}=0, -\frac{1}{120}\beta_{i-1}+\frac{1}{120}\beta_{i+1}=0$，而截差首项为六阶导数项 $\left.\frac{\partial^6 \phi}{\partial x^6}\right|_i$，其最终形式格式和截差首项如下所示：

$$\frac{1}{12}\left.\frac{\partial^2 \phi}{\partial x^2}\right|_{i+1}+\frac{5}{6}\left.\frac{\partial^2 \phi}{\partial x^2}\right|_i+\frac{1}{12}\left.\frac{\partial^2 \phi}{\partial x^2}\right|_{i-1}=\frac{\phi_{i+1}-2\phi_i+\phi_{i-1}}{\Delta x^2}-\frac{1}{240}\left.\frac{\partial^6 \phi}{\partial x^6}\right|_i \Delta x^4+O[(\Delta x)^5] \tag{4.172}$$

例 23　一根具有内热源的一维等截面金属棒，其长度 $L=1\text{m}$，导热系数 $\lambda=100\text{W/(m}\cdot℃)$，内热源 $S_{\text{T}}=100(x-x^2+0.1)\text{kW/m}^3$。金属棒左端恒定热流为 $q_{\text{w}}=10\text{kW}$，右端为第三类边界条件，环境流体温度 $T_{\text{f}}=5℃$，换热系数 $h_{\text{f}}=500\text{W}/(\text{m}^2\cdot℃)$。试采用内节点对称型高阶紧致格式、边界条件二阶偏差分格式求解金属棒稳态后的温度分布，并与相同网格下内节点采用二阶中心差分的计算结果进行对比。

【解析】本题考查高阶紧致格式在一维导热问题中的应用。

该问题是一个纯扩散问题，其控制方程可表示为

$$\lambda\frac{\partial^2 T}{\partial x^2}+S=0 \tag{4.173}$$

计算区域内部取 4 个节点，空间步长为 $\Delta x=0.2\text{m}$，网格基架如图 4.22 所示。

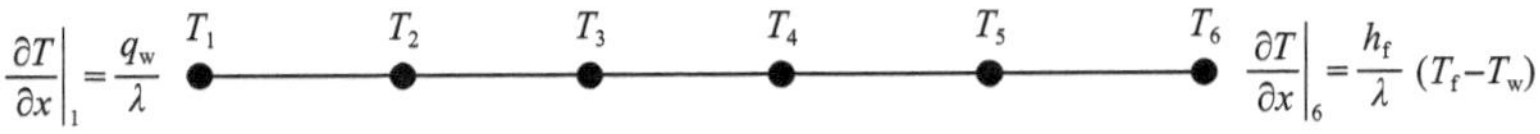

$\left.\frac{\partial T}{\partial x}\right|_1=\frac{q_w}{\lambda}$ T_1 T_2 T_3 T_4 T_5 T_6 $\left.\frac{\partial T}{\partial x}\right|_6=\frac{h_f}{\lambda}(T_f-T_w)$

图 4.22　一维计算区域离散

采用二阶导数的中心紧致差分格式离散后如下：

$$\left.\frac{\partial^2 T}{\partial x^2}\right|_i=-\frac{S_i}{\lambda} \tag{4.174}$$

$$\left(\frac{1}{12}\left.\frac{\partial^2 T}{\partial x^2}\right|_{i-1}+\frac{5}{6}\left.\frac{\partial^2 T}{\partial x^2}\right|_i+\frac{1}{12}\left.\frac{\partial^2 T}{\partial x^2}\right|_{i+1}\right)\Delta x^2=T_{i-1}-2T_i+T_{i+1} \tag{4.175}$$

对边界条件进行二阶偏差分得到

$$\frac{-T_3+4T_2-3T_1}{2\Delta x}=\frac{q_w}{\lambda} \tag{4.176}$$

$$\frac{3T_6-4T_5+T_4}{2\Delta x}=\frac{h_f}{\lambda}(T_f-T_6) \tag{4.177}$$

代入参数后，得到的线性方程组如下所示：

$$\begin{cases}\left.\dfrac{\partial^2 T}{\partial x^2}\right|_1=-100\\ \left.\dfrac{\partial^2 T}{\partial x^2}\right|_2=-260\\ \left.\dfrac{\partial^2 T}{\partial x^2}\right|_3=-340\\ \left.\dfrac{\partial^2 T}{\partial x^2}\right|_4=-340\\ \left.\dfrac{\partial^2 T}{\partial x^2}\right|_5=-260\\ \left.\dfrac{\partial^2 T}{\partial x^2}\right|_6=-100\\ \left(\dfrac{1}{12}\left.\dfrac{\partial^2 T}{\partial x^2}\right|_1+\dfrac{5}{6}\left.\dfrac{\partial^2 T}{\partial x^2}\right|_2+\dfrac{1}{12}\left.\dfrac{\partial^2 T}{\partial x^2}\right|_3\right)0.04=T_1-2T_2+T_3\end{cases}$$

$$
\begin{cases}
\left(\dfrac{1}{12}\dfrac{\partial^2 T}{\partial x^2}\bigg|_2+\dfrac{5}{6}\dfrac{\partial^2 T}{\partial x^2}\bigg|_3+\dfrac{1}{12}\dfrac{\partial^2 T}{\partial x^2}\bigg|_4\right)0.04=T_2-2T_3+T_4 \\
\left(\dfrac{1}{12}\dfrac{\partial^2 T}{\partial x^2}\bigg|_3+\dfrac{5}{6}\dfrac{\partial^2 T}{\partial x^2}\bigg|_4+\dfrac{1}{12}\dfrac{\partial^2 T}{\partial x^2}\bigg|_5\right)0.04=T_3-2T_4+T_5 \\
\left(\dfrac{1}{12}\dfrac{\partial^2 T}{\partial x^2}\bigg|_4+\dfrac{5}{6}\dfrac{\partial^2 T}{\partial x^2}\bigg|_5+\dfrac{1}{12}\dfrac{\partial^2 T}{\partial x^2}\bigg|_6\right)0.04=T_4-2T_5+T_6 \\
-3T_1+4T_2-T_3=40 \\
T_4-4T_5+5T_6=10
\end{cases}
\tag{4.178}
$$

求解上述方程组可得采用高阶紧致格式计算得到的节点处温度值：

$$
T_1=84.733℃,\ T_2=99.667℃,\ T_3=104.467℃
$$
$$
T_4=95.933℃,\ T_5=74.067℃,\ T_6=42.067℃
$$

采用中心差分格式离散后如下：

$$
\frac{T_{i-1}-2T_i+T_{i+1}}{\Delta x^2}=-\frac{S_i}{\lambda}
\tag{4.179}
$$

边界条件依然采用式(4.176)和式(4.177)，代入参数后，得到的线性方程组如式(4.180)所示：

$$
\begin{cases}
T_1-2T_2+T_3=-10.4(℃) \\
T_2-2T_3+T_4=-13.6(℃) \\
T_3-2T_4+T_5=-13.6(℃) \\
T_4-2T_5+T_6=-10.4(℃) \\
-3T_1+4T_2-T_3=40(℃) \\
T_4-4T_5+5T_6=10(℃)
\end{cases}
\tag{4.180}
$$

求解式(4.180)可得采用中心差分格式计算得到的节点处温度值：

$$
T_1=89.400℃,\ T_2=104.200℃,\ T_3=108.600℃
$$
$$
T_4=99.400℃,\ T_5=76.600℃,\ T_6=43.400℃
$$

该问题积分可得解析解如下：

$$
y=\frac{250}{3}x^4-\frac{500}{3}x^3-50x^2+100x+\frac{215}{3}
\tag{4.181}
$$

与解析解对比结果如图 4.23 所示。

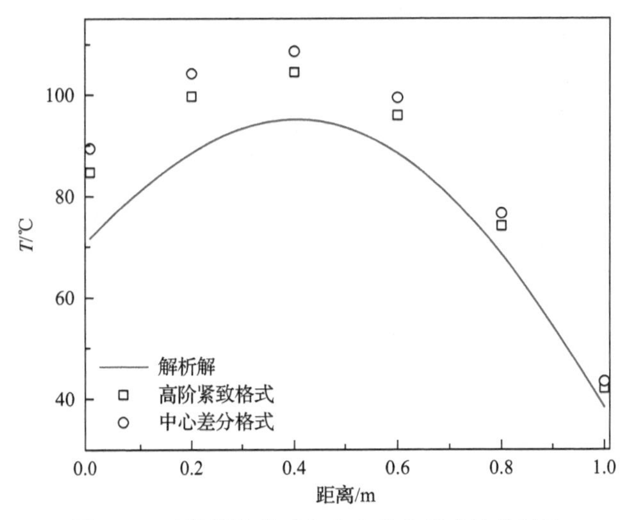

图 4.23　高阶紧致格式与中心差分格式结果对比

例 24　图 4.24 为三维圆柱坐标系下的几何示意图，试写出 r 方向的一维圆柱坐标系下无源项的非稳态导热微分方程的内节点离散形式，要求扩散项采用四阶中心差分格式，非稳态项分别采用 C-N 格式和 A-B 格式。已知控制方程的表达式为

$$\frac{\partial T}{\partial t}=\frac{\lambda}{r}\frac{\partial}{\partial r}\left(r\frac{\partial T}{\partial r}\right)$$

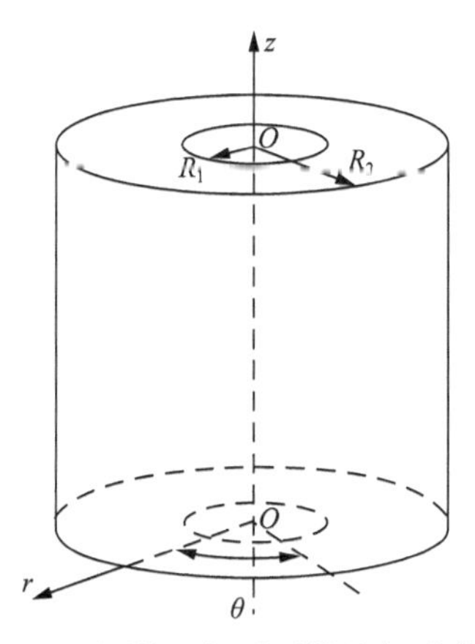

图 4.24　圆柱坐标系下的几何示意图

【解析】本题考查在不同坐标系下稳态导热微分方程的离散。

R_1 为圆柱内径，为网格空间步长。该控制方程可分解为

$$\frac{\partial T}{\partial t}=\frac{\lambda}{r}\frac{\partial T}{\partial r}+\lambda\frac{\partial^2 T}{\partial r^2} \tag{4.182}$$

对扩散项采用四阶中心差分格式离散可得

$$\frac{\lambda}{r}\frac{\partial T}{\partial r}+\lambda\frac{\partial^2 T}{\partial r^2}=\frac{\lambda}{R_1+(i-1)\Delta r}\frac{-T_{i+2}+8T_{i+1}-8T_{i-1}+T_{i-2}}{12\Delta r}+\lambda\frac{-T_{i-2}+16T_{i-1}-30T_i+16T_{i+1}-T_{i+2}}{12\Delta r^2} \tag{4.183}$$

当采用 C-N 格式进行非稳态项离散时，控制方程可以表示为

$$\begin{aligned}\frac{T_i^{n+1}-T_i^n}{\Delta t}=&\frac{1}{2}\left(\frac{\lambda}{R_1+(i-1)\Delta r}\frac{-T_{i+2}^{n+1}+8T_{i+1}^{n+1}-8T_{i-1}^{n+1}+T_{i-2}^{n+1}}{12\Delta r}\right.\\&\left.+\lambda\frac{-T_{i-2}^{n+1}+16T_{i-1}^{n+1}-30T_i^{n+1}+16T_{i+1}^{n+1}-T_{i+2}^{n+1}}{12\Delta r^2}\right)\\&+\frac{1}{2}\left(\frac{\lambda}{R_1+(i-1)\Delta r}\frac{-T_{i+2}^{n}+8T_{i+1}^{n}-8T_{i-1}^{n}+T_{i-2}^{n}}{12\Delta r}\right.\\&\left.+\lambda\frac{-T_{i-2}^{n}+16T_{i-1}^{n}-30T_i^{n}+16T_{i+1}^{n}-T_{i+2}^{n}}{12\Delta r^2}\right)\end{aligned} \tag{4.184}$$

当采用 A-B 格式进行非稳态项离散时，控制方程可以表示为

$$\begin{aligned}\frac{T_i^{n+1}-T_i^n}{\Delta t}=&\frac{3}{2}\left(\frac{\lambda}{R_1+(i-1)\Delta r}\frac{-T_{i+2}^{n}+8T_{i+1}^{n}-8T_{i-1}^{n}+T_{i-2}^{n}}{12\Delta r}\right.\\&\left.+\lambda\frac{-T_{i-2}^{n}+16T_{i-1}^{n}-30T_i^{n}+16T_{i+1}^{n}-T_{i+2}^{n}}{12\Delta r^2}\right)\\&-\frac{1}{2}\left(\frac{\lambda}{R_1+(i-1)\Delta r}\frac{-T_{i+2}^{n-1}+8T_{i+1}^{n-1}-8T_{i-1}^{n-1}+T_{i-2}^{n-1}}{12\Delta r}\right.\\&\left.+\lambda\frac{-T_{i-2}^{n-1}+16T_{i-1}^{n-1}-30T_i^{n-1}+16T_{i+1}^{n-1}-T_{i+2}^{n-1}}{12\Delta r^2}\right)\end{aligned} \tag{4.185}$$

例 25　已知二维极坐标下稳态对流扩散方程表达式为

$$\rho u_r\frac{\partial(\phi r)}{r\partial r}+\rho u_\theta\frac{\partial\phi}{r\partial\theta}=\Gamma_\phi\frac{\partial}{r\partial r}\left(r\frac{\partial\phi}{\partial r}\right)+\Gamma_\phi\frac{\partial}{r\partial\theta}\left(\frac{\partial\phi}{r\partial\theta}\right),\quad u_r>0,\quad u_\theta>0$$

对流项采用三阶迎风格式，扩散项采用二阶中心差分，写出内节点的方程离散表达式。

【解析】本题考查二维极坐标下对流扩散方程的离散。

控制方程可简化为

$$\frac{\rho u_r\phi}{r}+\rho u_r\frac{\partial\phi}{\partial r}+\frac{\rho u_\theta}{r}\frac{\partial\phi}{\partial\theta}=\frac{\Gamma}{r}\frac{\partial\phi}{\partial r}+\Gamma\frac{\partial^2\phi}{\partial r^2}+\Gamma\frac{\partial^2\phi}{\partial\theta^2} \tag{4.186}$$

对流项采用三阶迎风格式，如图 4.25 所示。

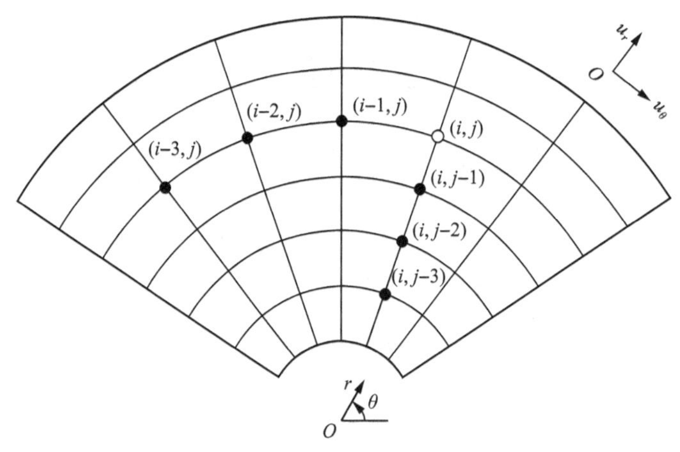

图 4.25　极坐标系下三阶迎风格式网格示意图

其离散表达式为

$$\frac{\rho u_r\phi}{r}+\rho u_r\frac{\partial\phi}{\partial r}+\frac{\rho u_\theta}{r}\frac{\partial\phi}{\partial\theta}=\frac{\rho u_r\phi_i}{R_1+(i-1)\Delta r}+\rho u_r\frac{11\phi_{i,j}-18\phi_{i-1,j}+9\phi_{i-2,j}-2\phi_{i-3,j}}{6\Delta r}$$
$$+\frac{\rho u_\theta}{R_1+(i-1)\Delta r}\frac{11\phi_{i,j}-18\phi_{i,j-1}+9\phi_{i,j-2}-2\phi_{i,j-3}}{6\Delta\theta}\tag{4.187}$$

扩散项采用二阶中心差分，其离散表达式为

$$\frac{\Gamma}{r}\frac{\partial\phi}{\partial r}+\Gamma\frac{\partial^2\phi}{\partial r^2}+\frac{\Gamma}{r^2}\frac{\partial^2\phi}{\partial\theta^2}=\frac{\Gamma}{R_1+(i-1)\Delta r}\frac{\phi_{i+1,j}-\phi_{i-1,j}}{\Delta r}+\Gamma\frac{\phi_{i+1,j}-2\phi_{i,j}+\phi_{i-1,j}}{\Delta r^2}$$
$$+\frac{\Gamma}{[R_1+(i-1)\Delta r]^2}\frac{\phi_{i,j+1}-2\phi_{i,j}+\phi_{i,j-1}}{\Delta\theta^2}\tag{4.188}$$

式(4.187)和式(4.188)联立得

$$\frac{\rho u_r\phi_i}{R_1+(i-1)\Delta r}+\rho u_r\frac{11\phi_{i,j}-18\phi_{i-1,j}+9\phi_{i-2,j}-2\phi_{i-3,j}}{6\Delta r}$$
$$+\frac{\rho u_\theta}{R_1+(i-1)\Delta r}\frac{11\phi_{i,j}-18\phi_{i,j-1}+9\phi_{i,j-2}-2\phi_{i,j-3}}{6\Delta\theta}$$
$$=\frac{\Gamma}{R_1+(i-1)\Delta r}\frac{\phi_{i+1,j}-\phi_{i+1,j}}{\Delta r}+\Gamma\frac{\phi_{i+1,j}-2\phi_{i,j}+\phi_{i-1,j}}{\Delta r^2}$$
$$+\frac{\Gamma}{[R_1+(i-1)\Delta r]^2}\frac{\phi_{i,j+1}-2\phi_{i,j}+\phi_{i,j-1}}{\Delta\theta^2}\tag{4.189}$$

4.7 编 程 实 践

1. 导数差分表达式通式应用

习题 1　参考本章式(4.3)和式(4.7)，编写任意正交网格基架点下的一阶导数和二阶导数差分表达式通式的计算程序。要求如下。

(1)节点数为 n，网格长度输入为 $\Delta x_1, \Delta x_2, \cdots, \Delta x_{n-1}$。

(2)差分表达式中只保留截差首项。

(3)总结对导数差分表达式的认识。

2. 非均分网格与均分网格计算精度对比

习题 2　已知某一维扩散问题控制方程为 $\frac{\partial^2 \phi}{\partial x^2} = e^x$，计算区域长度为 10，边界条件满足：$x = 0, \phi = 1; x = 10, \phi = e^{10}$。试编程求解 ϕ 随 x 的变化，要求如下。

(1)采用二阶中心差分格式离散扩散项。

(2)网格分布有以下三种方案。

方案一：均分网格，网格数为 10,20,50,100。

方案二：非均分网格，网格数为 10,20,50,100，网格增长速率 $q = 0.95$。

方案三：非均分网格，网格数为 10,20,50,100，网格增长速率 $q = 1.05$。

(3)采用 Origin 或 Tecplot 软件绘制出三种不同网格划分方案和不同网格数下 ϕ 随 x 的变化图及相对误差 ε 随 x 的变化图，对比相同方案不同网格数下精度及相同网格数不同方案下的精度。

(4)总结对不同网格下数值计算精度的认识。

3. 非稳态项不同离散格式精度对比

习题 3　已知某方程为 $\frac{\partial T}{\partial t} = \frac{1}{20}t$，初始条件为 t=0, T=100℃。试编程求解不同时刻温度的大小，要求如下。

(1)分别采用显式、隐式、C-N 格式和 A-B 格式对控制方程进行离散。

(2)计算精确解，对比不同离散格式下相对误差 ε 的差异并分析原因。

(3)总结对不同非稳态离散格式对数值计算精度影响的认识。

4. 二维稳态导热问题

习题 4　二维稳态无源项导热问题的控制方程为 $\lambda \frac{\partial^2 T}{\partial x^2} + \lambda \frac{\partial^2 T}{\partial y^2} = 0$，已知计算区域为正方形，边长为 3m，导热系数 λ=1W/(m·℃)，西边界温度为 0℃，东边界热流密度 q=−3W/m^2，北边界绝热，南边界为第三类边界条件，其对流换热系数 h_f=1W/(m^2·℃)，外

界环境温度 T_f =0℃。试编程求解该区域温度场的分布，要求如下。

(1)采用均分网格离散计算区域，网格数为 50×50。

(2)采用有限差分法离散方程，扩散项采用二阶中心差分格式离散。

(3)采用 Tecplot 软件绘制二维温度场云图。

(4)总结对稳态导热问题的认识。

5. 对流扩散问题

习题 5　一维稳态对流扩散问题的无量纲控制方程为 $\frac{\mathrm{d}\Phi}{\mathrm{d}X}=\frac{1}{Pe}\frac{\mathrm{d}^2\Phi}{\mathrm{d}X^2}$，已知 Pe=10，边界条件为 $\Phi_{X=0}=0$，$\Phi|_{X=1}=1$。试编程求解 Φ 随 X 的分布，要求如下。

(1)采用四套网格离散计算区域，网格数为 10(含边界点)，网格增长因子分别为 0.5, 0.8,1,1.25。

(2)采用有限差分法离散控制方程，其中扩散项采用二阶中心差分格式离散，对流项分别采用一阶、二阶和三阶迎风格式离散(上游分别取 1,2,3 个节点)。

(3)写出不同离散格式下的离散方程表达式。

(4)采用 Origin 或 Tecplot 软件画出对流项采用二阶迎风格式离散时 4 套不同网格下 Φ 随 X 的分布，并与解析解对比。

(5)采用 Origin 或 Tecplot 软件画出增长因子 q=1 时对流项采用 3 种不同离散格式时 Φ 随 X 的分布，并与解析解对比。

(6)总结网格和对流离散格式对数值计算精度影响的认识。

6. 高阶紧致格式

习题 6　试对例 23 进行编程求解，具体要求如下。

(1)采用均分网格离散计算区域，网格数为 100。

(2)采用有限差分法离散控制方程，其中内节点采用对称型高阶紧致格式离散，边界条件采用二阶偏差分格式离散。

(3)求解离散方程，与相同网格下内节点采用二阶中心差分格式离散时的计算结果进行对比，并分析误差大小。

(4)总结对高阶紧致格式的认识。

第 5 章　正交结构化网格有限容积法

第 4 章介绍了有限差分法，该方法只适用于微分型方程。有限容积法是在控制容积上对守恒型方程进行积分，得到离散方程的方法。该方法既适用于守恒型微分方程，又适用于守恒型积分方程。对结构化网格习惯从守恒型微分方程出发获得离散方程，对非结构化网格习惯从守恒型积分方程获得离散方程。本章介绍正交结构化网格有限容积法，非正交结构化网格(贴体坐标)有限容积法和非结构化网格有限容积法将分别在第 9 章和第 10 章进行介绍。

5.1　有限容积法的假设和关键

以二维稳态对流扩散守恒型方程为例：

$$\frac{\partial(\rho u_x\phi)}{\partial x}+\frac{\partial(\rho u_y\phi)}{\partial y}=\frac{\partial}{\partial x}\left(\Gamma\frac{\partial\phi}{\partial x}\right)+\frac{\partial}{\partial y}\left(\Gamma\frac{\partial\phi}{\partial y}\right)+S \tag{5.1}$$

内、外节点法是有限容积法中区域离散的两种方式，其基本思想如图 5.1 所示，两者区别在于界面与节点之间的位置关系：内节点法中节点始终位于相邻两界面中央，外节点法中界面始终位于相邻两节点中央。将式(5.1)在图 5.1 所示的控制容积中进行积分：

$$\begin{aligned}&\int_s^n\int_w^e\frac{\partial(\rho u_x\phi)}{\partial x}\mathrm{d}x\mathrm{d}y+\int_s^n\int_w^e\frac{\partial(\rho u_y\phi)}{\partial y}\mathrm{d}x\mathrm{d}y\\&=\int_s^n\int_w^e\frac{\partial}{\partial x}\left(\Gamma\frac{\partial\phi}{\partial x}\right)\mathrm{d}x\mathrm{d}y+\int_s^n\int_w^e\frac{\partial}{\partial y}\left(\Gamma\frac{\partial\phi}{\partial y}\right)\mathrm{d}x\mathrm{d}y+\int_s^n\int_w^e S\mathrm{d}x\mathrm{d}y\end{aligned} \tag{5.2}$$

对流项和扩散项进行一重积分得

$$\begin{aligned}&\int_s^n[(\rho u_x\phi)_e-(\rho u_x\phi)_w]\mathrm{d}y+\int_w^e[(\rho u_y\phi)_n-(\rho u_y\phi)_s]\mathrm{d}x\\&=\int_s^n\left[\left(\Gamma\frac{\partial\phi}{\partial x}\right)_e-\left(\Gamma\frac{\partial\phi}{\partial x}\right)_w\right]\mathrm{d}y+\int_w^e\left[\left(\Gamma\frac{\partial\phi}{\partial y}\right)_n-\left(\Gamma\frac{\partial\phi}{\partial y}\right)_s\right]\mathrm{d}x+\int_s^n\int_w^e S\mathrm{d}x\mathrm{d}y\end{aligned} \tag{5.3}$$

为得到数值积分，离散中作如下两个假设。

(1)界面相邻两节点连线与界面的交点 ei、wi、ni 和 si 处的值可近似认为是沿着该界面积分的平均值，有

$$\int_s^n[(\rho u_x\phi)_e-(\rho u_x\phi)_w]\mathrm{d}y\approx(\rho_{ei}u_{xei}\phi_{ei}-\rho_{wi}u_{xwi}\phi_{wi})\Delta y \tag{5.4}$$

$$\int_w^e \left[(\rho u_y \phi)_n - (\rho u_y \phi)_s \right] \mathrm{d}x \approx (\rho_{ni} u_{yni} \phi_{ni} - \rho_{si} u_{ysi} \phi_{si}) \Delta x \tag{5.5}$$

$$\int_s^n \left[\left(\Gamma \frac{\partial \phi}{\partial x} \right)_e - \left(\Gamma \frac{\partial \phi}{\partial x} \right)_w \right] \mathrm{d}y \approx \left[\Gamma_{ei} \left(\frac{\partial \phi}{\partial x} \right)_{ei} - \Gamma_{wi} \left(\frac{\partial \phi}{\partial x} \right)_{wi} \right] \Delta y \tag{5.6}$$

$$\int_w^e \left[\left(\Gamma \frac{\partial \phi}{\partial y} \right)_n - \left(\Gamma \frac{\partial \phi}{\partial y} \right)_s \right] \mathrm{d}x \approx \left[\Gamma_{ni} \left(\frac{\partial \phi}{\partial y} \right)_{ni} - \Gamma_{si} \left(\frac{\partial \phi}{\partial y} \right)_{si} \right] \Delta x \tag{5.7}$$

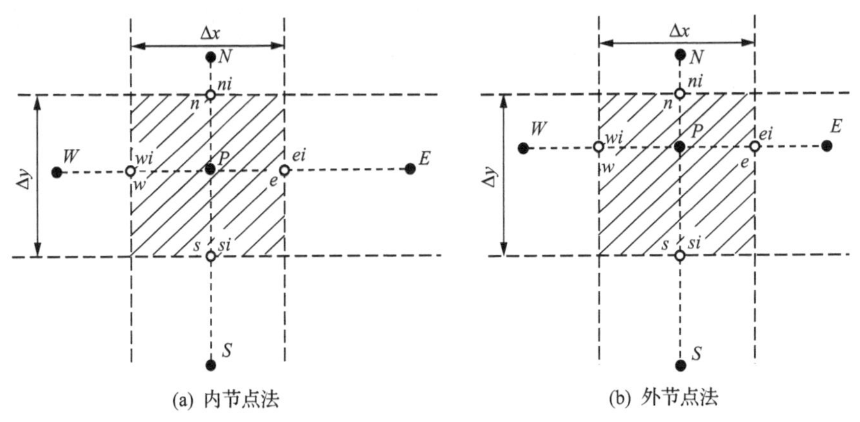

(a) 内节点法　　(b) 外节点法

图 5.1　二维控制容积示意图

(2) 节点上的源项可近似认为是控制容积区域内部的平均值，则有

$$\int_s^n \int_w^e S \mathrm{d}x\mathrm{d}y \approx S_P \Delta x \Delta y \tag{5.8}$$

将式(5.4)～式(5.8)代入式(5.3)得其近似表达式：

$$\begin{aligned} &(\rho_{ei} u_{xei} \phi_{ei} - \rho_{wi} u_{xwi} \phi_{wi}) \Delta y + (\rho_{ni} u_{yni} \phi_{ni} - \rho_{si} u_{ysi} \phi_{si}) \Delta x \\ &= \left[\Gamma_{ei} \left(\frac{\partial \phi}{\partial x} \right)_{ei} - \Gamma_{wi} \left(\frac{\partial \phi}{\partial x} \right)_{wi} \right] \Delta y + \left[\Gamma_{ni} \left(\frac{\partial \phi}{\partial y} \right)_{ni} - \Gamma_{si} \left(\frac{\partial \phi}{\partial y} \right)_{si} \right] \Delta x + S_P \Delta x \Delta y \end{aligned} \tag{5.9}$$

为简单起见，略去下标 i，则式(5.9)可写成下式：

$$\begin{aligned} &(\rho_e u_{xe} \phi_e - \rho_w u_{xw} \phi_w) \Delta y + (\rho_n u_{yn} \phi_n - \rho_s u_{ys} \phi_s) \Delta x \\ &= \left[\Gamma_e \left(\frac{\partial \phi}{\partial x} \right)_e - \Gamma_w \left(\frac{\partial \phi}{\partial x} \right)_w \right] \Delta y + \left[\Gamma_n \left(\frac{\partial \phi}{\partial y} \right)_n - \Gamma_s \left(\frac{\partial \phi}{\partial y} \right)_s \right] \Delta x + S_P \Delta x \Delta y \end{aligned} \tag{5.10}$$

式(5.10)可以写成如下简洁形式：

$$\sum_{j=1}^{N} (\boldsymbol{n}_j \cdot \boldsymbol{I}) \rho_j u_j \phi_j A_j = \sum_{j=1}^{N} (\boldsymbol{n}_j \cdot \boldsymbol{I}) \Gamma_j \frac{\partial \phi}{\partial x_j} A_j + S_P \Delta V \tag{5.11}$$

式中，j 为控制容积的界面，取为 e,w,n,s；$\boldsymbol{n}_j$ 表示界面 j 的单位外法线矢量，$\boldsymbol{I}$ 为坐标基矢量，对二维为 $[i,j]$，A_j 为界面面积。j 取 e 和 n 时，$\boldsymbol{n}_j \cdot \boldsymbol{I}=1$，而当 j 取 w 和 s 时，$\boldsymbol{n}_j \cdot \boldsymbol{I}=-1$。式(5.11)是一个通式，容易证明该式对直角坐标一维和三维问题也成立，对极坐标和圆柱坐标等正交坐标系亦成立。j 和 A_j 在不同坐标系、不同方向上的表达式见表 3.6～表 3.8。

由于所有待求变量和物性参数都是置于节点上而不是界面上，因此需要将式(5.11)中的界面值用节点值来表示，从而对式(5.11)进一步离散的关键在于：①如何用节点上的值得到界面交点物理量 ρ_j, u_j, Γ_j 和待求变量 ϕ_j；②如何用节点上的值得到界面交点待求变量界面法向一阶偏导数 $\dfrac{\partial \phi}{\partial x_j}$；③如何计算源项 S_P。这几个关键问题将在本章 5.2～5.6 节介绍。值得指出的是，上述推导中对控制容积是内节点法还是外节点法没有做要求，因此式(5.10)和式(5.11)对内节点法和外节点法均适用。

5.2　界面交点物理量和待求变量界面法向一阶偏导数的逼近

本小节介绍 5.1 节中提到的有限容积法实施中的前两个关键问题，即如何计算界面交点物理量、如何计算界面交点待求变量界面法向一阶偏导数。

界面交点物理量常采用算术平均法、调和平均法和拉格朗日插值法来计算。算术平均法的原理是线性插值，如图 5.2 所示。通过线性插值得界面上的物理量 φ_f（φ 可以为密度 ρ、速度 u、扩散系数 Γ 和待求变量 ϕ 等）为

$$\varphi_f = \gamma \varphi_{F^-} + (1-\gamma)\varphi_{F^+} \tag{5.12}$$

式中，γ 为插值因子，其表达式为

$$\gamma = \frac{x_{F^+} - x_f}{x_{F^+} - x_{F^-}} \tag{5.13}$$

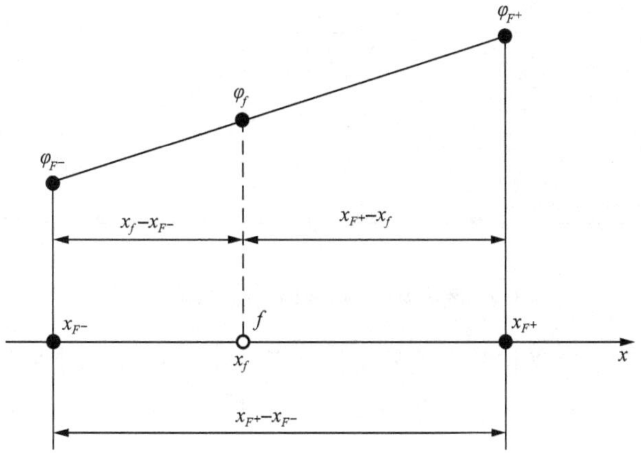

图 5.2　算术平均法示意图

式中，F^- 和 F^+ 分别表示以界面 f 为基准坐标轴负向和正向的节点，“–” 和 “+” 分别表示负向和正向。对于均分网格，γ 的大小为 1/2，φ_f 表达式简化为

$$\varphi_f = \frac{1}{2}\varphi_{F^-} + \frac{1}{2}\varphi_{F^+} \tag{5.14}$$

通过泰勒展开容易证明由算术平均法得到的界面交点物理量具有二阶截差精度。算术平均法存在一定的适用范围，常用于界面交点上密度 ρ、流速 u 和对流强度不是特别剧烈问题中界面交点上待求变量 ϕ 的计算；可用于广义扩散系数 Γ 在空间上变化平缓的情况，对广义扩散系数 Γ 在空间上剧烈变化的情况慎用。

界面上广义扩散系数 Γ 常采用调和平均法计算。该方法的原理：由界面两侧、左侧和右侧计算得到的广义扩散通量相等(图 5.3)，即

$$q_f = q_{f^-} = q_{f^+} \tag{5.15}$$

也就是

$$\frac{\phi_{F^+} - \phi_{F^-}}{\dfrac{x_{F^+} - x_{F^-}}{\Gamma_f}} = \frac{\phi_f - \phi_{F^-}}{\dfrac{x_f - x_{F^-}}{\Gamma_{F^-}}} = \frac{\phi_{F^+} - \phi_f}{\dfrac{x_{F^+} - x_f}{\Gamma_{F^+}}} = \frac{\phi_{F^+} - \phi_{F^-}}{\dfrac{x_f - x_{F^-}}{\Gamma_{F^-}} + \dfrac{x_{F^+} - x_f}{\Gamma_{F^+}}} \tag{5.16}$$

则界面扩散系数为

$$\Gamma_f = \frac{x_{F^+} - x_{F^-}}{\dfrac{x_f - x_{F^-}}{\Gamma_{F^-}} + \dfrac{x_{F^+} - x_f}{\Gamma_{F^+}}} = \frac{\Gamma_{F^-}\Gamma_{F^+}}{\gamma\Gamma_{F^-} + (1-\gamma)\Gamma_{F^+}} \tag{5.17}$$

由式(5.17)可知，调和平均法得到界面处的广义扩散系数为相邻两节点广义扩散系数的乘积除以其算术平均值。对于均分网格，Γ_f 表达式简化为

$$\Gamma_f = \frac{2\Gamma_{F^-}\Gamma_{F^+}}{\Gamma_{F^-} + \Gamma_{F^+}} \tag{5.18}$$

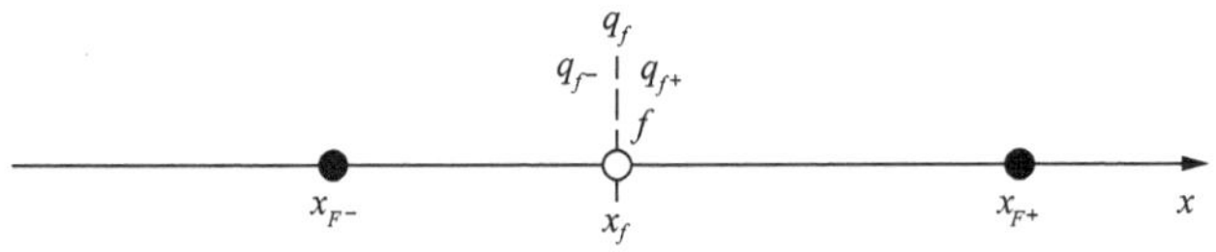

图 5.3　调和平均法原理图

表 5.1 系统对比了广义扩散系数采用算术平均法和调和平均法的差异，可以看出由调和平均法得到的广义扩散系数(导热系数 λ、动力黏度 μ 等)恒保证具有物理意义，推荐优先采用。

表 5.1　算术平均法和调和平均法的差异对比

	算术平均法	调和平均法
原理	假设广义扩散系数在空间呈线性分布	界面上的扩散通量，由两侧计算得到的值等于从两个单侧分别计算得到的结果。
表达式	$\Gamma_f = \gamma \Gamma_{F^-} + (1-\gamma)\Gamma_{F^+}$	$\Gamma_f = \dfrac{\Gamma_{F^-}\Gamma_{F^+}}{\gamma \Gamma_{F^-} + (1-\gamma)\Gamma_{F^+}}$
界面扩散系数	Γ_f 由 $\max(\Gamma_{F^-}, \Gamma_{F^+})$ 决定	Γ_f 由 $\min(\Gamma_{F^-}, \Gamma_{F^+})$ 决定
	扩散系数空间变化剧烈时，算术平均和调和平均计算结果相差很大	
界面两侧的广义扩散通量（包括热流、剪切应力和正应力）	不能保证恒相等	能保证恒相等

除了算术平均法和调和平均法，还可采用拉格朗日插值法计算界面交点物理量。

图 5.4 给出了界面 f 附近的网格基架，若采用网格节点 $i-m$ 至 $i+n$ 对位置 x 进行拉格朗日插值，则可得到界面上待求变量插值多项式：

$$\phi = \sum_{k=i-m}^{i+n} a_k \phi_k + \varepsilon \tag{5.19}$$

式中，a_k 为系数；ε 为误差项；且有

$$a_k = \prod_{j=i-m, j\neq k}^{i+n} \frac{x - x_j}{x_k - x_j} \tag{5.20}$$

$$\varepsilon = \frac{1}{(m+n+1)!} \prod_{j=i-m}^{i+n} (x - x_j) \left.\frac{\partial^{m+n+1}\phi}{\partial x^{m+n+1}}\right|_{\xi} \tag{5.21}$$

其中，$\xi \in [x_{i-m}, x_{i+n}]$，且误差 ε 满足下式关系：

$$\begin{aligned} \varepsilon &= \frac{1}{(m+n+1)!} \prod_{j=i-m}^{i+n} (x - x_j) \left(\left.\frac{\partial^{m+n+1}\phi}{\partial x^{m+n+1}}\right|_x + \left.\frac{\partial^{m+n+2}\phi}{\partial x^{m+n+2}}\right|_x (\xi - x) + O\left[(\overline{\Delta x})^2\right] \right) \\ &= \frac{1}{(m+n+1)!} \prod_{j=i-m}^{i+n} (x - x_j) \left.\frac{\partial^{m+n+1}\phi}{\partial x^{m+n+1}}\right|_x + O\left[(\overline{\Delta x})^{m+n+2}\right] \end{aligned} \tag{5.22}$$

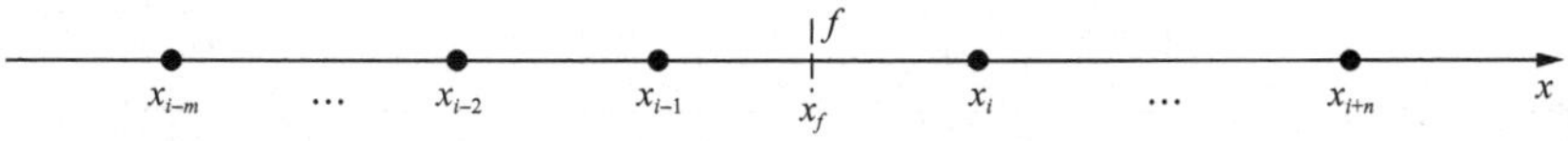

图 5.4　界面 f 附近的网格基架

根据拉格朗日插值方法，当采用界面相邻两点时，得到待求变量的中心差分格式(即算术平均法)；当采用上游两点时，得到待求变量的二阶迎风格式；当界面上游取两点和下游取一点时，得到待求变量的 QUICK 格式。类似地，拉格朗日插值多项式也可以用

来计算界面的物性参数和流速，但采用多点网格基架得到的物性参数和流速往往不满足物理量的有界性条件，一般用得较少。

下面介绍待求变量一阶偏导数的逼近。通过泰勒展开，在界面 f 两侧各取一点来近似一阶偏导数时，得到一阶偏导数的两点中心差分格式表达式为

$$\left.\frac{\partial \phi}{\partial x}\right|_f = \frac{\phi_{F^+}-\phi_{F^-}}{x_{F^+}-x_{F^-}} + \left.\frac{\partial^2 \phi}{\partial x^2}\right|_f \left(x_f - \frac{x_{F^+}+x_{F^-}}{2}\right) + O\left[(\overline{\Delta x})^2\right] \tag{5.23}$$

在界面两侧各取两点来近似一阶偏导数时，得到一阶偏导数的四点中心差分格式表达式为

$$\begin{aligned}\left.\frac{\partial \phi}{\partial x}\right|_f =& \frac{\left[(x_f-x_{F^-})(x_f-x_{F^+})+(x_f-x_{F^-})(x_f-x_{F^{++}})+(x_f-x_{F^+})(x_f-x_{F^{++}})\right]}{(x_{F^{--}}-x_{F^-})(x_{F^{--}}-x_{F^+})(x_{F^{--}}-x_{F^{++}})}\phi_{F^{--}} \\ &+ \frac{\left[(x_f-x_{F^{--}})(x_f-x_{F^+})+(x_f-x_{F^{--}})(x_f-x_{F^{++}})+(x_f-x_{F^+})(x_f-x_{F^{++}})\right]}{(x_{F^-}-x_{F^{--}})(x_{F^-}-x_{F^+})(x_{F^-}-x_{F^{++}})}\phi_{F^-} \\ &+ \frac{\left[(x_f-x_{F^{--}})(x_f-x_{F^-})+(x_f-x_{F^{--}})(x_f-x_{F^{++}})+(x_f-x_{F^-})(x_f-x_{F^{++}})\right]}{(x_{F^+}-x_{F^{--}})(x_{F^+}-x_{F^-})(x_{F^+}-x_{F^{++}})}\phi_{F^+} \\ &+ \frac{\left[(x_f-x_{F^{--}})(x_f-x_{F^-})+(x_f-x_{F^{--}})(x_f-x_{F^+})+(x_f-x_{F^-})(x_f-x_{F^+})\right]}{(x_{F^{++}}-x_{F^{--}})(x_{F^{++}}-x_{F^-})(x_{F^{++}}-x_{F^+})}\phi_{F^{++}} \\ &+ \frac{1}{4!}\left.\frac{\partial^4 \phi}{\partial x^4}\right|_f \begin{bmatrix}(x_f-x_{F^-})(x_f-x_{F^+})(x_f-x_{F^{++}})+(x_f-x_{F^{--}})(x_f-x_{F^+})(x_f-x_{F^{++}}) \\ +(x_f-x_{F^{--}})(x_f-x_{F^-})(x_f-x_{F^{++}})+(x_f-x_{F^{--}})(x_f-x_{F^-})(x_f-x_{F^+})\end{bmatrix} \\ &+ O\left[(\overline{\Delta x})^4\right]\end{aligned} \tag{5.24}$$

式中，下角 F^{--} 和 F^{++} 分别为以界面 f 为基准坐标轴负向和正向的远邻节点。

表 5.2 给出了采用两点中心差分和四点中心差分格式时，在非均分和均分网格中的截差精度。

表 5.2　两点和四点中心差分格式的截差精度

方法		非均分网格		均分网格	
		内界面	边界面	内界面	边界面
两点中心差分格式	外节点法	二阶	一阶	二阶	一阶
	内节点法	一阶	一阶	二阶	一阶
四点中心差分格式	外节点法	三阶	三阶	四阶	三阶
	内节点法	三阶	三阶	四阶	三阶

下面介绍一种适用于使用多点格式(≥2)近似一阶偏导数的方法。将式(5.19)、式(5.20)和式(5.22)对 x 求导，得

$$\frac{\partial \phi}{\partial x}=\sum_{k=i-m}^{i+n} b_k \phi_k+\varepsilon' \tag{5.25}$$

式中，ε' 为误差项；且有

$$b_k=\frac{\displaystyle\sum_{j=i-m, j\neq k}^{i+n}\left(\frac{1}{x-x_j}\right)\prod_{j=i-m, j\neq k}^{i+n}(x-x_j)}{\displaystyle\prod_{j=i-m, j\neq k}^{i+n}(x_k-x_j)} \tag{5.26}$$

$$\begin{aligned}\varepsilon' &=\frac{1}{(m+n+1)!}\frac{\partial^{m+n+1}\phi}{\partial x^{m+n+1}}\bigg|_{\xi}\sum_{j=i-m}^{i+n}\left(\frac{1}{x-x_j}\right)\prod_{j=i-m}^{i+n}(x-x_j)\\ &=\frac{1}{(m+n+1)!}\frac{\partial^{m+n+1}\phi}{\partial x^{m+n+1}}\bigg|_{x}\sum_{j=i-m}^{i+n}\left(\frac{1}{x-x_j}\right)\prod_{j=i-m}^{i+n}(x-x_j)+O\left[(\overline{\Delta x})^{m+n+1}\right]\end{aligned} \tag{5.27}$$

将 $x=x_f$ 代入式(5.19)、式(5.20)和式(5.22)，可得到界面 f 处的待求变量的插值多项式：

$$\phi_f=\sum_{k=i-m}^{i+n} a_k(x_f)\phi_k+\varepsilon(x_f) \tag{5.28}$$

式中，$a_k(x_f)$ 为系数项；$\varepsilon(x_f)$ 为误差项；且有

$$a_k(x_f)=\prod_{j=i-m, j\neq k}^{i+n}\frac{x_f-x_j}{x_k-x_j} \tag{5.29}$$

$$\varepsilon(x_f)=\frac{1}{(m+n+1)!}\prod_{j=i-m}^{i+n}(x_f-x_j)\frac{\partial^{m+n+1}\phi}{\partial x^{m+n+1}}\bigg|_{x_f}+O\left[(\overline{\Delta x})^{m+n+2}\right] \tag{5.30}$$

将 $x=x_f$ 代入式(5.25)～式(5.27)，可得界面 f 处的待求变量一阶偏导数的插值多项式：

$$\frac{\partial \phi}{\partial x}\bigg|_f=\sum_{k=i-m}^{i+n} b_k \phi_k+\varepsilon' \tag{5.31}$$

式中，

$$b_k(x_f)=\frac{\sum\limits_{j=i-m,j\neq k}^{i+n}\left(\frac{1}{x_f-x_j}\right)\prod\limits_{j=i-m,j\neq k}^{i+n}(x_f-x_j)}{\prod\limits_{j=i-m,j\neq k}^{i+n}(x_k-x_j)} \tag{5.32}$$

$$\begin{aligned}\varepsilon'(x_f)&=\frac{1}{(m+n+1)!}\frac{\partial^{m+n+1}\phi}{\partial x^{m+n+1}}\bigg|_{\xi}\sum_{j=i-m}^{i+n}\left(\frac{1}{x_f-x_j}\right)\prod_{j=i-m}^{i+n}(x_f-x_j)\\&=\frac{1}{(m+n+1)!}\frac{\partial^{m+n+1}\phi}{\partial x^{m+n+1}}\bigg|_{x_f}\sum_{j=i-m}^{i+n}\left(\frac{1}{x_f-x_j}\right)\prod_{j=i-m}^{i+n}(x_f-x_j)+O\left[(\overline{\Delta x})^{m+n+1}\right]\end{aligned} \tag{5.33}$$

上述拉格朗日插值表达式既适用于内节点法又适用于外节点法，既适用于均分网格又适用于非均分网格，采用网格基架点越多截差精度越高。

5.3　对流项的离散

式(5.11)中对流项$\sum\limits_{j=1}^{N}(\boldsymbol{n}_j\cdot\boldsymbol{I})\rho_j u_j\phi_j A_j$继续离散，需要确定界面交点上密度$\rho_j$、流速$u_j$、通量面积$A_j$和待求变量$\phi_j$。$\rho_j$和$u_j$可以通过5.2节介绍的方法计算，$A_j$见表3.6～表3.8，其中密度和速度也可以作为一个整体变量ρu进行插值得到$(\rho u)_j$。本节介绍界面交点上待求变量ϕ_j的确定方法，这是对流项离散的关键。采用不同节点上的值计算界面交点上待求变量ϕ_j的离散表达式不同，对应不同的对流项离散格式(简称对流格式)。

界面一般可分为边界面与内界面两类，其中内界面又分为边界相邻内界面和边界不相邻内界面，如图 5.5 所示。根据对流项的物理意义，上游变化会传播至下游，而下游

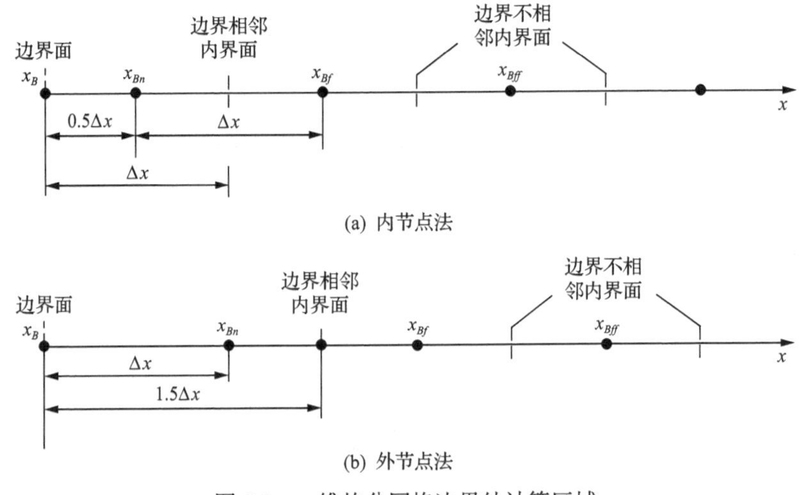

图 5.5　一维均分网格边界处计算区域

影响无法波及上游，因此构造的对流项离散格式应具有迎风特性，一般要求上游节点数大于下游节点数。

工程中常采用如图 5.6 所示的网格基架点(上游取两个节点 U 和 C，下游取一个节点 D)来构造二阶或三阶精度的对流项离散格式。通过上节的拉格朗日插值法可容易得到表 5.3 中常见对流项离散格式的表达式，这些表达式均为通式，适用于内外节点法的所有界面。值得指出的是，对于中心差分格式，由于边界面与边界点相重合，始终有 $x_f - x_C = 0$ 或 $x_f - x_D = 0$，通过通式可知始终有 $\phi_f = \phi_B$。对于 QUICK 格式，当边界面速度方向与其外法线方向相同时，下游点 D 与边界面正好重合，也就是与边界点正好重合，此时 $x_f - x_D = 0$，通过通式可知 $\phi_f = \phi_B$；当边界面速度方向与其外法线方向相反时，通常可以通过边界邻点对边界面的镜面映射得到一个虚拟节点，此时边界面与节点 C(边界点)重合，有 $x_f - x_C = 0$，通过通式可得 $\phi_f = \phi_B$，此做法有利于保证离散格式表达式的一致性，便于程序的编写。类似地，可知对于一阶迎风和二阶迎风格式，当边界面速度方向与其外法线方向相反时，有 $\phi_f = \phi_B$；当边界面速度方向与其外法线方向相同时，一阶迎风有 $\phi_f = \phi_{Bn}$，二阶迎风有 $\phi_f = -\dfrac{l_{Bn}}{l_{Bf} - l_{Bn}}\phi_{Bf} + \dfrac{l_{Bf}}{l_{Bf} - l_{Bn}}\phi_{Bn}$，其中 l_{Bn} 为边界点与边界邻点的距离，l_{Bf} 为边界点与边界远邻点的距离。当边界面的值取边界点值时，此时无截差精度。

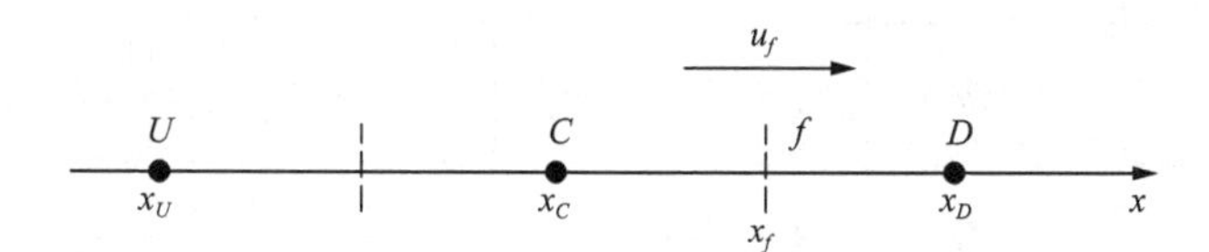

图 5.6　对流项离散格式中常采用的网格基架点

根据通式可以得到均分网格下的表达式。对于均分网格，边界面、边界相邻内界面、边界不相邻内界面的网格基架点与界面之间的距离关系不尽相同，得到的对流格式具体表达式并不相同。表 5.4 和表 5.5 分别给出了均分网格内节点法和外节点法的三种界面对流格式表达式。

表 5.3　常见的对流格式及精度

格式名称	离散表达式	精度
一阶迎风	$\phi_f = \phi_C$	一阶
二阶迎风	$\phi_f = -\dfrac{x_f - x_C}{x_C - x_U}\phi_U + \dfrac{x_f - x_U}{x_C - x_U}\phi_C$	二阶
中心差分	$\phi_f = \dfrac{x_D - x_f}{x_D - x_C}\phi_C + \dfrac{x_f - x_C}{x_D - x_C}\phi_D$	二阶
QUICK	$\phi_f = -\dfrac{(x_f - x_C)(x_D - x_f)}{(x_C - x_U)(x_D - x_U)}\phi_U + \dfrac{(x_f - x_U)(x_D - x_f)}{(x_C - x_U)(x_D - x_C)}\phi_C + \dfrac{(x_f - x_U)(x_f - x_C)}{(x_D - x_U)(x_D - x_C)}\phi_D$	三阶

表 5.4　均分网格内节点法三种界面对流格式表达式

界面类型	速度与界面法线方向	一阶迎风	二阶迎风	中心差分	QUICK
边界面	相同	$\phi_f=\phi_{Bn}$	$\phi_f=-\frac{1}{2}\phi_{Bf}+\frac{3}{2}\phi_{Bn}$	$\phi_f=\phi_B$	$\phi_f=\phi_B$
	相反	$\phi_f=\phi_B$	$\phi_f=\phi_B$	$\phi_f=\phi_B$	$\phi_f=\phi_B$
边界相邻内界面	相同	$\phi_f=\phi_{Bf}$	$\phi_f=-\frac{1}{2}\phi_{Bff}+\frac{3}{2}\phi_{Bf}$	$\phi_f=\frac{1}{2}\phi_{Bf}+\frac{1}{2}\phi_{Bn}$	$\phi_f=-\frac{1}{8}\phi_{Bff}+\frac{6}{8}\phi_{Bf}+\frac{3}{8}\phi_{Bn}$
	相反	$\phi_f=\phi_{Bn}$	$\phi_f=-\phi_B+2\phi_{Bn}$	$\phi_f=\frac{1}{2}\phi_{Bn}+\frac{1}{2}\phi_{Bf}$	$\phi_f=-\frac{1}{3}\phi_B+\phi_{Bn}+\frac{1}{3}\phi_{Bf}$
边界不相邻内界面	相同 相反	$\phi_f=\phi_C$	$\phi_f=-\frac{1}{2}\phi_U+\frac{3}{2}\phi_C$	$\phi_f=\frac{1}{2}\phi_C+\frac{1}{2}\phi_D$	$\phi_f=-\frac{1}{8}\phi_U+\frac{6}{8}\phi_C+\frac{3}{8}\phi_D$

表 5.5　均分网格外节点法三种界面对流格式表达式

界面类型	速度与界面法线方向	一阶迎风	二阶迎风	中心差分	QUICK
边界面	相同	$\phi_f=\phi_{Bn}$	$\phi_f=-\phi_{Bf}+2\phi_{Bn}$	$\phi_f=\phi_B$	$\phi_f=\phi_B$
	相反	$\phi_f=\phi_B$	$\phi_f=\phi_B$	$\phi_f=\phi_B$	$\phi_f=\phi_B$
边界相邻内界面	相同	$\phi_f=\phi_{Bf}$	$\phi_f=-\frac{1}{2}\phi_{Bff}+\frac{3}{2}\phi_{Bf}$	$\phi_f=\frac{1}{2}\phi_{Bf}+\frac{1}{2}\phi_{Bn}$	$\phi_f=-\frac{1}{8}\phi_{Bff}+\frac{6}{8}\phi_{Bf}+\frac{3}{8}\phi_{Bn}$
	相反	$\phi_f=\phi_{Bn}$	$\phi_f=-\frac{1}{2}\phi_B+\frac{3}{2}\phi_{Bn}$	$\phi_f=\frac{1}{2}\phi_{Bn}+\frac{1}{2}\phi_{Bf}$	$\phi_f=-\frac{1}{8}\phi_B+\frac{6}{8}\phi_{Bn}+\frac{3}{8}\phi_{Bf}$
边界不相邻内界面	相同 相反	$\phi_f=\phi_C$	$\phi_f=-\frac{1}{2}\phi_U+\frac{3}{2}\phi_C$	$\phi_f=\frac{1}{2}\phi_C+\frac{1}{2}\phi_D$	$\phi_f=-\frac{1}{8}\phi_U+\frac{6}{8}\phi_C+\frac{3}{8}\phi_D$

下面以图 5.1 中二维直角坐标系下的控制容积 e 界面(内界面)为例，说明界面处对流项采用中心差分格式离散所引入的截断误差。e 界面对流通量截差为

$$R_e^{\mathrm{C}}=A_e^{\mathrm{C}}-C_e^{\mathrm{C}} \tag{5.34}$$

式中，A_e^{C} 和 C_e^{C} 分别为 e 界面对流项积分的精确值和近似值，其表达式分别为

$$A_e^{\mathrm{C}}=\int_s^n(\rho u\phi)_e\mathrm{d}y \tag{5.35}$$

$$C_e^{\mathrm{C}}=\left[\frac{x_E-x_e}{x_E-x_P}(\rho u)_P+\frac{x_e-x_P}{x_E-x_P}(\rho u)_E\right]\left(\frac{x_E-x_e}{x_E-x_P}\phi_P+\frac{x_e-x_P}{x_E-x_P}\phi_E\right)\Delta y \tag{5.36}$$

将 e 界面上所有点的待求变量值对图 5.1 中 ei 点泰勒展开，式(5.35)可改写为

$$
\begin{aligned}
A_e^{\mathrm{C}} &= \int_s^n (\rho u\phi)_e \mathrm{d}y = \int_s^n \left[(\rho u\phi)_{ei} + (y - y_{ei}) \left.\frac{\partial(\rho u\phi)}{\partial y}\right|_{ei} + O\left[(\overline{\Delta y})^2\right] \right] \mathrm{d}y \\
&= \int_s^n (\rho u\phi)_{ei} \mathrm{d}y + \int_s^n (y - y_{ei}) \left.\frac{\partial(\rho u\phi)}{\partial y}\right|_{ei} \mathrm{d}y + \int_s^n O\left[(\overline{\Delta y})^2\right] \mathrm{d}y \\
&= (\rho u\phi)_{ei} \Delta y + \left(\frac{y_n + y_s}{2} - y_{ei} \right) \left.\frac{\partial(\rho u\phi)}{\partial y}\right|_{ei} \Delta y + O\left[(\overline{\Delta y})^2\right] \Delta y
\end{aligned}
\tag{5.37}
$$

根据式(5.28)～式(5.30)，界面处质量流量采用算术平均和界面处变量采用中心差分格式所引入的误差分别为

$$
(\rho u)_{ei} = \left[\frac{x_E - x_e}{x_E - x_P} (\rho u)_P + \frac{x_e - x_P}{x_E - x_P} (\rho u)_E \right] + \frac{1}{2} (x_e - x_P)(x_e - x_E) \left.\frac{\partial^2(\rho u)}{\partial x^2}\right|_{ei} + O\left[(\overline{\Delta x})^3\right]
\tag{5.38}
$$

$$
\phi_{ei} = \left(\frac{x_E - x_e}{x_E - x_P} \phi_P + \frac{x_e - x_P}{x_E - x_P} \phi_E \right) + \frac{1}{2} (x_e - x_P)(x_e - x_E) \left.\frac{\partial^2 \phi}{\partial x^2}\right|_{ei} + O\left[(\overline{\Delta x})^3\right]
\tag{5.39}
$$

将式(5.38)和式(5.39)代入式(5.36)中得

$$
\begin{aligned}
C_e^{\mathrm{C}} &= \left[\frac{x_E - x_e}{x_E - x_P} (\rho u)_P + \frac{x_e - x_P}{x_E - x_P} (\rho u)_E \right] \left(\frac{x_E - x_e}{x_E - x_P} \phi_P + \frac{x_e - x_P}{x_E - x_P} \phi_E \right) \Delta y \\
&= \left[(\rho u)_{ei} - \frac{1}{2} (x_e - x_P)(x_e - x_E) \left.\frac{\partial^2(\rho u)}{\partial x^2}\right|_{ei} + O\left[(\overline{\Delta x})^3\right] \right] \\
&\quad \cdot \left[\phi_{ei} - \frac{1}{2} (x_e - x_P)(x_e - x_E) \left.\frac{\partial^2 \phi}{\partial x^2}\right|_{ei} + O\left[(\overline{\Delta x})^3\right] \right] \Delta y \\
&= \left[(\rho u)_{ei} \phi_{ei} - \frac{1}{2} (x_e - x_P)(x_e - x_E) \left.\frac{\partial^2(\rho u)}{\partial x^2}\right|_{ei} \phi_{ei} - \frac{1}{2} (x_e - x_P)(x_e - x_E) (\rho u)_{ei} \left.\frac{\partial^2 \phi}{\partial x^2}\right|_{ei} \right. \\
&\quad \left. + O\left[(\overline{\Delta x})^3\right] \right] \Delta y
\end{aligned}
\tag{5.40}
$$

结合式(5.37)和式(5.40)可得

$$
\begin{aligned}
R_e^{\mathrm{C}} = A_e^{\mathrm{C}} - C_e^{\mathrm{C}} &= \left[\frac{1}{2} \Delta y \left.\frac{\partial^2(\rho u)}{\partial x^2}\right|_{ei} \phi_{ei} + \frac{1}{2} \Delta y (\rho u)_{ei} \left.\frac{\partial^2 \phi}{\partial x^2}\right|_{ei} \right] (x_e - x_P)(x_e - x_E) \\
&\quad + \Delta y \left.\frac{\partial(\rho u\phi)}{\partial y}\right|_{ei} \left(\frac{y_n + y_s}{2} - y_{ei} \right) + O\left[(\overline{\Delta x})^3, (\overline{\Delta y})^2\right] \Delta y
\end{aligned}
$$

$$
\begin{aligned}
&=\left[\frac{1}{2}A_e\frac{\partial^2(\rho u)}{\partial x^2}\bigg|_{ei}\phi_{ei}+\frac{1}{2}A_e(\rho u)_{ei}\frac{\partial^2\phi}{\partial x^2}\bigg|_{ei}\right](x_e-x_P)(x_e-x_E)\\
&\quad+A_e\frac{\partial(\rho u\phi)}{\partial y}\bigg|_{ei}\left(\frac{y_n+y_s}{2}-y_{ei}\right)+O\left[(\overline{\Delta x})^3,(\overline{\Delta y})^2\right]
\end{aligned}
\tag{5.41}
$$

上面讨论了中心差分格式 e 界面对流通量的截差，对于一阶迎风格式、二阶迎风格式和 QUICK 格式等其他离散格式下的对流通量截差推导过程类似，在此不再赘述。表 5.6 给出了二维问题下常用对流格式的内界面(以 e 界面为例)对流项截差首项表达式。从表 5.6 可看出，虽然 QUICK 格式对界面待求变量的近似是三阶精度，但是对流通量的截断误差在 x 方向仅有二阶精度。使用类似的推导方法，可得到常用对流格式的边界面对流项截差首项表达式，相关的推导过程见例 23。表 5.7 给出了二维问题下常用对流格式的边界面(以 w 界面为例)对流通量截断误差。根据表 5.6 和表 5.7，可得当内界面和边界面使用不同格式时，对流通量的截差精度，如表 5.8～表 5.10。

表 5.6　内界面(以 e 界面为例)对流通量截差首项表达式

格式名称	R_e^C 首项
一阶迎风	$A_e(\rho u)_{ei}\frac{\partial\phi}{\partial x}\big|_{ei}(x_e-x_C)+A_e\frac{\partial(\rho u\phi)}{\partial y}\big|_{ei}\left(\frac{y_n+y_s}{2}-y_{ei}\right)$
二阶迎风	$\frac{1}{2}A_e(\rho u)_{ei}\frac{\partial^2\phi}{\partial x^2}\big|_{ei}(x_e-x_C)(x_e-x_U)+\frac{1}{2}A_e\frac{\partial^2(\rho u)}{\partial x^2}\big|_{ei}\phi_{ei}(x_e-x_C)(x_e-x_D)+A_e\frac{\partial(\rho u\phi)}{\partial y}\big|_{ei}\left(\frac{y_n+y_s}{2}-y_{ei}\right)$
中心差分	$\left[\frac{1}{2}A_e\frac{\partial^2(\rho u)}{\partial x^2}\big|_{ei}\phi_{ei}+\frac{1}{2}A_e(\rho u)_{ei}\frac{\partial^2\phi}{\partial x^2}\big|_{ei}\right](x_e-x_P)(x_e-x_E)+A_e\frac{\partial(\rho u\phi)}{\partial y}\big|_{ei}\left(\frac{y_n+y_s}{2}-y_{ei}\right)$
QUICK	$\frac{1}{2}A_e\frac{\partial^2(\rho u)}{\partial x^2}\big|_{ei}\phi_{ei}(x_e-x_C)(x_e-x_D)+\frac{1}{6}A_e(\rho u)_{ei}\frac{\partial^3\phi}{\partial x^3}\big|_{ei}(x_e-x_C)(x_e-x_D)(x_e-x_U)+A_e\frac{\partial(\rho u\phi)}{\partial y}\big|_{ei}\left(\frac{y_n+y_s}{2}-y_{ei}\right)$

注：x_U, x_C, x_D 取值与界面流速方向有关。

表 5.7　边界面(以 w 界面为例)对流通量截差首项表达式

格式名称	R_w^C 首项	
	速度方向与边界外法线方向相同	速度方向与边界外法线方向相反
一阶迎风	$A_w(\rho u)_W\frac{\partial\phi}{\partial x}\big|_W(x_W-x_P)+A_w\frac{\partial(\rho u\phi)}{\partial y}\big|_W\left(\frac{y_n+y_s}{2}-y_W\right)$	$A_w\frac{\partial(\rho u\phi)}{\partial y}\big|_W\left(\frac{y_n+y_s}{2}-y_W\right)$

续表

格式名称	R_w^{C} 首项	
	速度方向与边界外法线方向相同	速度方向与边界外法线方向相反
二阶迎风	$\frac{1}{2}A_w(\rho u)_W\left.\frac{\partial^2\phi}{\partial x^2}\right\|_W(x_P-x_W)(x_E-x_W)+A_w\left.\frac{\partial(\rho u\phi)}{\partial y}\right\|_W\left(\frac{y_n+y_s}{2}-y_W\right)$	$A_w\left.\frac{\partial(\rho u\phi)}{\partial y}\right\|_W\left(\frac{y_n+y_s}{2}-y_W\right)$
中心差分	$A_w\left.\frac{\partial(\rho u\phi)}{\partial y}\right\|_W\left(\frac{y_n+y_s}{2}-y_W\right)$	$A_w\left.\frac{\partial(\rho u\phi)}{\partial y}\right\|_W\left(\frac{y_n+y_s}{2}-y_W\right)$
QUICK	$A_w\left.\frac{\partial(\rho u\phi)}{\partial y}\right\|_W\left(\frac{y_n+y_s}{2}-y_W\right)$	$A_w\left.\frac{\partial(\rho u\phi)}{\partial y}\right\|_W\left(\frac{y_n+y_s}{2}-y_W\right)$

表 5.8　不同格式内界面对流通量截差精度

格式名称	内节点法				外节点法				
	非均分网格		均分网格		非均分网格		均分网格		
	法向	切向	法向	切向	法向	切向	法向	切向	
一阶迎风	一阶	二阶	一阶	二阶	一阶	一阶	一阶	一阶*	二阶**
二阶迎风	二阶	二阶	二阶	二阶	二阶	一阶	二阶	一阶*	二阶**
中心差分	二阶	二阶	二阶	二阶	二阶	一阶	二阶	一阶*	二阶**
QUICK	二阶	二阶	二阶	二阶	二阶	一阶	二阶	一阶*	二阶**

*和**分别表示界面交点在切向方向上与边界相邻和不相邻。

表 5.9　不同格式边界面对流通量截差精度(速度方向与边界面外法线方向相同)

格式名称	内节点法				外节点法				
	非均分网格		均分网格		非均分网格		均分网格		
	法向	切向	法向	切向	法向	切向	法向	切向	
一阶迎风	一阶	二阶	一阶	二阶	一阶	一阶	一阶	一阶*	二阶**
二阶迎风	二阶	二阶	二阶	二阶	二阶	一阶	二阶	一阶*	二阶**
中心差分	—	二阶	—	二阶	—	一阶	—	一阶*	二阶**
QUICK	—	二阶	—	二阶	—	一阶	—	一阶*	二阶**

*和**分别表示边界面交点(此时正好为边界点)与边界面垂直的边界相邻和不相邻。

表 5.10　不同格式边界面对流通量截差精度(速度方向与边界面外法线方向相反)

格式名称	内节点法				外节点法				
	非均分网格		均分网格		非均分网格		均分网格		
	法向	切向	法向	切向	法向	切向	法向	切向	
一阶迎风	—	二阶	—	二阶	—	一阶	—	一阶*	二阶**
二阶迎风	—	二阶	—	二阶	—	一阶	—	一阶*	二阶**
中心差分	—	二阶	—	二阶	—	一阶	—	一阶*	二阶**
QUICK	—	二阶	—	二阶	—	一阶	—	一阶*	二阶**

*和**分别表示边界面交点(此时正好为边界点)与边界面垂直的边界相邻和不相邻。

5.4　扩散项和源项的离散

式(5.11)中扩散项$\sum_{j=1}^{N}(\boldsymbol{n}_j\cdot\boldsymbol{I})\Gamma_j\dfrac{\partial\phi}{\partial x_j}A_j$继续离散，需要确定界面交点上广义扩散系数$\Gamma_j$、通量面积$A_j$和待求变量界面法向一阶偏导数$\dfrac{\partial\phi}{\partial x_j}$。$\Gamma_j$可以通过 5.2 节介绍的方法计算，$A_j$见表 3.6～表 3.8。本节介绍界面交点上待求变量界面法向一阶偏导数$\dfrac{\partial\phi}{\partial x_j}$的确定方法，这是扩散项离散的关键。采用不同节点上的值计算界面交点上待求变量界面法向一阶偏导数$\dfrac{\partial\phi}{\partial x_j}$的离散表达式不同，对应不同的扩散项离散格式，一般采用两点格式来离散。表 5.11 给出了代表性的扩散项离散格式(待求变量界面法向一阶偏导数的离散表达式)、截差首项及其精度。对比表 5.3 和表 5.11，可知对流项离散格式的精度在均分网格和非均分网格上相同，且与内节点法还是外节点法无关；而扩散项离散格式的精度，与内节点法、外节点法、均分网格和非均分网格都有关。

表 5.11　扩散项离散格式(待求变量界面法向一阶偏导数的离散表达式)、截差首项及其精度

界面类型	离散表达式	截差首项	截差精度			
			内节点法		外节点法	
			非均分网格	均分网格	非均分网格	均分网格
内界面*(内点)	$\dfrac{\phi_E-\phi_P}{x_E-x_P}$	$\left(x_{ei}-\dfrac{x_P+x_E}{2}\right)\dfrac{\partial^2\phi}{\partial x^2}\Big\vert_{ei}$	一阶	二阶	二阶	二阶
边界面**(两点)	$\dfrac{\phi_P-\phi_W}{x_P-x_W}$	$\dfrac{1}{2}(x_W-x_P)\dfrac{\partial^2\phi}{\partial x^2}\Big\vert_W$	一阶	一阶	一阶	一阶
边界面**(三点)	$\dfrac{2x_W-x_P-x_E}{(x_P-x_W)(x_E-x_W)}\phi_W+\dfrac{x_E-x_W}{(x_P-x_W)(x_E-x_P)}\phi_P-\dfrac{x_P-x_W}{(x_E-x_W)(x_E-x_P)}\phi_E$	$\dfrac{1}{6}(x_W-x_P)(x_W-x_E)\dfrac{\partial^3\phi}{\partial x^3}\Big\vert_W$	二阶	二阶	二阶	二阶

* 内界面表达式是对 e 界面而言；** 边界面表达式是对 w 界面而言。

这里以如图 5.1 所示的二维直角坐标系下的控制容积 e 界面(内界面)为例，介绍界面待求变量法向一阶偏导数的逼近方法。由于扩散项的物理特性，常采用界面两侧对称取点的中心差分格式，根据式(5.31)～式(5.33)得 e 界面的一阶偏导数为

$$\left.\frac{\partial\phi}{\partial x}\right|_e\approx\left.\frac{\partial\phi}{\partial x}\right|_{ei}=\frac{\phi_E-\phi_P}{x_E-x_P}+\left(x_{ei}-\frac{x_P+x_E}{2}\right)\left.\frac{\partial^2\phi}{\partial x^2}\right|_{ei}+O\left[(\overline{\Delta x})^2\right]\tag{5.42}$$

于是，e 界面的扩散通量的截差为

$$R_e^{\mathrm{D}} = A_e^{\mathrm{D}} - C_e^{\mathrm{D}} \tag{5.43}$$

式中，$A_e^{\mathrm{D}}, C_e^{\mathrm{D}}$ 为 e 界面扩散项积分的精确值和近似值，其表达式分别为

$$A_e^{\mathrm{D}} = \int_s^n \left(\Gamma \frac{\partial \phi}{\partial x} \right)_e \mathrm{d}y \tag{5.44}$$

$$C_e^{\mathrm{D}} = \left(\frac{x_E - x_{ei}}{x_E - x_P} \Gamma_P + \frac{x_{ei} - x_P}{x_E - x_P} \Gamma_E \right) \frac{\phi_E - \phi_P}{x_E - x_P} \Delta y \tag{5.45}$$

将 e 界面上所有点的一阶偏导数对图 5.1 中 ei 点泰勒展开，式(5.44)可改写为

$$\begin{aligned} A_e^{\mathrm{D}} &= \int_s^n \left[\left(\Gamma \frac{\partial \phi}{\partial x} \right)_{ei} + (y - y_{ei}) \frac{\partial}{\partial y} \left(\Gamma \frac{\partial \phi}{\partial x} \right) \bigg|_{ei} + O\left[(\overline{\Delta y})^2 \right] \right] \mathrm{d}y \\ &= \int_s^n \left(\Gamma \frac{\partial \phi}{\partial x} \right)_{ei} \mathrm{d}y + \int_s^n (y - y_{ei}) \frac{\partial}{\partial y} \left(\Gamma \frac{\partial \phi}{\partial x} \right) \bigg|_{ei} \mathrm{d}y + \int_s^n O\left[(\overline{\Delta y})^2 \right] \mathrm{d}y \\ &= \left(\Gamma \frac{\partial \phi}{\partial x} \right)_{ei} \Delta y + \left(\frac{y_n + y_s}{2} - y_{ei} \right) \frac{\partial}{\partial y} \left(\Gamma \frac{\partial \phi}{\partial x} \right) \bigg|_{ei} \Delta y + O\left[(\overline{\Delta y})^2 \right] \Delta y \end{aligned} \tag{5.46}$$

由于界面上扩散系数采用算术平均，根据式(5.28)～式(5.30)可得

$$\Gamma_{ei} = \left(\frac{x_E - x_{ei}}{x_E - x_P} \Gamma_P + \frac{x_{ei} - x_P}{x_E - x_P} \Gamma_E \right) + \frac{1}{2} (x_{ei} - x_P)(x_{ei} - x_E) \frac{\partial^2 \Gamma}{\partial x^2} \bigg|_{ei} + O\left[(\overline{\Delta x})^3 \right] \tag{5.47}$$

将式(5.42)和式(5.47)代入至式(5.45)中可得

$$\begin{aligned} C_e^{\mathrm{D}} &= \left(\frac{x_E - x_{ei}}{x_E - x_P} \Gamma_P + \frac{x_{ei} - x_P}{x_E - x_P} \Gamma_E \right) \frac{\phi_E - \phi_P}{x_E - x_P} \Delta y \\ &= \left[\Gamma_{ei} - \frac{1}{2} (x_{ei} - x_P)(x_{ei} - x_E) \frac{\partial^2 \Gamma}{\partial x^2} \bigg|_{ei} + O\left[(\overline{\Delta x})^3 \right] \right] \left[\frac{\partial \phi}{\partial x} \bigg|_{ei} - \left(x_{ei} - \frac{x_P + x_E}{2} \right) \frac{\partial^2 \phi}{\partial x^2} \bigg|_{ei} + O\left[(\overline{\Delta x})^2 \right] \right] \Delta y \\ &= \left[\Gamma_{ei} \frac{\partial \phi}{\partial x} \bigg|_{ei} - \Gamma_{ei} \left(x_{ei} - \frac{x_P + x_E}{2} \right) \frac{\partial^2 \phi}{\partial x^2} \bigg|_{ei} + O\left[(\overline{\Delta x})^2 \right] \right] \Delta y \end{aligned} \tag{5.48}$$

根据式(5.46)和式(5.48)可得

$$\begin{aligned} R_e^{\mathrm{D}} &= A_e^{\mathrm{D}} - C_e^{\mathrm{D}} \\ &= \Gamma_{ei} \Delta y \frac{\partial^2 \phi}{\partial x^2} \bigg|_{ei} \left(x_{ei} - \frac{x_P + x_E}{2} \right) + \Delta y \frac{\partial}{\partial y} \left(\Gamma \frac{\partial \phi}{\partial x} \right) \bigg|_{ei} \left(\frac{y_n + y_s}{2} - y_{ei} \right) + O\left[(\overline{\Delta x})^2, (\overline{\Delta y})^2 \right] \Delta y \\ &= \Gamma_{ei} A_e \frac{\partial^2 \phi}{\partial x^2} \bigg|_{ei} \left(x_{ei} - \frac{x_P + x_E}{2} \right) + A_e \frac{\partial}{\partial y} \left(\Gamma \frac{\partial \phi}{\partial x} \right) \bigg|_{ei} \left(\frac{y_n + y_s}{2} - y_{ei} \right) + O\left[(\overline{\Delta x})^2, (\overline{\Delta y})^2 \right] \end{aligned} \tag{5.49}$$

类似地，可得到边界面扩散通量的截差表达式，本章例 24 给出了以 w 界面为例，当边界面取两点和三点格式时的扩散通量截差推导过程及表达式。当采用两点格式近似一阶偏导数时，扩散通量截差表达式为

$$\begin{aligned}R_w^{\mathrm{D}} &= A_w^{\mathrm{D}} - C_w^{\mathrm{D}} \\ &= -\frac{1}{2}\Delta y \Gamma_W \left.\frac{\partial^2\phi}{\partial x^2}\right|_W (x_P - x_W) + \Delta y \frac{\partial}{\partial y}\left(\Gamma\frac{\partial\phi}{\partial x}\right)\bigg|_W \left(\frac{y_n + y_s}{2} - y_W\right) + O\left[(\overline{\Delta x})^2, (\overline{\Delta y})^2\right]\Delta y \\ &= -\frac{1}{2}A_w \Gamma_W \left.\frac{\partial^2\phi}{\partial x^2}\right|_W (x_P - x_W) + A_w \frac{\partial}{\partial y}\left(\Gamma\frac{\partial\phi}{\partial x}\right)\bigg|_W \left(\frac{y_n + y_s}{2} - y_W\right) + O\left[(\overline{\Delta x})^2, (\overline{\Delta y})^2\right]\end{aligned} \tag{5.50}$$

当采用三点格式时，其表达式为

$$\begin{aligned}R_w^{\mathrm{D}} &= A_w^{\mathrm{D}} - C_w^{\mathrm{D}} \\ &= \frac{1}{6}\Delta y \Gamma_W \left.\frac{\partial^3\phi}{\partial x^3}\right|_W (x_W - x_P)(x_W - x_E) + \Delta y \frac{\partial}{\partial y}\left(\Gamma\frac{\partial\phi}{\partial x}\right)\bigg|_W \left(\frac{y_n + y_s}{2} - y_W\right) + O\left[(\overline{\Delta x})^3, (\overline{\Delta y})^2\right]\Delta y \\ &= \frac{1}{6}A_w \Gamma_W \left.\frac{\partial^3\phi}{\partial x^3}\right|_W (x_W - x_P)(x_W - x_E) + A_w \frac{\partial}{\partial y}\left(\Gamma\frac{\partial\phi}{\partial x}\right)\bigg|_W \left(\frac{y_n + y_s}{2} - y_W\right) + O\left[(\overline{\Delta x})^3, (\overline{\Delta y})^2\right]\end{aligned} \tag{5.51}$$

根据式(5.49)～式(5.51)，可以得到不同界面的扩散通量截差精度，见表 5.12。

表 5.12　扩散通量截差精度

界面类型	内节点法				外节点法				
	非均分网格		均分网格		非均分网格		均分网格		
	法向	切向	法向	切向	法向	切向	法向	切向	切向
内界面（两点格式）	一阶	二阶	二阶	二阶	二阶	一阶	二阶	一阶*	二阶**
边界面（两点格式）	一阶	二阶	一阶	二阶	一阶	一阶	一阶	一阶#	二阶##
边界面（三点格式）	二阶	二阶	二阶	二阶	二阶	一阶	二阶	一阶#	二阶##

*和**分别表示界面交点在切向方向上与边界相邻和不相邻；#和##分别表示边界面交点（此时正好为边界点）与边界面垂直方向的边界相邻和不相邻。

源项通常包含导数项和非导数项，针对导数项的离散，其截差分析与对流项和扩散项离散类似，以下给出源项中非导数项的离散及其截差精度分析。值得指出的是，源项中导数项的离散通常采用中心差分格式。

设源项中非导数项为 S^{m}，将控制容积上所有点对节点 P 展开后积分得

$$
\begin{aligned}
\int_s^n\int_w^e S^{\mathrm{m}}\mathrm{d}x\mathrm{d}y &= \int_s^n\int_w^e\left\{S_P^{\mathrm{m}} + (x-x_P)\left.\frac{\partial S^{\mathrm{m}}}{\partial x}\right|_P + (y-y_P)\left.\frac{\partial S^{\mathrm{m}}}{\partial y}\right|_P + O\left[(\overline{\Delta x})^2,(\overline{\Delta y})^2,\overline{\Delta x\Delta y}\right]\right\}\mathrm{d}x\mathrm{d}y \\
&= \int_s^n\int_w^e S_P^{\mathrm{m}}\mathrm{d}x\mathrm{d}y + \int_s^n\int_w^e (x-x_P)\left.\frac{\partial S^{\mathrm{m}}}{\partial x}\right|_P\mathrm{d}x\mathrm{d}y + \int_s^n\int_w^e (y-y_P)\left.\frac{\partial S^{\mathrm{m}}}{\partial y}\right|_P\mathrm{d}x\mathrm{d}y \\
&\quad + \int_s^n\int_w^e O\left[(\overline{\Delta x})^2,(\overline{\Delta y})^2,\overline{\Delta x\Delta y}\right]\mathrm{d}x\mathrm{d}y \\
&= S_P^{\mathrm{m}}\Delta x\Delta y + \left(\frac{x_e+x_w}{2}-x_P\right)\Delta y\left.\frac{\partial S^{\mathrm{m}}}{\partial x}\right|_P\Delta x + \left(\frac{y_n+y_s}{2}-y_P\right)\Delta x\left.\frac{\partial S^{\mathrm{m}}}{\partial y}\right|_P\Delta y \\
&\quad + O\left[(\overline{\Delta x})^2,(\overline{\Delta y})^2,\overline{\Delta x\Delta y}\right]\Delta x\Delta y \\
&= S_P^{\mathrm{m}}\Delta V + \left(\frac{x_e+x_w}{2}-x_P\right)\left.\frac{\partial S^{\mathrm{m}}}{\partial x}\right|_P\Delta V + \left(\frac{y_n+y_s}{2}-y_P\right)\left.\frac{\partial S^{\mathrm{m}}}{\partial y}\right|_P\Delta V \\
&\quad + O\left[(\overline{\Delta x})^2,(\overline{\Delta y})^2,\overline{\Delta x\Delta y}\right]
\end{aligned}
\tag{5.52}
$$

由式(5.52)可知，源项非导数项离散的截差为

$$
\begin{aligned}
R^{\mathrm{S}} &= \int_s^n\int_w^e S^{\mathrm{m}}\mathrm{d}x\mathrm{d}y - S_P^{\mathrm{m}}\Delta x\Delta y \\
&= \Delta x\Delta y\left.\frac{\partial S^{\mathrm{m}}}{\partial x}\right|_P\left(\frac{x_e+x_w}{2}-x_P\right) + \Delta x\Delta y\left.\frac{\partial S^{\mathrm{m}}}{\partial y}\right|_P\left(\frac{y_n+y_s}{2}-y_P\right) + O\left[(\overline{\Delta x})^2,(\overline{\Delta y})^2,\overline{\Delta x\Delta y}\right]\Delta x\Delta y \\
&= \Delta V\left.\frac{\partial S^{\mathrm{m}}}{\partial x}\right|_P\left(\frac{x_e+x_w}{2}-x_P\right) + \Delta V\left.\frac{\partial S^{\mathrm{m}}}{\partial y}\right|_P\left(\frac{y_n+y_s}{2}-y_P\right) + O\left[(\overline{\Delta x})^2,(\overline{\Delta y})^2,\overline{\Delta x\Delta y}\right]
\end{aligned}
\tag{5.53}
$$

根据式(5.53)可得到在非均分网格、均分网格、内节点法和外节点法中源项的截差精度，见表5.13。

表 5.13　源项截差精度

	非均分网格		均分网格	
	x 方向	y 方向	x 方向	y 方向
内节点法	二阶	二阶	二阶	二阶
外节点法	一阶	一阶	一阶*	一阶#
			二阶**	二阶##

*和**分别表示 x 方向上是与边界相邻和不相邻的内节点；#和##分别表示 y 方向上是与边界相邻和不相邻的内节点。

5.5　非稳态项的离散

4.3 节介绍过对有限差分法而言，非稳态项的离散是指时间项的离散，其与空间项取哪个时层的值有关。对有限容积法而言，非稳态项的离散还包括在控制容积上对时间项的积分，因此与有限差分方法的离散有较大的区别。以二维非稳态对流扩散方程为例说明有限容积方法中非稳态项的离散：

$$\rho\frac{\partial\phi}{\partial t}+\frac{\partial(\rho u_x\phi)}{\partial x}+\frac{\partial(\rho u_y\phi)}{\partial y}=\frac{\partial}{\partial x}\left(\Gamma\frac{\partial\phi}{\partial x}\right)+\frac{\partial}{\partial y}\left(\Gamma\frac{\partial\phi}{\partial y}\right)+S \tag{5.54}$$

将方程(5.54)在图 5.1 所示的内、外节点法控制容积进行积分：

$$\begin{aligned}&\int_s^n\int_w^e\rho\frac{\partial\phi}{\partial t}\mathrm{d}x\mathrm{d}y+\int_s^n\int_w^e\frac{\partial(\rho u_x\phi)}{\partial x}\mathrm{d}x\mathrm{d}y+\int_s^n\int_w^e\frac{\partial(\rho u_y\phi)}{\partial y}\mathrm{d}x\mathrm{d}y\\&=\int_s^n\int_w^e\frac{\partial}{\partial x}\left(\Gamma\frac{\partial\phi}{\partial x}\right)\mathrm{d}x\mathrm{d}y+\int_s^n\int_w^e\frac{\partial}{\partial y}\left(\Gamma\frac{\partial\phi}{\partial y}\right)\mathrm{d}x\mathrm{d}y+\int_s^n\int_w^e S\mathrm{d}x\mathrm{d}y\end{aligned} \tag{5.55}$$

其中对流项、扩散项和源项的离散见 5.3 节和 5.4 节，于是有

$$\int_s^n\int_w^e\rho\frac{\partial\phi}{\partial t}\mathrm{d}x\mathrm{d}y+C=D+S \tag{5.56}$$

式中，C、D、S 分别为对流项、扩散项和源项的离散表达式。

非稳态项中的时间一阶偏导数项一般采用如下表达式：

$$\left.\frac{\partial\phi}{\partial t}\right|_P^{\text{时层}}\approx\frac{\phi_P^{n+1}-\phi_P^n}{\Delta t} \tag{5.57}$$

其截差精度取决于空间项 C、D、S 和 ρ_P 取哪个时层上的值。当 $C,D,S,\ \rho_P$ 均采用已知时层的值进行计算时，得到的非稳态项离散格式为显式格式，式(5.57)为对已知时层 n 时层的向前差分格式，容易证明该格式在时间上具有一阶截差精度；当 $C,D,S,\ \rho_P$ 均采用未知时层值进行计算时，得到的非稳态项离散格式为隐式格式，式(5.57)为对未知时层 n+1 时层的向后差分格式，该格式在时间上也只具有一阶截差精度；当 $C,D,S,\ \rho_P$ 采用已知时层和未知时层的均值进行计算时，得到 C-N 格式，式(5.57)为对中间时层的中心差分格式，该格式在时间上具有二阶截差精度。有限容积方法的显式、隐式和 C-N 格式的优缺点与有限差分方法类似，见表 4.4。在工程实际计算中，为保证计算的稳定性，有限容积方法常采用全隐格式，本书有限容积方法中的非稳态项离散如无特殊说明均采用全隐格式。

与有限差分法不同，有限容积法由于存在非稳态项在控制容积上的积分，因此非稳

态项的离散在空间上也会产生截断误差。积分中假设节点上的值为整个控制容积非稳态项的平均值，于是式(5.56)中左边第一项可写成

$$
\begin{aligned}
\int_s^n\int_w^e \rho\frac{\partial\phi}{\partial t}\mathrm{d}x\mathrm{d}y &= \int_s^n\int_w^e\left[\begin{array}{l}\rho_P\left.\dfrac{\partial\phi}{\partial t}\right|_P+(x-x_P)\dfrac{\partial}{\partial x}\left.\left(\rho\dfrac{\partial\phi}{\partial t}\right)\right|_P+(y-y_P)\dfrac{\partial}{\partial y}\left.\left(\rho\dfrac{\partial\phi}{\partial t}\right)\right|_P\\ +O\left[(\overline{\Delta x})^2,(\overline{\Delta y})^2,\overline{\Delta x\Delta y}\right]\end{array}\right]\mathrm{d}x\mathrm{d}y\\
&=\int_s^n\int_w^e\rho_P\left.\frac{\partial\phi}{\partial t}\right|_P\mathrm{d}x\mathrm{d}y+\int_s^n\int_w^e(x-x_P)\frac{\partial}{\partial x}\left.\left(\rho\frac{\partial\phi}{\partial t}\right)\right|_P\mathrm{d}x\mathrm{d}y\\
&\quad+\int_s^n\int_w^e(y-y_P)\frac{\partial}{\partial y}\left.\left(\rho\frac{\partial\phi}{\partial t}\right)\right|_P\mathrm{d}x\mathrm{d}y+\int_s^n\int_w^e O\left[(\overline{\Delta x})^2,(\overline{\Delta y})^2,\overline{\Delta x\Delta y}\right]\mathrm{d}x\mathrm{d}y\\
&=\rho_P\left.\frac{\partial\phi}{\partial t}\right|_P\Delta x\Delta y+\left(\frac{x_e+x_w}{2}-x_P\right)\Delta y\frac{\partial}{\partial x}\left.\left(\rho\frac{\partial\phi}{\partial t}\right)\right|_P\Delta x\\
&\quad+\left(\frac{y_n+y_s}{2}-y_P\right)\Delta x\frac{\partial}{\partial y}\left.\left(\rho\frac{\partial\phi}{\partial t}\right)\right|_P\Delta y+O\left[(\overline{\Delta x})^2,(\overline{\Delta y})^2,\overline{\Delta x\Delta y}\right]\Delta x\Delta y\\
&=\rho_P\left.\frac{\partial\phi}{\partial t}\right|_P\Delta V+\Delta V\frac{\partial}{\partial x}\left.\left(\rho\frac{\partial\phi}{\partial t}\right)\right|_P\left(\frac{x_e+x_w}{2}-x_P\right)\\
&\quad+\Delta V\frac{\partial}{\partial y}\left.\left(\rho\frac{\partial\phi}{\partial t}\right)\right|_P\left(\frac{y_n+y_s}{2}-y_P\right)+O\left[(\overline{\Delta x})^2,(\overline{\Delta y})^2,\overline{\Delta x\Delta y}\right]
\end{aligned}
\tag{5.58}
$$

可见，非稳态项的离散中以 P 点的 $\rho_P\left.\dfrac{\partial\phi}{\partial t}\right|_P$ 值代替整个控制容积的值时，空间上会引入误差。将式(5.58)的 $\left.\dfrac{\partial\phi}{\partial t}\right|_P$ 采用隐式格式加截断误差的形式代替，可改写为

$$
\begin{aligned}
\int_s^n\int_w^e\rho\frac{\partial\phi}{\partial t}\mathrm{d}x\mathrm{d}y &= \rho_P\left[\frac{\phi_P^{n+1}-\phi_P^n}{\Delta t}+O(\Delta t)\right]\Delta V+\Delta V\frac{\partial}{\partial x}\left.\left(\rho\frac{\partial\phi}{\partial t}\right)\right|_P^{n+1}\left(\frac{x_e+x_w}{2}-x_P\right)\\
&\quad+\Delta V\frac{\partial}{\partial y}\left.\left(\rho\frac{\partial\phi}{\partial t}\right)\right|_P^{n+1}\left(\frac{y_n+y_s}{2}-y_P\right)+O\left[(\overline{\Delta x})^2,(\overline{\Delta y})^2,\overline{\Delta x\Delta y}\right]\\
&=\rho_P\left(\frac{\phi_P^{n+1}-\phi_P^n}{\Delta t}\right)\Delta V+\Delta V\frac{\partial}{\partial x}\left.\left(\rho\frac{\partial\phi}{\partial t}\right)\right|_P^{n+1}\left(\frac{x_e+x_w}{2}-x_P\right)\\
&\quad+\Delta V\frac{\partial}{\partial y}\left.\left(\rho\frac{\partial\phi}{\partial t}\right)\right|_P^{n+1}\left(\frac{y_n+y_s}{2}-y_P\right)+O\left[\Delta t,(\overline{\Delta x})^2,(\overline{\Delta y})^2,\overline{\Delta x\Delta y}\right]
\end{aligned}
\tag{5.59}
$$

通过式(5.59)可知，非稳态项离散在时间上的截差精度为一阶，非均分网格、均分网格、内节点法和外节点法在空间上的截差精度见表 5.14。

表 5.14　非稳态项的空间截差精度

	非均分网格		均分网格	
	x 方向	y 方向	x 方向	y 方向
内节点法	二阶	二阶	二阶	二阶
外节点法	一阶	一阶	一阶* 二阶**	一阶# 二阶##

*和**分别表示 x 方向上是与边界相邻和不相邻的内节点；#和##分别表示 y 方向上是与边界相邻和不相邻的内节点。

值得指出的是，有限容积法的实施中，可以对时间进行积分，也可以不对时间积分。为什么这两种方式均可，请读者自行思考。

5.6　增强离散方程计算稳定性的两种方法

数值传热学中，常对源项进行局部线性化处理，常对对流项采用延迟修正法处理，从而保证离散方程的主对角占优，达到增强离散方程计算稳定性的目的。以下简要介绍这两种增强离散方程计算稳定性的方法。

源项局部线性化的表达式如下：

$$S = S_{\mathrm{C}} + S_P \phi_P \tag{5.60}$$

式中，S_{C} 为常数部分；S_P 为 S 随 ϕ 变化的曲线在 ϕ_P 处的斜率，要求 $S_P < 0$。局部线性化处理可以使源项和待求变量的更新处于更加协调的状态，并且可更好地保证离散代数方程主对角占优，从而增强代数方程求解过程的稳定性。

对流项延迟修正方法的基本思想是将任意格式写成一阶迎风加修正量的形式：

$$\phi_f = \phi_{\mathrm{FUD}} + (\phi_f - \phi_{\mathrm{FUD}})^* \tag{5.61}$$

式中，ϕ_f 表示任意格式；ϕ_{FUD} 表示一阶迎风格式；$(\phi_f - \phi_{\mathrm{FUD}})$ 表示修正量；*表示上一轮迭代的值。离散中只有一阶迎风格式部分用于生成离散方程的系数，而修正量 $(\phi_f - \phi_{\mathrm{FUD}})$ 由上一轮迭代的结果进行计算，置于离散方程的源项中。采用延迟修正方法具有两个显著的优点：一是离散的代数方程组主对角占优条件更容易满足；二是由于将对流项中远邻点的影响置于源项中，所得到的离散方程组对不同的对流离散格式能得到相同的带状结构的稀疏矩阵，简化了离散方程组的形式，更利于程序的编写、实施和通用化。值得注意的是，延迟修正并不改变离散格式的固有属性，只是用一阶迎风的形式进行迭代，最终结果还是原格式的结果而不是一阶迎风的结果。

5.7　扩散方程的离散

非稳态问题在时间上采用隐式格式，扩散项和源项采用 5.4 节中的离散格式，对扩散项边界面和内界面均采用两点格式，得非稳态扩散方程的离散表达式：

$$a_P\phi_P = \sum a_{nb}\phi_{nb} + b \tag{5.62}$$

式中，a_P 为待求节点的系数；a_{nb} 为待求节点的邻点系数，对于一维、二维和三维问题分别为(a_E, a_W)、(a_E, a_W, a_N, a_S)和(a_E, a_W, a_N, a_S, a_U, a_D)；b 为离散方程的源项；a_P 和 b 表达式分别为

$$a_P = \sum a_{nb} - S_P\Delta V + a_P^0 \tag{5.63}$$

$$b = S_C\Delta V + a_P^0\phi_P^0 \tag{5.64}$$

其中，

$$a_P^0 = \frac{\rho_P\Delta V}{\Delta t} \tag{5.65}$$

a_{nb} 的表达式见表 5.15。表中界面上扩散阻力的倒数(扩导)的计算表达式见表 5.16，扩导表达式中的几何参数(长度和面积)对不同的坐标系和不同维数，其表达式不同，具体见表 3.6～表 3.8。

表 5.15　扩散方程邻点系数的表达式

a_E	a_W	a_N	a_S	a_U	a_D
D_e	D_w	D_n	D_s	D_u	D_d

表 5.16　扩导的表达式

D_e	D_w	D_n	D_s	D_u	D_d
$\frac{\Gamma_e A_e}{l_e}$	$\frac{\Gamma_w A_w}{l_w}$	$\frac{\Gamma_n A_n}{l_n}$	$\frac{\Gamma_s A_s}{l_s}$	$\frac{\Gamma_u A_u}{l_u}$	$\frac{\Gamma_d A_d}{l_d}$

对于式(5.62)中离散方程的表达式，可通过节点与相邻节点之间的方位来标识不同的邻点，还可以对不同邻点采用数字进行标识，则以上一维、二维和三维扩散方程在正交结构化网格系统中的离散形式还可统一写成如下形式：

$$a_P\phi_P = \sum_{j=1}^{N} a_j\phi_{P_j} + b \tag{5.66}$$

式中，$a_j = \dfrac{A_j\Gamma_j}{l_j}$，其中 l_j 为节点 P 与节点 P_j 之间的距离，A_j 表示界面 j 的面积，Γ_j 表示 A_j 界面上的扩散系数；$b = S_C\Delta V + a_P^0\phi_P^0$；$a_P = \sum\limits_{j=1}^{N} a_j - S_P\Delta V + a_P^0$，$a_P^0 = \dfrac{\rho_P\Delta V}{\Delta t}$；$j$ 为节点 P 的邻点序号，也可以为节点 P 和节点 P_j 之间界面的序号；ϕ_{P_j} 表示邻点 P_j 上的待求变量；N 为节点 P 四周的邻点数目，对一维、二维和三维问题分别为 2,4,6。

5.8　对流扩散方程的离散

非稳态问题在时间上采用隐式格式，对流项、扩散项和源项分别采用 5.3 节和 5.4 节中的离散格式，对扩散项边界面和内界面均采用两点格式，得对流扩散方程的离散表达式：

$$a_P\phi_P = \sum a_{nb}\phi_{nb} + b$$

式中，a_{nb} 的表达式见表 5.17，系数中 D 和流量 F 的表达式分别按表 5.16 和表 5.18 中的表达式计算，b 的表达式如下：

$$b = S_C\Delta V + a_P^0\phi_P^0 + \sum d_{nb} - \sum(\boldsymbol{n}_{nb}\cdot\boldsymbol{I})F_{nb}\phi_P^* \tag{5.67}$$

其中，d_{nb} 为相邻界面采用对流项延迟修正带来的附加源项，其表达式见表 5.19；a_P 和 a_P^0 的表达式与扩散方程相同，见式(5.63)和式(5.65)。

表 5.17　对流扩散方程邻点系数的表达式

a_E	a_W	a_N	a_S	a_U	a_D
$D_e + \max[-F_e, 0]$	$D_w + \max[F_w, 0]$	$D_n + \max[-F_n, 0]$	$D_s + \max[F_s, 0]$	$D_u + \max[-F_u, 0]$	$D_d + \max[F_d, 0]$

表 5.18　界面流量的表达式

F_e	F_w	F_n	F_s	F_u	F_d
$(\rho u_1 A)_e$	$(\rho u_1 A)_w$	$(\rho u_2 A)_n$	$(\rho u_2 A)_s$	$(\rho u_3 A)_u$	$(\rho u_3 A)_d$

表 5.19　延迟修正附加源项

延迟修正附加源项	表达式
d_e	$\max[-F_e, 0](\phi_e - \phi_E)^* - \max[F_e, 0](\phi_e - \phi_P)^*$
d_w	$\max[F_w, 0](\phi_w - \phi_W)^* - \max[-F_w, 0](\phi_w - \phi_P)^*$
d_n	$\max[-F_n, 0](\phi_n - \phi_N)^* - \max[F_n, 0](\phi_n - \phi_P)^*$
d_s	$\max[F_s, 0](\phi_s - \phi_S)^* - \max[-F_s, 0](\phi_s - \phi_P)^*$
d_u	$\max[-F_u, 0](\phi_u - \phi_U)^* - \max[F_u, 0](\phi_u - \phi_P)^*$
d_d	$\max[F_d, 0](\phi_d - \phi_D)^* - \max[-F_d, 0](\phi_D - \phi_P)^*$

对于式(5.62)中离散方程的表达式，可通过节点与相邻节点之间的方位来标识不同的邻点，还可以对不同邻点采用数字进行标识，则以上一维、二维和三维扩散方程在正

交结构化网格系统中的离散形式还可统一写成如下形式：

$$a_P\phi_P = \sum_{j=1}^{N} a_j \phi_{P_j} + b \tag{5.68}$$

式中，

$$a_j = \frac{A_j \Gamma_j}{l_j} + \max\left[-(\boldsymbol{n}_j \cdot \boldsymbol{I})F_j, 0\right]$$

$$b = S_C \Delta V + a_P^0 \phi_P^0$$
$$+\sum_{j=1}^{N}\left[\max\left[-(\boldsymbol{n}_j \cdot \boldsymbol{I})F_j, 0\right](\phi_j - \phi_{P_j})^* - \max\left[(\boldsymbol{n}_j \cdot \boldsymbol{I})F_j, 0\right](\phi_j - \phi_P)^*\right] - \sum_{j=1}^{N}(\boldsymbol{n}_j \cdot \boldsymbol{I})F_j \phi_P^*$$

$$a_P = \sum_{j=1}^{N} a_j - S_P \Delta V + a_P^0$$

$$a_P^0 = \frac{\rho_P \Delta V}{\Delta t}$$

其中，ϕ_{P_j} 表示邻点 P_j 上的待求变量；N 为节点 P 四周的邻点数目，对一维、二维和三维问题分别为 2，4，6；j 为节点 P 的邻点序号，也可以为节点 P 和节点 P_j 之间界面的序号；l_j 为节点 P 与节点 P_j 之间的距离；ϕ_j 表示界面 j 上的待求变量；A_j 和 $\boldsymbol{n}_j$ 分别表示界面 j 的面积和其单位外法线矢量；Γ_j 和 F_j 分别表示 A_j 界面上的扩散系数和流量；$\boldsymbol{I}$ 为坐标基矢量，对于一维、二维和三维分别为 $i, [i, j], [i, j, k]$。

值得指出的是，在数值传热学中，式(5.62)和式(5.68)的源项 b 中的 $-\sum_{j=1}^{N}(\boldsymbol{n}_j \cdot \boldsymbol{I})F_j \phi_P^*$ 对非稳态问题在每一时层都应该满足质量守恒。在稳态问题迭代收敛时最终应满足质量守恒，此项在编程中往往可以不予考虑，直接去掉。OpenFOAM 软件认为对稳态问题保留此项以加快迭代收敛速度。我们建议对稳态问题，动量方程保留此项；对能量方程等标量方程应去掉此项。对能量方程若保留此项，在迭代过程中造成的假源项可能会得到非物理意义的温度场并降低计算的收敛速度。

5.9　边界条件的离散

边界条件的处理和离散常采用两种方法：补充边界节点代数方程法和附加源项法。补充边界节点代数方程法简单明了，易于理解，便于得到不同离散精度的边界节点代数方程。附加源项法可对不同类型的边界条件进行统一处理，易于编制通用程序。一般来讲，附加源项法的计算效率比补充边界节点代数方程法更高。

对第二类和第三类边界条件，补充边界节点代数方程法一般通过泰勒级数展开得到边界节点与内节点关系的离散方程，在工程中一般采用两点或三点格式分别得到一阶截差精度和二阶截差精度的差分方程，其表达式可通过 4.1 节的式(4.1)～式(4.4)计算得到。

附加源项法最早用于导热方程，其思想是把由第二类或第三类边界条件所规定的进入或导出计算区域的热量视为与边界相邻控制容积的当量源项，从而不需要建立边界点的补充方程。从离散方程的角度来讲，其本质是将边界节点的补充方程和与边界相邻的内节点的离散方程联立求解，消除边界节点方程，因此附加源项法既适用于有限容积法，也适用于有限差分法；既适用于有限容积内节点法，也适用于其外节点法；既适用于第二、第三类边界条件，也适用于第一类边界条件。

文献中的附加源项法，一般只给出扩散方程边界扩散通量采用一阶精度离散，且边界条件一阶偏导数采用一阶精度离散的推导过程及结果。此时，附加源项法中边界相邻内节点的离散过程与其他内节点有以下两点区别：一是边界点对与其相邻内节点的离散系数为零，而其他内节点对该内节点的离散系数按常规方法计算；二是边界节点对与之相邻内节点的影响体现在附加系数 $a_{P,\mathrm{ad}}$ 和附加源项 $S_{\mathrm{C,ad}}$ 中。

上述情况只是附加源项法一种特殊情况。本章例 27 以西边界为例，推导了扩散方程边界扩散通量采用一阶精度离散，边界条件采用一阶精度和二阶精度离散两种情况下附加源项法的离散表达式。本章例 28 以西边界为例，推导了扩散方程边界扩散通量采用二阶精度离散，边界条件采用一阶精度和二阶精度离散两种情况下附加源项法的离散表达式。本章例 29 以西边界为例，推导了对流扩散方程边界扩散通量采用一阶精度离散，边界条件采用一阶精度和二阶精度离散两种情况下附加源项法的离散表达式。表 5.20、表 5.21 和表 5.22 分别给出了上述三个例题在第一类、第二类和第三类边界条件下附加系数和附加源项的表达式。由表 5.20 可以看出，对于第一类边界条件，$a_{P,\mathrm{ad}}$ 为 0。由表 5.21 和表 5.22 可以看出，当第二类和第三类边界条件采用二阶精度离散时，还会在 E 点引入附加系数 $a_{E,\mathrm{ad}}$。对比表 5.20～表 5.22 中第一行和第三行，可知与扩散方程的附加源项法不同，对流扩散方程附加源项法的 $a_{P,\mathrm{ad}}$、$S_{\mathrm{C,ad}}$ 和 $a_{E,\mathrm{ad}}$ 还包含边界处对流通量的影响。从表中可以看出，扩散通量取二阶精度离散，边界条件也取二阶精度离散时，附加源项的表达式非常复杂，此时造成编程比较复杂，一般不采用。

采用附加源项法对边界点控制方程进行处理，使离散方程组中的方程个数减少，从而提高了求解效率。随着网格的加密，附加源项法的网格减少比例降低。该方法在计算机发展初期、计算机内存有限时存在一定优势，但随着计算机的发展，附加源项法在计算效率方面的优势不再明显。

表 5.20　第一类边界条件中扩散方程和对流扩散方程的附加系数和附加源项表达式

方程类型	扩散通量离散精度	$a_{P,\mathrm{ad}}$	$S_{\mathrm{C,ad}}$
扩散方程	一阶	0	$D_w C$
	二阶	0	$D_w C\left[1+\dfrac{(\delta x)_w}{(\delta x)_w+(\delta x)_e}\right]$
对流扩散方程	一阶	0	$\left\{D_w+\max\left[F_w,0\right]\right\}C$

注：$(\delta x)_w$ 和 $(\delta x)_e$ 分别表示 P 点距离边界点 W 和内节点 E 的距离。

表 5.21　第二类边界条件中扩散方程和对流扩散方程的附加系数和附加源项表达式

方程类型	扩散通量离散精度	一阶截差精度离散 边界条件一阶偏导数		二阶截差精度离散 边界条件一阶偏导数		
		$a_{P,\mathrm{ad}}$	$S_{\mathrm{C,ad}}$	$a_{P,\mathrm{ad}}$	$S_{\mathrm{C,ad}}$	$a_{E,\mathrm{ad}}$
扩散方程	一阶	$-D_w$	$-D_w C(\delta x)_w$	$-D_w\left[(\delta x)_w+(\delta x)_e\right]E$	$-D_w C(\delta x)_w \dfrac{(\delta x)_w+(\delta x)_e}{2(\delta x)_w+(\delta x)_e}$	$-D_w \dfrac{(\delta x)_w^2}{(\delta x)_e^2+2(\delta x)_w(\delta x)_e}$
	二阶	$-D_w\left[1+\dfrac{(\delta x)_w}{(\delta x)_w+(\delta x)_e}\right]$	$-D_w C(\delta x)_w \cdot\left[1+\dfrac{(\delta x)_w}{(\delta x)_w+(\delta x)_e}\right]$	$-D_w\left[2(\delta x)_w+(\delta x)_e\right]E$	$-D_w C(\delta x)_w$	$-D_w\left[1+\dfrac{(\delta x)_w}{(\delta x)_w+(\delta x)_e}\right] \cdot\dfrac{(\delta x)_w^2}{(\delta x)_e^2+2(\delta x)_w(\delta x)_e}$
对流扩散方程	一阶	$-\{D_w+\max[F_w,0]\}$	$-\{D_w+\max[F_w,0]\}C(\delta x)_w$	$-\{D_w+\max[F_w,0]\} \cdot\left[(\delta x)_w+(\delta x)_e\right]E$	$-\{D_w+\max[F_w,0]\}C(\delta x)_w \cdot\dfrac{(\delta x)_w+(\delta x)_e}{2(\delta x)_w+(\delta x)_e}$	$-\{D_w+\max[F_w,0]\} \cdot\dfrac{(\delta x)_w^2}{(\delta x)_e^2+2(\delta x)_w(\delta x)_e}$

注：$E=\dfrac{(\delta x)_w+(\delta x)_e}{(\delta x)_e^2+2(\delta x)_w(\delta x)_e}$。

表 5.22　第三类边界条件中扩散方程和对流扩散方程的附加系数和附加源项表达式

方程类型	扩散通量离散精度	一阶截差精度离散 边界条件一阶偏导数		二阶截差精度离散 边界条件一阶偏导数		
		$a_{P,\mathrm{ad}}$	$S_{\mathrm{C,ad}}$	$a_{P,\mathrm{ad}}$	$S_{\mathrm{C,ad}}$	$a_{E,\mathrm{ad}}$
扩散方程	一阶	$D_w\dfrac{b}{a(\delta x)_w-b}$	$D_wC\dfrac{(\delta x)_w}{a(\delta x)_w-b}$	$D_w\dfrac{D\left[(\delta x)_w+(\delta x)_e\right]}{A}$	$D_wC\dfrac{(\delta x)_w\left[(\delta x)_w+(\delta x)_e\right]}{B}$	$D_w\dfrac{b(\delta x)_w^2}{A}$
	二阶	$D_w\dfrac{b}{a(\delta x)_w-b}\cdot\left[1+\dfrac{(\delta x)_w}{(\delta x)_w+(\delta x)_e}\right]$	$D_wC\dfrac{(\delta x)_w}{a(\delta x)_w-b}\cdot\left[1+\dfrac{(\delta x)_w}{(\delta x)_w+(\delta x)_e}\right]$	$D_w\dfrac{D\left[2(\delta x)_w+(\delta x)_e\right]}{A}$	$D_wC\dfrac{(\delta x)_w\left[2(\delta x)_w+(\delta x)_e\right]}{B}$	$D_w\left[1+\dfrac{(\delta x)_w}{(\delta x)_w+(\delta x)_e}\right]\cdot\dfrac{b(\delta x)_w^{\ 2}}{A}$
对流扩散方程	一阶	$\left\{D_w+\max\left[F_w,0\right]\right\}\cdot\dfrac{b}{a(\delta x)_w-b}$	$\left\{D_w+\max\left[F_w,0\right]\right\}C\cdot\dfrac{(\delta x)_w}{a(\delta x)_w-b}$	$\left\{D_w+\max\left[F_w,0\right]\right\}\cdot\dfrac{D\left[(\delta x)_w+(\delta x)_e\right]}{A}$	$\left\{D_w+\max\left[F_w,0\right]\right\}C\cdot\dfrac{(\delta x)_w\left[(\delta x)_w+(\delta x)_e\right]}{B}$	$\left\{D_w+\max\left[F_w,0\right]\right\}\dfrac{b(\delta x)_w^2}{A}$

注：$A=a(\delta x)_w(\delta x)_e\left[(\delta x)_w+(\delta x)_e\right]-b\left[(\delta x)_e^2+2(\delta x)_w(\delta x)_e\right]$，$B=a(\delta x)_w\left[(\delta x)_w+(\delta x)_e\right]-b\left[2(\delta x)_w+(\delta x)_e\right]$，$D=b\left[(\delta x)_w+(\delta x)_e\right]$。

5.10　离散方程的截断误差

由式(5.1)～式(5.11)，得离散方程的截断误差为

$$R = R^{\mathrm{C}} - R^{\mathrm{D}} - R^{\mathrm{S}} = \sum_{j=1}^{N}(\boldsymbol{n}_j \cdot \boldsymbol{I})R_j^{\mathrm{C}} - \sum_{j=1}^{N}(\boldsymbol{n}_j \cdot \boldsymbol{I})R_j^{\mathrm{D}} - R^{\mathrm{S}} \tag{5.69}$$

式中，R^{C}、R^{D} 分别指界面处对流项和扩散项近似所引入的截断误差；R^{S} 指源项在控制容积内积分近似所引入的截断误差。以二维稳态对流扩散问题(源项只包含非导数项)为例，给出采用中心差分格式离散方程的截断误差如下：

$$R = R^{\mathrm{C}} - R^{\mathrm{D}} - R^{\mathrm{S}} \tag{5.70}$$

式中，

$$\begin{aligned}
R^{\mathrm{C}} &= R_e^{\mathrm{C}} - R_w^{\mathrm{C}} + R_n^{\mathrm{C}} - R_s^{\mathrm{C}} \\
&= \left[\frac{1}{2}A_e \left.\frac{\partial^2(\rho u)}{\partial x^2}\right|_{ei} \phi_{ei} + \frac{1}{2}A_e(\rho u)_{ei}\left.\frac{\partial^2 \phi}{\partial x^2}\right|_{ei}\right](x_e - x_P)(x_e - x_E) + A_e \left.\frac{\partial(\rho u\phi)}{\partial y}\right|_{ei}\left(\frac{y_n + y_s}{2} - y_{ei}\right) \\
&\quad - \left[\frac{1}{2}A_w \left.\frac{\partial^2(\rho u)}{\partial x^2}\right|_{wi} \phi_{wi} + \frac{1}{2}A_w(\rho u)_{wi}\left.\frac{\partial^2 \phi}{\partial x^2}\right|_{wi}\right](x_w - x_W)(x_w - x_P) - A_w \left.\frac{\partial(\rho u\phi)}{\partial y}\right|_{wi}\left(\frac{y_n + y_s}{2} - y_{wi}\right) \\
&\quad + \left[\frac{1}{2}A_n \left.\frac{\partial^2(\rho u)}{\partial y^2}\right|_{ni} \phi_{ni} + \frac{1}{2}A_n(\rho u)_{ni}\left.\frac{\partial^2 \phi}{\partial y^2}\right|_{ni}\right](y_n - y_P)(y_n - y_N) + A_n \left.\frac{\partial(\rho u\phi)}{\partial x}\right|_{ni}\left(\frac{x_e + x_w}{2} - x_{ni}\right) \\
&\quad - \left[\frac{1}{2}A_s \left.\frac{\partial^2(\rho u)}{\partial y^2}\right|_{si} \phi_{si} + \frac{1}{2}A_s(\rho u)_{si}\left.\frac{\partial^2 \phi}{\partial y^2}\right|_{si}\right](y_s - y_S)(y_s - y_P) - A_s \left.\frac{\partial(\rho u\phi)}{\partial x}\right|_{si}\left(\frac{x_e + x_w}{2} - x_{si}\right) \\
&\quad + O\left[(\overline{\Delta x})^2, (\overline{\Delta y})^2\right]
\end{aligned} \tag{5.71}$$

$$\begin{aligned}
R^{\mathrm{D}} &= R_e^{\mathrm{D}} - R_w^{\mathrm{D}} + R_n^{\mathrm{D}} - R_s^{\mathrm{D}} \\
&= \Gamma_{ei} A_e \left.\frac{\partial^2 \phi}{\partial x^2}\right|_{ei}\left(x_{ei} - \frac{x_P + x_E}{2}\right) + A_e \left.\frac{\partial}{\partial y}\left(\Gamma \frac{\partial \phi}{\partial x}\right)\right|_{ei}\left(\frac{y_n + y_s}{2} - y_{ei}\right) \\
&\quad - \Gamma_{wi} A_w \left.\frac{\partial^2 \phi}{\partial x^2}\right|_{wi}\left(x_{wi} - \frac{x_P + x_W}{2}\right) - A_w \left.\frac{\partial}{\partial y}\left(\Gamma \frac{\partial \phi}{\partial x}\right)\right|_{wi}\left(\frac{y_n + y_s}{2} - y_{wi}\right) \\
&\quad + \Gamma_{ni} A_n \left.\frac{\partial^2 \phi}{\partial y^2}\right|_{ni}\left(y_{ni} - \frac{y_P + y_N}{2}\right) + A_n \left.\frac{\partial}{\partial x}\left(\Gamma \frac{\partial \phi}{\partial y}\right)\right|_{ni}\left(\frac{x_e + x_w}{2} - x_{ni}\right)
\end{aligned}$$

$$
-\Gamma_{si} A_s \frac{\partial^2 \phi}{\partial y^2}\bigg|_{si}\left(y_{si}-\frac{y_P+y_S}{2}\right)-A_s \frac{\partial}{\partial x}\left(\Gamma \frac{\partial \phi}{\partial y}\right)\bigg|_{si}\left(\frac{x_e+x_w}{2}-x_{si}\right)
$$

$$
+O\left[(\overline{\Delta x})^2,(\overline{\Delta y})^2\right] \tag{5.72}
$$

$$
R^{\mathrm{S}}=\Delta V \frac{\partial S^{\mathrm{m}}}{\partial x}\bigg|_P\left(\frac{x_e+x_w}{2}-x_P\right)+\Delta V \frac{\partial S^{\mathrm{m}}}{\partial y}\bigg|_P\left(\frac{y_n+y_s}{2}-y_P\right)+O\left[(\overline{\Delta x})^2,(\overline{\Delta y})^2,\overline{\Delta x \Delta y}\right] \tag{5.73}
$$

由式(5.71)～式(5.73)可知在非均分网格和均分网格中，中心差分格式离散方程的对流项、扩散项和源项的截差精度，如表 5.23 所示。

表 5.23　非均分网格和均分网格中心差分格式离散方程截差精度

			对流项		扩散项		源项	
			x 方向	y 方向	x 方向	y 方向	x 方向	y 方向
非均分网格	内节点法		二阶	二阶	一阶	一阶	二阶	二阶
	外节点法		一阶	一阶	一阶	一阶	一阶	一阶
均分网格	内节点法		二阶	二阶	二阶	二阶	二阶	二阶
	外节点法	与边界相邻的内节点	一阶*	二阶*	一阶*	二阶*	一阶*	二阶*
			二阶**	一阶**	二阶**	一阶**	二阶**	一阶**
		与边界不相邻的内节点	二阶	二阶	二阶	二阶	二阶	二阶

*和**分别表示在 x 方向和 y 方向上是与边界相邻的内节点。

综上可知，无论是均分网格还是非均分网格，内节点法的截差精度总体上优于外节点法，因此建议采用内节点法。

由表 5.23 可知，无论是对流项还是扩散项，有限容积法在界面的法向和切向均有截断误差，而有限差分法仅在偏导数的求导方向上有截断误差。这两者截断误差在形式上有较大的不同，根本原因在于有限差分方法是对微分方程的逼近，而有限容积方法是对积分方程的逼近，后者必须考虑用界面上交点的值作为界面的平均值所带来的误差。

5.11　典型习题解析

例 1　试阐述实施有限容积方法的关键是什么。

【解析】本题考查实施有限容积方法的关键点。

有限容积法是在控制容积上对守恒型控制方程进行积分，得到离散方程的方法。在积分的过程中需要得到界面的物性参数、对流通量和扩散通量，如何通过与界面相邻节点的值近似得到界面上的这些参数是实施有限容积方法的关键。此外，如何近似得到源项在控制容积的积分值，是实施有限容积方法的另一个关键。

例 2　试说明在有限容积法中引入型线的优点和局限性。

【解析】本题考查型线定义及其优缺点。

由例题 1 可知，有限容积法的关键是要通过各种假设和插值方法得到界面的物性参数、对流通量、扩散通量和控制体的源项，引入型线的优点是可以形象地理解和得到这些量；缺点是对于这些量的二阶或高阶逼近的型线并不存在或很难用曲线形象地描绘出。

例 3　证明界面待求变量界面法向一阶偏导数的拉格朗日插值表达式：式(5.31)～式(5.33)。

【解析】本题考查一阶偏导数拉格朗日插值通式的推导。

将拉格朗日插值多项式应用于图 5.7 所示的网格基架，可插值得到界面 f 处的 ϕ_f 值：

$$\phi_f = \sum_{k=i-m}^{i+n} a_k \phi_k + \varepsilon \tag{5.74}$$

式中，

$$a_k = \prod_{j=i-m, j\neq k}^{i+n} \frac{x_f - x_j}{x_k - x_j} \tag{5.75}$$

$$\varepsilon = \frac{1}{(m+n+1)!} \left. \frac{\partial^{m+n+1}\phi}{\partial x^{m+n+1}} \right|_{\xi} \prod_{j=i-m}^{i+n} (x_f - x_j) \tag{5.76}$$

$\left.\frac{\partial^{m+n+1}\phi}{\partial x^{m+n+1}}\right|_{\xi}$ 在 x_f 点泰勒展开得到 $\left.\frac{\partial^{m+n+1}\phi}{\partial x^{m+n+1}}\right|_{\xi} = \left.\frac{\partial^{m+n+1}\phi}{\partial x^{m+n+1}}\right|_{x_f} + \left.\frac{\partial^{m+n+2}\phi}{\partial x^{m+n+2}}\right|_{x_f} (x_f - \xi) + O\left[(\overline{\Delta x})^2\right]$，代入式(5.76)，可得

$$\varepsilon = \frac{1}{(m+n+1)!} \left. \frac{\partial^{m+n+1}\phi}{\partial x^{m+n+1}} \right|_{x_f} \prod_{j=i-m}^{i+n} (x_f - x_j) + O\left[(\overline{\Delta x})^{m+n+2}\right] \tag{5.77}$$

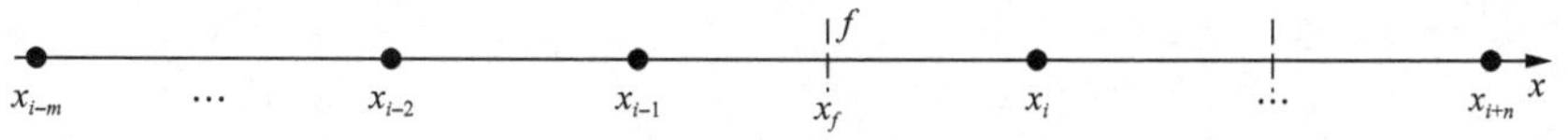

x_{i-m}　…　x_{i-2}　x_{i-1}　f　x_f　x_i　…　x_{i+n}　x

图 5.7　有限容积网格基架点

为方便起见，将 $\sum_{k=i-m}^{i+n} a_k \phi_k$ 记作 $L(x_f)$，ε 记作 $R(x_f)$，于是 $\phi_f = L(x_f) + R(x_f)$，则

$$\frac{\partial \phi_f}{\partial x_f} = \frac{\partial L(x_f)}{\partial x_f} + \frac{\partial R(x_f)}{\partial x_f} \tag{5.78}$$

式(5.78)右边第一项根据链式求导法则有

$$\frac{\partial L(x_f)}{\partial x_f}=\sum_{k=i-m}^{i+n}\frac{\phi(x_k)}{\prod\limits_{j=i-m,j\neq k}^{i+n}(x_k-x_j)}\begin{bmatrix}(x_f-x_{i-m+1})\dots(x_f-x_{k-1})(x_f-x_{k+1})\dots(x_f-x_{i+n-1})\\(x_f-x_{i+n})+(x_f-x_{i-m})(x_f-x_{i-m+2})\dots(x_f-x_{k-1})\\(x_f-x_{k+1})\dots(x_f-x_{i+n-1})(x_f-x_{i+n})+(x_f-x_{i-m})\\(x_f-x_{i-m+1})(x_f-x_{i-m+3})\dots(x_f-x_{k-1})(x_f-x_{k+1})\dots\\(x_f-x_{i+n-1})(x_f-x_{i+n})+\dots+(x_f-x_{i-m})(x_f-x_{i-m+1})\dots\\(x_f-x_{k-1})(x_f-x_{k+1})\dots(x_f-x_{i+n-2})(x_f-x_{i+n-1})\end{bmatrix}\tag{5.79}$$

即

$$\frac{\partial L(x_f)}{\partial x}=\sum_{k=i-m}^{i+n}\frac{\phi(x_k)}{\prod\limits_{j=i-m,j\neq k}^{i+n}(x_k-x_j)}\prod_{j=i-m,j\neq k}^{i+n}(x_f-x_j)\sum_{j=i-m,j\neq k}^{i+n}\left(\frac{1}{x_f-x_j}\right)\tag{5.80}$$

同理可得

$$\frac{\partial R(x_f)}{\partial x}=\frac{1}{(m+n+1)!}\frac{\partial^{m+n+1}\phi}{\partial x^{m+n+1}}\bigg|_f\prod_{j=i-m}^{i+n}(x_f-x_j)\sum_{j=i-m}^{i+n}\left(\frac{1}{x_f-x_j}\right)+O\left[(\Delta x)^{m+n+1}\right]\tag{5.81}$$

例 4　试采用算术平均和调和平均计算并画出图 5.8 均分网格系统中界面 x_f 处的值，$\Gamma_{F^+}/\Gamma_{F^-}$ 变化范围为 10^{-3}～10^{3}。

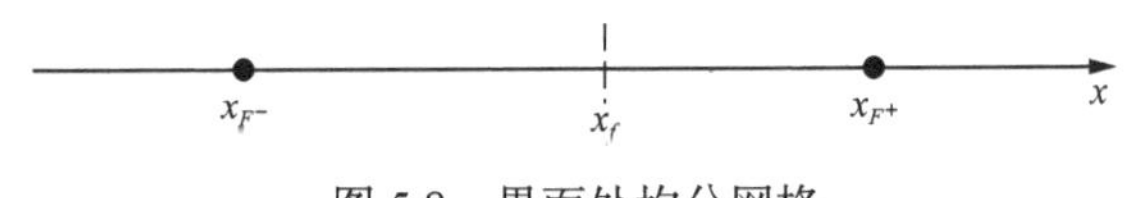

图 5.8　界面处均分网格

【解析】本题考查算术平均和调和平均的特性分析。

均分网格下界面变量采用算术平均和调和平均的表达式如下。

算术平均：

$$\Gamma_f=\frac{1}{2}\Gamma_{F^-}+\frac{1}{2}\Gamma_{F^+}\tag{5.82}$$

调和平均：

$$\Gamma_f=\frac{2}{\dfrac{1}{\Gamma_{F^-}}+\dfrac{1}{\Gamma_{F^+}}}=\frac{2\Gamma_{F^-}\Gamma_{F^+}}{\Gamma_{F^-}+\Gamma_{F^+}}\tag{5.83}$$

图 5.9 给出了不同 $\Gamma_{F^+}/\Gamma_{F^-}$ 下算术平均值和调和平均值的计算结果。当 $\Gamma_{F^+}/\Gamma_{F^-}$ 值很大时，采用算术平均得到的界面变量由较大值 Γ_{F^+} 来决定，而采用调和平均得到的界

面变量趋近于较小值 Γ_{F^-}；当 $\Gamma_{F^+}/\Gamma_{F^-}$ 值很小时，采用算术平均得到的界面变量由较大值 Γ_{F^-} 来决定，而采用调和平均得到的界面变量由较小值 Γ_{F^+} 来决定。

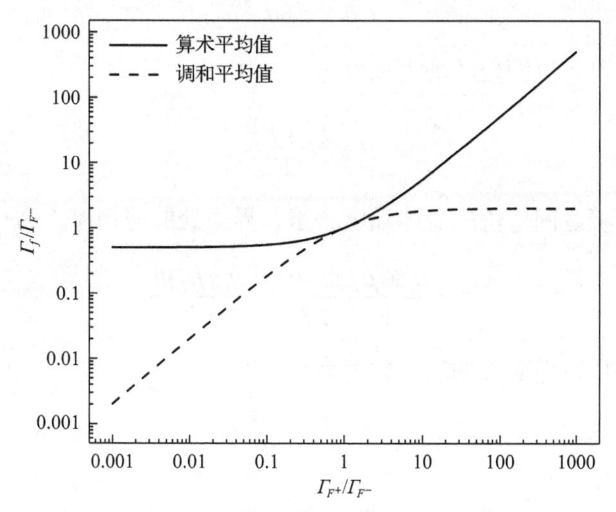

图 5.9　算术平均值和调和平均值计算结果对比

例 5　图 5.10 所示为间距很小的两无限大平板，平板间充满动力黏度分别为 μ_1 和 μ_2 的上下两层流体，上板以速度 u 做匀速运动，下板固定。分别采用算术平均和调和平均计算流体界面处的黏度及界面切应力，并分析哪种方法得到的计算结果更合理。

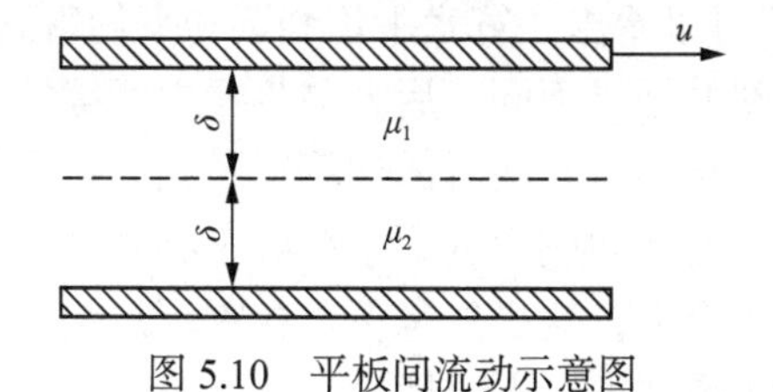

图 5.10　平板间流动示意图

【解析】本题考查算术平均和调和平均的计算合理性分析。

根据牛顿内摩擦定律可知，两层流体界面处的剪切应力相同：

$$\tau_1 = \tau_2 \tag{5.84}$$

假设两种流体界面处的速度为 u_i。由于平板之间的间距很小，上、下两层流体内的流速符合线性分布：

$$\mu_1 \frac{u - u_i}{\delta} = \mu_2 \frac{u_i - 0}{\delta} \tag{5.85}$$

于是有

$$u_i = \frac{\mu_1 u}{\mu_1 + \mu_2} \tag{5.86}$$

根据式(5.86)可得，流体界面处的剪切应力为

$$\tau=\mu_1\frac{u-u_i}{\delta}=\frac{\mu_1\mu_2 u}{(\mu_1+\mu_2)\delta} \tag{5.87}$$

采用算术平均可得界面处的动力黏度为

$$\mu=\frac{\mu_1+\mu_2}{2} \tag{5.88}$$

该黏度可看作两平板之间等价的流体黏度，于是界面处的剪切应力为

$$\tau=\frac{\mu_1+\mu_2}{2}\frac{u-0}{2\delta}=\frac{(\mu_1+\mu_2)u}{4\delta} \tag{5.89}$$

采用调和平均可得界面处的动力黏度为

$$\mu=\frac{2\delta}{\dfrac{\delta}{\mu_1}+\dfrac{\delta}{\mu_2}}=\frac{2\mu_1\mu_2}{\mu_1+\mu_2} \tag{5.90}$$

该黏度可看作两平板之间等价的流体黏度，于是界面处的剪切应力为

$$\tau=\frac{2\mu_1\mu_2}{\mu_1+\mu_2}\frac{u-0}{2\delta}=\frac{\mu_1\mu_2 u}{(\mu_1+\mu_2)\delta} \tag{5.91}$$

从式(5.89)和式(5.91)可以看出，算术平均和调和平均得到的剪切应力表达式不同。前者与牛顿内摩擦定律得到的结果不同，后者与牛顿内摩擦定律得到的结果完全相同。当上下两层流体的动力黏度相同时，两者的计算结果相同；当上下两层流体的黏度相差较大时，采用算术平均得到的剪切应力的大小取决于黏度大的流体，当黏度趋近于无穷大时，剪切应力也趋近于无穷大，这显然是不符合物理意义的。本例题说明，界面上黏度的计算采用调和平均方法更准确、更合理。

例 6　如图 5.11(a)所示，已知一维无内热源稳态导热问题的计算区域和边界温度。该区域导热系数为分段分布，计算区域采用如图 5.11(b)所示的网格划分。若扩散项采用中心差分格式离散，界面导热系数分别采用算术平均和调和平均方法，试将计算结果与解析解进行对比。

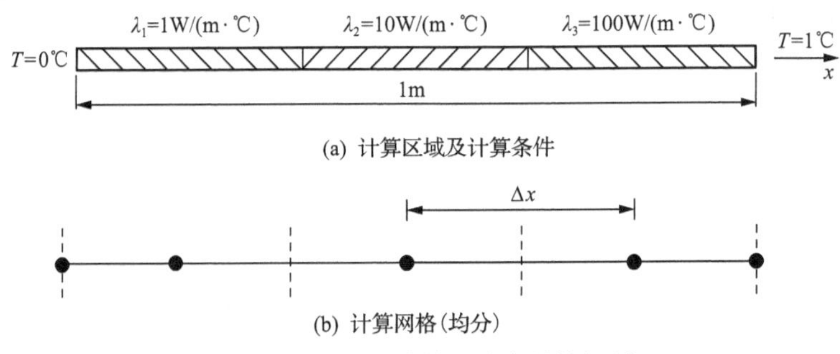

(a) 计算区域及计算条件

(b) 计算网格(均分)

图 5.11　一维无内热源稳态导热问题

【解析】本题考查算术平均和调和平均对计算结果的影响。

$$\Gamma_f = \gamma \Gamma_{F^-} + (1-\gamma)\Gamma_{F^+}, \gamma = \frac{x_{F^+} - x_f}{x_{F^+} - x_{F^-}} \tag{5.92}$$

$$\Gamma_f = \frac{x_{F^+} - x_{F^-}}{\dfrac{x_f - x_{F^-}}{\Gamma_{F^-}} + \dfrac{x_{F^+} - x_f}{\Gamma_{F^+}}} = \frac{\Gamma_{F^-}\Gamma_{F^+}}{\gamma \Gamma_{F^-} + (1-\gamma)\Gamma_{F^+}} \tag{5.93}$$

采用式(5.92)和式(5.93)可计算得到采用算术平均和调和平均的各界面处导热系数，见表 5.24。

表 5.24　各界面处导热系数值　　[单位：W/(m·℃)]

	界面 1	界面 2	界面 3	界面 4
算术平均值	1	5.5	55	100
调和平均值	1	1.82	18.18	100

再根据式(5.66)可计算得到节点处的离散方程系数。采用算术平均和调和平均计算得到的离散方程的系数如表 5.25 所示。

表 5.25　各节点处离散方程的系数值

	内节点 1		内节点 2		内节点 3	
	算术平均值	调和平均值	算术平均值	调和平均值	算术平均值	调和平均值
a_E	16.5	5.46	165	54.54	300	300
a_W	3	3	16.5	5.46	165	54.54
a_P	19.5	8.46	181.5	60	465	354.54

由此可解得内节点上的温度值如下表 5.26 所示。

表 5.26　各节点温度　　(单位：℃)

	内节点 1	内节点 2	内节点 3
算术平均值	0.8263	0.9765	0.9917
调和平均值	0.6194	0.9597	0.9938

容易推导得到该导热问题的解析解如下：

$$\begin{cases} T = \dfrac{300}{111}x, & x \leqslant 1/3\text{m} \\ T = \dfrac{30}{111}x + \dfrac{90}{111}, & 1/3\text{m} < x \leqslant 2/3\text{m} \\ T = \dfrac{3}{111}x + \dfrac{108}{111}, & 2/3\text{m} < x \leqslant 1\text{m} \end{cases} \tag{5.94}$$

将数值解与解析解进行对比，如图 5.12 所示。由图可见，当导热系数在空间区域变化较大时，采用调和平均的计算结果比采用算术平均计算结果更加精确。这是因为采用算术平均的热阻取决于导热系数较大的一边，而这显然不符合传热学基本原理，调和平均很好地克服了算术平均的这一缺陷，因此计算结果更接近于实际情况。

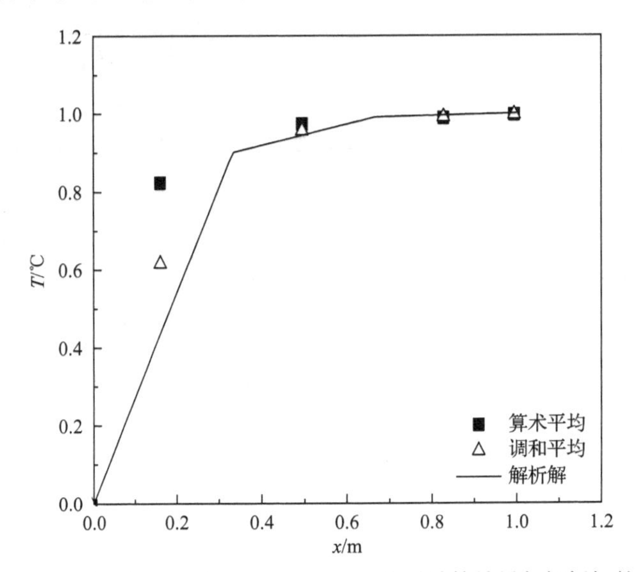

图 5.12　导热系数采用算术平均与调和平均时计算结果与解析解的对比

例 7　如图 5.13 所示，试推导非均分网格下 ϕ_f 的中心差分格式、二阶迎风格式和 QUICK 格式，并根据推导结果写出均分网格下的表达式。

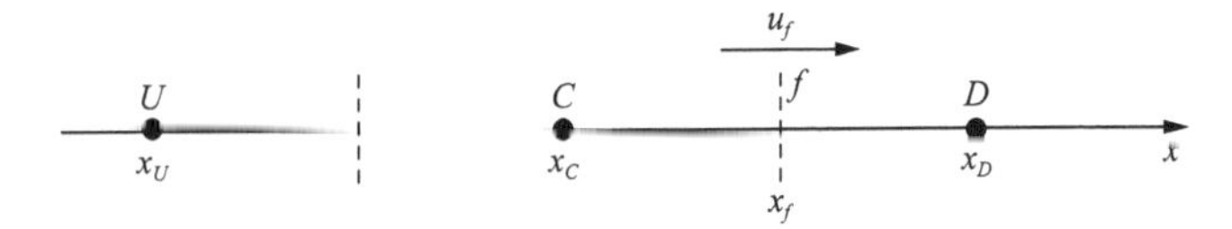

图 5.13　节点 U、C、D 和界面 f 的相对位置关系及网格坐标

【解析】本题考查均分网格下对流项离散格式的推导。

(1) 中心差分格式。

将 ϕ_C 和 ϕ_D 在 f 界面处泰勒展开到三阶截差精度有

$$\phi_C = \phi_f + \left.\frac{\partial \phi}{\partial x}\right|_f (x_C - x_f) + \left.\frac{\partial^2 \phi}{\partial x^2}\right|_f \frac{(x_C - x_f)^2}{2!} + O\left[(x_C - x_f)^3\right] \tag{5.95}$$

$$\phi_D = \phi_f + \left.\frac{\partial \phi}{\partial x}\right|_f (x_D - x_f) + \left.\frac{\partial^2 \phi}{\partial x^2}\right|_f \frac{(x_D - x_f)^2}{2!} + O\left[(x_D - x_f)^3\right] \tag{5.96}$$

由式 (5.95) × $(x_D - x_f)$ − 式 (5.96) × $(x_C - x_f)$ 可得

$$
\begin{aligned}
(x_D - x_f)\phi_C - (x_C - x_f)\phi_D = &\left[(x_D - x_f) - (x_C - x_f)\right]\phi_f \\
&+ \frac{(x_D - x_f)(x_C - x_f)^2 - (x_C - x_f)(x_D - x_f)^2}{2!}\left.\frac{\partial^2 \phi}{\partial x^2}\right|_f \\
&+ O\left[(x_D - x_f)(x_C - x_f)^3\right] - O\left[(x_C - x_f)(x_D - x_f)^3\right]
\end{aligned} \tag{5.97}
$$

对式(5.97)整理得

$$
\begin{aligned}
\phi_f = &\frac{(x_D - x_f)\phi_C - (x_C - x_f)\phi_D}{x_D - x_C} + \frac{(x_C - x_f)(x_D - x_f)}{2}\left.\frac{\partial^2 \phi}{\partial x^2}\right|_f \\
&- O\left[\frac{x_D - x_f}{x_D - x_C}(x_C - x_f)^3\right] + O\left[\frac{x_C - x_f}{x_D - x_C}(x_D - x_f)^3\right]
\end{aligned} \tag{5.98}
$$

由于在非均分网格划分时，网格需平缓过渡，即说明 $x_C - x_f, x_D - x_f, x_D - x_C$ 具有相同的数量级，因此式(5.98)可表示为

$$
\phi_f = \frac{x_D - x_f}{x_D - x_C}\phi_C + \frac{x_f - x_C}{x_D - x_C}\phi_D + O\left[(x_D - x_C)^2\right] \tag{5.99}
$$

即 ϕ_f 的中心差分格式可写为

$$
\phi_f = \frac{x_D - x_f}{x_D - x_C}\phi_C + \frac{x_f - x_C}{x_D - x_C}\phi_D
$$

对均分网格，$x_D - x_f = x_f - x_C = \frac{1}{2}(x_D - x_C)$，此时 ϕ_f 的中心差分格式可写为

$$
\phi_f = \frac{x_D - x_f}{x_D - x_C}\phi_C + \frac{x_f - x_C}{x_D - x_C}\phi_D = \frac{\frac{1}{2}(x_D - x_C)}{x_D - x_C}\phi_C + \frac{\frac{1}{2}(x_D - x_C)}{x_D - x_C}\phi_D = \frac{1}{2}\phi_C + \frac{1}{2}\phi_D
$$

(2)二阶迎风格式。

ϕ_U 和 ϕ_C 在 f 界面处泰勒展开到三阶截差精度有

$$
\phi_U = \phi_f + \left.\frac{\partial \phi}{\partial x}\right|_f (x_U - x_f) + \left.\frac{\partial^2 \phi}{\partial x^2}\right|_f \frac{(x_U - x_f)^2}{2!} + O\left[(x_U - x_f)^3\right] \tag{5.100}
$$

$$
\phi_C = \phi_f + \left.\frac{\partial \phi}{\partial x}\right|_f (x_C - x_f) + \left.\frac{\partial^2 \phi}{\partial x^2}\right|_f \frac{(x_C - x_f)^2}{2!} + O\left[(x_C - x_f)^3\right] \tag{5.101}
$$

由式(5.100)×(x_C-x_f)−式(5.101)×(x_U-x_f)可得

$$(x_C-x_f)\phi_U-(x_U-x_f)\phi_C=(x_C-x_U)\phi_f+\frac{(x_C-x_f)(x_U-x_f)^2-(x_U-x_f)(x_C-x_f)^2}{2}\left.\frac{\partial^2\phi}{\partial x^2}\right|_f$$
$$+O\left[(x_C-x_f)(x_U-x_f)^3\right]-O\left[(x_U-x_f)(x_C-x_f)^3\right] \tag{5.102}$$

整理得

$$\phi_f=\frac{(x_C-x_f)\phi_U-(x_U-x_f)\phi_C}{x_C-x_U}$$
$$-\frac{(x_C-x_f)(x_U-x_f)^2-(x_U-x_f)(x_C-x_f)^2}{2(x_C-x_U)}\left.\frac{\partial^2\phi}{\partial x^2}\right|_f$$
$$-O\left[\frac{x_C-x_f}{x_C-x_U}(x_U-x_f)^3\right]+O\left[\frac{x_U-x_f}{x_C-x_U}(x_C-x_f)^3\right] \tag{5.103}$$

由于$x_C-x_U, x_f-x_U, x_f-x_C$具有相同的数量级，式(5.103)可表示为

$$\phi_f=-\frac{x_f-x_C}{x_C-x_U}\phi_U+\frac{x_f-x_U}{x_C-x_U}\phi_C+O\left[(x_C-x_U)^2\right] \tag{5.104}$$

即ϕ_f的二阶迎风格式可写为

$$\phi_f=-\frac{x_f-x_C}{x_C-x_U}\phi_U+\frac{x_f-x_U}{x_C-x_U}\phi_C \tag{5.105}$$

对均分网格，$x_f-x_C=\frac{1}{2}(x_C-x_U), x_f-x_U=\frac{3}{2}(x_C-x_U)$，此时$\phi_f$的二阶迎风格式可写为

$$\phi_f=-\frac{x_f-x_C}{x_C-x_U}\phi_U+\frac{x_f-x_U}{x_C-x_U}\phi_C=-\frac{\frac{1}{2}(x_C-x_U)}{x_C-x_U}\phi_U+\frac{\frac{3}{2}(x_C-x_U)}{x_C-x_U}\phi_C$$
$$=-\frac{1}{2}\phi_U+\frac{3}{2}\phi_C \tag{5.106}$$

(3) QUICK 格式。

ϕ_U, ϕ_C, ϕ_D在f界面处泰勒展开到四阶截差精度有

$$\phi_U = \phi_f + \left.\frac{\partial \phi}{\partial x}\right|_f (x_U - x_f) + \left.\frac{\partial^2 \phi}{\partial x^2}\right|_f \frac{(x_U - x_f)^2}{2!} + \left.\frac{\partial^3 \phi}{\partial x^3}\right|_f \frac{(x_U - x_f)^3}{3!} + O\left[(x_U - x_f)^4\right] \tag{5.107}$$

$$\phi_C = \phi_f + \left.\frac{\partial \phi}{\partial x}\right|_f (x_C - x_f) + \left.\frac{\partial^2 \phi}{\partial x^2}\right|_f \frac{(x_C - x_f)^2}{2!} + \left.\frac{\partial^3 \phi}{\partial x^3}\right|_f \frac{(x_C - x_f)^3}{3!} + O\left[(x_C - x_f)^4\right] \tag{5.108}$$

$$\phi_D = \phi_f + \left.\frac{\partial \phi}{\partial x}\right|_f (x_D - x_f) + \left.\frac{\partial^2 \phi}{\partial x^2}\right|_f \frac{(x_D - x_f)^2}{2!} + \left.\frac{\partial^3 \phi}{\partial x^3}\right|_f \frac{(x_D - x_f)^3}{3!} + O\left[(x_D - x_f)^4\right] \tag{5.109}$$

令式(5.107)×A、式(5.108)×B、式(5.109)×C，要求三式一阶偏导数和二阶偏导数的系数之和均为 0，得

$$\begin{cases} (x_U - x_f)A + (x_C - x_f)B + (x_D - x_f)C = 0 \\ \dfrac{(x_U - x_f)^2}{2}A + \dfrac{(x_C - x_f)^2}{2}B + \dfrac{(x_D - x_f)^2}{2}C = 0 \end{cases} \tag{5.110}$$

解得

$$\begin{cases} B = -\dfrac{(x_f - x_U)(x_D - x_U)}{(x_D - x_C)(x_f - x_C)}A \\ C = -\dfrac{(x_f - x_U)(x_C - x_U)}{(x_D - x_C)(x_D - x_f)}A \end{cases} \tag{5.111}$$

由此可得

$$\begin{aligned} \phi_f = {} & \frac{A\phi_U + B\phi_C + C\phi_D}{A+B+C} - \frac{1}{A+B+C}\left\{ A\left.\frac{\partial^3 \phi}{\partial x^3}\right|_f \frac{(x_U - x_f)^3}{3!} + O\left[(x_U - x_f)^4\right] \right. \\ & \left. + B\left.\frac{\partial^3 \phi}{\partial x^3}\right|_f \frac{(x_C - x_f)^3}{3!} + O\left[(x_C - x_f)^4\right] + C\left.\frac{\partial^3 \phi}{\partial x^3}\right|_f \frac{(x_D - x_f)^3}{3!} + O\left[(x_D - x_f)^4\right] \right\} \\ = {} & -\frac{(x_f - x_C)(x_D - x_f)}{(x_C - x_U)(x_D - x_U)}\phi_U + \frac{(x_f - x_U)(x_D - x_f)}{(x_C - x_U)(x_D - x_C)}\phi_C + \frac{(x_f - x_U)(x_f - x_C)}{(x_D - x_U)(x_D - x_C)}\phi_D + O\left[(x_D - x_C)^3\right] \end{aligned} \tag{5.112}$$

即 ϕ_f 的 QUICK 格式可写为

$$\phi_f = -\frac{(x_f - x_C)(x_D - x_f)}{(x_C - x_U)(x_D - x_U)}\phi_U + \frac{(x_f - x_U)(x_D - x_f)}{(x_C - x_U)(x_D - x_C)}\phi_C + \frac{(x_f - x_U)(x_f - x_C)}{(x_D - x_U)(x_D - x_C)}\phi_D \tag{5.113}$$

对均分网格，$x_f - x_C = x_D - x_f = \dfrac{1}{2}(x_D - x_C), x_f - x_U = \dfrac{3}{2}(x_D - x_C), x_D - x_U = 2(x_D - x_C) = 2(x_C - x_U)$，此时 ϕ_f 的 QUICK 格式可写为

$$\phi_f = -\frac{(x_f - x_C)(x_D - x_f)}{(x_C - x_U)(x_D - x_U)}\phi_U + \frac{(x_f - x_U)(x_D - x_f)}{(x_C - x_U)(x_D - x_C)}\phi_C + \frac{(x_f - x_U)(x_f - x_C)}{(x_D - x_U)(x_D - x_C)}\phi_D$$
$$= -\frac{\frac{1}{2}(x_D - x_C)\frac{1}{2}(x_D - x_C)}{(x_D - x_C)2(x_D - x_C)}\phi_U + \frac{\frac{3}{2}(x_D - x_C)\frac{1}{2}(x_D - x_C)}{(x_D - x_C)(x_D - x_C)}\phi_C + \frac{\frac{3}{2}(x_D - x_C)\frac{1}{2}(x_D - x_C)}{2(x_D - x_C)(x_D - x_C)}\phi_D$$
$$= -\frac{1}{8}\phi_U + \frac{6}{8}\phi_C + \frac{3}{8}\phi_D \tag{5.114}$$

例 8 如图 5.14 所示，以二阶迎风格式为例，试比较均分网格下由有限差分法和有限容积法在节点处得到的一阶偏导数离散表达式的区别。

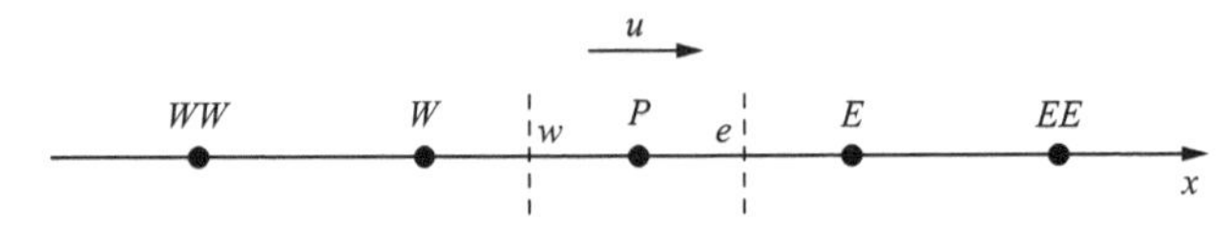

图 5.14 x 方向均分网格示意图

【解析】本题考查对流项离散表达式在有限差分法和有限容积法中的区别。

以 x 方向均分网格为例，当 P 点处的流速方向沿 x 轴正向时，由有限差分法得到的一阶偏导数离散格式为

$$\left.\frac{\partial \phi}{\partial x}\right|_P = \frac{\phi_{WW} - 4\phi_W + 3\phi_P}{2\Delta x} \tag{5.115}$$

当 P 点处的流速方向沿 x 轴负向时，由有限差分法得到的一阶偏导数离散格式为

$$\left.\frac{\partial \phi}{\partial x}\right|_P = \frac{-\phi_{EE} + 4\phi_E - 3\phi_P}{2\Delta x} \tag{5.116}$$

当 w 和 e 界面处的流速方向相同且与 u 同向时，由有限容积法得到的一阶偏导数离散格式为

$$\left.\frac{\partial \phi}{\partial x}\right|_P = \frac{\phi_e - \phi_w}{\Delta x} = \frac{(-\phi_W + 3\phi_P)/2 - (-\phi_{WW} + 3\phi_W)/2}{\Delta x} = \frac{\phi_{WW} - 4\phi_W + 3\phi_P}{2\Delta x} \tag{5.117}$$

当 w 和 e 界面处的流速方向相同且与 u 反向时，由有限容积法得到的一阶偏导数离散格式为

$$\left.\frac{\partial \phi}{\partial x}\right|_P = \frac{\phi_e - \phi_w}{\Delta x} = \frac{(-\phi_{EE} + 3\phi_E)/2 - (-\phi_E + 3\phi_P)/2}{\Delta x} = \frac{-3\phi_P + 4\phi_E - \phi_{EE}}{2\Delta x} \tag{5.118}$$

当 w 和 e 界面处的流速方向不同且均流入控制容积时，由有限容积法得到的离散格

式为

$$\left.\frac{\partial \phi}{\partial x}\right|_P = \frac{\phi_e - \phi_w}{\Delta x} = \frac{(-\phi_{EE} + 3\phi_E)/2 - (-\phi_{WW} + 3\phi_W)/2}{\Delta x} = \frac{\phi_{WW} - 3\phi_W + 3\phi_E - \phi_{EE}}{2\Delta x} \tag{5.119}$$

当 w 和 e 界面处的流速方向不同且均流出控制容积时，由有限容积法得到的离散格式为

$$\left.\frac{\partial \phi}{\partial x}\right|_P = \frac{\phi_e - \phi_w}{\Delta x} = \frac{(-\phi_W + 3\phi_P)/2 - (-\phi_E + 3\phi_P)/2}{\Delta x} = \frac{-\phi_W + \phi_E}{2\Delta x} \tag{5.120}$$

例 9　试推导采用 QUICK 格式的二维问题 e 界面对流通量截差表达式。

【解析】本题考查对流项离散格式截差和对流通量离散截差的推导。

将 e 界面上所有点的待求变量值对图 5.15 中 ei 点泰勒展开，则 e 界面对流项积分的精确值可写为

$$\begin{aligned} A_e^{\mathrm{C}} &= \int_s^n (\rho u\phi)_e \mathrm{d}y = \int_s^n \left[(\rho u\phi)_{ei} + (y - y_{ei}) \left.\frac{\partial(\rho u\phi)}{\partial y}\right|_{ei} + O\left[(\overline{\Delta y})^2\right] \right] \mathrm{d}y \\ &= \int_s^n (\rho u\phi)_{ei} \mathrm{d}y + \int_s^n (y - y_{ei}) \left.\frac{\partial(\rho u\phi)}{\partial y}\right|_{ei} \mathrm{d}y + \int_s^n O\left[(\overline{\Delta y})^2\right] \mathrm{d}y \\ &= (\rho u\phi)_{ei} \Delta y + \left(\frac{y_n + y_s}{2} - y_{ei} \right) \left.\frac{\partial(\rho u\phi)}{\partial y}\right|_{ei} \Delta y + O\left[(\overline{\Delta y})^2\right] \Delta y \end{aligned} \tag{5.121}$$

界面处质量流量采用算术平均和界面处待求变量采用 QUICK 格式，则 e 界面对流项积分的近似值为

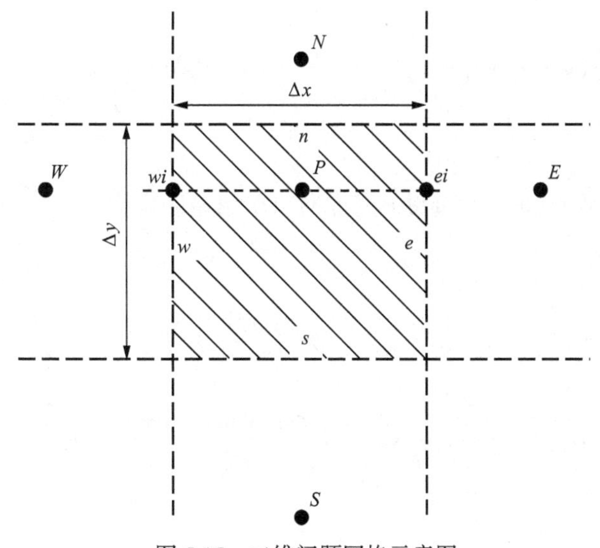

图 5.15　二维问题网格示意图

$$C_e^{\mathrm{C}}=\left[\frac{x_D-x_e}{x_D-x_C}(\rho u)_C+\frac{x_e-x_C}{x_D-x_C}(\rho u)_D\right]\left[\begin{array}{l}-\dfrac{(x_f-x_C)(x_D-x_f)}{(x_C-x_U)(x_D-x_U)}\phi_U\\+\dfrac{(x_f-x_U)(x_D-x_f)}{(x_C-x_U)(x_D-x_C)}\phi_C+\dfrac{(x_f-x_U)(x_f-x_C)}{(x_D-x_U)(x_D-x_C)}\phi_D\end{array}\right]\Delta y \tag{5.122}$$

根据式(5.28)～式(5.30)，e 界面处质量流量采用算术平均和界面处待求变量采用 QUICK 格式所引入的误差分别为

$$(\rho u)_{ei}=\left[\frac{x_D-x_e}{x_D-x_C}(\rho u)_C+\frac{x_e-x_C}{x_D-x_C}(\rho u)_D\right]+\frac{1}{2}(x_e-x_C)(x_e-x_D)\left.\frac{\partial^2(\rho u)}{\partial x^2}\right|_{ei}+O\left[(\overline{\Delta x})^3\right] \tag{5.123}$$

$$\begin{aligned}\phi_{ei}=&\left(-\frac{(x_f-x_C)(x_D-x_f)}{(x_C-x_U)(x_D-x_U)}\phi_U+\frac{(x_f-x_U)(x_D-x_f)}{(x_C-x_U)(x_D-x_C)}\phi_C+\frac{(x_f-x_U)(x_f-x_C)}{(x_D-x_U)(x_D-x_C)}\phi_D\right)\\&+\frac{1}{6}(x_e-x_U)(x_e-x_C)(x_e-x_D)\left.\frac{\partial^3\phi}{\partial x^3}\right|_{ei}+O\left[(\overline{\Delta x})^4\right]\end{aligned} \tag{5.124}$$

式(5.124)表明 QUICK 格式的截差精度有三阶。

将式(5.123)和式(5.124)代入式(5.122)中，C_e^{C} 转化为

$$\begin{aligned}C_e^{\mathrm{C}}=&\left[\begin{array}{l}(\rho u)_{ei}-\dfrac{1}{2}(x_e-x_C)(x_e-x_D)\left.\dfrac{\partial^2(\rho u)}{\partial x^2}\right|_{ei}\\+O\left[(\overline{\Delta x})^3\right]\end{array}\right]\left[\begin{array}{l}\phi_{ei}-\dfrac{1}{6}(x_e-x_U)(x_e-x_C)(x_e-x_D)\left.\dfrac{\partial^3\phi}{\partial x^3}\right|_{ei}\\+O\left[(\overline{\Delta x})^4\right]\end{array}\right]\Delta y\\=&\left[(\rho u)_{ei}\phi_{ei}-\frac{1}{2}(x_e-x_C)(x_e-x_D)\left.\frac{\partial^2(\rho u)}{\partial x^2}\right|_{ei}\phi_{ei}+O\left[(\overline{\Delta x})^3\right]\right]\Delta y\end{aligned} \tag{5.125}$$

结合式(5.121)和式(5.125)可得 e 界面对流通量截断误差：

$$\begin{aligned}R_e^{\mathrm{C}}=&A_e^{\mathrm{C}}-C_e^{\mathrm{C}}\\=&\frac{1}{2}\Delta y\left.\frac{\partial^2(\rho u)}{\partial x^2}\right|_{ei}\phi_{ei}(x_e-x_C)(x_e-x_D)+\Delta y\left.\frac{\partial(\rho u\phi)}{\partial y}\right|_{ei}\left(\frac{y_n+y_s}{2}-y_{ei}\right)+O\left[(\overline{\Delta x})^3,(\overline{\Delta y})^2\right]\Delta y\\=&\frac{1}{2}A_e\left.\frac{\partial^2(\rho u)}{\partial x^2}\right|_{ei}\phi_{ei}(x_e-x_C)(x_e-x_D)+A_e\left.\frac{\partial(\rho u\phi)}{\partial y}\right|_{ei}\left(\frac{y_n+y_s}{2}-y_{ei}\right)+O\left[(\overline{\Delta x})^3,(\overline{\Delta y})^2\right]\end{aligned} \tag{5.126}$$

式(5.126)表明，由于界面质量流量近似只有二阶，即使 QUICK 格式为三阶精度，

最终对流通量在 x 方向为二阶精度。在 y 方向上，对内节点法有 $\dfrac{y_n + y_s}{2} - y_{ei} = 0$，对非均分网格外节点法有 $\dfrac{y_n + y_s}{2} - y_{ei} \neq 0$，因此内外节点法对流通量的截差精度在 y 方向上分别为二阶和一阶。

例 10　试推导均分网格下，采用 SUD 格式在一维、二维和三维问题中内界面 e 对流通量的截断误差。

【解析】本题考查多维问题中对流通量截断误差的推导。

(1) 一维问题。

e 界面对流通量的精确解为

$$A_e^{\mathrm{C}} = (\rho u \phi)_e \tag{5.127}$$

对 e 界面，界面质量流量采用算术平均，界面待求变量采用 SUD 格式的离散表达式为

$$C_e^{\mathrm{C}} = \left[\frac{1}{2}(\rho u)_E + \frac{1}{2}(\rho u)_P\right]\left(-\frac{1}{2}\phi_U + \frac{3}{2}\phi_C\right) \tag{5.128}$$

根据泰勒展开，界面处质量流量采用算术平均和界面处变量采用中心差分格式所引入的误差分别为

$$(\rho u)_e = \left[\frac{1}{2}(\rho u)_E + \frac{1}{2}(\rho u)_P\right] - \frac{1}{8}\frac{\partial^2(\rho u)}{\partial x^2}\bigg|_e (\Delta x)^2 + O\left[(\Delta x)^4\right] \tag{5.129}$$

$$\phi_e = \left(-\frac{1}{2}\phi_U + \frac{3}{2}\phi_C\right) + \frac{3}{8}\frac{\partial^2\phi}{\partial x^2}\bigg|_e (\Delta x)^2 + O\left[(\Delta x)^3\right] \tag{5.130}$$

将式 (5.129) 和式 (5.130) 代入式 (5.128) 得

$$\begin{aligned} C_e^{\mathrm{C}} &= \left[\frac{1}{2}(\rho u)_E + \frac{1}{2}(\rho u)_P\right]\left(-\frac{1}{2}\phi_U + \frac{3}{2}\phi_C\right) \\ &= \left[(\rho u)_e + \frac{1}{8}\frac{\partial^2(\rho u)}{\partial x^2}\bigg|_e (\Delta x)^2 + O\left[(\Delta x)^4\right]\right]\left[\phi_e - \frac{3}{8}\frac{\partial^2\phi}{\partial x^2}\bigg|_e (\Delta x)^2 + O\left[(\Delta x)^3\right]\right] \\ &= (\rho u)_e\phi_e + \frac{1}{8}\frac{\partial^2(\rho u)}{\partial x^2}\bigg|_e \phi_e(\Delta x)^2 - \frac{3}{8}(\rho u)_e\frac{\partial^2\phi}{\partial x^2}\bigg|_e (\Delta x)^2 + O\left[(\Delta x)^3\right] \end{aligned} \tag{5.131}$$

由此可得一维问题内界面 e 对流通量的截断误差为

$$R_e^{\mathrm{C}} = A_e^{\mathrm{C}} - C_e^{\mathrm{C}} = -\frac{1}{8}\frac{\partial^2(\rho u)}{\partial x^2}\bigg|_e \phi_e(\Delta x)^2 + \frac{3}{8}(\rho u)_e\frac{\partial^2\phi}{\partial x^2}\bigg|_e (\Delta x)^2 + O\left[(\Delta x)^3\right] \tag{5.132}$$

(2) 二维问题。

将 e 界面上所有点的待求变量值对图 5.16 中 ei 点泰勒展开，e 界面对流通量的精确解为

$$\begin{aligned} A_e^{\mathrm{C}} &= \int_s^n (\rho u\phi)_e \mathrm{d}y = \int_s^n \left[(\rho u\phi)_{ei} + (y-y_{ei})\left.\frac{\partial(\rho u\phi)}{\partial y}\right|_{ei} + \frac{(y-y_{ei})^2}{2}\left.\frac{\partial^2(\rho u\phi)}{\partial y^2}\right|_{ei} + O\left[(\Delta y)^3\right] \right]\mathrm{d}y \\ &= \int_s^n (\rho u\phi)_{ei}\mathrm{d}y + \int_s^n (y-y_{ei})\left.\frac{\partial(\rho u\phi)}{\partial y}\right|_{ei}\mathrm{d}y + \int_s^n \frac{(y-y_{ei})^2}{2}\left.\frac{\partial^2(\rho u\phi)}{\partial y^2}\right|_{ei}\mathrm{d}y + \int_s^n O\left[(\Delta y)^3\right]\mathrm{d}y \\ &= (\rho u\phi)_{ei}\Delta y + \frac{\Delta y}{24}\left.\frac{\partial^2(\rho u\phi)}{\partial y^2}\right|_{ei}(\Delta y)^2 + O\left[(\Delta y)^3\right]\Delta y \end{aligned} \tag{5.133}$$

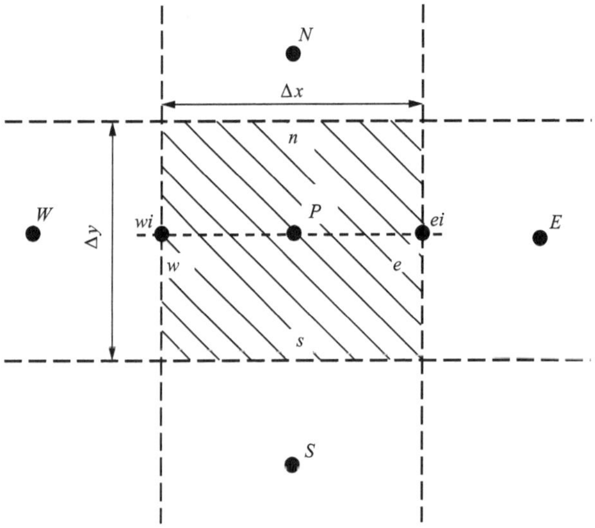

图 5.16　二维均分网格内节点

式 (5.131) 乘以通量面积 Δy，得 e 界面对流通量近似值为

$$\begin{aligned} C_e^{\mathrm{C}} &= \left[\frac{1}{2}(\rho u)_E + \frac{1}{2}(\rho u)_P\right]\left(-\frac{1}{2}\phi_U + \frac{3}{2}\phi_C\right)\Delta y \\ &= \left[(\rho u)_{ei} + \frac{1}{8}\left.\frac{\partial^2(\rho u)}{\partial x^2}\right|_{ei}(\Delta x)^2 + O\left[(\Delta x)^4\right]\right]\left[\phi_{ei} - \frac{3}{8}\left.\frac{\partial^2\phi}{\partial x^2}\right|_{ei}(\Delta x)^2 + O\left[(\Delta x)^3\right]\right]\Delta y \\ &= \left[(\rho u)_{ei}\phi_{ei} + \frac{1}{8}\left.\frac{\partial^2(\rho u)}{\partial x^2}\right|_{ei}\phi_{ei}(\Delta x)^2 - \frac{3}{8}(\rho u)_{ei}\left.\frac{\partial^2\phi}{\partial x^2}\right|_{ei}(\Delta x)^2 + O\left[(\Delta x)^3\right]\right]\Delta y \end{aligned} \tag{5.134}$$

由此可得二维问题内界面 e 对流通量的截断误差为

$$
\begin{aligned}
R_e^{\mathrm{C}} &= A_e^{\mathrm{C}} - C_e^{\mathrm{C}} \\
&= -\frac{1}{8}\Delta y \left.\frac{\partial^2(\rho u)}{\partial x^2}\right|_{ei} \phi_{ei}(\Delta x)^2 + \frac{3}{8}\Delta y(\rho u)_{ei}\left.\frac{\partial^2\phi}{\partial x^2}\right|_{ei}(\Delta x)^2 + \frac{\Delta y}{24}\left.\frac{\partial^2(\rho u\phi)}{\partial y^2}\right|_{ei}(\Delta y)^2 \\
&\quad + O\left[(\Delta x)^3,(\Delta y)^3\right]\Delta y \qquad (5.135)\\
&= -\frac{1}{8}A_e \left.\frac{\partial^2(\rho u)}{\partial x^2}\right|_{ei} \phi_{ei}(\Delta x)^2 + \frac{3}{8}A_e(\rho u)_{ei}\left.\frac{\partial^2\phi}{\partial x^2}\right|_{ei}(\Delta x)^2 + \frac{1}{24}A_e\left.\frac{\partial^2(\rho u\phi)}{\partial y^2}\right|_{ei}(\Delta y)^2 \\
&\quad + O\left[(\Delta x)^3,(\Delta y)^3\right]
\end{aligned}
$$

(3) 三维问题。

界面相邻两节点连线与界面的交点为 ei 点，将 e 界面上所有点的待求变量值对 ei 点泰勒展开，则 e 界面对流通量的精确解为

$$
\begin{aligned}
A_e^{\mathrm{C}} &= \int_d^u\int_s^n(\rho u\phi)_e\mathrm{d}y\mathrm{d}z = \int_d^u\int_s^n\left[\begin{aligned}&(\rho u\phi)_{ei} + (y-y_{ei})\left.\frac{\partial(\rho u\phi)}{\partial y}\right|_{ei} + (z-z_{ei})\left.\frac{\partial(\rho u\phi)}{\partial z}\right|_{ei}\\&+\frac{(y-y_{ei})^2}{2}\left.\frac{\partial^2(\rho u\phi)}{\partial y^2}\right|_{ei} + \frac{(z-z_{ei})^2}{2}\left.\frac{\partial^2(\rho u\phi)}{\partial z^2}\right|_{ei}\\&+\frac{(y-y_{ei})(z-z_{ei})}{2}\left.\frac{\partial(\rho u\phi)}{\partial y}\right|_{ei}\left.\frac{\partial(\rho u\phi)}{\partial z}\right|_{ei}\\&+O\left[(\Delta y)^3,(\Delta z)^3,(\Delta y)^2\Delta z,(\Delta z)^2\Delta y\right]\end{aligned}\right]\mathrm{d}y\mathrm{d}z \\
&= \int_d^u\int_s^n(\rho u\phi)_{ei}\mathrm{d}y\mathrm{d}z + \left[\begin{aligned}&\int_d^u\int_s^n(y-y_{ei})\left.\frac{\partial(\rho u\phi)}{\partial y}\right|_{ei}\mathrm{d}y\mathrm{d}z + \int_s^n\int_d^u(z-z_{ei})\left.\frac{\partial(\rho u\phi)}{\partial z}\right|_{ei}\mathrm{d}z\mathrm{d}y\\&+\int_d^u\int_s^n\frac{(y-y_{ei})^2}{2}\left.\frac{\partial^2(\rho u\phi)}{\partial y^2}\right|_{ei}\mathrm{d}y\mathrm{d}z + \int_d^u\int_s^n\frac{(z-z_{ei})^2}{2}\left.\frac{\partial^2(\rho u\phi)}{\partial z^2}\right|_{ei}\mathrm{d}y\mathrm{d}z\\&+\int_d^u\int_s^n\frac{(y-y_{ei})(z-z_{ei})}{2}\left.\frac{\partial(\rho u\phi)}{\partial y}\right|_{ei}\left.\frac{\partial(\rho u\phi)}{\partial z}\right|_{ei}\mathrm{d}y\mathrm{d}z\\&+\int_d^u\int_s^n O\left[(\Delta y)^3,(\Delta z)^3,(\Delta y)^2\Delta z,(\Delta z)^2\Delta y\right]\mathrm{d}y\mathrm{d}z\end{aligned}\right] \\
&= (\rho u\phi)_{ei}\Delta y\Delta z + \left[\begin{aligned}&\frac{\Delta y\Delta z}{24}\left.\frac{\partial^2(\rho u\phi)}{\partial y^2}\right|_{ei}(\Delta y)^2 + \frac{\Delta y\Delta z}{24}\left.\frac{\partial^2(\rho u\phi)}{\partial z^2}\right|_{ei}(\Delta z)^2\\&+O\left[(\Delta y)^3,(\Delta z)^3,(\Delta y)^2\Delta z,(\Delta z)^2\Delta y\right]\Delta y\Delta z\end{aligned}\right]
\end{aligned}
$$

(5.136)

式 (5.131) 乘以通量面积 $\Delta y\Delta z$，得 e 界面对流通量近似值为

$$
\begin{aligned}
C_e^{\mathrm{C}} &= \left[\frac{1}{2}(\rho u)_E + \frac{1}{2}(\rho u)_P\right]\left(-\frac{1}{2}\phi_U + \frac{3}{2}\phi_C\right)\Delta y \Delta z \\
&= \left[(\rho u)_{ei} + \frac{1}{8}\frac{\partial^2(\rho u)}{\partial x^2}\bigg|_{ei}(\Delta x)^2 + O\left[(\Delta x)^4\right]\right]\left[\phi_{ei} - \frac{3}{8}\frac{\partial^2 \phi}{\partial x^2}\bigg|_{ei}(\Delta x)^2 + O\left[(\Delta x)^3\right]\right]\Delta y \Delta z \\
&= \left[(\rho u)_{ei}\phi_{ei} + \frac{1}{8}\frac{\partial^2(\rho u)}{\partial x^2}\bigg|_{ei}\phi_{ei}(\Delta x)^2 - \frac{3}{8}(\rho u)_{ei}\frac{\partial^2 \phi}{\partial x^2}\bigg|_{ei}(\Delta x)^2 + O\left[(\Delta x)^3\right]\right]\Delta y \Delta z
\end{aligned}
\tag{5.137}
$$

由此可得三维问题内界面 e 对流通量的截断误差为

$$
\begin{aligned}
R_e^{\mathrm{C}} &= A_e^{\mathrm{C}} - C_e^{\mathrm{C}} \\
&= -\frac{1}{8}\Delta y \Delta z \frac{\partial^2(\rho u)}{\partial x^2}\bigg|_{ei}\phi_{ei}(\Delta x)^2 + \frac{3}{8}\Delta y \Delta z (\rho u)_{ei}\frac{\partial^2 \phi}{\partial x^2}\bigg|_{ei}(\Delta x)^2 + \frac{\Delta y \Delta z}{24}\frac{\partial^2(\rho u \phi)}{\partial y^2}\bigg|_{ei}(\Delta y)^2 \\
&\quad + \frac{\Delta y \Delta z}{24}\frac{\partial^2(\rho u \phi)}{\partial z^2}\bigg|_{ei}(\Delta z)^2 + O\left[(\Delta x)^3, (\Delta y)^3, (\Delta z)^3, (\Delta y)^2 \Delta z, (\Delta z)^2 \Delta y\right]\Delta y \Delta z \\
&= -\frac{1}{8}A_e\frac{\partial^2(\rho u)}{\partial x^2}\bigg|_{ei}\phi_{ei}(\Delta x)^2 + \frac{3}{8}A_e(\rho u)_{ei}\frac{\partial^2 \phi}{\partial x^2}\bigg|_{ei}(\Delta x)^2 \\
&\quad + \frac{1}{24}A_e\frac{\partial^2(\rho u \phi)}{\partial y^2}\bigg|_{ei}(\Delta y)^2 + \frac{1}{24}A_e\frac{\partial^2(\rho u \phi)}{\partial z^2}\bigg|_{ei}(\Delta z)^2 + O\left[(\Delta x)^3, (\Delta y)^3, (\Delta z)^3,\right. \\
&\quad \left.(\Delta y)^2 \Delta z, (\Delta z)^2 \Delta y\right]
\end{aligned}
\tag{5.138}
$$

例 11　以 e 界面为例，给出均分网格下，界面处待求变量界面法向一阶偏导数四阶精度表达式的截断误差，并推导其一维、二维、三维问题下扩散通量的截断误差。

【解析】本题考查多维问题中扩散通量截断误差的推导。

根据泰勒展开，均分网格一阶偏导数四阶精度表达式及其截断误差如下所示：

$$
\frac{\partial \phi}{\partial x}\bigg|_e = \frac{\phi_W - 27\phi_P + 27\phi_E - \phi_{EE}}{24\Delta x} + \frac{27}{5760}\frac{\partial^5 \phi}{\partial x^5}\bigg|_e(\Delta x)^4 + O\left[(\Delta x)^6\right] \tag{5.139}
$$

(1) 一维问题。

e 界面扩散通量的精确值和近似值的表达式分别为

$$
A_e^{\mathrm{D}} = \left(\Gamma\frac{\partial \phi}{\partial x}\right)_e \tag{5.140}
$$

$$
C_e^{\mathrm{D}} = \left(\frac{1}{2}\Gamma_P + \frac{1}{2}\Gamma_E\right)\left(\frac{\phi_W - 27\phi_P + 27\phi_E - \phi_{EE}}{24\Delta x}\right) \tag{5.141}
$$

根据泰勒展开可得界面上扩散系数采用算术平均引入的截断误差：

$$\Gamma_e=\left(\frac{1}{2}\Gamma_P+\frac{1}{2}\Gamma_E\right)-\frac{1}{8}\frac{\partial^2\Gamma}{\partial x^2}\bigg|_e(\Delta x)^2+O\left[(\Delta x)^4\right] \tag{5.142}$$

将式(5.139)和式(5.142)代入式(5.141)得

$$\begin{aligned}C_e^{\mathrm{D}}&=\left(\frac{1}{2}\Gamma_P+\frac{1}{2}\Gamma_E\right)\left(\frac{\phi_W-27\phi_P+27\phi_E-\phi_{EE}}{24\Delta x}\right)\\&=\left[\Gamma_e+\frac{1}{8}\frac{\partial^2\Gamma}{\partial x^2}\bigg|_e(\Delta x)^2+O\left[(\Delta x)^4\right]\right]\left[\frac{\partial\phi}{\partial x}\bigg|_e-\frac{27}{5760}\frac{\partial^5\phi}{\partial x^5}\bigg|_e(\Delta x)^4+O\left[(\Delta x)^6\right]\right]\\&=\Gamma_e\frac{\partial\phi}{\partial x}\bigg|_e+\frac{1}{8}\frac{\partial^2\Gamma}{\partial x^2}\bigg|_e\frac{\partial\phi}{\partial x}\bigg|_e(\Delta x)^2+O\left[(\Delta x)^4\right]\end{aligned} \tag{5.143}$$

结合式(5.140)和式(5.143)可得一维问题 e 界面扩散通量截断误差为

$$R_e^{\mathrm{D}}=A_e^{\mathrm{D}}-C_e^{\mathrm{D}}=-\frac{1}{8}\frac{\partial^2\Gamma}{\partial x^2}\bigg|_e\frac{\partial\phi}{\partial x}\bigg|_e(\Delta x)^2+O\left[(\Delta x)^4\right] \tag{5.144}$$

(2)二维问题。

将 e 界面上所有点的待求变量值对图 5.16 中 ei 点泰勒展开，e 界面扩散通量的精确解为

$$\begin{aligned}A_e^{\mathrm{D}}&=\int_s^n\left(\Gamma\frac{\partial\phi}{\partial x}\right)_e\mathrm{d}y=\int_s^n\left[\left(\Gamma\frac{\partial\phi}{\partial x}\right)_{ei}+(y-y_{ei})\frac{\partial}{\partial y}\left(\Gamma\frac{\partial\phi}{\partial x}\right)\bigg|_{ei}+\frac{(y-y_{ei})^2}{2}\frac{\partial^2}{\partial y^2}\left(\Gamma\frac{\partial\phi}{\partial x}\right)\bigg|_{ei}+O\left[(\Delta y)^3\right]\right]\mathrm{d}y\\&=\int_s^n\left(\Gamma\frac{\partial\phi}{\partial x}\right)_{ei}\mathrm{d}y+\int_s^n(y-y_{ei})\frac{\partial}{\partial y}\left(\Gamma\frac{\partial\phi}{\partial x}\right)\bigg|_{ei}\mathrm{d}y+\int_s^n\frac{(y-y_{ei})^2}{2}\frac{\partial^2}{\partial y^2}\left(\Gamma\frac{\partial\phi}{\partial x}\right)\bigg|_{ei}\mathrm{d}y+\int_s^n O\left[(\Delta y)^3\right]\mathrm{d}y\\&=\left(\Gamma\frac{\partial\phi}{\partial x}\right)_{ei}\Delta y+\frac{\Delta y}{24}\frac{\partial^2}{\partial y^2}\left(\Gamma\frac{\partial\phi}{\partial x}\right)\bigg|_{ei}(\Delta y)^2+O\left[(\Delta y)^3\right]\Delta y\end{aligned} \tag{5.145}$$

式(5.143)乘以通量面积 Δy，得 e 界面扩散通量近似值为

$$\begin{aligned}C_e^{\mathrm{D}}&=\left(\frac{1}{2}\Gamma_P+\frac{1}{2}\Gamma_E\right)\left(\frac{\phi_W-27\phi_P+27\phi_E-\phi_{EE}}{24\Delta x}\right)\Delta y\\&=\left[\Gamma_{ei}+\frac{1}{8}\frac{\partial^2\Gamma}{\partial x^2}\bigg|_{ei}(\Delta x)^2+O\left[(\Delta x)^4\right]\right]\left[\frac{\partial\phi}{\partial x}\bigg|_{ei}-\frac{27}{5760}\frac{\partial^5\phi}{\partial x^5}\bigg|_{ei}(\Delta x)^4+O\left[(\Delta x)^6\right]\right]\Delta y\\&=\left[\Gamma_{ei}\frac{\partial\phi}{\partial x}\bigg|_{ei}+\frac{1}{8}\frac{\partial^2\Gamma}{\partial x^2}\bigg|_{ei}\frac{\partial\phi}{\partial x}\bigg|_{ei}(\Delta x)^2+O\left[(\Delta x)^4\right]\right]\Delta y\end{aligned} \tag{5.146}$$

式(5.145)和式(5.146)可得二维问题 e 界面扩散项离散引入的截断误差为

$$R_e^{\mathrm{D}}=A_e^{\mathrm{D}}-C_e^{\mathrm{D}}=-\frac{1}{8}\Delta y\frac{\partial^2\Gamma}{\partial x^2}\bigg|_{ei}\frac{\partial\phi}{\partial x}\bigg|_{ei}(\Delta x)^2+\frac{1}{24}\Delta y\frac{\partial^2}{\partial y^2}\left(\Gamma\frac{\partial\phi}{\partial x}\right)\bigg|_{ei}(\Delta y)^2+O\left[(\Delta x)^4,(\Delta y)^3\right]\Delta y$$
$$=-\frac{1}{8}A_e\frac{\partial^2\Gamma}{\partial x^2}\bigg|_{ei}\frac{\partial\phi}{\partial x}\bigg|_{ei}(\Delta x)^2+\frac{1}{24}A_e\frac{\partial^2}{\partial y^2}\left(\Gamma\frac{\partial\phi}{\partial x}\right)\bigg|_{ei}(\Delta y)^2+O\left[(\Delta x)^4,(\Delta y)^3\right] \tag{5.147}$$

(3)三维问题。

界面相邻两节点连线与界面的交点为 ei 点，将 e 界面上所有点的待求变量值对 ei 点泰勒展开，则 e 界面扩散通量的精确解为

$$A_e^{\mathrm{D}}=\int_d^u\int_s^n\left(\Gamma\frac{\partial\phi}{\partial x}\right)_e\mathrm{d}y\mathrm{d}z=\int_d^u\int_s^n\left[\begin{aligned}&\left(\Gamma\frac{\partial\phi}{\partial x}\right)_{ei}+(y-y_{ei})\frac{\partial}{\partial y}\left(\Gamma\frac{\partial\phi}{\partial x}\right)\bigg|_{ei}+(z-z_{ei})\frac{\partial}{\partial z}\left(\Gamma\frac{\partial\phi}{\partial x}\right)\bigg|_{ei}\\&+\frac{(y-y_{ei})^2}{2}\frac{\partial^2}{\partial y^2}\left(\Gamma\frac{\partial\phi}{\partial x}\right)\bigg|_{ei}+\frac{(z-z_{ei})^2}{2}\frac{\partial^2}{\partial z^2}\left(\Gamma\frac{\partial\phi}{\partial x}\right)\bigg|_{ei}\\&+\frac{(y-y_{ei})(z-z_{ei})}{2}\frac{\partial}{\partial y}\left(\Gamma\frac{\partial\phi}{\partial x}\right)\bigg|_{ei}\frac{\partial}{\partial z}\left(\Gamma\frac{\partial\phi}{\partial x}\right)\bigg|_{ei}\\&+O\left[(\Delta y)^3,(\Delta z)^3,(\Delta y)^2\Delta z,(\Delta z)^2\Delta y\right]\end{aligned}\right]\mathrm{d}y\mathrm{d}z$$
$$=\int_d^u\int_s^n\left(\Gamma\frac{\partial\phi}{\partial x}\right)_{ei}\mathrm{d}y\mathrm{d}z+\left[\begin{aligned}&\int_d^u\int_s^n(y-y_{ei})\frac{\partial}{\partial y}\left(\Gamma\frac{\partial\phi}{\partial x}\right)\bigg|_{ei}\mathrm{d}y\mathrm{d}z+\int_s^n\int_d^u(z-z_{ei})\frac{\partial}{\partial z}\left(\Gamma\frac{\partial\phi}{\partial x}\right)\bigg|_{ei}\mathrm{d}z\mathrm{d}y\\&+\int_d^u\int_s^n\frac{(y-y_{ei})^2}{2}\frac{\partial^2}{\partial y^2}\left(\Gamma\frac{\partial\phi}{\partial x}\right)\bigg|_{ei}\mathrm{d}y\mathrm{d}z+\int_d^u\int_s^n\frac{(z-z_{ei})^2}{2}\frac{\partial^2}{\partial z^2}\left(\Gamma\frac{\partial\phi}{\partial x}\right)\bigg|_{ei}\mathrm{d}y\mathrm{d}z\\&+\int_d^u\int_s^n\frac{(y-y_{ei})(z-z_{ei})}{2}\frac{\partial}{\partial y}\left(\Gamma\frac{\partial\phi}{\partial x}\right)\bigg|_{ei}\frac{\partial}{\partial z}\left(\Gamma\frac{\partial\phi}{\partial x}\right)\bigg|_{ei}\mathrm{d}y\mathrm{d}z\\&+\int_d^u\int_s^n O\left[(\Delta y)^3,(\Delta z)^3,(\Delta y)^2\Delta z,(\Delta z)^2\Delta y\right]\mathrm{d}y\mathrm{d}z\end{aligned}\right]$$
$$=\left(\Gamma\frac{\partial\phi}{\partial x}\right)_{ei}\Delta y\Delta z+\left[\begin{aligned}&\frac{\Delta y\Delta z}{24}\frac{\partial^2}{\partial y^2}\left(\Gamma\frac{\partial\phi}{\partial x}\right)\bigg|_{ei}(\Delta y)^2+\frac{\Delta y\Delta z}{24}\frac{\partial^2}{\partial z^2}\left(\Gamma\frac{\partial\phi}{\partial x}\right)\bigg|_{ei}(\Delta z)^2\\&+O\left[(\Delta y)^3,(\Delta z)^3,(\Delta y)^2\Delta z,(\Delta z)^2\Delta y\right]\Delta y\Delta z\end{aligned}\right] \tag{5.148}$$

式(5.143)乘以通量面积 $\Delta y\Delta z$，得 e 界面扩散通量近似值为

$$C_e^{\mathrm{D}}=\left(\frac{1}{2}\Gamma_P+\frac{1}{2}\Gamma_E\right)\left(\frac{\phi_W-27\phi_P+27\phi_E-\phi_{EE}}{24\Delta x}\right)\Delta y\Delta z$$
$$=\left[\Gamma_{ei}+\frac{1}{8}\frac{\partial^2\Gamma}{\partial x^2}\bigg|_{ei}(\Delta x)^2+O\left[(\Delta x)^4\right]\right]\left[\frac{\partial\phi}{\partial x}\bigg|_{ei}-\frac{27}{5760}\frac{\partial^5\phi}{\partial x^5}\bigg|_{ei}(\Delta x)^4+O\left[(\Delta x)^6\right]\right]\Delta y\Delta z$$
$$=\left[\Gamma_{ei}\frac{\partial\phi}{\partial x}\bigg|_{ei}+\frac{1}{8}\frac{\partial^2\Gamma}{\partial x^2}\bigg|_{ei}\frac{\partial\phi}{\partial x}\bigg|_{ei}(\Delta x)^2+O\left[(\Delta x)^4\right]\right]\Delta y\Delta z \tag{5.149}$$

式(5.148)和式(5.149)可得三维问题 e 界面扩散项离散引入的截断误差为

$$
\begin{aligned}
R_e^{\mathrm{D}} = A_e^{\mathrm{D}} - C_e^{\mathrm{D}} &= -\frac{1}{8}\Delta y\Delta z \left.\frac{\partial^2 \Gamma}{\partial x^2}\right|_{ei} \left.\frac{\partial \phi}{\partial x}\right|_{ei} (\Delta x)^2 + \frac{1}{24}\Delta y\Delta z \frac{\partial^2}{\partial y^2}\left.\left(\Gamma\frac{\partial \phi}{\partial x}\right)\right|_{ei} (\Delta y)^2 \\
&\quad + \frac{1}{24}\Delta y\Delta z \frac{\partial^2}{\partial z^2}\left.\left(\Gamma\frac{\partial \phi}{\partial x}\right)\right|_{ei} (\Delta z)^2 + O\left[(\Delta x)^4,(\Delta y)^3,(\Delta z)^3,(\Delta y)^2\Delta z,(\Delta z)^2\Delta y\right]\Delta y\Delta z \\
&= -\frac{1}{8}A_e \left.\frac{\partial^2 \Gamma}{\partial x^2}\right|_{ei} \left.\frac{\partial \phi}{\partial x}\right|_{ei} (\Delta x)^2 + \frac{1}{24}A_e \frac{\partial^2}{\partial y^2}\left.\left(\Gamma\frac{\partial \phi}{\partial x}\right)\right|_{ei} (\Delta y)^2 \\
&\quad + \frac{1}{24}A_e \frac{\partial^2}{\partial z^2}\left.\left(\Gamma\frac{\partial \phi}{\partial x}\right)\right|_{ei} (\Delta z)^2 + O\left[(\Delta x)^4,(\Delta y)^3,(\Delta z)^3,(\Delta y)^2\Delta z,(\Delta z)^2\Delta y\right]
\end{aligned} \tag{5.150}
$$

例 12　对二维极坐标 r 和 θ 方向动量方程的源项进行离散。

r 方向：$S = -\dfrac{\partial p}{\partial r} + \rho f_r + \dfrac{\rho u_\theta^2}{r} - \dfrac{\mu u_r}{r^2} - \dfrac{2\mu}{r^2}\dfrac{\partial u_\theta}{\partial \theta}$。

θ 方向：$S = -\dfrac{\partial p}{r\partial \theta} + \rho f_\theta - \dfrac{\rho u_r u_\theta}{r} - \dfrac{\mu u_\theta}{r^2} + \dfrac{2\mu}{r^2}\dfrac{\partial u_r}{\partial \theta}$。

【解析】本题考查含导数项源项的离散。

(1) r 方向。

源项中非导数项采用节点处的值代替控制容积的值，一阶偏导数项采用中心差分格式离散有

$$
\begin{aligned}
\int_s^n\int_w^e S\mathrm{d}r r\mathrm{d}\theta &= \int_s^n\int_w^e\left(-\frac{\partial p}{\partial r} + \rho f_r + \frac{\rho u_\theta^2}{r} - \frac{\mu u_r}{r^2} - \frac{2\mu}{r^2}\frac{\partial u_\theta}{\partial \theta}\right)\mathrm{d}r r\mathrm{d}\theta \\
&= -\int_s^n\int_w^e \frac{\partial p}{\partial r}\mathrm{d}r r\mathrm{d}\theta + \int_s^n\int_w^e \rho f_r \mathrm{d}r r\mathrm{d}\theta + \int_s^n\int_w^e \frac{\rho u_\theta^2}{r}\mathrm{d}r r\mathrm{d}\theta - \int_s^n\int_w^e \frac{\mu u_r}{r^2}\mathrm{d}r r\mathrm{d}\theta \\
&\quad - \int_s^n\int_w^e \frac{2\mu}{r^2}\frac{\partial u_\theta}{\partial \theta}\mathrm{d}r r\mathrm{d}\theta \\
&\approx -(p_e - p_w)r_P\Delta\theta + \rho f_r \Delta r r_P\Delta\theta + \rho u_{\theta,P}^2\Delta r\Delta\theta - \frac{\mu u_{r,P}}{r_P}\Delta r\Delta\theta - \frac{2\mu}{r_P}\Delta r(u_{\theta,n} - u_{\theta,s}) \\
&= -\left[\left(\frac{r_E - r_{ei}}{r_E - r_P}p_P + \frac{r_{ei} - r_P}{r_E - r_P}p_E\right) - \left(\frac{r_P - r_{wi}}{r_P - r_W}p_W + \frac{r_{wi} - r_W}{r_P - r_W}p_P\right)\right]r_P\Delta\theta + \rho f_r\Delta r r_P\Delta\theta \\
&\quad + \rho u_{\theta,P}^2\Delta r\Delta\theta - \frac{\mu u_{r,P}}{r_P}\Delta r\Delta\theta - \frac{2\mu}{r_P}\Delta r\left[\left(\frac{\theta_N - \theta_{ni}}{\theta_N - \theta_P}u_{\theta,P} + \frac{\theta_{ni} - \theta_P}{\theta_N - \theta_P}u_{\theta,N}\right)\right. \\
&\quad \left. - \left(\frac{\theta_{si} - \theta_S}{\theta_P - \theta_S}u_{\theta,P} + \frac{\theta_P - \theta_{si}}{\theta_P - \theta_S}u_{\theta,S}\right)\right]
\end{aligned} \tag{5.151}
$$

其中第四项和第五项也可离散为

$$\int_s^n\int_w^e \frac{\mu u_r}{r^2}\mathrm{d}r r\mathrm{d}\theta = \int_w^e\int_s^n \frac{\mu u_r}{r^2} r\mathrm{d}\theta\mathrm{d}r = \int_w^e\int_s^n \frac{\mu u_r}{r}\mathrm{d}\theta\mathrm{d}r = \int_s^n\int_w^e \frac{\mu u_r}{r}\mathrm{d}r\mathrm{d}\theta = \mu u_{r,P}(\ln r_e - \ln r_w)\Delta\theta \tag{5.152}$$

$$\int_s^n\int_w^e \frac{2\mu}{r^2}\frac{\partial u_\theta}{\partial\theta}\mathrm{d}r r\mathrm{d}\theta = \int_w^e\int_s^n \frac{2\mu}{r}\frac{\partial u_\theta}{\partial\theta}\mathrm{d}\theta\mathrm{d}r = \int_s^n\int_w^e \frac{2\mu}{r}\mathrm{d}r\mathrm{d}u_\theta = 2\mu(\ln r_e - \ln r_w)(u_{\theta,n} - u_{\theta,s}) \tag{5.153}$$

(2) θ 方向。

源项中非导数项采用节点处的值代替控制容积的值，一阶偏导数项采用中心差分格式离散有

$$\begin{aligned}
\int_s^n\int_w^e S\mathrm{d}r r\mathrm{d}\theta &= \int_s^n\int_w^e\left(-\frac{\partial p}{r\partial\theta} + \rho f_\theta - \frac{\rho u_r u_\theta}{r} - \frac{\mu u_\theta}{r^2} + \frac{2\mu}{r^2}\frac{\partial u_r}{\partial\theta}\right)\mathrm{d}r r\mathrm{d}\theta \\
&\approx -\int_s^n\int_w^e \frac{\partial p}{r\partial\theta}\mathrm{d}r r\mathrm{d}\theta + \int_s^n\int_w^e \rho f_\theta \mathrm{d}r r\mathrm{d}\theta - \int_s^n\int_w^e \frac{\rho u_r u_\theta}{r}\mathrm{d}r r\mathrm{d}\theta - \int_s^n\int_w^e \frac{\mu u_\theta}{r^2}\mathrm{d}r r\mathrm{d}\theta \\
&\quad + \int_s^n\int_w^e \frac{2\mu}{r^2}\frac{\partial u_r}{\partial\theta}\mathrm{d}r r\mathrm{d}\theta \\
&= -(p_n - p_s)\Delta r + \rho f_\theta \Delta r r_P \Delta\theta - \rho u_{r,P}u_{\theta,P}\Delta r\Delta\theta - \frac{\mu u_{\theta,P}}{r_P}\Delta r\Delta\theta + \frac{2\mu}{r_P}\Delta r(u_{r,n} - u_{r,s}) \\
&= -\left[\left(\frac{\theta_N - \theta_{ni}}{\theta_N - \theta_P}P_P + \frac{\theta_{ni} - \theta_P}{\theta_N - \theta_P}P_N\right) - \left(\frac{\theta_{si} - \theta_S}{\theta_P - \theta_S}P_P + \frac{\theta_P - \theta_{si}}{\theta_P - \theta_S}P_S\right)\right]\Delta r + \rho f_\theta \Delta r r_P \Delta\theta \\
&\quad - \rho u_{r,P}u_{\theta,P}\Delta r\Delta\theta - \frac{\mu u_{\theta,P}}{r_P}\Delta r\Delta\theta + \frac{2\mu}{r_P}\Delta r\left[\left(\frac{\theta_N - \theta_{ni}}{\theta_N - \theta_P}u_{r,P} + \frac{\theta_{ni} - \theta_P}{\theta_N - \theta_P}u_{r,N}\right)\right. \\
&\quad \left. - \left(\frac{\theta_{si} - \theta_S}{\theta_P - \theta_S}u_{r,P} + \frac{\theta_P - \theta_{si}}{\theta_P - \theta_S}u_{r,S}\right)\right]
\end{aligned} \tag{5.154}$$

其中第四项和第五项也可离散为

$$\int_s^n\int_w^e \frac{\mu u_\theta}{r^2}\mathrm{d}r r\mathrm{d}\theta = \int_w^e\int_s^n \frac{\mu u_\theta}{r^2} r\mathrm{d}\theta\mathrm{d}r = \int_w^e\int_s^n \frac{\mu u_\theta}{r}\mathrm{d}\theta\mathrm{d}r = \int_w^e \frac{\mu u_{\theta,P}}{r}\Delta\theta\mathrm{d}r = \mu u_{\theta,P}(\ln r_e - \ln r_w)\Delta\theta \tag{5.155}$$

$$\int_s^n\int_w^e \frac{2\mu}{r^2}\frac{\partial u_r}{\partial\theta}\mathrm{d}r r\mathrm{d}\theta = \int_w^e\int_s^n \frac{2\mu}{r^2}\frac{\partial u_r}{\partial\theta} r\mathrm{d}\theta\mathrm{d}r = \int_w^e \frac{2\mu}{r}(u_{r,n} - u_{r,s})\mathrm{d}r = 2\mu(\ln r_e - \ln r_w)(u_{r,n} - u_{r,s}) \tag{5.156}$$

例 13　将下列源项进行局部线性化。

(1) $S = -6 - 10T$。

(2) $S=-6+10T$ 。

(3) $S=-6+10T-5T^2$ 。

【解析】本题考查源项的线性化处理。

(1) $S_{\mathrm{C}}=-6, S_P=-10$ 。

(2) $S_{\mathrm{C}}=-6+(10+a)T^*, S_P=-a, a>0$ 。

(3) $S_{\mathrm{C}}=-6+10T^*, S_P=-5T^*$ ，其中 T 采用绝对温标。

例 14　试给出二维直角坐标系下微分型稳态扩散方程，并采用有限容积方法对其离散，界面上扩散通量采用相邻两节点值逼近。

【解析】本题考查采用有限容积法离散二维直角坐标系稳态扩散方程。

直角坐标系微分型稳态扩散方程为

$$\frac{\partial}{\partial x}\left(\Gamma\frac{\partial\phi}{\partial x}\right)+\frac{\partial}{\partial y}\left(\Gamma\frac{\partial\phi}{\partial y}\right)+S=0 \tag{5.157}$$

将式(5.157)对图 5.17 所示控制容积积分可得

$$\int_s^n\int_w^e\left[\frac{\partial}{\partial x}\left(\Gamma\frac{\partial\phi}{\partial x}\right)+\frac{\partial}{\partial y}\left(\Gamma\frac{\partial\phi}{\partial y}\right)+S\right]\mathrm{d}x\mathrm{d}y=0 \tag{5.158}$$

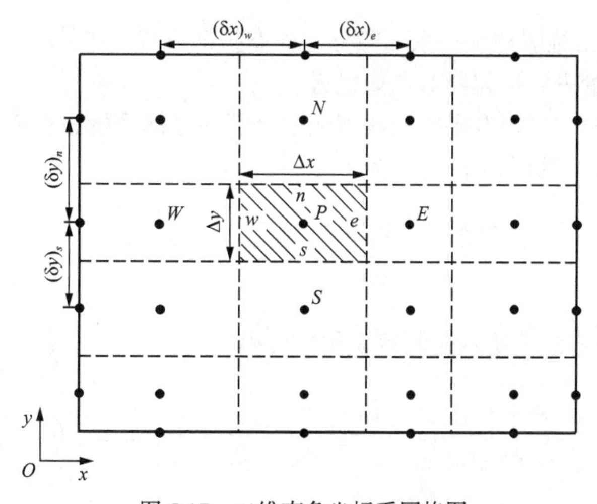

图 5.17　二维直角坐标系网格图

x 方向扩散项离散为

$$\begin{aligned}\int_s^n\int_w^e\frac{\partial}{\partial x}\left(\Gamma\frac{\partial\phi}{\partial x}\right)\mathrm{d}x\mathrm{d}y&=\int_s^n\left[\left(\Gamma\frac{\partial\phi}{\partial x}\right)_e-\left(\Gamma\frac{\partial\phi}{\partial x}\right)_w\right]\mathrm{d}y\\&=\left[\Gamma_e\frac{\phi_E-\phi_P}{(\delta x)_e}-\Gamma_w\frac{\phi_P-\phi_W}{(\delta x)_w}\right]\Delta y=\frac{\Gamma_e\Delta y}{(\delta x)_e}(\phi_E-\phi_P)-\frac{\Gamma_w\Delta y}{(\delta x)_w}(\phi_P-\phi_W)\end{aligned} \tag{5.159}$$

y 方向扩散项离散为

$$\int_w^e\int_s^n \frac{\partial}{\partial y}\left(\Gamma\frac{\partial\phi}{\partial y}\right)\mathrm{d}y\mathrm{d}x=\int_w^e\left[\left(\Gamma\frac{\partial\phi}{\partial y}\right)_n-\left(\Gamma\frac{\partial\phi}{\partial y}\right)_s\right]\mathrm{d}x$$
$$=\left[\Gamma_n\frac{\phi_N-\phi_P}{(\delta y)_n}-\Gamma_s\frac{\phi_P-\phi_S}{(\delta y)_s}\right]\Delta x=\frac{\Gamma_n\Delta x}{(\delta y)_n}(\phi_N-\phi_P)-\frac{\Gamma_s\Delta x}{(\delta y)_s}(\phi_P-\phi_S) \tag{5.160}$$

源项离散为

$$\int_s^n\int_w^e S\mathrm{d}x\mathrm{d}y=\int_s^n\int_w^e(S_C+S_P\phi_P)\,\mathrm{d}x\mathrm{d}y=S_C\Delta x\Delta y+S_P\Delta x\Delta y\phi_P=S_C\Delta V+S_P\Delta V\phi_P \tag{5.161}$$

将式(5.159)～式(5.161)代入式(5.158)整理得

$$a_P\phi_P=a_E\phi_E+a_W\phi_W+a_N\phi_N+a_S\phi_S+b \tag{5.162}$$

式中，$a_E=\frac{\Gamma_e\Delta x}{(\delta x)_e}$; $a_W=\frac{\Gamma_w\Delta x}{(\delta x)_w}$; $a_N=\frac{\Gamma_n\Delta y}{(\delta y)_n}$; $a_S=\frac{\Gamma_s\Delta y}{(\delta y)_s}$; $b=S_C\Delta V$; $a_P=a_E+a_W+a_N+a_S-S_P\Delta V$。

例 15　试给出二维圆柱坐标系下微分型稳态扩散方程，并采用有限容积方法对其离散，界面上扩散通量采用相邻两节点值逼近。

【解析】本题考查采用有限容积法离散二维圆柱坐标系稳态扩散方程。

圆柱坐标系微分型稳态扩散方程为

$$\frac{\partial}{r\partial r}\left(r\Gamma\frac{\partial\phi}{\partial r}\right)+\frac{\partial}{\partial z}\left(\Gamma\frac{\partial\phi}{\partial z}\right)+S=0 \tag{5.163}$$

将式(5.163)对图 5.18 所示控制容积积分可得

$$\int_s^n\int_w^e\left[\frac{\partial}{r\partial r}\left(r\Gamma\frac{\partial\phi}{\partial r}\right)+\frac{\partial}{\partial z}\left(\Gamma\frac{\partial\phi}{\partial z}\right)+S\right]r\mathrm{d}r\mathrm{d}z=0 \tag{5.164}$$

r 方向扩散项离散为

$$\int_s^n\int_w^e\frac{\partial}{\partial r}\left(r\Gamma\frac{\partial\phi}{\partial r}\right)\mathrm{d}r\mathrm{d}z=\int_s^n\left[\left(r\Gamma\frac{\partial\phi}{\partial r}\right)_e-\left(r\Gamma\frac{\partial\phi}{\partial r}\right)_w\right]\mathrm{d}z$$
$$=\left[r_e\Gamma_e\frac{\phi_E-\phi_P}{(\delta r)_e}-r_w\Gamma_w\frac{\phi_P-\phi_W}{(\delta r)_w}\right]\Delta z=\frac{\Gamma_e r_e\Delta z}{(\delta r)_e}(\phi_E-\phi_P)-\frac{\Gamma_w r_w\Delta z}{(\delta r)_w}(\phi_P-\phi_W) \tag{5.165}$$

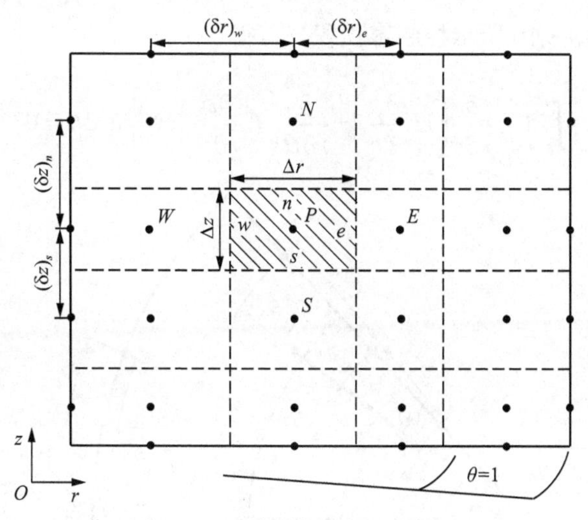

图 5.18　二维圆柱坐标系网格图

z 方向扩散项离散为

$$\int_s^n\int_w^e \frac{\partial}{\partial z}\left(\Gamma\frac{\partial \phi}{\partial z}\right) r\mathrm{d}r\mathrm{d}z = \int_w^e\left[\left(\Gamma\frac{\partial \phi}{\partial z}\right)_n - \left(\Gamma\frac{\partial \phi}{\partial z}\right)_s\right] r\mathrm{d}r$$

$$= \left[\Gamma_n\frac{\phi_N-\phi_P}{(\delta z)_n} - \Gamma_s\frac{\phi_P-\phi_S}{(\delta z)_s}\right] r_P\Delta r = \frac{\Gamma_n r_P\Delta r}{(\delta z)_n}(\phi_N-\phi_P) - \frac{\Gamma_s r_P\Delta r}{(\delta z)_s}(\phi_P-\phi_S) \tag{5.166}$$

源项离散为

$$\int_s^n\int_w^e S r\mathrm{d}r\mathrm{d}z = \int_s^n\int_w^e (S_C+S_P\phi_P)\, r\mathrm{d}r\mathrm{d}z = S_C r_P\Delta r\Delta z + S_P r_P\Delta r\Delta z\phi_P = S_C\Delta V + S_P\Delta V\phi_P \tag{5.167}$$

将式(5.165)～式(5.167)代入式(5.164)整理得

$$a_P\phi_P = a_E\phi_E + a_W\phi_W + a_N\phi_N + a_S\phi_S + b \tag{5.168}$$

式中，$a_E=\dfrac{\Gamma_e r_e\Delta z}{(\delta r)_e}$; $a_W=\dfrac{\Gamma_w r_w\Delta z}{(\delta r)_w}$; $a_N=\dfrac{\Gamma_n r_P\Delta r}{(\delta z)_n}$; $a_S=\dfrac{\Gamma_s r_P\Delta r}{(\delta z)_s}$; $a_P=a_E+a_W+a_N+a_S-S_P\Delta V$; $b=S_C\Delta V$。

例 16　试给出二维极坐标系下微分型稳态扩散方程，并采用有限容积方法对其离散，界面上扩散通量采用相邻两节点值逼近。

【解析】本题考查采用有限容积法离散二维极坐标系稳态扩散方程。

极坐标系微分型稳态扩散方程为

$$\frac{\partial}{r\partial r}\left(r\Gamma\frac{\partial \phi}{\partial r}\right)+\frac{\partial}{r\partial \theta}\left(\Gamma\frac{\partial \phi}{r\partial \theta}\right)+S=0 \tag{5.169}$$

将式(5.169)对图 5.19 所示控制容积积分可得

$$\int_s^n\int_w^e\left[\frac{\partial}{r\partial r}\left(r\Gamma\frac{\partial\phi}{\partial r}\right)+\frac{\partial}{r\partial\theta}\left(\Gamma\frac{\partial\phi}{r\partial\theta}\right)+S\right]r\mathrm{d}r\mathrm{d}\theta=0 \tag{5.170}$$

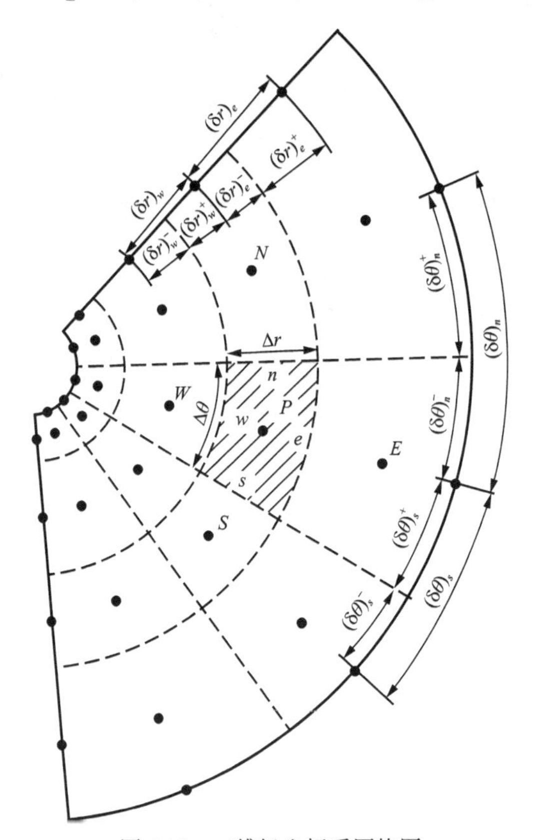

图 5.19　二维极坐标系网格图

r 方向扩散项离散为

$$\begin{aligned}\int_s^n\int_w^e\frac{\partial}{\partial r}\left(r\Gamma\frac{\partial\phi}{\partial r}\right)\mathrm{d}r\mathrm{d}\theta&=\int_s^n\left[\left(r\Gamma\frac{\partial\phi}{\partial r}\right)_e-\left(r\Gamma\frac{\partial\phi}{\partial r}\right)_w\right]\mathrm{d}\theta\\&=\left[r_e\Gamma_e\frac{\phi_E-\phi_P}{(\delta r)_e}-r_w\Gamma_w\frac{\phi_P-\phi_W}{(\delta r)_w}\right]\Delta\theta\\&=\frac{\Gamma_e r_e\Delta\theta}{(\delta r)_e}(\phi_E-\phi_P)-\frac{\Gamma_w r_w\Delta\theta}{(\delta r)_w}(\phi_P-\phi_W)\end{aligned} \tag{5.171}$$

θ 方向扩散项离散为

$$\int_w^e\int_s^n\frac{\partial}{\partial\theta}\left(\Gamma\frac{\partial\phi}{r\partial\theta}\right)\mathrm{d}r\mathrm{d}\theta=\int_w^e\left[\left(\Gamma\frac{\partial\phi}{r\partial\theta}\right)_n-\left(\Gamma\frac{\partial\phi}{r\partial\theta}\right)_s\right]\mathrm{d}r=\left[\Gamma_n\frac{\phi_N-\phi_P}{r_P(\delta\theta)_n}-\Gamma_s\frac{\phi_P-\phi_S}{r_P(\delta\theta)_s}\right]\Delta r$$

$$=\frac{\Gamma_n\Delta r}{r_P(\delta\theta)_n}(\phi_N-\phi_P)-\frac{\Gamma_s\Delta r}{r_P(\delta\theta)_s}(\phi_P-\phi_S) \tag{5.172}$$

源项离散为

$$\int_s^n\int_w^e Sr\mathrm{d}r\mathrm{d}\theta=\int_s^n\int_w^e(S_C+S_P\phi_P)r\mathrm{d}r\mathrm{d}\theta=S_Cr_P\Delta r\Delta\theta+S_Pr_P\Delta r\Delta\theta\phi_P=S_C\Delta V+S_P\Delta V\phi_P \tag{5.173}$$

将式(5.171)～式(5.173)代入式(5.170)整理得

$$a_P\phi_P=a_E\phi_E+a_W\phi_W+a_N\phi_N+a_S\phi_S+b \tag{5.174}$$

式中，$a_E=\frac{\Gamma_er_e\Delta\theta}{(\delta r)_e}$; $a_W=\frac{\Gamma_wr_w\Delta\theta}{(\delta r)_w}$; $a_N=\frac{\Gamma_n\Delta r}{r_P(\delta\theta)_n}$; $a_S=\frac{\Gamma_s\Delta r}{r_P(\delta\theta)_s}$; $a_P=a_E+a_W+a_N+a_S-S_P\Delta V$; $b=S_C\Delta V$ 。

例 17　根据例 14～例 16 的推导过程，归纳总结二维微分型稳态扩散方程在常见正交坐标系正交网格下的离散方程通用形式。

【解析】本题考查正交坐标系下二维稳态扩散方程的通用形式。

由例 14～例 16 可知，二维微分型稳态扩散方程的通用离散表达式可写成

$$a_P\phi_P=a_E\phi_E+a_W\phi_W+a_N\phi_N+a_S\phi_S+b \tag{5.175}$$

式中，

$$a_P=a_E+a_W+a_N+a_S-S_P\Delta V \tag{5.176}$$

$$b=S_C\Delta V \tag{5.177}$$

邻点系数的表达式见表 5.27，不同坐标系下的几何参数见表 5.28。

表 5.27　扩散方程邻点系数

a_E	a_W	a_N	a_S
$\frac{\Gamma_eA_e}{l_e}$	$\frac{\Gamma_wA_w}{l_w}$	$\frac{\Gamma_nA_n}{l_n}$	$\frac{\Gamma_sA_s}{l_s}$

表 5.28　二维正交坐标系的几何量表达式

坐标系类型	l_e	l_w	l_n	l_s	A_e	A_w	A_n	A_s	ΔV
直角坐标系	$(\delta x)_e$	$(\delta x)_w$	$(\delta y)_n$	$(\delta y)_s$	Δy	Δy	Δx	Δx	$\Delta x\Delta y$
圆柱坐标系	$(\delta r)_e$	$(\delta r)_w$	$(\delta z)_n$	$(\delta z)_s$	$r_e\Delta z$	$r_w\Delta z$	$r_P\Delta r$	$r_P\Delta r$	$r_P\Delta r\Delta z$
极坐标系	$(\delta r)_e$	$(\delta r)_w$	$r_P(\delta\theta)_n$	$r_P(\delta\theta)_s$	$r_e\Delta\theta$	$r_w\Delta\theta$	Δr	Δr	$r_P\Delta r\Delta\theta$

例 18　从积分型稳态通用扩散方程出发，推导常见正交坐标系正交网格下的离散方

程的通用计算公式。

【解析】本题考查如何从积分型方程出发，推导得到常见正交坐标系正交网格下扩散方程通用离散表达式。

积分型稳态扩散方程为

$$\oint(\Gamma\nabla\phi)\cdot \mathrm{d}\boldsymbol{S}+\int S\mathrm{d}V=0 \tag{5.178}$$

设常见正交网格有 N 个面，第 j 个面的扩散系数、面积和外法线方向分别为 Γ_j, A_j, $\boldsymbol{n}_j$，则扩散项可用数值积分表示为

$$\oint(\Gamma\nabla\phi)\cdot \mathrm{d}\boldsymbol{S}=\oint_A \Gamma\nabla\phi\cdot \boldsymbol{n}\mathrm{d}A=\sum_{j=1}^{N}\Gamma_j A_j(\nabla\phi)_j\cdot \boldsymbol{n}_j \tag{5.179}$$

显然在正交坐标系下，$\boldsymbol{n}_j$ 的方向与坐标轴方向平行，于是

$$(\nabla\phi)_j\cdot \boldsymbol{n}_j=(\boldsymbol{n}_j\cdot \boldsymbol{I})\left.\frac{\partial\phi}{\partial l}\right|_j \tag{5.180}$$

式中，$\boldsymbol{I}=\boldsymbol{i}+\boldsymbol{j}+\boldsymbol{k}$; l 垂直于界面且方向与坐标轴正方向相同。式(5.180)代入式(5.179)中有

$$\oint_A \Gamma\nabla\phi\cdot \boldsymbol{n}\mathrm{d}A=\sum_{j=1}^{N}(\boldsymbol{n}_j\cdot \boldsymbol{I})\Gamma_j A_j\left.\frac{\partial\phi}{\partial l}\right|_j \tag{5.181}$$

$\left.\frac{\partial\phi}{\partial l}\right|_j$ 采用界面相邻两节点的变量值逼近时，有

$$(\boldsymbol{n}_j\cdot \boldsymbol{I})\left.\frac{\partial\phi}{\partial l}\right|_j=\frac{\phi_{P_j}-\phi_P}{l_j} \tag{5.182}$$

式中，下标 P_j 为 P 节点的 j 界面相邻节点，l_j 为 P_j 节点与 P 节点的距离。将式(5.182)代入式(5.181)，可得正交坐标系下扩散项离散表达式为

$$\oint(\Gamma\nabla\phi)\cdot \mathrm{d}\boldsymbol{S}=\sum_{j=1}^{N}(\boldsymbol{n}_j\cdot \boldsymbol{I})\Gamma_j A_j\left.\frac{\partial\phi}{\partial l}\right|_j=\sum_{j=1}^{N}\Gamma_j A_j\frac{\phi_{P_j}-\phi_P}{l_j}=\sum_{j=1}^{N}D_j(\phi_{P_j}-\phi_P) \tag{5.183}$$

式中，$D_j=\dfrac{\Gamma_j A_j}{l_j}$。

源项用数值积分离散为

$$\int_V S\mathrm{d}V=(S_\mathrm{C}+S_P\phi_P)\Delta V \tag{5.184}$$

将式(5.183)和式(5.184)代入式(5.178)得离散方程为

$$\sum_{j=1}^{N} D_j(\phi_{P_j} - \phi_P) + (S_C + S_P\phi_P)\Delta V = 0 \tag{5.185}$$

整理得

$$a_P\phi_P = \sum_{j=1}^{N} a_j\phi_{P_j} + b \tag{5.186}$$

式中，$a_j = D_j; a_P = \sum_{j=1}^{N} a_j - S_P\Delta V; b = S_C\Delta V$ 。

根据推导可知，式(5.186)对常见正交坐标系一维、二维和三维正交网格均适用。界面扩导 D_j 和控制容积体积 ΔV 在直角坐标和圆柱坐标下的表达式见表 5.29。

表 5.29　直角坐标系和圆柱坐标系中界面扩导和微元体积的计算式

坐标系类型		D_e	D_w	D_n	D_s	D_u	D_d	ΔV
直角坐标系	一维 x 坐标	$\frac{\Gamma_e A_e}{(\delta x)_e}$	$\frac{\Gamma_w A_w}{(\delta x)_w}$	—	—	—	—	$A_P\Delta x$
	二维 x-y 坐标系	$\frac{\Gamma_e \Delta y}{(\delta x)_e}$	$\frac{\Gamma_w \Delta y}{(\delta x)_w}$	$\frac{\Gamma_n \Delta x}{(\delta y)_n}$	$\frac{\Gamma_s \Delta x}{(\delta y)_s}$	—	—	$\Delta x\Delta y$
	三维 x-y-z 坐标系	$\frac{\Gamma_e \Delta y\Delta z}{(\delta x)_e}$	$\frac{\Gamma_w \Delta y\Delta z}{(\delta x)_w}$	$\frac{\Gamma_n \Delta x\Delta z}{(\delta y)_n}$	$\frac{\Gamma_s \Delta x\Delta z}{(\delta y)_s}$	$\frac{\Gamma_u \Delta x\Delta y}{(\delta z)_u}$	$\frac{\Gamma_d \Delta x\Delta y}{(\delta z)_d}$	$\Delta x\Delta y\Delta z$
圆柱坐标系	一维 r 坐标	$\frac{\Gamma_e r_e}{(\delta r)_e}$	$\frac{\Gamma_w r_w}{(\delta r)_w}$	—	—	—	—	$r_P\Delta r$
	二维 r-z 坐标系	$\frac{\Gamma_e r_e \Delta z}{(\delta r)_e}$	$\frac{\Gamma_w r_w \Delta z}{(\delta r)_w}$	$\frac{\Gamma_n r_P \Delta r}{(\delta z)_n}$	$\frac{\Gamma_s r_P \Delta r}{(\delta z)_s}$	—	—	$r_P\Delta r\Delta z$
	二维 r-θ 坐标系	$\frac{\Gamma_e r_e \Delta\theta}{(\delta r)_e}$	$\frac{\Gamma_w r_w \Delta\theta}{(\delta r)_w}$	$\frac{\Gamma_n \Delta r}{r_P(\delta\theta)_n}$	$\frac{\Gamma_s \Delta r}{r_P(\delta\theta)_s}$	—	—	$r_P\Delta r\Delta\theta$
	三维 r-θ-z 坐标系	$\frac{\Gamma_e r_e \Delta\theta\Delta z}{(\delta r)_e}$	$\frac{\Gamma_w r_w \Delta\theta\Delta z}{(\delta r)_w}$	$\frac{\Gamma_n \Delta r\Delta z}{r_P(\delta\theta)_n}$	$\frac{\Gamma_s \Delta r\Delta z}{r_P(\delta\theta)_s}$	$\frac{\Gamma_u r_P \Delta r\Delta\theta}{(\delta z)_u}$	$\frac{\Gamma_d r_P \Delta r\Delta\theta}{(\delta z)_d}$	$r_P\Delta r\Delta\theta\Delta z$

注：一维问题适用于变截面情况。

例 19　图 5.20 所示为常物性无内热源的平板导热和圆筒导热，平板面积及圆筒高度均无限大，导热系数为常数 λ。假设平板左端面和圆筒内壁面温度均为 T_1，平板右端面和圆筒外壁面温度均为 T_2，平板厚度及圆筒壁厚均为 L。

(1)对平板及圆筒内导热问题进行无量纲化并求其解析解。

(2)采用有限容积内节点法离散，内节点个数为 5，对比分析平板、不同 L/r_1 下圆筒导热问题数值解和解析解分布。

(3)对比分析不同 L/r_1 值下圆筒离散方程的截断误差首项。

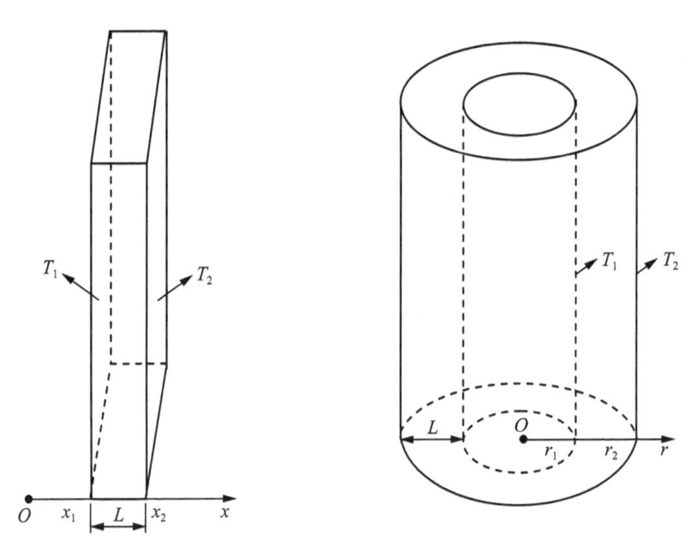

图 5.20　平板导热和圆筒导热示意图

【解析】本题考查方程导热方程的无量纲化、有限容积法离散及其截断误差。根据题意，平板导热可简化为如图 5.21 所示的一维稳态导热问题。

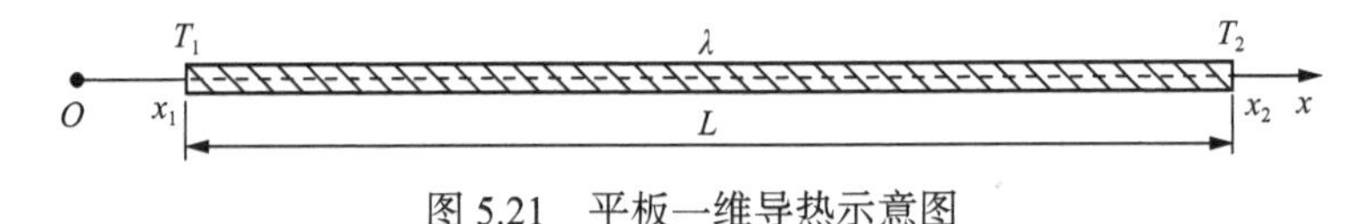

图 5.21　平板一维导热示意图

该导热问题的控制方程为

$$\frac{\partial}{\partial x}\left(\lambda\frac{\partial T}{\partial x}\right)=0 \tag{5.187}$$

引入无量纲量：

$$X=\frac{x}{L},\ \Theta=\frac{T-T_2}{T_1-T_2} \tag{5.188}$$

考虑到 λ 为常数，则无量纲方程和无量纲边界条件为

$$\frac{\partial}{\partial X}\left(\frac{\partial \Theta}{\partial X}\right)=0,\ \Theta(0)=1,\ \Theta(1)=0 \tag{5.189}$$

平板内无量纲温度分布解析解为

$$\Theta=1-X \tag{5.190}$$

类似地，圆筒径向导热可简化为图 5.22 所示的一维导热问题

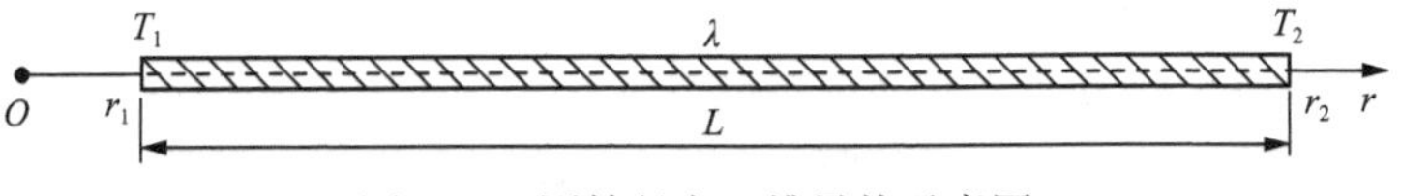

图 5.22　圆筒径向一维导热示意图

该导热问题的控制方程为

$$\frac{1}{r}\frac{\partial}{\partial r}\left(r\lambda\frac{\partial T}{\partial r}\right)=0 \tag{5.191}$$

引入无量纲量：

$$R=\frac{r}{r_1}, \Theta=\frac{T-T_2}{T_1-T_2} \tag{5.192}$$

考虑 λ 为常数，则无量纲方程和无量纲边界条件为

$$\frac{1}{R}\frac{\partial}{\partial R}\left(R\frac{\partial\Theta}{\partial R}\right)=0, \Theta(1)=1, \Theta(R_2)=0 \tag{5.193}$$

式(5.193)解析解为

$$\Theta=1-\frac{\ln R}{\ln R_2} \tag{5.194}$$

令

$$L=r_2-r_1, X=\frac{R-1}{R_2-1} \tag{5.195}$$

于是

$$R=X(R_2-1)+1=X\left[(r_2/r_1)-1\right]+1=(XL/r_1)+1 \tag{5.196}$$

$$R_2=r_2/r_1=(r_1+L)/r_1=(L/r_1)+1 \tag{5.197}$$

将式(5.196)和(5.197)代入式(5.194)得

$$\Theta=1-\frac{\ln(XL/r_1+1)}{\ln(L/r_1+1)} \tag{5.198}$$

采用有限容积内节点法离散无量纲方程式(5.189)和式(5.193)，内节点个数为 5。图 5.23 给出了平板、不同 L/r_1 下圆筒导热问题无量纲解析解和数值解分布。从温度的解析解可知，平板各处温度梯度相等；圆筒靠近内径处温度梯度大，沿径向温度梯度逐渐减小。不管是对平板还是圆筒，每个截面的热流量相等，温度梯度的变化规律与导热面积的变化密切相关，平板导热面积处处相等，因此板内各处温度梯度相等，而圆筒沿径向导热面积逐渐增大，因而温度梯度沿径向逐渐减小。当 L/r_1 值较小时，沿径向各处的导热面积相近，圆筒温度梯度与平板温度梯度相比变化不大；当 L/r_1 值较大时，沿径向导热面积急剧变化，圆筒温度梯度沿径向变化非常剧烈。由图 5.23 可知，对平板问题，数值解与解析解完全吻合，而对圆筒问题，L/r_1 值越大，数值解与解析解偏差越大。数值解误差的主要来源是截断误差，其截差首项表达式为

平板问题：

$$R^{\mathrm{D}} = -\frac{1}{24}\frac{\partial^3 \Theta}{\partial X^3}\bigg|_e (\Delta X)^2 + \frac{1}{24}\frac{\partial^3 \Theta}{\partial X^3}\bigg|_w (\Delta X)^2 \tag{5.199}$$

圆筒问题：

$$R^{\mathrm{D}} = -\frac{1}{24}R_e\frac{\partial^3 \Theta}{\partial R^3}\bigg|_e (\Delta R)^2 + \frac{1}{24}R_w\frac{\partial^3 \Theta}{\partial R^3}\bigg|_w (\Delta R)^2 \tag{5.200}$$

从式(5.199)和式(5.200)可以看出，截断误差的大小与系数、网格位置和步长以及温度的三阶导数相关。对于平板，温度梯度为常数，其三阶导数为 0，故截断误差为 0，因而数值解与解析解完全重合。对于圆筒，L/r_1 值较小时，温度梯度变化小，因此三阶导数的数值较小，因而截断误差相对较小，数值解和解析解吻合较好。

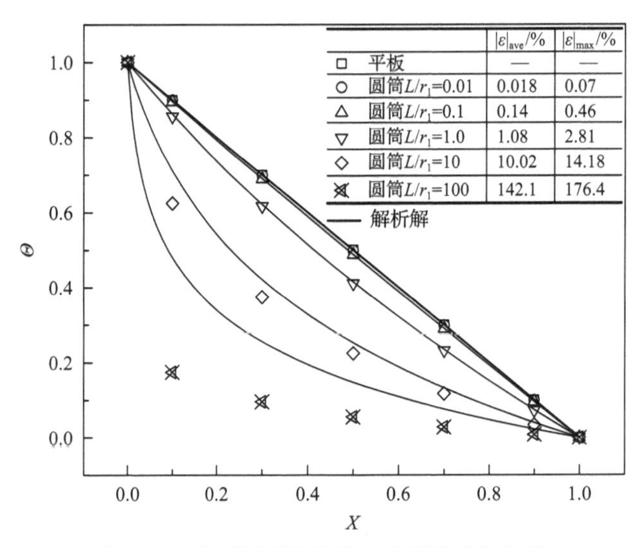

图 5.23　平板及圆筒导热无量纲温度分布图

对于圆筒导热，将解析解求三次导得 $\dfrac{\partial^3 \Theta}{\partial R^3} = \dfrac{-2}{R^3 \ln R_2}$，将其代入式(5.200)后得

$$\begin{aligned} R^{\mathrm{D}} &= \frac{1}{12}\frac{1}{R_e^{\ 2}\ln R_2}(\Delta R)^2 - \frac{1}{12}\frac{1}{R_w^{\ 2}\ln R_2}(\Delta R)^2 \\ &= \frac{1}{12}\frac{1}{\left[\dfrac{L}{r_1 N}(i-1)+1\right]^2 \ln(L/r_1+1)}\left(\frac{L}{r_1 N}\right)^2 - \frac{1}{12}\frac{1}{\left[\dfrac{L}{r_1 N}(i-2)+1\right]^2 \ln(L/r_1+1)}\left(\frac{L}{r_1 N}\right)^2 \\ &= \frac{1}{12}\frac{1}{[(i-1)+Nr_1/L]^2 \ln(L/r_1+1)} - \frac{1}{12}\frac{1}{[(i-2)+Nr_1/L]^2 \ln(L/r_1+1)} \end{aligned} \tag{5.201}$$

图 5.24 给出了不同 L/r_1 值下截差首项绝对值 $\left|R^{\mathrm{D}}\right|$ 沿径向的变化规律。对于式(5.200)中误差项 $-\dfrac{1}{24}R\dfrac{\partial^3\Theta}{\partial R^3}(\Delta R)^2$，半径值 R 沿径向增大，但由于圆筒内温度分布沿径向愈来愈平缓，温度三阶导数值 $\dfrac{\partial^3\Theta}{\partial R^3}$ 沿径向减小，因此总体上截差首项绝对值随着径向半径增加而减小，这说明决定截差大小的为温度三阶导数值。另一方面，L/r_1 较小如为 0.01 时，导热面积沿径向变化较小，温度梯度的变化不明显，则温度三阶导数值较小，所以截差首项绝对值较小；L/r_1 较大如为 10 时，导热面积沿径向变化较大，温度梯度的变化明显，则温度三阶导数值较大，所以截差首项绝对值也较大。

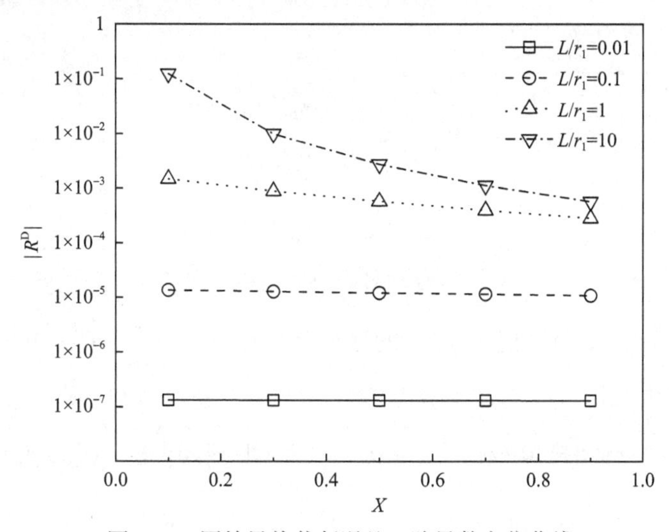

图 5.24　圆筒导热截断误差三阶导数变化曲线

例 20　采用有限容积法推导一维稳态对流扩散方程的离散表达式。
要求：①采用非均分网格，如图 5.25 所示；②对流项和扩散项均采用中心差分格式；③采用延迟修正方法处理对流项。

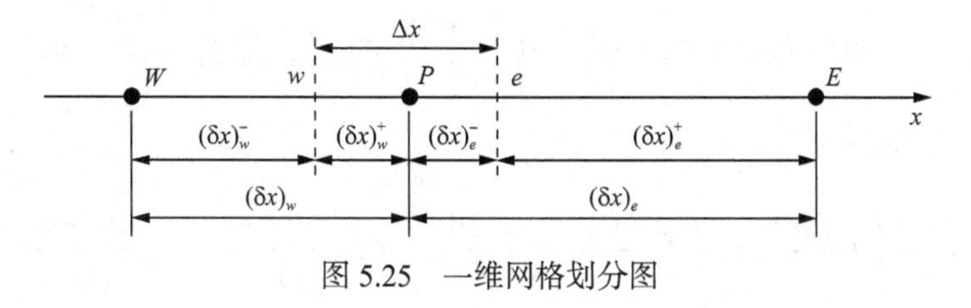

图 5.25　一维网格划分图

【解析】本题考查采用有限容积法离散一维稳态对流扩散方程。

将一维稳态对流扩散方程在图 5.25 所示的控制容积积分：

$$\int_w^e \frac{\partial(\rho u\phi)}{\partial x}\mathrm{d}x=\int_w^e \frac{\partial}{\partial x}\left(\Gamma\frac{\partial\phi}{\partial x}\right)\mathrm{d}x+\int_w^e S\mathrm{d}x \tag{5.202}$$

(1)对流项积分式表示为

$$\int_{w}^{e}\frac{\partial(\rho u\phi)}{\partial x}\mathrm{d}x=(\rho u\phi)_e-(\rho u\phi)_w=F_e\phi_e-F_w\phi_w \tag{5.203}$$

对流项采用中心差分格式为

$$\phi_e=\frac{(\delta x)_e^+}{(\delta x)_e}\phi_P+\frac{(\delta x)_e^-}{(\delta x)_e}\phi_E \tag{5.204}$$

$$\phi_w=\frac{(\delta x)_w^+}{(\delta x)_w}\phi_W+\frac{(\delta x)_w^-}{(\delta x)_w}\phi_P \tag{5.205}$$

采用延迟修正方法有

$$\phi_e=\begin{cases}\phi_P+(\phi_e-\phi_P)^*,u_e\geqslant 0\\ \phi_E+(\phi_e-\phi_E)^*,u_e<0\end{cases} \tag{5.206}$$

$$\phi_w=\begin{cases}\phi_W+(\phi_w-\phi_W)^*,u_w\geqslant 0\\ \phi_P+(\phi_w-\phi_P)^*,u_w<0\end{cases} \tag{5.207}$$

式中，$(\phi_e-\phi_P)^*,(\phi_w-\phi_W)^*$用上一层次的迭代结果计算。于是，$F_e\phi_e$和$F_w\phi_w$可分别表示为

$$F_e\phi_e=\max[F_e,0]\left[\phi_P+(\phi_e-\phi_P)^*\right]-\max[-F_e,0]\left[\phi_E+(\phi_e-\phi_E)^*\right] \tag{5.208}$$

$$F_w\phi_w=\max[F_w,0]\left[\phi_W+(\phi_w-\phi_W)^*\right]-\max[-F_w,0]\left[\phi_P+(\phi_w-\phi_P)^*\right] \tag{5.209}$$

将式(5.208)和式(5.209)代入式(5.203)得

$$\begin{aligned}\int_{w}^{e}\frac{\partial(\rho u\phi)}{\partial x}\mathrm{d}x=&\max[F_e,0]\left[\phi_P+(\phi_e-\phi_P)^*\right]-\max[-F_e,0]\left[\phi_E+(\phi_e-\phi_E)^*\right]\\&-\max[F_w,0]\left[\phi_W+(\phi_w-\phi_W)^*\right]+\max[-F_w,0]\left[\phi_P+(\phi_w-\phi_P)^*\right]\end{aligned} \tag{5.210}$$

(2)扩散项离散为

$$\begin{aligned}\int_{w}^{e}\frac{\partial}{\partial x}\left(\Gamma\frac{\partial\phi}{\partial x}\right)\mathrm{d}x&=\left(\Gamma\frac{\partial\phi}{\partial x}\right)_e-\left(\Gamma\frac{\partial\phi}{\partial x}\right)_w=\Gamma_e\frac{\phi_E-\phi_P}{(\delta x)_e}-\Gamma_w\frac{\phi_P-\phi_W}{(\delta x)_w}\\&=D_e(\phi_E-\phi_P)-D_w(\phi_P-\phi_W)\end{aligned} \tag{5.211}$$

(3)源项离散为

$$\int_{w}^{e}S\mathrm{d}x=\int_{w}^{e}(S_C+S_P\phi_P)\,\mathrm{d}x=S_C\Delta x+S_P\Delta x\phi_P \tag{5.212}$$

将式(5.210)～式(5.212)代入式(5.202)得

$$\begin{aligned}&\max[F_e,0]\left[\phi_P+(\phi_e-\phi_P)^*\right]-\max[-F_e,0]\left[\phi_E+(\phi_e-\phi_E)^*\right]\\&-\max[F_w,0]\left[\phi_W+(\phi_w-\phi_W)^*\right]+\max[-F_w,0]\left[\phi_P+(\phi_w-\phi_P)^*\right]\\&=D_e(\phi_E-\phi_P)-D_w(\phi_P-\phi_W)+S_C\Delta x+S_P\Delta x\phi_P\end{aligned}\tag{5.213}$$

将式(5.213)整理得

$$a_P\phi_P=a_E\phi_E+a_W\phi_W+b\tag{5.214}$$

式中，$a_E=D_e+\max[-F_e,0]$；$a_W=D_w+\max[F_w,0]$；$a_P=a_E+a_W-S_P\Delta x$；$b=S_C\Delta x+\left\{\begin{matrix}\max[-F_e,0](\phi_e-\phi_E)^*-\max[F_e,0](\phi_e-\phi_P)^*\\+\max[F_w,0](\phi_w-\phi_W)^*-\max[-F_w,0](\phi_w-\phi_P)^*\end{matrix}\right\}-(F_e-F_w)\phi_P^*$，其中 F_e、F_w、D_e、D_w 的表达式见表 5.30。

表 5.30　一维直角坐标系中界面流量和扩导的计算式

F_e	F_w	D_e	D_w
$(\rho u)_e$	$(\rho u)_w$	$\dfrac{\Gamma_e}{(\delta x)_e}$	$\dfrac{\Gamma_w}{(\delta x)_w}$

例 21　试给出二维圆柱坐标系下微分型稳态对流扩散方程表达式，并采用有限容积方法对其离散，其中界面上对流通量采用延迟修正，扩散通量采用相邻两节点值逼近。

【解析】本题考查采用有限容积法离散二维圆柱坐标系稳态对流扩散方程。

圆柱坐标系微分型稳态对流扩散方程表达式为

$$\frac{\partial(\rho ru_r\phi)}{r\partial r}+\frac{\partial(\rho u_z\phi)}{\partial z}=\frac{\partial}{r\partial r}\left(r\Gamma\frac{\partial\phi}{\partial r}\right)+\frac{\partial}{\partial z}\left(\Gamma\frac{\partial\phi}{\partial z}\right)+S\tag{5.215}$$

对式(5.215)在图 5.18 所示的控制容积积分：

$$\begin{aligned}&\int_s^n\int_w^e\frac{\partial(\rho ru_r\phi)}{r\partial r}r\mathrm{d}r\mathrm{d}z+\int_s^n\int_w^e\frac{\partial(\rho u_z\phi)}{\partial z}r\mathrm{d}r\mathrm{d}z\\&=\int_s^n\int_w^e\frac{\partial}{r\partial r}\left(r\Gamma\frac{\partial\phi}{\partial r}\right)r\mathrm{d}r\mathrm{d}z+\int_s^n\int_w^e\frac{\partial}{\partial z}\left(\Gamma\frac{\partial\phi}{\partial z}\right)r\mathrm{d}r\mathrm{d}z+\int_s^n\int_w^e Sr\mathrm{d}r\mathrm{d}z\end{aligned}\tag{5.216}$$

式(5.216)右边为扩散项和源项的离散，详见本章例 15，下面只离散对流项。

对流项积分式表示为

$$\begin{aligned}&\int_s^n\int_w^e\frac{\partial(\rho ru_r\phi)}{r\partial r}r\mathrm{d}r\mathrm{d}z+\int_s^n\int_w^e\frac{\partial(\rho u_z\phi)}{\partial z}r\mathrm{d}r\mathrm{d}z\\&=\int_s^n\left[(\rho ru_r\phi)_e-(\rho ru_r\phi)_w\right]\mathrm{d}z+\int_w^e\left[(\rho u_z\phi)_n-(\rho u_z\phi)_s\right]r\mathrm{d}r\end{aligned}\tag{5.217}$$

r 方向对流项离散为

$$\begin{aligned}
&\int_s^n [(\rho r u_r \phi)_e - (\rho r u_r \phi)_w] \mathrm{d}z = (\rho r u_r)_e \Delta z \phi_e - (\rho r u_r)_w \Delta z \phi_w \\
&= \rho_e r_e (u_r)_e \Delta z \phi_e - \rho_w r_w (u_r)_w \Delta z \phi_w = F_e \phi_e - F_w \phi_w \\
&= \max[F_e, 0]\,[\phi_P + (\phi_e - \phi_P)^*] - \max[-F_e, 0]\,[\phi_E + (\phi_e - \phi_E)^*] \\
&\quad - \max[F_w, 0]\,[\phi_W + (\phi_w - \phi_W)^*] + \max[-F_w, 0]\,[\phi_P + (\phi_w - \phi_P)^*]
\end{aligned} \tag{5.218}$$

z 方向对流项离散为

$$\begin{aligned}
&\int_w^e [(\rho u_z \phi)_n - (\rho u_z \phi)_s]] r \mathrm{d}r = (\rho u_z)_n r_P \Delta r \phi_n - (\rho u_z)_s r_P \Delta r \phi_s \\
&= \rho_n (u_z)_n r_P \Delta r \phi_n - \rho_s (u_z)_s r_P \Delta r \phi_s = F_n \phi_n - F_s \phi_s \\
&= \max[F_n, 0]\,[\phi_P + (\phi_n - \phi_P)^*] - \max[-F_n, 0]\,[\phi_N + (\phi_n - \phi_N)^*] \\
&\quad - \max[F_s, 0]\,[\phi_S + (\phi_s - \phi_S)^*] + \max[-F_s, 0]\,[\phi_P + (\phi_s - \phi_P)^*]
\end{aligned} \tag{5.219}$$

将对流项和扩散项离散表达式整理得

$$a_P \phi_P = a_E \phi_E + a_W \phi_W + a_N \phi_N + a_S \phi_S + b \tag{5.220}$$

式中，

$$\begin{gathered}
a_E = D_e + \max[-F_e, 0] \\
a_W = D_w + \max[F_w, 0] \\
a_N = D_n + \max[-F_n, 0] \\
a_S = D_S + \max[F_s, 0] \\
a_P = a_E + a_W + a_N + a_S - S_P \Delta V
\end{gathered}$$

$$b = S_C \Delta V + \left\{ \begin{aligned}
&\max[-F_e, 0](\phi_e - \phi_E)^* - \max[F_e, 0](\phi_e - \phi_P)^* \\
&+\max[F_w, 0](\phi_w - \phi_W)^* - \max[-F_w, 0](\phi_w - \phi_P)^* \\
&+\max[-F_n, 0](\phi_n - \phi_N)^* - \max[F_n, 0](\phi_n - \phi_P)^* \\
&+\max[F_s, 0](\phi_s - \phi_S)^* - \max[-F_s, 0](\phi_s - \phi_P)^*
\end{aligned} \right\} - (F_e - F_w + F_n - F_s)\phi_P^*$$

其中，F_e, F_w, F_n, F_s 的表达式见表 5.31，D_e、D_w、D_n、D_s 的表达式见表 5.29。

表 5.31　二维圆柱坐标系中界面流量和扩导的计算式

F_e	F_w	F_n	F_s
$(\rho r u_r)_e \Delta z$	$(\rho r u_r)_w \Delta z$	$(\rho u_z)_n r_P \Delta r$	$(\rho u_z)_s r_P \Delta r$

例 22　从积分型稳态通用对流扩散方程出发，推导常见正交坐标系正交网格下的离散方程的通用计算公式。

【解析】本题考查如何从积分型方程直接出发，推导得到常见正交坐标系正交网格下对流扩散方程通用离散表达式。

积分型稳态对流扩散方程为

$$\oint \mathrm{d}\boldsymbol{S}\cdot(\rho\boldsymbol{u}\phi)=\oint \mathrm{d}\boldsymbol{S}\cdot(\Gamma\nabla\phi)+\int S\mathrm{d}V \tag{5.221}$$

式(5.221)右边为扩散项和源项的离散，详见本章例18，下面只离散对流项。

设常见正交网格有N个面,第j个面的速度、面积、外法线方向和待求变量分别为$\boldsymbol{u}_j$、A_j、$\boldsymbol{n}_j$和ϕ_j，则对流项可用数值积分表示为

$$\oint \mathrm{d}\boldsymbol{S}\cdot(\rho\boldsymbol{u}\phi)=\oint_A(\rho\boldsymbol{u}\phi)\cdot\boldsymbol{n}\mathrm{d}A=\sum_{j=1}^{N}(\rho_j\boldsymbol{u}_j\cdot\boldsymbol{n}_jA_j\phi_j) \tag{5.222}$$

显然在正交坐标系下，$\boldsymbol{n}_j$的方向与坐标轴方向平行，第j个面上垂直该面坐标轴的速度分量大小为u_j，于是有

$$\boldsymbol{u}_j\cdot\boldsymbol{n}_j=(\boldsymbol{n}_j\cdot\boldsymbol{I})u_j \tag{5.223}$$

式中，$\boldsymbol{I}$=$\boldsymbol{i}$+$\boldsymbol{j}$+$\boldsymbol{k}$。

式(5.223)代入至式(5.222)中有

$$\oint \mathrm{d}\boldsymbol{S}\cdot(\rho\boldsymbol{u}\phi)=\sum_{j=1}^{N}(\boldsymbol{n}_j\cdot\boldsymbol{I})\rho_ju_jA_j\phi_j=\sum_{j=1}^{N}(\boldsymbol{n}_j\cdot\boldsymbol{I})F_j\phi_j \tag{5.224}$$

式中，F_j为界面j上的流量，有$F_j=\rho_ju_jA_j$，一般采用节点系数线性插值得到；ϕ_j可采用一阶迎风格式、二阶迎风格式和中心差分格式等离散，下面采用延迟修正方法写成统一格式：

$$\begin{aligned}(\boldsymbol{n}_j\cdot\boldsymbol{I})F_j\phi_j=&\max\left[(\boldsymbol{n}_j\cdot\boldsymbol{I})F_j,0\right]\left[\phi_P+(\phi_j-\phi_P)^*\right]\\&-\max\left[-(\boldsymbol{n}_j\cdot\boldsymbol{I})F_j,0\right]\left[\phi_{P_j}+(\phi_j-\phi_{P_j})^*\right]\end{aligned} \tag{5.225}$$

将式(5.225)代入式(5.224)可得

$$\oint \mathrm{d}\boldsymbol{S}\cdot(\rho\boldsymbol{u}\phi)=\sum_{j=1}^{N}\left\{\begin{aligned}&\max\left[(\boldsymbol{n}_j\cdot\boldsymbol{I})F_j,0\right]\left[\phi_P+(\phi_j-\phi_P)^*\right]\\&-\max\left[-(\boldsymbol{n}_j\cdot\boldsymbol{I})F_j,0\right]\left[\phi_{P_j}+(\phi_j-\phi_{P_j})^*\right]\end{aligned}\right\} \tag{5.226}$$

将式(5.226)和扩散项、源项离散表达式合并得

$$\sum_{j=1}^{N}\left\{\begin{aligned}&\max\left[(\boldsymbol{n}_j\cdot\boldsymbol{I})F_j,0\right]\left[\phi_P+(\phi_j-\phi_P)^*\right]\\&-\max\left[-(\boldsymbol{n}_j\cdot\boldsymbol{I})F_j,0\right]\left[\phi_{P_j}+(\phi_j-\phi_{P_j})^*\right]\end{aligned}\right\}=\sum_{j=1}^{N}D_j(\phi_{P_j}-\phi_P)+(S_C+S_P\phi_P)\Delta V \tag{5.227}$$

整理得

$$a_P\phi_P=\sum_{j=1}^{N}a_j\phi_{P_j}+b \tag{5.228}$$

式中，

$$a_j=D_j+\max\left[-(\boldsymbol{n}_j\cdot\boldsymbol{I})F_j,0\right]$$

$$a_P = \sum_{j=1}^{N} a_j - S_P \Delta V$$

$$b = S_C \Delta V + \sum_{j=1}^{N} \begin{bmatrix} \max\left[-(\boldsymbol{n}_j \cdot \boldsymbol{I}) F_j, 0\right] (\phi_j - \phi_{P_j})^* \\ -\max\left[(\boldsymbol{n}_j \cdot \boldsymbol{I}) F_j, 0\right] (\phi_j - \phi_P)^* \end{bmatrix} - \sum_{j=1}^{N} (\boldsymbol{n}_j \cdot \boldsymbol{I}) F_j \phi_P^*$$

界面扩导 D_j 和控制容积体积 ΔV 在直角坐标和圆柱坐标下的表达式见表 5.29，界面流量 F_j 的表达式见表 5.32。此外，根据推导过程可知式(5.228)在正交坐标系下均适用。

表 5.32　直角坐标系和圆柱坐标系中界面流量的计算式

坐标系类型		F_e	F_w	F_n	F_s	F_u	F_d
直角坐标系	一维 x 坐标	$(\rho u)_e A_e$	$(\rho u)_w A_w$				
	二维 x-y 坐标系	$(\rho u_x)_e \Delta y$	$(\rho u_x)_w \Delta y$	$(\rho u_y)_n \Delta x$	$(\rho u_y)_s \Delta x$		
	三维 x-y-z 坐标系	$(\rho u_x)_e \Delta y \Delta z$	$(\rho u_x)_w \Delta y \Delta z$	$(\rho u_y)_n \Delta x \Delta z$	$(\rho u_y)_s \Delta x \Delta z$	$(\rho u_z)_u \Delta x \Delta y$	$(\rho u_z)_d \Delta x \Delta y$
圆柱坐标系	一维 r 坐标	$(\rho u_r)_e r_e$	$(\rho u_r)_w r_w$				
	二维 r-z 坐标系	$(\rho u_r)_e r_e \Delta z$	$(\rho u_r)_w r_w \Delta z$	$(\rho u_z)_n r_P \Delta r$	$(\rho u_z)_s r_P \Delta r$		
	二维 r-θ 坐标系	$(\rho u_r)_e r_e \Delta\theta$	$(\rho u_r)_w r_w \Delta\theta$	$(\rho u_\theta)_n \Delta r$	$(\rho u_\theta)_s \Delta r$		
	三维 r-θ-z 坐标系	$(\rho u_r)_e r_e \Delta\theta \Delta z$	$(\rho u_r)_w r_w \Delta\theta \Delta z$	$(\rho u_\theta)_n \Delta r \Delta z$	$(\rho u_\theta)_s \Delta r \Delta z$	$(\rho u_z)_u r_P \Delta r \Delta\theta$	$(\rho u_z)_d r_P \Delta r \Delta\theta$

注：一维直角坐标系问题适用于变截面情况。

例 23　以二维直角坐标问题为例，推导西边界对流通量的离散截差表达式，与西边界相邻的控制容积示意图见图 5.26。

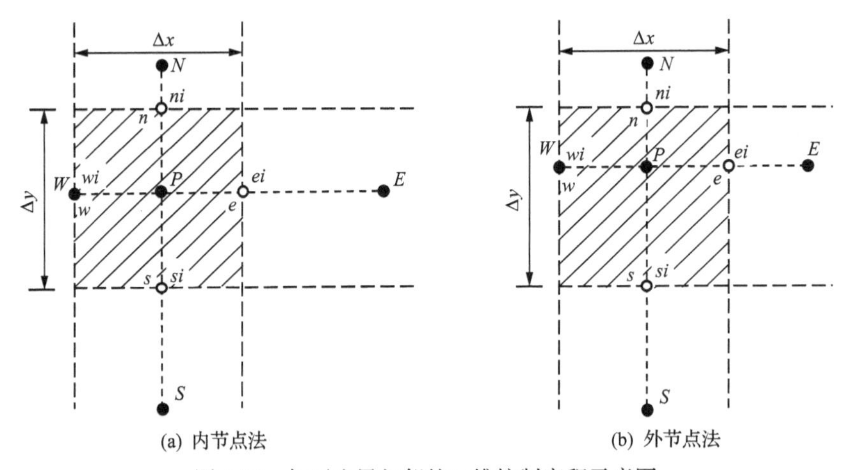

图 5.26　与西边界相邻的二维控制容积示意图

根据图 5.26 可知，西边界对流通量的积分精确值 A_w^{C} 有

$$
\begin{aligned}
A_w^{\mathrm{C}} &= \int_s^n (\rho u\phi)_w \mathrm{d}y = \int_s^n \left[(\rho u\phi)_W + (y - y_W)\frac{\partial(\rho u\phi)}{\partial y}\bigg|_W + O\left[(\overline{\Delta y})^2\right] \right] \mathrm{d}y \\
&= \int_s^n (\rho u\phi)_W \mathrm{d}y + \int_s^n (y - y_W)\frac{\partial(\rho u\phi)}{\partial y}\bigg|_W \mathrm{d}y + \int_s^n O\left[(\overline{\Delta y})^2\right] \mathrm{d}y \\
&= (\rho u\phi)_W \Delta y + \left(\frac{y_n + y_s}{2} - y_W\right)\frac{\partial(\rho u\phi)}{\partial y}\bigg|_W \Delta y + O\left[(\overline{\Delta y})^2\right]\Delta y
\end{aligned} \tag{5.229}
$$

当边界面速度方向与边界外法线方向速度相反时，对流项在西边界积分近似值 C_w^{C} 有

$$
C_w^{\mathrm{C}} = (\rho u)_W \phi_W \Delta y \tag{5.230}
$$

结合式(5.229)和式(5.230)得边界面对流通量离散截差为

$$
\begin{aligned}
R_w^{\mathrm{C}} = A_w^{\mathrm{C}} - C_w^{\mathrm{C}} &= \Delta y \frac{\partial(\rho u\phi)}{\partial y}\bigg|_W \left(\frac{y_n + y_s}{2} - y_W\right) + O\left[(\overline{\Delta y})^2\right]\Delta y \\
&= A_w \frac{\partial(\rho u\phi)}{\partial y}\bigg|_W \left(\frac{y_n + y_s}{2} - y_W\right) + O\left[(\overline{\Delta y})^2\right]
\end{aligned} \tag{5.231}
$$

当边界面速度方向与边界外法线方向速度相同时，界面处变量采用二阶迎风格式，对流项在西边界积分近似值 C_w^{C} 有

$$
\begin{aligned}
C_w^{\mathrm{C}} &= (\rho u)_W \left(-\frac{x_P - x_W}{x_E - x_P}\phi_E + \frac{x_E - x_W}{x_E - x_P}\phi_P\right)\Delta y \\
&= (\rho u)_W \left[\phi_W - \frac{1}{2}(x_P - x_W)(x_E - x_W)\frac{\partial^2\phi}{\partial x^2}\bigg|_W + O\left[(\overline{\Delta x})^3\right]\right]\Delta y
\end{aligned} \tag{5.232}
$$

根据式(5.229)和式(5.232)得西边界对流通量离散截差为

$$
\begin{aligned}
R_w^{\mathrm{C}} = A_w^{\mathrm{C}} - C_w^{\mathrm{C}} &= \frac{1}{2}\Delta y(\rho u)_W \frac{\partial^2\phi}{\partial x^2}\bigg|_W (x_P - x_W)(x_E - x_W) + \Delta y \frac{\partial(\rho u\phi)}{\partial y}\bigg|_W \left(\frac{y_n + y_s}{2} - y_W\right) \\
&\quad + O\left[(\overline{\Delta x})^3, (\overline{\Delta y})^2\right]\Delta y \\
&= \frac{1}{2}A_w(\rho u)_W \frac{\partial^2\phi}{\partial x^2}\bigg|_W (x_P - x_W)(x_E - x_W) + A_w \frac{\partial(\rho u\phi)}{\partial y}\bigg|_W \left(\frac{y_n + y_s}{2} - y_W\right) + O\left[(\overline{\Delta x})^3, (\overline{\Delta y})^2\right]
\end{aligned} \tag{5.233}
$$

例 24　以二维直角坐标问题为例，请分别推导当采用 W、P 两点和采用 E、W、P 三点来逼近西边界待求变量界面法向一阶偏导数的扩散通量离散截差表达式，与西边界相邻的控制容积示意图见图 5.26。

若采用 W 点和 P 点差分近似西边界一阶偏导数，则有

$$\left.\frac{\partial\phi}{\partial x}\right|_w=\left.\frac{\partial\phi}{\partial x}\right|_W=\frac{\phi_P-\phi_W}{x_P-x_W}-\frac{1}{2}(x_P-x_W)\left.\frac{\partial^2\phi}{\partial x^2}\right|_W+O\left[(\overline{\Delta x})^2\right] \tag{5.234}$$

西边界的扩散通量积分精确值 A_w^{D} 为

$$\begin{aligned}A_w^{\mathrm{D}}&=\int_s^n\left(\Gamma\frac{\partial\phi}{\partial x}\right)_w\mathrm{d}y=\int_s^n\left[\left(\Gamma\frac{\partial\phi}{\partial x}\right)_W+(y-y_W)\frac{\partial}{\partial y}\left.\left(\Gamma\frac{\partial\phi}{\partial x}\right)\right|_W+O\left[(\overline{\Delta y})^2\right]\right]\mathrm{d}y\\&=\int_s^n\left(\Gamma\frac{\partial\phi}{\partial x}\right)_W\mathrm{d}y+\int_s^n(y-y_W)\frac{\partial}{\partial y}\left.\left(\Gamma\frac{\partial\phi}{\partial x}\right)\right|_W\mathrm{d}y+\int_s^n O\left[(\overline{\Delta y})^2\right]\mathrm{d}y\\&=\left(\Gamma\frac{\partial\phi}{\partial x}\right)_W\Delta y+\left(\frac{y_n+y_s}{2}-y_W\right)\frac{\partial}{\partial y}\left.\left(\Gamma\frac{\partial\phi}{\partial x}\right)\right|_W\Delta y+O\left[(\overline{\Delta y})^2\right]\Delta y\end{aligned} \tag{5.235}$$

西边界的扩散通量积分近似值 C_w^{D} 为

$$C_w^{\mathrm{D}}=\Gamma_W\frac{\phi_P-\phi_W}{x_P-x_W}\Delta y \tag{5.236}$$

将式(5.234)代入式(5.236)中有

$$C_w^{\mathrm{D}}=\Gamma_W\frac{\phi_P-\phi_W}{x_P-x_W}\Delta y=\Gamma_W\left[\left.\frac{\partial\phi}{\partial x}\right|_W+\frac{1}{2}(x_P-x_W)\left.\frac{\partial^2\phi}{\partial x^2}\right|_W+O\left[(\overline{\Delta x})^2\right]\right]\Delta y \tag{5.237}$$

结合式(5.235)和式(5.237)可得西边界扩散通量离散截差为

$$\begin{aligned}R_w^{\mathrm{D}}&=A_w^{\mathrm{D}}-C_w^{\mathrm{D}}\\&=-\frac{1}{2}\Delta y\Gamma_W\left.\frac{\partial^2\phi}{\partial x^2}\right|_W(x_P-x_W)+\Delta y\frac{\partial}{\partial y}\left.\left(\Gamma\frac{\partial\phi}{\partial x}\right)\right|_W\left(\frac{y_n+y_s}{2}-y_W\right)+O\left[(\overline{\Delta x})^2,(\overline{\Delta y})^2\right]\Delta y\\&=-\frac{1}{2}A_w\Gamma_W\left.\frac{\partial^2\phi}{\partial x^2}\right|_W(x_P-x_W)+A_w\frac{\partial}{\partial y}\left.\left(\Gamma\frac{\partial\phi}{\partial x}\right)\right|_W\left(\frac{y_n+y_s}{2}-y_W\right)+O\left[(\overline{\Delta x})^2,(\overline{\Delta y})^2\right]\end{aligned} \tag{5.238}$$

若采用 E 点、W 点和 P 点的值逼近西边界一阶偏导数，则根据式(5.31)～式(5.33)有

$$\begin{aligned}\left.\frac{\partial\phi}{\partial x}\right|_w=\left.\frac{\partial\phi}{\partial x}\right|_W&=\frac{2x_W-x_P-x_E}{(x_P-x_W)(x_E-x_W)}\phi_W+\frac{x_E-x_W}{(x_P-x_W)(x_E-x_P)}\phi_P-\frac{x_P-x_W}{(x_E-x_W)(x_E-x_P)}\phi_E\\&\quad+\frac{1}{6}(x_W-x_P)(x_W-x_E)\left.\frac{\partial^3\phi}{\partial x^3}\right|_W+O\left[(\overline{\Delta x})^3\right]\end{aligned} \tag{5.239}$$

此时，西边界的扩散通量积分精确值 A_w^{D} 依然为式(5.235)，而西边界扩散通量积分近似值 C_w^{D} 为

$$C_w^{\mathrm{D}} = \varGamma_W \left[\frac{2x_W - x_P - x_E}{(x_P - x_W)(x_E - x_W)} \phi_W + \frac{x_E - x_W}{(x_P - x_W)(x_E - x_P)} \phi_P - \frac{x_P - x_W}{(x_E - x_W)(x_E - x_P)} \phi_E \right] \Delta y \tag{5.240}$$

将式(5.239)代入式(5.240)中有

$$C_w^{\mathrm{D}} = \varGamma_W \left[\left.\frac{\partial \phi}{\partial x}\right|_W - \frac{1}{6}(x_W - x_P)(x_W - x_E) \left.\frac{\partial^3 \phi}{\partial x^3}\right|_W + O\left[(\overline{\Delta x})^3\right] \right] \Delta y \tag{5.241}$$

结合式(5.235)和式(5.241)可得西边界扩散通量离散截差为

$$\begin{aligned}
R_w^{\mathrm{D}} &= A_w^{\mathrm{D}} - C_w^{\mathrm{D}} \\
&= \frac{1}{6} \Delta y \varGamma_W \left.\frac{\partial^3 \phi}{\partial x^3}\right|_W (x_W - x_P)(x_W - x_E) + \Delta y \frac{\partial}{\partial y}\left(\varGamma \frac{\partial \phi}{\partial x} \right)\bigg|_W \left(\frac{y_n + y_s}{2} - y_W \right) + O\left[(\overline{\Delta x})^3, (\overline{\Delta y})^2\right] \Delta y \\
&= \frac{1}{6} A_w \varGamma_W \left.\frac{\partial^3 \phi}{\partial x^3}\right|_W (x_W - x_P)(x_W - x_E) + A_w \frac{\partial}{\partial y}\left(\varGamma \frac{\partial \phi}{\partial x} \right)\bigg|_W \left(\frac{y_n + y_s}{2} - y_W \right) + O\left[(\overline{\Delta x})^3, (\overline{\Delta y})^2\right]
\end{aligned} \tag{5.242}$$

例 25　一维稳态对流扩散无量纲问题控制方程：$\dfrac{\mathrm{d}\varPhi}{\mathrm{d}X} = \dfrac{\mathrm{d}}{\mathrm{d}X}\left(\dfrac{1}{Pe} \dfrac{\mathrm{d}\varPhi}{\mathrm{d}X} \right)$，边界条件为 $\varPhi|_{X=0} = 0, \varPhi|_{X=1} = 1$，试采用有限容积内节点法离散求解。要求：①$Pe$=10；②均分网格，控制容积数为 10；③扩散项采用二阶中心差分格式，对流项分别采用一阶、二阶迎风(上游分别取 1 和 2 个节点)、中心差分、QUICK 格式；④写出离散方程；⑤求解并画出对流项采用 4 种不同的离散格式时 $\varPhi$ 随 X 的分布，并与解析解对比。

【解析】本题考查均分网格下对流项离散格式和一维对流扩散问题离散求解。

如图 5.27 所示采用均分网格划分计算区域，控制容积数目为 10。

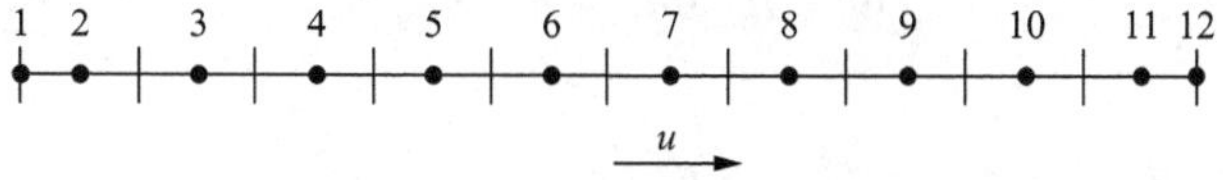

1 2 3 4 5 6 7 8 9 10 11 12

u →

图 5.27　一维均分网格示意图

采用有限容积法对控制方程进行积分：

$$\int_{i-\frac{1}{2}}^{i+\frac{1}{2}} \frac{\partial \varPhi}{\partial X} \mathrm{d}X = \int_{i-\frac{1}{2}}^{i+\frac{1}{2}} \frac{\mathrm{d}}{\mathrm{d}X}\left(\frac{1}{Pe} \frac{\mathrm{d}\varPhi}{\mathrm{d}X} \right) \mathrm{d}X \tag{5.243}$$

对流项离散得

$$\int_{i-\frac{1}{2}}^{i+\frac{1}{2}} \frac{\partial \Phi}{\partial X} \mathrm{d}X = \Phi_{i+\frac{1}{2}} - \Phi_{i-\frac{1}{2}} \tag{5.244}$$

扩散项离散得

$$\int_{i-\frac{1}{2}}^{i+\frac{1}{2}} \frac{\mathrm{d}}{\mathrm{d}X}\left(\frac{1}{Pe}\frac{\mathrm{d}\Phi}{\mathrm{d}X}\right)\mathrm{d}X = \frac{1}{Pe}\left(\left.\frac{\partial \Phi}{\partial X}\right|_{i+\frac{1}{2}} - \left.\frac{\partial \Phi}{\partial X}\right|_{i-\frac{1}{2}}\right) = \frac{1}{Pe}\left(\frac{\Phi_{i+1}-\Phi_i}{\Delta X} - \frac{\Phi_i - \Phi_{i-1}}{\Delta X}\right)$$
$$= \frac{(\Phi_{i+1} - 2\Phi_i + \Phi_{i-1})}{Pe_\Delta} \tag{5.245}$$

式中，$Pe_\Delta = Pe\Delta X$。

将式(5.244)和(5.245)代入式(5.243)得

$$\Phi_{i+\frac{1}{2}} - \Phi_{i-\frac{1}{2}} = \frac{(\Phi_{i+1} - 2\Phi_i + \Phi_{i-1})}{Pe_\Delta} \tag{5.246}$$

由题意知无量纲速度为 1，下面讨论当采用不同对流离散格式时，式(5.246)的具体表达式。

(1)对流项采用一阶迎风格式离散。

$$\Phi_{i+\frac{1}{2}} = \Phi_i, \Phi_{i-\frac{1}{2}} = \Phi_{i-1} \tag{5.247}$$

将式(5.247)代入式(5.246)得离散控制方程表达式为

$$\Phi_i - \Phi_{i-1} = \frac{(\Phi_{i+1} - 2\Phi_i + \Phi_{i-1})}{Pe_\Delta} \tag{5.248}$$

进一步整理得内节点 3～10 上控制方程的一般离散表达式：

$$a_i\Phi_i = a_{i+1}\Phi_{i+1} + a_{i-1}\Phi_{i-1} + b \tag{5.249}$$

式中，$a_{i+1} = \frac{1}{Pe_\Delta}$；$a_{i-1} = 1 + \frac{1}{Pe_\Delta}$；$a_i = a_{i+1} + a_{i-1}$；$b = 0$。

边界邻点 2 和 11 需特殊处理，本题中边界面扩散通量采用一阶格式离散，则对于节点 2：

$$\left(1 + \frac{3}{Pe_\Delta}\right)\Phi_2 = \frac{1}{Pe_\Delta}\Phi_3 + \left(1 + \frac{2}{Pe_\Delta}\right)\Phi_1 \tag{5.250}$$

对于节点 11：

$$\left(1+\frac{3}{Pe_{\Delta}}\right)\Phi_{11}=\frac{2}{Pe_{\Delta}}\Phi_{12}+\left(1+\frac{1}{Pe_{\Delta}}\right)\Phi_{10} \tag{5.251}$$

(2) 对流项采用二阶迎风格式离散。

$$\Phi_{i+\frac{1}{2}}=\frac{3}{2}\Phi_{i}-\frac{1}{2}\Phi_{i-1},\Phi_{i-\frac{1}{2}}=\frac{3}{2}\Phi_{i-1}-\frac{1}{2}\Phi_{i-2} \tag{5.252}$$

将式(5.252)代入式(5.246)整理得内节点 4～10 上控制方程的一般离表达式：

$$a_{i}\Phi_{i}=a_{i+1}\Phi_{i+1}+a_{i-1}\Phi_{i-1}+a_{i-2}\Phi_{i-2}+b \tag{5.253}$$

式中，$a_{i+1}=\dfrac{1}{Pe_{\Delta}}; a_{i-1}=2+\dfrac{1}{Pe_{\Delta}}; a_{i-2}=-\dfrac{1}{2}; a_{i}=a_{i+1}+a_{i-1}+a_{i-2}; b=0$。

对于节点 2：

$$\left(2+\frac{3}{Pe_{\Delta}}\right)\Phi_{2}=\frac{1}{Pe_{\Delta}}\Phi_{3}+\left(2+\frac{2}{Pe_{\Delta}}\right)\Phi_{1} \tag{5.254}$$

对于节点 3：

$$\left(\frac{3}{2}+\frac{2}{Pe_{\Delta}}\right)\Phi_{3}=\frac{1}{Pe_{\Delta}}\Phi_{4}+\left(\frac{5}{2}+\frac{1}{Pe_{\Delta}}\right)\Phi_{2}-\Phi_{1} \tag{5.255}$$

对于节点 11：

$$\left(\frac{3}{2}+\frac{3}{Pe_{\Delta}}\right)\Phi_{11}=\frac{2}{Pe_{\Delta}}\Phi_{12}+\left(2+\frac{1}{Pe_{\Delta}}\right)\Phi_{10}-\frac{1}{2}\Phi_{9} \tag{5.256}$$

(3) 对流项采用中心差分格式离散。

$$\Phi_{i+\frac{1}{2}}=\frac{1}{2}\Phi_{i}+\frac{1}{2}\Phi_{i+1},\Phi_{i-\frac{1}{2}}=\frac{1}{2}\Phi_{i-1}+\frac{1}{2}\Phi_{i} \tag{5.257}$$

将式(5.257)代入式(5.246)整理得内节点 3～10 上控制方程的一般离散表达式：

$$a_{i}\Phi_{i}=a_{i+1}\Phi_{i+1}+a_{i-1}\Phi_{i-1}+b \tag{5.258}$$

式中，$a_{i+1}=\dfrac{1}{Pe_{\Delta}}-\dfrac{1}{2}; a_{i-1}=\dfrac{1}{2}+\dfrac{1}{Pe_{\Delta}}; a_{i}=a_{i+1}+a_{i-1}; b=0$。

对于节点 2：

$$\left(\frac{1}{2}+\frac{3}{Pe_\Delta}\right)\Phi_2=\left(\frac{1}{Pe_\Delta}-\frac{1}{2}\right)\Phi_3+\left(1+\frac{2}{Pe_\Delta}\right)\Phi_1 \tag{5.259}$$

对于节点 11：

$$\left(\frac{1}{2}+\frac{3}{Pe_\Delta}\right)\Phi_{11}=\frac{2}{Pe_\Delta}\Phi_{12}+\left(\frac{1}{2}+\frac{1}{Pe_\Delta}\right)\Phi_{10} \tag{5.260}$$

(4)对流项采用 QUICK 格式离散。

$$\Phi_{i+\frac{1}{2}}=-\frac{1}{8}\Phi_{i-1}+\frac{3}{4}\Phi_i+\frac{3}{8}\Phi_{i+1},\ \Phi_{i-\frac{1}{2}}=-\frac{1}{8}\Phi_{i-2}+\frac{3}{4}\Phi_{i-1}+\frac{3}{8}\Phi_i \tag{5.261}$$

将式(5.261)代入式(5.246)整理得内节点 4～10 上控制方程的一般离表达式：

$$a_i\Phi_i=a_{i+1}\Phi_{i+1}+a_{i-1}\Phi_{i-1}+a_{i-2}\Phi_{i-2}+b \tag{5.262}$$

式中，$a_{i+1}=\dfrac{1}{Pe_\Delta}-\dfrac{3}{8}; a_{i-1}=\dfrac{7}{8}+\dfrac{1}{Pe_\Delta}; a_{i-2}=-\dfrac{1}{8}; a_i=a_{i+1}+a_{i-1}+a_{i-2}; b=0$ 。

对于节点 2：

$$\left(1+\frac{3}{Pe_\Delta}\right)\Phi_2=\left(\frac{1}{Pe_\Delta}-\frac{1}{3}\right)\Phi_3+\left(\frac{4}{3}+\frac{2}{Pe_\Delta}\right)\Phi_1 \tag{5.263}$$

对于节点 3：

$$\Phi_{i+\frac{1}{2}}=-\frac{1}{8}\Phi_{i-1}+\frac{3}{4}\Phi_i+\frac{3}{8}\Phi_{i+1},\ \Phi_{i-\frac{1}{2}}=-\frac{1}{3}\Phi_{i-2}+\Phi_{i-1}+\frac{1}{3}\Phi_i \tag{5.264}$$

可得节点 3 的离散方程为

$$\left(\frac{2}{Pe_\Delta}+\frac{5}{12}\right)\Phi_3=\left(\frac{1}{Pe_\Delta}-\frac{3}{8}\right)\Phi_4+\left(\frac{9}{8}+\frac{1}{Pe_\Delta}\right)\Phi_2-\frac{1}{3}\Phi_1 \tag{5.265}$$

对于节点 11：

$$\left(\frac{5}{8}+\frac{3}{Pe_\Delta}\right)\Phi_{11}=\left(\frac{2}{Pe_\Delta}-\frac{1}{3}\right)\Phi_{12}+\left(\frac{13}{12}+\frac{1}{Pe_\Delta}\right)\Phi_{10}-\frac{1}{8}\Phi_9 \tag{5.266}$$

由第一类边界条件可知，$\Phi_1=0, \Phi_{12}=1$，代入各不同对流离散格式得到的离散方程中求解离散方程组，可以得到均分网格下该问题的数值解，如图 5.28 所示。图中给出了不同对流离散格式下 Φ 随 X 的分布，并对比了不同对流离散格式与解析解之间的相对误差 $\varepsilon=\dfrac{\Phi-\Phi_c}{\Phi_c}\times100\%$，图中 $|\varepsilon|_{ave}$ 表示节点相对误差的平均值。由图 5.28 可知，一阶迎风

格式误差最大，二阶迎风和中心差分格式其次，QUICK 格式(在一维问题中具有三阶精度)误差小得多，说明对流项格式精度越高误差越小。

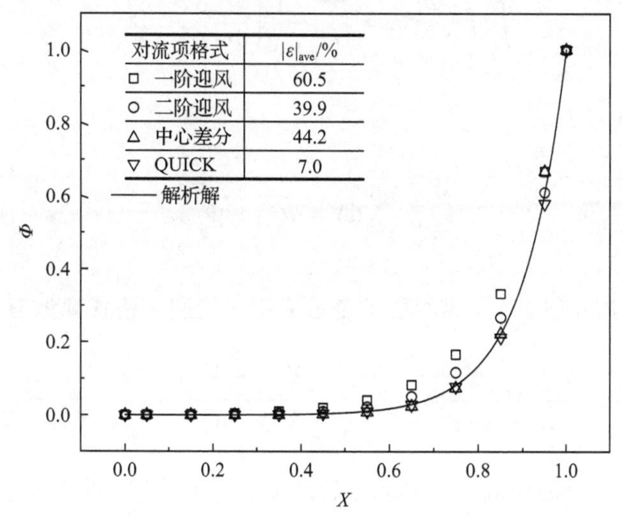

图 5.28　不同对流离散格式下 Φ 随 X 的分布

例 26　采用非均分网格内节点法对例 25 中的控制方程进行离散，对流项采用二阶迎风格式，控制容积数为 10，网格增长因子取 $\alpha = 0.5, 0.8, 1.0, 1.25$，对比分析网格的疏密分布与待求变量梯度之间关系对计算结果的影响。

【解析】本题考查非均分网格下一维对流扩散问题离散求解，网格的疏密分布与待求变量梯度之间关系对计算结果的影响。

根据题意可知，第一个控制容积大小为

$$\Delta X_1 = \frac{1-\alpha}{1-\alpha^{10}} \tag{5.267}$$

网格的第一个界面位置为

$$X_{f_1} = 0 \tag{5.268}$$

第 i 个界面的坐标为

$$X_{f_i} = X_{f_{i-1}} + \alpha^{i-2}\Delta X_1 \tag{5.269}$$

式中，$2 \leqslant i \leqslant 11$。

边界节点坐标为 $X_1 = 0, X_{12} = 1$，第 i 个内节点坐标为

$$X_i = \frac{X_{f_i} + X_{f_{i-1}}}{2} \tag{5.270}$$

采用有限容积法对控制方程进行积分得

$$\int_{i-\frac{1}{2}}^{i+\frac{1}{2}} \frac{\partial \Phi}{\partial X} \mathrm{d}X = \int_{i-\frac{1}{2}}^{i+\frac{1}{2}} \frac{\mathrm{d}}{\mathrm{d}X}\left(\frac{1}{Pe}\frac{\mathrm{d}\Phi}{\mathrm{d}X}\right)\mathrm{d}X \tag{5.271}$$

对流项离散得

$$\int_{i-\frac{1}{2}}^{i+\frac{1}{2}} \frac{\partial \Phi}{\partial X} \mathrm{d}X = \Phi_{i+\frac{1}{2}} - \Phi_{i-\frac{1}{2}} \tag{5.272}$$

根据式(5.28)和式(5.29)，界面待求变量采用二阶迎风格式离散有

$$\Phi_{i+\frac{1}{2}} = \frac{X_{f_i} - X_{i-1}}{X_i - X_{i-1}}\Phi_i - \frac{X_{f_i} - X_i}{X_i - X_{i-1}}\Phi_{i-1},\ \Phi_{i-\frac{1}{2}} = \frac{X_{f_{i-1}} - X_{i-2}}{X_{i-1} - X_{i-2}}\Phi_{i-1} - \frac{X_{f_{i-1}} - X_{i-1}}{X_{i-1} - X_{i-2}}\Phi_{i-2} \tag{5.273}$$

界面待求变量一阶偏导数采用界面相邻两节点近似，扩散项离散得

$$\int_{i-\frac{1}{2}}^{i+\frac{1}{2}} \frac{\mathrm{d}}{\mathrm{d}X}\left(\frac{1}{Pe}\frac{\mathrm{d}\Phi}{\mathrm{d}X}\right)\mathrm{d}X = \frac{1}{Pe}\left(\left.\frac{\partial \Phi}{\partial X}\right|_{i+\frac{1}{2}} - \left.\frac{\partial \Phi}{\partial X}\right|_{i-\frac{1}{2}}\right) = \frac{1}{Pe}\left(\frac{\Phi_{i+1} - \Phi_i}{X_{i+1} - X_i} - \frac{\Phi_i - \Phi_{i-1}}{X_i - X_{i-1}}\right) \tag{5.274}$$

整理得内节点 3～10 和边界邻点 11 上控制方程的一般离散表达式：

$$a_i\Phi_i = a_{i+1}\Phi_{i+1} + a_{i-1}\Phi_{i-1} + a_{i-2}\Phi_{i-2} + b \tag{5.275}$$

式中，

$$a_{i+1} = \frac{1}{Pe(X_{i+1} - X_i)}$$

$$a_{i-1} = \frac{1}{Pe(X_i - X_{i-1})} + \frac{X_{f_i} - X_i}{X_i - X_{i-1}} + \frac{X_{f_{i-1}} - X_{i-2}}{X_{i-1} - X_{i-2}}$$

$$a_{i-2} = -\frac{X_{f_{i-1}} - X_{i-1}}{X_{i-1} - X_{i-2}}$$

$$a_i = a_{i+1} + a_{i-1} + a_{i-2}$$

$$b = 0$$

对于节点 2：

$$\left(1 + \frac{2+\alpha}{1+\alpha}\frac{1}{Pe\Delta X_1}\right)\Phi_2 = \frac{1}{1+\alpha}\frac{1}{Pe\Delta X_1}\Phi_3 + \left(1 + \frac{1}{Pe\Delta X_1}\right)\Phi_1 \tag{5.276}$$

由边界条件可知，$\Phi_1 = 0, \Phi_{12} = 1$，通过求解离散方程组可得到非均分网格下该问题的数值解。图 5.29 给出了不同网格增长因子下 Φ 随 X 的分布，同时给出了解析解和平均误差。

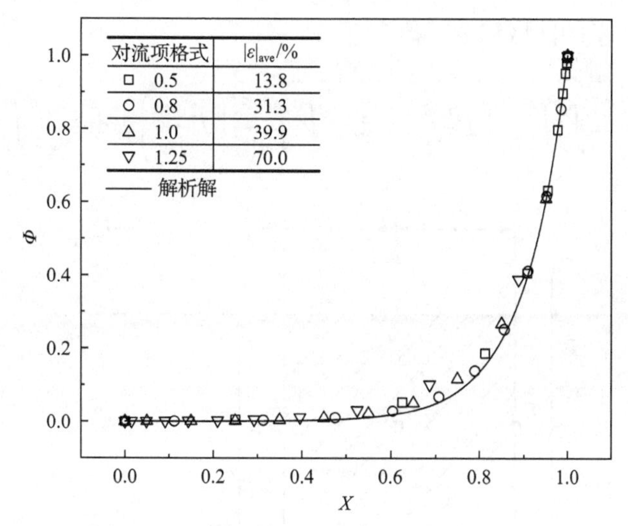

图 5.29　不同网格增长因子下 Φ 随 X 的分布

数值解误差的主要来源是截断误差，对非均分网格（α=0.5,0.8,1.25），截差首项表达式为

$$R=\frac{1}{2}\frac{\partial^2\Phi}{\partial X^2}\bigg|_{i+\frac{1}{2}}(X_{f_i}-X_i)(X_{f_i}-X_{i-1})-\frac{1}{2}\frac{\partial^2\Phi}{\partial X^2}\bigg|_{i-\frac{1}{2}}(X_{f_{i-1}}-X_{i-1})(X_{f_{i-1}}-X_{i-2})$$
$$-\frac{1}{Pe}\frac{\partial^2\Phi}{\partial X^2}\bigg|_{i+\frac{1}{2}}\left(X_{f_i}-\frac{X_i+X_{i+1}}{2}\right)+\frac{1}{Pe}\frac{\partial^2\Phi}{\partial X^2}\bigg|_{i-\frac{1}{2}}\left(X_{f_{i-1}}-\frac{X_i+X_{i-1}}{2}\right) \tag{5.277}$$

对均分网格（α=1）有

$$R=\frac{3}{8}\frac{\partial^2\Phi}{\partial X^2}\bigg|_{i+\frac{1}{2}}(\Delta X)^2-\frac{3}{8}\frac{\partial^2\Phi}{\partial X^2}\bigg|_{i-\frac{1}{2}}(\Delta X)^2+\frac{1}{24Pe}\frac{\partial^3\Phi}{\partial X^3}\bigg|_{i+\frac{1}{2}}(\Delta X)^2-\frac{1}{24Pe}\frac{\partial^3\Phi}{\partial X^3}\bigg|_{i-\frac{1}{2}}(\Delta X)^2 \tag{5.278}$$

由式(5.277)和(5.278)可知，截断误差的大小与系数、误差阶数、网格步长及待求变量高阶导数相关。对于α=0.5 的步长渐密网格，其在待求变量梯度及高阶导数值较大时有较小的网格步长，因此截断误差最小，故数值解的相对误差最小。对于α=1.0 的均分网格，虽然扩散项截断误差具有更高的二阶精度，但是在待求变量梯度及高阶导数值较大处网格步长较大，数值解的相对误差反而比α=0.5 更大。

例 27　对二维非稳态扩散方程的离散方程式(5.62)，以西边界为例，采用附加源项法推导与边界相邻的内节点的离散方程三类边界条件的附加源项和附加系数：①边界条件中的一阶偏导数采用一阶截差精度；②边界条件中的一阶偏导数采用二阶截差精度。

在如图 5.30 所示的区域积分，得

$$\int_s^n\int_w^e \rho\frac{\partial \phi}{\partial t}\mathrm{d}x\mathrm{d}y=\int_s^n\int_w^e\frac{\partial}{\partial x}\left(\Gamma\frac{\partial \phi}{\partial x}\right)\mathrm{d}x\mathrm{d}y+\int_s^n\int_w^e\frac{\partial}{\partial y}\left(\Gamma\frac{\partial \phi}{\partial y}\right)\mathrm{d}x\mathrm{d}y+\int_s^n\int_w^e S\mathrm{d}x\mathrm{d}y \tag{5.279}$$

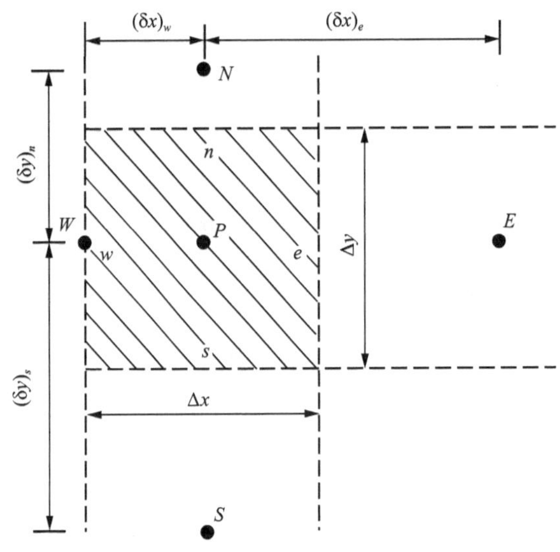

图 5.30　西边界网格示意图

非稳态项离散为

$$\int_s^n\int_w^e \rho\frac{\partial \phi}{\partial t}\mathrm{d}x\mathrm{d}y=\rho_P\left.\frac{\partial \phi}{\partial t}\right|_P\Delta x\Delta y=\rho_P\frac{\phi_P-\phi_P^0}{\Delta t}\Delta V \tag{5.280}$$

x 方向扩散项离散为

$$\begin{aligned}\int_s^n\int_w^e\frac{\partial}{\partial x}\left(\Gamma\frac{\partial \phi}{\partial x}\right)\mathrm{d}x\mathrm{d}y&=\int_s^n\left[\left(\Gamma\frac{\partial \phi}{\partial x}\right)_e-\left(\Gamma\frac{\partial \phi}{\partial x}\right)_w\right]\mathrm{d}y=\left[\Gamma_e\frac{\phi_E-\phi_P}{(\delta x)_e}-\Gamma_w\frac{\phi_P-\phi_W}{(\delta x)_w}\right]\Delta y\\&=\frac{\Gamma_e\Delta y}{(\delta x)_e}(\phi_E-\phi_P)-\frac{\Gamma_w\Delta y}{(\delta x)_w}(\phi_P-\phi_W)=D_e(\phi_E-\phi_P)-D_w(\phi_P-\phi_W)\end{aligned} \tag{5.281}$$

y 方向扩散项离散为

$$\begin{aligned}\int_s^n\int_w^e\frac{\partial}{\partial y}\left(\Gamma\frac{\partial \phi}{\partial y}\right)\mathrm{d}x\mathrm{d}y&=\int_w^e\left[\left(\Gamma\frac{\partial \phi}{\partial y}\right)_n-\left(\Gamma\frac{\partial \phi}{\partial y}\right)_s\right]\mathrm{d}x=\left[\Gamma_n\frac{\phi_N-\phi_P}{(\delta y)_n}-\Gamma_s\frac{\phi_P-\phi_S}{(\delta y)_s}\right]\Delta x\\&=\frac{\Gamma_n\Delta x}{(\delta y)_n}(\phi_N-\phi_P)-\frac{\Gamma_s\Delta x}{(\delta y)_s}(\phi_P-\phi_S)=D_n(\phi_N-\phi_P)-D_s(\phi_P-\phi_S)\end{aligned} \tag{5.282}$$

源项离散为

$$\int_s^n \int_w^e S\mathrm{d}x\mathrm{d}y = S\Delta V = (S_C + S_P\phi_P)\Delta V = S_C\Delta V + S_P\phi_P\Delta V \tag{5.283}$$

将式(5.280)～式(5.283)代入式(5.279)中，得

$$\rho_P \frac{\phi_P - \phi_P^0}{\Delta t}\Delta V = D_e(\phi_E - \phi_P) - D_w(\phi_P - \phi_W) + D_n(\phi_N - \phi_P) - D_s(\phi_P - \phi_S) + S_C\Delta V + S_P\phi_P\Delta V \tag{5.284}$$

式(5.284)整理后，得

$$\left(D_e + D_w + D_n + D_s - S_P\Delta V + \rho_P \frac{\Delta V}{\Delta t}\right)\phi_P = D_e\phi_E + D_w\phi_W + D_n\phi_N + D_s\phi_S + S_C\Delta V + \rho_P \frac{\Delta V}{\Delta t}\phi_P^0 \tag{5.285}$$

即

$$a_P\phi_P = a_E\phi_E + a_W\phi_W + a_N\phi_N + a_S\phi_S + b \tag{5.286}$$

式中，$a_E = D_e; a_W = D_w; a_N = D_n; a_S = D_s; a_P = a_E + a_W + a_N + a_S - S_P\Delta V + a_P^0; a_P^0 = \rho_P \frac{\Delta V}{\Delta t}; b = S_C\Delta V + a_P^0\phi_P^0$。

对第三类边界条件有

$$a\phi_W + b\left.\frac{\partial \phi}{\partial x}\right|_W = C \tag{5.287}$$

(1)当采用一阶截差精度离散一阶偏导数时。

$$a\phi_W + b\frac{\phi_P - \phi_W}{(\delta x)_w} = C \tag{5.288}$$

整理得西边界点的离散方程：

$$\phi_W = \frac{C(\delta x)_w}{a(\delta x)_w - b} - \frac{b}{a(\delta x)_w - b}\phi_P \tag{5.289}$$

将式(5.289)代入式(5.285)或式(5.286)中，消去ϕ_W，得

$$\begin{aligned}&\left[D_e + D_w + D_n + D_s - S_P\Delta V + \rho_P \frac{\Delta V}{\Delta t} + D_w\left(\frac{b}{a(\delta x)_w - b}\right)\right]\phi_P \\ &= D_e\phi_E + D_n\phi_N + D_s\phi_S + S_C\Delta V + \rho_P \frac{\Delta V}{\Delta t}\phi_P^0 + D_w \frac{C(\delta x)_w}{a(\delta x)_w - b}\end{aligned} \tag{5.290}$$

即

$$a_P\phi_P = a_E\phi_E + a_N\phi_N + a_S\phi_S + b \tag{5.291}$$

式中，$a_E = D_e; a_N = D_n; a_S = D_s; a_P = a_E + a_W + a_N + a_S - S_P\Delta V + a_P^0 + D_w\dfrac{b}{a(\delta x)_w - b}, a_W = D_w$，$a_P^0 = \rho_P\dfrac{\Delta V}{\Delta t}; b = S_C\Delta V + a_P^0\phi_P^0 + D_w\dfrac{C(\delta x)_w}{a(\delta x)_w - b}$。

值得指出的是，求解式(5.291)时，左端 a_P 表达式依然还包含 $a_E + a_W + a_N + a_S$ 的统一形式，仅方程右端不考虑 $a_W\phi_W$，便于编程时统一处理。

通过方程消元可知，式(5.291)不同于式(5.286)的地方如下。

①方程右边没有关于 ϕ_W 的项。

② a_P 中增加了附加系数：$a_{P,\mathrm{ad}} = D_w\dfrac{b}{a(\delta x)_w - b}$。

③ b 中增加了附加源项：$S_{\mathrm{C,ad}} = D_w C\dfrac{(\delta x)_w}{a(\delta x)_w - b}$。

第一类和第二类边界条件是第三类边界条件的特殊情况，令 $a = 1$ 和 $b = 0$ 得到第一类边界条件，此时 a_P 中的附加系数和 b 中的附加源项分别为 $a_{P,\mathrm{ad}} = 0, S_{\mathrm{C,ad}} = D_w C$；令 $a = 0$ 和 $b = 1$ 得到第二类边界条件，此时附加系数和附加源项分别为 $a_{P,\mathrm{ad}} = -D_w$，$S_{\mathrm{C,ad}} = -D_w C(\delta x)_w$。

(2) 当采用二阶截差精度离散一阶偏导数时。

$$a\phi_W + b\left[\begin{array}{l} -\dfrac{2(\delta x)_w + (\delta x)_e}{(\delta x)_w[(\delta x)_w + (\delta x)_e]}\phi_W + \dfrac{(\delta x)_w + (\delta x)_e}{(\delta x)_w(\delta x)_e}\phi_P \\ -\dfrac{(\delta x)_w}{[(\delta x)_w + (\delta x)_e](\delta x)_e}\phi_E \end{array}\right] = C \tag{5.292}$$

整理得西边界点的离散方程：

$$\begin{aligned} \phi_W = &\frac{b(\delta x)_w{}^2}{a(\delta x)_w(\delta x)_e[(\delta x)_w + (\delta x)_e] - b\left[(\delta x)_e{}^2 + 2(\delta x)_w(\delta x)_e\right]}\phi_E \\ &-\frac{b[(\delta x)_w + (\delta x)_e]^2}{a(\delta x)_w(\delta x)_e[(\delta x)_w + (\delta x)_e] - b\left[(\delta x)_e{}^2 + 2(\delta x)_w(\delta x)_e\right]}\phi_P \\ &+\frac{(\delta x)_w[(\delta x)_w + (\delta x)_e]}{a(\delta x)_w[(\delta x)_w + (\delta x)_e] - b[2(\delta x)_w + (\delta x)_e]}C \end{aligned} \tag{5.293}$$

将式(5.293)代入式(5.285)或式(5.286)中，消去 ϕ_W，得

$$\left(\begin{array}{l}D_e+D_w+D_n+D_s-S_P\Delta V+\rho_P\dfrac{\Delta V}{\Delta t}\\+D_w\dfrac{b\left[(\delta x)_w+(\delta x)_e\right]^2}{a(\delta x)_w(\delta x)_e\left[(\delta x)_w+(\delta x)_e\right]-b\left[(\delta x)_e^2+2(\delta x)_w(\delta x)_e\right]}\end{array}\right)\phi_P$$

$$=\left\{D_e+D_w\frac{b(\delta x)_w{}^2}{a(\delta x)_w(\delta x)_e\left[(\delta x)_w+(\delta x)_e\right]-b\left[(\delta x)_e^2+2(\delta x)_w(\delta x)_e\right]}\right\}\phi_E+D_n\phi_N+D_s\phi_S$$

$$+S_C\Delta V+\rho_P\frac{\Delta V}{\Delta t}\phi_P^0+D_wC\frac{(\delta x)_w\left[(\delta x)_w+(\delta x)_e\right]}{a(\delta x)_w\left[(\delta x)_w+(\delta x)_e\right]-b\left[2(\delta x)_w+(\delta x)_e\right]} \tag{5.294}$$

即

$$a_P\phi_P=a_E\phi_E+a_N\phi_N+a_S\phi_S+b \tag{5.295}$$

式中，

$$a_E=D_e+\mathrm{ad}_e$$

$$a_P=a_E+a_W+a_N+a_S-\mathrm{ad}_e-S_P\Delta V+a_P^0+D_w\frac{b[(\delta x)_w+(\delta x)_e]^2}{a(\delta x)_w(\delta x)_e[(\delta x)_w+(\delta x)_e]-b\left[(\delta x)_e{}^2+2(\delta x)_w(\delta x)_e\right]}$$

$$a_N=D_n$$

$$a_S=D_s$$

$$a_P^0=\rho_P\frac{\Delta V}{\Delta t}$$

$$a_W=D_w$$

$$b=S_C\Delta V+a_P^0\phi_P^0+D_wC\frac{(\delta x)_w[(\delta x)_w+(\delta x)_e]}{a(\delta x)_w[(\delta x)_w+(\delta x)_e]-b[2(\delta x)_w+(\delta x)_e]}$$

$$\mathrm{ad}_e=D_w\frac{b(\delta x)_w{}^2}{a(\delta x)_w(\delta x)_e[(\delta x)_w+(\delta x)_e]-b\left[(\delta x)_e{}^2+2(\delta x)_w(\delta x)_e\right]}$$

值得指出的是，求解式(5.295)时，左端 a_P 表达式依然还包含 $a_E+a_W+a_N+a_S$ 的统一形式，仅方程右端不考虑 $a_W\phi_W$，便于编程时统一处理。

通过方程消元可知，式(5.295)不同于式(5.286)的地方如下。

①方程右边没有关于 ϕ_W 的项。

② a_P 中增加了附加系数：

$$a_{P,\mathrm{ad}}=D_w\frac{b[(\delta x)_w+(\delta x)_e]^2}{a(\delta x)_w(\delta x)_e[(\delta x)_w+(\delta x)_e]-b\left[(\delta x)_e{}^2+2(\delta x)_w(\delta x)_e\right]}。$$

③b 中增加了附加源项：$S_{\mathrm{C,ad}}=D_wC\dfrac{(\delta x)_w[(\delta x)_w+(\delta x)_e]}{a(\delta x)_w[(\delta x)_w+(\delta x)_e]-b[2(\delta x)_w+(\delta x)_e]}$。

④在方程右侧，a_E 增加了附加系数：

$$a_{E,\mathrm{ad}}=\mathrm{ad}_e=D_w\frac{b(\delta x)_w{}^2}{a(\delta x)_w(\delta x)_e[(\delta x)_w+(\delta x)_e]-b\left[(\delta x)_e{}^2+2(\delta x)_w(\delta x)_e\right]}。$$

第一类和第二类边界条件是第三类边界条件的特殊情况，令 $a=1$ 和 $b=0$ 得到第一类边界条件，此时 a_P 中的附加系数、b 中的附加源项和方程右侧 a_E 中的附加系数分别为 $a_{P,\mathrm{ad}}=0, S_{\mathrm{C,ad}}=D_wC, a_{E,\mathrm{ad}}=0$。令 $a=0$ 和 $b=1$ 得到第二类边界条件，此时 a_P 中的附加系数、b 中的附加源项和方程右侧 a_E 中的附加系数分别为

$$a_{P,\mathrm{ad}}=-D_w\frac{[(\delta x)_w+(\delta x)_e]^2}{(\delta x)_e{}^2+2(\delta x)_w(\delta x)_e},\ S_{\mathrm{C,ad}}=-D_wC(\delta x)_w\frac{(\delta x)_w+(\delta x)_e}{2(\delta x)_w+(\delta x)_e},$$

$$a_{E,\mathrm{ad}}=-D_w\frac{(\delta x)_w{}^2}{(\delta x)_e{}^2+2(\delta x)_w(\delta x)_e}$$

例 28　对西边界的扩散通量采用三点格式离散得到其与边界相邻的扩散方程，采用附加源项法推导与边界相邻的内节点的离散方程三类边界条件的附加源项和附加系数：①边界条件中的一阶偏导数采用一阶截差精度；②边界条件中的一阶偏导数采用二阶截差精度。

在如图 5.30 所示的区域积分，得

$$\int_s^n\int_w^e\rho\frac{\partial\phi}{\partial t}\mathrm{d}x\mathrm{d}y=\int_s^n\int_w^e\frac{\partial}{\partial x}\left(\Gamma\frac{\partial\phi}{\partial x}\right)\mathrm{d}x\mathrm{d}y+\int_s^n\int_w^e\frac{\partial}{\partial y}\left(\Gamma\frac{\partial\phi}{\partial y}\right)\mathrm{d}x\mathrm{d}y+\int_s^n\int_w^e S\mathrm{d}x\mathrm{d}y \tag{5.296}$$

非稳态项得离散为

$$\int_s^n\int_w^e\rho\frac{\partial\phi}{\partial t}\mathrm{d}x\mathrm{d}y=\rho_P\left.\frac{\partial\phi}{\partial t}\right|_P\Delta x\Delta y=\rho_P\frac{\phi_P-\phi_P^0}{\Delta t}\Delta V \tag{5.297}$$

x 方向扩散项离散为

$$\begin{aligned}
&\int_s^n\int_w^e\frac{\partial}{\partial x}\left(\Gamma\frac{\partial\phi}{\partial x}\right)\mathrm{d}x\mathrm{d}y=\int_s^n\left[\left(\Gamma\frac{\partial\phi}{\partial x}\right)_e-\left(\Gamma\frac{\partial\phi}{\partial x}\right)_w\right]\mathrm{d}y\\
&=\left\{\Gamma_e\frac{\phi_E-\phi_P}{(\delta x)_e}-\Gamma_w\left\{-\frac{2(\delta x)_w+(\delta x)_e}{(\delta x)_w[(\delta x)_w+(\delta x)_e]}\phi_W+\frac{(\delta x)_w+(\delta x)_e}{(\delta x)_w(\delta x)_e}\phi_P-\frac{(\delta x)_w}{[(\delta x)_w+(\delta x)_e](\delta x)_e}\phi_E\right\}\right\}\Delta y\\
&=\left\{\frac{\Gamma_e\Delta y}{(\delta x)_e}+\frac{\Gamma_w\Delta y(\delta x)_w}{[(\delta x)_w+(\delta x)_e](\delta x)_e}\right\}\phi_E+\frac{\Gamma_w\Delta y}{(\delta x)_w}\frac{2(\delta x)_w+(\delta x)_e}{[(\delta x)_w+(\delta x)_e]}\phi_W-\left[\frac{\Gamma_e\Delta y}{(\delta x)_e}+\frac{\Gamma_w\Delta y}{(\delta x)_w}\frac{(\delta x)_w+(\delta x)_e}{(\delta x)_e}\right]\phi_P\\
&=\left\{D_e+\frac{\Gamma_w\Delta y(\delta x)_w}{[(\delta x)_w+(\delta x)_e](\delta x)_e}\right\}\phi_E+D_w\frac{2(\delta x)_w+(\delta x)_e}{(\delta x)_w+(\delta x)_e}\phi_W-\left[D_e+D_w\frac{(\delta x)_w+(\delta x)_e}{(\delta x)_e}\right]\phi_P
\end{aligned} \tag{5.298}$$

y 方向扩散项离散为

$$\int_s^n\int_w^e \frac{\partial}{\partial y}\left(\Gamma\frac{\partial \phi}{\partial y}\right)\mathrm{d}x\mathrm{d}y=\int_w^e\left[\left(\Gamma\frac{\partial \phi}{\partial y}\right)_n-\left(\Gamma\frac{\partial \phi}{\partial y}\right)_s\right]\mathrm{d}x=\left[\Gamma_n\frac{\phi_N-\phi_P}{(\delta y)_n}-\Gamma_s\frac{\phi_P-\phi_S}{(\delta y)_s}\right]\Delta x$$

$$=\frac{\Gamma_n\Delta x}{(\delta y)_n}(\phi_N-\phi_P)-\frac{\Gamma_s\Delta x}{(\delta y)_s}(\phi_P-\phi_S)=D_n(\phi_N-\phi_P)-D_s(\phi_P-\phi_S) \tag{5.299}$$

源项离散为

$$\int_s^n\int_w^e S\mathrm{d}x\mathrm{d}y=S\Delta V=(S_\mathrm{C}+S_P\phi_P)\Delta V=S_\mathrm{C}\Delta V+S_P\phi_P\Delta V \tag{5.300}$$

将式(5.297)～式(5.300)代入式(5.296)中，得

$$\rho_P\frac{\phi_P-\phi_P^0}{\Delta t}\Delta V=\left\{D_e+\frac{\Gamma_w\Delta y(\delta x)_w}{[(\delta x)_w+(\delta x)_e](\delta x)_e}\right\}\phi_E+D_w\frac{2(\delta x)_w+(\delta x)_e}{(\delta x)_w+(\delta x)_e}\phi_W$$

$$-\left[D_e+D_w\frac{(\delta x)_w+(\delta x)_e}{(\delta x)_e}\right]\phi_P+D_n(\phi_N-\phi_P)-D_s(\phi_P-\phi_S)+S_\mathrm{C}\Delta V+S_P\phi_P\Delta V \tag{5.301}$$

式(5.301)整理后得

$$\left\{D_e+D_w+D_n+D_s-S_P\Delta V+\rho_P\frac{\Delta V}{\Delta t}+D_w\frac{(\delta x)_w}{(\delta x)_e}\right\}\phi_P$$

$$=\left\{D_e+\frac{\Gamma_w\Delta y(\delta x)_w}{[(\delta x)_w+(\delta x)_e](\delta x)_e}\right\}\phi_E+D_w\left[1+\frac{(\delta x)_w}{(\delta x)_w+(\delta x)_e}\right]\phi_W+D_n\phi_N+D_s\phi_S+S_\mathrm{C}\Delta V+\rho_P\frac{\Delta V}{\Delta t}\phi_P^0 \tag{5.302}$$

即

$$a_P\phi_P=a_E\phi_E+a_W\phi_W+a_N\phi_N+a_S\phi_S+b \tag{5.303}$$

式中，$a_E=D_e+\mathrm{ad}_e$ ；$a_W=D_w\mathrm{ad}_w$ ；$a_N=D_n$ ；$a_S=D_s$ ；$a_P=a_E+\dfrac{a_W}{\mathrm{ad}_w}+a_N+a_S-\mathrm{ad}_e-S_P\Delta V+a_P^0+D_w\dfrac{(\delta x)_w}{(\delta x)_e}$，$a_P^0=\rho_P\dfrac{\Delta V}{\Delta t}$；$b=S_\mathrm{C}\Delta V+a_P^0\phi_P^0$；$\mathrm{ad}_e=\dfrac{\Gamma_w\Delta y(\delta x)_w}{\left[(\delta x)_w+(\delta x)_e\right](\delta x)_e}$；$\mathrm{ad}_w=1+\dfrac{(\delta x)_w}{(\delta x)_w+(\delta x)_e}$。

(1)采用一阶截差精度离散一阶偏导数。

将例 27 中式(5.289)代入式(5.302)或式(5.303)中，消去 ϕ_W ，得

$$\left\{D_e + D_w + D_n + D_s - S_P\Delta V + \rho_P\frac{\Delta V}{\Delta t} + D_w\frac{(\delta x)_w}{(\delta x)_e} + D_w\frac{b}{a(\delta x)_w - b}\left[1+\frac{(\delta x)_w}{(\delta x)_w+(\delta x)_e}\right]\right\}\phi_P$$
$$=\left\{D_e + \frac{\Gamma_w\Delta y(\delta x)_w}{[(\delta x)_w+(\delta x)_e](\delta x)_e}\right\}\phi_E + D_n\phi_N + D_s\phi_S$$
$$+S_C\Delta V + \rho_P\frac{\Delta V}{\Delta t}\phi_P^0 + D_w C\frac{(\delta x)_w}{a(\delta x)_w - b}\left[1+\frac{(\delta x)_w}{(\delta x)_w+(\delta x)_e}\right] \tag{5.304}$$

即

$$a_P\phi_P = a_E\phi_E + a_N\phi_N + a_S\phi_S + b \tag{5.305}$$

式中，

$$a_E = D_e + \mathrm{ad}_e$$
$$a_N = D_n$$
$$a_S = D_s$$
$$a_P = a_E + a_W + a_N + a_S - \mathrm{ad}_e - S_P\Delta V + a_P^0 + D_w\frac{(\delta x)_w}{(\delta x)_e} + D_w\frac{b}{a(\delta x)_w - b}\left[1+\frac{(\delta x)_w}{(\delta x)_w+(\delta x)_e}\right]$$
$$a_W = D_w$$
$$a_P^0 = \rho_P\frac{\Delta V}{\Delta t}$$
$$b = S_C\Delta V + a_P^0\phi_P^0 + D_w C\frac{(\delta x)_w}{a(\delta x)_w - b}\left[1+\frac{(\delta x)_w}{(\delta x)_w+(\delta x)_e}\right]$$
$$\mathrm{ad}_e = \frac{\Gamma_w\Delta y(\delta x)_w}{[(\delta x)_w+(\delta x)_e](\delta x)_e}。$$

值得指出的是，求解式(5.305)时，左端 a_P 表达式依然还包含 $a_E + a_W + a_N + a_S$ 的统一形式，仅方程右端不考虑 $a_W\phi_W$，便于编程时统一处理。

通过方程消元可知，式(5.305)不同于式(5.303)的地方如下。

①方程右边没有关于 ϕ_W 的项。

② a_P 中增加了附加系数：$a_{P,\mathrm{ad}} = D_w\frac{b}{a(\delta x)_w - b}\left[1+\frac{(\delta x)_w}{(\delta x)_w+(\delta x)_e}\right]$。

③ b 中增加了附加源项：$S_{\mathrm{C,ad}} = D_w C\frac{(\delta x)_w}{a(\delta x)_w - b}\left[1+\frac{(\delta x)_w}{(\delta x)_w+(\delta x)_e}\right]$。

第一类和第二类边界条件是第三类边界条件的特殊情况，令 $a=1$ 和 $b=0$ 得到第一类边界条件，此时 a_P 中的附加系数和 b 中的附加源项分别为 $a_{P,\mathrm{ad}}=0, S_{\mathrm{C,ad}} = D_w C\left[1+\frac{(\delta x)_w}{(\delta x)_w+(\delta x)_e}\right]$；令 $a=0$ 和 $b=1$ 得到第二类边界条件，此时附加系数和附加源项

分别为 $a_{P,\mathrm{ad}}=-D_w\left[1+\dfrac{(\delta x)_w}{(\delta x)_w+(\delta x)_e}\right]$, $S_{\mathrm{C,ad}}=-D_wC(\delta x)_w\left[1+\dfrac{(\delta x)_w}{(\delta x)_w+(\delta x)_e}\right]$。

(2)采用二阶截差精度离散一阶偏导数。

将例 27 中式(5.293)代入式(5.302)或式(5.303)中，消去 ϕ_W，得

$$\left\{\begin{aligned}&D_e+D_w+D_n+D_s-S_P\Delta V+\rho_P\frac{\Delta V}{\Delta t}\\&+D_w\frac{(\delta x)_w}{(\delta x)_e}+D_w\frac{b[2(\delta x)_w+(\delta x)_e][(\delta x)_w+(\delta x)_e]}{a(\delta x)_w(\delta x)_e[(\delta x)_w+(\delta x)_e]-b[(\delta x)_e^2+2(\delta x)_w(\delta x)_e]}\end{aligned}\right\}\phi_P$$
$$=\left\{\begin{aligned}&D_e+\frac{\Gamma_w\Delta y(\delta x)_w}{[(\delta x)_w+(\delta x)_e](\delta x)_e}\\&+D_w\left[1+\frac{(\delta x)_w}{(\delta x)_w+(\delta x)_e}\right]\frac{b(\delta x)_w{}^2}{a(\delta x)_w(\delta x)_e[(\delta x)_w+(\delta x)_e]-b\left[(\delta x)_e{}^2+2(\delta x)_w(\delta x)_e\right]}\end{aligned}\right\}\phi_E$$
$$+D_n\phi_N+D_s\phi_S+S_C\Delta V+\rho_P\frac{\Delta V}{\Delta t}\phi_P^0+D_wC\frac{[2(\delta x)_w+(\delta x)_e](\delta x)_w}{a(\delta x)_w[(\delta x)_w+(\delta x)_e]-b[2(\delta x)_w+(\delta x)_e]}\tag{5.306}$$

即

$$a_P\phi_P=a_E\phi_E+a_N\phi_N+a_S\phi_S+b\tag{5.307}$$

式中，

$$a_E=D_e+\mathrm{ad}_e+s\mathrm{ad}_e$$
$$a_N=D_n$$
$$a_S=D_s$$
$$\begin{aligned}a_P=&a_E+a_W+a_N+a_S-\mathrm{ad}_e-\mathrm{sad}_e-S_P\Delta V+a_P^0\\&+D_w\frac{(\delta x)_w}{(\delta x)_e}+D_w\frac{b[2(\delta x)_w+(\delta x)_e][(\delta x)_w+(\delta x)_e]}{a(\delta x)_w(\delta x)_e[(\delta x)_w+(\delta x)_e]-b\left[(\delta x)_e^2+2(\delta x)_w(\delta x)_e\right]}\end{aligned}$$
$$a_W=D_w$$
$$a_P^0=\rho_P\frac{\Delta V}{\Delta t}$$
$$b=S_C\Delta V+a_P^0\phi_P^0+D_wC\frac{[2(\delta x)_w+(\delta x)_e](\delta x)_w}{a(\delta x)_w[(\delta x)_w+(\delta x)_e]-b[2(\delta x)_w+(\delta x)_e]}$$
$$\mathrm{ad}_e=\frac{\Gamma_w\Delta y(\delta x)_w}{[(\delta x)_w+(\delta x)_e](\delta x)_e}$$
$$\mathrm{sad}_e=D_w\left[1+\frac{(\delta x)_w}{(\delta x)_w+(\delta x)_e}\right]\frac{b(\delta x)_w^2}{a(\delta x)_w(\delta x)_e[(\delta x)_w+(\delta x)_e]-b\left[(\delta x)_e^2+2(\delta x)_w(\delta x)_e\right]}$$

值得指出的是，求解式(5.307)时，左端 a_P 表达式依然还包含 $a_E+a_W+a_N+a_S$ 的统一

形式，仅方程右端不考虑 $a_W\phi_W$，便于编程时统一处理。

通过方程消元可知，式(5.307)不同于式(5.303)的地方如下。

①方程右边没有关于 ϕ_W 的项。

② a_P 中增加了附加系数：

$$a_{P,\mathrm{ad}} = D_w \frac{b[2(\delta x)_w + (\delta x)_e][(\delta x)_w + (\delta x)_e]}{a(\delta x)_w(\delta x)_e[(\delta x)_w + (\delta x)_e] - b\left[(\delta x)_e^2 + 2(\delta x)_w(\delta x)_e\right]}。$$

③ b 中增加了附加源项：$S_{C,\mathrm{ad}} = D_w C\dfrac{(\delta x)_w[2(\delta x)_w + (\delta x)_e]}{a(\delta x)_w[(\delta x)_w + (\delta x)_e] - b[2(\delta x)_w + (\delta x)_e]}$。

④在方程右侧，a_E 增加了附加系数：

$$a_{E,\mathrm{ad}} = \mathrm{sad}_e = D_w\left[1+\frac{(\delta x)_w}{(\delta x)_w + (\delta x)_e}\right]\frac{b(\delta x)_w{}^2}{a(\delta x)_w(\delta x)_e[(\delta x)_w + (\delta x)_e] - b\left[(\delta x)_e^2 + 2(\delta x)_w(\delta x)_e\right]}。$$

第一类和第二类边界条件是第三类边界条件的特殊情况，令 $a=1$ 和 $b=0$ 得到第一类边界条件，此时 a_P 中的附加系数、b 中的附加源项和方程右侧 a_E 中的附加系数分别为 $a_{P,\mathrm{ad}} = 0, S_{\mathrm{C,ad}} = D_w C\dfrac{2(\delta x)_w + (\delta x)_e}{(\delta x)_w + (\delta x)_e}, a_{E,\mathrm{ad}} = 0$；令 $a=0$ 和 $b=1$ 得到第二类边界条件，此时 a_P 中的附加系数、b 中的附加源项和方程右侧 a_E 中的附加系数分别为

$$a_{P,\mathrm{ad}} = -D_w\frac{\left[2(\delta x)_w + (\delta x)_e\right]\left[(\delta x)_w + (\delta x)_e\right]}{(\delta x)_e^2 + 2(\delta x)_w(\delta x)_e}$$

$$S_{\mathrm{C,ad}} = -D_w C(\delta x)_w$$

$$a_{E,\mathrm{ad}} = -D_w\left[1+\frac{(\delta x)_w}{(\delta x)_w + (\delta x)_e}\right]\frac{(\delta x)_w{}^2}{(\delta x)_e{}^2 + 2(\delta x)_w(\delta x)_e}$$

例 29　对二维非稳态对流扩散方程进行离散，对流项采用一阶迎风，扩散项采用两点离散格式，并以西边界为例，采用附加源项法推导与边界相邻的内节点的离散方程三类边界条件的附加源项和附加系数：①边界条件中的一阶偏导数采用一阶截差精度；②边界条件中的一阶偏导数采用二阶截差精度。

在如图 5.30 所示的区域积分，得

$$\int_s^n\int_w^e \rho\frac{\partial\phi}{\partial t}\mathrm{d}x\mathrm{d}y + \int_s^n\int_w^e \frac{\partial(\rho u_x\phi)}{\partial x}\mathrm{d}x\mathrm{d}y + \int_s^n\int_w^e \frac{\partial(\rho u_y\phi)}{\partial y}\mathrm{d}x\mathrm{d}y$$
$$= \int_s^n\int_w^e \frac{\partial}{\partial x}\left(\Gamma\frac{\partial\phi}{\partial x}\right)\mathrm{d}x\mathrm{d}y + \int_s^n\int_w^e \frac{\partial}{\partial y}\left(\Gamma\frac{\partial\phi}{\partial y}\right)\mathrm{d}x\mathrm{d}y + \int_s^n\int_w^e S\mathrm{d}x\mathrm{d}y \tag{5.308}$$

非稳态项得离散为

$$\int_s^n\int_w^e \rho\frac{\partial\phi}{\partial t}\mathrm{d}x\mathrm{d}y = \rho_P\left.\frac{\partial\phi}{\partial t}\right|_P \Delta x\Delta y = \rho_P\frac{\phi_P - \phi_P^0}{\Delta t}\Delta V \tag{5.309}$$

x 方向对流项离散为

$$\begin{aligned}\int_s^n\int_w^e\frac{\partial(\rho u_x\phi)}{\partial x}\mathrm{d}x\mathrm{d}y&=\int_s^n\left[(\rho u_x\phi)_e-(\rho u_x\phi)_w\right]\mathrm{d}y\\&=\left[(\rho u_x\phi)_e-(\rho u_x\phi)_w\right]\Delta y=(\rho u_x)_e\Delta y\phi_e-(\rho u_x)_w\Delta y\phi_w=F_e\phi_e-F_w\phi_w\\&=\max\left[F_e,0\right]\phi_P-\max\left[-F_e,0\right]\phi_E-\max\left[F_w,0\right]\phi_W+\max\left[-F_w,0\right]\phi_P\end{aligned}\tag{5.310}$$

y 方向对流项离散为

$$\begin{aligned}\int_s^n\int_w^e\frac{\partial(\rho u_y\phi)}{\partial y}\mathrm{d}x\mathrm{d}y&=\int_w^e\left[(\rho u_y\phi)_n-(\rho u_y\phi)_s\right]\mathrm{d}x\\&=\left[(\rho u_y\phi)_n-(\rho u_y\phi)_s\right]\Delta x=(\rho u_y)_n\Delta x\phi_n-(\rho u_y)_s\Delta x\phi_s=F_n\phi_n-F_s\phi_s\\&=\max\left[F_n,0\right]\phi_P-\max\left[-F_n,0\right]\phi_N-\max\left[F_s,0\right]\phi_S+\max\left[-F_s,0\right]\phi_P\end{aligned}\tag{5.311}$$

x 方向扩散项离散为

$$\begin{aligned}\int_s^n\int_w^e\frac{\partial}{\partial x}\left(\Gamma\frac{\partial\phi}{\partial x}\right)\mathrm{d}x\mathrm{d}y&=\int_s^n\left[\left(\Gamma\frac{\partial\phi}{\partial x}\right)_e-\left(\Gamma\frac{\partial\phi}{\partial x}\right)_w\right]\mathrm{d}y=\left[\Gamma_e\frac{\phi_E-\phi_P}{(\delta x)_e}-\Gamma_w\frac{\phi_P-\phi_w}{(\delta x)_w}\right]\Delta y\\&=\frac{\Gamma_e\Delta y}{(\delta x)_e}(\phi_E-\phi_P)-\frac{\Gamma_w\Delta y}{(\delta x)_w}(\phi_P-\phi_W)=D_e(\phi_E-\phi_P)-D_w(\phi_P-\phi_w)\end{aligned}\tag{5.312}$$

y 方向扩散项离散为

$$\begin{aligned}\int_s^n\int_w^e\frac{\partial}{\partial y}\left(\Gamma\frac{\partial\phi}{\partial y}\right)\mathrm{d}x\mathrm{d}y&=\int_w^e\left[\left(\Gamma\frac{\partial\phi}{\partial y}\right)_n-\left(\Gamma\frac{\partial\phi}{\partial y}\right)_s\right]\mathrm{d}x=\left[\Gamma_n\frac{\phi_N-\phi_P}{(\delta y)_n}-\Gamma_s\frac{\phi_P-\phi_S}{(\delta y)_s}\right]\Delta x\\&=\frac{\Gamma_n\Delta x}{(\delta y)_n}(\phi_N-\phi_P)-\frac{\Gamma_s\Delta x}{(\delta y)_s}(\phi_P-\phi_S)=D_n(\phi_N-\phi_P)-D_s(\phi_P-\phi_S)\end{aligned}\tag{5.313}$$

源项离散为

$$\int_s^n\int_w^e S\mathrm{d}x\mathrm{d}y=S\Delta V=(S_\mathrm{C}+S_P\phi_P)\Delta V=S_\mathrm{C}\Delta V+S_P\phi_P\Delta V\tag{5.314}$$

将式(5.309)～式(5.314)代入式(5.308)中，得

$$\begin{aligned}&\rho_P\frac{\phi_P-\phi_P^0}{\Delta t}\Delta V+\max\left[F_e,0\right]\phi_P-\max\left[-F_e,0\right]\phi_E-\max\left[F_w,0\right]\phi_W+\max\left[-F_w,0\right]\phi_P\\&\quad+\max\left[F_n,0\right]\phi_P-\max\left[-F_n,0\right]\phi_N-\max\left[F_s,0\right]\phi_S+\max\left[-F_s,0\right]\phi_P\\&=D_e(\phi_E-\phi_P)-D_w(\phi_P-\phi_W)+D_n(\phi_N-\phi_P)-D_s(\phi_P-\phi_S)+S_\mathrm{C}\Delta V+S_P\phi_P\Delta V\end{aligned}\tag{5.315}$$

式(5.315)整理后，得

$$\left\{\begin{array}{l}\left[D_e+\max\left[F_e,0\right]\right]+\left[D_w+\max\left[-F_w,0\right]\right]+\left[D_n+\max\left[F_n,0\right]\right]+\left[D_s+\max\left[-F_s,0\right]\right]\\ -S_P\Delta V+\rho_P\dfrac{\Delta V}{\Delta t}-\left[F_e-F_w+F_n-F_s\right]\end{array}\right\}\phi_P$$
$$=\left\{D_e+\max\left[-F_e,0\right]\right\}\phi_E+\left\{D_w+\max\left[F_w,0\right]\right\}\phi_W+\left\{D_n+\max\left[-F_n,0\right]\right\}\phi_N+\left\{D_s+\max\left[F_s,0\right]\right\}\phi_S$$
$$+S_C\Delta V+\rho_P\frac{\Delta V}{\Delta t}\phi_P^0-(F_e-F_w+F_n-F_s)\phi_P^* \tag{5.316}$$

即

$$a_P\phi_P=a_E\phi_E+a_W\phi_W+a_N\phi_N+a_S\phi_S+b \tag{5.317}$$

式中，

$$a_E=D_e+\max\left[-F_e,0\right]$$
$$a_W=D_w+\max\left[F_w,0\right]$$
$$a_N=D_n+\max\left[-F_n,0\right]$$
$$a_S=D_s+\max\left[F_s,0\right]$$
$$a_P=a_E+a_W+a_N+a_S-S_P\Delta V+a_P^0$$
$$b=S_C\Delta V+a_P^0\phi_P^0-(F_e-F_w+F_n-F_s)\phi_P^*$$
$$a_P^0=\rho_P\frac{\Delta V}{\Delta t}$$

(1)采用一阶截差精度离散一阶偏导数。

将例 27 中式(5.289)代入式(5.316)或式(5.317)中，消去ϕ_W，得

$$\left\{\begin{array}{l}\left[D_e+\max\left[F_e,0\right]\right]+\left[D_w+\max\left[-F_w,0\right]\right]+\left[D_n+\max\left[F_n,0\right]\right]+\left[D_s+\max\left[-F_s,0\right]\right]\\ -S_P\Delta V+\rho_P\dfrac{\Delta V}{\Delta t}-\left[F_e-F_w+F_n-F_s\right]+\left\{D_w+\max\left[F_w,0\right]\right\}\dfrac{b}{a(\delta x)_w-b}\end{array}\right\}\phi_P$$
$$=\left\{D_e+\max\left[-F_e,0\right]\right\}\phi_E+0\phi_W+\left\{D_n+\max\left[-F_n,0\right]\right\}\phi_N+\left\{D_s+\max\left[F_s,0\right]\right\}\phi_S$$
$$+S_C\Delta V+\rho_P\frac{\Delta V}{\Delta t}\phi_P^0-(F_e-F_w+F_n-F_s)\phi_P^*+\left\{D_w+\max\left[F_w,0\right]\right\}\frac{C(\delta x)_w}{a(\delta x)_w-b} \tag{5.318}$$

即

$$a_P\phi_P=a_E\phi_E+a_N\phi_N+a_S\phi_S+b \tag{5.319}$$

式中，

$$a_E=D_e+\max\left[-F_e,0\right]$$

$$a_N = D_n + \max\left[-F_n, 0\right]$$

$$a_S = D_s + \max\left[F_s, 0\right]$$

$$a_P = a_E + a_W + a_N + a_S - S_P\Delta V + a_P^0 + \left\{D_w + \max\left[F_w, 0\right]\right\}\frac{b}{a(\delta x)_w - b}$$

$$a_W = D_w + \max\left[F_w, 0\right]$$

$$a_P^0 = \rho_P \frac{\Delta V}{\Delta t}$$

$$b = S_C\Delta V + a_P^0\phi_P^0 - (F_e - F_w + F_n - F_s)\phi_P^* + \left\{D_w + \max\left[F_w, 0\right]\right\}\frac{C(\delta x)_w}{a(\delta x)_w - b}$$

值得指出的是，求解式(5.319)时，左端 a_P 表达式依然还包含 $a_E + a_W + a_N + a_S$ 的统一形式，仅方程右端不考虑 $a_W\phi_W$，便于编程时统一处理。

通过方程消元可知，式(5.319)不同于式(5.317)的地方如下。

①方程右边没有关于 ϕ_W 的项。

② a_P 中增加了附加系数：$a_{P,\mathrm{ad}} = \left\{D_w + \max\left[F_w, 0\right]\right\}\dfrac{b}{a(\delta x)_w - b}$。

③ b 中增加了附加源项：$S_{\mathrm{C,ad}} = \left\{D_w + \max\left[F_w, 0\right]\right\}C\dfrac{(\delta x)_w}{a(\delta x)_w - b}$。

第一类和第二类边界条件是第三类边界条件的特殊情况，令 $a=1$ 和 $b=0$ 得到第一类边界条件，此时 a_P 中的附加系数和 b 中的附加源项分别为 $a_{P,\mathrm{ad}} = 0$ 和 $S_{\mathrm{C,ad}} = \left\{D_w + \max\left[F_w, 0\right]\right\}C$；令 $a=0$ 和 $b=1$ 得到第二类边界条件，此时附加系数和附加源项分别为 $a_{P,\mathrm{ad}} = -\left\{D_w + \max\left[F_w, 0\right]\right\}$ 和 $S_{\mathrm{C,ad}} = -\left\{D_w + \max\left[F_w, 0\right]\right\}C(\delta x)_w$。

(2)采用二阶截差精度离散一阶偏导数。

将例 27 中式(5.293)代入式(5.316)或式(5.317)中，消去 ϕ_W，得

$$\left\{\begin{aligned}&\left[D_e + \max\left[F_e, 0\right]\right] + \left[D_w + \max\left[-F_w, 0\right]\right] + \left[D_n + \max\left[F_n, 0\right]\right] + \left[D_s + \max\left[-F_s, 0\right]\right]\\&-S_P\Delta V + \rho_P\frac{\Delta V}{\Delta t} - \left[F_e - F_w + F_n - F_s\right]\\&+\left\{D_w + \max\left[F_w, 0\right]\right\}\frac{b\left[(\delta x)_w + (\delta x)_e\right]^2}{a(\delta x)_w(\delta x)_e\left[(\delta x)_w + (\delta x)_e\right] - b\left[(\delta x)_e^2 + 2(\delta x)_w(\delta x)_e\right]}\end{aligned}\right\}\phi_P$$

$$=\left\{\begin{aligned}&\left\{D_e + \max\left[-F_e, 0\right]\right\} + \left\{D_w + \max\left[F_w, 0\right]\right\}\\&\frac{b(\delta x)_w^2}{a(\delta x)_w(\delta x)_e\left[(\delta x)_w + (\delta x)_e\right] - b\left[(\delta x)_e^2 + 2(\delta x)_w(\delta x)_e\right]}\end{aligned}\right\}\phi_E$$

$$+\left\{D_n + \max\left[-F_n, 0\right]\right\}\phi_N + \left\{D_s + \max\left[F_s, 0\right]\right\}\phi_S$$

$$+S_C\Delta V+\rho_P\frac{\Delta V}{\Delta t}\phi_P^0-(F_e-F_w+F_n-F_s)\phi_P^*$$
$$+\left\{D_w+\max\left[F_w,0\right]\right\}C(\delta x)_w\frac{(\delta x)_w+(\delta x)_e}{a(\delta x)_w\left[(\delta x)_w+(\delta x)_e\right]-b\left[2(\delta x)_w+(\delta x)_e\right]} \tag{5.320}$$

即

$$a_P\phi_P=a_E\phi_E+a_N\phi_N+a_S\phi_S+b \tag{5.321}$$

式中，

$$a_E=D_e+\max\left[-F_e,0\right]+\mathrm{ad}_e$$
$$a_N=D_n+\max\left[-F_n,0\right]$$
$$a_S=D_s+\max\left[F_s,0\right]$$
$$a_P=a_E+a_W+a_N+a_S-\mathrm{ad}_e-S_P\Delta V+a_P^0$$
$$+\left\{D_w+\max\left[F_w,0\right]\right\}\frac{b\left[(\delta x)_w+(\delta x)_e\right]^2}{a(\delta x)_w(\delta x)_e\left[(\delta x)_w+(\delta x)_e\right]-b\left[(\delta x)_e^2+2(\delta x)_w(\delta x)_e\right]}$$
$$a_W=D_w+\max\left[F_w,0\right]$$
$$a_P^0=\rho_P\frac{\Delta V}{\Delta t}$$
$$b=S_C\Delta V+a_P^0\phi_P^0-(F_e-F_w+F_n-F_s)\phi_P^*$$
$$+\left\{D_w+\max\left[F_w,0\right]\right\}C(\delta x)_w\frac{(\delta x)_w+(\delta x)_e}{a(\delta x)_w\left[(\delta x)_w+(\delta x)_e\right]-b\left[2(\delta x)_w+(\delta x)_e\right]}$$
$$\mathrm{ad}_e=\left\{D_w+\max\left[F_w,0\right]\right\}\frac{b(\delta x)_w^2}{a(\delta x)_w(\delta x)_e\left[(\delta x)_w+(\delta x)_e\right]-b\left[(\delta x)_e^2+2(\delta x)_w(\delta x)_e\right]}$$

值得指出的是，求解式(5.321)时，左端 a_P 表达式依然还包含 $a_E+a_W+a_N+a_S$ 的统一形式，仅方程右端不考虑 $a_W\phi_W$，便于编程时统一处理。

通过方程消元可知，式(5.321)不同于式(5.317)的地方如下。

①方程右边没有关于 ϕ_W 的项。

② a_P 中增加了附加系数：

$$a_{P,\mathrm{ad}}=\left\{D_w+\max\left[F_w,0\right]\right\}\frac{b\left[(\delta x)_w+(\delta x)_e\right]^2}{a(\delta x)_w(\delta x)_e\left[(\delta x)_w+(\delta x)_e\right]-b\left[(\delta x)_e^2+2(\delta x)_w(\delta x)_e\right]}$$

③ b 中增加了附加源项：

$$S_{\mathrm{C,ad}}=\left\{D_w+\max\left[F_w,0\right]\right\}C\frac{(\delta x)_w\left[(\delta x)_w+(\delta x)_e\right]}{a(\delta x)_w\left[(\delta x)_w+(\delta x)_e\right]-b\left[2(\delta x)_w+(\delta x)_e\right]}$$

④在方程右侧，a_E 增加了附加系数：

$$a_{E,\text{ad}} = \text{ad}_e = \left\{D_w + \max\left[F_w, 0\right]\right\} \frac{b(\delta x)_w^2}{a(\delta x)_w(\delta x)_e\left[(\delta x)_w + (\delta x)_e\right] - b\left[(\delta x)_e^2 + 2(\delta x)_w(\delta x)_e\right]}$$

第一类和第二类边界条件是第三类边界条件的特殊情况，令 $a=1$ 和 $b=0$ 得到第一类边界条件，此时 a_P 中的附加系数、b 中的附加源项和方程右侧 a_E 中的附加系数分别为 $a_{P,\text{ad}}=0, S_{\text{C,ad}} = \left\{D_w + \max\left[F_w, 0\right]\right\} C, a_{E,\text{ad}} = 0$，；令 $a=0$ 和 $b=1$ 得到第二类边界条件，此时 a_P 中的附加系数、b 中的附加源项和方程右侧 a_E 中的附加系数分别为

$$a_{P,\text{ad}} = -\left\{D_w + \max\left[F_w, 0\right]\right\} \frac{\left[(\delta x)_w + (\delta x)_e\right]^2}{(\delta x)_e{}^2 + 2(\delta x)_w(\delta x)_e}$$

$$S_{\text{C,ad}} = -\left\{D_w + \max\left[F_w, 0\right]\right\} C(\delta x)_w \frac{(\delta x)_w + (\delta x)_e}{2(\delta x)_w + (\delta x)_e}$$

$$a_{E,\text{ad}} = -\left\{D_w + \max\left[F_w, 0\right]\right\} \frac{(\delta x)_w^2}{(\delta x)_e^2 + 2(\delta x)_w(\delta x)_e}$$

例 30　在例 25 中，若对流项采用二阶迎风格式离散，右边界改为第三类边界条件 $\dfrac{\partial \Phi}{\partial X} = 1 - \Phi$。采用补充边界节点代数方程法离散边界条件，试分析采用一阶、二阶精度格式离散边界条件时所得计算结果。

【解析】本题考查边界条件离散格式精度对计算结果的影响。

对流项采用二阶迎风格式离散时，内节点 4-10 离散表达式为

$$a_i \Phi_i = a_{i+1}\Phi_{i+1} + a_{i-1}\Phi_{i-1} + a_{i-2}\Phi_{i-2} + b \tag{5.322}$$

式中，$a_{i+1} = \dfrac{1}{Pe_\Delta}; a_{i-1} = 2 + \dfrac{1}{Pe_\Delta}; a_{i-2} = -\dfrac{1}{2}; a_i = a_{i+1} + a_{i-1} + a_{i-2}; b = 0$。边界邻点 2、11 与边界远邻点 3 需特殊处理。

对于节点 2：

$$\left(2 + \frac{3}{Pe_\Delta}\right)\Phi_2 = \frac{1}{Pe_\Delta}\Phi_3 + \left(2 + \frac{2}{Pe_\Delta}\right)\Phi_1 \tag{5.323}$$

对于节点 3：

$$\left(\frac{3}{2} + \frac{2}{Pe_\Delta}\right)\Phi_3 = \frac{1}{Pe_\Delta}\Phi_4 + \left(\frac{5}{2} + \frac{1}{Pe_\Delta}\right)\Phi_2 - \Phi_1 \tag{5.324}$$

对于节点 11：

$$\left(\frac{3}{2} + \frac{3}{Pe_\Delta}\right)\Phi_{11} = \frac{2}{Pe_\Delta}\Phi_{12} + \left(2 + \frac{1}{Pe_\Delta}\right)\Phi_{10} - \frac{1}{2}\Phi_9 \tag{5.325}$$

对左边界点，有 $\Phi_1 = 0$。对右边界点，采用一阶精度格式离散边界条件时有

$$\frac{\Phi_{12} - \Phi_{11}}{\Delta X/2} = 1 - \Phi_{12} \tag{5.326}$$

整理得

$$\left(1 + \frac{\Delta X}{2}\right)\Phi_{12} = \Phi_{11} + \frac{\Delta X}{2} \tag{5.327}$$

采用二阶精度格式离散边界条件时有

$$\frac{8\Phi_{12} - 9\Phi_{11} + \Phi_{10}}{3\Delta X} = 1 - \Phi_{12} \tag{5.328}$$

整理得

$$(8 + 3\Delta X)\Phi_{12} = 9\Phi_{11} - \Phi_{10} + 3\Delta X \tag{5.329}$$

图 5.31 给出了边界条件采用不同离散精度格式的结果，由图可知边界条件二阶精度离散格式的计算结果要优于一阶精度离散格式。

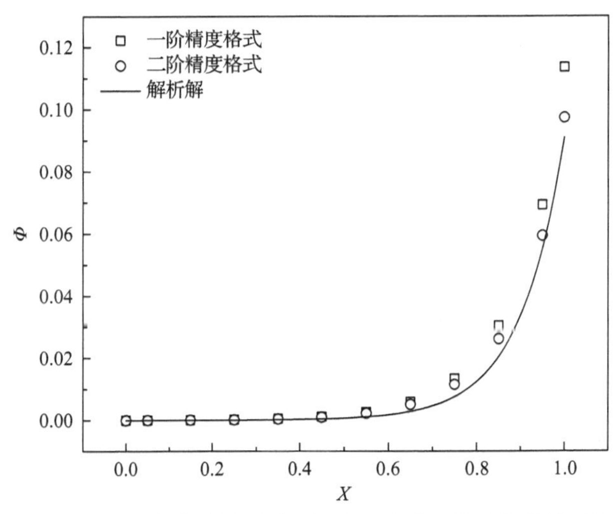

图 5.31　边界条件采用不同离散精度格式离散时的结果对比

例 31　二维稳态导热问题的控制方程：$\frac{\partial}{\partial x}\left(\lambda\frac{\partial T}{\partial x}\right) + \frac{\partial}{\partial y}\left(\lambda\frac{\partial T}{\partial y}\right) = 0$。已知计算区域为正方形，边长为 3m，导热系数 $\lambda = 5\text{W}/(\text{m}\cdot℃)$，对流换热系数 $h_\text{f} = 20\text{W}/(\text{m}\cdot℃)$，外界温度 $T_\text{f}=1℃$。边界条件如下：左侧第一类边界条件为 $T\big|_{i=1} = 0℃$；右侧热流边界条件为 $\lambda\frac{\partial T}{\partial x}\Big|_{i=5} = 2\text{W/m}^2$；上侧绝热边界条件为 $\lambda\frac{\partial T}{\partial y}\Big|_{j=5} = 0\text{W/m}^2$；下侧第三类边界条件为 $-\lambda\frac{\partial T}{\partial y}\Big|_{j=1} = h_\text{f}(T - T_\text{f})$。图 5.32 所示为计算区域的均分网格系统，试采用有限容积法求解。

【解析】本题考查二维导热问题中边界条件处理和离散方程组求解。

对于均分网格，内部节点之间距离等于控制容积界面间长度：$\delta x=\Delta x, \delta y=\Delta y$。将控制方程在控制容积上积分得

$$\int_s^n\int_w^e \frac{\partial}{\partial x}\left(\lambda\frac{\partial T}{\partial x}\right)\mathrm{d}x\mathrm{d}y+\int_w^e\int_s^n \frac{\partial}{\partial y}\left(\lambda\frac{\partial T}{\partial y}\right)\mathrm{d}y\mathrm{d}x=0 \tag{5.330}$$

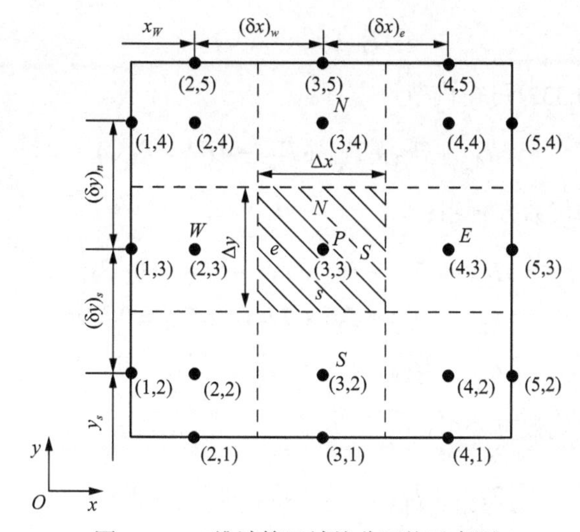

图 5.32　二维计算区域均分网格示意图

整理得

$$\left[\lambda_e\frac{\partial T}{\partial x}\bigg|_e-\lambda_w\frac{\partial T}{\partial x}\bigg|_w\right]\Delta y+\left[\lambda_n\frac{\partial T}{\partial y}\bigg|_n-\lambda_s\frac{\partial T}{\partial y}\bigg|_s\right]\Delta x=0 \tag{5.331}$$

扩散项界面处导数采用二阶中心差分格式离散，且导热系数为处处相等即 $\lambda_e=\lambda_w=\lambda_n=\lambda_s=\lambda$，对于内节点，式(5.331)可整理为

$$T_E+T_W+T_N+T_S-4T_P=0 \tag{5.332}$$

边界条件采用补充边界节点代数方程。右侧边界热流边界条件：

$$\lambda\frac{\partial T}{\partial x}\bigg|_{i=5}=q \tag{5.333}$$

即 $\lambda_e\dfrac{T_E-T_P}{(\delta x)_e}=q$，将题中已知参数代入该式，并整理得

$$T_E-T_P=0.2℃ \tag{5.334}$$

上边界绝热边界条件：

$$T_N-T_P=0℃ \tag{5.335}$$

下边界第三类边界条件：

$$-\lambda \frac{\partial T}{\partial y}\bigg|_{j=1} = h_{\mathrm{f}}(T - T_{\mathrm{f}}) \tag{5.336}$$

即 $-\lambda_s \dfrac{T_P - T_S}{(\delta y)_S} = h_{\mathrm{f}}(T_S - T_{\mathrm{f}})$，将题中已知参数代入该式，并整理得

$$T_P + T_S = 2(℃) \tag{5.337}$$

综上，根据式(5.332)可得内节点方程：

$$T_{4,3} + T_{2,3} + T_{3,4} + T_{3,2} - 4T_{3,3} = 0(℃) \tag{5.338}$$

左侧边界邻点的代数方程组：

$$\begin{cases} T_{3,3} + 2T_{1,3} + T_{2,4} + T_{2,2} - 5T_{2,3} = 0(℃) \\ T_{3,2} + 2T_{1,2} + T_{2,3} + 2T_{2,1} - 6T_{2,2} = 0(℃) \\ T_{3,4} + 2T_{1,4} + T_{2,3} + 2T_{2,5} - 6T_{2,4} = 0(℃) \end{cases} \tag{5.339}$$

右侧边界邻点的代数方程组：

$$\begin{cases} 2T_{5,3} + T_{3,3} + T_{4,2} + T_{4,4} - 5T_{4,3} = 0(℃) \\ 2T_{5,4} + T_{3,4} + 2T_{4,5} + T_{4,3} - 6T_{4,4} = 0(℃) \\ 2T_{5,2} + T_{3,2} + 2T_{4,1} + T_{4,3} - 6T_{4,2} = 0(℃) \end{cases} \tag{5.340}$$

上边界和下边界邻点的代数方程组：

$$\begin{cases} T_{2,4} + T_{4,4} + 2T_{3,5} + T_{3,3} - 5T_{3,4} = 0(℃) \\ T_{2,2} + T_{4,2} + 2T_{3,1} + T_{3,3} - 5T_{3,2} = 0(℃) \end{cases} \tag{5.341}$$

边界点的代数方程组：

$$\begin{cases} T_{1,2} = T_{1,3} = T_{1,4} = 0(℃) \\ T_{2,5} - T_{2,4} = 0(℃) \\ T_{3,5} - T_{3,4} = 0(℃) \\ T_{4,5} - T_{4,4} = 0(℃) \\ T_{5,2} - T_{4,2} = 0.2(℃) \\ T_{5,3} - T_{4,3} = 0.2(℃) \\ T_{5,4} - T_{4,4} = 0.2(℃) \\ T_{2,1} + T_{2,2} = 2(℃) \\ T_{3,1} + T_{3,2} = 2(℃) \\ T_{4,1} + T_{4,2} = 2(℃) \end{cases} \tag{5.342}$$

求解线性方程组得到二维导热问题的温度值：

$T_{2,1}=1.359℃, T_{3,1}=1.129℃, T_{4,1}=0.967℃, T_{1,2}=0℃, T_{2,2}=0.641℃, T_{3,2}=0.870℃,$

$T_{4,2}=1.032℃, T_{5,2}=1.232℃, T_{1,3}=0℃, T_{2,3}=0.249℃, T_{3,3}=0.420℃, T_{4,3}=0.922℃$

$T_{5,3}=1.122℃, T_{1,4}=0℃, T_{2,4}=0.189℃, T_{3,4}=0.508℃, T_{4,4}=0.916℃, T_{5,4}=1.115℃$

$T_{2,5}=0.189℃, T_{3,5}=0.508℃, T_{4,5}=0.916℃$

例 32　试采用有限容积方法对均分网格下一维稳态对流扩散方程进行离散，并推导对流项和扩散项均采用中心差分格式的截断误差。

【解析】本题考查一维对流扩散方程截断误差的推导。

对流项积分可表示为

$$\int_w^e \frac{\partial(\rho u\phi)}{\partial x}\mathrm{d}x=(\rho u\phi)_e-(\rho u\phi)_w \tag{5.343}$$

对 e 界面，界面质量流量采用算术平均，界面待求变量采用中心差分格式的离散表达式为

$$C_e^{\mathrm{C}}=\left[\frac{1}{2}(\rho u)_E+\frac{1}{2}(\rho u)_P\right]\left(\frac{1}{2}\phi_E+\frac{1}{2}\phi_P\right) \tag{5.344}$$

根据泰勒展开，界面处质量流量采用算术平均和界面处变量采用中心差分格式所引入的误差分别为

$$(\rho u)_e=\left[\frac{1}{2}(\rho u)_E+\frac{1}{2}(\rho u)_P\right]-\frac{1}{8}\frac{\partial^2(\rho u)}{\partial x^2}\bigg|_e(\Delta x)^2+O\left[(\Delta x)^4\right] \tag{5.345}$$

$$\phi_e=\left(\frac{1}{2}\phi_E+\frac{1}{2}\phi_P\right)-\frac{1}{8}\frac{\partial^2\phi}{\partial x^2}\bigg|_e(\Delta x)^2+O\left[(\Delta x)^4\right] \tag{5.346}$$

将式(5.345)和式(5.346)代入式(5.344)得

$$\begin{aligned}C_e^{\mathrm{C}}&=\left[\frac{1}{2}(\rho u)_E+\frac{1}{2}(\rho u)_P\right]\left(\frac{1}{2}\phi_E+\frac{1}{2}\phi_P\right)\\&=\left[(\rho u)_e+\frac{1}{8}\frac{\partial^2(\rho u)}{\partial x^2}\bigg|_e(\Delta x)^2+O\left[(\Delta x)^4\right]\right]\left[\phi_e+\frac{1}{8}\frac{\partial^2\phi}{\partial x^2}\bigg|_e(\Delta x)^2+O\left[(\Delta x)^4\right]\right]\\&=(\rho u)_e\phi_e+\frac{1}{8}\frac{\partial^2(\rho u)}{\partial x^2}\bigg|_e\phi_e(\Delta x)^2+\frac{1}{8}(\rho u)_e\frac{\partial^2\phi}{\partial x^2}\bigg|_e(\Delta x)^2+O\left[(\Delta x)^4\right]\end{aligned} \tag{5.347}$$

由此可得 e 界面对流项离散引入的误差为

$$R_e^{\mathrm{C}}=(\rho u\phi)_e-C_e^{\mathrm{C}}=-\frac{1}{8}\frac{\partial^2(\rho u)}{\partial x^2}\bigg|_e\phi_e(\Delta x)^2-\frac{1}{8}(\rho u)_e\frac{\partial^2\phi}{\partial x^2}\bigg|_e(\Delta x)^2+O\left[(\Delta x)^4\right] \tag{5.348}$$

类似地，可得 w 界面对流项离散引入的误差为

$$R_w^{\mathrm{C}} = (\rho u\phi)_w - C_w^{\mathrm{C}} = -\frac{1}{8}\frac{\partial^2(\rho u)}{\partial x^2}\bigg|_w \phi_w(\Delta x)^2 - \frac{1}{8}(\rho u)_w\frac{\partial^2\phi}{\partial x^2}\bigg|_w(\Delta x)^2 + O\left[(\Delta x)^4\right] \tag{5.349}$$

扩散项积分可表示为

$$\int_w^e \frac{\partial}{\partial x}\left(\Gamma\frac{\partial\phi}{\partial x}\right)\mathrm{d}x = \left(\Gamma\frac{\partial\phi}{\partial x}\right)_e - \left(\Gamma\frac{\partial\phi}{\partial x}\right)_w \tag{5.350}$$

对 e 界面，界面扩散系数采用算术平均，界面待求变量一阶偏导数值采用中心差分格式的离散表达式为

$$C_e^{\mathrm{D}} = \left(\frac{1}{2}\Gamma_E + \frac{1}{2}\Gamma_P\right)\frac{\phi_E - \phi_P}{\Delta x} \tag{5.351}$$

界面扩散系数采用算术平均和界面待求变量一阶偏导数值采用中心差分格式所引入的误差为

$$\Gamma_e = \left(\frac{1}{2}\Gamma_E + \frac{1}{2}\Gamma_P\right) - \frac{1}{8}\frac{\partial^2\Gamma}{\partial x^2}\bigg|_e(\Delta x)^2 + O\left[(\Delta x)^4\right] \tag{5.352}$$

$$\frac{\partial\phi}{\partial x}\bigg|_e = \frac{\phi_E - \phi_P}{\Delta x} - \frac{1}{24}\frac{\partial^3\phi}{\partial x^3}\bigg|_e(\Delta x)^2 + O\left[(\Delta x)^4\right] \tag{5.353}$$

将式(5.352)和式(5.353)代入式(5.351)中得

$$\begin{aligned}
C_e^{\mathrm{D}} &= \left(\frac{1}{2}\Gamma_E + \frac{1}{2}\Gamma_P\right)\frac{\phi_E - \phi_P}{\Delta x} \\
&= \left[\Gamma_e + \frac{1}{8}\frac{\partial^2\Gamma}{\partial x^2}\bigg|_e(\Delta x)^2 + O\left[(\Delta x)^4\right]\right]\left[\frac{\partial\phi}{\partial x}\bigg|_e + \frac{1}{24}\frac{\partial^3\phi}{\partial x^3}\bigg|_e(\Delta x)^2 + O\left[(\Delta x)^4\right]\right] \\
&= \Gamma_e\frac{\partial\phi}{\partial x}\bigg|_e + \frac{1}{24}\Gamma_e\frac{\partial^3\phi}{\partial x^3}\bigg|_e(\Delta x)^2 + \frac{1}{8}\frac{\partial^2\Gamma}{\partial x^2}\bigg|_e\frac{\partial\phi}{\partial x}\bigg|_e(\Delta x)^2 + O\left[(\Delta x)^4\right]
\end{aligned} \tag{5.354}$$

由此可得 e 界面扩散项离散引入的误差为

$$R_e^{\mathrm{D}} = \left(\Gamma\frac{\partial\phi}{\partial x}\right)_e - C_e^{\mathrm{D}} = -\frac{1}{24}\Gamma_e\frac{\partial^3\phi}{\partial x^3}\bigg|_e(\Delta x)^2 - \frac{1}{8}\frac{\partial^2\Gamma}{\partial x^2}\bigg|_e\frac{\partial\phi}{\partial x}\bigg|_e(\Delta x)^2 + O\left[(\Delta x)^4\right] \tag{5.355}$$

类似地，可得 w 界面扩散项离散引入的误差为

$$R_w^{\mathrm{D}}=\left(\Gamma\frac{\partial\phi}{\partial x}\right)_w-C_w^{\mathrm{D}}=-\frac{1}{24}\Gamma_w\frac{\partial^3\phi}{\partial x^3}\bigg|_w(\Delta x)^2-\frac{1}{8}\frac{\partial^2\Gamma}{\partial x^2}\bigg|_w\frac{\partial\phi}{\partial x}\bigg|_w(\Delta x)^2+O\left[(\Delta x)^4\right]\tag{5.356}$$

离散方程总的截断误差表示为

$$R=R_e^{\mathrm{C}}-R_w^{\mathrm{C}}-R_e^{\mathrm{D}}+R_w^{\mathrm{D}}\tag{5.357}$$

例 33　一维稳态导热问题 $\frac{\partial}{\partial x}\left(\Gamma\frac{\partial\phi}{\partial x}\right)+S=0$，计算长度 L=1m，导热系数 Γ= 1W/(m·℃)，内热源 $S=-100\mathrm{W/m^3}$，左端恒温度 1℃，右端恒温度 10℃。①在非均分网格下，试比较分析内节点法和外节点法中边界面和内界面扩散通量分别采用一阶、二阶离散格式时的计算结果。②考虑源项在空间中的变化，即 $S=-400x^2\ \mathrm{W/m^3}$，而其他计算条件不变，试分析内节点法和外节点法扩散通量均采用二阶离散格式时的结果。分析过程中外节点法和内节点法采用相同的非均分网格线，网格线坐标见表 5.33，计算网格及节点分布如图 5.33 所示。

表 5.33　导热问题网格线坐标

x_1	x_2	x_3	x_4	x_5	x_6	x_7	x_8	x_9	x_{10}
0	0.0677	0.164	0.303	0.500	0.717	0.847	0.925	0.972	1

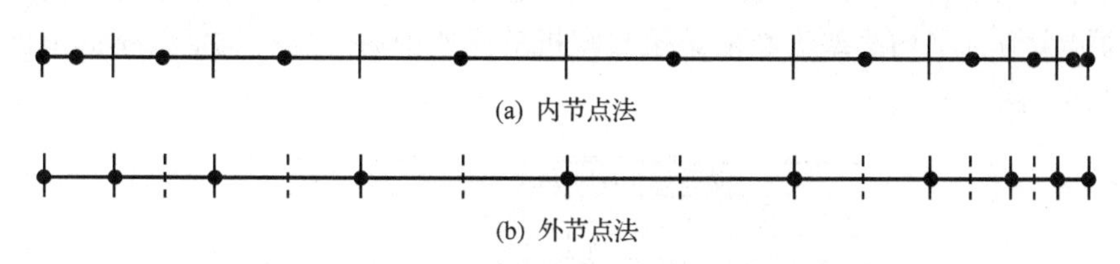

图 5.33　计算网格及节点分布

【解析】该题考查内节点法和外节点法下扩散方程的计算误差。

(1)源项不随空间变化的情况。

对于内节点法网格而言，内节点界面上采用界面相邻两节点近似扩散通量时为一阶精度，而采用界面附近三个节点近似时为二阶精度。类似地，在边界邻点控制容积的边界面上，采用边界点、边界邻点两点对扩散通量离散时为一阶精度，若再引入边界远邻点的影响则变为二阶精度。以 e 内界面和 w 边界面为例，各精度下表达式如下。

e 内界面一阶：

$$\left(\Gamma\frac{\partial\phi}{\partial x}\right)_e=\Gamma_e\frac{\phi_E-\phi_P}{(\delta x)_e}\tag{5.358}$$

e 内界面二阶：

$$\left(\Gamma\frac{\partial\phi}{\partial x}\right)_e=\Gamma_e\left[\frac{2(\delta x)_e^-+(\delta x)_w}{(\delta x)_e\left[(\delta x)_e+(\delta x)_w\right]}\phi_E+\frac{(\delta x)_e^+-(\delta x)_e^--(\delta x)_w}{(\delta x)_e(\delta x)_w}\phi_P\right.$$
$$\left.-\frac{(\delta x)_e^+-(\delta x)_e^-}{(\delta x)_w\left[(\delta x)_e+(\delta x)_w\right]}\phi_W\right] \tag{5.359}$$

w 边界面一阶：

$$\left(\Gamma\frac{\partial\phi}{\partial x}\right)_w=\Gamma_w\frac{\phi_P-\phi_W}{(\delta x)_w} \tag{5.360}$$

w 边界面二阶：

$$\left(\Gamma\frac{\partial\phi}{\partial x}\right)_w=\Gamma_w\left[-\frac{2(\delta x)_w+(\delta x)_e}{(\delta x)_w\left[(\delta x)_w+(\delta x)_e\right]}\phi_W+\frac{(\delta x)_w+(\delta x)_e}{(\delta x)_w(\delta x)_e}\phi_P-\frac{(\delta x)_w}{\left[(\delta x)_w+(\delta x)_e\right](\delta x)_e}\phi_E\right] \tag{5.361}$$

对于外节点法网格而言，内节点界面上采用界面相邻两节点近似扩散通量时即为二阶精度。在边界邻点控制容积中的边界面上若采用边界点、边界邻点两点对扩散通量离散时为一阶精度，需再引入边界远邻点的影响变为二阶精度。

该问题存在解析解 $\phi(x)=50x^2-41x+1$。定义最大误差为数值结果与解析解误差绝对值中的最大值，平均误差为数值结果与解析解误差绝对值的平均值，不同离散的计算结果和误差见图 5.34。

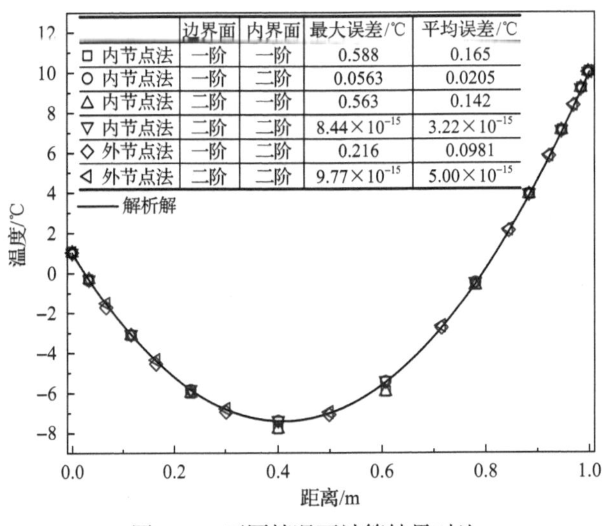

图 5.34 不同情况下计算结果对比

由图 5.34 可知，边界面和内界面均采用二阶格式比其他格式误差要小得多。内界面和边界面上扩散通量的计算精度均会对误差结果产生决定性影响，内界面和边界面上应采用同等精度的离散格式。在源项为常数的情况下，内节点法和外节点的二阶格式的计算误差相近，但是外节点法在内界面离散中可少采用一个节点。

(2)源项随空间变化的情况。

当源项为 $S=-400x^2\,\mathrm{W/m^3}$ 时，计算结果见图 5.35。源项随空间变化会引入源项离散的误差，因此图 5.35 中误差相较于图 5.34 中二阶格式的误差要大。由于内节点法中源项离散具有二阶精度而外节点法中源项离散仅有一阶精度，因此图 5.35 中内节点法的误差小于外节点法的误差。

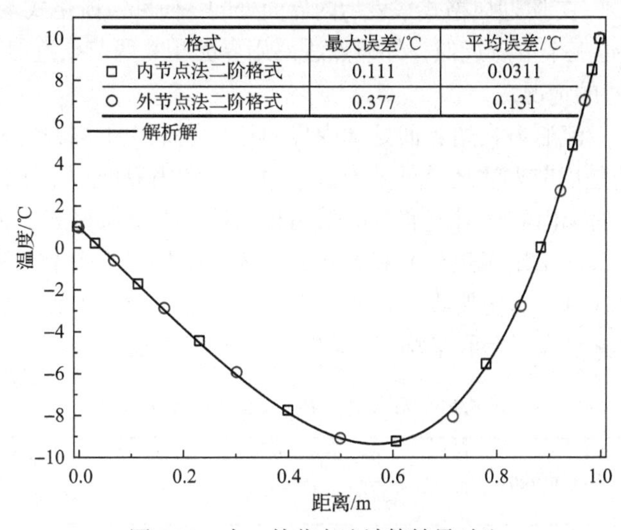

图 5.35　内、外节点法计算结果对比

例 34　一维稳态对流扩散问题 $\dfrac{\partial(\rho u\phi)}{\partial x}=\dfrac{\partial}{\partial x}\left(\Gamma\dfrac{\partial\phi}{\partial x}\right)+S$，计算长度 L=1，密度 $\rho=1$，扩散系数 Γ=1，左端和右端均为第一类边界条件，分别为 $\phi_{x=0}=1$ 和 $\phi_{x=L}=10$，上述所有物理量单位自洽。采用渐密的等比数列网格，网格线数为 N=13 的非均分网格，网格线坐标见表 5.34，节点如图 5.36 所示，网格贝克莱数为 $Pe_\Delta=\dfrac{\rho uL}{\Gamma(N-1)}$，扩散通量采用二阶格式计算。

表 5.34　对流扩散问题网格线坐标

x_1	x_2	x_3	x_4	x_5	x_6	x_7	x_8	x_9	x_{10}	x_{11}	x_{12}	x_{13}
0	0.241	0.427	0.569	0.679	0.763	0.828	0.878	0.917	0.946	0.969	0.987	1

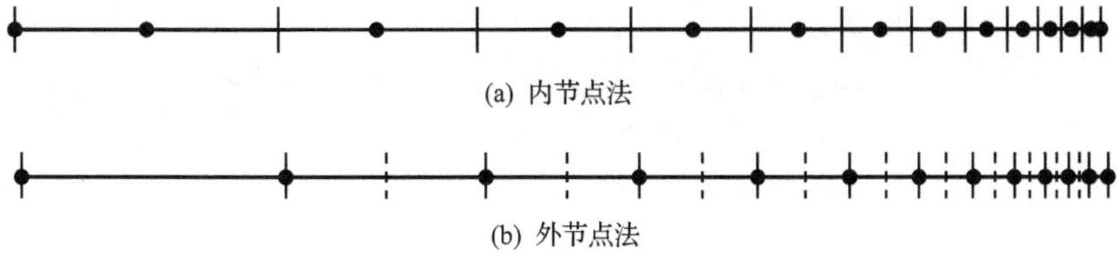

(a) 内节点法

(b) 外节点法

图 5.36　计算网格

试分析：①当源项 S=0，Pe_Δ 为 5 和 10 的情况下，内节点法和外节点法中东边界面和内界面对流通量分别采用一阶迎风、二阶迎风格式时的计算误差。②考虑源项 $S=-400x^2$，Pe_Δ 为 5 和 10 的情况下，界面对流通量均采用二阶迎风格式时内节点法和外节点法的计算误差。

【解析】本题考查内节点法和外节点法下对流扩散方程的计算误差。

在对流项离散格式方面，由于速度方向为正，西边界面对流通量直接取节点处值来计算，东边界面采用一阶迎风、二阶迎风格式来表示边界面处的一阶和二阶格式。内部控制单元界面的一阶迎风、二阶迎风格式来表示内界面处的一阶和二阶格式。对于扩散通量，内节点法采用界面附近三个节点近似，外节点法采用界面相邻两节点近似，均为二阶格式。

(1)源项 S=0 时的情况。

当 $Pe_\Delta = 5$ 时，对流通量在边界面处和内界面处分别采用不同精度格式的计算结果如表 5.35 所示。无论是内节点法还是外节点法，边界面和内界面均采用二阶迎风格式时计算误差最小。边界面和内界面对流通量应采用相同精度的离散格式，否则会降低计算精度、增大误差。图 5.37 给出了边界面和内界面均为二阶格式下内节点法和外节点法的变量分布，可以看出计算误差主要集中在东边界面。在边界面和内界面均为二阶迎风格式下，内节点法的计算最大误差和平均误差均要小于外节点法。

表 5.35　无源项，$Pe_\Delta = 5$ 时计算误差

	东界面精度	内节点法内界面		外节点法内界面	
		一阶迎风	二阶迎风	一阶迎风	二阶迎风
最大误差	一阶	1.16	0.769	1.336	1.296
	二阶	1.00	0.611	0.901	0.625
平均误差	一阶	0.243	0.164	0.290	0.227
	二阶	0.200	0.121	0.204	0.141

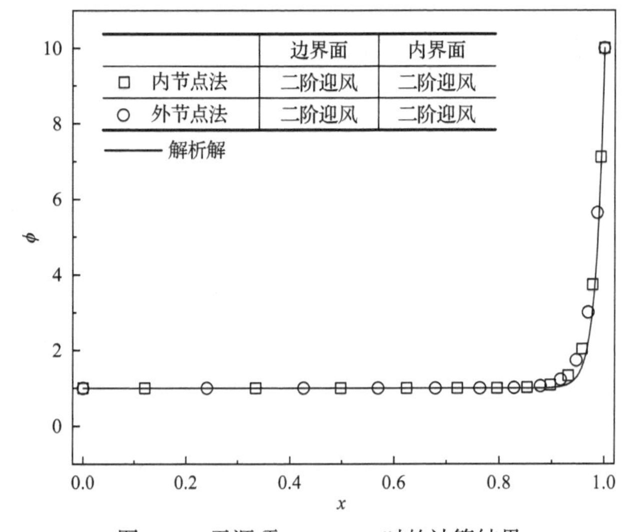

图 5.37　无源项，$Pe_\Delta = 5$ 时的计算结果

当 $Pe_\Delta=10$ 时，计算结果如表 5.36 和图 5.38 所示。由表 5.35 和表 5.36 比较可知，Pe_Δ 较大时误差更大，原因为变量在东边界面的变化梯度更大。在边界面和内界面均为二阶迎风格式下，内节点法的计算误差依然要小于外节点法。

表 5.36　无源项，$Pe_\Delta=10$ 时计算误差

	东界面精度	内节点法内界面		外节点法内界面	
		一阶迎风	二阶迎风	一阶迎风	二阶迎风
最大误差	一阶	1.43	1.41	2.15	2.13
	二阶	1.09	0.852	1.35	1.28
平均误差	一阶	0.236	0.194	0.279	0.248
	二阶	0.182	0.140	0.190	0.161

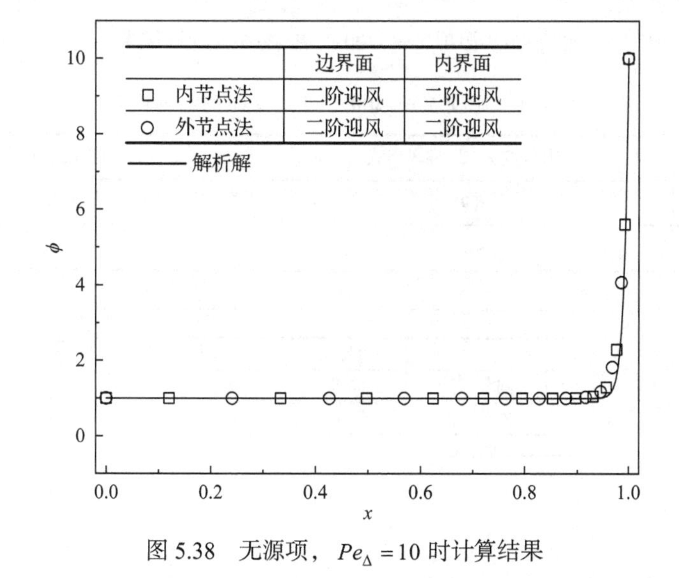

图 5.38　无源项，$Pe_\Delta=10$ 时计算结果

(2) 源项 $S=-400x^2$ 的情况。

当 $Pe_\Delta=5$ 时，内节点法和外节点法二阶迎风格式的计算结果如表 5.37 和图 5.39 所示，表 5.37 比表 5.35 误差更大，原因是随空间变化的源项在离散时会引入额外误差。在表 5.37 中，内节点法的最大误差虽然大于外节点法，但是平均误差依然更小。

当 $Pe_\Delta=10$ 时，内节点法和外节点法二阶迎风格式的计算结果如表 5.38 和图 5.40 所示。此种情况下内节点法的最大误差和平均误差均要小于外节点法。

表 5.37　源项 $S=-400x^2$，$Pe_\Delta=5$ 时计算误差

	内节点法二阶迎风格式	外节点法二阶迎风格式
最大误差	0.765	0.751
平均误差	0.161	0.193

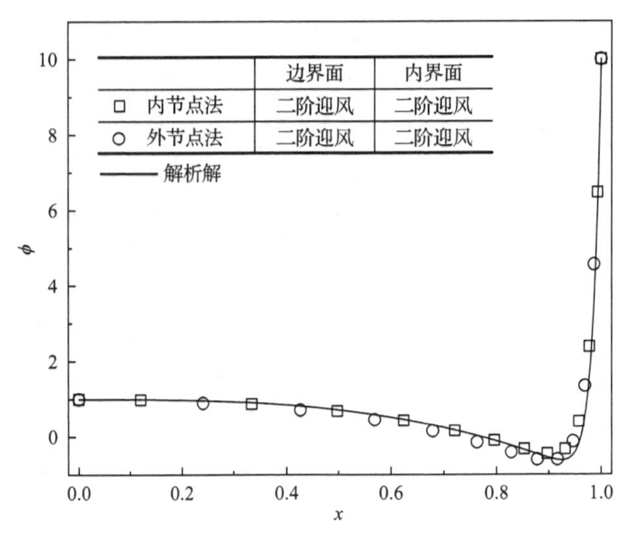

图 5.39　源项 $S=-400x^2$, $Pe_\Delta=5$ 时计算结果

表 5.38　源项 $S=-400x^2$, $Pe_\Delta=10$ 时计算误差

	内节点法二阶迎风格式	外节点法二阶迎风格式
最大误差	0.954	1.42
平均误差	0.162	0.193

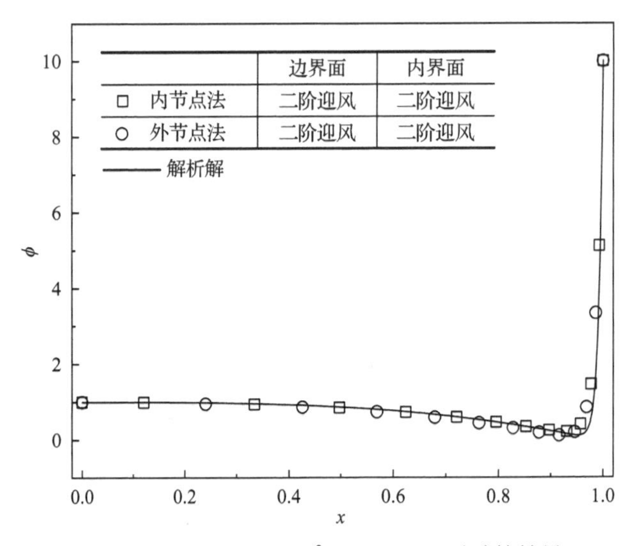

图 5.40　源项 $S=-400x^2$，$Pe_\Delta=10$ 时计算结果

综合上述计算结果可以得出，在相同精度的对流通量离散格式下，内节点法计算效果优于外节点法，原因在于：①内节点法比外节点法多一个节点，总体上网格步长小一些；②在非均分网格下内节点法中源项离散精度为二阶，而外节点法为一阶。

例 35　对一个二维对流扩散问题 $\dfrac{\partial(\rho u\phi)}{\partial x}+\dfrac{\partial(\rho v\phi)}{\partial y}=\dfrac{\partial}{\partial x}\left(\Gamma\dfrac{\partial\phi}{\partial x}\right)+\dfrac{\partial}{\partial y}\left(\Gamma\dfrac{\partial\phi}{\partial y}\right)+S$，计算

区域为 1×1，且 Γ=1, $\rho=1$，边界条件如下图 5.41 所示。

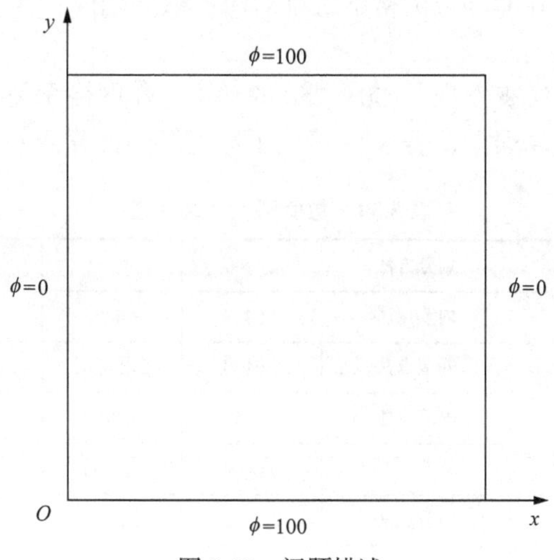

图 5.41 问题描述

选取 10×10, 25×25 两套计算网格线，如下图 5.42 所示。

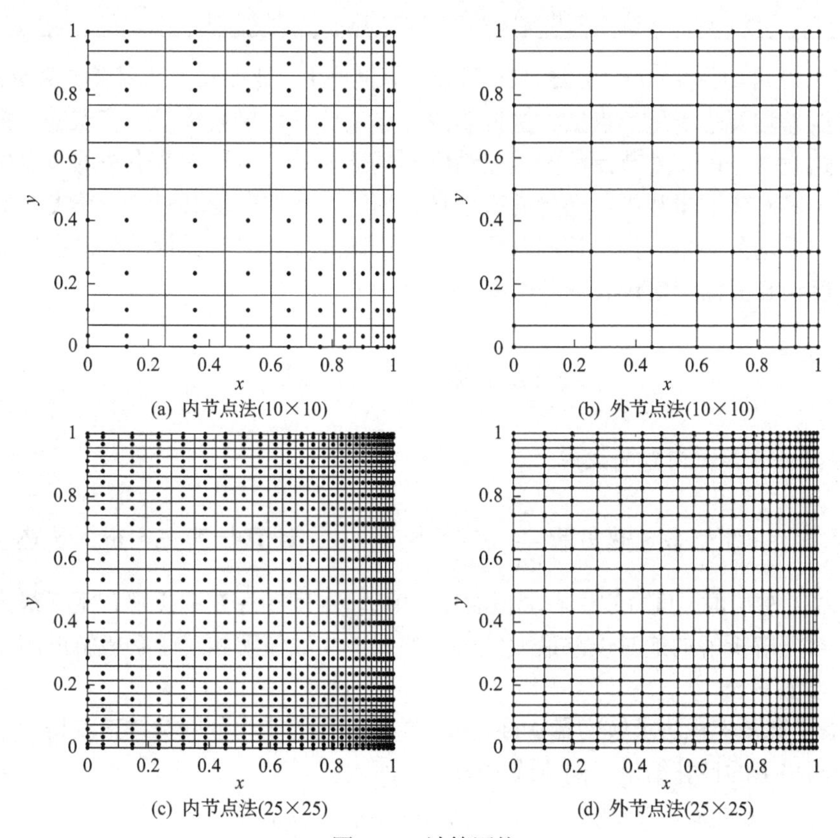

图 5.42 计算网格

内界面和边界面的扩散项均采用二阶格式离散，对流项采用二阶迎风格式离散，试分析上述两套网格下 u=v=0,1,10,100 时内、外节点法的计算误差。

【解析】本题考查在非均分网格下二维对流扩散问题内、外节点法的截断误差差异所造成的计算结果的不同。

通过网格无关解的考查发现，150×150 的解可当作网格无关解，定义数值解与网格无关解的绝对偏差为计算误差，表 5.39 给出了数值解的计算误差。

表 5.39 数值解的计算误差

网格线	误差类型	划分方法	u=v=0	u=v=1	u=v=10	u=v=100
10×10	最大误差	内节点法	2.8783	2.4633	6.2707	18.9323
		外节点法	3.6184	4.5430	10.9949	29.6791
	平均误差	内节点法	0.4359	0.5723	1.1244	6.1008
		外节点法	0.6464	0.7353	1.7444	9.2701
25×25	最大误差	内节点法	2.6152	2.5068	3.3866	14.5906
		外节点法	3.1983	3.7507	7.7962	22.6319
	平均误差	内节点法	0.0946	0.1089	0.3334	1.6776
		外节点法	0.1467	0.1344	0.3184	2.6894

由表 5.39 可知，在 10×10, 25×25 两套计算网格下，速度越大计算误差值越大，且内节点法的误差均要小于外节点法，这说明内节点法计算效果略优于外节点法。根据 5.10 节可知，这是由于内、外节点法的截差精度不同造成的。由于内节点法的节点位于控制容积中心，其对流通量和扩散通量的截差在界面法向和切向均具有二阶精度，而外节点法的节点对非均分网格不位于控制容积中心，扩散通量和对流通量的截差在界面法向具有二阶精度但在界面切向仅有一阶精度。

5.12 编程实践

1. 一维稳态导热问题的求解

习题 1 一维稳态导热方程 $\dfrac{\partial}{\partial x}\left(\Gamma\dfrac{\partial\phi}{\partial x}\right)+S=0$，计算长度 L=1m，导热系数 Γ=1W/(m·℃)，左端恒温度 1℃，右端恒温度 10℃。本问题存在解析解，定义最大误差为数值解相对于解析解的绝对误差最大值，平均误差为数值解相对于解析解的绝对误差平均值。要求如下。

(1) 采用有限容积法求解变量 ϕ 的分布，选取相同的非均分网格线来获得内节点法和外节点法网格下的计算结果，网格线中间疏、两边密。

(2) 内热源考虑 $S=-100\text{W/m}^3$，$S=-400x^2\text{W/m}^3$ 两种情况。

(3) 内节点法中，考虑内界面分别采用一阶和二阶格式、边界面分别采用一阶和二阶格式的四种组合情况；外节点法中，考虑内界面采用二阶格式、边界面分别采用一阶和二阶格式的两种组合情况。对比分析内节点法和外节点法各个组合情况的最大误差和平均误差。

2. 二维对流扩散问题的求解

习题 2　二维稳态无源项对流扩散问题的控制方程为 $\dfrac{\partial(u\phi)}{\partial x}+\dfrac{\partial(v\phi)}{\partial y}=\dfrac{\partial}{\partial x}\left(\Gamma\dfrac{\partial\phi}{\partial x}\right)+\dfrac{\partial}{\partial y}\left(\Gamma\dfrac{\partial\phi}{\partial y}\right)$。计算区域被分成两个部分，流速的方向平行于交界面，流速大小分别为 $u=\cos\theta$，$v=\sin\theta$。计算条件如图 5.43 所示。试采用有限容积法求解变量 ϕ 的分布，要求如下。

(1) 网格数目 100×100。

(2) 对流项采用 SUD、CD、QUICK、MINMOD、SMART、HOAB 格式离散，通过延迟修正方法实施。

(3) 扩散项采用中心差分格式离散。

(4) 代数方程组采用 ADI+TDMA 方法求解。

(5) 扩散系数分别取 0, 0.001, 0.01, 0.1, 1, 10。

(6) 画出整个流场中 ϕ 的分布，并画出 y=0.5 处 ϕ 随 x 的分布。

(7) 分析对流项不同离散格式的计算效率和精度。

(8) 分析扩散系数大小对计算耗时的影响，并说明原因。

(9) 总结编程和调程的心得体会，以及对对流项离散格式计算效率和精度的认识。

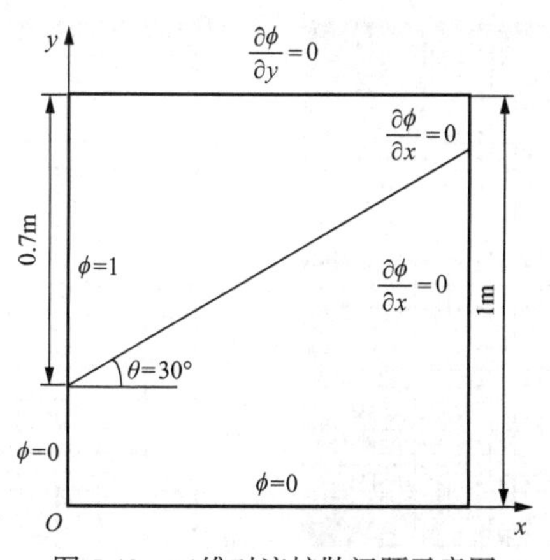

图 5.43　二维对流扩散问题示意图

3. 二维稳态对流扩散问题的求解

习题 3　通过一个二维稳态对流导热问题进一步说明非均分网格下内、外节点法的计算精度差异。控制方程为 $\dfrac{\partial(\rho u\phi)}{\partial x}+\dfrac{\partial(\rho v\phi)}{\partial y}=\dfrac{\partial}{\partial x}\left(\Gamma\dfrac{\partial\phi}{\partial x}\right)+\dfrac{\partial}{\partial y}\left(\Gamma\dfrac{\partial\phi}{\partial y}\right)+S$，计算区域为 1m×1m，其中 Γ=1W/(m·℃)，$\rho=1\,\mathrm{kg/m^3}$，内热源 S=−100W/m^3，u=v=5m/s 或 25m/s，

如图 5.44(a)所示。要求如下。

(1)选取 25×25 的非均分网格分析内、外节点法的计算结果，网格步长在 x 方向满足从右向左递增的等比例分布，比例系数为 1.1，在 y 方向满足从中轴线向两边递减的等比例分布，比例系数为 0.85。网格如图 5.44(b)和图 5.44(c)所示。

(2)采用较密的 150×150 均分网格计算结果作为基准解，定义最大误差为数值解相对于基准解的绝对误差最大值，平均误差为数值解相对于基准解的绝对误差平均值。

(3)对流项和扩散项均采用中心差分格式离散，在两种流速下对比分析内、外节点法的计算误差。

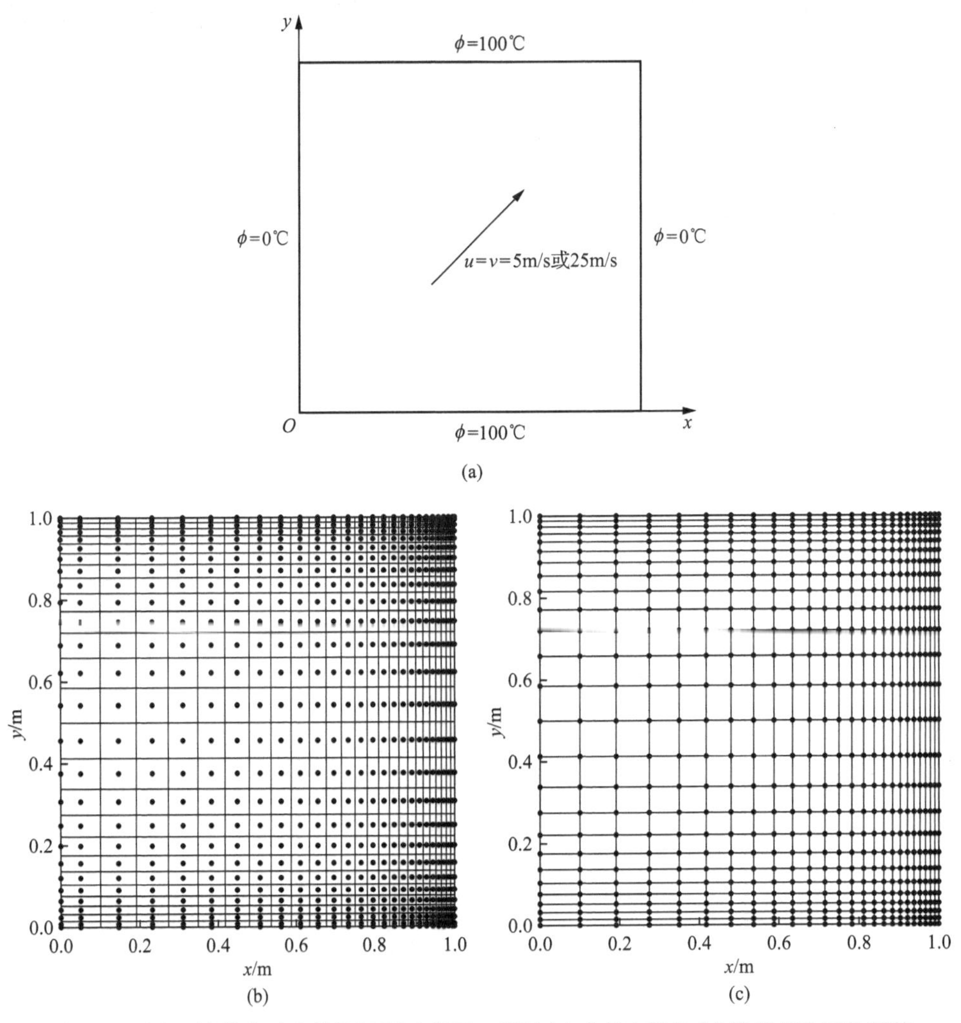

图 5.44　(a)二维稳态对流扩散问题示意图，以及(b)内节点法和(c)外节点法下的网格

第 6 章　离散方程的性质

离散方程的性质主要包括守恒性、截差精度、相容性、初值稳定性、对流项迁移性、对流项稳定性、对流项有界性、扩散项蔓延性、假扩散和收敛性，如图 6.1 所示。不同的离散方法和离散格式得到的离散方程的性质有较大差异，因此，有必要深入了解离散方程的性质，从而针对具体问题选择合适的离散方法和离散格式，确保计算的准确性、稳定性和高效性。同时，深入掌握离散方程的性质对程序的编写和调试也有重要的指导作用。

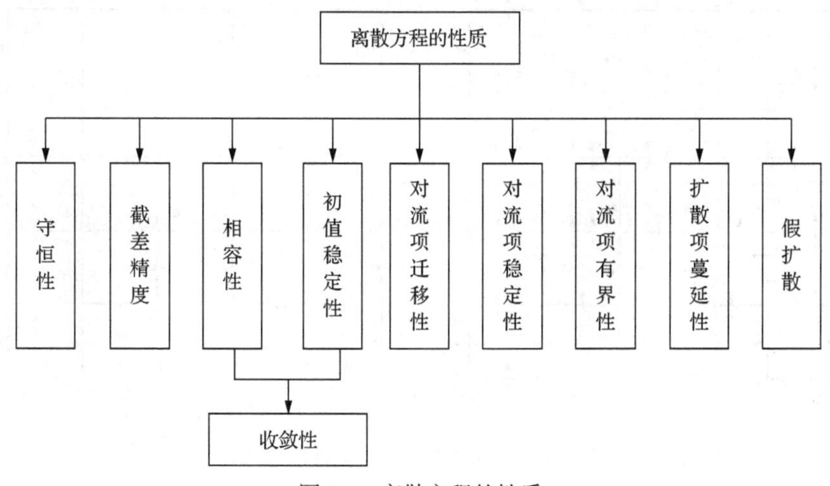

图 6.1　离散方程的性质

6.1　离散方程的守恒性

将离散方程在任意有限空间内进行数值积分，即将该有限空间内的任意一块控制容积上的离散方程进行求和，如果求和结果在该有限空间上仍满足守恒关系，则称离散方程具有守恒性，否则不具有守恒性。

离散方程要满足守恒性，需满足三个必要条件：一是基于守恒型方程采用有限容积法进行离散，二是界面上的通量(对流通量、扩散通量)连续，一般要求界面上的物性参数、流动参数、待求变量及其导数等连续。以一维问题为例，考虑界面方向变化，对任一节点 i 应分别满足 $J\big|_i^e = J\big|_{i+1}^w$ (J 为通量)，如图 6.2 所示。图 6.3 给出了二维问题的守恒性示意图，图中箭头表示界面上的通量，每个控制容积左界面和下界面流入、右界面和上界面流出，图中实线表示流入、虚线表示流出。对图 6.3(a)中所选定的任一有限区域，将所包含控制容积上的通量求和，根据守恒性第二个条件，可以得到仅包含边界通量的

图 6.3(b)。值得指出的是，传统教材中，认为外节点法中边界点占有 $\frac{1}{2}$ 控制容积，而角点对二维和三维问题分别占有 $\frac{1}{4}$ 和 $\frac{1}{8}$ 控制容积。笔者认为这种处理不能严格保证方程的守恒性，详见本章例 2 和例 4。因此离散方程要满足守恒性的第三个必要条件：不管是内节点法还是外节点法，边界点和角点均不占控制容积。

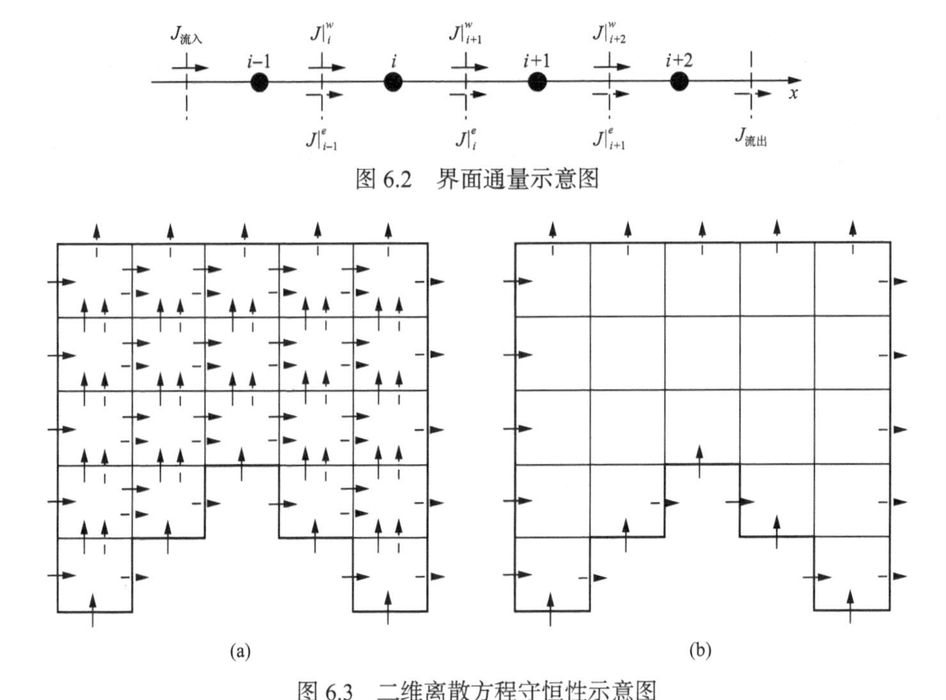

图 6.2　界面通量示意图

(a)　(b)

图 6.3　二维离散方程守恒性示意图

判断离散方程守恒的关键是界面上的通量是否连续，一般可通过以下方法来判断：首先将离散方程写成界面通量的形式，然后在任一有限区域内将相应的离散方程求和，判断内部界面通量是否能够相互抵消，若能够相互抵消则此离散方程具有守恒性，否则不具有守恒性。

6.2　离散方程的截差精度

根据离散过程可知，有限差分法和有限容积法离散表达式所逼近的方程不同。有限差分法逼近的是微分型控制方程，而有限容积法逼近的是积分型控制方程。因此，有限差分法和有限容积法截差精度的本质意义也不同。有限差分法截差精度表示离散表达式与节点处微分型方程近似程度，有限容积法截差精度表示离散表达式与控制单元界面通量和源项体积分近似程度。即使采用有限容积法对微分型方程离散，截断误差也是针对微分方程对控制容积积分后的积分方程而言，若此时将离散方程理解为对微分方程的近似，扩散项会出现不合理的零阶误差项(详见本章例 6)。此外，对于非稳态项，有限差分法不包含空间项误差，有限容积法包含空间项误差。

有限差分法对节点处导数近似，较容易采用更多节点近似而实现高阶格式。相较而言，在有限容积方法中，界面上变量插值涉及多方面，包括界面的密度、流速、待求变量及其一阶导数等，易产生越界现象，因此不易采用更多节点近似而实现高阶格式。另一方面，有限容积法的截断误差还包含界面切向部分，如式(6.1)所示，其精度在非均分网格外节点法中为一阶，在内节点法中为二阶，因此在界面法向的离散格式中采用高阶格式作用不明显。

$$R_e^{\mathrm{C}} = \underbrace{\left[\frac{1}{2} A_e \frac{\partial^2 (\rho u)}{\partial x^2} \bigg|_{ei} \phi_{ei} + \frac{1}{2} A_e (\rho u)_{\mathrm{ei}} \frac{\partial^2 \phi}{\partial x^2} \bigg|_{ei} \right] (x_e - x_P)(x_e - x_E)}_{\text{界面法向}}$$

$$\underbrace{+ A_e \frac{\partial (\rho u \phi)}{\partial y} \bigg|_{ei} \left(\frac{y_n + y_s}{2} - y_{ei} \right)}_{\text{界面切向}} + O\left[(\overline{\Delta x})^3, (\overline{\Delta y})^2 \right] \tag{6.1}$$

有限差分法中不涉及界面质量流量、扩散系数的近似，而有限容积法则包含界面质量流量、扩散系数近似误差。有限容积法中的截断误差包含多个层次：第一个层次(点的近似)针对界面上值的近似，包括界面上待求变量及其一阶导数的近似所引入的截断误差和界面上质量流量、扩散系数等近似所引入的截断误差；待求变量的近似通常称为对流项离散格式，其一阶导数的近似通常称为扩散项离散格式。第二个层次(面的近似)针对界面通量的近似，其截断误差包含界面法向和界面切向两部分，在对流通量中界面法向的截断误差由界面上待求变量和质量流量的近似所造成，在扩散通量中界面法向的截断误差由界面上待求变量的一阶导数和扩散系数的近似所造成，界面切向的截断误差是由界面上交点的值近似整个界面的平均值所造成。第三个层次(体的近似)针对离散方程的近似，其截断误差由非稳态项、对流通量、扩散通量和源项的截断误差组成。

6.3　离散方程的相容性

当单位网格尺寸(空间步长)与时间步长均趋近于无穷小时($\Delta x \to 0, \Delta t \to 0$)，若离散方程的截断误差 R 趋于零，即 $\lim\limits_{\Delta t, \Delta x \to 0} R(\Delta t, \Delta x) = 0$，这意味着对于有限差分方法和有限容积方法，离散方程将分别趋向于微分方程与积分方程，此时离散方程和原方程是相容的，否则是不相容的。

当截断误差 R 为 $O\left[(\Delta t)^m, (\Delta x)^n \right]$ ($m>0$ 且 $n>0$)时，一定满足 $\lim\limits_{\Delta t, \Delta x \to 0} R(\Delta t, \Delta x) = 0$，此时离散方程和对应的原方程(微分方程或积分方程)为无条件相容。当截断误差 R 中包含 $(\Delta t)^m / (\Delta x)^n$ 时，离散方程和对应的原方程是条件相容的，只有当 $(\Delta t)^m$ 是 $(\Delta x)^n$ 的高阶无穷小时，离散方程与原方程相容。

有限差分法的相容性是针对微分方程，而有限容积方法的相容性则是指离散方程对积分方程的逼近。一般教材中给出的均是有限差分方法的相容性。下面笔者以一维非稳态对流扩散方程在均分网格下离散为例，说明有限容积方法中相容性的判断。

$$\int_w^e \rho \frac{\partial \phi}{\partial t} \mathrm{d}x + \int_w^e \frac{\partial(\rho u \phi)}{\partial x} \mathrm{d}x = \int_w^e \frac{\partial}{\partial x}\left(\Gamma \frac{\partial \phi}{\partial x}\right) \mathrm{d}x + \int_w^e S \mathrm{d}x \tag{6.2}$$

式中，左端第一项非稳态项的空间离散可表示为(对于一维问题 $\Delta V = \Delta x$)：

$$\begin{aligned}
\int_w^e \rho \frac{\partial \phi}{\partial t} \mathrm{d}x &= \int_w^e \left[\rho_P \left.\frac{\partial \phi}{\partial t}\right|_P + (x - x_P) \frac{\partial}{\partial x}\left(\rho \frac{\partial \phi}{\partial t}\right)\Bigg|_P + \frac{(x - x_P)^2}{2} \frac{\partial^2}{\partial x^2}\left(\rho \frac{\partial \phi}{\partial t}\right)\Bigg|_P + O\left[(\Delta x)^3\right] \right] \mathrm{d}x \\
&= \int_w^e \rho_P \left.\frac{\partial \phi}{\partial t}\right|_P \mathrm{d}x + \int_w^e (x - x_P) \frac{\partial}{\partial x}\left(\rho \frac{\partial \phi}{\partial t}\right)\Bigg|_P \mathrm{d}x + \int_w^e \frac{(x - x_P)^2}{2} \frac{\partial^2}{\partial x^2}\left(\rho \frac{\partial \phi}{\partial t}\right)\Bigg|_P \mathrm{d}x \\
&\quad + \int_w^e O\left[(\Delta x)^3\right] \mathrm{d}x \\
&= \rho_P \Delta V \left.\frac{\partial \phi}{\partial t}\right|_P + \frac{\Delta V}{24} \frac{\partial^2}{\partial x^2}\left(\rho \frac{\partial \phi}{\partial t}\right)\Bigg|_P (\Delta x)^2 + O\left[(\Delta x)^3\right]
\end{aligned} \tag{6.3}$$

则非稳态项的空间误差为

$$R_{\text{space}}^{\text{T}} = \frac{\Delta V}{24} \frac{\partial^2}{\partial x^2}\left(\rho \frac{\partial \phi}{\partial t}\right)\Bigg|_P (\Delta x)^2 + O\left[(\Delta x)^3\right] \tag{6.4}$$

由 5.10 节知，若对流项和扩散项均采用中心差分格式，对流项、扩散项和源项的离散截断误差可分别表示为

$$\begin{aligned}
R^{\text{C}} = &-\frac{1}{8} \left.\frac{\partial^2(\rho u)}{\partial x^2}\right|_e \phi_e (\Delta x)^2 - \frac{1}{8} (\rho u)_e \left.\frac{\partial^2 \phi}{\partial x^2}\right|_e (\Delta x)^2 \\
&+ \frac{1}{8} \left.\frac{\partial^2(\rho u)}{\partial x^2}\right|_w \phi_w (\Delta x)^2 + \frac{1}{8} (\rho u)_w \left.\frac{\partial^2 \phi}{\partial x^2}\right|_w (\Delta x)^2 + O\left[(\Delta x)^4\right]
\end{aligned} \tag{6.5}$$

$$\begin{aligned}
R^{\text{D}} = &-\frac{1}{24} \Gamma_e \left.\frac{\partial^3 \phi}{\partial x^3}\right|_e (\Delta x)^2 - \frac{1}{8} \left.\frac{\partial^2 \Gamma}{\partial x^2}\right|_e \left.\frac{\partial \phi}{\partial x}\right|_e (\Delta x)^2 \\
&+ \frac{1}{24} \Gamma_w \left.\frac{\partial^3 \phi}{\partial x^3}\right|_w (\Delta x)^2 + \frac{1}{8} \left.\frac{\partial^2 \Gamma}{\partial x^2}\right|_w \left.\frac{\partial \phi}{\partial x}\right|_w (\Delta x)^2 + O\left[(\Delta x)^4\right]
\end{aligned} \tag{6.6}$$

$$R^{\text{S}} = \frac{\Delta V}{24} \left.\frac{\partial^2 S}{\partial x^2}\right|_P (\Delta x)^2 + O\left[(\Delta x)^4\right] \tag{6.7}$$

若时间项采用隐式格式离散，有

$$\rho_P \Delta V \frac{\phi_P^{n+1} - \phi_P^n}{\Delta t} = f(\phi^{n+1}) \tag{6.8}$$

式中，$f(\phi^{n+1})$ 是对流项、扩散项和源项表达式，且 ϕ 取 $n+1$ 时刻的值。将 ϕ_P^n 在 ϕ_P^{n+1} 处展开：

$$\phi_P^n = \phi_P^{n+1} - \left.\frac{\partial \phi}{\partial t}\right|_P^{n+1} \Delta t + \frac{1}{2} \left.\frac{\partial^2 \phi}{\partial t^2}\right|_P^{n+1} (\Delta t)^2 + O\left[(\Delta t)^3\right] \tag{6.9}$$

将式(6.9)代入式(6.8)得

$$\rho_P \Delta V \left.\frac{\partial \phi}{\partial t}\right|_P^{n+1} = f(\phi^{n+1}) + \frac{1}{2} \rho_P \Delta V \left.\frac{\partial^2 \phi}{\partial t^2}\right|_P^{n+1} \Delta t + O\left[(\Delta t)^2\right] \tag{6.10}$$

因此非稳态项时间上的截断误差为

$$R_{\text{time}}^{\text{T}} = \rho_P \frac{\Delta V}{2} \left.\frac{\partial^2 \phi}{\partial t^2}\right|_P^{n+1} \Delta t + O\left[(\Delta t)^2\right] \tag{6.11}$$

根据式(6.4)～式(6.7)和式(6.11)，可得离散方程截断误差为

$$R = R_{\text{time}}^{\text{T}} + R_{\text{space}}^{\text{T}} + R^{\text{C}} - R^{\text{D}} - R^{\text{S}} = O\left[\Delta t,\ (\Delta x)^2\right] \tag{6.12}$$

由式(6.12)可知，当 $\Delta x \to 0,\ \Delta t \to 0$ 时，R 趋向于 0，说明离散方程趋向原积分方程，是无条件相容的。

相容性是离散方程的一个重要性质，当不满足相容性时，可能得到完全异常的计算结果。对非稳态问题，除了离散格式本身的相容性以外，离散方程内部节点采用隐式格式而边界节点进行显式处理，或待求物理量采用隐式格式而物性参数采用显式计算，均会带来相容性问题，而且这两类相容性问题往往容易被忽视。一般而言，相同计算条件下，采用无条件相容格式的计算效率和计算精度均优于条件相容格式。采用条件相容格式时应分析其影响，如果影响较大应慎用。

6.4　初值稳定性

不同的离散格式得到的离散方程，求解过程中误差的传播特性不一样。采用某一格式离散非稳态项，如果初始误差在求解的过程中增长有界，即可以确保任一时层计算中引入的误差都不会在后续各时层的计算中被不断地放大，误差的传播逐渐减小或只控制在一个有限的范围内，则该离散格式具有初值稳定性；否则不具有初值稳定性。

判断初值稳定性的方法有诺依曼方法、矩阵分析法、分离变量法等。常用诺依曼方法分析线性初值问题的稳定性，其基本思想是分析扰动强度随时间的变化，判断的基本步骤：首先根据离散方程写出误差传播方程，然后将误差用谐波分量的形式表示，通过

化简得到谐波分量振幅随时间的演化方程，计算相邻两时层谐波分量振幅的增长因子。如果增长因子不大于 1，则离散格式具有初值稳定性，否则不具有初值稳定性。

初值稳定性具有如下特性：①初值稳定性关系到数值计算能否得到收敛的数值解，不具有初值稳定性的离散格式会引起数值解的振荡，振荡解的振幅不会减小并导致数值计算发散；②非稳态问题的初值稳定性只能保证数值解的振荡不扩大，而不一定能保证数值解不振荡；③初值稳定性是离散格式本身固有的属性，与计算中是否引入误差无关。

6.5　对流项的迁移性和扩散项的蔓延性

扰动的传播特性包括对流项迁移性和扩散项周向传播性。对流项的离散格式如果只能使扰动向下游传递，则称该格式具有迁移性，否则不具有迁移性。扩散项的周向传播性是指扰动向四周传递的性质，我们将此性质称为扩散项的蔓延性。如果扩散项的离散格式能使扰动向四周传递，则称该格式具有蔓延性，否则不具有蔓延性。关于迁移性方面，数值传热学教材中有详细的说明，这里简要讨论扩散项蔓延性。

以一维非稳态无源项扩散方程为例说明。假设开始时刻为均匀的物理场，即 ϕ 处处相等，且假设其值为零。从某一时刻开始(假设为第 n 时层)，在某一节点 i 上突然施加了一个扰动，而其余点的扰动为零。随着时间的推移，这一扰动传递的规律可按差分方程来确定。

以四阶精度扩散离散方程为例，首先对于 n+1 时层 i+1 节点分析扰动的变化：

$$\rho\frac{\phi_{i+1}^{n+1}-\phi_{i+1}^{n}}{\Delta t}=\Gamma\frac{-\phi_{i-1}^{n}+16\phi_{i}^{n}-30\phi_{i+1}^{n}+16\phi_{i+2}^{n}-\phi_{i+3}^{n}}{12(\Delta x)^{2}}\tag{6.13}$$

式中，$\phi_{i-1}^{n}=\phi_{i+1}^{n}=\phi_{i+2}^{n}=\phi_{i+3}^{n}=0$ ，则式(6.13)化简可得

$$\phi_{i+1}^{n+1}=\left[\frac{\Gamma}{\rho}\frac{4\Delta t}{3(\Delta x)^{2}}\right]\phi_{i}^{n}\tag{6.14}$$

对于 n+1 时层 i−1 节点分析扰动的传播：

$$\rho\frac{\phi_{i-1}^{n+1}-\phi_{i-1}^{n}}{\Delta t}=\Gamma\frac{-\phi_{i-3}^{n}+16\phi_{i-2}^{n}-30\phi_{i-1}^{n}+16\phi_{i}^{n}-\phi_{i+1}^{n}}{12(\Delta x)^{2}}\tag{6.15}$$

式中，$\phi_{i-3}^{n}=\phi_{i-2}^{n}=\phi_{i-1}^{n}=\phi_{i+1}^{n}=0$ ，则式(6.15)化简可得

$$\phi_{i-1}^{n+1}=\left[\frac{\Gamma}{\rho}\frac{4\Delta t}{3(\Delta x)^{2}}\right]\phi_{i}^{n}\tag{6.16}$$

由式(6.14)和式(6.16)可知，n+1 时层 i 点的近邻点 i+1 和 i−1 点都能感受到来自 i 点的扰动，这说明四阶精度扩散离散方程具有蔓延性。值得指出的是，除了扩散项以外，

如果其他项也具有使扰动向四周传递的性质，在离散时需考虑蔓延性。例如，对于压强梯度项，其离散需要考虑蔓延性。在同位网格压强梯度离散中，如果不考虑蔓延性，会得到没有物理意义的振荡压强解。

6.6　对流项的稳定性

若用某一对流项离散格式得到的收敛解是不具有物理意义的振荡解，则称该对流项离散格式是不稳定的，否则是稳定的。

对流项稳定性条件的判断方法有“符号不变”原则、正型系数法、离散方程精确解分析法、反馈灵敏度分析法。其中，“符号不变”原则的基本思想是采用离散扰动分析法研究扰动的传递过程，从物理意义上要求任何时刻在任一点上引入的扰动对下一时刻其他点上的影响为正。正型系数法根据离散方程中相邻节点的系数符号来确定离散格式的稳定性，要求离散方程相邻点的系数为正。

通常情况下，对一维常物性稳态无内热源对流扩散方程(第一类边界条件)采用均分网格离散来分析对流项离散格式的稳定性，稳定性条件采用网格贝克莱数 $Pe_{\Delta}=\dfrac{\rho u\Delta x}{\Gamma}$ 表示。在此条件下分析表明，无论是有限容积法还是有限差分法，一阶迎风格式和二阶迎风格式都是绝对稳定的，对一阶顺风格式和中心差分格式，其稳定性条件均分别为 $Pe_{\Delta}\leqslant 1$ 和 $Pe_{\Delta}\leqslant 2$；对有限容积方法，QUICK 格式稳定性条件为 $Pe_{\Delta}\leqslant\dfrac{8}{3}$。值得指出的是，上述稳定性条件对有限差分方法任意内节点均是适用的，对有限容积方法中与边界相邻的内节点是不适用的。无论是采用内节点法还是外节点法，对与边界相邻的内节点而言，其界面上对流通量(中心差分和 QUICK 格式等)和扩散通量的表达式与其他内节点不同，由此得到的该内节点稳定性条件与其他内节点不同。表 6.1 给出了笔者推导得到的与边界相邻的内节点的对流稳定性条件。

表 6.1　与边界相邻内节点的对流稳定性条件

离散格式		内节点法($u>0$)		外节点法($u>0$)	
		与西边界相邻内节点	与东边界相邻内节点	与西边界相邻内节点	与东边界相邻内节点
边界处扩散通量中的一阶导数采用一阶格式	中心差分	$Pe_{\Delta}\leqslant 2$	$Pe_{\Delta}\leqslant 2$	$Pe_{\Delta}\leqslant 2$	$Pe_{\Delta}\leqslant 1$
	QUICK	$Pe_{\Delta}\leqslant 3$	$Pe_{\Delta}\leqslant 2$	$Pe_{\Delta}\leqslant\frac{8}{3}$	$Pe_{\Delta}\leqslant 1$
边界处扩散通量中的一阶导数采用二阶格式	中心差分	$Pe_{\Delta}\leqslant\frac{8}{3}$	$Pe_{\Delta}\leqslant\frac{8}{3}$	$Pe_{\Delta}\leqslant 3$	$Pe_{\Delta}\leqslant\frac{3}{2}$
	QUICK	$Pe_{\Delta}\leqslant 4$	$Pe_{\Delta}\leqslant\frac{8}{3}$	$Pe_{\Delta}\leqslant 4$	$Pe_{\Delta}\leqslant\frac{3}{2}$

值得指出的是，对流项稳定性条件是在上述理想和苛刻的条件下得到的。事实上对流项离散格式的稳定性条件受到流动的维度、非线性、是否存在内热源和网格类型等多

种因素的影响，在流动与传热实际工程问题中使数值解发生振荡的网格贝克莱数的值要比理想条件下得到的结果大得多。

从物理意义上讲，大 Pe_{Δ} 表示离散的对流项影响较强、扩散项影响较弱，采用绝对稳定的二阶迎风格式离散较为合适；反之，小 Pe_{Δ} 表示离散的对流项影响较弱、扩散项影响较强，采用条件稳定的中心差分格式较为合适。为此，结合二阶迎风和中心差分格式的优点，陶文铨院士课题组提出了对强对流和弱对流问题均适用的绝对稳定的 SGSD (stability-guaranteed second-order difference) 格式。

$$\phi_f = \beta\left(\frac{x_D - x_f}{x_D - x_C}\phi_C + \frac{x_f - x_C}{x_D - x_C}\phi_D\right) + (1-\beta)\left(-\frac{x_f - x_C}{x_C - x_U}\phi_U + \frac{x_f - x_U}{x_C - x_U}\phi_C\right) \tag{6.17}$$

式中，权重系数 $\beta=\dfrac{2}{2+Pe_{\Delta}}$。权重系数 β 随 Pe_{Δ} 变化而自适应变化使 SGSD 格式具有绝对稳定性，对流项和扩散项的影响通过 Pe_{Δ} 反映到界面插值中。值得指出的是，SGSD 格式中权重系数 β 的计算方式并不唯一。对一维对流扩散问题，笔者采用上述权重系数与式(6.18)中两种权重系数计算方法，研究了不同权重系数下 SGSD 格式的准确度，发现在 Pe_{Δ} 较大时采用式(6.18)的计算误差相对较小，而在 Pe_{Δ} 较小时采用 $\beta=\dfrac{2}{2+Pe_{\Delta}}$ 相对误差较小。

$$\beta=\frac{2}{3+Pe_{\Delta}}, \quad \beta=\frac{2}{\min\left(\dfrac{2}{Pe_{\Delta}}, 2\right)+\dfrac{4}{3}Pe_{\Delta}} \tag{6.18}$$

6.7　对流项的有界性

对流项有界性是指当采用某对流项离散格式对物理量场进行纯对流计算时，计算结果不会超过物理问题本身所规定的物理量上下限。关于有界性的讨论常基于规正变量，规正变量和规正空间坐标的定义如下：

$$\tilde{\phi} = \frac{\phi - \phi_U}{\phi_D - \phi_U} \tag{6.19}$$

$$\tilde{x} = \frac{x - x_U}{x_D - x_U} \tag{6.20}$$

式中，下标 U, C, D, f 的相对位置关系及网格空间坐标如图 6.4 所示。若以规正的 $\tilde{\phi}_f$ 为因变量、$\tilde{\phi}_C$ 为自变量，做出的图线为规正变量图(简称 NVD 图)。

对流项满足有界性的充分必要条件为在规正变量图上满足 CBC 准则(convection boundedness criterion，CBC)，具体如式(6.21)所示。在规正变量图中满足 CBC 准则的区域如图 6.5 中阴影所示，图中满足 CBC 准则的格式称为有界格式，可知有界格式的图线需要经过点(0,0)和(1,1)。

$$\begin{cases} \tilde{\phi}_f = f(\tilde{\phi}_C) = 0, & \tilde{\phi}_C = 0 \\ \tilde{\phi}_f = f(\tilde{\phi}_C) = 1, & \tilde{\phi}_C = 1 \\ \tilde{\phi}_C \leqslant \tilde{\phi}_f = f(\tilde{\phi}_C) \leqslant 1, & 0 < \tilde{\phi}_C < 1 \\ \tilde{\phi}_f = f(\tilde{\phi}_C) = \tilde{\phi}_C, & \tilde{\phi}_C < 0, \tilde{\phi}_C > 1 \\ f(\tilde{\phi}_C), & \text{连续} \end{cases} \tag{6.21}$$

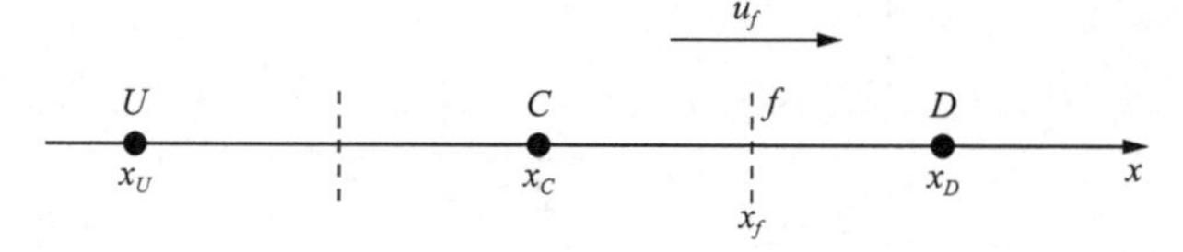

图 6.4　下标 U, C, D, f 的相对位置关系及网格空间坐标

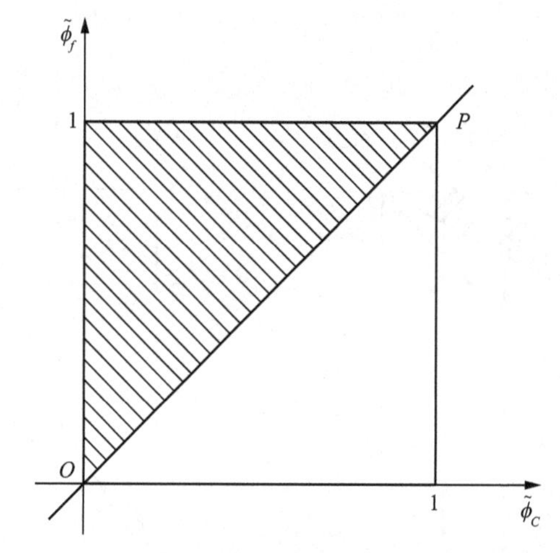

图 6.5　对流项有界性的 CBC 准则示意图

对流项一阶迎风(FUD)、中心差分(CD)、二阶迎风(SUD)和 QUICK 格式在均分网格下规正变量图中的图线如图 6.6 所示。需要注意的是，格式图线与纵轴的交点等于该格式对流稳定性条件的倒数，例如 CD 格式与纵轴交于$(0, \frac{1}{2})$点，其对流稳定性条件为网格贝克莱数 $Pe_\Delta = \frac{\rho U \Delta x}{\Gamma} \leqslant 2$，而交于原点的 SUD 格式和 FUD 格式为绝对稳定格式。在图 6.6 中，位于 CD 和 SUD 格式之间的阴影区域可视作 CD 和 SUD 两种二阶格式的组合，因此具有二阶截差精度。具有二阶及以上截差精度同时满足 CBC 准则的格式称为高阶有界格式，常见的有 MINMOD、SMART、STOIC、HOAB、SUPERBEE、MUSCL 格式等。

常见的高阶有界格式为分段线性函数，在规正变量图中通常包含五个折点，均分网格下从左到右依次为 $(0,0)$，(A_x,A_y)，$\left(\frac{1}{2},\frac{3}{4}\right)$，$(B_x,B_y)$，$(1,1)$，如图 6.7 所示，据此可以写出均分网格下通用高阶有界格式(general high-order bounded scheme, GHB)：

$$\tilde{\phi}_f=\begin{cases}\tilde{\phi}_C, & \tilde{\phi}_C\leqslant 0,\ \tilde{\phi}_C\geqslant 1\\ \dfrac{A_y}{A_x}\tilde{\phi}_C, & 0<\tilde{\phi}_C\leqslant A_x\\ \dfrac{\frac{3}{4}-A_y}{\frac{1}{2}-A_x}(\tilde{\phi}_C-A_x)+A_y, & A_x<\tilde{\phi}_C\leqslant\dfrac{1}{2}\\ \dfrac{B_y-\frac{3}{4}}{B_x-\frac{1}{2}}\left(\tilde{\phi}_C-\dfrac{1}{2}\right)+\dfrac{3}{4}, & \dfrac{1}{2}<\tilde{\phi}_C\leqslant B_x\\ \dfrac{1-B_y}{1-B_x}(\tilde{\phi}_C-B_x)+B_y, & B_x<\tilde{\phi}_C<1\end{cases}\tag{6.22}$$

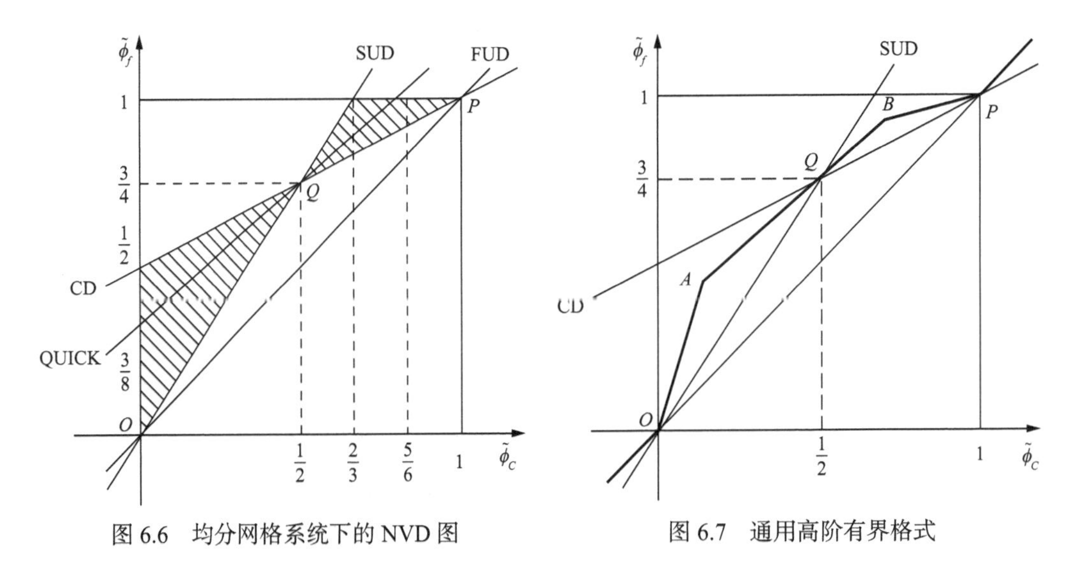

图 6.6 均分网格系统下的 NVD 图

图 6.7 通用高阶有界格式

GHB 格式中常见高阶有界格式对应的 $A(A_x,A_y)$ 和 $B(B_x,B_y)$ 如表 6.2 所示。

笔者通过高阶有界格式的数值试验发现，对于强对流问题，图线趋近于二阶精度 CBC 区域的上边界时计算误差较小，但此时收敛性较差，计算效率较低。图 6.7 中线段 OA 和线段 BP 的斜率对格式的计算精度、收敛速率和健壮性起重要作用。大致趋势为线段 OA 斜率越大，计算精度越高、收敛速率降低、健壮性降低，而线段 BP 斜率越大，计算精度越低、收敛速率增强、健壮性增高。可以通过固定在 CD 格式和 SUD 格式型线上的两点 $\left(C,\frac{1}{2}C+\frac{1}{2}\right)$ 和 $\left(\frac{2}{3}D,D\right)$ 来调节上述两处斜率，以适应于不同物理问题场景，而其他区域取二阶精度 CBC 区域上边界，如图 6.8 所示。将可调值 C、D 代入式(6.22)中，得性能可控的高阶有界格式(adjustable high-order bounded scheme, AHB)，表达式为

表 6.2　常见高阶有界格式坐标点

格式	均分网格		非均分网格	
	(A_x, A_y)	(B_x, B_y)	(A_x, A_y)	(B_x, B_y)
MINMOD	$\left(\frac{1}{2},\frac{3}{4}\right)$	$\left(\frac{1}{2},\frac{3}{4}\right)$	$(\tilde{x}_C, \tilde{x}_f)$	$(\tilde{x}_C, \tilde{x}_f)$
SMART	$\left(\frac{1}{6},\frac{1}{2}\right)$	$\left(\frac{5}{6},1\right)$	$\left(\frac{\tilde{x}_C}{3},\frac{\tilde{x}_f(3\tilde{x}_C-1-2\tilde{x}_f)}{3(\tilde{x}_C-1)}\right)$	$\left(\frac{\tilde{x}_C}{\tilde{x}_f}(1+\tilde{x}_f-\tilde{x}_C),1\right)$
STOIC	$\left(\frac{1}{5},\frac{3}{5}\right)$	$\left(\frac{5}{6},1\right)$	$\left(\frac{2\tilde{x}_C}{5},\frac{3\tilde{x}_C-5\tilde{x}_f+2\tilde{x}_C\tilde{x}_f}{5(\tilde{x}_C-1)}\right)$	$\left(\frac{\tilde{x}_C}{\tilde{x}_f}(1+\tilde{x}_f-\tilde{x}_C),1\right)$
MUSCL	$\left(\frac{1}{4},\frac{1}{2}\right)$	$\left(\frac{3}{4},1\right)$	$\left(\frac{\tilde{x}_C}{2},\frac{\tilde{x}_C-3\tilde{x}_f+2\tilde{x}_C\tilde{x}_f}{4(\tilde{x}_C-1)}\right)$	$\left(\frac{\tilde{x}_C(2-\tilde{x}_C-\tilde{x}_f)}{\tilde{x}_C+\tilde{x}_f-2\tilde{x}_C\tilde{x}_f},1\right)$
HOAB	$\left(\frac{1}{6},\frac{1}{2}\right)$	$\left(\frac{3}{4},1\right)$	$\left(\frac{\tilde{x}_C}{3},\frac{2\tilde{x}_C-3\tilde{x}_f+\tilde{x}_C\tilde{x}_f}{3(\tilde{x}_C-1)}\right)$	$\left(\frac{\tilde{x}_C(2-\tilde{x}_C-\tilde{x}_C\tilde{x}_f)}{\tilde{x}_C+\tilde{x}_f-2\tilde{x}_C\tilde{x}_f},1\right)$
SUPERBEE	$\left(0,\frac{1}{2}\right)$	$\left(\frac{2}{3},1\right)$	$\left(0,\frac{\tilde{x}_C-\tilde{x}_f}{\tilde{x}_C-1}\right)$	$\left(\frac{\tilde{x}_C}{\tilde{x}_f},1\right)$
ABC	$\left(\frac{1}{5},\frac{3}{5}\right)$	$\left(\frac{7}{12},\frac{7}{8}\right)$	$\left(\frac{2\tilde{x}_C}{5},\frac{3\tilde{x}_C-5\tilde{x}_f+2\tilde{x}_C\tilde{x}_f}{5(\tilde{x}_C-1)}\right)$	$\left[\frac{1}{2}\left(\frac{\tilde{x}_C}{\tilde{x}_f}+\tilde{x}_C\right),\frac{1}{2}(1+\tilde{x}_f)\right]$

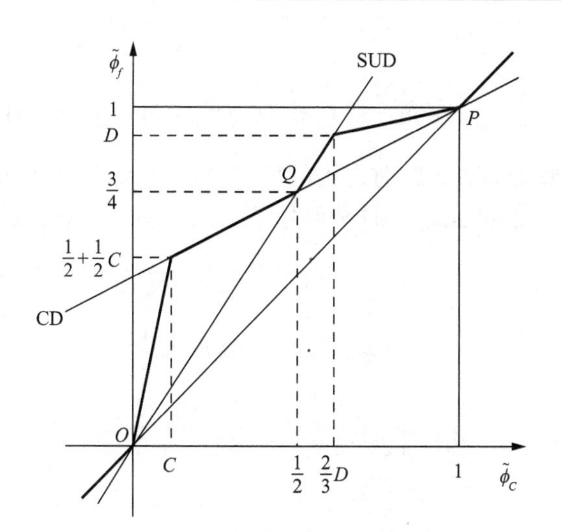

图 6.8　性能可控高阶有界格式

$$
\tilde{\phi}_f=\begin{cases}\tilde{\phi}_C, & \tilde{\phi}_C\leqslant 0,\ \tilde{\phi}_C\geqslant 1\\ \left(\dfrac{1}{2}+\dfrac{1}{2C}\right)\tilde{\phi}_C, & 0<\tilde{\phi}_C\leqslant C\\ \dfrac{1}{2}+\dfrac{1}{2}\tilde{\phi}_C, & C<\tilde{\phi}_C\leqslant\dfrac{1}{2}\\ \dfrac{3}{2}\tilde{\phi}_C, & \dfrac{1}{2}<\tilde{\phi}_C\leqslant\dfrac{2}{3}D\\ \dfrac{1-D}{1-\dfrac{2}{3}D}\left(\tilde{\phi}_C-\dfrac{2}{3}D\right)+D, & \dfrac{2}{3}D<\tilde{\phi}_C<1\end{cases}\tag{6.23}
$$

AHB 的非均分网格形式为

$$
\tilde{\phi}_f=\begin{cases}\tilde{\phi}_C, & \tilde{\phi}_C\leqslant 0,\ \tilde{\phi}_C\geqslant 1\\ \left(\dfrac{1}{2C\tilde{x}_C}\dfrac{\tilde{x}_C-\tilde{x}_f}{\tilde{x}_C-1}+\dfrac{\tilde{x}_f-1}{\tilde{x}_C-1}\right)\tilde{\phi}_C, & 0<\tilde{\phi}_C\leqslant 2C\tilde{x}_C\\ \dfrac{\tilde{x}_C-\tilde{x}_f}{\tilde{x}_C-1}+\dfrac{\tilde{x}_f-1}{\tilde{x}_C-1}\tilde{\phi}_C, & 2C\tilde{x}_C<\tilde{\phi}_C\leqslant\tilde{x}_C\\ \dfrac{\tilde{x}_f}{\tilde{x}_C}\tilde{\phi}_C, & \tilde{x}_C<\tilde{\phi}_C\leqslant(4D-3)\left(\dfrac{\tilde{x}_C}{\tilde{x}_f}-\tilde{x}_C\right)+\tilde{x}_C=n\\ \dfrac{\dfrac{\tilde{x}_f}{\tilde{x}_C}n-1}{n-1}\tilde{\phi}_C+1-\dfrac{\dfrac{\tilde{x}_f}{\tilde{x}_C}n-1}{n-1}, & n<\tilde{\phi}_C<1\end{cases}\tag{6.24}
$$

笔者经大量案例结果分析后，建议 C 取值大于$\dfrac{1}{8}$，即在点$\left(\dfrac{1}{8},\dfrac{9}{16}\right)$的右侧；建议 D 取值小于$\dfrac{15}{16}$，即在点$\left(\dfrac{5}{8},\dfrac{15}{16}\right)$左侧。当 C 和 D 取值分别为$\dfrac{1}{5}$和$\dfrac{7}{8}$时，其计算精度、收敛速率和健壮性的综合性能较优，此时得到的格式命名为 ABC 格式(accuracy, boundedness and convergency-balanced scheme)，均分网格下 ABC 格式表达式为

$$
\tilde{\phi}_f=\begin{cases}\tilde{\phi}_C, & \tilde{\phi}_C\leqslant 0,\tilde{\phi}_C\geqslant 1\\ 3\tilde{\phi}_C, & 0<\tilde{\phi}_C\leqslant\dfrac{1}{5}\\ \dfrac{1}{2}+\dfrac{1}{2}\tilde{\phi}_C, & \dfrac{1}{5}<\tilde{\phi}_C\leqslant\dfrac{1}{2}\\ \dfrac{3}{2}\tilde{\phi}_C, & \dfrac{1}{2}<\tilde{\phi}_C\leqslant\dfrac{7}{12}\\ \dfrac{3}{10}\tilde{\phi}_C+\dfrac{7}{10}, & \dfrac{7}{12}<\tilde{\phi}_C<1\end{cases}\tag{6.25}
$$

高阶有界格式是绝对稳定的格式，对于一般的对流换热问题，其计算效率与 QUICK 格式基本相当。基于高阶有界格式的准确、稳定和有界的优点，建议在工程实际问题中应尽可能采用高阶有界格式离散对流项，以保证得到精度较高且具有物理意义的数值解。

6.8 假 扩 散

由非稳态项或对流项采用一阶截差的格式、流动方向与网格线夹角不为 90°(多维问题)及建立差分方程时没有考虑非常数源项等因素引起的数值计算误差统称为假扩散。假扩散的存在会使数值解的精度降低，一般应极力避免。克服或减轻假扩散的措施主要有采用高阶格式、加密网格或减轻流线与网格线之间的斜交现象(如采用自适应网格)等。然而，对于强非线性的对流扩散问题，适当的假扩散可以增强数值计算的稳定性，基于这一思想，对某些强非线性问题可以人为地引入少量假扩散来增强计算过程的稳定性。

6.9 离散方程的收敛性

当时间与空间步长均趋近于零时，如果各个节点上数值解的误差都趋近于零，则称该离散方程是收敛的。相比于离散方程的其他性质，收敛性证明非常复杂。对于适定的线性初值问题所建立起来的相容格式，初值稳定性是收敛性的充分必要条件，这是联系收敛性与稳定性的 Lax 原理。对于非线性问题，离散方程的相容性与初值稳定性仅是获得收敛解的必要条件而非充分条件。在进行流动与传热工程问题的数值计算时，只要对实际问题建立合适的物理与数学模型，一般采用相容与稳定的离散格式可以获得收敛的数值解。

6.10 离散格式性质的对比及选择

选择离散格式的前提是深入理解离散方程的性质。初值稳定性和对流项稳定性及对流项迁移性、稳定性和有界性的关系很容易混淆。下面分别对这两点作对比说明，以便深入理解各性质之间的关系。

初值稳定性是针对非稳态问题的非稳态项而言的，其不稳定性一般是由显式离散且时间步长取值过大而引起的。对流项稳定性是针对稳态或非稳态问题的对流项而言的，其不稳定性一般是由流速过高或网格划分过粗等因素引起的。初值稳定性一般采用诺依曼方法、矩阵分析法或分离变量法等来判断。对流项稳定性一般采用正型系数法或“符号不变”原则等来判断。两者的共同点是保证对流项或初值的稳定性，并不能保证解一定有物理意义。非稳态问题的初值稳定性关系到数值计算能否得到收敛的解。初值稳定性和对流稳定性之间没有直接联系。

凡具有迁移性的对流项离散格式都是绝对稳定的。凡是不具有迁移性的对流项离散格式所得到的离散方程，在数值计算中可能会导致非物理意义的振荡解，因而只是条件稳定。“对流项稳定性”和“对流项有界性”是两个既有联系又有区别的数值现象。越界发生在物理量剧烈变化处，表现为一次性的过冲，超出物理量有意义的范围。振荡可以发生在物理量不剧烈变化的区域，并不一定超出物理量的取值范围。凡是具备有界性的对流项离散格式一定是绝对稳定的，而绝对稳定的对流项离散格式未必具备有界性，如二阶迎风格式。凡是条件稳定的对流项离散格式，如果不附加任何限制条件，得到的计算结果可能会超出物理问题本身的界限，格式不具有有界性。例如，一阶迎风格式得到的解虽然会产生假扩散，但是有物理意义；中心差分格式得到的解会产生振荡；二阶迎风解稳定，但是不具备有界性。

下面介绍非稳态项和对流项离散格式选择的一般原则。非稳态项的离散格式主要有显式、隐式、C-N 格式和 A-B 格式等，其选择与所研究的问题有关。工程问题一般对流换热较强(格拉晓夫数 *Gr* 或雷诺数 *Re* 较大)，需要在边界层或物理量变化剧烈的地方对网格局部加密。若采用显式格式或高阶格式(C-N 格式和 A-B 格式等)，为了满足初值稳定性的要求，时间步长的取值需要非常小，这会造成计算效率低下。为了提高计算效率，在工程计算中一般选取较大的时间步长，因此非稳态项一般采用全隐格式离散。与工程问题不同，在对流换热机理研究中，通常需要关注物理量在时空上的微小变化，在空间上采用高阶格式以提高数值计算精度，在时间上采用较小的时间步长以充分捕捉瞬态信息，此时若采用隐式格式，系数矩阵和方程的求解会造成计算资源的浪费，推荐采用显式格式或高阶格式。

常见的对流项离散格式主要有一阶迎风格式、二阶迎风格式、中心差分格式、QUICK 格式和有界格式。表 6.3 给出了这几种常见对流项离散格式的计算性能对比。从中可以看出，有界格式具有二阶精度，绝对稳定且有界，采用该格式总能得到较为精确且具有物理意义的结果，相比一阶迎风格式和高阶格式优势明显。ABC 格式在有界格式中综合性能优异，本书推荐采用该格式来离散对流项。

表 6.3　常见对流项离散格式的计算性能比较

<table>
<tr><th>格式名称</th><th>计算精度</th><th>稳定性</th><th>有界性</th><th>计算效率</th></tr>
<tr><td>一阶迎风</td><td>一阶</td><td>绝对稳定</td><td>有界</td><td>高</td></tr>
<tr><td>二阶迎风</td><td>二阶</td><td>绝对稳定</td><td>非有界</td><td rowspan="7">高阶格式和有界格式采用延迟修正时，对纯对流和极强对流问题，高阶格式的计算效率优于有界格式，对一般的对流换热问题，高阶格式和有界格式的计算效率相当</td></tr>
<tr><td>中心差分</td><td>二阶</td><td>$Pe_{\Delta} \leqslant 2$</td><td>非有界</td></tr>
<tr><td>QUICK 格式</td><td>三阶</td><td>$Pe_{\Delta} \leqslant \frac{8}{3}$</td><td>非有界</td></tr>
<tr><td>MINMOD 格式</td><td>二阶</td><td>绝对稳定</td><td>有界</td></tr>
<tr><td>HOAB 格式</td><td>二阶</td><td>绝对稳定</td><td>有界</td></tr>
<tr><td>ABC 格式</td><td>二阶</td><td>绝对稳定</td><td>有界</td></tr>
</table>

6.11　有限差分法和有限容积法对比

表 6.4 对比了有限差分方法和有限容积法的离散思想、离散过程及其离散方程性质的异同。

表 6.4　有限差分法与有限容积法的对比

	有限差分法	有限容积法
离散思想	以差商代替微商，采用泰勒级数展开推导其表达式	直接在控制容积上对守恒方程进行积分
离散过程	基于节点；迎风性基于节点速度	基于界面；迎风性基于界面速度
守恒性	多用于非守恒型方程；计算结果一般不能很好地满足守恒性	适用于守恒型方程；计算结果很好地满足守恒性
截差精度	离散方程与微分方程的差；易实现高阶精度	离散方程与积分方程的差；较难实现高阶精度
相容性	离散方程与微分方程的相容性	离散方程与积分方程的相容性
初值稳定性	两者类似	
对流项的迁移性	两者类似	
扩散项的蔓延性	两者类似	
对流项的稳定性	两者类似	
对流项的有界性	难以实现对流项的有界性	容易实现对流项的有界性
假扩散	两者类似	
收敛性	两者类似	

6.12　典型习题解析

例 1　当物性参数 ρ，Γ 均为 1，且速度为 1 时，一维稳态、无源项、常物性对流扩散方程为 $\dfrac{\partial\phi}{\partial x}=\dfrac{\partial^2\phi}{\partial x^2}$。该方程在如图 6.9 所示的一维非均分网格下的某离散表达式为

$$a_P\phi_P = a_W\phi_W + a_E\phi_E \tag{6.26}$$

式中，$a_W=(\delta x)_e(\delta x)_w+(\delta x)_e$; $a_E=(\delta x)_w$; $a_P=a_W+a_E$。

试分析式(6.26)是否具有守恒性。

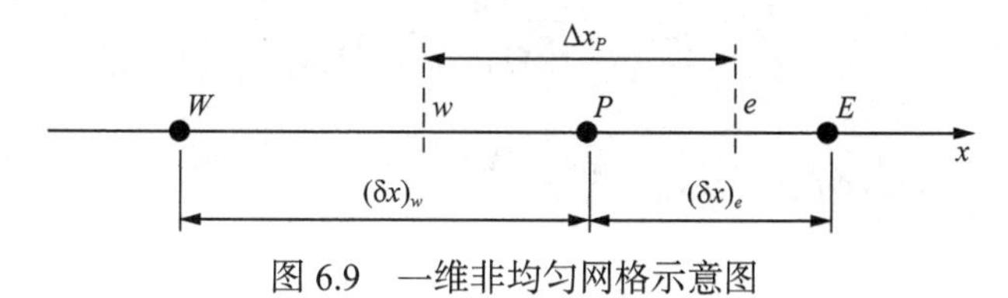

图 6.9　一维非均匀网格示意图

【解析】本题考查离散表达式守恒性的定义及推导。

将 a_W 、 a_E 和 a_P 代入式(6.26)，得

$$\left[(\delta x)_e(\delta x)_w+(\delta x)_w+(\delta x)_e\right]\phi_P=\left[(\delta x)_e(\delta x)_w+(\delta x)_e\right]\phi_W+(\delta x)_w\phi_E \tag{6.27}$$

对式(6.27)进行变形，得

$$(\delta x)_e(\delta x)_w\phi_P+(\delta x)_w\phi_P+(\delta x)_e\phi_P=(\delta x)_e(\delta x)_w\phi_W+(\delta x)_e\phi_W+(\delta x)_w\phi_E \tag{6.28}$$

整理可得

$$(\delta x)_e(\delta x)_w(\phi_P-\phi_W)-(\delta x)_w(\phi_E-\phi_P)+(\delta x)_e(\phi_P-\phi_W)=0 \tag{6.29}$$

方程两边同除 $(\delta x)_e(\delta x)_w$ 并整理得

$$\phi_P-\phi_W=\frac{\phi_E-\phi_P}{(\delta x)_e}-\frac{\phi_P-\phi_W}{(\delta x)_w} \tag{6.30}$$

对 P 点而言，式(6.30)左边为流出和流入的对流通量之差，右边为流出和流入的扩散通量之差，物理意义为净流出控制容积 P 的对流通量等于净流入控制容积 P 的扩散通量。

下面以图 6.10 所示的五个节点 EE, E, P, W, WW 来判断式(6.26)的守恒性。

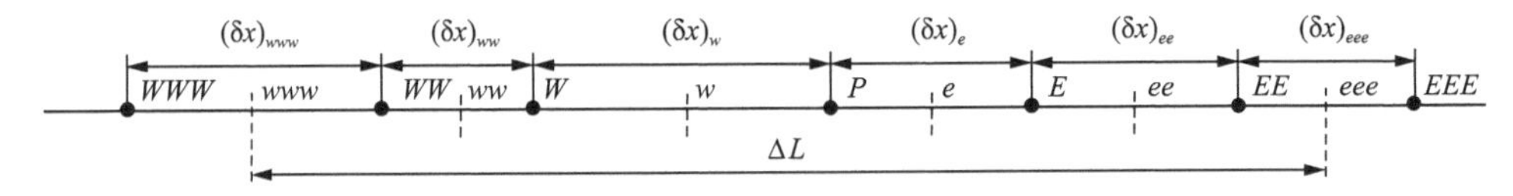

图 6.10　区域 ΔL 的网格示意图

根据式(6.30)可分别写出点 EE, E, P, W, WW 的离散方程

$$\phi_{EE}-\phi_E=\frac{\phi_{EEE}-\phi_{EE}}{(\delta x)_{eee}}-\frac{\phi_{EE}-\phi_E}{(\delta x)_{ee}} \tag{6.31}$$

$$\phi_E-\phi_P=\frac{\phi_{EE}-\phi_E}{(\delta x)_{ee}}-\frac{\phi_E-\phi_P}{(\delta x)_e} \tag{6.32}$$

$$\phi_P-\phi_W=\frac{\phi_E-\phi_P}{(\delta x)_e}-\frac{\phi_P-\phi_W}{(\delta x)_w} \tag{6.33}$$

$$\phi_W-\phi_{WW}=\frac{\phi_P-\phi_W}{(\delta x)_w}-\frac{\phi_W-\phi_{WW}}{(\delta x)_{ww}} \tag{6.34}$$

$$\phi_{WW}-\phi_{WWW}=\frac{\phi_W-\phi_{WW}}{(\delta x)_{ww}}-\frac{\phi_{WW}-\phi_{WWW}}{(\delta x)_{www}} \tag{6.35}$$

将式(6.31)～式(6.35)按图 6.11 所示的方式进行相加并化简得

$$\phi_{EE}-\phi_{WWW}=\frac{\phi_{EEE}-\phi_{EE}}{(\delta x)_{eee}}-\frac{\phi_{WW}-\phi_{WWW}}{(\delta x)_{www}} \tag{6.36}$$

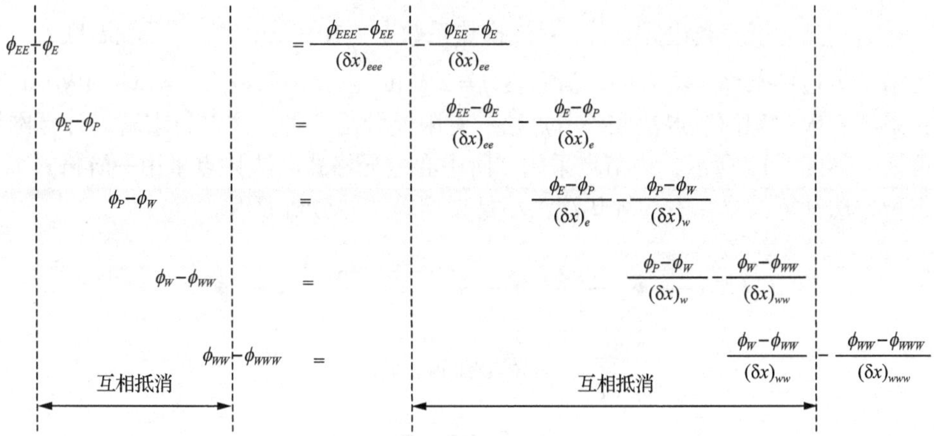

$$\begin{aligned}
\phi_{EE}-\phi_{E} &= \frac{\phi_{EEE}-\phi_{EE}}{(\delta x)_{eee}}-\frac{\phi_{EE}-\phi_{E}}{(\delta x)_{ee}}\\
\phi_{E}-\phi_{P} &= \frac{\phi_{EE}-\phi_{E}}{(\delta x)_{ee}}-\frac{\phi_{E}-\phi_{P}}{(\delta x)_{e}}\\
\phi_{P}-\phi_{W} &= \frac{\phi_{E}-\phi_{P}}{(\delta x)_{e}}-\frac{\phi_{P}-\phi_{W}}{(\delta x)_{w}}\\
\phi_{W}-\phi_{WW} &= \frac{\phi_{P}-\phi_{W}}{(\delta x)_{w}}-\frac{\phi_{W}-\phi_{WW}}{(\delta x)_{ww}}\\
\phi_{WW}-\phi_{WWW} &= \frac{\phi_{W}-\phi_{WW}}{(\delta x)_{ww}}-\frac{\phi_{WW}-\phi_{WWW}}{(\delta x)_{www}}
\end{aligned}$$

互相抵消　　　　互相抵消

图 6.11　离散方程的相加和化简

由式(6.36)可知，式(6.26)在区域 ΔL 上仍满足净流出对流通量等于净流入扩散通量。同理可知，式(6.26)在整个计算区域上也满足上述关系，因此式(6.26)具备守恒性。

例 2　对如下一维非稳态导热问题，采用图 6.12 所示的均分网格离散，对比分析外节点法边界包含与不包含控制容积两种情况下离散方程中源项的守恒性。

$$\begin{cases}\dfrac{\partial T}{\partial t}=\dfrac{\partial}{\partial x}\left(\dfrac{\partial T}{\partial x}\right)+1\\ x=0,T=0;x=1,T=1\end{cases} \tag{6.37}$$

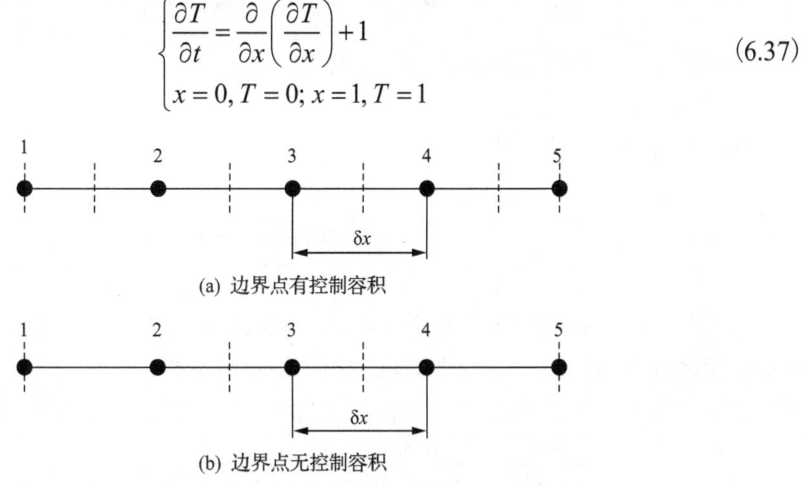

图 6.12　外节点法计算网格示意图

【解析】本题考查外节点法边界包含与不包含控制容积两种情况下离散方程的守恒性。

对图 6.12(a)，边界点处有半个控制容积，但该控制容积的源项在边界点离散方程中没有考虑，因此离散得到的整个计算区域的源项为 $S_2\delta x+S_3\delta x+S_4\delta x=0.75$，为真实源项的 0.75 倍。对图 6.12(b)，边界点无控制容积，内节点 2 和 4 的控制容积各增大半个控制容积，离散得到的整个计算区域的源项为$1.5\times S_2\delta x+S_3\delta x+1.5\times S_4\delta x$=1，与真实源项相等。通过对比可看出，边界点无控制容积更好地保证了源项的守恒性。

例 3 试对一维稳态变物性无源项导热问题进行求解，计算条件如下：计算区域长度$L=1\text{m}$；左侧为第三类边界条件，对流换热系数$h_\text{f}=10\text{W}/(\text{m}^2\cdot℃)$，环境温度$T_\text{f}=1℃$；右侧为第二类边界条件，流入的热流密度$q=2\text{W}/\text{m}^2$；导热系数为$\lambda=(x+1)\text{W}/(\text{m}\cdot℃)$。要求：采用有限容积内节点法和外节点法、有限差分法三种方法进行求解，计算网格为均分网格，如图 6.13 所示，内节点采用二阶中心差分格式，边界点采用一阶格式离散，分析三种方法计算结果左右边界热流大小是否相等，并分析原因。

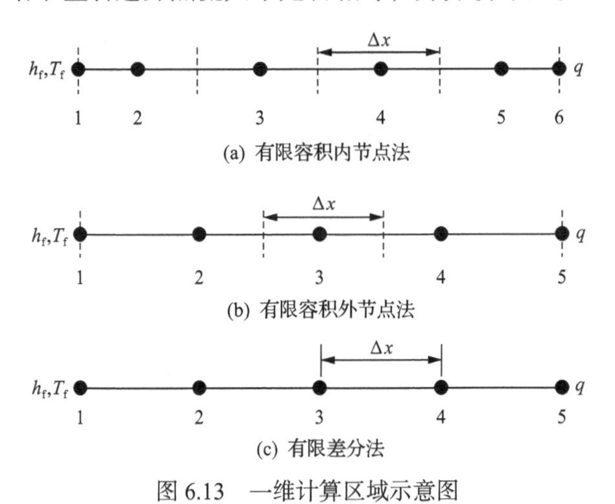

图 6.13 一维计算区域示意图

【解析】本题考查离散方程的守恒性。

(1)有限容积内节点法。

据题意可知控制方程为

$$\frac{\partial}{\partial x}\left[\lambda(x)\frac{\partial T}{\partial x}\right]=0 \tag{6.38}$$

对式(6.38)采用有限容积法进行离散，得到的离散方程形式见式(5.62)。界面上导热系数采用调和平均计算，得到内节点 3 和 4 的离散方程：

$$\left[\frac{\lambda_2\lambda_3}{(\lambda_2+\lambda_3)\Delta x}+\frac{\lambda_3\lambda_4}{(\lambda_3+\lambda_4)\Delta x}\right]T_3=\frac{\lambda_2\lambda_3}{(\lambda_2+\lambda_3)\Delta x}T_2+\frac{\lambda_3\lambda_4}{(\lambda_3+\lambda_4)\Delta x}T_4 \tag{6.39}$$

$$\left[\frac{\lambda_3\lambda_4}{(\lambda_3+\lambda_4)\Delta x}+\frac{\lambda_4\lambda_5}{(\lambda_4+\lambda_5)\Delta x}\right]T_4=\frac{\lambda_3\lambda_4}{(\lambda_3+\lambda_4)\Delta x}T_3+\frac{\lambda_4\lambda_5}{(\lambda_4+\lambda_5)\Delta x}T_5 \tag{6.40}$$

与边界相邻的内节点，采用一阶精度附加源项法处理边界的影响(见表 5.21 和表 5.22)，得内节点 2 和 5 的方程分别为

$$\left[\frac{2\lambda_2\lambda_3}{(\lambda_2+\lambda_3)\Delta x}+\frac{1}{\dfrac{1}{h_{\mathrm{f}}}+\dfrac{\Delta x}{2\lambda_1}}\right]T_2=\frac{2\lambda_2\lambda_3}{(\lambda_2+\lambda_3)\Delta x}T_3+\frac{1}{\dfrac{1}{h_{\mathrm{f}}}+\dfrac{\Delta x}{2\lambda_1}}T_f \tag{6.41}$$

$$\frac{2\lambda_4\lambda_5}{(\lambda_4+\lambda_5)\Delta x}T_5=\frac{2\lambda_4\lambda_5}{(\lambda_4+\lambda_5)\Delta x}T_4+q \tag{6.42}$$

将 $\lambda=x+1\mathrm{W/(m\cdot ℃)}$ 和 $\Delta x=0.25\mathrm{m}$ 代入式(6.39)～式(6.42)，并联立求解得

$$T_2=1.45℃, T_3=1.85℃, T_4=2.19℃, T_5=2.48℃$$

左边界 $-\lambda\left.\dfrac{\partial T}{\partial x}\right|_1=h_{\mathrm{f}}(T_{\mathrm{f}}-T_1)$ 采用一阶精度格式离散并整理得 $T_1=\dfrac{\dfrac{2\lambda_1}{\Delta x}T_2+h_{\mathrm{f}}T_{\mathrm{f}}}{\dfrac{2\lambda_1}{\Delta x}+h_{\mathrm{f}}}=1.2℃$。

左边界流出的热流 $-h_{\mathrm{f}}(T_{\mathrm{f}}-T_1)$=2.0W/m^2，右边界流入热流密度 $q=2\mathrm{W/m^2}$，左右边界热流相等，这说明有限容积内节点法具有守恒性。

(2)有限容积外节点法。

采用与内节点法相同的方法，可得内节点 3 的离散方程：

$$\left[\frac{2\lambda_2\lambda_3}{(\lambda_2+\lambda_3)\Delta x}+\frac{2\lambda_3\lambda_4}{(\lambda_3+\lambda_4)\Delta x}\right]T_3=\frac{2\lambda_2\lambda_3}{(\lambda_2+\lambda_3)\Delta x}T_2+\frac{2\lambda_3\lambda_4}{(\lambda_3+\lambda_4)\Delta x}T_4 \tag{6.43}$$

本题中边界点不包含控制容积，内节点 2 和 4 占 1.5 倍控制容积。采用一阶精度附加源项法处理边界的影响，可得内节点 2 和 4 的离散方程如下：

$$\left[\frac{2\lambda_2\lambda_3}{(\lambda_2+\lambda_3)\Delta x}+\frac{1}{\dfrac{1}{h_{\mathrm{f}}}+\dfrac{\Delta x}{\lambda_1}}\right]T_2=\frac{2\lambda_2\lambda_3}{(\lambda_2+\lambda_3)\Delta x}T_3+\frac{1}{\dfrac{1}{h_{\mathrm{f}}}+\dfrac{\Delta x}{\lambda_1}}T_{\mathrm{f}} \tag{6.44}$$

$$\frac{2\lambda_3\lambda_4}{(\lambda_3+\lambda_4)\Delta x}T_4=\frac{2\lambda_3\lambda_4}{(\lambda_3+\lambda_4)\Delta x}T_3+q \tag{6.45}$$

将 $\lambda=x+1\mathrm{W/(m\cdot ℃)}$ 和 $\Delta x=0.25\mathrm{m}$ 代入式(6.43)～式(6.45)，并联立求解得

$$T_2=1.70℃, T_3=2.07℃, T_4=2.38℃$$

左边界 $-\lambda\left.\dfrac{\partial T}{\partial x}\right|_1=h_{\mathrm{f}}(T_{\mathrm{f}}-T_1)$ 采用一阶精度格式离散并整理得 $T_1=\dfrac{\dfrac{\lambda_1}{\Delta x}T_2+h_{\mathrm{f}}T_{\mathrm{f}}}{\dfrac{\lambda_1}{\Delta x}+h_{\mathrm{f}}}=1.2℃$。

左边界流出的热流 $-h_{\mathrm{f}}(T_{\mathrm{f}}-T_1)$=2.0W/m^2，与右边界热流相等，这说明有限容积外节

点法具有守恒性。

(3)有限差分法。

扩散方程(6.38)通过链导法则可转化为

$$\lambda(x)\frac{\partial^2 T}{\partial x^2}+\frac{\partial \lambda(x)}{\partial x}\frac{\partial T}{\partial x}=0 \tag{6.46}$$

采用二阶中心差分格式离散上述方程，并整理可得内节点 2, 3, 4 的离散方程如下：

$$\frac{2\lambda_2}{\Delta x^2}T_2=\left(\frac{\lambda_2}{\Delta x^2}-\frac{1}{2\Delta x}\right)T_1+\left(\frac{\lambda_2}{\Delta x^2}+\frac{1}{2\Delta x}\right)T_3 \tag{6.47}$$

$$\frac{2\lambda_3}{\Delta x^2}T_3=\left(\frac{\lambda_3}{\Delta x^2}-\frac{1}{2\Delta x}\right)T_2+\left(\frac{\lambda_3}{\Delta x^2}+\frac{1}{2\Delta x}\right)T_4 \tag{6.48}$$

$$\frac{2\lambda_4}{\Delta x^2}T_4=\left(\frac{\lambda_4}{\Delta x^2}-\frac{1}{2\Delta x}\right)T_3+\left(\frac{\lambda_4}{\Delta x^2}+\frac{1}{2\Delta x}\right)T_5 \tag{6.49}$$

对边界条件 $-\lambda\left.\frac{\partial T}{\partial x}\right|_1=h_{\mathrm{f}}(T_{\mathrm{f}}-T_1)$ 和 $-\lambda\left.\frac{\partial T}{\partial x}\right|_5=-q$ 采用一阶格式离散并整理得

$$\left(\frac{\lambda_1}{\Delta x}+h_{\mathrm{f}}\right)T_1=\frac{\lambda_1}{\Delta x}T_2+h_{\mathrm{f}}T_{\mathrm{f}} \tag{6.50}$$

$$\frac{\lambda_5}{\Delta x}T_5=\frac{\lambda_5}{\Delta x}T_4+q \tag{6.51}$$

将 $\lambda=x+1\mathrm{W/(m\cdot ℃)}$ 和 $\Delta x=0.25\mathrm{m}$ 代入式(6.47)～式(6.51)，并联立求解得

$$T_1=1.17℃, T_2=1.58℃, T_3=1.92℃, T_4=2.21℃, T_5=2.46℃$$

左边界流出热流为 $-h_{\mathrm{f}}(T_{\mathrm{f}}-T_1)=1.7\mathrm{W/m^2}$，不等于右边界热流，这说明有限差分离散格式不具有守恒性。

例 4 试对一维径向稳态常物性导热问题求解，计算条件如下：计算区域内径 R_1=1m，外径 R_2=2m，内径处恒温 T_{L}=0℃，外径处恒热流边界条件，流入热流为 $q=150\mathrm{W/m^2}$，导热系数为 $\lambda=5\mathrm{W/(m\cdot ℃)}$。要求：采用有限容积外节点法进行求解，计算网格如下图 6.14 所示，内节点采用二阶中心差分格式，边界点采用一阶格式离散，分析边界点不包含和包含控制容积两种情况时各自左右边界热通量是否相等，并说明原因。

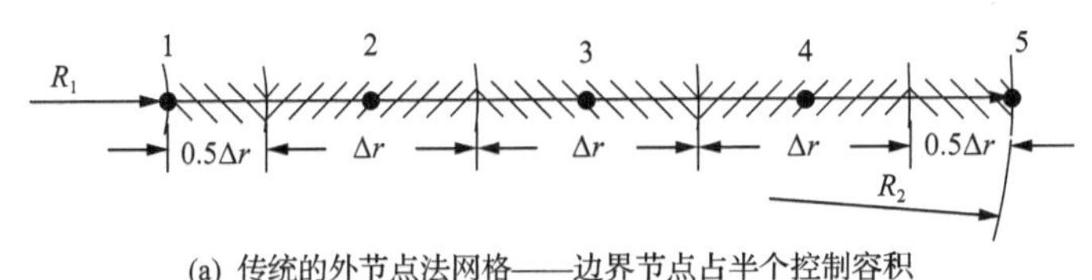

(a) 传统的外节点法网格——边界节点占半个控制容积

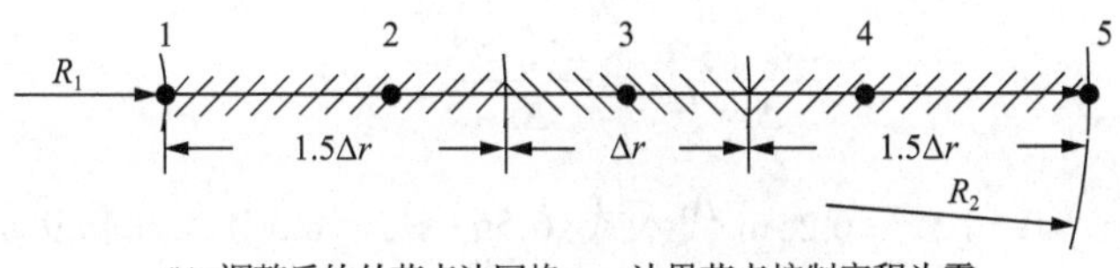

(b) 调整后的外节点法网格——边界节点控制容积为零

图 6.14　一维计算区域示意图

【解析】本题考查外节点法边界点不包含和包含控制容积两种情况的守恒性。

根据题意控制方程为

$$\frac{\lambda}{r}\frac{\partial}{\partial r}\left(r\frac{\partial T}{\partial r}\right)=0 \tag{6.52}$$

(1)边界点无控制容积。

对方程(6.52)采用有限容积法进行离散见式(5.62)，得到内节点 3(控制容积大小为 $r_{3+1/2}-r_{3-1/2}=\Delta r$)的方程为

$$\left(\frac{\lambda r_{3-1/2}}{\Delta r}+\frac{\lambda r_{3+1/2}}{\Delta r}\right)T_3=\frac{\lambda r_{3-1/2}}{\Delta r}T_2+\frac{\lambda r_{3+1/2}}{\Delta r}T_4 \tag{6.53}$$

与边界相邻的内节点 2 和 4 的控制容积大小均为 $r_{2+1/2}-r_1=r_5-r_{4-1/2}=1.5\Delta r$，采用一阶精度附加源项法处理边界条件的影响(见表 5.21)，可得内节点 2 和 4 的方程：

$$\left(\frac{\lambda r_1}{\Delta r}+\frac{\lambda r_{2+1/2}}{\Delta r}\right)T_2=\frac{\lambda r_1}{\Delta r}T_1+\frac{\lambda r_{2+1/2}}{\Delta r}T_3 \tag{6.54}$$

$$\frac{\lambda r_{4-1/2}}{\Delta r}T_4=\frac{\lambda r_{4-1/2}}{\Delta r}T_3+r_5 q \tag{6.55}$$

将 $\lambda=5\text{W/(m}\cdot℃)$ 和 $\Delta r=0.25\text{m}$ 代入式(6.56)～式(6.57)，并联立求解得

$$T_1=0℃, T_2=15.0℃, T_3=25.91℃, T_4=35.14℃$$

左边界流出热通量 $Q_{2w}=r_1\lambda\frac{T_2-T_1}{\Delta r}=300\text{W/m}^2$，右边界流入热通量 $Q_{4e}=r_5 q=300\text{W/m}^2$，左右两边界热通量相等，这说明边界点无控制容积时的外节点法具有守恒性。

(2)边界点有控制容积。

采用有限容积法离散并整理，可得内节点 i=2,3,4(控制容积大小为 $r_{i+1/2}-r_{i-1/2}=\Delta r$)的方程：

$$\left(\frac{\lambda r_{i-1/2}}{\Delta r}+\frac{\lambda r_{i+1/2}}{\Delta r}\right)T_i=\frac{\lambda r_{i-1/2}}{\Delta r}T_{i-1}+\frac{\lambda r_{i+1/2}}{\Delta r}T_{i+1} \tag{6.56}$$

对于边界点 5(控制容积大小为 $r_5-r_{5-1/2}=0.5\Delta r$)，控制容积积分可得

$$\frac{\lambda r_{5-1/2}}{\Delta r}T_5=\frac{\lambda r_{5-1/2}}{\Delta r}T_4+r_5 q \tag{6.57}$$

将 $\lambda=5\ \mathrm{W/(m\cdot ℃)}$ 和 $\Delta r=0.25\mathrm{m}$ 代入式(6.56)～式(6.57)，并联立求解得

$$T_1=0℃,\ T_2=13.33℃,\ T_3=24.24℃,\ T_4=33.47℃,\ T_5=41.47℃$$

左边界流出热通量 $Q_{1w}=r_1\lambda\dfrac{T_2-T_1}{\Delta r}=266.7\mathrm{W/m^2}$，与右边界热通量不相等，这说明对边界点控制容积积分的外节点法总体热通量不具有守恒性。

此外，通常还可直接对边界条件离散的方式来封闭方程，采用该方法对边界点 5 的离散方程为

$$\frac{\lambda}{\Delta r}T_5=\frac{\lambda}{\Delta r}T_4+q \tag{6.58}$$

将 $\lambda=5\mathrm{W/(m\cdot ℃)}$ 和 $\Delta r=0.25\mathrm{m}$ 代入式(6.56)和式(6.58)，并联立求解得

$$T_1=0℃,\ T_2=12.50℃,\ T_3=22.73℃,\ T_4=31.38℃,\ T_5=38.88℃$$

此时，左边界流出热通量 $Q_{1w}=r_1\lambda\dfrac{T_2-T_1}{\Delta r}=250\mathrm{W/m^2}$，也与右边界热通量不相等，说明这种情况下总体热通量也不具有守恒性。

值得指出的是，虽然边界点有控制容积外节点法不能够保证总体热通量的守恒，但在每个内界面上能保证流进和流出的热通量相等。

例 5 (1)以非均分网格下一维常物性问题为例对比有限差分和有限容积法下对流项离散表达式的区别，格式考虑一阶迎风、二阶迎风、中心差分，如下图 6.15 所示。

(2)以非均分网格下一维常物性问题为例对比有限差分和有限容积法下扩散项采用二阶中心差分离散表达式的区别。

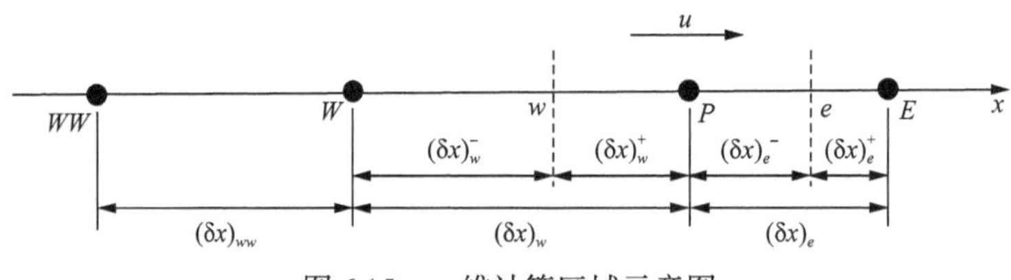

图 6.15 一维计算区域示意图

【解析】本题考查有限差分法和有限容积法下离散表达式的区别。

(1)对比有限差分和有限容积法下对流项离散表达式的区别。

根据式(4.3)可得到有限差分法中一阶导数在各阶精度下的离散表达式。根据 5.3 节中的东界面通量离散表达式减去西界面通量离散表达式再除以控制容积体积，可得到有限容积法中各阶精度下的离散表达式。得到的结果见表 6.5。

表 6.5　对流项离散表达式

离散格式	有限差分法	有限容积法
一阶迎风	$\rho u\dfrac{\phi_P-\phi_W}{(\delta x)_w}$	$\rho u\dfrac{\phi_P-\phi_W}{(\delta x)_w^{+}+(\delta x)_e^{-}}$
二阶迎风	$\rho u\left[\begin{array}{l}\dfrac{(\delta x)_{ww}+2(\delta x)_w}{(\delta x)_w\left[(\delta x)_{ww}+(\delta x)_w\right]}\phi_P \\ -\dfrac{(\delta x)_{ww}+(\delta x)_w}{(\delta x)_{ww}(\delta x)_w}\phi_W \\ +\dfrac{(\delta x)_w}{(\delta x)_{ww}\left[(\delta x)_{ww}+(\delta x)_w\right]}\phi_{WW}\end{array}\right]$	$\rho u\left[\begin{array}{l}\dfrac{(\delta x)_w+(\delta x)_e^{-}}{(\delta x)_w\left[(\delta x)_w^{+}+(\delta x)_e^{-}\right]}\phi_P \\ -\left[\begin{array}{l}\dfrac{(\delta x)_e^{-}}{(\delta x)_w}+ \\ \dfrac{(\delta x)_{ww}+(\delta x)_w^{-}}{(\delta x)_{ww}}\end{array}\right]\dfrac{1}{(\delta x)_w^{+}+(\delta x)_e^{-}}\phi_W \\ +\dfrac{(\delta x)_w^{-}}{(\delta x)_{ww}\left[(\delta x)_w^{+}+(\delta x)_e^{-}\right]}\phi_{WW}\end{array}\right]$
中心差分	$\rho u\left[\begin{array}{l}\dfrac{(\delta x)_w}{(\delta x)_e\left[(\delta x)_w+(\delta x)_e\right]}\phi_E \\ +\dfrac{(\delta x)_e-(\delta x)_w}{(\delta x)_w(\delta x)_e}\phi_P \\ -\dfrac{(\delta x)_e}{(\delta x)_w\left[(\delta x)_w+(\delta x)_e\right]}\phi_W\end{array}\right]$	$\rho u\left[\begin{array}{l}\dfrac{(\delta x)_e^{-}}{(\delta x)_e\left[(\delta x)_w^{+}+(\delta x)_e^{-}\right]}\phi_E \\ +\left[\begin{array}{l}\dfrac{(\delta x)_e^{+}}{(\delta x)_e} \\ -\dfrac{(\delta x)_w^{-}}{(\delta x)_w}\end{array}\right]\dfrac{1}{(\delta x)_w^{+}+(\delta x)_e^{-}}\phi_P \\ -\dfrac{(\delta x)_w^{+}}{(\delta x)_w\left[(\delta x)_w^{+}+(\delta x)_e^{-}\right]}\phi_W\end{array}\right]$

从表 6.5 可以看出，可发现虽采用相同离散格式，但通过有限差分法和有限容积法得到的对流项离散表达式有较大差别。由于有限差分法离散过程中仅会考虑到节点之间距离，所以系数中距离项仅由 $(\delta x)_w$, $(\delta x)_{ww}$, $(\delta x)_e$ 组成；而有限容积法中还会考虑到界面至节点的距离，所以系数中距离项还有 $(\delta x)_w^{-}$, $(\delta x)_e^{+}$ 等。上述格式针对的是常物性恒流速问题，若计算区域中物性和流速随距离变化，离散表达式中系数的差别会更大。

(2) 对比有限差分法和有限容积法下扩散项采用中心差分离散表达式的区别。

根据式(4.7)和 5.4 节可分别得到有限差分法和有限容积法下，二阶导数采用中心差分格式的离散表达式，如式(6.59)和式(6.60)所示：

$$\lambda\frac{\partial^2\phi}{\partial x^2}\bigg|_P=\lambda\left[\frac{1}{(\delta x)_e\left[(\delta x)_w+(\delta x)_e\right]}\phi_E-\frac{1}{(\delta x)_w(\delta x)_e}\phi_P+\frac{1}{(\delta x)_w\left[(\delta x)_w+(\delta x)_e\right]}\phi_W\right]\tag{6.59}$$

$$\begin{aligned}&\frac{\partial}{\partial x}\left(\lambda\frac{\partial\phi}{\partial x}\right)\bigg|_P\\&=\lambda\left[\frac{1}{(\delta x)_e\left[(\delta x)_w^{+}+(\delta x)_e^{-}\right]}\phi_E-\left[\frac{1}{(\delta x)_e}+\frac{1}{(\delta x)_w}\right]\frac{1}{(\delta x)_w^{+}+(\delta x)_e^{-}}\phi_P+\frac{1}{(\delta x)_w\left[(\delta x)_w^{+}+(\delta x)_e^{-}\right]}\phi_W\right]\end{aligned}\tag{6.60}$$

对比式(6.59)和式(6.60)可知，分别通过有限差分法和有限容积法得到的扩散项离散表达式也有差别。有限差分法中系数的距离项仅由 $(\delta x)_w$ 和 $(\delta x)_e$ 组成；而有限容积法中还有界面至节点的距离 $(\delta x)_w^-$ 和 $(\delta x)_e^+$。并且，当物性随距离变化时，两式的差距会更大。

例 6　采用有限容积内节点法非均分网格，推导得出常物性扩散方程离散表达式，试对该离散方程逼近微分方程和积分方程的截断误差进行分析对比，来阐明对于有限容积法离散方程逼近的是积分方程而不是微分方程。

【解析】本题考查对有限容积法截断误差的理解。

已知内节点法非均分网格如图 6.16 所示，令 $(\delta x)_e = \alpha(\delta x)_w$ 和 $(\delta x)_w^+ = \beta(\delta x)_w$，于是控制容积大小 $\Delta x = (\delta x)_w^+ = (\delta x)_e^- = 2\beta(\delta x)_w$。

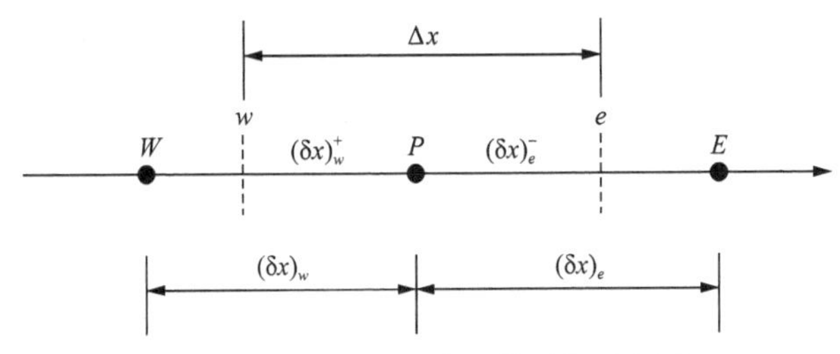

图 6.16　内节点法非均分网格示意图

扩散积分方程表示为

$$\int_w^e \frac{\partial}{\partial x}\left(\Gamma\frac{\partial\phi}{\partial x}\right)\mathrm{d}x = \left(\Gamma\frac{\partial\phi}{\partial x}\right)_e - \left(\Gamma\frac{\partial\phi}{\partial x}\right)_w = 0 \tag{6.61}$$

采用中心差分格式离散式(6.61)得

$$\Gamma\frac{\phi_E-\phi_P}{(\delta x)_e} - \Gamma\frac{\phi_P-\phi_W}{(\delta x)_w} = 0 \tag{6.62}$$

(1)采用对微分型方程进行逼近的方法。

将 ϕ_E，ϕ_W 分别在 P 点处展开，得

$$\phi_E = \phi_P + \left.\frac{\partial\phi}{\partial x}\right|_P(\delta x)_e + \left.\frac{\partial^2\phi}{\partial x^2}\right|_P\frac{(\delta x)_e^2}{2} + \left.\frac{\partial^3\phi}{\partial x^3}\right|_P\frac{(\delta x)_e^3}{6} + O\left[(\Delta x)^4\right] \tag{6.63}$$

$$\phi_W = \phi_P - \left.\frac{\partial\phi}{\partial x}\right|_P(\delta x)_w + \left.\frac{\partial^2\phi}{\partial x^2}\right|_P\frac{(\delta x)_w^2}{2} - \left.\frac{\partial^3\phi}{\partial x^3}\right|_P\frac{(\delta x)_w^3}{6} + O\left[(\Delta x)^4\right] \tag{6.64}$$

将式(6.63)和式(6.64)代入式(6.62)中得

$$\Gamma\frac{\phi_E-\phi_P}{(\delta x)_e}-\Gamma\frac{\phi_P-\phi_W}{(\delta x)_w}=\frac{\partial}{\partial x}\left(\Gamma\frac{\partial\phi}{\partial x}\right)_P\Delta x$$
$$+\frac{1}{4\beta}(\alpha+1-2\beta)\Gamma\left.\frac{\partial^2\phi}{\partial x^2}\right|_P\Delta x+\frac{1}{24\beta^2}(\alpha^2-1)\Gamma_P\left.\frac{\partial^3\phi}{\partial x^3}\right|_P(\Delta x)^2+O\left[(\Delta x)^3\right] \tag{6.65}$$

扩散项截差为离散方程与微分方程$\frac{\partial}{\partial x}\left(\Gamma\frac{\partial\phi}{\partial x}\right)_P=0$的差别项，即

$$R^{\mathrm{D}}=\frac{\partial}{\partial x}\left(\Gamma\frac{\partial\phi}{\partial x}\right)_P-\frac{1}{\Delta x}\left[\Gamma\frac{\phi_E-\phi_P}{(\delta x)_e}-\Gamma\frac{\phi_P-\phi_W}{(\delta x)_w}\right] \tag{6.66}$$

则依据式(6.65)，扩散项截差表示为

$$R^{\mathrm{D}}=-\frac{1}{4\beta}(\alpha+1-2\beta)\Gamma\left.\frac{\partial^2\phi}{\partial x^2}\right|_P-\frac{1}{24\beta^2}(\alpha^2-1)\Gamma\left.\frac{\partial^3\phi}{\partial x^3}\right|_P\Delta x+O\left[(\Delta x)^2\right] \tag{6.67}$$

式(6.67)中会出现零阶误差项，意味着无论多小的网格步长都无法减小此误差项，与实际计算结果不符，这也说明将有限容积法的截断误差理解为对微分型方程近似程度的观点是不合理的。

(2)采用对积分型方程进行逼近的方法。

根据式(5.49)，一维问题e界面扩散通量截差为

$$R_e^{\mathrm{D}}=\left(\Gamma\frac{\partial\phi}{\partial x}\right)_e-\Gamma\frac{\phi_E-\phi_P}{(\delta x)_e}=\left(\frac{1}{2}-\frac{\alpha}{4\beta}\right)\Gamma\left.\frac{\partial^2\phi}{\partial x^2}\right|_e\Delta x+O\left[(\Delta x)^2\right] \tag{6.68}$$

类似地，w界面扩散通量截差为

$$R_w^{\mathrm{D}}=\left(\Gamma\frac{\partial\phi}{\partial x}\right)_w-\Gamma\frac{\phi_P-\phi_W}{(\delta x)_w}=\left(\frac{1}{4\beta}-\frac{1}{2}\right)\Gamma\left.\frac{\partial^2\phi}{\partial x^2}\right|_w\Delta x+O\left[(\Delta x)^2\right] \tag{6.69}$$

则对流项离散截差为

$$R^{\mathrm{D}}=R_e^{\mathrm{D}}-R_w^{\mathrm{D}}=\left(\frac{1}{2}-\frac{\alpha}{4\beta}\right)\Gamma\left.\frac{\partial^2\phi}{\partial x^2}\right|_e\Delta x-\left(\frac{1}{4\beta}-\frac{1}{2}\right)\Gamma\left.\frac{\partial^2\phi}{\partial x^2}\right|_w\Delta x+O\left[(\Delta x)^2\right] \tag{6.70}$$

式(6.70)可知，有限容积法离散表达式对积分型方程的近似精度为一阶，有限容积法的截断误差应是针对积分型方程而言。

例 7　一维非稳态、无源项、常物性导热方程为$\rho\frac{\partial T}{\partial t}=\lambda\frac{\partial^2 T}{\partial x^2}$，设计算区域左边界为第二类边界条件，试回答以下问题。

(1) 当方程的非稳态项采用一阶向前差分格式离散、扩散项采用二阶中心差分格式离散时，试分析内节点采用隐式、左边界采用显式处理时方程的相容性条件。

(2) 在计算中发现，当时间步长较大时显式边界条件比隐式边界条件结果误差要大很多，试分析原因是什么？

【解析】本题考查内部节点采用隐式格式而边界节点进行显式处理时带来的相容性问题。

(1) 上述方程在点 i 和 $n+1$ 时层处的微分算子可写为

$$L(T_i^{n+1}) = \rho \frac{\partial T}{\partial t}\bigg|_i^{n+1} - \lambda \frac{\partial^2 T}{\partial x^2}\bigg|_i^{n+1} \tag{6.71}$$

式 (6.71) 非稳态项采用一阶向前差分格式离散、扩散项采用二阶中心差分格式离散时的差分算子表达式为

$$L_{\Delta x,\Delta t}(T_i^{n+1}) = \rho \frac{T_i^{n+1} - T_i^n}{\Delta t} - \lambda \frac{T_{i+1}^{n+1} - 2T_i^{n+1} + T_{i-1}^{n+1}}{(\Delta x)^2} \tag{6.72}$$

已知计算区域左边界为第二类边界条件，若采用显式处理时，与左边界相邻内节点的差分算子为

$$L_{\Delta x,\Delta t}(T_2^{n+1}) = \rho \frac{T_2^{n+1} - T_2^n}{\Delta t} - \lambda \frac{T_3^{n+1} - 2T_2^{n+1} + T_1^n}{(\Delta x)^2} \tag{6.73}$$

式 (6.72) 和式 (6.73) 分别在点 $(i,\ n+1)$ $(i \neq 2)$ 和 $(2,\ n+1)$ 处进行泰勒展开并减去式 (6.71)，可得导热方程的截断误差为

$$R_i^{n+1} = L_{\Delta x,\Delta t}(T_i^{n+1}) - L(T_i^{n+1}) = \begin{cases} O\left[\dfrac{\Delta t}{(\Delta x)^2}, (\Delta x)^2, \Delta t\right]，\text{左边界相邻内节点} \\ O\left[(\Delta x)^2, \Delta t\right]，\text{其他内节点} \end{cases} \tag{6.74}$$

从式 (6.74) 可看出，左边界离散格式是条件相容的，满足相容性的条件为 Δt 是 Δx 的二阶无穷小量。

(2) 由上一问计算结果可知，当边界采用显式格式时为条件相容，当时间步长取较大时不满足 Δt 是 Δx 的二阶无穷小量条件，导致截差项中 $O\left[\dfrac{\Delta t}{(\Delta x)^2}\right]$ 项较大，从而显式边界条件离散后整体的计算误差较大。

例 8 对一维非稳态导热方程采用以下三种格式进行离散：

$$\frac{T_i^{n+1} - T_i^n}{\Delta t} = a \frac{T_{i+1}^n - 2T_i^n + T_{i-1}^n}{(\Delta x)^2} \tag{6.75}$$

$$\frac{T_i^{n+1}-T_i^n}{\Delta t}=a\frac{T_{i+1}^{n+1}-2T_i^{n+1}+T_{i-1}^{n+1}}{(\Delta x)^2} \tag{6.76}$$

$$\frac{T_i^{n+1}-T_i^n}{\Delta t}=a\frac{T_{i+1}^{n}-2T_i^{n+1}+T_{i-1}^{n}}{(\Delta x)^2} \tag{6.77}$$

上述三种离散方程中，式(6.75)和式(6.77)均不用迭代求解代数方程，每个时层的温度值均可以通过上一时层值显式推进得到，而式(6.76)需要隐式求解。通过傅里叶分析可证明：式(6.75)是条件稳定的，式(6.76)和式(6.77)是绝对稳定的。是否说明式(6.77)优于式(6.75)和式(6.76)？为什么？

【解析】本题考查在判断非稳态离散格式时需综合考虑初值稳定性和相容性。

下面从初值稳定性和相容性两个角度全面对比上述三个离散方程。

(1) 从初值稳定性的角度分析，式(6.76)和式(6.77)是绝对稳定的，式(6.75)是条件稳定的，式(6.76)和式(6.77)在初值稳定性上优于式(6.75)。

(2) 从差分方程相容性的角度分析，由于式(6.77)扩散项同时含有隐式与显式量，其相容性受到时间步长与网格尺度的比值关系 $(\Delta t)^m/(\Delta x)^n$ 的影响，因此式(6.77)是条件相容的，而式(6.75)和式(6.76)是无条件相容的，式(6.75)和式(6.76)在相容性上优于式(6.77)。

因此，虽然式(6.77)是绝对稳定格式且编程简单，但由于其相容性较差，需要取相对较小的时间步长才能得到与时间步长无关的解，因此不推荐采用该格式。

例 9　计算非稳态问题时，第一次计算能得到收敛的数值解，第二次计算时，仅减小空间步长，导致了数值解的发散，试分析原因。

【解析】本题考查初值稳定性的定义。

求解非稳态问题时，必须保证初值稳定性。第一次计算能得到收敛的数值解，说明此时满足初值稳定性条件。而第二次计算时仅减小空间步长，导致了数值解的发散，说明减小空间步长破坏了初值稳定性条件。例如，对于一维非稳态扩散方程 $\frac{\partial \phi}{\partial t}=a\frac{\partial^2 \phi}{\partial x^2}$，当采用显式离散时，方程的初值稳定性条件为 $\frac{a\Delta t}{(\Delta x)^2}\leqslant\frac{1}{2}$。仅减小空间步长，$\frac{a\Delta t}{(\Delta x)^2}$ 会增大，其值大于 $\frac{1}{2}$ 时不再满足初值稳定性条件，从而导致数值解的发散。

例 10　试用诺依曼方法分析波动方程 $\frac{\partial \phi}{\partial t}+c\frac{\partial \phi}{\partial x}=0$ 采用如下差分格式时的稳定性条件：

$$\frac{\phi_i^{n+1}-\phi_i^n}{\Delta t}+c\frac{3\phi_i^n-4\phi_{i-1}^n+\phi_{i-2}^n}{2\Delta x}=0$$

$$\frac{\phi_i^{n+1}-\frac{1}{2}(\phi_{i+1}^n+\phi_{i-1}^n)}{\Delta t}+c\frac{\phi_{i+1}^n-\phi_{i-1}^n}{2\Delta x}=0$$

【解析】本题考查波动方程初值稳定性条件的求解。

(1) 根据题目所给离散方程可得到相应的误差传播方程为

$$\frac{\varepsilon_i^{n+1}-\varepsilon_i^n}{\Delta t}+c\frac{3\varepsilon_i^n-4\varepsilon_{i-1}^n+\varepsilon_{i-2}^n}{2\Delta x}=0 \tag{6.78}$$

将 $\varepsilon_i^n=C(t)\mathrm{e}^{i\theta\mathrm{I}}$（$\mathrm{I}=\sqrt{-1}$，表示虚数）代入式 (6.78) 可得

$$\frac{C(t+\Delta t)\mathrm{e}^{i\theta\mathrm{I}}-C(t)\mathrm{e}^{i\theta\mathrm{I}}}{\Delta t}+c\frac{3C(t)\mathrm{e}^{i\theta\mathrm{I}}-4C(t)\mathrm{e}^{(i-1)\theta\mathrm{I}}+C(t)\mathrm{e}^{(i-2)\theta\mathrm{I}}}{2\Delta x}=0 \tag{6.79}$$

化简得

$$\frac{C(t+\Delta t)}{C(t)}-1+\frac{c\Delta t}{2\Delta x}(3-4\mathrm{e}^{-\theta\mathrm{I}}+\mathrm{e}^{-2\theta\mathrm{I}})=0 \tag{6.80}$$

将式 (6.80) 移项并整理得

$$\begin{aligned}\frac{C(t+\Delta t)}{C(t)}&=1-\frac{c\Delta t}{2\Delta x}\left[3-4(\cos\theta-\mathrm{I}\sin\theta)+(\cos 2\theta-\mathrm{I}\sin 2\theta)\right]\\&=1-\frac{c\Delta t}{2\Delta x}(3-4\cos\theta+\cos 2\theta)-\frac{c\Delta t}{2\Delta x}(4\sin\theta-\sin 2\theta)\mathrm{I}\end{aligned} \tag{6.81}$$

初值稳定性要求：

$$\left|\frac{C(t+\Delta t)}{C(t)}\right|\leqslant 1 \tag{6.82}$$

即

$$\sqrt{\left[1-\frac{c\Delta t}{2\Delta x}(3-4\cos\theta+\cos 2\theta)\right]^2+\left[\frac{c\Delta t}{2\Delta x}(4\sin\theta-\sin 2\theta)\right]^2}\leqslant 1 \tag{6.83}$$

式 (6.83) 整理可得

$$\begin{aligned}\frac{c\Delta t}{4\Delta x}&\leqslant\frac{(3-4\cos\theta+\cos 2\theta)}{(3-4\cos\theta+\cos 2\theta)^2+(4\sin\theta-\sin 2\theta)^2}\\&=\frac{(2-4\cos\theta+2\cos^2\theta)}{[2(1-2\cos\theta+\cos^2\theta)]^2+(4\sin\theta-2\sin\theta\cos\theta)^2}\end{aligned}$$

$$
=\frac{2(1-\cos\theta)^2}{4(1-\cos\theta)^4+4\sin^2\theta(2-\cos\theta)^2}
$$

$$
=\frac{2(1-\cos\theta)^2}{4(1-\cos\theta)^4+4(1-\cos^2\theta)(2-\cos\theta)^2}
$$

$$
=\frac{2(1-\cos\theta)}{4(1-\cos\theta)^3+4(1+\cos\theta)(1+1-\cos\theta)^2} \tag{6.84}
$$

令式(6.84)中 $m=1-\cos\theta$，由于 $-1\leqslant\cos\theta\leqslant 1$，可得 $0\leqslant m\leqslant 2$。

因此，式(6.84)可化简为

$$
\begin{cases}
\dfrac{c\Delta t}{\Delta x}=0,\ m=0\\[2ex]
\dfrac{c\Delta t}{\Delta x}\leqslant\dfrac{2m}{m^3+(2-m)(1+m)^2}=\dfrac{2m}{3m+2}=\dfrac{2}{3+\dfrac{2}{m}},\ 0<m\leqslant 2
\end{cases} \tag{6.85}
$$

解得

$$
0\leqslant\frac{2}{3+\dfrac{2}{m}}\leqslant\frac{1}{2}
$$

因此，该格式绝对不稳定。

(2)根据题目所给离散方程可写出相应的误差传播方程为

$$
\frac{\varepsilon_i^{n+1}-\dfrac{1}{2}(\varepsilon_{i+1}^n+\varepsilon_{i-1}^n)}{\Delta t}+c\frac{(\varepsilon_{i+1}^n+\varepsilon_{i-1}^n)}{2\Delta x}=0 \tag{6.86}
$$

将 $\varepsilon_i^n=C(t)\mathrm{e}^{i\theta\mathrm{I}}$ 代入式(6.86)得

$$
\frac{C(t+\Delta t)\mathrm{e}^{i\theta\mathrm{I}}-\dfrac{1}{2}[C(t)\mathrm{e}^{(i+1)\theta\mathrm{I}}+C(t)\mathrm{e}^{(i-1)\theta\mathrm{I}}]}{\Delta t}+c\frac{C(t)\mathrm{e}^{(i+1)\theta\mathrm{I}}+C(t)\mathrm{e}^{(i-1)\theta\mathrm{I}}}{2\Delta x}=0 \tag{6.87}
$$

对式(6.87)进行整理，可得

$$
\frac{C(t+\Delta t)}{C(t)}=\left(\frac{1}{2}-\frac{c\Delta t}{2\Delta x}\right)(\mathrm{e}^{\theta\mathrm{I}}+\mathrm{e}^{-\theta\mathrm{I}}) \tag{6.88}
$$

将式(6.88)移项并整理得

$$
\frac{C(t+\Delta t)}{C(t)}=\left(\frac{1}{2}-\frac{c\Delta t}{2\Delta x}\right)(\cos\theta+\mathrm{I}\sin\theta+\cos\theta-\mathrm{I}\sin\theta)=\left(1-\frac{c\Delta t}{\Delta x}\right)\cos\theta \tag{6.89}
$$

初值稳定性要求：

$$\left|\frac{C(t+\Delta t)}{C(t)}\right| \leqslant 1 \tag{6.90}$$

即

$$\left|\left(1-\frac{c\Delta t}{\Delta x}\right)\cos\theta\right| \leqslant 1 \tag{6.91}$$

因此，离散方程的稳定性条件为$\dfrac{c\Delta t}{\Delta x} \leqslant 2$。

例 11　试证明离散方程$\dfrac{T_i^{n+1}-T_i^n}{\Delta t}=a\left[\dfrac{1}{2}\dfrac{T_{i+1}^{n+1}-2T_i^{n+1}+T_{i-1}^{n+1}}{(\Delta x)^2}+\dfrac{1}{2}\dfrac{T_{i+1}^n-2T_i^n+T_{i-1}^n}{(\Delta x)^2}\right]$(其中 a 为扩散系数)绝对稳定。采用该离散格式是否一定能得到具有物理意义的解？为什么？如不能，请给出一定能得到有物理意义解的条件？

【解析】本题考查初值稳定性条件和有物理意义解条件的不同。

首先证明该离散方程的稳定性。由题中所给的离散方程可得到相应的误差传播方程为

$$\frac{\varepsilon_i^{n+1}-\varepsilon_i^n}{\Delta t}=a\left[\frac{1}{2}\frac{\varepsilon_{i+1}^{n+1}-2\varepsilon_i^{n+1}+\varepsilon_{i-1}^{n+1}}{(\Delta x)^2}+\frac{1}{2}\frac{\varepsilon_{i+1}^n-2\varepsilon_i^n+\varepsilon_{i-1}^n}{(\Delta x)^2}\right] \tag{6.92}$$

将$\varepsilon=C(t)e^{i\theta \mathrm{I}}$代入式(6.92)得

$$\frac{C(t+\Delta t)e^{i\theta \mathrm{I}}-C(t)e^{i\theta \mathrm{I}}}{\Delta t}=a\left[\begin{array}{l}\dfrac{1}{2}\dfrac{C(t+\Delta t)e^{(i+1)\theta \mathrm{I}}-2C(t+\Delta t)e^{i\theta \mathrm{I}}+C(t+\Delta t)e^{(i-1)\theta \mathrm{I}}}{(\Delta x)^2}\\+\dfrac{1}{2}\dfrac{C(t)e^{(i+1)\theta \mathrm{I}}-2C(t)e^{i\theta \mathrm{I}}+C(t)e^{(i-1)\theta \mathrm{I}}}{(\Delta x)^2}\end{array}\right] \tag{6.93}$$

整理得

$$\frac{C(t+\Delta t)}{C(t)}=\frac{1+\dfrac{a\Delta t}{2(\Delta x)^2}(e^{\theta \mathrm{I}}-2+e^{-\theta \mathrm{I}})}{1-\dfrac{a\Delta t}{2(\Delta x)^2}(e^{\theta \mathrm{I}}-2+e^{-\theta \mathrm{I}})} \tag{6.94}$$

将$e^{\theta \mathrm{I}}=\cos\theta+\mathrm{I}\sin\theta$，$e^{-\theta \mathrm{I}}=\cos\theta-\mathrm{I}\sin\theta$代入式(6.94)得

$$\frac{C(t+\Delta t)}{C(t)}=\frac{1+\dfrac{a\Delta t}{(\Delta x)^2}(\cos\theta-1)}{1-\dfrac{a\Delta t}{(\Delta x)^2}(\cos\theta-1)}=\frac{1-\dfrac{2a\Delta t}{(\Delta x)^2}\sin^2\left(\dfrac{\theta}{2}\right)}{1+\dfrac{2a\Delta t}{(\Delta x)^2}\sin^2\left(\dfrac{\theta}{2}\right)} \tag{6.95}$$

由于

$$\left|\frac{C(t+\Delta t)}{C(t)}\right| = \left|\frac{1-\dfrac{2a\Delta t}{(\Delta x)^2}\sin^2\left(\dfrac{\theta}{2}\right)}{1+\dfrac{2a\Delta t}{(\Delta x)^2}\sin^2\left(\dfrac{\theta}{2}\right)}\right| \leqslant 1 \tag{6.96}$$

该离散方程是绝对稳定的。

采用该离散格式不一定能得到具有物理意义的解。因为初值的稳定性只是在数学上的稳定性，而数学上的稳定性只能保证数值解的振荡随时间的增长不扩大，但并不能保证在某一时间段内不出现振荡。为保证该离散格式求解初值稳定性问题时不出现振荡，保证得到有物理意义的解，需对最大时间步长进行限制，下面采用正型系数法进行分析。

将离散方程进行整理可得

$$\left(\frac{1}{\Delta t}+\frac{a}{(\Delta x)^2}\right)T_i^{n+1} = \frac{a}{2(\Delta x)^2}(T_{i+1}^{n+1}+T_{i+1}^{n}) + \frac{a}{2(\Delta x)^2}(T_{i-1}^{n+1}+T_{i-1}^{n}) + \left(\frac{1}{\Delta t}-\frac{a}{(\Delta x)^2}\right)T_i^{n} \tag{6.97}$$

根据正型系数法，要求 T_i^n 的离散系数 $\dfrac{1}{\Delta t}-\dfrac{a}{(\Delta x)^2}\geqslant 0$，可得 $\Delta t \leqslant \dfrac{(\Delta x)^2}{a}$，即网格傅里叶数满足 $Fo=\dfrac{a\Delta t}{(\Delta x)^2}\leqslant 1$。

例 12　分析二维非稳态常物性导热方程，时间上采用显式格式，空间上采用中心差分格式，试分析其初值稳定性条件。

【解析】本题考查二维导热问题的初值稳定性求解。

控制方程如下所示：

$$\frac{\partial T}{\partial t} = a\left(\frac{\partial^2 T}{\partial x^2}+\frac{\partial^2 T}{\partial y^2}\right) \tag{6.98}$$

将式(6.98)离散为

$$\frac{T_{i,j}^{n+1}-T_{i,j}^{n}}{\Delta t} = a\left(\frac{T_{i+1,j}^{n}-2T_{i,j}^{n}+T_{i-1,j}^{n}}{(\Delta x)^2}+\frac{T_{i,j+1}^{n}-2T_{i,j}^{n}+T_{i,j-1}^{n}}{(\Delta y)^2}\right) \tag{6.99}$$

式(6.99)为二维抛物型方程的离散方程，所以可采用二维空间的诺依曼方法分析稳定性，并将变量 $T_{i,j}^n$ 写成如下波动的表达式：

$$T_{i,j}^{n} = C(t)e^{\mathrm{I}P\Delta xi}e^{\mathrm{I}Q\Delta yj} = C(t)e^{\mathrm{I}(\theta i+\phi j)} \tag{6.100}$$

式中，$C(t)$ 相当于振幅；P 是在 x 方向上的波数；Q 是在 y 方向上的波数；$\theta = P\Delta x$；$\phi =$

$Q\Delta y$ 相当于两方向上的相位。将式(6.100)代入式(6.99)，得

$$\frac{C(t+\Delta t)-C(t)}{\Delta t}e^{\mathrm{I}(\theta i+\phi j)}=a\left[\frac{e^{\mathrm{I}\theta}-2+e^{-\mathrm{I}\theta}}{(\Delta x)^2}+\frac{e^{\mathrm{I}\phi}-2+e^{-\mathrm{I}\phi}}{(\Delta y)^2}\right]C(t)e^{\mathrm{I}(\theta i+\phi j)} \tag{6.101}$$

令 $Fo_x=a\dfrac{\Delta t}{(\Delta x)^2}$，$Fo_y=a\dfrac{\Delta t}{(\Delta y)^2}$，式(6.101)可写为

$$\frac{C(t+\Delta t)}{C(t)}=1+Fo_x(e^{\mathrm{I}\theta}-2+e^{-\mathrm{I}\theta})+Fo_y(e^{\mathrm{I}\phi}-2+e^{-\mathrm{I}\phi}) \tag{6.102}$$

根据稳定性条件，得到不等式：

$$\left|1-2Fo_x(1-\cos\theta)-2Fo_y(1-\cos\phi)\right|\leqslant 1 \tag{6.103}$$

从而得到以下两式：

$$Fo_x(1-\cos\theta)+Fo_y(1-\cos\phi)\geqslant 0 \tag{6.104}$$

$$Fo_x(1-\cos\theta)+Fo_y(1-\cos\phi)\leqslant 1 \tag{6.105}$$

式(6.104)恒成立；式(6.105)中的 $\cos\theta=\cos\phi=-1$ 时，可得式(6.99)的稳定性条件为 $Fo_x+Fo_y\leqslant\dfrac{1}{2}$。

例 13 以一维非稳态对流方程 $\dfrac{\partial\phi}{\partial t}+\dfrac{\partial(u\phi)}{\partial x}=0$（$u>0$ 且为常数）为例分析 FROMM 格式的迁移性，网格采用均分网格。

【解析】本题用于考查如何判断对流项的迁移性。

对流项的离散格式如果只能使扰动向下游传递，则称该格式具有迁移性，否则不具有迁移性。下面采用离散扰动分析法来分析 FROMM 格式的迁移性。FROMM 格式的离散表达式为

$$\phi_{i+1/2}=\frac{1}{4}(\phi_{i+1}+4\phi_i-\phi_{i-1}) \tag{6.106}$$

对时间项采用显式格式，采用有限容积法离散非稳态对流方程得

$$\frac{\phi_i^{n+1}-\phi_i^n}{\Delta t}=-u\frac{\phi_{i+1}^n+3\phi_i^n-5\phi_{i-1}^n+\phi_{i-2}^n}{4\Delta x} \tag{6.107}$$

为方便分析，假设开始时物理量的场已经均匀化，即 ϕ 处处相等，且假定其值为零。从某一时刻开始(例如第 n 时层)，在节点 i 上突然增加一个扰动 ε，而其余各点上的扰动均为零。随着时间的推移，这一扰动传递的情形可按差分方程来确定，将控制方程在

节点 i+1 上离散有

$$\frac{\phi_{i+1}^{n+1}-\phi_{i+1}^{n}}{\Delta t}=-u\frac{\phi_{i+2}^{n}+3\phi_{i+1}^{n}-5\phi_{i}^{n}+\phi_{i-1}^{n}}{4\Delta x} \tag{6.108}$$

由于 $\phi_{i+1}^{n}=\phi_{i+2}^{n}=\phi_{i-1}^{n}=0$，所以式(6.108)可进一步写为

$$\phi_{i+1}^{n+1}=\varepsilon\left(\frac{5u\Delta t}{4\Delta x}\right) \tag{6.109}$$

同理，将控制方程在节点 i–1 上离散有

$$\frac{\phi_{i-1}^{n+1}-\phi_{i-1}^{n}}{\Delta t}=-u\frac{\phi_{i}^{n}+3\phi_{i-1}^{n}-5\phi_{i-2}^{n}+\phi_{i-3}^{n}}{4\Delta x} \tag{6.110}$$

由于 $\phi_{i-1}^{n}=\phi_{i-2}^{n}=\phi_{i-3}^{n}=0$，式(6.110)可进一步写为

$$\phi_{i-1}^{n+1}=-\varepsilon\left(\frac{u\Delta t}{4\Delta x}\right) \tag{6.111}$$

综上可知，i 处的扰动同时向两个方向传播，所以 FROOM 格式不具有迁移性。

例 14　试分析如下离散方程的蔓延性。

$$\rho_{\phi}\frac{(\phi_{i}^{n+1}-\phi_{i}^{n})}{\Delta t}=\Gamma_{\phi}\frac{\phi_{i+2}^{n}-2\phi_{i}^{n}+\phi_{i-2}^{n}}{4(\Delta x)^{2}}$$

【解析】本题考查如何用扰动法判断扩散离散方程的蔓延性。

假设 n 时刻 ϕ 为零场，突然在某一节点 i 上有一扰动 ϕ_i^n，其余点的扰动为零，首先对 n+1 时层 i 节点分析扰动的传播：

$$\rho_{\phi}\frac{\phi_{i}^{n+1}-\phi_{i}^{n}}{\Delta t}=\Gamma_{\phi}\frac{\phi_{i+2}^{n}-2\phi_{i}^{n}+\phi_{i-2}^{n}}{4(\Delta x)^{2}} \tag{6.112}$$

式中，$\phi_{i+2}^{n}=\phi_{i-2}^{n}=0$。式(6.112)化简可得

$$\phi_{i}^{n+1}=\phi_{i}^{n}\left[1-\frac{\Gamma_{\phi}}{\rho_{\phi}}\frac{\Delta t}{2(\Delta x)^{2}}\right] \tag{6.113}$$

对 n+1 时层 i+2 节点分析扰动的传播有

$$\rho_{\phi}\frac{(\phi_{i+2}^{n+1}-\phi_{i+2}^{n})}{\Delta t}=\Gamma_{\phi}\frac{\phi_{i+4}^{n}-2\phi_{i+2}^{n}+\phi_{i}^{n}}{4(\Delta x)^{2}} \tag{6.114}$$

由于 $\phi_{i+2}^{n}=\phi_{i+4}^{n}=0$，式(6.114)化简可得

$$\phi_{i+2}^{n+1}=\phi_{i}^{n}\frac{\Gamma_{\phi}\Delta t}{4\rho_{\phi}(\Delta x)^{2}} \tag{6.115}$$

对 n+1 时层 i–2 节点分析扰动的传播有

$$\rho_{\phi}\frac{(\phi_{i-2}^{n+1}-\phi_{i-2}^{n})}{\Delta t}=\Gamma_{\phi}\frac{\phi_{i}^{n}-2\phi_{i-2}^{n}+\phi_{i-4}^{n}}{4(\Delta x)^{2}} \tag{6.116}$$

由于 $\phi_{i-2}^{n}=\phi_{i-4}^{n}=0$，式(6.116)化简可得

$$\phi_{i-2}^{n+1}=\phi_{i}^{n}\frac{\Gamma_{\phi}\Delta t}{4\rho_{\phi}(\Delta x)^{2}} \tag{6.117}$$

根据扩散项的蔓延性，扩散项离散格式要满足物理意义，要求 n+1 时层 i 点的近邻点 i+1 和 i-1 点应能感受到来自 i 的扰动，但式(6.115)和式(6.117)说明 i+1 和 i–1 点并未受到 i 点扰动的影响，这与扩散项扰动向四周均匀传播的特性不符。由于传播特性不满足物理意义，该离散格式导致相邻节点物理量失耦，可能得到无物理意义的数值解。

例 15　计算一维无源项稳态对流扩散问题时，对流项采用中心差分离散，第一次计算能得到既不发散也不振荡的解，第二次计算时，仅增大空间步长，得到收敛但振荡的解，试分析原因。

【解析】本题考查对流项稳定性的定义。

计算对流扩散问题时，对流项采用中心差分离散，第一次计算能得到既不发散也不振荡的解，说明对流项离散格式满足稳定性条件，即网格贝克莱数 $Pe_{\Delta}=\dfrac{\rho u\Delta x}{\Gamma}\leqslant 2$。第二次计算时仅增大空间步长，得到收敛但振荡的解，说明增大空间步长后网格贝克莱数 $Pe_{\Delta}>2$，破坏了对流项离散格式的稳定性条件。

例 16　证明表 6.1 中当对流项采用中心差分格式和 QUICK 格式时，与边界相邻内节点的对流稳定性条件。

【解析】本题考查与边界相邻内节点处对流稳定性条件的推导。

(1)边界处扩散通量中的一阶导数采用一阶格式。

非均分网格下，对流项采用中心差分格式时的表达式有

$$\rho u\left(\frac{x_{E}-x_{e}}{x_{E}-x_{P}}\phi_{P}+\frac{x_{e}-x_{P}}{x_{E}-x_{P}}\phi_{E}\right)-\rho u\left(\frac{x_{P}-x_{w}}{x_{P}-x_{W}}\phi_{W}+\frac{x_{w}-x_{W}}{x_{P}-x_{W}}\phi_{P}\right)=\Gamma\frac{\phi_{E}-\phi_{P}}{x_{E}-x_{P}}-\Gamma\frac{\phi_{P}-\phi_{W}}{x_{P}-x_{W}} \tag{6.118}$$

以图 6.17(a)所示的内节点法东边界邻点为例进行说明，将边界邻点的网格参数代入式(6.106)后得

$$\rho u\phi_E-\rho u\left(\frac{1}{2}\phi_W+\frac{1}{2}\phi_P\right)=\Gamma\frac{\phi_E-\phi_P}{0.5\Delta x}-\Gamma\frac{\phi_P-\phi_W}{\Delta x} \tag{6.119}$$

整理得

$$\left(-\frac{\rho u}{2}+\frac{3\Gamma}{\Delta x}\right)\phi_P=\left(\frac{\rho u}{2}+\frac{\Gamma}{\Delta x}\right)\phi_W+\left(-\rho u+\frac{2\Gamma}{\Delta x}\right)\phi_E \tag{6.120}$$

由正型系数法可得，应满足由 $-\frac{\rho u}{2}+\frac{3\Gamma}{\Delta x}\geqslant 0$ 可得 $Pe_\Delta\leqslant 6$；由 $-\rho u+\frac{2\Gamma}{\Delta x}\geqslant 0$ 可得

$$Pe_\Delta\leqslant 2 \tag{6.121}$$

则对流稳定性条件为 $Pe_\Delta\leqslant 2$。

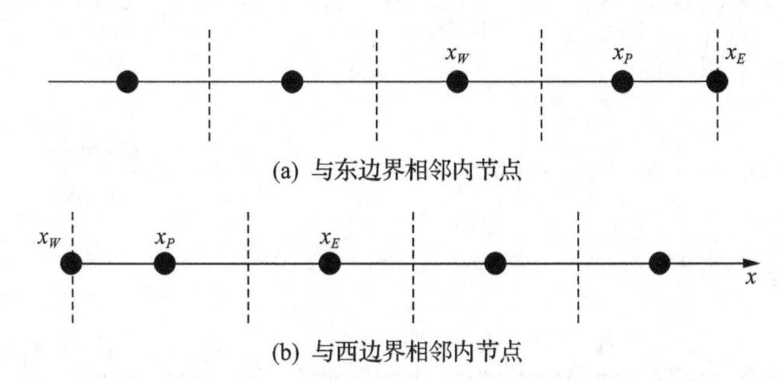

图 6.17　边界相邻内节点处网格信息

类似地，以图 6.17(b)所示，将内节点法西边界邻点以及外节点法东、西边界邻点的网格参数代入式(6.106)，得离散表达式如下。

内节点法西边界邻点：

$$\rho u\left(\frac{1}{2}\phi_P+\frac{1}{2}\phi_E\right)-\rho u\phi_W=\Gamma\frac{\phi_E-\phi_P}{\Delta x}-\Gamma\frac{\phi_P-\phi_W}{0.5\Delta x} \tag{6.122}$$

外节点法东边界邻点：

$$\rho u\phi_E-\rho u\left(\frac{1}{2}\phi_W+\frac{1}{2}\phi_P\right)=\Gamma\frac{\phi_E-\phi_P}{\Delta x}-\Gamma\frac{\phi_P-\phi_W}{\Delta x} \tag{6.123}$$

外节点法西边界邻点：

$$\rho u\left(\frac{1}{2}\phi_P+\frac{1}{2}\phi_E\right)-\rho u\phi_W=\Gamma\frac{\phi_E-\phi_P}{\Delta x}-\Gamma\frac{\phi_P-\phi_W}{\Delta x} \tag{6.124}$$

整理式(6.122)～式(6.124)，得对流项采用中心差分格式时其他边界邻点的对流项稳定性条件为

内节点法西边界邻点：

$$Pe_\Delta\leqslant 2 \tag{6.125}$$

外节点法东边界邻点：

$$Pe_\Delta \leqslant 1 \tag{6.126}$$

外节点法西边界邻点：

$$Pe_\Delta \leqslant 2 \tag{6.127}$$

采用与中心差分格式相同的步骤，得对流项采用 QUICK 格式时边界邻点的离散表达式如下。

内节点法东边界邻点：

$$\rho u\phi_E - \rho u\left(-\frac{1}{8}\phi_{WW} + \frac{3}{4}\phi_W + \frac{3}{8}\phi_P\right) = \Gamma\frac{\phi_E - \phi_P}{0.5\Delta x} - \Gamma\frac{\phi_P - \phi_W}{\Delta x} \tag{6.128}$$

内节点法西边界邻点：

$$\rho u\left(-\frac{1}{3}\phi_W + \phi_P + \frac{1}{3}\phi_E\right) - \rho u\phi_W = \Gamma\frac{\phi_E - \phi_P}{\Delta x} - \Gamma\frac{\phi_P - \phi_W}{0.5\Delta x} \tag{6.129}$$

外节点法东边界邻点：

$$\rho u\phi_E - \rho u\left(-\frac{1}{8}\phi_{WW} + \frac{3}{4}\phi_W + \frac{3}{8}\phi_P\right) = \Gamma\frac{\phi_E - \phi_P}{\Delta x} - \Gamma\frac{\phi_P - \phi_W}{\Delta x} \tag{6.130}$$

外节点法西边界邻点：

$$\rho u\left(-\frac{1}{8}\phi_W + \frac{3}{4}\phi_P + \frac{3}{8}\phi_E\right) - \rho u\phi_W = \Gamma\frac{\phi_E - \phi_P}{\Delta x} - \Gamma\frac{\phi_P - \phi_W}{\Delta x} \tag{6.131}$$

整理式(6.128)～式(6.130)，得对流项采用 QUICK 格式时边界邻点的对流项稳定性条件如下。

内节点法东边界邻点：

$$Pe_\Delta \leqslant 2 \tag{6.132}$$

内节点法西边界邻点：

$$Pe_\Delta \leqslant 3 \tag{6.133}$$

外节点法东边界邻点：

$$Pe_\Delta \leqslant 1 \tag{6.134}$$

外节点法西边界邻点：

$$Pe_\Delta \leqslant \frac{8}{3} \tag{6.135}$$

(2)边界处扩散通量中的一阶导数采用二阶格式。

对流项采用中心差分格式时，边界邻点的离散表达式如下。

内节点法东边界邻点：

$$\rho u\phi_E - \rho u\left(\frac{1}{2}\phi_W + \frac{1}{2}\phi_P\right) = \frac{\Gamma}{\Delta x}\left(\frac{8}{3}\phi_E - 3\phi_P + \frac{1}{3}\phi_W\right) - \Gamma\frac{\phi_P - \phi_W}{\Delta x} \tag{6.136}$$

内节点法西边界邻点：

$$\rho u\left(\frac{1}{2}\phi_P + \frac{1}{2}\phi_E\right) - \rho u\phi_W = \Gamma\frac{\phi_E - \phi_P}{\Delta x} - \frac{\Gamma}{\Delta x}\left(-\frac{8}{3}\phi_W + 3\phi_P - \frac{1}{3}\phi_E\right) \tag{6.137}$$

外节点法东边界邻点：

$$\rho u\phi_E - \rho u\left(\frac{1}{2}\phi_W + \frac{1}{2}\phi_P\right) = \frac{\Gamma}{\Delta x}\left(\frac{3}{2}\phi_E - 2\phi_P + \frac{1}{2}\phi_W\right) - \Gamma\frac{\phi_P - \phi_W}{\Delta x} \tag{6.138}$$

外节点法西边界邻点：

$$\rho u\left(\frac{1}{2}\phi_P + \frac{1}{2}\phi_E\right) - \rho u\phi_W = \Gamma\frac{\phi_E - \phi_P}{\Delta x} - \frac{\Gamma}{\Delta x}\left(-\frac{3}{2}\phi_W + 2\phi_P - \frac{1}{2}\phi_E\right) \tag{6.139}$$

整理式(6.136)～式(6.139)，得对流项采用中心差分格式时边界邻点的对流项稳定性条件如下。

内节点法东边界邻点：

$$Pe_\Delta \leqslant \frac{8}{3} \tag{6.140}$$

内节点法西边界邻点：

$$Pe_\Delta \leqslant \frac{8}{3} \tag{6.141}$$

外节点法东边界邻点：

$$Pe_\Delta \leqslant \frac{3}{2} \tag{6.142}$$

外节点法西边界邻点：

$$Pe_\Delta \leqslant 3 \tag{6.143}$$

对流项采用 QUICK 格式时，边界邻点的离散表达式如下。

内节点法东边界邻点：

$$\rho u\phi_E - \rho u\left(-\frac{1}{8}\phi_{WW} + \frac{3}{4}\phi_W + \frac{3}{8}\phi_P\right) = \frac{\Gamma}{\Delta x}\left(\frac{8}{3}\phi_E - 3\phi_P + \frac{1}{3}\phi_W\right) - \Gamma\frac{\phi_P - \phi_W}{\Delta x} \tag{6.144}$$

内节点法西边界邻点：

$$\rho u\left(-\frac{1}{3}\phi_W+\phi_P+\frac{1}{3}\phi_E\right)-\rho u\phi_W=\Gamma\frac{\phi_E-\phi_P}{\Delta x}-\frac{\Gamma}{\Delta x}\left(-\frac{8}{3}\phi_W+3\phi_P-\frac{1}{3}\phi_E\right)\tag{6.145}$$

外节点法东边界邻点：

$$\rho u\phi_E-\rho u\left(-\frac{1}{8}\phi_{WW}+\frac{3}{4}\phi_W+\frac{3}{8}\phi_P\right)=\frac{\Gamma}{\Delta x}\left(\frac{3}{2}\phi_E-2\phi_P+\frac{1}{2}\phi_W\right)-\Gamma\frac{\phi_P-\phi_W}{\Delta x}\tag{6.146}$$

外节点法西边界邻点：

$$\rho u\left(-\frac{1}{8}\phi_W+\frac{3}{4}\phi_P+\frac{3}{8}\phi_E\right)-\rho u\phi_W=\Gamma\frac{\phi_E-\phi_P}{\Delta x}-\frac{\Gamma}{\Delta x}\left(-\frac{3}{2}\phi_W+2\phi_P-\frac{1}{2}\phi_E\right)\tag{6.147}$$

整理式(6.144)～式(6.147)，得对流项采用 QUICK 格式时边界邻点的对流项稳定性条件如下。

内节点法东边界邻点：

$$Pe_{\Delta}\leqslant\frac{8}{3}\tag{6.148}$$

内节点法西边界邻点：

$$Pe_{\Delta}\leqslant 4\tag{6.149}$$

外节点法东边界邻点：

$$Pe_{\Delta}\leqslant\frac{3}{2}\tag{6.150}$$

外节点法西边界邻点：

$$Pe_{\Delta}\leqslant 4\tag{6.151}$$

例 17　对流项的稳定性是针对一维等截面无源项对流扩散方程得到的，试问该结论对如下一维变截面对流扩散方程是否还成立？为什么？

$$\frac{\partial(\rho uA\phi)}{\partial x}=\frac{\partial}{\partial x}\left(A\Gamma\frac{\partial\phi}{\partial x}\right)$$

【解析】本题考查变截面问题的对流项稳定性条件。

成立。以对流项采用 QUICK 格式进行说明，采用有限容积法对一维变截面对流扩散方程离散得

$$
\begin{aligned}
&(\rho uA)_e\left(-\frac{1}{8}\phi_W+\frac{3}{4}\phi_P+\frac{3}{8}\phi_E\right)-(\rho uA)_w\left(-\frac{1}{8}\phi_{WW}+\frac{3}{4}\phi_W+\frac{3}{8}\phi_P\right)\\
&=\left[(A\Gamma)_e\frac{\phi_E-\phi_P}{(\delta x)_e}-(A\Gamma)_w\frac{\phi_P-\phi_W}{(\delta x)_w}\right]
\end{aligned}
\tag{6.152}
$$

将式(6.152)整理后得

$$
\begin{aligned}
&\left[\frac{3(\rho uA)_e}{4}-\frac{3(\rho uA)_w}{8}+\frac{(A\Gamma)_e}{(\delta x)_e}+\frac{(A\Gamma)_w}{(\delta x)_w}\right]\phi_P\\
&=\left[\frac{(\rho uA)_e}{8}+\frac{3(\rho uA)_w}{4}+\frac{(A\Gamma)_w}{(\delta x)_w}\right]\phi_W+\left[\frac{(A\Gamma)_e}{(\delta x)_e}-\frac{3(\rho uA)_e}{8}\right]\phi_E-\frac{(\rho uA)_w}{8}\phi_{WW}
\end{aligned}
\tag{6.153}
$$

令 $F=\rho uA$，$D=\dfrac{A\Gamma}{\delta x}$，则式(6.153)转化为

$$
a_P\phi_P=a_W\phi_W+a_E\phi_E-a_{WW}\phi_{WW}
\tag{6.154}
$$

式中，

$$
a_W=\frac{1}{8}F_e+\frac{3}{4}F_w+D_w;\ a_E=-\frac{3}{8}F_e+D_e;\ a_{WW}=-\frac{1}{8}F_w;\ a_P=a_W+a_E+a_{WW}+F_e-F_w
$$

由于各截面质量流量相等 $F_e=F_w$，可判断得 a_W 和 a_P 恒大于 0，于是对流项稳定性条件要求：$a_E\geqslant 0$

$$
-\frac{3(\rho uA)_e}{8}+\frac{(A\Gamma)_e}{(\delta x)_e}=A_e\left[-\frac{3(\rho u)_e}{8}+\frac{\Gamma_e}{(\delta x)_e}\right]\geqslant 0
\tag{6.155}
$$

即

$$
\frac{(\rho u)_e(\delta x)_e}{\Gamma_e}\leqslant\frac{8}{3}
\tag{6.156}
$$

对均分网格常物性问题，式(6.156)化简为

$$
Pe_\Delta=\frac{\rho u\Delta x}{\Gamma}\leqslant\frac{8}{3}
\tag{6.157}
$$

从上可以看出，此条件与一维等截面对流扩散方程的对流项稳定性条件相同。类似地，对其他格式也可以证明此结论。

例 18　以一维稳态无源项对流扩散模型方程为例：

$$
\frac{\partial(\rho u\phi)}{\partial x}=\frac{\partial}{\partial x}\left(\Gamma\frac{\partial\phi}{\partial x}\right)
$$

左右边界条件为 $x=0, \phi=\phi_0, x=L, \phi=\phi_L$，证明采用有界格式离散对流项，二阶中心差分格式离散扩散项，对流项绝对稳定。

【解析】本题考查有界格式必满足对流项稳定性的证明。

下面采用 CBC 准则来分析有界格式的稳定性，一维控制方程为

$$\frac{\partial(\rho u\phi)}{\partial x}=\frac{\partial}{\partial x}\left(\Gamma\frac{\partial\phi}{\partial x}\right) \tag{6.158}$$

将式(6.158)在图 6.18 所示的控制容积 i 上进行积分得

$$\phi_i=\frac{1}{2}(\phi_{i-1}+\phi_{i+1})+\frac{1}{2}Pe_\Delta\left(\phi_{i-\frac{1}{2}}-\phi_{i+\frac{1}{2}}\right) \tag{6.159}$$

式中，$Pe_\Delta=\dfrac{\rho u\Delta x}{\Gamma}$。

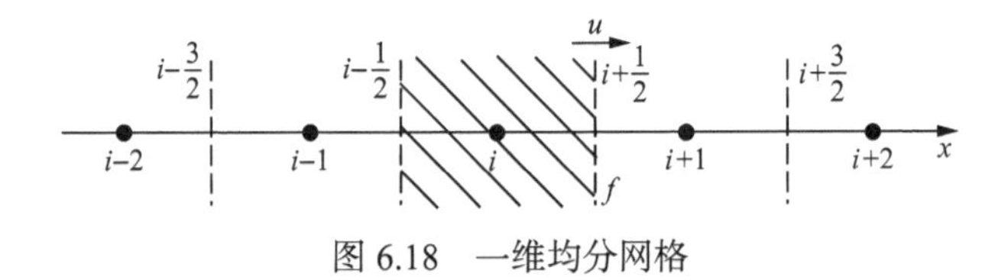

图 6.18　一维均分网格

若能证明对 $\phi_{i-1/2}$ 和 $\phi_{i+1/2}$ 采用任意满足 CBC 准则的格式离散，数值解总是单调的，则可证明有界格式是无条件稳定的。简单起见，以 $Pe_\Delta\geqslant 0, \phi_L>\phi_0$ 的情况来证明，而对于 $Pe_\Delta\geqslant 0$，$\phi_L<\phi_0$；$Pe_\Delta<0$，$\phi_L>\phi_0$；$Pe_\Delta<0$，$\phi_L<\phi_0$ 的情况，证明过程类似，这里不再赘述。

当 $Pe_\Delta\geqslant 0$，$\phi_L>\phi_0$ 时，根据式(6.158)的物理特性可知，其解为一单调递增的函数。下面证明采用有界格式得到的解一定满足单调递增的特性，即在点 i 和点 $i+1$ 处 $\phi_i\leqslant\phi_{i+1}$。下面用反证法来证明在任一点 i 和点 $i+1$ 处 $\phi_i>\phi_{i+1}$ 是不可能的，从而说明采用有界格式一定会得到一个单调递增的解。

当 $\phi_i>\phi_{i+1}$，ϕ_{i-1}，ϕ_i，ϕ_{i+1} 三者的大小可能存在三种情况：① $\phi_i\geqslant\phi_{i-1}\geqslant\phi_{i+1}$；② $\phi_i\geqslant\phi_{i+1}\geqslant\phi_{i-1}$；③ $\phi_{i-1}\geqslant\phi_i\geqslant\phi_{i+1}$。对于情况①和②都满足 $\phi_{i-1}\leqslant\phi_i$，规正变量 $\tilde{\phi}_i$ 分别满足以下不等式：

$$\tilde{\phi}_i=\frac{\phi_i-\phi_{i-1}}{\phi_{i+1}-\phi_{i-1}}\leqslant 0 \tag{6.160}$$

$$\tilde{\phi}_i=\frac{\phi_i-\phi_{i-1}}{\phi_{i+1}-\phi_{i-1}}=\frac{\phi_i-\phi_{i+1}}{\phi_{i+1}-\phi_{i-1}}+\frac{\phi_{i+1}-\phi_{i-1}}{\phi_{i+1}-\phi_{i-1}}=1+\frac{\phi_i-\phi_{i+1}}{\phi_{i+1}-\phi_{i-1}}>1 \tag{6.161}$$

根据 CBC 准则可知，这两种情况下 $\phi_{i+1/2}=\phi_i$。将 $\phi_{i+1/2}=\phi_i$ 代入式(6.159)并利用 $\phi_{i-1/2}\in[\phi_{i-1},\phi_i]<\phi_i$ 得

$$\phi_i = \frac{1}{2}(\phi_{i-1} + \phi_{i+1}) + \frac{1}{2}Pe_\Delta(\phi_{i-1/2} - \phi_i) \leqslant \frac{1}{2}(\phi_{i-1} + \phi_{i+1}) < \phi_i \tag{6.162}$$

式(6.162)矛盾，这说明 $\phi_{i-1} < \phi_i$ 不可能，因此当 $\phi_i > \phi_{i+1}$ 时，只有情况③有可能成立。

类似地，当 $\phi_i > \phi_{i+1}$ 时，ϕ_{i+2}，ϕ_{i+1}，ϕ_i 之间的大小关系可能存在三种情况：① $\phi_i \geqslant \phi_{i+2} \geqslant \phi_{i+1}$；② $\phi_{i+2} \geqslant \phi_i \geqslant \phi_{i+1}$；③ $\phi_i \geqslant \phi_{i+1} \geqslant \phi_{i+2}$。对于情况①和②都满足 $\phi_{i+1} \leqslant \phi_{i+2}$，规正变量 $\tilde{\phi}_{i+1}$ 分别满足以下不等式：

$$\tilde{\phi}_{i+1} = \frac{\phi_{i+1} - \phi_i}{\phi_{i+2} - \phi_i} = \frac{\phi_{i+1} - \phi_{i+2}}{\phi_{i+2} - \phi_i} + \frac{\phi_{i+2} - \phi_i}{\phi_{i+2} - \phi_i} = 1 + \frac{\phi_{i+1} - \phi_{i+2}}{\phi_{i+2} - \phi_i} \geqslant 1 \tag{6.163}$$

$$\tilde{\phi}_{i+1} = \frac{\phi_{i+1} - \phi_i}{\phi_{i+2} - \phi_i} < 0 \tag{6.164}$$

由 CBC 准则可知，这两种情况下 $\phi_{i+3/2} = \phi_{i+1}$。由于 $\phi_{i+1/2} \in [\phi_{i+1}, \phi_i] > \phi_{i+1}$，故有

$$\phi_{i+1} = \frac{1}{2}(\phi_i + \phi_{i+2}) + \frac{1}{2}Pe_\Delta(\phi_{i+1/2} - \phi_{i+1}) > \frac{1}{2}(\phi_i + \phi_{i+2}) > \min(\phi_i, \phi_{i+2}) \tag{6.165}$$

不等式(6.165)与情况①和②矛盾，这说明 $\phi_{i+1} < \phi_{i+2}$ 不可能成立，因此，当 $\phi_i > \phi_{i+1}$ 时，只有情况③可能成立。

由上可得 $\phi_{i-1} \geqslant \phi_i \geqslant \phi_{i+1} \geqslant \phi_{i+2}$，递推可得 $\phi_0 \geqslant \cdots \geqslant \phi_{i-1} \geqslant \phi_i \geqslant \phi_{i+1} \geqslant \cdots \geqslant \phi_L$。$\phi_0 \geqslant \phi_L$ 与已知条件相违背，故采用有界格式离散对流项时，数值解中不可能出现 $\phi_i > \phi_{i+1}$ 的情形，从而证明满足 CBC 准则的任何有界格式是绝对稳定的。

笔者曾采用十几种有界格式对 Pe_Δ 从 1～1000 的多个算例进行了计算，数值结果没有出现任何振荡，从而验证了有界格式一定稳定这一结论。

例 19　对于如下一维稳态常物性对流扩散方程，在均分网格下离散，扩散项采用中心差分格式，试证明对流项 SGSD 格式为绝对稳定。

$$\frac{\partial(\rho u\phi)}{\partial x} = \frac{\partial}{\partial x}\left(\Gamma\frac{\partial\phi}{\partial x}\right),\quad u > 0$$

【解析】本题考查采用正型系数法来判断 SGSD 格式的对流稳定性条件。

采用有限容积法对一维稳态常物性对流-扩散方程离散得

$$\begin{aligned}&\left[(\rho u)_e\left(\frac{3}{2} - \beta\right) - (\rho u)_w\frac{\beta}{2} + \frac{\Gamma_e}{(\delta x)_e} + \frac{\Gamma_w}{(\delta x)_w}\right]\phi_P \\ &= \left[(\rho u)_w\left(\frac{3}{2} - \beta\right) + (\rho u)_e\left(\frac{1-\beta}{2}\right) + \frac{\Gamma_w}{(\delta x)_w}\right]\phi_W + \left[\frac{\Gamma_e}{(\delta x)_e} - \frac{(\rho u)_e}{2}\beta\right]\phi_E - \frac{(\rho u)_w(1-\beta)}{2}\phi_{WW}\end{aligned} \tag{6.166}$$

式中，$\beta=\dfrac{2}{2+Pe_{\Delta}}$。

令 $F=\rho u$，$D=\dfrac{\Gamma}{\delta x}$，则式(6.166)转化为

$$a_P\phi_P = a_W\phi_W + a_E\phi_E + a_{WW}\phi_{WW} \tag{6.167}$$

式中，$a_W=\left(\dfrac{3}{2}-\beta\right)F_w+\left(\dfrac{1-\beta}{2}\right)F_e+D_w$，$a_{WW}=-\dfrac{(1-\beta)}{2}F_w$，$a_E=-\dfrac{\beta}{2}F_e+D_e$，$a_P=a_W+a_E+a_{WW}+F_e-F_w$

由于各截面质量流量相等 $F_e=F_w$，从而可判断得 $a_W=\left(2-\dfrac{3}{2}\beta\right)F_w+D_w>0$，$a_P=\dfrac{3}{2}(1-\beta)+D_e+D_w>0$。于是，由对流项稳定性条件可知，应满足

$$a_E \geqslant 0$$

$$\frac{\Gamma_e}{(\delta x)_e}-\frac{(\rho u)_e}{2}\beta \geqslant 0 \tag{6.168}$$

即

$$\frac{(\rho u)_e(\delta x)_e}{\Gamma_e} \leqslant \frac{2}{\beta} \tag{6.169}$$

对均分网格常物性问题，式(6.169)化为

$$Pe_{\Delta}=\frac{\rho u\Delta x}{\Gamma} \leqslant \frac{2}{\beta}=2+Pe_{\Delta} \tag{6.170}$$

式(6.170)恒成立，因此 SGSD 格式是绝对稳定的。

例 20　对于一维非稳态常物性对流扩散方程 $\rho\dfrac{\partial\phi}{\partial t}+\dfrac{\partial(\rho u\phi)}{\partial x}=\dfrac{\partial}{\partial x}\left(\Gamma\dfrac{\partial\phi}{\partial x}\right)$（$u>0$），试采用“符号不变”原则证明 SGSD 格式是绝对稳定的。

【解析】本题考查采用“符号不变”原则求解对流项稳定性条件。

对于一维非稳态对流扩散方程，在不考虑扩散项时，将控制方程对节点 i+1 离散：

$$\rho\frac{\phi_{i+1}^{n+1}-\phi_{i+1}^{n}}{\Delta t}=\rho u\frac{(\beta-1)\phi_{i-1}^{n}+(4-3\beta)\phi_i^n+3(\beta-1)\phi_{i+1}^{n}-\beta\phi_{i+2}^{n}}{2\Delta x} \tag{6.171}$$

式中，$\beta=\dfrac{2}{2+Pe_{\Delta}}$。

当 n 时刻节点 i 处存在扰动 ε_i^n 时，i+1 处扰动为 $\phi_{i+1}^{n+1}=\dfrac{4-3\beta}{2}\dfrac{u\Delta t}{\Delta x}\varepsilon_i^n>0$。

将控制方程对节点 i–1 离散：

$$\rho\frac{\phi_{i-1}^{n+1}-\phi_{i-1}^n}{\Delta t}=\rho u\frac{(\beta-1)\phi_{i-3}^n+(4-3\beta)\phi_{i-2}^n+3(\beta-1)\phi_{i-1}^n-\beta\phi_i^n}{2\Delta x}\tag{6.172}$$

当 n 时刻节点 i 处存在扰动 ε_i^n 时，i–1 处扰动为 $\phi_{i-1}^{n+1}=\dfrac{-\beta}{2}\left(\dfrac{u\Delta t}{\Delta x}\right)\varepsilon_i^n<0$，根据“符号不变”原则：

$$\frac{\dfrac{-\beta}{2}\left(\dfrac{u\Delta t}{\Delta x}\right)\varepsilon_i^n+\dfrac{\Gamma\Delta t}{\rho(\Delta x)^2}\varepsilon_i^n}{\varepsilon_i^n}\geqslant 0\tag{6.173}$$

由此得

$$Pe_\Delta=\frac{\rho u\Delta x}{\Gamma}\leqslant\frac{2}{\beta}=Pe_\Delta+2\tag{6.174}$$

式(6.174)恒成立，因此 SGSD 格式是绝对稳定的。

例 21　对于 GHB 格式，在规正变量图中画出以下 3 种情况高阶有界格式的型线：① $A=\left(\dfrac{1}{5},\dfrac{3}{10}\right)$，$B=\left(\dfrac{4}{5},1\right)$；② $A=\left(\dfrac{1}{5},\dfrac{3}{5}\right)$，$B=\left(\dfrac{3}{4},\dfrac{15}{16}\right)$；③ $A=\left(\dfrac{1}{6},\dfrac{5}{12}\right)$，$B=\left(\dfrac{7}{12},\dfrac{7}{8}\right)$。

【解析】本题考查通过 GHB 格式得到具体型线。

3 种情况的高阶有界格式型线如图 6.19～图 6.21 所示。

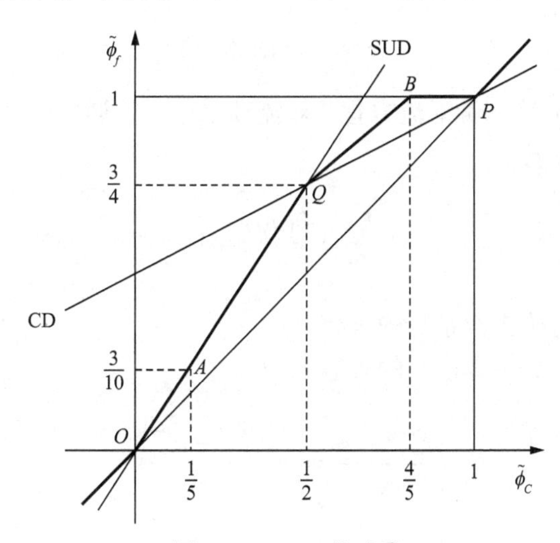

图 6.19　GHB 格式①

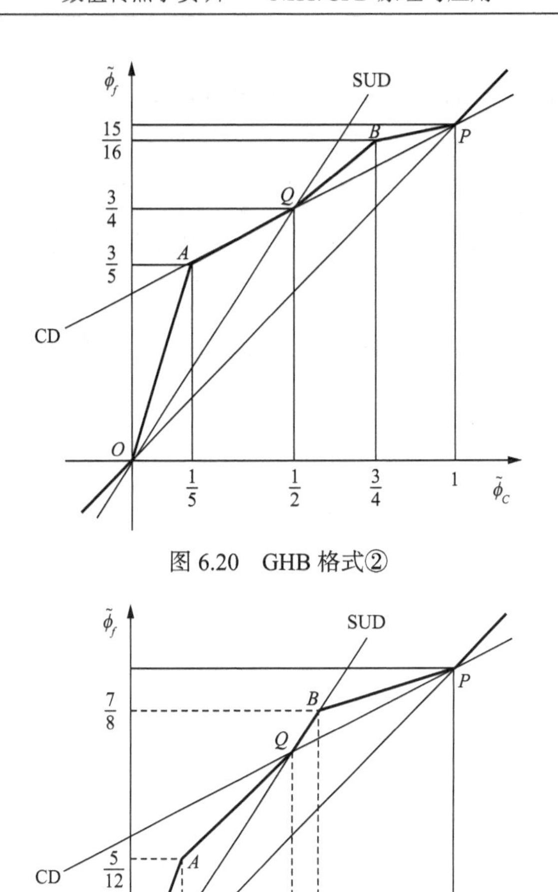

图 6.20　GHB 格式②

图 6.21　GHB 格式③

例 22　对于一维非稳态纯对流方程，对流项采用一阶迎风格式，时间项采用隐式格式，求此时的假扩散系数。

$$\frac{\partial\phi}{\partial t}+\frac{\partial(u\phi)}{\partial x}=0$$

【解析】本题考查假扩散系数的求解。

据题意采用有限差分法离散后的表达式为

$$\frac{\phi_i^{n+1}-\phi_i^n}{\Delta t}=-u\frac{\phi_i^{n+1}-\phi_{i-1}^{n+1}}{\Delta x} \tag{6.175}$$

将 ϕ_i^n 和 ϕ_{i-1}^{n+1} 对 ϕ_i^{n+1} 进行泰勒展开代入式(6.175)得

$$\left.\frac{\partial\phi}{\partial t}\right|_i-\left.\frac{\partial^2\phi}{\partial t^2}\right|_i\frac{\Delta t}{2}+O\left[(\Delta t)^2\right]=u\left[-\left.\frac{\partial\phi}{\partial x}\right|_i+\left.\frac{\partial^2\phi}{\partial x^2}\right|_i\frac{\Delta x}{2}+O\left[(\Delta x)^2\right]\right] \tag{6.176}$$

式(6.176)整理得

$$\left.\frac{\partial\phi}{\partial t}\right|_i=u\left(-\left.\frac{\partial\phi}{\partial x}\right|_i+\left.\frac{\partial^2\phi}{\partial x^2}\right|_i\frac{\Delta x}{2}\right)+\left.\frac{\partial^2\phi}{\partial t^2}\right|_i\frac{\Delta t}{2}+O\left[(\Delta x)^2,(\Delta t)^2\right] \tag{6.177}$$

式中，$\frac{\partial^2\phi}{\partial t^2}$可转换为

$$\frac{\partial^2\phi}{\partial t^2}=\frac{\partial}{\partial \mathrm{t}}\left(\frac{\partial\phi}{\partial t}\right)=\frac{\partial}{\partial \mathrm{t}}\left(-u\frac{\partial\phi}{\partial x}\right)\cong-u\frac{\partial}{\partial x}\left(-u\frac{\partial\phi}{\partial x}\right)=u^2\frac{\partial^2\phi}{\partial x^2} \tag{6.178}$$

将式(6.178)代入式(6.177)后得

$$\begin{aligned}\left.\frac{\partial\phi}{\partial t}\right|_i&=u\left(-\left.\frac{\partial\phi}{\partial x}\right|_i+\left.\frac{\partial^2\phi}{\partial x^2}\right|_i\frac{\Delta x}{2}\right)+u^2\frac{\Delta t}{2}\left.\frac{\partial^2\phi}{\partial x^2}\right|_i+O\left[(\Delta x)^2,(\Delta t)^2\right]\\&=-u\left.\frac{\partial\phi}{\partial x}\right|_i+\left(\frac{u\Delta x}{2}+\frac{u^2\Delta t}{2}\right)\left.\frac{\partial^2\phi}{\partial x^2}\right|_i+O\left[(\Delta x)^2,(\Delta t)^2\right]\end{aligned} \tag{6.179}$$

从而得到假扩散系数为$\frac{u\Delta x}{2}+\frac{u^2\Delta t}{2}$。

例 23　一维非稳态扩散问题，针对显式、隐式、C-N 格式、杜福特-弗兰克尔(Dufort-Frankel, D-F)格式四种格式，列表对比它们的初值稳定性、截差精度、相容性和有物理意义解的条件。

【解析】本题考查多个非稳态项离散格式的性质。

四种格式的初值稳定性、截差精度、相容性和有物理意义解的条件见表 6.6。

表 6.6　各个格式下的离散方程性质

格式	初值稳定性	截差精度	相容性	有物理意义解的条件
显式	$Fo\leqslant\frac{1}{2}$	$O\left[\Delta t,(\Delta x)^2\right]$	无条件满足	$Fo\leqslant\frac{1}{2}$
隐式	绝对稳定	$O\left[\Delta t,(\Delta x)^2\right]$	无条件满足	无条件满足
C-N 格式	绝对稳定	$O\left[(\Delta t)^2,(\Delta x)^2\right]$	无条件满足	$Fo\leqslant 1$
D-F 格式	绝对稳定	$O\left[\Delta t,(\Delta x)^2,\left(\frac{\Delta t}{\Delta x}\right)^2\right]$	$\lim\limits_{\Delta t,\Delta x\to 0}\frac{\Delta t}{\Delta x}\to 0$	$\lim\limits_{\Delta t,\Delta x\to 0}\frac{\Delta t}{\Delta x}\to 0$

6.13 编程实践

1. 离散方程的相容性分析

习题 1 一维无源项非稳态导热问题控制方程为$\dfrac{\partial(\rho c_p T)}{\partial t}=\dfrac{\partial}{\partial x}\left(\lambda\dfrac{\partial T}{\partial x}\right)$。初始温度为0℃，导热系数为$\lambda$=12W/(m·℃)，密度为$\rho$=5000kg/m^3，定压比热容为$c_p$=500J/(kg·℃)，计算条件如图 6.22 所示。非稳态项采用隐式离散，扩散项采用二阶中心差分格式离散，离散式为$\rho c_p\dfrac{T_i^n-T_i^{n-1}}{\Delta t}=\lambda\dfrac{T_{i+1}^n-2T_i^n+T_{i-1}^n}{(\Delta x)^2}$。通过以下两种方式编程求解温度分布。

(1)边界点隐式求解：同一时层的内迭代过程中及时更新左边界温度。具体实施方法：与左边界相邻的节点的控制方程离散式为$\rho c_p\dfrac{T_2^n-T_2^{n-1}}{\Delta t}=\lambda\dfrac{T_3^n-2T_2^n+T_1^n}{(\Delta x)^2}$。

(2)边界点显式求解：同一时层的内迭代过程中不更新左边界温度，而是在内迭代收敛后才做更新。具体实施方法：与左边界相邻节点的控制方程离散式为$\rho c_p\dfrac{T_2^n-T_2^{n-1}}{\Delta t}=\lambda\dfrac{T_3^n-2T_2^n+T_1^{n-1}}{(\Delta x)^2}$。

要求如下。

(1)比较离散式$\rho c_p\dfrac{T_2^n-T_2^{n-1}}{\Delta t}=\lambda\dfrac{T_3^n-2T_2^n+T_1^n}{(\Delta x)^2}$和$\rho c_p\dfrac{T_2^n-T_2^{n-1}}{\Delta t}=\lambda\dfrac{T_3^n-2T_2^n+T_1^{n-1}}{(\Delta x)^2}$的差异，并说明这两种离散式的优缺点。

(2)分析边界点采用不同求解方式时，时间步长对计算精度和稳定性的影响。

(3)总结编程和调程的心得体会及对边界点显隐求解的认识。

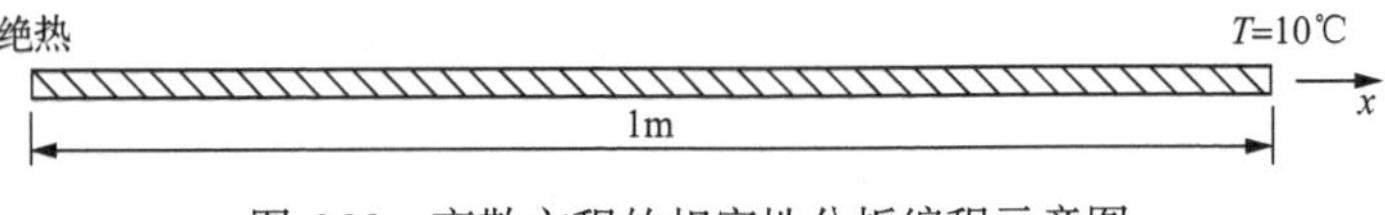

图 6.22 离散方程的相容性分析编程示意图

2. 离散方程的初值稳定性分析

习题 2 一维无源项非稳态导热问题控制方程为$\dfrac{\partial T}{\partial t}=\dfrac{\partial^2 T}{\partial x^2}$，计算条件如图 6.23 所示，编程求解温度分布，要求如下。

(1)网格数目为 10。

(2)非稳态项分别采用隐式格式、C-N 格式和显式格式离散。

(3)扩散项采用二阶中心差分格式离散。

(4) 写出控制方程的离散表达式。

(5) 当时间步长分别取 0.001s, 0.01s, 0.1s 时，采用数值实验检验采用上述格式的计算过程是否振荡或发散。

(6) 从理论上分析上述格式的初值稳定性条件和取得有物理意义解的条件，并采用程序进行验证。

(7) 总结编程和调程的心得体会及对离散方程初值稳定性的认识。

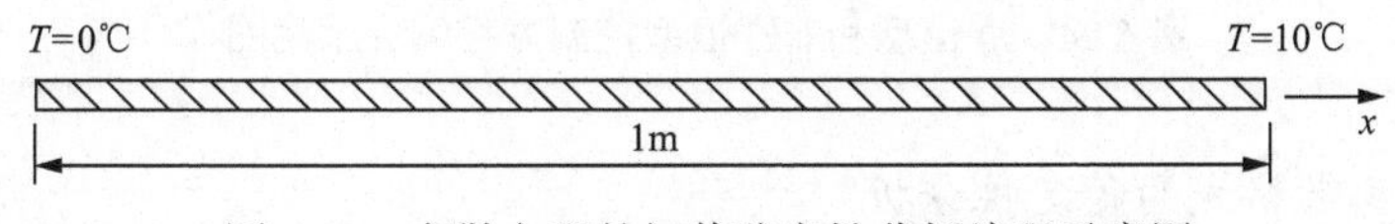

图 6.23　离散方程的初值稳定性分析编程示意图

习题 3　已知一维非稳态扩散问题其模型方程为 $\dfrac{\partial \phi}{\partial t}=a\dfrac{\partial^2 \phi}{\partial x^2}$，其中计算区域长度为 0.01m, $a=0.0001$，网格数 n=40。

边界条件：当 $t\geqslant 0$ 时，$\begin{cases}\phi=40, x=0\\ \phi=0, x=0.01\end{cases}$

初始条件：当 $t=0$ 时，$\begin{cases}\phi=40, x=0\\ \phi=0, 0<x\leqslant 0.01\end{cases}$

要求如下。

(1) 当时间步长 Δt =0.0001s，比较三种不同时刻 t=0.05s, t=0.1s, t=0.18s 时不同离散格式相对于时间项的网格无关解的相对误差，不同离散格式包括扩散项采用二阶中心差分，时间项分别采用隐式格式、显式格式、C-N 格式和 A-B 格式；方程整体采用 D-F 格式，并分析原因。其中 D-F 格式的离散方程表达式为

$$\frac{\phi_i^{n+1}-\phi_i^{n-1}}{2\Delta t}=a\frac{u_{i+1}^{n}-(u_i^{n+1}+u_i^{n-1})+u_{i-1}^{n}}{\Delta x^2}$$

(2) 增大时间步长，比较 Δt =0.0002s 和 Δt =0.0005s 时在 t=0.1s 时刻，以及 Δt =0.01s 时在 t=0.5s 时刻上述不同离散格式的计算相对误差，并从初值稳定性角度说明原因。

3. 守恒型和非守恒型控制方程

习题 4　一维无源项稳态导热问题，计算条件如图 6.24 所示。针对不同的控制方程形式：$\lambda\dfrac{\partial^2 T}{\partial x^2}=0, \dfrac{\partial}{\partial x}\left(\lambda\dfrac{\partial T}{\partial x}\right)=0, \lambda\dfrac{\partial^2 T}{\partial x^2}+\dfrac{\partial T}{\partial x}\dfrac{\partial \lambda}{\partial x}=0$，编程求解温度分布，要求如下。

(1) 采用控制方程 $\lambda\dfrac{\partial^2 T}{\partial x^2}=0$ 进行计算是否正确，为什么？

(2) 控制方程 $\dfrac{\partial}{\partial x}\left(\lambda\dfrac{\partial T}{\partial x}\right)=0$ 和 $\lambda\dfrac{\partial^2 T}{\partial x^2}+\dfrac{\partial T}{\partial x}\dfrac{\partial \lambda}{\partial x}=0$ 是否等价，各有什么特点？

(3) 上述三种控制方程哪些适合有限容积法离散，哪些适合有限差分法离散。

(4) 采用二阶中心差分格式离散上述三种控制方程，写出离散表达式。

(5) 当网格数为 20 时，比较分析三种控制方程计算结果的准确性。

(6) 总结编程和调程的心得体会，及对守恒型和非守恒型控制方程的认识。

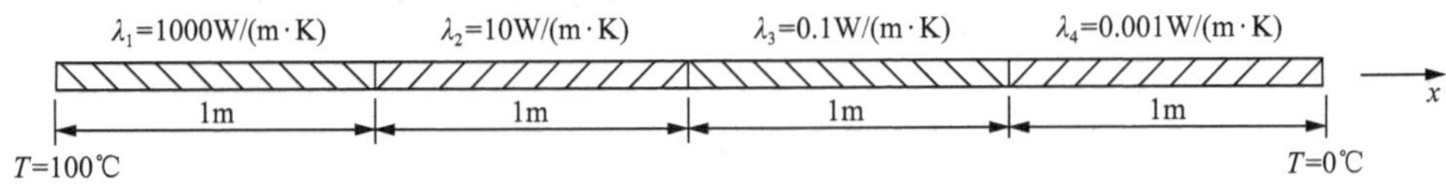

图 6.24　守恒型和非守恒型控制方程编程示意图

4. 对流项离散格式的稳定性分析

习题 5　对于一维稳态对流扩散问题 $\dfrac{\partial(\rho u\phi)}{\partial x}=\dfrac{\partial}{\partial x}\left(\Gamma\dfrac{\partial\phi}{\partial x}\right)$，计算区域 L=1，物性参数 $\rho=1$，$\Gamma=1$，左右边界条件分别为 $\phi_L=0$，$\phi_R=1$。在均分网格外节点法下离散，节点数为 10，通过改变速度 u 得到 $Pe_\Delta=1, 2, 5, 10$，采用延迟修正法实施高阶有界格式，松弛因子为 0.2，扩散项采用三点中心差分格式，对比对流项采用 SUD 格式、CD 格式、QUICK 格式、UGHB 格式（$C=\dfrac{1}{8}$，$D=\dfrac{15}{16}$）、ABC 格式的计算结果的准确性。

习题 6　二维稳态无源项纯对流问题 $\dfrac{\partial(\rho u\phi)}{\partial x}+\dfrac{\partial(\rho u\phi)}{\partial y}=0$，几何区域为 2×1，计算条件如图 6.25 所示。下边界被分成左右两部分，左边为入口第一类边界条件，变量分布满足双曲正切函数；右边为出口第二类边界条件，界面法向导数为 0，其解析解为 $\phi=1+\tanh[\alpha(1-2x)]$，其中 α=40。试采用高阶有界格式求解变量 ϕ 的出口分布，要求如下。

(1) 均分网格 100×50。

(2) 对流项采用 MINMOD、SMART、HOAB、SUPERBEE、UGHB$\left(C=\dfrac{1}{8}, D=\dfrac{15}{16}\right)$、ABC 格式，通过延迟修正方法实施，松弛因子取 0.1。

(3) 代数方程组采用 Gauss-Seidel 方法求解，记录外迭代次数和计算时间。

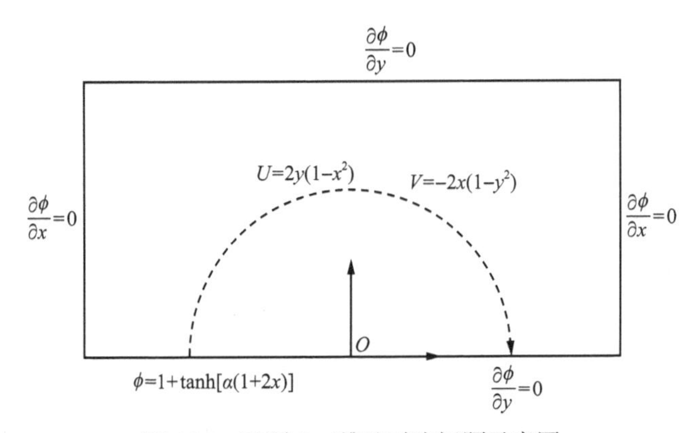

图 6.25　习题 6 二维纯对流问题示意图

(4) 画出整个流场 ϕ 的分布，并画出 y=0 右半部分出口处 ϕ 的分布，并与解析解进行比较。

(5) 分析比较各高阶有界格式的计算精度、收敛性、计算效率。

习题 7　二维稳态无源项纯对流问题的控制方程为 $\dfrac{\partial(u\phi)}{\partial x}+\dfrac{\partial(v\phi)}{\partial y}=0$。几何区域为 1×1，流速的方向平行于交界面，流速大小为 $u=v=1$。两种计算条件如图 6.26 所示。试采用有限容积法求解变量 ϕ 的分布，要求如下。

(1) 均分网格 100×100。

(2) 对流项采用 MINMOD、SMART、HOAB、SUPERBEE、UGHB $\left(C=\dfrac{1}{8}, D=\dfrac{15}{16}\right)$、ABC 格式，通过延迟修正方法实施，松弛因子取 0.1。

(3) 代数方程组采用高斯-赛德尔 (Gauss-Seidel) 方法求解，记录外迭代次数和计算时间。

(4) 画出整个流场中 ϕ 的分布，并画出 x=0.5 处 ϕ 随 y 的分布。

(5) 分析比较各高阶有界格式的计算精度、收敛性、计算效率。

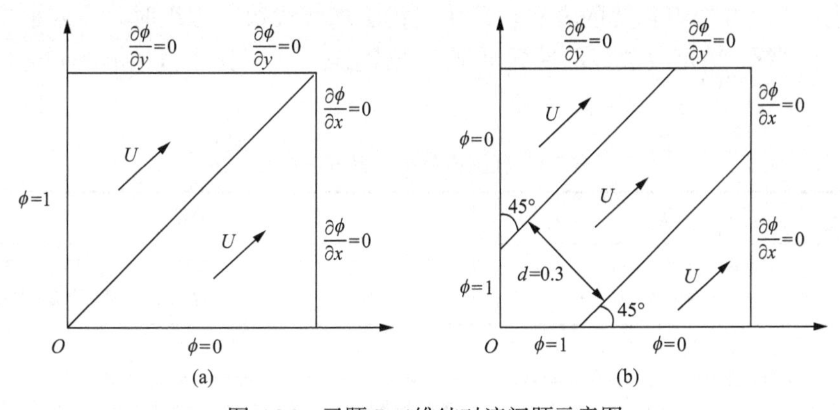

图 6.26　习题 7 二维纯对流问题示意图

第 7 章　代数方程组的求解方法

采用有限容积或有限差分等方法对流动与传热问题的控制方程和边界条件进行离散后可得到代数方程组，须采用合适的方法进行求解。本章主要介绍求解代数方程组的三对角阵算法(tridiagonal matrix algorithm，TDMA)和几种常用的迭代方法。

7.1　代数方程组求解概述

采用前面章节介绍的有限容积法或有限差分法，可将描述流动与传热问题的偏微分控制方程在计算区域节点上离散成代数方程组，即 $\boldsymbol{A\phi}=\boldsymbol{b}$ 。代数方程组的求解方法可分为直接解法和迭代法两大类。直接解法是指通过有限步的数值计算得到代数方程组真解的方法(不考虑舍入误差)；迭代法是一种不断用变量的旧值递推新值，使数值结果不断逼近代数方程组真解的方法。采用迭代法求解代数方程组时，需要根据精度要求设置终止判据，满足收敛标准后即可结束迭代。表 7.1 对比了直接解法和迭代法的优缺点。

表 7.1　代数方程组求解方法对比

求解方法	优点	缺点
直接解法	能直接获得代数方程组的真解(不考虑舍入误差)	对于大型稀疏方程组，直接解法的计算量很大；对于非线性方程，求解一组临时系数下的真解是没有必要的
迭代法	对于大型稀疏方程组，迭代法比直接解法更加有效；更适合于非线性方程的求解	存在着收敛性问题，迭代求解过程中有可能出现迭代不收敛现象，例如采用 Jacobi 迭代或 Gauss-Seidel 迭代求解不满足主对角占优的代数方程组；一些迭代法实施困难，例如代数多重网格方法

常见的直接解法有 Gauss 消元法、LU 分解法、三对角阵算法、五对角阵算法(penta diagonal matrix algorithm, PDMA)，其中 LU 分解法是 Gauss 消元法的一种变形，TDMA 和 PDMA 是 LU 分解法的两种特例。对于三对角代数方程组的求解，TDMA 往往是最有效的方法。此外，TDMA 还能与其他迭代法结合使用，是一种较为常用的方法，将在 7.2 节中详细介绍。常用的迭代法有 Jacobi 迭代、Gauss-Seidel 迭代、ADI(alternating direction iteration)迭代、共轭梯度法(conjugate gradient，CG)和多重网格方法(multigrid, MG)。Jacobi 迭代、Gauss-Seidel 迭代和 ADI 迭代的实施较为简单，详细的迭代表达式在 7.3 节介绍。共轭梯度法和多重网格方法较为复杂，将在 7.4 和 7.5 节中详细介绍。

对于线性问题，由于离散方程组的系数和源项与待求变量无关，离散得到代数方程组后，其系数和源项在迭代中不需要更新，从初始假定的待求变量值出发，通过迭代算法不断逼近真解直至收敛。对于非线性问题，由于离散方程组的系数或/和源项与待求变量相关，迭代初始时刻的系数或/和源项由假设的待求变量初值求得。因此，迭代求得离散方程组的解后(由于达到完全收敛解是没有必要的，一般解为迭代数次的中间解)，需要以更新的待求变量的值重新计算系数或/和源项，进行下一轮方程组的求解，不断重复该过程直至收敛。显然，非线性问题的求解可以分成两个过程：内迭代和外迭代，内迭代指方程组的系数和源项不变，迭代求解当前轮离散方程组的过程；外迭代指不断更新离散方程组的系数或/和源项的过程，本质是系数或/和源项的迭代。

在流动与传热数值计算中，收敛标准的选取尚无统一的规定，文献中多以余量作为方程迭代求解的收敛标准。这里简要介绍几种常用的收敛标准。

(1)采用特征量的相对偏差作为收敛标准。

特征量在连续若干个层次迭代中的相对偏差不超过允许值，即

$$\left|\frac{A^k - A^{k-n}}{A^k}\right| \leqslant \varepsilon \tag{7.1}$$

这里的特征量 A^k 可以是计算区域上特征点的速度或温度等物理量，也可以是物理量在某个面或某个区域上的平均值，如平均速度、平均温度、平均 Nu 数、阻力系数等。

(2)采用余量的平均值、最大值或范数作为收敛标准。

规定方程余量的平均值、最大值或范数不超过允许值，即

$$\begin{cases} \mathrm{Res}_{\mathrm{ave}} = \dfrac{1}{N}\displaystyle\sum_{i=1}^{N}\left|\sum_{nb} a_{nb}\phi_{nb} + b - a_P\phi_P\right|_i \leqslant \varepsilon_1 \\ \mathrm{Res}_{\max} = \max\left(\left|\displaystyle\sum_{nb} a_{nb}\phi_{nb} + b - a_P\phi_P\right|_i\right) \leqslant \varepsilon_2 \\ \left\|\mathrm{Res}\right\| = \sqrt{\dfrac{1}{N}\displaystyle\sum_{i=1}^{N}\left(\sum_{nb} a_{nb}\phi_{nb} + b - a_P\phi_P\right)_i^2} \leqslant \varepsilon_3 \end{cases} \tag{7.2}$$

(3)采用余量下降率(相对余量)作为收敛标准。

规定终止迭代时的余量范数与初始余量范数之比不超过允许值，即

$$\frac{\left\|\mathrm{Res}^k\right\|}{\left\|\mathrm{Res}^1\right\|} \leqslant r \tag{7.3}$$

(4)采用规正余量作为收敛标准。

借鉴无量纲化和有界格式中变量规正化的思想，将方程离散系数和变量进行规正化处理，使其取值介于[−1,1]之间，并将规正余量的平均值、最大值或范数作为方程的收敛标准，即

$$\begin{cases} \tilde{\text{Res}}_{\text{ave}} = \dfrac{1}{N}\sum_{i=1}^{N}\left|\sum_{nb}\tilde{a}_{nb}\tilde{\phi}_{nb} + \tilde{b} - \tilde{a}_P\tilde{\phi}_P\right|_i \leqslant \varepsilon_1 \\ \tilde{\text{Res}}_{\max} = \max\left(\left|\sum_{nb}\tilde{a}_{nb}\tilde{\phi}_{nb} + \tilde{b} - \tilde{a}_P\tilde{\phi}_P\right|_i\right) \leqslant \varepsilon_2 \\ \left\|\tilde{\text{Res}}\right\| = \sqrt{\dfrac{1}{N}\sum_{i=1}^{N}\left(\sum_{nb}\tilde{a}_{nb}\tilde{\phi}_{nb} + \tilde{b} - \tilde{a}_P\tilde{\phi}_P\right)_i^2} \leqslant \varepsilon_3 \end{cases} \tag{7.4}$$

式中，$\tilde{\phi} = \phi \big/ \max\left(|\phi_i|\right)_{全场}$ ；$\tilde{a} = a \big/ \max\left(|a_P|,|a_{nb}|\right)_{局部}$ ；$\tilde{b} = b \Big/ \left(\max\left(|a_P|,|a_{nb}|\right)_{局部} \times \max\left(|\phi_i|\right)_{全场}\right)$。

表 7.2 对比了这几种常用收敛标准的特点。从表 7.2 中可以看出，基于规正余量的收敛标准比其他三种收敛标准更为科学。在数值计算过程中，建议同时兼顾特征量的相对偏差和规正余量作为收敛标准。

表 7.2　几种常用收敛标准的特点

收敛标准	特点
特征量的相对偏差	由于流动与传热数值模拟的研究对象多为非线性问题，在计算中常采用亚松弛技术，若亚松弛因子取值很小，会使一定迭代步内的待求变量值变化较小，故特征量的相对偏差无法合理预测数值计算的收敛程度
余量平均值、最大值或余量范数	不同科研工作者的思维习惯差异较大，由同一控制方程可能会得到不同表达形式的离散方程，即使设置相同的收敛标准允许值，其收敛程度也往往存在着较大差异
余量下降率（相对余量）	在一定程度上克服了以余量最大值或范数作为收敛标准的不足，但易受迭代初场的影响；如果给定的迭代初场和方程真解很接近，此时余量下降率为接近 1 的常数，收敛标准可能失效
规正余量	具有不受物理问题性质及计算参数取值、离散方程表达形式、网格尺度、控制方程是否无量纲化等因素影响的优点，不同物理问题或同一物理问题不同离散方程形式的规正余量均能下降到相近数量级，有利于收敛标准的设置

7.2　三对角阵算法

三对角阵算法(TDMA)又称追赶法，是 LU 分解的一种特殊情况，其求解过程充分利用三对角矩阵的结构特点，具有实施简单、运算量小、求解效率高等优点。

三对角方程组所对应的离散方程为

$$a_P\phi_P = a_W\phi_W + a_E\phi_E + b \tag{7.5}$$

其矩阵形式可表示为

$$\begin{pmatrix} (a_P)_1 & -(a_E)_1 & & & \\ -(a_W)_2 & (a_P)_2 & -(a_E)_2 & & \\ & \ddots & \ddots & \ddots & \\ & & -(a_W)_{n-1} & (a_P)_{n-1} & -(a_E)_{n-1} \\ & & & -(a_W)_n & (a_P)_n \end{pmatrix}\begin{pmatrix} \phi_1 \\ \phi_2 \\ \vdots \\ \phi_{n-1} \\ \phi_n \end{pmatrix} = \begin{pmatrix} b_1 \\ b_2 \\ \vdots \\ b_{n-1} \\ b_n \end{pmatrix} \tag{7.6}$$

对式(7.6)进行消元，可得

$$\begin{pmatrix} 1 & -\alpha_1 & & & \\ 0 & 1 & -\alpha_2 & & \\ & \ddots & \ddots & \ddots & \\ & & 0 & 1 & -\alpha_{n-1} \\ & & & 0 & 1 \end{pmatrix} \begin{pmatrix} \phi_1 \\ \phi_2 \\ \vdots \\ \phi_{n-1} \\ \phi_n \end{pmatrix} = \begin{pmatrix} \beta_1 \\ \beta_2 \\ \vdots \\ \beta_{n-1} \\ \beta_n \end{pmatrix} \tag{7.7}$$

式中，

$$\alpha_i = \begin{cases} (a_E)_i/(a_P)_i, \ i=1 \\ (a_E)_i/\left[(a_P)_i - (a_W)_i \alpha_{i-1}\right], \ i=2,3,\cdots,n-1 \end{cases} \tag{7.8}$$

$$\beta_i = \begin{cases} b_i/(a_P)_i, \ i=1 \\ \left[b_i + (a_W)_i \beta_{i-1}\right]/\left[(a_P)_i - (a_W)_i \alpha_{i-1}\right], \ i=2,3,\cdots,n \end{cases} \tag{7.9}$$

对式(7.7)进行回代，可得

$$\phi_i = \begin{cases} \beta_i, \ i=n \\ \alpha_i \phi_{i+1} + \beta_i, \ i=n-1,n-2,\cdots,1 \end{cases} \tag{7.10}$$

7.3　几种常用的简单迭代方法

Jacobi 迭代、Gauss-Seidel 迭代和 ADI 迭代是常用的简单迭代方法，下面予以介绍。

7.3.1　Jacobi 点迭代和 Gauss-Seidel 点迭代

点迭代是指以点为单元，不断用相邻节点变量的值递推当前节点新值，使数值结果不断逼近真实值。常用的点迭代方法有 Jacobi 点迭代和 Gauss-Seidel 点迭代，其中 Jacobi 点迭代采用上一轮迭代中所获得的邻点之值更新当前节点的值，其表达式及收敛速度与扫描方向无关；而 Gauss-Seidel 点迭代采用邻点的最新值更新当前节点的值，其表达式及收敛速度与扫描方向相关。由于 Gauss-Seidel 点迭代采用相邻点的最新值推进，一般而言其收敛速度比 Jacobi 点迭代快。

7.3.2　Jacobi 线迭代和 Gauss-Seidel 线迭代

线迭代是指以线为单元进行迭代，将相邻线上变量的值作为已知值，建立当前线上待求变量的方程组，并对方程组采用直接解法求解更新的方法。常用的线迭代方法有 Jacobi 线迭代和 Gauss-Seidel 线迭代，其中 Jacobi 线迭代中相邻线上的节点值采用上一轮迭代中所获得的值，其表达式及收敛速度与扫描方向无关；Gauss-Seidel 线迭代中相邻线上的节点值采用当前轮迭代最新值，其表达式及收敛速度与扫描方向有关。与点迭代类似，Gauss-Seidel 线迭代的收敛速度一般比 Jacobi 线迭代快。

7.3.3　交替方向线迭代

Jacobi 线迭代和 Gauss-Seidel 线迭代均是逐列或逐行扫描全场，即完成一轮迭代，下一轮仿此重复进行。为更容易引入边界信息，进一步加快迭代收敛速度，可在不同方向交替扫描，如对一个二维问题，可先逐列(或逐行)进行一次扫描，再逐行(或逐列)进行一次扫描，两次全场扫描组成一轮迭代，此即为交替方向线迭代。

表 7.3 以二维对流扩散离散方程为例对比了上述三种迭代法。

表 7.3　几种简单迭代法的对比

迭代法	扫描方向	迭代表达式
Jacobi 点迭代	任意方向	$\phi_P^k = \dfrac{1}{a_P}\left(a_W\phi_W^{k-1} + a_E\phi_E^{k-1} + a_S\phi_S^{k-1} + a_N\phi_N^{k-1} + b\right)$
Gauss-Seidel 点迭代	从左向右、从下向上	$\phi_P^k = \dfrac{1}{a_P}\left(a_W\phi_W^{k} + a_E\phi_E^{k-1} + a_S\phi_S^{k} + a_N\phi_N^{k-1} + b\right)$
Jacobi 线迭代	从左向右或从右向左	$a_P\phi_P^k = a_S\phi_S^k + a_N\phi_N^k + \left(a_W\phi_W^{k-1} + a_E\phi_E^{k-1} + b\right)$
Gauss-Seidel 线迭代	从左向右	$a_P\phi_P^k = a_S\phi_S^k + a_N\phi_N^k + \left(a_W\phi_W^{k} + a_E\phi_E^{k-1} + b\right)$
ADI 线迭代	采用 Jacobi 线迭代按从左向右、从下向上的交替扫描	$a_P\phi_P^{k-\frac{1}{2}} = a_S\phi_S^{k-\frac{1}{2}} + a_N\phi_N^{k-\frac{1}{2}} + \left(a_W\phi_W^{k-1} + a_E\phi_E^{k-1} + b\right)$ $a_P\phi_P^k = a_W\phi_W^k + a_E\phi_E^k + \left(a_S\phi_S^{k-\frac{1}{2}} + a_N\phi_N^{k-\frac{1}{2}} + b\right)$
	采用 Gauss-Seidel 线迭代按从左向右、从下向上的交替扫描	$a_P\phi_P^{k-\frac{1}{2}} = a_S\phi_S^{k-\frac{1}{2}} + a_N\phi_N^{k-\frac{1}{2}} + \left(a_W\phi_W^{k-\frac{1}{2}} + a_E\phi_E^{k-1} + b\right)$ $a_P\phi_P^k = a_W\phi_W^k + a_E\phi_E^k + \left(a_S\phi_S^k + a_N\phi_N^{k-\frac{1}{2}} + b\right)$

在采用 Gauss-Seidel 迭代时，为保证数值计算的稳定性或进一步加快迭代更新速度，常采用迭代松弛处理。迭代松弛是指将当前迭代出的新值与上一轮迭代值进行加权处理，作为当前轮的最终值：

$$\phi_P^k = \alpha\overline{\phi}_P^k + (1-\alpha)\phi_P^{k-1} \tag{7.11}$$

式中，$\overline{\phi}_P^k$ 可通过 Gauss-Seidel 点迭代或线迭代计算；加权系数 α 称为松弛因子，当 α=1 时表示不松弛，α<1 时表示亚松弛迭代，此时迭代收敛速度变慢，但有利于求解过程稳定；α>1 时表示超松弛迭代，此时迭代收敛速度变快，但可能会导致求解发散，因此 α

不宜过大。

7.4　共轭梯度法

共轭梯度法(CG)是指每一轮迭代沿着共轭方向搜索,较快达到收敛解的迭代方法。最初的共轭梯度法只能求解系数矩阵为对称正定的代数方程组，例如常物性导热方程和压强泊松方程在均分网格上离散得到的代数方程组，适用面较窄。为此，一些学者提出了预条件共轭梯度法(preconditioned conjugate gradient，PCG)，该方法不仅能够加速代数方程组求解的收敛速度，还能用于求解系数矩阵为非对称正定矩阵的代数方程组。下面对系数矩阵为对称正定矩阵和非对称正定矩阵时常用的共轭梯度法进行简要介绍。

当代数方程组的系数矩阵为对称正定矩阵时，一般可直接采用共轭梯度法，其求解步骤可归纳如下。

(1)设定初场 $\boldsymbol{\phi}^0$。

(2)求解 $\boldsymbol{r}^0=\boldsymbol{b}-\boldsymbol{A}\boldsymbol{\phi}^0$。

(3)令 $\boldsymbol{p}^0=\boldsymbol{r}^0$。

(4)For k =0, 1, 2,⋯, until $\boldsymbol{r}^k$<tolerance(即余量<允许值)

$$\begin{cases}\alpha^k=(\boldsymbol{r}^k,\boldsymbol{r}^k)/(\boldsymbol{A}\boldsymbol{p}^k,\boldsymbol{p}^k)\\ \boldsymbol{\phi}^{k+1}=\boldsymbol{\phi}^k+\alpha^k\boldsymbol{p}^k\\ \boldsymbol{r}^{k+1}=\boldsymbol{r}^k-\alpha^k\boldsymbol{A}\boldsymbol{p}^k\\ \beta^k=(\boldsymbol{r}^{k+1},\boldsymbol{r}^{k+1})/(\boldsymbol{r}^k,\boldsymbol{r}^k)\\ \boldsymbol{p}^{k+1}=\boldsymbol{r}^{k+1}+\beta^k\boldsymbol{p}^k\end{cases}\tag{7.12}$$

End For

共轭梯度法的收敛速度取决于系数矩阵 $\boldsymbol{A}$ 的条件数(矩阵特征值的最大值与最小值之比)，条件数越大，收敛速度越慢。当系数矩阵的条件数较大时，推荐采用预条件共轭梯度法。

当代数方程组的系数矩阵为非对称正定矩阵时，需采用预条件共轭梯度法。目前存在多种预条件共轭梯度法，下面仅介绍一种稳定性和计算效率较好的预条件共轭梯度法(Bi-CGSTAB)，其实施步骤如下。

(1)设定初场 $\boldsymbol{\phi}^0$。

(2)求解 $\boldsymbol{r}^0=\boldsymbol{b}-\boldsymbol{A}\boldsymbol{\phi}^0$。

(3)令 $\boldsymbol{p}^0=\boldsymbol{v}^0=0$，$\rho^0=\alpha=\omega=1$。

(4)For k=0, 1, 2,⋯, until $\boldsymbol{r}^k$<tolerance(即余量<允许值)

$$\begin{cases}\rho^{k+1}=(\boldsymbol{r}^0,\boldsymbol{r}^k)\\ \beta=(\rho^{k+1}/\rho^k)(\alpha/\omega)\\ \boldsymbol{p}^{k+1}=\boldsymbol{r}^k+\beta(\boldsymbol{p}^k-\omega\boldsymbol{v}^k)\\ \boldsymbol{M}\boldsymbol{y}=\boldsymbol{p}^{k+1}\\ \boldsymbol{v}^{k+1}=\boldsymbol{A}\boldsymbol{y}\\ \alpha=\rho^{k+1}/(\boldsymbol{r}^0,\boldsymbol{v}^{k+1})\\ \boldsymbol{s}=\boldsymbol{r}^k-\alpha\boldsymbol{v}^{k+1}\\ \boldsymbol{M}\boldsymbol{z}=\boldsymbol{s}\\ \boldsymbol{t}=\boldsymbol{A}\boldsymbol{z}\\ \omega=(\boldsymbol{t},\boldsymbol{s})/(\boldsymbol{t},\boldsymbol{t})\\ \boldsymbol{\phi}^{k+1}=\boldsymbol{\phi}^k+\alpha\boldsymbol{y}+\omega\boldsymbol{z}\\ \boldsymbol{r}^{k+1}=\boldsymbol{s}-\omega\boldsymbol{t}\end{cases}\tag{7.13}$$

End For

步骤(4)中，$\boldsymbol{M}$ 为预条件矩阵。获得预条件矩阵有不同的处理方法，不完全 LU 分解法是一种常用的预条件处理方法，该方法的预条件矩阵分解示意图如图 7.1 所示，预条件矩阵表达式如式(7.14)所示。

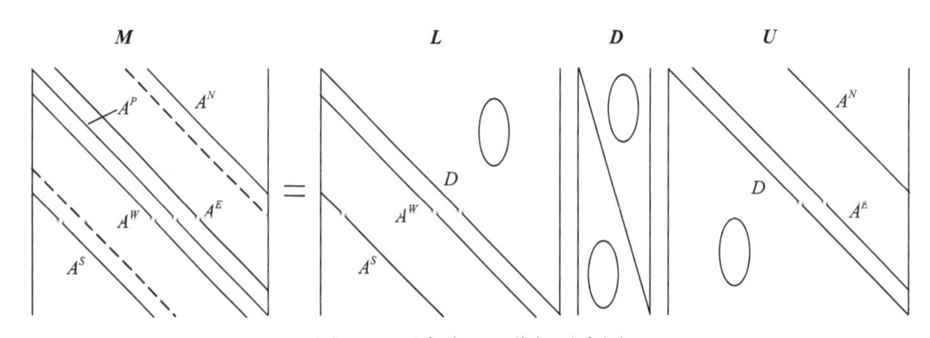

图 7.1　不完全 LU 分解示意图

$$\boldsymbol{M}=\boldsymbol{L}\boldsymbol{D}\boldsymbol{U}\tag{7.14}$$

式中，$\boldsymbol{L}, \boldsymbol{D}, \boldsymbol{U}$ 的矩阵实体为

$$\begin{cases}\text{entry}(\boldsymbol{L})=\left(A^S, A^W, \dfrac{1}{D^P}, 0, 0\right)\\ \text{entry}(\boldsymbol{D})=\left(0, 0, D^P, 0, 0\right)\\ \text{entry}(\boldsymbol{U})=\left(0, 0, \dfrac{1}{D^P}, A^E, A^N\right)\end{cases}\tag{7.15}$$

式中，$\boldsymbol{D}$ 矩阵的主对角元非零元素 D^P 的计算式为

$$D_{i,j}^{P}=\frac{1}{A_{i,j}^{P}-D_{i-1,j}^{P}A_{i,j}^{W}\left(A_{i-1,j}^{E}+\alpha A_{i-1,j}^{N}\right)-D_{i,j-1}^{P}A_{i,j}^{S}\left(A_{i,j-1}^{N}+\alpha A_{i,j-1}^{E}\right)} \tag{7.16}$$

其中，当 $\alpha=0$ 时，称为不完全分解(incomplete LU，ILU)；当 $\alpha=1$ 时，称为修正的不完全分解(modified incomplete LU，MILU)。

7.5　多重网格方法

7.5.1　多重网格方法概述

在求解规模较大的离散代数方程组时(未知量个数较多)，数值计算表明当采用 Jacobi, Gauss-Seidel 等常规迭代方法迭代到一定轮次时，余量衰减速度变得较慢。方程规模越大，余量衰减速度越慢，迭代收敛速度越慢。为了加快迭代计算的收敛速度，学者们发展了多重网格方法。多重网格方法是为了克服固定网格缺点而发展起来的迭代法，可促进代数方程组的迭代收敛，已经成为求解大型科学与工程计算问题的最有效方法之一。

多重网格方法的核心思想是：基于“对固定网格，Jacobi, Gauss-Seidel 等一般迭代法能快速消除高频(短波)误差分量，但很难衰减低频(长波)误差分量”这一事实，与“细网格上的低频误差分量在粗网格上表现为高频误差分量”这一特点，可采用不同疏密的网格来快速消除不同频率的误差分量，达到促进迭代收敛速度的效果。

从不同角度考虑，多重网格方法可划分为不同类型。按网格系统划分，多重网格方法可分为几何多重网格(geometric multigrid, GMG)和代数多重网格(algebraic multigrid, AMG)，其中 GMG 一般适用于结构化网格，AMG 既适用于结构化网格，又适用于非结构化网格，应用较为广泛。按应用范围划分，多重网格方法可分为修正值存储格式(corrected scheme, CS)和完全近似逼近格式(full approximation scheme, FAS)，其中 CS 只适用于线性问题，FAS 既适用于线性问题又适用于非线性问题。

7.5.2　多重网格基础构架

多重网格方法的基本构架主要包括限定、延拓和光顺，下面分别对这三个过程进行介绍。

(1) 限定是指将细网格上的变量或余量从细网格传递到粗网格的过程，传递的规则称为限定算子，一般用符号 I_k^{k+1} 表示。在 CS 格式多重网格中只限定余量，而在 FAS 格式多重网格中需同时限定余量和待求变量。

(2) 延拓是指将粗网格上的修正量从粗网格传递到细网格的过程，传递的规则称为延拓算子，一般用符号 I_{k+1}^{k} 表示。与限定不同，延拓的对象仅为粗网格上的修正值。

(3) 光顺是指在多重网格某网格层次上迭代求解代数方程组的过程，限定过程中所涉及的光顺称为前光顺，延拓过程中所涉及的光顺称为后光顺。光顺过程中所用的求解方法称为光顺算子(光顺器)，求解代数方程组的迭代方法都可以当作多重网格方法中的光顺算子，主要有 Jacobi、Gauss-Seidel、ADI 方法等。

7.5.3　CS 格式多重网格实施步骤

以 $k(k\geqslant 2)$ 层网格 V 循环为例，说明采用 CS 格式多重网格方法求解代数方程组 $\boldsymbol{A\phi}=\boldsymbol{b}$ 的实施步骤。定义第 1 层和第 k 层网格分别为最细层和最粗层网格。图 7.2 形象给出了 CS 格式的 V 循环，现对这一过程进行详细说明。

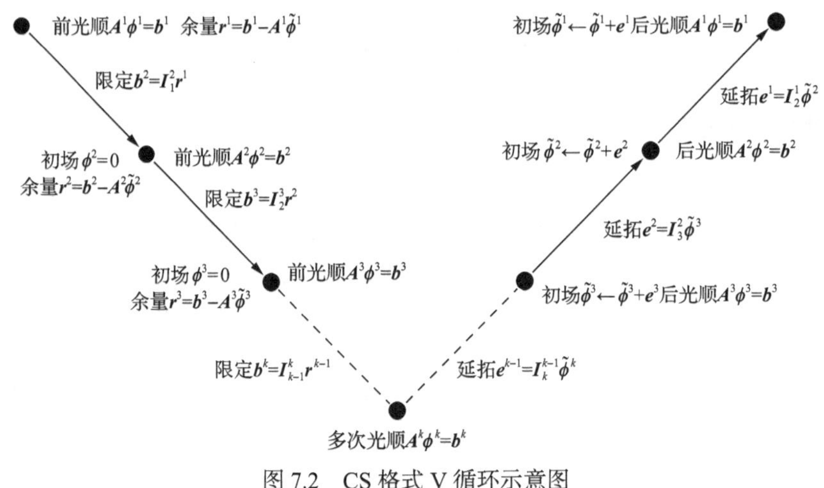

图 7.2　CS 格式 V 循环示意图

(1) 在最细网格上离散物理问题的控制方程，得到系数矩阵 $\boldsymbol{A}^1$ 和源项 $\boldsymbol{b}^1$，并根据各层网格之间的几何关系计算相应层关于修正量 $\boldsymbol{\phi}^2,\boldsymbol{\phi}^3,\cdots,\boldsymbol{\phi}^k$ 方程组的系数矩阵 $\boldsymbol{A}^2,\boldsymbol{A}^3,\cdots,\boldsymbol{A}^k$。

(2) 对方程组 $\boldsymbol{A}^1\boldsymbol{\phi}^1=\boldsymbol{b}^1$ 做数次前光顺（一般 3～5 次），得到待求变量的近似值 $\tilde{\boldsymbol{\phi}}^1$，并计算余量 $\boldsymbol{r}^1=\boldsymbol{b}^1-\boldsymbol{A}^1\tilde{\boldsymbol{\phi}}^1$。

(3) 将余量 $\boldsymbol{r}^1$ 限定到第 2 层网格上，得到该层网格余量方程组的源项 $\boldsymbol{b}^2=\boldsymbol{I}_1^2\boldsymbol{r}^1$。

(4) 设置 $\boldsymbol{\phi}^2$ 的初场为零场，前光顺 $\boldsymbol{A}^2\boldsymbol{\phi}^2=\boldsymbol{b}^2$，得到其近似解 $\tilde{\boldsymbol{\phi}}^2$ 及余量 $\boldsymbol{r}^2=\boldsymbol{b}^2-\boldsymbol{A}^2\tilde{\boldsymbol{\phi}}^2$。

(5) 采用类似方法可将余量限定不断进行下去，直到最粗层网格，最后可得到最粗网格上的余量方程 $\boldsymbol{A}^k\boldsymbol{\phi}^k=\boldsymbol{b}^k=\boldsymbol{I}_{k-1}^k\boldsymbol{r}^{k-1}$，可采用多次光顺或直接求解的方法得到该层网格的解 $\tilde{\boldsymbol{\phi}}^k$。

(6) 将 $\tilde{\boldsymbol{\phi}}^k$ 延拓到 k–1 层网格上，延拓量为 $\boldsymbol{e}^{k-1}=\boldsymbol{I}_k^{k-1}\tilde{\boldsymbol{\phi}}^k$，得到该层网格上修正解 $\tilde{\boldsymbol{\phi}}^{k-1}\leftarrow\tilde{\boldsymbol{\phi}}^{k-1}+\boldsymbol{e}^{k-1}$。由于延拓过程会重新引入高频误差，因此应以该修正解为初场对 k–1 层网格的余量方程进行后光顺（一般 2～3 次），更新 $\tilde{\boldsymbol{\phi}}^{k-1}$。

(7) 采用类似的方法将粗网格上的计算值 $\tilde{\boldsymbol{\phi}}^{k-1},\tilde{\boldsymbol{\phi}}^{k-2},\cdots,\tilde{\boldsymbol{\phi}}^2$ 依次延拓到细网格上直至第 1 层网格，得到 $\tilde{\boldsymbol{\phi}}^1\leftarrow\tilde{\boldsymbol{\phi}}^1+\boldsymbol{e}^1$，以该修正解为初场对最细层网格的方程组光顺，更新 $\tilde{\boldsymbol{\phi}}^1$ 并计算余量 $\boldsymbol{r}^1$。

(8) 在最细层网格上判断是否达到设定的收敛标准，如达到则退出 V 循环，否则重复步骤(3)～(7)，直到最细层网格上获得满足收敛标准的解。

7.5.4　FAS 格式多重网格实施步骤

以 $k(k\geqslant 2)$ 层网格 V 循环为例，说明采用 FAS 格式多重网格方法求解代数方程组 $\boldsymbol{A\phi}=\boldsymbol{b}$ 的实施步骤。定义第 1 层和第 k 层网格分别为最细层和最粗层网格。图 7.3 形象给出了 FAS 格式的 V 循环，现对这一过程进行详细说明。

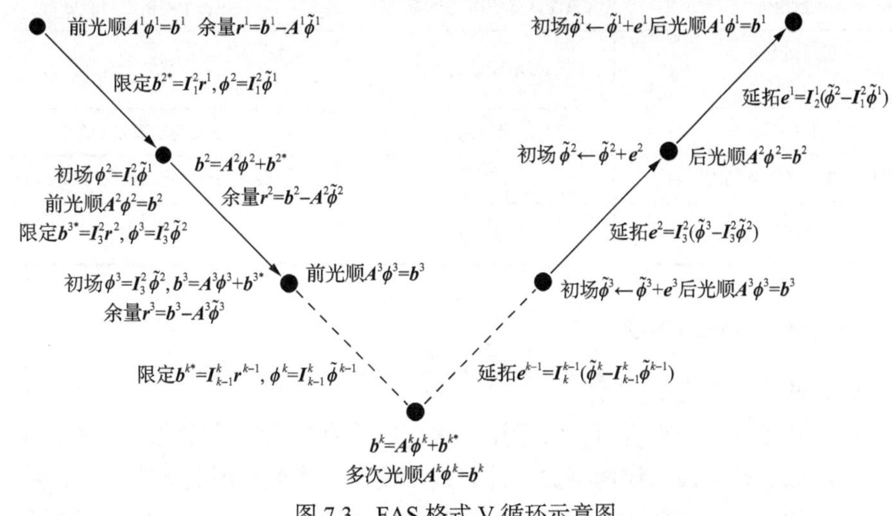

图 7.3　FAS 格式 V 循环示意图

(1) 给定初场，计算最细层网格的系数矩阵 $\boldsymbol{A}^1$ 和源项 $\boldsymbol{b}^1$，数次前光顺后求得待求变量近似解 $\tilde{\boldsymbol{\phi}}^1$ 和方程余量 $\boldsymbol{r}^1=\boldsymbol{b}^1-\boldsymbol{A}^1\tilde{\boldsymbol{\phi}}^1$。

(2) 采用各自的限定算子将 $\tilde{\boldsymbol{\phi}}^1$ 和 $\boldsymbol{r}^1$ 限定到第 2 层粗网格上 $\tilde{\boldsymbol{\phi}}^2=\boldsymbol{I}_1^2\tilde{\boldsymbol{\phi}}^1$ 和 $\boldsymbol{b}^{2*}=\boldsymbol{I}_1^2\boldsymbol{r}^1$ (待求变量和余量的限定算子一般不相同)。

(3) 利用限定得到的 $\boldsymbol{\phi}^2$ 和 $\boldsymbol{b}^{2*}$ 计算 $\boldsymbol{A}^2$ 和 $\boldsymbol{b}^2=\boldsymbol{A}^2\boldsymbol{\phi}^2+\boldsymbol{b}^{2*}$，对该层网格方程前光顺数次得到解 $\tilde{\boldsymbol{\phi}}^2$ 和余量 $\boldsymbol{r}^2=\boldsymbol{b}^2-\boldsymbol{A}^2\tilde{\boldsymbol{\phi}}^2$。

(4) 采用类似方法可将待求变量近似解和余量的限定不断进行下去，直到最粗层网格，可求得最粗网格上的解 $\tilde{\boldsymbol{\phi}}^k$。

(5) 计算最粗网格上的修正量 $\tilde{\boldsymbol{\phi}}^k-\boldsymbol{I}_{k-1}^k\tilde{\boldsymbol{\phi}}^{k-1}$，并将其延拓到上一层细网格上，延拓量为 $\boldsymbol{e}^{k-1}=\boldsymbol{I}_k^{k-1}\left(\tilde{\boldsymbol{\phi}}^k-\boldsymbol{I}_{k-1}^k\tilde{\boldsymbol{\phi}}^{k-1}\right)$，得 k–1 层网格上的修正解 $\tilde{\boldsymbol{\phi}}^{k-1}\leftarrow\tilde{\boldsymbol{\phi}}^{k-1}+\boldsymbol{e}^{k-1}$，用该修正解再次计算该层网格系数矩阵和源项，进行后光顺得 $\tilde{\boldsymbol{\phi}}^{k-1}$。

(6) 采用类似的方法将粗网格上的修正量依次延拓到细网格上直至第 1 层网格，得到最细层网格修正解 $\tilde{\boldsymbol{\phi}}^1\leftarrow\tilde{\boldsymbol{\phi}}^1+\boldsymbol{e}^1$，用该修正解计算 $\boldsymbol{A}^1$ 和 $\boldsymbol{b}^1$，并再次光顺求得更新的 $\tilde{\boldsymbol{\phi}}^1$ 和余量 $\boldsymbol{r}^1$。

(7) 在最细层网格上判断数值解是否达到收敛标准，如果达到则退出计算，未达到则重复步骤(2)～(6)，进入下一个 V 循环。

CS 格式和 FAS 格式多重网格的构架基本相同，均涉及限定、延拓和光顺过程，但从以上具体的实施步骤中可看出它们依然存在一定差异，表 7.4 对比了两者的主要区别。

表 7.4　CS 格式和 FAS 格式多重网格方法的主要区别

比较对象	CS 格式多重网格	FAS 格式多重网格
适用范围	只适用于线性问题	对线性问题和非线性问题均适用
系数矩阵	只需计算一次，不需更新	在每个网格层均需更新
粗网格上 ϕ 的含义	待求变量的误差	待求变量
限定过程	限定余量	限定待求变量和余量
限定过程中粗网格上 ϕ 的光顺初场	零场	上一层细网格限定得到的待求变量近似解
延拓量	$\boldsymbol{I}_k^{k-1}\tilde{\boldsymbol{\phi}}^k$	$\boldsymbol{I}_k^{k-1}\left(\tilde{\boldsymbol{\phi}}^k - \boldsymbol{I}_{k-1}^k\tilde{\boldsymbol{\phi}}^{k-1}\right)$

7.5.5　多重网格实施注意事项

1) 最粗层网格数的选取

当网格数减小到一定程度时，宜采用多次光顺或直接求解的方法求出精确解。进一步增加网格层数、减小最粗层网格数，计算效率反而会降低，因此最粗层网格数不宜过少。值得指出的是，实施贴体坐标多重网格时，应注意不能使得最粗层网格过于稀疏，因为此时可能会导致计算区域的形状不能被网格准确地逼近，与实际物理问题不符，从而导致数值计算发散。

2) 光顺初场的设置

为加快收敛速度，应尽量选择较好的初场。一般说来，限定过程中各层粗网格上的初场对 CS 格式应设为零场，对 FAS 格式应设为上一层细网格限定到该层网格上的待求变量值；延拓过程中各层网格的初场对这两种格式均应设为延拓修正后的解。

3) 各层网格系数矩阵的计算

CS 格式和 FAS 格式均可通过直接离散控制方程的方式得到各层网格的系数矩阵，而 CS 格式还可通过限定的方法得到系数矩阵。

4) 各层网格光顺次数的选取

(1) 光顺次数并不是越多越好。在除最粗层网格外的其余层网格上，没必要进行精确求解，只需进行几次光顺把与其相对应的主要误差谐波分量衰减掉即可。光顺次数太多会影响光顺效率，浪费计算时间。

(2) 在压强-速度耦合问题中，动量方程的光顺次数可少一些，一般取 3 次即可，但压强修正方程的光顺次数应适当多取一些。

(3) 为提高计算效率，不同网格层上的光顺次数可取不同值，光顺次数可随网格层数的增加适当增加，比如设为网格层的函数；前光顺次数一般应比后光顺次数多。

5) 限定算子和延拓算子的确定

(1) 确定限定算子时，应考虑守恒原理；确定延拓算子时，可考虑采用延拓松弛技术加快计算速度，提高计算效率。

(2) 在贴体坐标系下限定算子和延拓算子应在物理平面上计算。

6) 高阶对流差分格式在多重网格中的实施

当对流离散格式为高阶格式时，传统文献一般采用亏损修正的方法实施，即在最细层网格上采用高阶格式，而在粗网格上采用绝对稳定的一阶迎风格式。笔者发现在各层粗网格上通过引入延迟修正技术采用高阶格式，可在一定程度上提高计算效率。

7.6　不同迭代方法的比较

对于数据规模较小的代数方程组，应优先选用实施简单的 Jacobi 或 Gauss-Seidel 点迭代进行求解。对于大型稀疏方程组，不同求解方法的计算效率往往相差很大。针对串行程序而言，不同迭代法的求解效率按从高到低一般可排序为 MG、CG、ADI、Gauss-Seidel、Jacobi(其中 Gauss-Seidel 和 Jacobi 线迭代的计算效率一般分别高于 Gauss-Seidel 和 Jacobi 点迭代)。

7.7　典型习题解析

例 1　已知离散表达式：$a_P\phi_P = a_{WW}\phi_{WW} + a_W\phi_W + a_E\phi_E + a_{EE}\phi_{EE} + a_S\phi_S + a_N\phi_N + b$，写出代数方程组 $\boldsymbol{A\phi} = \boldsymbol{b}$ 中的系数矩阵 $\boldsymbol{A}$。

【解析】本题考查如何将离散方程组的系数写成矩阵形式。

代数方程 $\boldsymbol{A\phi} = \boldsymbol{b}$ 中的系数矩阵 $\boldsymbol{A}$ 为

$$
\begin{pmatrix}
(a_P)_{1,1} & -(a_E)_{1,1} & -(a_{EE})_{1,1} & \cdots & -(a_N)_{1,1} & & & \\
-(a_W)_{1,2} & (a_P)_{1,2} & -(a_E)_{1,2} & -(a_{EE})_{1,2} & \cdots & -(a_N)_{1,2} & & \\
 & & & & & & & \ddots \\
 & & \ddots & \ddots & \ddots & & & \\
\ddots & & & & & & & \\
 & -(a_S)_{m,n-1} & \cdots & -(a_{WW})_{m,n-1} & -(a_W)_{m,n-1} & (a_P)_{m,n-1} & -(a_E)_{m,n-1} & \\
 & & -(a_S)_{m,n} & \cdots & -(a_{WW})_{m,n} & -(a_W)_{m,n} & (a_P)_{m,n} &
\end{pmatrix}
$$

式中，数字下标代表 ϕ_P 所在位置，第一个下标表示行，第二个下标表示列。

例 2　试说明方程的余量受哪些因素的影响。

【解析】本题考查方程余量的影响因素。

(1) 方程的余量受物理问题类型的影响。不同物理问题的空间尺度、物理量大小及物性等参数存在差异，甚至相差多个数量级。例如对输油管道和微通道空气流动，虽然都是管流问题，但两者的空间尺度分别是米级和微米级，相差 6 个数量级；管内压强的大小分别是兆帕级和帕级，也相差 6 个数量级；两者管内介质的密度也相差近 3 个数量级。当均采用国际单位制和完全相同的数值离散方法时，两个物理问题的余量可能相差几个甚至十个以上数量级。

(2) 即使对于同一个物理问题，方程余量亦会受多个因素的影响，如离散方程的表达形式、网格尺度、方程是否无量纲化处理及采用何种单位制等，这些因素对余量大小产生的影响亦是不可忽略的。

例 3　请简要说明方程余量的基本概念并解释采用基于规正余量的迭代收敛标准有何优点？

【解析】本题考查相对于其他收敛标准，规正余量的优点。

方程的余量为当前迭代层次下离散方程等号右端项与左端项的差值。基于规正余量的收敛标准具有不受物理问题性质及计算参数取值、离散方程表达形式、网格尺度、控制方程是否无量纲化等因素影响的优点，不同物理问题或同一物理问题不同形式离散方程的规正余量均能下降到相近的数量级，有利于收敛标准规定值的设置。

例 4　针对一维物理问题，当边界条件为第二类或第三类边界条件且边界条件采用二阶截差精度的差分格式离散时，是否可以直接采用 TDMA 方法求解离散得到的代数方程组？为什么？

【解析】本题考查 TDMA 方法的适用条件。

不能。当边界条件为第二类或第三类边界条件时，若边界条件的离散采用二阶截差精度的差分格式，则边界点的方程是三元方程，此时，代数方程组系数不为三对角阵，因此无法直接采用 TDMA 方法求解。

例 5　已知某控制方程离散后的表达式：$a_P\phi_P = a_{WW}\phi_{WW} + a_W\phi_W + a_E\phi_E + a_{EE}\phi_{EE}$。当迭代顺序从右至左时，分别写出采用 Gauss-Seidel 和 Jacobi 点迭代求解时的迭代表达式。

【解析】本题考查 Gauss-Seidel 和 Jacobi 点迭代的表达式。

(1) Gauss-Seidel 点迭代法：

$$\phi_P^k = \frac{1}{a_P}\left(a_{WW}\phi_{WW}^{k-1} + a_W\phi_W^{k-1} + a_E\phi_E^k + a_{EE}\phi_{EE}^k\right) \tag{7.17}$$

(2) Jacobi 点迭代法：

$$\phi_P^k = \frac{1}{a_P}\left(a_{WW}\phi_{WW}^{k-1} + a_W\phi_W^{k-1} + a_E\phi_E^{k-1} + a_{EE}\phi_{EE}^{k-1}\right) \tag{7.18}$$

例 6　常用的限定算子和延拓算子有哪些？确定这两种算子时应考虑哪些因素？

【解析】本题考查限定算子和延拓算子的类型和选取标准。

(1) 常用的限定算子有直接限定、两点限定、四点限定等；常用的延拓算子有直接延拓、两点延拓、四点延拓等。限定算子和延拓算子类型的选取与方程的离散形式有关。

(2) 确定限定算子时，要考虑如何把细网格上的余量(和变量)信息高效地、不失真地传递到粗网格上；确定延拓算子时，要考虑如何把粗网格上的修正量合适地传递到细网格上。确定算子时，不应该单纯地只从数学上考虑，还要考虑问题的物理意义，保证方程的守恒性。

例 7　在 CS 格式多重网格中，为何粗网格上的前光顺初场设为零场?

【解析】本题考查多 CS 格式重网格前光顺的初场设定准则。

因为在 CS 格式多重网格中，粗网格上前光顺求解的变量代表的是上一层密网格求解变量的误差，其真值为零，因此将初场设为零场可提高方程求解效率。

例 8　一维导热问题的控制方程为 $\frac{\partial}{\partial x}\left(\lambda\frac{\partial T}{\partial x}\right)+S=0$。已知计算区域长度为 2m，导热系数 λ=1W/(m·℃)，源项 S=1W/m^3，左右边界点温度分别为 0℃和 1℃。如图 7.4 所示，对计算区域采用均分网格划分，试采用有限容积法离散控制方程，并采用 TDMA 方法对离散方程求解。

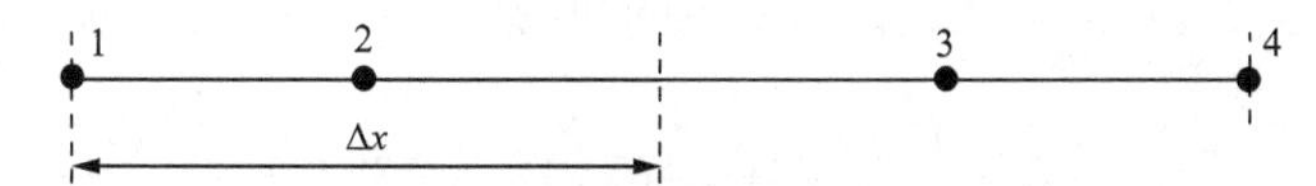

图 7.4　计算区域的网格划分示意图

【解析】本题考查 TDMA 方法求解离散代数方程组。

根据第 5 章式(5.22)、表 5.5 和表 5.6，可得节点 2 和节点 3 的离散方程分别为

$$3T_2 = T_3 + 1 \tag{7.19}$$

$$3T_3 = T_2 + 3 \tag{7.20}$$

由式(7.19)和式(7.20)可得代数方程组 ($\boldsymbol{A\phi}=\boldsymbol{b}$) 离散系数和源项如表 7.5 所示。

表 7.5　代数方程组离散系数和源项

节点	a_P	a_W	a_E	b
2	3	0	1	1
3	3	1	0	3

采用 TDMA 求解离散方程组，根据式(7.8)和式(7.9)计算 TDMA 消元后的系数分别为

$$\alpha_1 = 1/3 = 0.33333\dot{3} \tag{7.21}$$

$$\begin{cases}\beta_1 = 1/3 = 0.33333\dot{3}\\ \beta_2 = (3+1\times 0.33333\dot{3})/(3-1\times 0.33333\dot{3}) = 1.25\end{cases} \tag{7.22}$$

需要指出的是，这里的所有中间结果均用小数的形式表示。当读者用程序代码再现

这些计算结果时，这种小数的表示形式更容易比对。

将 $\alpha_1, \beta_1, \beta_2$ 代入到 TDMA 回代公式(7.10)，可得

$$\begin{cases} T_3 = 1.25 \\ T_2 = 0.33333\dot{3} \times 1.25 + 0.33333\dot{3} = 0.75 \end{cases} \tag{7.23}$$

例 9 例 8 采用 Jacobi 迭代对离散方程求解。

【解析】本题考查 Jacobi 迭代法求解离散代数方程组。

由于 Jacobi 迭代属于迭代法，需要设定迭代计算的初场和数值解的收敛标准，这里将初场设为 0℃，数值解以余量范数作为收敛判据，收敛标准设置为$\|\mathrm{Res}\|<10^{-4}$。这里仅给出前两轮迭代的具体计算过程，剩余的迭代过程以表格形式给出。

Jacobi 迭代计算的表达式如下：

$$T_P^k = \frac{1}{a_P}\left(a_W T_W^{k-1} + a_E T_E^{k-1} + b\right) \tag{7.24}$$

根据 Jacobi 迭代计算的表达式，由设定的初场可得第一轮迭代的计算结果：

$$\begin{cases} T_2^1 = \dfrac{1}{3}(T_3^0 + 1) = \dfrac{1}{3}(0+1) = 0.33333\dot{3} \\ T_3^1 = \dfrac{1}{3}(T_2^0 + 3) = \dfrac{1}{3}(0+3) = 1 \end{cases} \tag{7.25}$$

第一轮迭代的余量范数为 0.745356，不满足收敛标准，需进行第二轮迭代。

由第一轮迭代的计算结果，通过 Jacobi 迭代可得第二轮迭代的计算结果：

$$\begin{cases} T_2^2 = \dfrac{1}{3}(T_3^1 + 1) = \dfrac{1}{3}(1+1) = 0.66666\dot{6} \\ T_3^2 = \dfrac{1}{3}(T_2^1 + 3) = \dfrac{1}{3}(0.33333\dot{3} + 3) = 1.11111\dot{1} \end{cases} \tag{7.26}$$

第二轮迭代的余量范数为 0.248452，不满足收敛标准，还需继续迭代。根据类似的迭代过程，可得到每一轮迭代的计算结果和余量范数，如表 7.6 所示。

表 7.6 Jacobi 迭代求解时每一轮迭代的计算结果和余量范数

迭代轮数(k)	T_2^k	T_3^k	$\|\mathrm{Res}\|$
1	0.333333	1	0.745356
2	0.666667	1.111111	0.248452
3	0.703704	1.222222	0.082817
4	0.740741	1.234568	0.027606
5	0.744856	1.246914	0.009202
6	0.748971	1.248285	0.003067
7	0.749428	1.249657	0.001022

续表

迭代轮数(k)	T_2^k	T_3^k	‖Res‖
8	0.749886	1.249809	0.000341
9	0.749936	1.249962	0.000114
10	0.749987	1.249979	0.000038

例 10　例 8 采用 Gauss-Seidel 迭代对离散方程求解。

【解析】本题考查 Gauss-Seidel 迭代法求解离散代数方程组。

由于 Gauss-Seidel 迭代属于迭代法，需要设定迭代计算的初场和数值解的收敛标准，这里将初场设为 0℃，数值解以余量范数作为收敛判据，收敛标准设置为$\|Res\|<10^{-4}$。这里仅给出前两轮迭代的具体计算过程，剩余的迭代过程以表格形式给出。

采用 Gauss-Seidel 迭代求解与扫描方向有关，这里采用的迭代方向为从左向右，因此 Gauss-Seidel 迭代计算的表达式如下：

$$T_P^k = \frac{1}{a_P}\left(a_W T_W^k + a_E T_E^{k-1} + b\right) \tag{7.27}$$

根据 Gauss-Seidel 迭代计算的表达式，由设定的初场可得第一轮迭代的计算结果：

$$\begin{cases} T_2^1 = \dfrac{1}{3}(T_3^0 + 1) = \dfrac{1}{3}(0+1) = 0.33333\dot{3} \\ T_3^1 = \dfrac{1}{3}(T_2^1 + 3) = \dfrac{1}{3}(0.33333\dot{3} + 3) = 1.11111\dot{1} \end{cases} \tag{7.28}$$

第一轮迭代的余量范数为 0.785674，不满足收敛标准，需进行第二轮迭代。

由第一轮迭代的计算结果，通过 Gauss-Seidel 迭代可得第二轮迭代的计算结果：

$$\begin{cases} T_2^2 = \dfrac{1}{3}(T_3^1 + 1) = \dfrac{1}{3}(1.11111\dot{1} + 1) = 0.\dot{7}0\dot{3} \\ T_3^2 = \dfrac{1}{3}(T_2^2 + 3) = \dfrac{1}{3}(0.\dot{7}0\dot{3} + 3) = 1.234568 \end{cases} \tag{7.29}$$

第二轮迭代的余量范数为 0.087297，不满足收敛标准，还需继续迭代。根据类似的迭代过程，可得到每一轮迭代的计算结果和余量范数，如表 7.7 所示。

表 7.7　Gauss-Seidel 迭代求解时每一轮迭代的计算结果和余量范数

迭代轮数(k)	T_2^k	T_3^k	‖Res‖
1	0.333333	1.111111	0.785674
2	0.703704	1.234568	0.087297
3	0.744856	1.248285	0.009700
4	0.749428	1.249809	0.001078
5	0.749936	1.249979	0.000120
6	0.749993	1.249998	0.000013

例 11　例 8 采用 CG 方法对离散方程求解。

【解析】本题考查 CG 方法求解离散代数方程组。

由于 CG 属于迭代法，需要设定迭代计算的初场和数值解的收敛标准，这里将初场设为 0℃，数值解以余量范数作为收敛判据，收敛标准设置为$\|Res\|<10^{-4}$。这里仅给出前两轮迭代的具体计算过程，剩余的迭代过程以表格形式给出。

CG 方法的求解步骤如下。

(1) 设定初场 $\boldsymbol{T}^0$。

(2) 求解 $\boldsymbol{r}^0=\boldsymbol{b}-\boldsymbol{A}\boldsymbol{T}^0$。

(3) 令 $\boldsymbol{p}^0=\boldsymbol{r}^0$。

(4) For k=0, 1, 2,⋯, until $\|Res\|<10^{-4}$

$$\begin{cases}\alpha^k=(\boldsymbol{r}^k,\boldsymbol{r}^k)/(\boldsymbol{A}\boldsymbol{p}^k,\boldsymbol{p}^k)\\ \boldsymbol{T}^{k+1}=\boldsymbol{T}^k+\alpha^k\boldsymbol{p}^k\\ \boldsymbol{r}^{k+1}=\boldsymbol{r}^k-\alpha^k\boldsymbol{A}\boldsymbol{p}^k\\ \beta^k=(\boldsymbol{r}^{k+1},\boldsymbol{r}^{k+1})/(\boldsymbol{r}^k,\boldsymbol{r}^k)\\ \boldsymbol{p}^{k+1}=\boldsymbol{r}^{k+1}+\beta^k\boldsymbol{p}^k\end{cases}\tag{7.30}$$

End For

由于 CG 方法需要用到代数方程组的系数矩阵，现根据离散得到的代数方程组写出其矩阵形式的表达式：

$$\begin{pmatrix}3&-1\\-1&3\end{pmatrix}\begin{pmatrix}T_2\\T_3\end{pmatrix}=\begin{pmatrix}1\\3\end{pmatrix}\tag{7.31}$$

由式(7.31)可知：

$$\boldsymbol{A}=\begin{pmatrix}3&-1\\-1&3\end{pmatrix},\ \boldsymbol{b}=\begin{pmatrix}1\\3\end{pmatrix}\tag{7.32}$$

需要指出的是，系数矩阵中的元素与离散方程系数的对应关系如下：

$$\begin{pmatrix}a_{1,1}&a_{1,2}\\a_{2,1}&a_{2,2}\end{pmatrix}=\begin{pmatrix}(a_P)_1&-(a_E)_1\\-(a_W)_2&(a_P)_2\end{pmatrix}\tag{7.33}$$

根据 CG 方法的求解步骤，将相应数值代入得

(1) 设定的初场为

$$\boldsymbol{T}^0=\begin{pmatrix}T_2^0\\T_3^0\end{pmatrix}=\begin{pmatrix}0\\0\end{pmatrix}\tag{7.34}$$

(2)余量为

$$\boldsymbol{r}^0=\boldsymbol{b}-\boldsymbol{A}\boldsymbol{T}^0=\begin{pmatrix}1\\3\end{pmatrix}-\begin{pmatrix}3&-1\\-1&3\end{pmatrix}\begin{pmatrix}0\\0\end{pmatrix}=\begin{pmatrix}1\\3\end{pmatrix} \tag{7.35}$$

(3)令 $\boldsymbol{p}^0=\boldsymbol{r}^0$，则

$$\boldsymbol{p}^0=\begin{pmatrix}p_1^0\\p_2^0\end{pmatrix}=\begin{pmatrix}r_1^0\\r_2^0\end{pmatrix}=\begin{pmatrix}1\\3\end{pmatrix} \tag{7.36}$$

(4)开始迭代计算：

$$\boldsymbol{A}\boldsymbol{p}^0=\begin{pmatrix}3&-1\\-1&3\end{pmatrix}\begin{pmatrix}1\\3\end{pmatrix}=\begin{pmatrix}0\\8\end{pmatrix} \tag{7.37}$$

$$\alpha^0=(\boldsymbol{r}^0,\boldsymbol{r}^0)/(\boldsymbol{A}\boldsymbol{p}^0,\boldsymbol{p}^0)=(1^2+3^2)/(0\times1+8\times3)=0.41666\dot{6} \tag{7.38}$$

$$\boldsymbol{T}^1=\boldsymbol{T}^0+\alpha^0\boldsymbol{p}^0=\begin{pmatrix}0\\0\end{pmatrix}+0.41666\dot{6}\times\begin{pmatrix}1\\3\end{pmatrix}=\begin{pmatrix}0.41666\dot{6}\\1.25\end{pmatrix} \tag{7.39}$$

第一轮迭代的余量范数为 0.745356，不满足收敛标准，需继续迭代。

$$\boldsymbol{r}^1=\boldsymbol{r}^0-\alpha^0\boldsymbol{A}\boldsymbol{p}^0=\begin{pmatrix}1\\3\end{pmatrix}-0.41666\dot{6}\times\begin{pmatrix}0\\8\end{pmatrix}=\begin{pmatrix}1\\-0.33333\dot{3}\end{pmatrix} \tag{7.40}$$

$$\beta^0=(\boldsymbol{r}^1,\boldsymbol{r}^1)/(\boldsymbol{r}^0,\boldsymbol{r}^0)=\left[1^2+(-0.33333\dot{3})^2\right]/(1^2+3^2)=0.11111\dot{1} \tag{7.41}$$

$$\boldsymbol{p}^1=\boldsymbol{r}^1+\beta^0\boldsymbol{p}^0=\begin{pmatrix}1\\-0.33333\dot{3}\end{pmatrix}+0.11111\dot{1}\times\begin{pmatrix}1\\3\end{pmatrix}=\begin{pmatrix}1.11111\dot{1}\\0\end{pmatrix} \tag{7.42}$$

$$\boldsymbol{A}\boldsymbol{p}^1=\begin{pmatrix}3&-1\\-1&3\end{pmatrix}\begin{pmatrix}1.11111\dot{1}\\0\end{pmatrix}=\begin{pmatrix}3.33333\dot{3}\\-1.11111\dot{1}\end{pmatrix} \tag{7.43}$$

$$\begin{aligned}\alpha^1&=(\boldsymbol{r}^1,\boldsymbol{r}^1)/(\boldsymbol{A}\boldsymbol{p}^1,\boldsymbol{p}^1)\\&=\left[1^2+(-0.33333\dot{3})^2\right]/\left[3.333333\dot{3}\times1.11111\dot{1}+(-1.11111\dot{1})\times0\right]\\&=0.3\end{aligned} \tag{7.44}$$

$$\boldsymbol{T}^2=\boldsymbol{T}^1+\alpha^1\boldsymbol{p}^1=\begin{pmatrix}0.41666\dot{6}\\1.25\end{pmatrix}+0.3\times\begin{pmatrix}1.11111\dot{1}\\0\end{pmatrix}=\begin{pmatrix}0.75\\1.25\end{pmatrix} \tag{7.45}$$

第二轮迭代的余量范数为 0，满足收敛标准，因此共轭梯度法只需两轮迭代就满足了收敛标准。每一轮迭代的最终计算结果和余量范数如表 7.8 所示。

表 7.8　CG 迭代求解时每一轮迭代的最终计算结果和余量范数

迭代轮数 (k)	T_2^k	T_3^k	$\|\text{Res}\|$
1	0.416667	1.25	0.745356
2	0.75	1.25	0

例 12　已知某一维导热问题的控制方程为$\dfrac{\partial}{\partial x}\left[\lambda(T)\dfrac{\partial T}{\partial x}\right]=0$，边界条件为$x=0,T=0$；$x=1,T=100$。导热系数$\lambda$随温度线性变化，$\lambda=0.1T+100$。试采用有限容积内节点法及 2 个内节点的均分网格求解内节点的温度。

【解析】本题考查非线性问题求解中的内迭代和外迭代过程。

采用均分网格对计算区域进行划分，采用有限容积法离散控制方程，扩散项采用二阶中心差分格式离散，可得内节点 2 和 3 的离散方程分别为

$$T_2=(\lambda_{5/2}T_3+2\lambda_1T_1)/(\lambda_{5/2}+2\lambda_1) \tag{7.46}$$

$$T_3=(2\lambda_4T_4+\lambda_{5/2}T_2)/(\lambda_{5/2}+2\lambda_4) \tag{7.47}$$

式 (7.46) 和式 (7.47) 中导热系数是温度的函数，因此在迭代计算过程中需要不断地更新导热系数，计算中涉及内迭代、外迭代。对于界面处的导热系数，采用调和平均计算：

$$\lambda_{5/2}=\frac{2\lambda_3\lambda_2}{\lambda_3+\lambda_2} \tag{7.48}$$

式中，$\lambda_2=0.1T_2+100,\lambda_3=0.1T_3+100$。

本题的求解流程如图 7.5 所示。

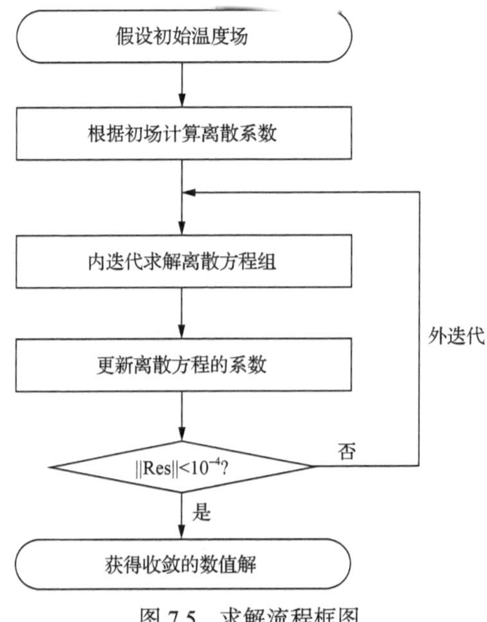

图 7.5　求解流程框图

设内节点迭代初始温度为 0，采用 Gauss-Seidel 迭代法对式(7.46)和式(7.47)进行迭代求解，并更新界面上的导热系数，迭代过程中内节点 2 和 3 上的数值解见表 7.9。

表 7.9　内节点 2 和 3 上的数值解

外迭代轮数	T_2	T_3	‖Res‖
1	0.000000	68.750000	5025.512309
2	23.418825	75.527227	555.583476
3	25.982109	76.104630	48.900349
4	26.207248	76.152414	4.076791
5	26.226006	76.156314	0.333548
6	26.227541	76.156630	0.027085
7	26.227665	76.156656	0.002193
8	26.227675	76.156658	0.000177
9	26.227676	76.156658	0.000014

例 13　二维导热问题的控制方程为：$\lambda\dfrac{\partial^2 T}{\partial x^2}+\lambda\dfrac{\partial^2 T}{\partial y^2}+S=0$。已知计算区域为正方形，边长为 3m，导热系数 λ=1W/(m·℃)，源项 S=1W/m^3，右边界温度为 1℃，其余边界的温度为 0℃。如图 7.6 所示，对计算区域采用均分网格划分，试采用有限差分法离散控制方程，并采用 ADI-TDMA 求解离散方程。

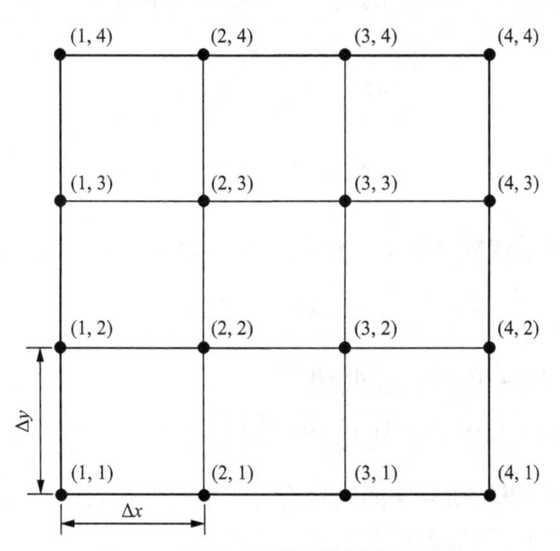

图 7.6　计算区域的网格划分示意图

【解析】本题考查 ADI-TDMA 法求解二维问题离散代数方程组。

采用有限差分法对控制方程进行离散：

$$\lambda\frac{T_{i+1,j}-2T_{i,j}+T_{i-1,j}}{(\Delta x)^2}+\lambda\frac{T_{i,j+1}-2T_{i,j}+T_{i,j-1}}{(\Delta y)^2}+S=0 \tag{7.49}$$

整理式(7.49)可得

$$\left[\frac{2\lambda}{(\Delta x)^2}+\frac{2\lambda}{(\Delta y)^2}\right]T_{i,j}=\frac{\lambda}{(\Delta x)^2}T_{i-1,j}+\frac{\lambda}{(\Delta x)^2}T_{i+1,j}+\frac{\lambda}{(\Delta y)^2}T_{i,j-1}+\frac{\lambda}{(\Delta y)^2}T_{i,j+1}+S \tag{7.50}$$

代入边界条件和网格信息，可得待求温度的各节点离散方程：

$$\begin{cases}4T_{2,2}=T_{3,2}+T_{2,3}+1\\4T_{3,2}=T_{2,2}+T_{3,3}+2\\4T_{2,3}=T_{3,3}+T_{2,2}+1\\4T_{3,3}=T_{2,3}+T_{3,2}+2\end{cases} \tag{7.51}$$

下面介绍采用 ADI-TDMA 对离散方程的求解。由于 ADI-TDMA 属于迭代法，需要设定迭代计算的初场和数值解的收敛标准，这里将初场设为 0℃，数值解以余量范数作为收敛判据，收敛标准设置为$\|\mathrm{Res}\|<10^{-4}$。

(1)首先从左向右扫描，即

$$a_P T_P^{k-\frac{1}{2}}=a_S T_S^{k-\frac{1}{2}}+a_N T_N^{k-\frac{1}{2}}+\left(a_W T_W^{k-\frac{1}{2}}+a_E T_E^{k-1}+b\right) \tag{7.52}$$

对于左边第二列节点，需求解的代数方程组可表示为

$$\begin{cases}4T_{2,2}^{\frac{1}{2}}=T_{2,3}^{\frac{1}{2}}+\left(T_{3,2}^{0}+1\right)\\4T_{2,3}^{\frac{1}{2}}=T_{2,2}^{\frac{1}{2}}+\left(T_{3,3}^{0}+1\right)\end{cases} \tag{7.53}$$

采用 TDMA 求解该代数方程组，根据式(7.8)和式(7.9)计算消元后的系数分别为

$$\alpha_{2,1}=1/4=0.25 \tag{7.54}$$

$$\begin{cases}\beta_{2,1}=(0+0+1)/4=0.25\\\beta_{2,2}=\left[(0+0+1)+1\times0.25\right]/(4-1\times0.25)=0.33333\dot{3}\end{cases} \tag{7.55}$$

需要指出的是，这里的所有中间结果均用小数的形式表示。当读者用程序代码再现这些计算结果时，这种小数的表示形式更容易比对。

将$\alpha_{2,1}$、$\beta_{2,1}$和$\beta_{2,2}$代入到 TDMA 回代式(7.10)可得

$$\begin{cases}T_{2,3}^{\frac{1}{2}}=0.33333\dot{3}\\T_{2,2}^{\frac{1}{2}}=0.25\times0.33333\dot{3}+0.25=0.33333\dot{3}\end{cases} \tag{7.56}$$

对于右边第二列节点，需求解的代数方程组可表示为

$$\begin{cases} 4T_{3,2}^{\frac{1}{2}} = T_{3,3}^{\frac{1}{2}} + T_{2,2}^{\frac{1}{2}} + 2 \\ 4T_{3,3}^{\frac{1}{2}} = T_{3,2}^{\frac{1}{2}} + T_{2,3}^{\frac{1}{2}} + 2 \end{cases} \tag{7.57}$$

采用 TDMA 求解该代数方程组，根据式(7.8)和式(7.9)计算消元后的系数分别为

$$\alpha_{3,1} = 1/4 = 0.25 \tag{7.58}$$

$$\begin{cases} \beta_{3,1} = (0.33333\dot{3} + 0 + 2)/4 = 0.58333\dot{3} \\ \beta_{3,2} = \left[(0.33333\dot{3} + 0 + 2) + 1 \times 0.58333\dot{3}\right]/(4 - 1 \times 0.25) = 0.77777\dot{7} \end{cases} \tag{7.59}$$

将 $\alpha_{3,1}, \beta_{3,1}, \beta_{3,2}$ 代入到 TDMA 回代公式(7.10)可得

$$\begin{cases} T_{3,3}^{\frac{1}{2}} = 0.77777\dot{7} \\ T_{3,2}^{\frac{1}{2}} = 0.25 \times 0.77777\dot{7} + 0.58333\dot{3} = 0.77777\dot{7} \end{cases} \tag{7.60}$$

(2)按从下向上扫描，即

$$a_P T_P^k = a_W T_W^k + a_E T_E^k + a_S T_S^k + a_N T_N^{k-\frac{1}{2}} + b \tag{7.61}$$

对于下方第二行节点，需求解的代数方程组可表示为

$$\begin{cases} 4T_{2,2}^{1} = T_{3,2}^{1} + T_{2,3}^{\frac{1}{2}} + 1 \\ 4T_{3,2}^{1} = T_{2,2}^{1} + T_{3,3}^{\frac{1}{2}} + 2 \end{cases} \tag{7.62}$$

采用 TDMA 求解该代数方程组，根据式(7.8)和式(7.9)计算消元后的系数分别为

$$\alpha_{1,2} = 1/4 = 0.25 \tag{7.63}$$

$$\begin{cases} \beta_{1,2} = (0 + 0.33333\dot{3} + 1)/4 = 0.33333\dot{3} \\ \beta_{2,2} = \left[(0 + 0.77777\dot{7} + 2) + 1 \times 0.33333\dot{3}\right]/(4 - 1 \times 0.25) = 0.829\dot{6}2\dot{9} \end{cases} \tag{7.64}$$

将 $\alpha_{1,2}, \beta_{1,2}, \beta_{2,2}$ 代入到 TDMA 回代公式(7.10)可得

$$\begin{cases} T_{3,2}^1 = 0.829\dot{6}\dot{2}\dot{9} \\ T_{2,2}^1 = 0.25 \times 0.829\dot{6}\dot{2}\dot{9} + 0.33333\dot{3} = 0.540\dot{7}\dot{4}\dot{0} \end{cases} \tag{7.65}$$

对于上方第二行节点，需求解的代数方程组可表示为

$$\begin{cases} 4T_{2,3}^1 = T_{3,3}^1 + T_{2,2}^1 + 1 \\ 4T_{3,3}^1 = T_{2,3}^1 + T_{3,2}^1 + 2 \end{cases} \tag{7.66}$$

采用 TDMA 求解该代数方程组，根据式(7.8)和式(7.9)计算消元后的系数分别为

$$\alpha_{1,3} = 1/4 = 0.25 \tag{7.67}$$

$$\begin{cases} \beta_{1,3} = (0.540\dot{7}\dot{4}\dot{0} + 0 + 1)/4 = 0.385\dot{1}\dot{8}\dot{5} \\ \beta_{2,3} = \left[(0.829\dot{6}\dot{2}\dot{9} + 0 + 2) + 1 \times 0.385\dot{1}\dot{8}\dot{5}\right] \Big/ (4 - 1 \times 0.25) = 0.857284 \end{cases} \tag{7.68}$$

将$\alpha_{1,3}$，$\beta_{1,3}$，$\beta_{2,3}$代入到 TDMA 回代公式(7.10)可得

$$\begin{cases} T_{3,3}^1 = 0.857284 \\ T_{2,3}^1 = 0.25 \times 0.857284 + 0.385\dot{1}\dot{8}\dot{5} = 0.599506 \end{cases} \tag{7.69}$$

第一轮迭代的余量为 0.087297，不满足收敛标准，还需继续迭代。根据类似的迭代过程，可得到每一轮迭代的最终计算结果和余量范数，如表 7.10 所示。

表 7.10 ADI-TDMA 迭代求解时每一轮迭代的最终计算结果和余量范数

迭代轮数(k)	$T_{2,2}^k$	$T_{3,2}^k$	$T_{2,3}^k$	$T_{3,3}^k$	‖Res‖
1	0.540741	0.829630	0.599506	0.857284	0.138897
2	0.622737	0.873696	0.624310	0.874501	0.003736
3	0.624936	0.874963	0.624980	0.874986	0.000106
4	0.624998	0.874999	0.624999	0.875000	0.000003

例 14 例 13 采用 CG 方法求解离散方程。

【解析】本题考查 CG 法求解二维问题离散代数方程组。

由于 CG 属于迭代法，需要设定迭代计算的初场和数值解的收敛标准，这里将初场设为 0℃，数值解以余量范数作为收敛判据，收敛标准设置为$\|\text{Res}\| < 10^{-4}$。

CG 方法的求解步骤如下。

(1)设定初场$\boldsymbol{T}^0$。

(2)求解$\boldsymbol{r}^0 = \boldsymbol{b} - \boldsymbol{A}\boldsymbol{T}^0$。

(3) 令 $\boldsymbol{p}^0=\boldsymbol{r}^0$。

(4) For k=0, 1, 2,⋯, until ||Res||<10^{-4}

$$
\begin{cases}
\alpha^k=(\boldsymbol{r}^k,\boldsymbol{r}^k)/(\boldsymbol{A}\boldsymbol{p}^k,\boldsymbol{p}^k)\\
\boldsymbol{T}^{k+1}=\boldsymbol{T}^k+\alpha^k\boldsymbol{p}^k\\
\boldsymbol{r}^{k+1}=\boldsymbol{r}^k-\alpha^k\boldsymbol{A}\boldsymbol{p}^k\\
\beta^k=(\boldsymbol{r}^{k+1},\boldsymbol{r}^{k+1})/(\boldsymbol{r}^k,\boldsymbol{r}^k)\\
\boldsymbol{p}^{k+1}=\boldsymbol{r}^{k+1}+\beta^k\boldsymbol{p}^k
\end{cases}
\tag{7.70}
$$

End For

由于 CG 方法需要用到代数方程组的系数矩阵，现根据离散得到的代数方程组写出其矩阵形式的表达式如下：

$$
\begin{pmatrix}4&-1&-1&0\\-1&4&0&-1\\-1&0&4&-1\\0&-1&-1&4\end{pmatrix}\begin{pmatrix}T_{2,2}\\T_{3,2}\\T_{2,3}\\T_{3,3}\end{pmatrix}=\begin{pmatrix}1\\2\\1\\2\end{pmatrix}
\tag{7.71}
$$

由式(7.71)可知：

$$
\boldsymbol{A}=\begin{pmatrix}4&-1&-1&0\\-1&4&0&-1\\-1&0&4&-1\\0&-1&-1&4\end{pmatrix},\quad \boldsymbol{b}=\begin{pmatrix}1\\2\\1\\2\end{pmatrix}
\tag{7.72}
$$

根据 CG 方法的求解步骤，将相应数值代入。

(1) 设定的初场为

$$
\boldsymbol{T}^0=\begin{pmatrix}T_{2,2}^0\\T_{3,2}^0\\T_{2,3}^0\\T_{3,3}^0\end{pmatrix}=\begin{pmatrix}0\\0\\0\\0\end{pmatrix}
\tag{7.73}
$$

(2) 余量为

$$
\boldsymbol{r}^0=\begin{pmatrix}1\\2\\1\\2\end{pmatrix}-\begin{pmatrix}4&-1&-1&0\\-1&4&0&-1\\-1&0&4&-1\\0&-1&-1&4\end{pmatrix}\begin{pmatrix}0\\0\\0\\0\end{pmatrix}=\begin{pmatrix}1\\2\\1\\2\end{pmatrix}
\tag{7.74}
$$

(3)令 $\boldsymbol{p}^0=\boldsymbol{r}^0$，则

$$\boldsymbol{p}^0=\begin{pmatrix}p_{1,1}^0\\p_{2,1}^0\\p_{1,2}^0\\p_{2,2}^0\end{pmatrix}=\begin{pmatrix}r_{1,1}^0\\r_{2,1}^0\\r_{1,2}^0\\r_{2,2}^0\end{pmatrix}=\begin{pmatrix}1\\2\\1\\2\end{pmatrix} \tag{7.75}$$

(4)开始迭代计算：

$$\boldsymbol{Ap}^0=\begin{pmatrix}4&-1&-1&0\\-1&4&0&-1\\-1&0&4&-1\\0&-1&-1&4\end{pmatrix}\begin{pmatrix}1\\2\\1\\2\end{pmatrix}=\begin{pmatrix}1\\5\\1\\5\end{pmatrix} \tag{7.76}$$

$$\alpha^0=(\boldsymbol{r}^0,\boldsymbol{r}^0)\big/(\boldsymbol{Ap}^0,\boldsymbol{p}^0)=[1^2+2^2+1^2+2^2]\big/(1\times1+5\times2+1\times1+5\times2)=0.4545\dot{4}\dot{5} \tag{7.77}$$

$$\boldsymbol{T}^1=\boldsymbol{T}^0+\alpha^0\boldsymbol{p}^0=\begin{pmatrix}0\\0\\0\\0\end{pmatrix}+0.4545\dot{4}\dot{5}\times\begin{pmatrix}1\\2\\1\\2\end{pmatrix}=\begin{pmatrix}0.4545\dot{4}\dot{5}\\0.9090\dot{9}\dot{0}\\0.4545\dot{4}\dot{5}\\0.9090\dot{9}\dot{0}\end{pmatrix} \tag{7.78}$$

第一轮迭代的余量范数为 0.431220，不满足收敛标准，需继续迭代。

$$\boldsymbol{r}^1=\boldsymbol{r}^0-\alpha^0\boldsymbol{Ap}^0=\begin{pmatrix}1\\2\\1\\2\end{pmatrix}-0.4545\dot{4}\dot{5}\times\begin{pmatrix}1\\5\\1\\5\end{pmatrix}=\begin{pmatrix}0.5454\dot{5}\dot{4}\\-0.2727\dot{2}\dot{7}\\0.5454\dot{5}\dot{4}\\-0.2727\dot{2}\dot{7}\end{pmatrix} \tag{7.79}$$

$$\beta^0=(\boldsymbol{r}^1,\boldsymbol{r}^1)\big/(\boldsymbol{r}^0,\boldsymbol{r}^0)=\frac{0.5454\dot{5}\dot{4}^2+(-0.2727\dot{2}\dot{7})^2+0.5454\dot{5}\dot{4}^2+(-0.2727\dot{2}\dot{7})^2}{(1^2+2^2+1^2+2^2)}=0.074380 \tag{7.80}$$

$$\boldsymbol{p}^1=\boldsymbol{r}^1+\beta^0\boldsymbol{p}^0=\begin{pmatrix}0.5454\dot{5}\dot{4}\\-0.2727\dot{2}\dot{7}\\0.5454\dot{5}\dot{4}\\-0.2727\dot{2}\dot{7}\end{pmatrix}+0.074380\times\begin{pmatrix}1\\2\\1\\2\end{pmatrix}=\begin{pmatrix}0.619835\\-0.123967\\0.619835\\-0.123967\end{pmatrix} \tag{7.81}$$

$$\boldsymbol{Ap}^1=\begin{pmatrix}4&-1&-1&0\\-1&4&0&-1\\-1&0&4&-1\\0&-1&-1&4\end{pmatrix}\begin{pmatrix}0.619835\\-0.123967\\0.619835\\-0.123967\end{pmatrix}=\begin{pmatrix}1.983471\\-0.991736\\1.983471\\-0.991736\end{pmatrix} \tag{7.82}$$

$$\alpha^1=(\boldsymbol{r}^1,\boldsymbol{r}^1)/(\boldsymbol{A}\boldsymbol{p}^1,\boldsymbol{p}^1)$$
$$=\frac{0.545\dot{4}5\dot{4}^2+(-0.272\dot{7}2\dot{7})^2+0.545\dot{4}5\dot{4}^2+(-0.272\dot{7}2\dot{7})^2}{1.983471\times0.619835+(-0.991736)\times(-0.123967)+1.983471\times0.619835+(-0.991736)\times(-0.123967)}$$
$$=0.275$$

(7.83)

$$\boldsymbol{T}^2=\boldsymbol{T}^1+\alpha^1\boldsymbol{p}^1=\begin{pmatrix}0.4545\dot{4}\dot{5}\\0.9090\dot{9}\dot{0}\\0.4545\dot{4}\dot{5}\\0.9090\dot{9}\dot{0}\end{pmatrix}+0.275\times\begin{pmatrix}0.619835\\-0.123967\\0.619835\\-0.123967\end{pmatrix}=\begin{pmatrix}0.625\\0.875\\0.625\\0.875\end{pmatrix}\tag{7.84}$$

第二轮迭代的余量范数为 0，满足收敛标准，因此共轭梯度法只需两轮迭代就满足了收敛标准。每一轮迭代的最终计算结果和余量范数如表 7.11 所示。

表 7.11　CG 迭代求解时每一轮迭代的最终计算结果和余量范数

迭代轮数(k)	$T_{2,2}^k$	$T_{3,2}^k$	$T_{2,3}^k$	$T_{3,3}^k$	$\lVert\text{Res}\rVert$
1	0.454545	0.909091	0.454545	0.909091	0.431220
2	0.625	0.875	0.625	0.875	0

例 15　采用 CS 格式多重网格方法求解例 8，其中网格层次采用三层，最粗层网格数为 1，最细层网格数为 4。

【解析】本题考查 CS 格式多重网格法求解离散代数方程组。

(1)网格划分示意图如图 7.7 所示，第一层网格为 4 个控制体，网格步长 $\Delta x^1=0.5\text{m}$；第二层网格为 2 个控制体，网格步长为第一层网格步长的 2 倍，$\Delta x^2=2\Delta x^1=1\text{m}$；第三层网格为 1 个控制体，网格步长为第二层网格步长的 2 倍，$\Delta x^3=2\Delta x^2=2\text{m}$。

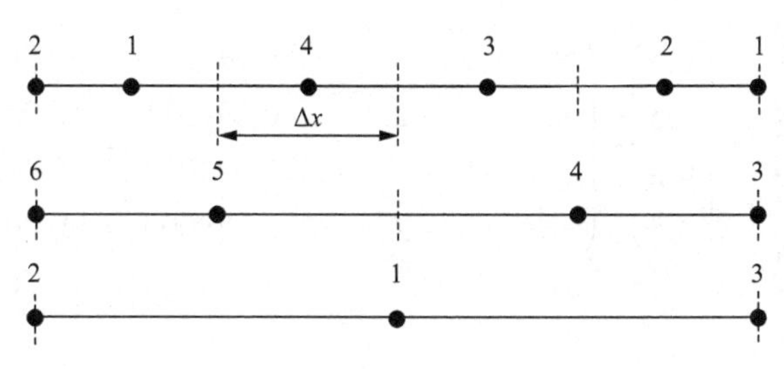

图 7.7　网格划分示意图

(2)控制方程的离散。

采用有限容积法中心差分格式离散，离散方程为

$$a_P\phi_P=a_W\phi_W+a_E\phi_E+b\tag{7.85}$$

其中，第一层网格离散方程代数方程组的表达式为

$$\boldsymbol{A}^1=\begin{pmatrix}6 & -2 & & \\ -2 & 4 & -2 & \\ & -2 & 4 & -2 \\ & & -2 & 6\end{pmatrix},\quad \boldsymbol{b}^1=\begin{pmatrix}0.5\\0.5\\0.5\\4.5\end{pmatrix} \tag{7.86}$$

第二层网格离散方程代数方程组的表达式为

$$\boldsymbol{A}^2=\begin{pmatrix}3 & -1\\ -1 & 3\end{pmatrix} \tag{7.87}$$

第三层网格离散方程代数方程组的表达式为

$$\boldsymbol{A}^3=(2) \tag{7.88}$$

(3)第一层网格光顺。

假设给定温度初场$\boldsymbol{\phi}^1=(0\quad 0\quad 0\quad 0)^{\mathrm{T}}$，在第一层网格上采用 Gauss-Seidel 点迭代方法，迭代两次后的温度值如下：

$$\tilde{\boldsymbol{\phi}}^1=\begin{pmatrix}\tilde{\phi}_1^1\\ \tilde{\phi}_2^1\\ \tilde{\phi}_3^1\\ \tilde{\phi}_4^1\end{pmatrix}=\begin{pmatrix}0.138889\\0.298611\\0.684028\\0.978009\end{pmatrix} \tag{7.89}$$

余量的计算式为

$$\boldsymbol{r}^1=\boldsymbol{b}^1-\boldsymbol{A}^1\tilde{\boldsymbol{\phi}}^1$$

$$\boldsymbol{r}^1=\begin{pmatrix}\boldsymbol{r}_1^1\\ \boldsymbol{r}_2^1\\ \boldsymbol{r}_3^1\\ \boldsymbol{r}_4^1\end{pmatrix}=\begin{pmatrix}0.5\\0.5\\0.5\\4.5\end{pmatrix}-\begin{pmatrix}6 & -2 & & \\ -2 & 4 & -2 & \\ & -2 & 4 & -2 \\ & & -2 & 6\end{pmatrix}\begin{pmatrix}0.138889\\0.298611\\0.684028\\0.978009\end{pmatrix}=\begin{pmatrix}0.263889\\0.951389\\0.317130\\0.000000\end{pmatrix} \tag{7.90}$$

(4)限定过程。

限定算子取为$r_i^2=r_{2i-1}^1+r_{2i}^1$，即$\boldsymbol{I}_1^2=(1.0\quad 1.0)$。计算第二层网格上的初始余量，如表 7.12 所示。

表 7.12　第一层和第二层网格上的初始余量

第一层网格上的余量				第二层网格上的余量	
1	2	3	4	1	2
0.263889	0.951389	0.317130	0.000000	1.215278	0.317130

将限定到第二层网格上的余量写为矩阵的形式：

$$\boldsymbol{b}^2=\boldsymbol{r}^2=\begin{pmatrix}1.215278\\0.317130\end{pmatrix} \tag{7.91}$$

(5)第二层网格前光顺。

第二层网格上的离散方程整理为代数方程组的形式：

$$\boldsymbol{A}^2\boldsymbol{\phi}^2=\boldsymbol{b}^2 \tag{7.92}$$

$$\begin{pmatrix}3 & -1\\-1 & 3\end{pmatrix}\begin{pmatrix}\phi_1^2\\\phi_2^2\end{pmatrix}=\begin{pmatrix}1.215278\\0.317130\end{pmatrix} \tag{7.93}$$

在第二层网格上，迭代初值取$\boldsymbol{\phi}^2=(0\quad 0)^{\mathrm{T}}$，采用 Gauss-Seidel 点迭代，迭代两次后的结果如下：

$$\tilde{\boldsymbol{\phi}}^2=\begin{pmatrix}\tilde{\boldsymbol{\phi}}_1^2\\\tilde{\boldsymbol{\phi}}_2^2\end{pmatrix}=\begin{pmatrix}0.485340\\0.267490\end{pmatrix} \tag{7.94}$$

余量的计算式为

$$\boldsymbol{r}^2=\boldsymbol{b}^2-\boldsymbol{A}^2\tilde{\boldsymbol{\phi}}^2$$

$$\boldsymbol{r}^2=\begin{pmatrix}r_1^2\\r_2^2\end{pmatrix}=\begin{pmatrix}1.215278\\0.317130\end{pmatrix}-\begin{pmatrix}3 & -1\\-1 & 3\end{pmatrix}\begin{pmatrix}0.485340\\0.267490\end{pmatrix}=\begin{pmatrix}0.026749\\0.000000\end{pmatrix} \tag{7.95}$$

(6)余量限定到第三层网格，并前光顺。

取限定算子$\boldsymbol{I}_2^3=(1.0\ \ 1.0)$，将余量$\boldsymbol{r}^2$限定到第三层网格上的结果，如表 7.13 所示。

表 7.13　第二层和第三层网格上的余量

第二层网格上的余量		第三层网格上的余量
1	2	1
0.026749	0.000000	0.026749

限定到第三层网格上的余量为

$$b^3=r^3=0.026749 \tag{7.96}$$

第三层网格上的离散方程整理为代数方程的形式：

$$2\phi_1^2=0.026749 \tag{7.97}$$

在第三层网格上求解代数方程，结果如下：

$$\tilde{\phi}_1^3=0.013375 \tag{7.98}$$

(7)第二层网格修正量延拓。

确定延拓算子 $\boldsymbol{I}_3^2=(1.0)$，将第三层修正量延拓至第二层网格 $e_{2i-1}^2=\tilde{\phi}_i^3, e_{2i}^2=\tilde{\phi}_i^3$，第二层网格的修正量 $\boldsymbol{e}^2$ 如下：

$$\boldsymbol{e}^2=\begin{pmatrix}e_1^2\\e_2^2\end{pmatrix}=\begin{pmatrix}\tilde{\phi}_1^3\\\tilde{\phi}_1^3\end{pmatrix}=\begin{pmatrix}0.013375\\0.013375\end{pmatrix} \tag{7.99}$$

此时第二层网格上的误差值 $\boldsymbol{\phi}_{\text{new}}^2=\tilde{\boldsymbol{\phi}}^2+\boldsymbol{e}^2$ 为

$$\boldsymbol{\phi}_{\text{new}}^2=\tilde{\boldsymbol{\phi}}^2+\boldsymbol{e}^2=\begin{pmatrix}0.485340\\0.267490\end{pmatrix}+\begin{pmatrix}0.013375\\0.013375\end{pmatrix}=\begin{pmatrix}0.498714\\0.280864\end{pmatrix} \tag{7.100}$$

(8)第二层网格后光顺。

以 $\boldsymbol{\phi}_{\text{new}}^2=\begin{pmatrix}0.498714\\0.280864\end{pmatrix}$ 为初场，对于第二层网格的离散方程：

$$\begin{pmatrix}3&-1\\-1&3\end{pmatrix}\begin{pmatrix}\phi_1^2\\\phi_2^2\end{pmatrix}=\begin{pmatrix}1.215278\\0.317130\end{pmatrix} \tag{7.101}$$

采用 Gauss-Seidel 迭代 1 次：

$$\begin{pmatrix}\tilde{\phi}_1^2\\\tilde{\phi}_2^2\end{pmatrix}=\begin{pmatrix}0.498714\\0.271948\end{pmatrix} \tag{7.102}$$

(9)将第二层修正量延拓到第一层网格，修正第一层网格的求解变量，并后光顺。

确定延拓算子 $\boldsymbol{I}_2^1=(1.0)$，将第二层修正量延拓至第一层网格 $e_{2i-1}^1=\phi_i^2, e_{2i}^1=\tilde{\phi}_i^?$，第一层网格的修正量 $\boldsymbol{e}^1$ 如下：

$$\boldsymbol{e}^1=\begin{pmatrix}e_1^1\\e_2^1\\e_3^1\\e_4^1\end{pmatrix}=\begin{pmatrix}\tilde{\phi}_1^1\\\tilde{\phi}_1^1\\\tilde{\phi}_2^1\\\tilde{\phi}_2^1\end{pmatrix}=\begin{pmatrix}0.498714\\0.498714\\0.271948\\0.271948\end{pmatrix} \tag{7.103}$$

此时第一层网格上的变量值 $\boldsymbol{\phi}_{\text{new}}^1=\tilde{\boldsymbol{\phi}}^1+\boldsymbol{e}^1$ 为

$$\boldsymbol{\phi}_{\text{new}}^1=\tilde{\boldsymbol{\phi}}^1+\boldsymbol{e}^1=\begin{pmatrix}0.138889\\0.298611\\0.684028\\0.978009\end{pmatrix}+\begin{pmatrix}0.498714\\0.498714\\0.271948\\0.271948\end{pmatrix}=\begin{pmatrix}0.637603\\0.797325\\0.955976\\1.249957\end{pmatrix} \tag{7.104}$$

以 $\boldsymbol{\phi}_{\text{new}}^1$ 为初场，对于第一层网格的离散方程，采用 Gauss-Seidel 迭代 1 次：

$$\begin{pmatrix} 6 & -2 & & \\ -2 & 4 & -2 & \\ & -2 & 4 & -2 \\ & & -2 & 6 \end{pmatrix}\begin{pmatrix} \phi_1^1 \\ \phi_2^1 \\ \phi_3^1 \\ \phi_4^1 \end{pmatrix}=\begin{pmatrix} 0.5 \\ 0.5 \\ 0.5 \\ 4.5 \end{pmatrix} \Longrightarrow \tilde{\boldsymbol{\phi}}^1=\begin{pmatrix} \tilde{\phi}_1^1 \\ \tilde{\phi}_2^1 \\ \tilde{\phi}_3^1 \\ \tilde{\phi}_4^1 \end{pmatrix}=\begin{pmatrix} 0.349108 \\ 0.777542 \\ 1.138750 \\ 1.129583 \end{pmatrix} \tag{7.105}$$

余量的计算式为

$$\boldsymbol{r}^1=\boldsymbol{b}^1-\boldsymbol{A}^1\tilde{\boldsymbol{\phi}}^1$$

$$\boldsymbol{r}^1=\begin{pmatrix} r_1^1 \\ r_2^1 \\ r_3^1 \\ r_4^1 \end{pmatrix}=\begin{pmatrix} 0.5 \\ 0.5 \\ 0.5 \\ 4.5 \end{pmatrix}-\begin{pmatrix} 6 & -2 & & \\ -2 & 4 & -2 & \\ & -2 & 4 & -2 \\ & & -2 & 6 \end{pmatrix}\begin{pmatrix} 0.349108 \\ 0.777542 \\ 1.138750 \\ 1.129583 \end{pmatrix}=\begin{pmatrix} -0.039566 \\ 0.365548 \\ -0.240748 \\ 0.000000 \end{pmatrix} \tag{7.106}$$

(10) 第一层网格计算规正余量，判断是否收敛。

$$a_{\max}=\max\{|a_P|,|a_{nb}|\}=6 \tag{7.107}$$

$$\phi_{\max}=\max\{|\tilde{\phi}^1|\}=1.138750 \tag{7.108}$$

$$\tilde{\boldsymbol{r}}^1=\frac{1}{a_{\max}\phi_{\max}}\boldsymbol{r}^1=\frac{1}{6\times 1.138750}\begin{pmatrix} -0.039566 \\ 0.365548 \\ -0.240748 \\ 0.000000 \end{pmatrix}=\begin{pmatrix} -0.005791 \\ 0.053501 \\ -0.035236 \\ 0.000000 \end{pmatrix} \tag{7.109}$$

$$\|\tilde{\boldsymbol{r}}\|=\sqrt{\frac{1}{N}\sum_{i=1}^{N}(\tilde{r}_i)^2}=0.032162 \tag{7.110}$$

(11) 以 $\boldsymbol{\phi}_{\text{new}}^1$ 为初场，重复(2)～(7)，直到达到收敛标准。

多重网格 4 个 V 循环后得到收敛解，每一个 V 循环的计算结果和规正余量范数见下表 7.14。

表 7.14　多重网格求解时每一个 V 循环的计算结果和规正余量范数

V 循环次数	ϕ_1	ϕ_2	ϕ_3	ϕ_4	$\|\tilde{r}\|$
1	0.349108	0.777542	1.138750	1.129583	0.032162
2	0.375912	0.875551	1.125964	1.125321	0.000377
3	0.374983	0.875023	1.124965	1.124988	0.000022
4	0.375000	0.875000	1.125000	1.125000	0.000000

例 16　试以图 7.8 菱形区域为例(边长为 $2\sqrt{3}/3$)，分别通过线性插值法和微分方程法生成计算平面的网格。

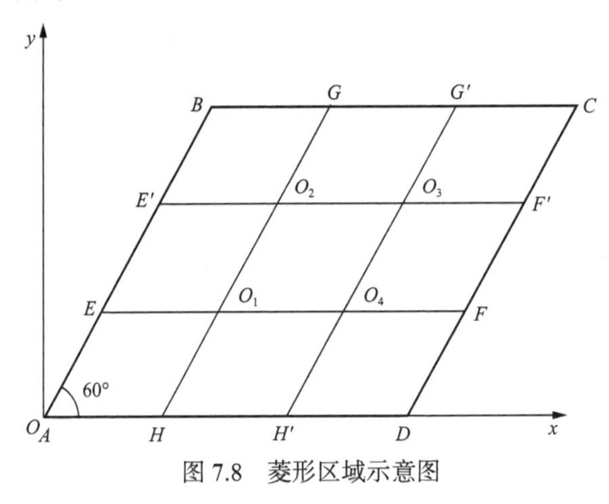

图 7.8　菱形区域示意图

【解析】本题考查贴体坐标的两种生成方法及其之间的对比。

(1)代数法(线性插值法)。

以 O_1 点为例说明采用线性插值法生成菱形区域贴体网格的步骤。假设计算平面的网格均匀划分，如图 7.9 左图所示。对于 O_1 点，如果只关注 $\eta=\eta_{O_1}$ 这条线，采用线性插值可得

$$x\left(\xi_{O_1},\eta_{O_1}\right)=\left(1-\xi_{O_1}\right)x\left(0,\eta_{O_1}\right)+\xi_{O_1}x\left(1,\eta_{O_1}\right) \tag{7.111}$$

$$y\left(\xi_{O_1},\eta_{O_1}\right)=\left(1-\xi_{O_1}\right)y\left(0,\eta_{O_1}\right)+\xi_{O_1}y\left(1,\eta_{O_1}\right) \tag{7.112}$$

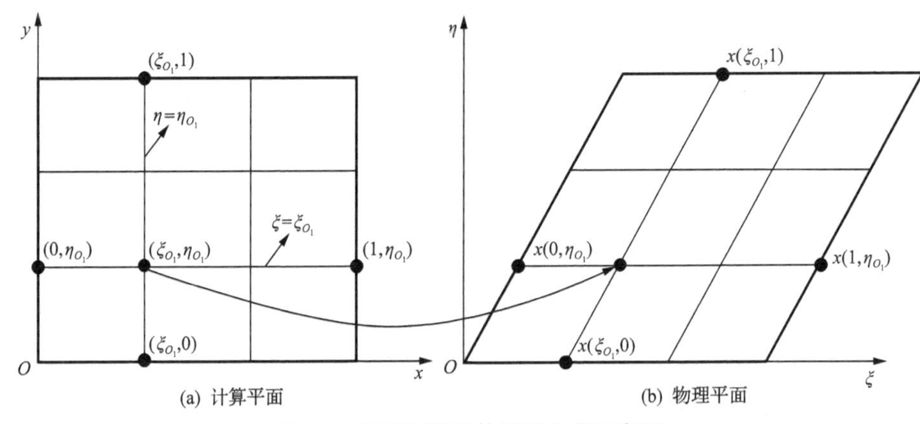

图 7.9　菱形区域贴体网格生成示意图

如果只关注 $\xi=\xi_{O_1}$ 这条线，采用线性插值可得

$$x\left(\xi_{O_1},\eta_{O_1}\right)=\left(1-\eta_{O_1}\right)x\left(\xi_{O_1},0\right)+\eta_{O_1}x\left(\xi_{O_1},1\right) \tag{7.113}$$

$$y\left(\xi_{O_1},\eta_{O_1}\right)=\left(1-\eta_{O_1}\right)y\left(\xi_{O_1},0\right)+\eta_{O_1}y\left(\xi_{O_1},1\right) \tag{7.114}$$

综合$\eta=\eta_{O_1}$和$\xi=\xi_{O_1}$这两条线，可得 O_1 点在物理平面上的横坐标和纵坐标分别为

$$\begin{aligned} x\left(\xi_{O_1},\eta_{O_1}\right) &= 0.5\left[\left(1-\xi_{O_1}\right)x\left(0,\eta_{O_1}\right)+\xi_{O_1}x\left(1,\eta_{O_1}\right)\right] \\ &\quad +0.5\left[\left(1-\eta_{O_1}\right)x\left(\xi_{O_1},0\right)+\eta_{O_1}x\left(\xi_{O_1},1\right)\right] \\ &= 0.5(0.1283+0.4490)+0.5(0.2566+0.3207) \\ &= 0.5774 \end{aligned} \tag{7.115}$$

$$\begin{aligned} y\left(\xi_{O_1},\eta_{O_1}\right) &= 0.5\left[\left(1-\xi_{O_1}\right)y\left(0,\eta_{O_1}\right)+\xi_{O_1}y\left(1,\eta_{O_1}\right)\right] \\ &\quad +0.5\left[\left(1-\eta_{O_1}\right)y\left(\xi_{O_1},0\right)+\eta_{O_1}y\left(\xi_{O_1},1\right)\right] \\ &= 0.5(0.2222+0.1111)+0.5(0+0.3333) \\ &= 0.3333 \end{aligned} \tag{7.116}$$

同理可得 O_2，O_3，O_4 三个内节点在物理平面上的坐标分别为

$$\left(x_{O_2},y_{O_2}\right)=(0.7698,\ 0.6666) \tag{7.117}$$

$$\left(x_{O_3},y_{O_3}\right)=(1.1547,\ 0.6666) \tag{7.118}$$

$$\left(x_{O_4},y_{O_4}\right)=(0.9623,\ 0.3333) \tag{7.119}$$

(2) 微分方程法。

当采用微分方程法时，

$$\alpha x_{\xi\xi}-2\beta x_{\xi\eta}+\gamma x_{\eta\eta}=0 \tag{7.120}$$

$$\alpha y_{\xi\xi}-2\beta y_{\xi\eta}+\gamma y_{\eta\eta}=0 \tag{7.121}$$

式中，$\alpha=x_\eta^2+y_\eta^2$；$\beta=x_\xi x_\eta+y_\xi y_\eta$；$\gamma=x_\xi^2+y_\zeta^2$。

采用有限差分法离散式(7.120)和式(7.121)，可得离散代数方程组为

$$a_P x_{i,j}=a_W x_{i-1,j}+a_E x_{i+1,j}+a_N x_{i,j+1}+a_S x_{i,j-1}+b_x \tag{7.122}$$

式中，$a_P=a_N+a_S+a_W+a_E$；$a_W=a_E=\dfrac{\alpha}{(\Delta\xi)^2}$；$a_N=a_S=\dfrac{\gamma}{(\Delta\eta)^2}$；$b_x=2\beta x_{\eta\xi}$。

$$a_P y_{i,j}=a_W y_{i-1,j}+a_E y_{i+1,j}+a_N y_{i,j+1}+a_S y_{i,j-1}+b_y \tag{7.123}$$

式中，$a_P=a_N+a_S+a_W+a_E$；$a_W=a_E=\dfrac{\alpha}{(\Delta\xi)^2}$；$a_N=a_S=\dfrac{\gamma}{(\Delta\eta)^2}$；$b_y=2\beta y_{\eta\xi}$。

式(7.122)和式(7.123)中，离散方程系数和源项与待求变量有关，所以该两式为典型

的非线性方程。对于非线性方程的求解，采用上一迭代步的计算结果更新离散系数和源项，从而将非线性方程转化为线性方程进行求解，本题求解流程如图 7.10 所示。

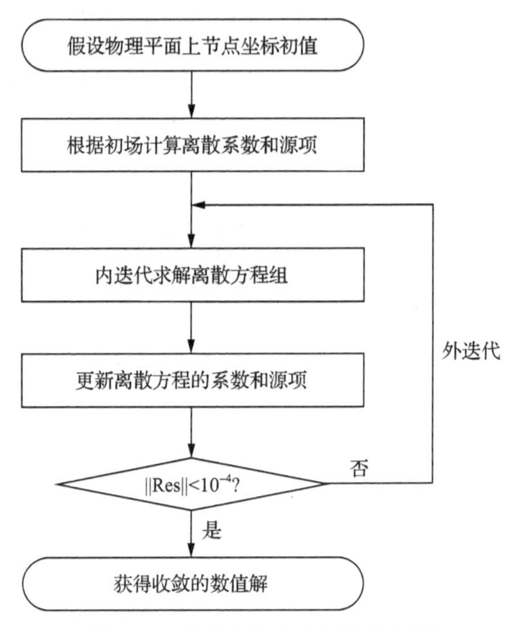

图 7.10　微分方程法求解流程框图

(1) 假设物理平面上节点的坐标初场为 $\left(x_{O_1}, y_{O_1}\right)$ =(0.3333, 0.3333)，$\left(x_{O_2}, y_{O_2}\right)$ = (0.3333, 0.6666)，$\left(x_{O_3}, y_{O_3}\right)$ =(0.6666, 0.6666)，$\left(x_{O_4}, y_{O_4}\right)$ =(0.6666, 0.3333)。以 O_1 点为例，计算离散系数中的 α, β, γ：

$$\alpha_1 = x_\eta^2 + y_\eta^2 = \left(\frac{x_{O_2} - x_H}{2\Delta\eta}\right)^2 + \left(\frac{y_{O_2} - y_H}{2\Delta\eta}\right)^2 = 1.3334 \tag{7.124}$$

$$\beta_1 = x_\xi x_\eta + y_\xi y_\eta = \left(\frac{x_{O_4} - x_E}{2\Delta\xi}\right)\left(\frac{x_{O_2} - x_H}{2\Delta\eta}\right) + \left(\frac{y_{O_4} - y_E}{2\Delta\xi}\right)\left(\frac{y_{O_2} - y_H}{2\Delta\eta}\right) = 0.3849 \tag{7.125}$$

$$\gamma_1 = x_\xi^2 + y_\zeta^2 = \left(\frac{x_{O_4} - x_E}{2\Delta\xi}\right)^2 + \left(\frac{y_{O_4} - y_E}{2\Delta\xi}\right)^2 = 1 \tag{7.126}$$

同理可得，$\alpha_2 = \alpha_3 = \alpha_4 = 1.3334$，$\beta_2 = \beta_3 = \beta_4 = 0.3849$，$\gamma_2 = \gamma_3 = \gamma_4 = 1$。

(2) 根据物理平面上节点的坐标初场显式求解离散方程的源项：

$$b_{x_1} = -2\beta_1 x_{\xi\eta} = \frac{-\beta_1}{2\Delta\xi\Delta\eta}\left(x_{O_3} + x_A - x_{E'} - x_{H'}\right) = 0 \tag{7.127}$$

$$b_{y_1} = -2\beta_1 y_{\xi\eta} = \frac{-\beta_1}{2\Delta\xi\Delta\eta}\left(y_{O_3} + y_A - y_{E'} - y_{H'}\right) = 0 \tag{7.128}$$

同理可得，其他三个节点的交叉导数项均为零。

(3)将离散系数中的 α, β, γ 和源项式(7.124)～式(7.126)代入式(7.122)和式(7.123)，以 O_1 节点为例，可得其坐标的离散表达式为

$$42.0054x_{O_1} = 12.0018x_{O_4} + 12.0018x_E + 9.0009x_{O_2} + 9.0009x_H \tag{7.129}$$

$$42.0054y_{O_1} = 12.0018y_{O_4} + 12.0018y_E + 9.0009y_{O_2} + 9.0009y_H \tag{7.130}$$

其余三个节点的求解的 α, β, γ 与节点 O_1 相同，所以离散方程的系数也相同。

(4)内迭代求解离散方程组，每一个迭代步结束后，根据新的坐标更新离散方程的系数和源项，然后再进行迭代求解，直到达到所设定的收敛标准。最终得到 O_1,O_2,O_3,O_4 四个内节点在物理平面上的坐标分别为

$$\left(x_{O_1}, y_{O_1}\right) = (0.5774,\ 0.3333) \tag{7.131}$$

$$\left(x_{O_2}, y_{O_2}\right) = (0.7698,\ 0.6666) \tag{7.132}$$

$$\left(x_{O_3}, y_{O_3}\right) = (1.1547,\ 0.6666) \tag{7.133}$$

$$\left(x_{O_4}, y_{O_4}\right) = (0.9623,\ 0.3333) \tag{7.134}$$

从上可以看出，本题中代数插值法和微分方程法得到的计算结果完全相同，但前者的计算过程要简单得多，因此，对于几何形状较简单的计算区域，可以优先考虑代数插值法。但值得指出的是，对于复杂几何形状计算区域，代数插值法生成的网格质量较差，这时多采用微分方程法。

7.8　编 程 实 践

1. 简单问题的不同迭代法对比

习题 1　一维有内热源稳态导热问题，计算区域大小为 1m，其控制方程为 $\dfrac{\partial}{\partial x}\left(\lambda \dfrac{\partial T}{\partial x}\right) + S = 0$，式中导热系数 λ 为 5W/(m·℃)，内热源 S 为 20kW/m^3，左边界温度 T_{w1} 为 100℃，右边界温度 T_{w2} 为 0℃，如图 7.11 所示。试采用编程的方式求解温度分布。

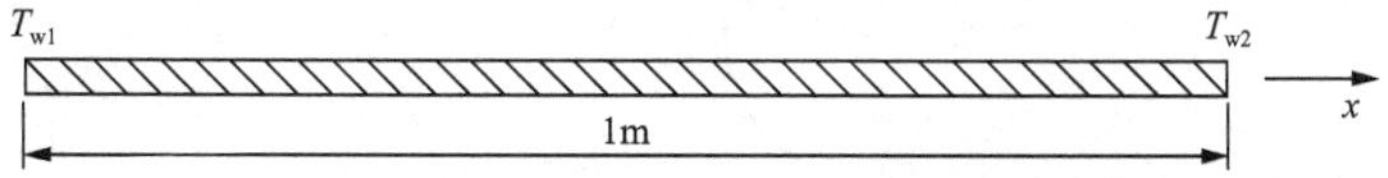

T_{w1}　　T_{w2}　　x　　1m

图 7.11　一维有内热源稳态导热问题示意图

要求如下。

(1)计算区域划分为 100 个均分网格。

(2)基于有限容积法，采用二阶中心差分对控制方程进行离散。

(3) 边界采用附加源项法处理。

(4) 分别采用 Jacobi 迭代法、Gauss-Seidel 迭代法、CG 法和 CS 格式多重网格法求解代数方程组，其中 CS 格式多重网格方法采用 V 循环格式。

(5) 比较不同迭代方法所得的计算结果，画出温度分布图。

(6) 比较不同迭代法的计算效率。

(7) 总结编程和调程的心得体会，及对不同迭代法的认识。

2. 变物性问题的不同迭代法对比

习题 2 针对 7.7 节例 12 的变物性导热问题，试采用不同迭代方法编程求解温度分布，并比较其计算效率。要求如下。

(1) 计算区域划分为 400 个均分网格。

(2) 基于有限容积法，采用二阶中心差分对控制方程进行离散。

(3) 边界采用附加源项法处理。

(4) 分别采用 Jacobi 迭代法、Gauss-Seidel 迭代法、CG 法和 CS 格式多重网格法求解代数方程组，其中多重网格循环格式采用 V 循环。

(5) 比较不同迭代方法所得的计算结果，画出温度分布图。

(6) 比较不同迭代法的计算效率。

(7) 总结编程和调程的心得体会，及对变物性问题时不同迭代法的认识。

3. 微分方程法生成贴体网格

习题 3 图 7.12 所示为某偏心圆区域的一半，内半径为 0.3m，外半径为 1m，小圆的圆心在大圆的圆心正下方 0.2m 位置处。试通过求解如下偏微分方程生成该半圆形区域的计算网格，自定义网格数，并输出计算平面和物理平面的计算网格示意图。要求写出详细的离散过程和求解步骤，总结编程和调程的心得体会及对贴体坐标生成过程的认识。

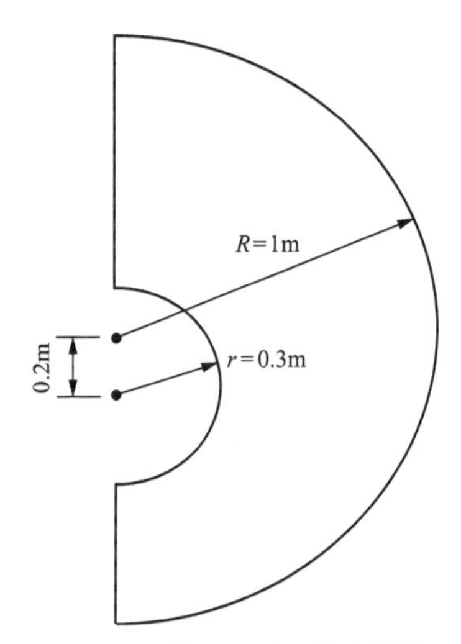

图 7.12 偏心圆环区域示意图

$$\alpha x_{\xi\xi} - 2\beta x_{\eta\xi} + \gamma x_{\eta\eta} = -J^2\left(x_\xi P + x_\eta Q\right)$$

$$\alpha y_{\xi\xi} - 2\beta y_{\eta\xi} + \gamma y_{\eta\eta} = -J^2\left(y_\xi P + y_\eta Q\right)$$

式中，$\alpha = x_\eta^2 + y_\eta^2; \beta = x_\xi x_\eta + y_\xi y_\eta; \gamma = x_\xi^2 + y_\xi^2; P$ 和 Q 为调节网格数目的因子。

4. 二维 FAS 格式多重网格方法

习题 4　计算区域长 l 和宽 h 均为 1m，计算区域内水平方向速度 u=4m/s，v=3m/s，该问题的控制方程为 $u\dfrac{\partial T}{\partial x} + v\dfrac{\partial T}{\partial y} = \dfrac{\partial}{\partial x}\left(\lambda\dfrac{\partial T}{\partial x}\right) + \dfrac{\partial}{\partial y}\left(\lambda\dfrac{\partial T}{\partial y}\right)$，式中，导热系数 λ 为 1.0+ $e^{0.1T}$ W/(m·℃)，左、下和右边界条件为第一类边界条件，对应的温度 T_{w1}, T_{w2}, T_{w3} 分别为 1℃,10℃,5℃,上边界为第三类边界条件,对流换热系数 h_f 为 5W/(m^2·℃),温度 T_f 为 2℃,如图 7.13 所示。试采用 FAS 格式多重网格方法编程求解温度场。

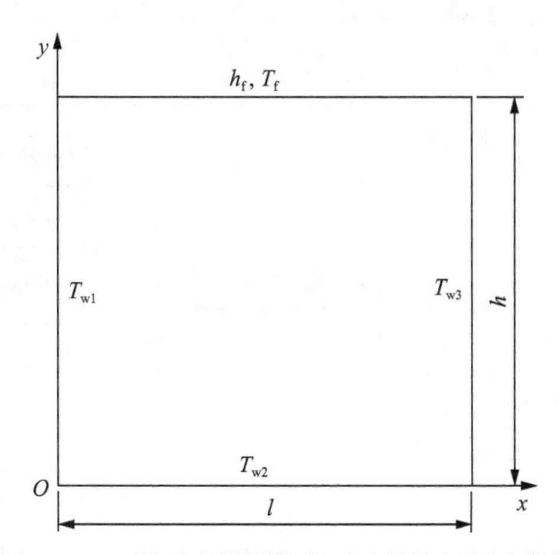

图 7.13　二维无内热源稳态对流换热问题示意图

具体要求如下。

(1) 计算区域划分为 100×100 均分网格，采用有限容积法离散控制方程。

(2) 对流项采用 QUICK 格式离散，并采用延迟修正方法实施。

(3) 扩散项采用二阶中心差分格式离散。

(4) 边界采用附加源项法处理。

(5) 分别采用 Gauss-Seidel 迭代法和 FAS 格式多重网格求解，比较两者的计算效率。

(6) 在 FAS 格式多重网格法中，比较不同限定算子、延拓算子和光顺次数对计算效率的影响。

(7) 总结编程和调程的心得体会，及对 FAS 格式多重网格法的认识。

第 8 章　压强-速度方程的耦合求解

8.1　压强-速度耦合求解算法概述

对流换热研究中所遇到的绝大多数问题属于不可压缩流动。压强-速度方程的耦合求解是不可压缩流动和传热问题数值求解的关键步骤之一。求解不可压缩流体的流场主要包含联立求解各变量代数方程组和分离式求解各变量代数方程组两大类方法(图 8.1)。

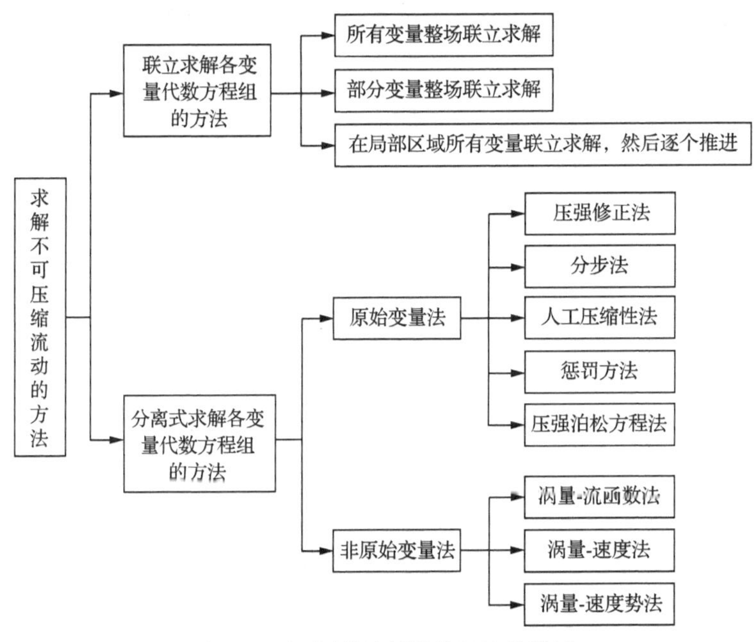

图 8.1　不可压缩流场数值解法分类树

在联立求解代数方程组的方法中，可以将所有变量在整场范围内进行联立求解，也可以是对部分变量或局部区域的变量进行联立求解。整场范围内联立求解是指直接将连续性方程、动量方程和能量方程等离散得到的代数方程组联立起来同时求解，从而得到所有待求变量的解。

分离式求解代数方程组的方法将不同变量的控制方程按一定的顺序进行分离式求解，该方法包括原始变量法和非原始变量法两大类。非原始变量法不以速度和压强为原始求解变量，主要包括涡量-流函数法、涡量-速度法和涡量-速度势法。原始变量法比非原始变量法应用更为广泛，主要包括压强修正法、分步法、人工压缩性法、惩罚方法、压强泊松方程法等，如图 8.1 所示。

一般来讲，联立求解方法的收敛速度比分离式求解方法快很多，但该方法对计算机的资源(CPU 及内存)要求比分离式求解方法要高。

本章主要简要介绍压强修正法中的 SIMPLE 算法、IDEAL 算法和分步法中的二步法，即投影法。

8.2　交错网格和同位网格

数值传热学中涉及的问题多为流速较低的流动，可视为不可压缩流动。不可压缩流动的求解是典型的多变量耦合过程。在介绍压强修正法之前，首先说明不同待求变量在网格节点上的布置方式。根据待求变量在网格节点上的布置方式，计算网格可分为交错网格(图 8.2)和同位网格(图 8.3)。

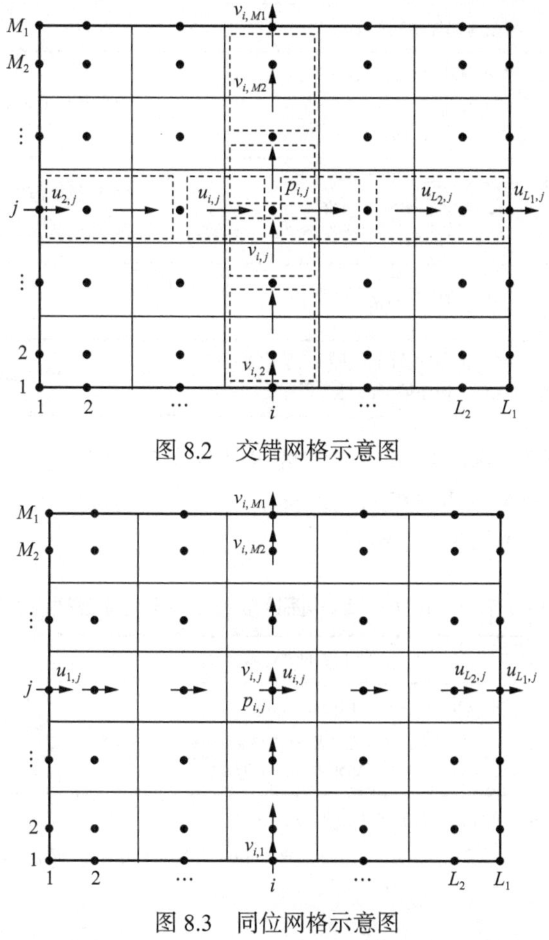

图 8.2　交错网格示意图

图 8.3　同位网格示意图

以二维均分网格系统的有限容积内节点法为例，表 8.1 给出了交错网格和同位网格的主要异同。通过交错网格，可以自然地引入相邻两点的压差，从而在物理上保证了相邻点压强的相互影响，避免了振荡的压强解。但交错网格包含了多套网格信息，较为复杂，特别是很难推广到非结构网格系统。因此，仍需要考虑在同一套网格(同位网格)上实施耦合求解算法。同位网格指的是速度、压强、压强修正值、温度等变量，以及密度、黏度等物性参数，均放置于同一套网格上。同位网格中，控制容积界面上流量和扩导等参数的插值方法与交错网格类似。

表 8.1　交错网格和同位网格对比

对比项	交错网格	同位网格
变量放置的位置	压强 p、速度 u 及速度 v 交错放置于三套不同的网格	压强 p、速度 u 及速度 v 放置于同一套网格
主节点(p)控制容积	边界控制容积为 0 内部控制容积为$\Delta x\Delta y$	边界控制容积为 0 内部控制容积为$\Delta x\Delta y$
u 和 v 控制容积	边界控制容积为 0 与边界相邻的内部控制容积为 $1.5\Delta x\Delta y$ 其他内部控制容积为$\Delta x\Delta y$	
编号方法	压强 p 编号($1\sim L_1$)，($1\sim M_1$) 速度 u 编号($2\sim L_1$)，($1\sim M_1$) 速度 v 编号($1\sim L_1$)，($2\sim M_1$)	速度和压强具有相同编号($1\sim L1$)，($1\sim M1$)
压强梯度项离散	自然地引入了相邻两点间的压差，即 1-δ压差，解决了速度与压强的耦合问题	需通过动量插值方法计算界面速度(表 8.2)，从而引入 1-δ压差，实现速度与压强的耦合
通常适用范围	结构化网格	结构化网格 非结构化网格
程序编制	程序编制复杂不便，且当计算问题涉及三维体系、适体网格、多重网格时，程序编制的复杂程度更加突出	程序编制相对简单方便

同位网格上实施耦合求解算法的关键是如何引入相邻两点的压差，而动量方程中界面速度的插值计算为引入相邻两点的压差提供了条件。同位网格中计算界面速度的三种不同动量插值方法的对比如表 8.2 所示。

表 8.2　同位网格中计算界面速度的三种不同动量插值方法

动量插值方法	界面速度的表达式	说明
第一种方法 Rhie 和 Chow 提出的动量插值法	$u_e = 0.5(u_P + u_E) + 0.5(D_u)_P(p_e - p_w)_P$ $+0.5(D_u)_E(p_e - p_w)_E - (D_u)_e(p_E - p_P)$ $(D_u)_e = 0.5[(D_u)_P + (D_u)_E]$	该方法计算结果与速度亚松弛因子和时间步长相关
第二种方法 Choi 提出的改进动量插值方法	$u_e = 0.5(u_P + u_E) + 0.5(D_u)_P(p_e - p_w)_P$ $+0.5(D_u)_E(p_e - p_w)_E + (1-\alpha_u)[u_e^0 - 0.5(u_P^0 + u_E^0)]$ $+\dfrac{\rho\Delta x}{\Delta t}[(D_u)_e u_e^l - 0.5(D_u)_P u_P^l - 0.5(D_u)_E u_E^l]$ $-(D_u)_e(p_E - p_P)$	该方法计算结果与速度亚松弛因子无关，但仍与时间步长相关
第三种方法 Yu 提出的与时间步长无关的动量插值方法	$u_e = 0.5(u_P + u_E) + 0.5(D_u)_e^*(p_e - p_w)_P$ $+0.5(D_u)_e^*(p_e - p_w)_E - (D_u)_e^*(p_E - p_P)$ $(D_u)_e^* = 0.5[\Delta y / (\sum a_{nb} - S_P\Delta x\Delta y)_P$ $+\Delta y / (\sum a_{nb} - S_P\Delta x\Delta y)_E]$	该方法计算结果与速度亚松弛因子和时间步长均无关

稳定问题与时间无关，仅需要进行亚松弛处理，因此推荐表 8.2 中的第二种方法计算界面速度；非稳定问题与时间相关，且一般需要进行亚松弛处理，因此推荐表 8.2 中的第三种方法计算界面速度。

8.3　SIMPLE 算法

压强修正算法源于 1972 年由 Patankar 和 Spalding 提出的 SIMPLE 算法,学者们相继提出了 SIMPLER,SIMPLEC,PISO,CLEAR,IDEAL 等算法，统称为 SIMPLE 系列算法。SIMPLE 系列算法的基本思想:①通过动量方程和连续性方程联立构造出单独的压强修正值方程或压强方程；②通过计算所得的压强修正值或压强改进速度，从而满足质量守恒。

SIMPLE 算法主要存在两个基本假设：①初始压强和速度场单独进行设定，压强和速度的内在联系没有得到体现；②在压强修正值方程的推导中，忽略邻点速度修正的影响。这两个假设不会影响最终的收敛结果，但会影响计算的收敛性和健壮性。图 8.4 给出了 SIMPLE 算法的主要求解过程，可同时适用于非稳态和稳态问题，当时间步长设为无穷大时，即针对稳态问题。

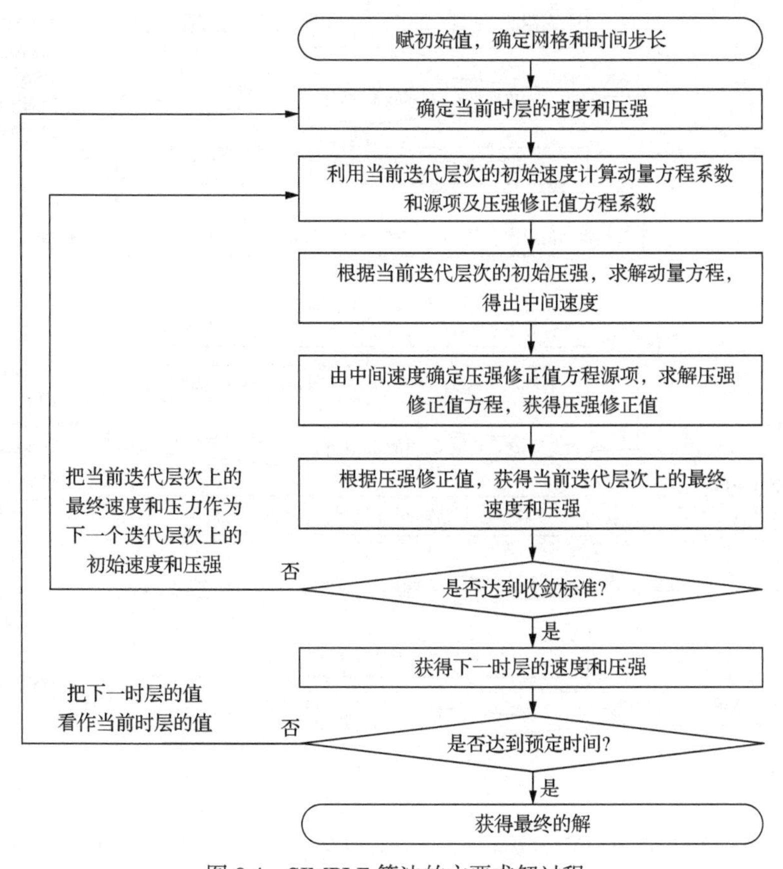

图 8.4　SIMPLE 算法的主要求解过程

8.4 IDEAL 算法

IDEAL 算法克服了 SIMPLE 算法的两个基本假设。该算法基于直接求解压强方程改进压强这一思想，在每个迭代层次上对压强方程进行了两次内迭代计算，第一次内迭代计算用于克服 SIMPLE 算法的第一个假设，第二次内迭代计算用于克服 SIMPLE 算法的第二个假设。这样在每个迭代层次上充分满足了速度和压强之间的耦合，从而大大提高了算法的健壮性和求解的收敛速度。图 8.5 给出了 IDEAL 算法的主要求解过程及与 SIMPLE 算法的比较，其中 N_1 和 N_2 的增大会提高计算的稳定性。

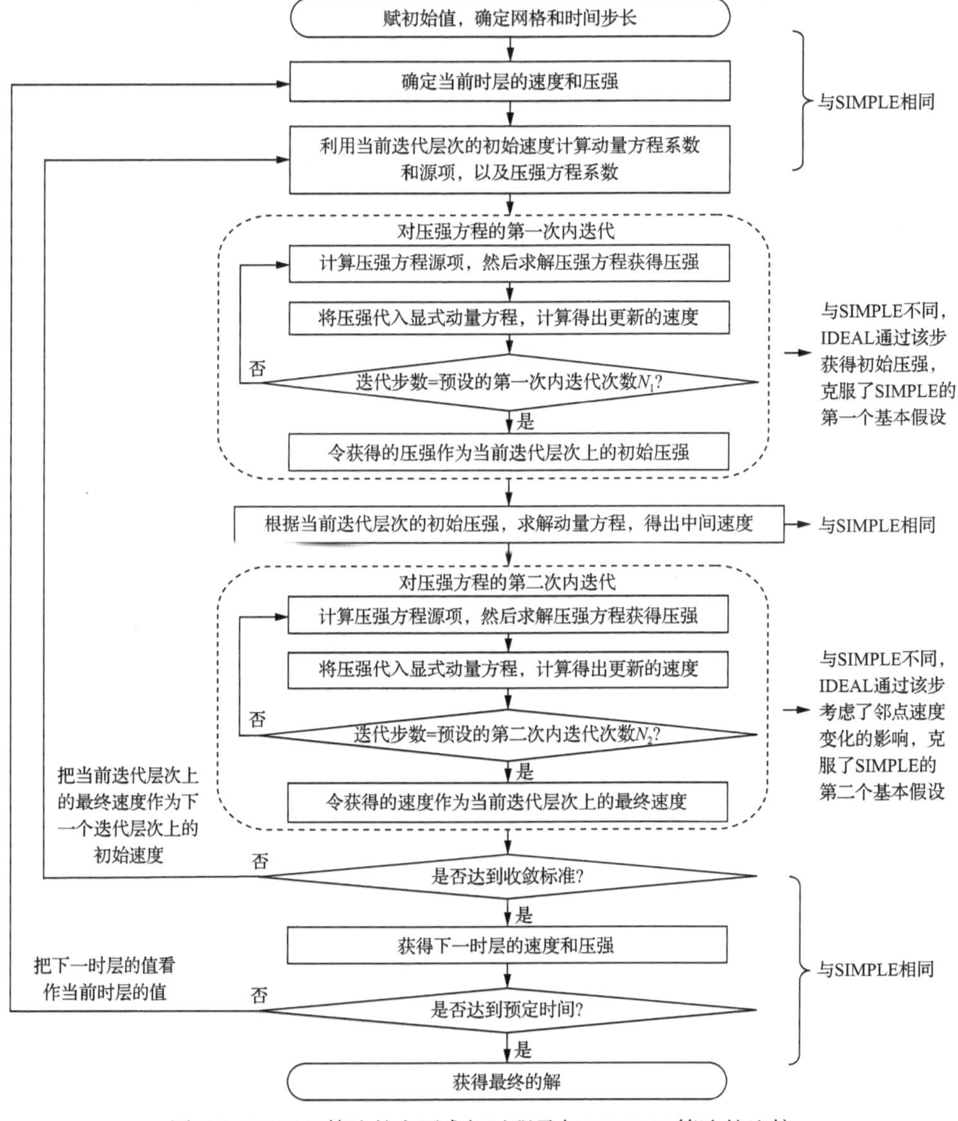

图 8.5　IDEAL 算法的主要求解过程及与 SIMPLE 算法的比较

8.5　SIMPLE 系列算法比较

自 SIMPLE 算法提出后，主要围绕解决 SIMPLE 算法的两个基本假设，学者们相继提出了几十种改进算法。表 8.3 比较了 SIMPLE,SIMPLER,SIMPLEC,PISO,IDEAL 五种典型算法。通过比较可以发现，对于结构化网格和非结构网格、稳态和非稳态、层流和湍流、单相和多相等流动传热问题，IDEAL 算法通常可以在更宽的亚松弛因子范围内获得收敛的解，并且计算耗时最少，因此具有较好的健壮性和收敛性。

8.6　投　影　法

除了 SIMPLE 系列算法外，投影法也常被用于压强-速度耦合问题的求解。交错网格上投影法的基本思想是利用连续性条件构造压强方程。方程的求解分两步：①抛去压强梯度，计算中间速度；②将中间速度代入由连续性方程获得的压强方程中，求出压强后再把压强梯度加到中间速度上，最终完成速度的计算。在投影法中，压强方程的构造是关键。下面以如下二维不可压缩流动非守恒型方程为例，介绍投影法中压强方程的推导和投影法的主要计算步骤。

$$\frac{\partial u}{\partial x}+\frac{\partial v}{\partial y}=0 \tag{8.1}$$

$$\frac{\partial u}{\partial t}+u\frac{\partial u}{\partial x}+v\frac{\partial u}{\partial y}=-\frac{1}{\rho}\frac{\partial p}{\partial x}+\frac{\mu}{\rho}\left(\frac{\partial^2 u}{\partial x^2}+\frac{\partial^2 u}{\partial y^2}\right) \tag{8.2}$$

$$\frac{\partial v}{\partial t}+u\frac{\partial v}{\partial x}+v\frac{\partial v}{\partial y}=-\frac{1}{\rho}\frac{\partial p}{\partial y}+\frac{\mu}{\rho}\left(\frac{\partial^2 v}{\partial x^2}+\frac{\partial^2 v}{\partial y^2}\right) \tag{8.3}$$

8.6.1　压强方程的推导

以均分交错网格为例，说明控制方程式(8.1)～式(8.3)的离散和压强方程的推导过程。值得指出的是，速度的编号有两种方法，一种是速度编号从 2 开始并与其指向的主节点具有相同的编号(图 8.2)，另一种是速度编号从 1 开始并与其背离的主节点具有相同的编号(图 8.6)。压强修正法中多用第一种，投影法中多用第二种。

1. 动量方程的离散

(1)非稳态项采用一阶向前差分格式离散。

$$\left.\frac{\partial u}{\partial t}\right|_{i,j}^{n}=\frac{u_{i,j}^{n+1}-u_{i,j}^{n}}{\Delta t} \tag{8.4}$$

表 8.3　几种典型算法的比较

对比项		SIMPLE 算法	SIMPLER 算法	SIMPLEC 算法	PISO 算法	IDEAL 算法
基本求解步骤		①求解动量方程；②求解压强修正值方程	①求解压强方程；②求解动量方程；③求解压强修正值方程	①求解动量方程；②求解改进的压强修正值方程	①求解动量方程；②迭代求解压强修正值方程	①对压强方程进行第一次内迭代计算；②求解动量方程；③对压强方程进行第二次内迭代计算
初始压强		初始压强和初始速度场单独进行设定	初始压强通过求解压强方程获得	初始压强和初始速度场单独进行设定	初始压强和初始速度场单独进行设定	初始压强通过对压强方程的第一次内迭代计算获得
邻点速度修正		推导压强修正值方程的过程中，忽略了邻点速度修正的影响	推导压强修正值方程的过程中，忽略了邻点速度修正的影响	推导压强修正值方程过程中，部分弥补略去邻点速度修正的影响	通过对压强修正值方程的内迭代计算，考虑了邻点速度修正影响	通过对压强方程的第二次内迭代计算，考虑了邻点速度修正的影响
亚松弛因子		推荐：$\alpha_u+\alpha_p=1$ 或 1.1	速度须亚松弛处理 压强无须亚松弛处理	速度须亚松弛处理 压强无须亚松弛处理	速度须亚松弛处理 压强无须亚松弛处理	速度须亚松弛处理 压强无须亚松弛处理
算法的健壮性和收敛性	三维方腔自然对流（稳态；$Ra=10^6$）	—	收敛区间：$\alpha_u\leqslant0.9$ 计算耗时：2692s	收敛区间：$\alpha_u\leqslant0.93$ 计算耗时：7234s	收敛区间：$\alpha_u\leqslant0.9$ 计算耗时：2630s	收敛区间：$\alpha_u\leqslant0.998$ 计算耗时：2315s
	三维倾斜方腔顶盖驱动流（稳态；倾角为45°；$Re=500$）	收敛区间：$\alpha_u\leqslant0.8$ 计算耗时：981s	收敛区间：$\alpha_u\leqslant0.8$ 计算耗时：879s	收敛区间：$\alpha_u\leqslant0.985$ 计算耗时：729s	—	收敛区间：$\alpha_u\leqslant0.998$ 计算耗时：255s
	内插扭曲带管内流动（稳态；$Re=500$）	收敛区间：$\alpha_u\leqslant0.5$ 计算耗时：4483s	收敛区间：$\alpha_u\leqslant0.5$ 计算耗时：4063s	收敛区间：$\alpha_u\leqslant0.9$ 计算耗时：2097s	—	收敛区间：$\alpha_u\leqslant0.98$ 计算耗时：1300s
	气液旋流分离器内流动（稳态；k-ω模型；进口速度3.8m/s；基于OpenFOAM）	收敛区间：$\alpha_u\leqslant0.8$ 计算耗时：918s	—	收敛区间：$\alpha_u\leqslant0.8$ 计算耗时：949s	—	收敛区间：$\alpha_u\leqslant0.97$ 计算耗时：560s
	溃坝问题（两相非稳态）	—	收敛区间：$\alpha_u\leqslant1$ 计算耗时：171328s	—	—	收敛区间：$\alpha_u\leqslant1$ 计算耗时：64336s

注：α为亚松弛因子。

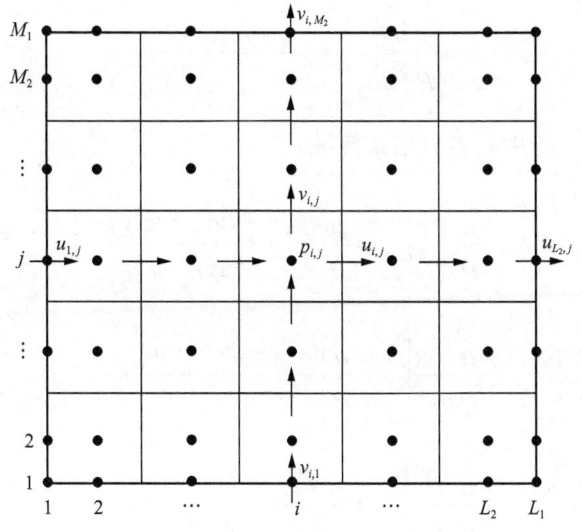

图 8.6　均分交错网格示意图

$$\left.\frac{\partial v}{\partial t}\right|_{i,j}^{n}=\frac{v_{i,j}^{n+1}-v_{i,j}^{n}}{\Delta t} \tag{8.5}$$

式中，上标 n 代表 n 时层，为已知时层；上标 n+1 代表 n+1 时层，为待求解时层；Δt 为时间步长；下标 (i,j) 为节点编号。

(2) 对流项采用二阶中心差分格式离散。

$$u\left.\frac{\partial u}{\partial x}\right|_{i,j}^{n}=u_{i,j}^{n}\frac{u_{i+1,j}^{n}-u_{i-1,j}^{n}}{2\Delta x} \tag{8.6}$$

$$v\left.\frac{\partial v}{\partial y}\right|_{i,j}^{n}=v_{i,j}^{n}\frac{v_{i,j+1}^{n}-v_{i,j-1}^{n}}{2\Delta y} \tag{8.7}$$

$$v\left.\frac{\partial u}{\partial y}\right|_{i,j}^{n}=\frac{1}{4}\left(v_{i,j}^{n}+v_{i,j-1}^{n}+v_{i+1,j}^{n}+v_{i+1,j-1}^{n}\right)\frac{u_{i,j+1}^{n}-u_{i,j-1}^{n}}{2\Delta y} \tag{8.8}$$

$$u\left.\frac{\partial v}{\partial x}\right|_{i,j}^{n}=\frac{1}{4}\left(u_{i,j}^{n}+u_{i,j+1}^{n}+u_{i-1,j+1}^{n}+u_{i-1,j}^{n}\right)\frac{v_{i+1,j}^{n}-v_{i-1,j}^{n}}{2\Delta x} \tag{8.9}$$

式中，Δx 和 Δy 分别为 x 和 y 方向的空间步长；下标 (i,j), $(i-1,j)$, $(i+1,j)$, $(i,j-1)$, $(i,j+1)$ 为节点编号。

(3) 压强项采用二阶中心差分格式离散。

$$-\frac{1}{\rho}\left.\frac{\partial p}{\partial x}\right|_{i,j}^{n+1}=-\frac{1}{\rho}\frac{p_{i+1,j}^{n+1}-p_{i,j}^{n+1}}{\Delta x} \tag{8.10}$$

$$-\frac{1}{\rho}\frac{\partial p}{\partial y}\bigg|_{i,j}^{n+1}=-\frac{1}{\rho}\frac{p_{i,j+1}^{n+1}-p_{i,j}^{n+1}}{\Delta y} \tag{8.11}$$

(4)扩散项采用二阶中心差分格式离散。

$$\frac{\mu}{\rho}\frac{\partial^2 u}{\partial x^2}\bigg|_{j,k}^{n}=\frac{\mu}{\rho}\frac{u_{i+1,j}^{n}-2u_{i,j}^{n}+u_{i-1,j}^{n}}{(\Delta x)^2} \tag{8.12}$$

$$\frac{\mu}{\rho}\frac{\partial^2 u}{\partial y^2}\bigg|_{i,j}^{n}=\frac{\mu}{\rho}\frac{u_{i,j+1}^{n}-2u_{i,j}^{n}+u_{i,j-1}^{n}}{(\Delta y)^2} \tag{8.13}$$

$$\frac{\mu}{\rho}\frac{\partial^2 v}{\partial x^2}\bigg|_{j,k}^{n}=\frac{\mu}{\rho}\frac{v_{i+1,j}^{n}-2v_{i,j}^{n}+v_{i-1,j}^{n}}{(\Delta x)^2} \tag{8.14}$$

$$\frac{\mu}{\rho}\frac{\partial^2 v}{\partial y^2}\bigg|_{i,j}^{n}=\frac{\mu}{\rho}\frac{v_{i,j+1}^{n}-2v_{i,j}^{n}+v_{i,j-1}^{n}}{(\Delta y)^2} \tag{8.15}$$

将式(8.4)～式(8.15)代入式动量方程式(8.2)和式(8.3)中，整理得

$$\begin{aligned}u_{i,j}^{n+1}&=u_{i,j}^{n}+\Delta t\left[\begin{array}{l}-u_{i,j}^{n}\dfrac{u_{i+1,j}^{n}-u_{i-1,j}^{n}}{2\Delta x}\\ -\dfrac{1}{4}\left(v_{i,j}^{n}+v_{i,j-1}^{n}+v_{i+1,j}^{n}+v_{i+1,j-1}^{n}\right)\dfrac{u_{i,j+1}^{n}-u_{i,j-1}^{n}}{2\Delta y}\\ +\dfrac{\mu}{\rho}\dfrac{u_{i+1,j}^{n}-2u_{i,j}^{n}+u_{i-1,j}^{n}}{(\Delta x)^2}+\dfrac{\mu}{\rho}\dfrac{u_{i,j+1}^{n}-2u_{i,j}^{n}+u_{i,j-1}^{n}}{(\Delta y)^2}\end{array}\right]-\frac{\Delta t}{\rho}\frac{p_{i+1,j}^{n+1}-p_{i,j}^{n+1}}{\Delta x}\\ &=\left\langle u_{i,j}^{n}\right\rangle-\frac{\Delta t}{\rho}\frac{p_{i+1,j}^{n+1}-p_{i,j}^{n+1}}{\Delta x}\end{aligned} \tag{8.16}$$

$$\begin{aligned}v_{i,j}^{n+1}&=v_{i,j}^{n}+\Delta t\left[\begin{array}{l}-v_{i,j}^{n}\dfrac{v_{i,j+1}^{n}-v_{i,j-1}^{n}}{2\Delta y}\\ -\dfrac{1}{4}\left(u_{i,j}^{n}+u_{i,j+1}^{n}+u_{i-1,j+1}^{n}+u_{i-1,j}^{n}\right)\dfrac{v_{i+1,j}^{n}-v_{i-1,j}^{n}}{2\Delta x}\\ +\dfrac{\mu}{\rho}\dfrac{v_{i+1,j}^{n}-2v_{i,j}^{n}+v_{i-1,j}^{n}}{(\Delta x)^2}+\dfrac{\mu}{\rho}\dfrac{v_{i,j+1}^{n}-2v_{i,j}^{n}+v_{i,j-1}^{n}}{(\Delta y)^2}\end{array}\right]-\frac{\Delta t}{\rho}\frac{p_{i,j+1}^{n+1}-p_{i,j}^{n+1}}{\Delta y}\\ &=\left\langle v_{i,j}^{n}\right\rangle-\frac{\Delta t}{\rho}\frac{p_{i,j+1}^{n+1}-p_{i,j}^{n+1}}{\Delta y}\end{aligned} \tag{8.17}$$

式中，$\left\langle u_{i,j}^{n}\right\rangle$ 和 $\left\langle v_{i,j}^{n}\right\rangle$ 表示中间速度。

2. 连续性方程的离散

空间项均采用二阶隐式差分格式离散：

$$\left.\frac{\partial u}{\partial x}\right|_{i,j}^{n+1}=\frac{u_{i,j}^{n+1}-u_{i-1,j}^{n+1}}{\Delta x} \tag{8.18}$$

$$\left.\frac{\partial v}{\partial y}\right|_{i,j}^{n+1}=\frac{v_{i,j}^{n+1}-v_{i,j-1}^{n+1}}{\Delta y} \tag{8.19}$$

将式(8.18)和式(8.19)代入连续性方程式(8.1)可得离散的连续性方程:

$$\frac{u_{i,j}^{n+1}-u_{i-1,j}^{n+1}}{\Delta x}+\frac{v_{i,j}^{n+1}-v_{i,j-1}^{n+1}}{\Delta y}=0 \tag{8.20}$$

3. 压强方程的推导

为构造直接求解压强的方程，将式(8.16)和式(8.17)代入离散的连续性方程式(8.20)：

$$\frac{\left\langle u_{i,j}^{n}\right\rangle-\dfrac{\Delta t}{\rho}\dfrac{p_{i+1,j}^{n+1}-p_{i,j}^{n+1}}{\Delta x}-\left\langle u_{i-1,j}^{n}\right\rangle+\dfrac{\Delta t}{\rho}\dfrac{p_{i,j}^{n+1}-p_{i-1,j}^{n+1}}{\Delta x}}{\Delta x}+\frac{\left\langle v_{i,j}^{n}\right\rangle-\dfrac{\Delta t}{\rho}\dfrac{p_{i,j+1}^{n+1}-p_{i,j}^{n+1}}{\Delta y}-\left\langle v_{i,j-1}^{n}\right\rangle+\dfrac{\Delta t}{\rho}\dfrac{p_{i,j}^{n+1}-p_{i,j-1}^{n+1}}{\Delta y}}{\Delta y}=0 \tag{8.21}$$

式(8.21)进一步整理得关于压强 p 的离散代数方程:

$$a_p p_{i,j}^{n+1}=a_E p_{i+1,j}^{n+1}+a_W p_{i-1,j}^{n+1}+a_N p_{i,j+1}^{n+1}+a_S p_{i,j-1}^{n+1}+b \tag{8.22}$$

式中，a_p,a_E,a_W,a_N,a_S 为离散系数；$a_p=a_E+a_W+a_N+a_S$；$a_E=a_W=\dfrac{\Delta t}{\rho(\Delta x)^2}$；$a_N=a_S=\dfrac{\Delta t}{\rho(\Delta y)^2}$；$b$ 为源项，$b=\dfrac{\left\langle u_{i-1,j}^{n}\right\rangle-\left\langle u_{i,j}^{n}\right\rangle}{\Delta x}+\dfrac{\left\langle v_{i,j-1}^{n}\right\rangle-\left\langle v_{i,j}^{n}\right\rangle}{\Delta y}$。

需要指出的是，对于上述压强方程的边界处理，应注意边界速度已知的情况。此时应将与边界相邻节点对应的边界节点离散系数设置为 0，中间速度的边界值应设置成速度的边界值。还需注意的是，求解出的压强场并非唯一，但它们的相对值是唯一的。

8.6.2　投影法的计算步骤

投影法的计算步骤如下。

(1) 给定变量初始值、边界值和物性值等。

(2) 在当前时层上，抛去动量方程中的压强梯度，只计算中间速度值$\left\langle u_{i,j}^{n}\right\rangle$和$\left\langle v_{i,j}^{n}\right\rangle$。

(3) 在当前时层上，将中间速度代入压强方程源项中，求解压强值。

(4) 将压强值代入速度表达式中，计算当前时层上的最终速度值。

$$u_{i,j}^{n+1}=\left\langle u_{i,j}^{n}\right\rangle-\frac{\Delta t}{\rho}\frac{p_{i+1,j}^{n+1}-p_{i,j}^{n+1}}{\Delta x},\quad v_{i,j}^{n+1}=\left\langle v_{i,j}^{n}\right\rangle-\frac{\Delta t}{\rho}\frac{p_{i,j+1}^{n+1}-p_{i,j}^{n+1}}{\Delta y}$$

(5) 以上获得的收敛解即为当前时层终了时刻的值，此时把当前时层终了时刻的值看作下一时层初始时刻的速度及压强，并返回到(2)。重复(2)～(5)的计算直到达到预定时间或稳态。

8.7 出口边界条件的处理

在耦合求解算法中，每个迭代层次结束后，须更新边界处速度等变量信息。对于开口系统，出口边界上的信息往往很难获得，通常不能给出实际出口边界条件，需要假定出口边界条件，因此出口边界条件的设置具有一定的特殊性。如何正确处理出口边界条件对计算过程的收敛性和健壮性及计算结果的精确性具有重要的影响。文献中已提出了多种设置出口边界条件的方法，其中应用较广泛的是：①充分发展假定；②局部单向化假定；③法向速度局部质量守恒及切向速度齐次 Neumann 条件。表 8.4 以北边界作为出口为例，给出了这三种处理方法的主要异同。

表 8.4 三种出口边界条件处理方法的对比

对比项	充分发展假定	局部单向化假定	法向速度局部质量守恒及切向速度齐次 Neumann 条件
适用条件	出口截面处待求变量已充分发展，即$\partial\phi/\partial n=0$，$n$为外法线方向	出口截面处无回流；出口截面应远离关注的计算区域	出口截面处存在回流
实施方法	附加源项法:离散方程中边界处待求变量的系数设置为 0，即$a_n=0$ 边界值更新法：$\phi_{i,M_1}=\phi_{i,M_2}$ （前者收敛速度更快）	附加源项法：离散方程中边界处待求变量的系数设置为 0，即$a_n=0$	交错网格：$u_{i,M_1}=u_{i,M_2}$； $v_{i,M_1}=v_{i,M_2}-(\Delta y/\Delta x)(u_{i+1,M_2}-u_{i,M_2})$ 同位网格：$u_{i,M_1}=u_{i,M_2}$； $v_{i,M_1}=v_{i,M_2-1/2}-(\Delta y/\Delta x)(u_{i+1/2,M_2}-u_{i-1/2,M_2})$
保证质量守恒的方法	$v_{i,M_1(调)}=\dfrac{F_{in}}{\sum_{i=2}^{L_2}(\rho_{i,M_1}v_{i,M_1}\Delta x_i)}v_{i,M_1}$	$v_{i,M_1(调)}=\dfrac{F_{in}}{\sum_{i=2}^{L_2}(\rho_{i,M_1}v_{i,M_2}\Delta x_i)}v_{i,M_2}$	$v_{i,M_1(调)}=\dfrac{F_{in}}{\sum_{i=2}^{L_2}(\rho_{i,M_1}v_{i,M_1}\Delta x_i)}v_{i,M_1}$

注：F_{in}为进口质量流量。

充分发展假定和局部单向化假定均可以采用附加源项法，实施过程完全相同，但二者适用条件不同。充分发展假定仅适用于出口处流动已达到充分发展的情况，该假定反映了出口处真实的流动。局部单向化假定适用范围更广，只要出口截面处无回流即可使用，但该假定与出口的真实流动具有一定的偏差，因此出口截面需远离关注的计算区域，以免对计算结果产生影响。通常出口边界符合充分发展假定条件的问题更容易获得收敛的解。此外，保证开口系统的总体质量守恒对提高求解过程的收敛性具有重要的影响，数值实践表明如果总体质量不进行强制守恒，通常很难获得收敛的解，严重时会导致计算发散。

8.8　典型习题解析

例 1　对于非线性方程 $\boldsymbol{A}_1(\boldsymbol{\phi},\boldsymbol{\varphi})\boldsymbol{\phi}=\boldsymbol{b}_1(\boldsymbol{\phi},\boldsymbol{\varphi})$ 和 $\boldsymbol{A}_2(\boldsymbol{\phi},\boldsymbol{\varphi})\boldsymbol{\varphi}=\boldsymbol{b}_2(\boldsymbol{\phi},\boldsymbol{\varphi})$，试说明采用分离式求解方法和整体求解方法求解时的区别。

【解析】本题考查非线性方程组分离式求解和整体求解方法的区别。

$$\boldsymbol{A}_1(\boldsymbol{\phi},\boldsymbol{\varphi})\boldsymbol{\phi}=\boldsymbol{b}_1(\boldsymbol{\phi},\boldsymbol{\varphi}) \tag{8.23}$$

$$\boldsymbol{A}_2(\boldsymbol{\phi},\boldsymbol{\varphi})\boldsymbol{\varphi}=\boldsymbol{b}_2(\boldsymbol{\phi},\boldsymbol{\varphi}) \tag{8.24}$$

(1) 采用分离式求解方法时，将式(8.23)和式(8.24)按一定顺序进行求解，例如可以先求解式(8.23)再求解式(8.24)，或先求解式(8.24)再求解式(8.23)，可采用迭代法或直接解法单独求解两式。在一个求解层次上，式(8.23)和式(8.24)求解完毕后，分别用新求得的 $\boldsymbol{\phi}$ 和 $\boldsymbol{\varphi}$ 更新式(8.23)和式(8.24)中的系数矩阵和源项矩阵，然后再进入下一个求解层次。

(2) 当采用整体求解方法时，将式(8.23)和式(8.24)中的系数矩阵组装成一个整体系数矩阵，将待求变量矩阵组装成一个整体待求变量矩阵，将源项矩阵组装成一个整体源项矩阵，此时式(8.23)和式(8.24)可组装成一个整体的代数方程组，如下所示：

$$\begin{pmatrix} \boldsymbol{A}_1(\boldsymbol{\phi},\boldsymbol{\varphi}) & \\ & \boldsymbol{A}_2(\boldsymbol{\phi},\boldsymbol{\varphi}) \end{pmatrix}\begin{pmatrix} \boldsymbol{\phi} \\ \boldsymbol{\varphi} \end{pmatrix}=\begin{pmatrix} \boldsymbol{b}_1(\boldsymbol{\phi},\boldsymbol{\varphi}) \\ \boldsymbol{b}_2(\boldsymbol{\phi},\boldsymbol{\varphi}) \end{pmatrix} \tag{8.25}$$

可采用迭代法或直接解法对式(8.25)进行求解。在一个求解层次上，式(8.25)求解完毕后，分别用新求得的 $\boldsymbol{\phi}$ 和 $\boldsymbol{\varphi}$ 更新式(8.25)中的系数矩阵和源项矩阵，然后再进入下一个求解层次。

例 2　同位网格中动量插值的核心思想是什么?

【解析】本题考查同位网格动量插值的核心思想。

对于同位网格，在离散动量方程时，若压强梯度项采用中心差分格式离散，压差由两个隔点压强计算所得，称之为 $2\text{-}\delta$ 压差。当采用带有 $2\text{-}\delta$ 压差项的动量离散方程求解流场时，会引起速度与压强的失耦。为了解决同位网格中速度与压强失耦问题，引入动量插值方法，其核心思想是在计算界面速度时，通过动量插值的方式引入相邻两点间的压差，即 $1\text{-}\delta$ 压差，解决了速度与压强的失耦问题。

例 3　推导均分同位网格采用和不采用动量插值后的压强方程,并说明两个压强方程的蔓延性的区别。

【解析】本题考查同位网格动量插值及扩散方程的蔓延性。

以二维稳态不可压缩流动问题为例，控制方程为

$$\frac{\partial u}{\partial x}+\frac{\partial v}{\partial y}=0 \tag{8.26}$$

将连续性方程在图 8.7 中(i, j)控制容积上离散得

$$\int_s^n\int_w^e\left(\frac{\partial(\rho u)}{\partial x}+\frac{\partial(\rho v)}{\partial y}\right)\mathrm{d}x\mathrm{d}y=\int_s^n\int_w^e\frac{\partial(\rho u)}{\partial x}\mathrm{d}x\mathrm{d}y+\int_s^n\int_w^e\frac{\partial(\rho v)}{\partial y}\mathrm{d}x\mathrm{d}y$$
$$=\left[(\rho u)_e-(\rho u)_w\right]\Delta y+\left[(\rho v)_n-(\rho v)_s\right]\Delta x=0 \tag{8.27}$$

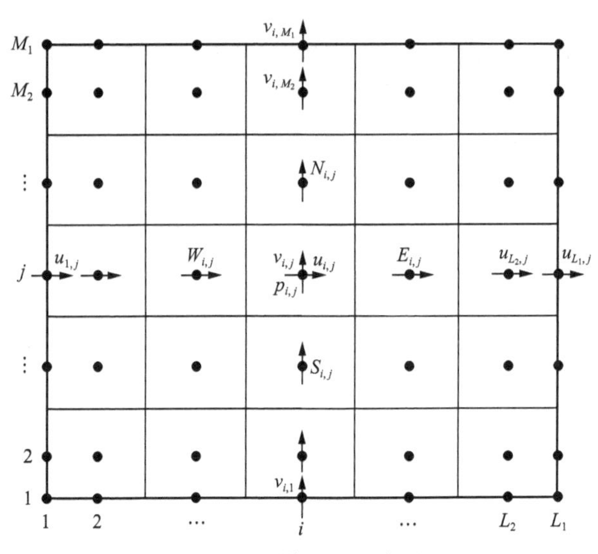

图 8.7　同位网格示意图

式(8.27)整理得

$$(\rho\Delta y)_e u_e-(\rho\Delta y)_w u_w+(\rho\Delta x)_n v_n-(\rho\Delta x)_s v_s=0 \tag{8.28}$$

(1)界面速度采用线性插值。

$$\begin{aligned}
u_e&=\frac{1}{2}u_P+\frac{1}{2}u_E\\
&=\frac{1}{2}\left[\left(\frac{\sum a_{nb}u_{nb}+b}{a_P}\right)_P+\left(\frac{A_P}{a_P}\right)_P(p_w-p_e)_P\right]+\frac{1}{2}\left[\left(\frac{\sum a_{nb}u_{nb}+b}{a_P}\right)_E+\left(\frac{A_P}{a_P}\right)_E(p_w-p_e)_E\right]\\
&=\frac{1}{2}\left[u_P^*+d_P^u(p_w-p_e)_P\right]+\frac{1}{2}\left[u_E^*+d_E^u(p_w-p_e)_E\right]\\
&=\frac{1}{2}\left\{u_P^*+d_P^u\left[\frac{1}{2}(p_W+p_P)-\frac{1}{2}(p_P+p_E)\right]\right\}+\frac{1}{2}\left\{u_E^*+d_E^u\left[\frac{1}{2}(p_P+p_E)-\frac{1}{2}(p_E+p_{EE})\right]\right\}\\
&=\frac{1}{2}\left[u_P^*+\frac{1}{2}d_P^u(p_W-p_E)\right]+\frac{1}{2}\left[u_E^*+\frac{1}{2}d_E^u(p_P-p_{EE})\right]\\
&=\frac{1}{2}(u_P^*+u_E^*)+\frac{1}{4}d_P^u(p_W-p_E)+\frac{1}{4}d_E^u(p_P-p_{EE})
\end{aligned} \tag{8.29}$$

式中，* 表示中间值。

同理可得

$$u_w=\frac{1}{2}(u_P^*+u_W^*)+\frac{1}{4}d_P^u(p_W-p_E)+\frac{1}{4}d_W^u(p_{WW}-p_P) \tag{8.30}$$

$$v_n=\frac{1}{2}(v_P^*+v_N^*)+\frac{1}{4}d_P^v(p_S-p_N)+\frac{1}{4}d_N^v(p_P-p_{NN}) \tag{8.31}$$

$$v_s=\frac{1}{2}(v_P^*+v_S^*)+\frac{1}{4}d_P^v(p_S-p_N)+\frac{1}{4}d_S^v(p_{SS}-p_P) \tag{8.32}$$

将式(8.29)～式(8.32)代入式(8.28)中，整理得

$$a_P p_P=a_W p_{WW}+a_E p_{EE}+a_S p_{SS}+a_N p_{NN}+b \tag{8.33}$$

式中，$a_P=a_E+a_W+a_N+a_S$; $a_E=\frac{(\rho\Delta y)_e d_E^u}{4}$; $a_W=\frac{(\rho\Delta y)_w d_W^u}{4}$; $a_N=\frac{(\rho\Delta x)_n d_N^v}{4}$; $a_S=\frac{(\rho\Delta x)_s d_S^v}{4}$; $b=\frac{(\rho\Delta y)_w u_W^*}{2}-\frac{(\rho\Delta y)_e u_E^*}{2}+\frac{(\rho\Delta x)_s v_S^*}{2}-\frac{(\rho\Delta x)_n v_N^*}{2}$。

由蔓延性可知，要求 P 点的近邻点 N,S,W,E 能感受到来自 P 的扰动，但式(8.33)说明 N,S,W,E 点并未受到 P 点扰动的影响，而是远邻点 NN,SS,WW,EE 受到 P 点扰动的影响，这与压强扰动向四周均匀传播的特性不符。由于传播特性不满足物理意义，因此式(8.33)会导致相邻节点压强失耦，得到无物理意义的数值解。

(2)界面速度采用动量插值。

$$u_e=u_e^*-\left(\frac{A_P}{a_P}\right)_e^u(p_E-p_P)=u_e^*-d_e^u(p_E-p_P) \tag{8.34}$$

$$u_w=u_w^*-\left(\frac{A_P}{a_P}\right)_w^u(p_P-p_W)=u_w^*-d_w^u(p_P-p_W) \tag{8.35}$$

$$v_n=v_n^*-\left(\frac{A_P}{a_P}\right)_n^v(p_N-p_P)=v_n^*-d_n^v(p_N-p_P) \tag{8.36}$$

$$v_s=v_s^*-\left(\frac{A_P}{a_P}\right)_s^v(p_P-p_S)=v_s^*-d_s^v(p_P-p_S) \tag{8.37}$$

将式(8.34)～式(8.37)代入式(8.28)可得

$$\begin{aligned}&(\rho\Delta y)_e\left[u_e^*-d_e^u(p_E-p_P)\right]-(\rho\Delta y)_w\left[u_w^*-d_w^u(p_P-p_W)\right]\\&+(\rho\Delta x)_n\left[v_n^*-d_n^v(p_N-p_P)\right]-(\rho\Delta x)_s\left[v_s^*-d_s^v(p_P-p_S)\right]=0\end{aligned} \tag{8.38}$$

式(8.38)整理得

$$a_P p_P = a_W p_W + a_E p_E + a_S p_S + a_N p_N + b \tag{8.39}$$

式中，$a_P = a_E + a_W + a_N + a_S$；$a_E = (\rho\Delta y)_e d_e^u$；$a_W = (\rho\Delta y)_w d_w^u$；$a_N = (\rho\Delta x)_n d_n^v$；$a_S = (\rho\Delta x)_s d_s^v$；$b = (\rho\Delta y)_w u_w^* - (\rho\Delta y)_e u_e^* + (\rho\Delta x)_s v_s^* - (\rho\Delta x)_n v_n^*$。

由蔓延性可知，要求 P 点的近邻点 N,S,W,E 能感受到来自 P 的扰动，式(8.39)正好满足此关系，这与压强扰动向四周均匀传播的特性相一致。因此式(8.39)可得到有物理意义的压强数值解。

例 4　在 SIMPLE 算法中，如果各边界处速度均已知，压强边界条件是第几类边界条件？边界上的压强在计算中是否用到？能否求解出唯一的压强场？

【解析】本题考查 SIMPLE 算法中压强边界条件的处理。

(1) 压强边界条件在数学上相当于 Neumann 条件，即 $\dfrac{\partial p}{\partial n} = 0$（$n$ 为外法线方向）。无论是已知边界上的法向流速还是已知压强，都令压强修正值方程与边界相应的系数为 0。从传热学的观点来看，这相当于切断了计算区域内部与外界的任何联系，是一种“绝热”型的边界条件。

(2)边界上的压强在计算中没有用到。边界上的压强可能出现在离散动量方程的压差项中，而在交错网格 SIMPLE 算法的实施过程中，与边界相邻的速度控制容积中的压差计算采用线性外插的方式获得。如图 8.8 中速度 u_e，其离散方程中的压差为

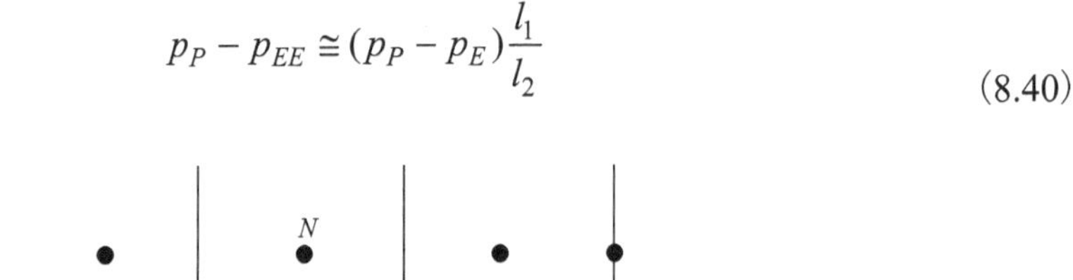

$$p_P - p_{EE} \cong (p_P - p_E)\frac{l_1}{l_2} \tag{8.40}$$

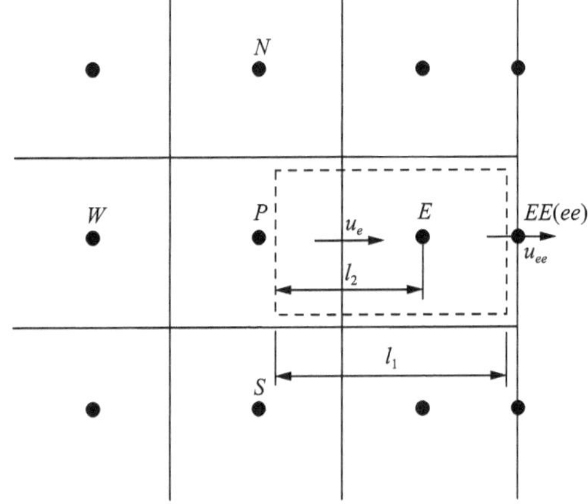

图 8.8　u 速度东边界控制容积示意图

式(8.40)中并没有用到边界点 p_{EE} 的值。边界上的压强是在迭代收敛之后采用外推的方式获得的。

(3)求解出的压强场并非唯一，但它们的相对值是唯一的。对于不可压缩流体的流场

计算，所关心的是流场中各点之间的压强差而不是其绝对值。

例 5　顶盖驱动流问题存在重力场，为何在采用压强-速度耦合算法求解该问题时不用考虑重力场？

【解析】本题考查压强-速度耦合算法中重力场的处理。

对于顶盖驱动流问题，v 动量方程为

$$\frac{\partial(\rho uv)}{\partial x}+\frac{\partial(\rho vv)}{\partial y}=-\frac{\partial p}{\partial y}+\frac{\partial}{\partial x}\left(\mu\frac{\partial v}{\partial x}\right)+\frac{\partial}{\partial y}\left(\mu\frac{\partial v}{\partial y}\right)+\rho g \tag{8.41}$$

式中，$-\partial p/\partial y$ 为压强梯度项；ρg 为重力项。将式(8.41)中压强梯度项与重力项合并，可得

$$\frac{\partial(\rho uv)}{\partial x}+\frac{\partial(\rho vv)}{\partial y}=-\frac{\partial p_0}{\partial y}+\frac{\partial}{\partial x}\left(\mu\frac{\partial v}{\partial x}\right)+\frac{\partial}{\partial y}\left(\mu\frac{\partial v}{\partial y}\right) \tag{8.42}$$

式中，$p_0=p-\rho gy$。从式(8.42)可以看出不考虑重力场，不会影响该问题的流场分布，唯一不同的是求得的压强场 p_0 为消掉重力引起的静压的压强场。

例 6　在 SIMPLE 算法中，针对流固耦合问题进行流动传热整体数值计算时，应采取哪些措施？

【解析】本题考查流动传热数值计算中流固耦合问题的处理方法。

在进行工程流动传热问题的数值计算时，常常会存在流固耦合现象，此时比较方便的处理方法是将固体区与流体区视为一个整体进行耦合求解。表 8.5 给出了流动传热数值计算中流固耦合问题的常用处理措施。

表 8.5　流动传热中流固耦合问题常用处理措施

<table>
<tr><td rowspan="2">流场计算措施</td><td>固体区域与边界相连</td><td>①令与固体区相连的边界上速度为 0
②令固体区的动力黏度充分大(如 10^{25}～10^{30})
③流固界面上的当量扩散系数采用调和平均方法计算</td></tr>
<tr><td>固体区域不与边界相连(孤岛)</td><td>①在每一个层次的迭代计算前，令固体区的速度为 0
②在求解速度的代数方程组前，令固体区各速度离散方程主对角元的系数为一很大值(如 10^{25}～10^{30})，以保证速度为 0
③计算压强修正值时，应该使固体区各速度修正值计算公式的系数取一个很小的数(如 10^{-30}～10^{-25})，以使固体区各速度修正值也为 0</td></tr>
<tr><td rowspan="2">温度场计算措施</td><td>固体区温度为待求变量</td><td>①流固界面上的当量扩散系数采用调和平均方法计算
②当采用常用的通用控制方程形式时，能量方程为
$$\frac{\partial(\rho T)}{\partial t}+\frac{\partial(\rho uT)}{\partial x}+\frac{\partial(\rho vT)}{\partial y}=\frac{\partial}{\partial x}\left(\frac{\lambda}{c_p}\frac{\partial T}{\partial x}\right)+\frac{\partial}{\partial y}\left(\frac{\lambda}{c_p}\frac{\partial T}{\partial y}\right)+\frac{S_T}{c_p}$$
这时需将固体区的比热容设为流体区的比热容，从而保证流固界面上的热流密度连续，但当流固比热容差别较大时，会引起较大的误差</td></tr>
<tr><td>固体区温度强制为给定温度</td><td>为了使固体区中的温度取得给定值，可以采用大系数法，即在求解固体区离散能量方程
$$a_P T_P=\sum a_{nb}T_{nb}+b$$
之前，令 $a_P=A, b=AT_{\text{given}}$，其中 T_{given} 为给定值，A 为一个大数，如 10^{25}～10^{30}。这样固体区温度就可取得给定值 T_{given}</td></tr>
</table>

例 7　采用均分交错网格有限容积法离散二维不可压缩流动，试给出与东边界相邻内节点的 u 动量方程的离散方程表达式。

【解析】本题考查边界对交错网格有限容积法中动量方程离散的影响。

东边界网格如图 8.9 所示，以虚线所示 u_w 控制容积为例，u 动量方程的离散过程如下。

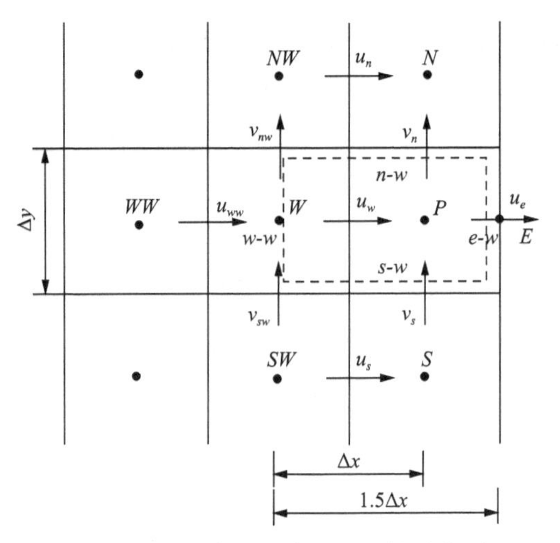

图 8.9　有限容积法东边界网格示意图

非稳态项的离散：

$$\int_{t}^{t+\Delta t}\int_{s\text{-}w}^{n\text{-}w}\int_{w\text{-}w}^{e\text{-}w}\frac{\partial(\rho u)}{\partial t}\mathrm{d}x\mathrm{d}y\mathrm{d}t=1.5\rho\left(u_w^{n+1}-u_w^{n}\right)\Delta x\Delta y \tag{8.43}$$

对流项采用二阶中心差分格式离散：

$$\begin{aligned}
&\int_{t}^{t+\Delta t}\int_{s\text{-}w}^{n\text{-}w}\int_{w\text{-}w}^{e\text{-}w}\left[\frac{\partial(\rho uu)}{\partial x}+\frac{\partial(\rho vu)}{\partial y}\right]\mathrm{d}x\mathrm{d}y\mathrm{d}t\\
&=\left[(\rho u)_{e\text{-}w}u_{e\text{-}w}-(\rho u)_{w\text{-}w}u_{w\text{-}w}\right]\Delta y\Delta t+\left[(\rho v)_{n\text{-}w}u_{n\text{-}w}-(\rho v)_{s\text{-}w}u_{s\text{-}w}\right]1.5\Delta x\Delta t\\
&=\left[\begin{array}{l}\max\left[(\rho u\Delta y)_{e\text{-}w},0\right]\left[u_w^{n+1}+(u_{e\text{-}w}-u_w)^n\right]-\max\left[-(\rho u\Delta y)_{e\text{-}w},0\right]\left[u_e^{n+1}+(u_{e\text{-}w}-u_e)^n\right]-\\ \max\left[(\rho u\Delta y)_{w\text{-}w},0\right]\left[u_{ww}^{n+1}+(u_{w\text{-}w}-u_{ww})^n\right]+\max\left[-(\rho u\Delta y)_{w\text{-}w},0\right]\left[u_w^{n+1}+(u_{w\text{-}w}-u_w)^n\right]\end{array}\right]\Delta t\\
&\quad+\left[\begin{array}{l}\max\left[(1.5\rho v\Delta x)_{n\text{-}w},0\right]\left[u_w^{n+1}+(u_{n\text{-}w}-u_w)^n\right]-\max\left[-(1.5\rho v\Delta x)_{n\text{-}w},0\right]\left[u_n^{n+1}+(u_{n\text{-}w}-u_n)^n\right]-\\ \max\left[(1.5\rho v\Delta x)_{s\text{-}w},0\right]\left[u_s^{n+1}+(u_{s\text{-}w}-u_s)^n\right]+\max\left[-(1.5\rho v\Delta x)_{s\text{-}w},0\right]\left[u_w^{n+1}+(u_{s\text{-}w}-u_w)^n\right]\end{array}\right]\Delta t\\
&=\left[\begin{array}{l}\max\left[(\rho u\Delta y)_{e\text{-}w},0\right]u_w^{n+1}+\max\left[(\rho u\Delta y)_{e\text{-}w},0\right](u_{e\text{-}w}-u_w)^n\\ -\max\left[-(\rho u\Delta y)_{e\text{-}w},0\right]u_e^{n+1}-\max\left[-(\rho u\Delta y)_{e\text{-}w},0\right](u_{e\text{-}w}-u_e)^n\\ -\max\left[(\rho u\Delta y)_{w\text{-}w},0\right]u_{ww}^{n+1}-\max\left[(\rho u\Delta y)_{w\text{-}w},0\right](u_{w\text{-}w}-u_{ww})^n\\ +\max\left[-(\rho u\Delta y)_{w\text{-}w},0\right]u_w^{n+1}+\max\left[-(\rho u\Delta y)_{w\text{-}w},0\right](u_{w\text{-}w}-u_w)^n\end{array}\right]\Delta t
\end{aligned}$$

$$
+\begin{bmatrix}
\max\left[(1.5\rho v\Delta x)_{n\text{-}w},0\right]u_w^{n+1}+\max\left[(1.5\rho v\Delta x)_{n\text{-}w},0\right](u_{n\text{-}w}-u_w)^n \\
-\max\left[-(1.5\rho v\Delta x)_{n\text{-}w},0\right]u_n^{n+1}-\max\left[-(1.5\rho v\Delta x)_{n\text{-}w},0\right](u_{n\text{-}w}-u_n)^n \\
-\max\left[(1.5\rho v\Delta x)_{s\text{-}w},0\right]u_s^{n+1}-\max\left[(1.5\rho v\Delta x)_{s\text{-}w},0\right](u_{s\text{-}w}-u_s)^n \\
+\max\left[-(1.5\rho v\Delta x)_{s\text{-}w},0\right]u_w^{n+1}+\max\left[-(1.5\rho v\Delta x)_{s\text{-}w},0\right](u_{s\text{-}w}-u_w)^n
\end{bmatrix}\Delta t
\tag{8.44}
$$

扩散项采用二阶中心差分格式离散：

$$
\begin{aligned}
&\int_t^{t+\Delta t}\int_{s\text{-}w}^{n\text{-}w}\int_{w\text{-}w}^{e\text{-}w}\left[\frac{\partial}{\partial x}\left(\mu\frac{\partial u}{\partial x}\right)+\frac{\partial}{\partial y}\left(\mu\frac{\partial u}{\partial y}\right)\right]\mathrm{d}x\mathrm{d}y\mathrm{d}t \\
&=\left[\left(\mu\frac{\partial u}{\partial x}\right)_{e\text{-}w}-\left(\mu\frac{\partial u}{\partial x}\right)_{w\text{-}w}\right]\Delta y\Delta t+\left[\left(\mu\frac{\partial u}{\partial y}\right)_{n\text{-}w}-\left(\mu\frac{\partial u}{\partial y}\right)_{s\text{-}w}\right]1.5\Delta x\Delta t \\
&=\left(\mu_{e\text{-}w}\frac{u_e^{n+1}-u_w^{n+1}}{\Delta x}-\mu_{w\text{-}w}\frac{u_w^{n+1}-u_{ww}^{n+1}}{\Delta x}\right)\Delta y\Delta t+\left(\mu_{n\text{-}w}\frac{u_n^{n+1}-u_w^{n+1}}{\Delta y}-\mu_{s\text{-}w}\frac{u_w^{n+1}-u_s^{n+1}}{\Delta y}\right)1.5\Delta x\Delta t \\
&=\left(\mu_{e\text{-}w}\Delta y\Delta t\frac{u_e^{n+1}-u_w^{n+1}}{\Delta x}-\mu_{w\text{-}w}\Delta y\Delta t\frac{u_w^{n+1}-u_{ww}^{n+1}}{\Delta x}\right)+\left(\begin{aligned}&1.5\mu_{n\text{-}w}\Delta x\Delta t\frac{u_n^{n+1}-u_w^{n+1}}{\Delta y}-1.5\mu_{s\text{-}w}\Delta x\Delta t \\ &\frac{u_w^{n+1}-u_s^{n+1}}{\Delta y}\end{aligned}\right)
\end{aligned}
\tag{8.45}
$$

压强梯度项的离散：

$$
\begin{aligned}
\int_t^{t+\Delta t}\int_{s\text{-}w}^{n\text{-}w}\int_{w\text{-}w}^{e\text{-}w}\left(-\frac{\partial p}{\partial x}\right)\mathrm{d}x\mathrm{d}y\mathrm{d}t&=-(p_{e\text{-}w}-p_{w\text{-}w})\Delta y\Delta t \\
&=(p_W-p_E)\Delta y\Delta t=(p_W-p_P)1.5\Delta y\Delta t
\end{aligned}
\tag{8.46}
$$

把上述各项代入 u 方向动量方程中，整理得

$$
a_w u_w^{n+1}=a_e u_e^{n+1}+a_{ww}u_{ww}^{n+1}+a_n u_n^{n+1}+a_s u_s^{n+1}+1.5\left(p_W^{n+1}-p_P^{n+1}\right)+b
\tag{8.47}
$$

式中，

$$
\begin{aligned}
a_w=&\max\left[-(\rho u\Delta y)_{w\text{-}w},0\right]+\frac{\mu_{w\text{-}w}\Delta y}{\Delta x}+\max\left[(\rho u\Delta y)_{e\text{-}w},0\right]+\frac{\mu_{e\text{-}w}\Delta y}{\Delta x}+\max\left[-(1.5\rho v\Delta x)_{s\text{-}w},0\right] \\
&+\frac{1.5\mu_{s\text{-}w}\Delta x}{\Delta y}+\max\left[(1.5\rho v\Delta x)_{n\text{-}w},0\right]+\frac{1.5\mu_{n\text{-}w}\Delta x}{\Delta y}+\frac{1.5\rho\Delta x\Delta y}{\Delta t}
\end{aligned}
$$

$$
a_{ww}=\max\left[\left(\rho u\Delta y\right)_{w\text{-}w},0\right]+\frac{\mu_{w\text{-}w}\Delta y}{\Delta x}\text{；}\quad a_e=\max\left[-\left(\rho u\Delta y\right)_{e\text{-}w},0\right]+\frac{\mu_{e\text{-}w}\Delta y}{\Delta x}
$$

$$
a_s=\max\left[(1.5\rho v\Delta x)_{s\text{-}w},0\right]+\frac{1.5\mu_{s\text{-}w}\Delta x}{\Delta y}\text{；}\quad a_n=\max\left[-(1.5\rho v\Delta x)_{n\text{-}w},0\right]+\frac{1.5\mu_{n\text{-}w}\Delta x}{\Delta y}
$$

$$
\begin{aligned}
b = & \frac{1.5\rho\Delta x\Delta y u_w^n}{\Delta t} \\
& -\max\left[(\rho u\Delta y)_{e\text{-}w},0\right](u_{e\text{-}w}-u_w)^n+\max\left[-(\rho u\Delta y)_{e\text{-}w},0\right](u_{e\text{-}w}-u_e)^n \\
& +\max\left[(\rho u\Delta y)_{w\text{-}w},0\right](u_{w\text{-}w}-u_{ww})^n-\max\left[-(\rho u\Delta y)_{w\text{-}w},0\right](u_{w\text{-}w}-u_w)^n \\
& -\max\left[(1.5\rho v\Delta x)_{n\text{-}w},0\right](u_{n\text{-}w}-u_w)^n+\max\left[-(1.5\rho v\Delta x)_{n\text{-}w},0\right](u_{n\text{-}w}-u_n)^n \\
& +\max\left[(1.5\rho v\Delta x)_{s\text{-}w},0\right](u_{s\text{-}w}-u_s)^n-\max\left[-(1.5\rho v\Delta x)_{s\text{-}w},0\right](u_{s\text{-}w}-u_w)^n
\end{aligned}
$$

例 8　试对比 SIMPLE 算法和投影法的主要区别。

【解析】本题考查 SIMPLE 算法和投影法的区别。

SIMPLE 算法和投影法的主要区别在于核心思想、方程求解、计算精度和适用范围，具体见表 8.6。

表 8.6　SIMPLE 算法和投影法对比

对比点	SIMPLE 算法	投影法
核心思想	在流场求解的每一个迭代层次上，根据已有的压强场解出速度场后，对已有的压强场进行修正，使与修正后的压强场相对应的速度场满足该层次上的质量守恒方程	基于交错网格，利用连续性条件构造压强方程并迭代求解，动量方程的求解分两步：抛去压强梯度，计算中间速度；将中间速度代入压强方程，求出压强后再把压强梯度加到中间速度上，最终完成速度的计算
方程求解	隐式迭代求解压强修正方程和动量方程	隐式迭代求解压强方程，显式求解动量方程
计算精度	多基于有限容积法离散，计算精度一般	多基于有限差分法离散，计算精度由低到高可控，求解湍流等问题一般采用投影法
适用范围	可以求解稳态和非稳态问题	一般用来求解非稳态问题

例 9　压强-速度耦合算法如 SIMPLE 系列算法是否适合有限差分法和有限元法，为什么？

【解析】本题考查压强-速度耦合算法和数值离散方法之间的区别与联系。

适用。有限差分法和有限元法与压强-速度耦合算法是两个不同的概念，前者是指控制方程的数值离散方法，后者是指压强-速度耦合问题的离散方程中速度和压强之间的求解方法。压强-速度耦合问题可采用有限容积法、有限差分法和有限元法等不同数值离散方法获得离散方程。例如在 SIMPLE 系列算法中，虽然常采用有限容积法离散连续性方程和动量方程，但也可以采用有限差分法和有限元法。

例 10　简要分析 IDEAL 算法的优点。

【解析】本题考查 IDEAL 算法的优点。

IDEAL 算法基于直接求解压强方程改进压强这一思想，在每个迭代层次上对压强方程进行了两次内迭代计算。针对压强方程进行第一次内迭代的目的是获得初始压强，使该初始压强尽可能接近当前迭代层次上的最终压强，从而克服了 SIMPLE 算法的第一个假设；针对压强方程进行第二次内迭代的目的是计算得出当前迭代层次上的最终速度和最终压强，使其尽可能地接近当前迭代层次上的真实速度和真实压强，也就是尽可能同时满足连续性方程和动量方程，从而克服了 SIMPLE 算法的第二个假设。这样在每个迭代层次上充分满足了速度和压强之间的耦合，从而大大提高了算法的健壮性和求解的收敛速度。

例 11　为何存在出口边界条件的物理问题往往难收敛？

【解析】本题考查出口边界处理的难点。

对于开口系统，出口边界上的信息往往很难获得，除非采用实验方法测定，否则出口截面的信息无法获得，因此出口边界条件是很难处理的边界条件。在开口系统的数值计算过程中，通常不能给出实际出口边界条件，需要假定出口边界条件。因此，在计算过程中要不断地对出口边界信息进行修正，以保证出口处待求变量可以满足质量守恒。所以，存在出口边界条件的物理问题收敛性往往较差，甚至很难收敛。

例 12　出口边界条件可采用局部单向化处理，认为下游对上游没有影响，采用附加源项法实施时不需要出口边界处 ϕ 值，因此当 ϕ 为 u,v,T 等变量时均可在迭代中不求出口边界值，待到计算收敛时，可插值得到其值。这种说法是否正确？为什么？

【解析】本题考查不同变量的出口边界条件处理的区别。

这种说法不正确。在求解过程中，出口边界的法向速度必须更新，其他变量可不更新。原因如下：在迭代计算过程中，无论采用哪一种方法来确定出口截面上的流速，该截面上的法向流速的分布都应该满足总体质量守恒的要求。因此，在每一迭代层次上，需要通过修正出口边界处的法线速度来保证总体质量守恒。在采用压强修正方法求解开口流场时，出口边界上的法向流速满足总体质量守恒的条件，使压强修正方程组相容。在动量方程和能量方程中，其他变量的下游边界信息由上游信息决定，在求解过程中，无须更新待求变量在每一迭代层次上的值。

例 13　在均分交错网格中，u 动量方程压强梯度项的离散式 $\left(\frac{\partial p}{\partial x}\right)_e=\frac{p_E-p_P}{\delta x}$ 具有几阶截差精度？为什么？

【解析】本题考查动量方程中压强梯度项的离散精度。

在图 8.10 均分交错网格中，压强梯度项的离散式 $\left(\frac{\partial p}{\partial x}\right)_e=\frac{p_E-p_P}{\delta x}$ 具有二阶截差精度，可采用泰勒展开方法进行证明。

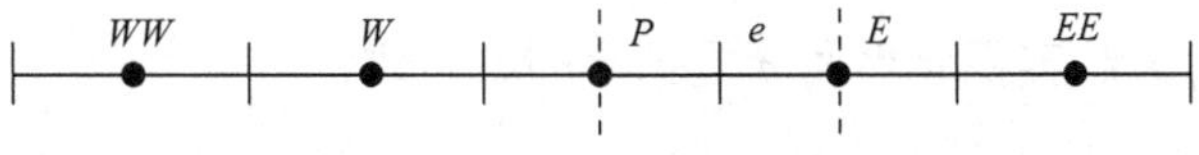

WW　W　P　e　E　EE

图 8.10　一维均分交错网格示意图

将 P,E 点压强在 e 界面处泰勒展开得

$$p_E=p_e+\left.\frac{\partial p}{\partial x}\right|_e\left(\frac{\Delta x}{2}\right)+\frac{1}{2!}\left.\frac{\partial^2 p}{\partial x^2}\right|_e\left(\frac{\Delta x}{2}\right)^2+O\left[(\Delta x)^3\right] \tag{8.48}$$

$$p_P=p_e-\left.\frac{\partial p}{\partial x}\right|_e\left(\frac{\Delta x}{2}\right)+\frac{1}{2!}\left.\frac{\partial^2 p}{\partial x^2}\right|_e\left(\frac{\Delta x}{2}\right)^2+O\left[(\Delta x)^3\right] \tag{8.49}$$

将式(8.48)–式(8.49)，整理后得

$$\left(\frac{\partial p}{\partial x}\right)_e = \frac{p_E - p_P}{\delta x} + O\left[(\Delta x)^2\right] \tag{8.50}$$

综上可得，$\left(\frac{\partial p}{\partial x}\right)_e = \frac{p_E - p_P}{\delta x}$ 在均分交错网格上具有二阶截差精度。

例 14 给出内部的 $u_{i,j}$ 控制容积[图 8.11(a)]和与右边界相邻的 $u_{i,j}$ 控制容积[图 8.11(b)]北界面 n 上扩导的表达式和通量的表达式。

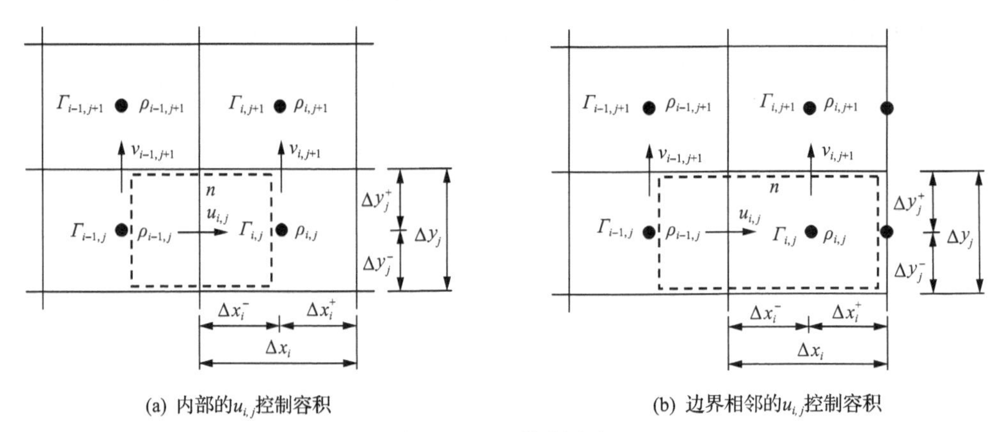

(a) 内部的$u_{i,j}$控制容积　　(b) 边界相邻的$u_{i,j}$控制容积

图 8.11　$u_{i,j}$ 控制容积

【解析】本题考查控制容积界面上扩导和通量的计算。

利用传热学中热阻串、并联的概念，可得出内部的 $u_{i,j}$ 控制容积北界面 n 上扩导的表达式：

$$D_n = \frac{\Gamma_n}{\Delta y_j^+ + \Delta y_{j+1}^-}(\Delta x_{i-1}^+ + \Delta x_i^-) = \frac{\Delta x_{i-1}^+ + \Delta x_i^-}{\dfrac{\Delta y_j^+ + \Delta y_{j+1}^-}{\Gamma_n}} = \frac{\Delta x_{i-1}^+}{\dfrac{\Delta y_j^+}{\Gamma_{i-1,j}} + \dfrac{\Delta y_{j+1}^-}{\Gamma_{i-1,j+1}}} + \frac{\Delta x_i^-}{\dfrac{\Delta y_j^+}{\Gamma_{i,j}} + \dfrac{\Delta y_{j+1}^-}{\Gamma_{i,j+1}}} \tag{8.51}$$

式中，Γ_n 为广义扩散系数。

边界相邻的 $u_{i,j}$ 控制容积北界面 n 上扩导的表达式：

$$D_n = \frac{\Gamma_n}{\Delta y_j^+ + \Delta y_{j+1}^-}(\Delta x_{i-1}^+ + \Delta x_i) = \frac{\Delta x_{i-1}^+ + \Delta x_i}{\dfrac{\Delta y_j^+ + \Delta y_{j+1}^-}{\Gamma_n}} = \frac{\Delta x_{i-1}^+}{\dfrac{\Delta y_j^+}{\Gamma_{i-1,j}} + \dfrac{\Delta y_{j+1}^-}{\Gamma_{i-1,j+1}}} + \frac{\Delta x_i}{\dfrac{\Delta y_j^+}{\Gamma_{i,j}} + \dfrac{\Delta y_{j+1}^-}{\Gamma_{i,j+1}}} \tag{8.52}$$

利用 $v_{i-1,j+1}, v_{i,j+1}$ 在内部 $u_{i,j}$ 控制容积内流动截面的流量相加可得北界面 n 上通量的表达式：

$$F_n = \frac{\rho_{i-1,j}\Delta y_{j+1}^- + \rho_{i-1,j+1}\Delta y_j^+}{\Delta y_j^+ + \Delta y_{j+1}^-} v_{i-1,j+1}\Delta x_{i-1}^+ + \frac{\rho_{i,j}\Delta y_{j+1}^- + \rho_{i,j+1}\Delta y_j^+}{\Delta y_j^+ + \Delta y_{j+1}^-} v_{i,j+1}\Delta x_i^- \tag{8.53}$$

边界相邻的 $u_{i,j}$ 控制容积北界面 n 上通量的表达式：

$$F_n = \frac{\rho_{i-1,j}\Delta y_{j+1}^{-} + \rho_{i-1,j+1}\Delta y_j^{+}}{\Delta y_j^{+} + \Delta y_{j+1}^{-}} v_{i-1,j+1}\Delta x_{i-1}^{+} + \frac{\rho_{i,j}\Delta y_{j+1}^{-} + \rho_{i,j+1}\Delta y_j^{+}}{\Delta y_j^{+} + \Delta y_{j+1}^{-}} v_{i,j+1}\Delta x_i \tag{8.54}$$

例 15　图 8.12 所示为平行平板间不可压缩流动问题，平板长度 L=0.8m，间距 H=0.1m；流体密度 ρ =1000m³/kg，动力黏度 μ =0.1Pa·s；进口速度为 1m/s，出口为充分发展边界条件；忽略壁面摩擦阻力。试采用交错网格 SIMPLE 算法求平行平板间流体速度和压强。

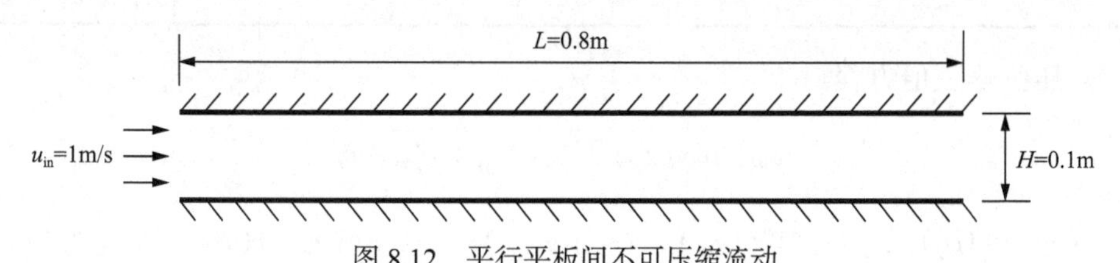

图 8.12　平行平板间不可压缩流动

【解析】本题考查交错网格 SIMPLE 算法的计算步骤。

(1)该问题可看成一维稳态不可压缩流动问题，控制方程为

$$\frac{\mathrm{d}(\rho u)}{\mathrm{d}x} = 0 \tag{8.55}$$

$$\frac{\mathrm{d}(\rho uu)}{\mathrm{d}x} = -\frac{\mathrm{d}p}{\mathrm{d}x} + \frac{\mathrm{d}}{\mathrm{d}x}\left(\mu\frac{\mathrm{d}u}{\mathrm{d}x}\right) \tag{8.56}$$

(2)如图 8.13 所示，采用均分交错网格划分计算区域。

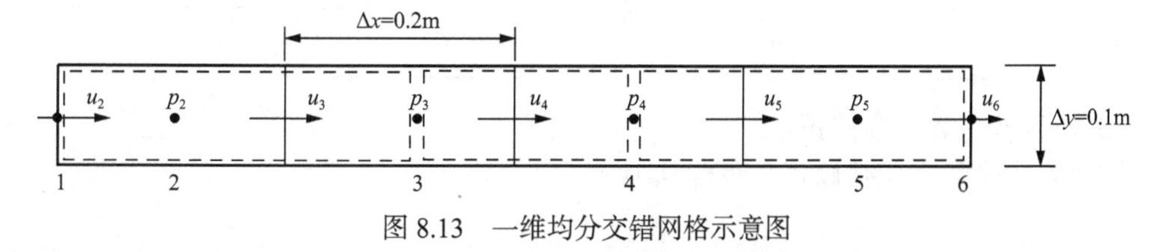

图 8.13　一维均分交错网格示意图

(3)对流项采用一阶迎风格式离散，扩散项采用中心差分格式离散，可得结合速度亚松弛处理的动量离散方程为

$$(a_P)_{ui,\alpha} u_i = (a_E)_{ui} u_{i+1} + (a_W)_{ui} u_{i-1} + b_{ui,\alpha} + A_{ui}(p_{i-1} - p_i) \tag{8.57}$$

式中，

$$(a_E)_{ui} = (D_e)_{ui} + \max[-(F_e)_{ui}, 0] = (\mu_e)_{ui}\Delta y / \Delta x + \max[-(\rho_e)_{ui}(u_e)_{ui}\Delta y, 0]$$

$$(a_W)_{ui} = (D_w)_{ui} + \max[(F_w)_{ui}, 0] = (\mu_w)_{ui}\Delta y / \Delta x + \max[(\rho_w)_{ui}(u_w)_{ui}\Delta y, 0]$$

$$(a_P)_{ui,\alpha} = \frac{(a_P)_{ui}}{\alpha_u} = \frac{(a_E)_{ui} + (a_W)_{ui}}{\alpha_u};\quad b_{ui,\alpha} = (1-\alpha_u)(a_P)_{ui,\alpha} u_i^0$$

各点处动量方程的离散系数如表 8.7 所示。

表 8.7　各点处动量方程的离散系数

速度点	$(a_E)_{ui}$	$(a_W)_{ui}$	$A_{ui}(p_{i-1}-p_i)$
u_3	$\dfrac{\mu\Delta y}{\Delta x}+\max[-\rho 0.5(u_3+u_4)\Delta y,0]$	$\dfrac{\mu\Delta y}{\Delta x}+\max[\rho u_2\Delta y,0]$	$1.5\Delta y(p_2-p_3)$
u_4	$\dfrac{\mu\Delta y}{\Delta x}+\max[-\rho 0.5(u_4+u_5)\Delta y,0]$	$\dfrac{\mu\Delta y}{\Delta x}+\max[\rho 0.5(u_3+u_4)\Delta y,0]$	$\Delta y(p_3-p_4)$
u_5	$\dfrac{\mu\Delta y}{\Delta x}+\max[-\rho u_6\Delta y,0]$	$\dfrac{\mu\Delta y}{\Delta x}+\max[\rho 0.5(u_4+u_5)\Delta y,0]$	$1.5\Delta y(p_4-p_5)$

(4) 压强修正值方程。

$$(a_P)_i\,p_i'=(a_E)_i\,p_{i+1}'+(a_W)_i\,p_{i-1}'+b_i \tag{8.58}$$

式中，$(a_E)_i=(\rho_e)_i d_{u(i+1),\alpha}\Delta y$；$(a_W)_i=(\rho_w)_i d_{ui,\alpha}\Delta y$；$(a_P)_i=(a_E)_i+(a_W)_i$；$b_i=(\rho_w)_i u_i^*\Delta y-(\rho_e)_i u_{i+1}^*\Delta y=\rho u_i^*\Delta y-\rho u_{i+1}^*\Delta y$。

各点处压强修正值方程的离散系数如表 8.8 所示。

表 8.8　各点处压强修正值方程的离散系数

压强点	$(a_E)_{u_i}$	$(a_W)_{u_i}$	b_i
p_2	$(\rho d)_{u3,\alpha}\Delta y$	0	$\rho u_2\Delta y-\rho u_3^*\Delta y$
p_3	$(\rho d)_{u4,\alpha}\Delta y$	$(\rho d)_{u3,\alpha}\Delta y$	$\rho u_3^*\Delta y-\rho u_4^*\Delta y$
p_4	$(\rho d)_{u5,\alpha}\Delta y$	$(\rho d)_{u4,\alpha}\Delta y$	$\rho u_4^*\Delta y-\rho u_5^*\Delta y$
p_5	0	$(\rho d)_{u5,\alpha}\Delta y$	$\rho u_5^*\Delta y-\rho u_6\Delta y$

(5)速度修正和压强修正。

速度修正方程和压强修正方程分别为

$$u_i=u_i^*+d_{ui,\alpha}(p_{i-1}'-p_i') \tag{8.59}$$

$$p_i=p_i^*+\alpha_p p_i' \tag{8.60}$$

(6)采用图 8.14 所示交错网格 SIMPLE 算法步骤，计算速度和压强。

① 假定初始速度 u_0 及初始压强 p^*。

初始速度：$u_3^0=1.5$；$u_4^0=1.8$；$u_5^0=1.3$。

初始压强：$p_2^*=3000.0$；$p_3^*=2000.0$；$p_4^*=3000.0$；$p_5^*=2000.0$。

② 更新边界变量值。

进口处为第一类边界条件：$u_2=u_{\text{in}}=1.0$。

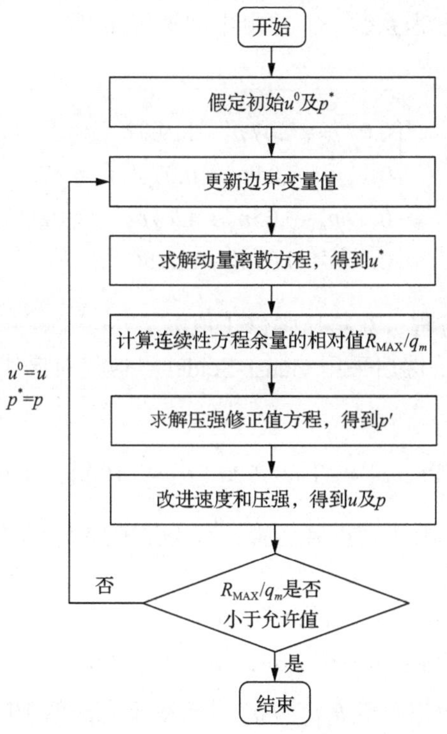

图 8.14　交错网格 SIMPLE 算法计算步骤

R_{MAX}为连续性方程余量最大值；q_m为参考质量流量

出口处为充分发展假定边界条件；采用边界更新法为 $u_6 = u_5^0 = 1.3\text{m/s}$。

采用出口法线速度等比例调整保证整体质量守恒：

$$u_6 = f \times u_6 = \frac{\rho u_{\text{in}} \Delta y}{\rho u_6 \Delta y} \times u_6 = u_{\text{in}} = 1.0(\text{m/s})$$

③ 利用初始速度 u_0 及初始压强 p^*计算动量离散方程系数 a、源项 b 和压强梯度项。动量离散方程式(8.57)中速度亚松弛因子设置为 $\alpha_u = 0.7$。

$$\begin{cases} 143.00u_3^* = 0.05u_4^* + 100.05u_2 + 214.35 \\ 235.86u_4^* = 0.05u_5^* + 165.05u_3^* + 27.36 \\ 221.57u_5^* = 0.05u_6 + 155.05u_4^* + 236.41 \end{cases} \tag{8.61}$$

④ 求解动量离散方程，得到中间速度 u^*。采用 Gauss-Seidel 点迭代对该代数方程组求解，设置内迭代的次数为 5 次：

$$u_3^* = 2.199\text{m/s};\ u_4^* = 1.655\text{m/s};\ u_5^* = 2.226\text{m/s}$$

⑤ 利用中间速度 u^*计算连续性方程余量最大值(R_{MAX})的相对值：

$$\frac{R_{\text{MAX}}}{q_m} = \frac{\max\limits_{i=2\sim5}\left\{\left|\rho u_{i+1}^* \Delta y - \rho u_i^* \Delta y\right|\right\}}{\rho u_{\text{in}} \Delta y} = 1.23 \tag{8.62}$$

⑥ 计算压强修正值方程系数 a，并由中间速度 u*确定其源项 b，压强修正方程可写为

$$\begin{cases}0.07p_2'=0.07p_3'-119.92\\0.11p_3'=0.04p_4'+0.07p_2'+54.37\\0.09p_4'=0.05p_5'+4.24p_3'-57.02\\0.05p_5'=0.05p_4'+122.56\end{cases}\tag{8.63}$$

⑦ 求解压强修正值方程，获得压强修正值 p'。

首先设置全场 $p'=0$，然后采用 Gauss-Seidel 点迭代对该代数方程组求解，设置内迭代的次数为 5 次：

$$p_2'=-3317.7\text{Pa};\ p_3'=-1626.5\text{Pa};\ p_4'=-100.8\text{Pa};\ p_5'=2614.9\text{Pa}$$

⑧ 根据压强修正值，改进速度和压强，获得当前层次上的最终速度 u 和 v 及最终压强 p。

当前层次上的最终速度：$u_3=0.425\text{m/s}$；$u_4=1.009\text{m/s}$；$u_5=0.387\text{m/s}$。

当前层次上的最终压强：$p_2=677.6\text{Pa}$；$p_3=861.4\text{Pa}$；$p_4=2929.5\text{Pa}$；$p_5=3830.4\text{Pa}$。

⑨ 连续性方程余量的相对值 R_{MAX}/q_m 是否小于允许值 10^{-4}。如果 $R_{\text{MAX}}/q_m\geqslant10^{-4}$，则把当前层次上的最终速度 u 和 v 及最终压强 p 看作下一层次的初始速度 u^0 和 v^0 及初始压强 p*，并返回②开始下一层次的计算。如果 $R_{\text{MAX}}/q_m<10^{-4}$，达到收敛标准，结束计算，并获得收敛的解，如表 8.9 所示。

表 8.9 各迭代层次的计算结果

迭代层次 (k)	速度/(m/s)				压强/Pa				$\frac{R_{\text{MAX}}}{q_m}$
	u_3	u_4	u_5	u_6	p_2	p_3	p_4	p_5	
1	0.425	1.009	0.387	1.000	677.6	861.4	2929.5	3830.4	1.23
2	1.171	0.996	2.563	1.000	3056.2	2881.7	3321.9	2038.0	3.13
3	0.887	1.001	0.429	1.000	2443.7	2501.0	2808.9	3557.3	1.26
4	1.036	0.996	1.737	1.000	3152.3	3122.7	3156.5	2849.1	1.47
5	0.981	1.001	0.770	1.000	2939.2	2950.2	2988.4	3310.9	4.61×10^{-1}
6	1.005	0.999	1.240	1.000	3132.5	3128.4	3129.0	3027.5	4.79×10^{-1}
7	0.998	1.000	0.915	1.000	3066.4	3067.7	3071.5	3159.6	1.69×10^{-1}
8	1.000	1.000	1.062	1.000	3111.3	3111.2	3111.3	3079.8	1.25×10^{-1}
9	1.000	1.000	0.975	1.000	3094.2	3094.1	3094.1	3115.1	5.07×10^{-2}
10	1.000	1.000	1.015	1.000	3103.7	3103.9	3104.1	3095.6	2.98×10^{-2}
11	1.000	1.000	0.993	1.000	3099.9	3099.8	3099.6	3104.3	1.34×10^{-2}
12	1.000	1.000	1.003	1.000	3101.7	3101.8	3101.9	3099.9	6.95×10^{-3}

续表

迭代层次(k)	速度/(m/s)				压强/Pa				$\frac{R_{MAX}}{q_m}$
	u_3	u_4	u_5	u_6	p_2	p_3	p_4	p_5	
13	1.000	1.000	0.999	1.000	3101.0	3100.9	3100.9	3101.8	3.16×10^{-3}
14	1.000	1.000	1.001	1.000	3101.3	3101.3	3101.4	3101.0	1.51×10^{-3}
15	1.000	1.000	1.000	1.000	3101.2	3101.2	3101.1	3101.3	6.64×10^{-4}
16	1.000	1.000	1.000	1.000	3101.2	3101.2	3101.2	3101.2	2.92×10^{-4}
17	1.000	1.000	1.000	1.000	3101.2	3101.2	3101.2	3101.2	1.20×10^{-4}
18	1.000	1.000	1.000	1.000	3101.2	3101.2	3101.2	3101.2	4.66×10^{-5}

例 16　采用同位网格 SIMPLE 算法求解例 15。

【解析】本题考查同位网格 SIMPLE 算法的计算过程。

(1)如图 8.15 所示，采用均分同位网格划分计算区域。

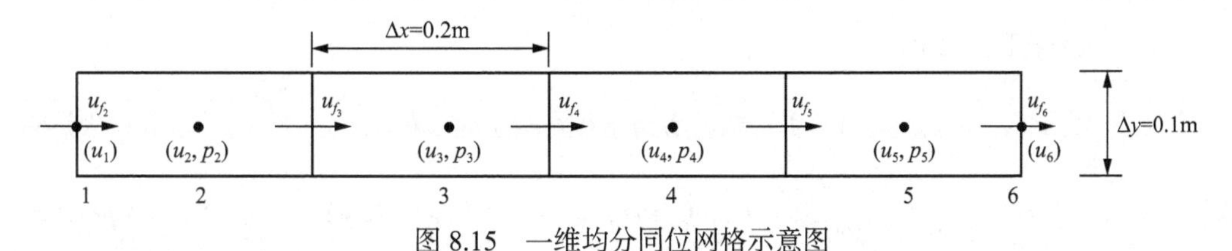

图 8.15　一维均分同位网格示意图

(2)对流项采用一阶迎风格式离散，扩散项采用中心差分格式离散，可得结合速度亚松弛处理的动量离散方程为

$$(a_P)_{i,\alpha}u_i=(a_E)_i u_{i+1}+(a_W)_i u_{i-1}+b_{i,\alpha}+A_i(p_w-p_e)_i \tag{8.64}$$

式中，

$$(a_E)_i=D_{f(i+1)}+\max[-F_{f(i+1)},0]=\mu_{f(i+1)}\Delta y/\Delta x+\max[-\rho_{f(i+1)}u_{f(i+1)}\Delta y,0]$$

$$(a_W)_i=D_{fi}+\max[F_{fi},0]=\mu_{fi}\Delta y/\Delta x+\max[\rho_{fi}u_{fi}\Delta y,0]$$

$$(a_P)_{i,\alpha}=\frac{(a_P)_i}{\alpha_u}=\frac{(a_E)_i+(a_W)_i}{\alpha_u}$$

$$b_{i,\alpha}=(1-\alpha_u)(a_P)_{i,\alpha}u_i^0$$

各点处动量方程的离散系数如表 8.10 所示。

(3)Choi 动量插值。

$$u_{fi}=\tilde{u}_{fi,\alpha}+d_{fi,\alpha}(p_{i-1}-p_i)=\hat{u}_{fi,\alpha}+(1-\alpha_u)u_{fi}^0+d_{fi,\alpha}(p_{i-1}-p_i) \tag{8.65}$$

式中，$\hat{u}_{fi,\alpha}=0.5(\hat{u}_{i-1,\alpha}+\hat{u}_{i,\alpha})$；$d_{fi,\alpha}=0.5(d_{i-1,\alpha}+d_{i,\alpha})$；$\hat{u}_{i-1,\alpha}=\dfrac{(a_E)_{i-1}u_i+(a_W)_{i-1}u_{i-2}}{(a_P)_{i-1,\alpha}}$；

$\hat{u}_{i,\alpha}=\dfrac{(a_E)_i u_{i+1}+(a_W)_i u_{i-1}}{(a_P)_{i,\alpha}}$；$d_{i-1,\alpha}=\dfrac{A_{i-1}}{(a_P)_{i-1,\alpha}}$；$d_{i,\alpha}=\dfrac{A_i}{(a_P)_{i,\alpha}}$。通过 Choi 动量插值，可以得到 (u_{f3},u_{f4},u_{f5})。

表 8.10　各点处动量方程的离散系数

速度点	$(a_E)_i$	$(a_W)_i$	$A_i(p_{i-1}-p_i)$
u_2	$\dfrac{\mu\Delta y}{\Delta x}+\max[-(\rho u)_{f3}\Delta y,0]$	$\dfrac{\mu\Delta y}{\Delta x}+\max[(\rho u)_{f2}\Delta y,0]$	$\Delta y\{[p_2+(p_2-p_3)/2]-[(p_2+p_3)/2]\}$
u_3	$\dfrac{\mu\Delta y}{\Delta x}+\max[-(\rho u)_{f4}\Delta y,0]$	$\dfrac{\mu\Delta y}{\Delta x}+\max[(\rho u)_{f3}\Delta y,0]$	$\Delta y\{[(p_2+p_3)/2]-[(p_3+p_4)/2]\}$
u_4	$\dfrac{\mu\Delta y}{\Delta x}+\max[-(\rho u)_{f5}\Delta y,0]$	$\dfrac{\mu\Delta y}{\Delta x}+\max[(\rho u)_{f4}\Delta y,0]$	$\Delta y\{[(p_3+p_4)/2]-[(p_4+p_5)/2]\}$
u_5	$\dfrac{\mu\Delta y}{\Delta x}+\max[-(\rho u)_{f6}\Delta y,0]$	$\dfrac{\mu\Delta y}{\Delta x}+\max[(\rho u)_{f5}\Delta y,0]$	$\Delta y\{[(p_4+p_5)/2]-[p_5+(p_5-p_4)/2]\}$

(4) 压强修正值方程。

$$(a_P)_i p_i'=(a_E)_i p_{i+1}'+(a_W)_i p_{i-1}'+b_i \tag{8.66}$$

式中，$(a_E)_i=\rho_{f(i+1)}d_{f(i+1),\alpha}\Delta y$；$(a_W)_i=\rho_{fi}d_{fi,\alpha}\Delta y$；$(a_P)_i=(a_E)_i+(a_W)_i$；$b_i=\rho_{fi}u_{fi}^*\Delta y-\rho_{f(i+1)}u_{f(i+1)}^*\Delta y=\rho u_{fi}^*\Delta y-\rho u_{f(i+1)}^*\Delta y$。

各点处压强修正值方程的离散系数如表 8.11 所示。

表 8.11　各点处压强修正值方程的离散系数

压强点	$(a_E)_i$	$(a_W)_i$	b_i
p_2	$(\rho d)_{f3,\alpha}\Delta y$	0	$(\rho u)_{f2}\Delta y-(\rho u^*)_{f3}\Delta y$
p_3	$(\rho d)_{f4,\alpha}\Delta y$	$(\rho d)_{f3,\alpha}\Delta y$	$(\rho u^*)_{f3}\Delta y-(\rho u^*)_{f4}\Delta y$
p_4	$(\rho d)_{f5,\alpha}\Delta y$	$(\rho d)_{f4,\alpha}\Delta y$	$(\rho u^*)_{f4}\Delta y-(\rho u^*)_{f5}\Delta y$
p_5	0	$(\rho d)_{f5,\alpha}\Delta y$	$b_5=(\rho u^*)_{f5}\Delta y-(\rho u)_{f6}\Delta y$

(5) 速度修正和压强修正。

界面上改进速度：$u_{fi}=u_{fi}^*+d_{fi,\alpha}(p_{i-1}'-p_i')$。

节点上改进速度：$u_i=u_i^*+d_{i,\alpha}(p_w'-p_e')_i$。

节点上改进压强：$p_i=p_i^*+\alpha_P p_i'$。

(6) 采用图 8.16 所示同位网格 SIMPLE 算法步骤，计算速度和压强。

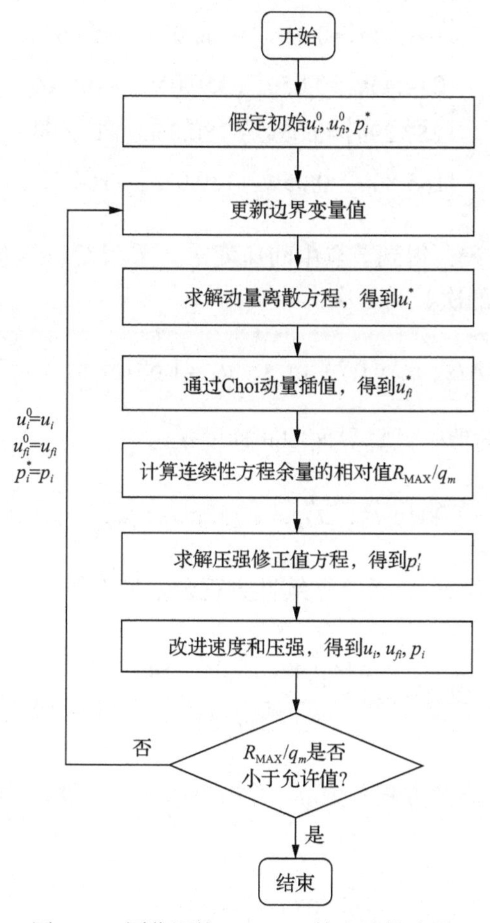

图 8.16　同位网格 SIMPLE 算法计算步骤

① 假定节点初始速度 u_i^0 及节点初始压强 p_i^*。

节点初始速度：$u_2^0=1.25\text{m/s}$；$u_3^0=1.65\text{m/s}$；$u_4^0=1.55\text{m/s}$；$u_5^0=1.15\text{m/s}$。

界面初始速度：$u_{f3}^0=1.5\text{m/s}$；$u_{f4}^0=1.8\text{m/s}$；$u_{f5}^0=1.3\text{m/s}$。

节点初始压强：$p_2^*=3000.0\text{Pa}$；$p_3^*=2000.0\text{Pa}$；$p_4^*=3000.0\text{Pa}$；$p_5^*=2000.0\text{Pa}$。

② 更新边界变量值。

进口处为第一类边界条件：$u_1=u_{in}=1.0\text{m/s}$，$u_{2f}=u_1$。

出口处为充分发展假定边界条件：采用边界更新法时为 $u_6=u_5^0=1.15$。

采用出口法线速度等比例调整保证整理质量守恒：$u_6=f\times u_6=\dfrac{\rho u_{\text{in}}\Delta y}{\rho u_6\Delta y}\times u_6=u_{\text{in}}=1.0(\text{m/s})$，$u_{f6}=u_6$。

③ 利用 u_i^0, u_{fi}^0, p_i^*，计算动量离散方程系数 a、源项 b 和压强梯度项。动量离散方程式(8.64)中速度亚松弛因子设置为 $\alpha_u=0.7$：

$$
\begin{cases}
143.00u_2^*=0.05u_3^*+100.05u_1+153.63\\
214.43u_3^*=0.05u_4^*+150.05u_2^*+106.14\\
257.29u_4^*=0.05u_5^*+180.05u_3^*+119.64\\
185.86u_5^*=0.05u_6+130.05u_4^*+164.12
\end{cases}
\tag{8.67}
$$

④ 求解动量离散方程，得到节点中间速度 u_i^*。采用 Gauss-Seidel 点迭代对该代数方程组求解，设置内迭代的次数为 5 次：

$$u_2^*=1.775\text{m/s};\ u_3^*=1.737\text{m/s};\ u_4^*=1.681\text{m/s};\ u_5^*=2.060\text{m/s}$$

⑤ 通过 Choi 动量插值，计算界面中间速度 u_{fi}^*：

$$u_{f3}^*=2.004\text{m/s};\ u_{f4}^*=1.342\text{m/s};\ u_{f5}^*=2.050\text{m/s}$$

⑥ 利用界面中间速度 u_{fi}^*，计算连续性方程余量最大值 R_{MAX} 的相对值：

$$\frac{R_{\text{MAX}}}{q_m}=\frac{\max\limits_{i=2\sim5}\left\{\left|\rho u_{f(i+1)}^*\Delta y-\rho u_{fi}^*\Delta y\right|\right\}}{\rho u_{\text{in}}\Delta y}=1.05$$

⑦ 计算压强修正值离散方程系数 a，并由界面中间速度 u_{fi}^* 确定其源项 b，压强修正方程可写为

$$
\begin{cases}
0.06p_2'=0.06p_3'-100.40\\
0.10p_3'=0.04p_4'+0.06p_2'+66.24\\
0.09p_4'=0.05p_5'+0.04p_3'-70.81\\
0.05p_5'=0.05p_4'+104.97
\end{cases}
$$

⑧ 求解压强修正值方程，获得节点压强修正值 p_i'。首先设置全场 $p_i'=0$，然后采用 Gauss-Seidel 点迭代对该代数方程组求解，设置内迭代的次数为 5 次：

$$p_2'=-2894.9\text{Pa};\ p_3'=-1188.4\text{Pa};\ p_4'=-400.8\text{Pa};\ p_5'=1864.6\text{Pa}$$

⑨ 根据节点压强修正值，改进速度和压强，获得当前层次上的节点最终速度 u_i、界面最终速度 u_{fi} 及节点最终压强 p_i：

界面最终速度：$u_{f3}=1.009\text{m/s}$；$u_{f4}=1.005\text{m/s}$；$u_{f5}=1.000\text{m/s}$

节点最终速度：$u_2=0.997\text{m/s}$；$u_3=1.156\text{m/s}$；$u_4=1.088\text{m/s}$；$u_5=0.733\text{m/s}$

节点最终压强：$p_2=973.6\text{Pa}$；$p_3=1168.1\text{Pa}$；$p_4=2719.4\text{Pa}$；$p_5=3305.2\text{Pa}$

⑩ 连续性方程余量的相对值 R_{MAX}/q_m 是否小于允许值 1×10^{-4}。如果 $R_{\text{MAX}}/q_m\geqslant 1\times10^{-4}$，则把当前层次上的最终 u_i, u_{fi}, p_i 看作下一层次的初始 u_i^0, u_{fi}^0, p_i^*，并返回到

②开始下一层次的计算。如果 $R_{\text{MAX}} / q_m < 1\times10^{-4}$，达到收敛标准，结束计算，并获得收敛的解，如表 8.12 所示。

表 8.12　各迭代层次的计算结果

迭代层次(k)	速度/(m/s)					压强/Pa				$\frac{R_{\text{MAX}}}{q_m}$
	u_2	u_3	u_4	u_5	u_6	p_2	p_3	p_4	p_5	
1	0.997	1.156	1.088	0.733	1.000	973.6	1168.1	2719.4	3305.2	1.05
2	0.409	1.105	1.024	0.688	1.000	2407.5	2426.9	2617.6	2150.6	1.17
3	0.847	0.998	0.983	0.875	1.000	2579.2	2515.8	2443.9	2235.8	5.22×10^{-1}
4	1.011	0.991	0.990	0.967	1.000	2424.0	2403.7	2397.3	2394.5	2.05×10^{-1}
5	1.005	1.000	0.998	0.989	1.000	2387.3	2387.6	2398.7	2409.2	2.06×10^{-2}
6	0.996	1.001	1.000	0.995	1.000	2396.5	2397.2	2399.9	2398.4	1.20×10^{-2}
7	0.998	1.000	1.000	0.998	1.000	2399.8	2399.4	2399.0	2397.2	2.87×10^{-3}
8	1.000	1.000	1.000	0.999	1.000	2398.9	2398.7	2398.5	2398.3	1.61×10^{-3}
9	1.000	1.000	1.000	1.000	1.000	2398.5	2398.4	2398.5	2398.6	2.92×10^{-4}
10	1.000	1.000	1.000	1.000	1.000	2398.5	2398.5	2398.5	2398.5	8.74×10^{-5}

例 17　图 8.17 所示为一维不可压缩、变流通面积的无黏喷管流动。其中，流体密度 $\rho=1\text{kg/m}^3$，喷管长度 L=1m，横截面积沿管长线性变化。计算区域划分为 4 个均分网格(虚线为控制容积界面)，速度网格和压强网格分别如图 8.18 和图 8.19 所示。已知左边入口面积 $A_A=0.1\text{m}^2$，入口总压 $p_0=20\text{Pa}$，右边出口面积 $A_E=0.15\text{m}^2$，出口静压 $p_E=10\text{Pa}$。

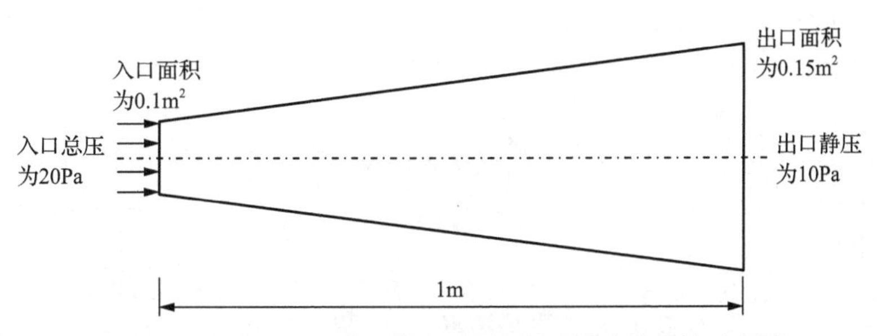

图 8.17　一维不可压缩、变流通面积的无黏喷管流动示意图

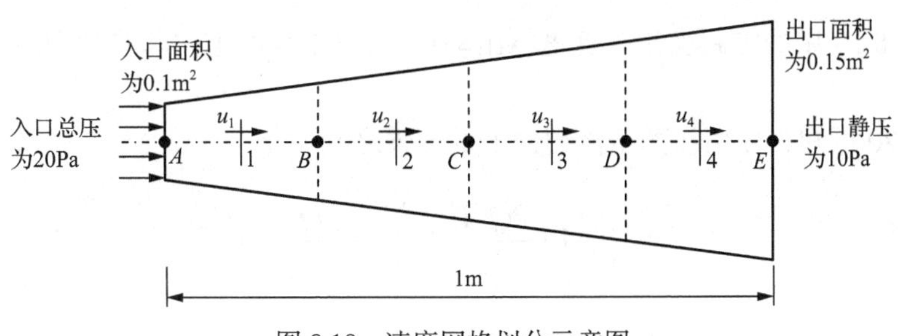

图 8.18　速度网格划分示意图

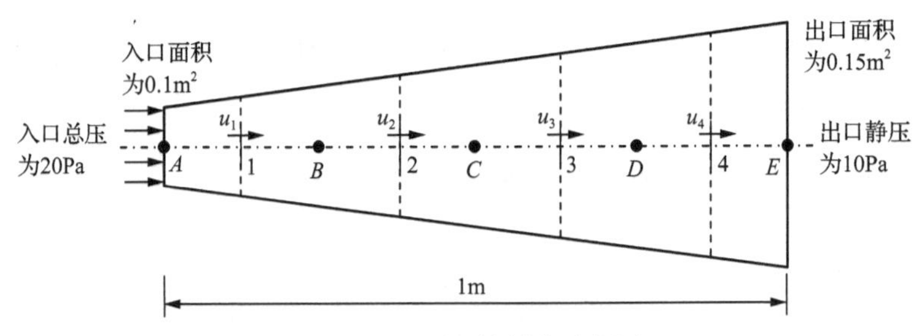

图 8.19　压强网格划分示意图

假设入口处质量流量 F=1.0kg/s，初始压强 $p_A^*=5.0\text{Pa}$，$p_B^*=6.25\text{Pa}$，$p_C^*=7.5\text{Pa}$，$p_D^*=8.75\text{Pa}$。试采用交错网格 SIMPLE 算法求解 A～D 点的静压值和 1～4 点的速度值。

【解析】本题考查交错网格 SIMPLE 算法的计算过程。

由于喷管的流通面积沿喷管长度方向线性变化，可计算得到压强和速度节点处的流通面积如表 8.13 所示。

表 8.13　压强和速度节点处的流通面积

压强节点	流通面积/m²	速度节点	流通面积/m²
A	0.10000	1	0.10625
B	0.11250	2	0.11875
C	0.12500	3	0.13125
D	0.13750	4	0.14375
E	0.15000	—	—

下面介绍采用交错网格 SIMPLE 算法求解该题的详细步骤。

(1)控制方程。

连续性方程：

$$\frac{\mathrm{d}}{\mathrm{d}x}(\rho Au)=0 \tag{8.68}$$

动量方程：

$$\frac{\mathrm{d}(\rho Au)u}{\mathrm{d}x}=-A\frac{\mathrm{d}p}{\mathrm{d}x} \tag{8.69}$$

针对图 8.18 中的控制容积，这里给出动量方程(不考虑重力和黏性力)式(8.69)的详细推导过程。

由图 8.20 可知，作用在两个流通面上的压强之和为

$$pA-\left(pA+\frac{\partial(pA)}{\partial x}\Delta x\right)=-\frac{\partial(pA)}{\partial x}\Delta x \tag{8.70}$$

作用在环形表面上的压强为

$$\left(p+\frac{\partial p}{\partial x}\frac{\Delta x}{2}\right)\frac{\partial A}{\partial x}\Delta x \tag{8.71}$$

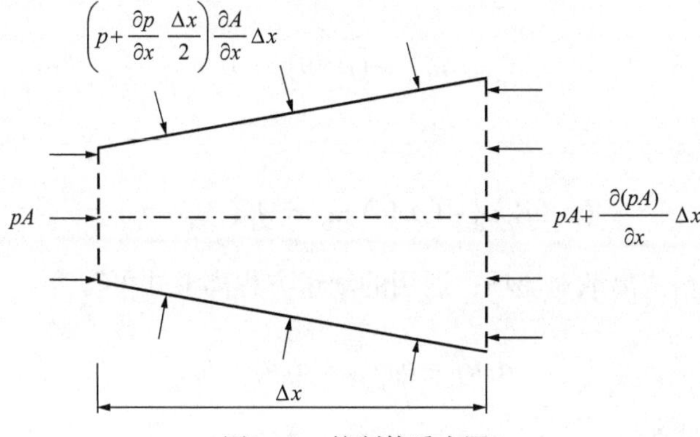

图 8.20　控制体受力图

忽略式(8.71)中高阶小量$\frac{\partial p}{\partial x}\frac{(\Delta x)^2}{2}\frac{\partial A}{\partial x}$，由牛顿第二运动定律可得

$$p\frac{\mathrm{d}A}{\mathrm{d}x}\Delta x-\frac{\mathrm{d}(pA)}{\mathrm{d}x}\Delta x=\rho A\Delta x\frac{\mathrm{d}u}{\mathrm{d}t}=\rho A\Delta xu\frac{\mathrm{d}u}{\mathrm{d}x} \tag{8.72}$$

将式(8.72)两边同除Δx得

$$p\frac{\mathrm{d}A}{\mathrm{d}x}-\frac{\mathrm{d}(pA)}{\mathrm{d}x}=\rho Au\frac{\mathrm{d}u}{\mathrm{d}x} \tag{8.73}$$

将式(8.73)中$\frac{\mathrm{d}(pA)}{\mathrm{d}x}$展开并化简得最终动量方程表达式：

$$\rho Au\frac{\mathrm{d}u}{\mathrm{d}x}=-A\frac{\mathrm{d}p}{\mathrm{d}x} \tag{8.74}$$

根据连续性方程，将式(8.74)进一步化简得最终动量方程表达式：

$$\frac{\mathrm{d}(\rho Au)u}{\mathrm{d}x}=-A\frac{\mathrm{d}p}{\mathrm{d}x} \tag{8.75}$$

(2)速度场初始化。

假设初始质量流量$F=1.0\mathrm{kg/s}$，流体以$u=F/(\rho A)$的流速流过喷管，各节点处的速度为

$$u_1=F/(\rho A_1)=1.0/(1.0\times0.10625)=9.41176(\mathrm{m/s})$$
$$u_2=F/(\rho A_2)=1.0/(1.0\times0.11875)=8.42105(\mathrm{m/s})$$
$$u_3=F/(\rho A_3)=1.0/(1.0\times0.13125)=7.61905(\mathrm{m/s})$$
$$u_4=F/(\rho A_4)=1.0/(1.0\times0.14375)=6.95652(\mathrm{m/s})$$

(3) 方程的离散。

采用有限容积法对连续性方程式(8.68)和动量方程式(8.69)进行离散：

连续性方程：

$$(\rho Au)_e-(\rho Au)_w=0 \tag{8.76}$$

动量方程：

$$(\rho Au)_e u_e-(\rho Au)_w u_w=A_P(p_w-p_e) \tag{8.77}$$

采用一阶迎风格式离散对流项，通用的动量方程离散式可写为

$$a_P u_P^*=a_W u_W^*+a_E u_E^*+b \tag{8.78}$$

离散系数表达式为

$$a_W=\max(F_w,0),\ \ a_E=\max(0,-F_e),\ \ a_P=a_W+a_E+(F_e-F_w),\ \ b=A_P(p_w-p_e)$$

式中，F_e 和 F_w 为经过速度控制容积东界面和西界面的质量流量。

(4) 速度边界邻点处理。

速度节点 1 和 4 为边界邻点，需进行特殊处理。速度节点 4 的东界面与压强节点 E 重合，压强已知，但速度未知，可利用初始假设的质量流量 1kg/s 和连续性方程得到东界面的质量流量。压强节点 A 与速度节点 1 的左边界重合，实际入口速度不等于 0。假设节点 A 的速度为 u_A，由伯努利方程可得

$$p_A=p_0-\frac{1}{2}(\rho u_A^2) \tag{8.79}$$

由连续性方程可得 u_A 和 u_1 的关系为

$$u_A=u_1 A_1/A_A \tag{8.80}$$

将式(8.80)代入到式(8.79)得

$$p_A=p_0-\frac{1}{2}\rho u_1^2\left(\frac{A_1}{A_A}\right)^2 \tag{8.81}$$

动量方程在速度节点 1 控制容积的离散方程为

$$F_e u_1-F_w u_A=(p_A-p_B)A_1 \tag{8.82}$$

式中，$F_w=\rho u_A A_A=\rho u_1 A_1$。

将式(8.80)和式(8.81)代入式(8.82)得

$$F_e u_1-F_w u_1 A_1/A_A=\left[\left(p_0-\frac{1}{2}\rho u_1^2(A_1/A_A)^2\right)-p_B\right]A_1 \tag{8.83}$$

式(8.83)整理可得

$$\left[F_e - F_w A_1 / A_A + F_w \times \frac{1}{2}(A_1 / A_A)^2\right] u_1 = (p_0 - p_B) A_1 \tag{8.84}$$

将式(8.84)中 $-F_w A_1 / A_A$ 移动到右边项可得

$$\left[F_e + F_w \times \frac{1}{2}(A_1 / A_A)^2\right] u_1 = (p_0 - p_B) A_1 + F_w A_1 / A_A u_1^{\text{old}} \tag{8.85}$$

式中，u_1^{old} 为上一时层的值；$a_P = F_e + F_w \times \frac{1}{2}(A_1 / A_A)^2$。

(5) 压强修正方程。

认为修正压强后，速度仍然满足本层次的动量方程，忽略邻点速度的影响，得

$$u'_e = \frac{A_e}{a_e}(p'_P - p'_E) = d_e(p'_P - p'_E) \tag{8.86}$$

$$u'_w = \frac{A_w}{a_w}(p'_W - p'_P) = d_w(p'_W - p'_P) \tag{8.87}$$

将 $u_e = u_e^* + u'_e$，$u_w = u_w^* + u'_w$ 代入连续性方程可得

$$(\rho A)_e(u_e^* + u'_e) - (\rho A)_w(u_w^* + u'_w) = 0 \tag{8.88}$$

将式(8.88)进一步整理得

$$a_P p'_P = a_E p'_E + a_W p'_W + b' \tag{8.89}$$

式中，$a_W = (\rho dA)_w; a_E = (\rho dA)_e$；$a_P = a_W + a_E; b' = (F_w^* - F_e^*)$；界面处的质量流量的计算采用动量方程求解得到的中间速度。

(6)速度、压强松弛设置。

为保证每一迭代步中的质量守恒，速度亚松弛需组织到动量方程的求解过程中：(速度亚松弛因子取 0.7)

$$\frac{a_P}{\alpha_u} u_P^* = a_W u_W^* + a_E u_E^* + b + (1 - \alpha_u)\frac{a_P}{\alpha_u} u_{P_0} \tag{8.90}$$

将式(8.90)进一步整理得

$$a_P u_P^* = a_W u_W^* + a_E u_E^* + b^* \tag{8.91}$$

式中，$a_P = \dfrac{a_P}{\alpha_u}$；$b^* = b + (1 - \alpha_u)\dfrac{a_P}{\alpha_u} u_P^{\text{old}}$；$u_P^{\text{old}}$ 为上一个迭代步的速度值。动量方程中的 a_P 除以了亚松弛因子，因此压强修正方程需进行相应调整，其中 $d_e = \dfrac{A_e}{a_e / \alpha_u}$，$d_w = \dfrac{A_w}{a_w / \alpha_u}$。

在导出压强修正方程时，忽略了邻点速度的影响，所以在进行压强修正时，需要对压强修正值进行亚松弛(亚松弛因子取 0.3)。

$$p_P = p_P^{\text{old}} + \alpha_p p'_P \tag{8.92}$$

式中，p_P^{old} 为上一个迭代步的压强值。

(7) 动量方程求解。

将已知的参数代入到速度节点 2，得

$$\begin{cases} F_w = \rho A_w u_w = 1.0 \times 0.11250 \times (8.42105 + 9.41176) / 2.0 = 1.00310(\text{kg/s}) \\ F_e = \rho A_e u_e = 1.0 \times 0.12500 \times (8.42105 + 7.61905) / 2.0 = 1.00251(\text{kg/s}) \\ a_W = F_w = 1.00310, a_E = 0 \\ a_P = \left[a_W + a_E + (F_e - F_w)\right] / \alpha_u = [1.00310 + (1.00251 - 1.00310)] / 0.7 = 1.43216 \\ b^* = (p_B - p_C) \times A_2 + (1 - \alpha_u) a_P u_2^{\text{old}} = (6.25000 - 7.50000) \times 0.11875 + (1 - 0.7) \times 1.43216 \\ \quad \times 8.42105 = 3.46965 \end{cases}$$

将系数代入式(8.91)可得节点 2 的动量方程离散式：

$$1.43216 u_2^* = 1.00310 u_1^* + 3.46965$$

同理可得节点 3 的动量方程离散式：

$$1.43153 u_3^* = 1.00251 u_2^* + 3.10800$$

针对边界邻点 1，得

$$u_A = u_1 A_1 / A_A = 9.41176 \times 0.10625 / 0.1 = 10.00000(\text{m/s})$$
$$F_w = \rho A_w u_w = \rho A_A u_A = 1.0 \times 0.1 \times 10.00000 = 1.00000(\text{kg/s})$$
$$F_e = \rho A_e u_e = 1.0 \times [(9.41176 + 8.42105) / 2.0] \times 0.11250 = 1.00310(\text{kg/s})$$

$$a_W = 0, a_E = 0$$
$$a_P = \left[F_e + F_W \times \frac{1}{2}(A_1 / A_A)^2\right] / \alpha_u = \left[1.00310 + 1.0 \times 0.5 \times (0.10625 / 0.1)^2\right] / 0.7 = 2.23936$$
$$b^* = (p_0 - p_B) A_1 + F_w A_1 / A_A u_1^{\text{old}} + (1 - \alpha_u) a_P u_1^{\text{old}} = (20 - 6.25000) \times 0.10625 + 1.0 \times (0.10625 / 0.1) \times 9.41176 + (1 - 0.7) \times 2.23936 \times 9.41176 = 17.78383$$

将系数代入式(8.91)可得节点 1 的动量方程离散式：

$$2.23936 u_1^* = 17.78383$$

针对边界邻点 4，利用初始假设的质量流量 1kg/s 和连续性方程得到东界面的质量流量，将已知参数代入得

$F_w=(\rho uA)_w=1.0\times[(7.61904+6.95652)/2]\times0.13750=1.00207(\text{kg/s})$

$F_e=(\rho uA)_4=1.0\times6.95652\times0.14375=1.00000(\text{kg/s})$

$a_W=F_w=1.00207$，$a_E=0$

$a_P=\left[a_W+a_E+(F_e-F_w)\right]/\alpha_u=\left[1.00207+(1.0-1.00207)\right]/0.7=1.42857$

$b^*=(p_D-p_E)A_4+(1-\alpha_u)a_Pu_4^{\text{old}}=(8.75000-10.0)\times0.14375+(1-0.7)\times6.95652\times1.42857$
$=2.80168$

将系数代入到式(8.91)可得节点 2 的动量方程离散式：

$$1.42857u_4^*=1.00207u_3^*+2.80168$$

综上可得各速度节点处动量方程的离散方程组为

$$\begin{cases}2.23936u_1^*=17.78383\\1.43216u_2^*=1.00310u_1^*+3.46965\\1.43153u_3^*=1.00251u_2^*+3.10800\\1.42857u_4^*=1.00207u_3^*+2.80168\end{cases}$$

采用直接解法求解该方程组，计算结果如表 8.14 所示。

表 8.14　速度第一轮计算结果

u_1^*/(m/s)	u_2^*/(m/s)	u_3^*/(m/s)	u_4^*/(m/s)
7.94148	7.98497	7.76303	7.40655

(8) 压强修正方程求解。

针对压强节点 B，压强修正方程的系数为

$a_W=(\rho dA)_1=A_w/(a_w/\alpha_u)(\rho A)_1=0.10625/2.23936\times1.0\times0.10625=0.00504$

$a_E=(\rho dA)_2=A_e/(a_e/\alpha_u)(\rho A)_2=0.11875/1.43216\times1.0\times0.11875=0.00985$

$a_P=a_W+a_E=0.00504+0.00985=0.01489$

$b'=(F_w^*-F_e^*)=1.0\times7.94149\times0.10625-1.0\times7.98498\times0.11875=-0.10443$

将系数代入式(8.89)节点 B 的压强修正方程离散式：

$$0.01489p_B'=0.00504p_A'+0.00985p_C'-0.10443$$

同理可得节点 C 和 D 的压强修正方程离散式：

$$0.02188p_C'=0.00985p_B'+0.01203p_D'-0.07068$$
$$0.02649p_D'=0.01203p_C'+0.01446p_E'-0.04579$$

边界节点 A 和 E 的压强修正值为 0。E 点处压强修正值为 0 很好理解，因为 E 点处

于出口，压强给定为 10Pa。而节点 A 的静压需要通过式(8.81)计算，其中，在每个迭代步的求解过程中 u_1 的值均会被更新，认为在每一个迭代步的计算中，A 节点的压强是一个临时值，由 p_0 和当前迭代步的 u_1 决定。所以将 A 节点的压强修正值设置为 0。

综上可得压强修正方程的离散方程组为

$$\begin{cases}0.01489p'_B = 0.00504p'_A + 0.00985p'_C - 0.10443 \\ 0.02188p'_C = 0.00985p'_B + 0.01203p'_D - 0.07068 \\ 0.02649p'_D = 0.01203p'_C + 0.01446p'_E - 0.04579\end{cases}$$

上述方程组求解结果如表 8.15 所示。

表 8.15 压强修正值第一轮计算结果

p'_A /Pa	p'_B /Pa	p'_C /Pa	p'_D /Pa	p'_E /Pa
0	−17.73704	−16.21190	−9.09041	0

(9) 速度场和压强场的修正。

利用表 5.8 中的压强修正值对压强场进行修正：

$$p_B = p_B^* + \alpha_p p'_B = 6.25 - 0.3\times 17.73704 = 0.92888(\text{Pa})$$

$$p_C = p_C^* + \alpha_p p'_C = 7.5 - 0.3\times 16.21190 = 2.63643(\text{Pa})$$

$$p_D = p_D^* + \alpha_p p'_D = 8.75 - 0.3\times 9.09041 = 6.02287(\text{Pa})$$

利用表 8.8 中的压强修正值对速度场进行修正：

$$\begin{cases}u_1 = u_1^* + d_1(p'_A - p'_B) = 7.94148 + 0.04745\times[0.0 + 17.73704] = 8.78310(\text{m/s}) \\ u_2 = u_2^* + d_2(p'_B - p'_C) = 7.98497 + 0.08292\times[-17.73704 + 16.21190] = 7.85851(\text{m/s}) \\ u_3 = u_3^* + d_3(p'_C - p'_D) = 7.76303 + 0.09169\times[-16.21190 + 9.09041] = 7.11006(\text{m/s}) \\ u_4 = u_4^* + d_4(p'_D - p'_E) = 7.40655 + 0.10063\times[-9.09041 - 0] = 6.49178(\text{m/s})\end{cases}$$

由节点 1 的速度可得节点 A 的压强为

$$p_A = p_0 - \frac{1}{2}\rho u_1{}^2 (A_1 / A_A)^2 = 20 - 0.5\times 1.0\times(8.78310\times 0.10625 / 0.1)^2 = -23.54352(\text{Pa})$$

检查各节点速度是否都满足连续性方程，结果如表 8.16 所示。

表 8.16 速度节点质量流量

节点	质量流量/(kg/s)
1	0.93320
2	0.93320
3	0.93320
4	0.93320

四个节点的流量通过修正之后均满足质量连续，但一般不满足动量方程，需通过不断的迭代求解使得最终的速度场和压强场同时满足连续性方程和动量方程。

(10)迭代收敛判断与误差。

利用更新后的压强、速度值重复步骤(7)～(9)，直到获得收敛解，但得到的收敛解无法完全满足动量方程和连续性方程。可利用每个迭代步更新的速度和压强值计算动量方程整场规正余量的最大值，并将其作为收敛标准，当它小于允许值时，认为迭代过程结束。本题收敛标准设为 10^{-5}，最终的收敛解如表 8.17 所示。

此外，可通过伯努利方程获得本问题的解析解为

$$p_0 = p_N + 0.5\rho u_N^2 = p_N + 0.5\rho F^2 / (\rho A_N)^2$$

将出口处的静压代入可得解析解为 $F = 0.67082\text{kg/s}$，将质量流量回代到伯努利方程中可求得每个节点的压强和流量，具体结果如表 8.17 所示。

表 8.17　收敛解与精确解对比

压强/Pa				速度/(m/s)			
节点	收敛解	解析解	误差/%	节点	收敛解	解析解	误差/%
A	0.35957	–2.50000	114.4	1	5.89877	6.31360	6.6
B	2.42656	2.22222	9.2	2	5.27785	5.64901	6.6
C	5.73027	5.60000	2.3	3	4.77520	5.11101	6.6
D	8.14649	8.09917	0.6	4	4.35996	4.66658	6.6
E	10.0	10.00000	—	—	—	—	—

(11)网格无关解与结果对比。

由表 8.17 可知收敛后的各点速度与解析解的相对误差为 6.6%。如果将网格加密，得到的收敛解可进一步接近解析解。分别采用 10,20,50 个网格计算，速度场及与解析解的相对误差对比如表 8.18 和表 8.19 所示。从表 8.18 和表 8.19 可看出，随着网格的加密，各点计算的速度相对误差越来越小。当网格加密到 50 时，速度的相对误差仅为 0.59%，与解析解差别很小。

表 8.18　速度计算结果

节点	4 个网格	10 个网格	20 个网格	50 个网格	解析解
1	5.89877	6.13478	6.22184	6.27630	6.31360
2	5.27785	5.48901	5.56691	5.61564	5.64901
3	4.77520	4.96625	5.03672	5.08082	5.11101
4	4.35996	4.53440	4.59875	4.63901	4.66658

表 8.19　速度与解析解的相对误差

	网格数			
	4 个网格	10 个网格	20 个网格	50 个网格
相对误差/%	6.6	2.8	1.5	0.59

8.9 编 程 实 践

1. SIMPLE 算法

习题 1　如图 8.21 所示二维封闭方腔顶盖驱动流问题，$Re=1000$。二维封闭方腔自然对流问题，$Pr=0.703, Gr=10^5$，左右壁面分别为高温和低温壁面，上下壁面为绝热壁面。初始的速度场和温度场均为零。采用 SIMPLE 算法编程求解上述两类问题。

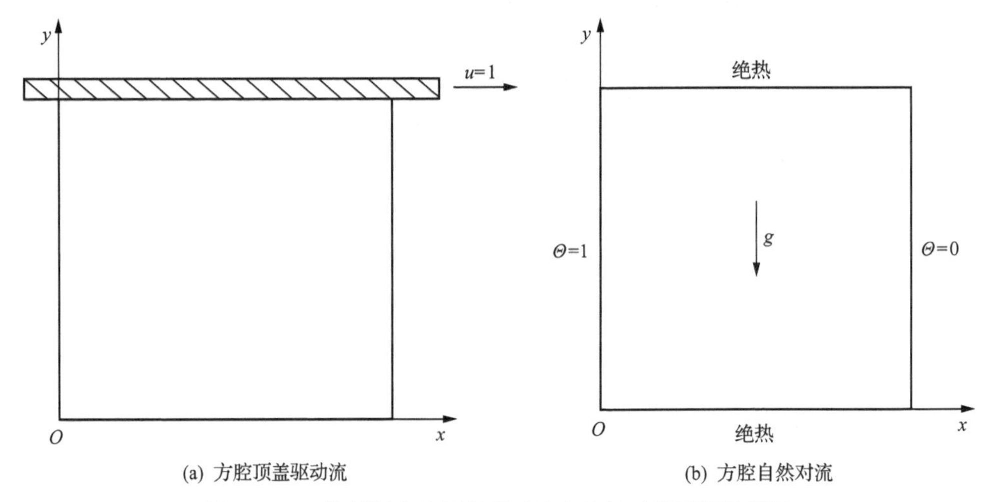

图 8.21　二维封闭方腔顶盖驱动流与自然对流问题示意图

要求如下。

(1) 写出上述两类问题的无量纲稳态控制方程及边界条件。

(2) 分别采用交错网格和同位网格两种方法离散计算区域。

(3) 对流项分别采用 FUD、CD、QUICK、SGSD、SMART、MINMOD、STOIC、HOAB 格式离散，并采用延迟修正技术进行实施。

(4) 扩散项采用二阶中心差分格式离散。

(5) 边界采用附加源项法处理。

(6) 写出动量方程和压强修正方程的离散表达式。

(7) 画出计算流程图。

(8) 画出速度场、压强场和温度场，与相关文献对比，验证程序的正确性。

(9) 分析交错网格和同位网格的计算精度及收敛速度。

(10) 分析对流项离散格式对计算精度及收敛速度的影响。

(11) 总结编程和调程的心得体会，及对 SIMPLE 算法的认识。

2. SIMPLE 和 IDEAL 算法

习题 2　采用 SIMPLE 和 IDEAL 算法求解三维稳态方腔自然对流问题（图 8.22），要求如下。

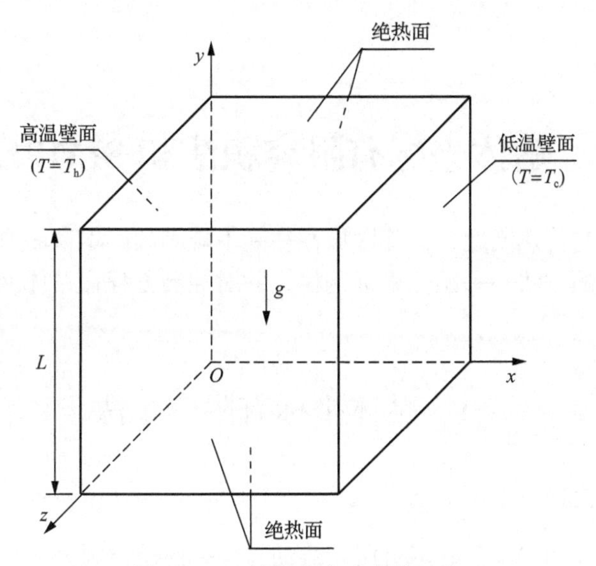

图 8.22　三维稳态方腔自然对流

(1) 写出上述两类问题的无量纲稳态控制方程及边界条件。
(2) 采用同位网格进行计算区域离散。
(3) 对流项采用 SGSD 格式离散，并采用延迟修正技术进行实施。
(4) 扩散项采用二阶中心差分格式离散。
(5) 边界采用附加源项法处理。
(6) 写出动量方程和压强方程的离散表达式。
(7) 画出计算流程图。
(8) 画出速度场、压强场和温度场，与相关文献对比，验证程序的正确性。
(9) 比较 SIMPLE 算法和 IDEAL 算法健壮性及收敛性。
(10) 总结编程和调程的心得体会，及对三维 SIMPLE 算法和 IDEAL 算法的认识。

3. 投影法

采用投影法求解习题 1 中二维封闭方腔顶盖驱动流和自然对流，要求如下。
(1) 写出上述两类问题的非稳态无量纲控制方程及边界条件。
(2) 采用交错网格离散计算区域。
(3) 非稳态项采用 C-N 格式或 A-B 格式离散。
(4) 对流项和扩散项均采用二阶中心差分格式离散。
(5) 写出动量方程和压强方程的离散表达式。
(6) 画出计算流程图。
(7) 画出速度场、压强场和温度场，与相关文献对比，验证程序的正确性。
(8) 对比分析两种非稳态项离散格式的计算精度和初值稳定性。
(9) 总结编程和调程的心得体会，及对投影法的认识。

第 9 章　贴体坐标有限容积法和 SIMPLE 算法

对于复杂流动与传热问题，计算区域往往是不规则的。本章简要介绍一种常用于简单不规则计算区域的方法——贴体坐标网格，并对控制方程在贴体网格上的离散及求解进行说明。

9.1　贴体坐标有限容积法

9.1.1　控制方程的变换

物理平面上二维和三维稳态不可压缩流动与传热通用控制方程为

$$\frac{\partial(\rho u\phi)}{\partial x}+\frac{\partial(\rho v\phi)}{\partial y}=\frac{\partial}{\partial x}\left(\Gamma\frac{\partial\phi}{\partial x}\right)+\frac{\partial}{\partial y}\left(\Gamma\frac{\partial\phi}{\partial y}\right)+S(x,y) \tag{9.1}$$

$$\frac{\partial(\rho u\phi)}{\partial x}+\frac{\partial(\rho v\phi)}{\partial y}+\frac{\partial(\rho w\phi)}{\partial z}=\frac{\partial}{\partial x}\left(\Gamma\frac{\partial\phi}{\partial x}\right)+\frac{\partial}{\partial y}\left(\Gamma\frac{\partial\phi}{\partial y}\right)+\frac{\partial}{\partial z}\left(\Gamma\frac{\partial\phi}{\partial z}\right)+S(x,y,z) \tag{9.2}$$

通过链导法则，分别变换到计算平面上为

$$\frac{1}{J}\frac{\partial(\rho U\phi)}{\partial\xi}+\frac{1}{J}\frac{\partial(\rho V\phi)}{\partial\eta}=\frac{1}{J}\frac{1}{\partial\xi}\left[\frac{\Gamma}{J}(\alpha\phi_\xi)\right]+\frac{1}{J}\frac{1}{\partial\eta}\left[\frac{\Gamma}{J}(\gamma\phi_\eta)\right]+Q_0(\xi,\eta)+R_0(\xi,\eta) \tag{9.3}$$

$$\begin{aligned}&\frac{1}{J}\frac{\partial(\rho U\phi)}{\partial\xi}+\frac{1}{J}\frac{\partial(\rho V\phi)}{\partial\eta}+\frac{1}{J}\frac{\partial(\rho W\phi)}{\partial\zeta}=\frac{1}{J}\frac{1}{\partial\xi}\left[\frac{\Gamma}{J}(\alpha\phi_\xi)\right]\\&+\frac{1}{J}\frac{1}{\partial\eta}\left[\frac{\Gamma}{J}(\beta\phi_\eta)\right]+\frac{1}{J}\frac{1}{\partial\zeta}\left[\frac{\Gamma}{J}(\gamma\phi_\zeta)\right]+Q_0(\xi,\eta,\zeta)+R_0(\xi,\eta,\zeta)\end{aligned} \tag{9.4}$$

式中，Γ 可为空间坐标或与变量 ϕ 相关的函数，即 $\Gamma=\Gamma(x,y,z)$ 或 $\Gamma=\Gamma(x,y,z,\phi)$；$R_0(\xi,\eta)$ 和 $R_0(\xi,\eta,\zeta)$ 分别为二维和三维问题中物理平面上控制方程的源项变换到计算平面上的值，若其表达式中不包含空间导数项，可在物理平面中计算后映射到计算平面上，若其表达式包含空间导数项，则应采用链导法则变换到计算平面后进行计算；$Q_0(\xi,\eta)$ 和 $Q_0(\xi,\eta,\zeta)$ 为网格非正交性引入的附加源项，其表达式分别为

$$Q_0(\xi,\eta)=-\frac{1}{J}\frac{1}{\partial\xi}\left[\frac{\Gamma}{J}(\beta\phi_\eta)\right]-\frac{1}{J}\frac{1}{\partial\eta}\left[\frac{\Gamma}{J}(\beta\phi_\xi)\right] \tag{9.5}$$

$$Q_0(\xi,\eta,\zeta)=\frac{1}{J}\frac{1}{\partial\xi}\left[\frac{\Gamma}{J}(\lambda_{12}\phi_\eta+\lambda_{13}\phi_\zeta)\right]+\frac{1}{J}\frac{1}{\partial\eta}\left[\frac{\Gamma}{J}(\lambda_{12}\phi_\xi+\lambda_{23}\phi_\zeta)\right]+\frac{1}{J}\frac{1}{\partial\zeta}\left[\frac{\Gamma}{J}(\lambda_{13}\phi_\xi+\lambda_{23}\phi_\eta)\right] \tag{9.6}$$

在式(9.3)与式(9.4)中，主要变量定义见表 9.1(表 9.1 中 α,β,γ 等几何量的含义见第 3 章表 3.3 和表 3.4)。对比物理平面上的方程和计算平面上的方程可以得出，坐标变换带来计算区域简化的同时，微分方程的形式变得相对复杂。

表 9.1　贴体坐标网格上控制方程相关变量定义

变量	二维问题	三维问题
U	$uy_\eta - vx_\eta$	$\alpha_1 u+\alpha_2 v+\alpha_3 w$
V	$vx_\xi - uy_\xi$	$\beta_1 u+\beta_2 v+\beta_3 w$
W		$\gamma_1 u+\gamma_2 v+\gamma_3 w$

9.1.2　边界条件变换

将物理平面上的控制方程变换到计算平面上后，相应的边界条件也需要变换到计算平面上。物理平面上常见的三类边界条件可以写成如下统一形式：

$$a\phi+b\frac{\partial\phi}{\partial n}=c \tag{9.7}$$

在边界条件的变换中，$\dfrac{\partial\phi}{\partial n}$ 的变换是关键，其在计算平面上的表达式如下。

对于二维问题：

$$\frac{\partial\phi}{\partial n^{(\xi)}}=\frac{\alpha\phi_\xi-\beta\phi_\eta}{J\sqrt{\alpha}} \tag{9.8}$$

$$\frac{\partial\phi}{\partial n^{(\eta)}}=\frac{\gamma\phi_\eta-\beta\phi_\xi}{J\sqrt{\gamma}} \tag{9.9}$$

对于三维问题：

$$\frac{\partial\phi}{\partial n^{(\xi)}}=\frac{\alpha\phi_\xi+\lambda_{12}\phi_\eta+\lambda_{13}\phi_\zeta}{J\sqrt{\alpha}} \tag{9.10}$$

$$\frac{\partial\phi}{\partial n^{(\eta)}}=\frac{\lambda_{12}\phi_\xi+\beta\phi_\eta+\lambda_{23}\phi_\zeta}{J\sqrt{\beta}} \tag{9.11}$$

$$\frac{\partial \phi}{\partial n^{(\zeta)}}=\frac{\lambda_{13}\phi_{\xi}+\lambda_{23}\phi_{\eta}+\gamma\phi_{\zeta}}{J\sqrt{\gamma}} \tag{9.12}$$

式中，$\lambda_{12},\lambda_{13},\lambda_{23}$ 的表达式及含义见第 3 章表 3.4。

9.1.3 贴体坐标系下扩散方程的离散

采用二阶中心差分格式得到如下贴体坐标系下扩散方程的离散表达式：

$$a_P\phi_P=\sum a_{nb}\phi_{nb}+b \tag{9.13}$$

式中，a_{nb} 为待求节点的邻点系数，对于二维和三维问题分别为 a_E,a_W,a_N,a_S 和 a_E,a_W,a_N,a_S,a_U,a_D，其表达式见表 9.2，表中界面上扩导的计算表达式见表 9.3，其中网格几何参数的计算表达式见表 9.4 和表 9.5。a_P 和 b 分别为待求节点的系数和离散方程的源项，其表达式分别为

$$a_P=\sum a_{nb}-S_P\Delta V_P \tag{9.14}$$

$$b=S_C\Delta V_P+Q_0\Delta V_P \tag{9.15}$$

式中，ΔV_P 为贴体坐标系中计算区域上的控制容积，表达式见表 9.6。

表 9.2　贴体坐标系下扩散方程邻点系数的表达式

a_E	a_W	a_N	a_S	a_U	a_D
D_E	D_W	D_N	D_S	D_U	D_D

表 9.3　贴体坐标系下扩导表达式

D_E	D_W	D_N	D_S	D_U	D_D
$\frac{\alpha}{J}\frac{A_e\Gamma_e}{l_e}$	$\frac{\alpha}{J}\frac{A_w\Gamma_w}{l_w}$	$\frac{\beta}{J}\frac{A_n\Gamma_n}{l_n}$	$\frac{\beta}{J}\frac{A_s\Gamma_s}{l_s}$	$\frac{\gamma}{J}\frac{A_u\Gamma_u}{l_u}$	$\frac{\gamma}{J}\frac{A_d\Gamma_d}{l_d}$

表 9.4　贴体坐标系下计算平面上节点距离表达式

l_e	l_w	l_n	l_s	l_u	l_d
$\delta\xi$	$\delta\xi$	$\delta\eta$	$\delta\eta$	$\delta\xi$	$\delta\xi$

表 9.5　贴体坐标系下计算平面上界面面积表达式

A_e	A_w	A_n	A_s	A_u	A_d
$\Delta\eta\Delta\zeta$	$\Delta\eta\Delta\zeta$	$\Delta\xi\Delta\zeta$	$\Delta\xi\Delta\zeta$	$\Delta\xi\Delta\eta$	$\Delta\xi\Delta\eta$

表 9.6　贴体坐标系下物理平面上控制容积体积表达式

控制容积大小	二维	三维
ΔV_P	$J\Delta\xi\Delta\eta$	$J\Delta\xi\Delta\eta\Delta\zeta$

以上二维和三维扩散方程在贴体坐标网格系统中的离散形式还可统一写成如下简洁形式：

$$a_P\phi_P=\sum_{j=1}^{N}a_j\phi_{P_j}+b \tag{9.16}$$

式中，a_j=D_j；$a_P=\sum_{j=1}^{N}a_j-S_P\Delta V_P$；$b=S_C\Delta V_P+Q_0\Delta V_P$；$P_j$ 为节点 P 的邻点序号；ϕ_{P_j} 为邻点 P_j 上的待求变量；N 为节点 P 周围的邻点数目，对二维和三维问题分别为 4，6；j 为节点 P 和节点 P_j 之间界面的序号；l_j 为节点 P 与节点 P_j 之间的距离；A_j 为 j 界面的面积；Γ_j 为 j 界面上的扩散系数。

值得指出的是，上述离散方程中涉及界面参数一般采用算术平均(线性插值)或调和平均的方法计算，界面的插值因子应根据物理平面上的几何参数进行计算，而不能根据计算平面的几何参数进行计算。

9.1.4　贴体坐标系下对流扩散方程的离散

对流扩散方程的离散表达式如下：

$$a_P\phi_P=\sum a_{nb}\phi_{nb}+b \tag{9.17}$$

式中，a_{nb} 的表达式见表 9.7，系数中扩导 D 和界面流量 F 分别按表 9.3 和表 9.8 中的表达式计算，b 的表达式如下：

$$b=S_C\Delta V_P+Q_0\Delta V_P+\sum d_{nb}-\sum(\boldsymbol{n}_{nb}\cdot\boldsymbol{e}_{nb})F_{nb}\phi_P^* \tag{9.18}$$

其中，$\sum d_{nb}$ 为采用对流项延迟修正带来的源项，表达式见表 9.9。a_P 的表达式与扩散方程相同，见式(9.14)。

表 9.7　贴体坐标系下对流扩散方程邻点系数的表达式

a_E	a_W	a_N	a_S	a_U	a_D
$D_E+\max[-F_e,0]$	$D_W+\max[F_w,0]$	$D_N+\max[-F_n,0]$	$D_S+\max[F_s,0]$	$D_U+\max[-F_u,0]$	$D_D+\max[F_d,0]$

表 9.8　贴体坐标系下界面流量表达式

F_e	F_w	F_n	F_s	F_u	F_d
$(\rho UA)_e$	$(\rho UA)_w$	$(\rho VA)_n$	$(\rho VA)_s$	$(\rho WA)_u$	$(\rho WA)_d$

与直角坐标系类似，在贴体坐标系中对流项采用高阶格式离散时，通过延迟修正方法处理保证系数矩阵主对角占优。表 9.9 为由延迟修正方法引入的附加源项。对于二维

问题，在直角坐标系中，采用中心差分格式离散扩散项时仅用到 N,E,W,S 这 4 个点上的值，而在贴体坐标系中采用中心差分格式离散对流项时不仅要用到 N,E,W,S 这 4 个点的值，还需用到远邻点 NE,SE,NW,SW 上的值，离散的复杂度大大增加。值得指出的是，在贴体坐标系中，计算平面上各个界面上的物理量应按物理平面的几何尺寸插值得到，即先求物理平面各控制单元中心点到界面距离，再根据距离加权得到，而不是按计算平面的几何尺寸插值得到。

表 9.9　延迟修正源项

延迟修正附加源项	表达式
d_e	$\max[-F_e,0](\phi_e-\phi_E)^*-\max[F_e,0](\phi_e-\phi_P)^*$
d_w	$\max[F_w,0](\phi_w-\phi_W)^*-\max[-F_w,0](\phi_w-\phi_P)^*$
d_n	$\max[-F_n,0](\phi_n-\phi_N)^*-\max[F_n,0](\phi_n-\phi_P)^*$
d_s	$\max[F_s,0](\phi_s-\phi_S)^*-\max[-F_s,0](\phi_s-\phi_P)^*$
d_u	$\max[-F_u,0](\phi_u-\phi_U)^*-\max[F_u,0](\phi_u-\phi_P)^*$
d_d	$\max[F_d,0](\phi_d-\phi_D)^*-\max[-F_d,0](\phi_D-\phi_P)^*$

以上二维和三维对流扩散方程在贴体坐标网格系统上的离散形式还可统一写成如下简洁形式：

$$a_P\phi_P=\sum_{j=1}^{N}a_j\phi_{P_j}+b \tag{9.19}$$

式中，$a_j=D_j+\max\left[-(\boldsymbol{n}_j\cdot\boldsymbol{I})F_j,0\right]$；$a_P=\sum_{j=1}^{N}a_j-S_P\Delta V_P$；$b=S_C\Delta V_P+Q_0\Delta V_P-\sum_{j=1}^{N}\Big[\max\left[(\boldsymbol{n}_j\cdot\boldsymbol{I})F_j,0\right](\phi_j-\phi_P)^*-\max\left[-(\boldsymbol{n}_j\cdot\boldsymbol{I})F_j,0\right](\phi_j-\phi_{P_j})^*\Big]-\sum_{j=1}^{N}(\boldsymbol{n}_j\cdot\boldsymbol{I})F_j\phi_P^*$；$P_j$ 为节点 P 的邻点序号；ϕ_{P_j} 为邻点 P_j 上的待求变量；N 为待求节点 P 周围的邻点数目，对二维和三维问题分别为 4、6；j 为节点 P 和节点 P_j 之间界面的序号；l_j 为节点 P 与节点 P_j 之间的距离；ϕ_j 为 j 界面上的待求变量；A_j 和 $\boldsymbol{n}_j$ 分别为 j 界面的面积和外法线方向；$\varGamma_j$ 和 F_j 分别为 j 界面上的扩散系数和流量；$\boldsymbol{I}$ 为坐标基矢量。

和正交结构化网格类似，源项 b 中的 $-\sum_{j=1}^{N}(\boldsymbol{n}_j\cdot\boldsymbol{I})F_j\phi_P^*$ 对非稳态问题在每一时层都应该满足质量守恒，在稳态问题迭代收敛时最终应满足质量守恒，此项在编程中往往可以不予考虑，直接去掉。

9.2　基于贴体坐标的 SIMPLE 算法

贴体坐标系中可采用交错网格或同位网格的 SIMPLE 算法求解压强-速度耦合问题。以二维稳态流动为例，简要介绍基于贴体坐标交错网格 SIMPLE 算法的实施步骤。

1. 动量方程的离散和求解

与正交结构化网格不同的是，一般情况下，计算平面上动量方程的求解变量采用直角坐标系下的速度分量，而计算平面上连续性方程的求解变量采用逆变速度分量。

采用有限容积法在计算平面交错网格上离散二维稳态流动的动量方程，可得主节点 e 界面上的离散表达式为

$$u_e = \sum A_{nb}^{u_e} u_{nb} + D^{u_e} + B^{u_e}(p_\xi)_e + C^{u_e}(p_\eta)_e \tag{9.20a}$$

式中，$A_{nb}^{u_e} = \dfrac{a_{nb}}{a_e}; D^{u_e} = \dfrac{b}{a_e}; B^{u_e} = -\dfrac{y_\eta \Delta\eta(\delta\xi)_e}{a_e}; C^{u_e} = \dfrac{y_\xi \Delta\xi\Delta\eta}{a_e}$。

同理可得主节点 w,n,s 界面处的动量方程离散表达式为

$$u_w = \sum A_{nb}^{u_w} u_{nb} + D^{u_w} + B^{u_w}(p_\xi)_w + C^{u_w}(p_\eta)_w \tag{9.20b}$$

$$v_n = \sum A_{nb}^{v_n} v_{nb} + D^{v_n} + B^{v_n}(p_\xi)_n + C^{v_n}(p_\eta)_n \tag{9.20c}$$

$$v_s = \sum A_{nb}^{v_s} v_{nb} + D^{v_s} + B^{v_s}(p_\xi)_s + C^{v_s}(p_\eta)_s \tag{9.20d}$$

假设初始速度场 u,v 和初始压强场 p，求解动量方程离散表达式(9.20)，得到直角坐标上的临时速度 u^*,v^* 和计算平面上的临时逆变速度 U^*,V^*。

2. 压强修正方程的推导和求解

类似于直角坐标系下的 SIMPLE 算法，所求得的临时速度 u^*、v^* 满足动量方程，但与 u^*、v^* 对应的 U^*、V^* 不满足连续性方程，因此需对速度和压强进行修正。假设修正后的速度和压强同时满足连续性方程和动量方程，可得速度修正公式为

$$u'_e = \sum A_{nb}^{u_e} u'_{nb} + B^{u_e}(p'_\xi)_e + C^{u_e}(p'_\eta)_e \tag{9.21}$$

忽略邻点速度修正的影响时，速度修正值变为

$$u'_e = B^{u_e}(p'_\xi)_e + C^{u_e}(p'_\eta)_e \tag{9.22a}$$

同理可得主节点其他界面位置处的速度修正值公式为

$$u'_w = B^{u_w}(p'_\xi)_w + C^{u_w}(p'_\eta)_w \tag{9.22b}$$

$$v'_n = B^{v_n}(p'_\xi)_n + C^{v_n}(p'_\eta)_n \tag{9.22c}$$

$$v'_s = B^{v_s}(p'_\xi)_s + C^{v_s}(p'_\eta)_s \tag{9.22d}$$

由于连续性方程中的速度为逆变速度，为推导压强修正方程，首先根据逆变速度与速度之间的关系获得逆变速度修正值的表达式，以 U'_e 为例：

$$U'_e = (y_\eta B^{u_e} - x_\eta B^{v_e})(p'_\xi)_e + (y_\eta C^{u_e} - x_\eta C^{v_e})(p'_\eta)_e \tag{9.23a}$$

为方便计算，忽略 η 方向的压强修正值偏导数 $(p'_\eta)_e$，避免引入压强修正方程的 9 点格式：

$$U'_e = (y_\eta B^{u_e} - x_\eta B^{v_e})(p'_\xi)_e \tag{9.23b}$$

将 $(p'_\xi)_e$ 离散后，得到如式(9.24a)的逆变速度修正值 U'_e 的表达式，同理可得 U'_w, V'_n，V'_s 的表达式：

$$U'_e = (y_\eta B^{u_e} - x_\eta B^{v_e})(p'_E - p'_P)/(\delta\xi)^e \tag{9.24a}$$

$$U'_w = (y_\eta B^{u_w} - x_\eta B^{v_w})(p'_P - p'_W)/(\delta\xi)^w \tag{9.24b}$$

$$V'_n = (x_\xi C^{v_n} - y_\xi C^{u_n})(p'_N - p'_P)/(\delta\eta)^n \tag{9.24c}$$

$$V'_s = (x_\xi C^{v_s} - y_\xi C^{u_s})(p'_P - p'_S)/(\delta\eta)^s \tag{9.24d}$$

将修正后的逆变速度代入连续性方程 $\dfrac{\partial(\rho U)}{\partial\xi} + \dfrac{\partial(\rho V)}{\partial\eta} = 0$，可得压强修正方程为

$$a_P p'_P = a_E p'_E + a_W p'_W + a_N p'_N + a_S p'_S + b \tag{9.25}$$

式中，

$$a_E = \rho_e(y_\eta B^{u_e} - x_\eta B^{v_e})\Delta\eta/(\delta\xi)^e$$

$$a_W = \rho_w(y_\eta B^{u_w} - x_\eta B^{v_w})\Delta\eta/(\delta\xi)^w$$

$$a_N = \rho_n(x_\xi C^{v_n} - y_\xi C^{u_n})\Delta\xi/(\delta\eta)^n$$

$$a_S = \rho_n(x_\xi C^{v_s} - y_\xi C^{u_s})\Delta\xi/(\delta\eta)^s$$

$$b = (\rho U^*)_e\Delta\eta - (\rho U^*)_w\Delta\eta + (\rho V^*)_n\Delta\xi - (\rho V^*)_s\Delta\xi$$

需要注意的是，虽然忽略某些方向的压强修正值导数项可让表达式变得简单，但当网格线倾斜程度较为严重时，会使方程求解的收敛速度变慢，松弛因子范围变窄，算法

健壮性变差。

3. 速度和压强的修正

求解压强修正方程[式(9.25)]可得到压强修正值 p'，对速度进行修正为

$$u_P = u_P^* + (B^u p'_\xi + C^u p'_\eta) \tag{9.26a}$$

$$v_P = v_P^* + (B^v p'_\xi + C^v p'_\eta) \tag{9.26b}$$

$$U_P = U_P^* + (B^u y_\eta + B^v x_\eta) p'_\xi \tag{9.26c}$$

$$V_P = V_P^* + (C^v x_\xi + C^u y_\xi) p'_\eta \tag{9.26d}$$

对压强进行修正为

$$p_P = p_P^* + \alpha_p p'_P \tag{9.27}$$

4. 方程收敛性判断

判断修正后的速度和压强是否达到设定的收敛标准，如未达到，则按修正后的速度和压强更新离散动量方程的系数，并利用修正后的压强场开始下一层次的迭代计算。如果收敛，计算结束。

9.3　典型习题解析

例 1　何为扩散通量的法向分量？何为扩散通量的交叉分量，其来源是什么？何种情况下扩散通量的交叉分量为零？

【解析】本题考查扩散通量法向分量和交叉分量的物理意义。扩散通量的法向分量是指界面上的扩散通量垂直于界面的分量，扩散通量的交叉分量是指界面上的扩散通量在垂直于两相邻节点连线上的分量，其来源是两相邻节点的连线与界面不垂直（即网格的非正交）。当两相邻节点的连线与界面垂直（或网格正交）时，扩散通量的交叉分量为零。

例 2　贴体坐标系中，界面上的物理量为何应在物理平面上进行插值计算？

【解析】本题考查贴体坐标上物理量插值方法。计算平面上的几何要素都是经过变形或扭曲的，不能直接反映物理量之间的真实关系，因此界面上的物理量必须要在物理平面上进行插值计算。

例 3　在基于贴体坐标系的同位网格 SIMPLE 算法中，计算平面上动量方程和连续性方程的求解变量分别采用直角速度分量和逆变速度分量有何优点？

【解析】本题考查贴体坐标下动量方程和连续性方程的求解变量。一般情况下，计算平面上动量方程的求解变量采用直角坐标系下的速度分量，而计算平面上连续性方程

的求解变量采用逆变速度分量，这样的速度组合可以更好地满足物理守恒，从而获得有物理意义的数值解。

例 4　试通过链导法则，将物理平面上的梯度表达式变换到计算平面上。

对任意物理量ϕ，其梯度定义为

$$\nabla\phi=\frac{\partial\phi}{\partial x}\boldsymbol{i}+\frac{\partial\phi}{\partial y}\boldsymbol{j}+\frac{\partial\phi}{\partial z}\boldsymbol{k} \tag{9.28}$$

式中，$\boldsymbol{i},\boldsymbol{j},\boldsymbol{k}$分别为沿$x,y,z$方向的单位矢量。

【解析】本题考查梯度表达式的变换。

计算平面梯度一般不等于物理平面梯度。利用链导法则，可得

$$\begin{aligned}\frac{\partial\phi}{\partial x}&=\frac{\partial\phi}{\partial\xi}\frac{\partial\xi}{\partial x}+\frac{\partial\phi}{\partial\eta}\frac{\partial\eta}{\partial x}+\frac{\partial\phi}{\partial\zeta}\frac{\partial\zeta}{\partial x}=\phi_\xi\xi_x+\phi_\eta\eta_x+\phi_\zeta\zeta_x\\&=\frac{1}{J}(\phi_\xi\alpha_1+\phi_\eta\beta_1+\phi_\zeta\gamma_1)\end{aligned} \tag{9.29}$$

$$\begin{aligned}\frac{\partial\phi}{\partial y}&=\frac{\partial\phi}{\partial\xi}\frac{\partial\xi}{\partial y}+\frac{\partial\phi}{\partial\eta}\frac{\partial\eta}{\partial y}+\frac{\partial\phi}{\partial\zeta}\frac{\partial\zeta}{\partial y}=\phi_\xi\xi_y+\phi_\eta\eta_y+\phi_\zeta\zeta_y\\&=\frac{1}{J}(\phi_\xi\alpha_2+\phi_\eta\beta_2+\phi_\zeta\gamma_2)\end{aligned} \tag{9.30}$$

$$\begin{aligned}\frac{\partial\phi}{\partial z}&=\frac{\partial\phi}{\partial\xi}\frac{\partial\xi}{\partial z}+\frac{\partial\phi}{\partial\eta}\frac{\partial\eta}{\partial z}+\frac{\partial\phi}{\partial\zeta}\frac{\partial\zeta}{\partial z}=\phi_\xi\xi_z+\phi_\eta\eta_z+\phi_\zeta\zeta_z\\&=\frac{1}{J}(\phi_\xi\alpha_3+\phi_\eta\beta_3+\phi_\zeta\gamma_3)\end{aligned} \tag{9.31}$$

将式(9.29)～式(9.31)代入式(9.28)，可得计算平面上的梯度为

$$\nabla\phi=\frac{1}{J}\left[(\phi_\xi\alpha_1+\phi_\eta\beta_1+\phi_\zeta\gamma_1)\boldsymbol{i}+(\phi_\xi\alpha_2+\phi_\eta\beta_2+\phi_\zeta\gamma_2)\boldsymbol{j}+(\phi_\xi\alpha_3+\phi_\eta\beta_3+\phi_\zeta\gamma_3)\boldsymbol{k}\right] \tag{9.32}$$

例 5　试通过链导法则，将三维物理平面上的边界条件表达式：

$$a\phi+b\frac{\partial\phi}{\partial n}=c \tag{9.33}$$

变换到计算平面。

【解析】本题考查贴体坐标下边界条件的变换。

利用链导法则，可得计算平面上各个方向边界上法向导数的表达式为

$$\frac{\partial\phi}{\partial n^{(\xi)}}=\frac{\alpha\phi_\xi+\lambda_{12}\phi_\eta+\lambda_{13}\phi_\zeta}{J\sqrt{\alpha}} \tag{9.34}$$

$$\frac{\partial\phi}{\partial n^{(\eta)}}=\frac{\lambda_{12}\phi_\xi+\beta\phi_\eta+\lambda_{23}\phi_\zeta}{J\sqrt{\beta}} \tag{9.35}$$

$$\frac{\partial\phi}{\partial n^{(\zeta)}}=\frac{\lambda_{13}\phi_\xi+\lambda_{23}\phi_\eta+\gamma\phi_\zeta}{J\sqrt{\gamma}} \tag{9.36}$$

将式(9.34)～式(9.36)分别代入式(9.33)，即可得三维计算平面上的边界表达式。

例 6　已知一半圆环形区域，其物理平面和计算平面对应关系如图 9.1 所示。物理平面上边界 AB 的边界条件为 $\lambda\cdot\partial T/\partial n=-h_{fAB}(T_w-T_{fAB})$，边界 BC 的边界条件为 $\partial T/\partial n=0$，边界 CD 的边界条件为 $\lambda\cdot\partial T/\partial n=-h_{fCD}(T_w-T_{fCD})$，边界 DA 的边界条件为 $T_{DA}=C$。试给出计算平面上相应各边界条件的表达式。

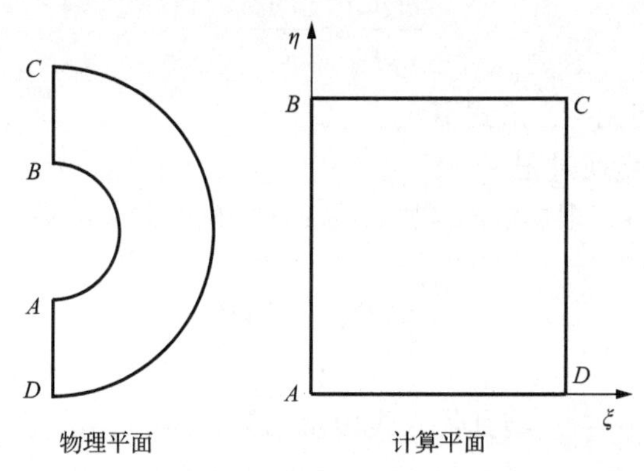

图 9.1　半圆环形区域物理平面和计算平面示意图

【解析】本题考查贴体坐标下边界条件的变换公式的应用。

根据链导法则，计算可得平面上相应各边界的表达式。

(1)边界 AB：

$$-\lambda\frac{\alpha\phi_\xi-\beta\phi_\eta}{J\sqrt{\alpha}}=-h_{fAB}(T_w-T_{fAB}) \tag{9.37}$$

(2)边界 BC：

$$\lambda\frac{\gamma\phi_\eta-\beta\phi_\xi}{J\sqrt{\gamma}}=0 \tag{9.38}$$

(3)边界 CD：

$$\lambda\frac{\alpha\phi_\xi-\beta\phi_\eta}{J\sqrt{\alpha}}=-h_{fCD}(T_w-T_{fCD}) \tag{9.39}$$

(4)边界 DA：

$$T_{DA}=C \tag{9.40}$$

例 7　试写出把直角坐标中二维流动与传热通用方程变换到计算平面上的详细步骤。

【解析】本题考查物理平面控制方程向计算平面控制方程转换的过程。

物理平面上二维守恒型非稳态流动与传热通用控制方程为

$$\frac{\partial(\rho\phi)}{\partial t}+\frac{\partial(\rho u\phi)}{\partial x}+\frac{\partial(\rho v\phi)}{\partial y}=\frac{\partial}{\partial x}\left(\Gamma\frac{\partial\phi}{\partial x}\right)+\frac{\partial}{\partial y}\left(\Gamma\frac{\partial\phi}{\partial y}\right)+S(x,y) \tag{9.41}$$

将式(9.41)变换到计算平面上的详细步骤如下。

(1)非稳态项的变换过程。

$$\frac{\partial(\rho\phi)}{\partial t}=\frac{\partial(\rho\phi)}{\partial t} \tag{9.42}$$

式中，非稳态项与空间无关，形式不变。

(2)一阶空间导数变换过程。

对任意函数$\psi(x,y)$，根据链导法则，沿x方向的一阶偏导数

$$\frac{\partial\psi}{\partial x}=\psi_\xi\xi_x+\psi_\eta\eta_x \tag{9.43}$$

已知$\xi_x=\frac{y_\eta}{J},\eta_x=-\frac{y_\xi}{J}$，将其代入式(9.43)得

$$\frac{\partial\psi}{\partial x}=\frac{1}{J}(\psi_\xi y_\eta-\psi_\eta y_\xi) \tag{9.44}$$

式(9.44)可进一步变形为

$$\frac{\partial\psi}{\partial x}=\frac{1}{J}\left[\psi_\xi y_\eta+\psi(y_\eta)_\xi-\psi_\eta y_\xi-\psi(y_\xi)_\eta\right] \tag{9.45}$$

又由于

$$\psi_\xi y_\eta+\psi(y_\eta)_\xi=(\psi y_\eta)_\xi \tag{9.46a}$$

$$\psi_\eta y_\xi+\psi(y_\xi)_\eta=(\psi y_\xi)_\eta \tag{9.46b}$$

将式(9.46)代入式(9.45)可得

$$\frac{\partial\psi}{\partial x}=\frac{1}{J}\left[(\psi y_\eta)_\xi-(\psi y_\xi)_\eta\right] \tag{9.47}$$

通过上述推导可知任意函数$\psi(x,y)$在x方向的一阶空间偏导数转换到计算平面后具有式(9.44)和式(9.47)两种表达形式。同理$\psi(x,y)$在 y 方向的一阶空间偏导数转换到计算平面后也有如下两种形式：

$$\frac{\partial\psi}{\partial y}=\frac{1}{J}(-\psi_\xi x_\eta+\psi_\eta x_\xi) \tag{9.48}$$

$$\frac{\partial \psi}{\partial y}=\frac{1}{J}\left[-(\psi x_{\eta})_{\xi}+(\psi x_{\xi})_{\eta}\right] \tag{9.49}$$

下面利用式(9.44)、式(9.46)、式(9.48)和式(9.49)将对流项和扩散项转换到计算平面。

(3)对流项变换过程。

针对$\frac{\partial(\rho u\phi)}{\partial x}$，令$\psi=\rho u\phi$，由式(9.47)可得

$$\frac{\partial(\rho u\phi)}{\partial x}=\frac{1}{J}\left[(\rho u\phi y_{\eta})_{\xi}-(\rho u\phi y_{\xi})_{\eta}\right] \tag{9.50}$$

同理可得

$$\frac{\partial(\rho v\phi)}{\partial y}=\frac{1}{J}\left[-(\rho v\phi x_{\eta})_{\xi}+(\rho v\phi x_{\xi})_{\eta}\right] \tag{9.51}$$

则对流项可整理为

$$\begin{aligned}
&\frac{\partial(\rho u\phi)}{\partial x}+\frac{\partial(\rho v\phi)}{\partial y}\\
&=\frac{1}{J}\left[(\rho u\phi y_{\eta})_{\xi}-(\rho u\phi y_{\xi})_{\eta}\right]+\frac{1}{J}\left[-(\rho v\phi x_{\eta})_{\xi}+(\rho v\phi x_{\xi})_{\eta}\right]\\
&=\frac{1}{J}\left[(\rho u\phi y_{\eta}-\rho v\phi x_{\eta})_{\xi}+(\rho v\phi x_{\xi}-\rho u\phi y_{\xi})_{\eta}\right]\\
&=\frac{1}{J}\left\{\left[\rho(uy_{\eta}-vx_{\eta})\phi\right]_{\xi}+\left[\rho(vx_{\xi}-vy_{\xi})\phi\right]_{\eta}\right\}\\
&=\frac{1}{J}(\rho U\phi)_{\xi}+\frac{1}{J}(\rho V\phi)_{\eta}\\
&=\frac{1}{J}\left[(\rho U\phi)_{\xi}+(\rho V\phi)_{\eta}\right]
\end{aligned} \tag{9.52}$$

式中，$U=uy_{\eta}-vx_{\eta}$；$V=vx_{\xi}-vy_{\xi}$。

(4)扩散项变换过程。

针对$\frac{\partial}{\partial x}\left(\Gamma\frac{\partial\phi}{\partial x}\right)$，令$\psi=\Gamma\frac{\partial\phi}{\partial x}$，由式(9.47)可得

$$\frac{\partial}{\partial x}\left(\Gamma\frac{\partial\phi}{\partial x}\right)=\frac{1}{J}\left[\left(\Gamma\frac{\partial\phi}{\partial x}y_{\eta}\right)_{\xi}-\left(\Gamma\frac{\partial\phi}{\partial x}y_{\xi}\right)_{\eta}\right] \tag{9.53}$$

根据式(9.44)和式(9.53)中的$\frac{\partial\phi}{\partial x}$可表示为

$$\frac{\partial\phi}{\partial x}=\frac{1}{J}(\phi_{\xi}y_{\eta}-\phi_{\eta}y_{\xi}) \tag{9.54}$$

将式(9.54)代入式(9.53)可得

$$\frac{\partial}{\partial x}\left(\Gamma\frac{\partial\phi}{\partial x}\right)=\frac{1}{J}\left\{\left[\frac{\Gamma}{J}(\phi_\xi y_\eta-\phi_\eta y_\xi)y_\eta\right]_\xi-\left[\frac{\Gamma}{J}(\phi_\xi y_\eta-\phi_\eta y_\xi)y_\xi\right]_\eta\right\} \tag{9.55}$$

同理可得

$$\frac{\partial}{\partial y}\left(\Gamma\frac{\partial\phi}{\partial y}\right)=\frac{1}{J}\left\{-\left[\frac{\Gamma}{J}(-\phi_\xi x_\eta+\phi_\eta x_\xi)x_\eta\right]_\xi+\left[\frac{\Gamma}{J}(-\phi_\xi x_\eta+\phi_\eta x_\xi)x_\xi\right]_\eta\right\} \tag{9.56}$$

则扩散项

$$\begin{aligned}
&\frac{\partial}{\partial x}\left(\Gamma\frac{\partial\phi}{\partial x}\right)+\frac{\partial}{\partial y}\left(\Gamma\frac{\partial\phi}{\partial y}\right)\\
&=\frac{1}{J}\left\{\left[\frac{\Gamma}{J}(\phi_\xi y_\eta-\phi_\eta y_\xi)y_\eta\right]_\xi-\left[\frac{\Gamma}{J}(\phi_\xi y_\eta-\phi_\eta y_\xi)y_\xi\right]_\eta\right\}\\
&\quad+\frac{1}{J}\left\{-\left[\frac{\Gamma}{J}(-\phi_\xi x_\eta+\phi_\eta x_\xi)x_\eta\right]_\xi+\left[\frac{\Gamma}{J}(-\phi_\xi x_\eta+\phi_\eta x_\xi)x_\xi\right]_\eta\right\}\\
&=\frac{1}{J}\left[\frac{\Gamma}{J}(\phi_\xi y_\eta y_\eta-\phi_\eta y_\xi y_\eta+\phi_\xi x_\eta x_\eta-\phi_\eta x_\xi x_\eta)\right]_\xi\\
&\quad+\frac{1}{J}\left[\frac{\Gamma}{J}(-\phi_\xi y_\eta y_\xi+\phi_\eta y_\xi y_\xi-\phi_\xi x_\eta x_\xi+\phi_\eta x_\xi x_\xi)\right]_\eta\\
&=\frac{1}{J}\left[\frac{\Gamma}{J}(\alpha\phi_\xi-\beta\phi_\eta)\right]_\xi+\frac{1}{J}\left[\frac{\Gamma}{J}(\gamma\phi_\eta-\beta\phi_\xi)\right]_\eta\\
&=\frac{1}{J}\frac{\partial}{\partial\xi}\left[\frac{\Gamma}{J}(\alpha\phi_\xi-\beta\phi_\eta)\right]+\frac{1}{J}\frac{\partial}{\partial\eta}\left[\frac{\Gamma}{J}(\gamma\phi_\eta-\beta\phi_\xi)\right]
\end{aligned} \tag{9.57}$$

(5)源项的变换过程。

$$S(x,y)=R_0(\xi,\eta) \tag{9.58}$$

将式(9.42)、式(9.52)、式(9.57)和式(9.58)代入式(9.41)，整理可得计算平面上二维流动传热通用控制方程为

$$\begin{aligned}
&\frac{\partial(\rho\phi)}{\partial t}+\frac{1}{J}\frac{\partial(\rho U\phi)}{\partial\xi}+\frac{1}{J}\frac{\partial(\rho V\phi)}{\partial\eta}\\
&=\frac{1}{J}\frac{\partial}{\partial\xi}\left[\frac{\Gamma}{J}(\alpha\phi_\xi-\beta\phi_\eta)\right]+\frac{1}{J}\frac{\partial}{\partial\eta}\left[\frac{\Gamma}{J}(\gamma\phi_\eta-\beta\phi_\xi)\right]+R_0(\xi,\eta)
\end{aligned} \tag{9.59}$$

例 8 已知物理平面上直角坐标系上的二维涡量方程和流函数方程如下所示(ω 为涡量，ψ 为流函数)，试将它们变换到计算平面上。

$$\frac{\partial(\rho u\omega)}{\partial x}+\frac{\partial(\rho v\omega)}{\partial y}=\frac{\partial}{\partial x}\left(\mu\frac{\partial\omega}{\partial x}\right)+\frac{\partial}{\partial y}\left(\mu\frac{\partial\omega}{\partial y}\right)$$

$$\frac{\partial^2\psi}{\partial x^2}+\frac{\partial^2\psi}{\partial y^2}-\omega=0$$

【解析】本题考查物理平面控制方程向计算平面控制方程转换的过程。

令例 7 的式(9.59)中 $\phi=\omega$, $\Gamma=\mu$ (μ 不随 ω 变化)可得

$$\begin{aligned}\frac{\partial(\rho\omega)}{\partial t}+\frac{1}{J}\frac{\partial(\rho U\omega)}{\partial\xi}+\frac{1}{J}\frac{\partial(\rho V\omega)}{\partial\eta}&=\frac{1}{J}\frac{\partial}{\partial\xi}\left[\frac{\mu}{J}(\alpha\omega_\xi-\beta\omega_\eta)\right]\\&\quad+\frac{1}{J}\frac{\partial}{\partial\eta}\left[\frac{\mu}{J}(\gamma\omega_\eta-\beta\omega_\xi)\right]+R_0(\xi,\eta)\end{aligned}\tag{9.60}$$

去掉非稳态项和源项化简可得计算平面上的涡量方程为

$$\frac{\partial(\rho U\omega)}{\partial\xi}+\frac{\partial(\rho V\omega)}{\partial\eta}=\frac{\partial}{\partial\xi}\left[\frac{\mu}{J}(\alpha\omega_\xi-\beta\omega_\eta)\right]+\frac{\partial}{\partial\eta}\left[\frac{\mu}{J}(-\beta\omega_\xi+\gamma\omega_\eta)\right]\tag{9.61}$$

令例 7 的式(9.59)中 $\phi=\psi$, $U=V=0$, $\Gamma=1$, $R_0(\xi,\eta)=-\omega$，并去掉非稳态项，可得计算平面上的流函数方程为

$$\frac{1}{J}\frac{\partial}{\partial\xi}\left[\frac{1}{J}(\alpha\psi_\xi-\beta\psi_\eta)\right]+\frac{1}{J}\frac{\partial}{\partial\eta}\left[\frac{1}{J}(-\beta\psi_\xi+\gamma\psi_\eta)\right]-\omega=0\tag{9.62}$$

例 9　试写出采用有限容积法离散例 7 计算平面上的二维流动与传热控制方程的详细过程。

【解析】本题考查计算平面控制采用有限容积法离散计算平面上的二维流动与传热通用控制方程，其中非稳态项采用一阶隐式格式离散，扩散项采用中心差分格式离散。为简单起见，对流项采用中心差分格式离散，源项采用线性化处理，详细步骤如下。

(1)采用一阶隐式离散非稳态项为

$$\int_s^n\int_w^e\int_t^{t+\Delta t}\frac{\partial(\rho\phi)}{\partial t}\mathrm{d}t\mathrm{d}\xi\mathrm{d}\eta=\left[(\rho\phi)_P-(\rho\phi)_P^0\right]\Delta\xi\Delta\eta\tag{9.63}$$

式中，上标 0 代表上一时层，没有上标则代表当前时层。

(2)采用中心差分格式离散对流项为

$$\begin{aligned}\int_s^n\int_w^e\int_t^{t+\Delta t}\frac{1}{J}\frac{\partial(\rho U\phi)}{\partial\xi}\mathrm{d}t\mathrm{d}\xi\mathrm{d}\eta&=\frac{1}{J}\left[(\rho U\phi)_e-(\rho U\phi)_w\right]\Delta\eta\Delta t\\&=\frac{1}{J}\left[(\rho U\Delta\eta)_e\phi_e-(\rho U\Delta\eta)_w\phi_w\right]\Delta t\\&=\frac{1}{J}\left[\frac{F_e}{2}(\phi_P+\phi_E)-\frac{F_w}{2}(\phi_P+\phi_W)\right]\Delta t\end{aligned}\tag{9.64}$$

式中，$F_e=(\rho U\Delta\eta)_e$; $F_w=(\rho U\Delta\eta)_w$。

同理可得

$$\int_s^n\int_w^e\int_t^{t+\Delta t}\frac{1}{J}\frac{\partial(\rho V\phi)}{\partial\eta}\mathrm{d}t\mathrm{d}\xi\mathrm{d}\eta=\frac{1}{J}\left[\frac{F_n}{2}(\phi_N+\phi_P)-\frac{F_s}{2}(\phi_S+\phi_P)\right]\Delta t \tag{9.65}$$

式中，$F_n=(\rho V\Delta\xi)_n; F_s=(\rho V\Delta\xi)_s$。

(3)采用中心差分格式离散扩散项为

$$\begin{aligned}
&\int_s^n\int_w^e\int_t^{t+\Delta t}\frac{1}{J}\frac{1}{\partial\xi}\left[\frac{\Gamma}{J}(\alpha\phi_\xi-\beta\phi_\eta)\right]\mathrm{d}t\mathrm{d}\xi\mathrm{d}\eta\\
&=\frac{1}{J}\left\{\left[\frac{\Gamma}{J}(\alpha\phi_\xi-\beta\phi_\eta)\right]_e-\left[\frac{\Gamma}{J}(\alpha\phi_\xi-\beta\phi_\eta)\right]_w\right\}\Delta\eta\Delta t\\
&=\frac{1}{J}\left\{\left[\frac{\Gamma}{J}(\alpha\phi_\xi)\right]_e-\left[\frac{\Gamma}{J}(\alpha\phi_\xi)\right]_w\right\}\Delta\eta\Delta t+\frac{1}{J}\left[\frac{\Gamma}{J}(-\beta\phi_\eta)\right]_w^e\Delta\eta\Delta t\\
&=\frac{1}{J}\left[\left(\frac{\alpha}{J}\Gamma\frac{\Delta\eta}{\delta\xi}\right)_e(\phi_E-\phi_P)-\left(\frac{\alpha}{J}\Gamma\frac{\Delta\eta}{\delta\xi}\right)_w(\phi_P-\phi_W)\right]\Delta t-\frac{1}{J}\left[\frac{\beta\Delta\eta}{J}\Gamma(\phi_\eta)\right]_w^e\Delta t\\
&=\frac{1}{J}\left[D_e(\phi_E-\phi_P)-D_w(\phi_P-\phi_W)\right]\Delta t-\frac{1}{J}\left[\frac{\beta\Delta\eta}{J}\Gamma(\phi_\eta)\right]_w^e\Delta t
\end{aligned} \tag{9.66}$$

同理，η 方向有

$$\begin{aligned}
&\int_s^n\int_w^e\int_t^{t+\Delta t}\frac{1}{J}\frac{1}{\partial\eta}\left[\frac{\Gamma}{J}(\gamma\phi_\eta-\beta\phi_\xi)\right]\mathrm{d}t\mathrm{d}\xi\mathrm{d}\eta\\
&=\frac{1}{J}\left[D_n(\phi_N-\phi_P)-D_s(\phi_P-\phi_S)\right]\Delta t-\frac{1}{J}\left[\frac{\beta\Delta\xi}{J}\Gamma(\phi_\xi)\right]_s^n\Delta t
\end{aligned} \tag{9.67}$$

(4)对源项采用线性化处理如下：

$$\int_s^n\int_w^e\int_t^{t+\Delta t}R_0(\xi,\eta)\,\mathrm{d}t\mathrm{d}\xi\mathrm{d}\eta=(S_C+S_P\phi_P)\Delta t\Delta\xi\Delta\eta \tag{9.68}$$

将式(9.63)～式(9.68)代入计算平面上的二维流动换热通用控制方程中可得

$$\begin{aligned}
&\left\{\left[\rho_P\phi_P\right]-\left[\rho_P\phi_P\right]^0\right\}J\frac{\Delta\xi\Delta\eta}{\Delta t}+\left[\frac{F_e}{2}(\phi_P+\phi_E)-\frac{F_w}{2}(\phi_P+\phi_W)\right]\\
&+\left[\frac{F_n}{2}(\phi_N+\phi_P)-\frac{F_s}{2}(\phi_S+\phi_P)\right]\\
&=\left[D_e(\phi_E-\phi_P)-D_w(\phi_P-\phi_W)\right]-\left[\frac{\beta\Delta\eta}{J}\Gamma(\phi_\eta)\right]_w^e\\
&+\left[D_n(\phi_N-\phi_P)-D_s(\phi_P-\phi_S)\right]-\left[\frac{\beta\Delta\xi}{J}\Gamma(\phi_\xi)\right]_s^n\\
&+(R_C+R_P\phi_P)J\Delta\xi\Delta\eta
\end{aligned} \tag{9.69}$$

式(9.69)写成代数方程形式为

$$a_P\phi_P = a_E\phi_E + a_W\phi_W + a_N\phi_N + a_S\phi_S + b \tag{9.70}$$

式中，

$$a_P = a_E + a_W + a_N + a_S + \left[\frac{\rho_P}{\Delta t} - R_P\right] J\Delta\xi\Delta\eta \tag{9.71}$$

$$a_E = D_e - \frac{1}{2}F_e = \left(\frac{\alpha}{J}\Gamma\frac{\Delta\eta}{\delta\xi}\right)_e - \frac{1}{2}(\rho V\Delta\xi)_e \tag{9.72}$$

$$a_W = D_w + \frac{1}{2}F_w = \left(\frac{\alpha}{J}\Gamma\frac{\Delta\eta}{\delta\xi}\right)_w + \frac{1}{2}(\rho V\Delta\xi)_w \tag{9.73}$$

$$a_N = D_n - \frac{1}{2}F_n = \left(\frac{\gamma}{J}\Gamma\frac{\Delta\xi}{\delta\eta}\right)_n - \frac{1}{2}(\rho V\Delta\xi)_n \tag{9.74}$$

$$a_S = D_s + \frac{1}{2}F_s = \left(\frac{\gamma}{J}\Gamma\frac{\Delta\xi}{\delta\eta}\right)_s + \frac{1}{2}(\rho V\Delta\xi)_s \tag{9.75}$$

$$b = \left\{S_C + \frac{(\rho_P\phi_P)^0}{\Delta t}\right\} J\Delta\xi\Delta\eta - \left[\left(\frac{\Gamma}{J}\beta\phi_\eta\Delta\eta\right)_w^e + \left(\frac{\Gamma}{J}\beta\phi_\xi\Delta\xi\right)_s^n\right] \tag{9.76}$$

此外，结合式(9.72)～式(9.76)，式(9.71)还可以写成如下离散方程表达式：

$$a_P\phi_P = \sum_{j=1}^{N} a_j p_j \phi_j + b \tag{9.77}$$

式中，$a_P = \sum_{j=1}^{N} a_j + \left(\frac{\rho_P}{\Delta t} - S_P\right) J\Delta\xi\Delta\eta$；$a_j = D_j - \frac{1}{2}(\boldsymbol{n}_j \cdot \boldsymbol{I})F_j$；$b = \left\{S_C + \frac{(\rho_P\phi_P)^0}{\Delta t}\right\} J\Delta\xi\Delta\eta - \left[\left(\frac{\Gamma}{J}\beta\phi_\eta\Delta\eta\right)_w^e + \left(\frac{\Gamma}{J}\beta\phi_\xi\Delta\xi\right)_s^n\right]$。

例 10　图 9.2 所示为边长为 3m、倾斜角为 60°的平行四边形区域上的二维导热问题。已知导热系数 $\lambda = 1\text{W/(m·℃)}$，左边界为第一类边界条件 $T_{w1}=200℃$，右边界为第三类边界条件，其中 $h_f = 10\text{W/(m}^2\text{·℃)}$，外部温度 $T_f = 500℃$，上边界为绝热边界条件，下边界为第一类边界条件 $T_{w2} = 400℃$。试采用贴体坐标网格求解该问题。

【解析】本题考查贴体坐标下物理问题求解的一般过程。

(1)假设采用 3×3 的贴体坐标网格划分计算区域，各控制容积节点排布如图 9.3 所示，首先计算控制容积节点 i 的坐标(x, y)，如表 9.10 所示。

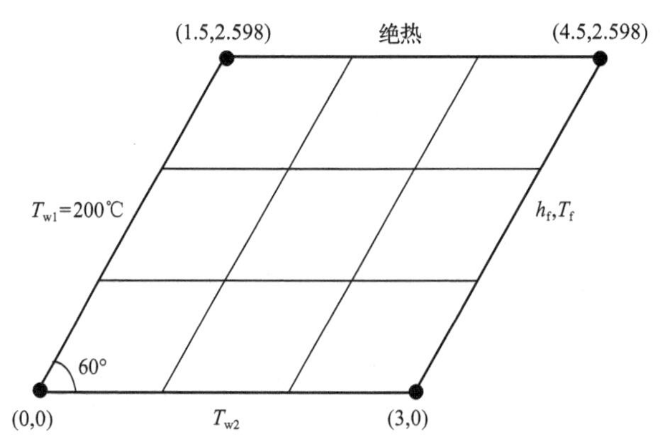

图 9.2　平行四边形区域导热问题示意图

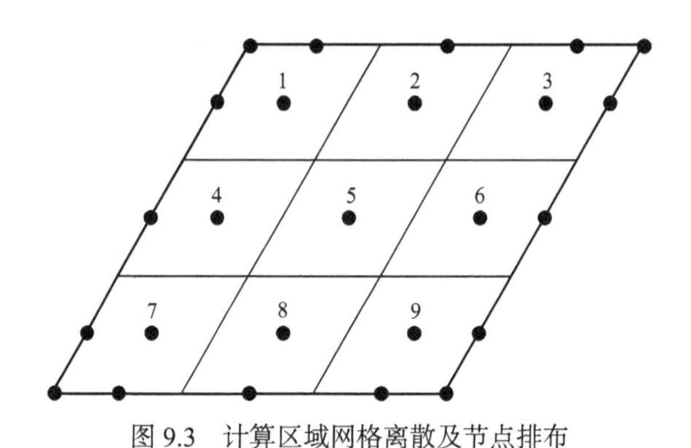

图 9.3　计算区域网格离散及节点排布

表 9.10　各控制容积节点坐标

编号	x 坐标	y 坐标
1	1.75	2.165
2	2.75	2.165
3	3.75	2.165
4	1.25	1.299
5	2.25	1.299
6	3.25	1.299
7	0.75	0.433
8	1.75	0.433
9	2.75	0.433

(2)计算各控制容积节点到界面的距离比例系数，图 9.3 中距离比例系数恒为 1/2。

(3)计算物理平面区域变换到计算平面后的坐标变换几何参数。计算平面上内节点间距取 $\Delta\xi=\Delta\eta=1$，节点与边界节点的间距减半。根据网格特点，可知内节点处几何参数相同，以节点 5 为例，计算如下。

$$\alpha = x_\eta^2 + y_\eta^2 = \frac{1}{(2\Delta\eta)^2}[(x_2 - x_8)^2 + (y_2 - y_8)^2]=1.0 \tag{9.78}$$

$$\gamma = x_\xi^2 + y_\xi^2 = \frac{1}{(2\Delta\xi)^2}[(x_6 - x_4)^2 + (y_6 - y_4)^2]=1.0 \tag{9.79}$$

$$\begin{aligned}\beta &= x_\xi x_\eta + y_\xi y_\eta \\ &= \frac{1}{4\Delta\xi\Delta\eta}[(x_6 - x_4)(x_2 - x_8) + (y_6 - y_4)(y_2 - y_8)]=0.5\end{aligned} \tag{9.80}$$

$$\begin{aligned}J &= x_\xi y_\eta - x_\eta y_\xi \\ &= \frac{1}{4\Delta\xi\Delta\eta}[(x_6 - x_4)(y_2 - y_8) - (x_2 - x_8)(y_6 - y_4)]=0.866\end{aligned} \tag{9.81}$$

(4)计算各控制中心离散方程系数。由于该问题为无内热源导热问题，不存在对流项，因此根据例 9 的式(9.71)～式(9.75)简化可得到方程离散系数。

$$\begin{cases} a_E = D_e = \left(\dfrac{\alpha}{J}\lambda\dfrac{\Delta\eta}{\delta\xi}\right)_e \\ a_W = D_w = \left(\dfrac{\alpha}{J}\lambda\dfrac{\Delta\eta}{\delta\xi}\right)_w \\ a_N = D_n = \left(\dfrac{\gamma}{J}\lambda\dfrac{\Delta\xi}{\delta\eta}\right)_n \\ a_S = D_s = \left(\dfrac{\gamma}{J}\lambda\dfrac{\Delta\xi}{\delta\eta}\right)_s \end{cases} \tag{9.82}$$

$$a_P = a_E + a_W + a_N + a_S \tag{9.83}$$

式(9.82)中，非紧邻边界内节点 $\delta\xi = \delta\eta = 1$，紧邻左边界或右边界内节点 $\delta\xi = 0.5$，紧邻下边界或上边界内节点 $\delta\eta = 0.5$。由此可计算出各节点离散系数(表 9.11)。

表 9.11　各控制容积节点离散系数

节点	a_W	a_E	a_S	a_N
内节点 1	2.3094	1.1547	1.1547	2.3094
内节点 2	1.1547	1.1547	1.1547	2.3094
内节点 3	1.1547	2.3094	1.1547	2.3094
内节点 4	2.3094	1.1547	1.1547	1.1547
内节点 5	1.1547	1.1547	1.1547	1.1547
内节点 6	1.1547	2.3094	1.1547	1.1547

续表

节点	a_W	a_E	a_S	a_N
内节点 7	2.3094	1.1547	2.3094	1.1547
内节点 8	1.1547	1.1547	2.3094	1.1547
内节点 9	1.1547	2.3094	2.3094	1.1547

(5)假定初场为 200℃。

(6)求源项。

源项为

$$b=-\left[\left(\frac{\lambda}{J}\beta T_{\eta}\Delta\eta\right)_{w}^{e}+\left(\frac{\lambda}{J}\beta T_{\xi}\Delta\xi\right)_{s}^{n}\right] \tag{9.84}$$

因物理平面网格非正交，式中 $\beta=0.5$。同时表达式含有待求变量，需迭代求解。根据假设的初场，可以插值得到各控制容积边界上 T_{η} 或 T_{ξ}。首先求控制容积节点处的值，以 T_{ξ} 计算为例，对于非紧邻边界内节点，如内节点 5，可以采用中心差分计算：

$$T_{\xi}=(T_6-T_4)/2 \tag{9.85}$$

对紧邻边界内节点，以与左边界相邻内节点 4 为例，二阶精度表达式为

$$T_{\xi}=(T_5+3T_4-4T_0)/3 \tag{9.86}$$

式中，T_0 为与内节点 4 相邻的边界节点温度，其值在迭代中不断更新。

根据上一时刻的物理量，可以得到相应的源项。以初场为例，源项见表 9.12。

表 9.12　各控制容积节点离散方程源项

节点	b
内节点 1	0
内节点 2	0
内节点 3	0
内节点 4	0
内节点 5	0
内节点 6	0
内节点 7	153.96
内节点 8	5.5756
内节点 9	−153.96

(7)采用 Gauss-Seidel 迭代求解上述方程组，得到内节点温度值。

(8)根据边界条件更新边界温度值。

已知迭代后与边界相邻内节点温度T'，右边界第三类边界条件：

$$h_{\mathrm{f}}(T_{\mathrm{f}}-T)=\lambda\frac{\alpha T_{\xi}-\beta T_{\eta}}{J\sqrt{\alpha}} \tag{9.87}$$

对右边界$T_{\xi}=(T-T')/\delta\xi$，可得右边界温度：

$$T=\frac{\dfrac{J\sqrt{\alpha}h_{\mathrm{f}}T_{\mathrm{f}}}{\lambda}+\beta T_{\eta}+\alpha\dfrac{T'}{\delta\xi}}{\dfrac{\alpha}{\delta\xi}+\dfrac{J\sqrt{\alpha}h_{\mathrm{f}}}{\lambda}} \tag{9.88}$$

上边界第二类绝热边界条件$q=\lambda\dfrac{\gamma T_{\eta}-\beta T_{\xi}}{J\sqrt{\gamma}}$，由$T_{\eta}=\dfrac{T-T'}{\delta\eta}$可得上边界温度：

$$T=\frac{\dfrac{J\sqrt{\gamma}q}{\lambda}+\beta T_{\xi}+\gamma\dfrac{T'}{\delta\eta}}{\dfrac{\gamma}{\delta\eta}} \tag{9.89}$$

(9)定义平均误差为

$$\mathrm{Err}=\frac{\sum_{i=1}^{9}\left|T(i)-T_0(i)\right|}{9} \tag{9.90}$$

比较更新后的温度值和迭代前温度值，若平均温度误差大于设定值(10^{-4}℃)，返回第 5 步重新迭代，反之迭代结束，得到收敛解。图 9.4 为温度误差随迭代次数下降趋势，可见经过 15 次迭代后，误差显著减少至 0.504℃，经过 40 步迭代后，平均温度误差小于收敛标准(10^{-4}℃)达到收敛。收敛后的计算结果见表 9.13。

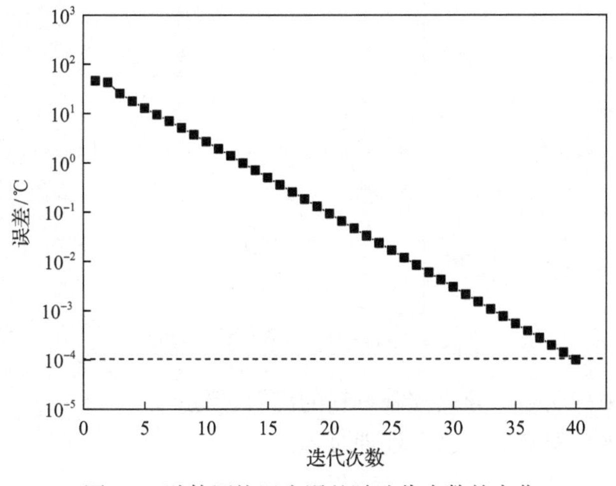

图 9.4　贴体网格温度误差随迭代次数的变化

表 9.13　各控制容积节点上收敛数值解

节点	数值解
内节点 1	287.17
内节点 2	391.75
内节点 3	474.24
内节点 4	270.57
内节点 5	365.07
内节点 6	453.45
内节点 7	301.58
内节点 8	361.12
内节点 9	422.29

9.4　编 程 实 践

1. 贴体网格下的导热问题求解

习题 1　二维无源项稳态导热问题的计算区域如图 9.5 所示，其中导热系数 λ= W/（m·℃）。小圆环的内边界为第三类边界，h_f=5W/(m^2·℃)，$T_f=2$℃，大圆环的外边界为第一类边界 $T_w=5$℃，其他边界为绝热边界，采用贴体坐标法编程求解温度场。要求如下。

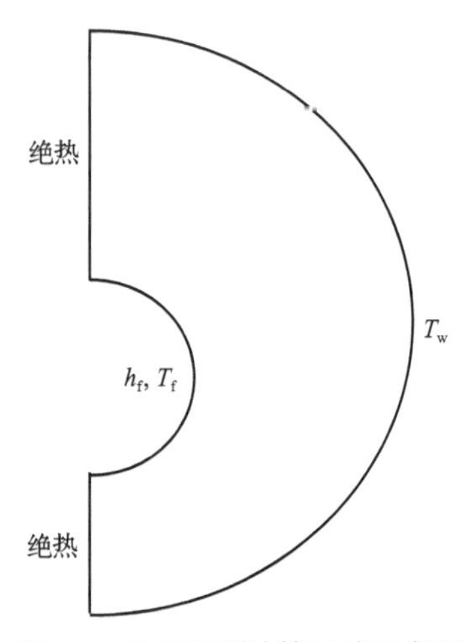

图 9.5　导热问题计算区域示意图

(1) 写出贴体坐标网格上导热控制方程的离散过程。

(2) 写出贴体坐标网格上的边界处理过程。

(3) 通过与相关文献数据对比，验证程序的正确性。

(4) 总结编程和调程的心得体会及对贴体坐标法求解导热问题的认识。

2. 贴体网格下的顶盖驱动流求解

习题 2　图 9.6 为 60° 角斜方腔顶盖驱动流问题，Re=1000，初始的流场为零。采用贴体坐标法生成平行四边形网格来离散计算区域，并编程求解，要求如下。

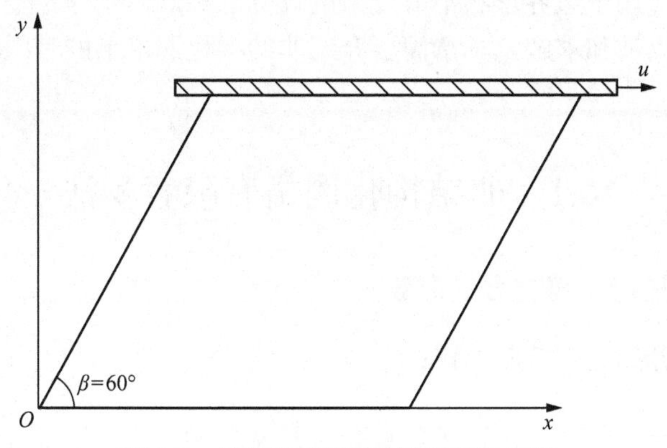

图 9.6　斜方腔顶盖驱动流问题示意图

(1) 写出贴体坐标中物理区域和计算区域的控制容积节点坐标的表达式。

(2) 写出顶盖驱动流问题的控制方程及边界条件。

(3) 画出温度场等值线图。

(4) 总结编程和调程的心得体会及对贴体坐标法的认识。

第 10 章　非结构化网格有限容积法和 SIMPLE 算法

贴体坐标一般应用于边界形状不太复杂的计算区域。对于非常复杂的计算区域，常采用非结构化网格离散和求解。本章简要介绍非结构化网格下的有限容积法和 SIMPLE 算法。

10.1　非结构化网格有限容积法

10.1.1　非结构化网格下扩散方程的离散

对稳态扩散积分型通用控制方程：

$$\int_A \Gamma \nabla \phi \cdot \mathrm{d}\boldsymbol{A} + \int_V S\mathrm{d}V = 0 \tag{10.1}$$

在任意控制容积上进行积分可得其离散方程。为简单起见，以二维任意多边形控制容积为例进行说明，如图 10.1 所示，其中 p_0 为主控制容积节点，p_j 为其第 j 个相邻控制容积节点，具体离散过程如下。

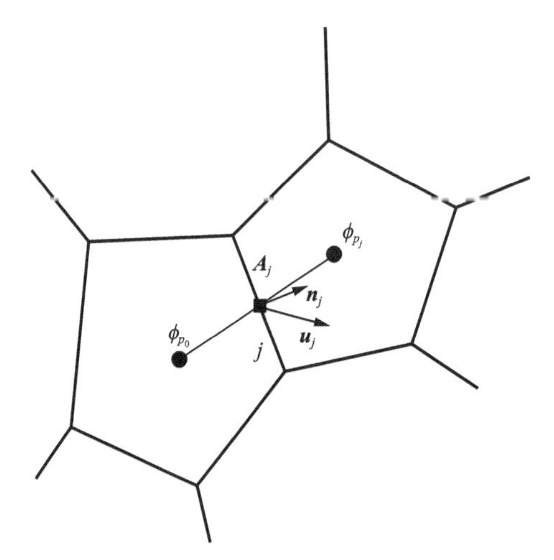

图 10.1　二维任意多边形控制容积示意图

扩散项在任意控制容积上的离散表达式为

$$\int_A \Gamma \nabla \phi \cdot \mathrm{d}\boldsymbol{A} = \sum_{j=1}^{N} \int_{A_j} \Gamma \nabla \phi \cdot \mathrm{d}\boldsymbol{A} = \sum_{j=1}^{N} \Gamma_j (\nabla \phi)_j \cdot \boldsymbol{A}_j \tag{10.2}$$

如图 10.2 所示，将面积矢量 $\boldsymbol{A}_j$ 向 p_0 和 p_j 连线方向及其垂直方向进行分解，面积矢

量则可表示为 $\boldsymbol{A}_j=\boldsymbol{E}_j+\boldsymbol{T}_j$，式(10.2)可进一步写为

$$\begin{aligned}\int_A \Gamma\nabla\phi\cdot\mathrm{d}\boldsymbol{A}&=\sum_{j=1}^{N}\Gamma_j(\nabla\phi)_j\cdot(\boldsymbol{E}_j+\boldsymbol{T}_j)\\&=\sum_{j=1}^{N}\Gamma_j\frac{\phi_{p_j}-\phi_{p_0}}{\left|\boldsymbol{d}_j\right|}\frac{\boldsymbol{d}_j}{\left|\boldsymbol{d}_j\right|}\cdot\boldsymbol{A}_j+\sum_{j=1}^{N}\Gamma_j\left[(\nabla\phi)_j-(\nabla\phi)_j\cdot\frac{\boldsymbol{d}_j}{\left|\boldsymbol{d}_j\right|}\frac{\boldsymbol{d}_j}{\left|\boldsymbol{d}_j\right|}\right]\cdot\boldsymbol{A}_j\end{aligned}\tag{10.3}$$

式中，N 为界面数；$\boldsymbol{E}_j$ 的方向由 p_0 指向 p_j；$\boldsymbol{d}_j$ 为 p_0 指向 p_j 的有向线段，其对应的单位矢量为 $\boldsymbol{d}_j/\left|\boldsymbol{d}_j\right|$；$\boldsymbol{E}_j=\left(\boldsymbol{A}_j\cdot\frac{\boldsymbol{d}_j}{\left|\boldsymbol{d}_j\right|}\right)\frac{\boldsymbol{d}_j}{\left|\boldsymbol{d}_j\right|}$；$\boldsymbol{T}_j=\boldsymbol{A}_j-\left(\boldsymbol{A}_j\cdot\frac{\boldsymbol{d}_j}{\left|\boldsymbol{d}_j\right|}\right)\frac{\boldsymbol{d}_j}{\left|\boldsymbol{d}_j\right|}$；$(\nabla\phi)_j$ 为 j 界面上的梯度，通常由节点上待求变量的梯度插值得到，$(\nabla\phi)_j=\gamma(\nabla\phi)_{p_0}+(1-\gamma)(\nabla\phi)_{p_j}$，节点上待求变量的梯度可采用 Green-Gauss 梯度求解法或最小二乘梯度求解法。

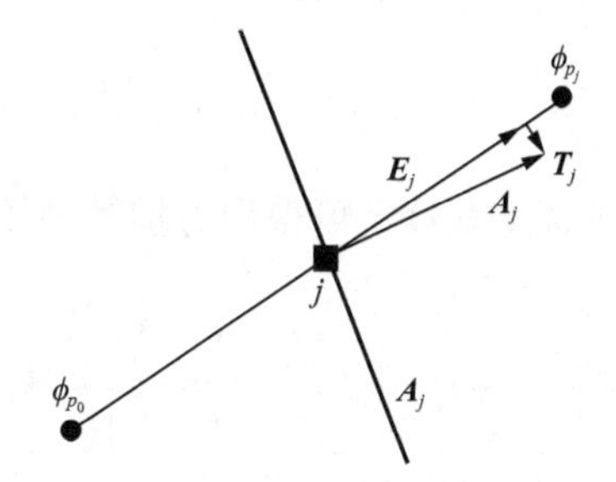

图 10.2　界面面积矢量示意图

当采用 Green-Gauss 梯度求解法时，节点上待求变量的梯度由下式计算：

$$(\nabla\phi)_{p_0}=\frac{1}{V_{p_0}}\sum_{j=1}^{N}\phi_j\boldsymbol{A}_j\tag{10.4}$$

式中，ϕ_j 为界面中点的值；j 为界面的中点。如图 10.3 所示，一般情况下 j 点并不恰好在 p_0 指向 p_j 的连线上，图中 j' 表示 p_0 点和 p_j 点连线与界面的交点，基于线性插值可得 $\phi_j=\gamma\phi_{p_0}+(1-\gamma)\phi_{p_j}+\left[\gamma(\nabla\phi)_{p_0}+(1-\gamma)(\nabla\phi)_{p_j}\right]\cdot\boldsymbol{l}_{j'-j}$。

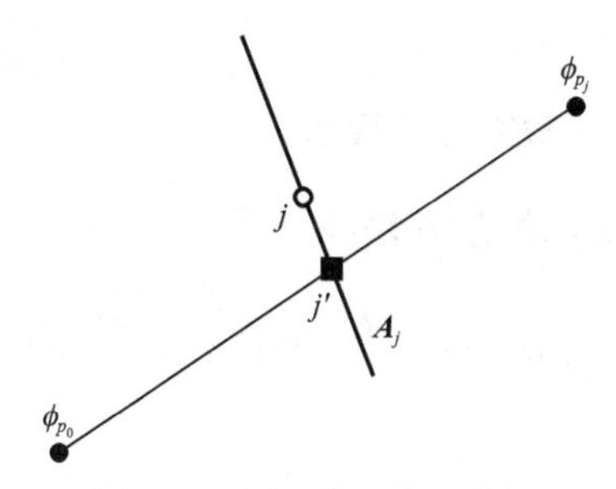

图 10.3　界面中心点示意图

节点上待求变量的梯度还可以表示为

$$\nabla\phi=\frac{\partial\phi}{\partial x}\boldsymbol{i}+\frac{\partial\phi}{\partial y}\boldsymbol{j}+\frac{\partial\phi}{\partial z}\boldsymbol{k} \tag{10.5}$$

式(10.5)中的$\frac{\partial\phi}{\partial x},\frac{\partial\phi}{\partial y},\frac{\partial\phi}{\partial z}$可采用最小二乘法求解得到。当采用最小二乘梯度求解法时，节点上待求变量的梯度由下式计算：

$$\boldsymbol{X}=\boldsymbol{G}^{-1}\boldsymbol{h} \tag{10.6}$$

式中，$\boldsymbol{X},\boldsymbol{G},\boldsymbol{h}$的分量分别为$X_k=\frac{\partial\phi}{\partial x_k}, G_{kl}=\sum_{j=1}^{N}\frac{d_j^k d_j^l}{\left|\boldsymbol{d}_j\right|^3}, h_k=\sum_{j=1}^{N}\frac{\phi_{p_j}-\phi_{p_0}}{\left|\boldsymbol{d}_j\right|}\cdot\frac{d_j^k}{\left|\boldsymbol{d}_j\right|^2}$；对于二维问题，$k=1,2; l=1,2$。对于三维问题，$k=1,2,3; l=1,2,3$。

源项采用线性化处理得

$$\int_V S\mathrm{d}V=\left(S_C+S_{p_0}\phi_{p_0}\right)\Delta V_{p_0} \tag{10.7}$$

将式(10.3)和式(10.7)代入式(10.1)，可得稳态扩散通用方程的离散表达式为

$$\sum_{j=1}^{N}\Gamma_j\frac{\phi_{p_j}-\phi_{p_0}}{\left|\boldsymbol{d}_j\right|}\frac{\boldsymbol{d}_j}{\left|\boldsymbol{d}_j\right|}\cdot\boldsymbol{A}_j+\sum_{j=1}^{N}\Gamma_j\left[(\nabla\phi)_j-(\nabla\phi)_j\cdot\frac{\boldsymbol{d}_j}{\left|\boldsymbol{d}_j\right|}\frac{\boldsymbol{d}_j}{\left|\boldsymbol{d}_j\right|}\right]\cdot\boldsymbol{A}_j+(S_C+S_{p_0}\phi_{p_0})\Delta V_{p_0}=0 \tag{10.8}$$

式(10.7)最终可整理为

$$a_{p_0}\phi_{p_0}=\sum_{j=1}^{N}a_j\phi_{p_j}+b_{p_0} \tag{10.9}$$

式中，$a_j=\frac{\Gamma_j}{\left|\boldsymbol{d}_j\right|}\frac{\boldsymbol{d}_j}{\left|\boldsymbol{d}_j\right|}\cdot\boldsymbol{A}_j$；$a_{p_0}=\sum_{j=1}^{N}a_j-S_P\Delta V_{p_0}$；$b_{p_0}=S_C\Delta V_{p_0}+\sum_{j=1}^{N}\Gamma_j\left[(\nabla\phi)_j-(\nabla\phi)_j\cdot\frac{\boldsymbol{d}_j}{\left|\boldsymbol{d}_j\right|}\frac{\boldsymbol{d}_j}{\left|\boldsymbol{d}_j\right|}\right]\cdot\boldsymbol{A}_j$。

10.1.2　非结构化网格下对流扩散方程的离散

对稳态对流扩散积分型通用控制方程：

$$\int_A\rho\boldsymbol{u}\phi\cdot\mathrm{d}\boldsymbol{A}=\int_A\Gamma\nabla\phi\cdot\mathrm{d}\boldsymbol{A}+\int_V S\mathrm{d}V \tag{10.10}$$

在任意控制容积上进行积分可得其离散方程。为简单起见，仍以图 10.1 二维任意多

边形控制容积为例来进行说明，具体过程如下。

对流项在任意控制容积上的离散表达式为

$$\int_A \rho \boldsymbol{u}\phi \cdot \mathrm{d}\boldsymbol{A} = \sum_{j=1}^{N} \int_{A_j} \rho \boldsymbol{u}\phi \cdot \mathrm{d}\boldsymbol{A} \tag{10.11}$$

式(10.11)进一步可写为

$$\int_A \rho \boldsymbol{u}\phi \cdot \mathrm{d}\boldsymbol{A} \cong \sum_{j=1}^{N} (\rho A \boldsymbol{u} \cdot \boldsymbol{n})_j \phi_j = \sum_{j=1}^{N} (\boldsymbol{n}_j \cdot \boldsymbol{e}_j) F_j \phi_j \tag{10.12}$$

式中，$\boldsymbol{e}_j$ 为速度 u_j 的方向向量；$\boldsymbol{n}_j$ 为 j 界面的外法向单位向量；F_j 为流过 j 界面的质量流量，$F_j = (\rho u A)_j$；A_j 为 j 界面的面积；ϕ_j 为 j 界面上待求变量值，不同的插值方式可得到不同的 ϕ_j 表达式，对应不同的对流离散格式，表 10.1 给出了三种格式。

表 10.1　非结构化网格中常用的对流离散格式

对流离散格式	表达式
一阶迎风格式	$\phi_j = \begin{cases} \phi_{p_0}, & \boldsymbol{u}_j \cdot \boldsymbol{n}_j \geqslant 0 \\ \phi_{p_j}, & \boldsymbol{u}_j \cdot \boldsymbol{n}_j < 0 \end{cases}$
中心差分格式	$\phi_j = \gamma\phi_{p_0} + (1-\gamma)\phi_{p_j} + \left[\gamma\nabla\phi_{p_0} + (1-\gamma)\nabla\phi_{p_j}\right] \cdot \boldsymbol{l}_{j'-j}$，$\gamma = \dfrac{l_{j-p_j}}{l_{p_0-p_j}}$
二阶迎风格式	$\phi_j = \begin{cases} \phi_{p_0} + (\nabla\phi)_{p_0} \cdot \boldsymbol{d}_{p_0-j}, & \boldsymbol{u}_j \cdot \boldsymbol{n}_j \geqslant 0 \\ \phi_{p_j} + (\nabla\phi)_{p_j} \cdot \boldsymbol{d}_{j-p_j}, & \boldsymbol{u}_j \cdot \boldsymbol{n}_j < 0 \end{cases}$

为保证计算的稳定性和编程方便，对流项离散的实施采用延迟修正技术，于是式(10.12)可写为

$$\int_A \rho \boldsymbol{u}\phi \cdot \mathrm{d}\boldsymbol{A} = \sum_{j=1}^{N} \left\{ \begin{matrix} \max\left[(\boldsymbol{n}_j \cdot \boldsymbol{e}_j)F_j, 0\right]\left[\phi_{p_0} + (\phi_j - \phi_{p_0})^*\right] \\ -\max\left[-(\boldsymbol{n}_j \cdot \boldsymbol{e}_j)F_j, 0\right]\left[\phi_{p_j} + (\phi_j - \phi_{p_j})^*\right] \end{matrix} \right\} \tag{10.13}$$

式中，ϕ_j 通常需要根据界面流速的方向插值确定；*表示上一轮迭代的值。

将式(10.3)、式(10.7)和式(10.13)代入式(10.10)，可得稳态对流扩散通用控制方程的离散表达式为

$$a_{p_0}\phi_{p_0} = \sum_{j=1}^{N} a_j \phi_{p_j} + b_{p_0} \tag{10.14}$$

式中，$a_j = \max\left[-(\boldsymbol{n}_j \cdot \boldsymbol{e}_j)F_j, 0\right] + \dfrac{\Gamma_j}{\left|\boldsymbol{d}_j\right|}\dfrac{\boldsymbol{d}_j}{\left|\boldsymbol{d}_j\right|} \cdot \boldsymbol{A}_j$；$a_{p_0} = \sum_{j=1}^{N} a_j - S_P \Delta V_{p_0}$；$b_{p_0} = S_{\mathrm{C}} \Delta V_{p_0} +$

$\sum_{j=1}^{N}\Gamma_j\left[(\nabla\phi)_j-(\nabla\phi)_j\cdot\frac{\boldsymbol{d}_j}{|\boldsymbol{d}_j|}\frac{\boldsymbol{d}_j}{|\boldsymbol{d}_j|}\right]\cdot\boldsymbol{A}_j-\sum_{j=1}^{N}\Big[\max\left[(\boldsymbol{n}_j\cdot\boldsymbol{e}_j)F_j,0\right](\phi_j-\phi_{p_0})^*-\max\big[-(\boldsymbol{n}_j\cdot\boldsymbol{e}_j)$
$F_j,0\big](\phi_j-\phi_{p_j})^*\Big]-\sum_{j=1}^{N}(\boldsymbol{n}_j\cdot\boldsymbol{e}_j)F_j\phi_{p_0}^*$。

10.1.3　非结构化网格边界条件处理

下面对非结构化网格有限容积法中边界条件的处理进行说明，当采用补充边界节点的方法时有如下计算公式。

(1)第一类边界条件：

$$\phi_B=c \tag{10.15}$$

(2)第二类边界条件：

$$(\nabla\phi)_B\cdot\boldsymbol{n}_B=c \tag{10.16}$$

将界面外法向单位向量$\boldsymbol{n}_B$向p_0和p_B连线方向及其垂直方向进行分解，外法向单位向量则可表示为$\boldsymbol{n}_B=\boldsymbol{e}_B+\boldsymbol{t}_B$，其中$\boldsymbol{e}_B=\left(\boldsymbol{n}_B\cdot\frac{\boldsymbol{d}_B}{|\boldsymbol{d}_B|}\right)\frac{\boldsymbol{d}_B}{|\boldsymbol{d}_B|}$, $\boldsymbol{t}_B=\boldsymbol{n}_B-\left(\boldsymbol{n}_B\cdot\frac{\boldsymbol{d}_B}{|\boldsymbol{d}_B|}\right)\frac{\boldsymbol{d}_B}{|\boldsymbol{d}_B|}$, $\boldsymbol{d}_B$为p_0指向p_B的向量。式(10.16)可进一步写为

$$\begin{aligned}&(\nabla\phi)_B\cdot\boldsymbol{n}_B=(\nabla\phi)_B\cdot(\boldsymbol{e}_B+\boldsymbol{t}_B)\\&=(\nabla\phi)_B\cdot\boldsymbol{e}_B+(\nabla\phi)_B\cdot\boldsymbol{t}_B\\&=\frac{\phi_B-\phi_{p_0}}{|\boldsymbol{d}_B|}\left(\boldsymbol{n}_B\cdot\frac{\boldsymbol{d}_B}{|\boldsymbol{d}_B|}\right)+(\nabla\phi)_B\cdot\boldsymbol{t}_B\\&=c\end{aligned} \tag{10.17}$$

式(10.17)整理可得补充边界节点的代数方程为

$$\phi_B=\phi_{p_0}+\left\{c-(\nabla\phi)_B\cdot\left[\boldsymbol{n}_B-\left(\boldsymbol{n}_B\cdot\frac{\boldsymbol{d}_B}{|\boldsymbol{d}_B|}\right)\frac{\boldsymbol{d}_B}{|\boldsymbol{d}_B|}\right]\right\}\frac{|\boldsymbol{d}_B|^2}{\boldsymbol{n}_B\cdot\boldsymbol{d}_B} \tag{10.18}$$

式中，$(\nabla\phi)_B$可根据上一迭代步的值计算得到。当界面外法向单位向量$\boldsymbol{n}_B$与p_0和p_B连线方向相同时，式(10.18)中交叉项为零，式(10.18)可简化为

$$\phi_B=\phi_{p_0}+\frac{c|\boldsymbol{d}_B|^2}{\boldsymbol{n}_B\cdot\boldsymbol{d}_B}=\phi_{p_0}+c|\boldsymbol{d}_B| \tag{10.19}$$

(3)第三类边界条件：

$$a\phi_B+b(\nabla\phi)_B\cdot\boldsymbol{n}_B=c \tag{10.20}$$

式(10.20)离散得

$$a\phi_B + b\left[\frac{\phi_B - \phi_{p_0}}{|\boldsymbol{d}_B|}\left(\boldsymbol{n}_B \cdot \frac{\boldsymbol{d}_B}{|\boldsymbol{d}_B|}\right) + (\nabla\phi)_B \cdot \boldsymbol{t}_B\right] = c \tag{10.21}$$

即

$$\phi_B = \left[\phi_{p_0}\frac{b}{|\boldsymbol{d}_B|}\left(\boldsymbol{n}_B \cdot \frac{\boldsymbol{d}_B}{|\boldsymbol{d}_B|}\right) + c - b(\nabla\phi)_B \cdot \boldsymbol{t}_B\right] \Big/ \left[a + \frac{b}{|\boldsymbol{d}_B|}\left(\boldsymbol{n}_B \cdot \frac{\boldsymbol{d}_B}{|\boldsymbol{d}_B|}\right)\right] \tag{10.22}$$

式中，$(\nabla\phi)_B$ 可根据上一迭代步的值计算得到。当界面外法向单位向量 $\boldsymbol{n}_B$ 与 p_0 和 p_B 连线方向相同时，式(10.22)中交叉项的影响为零，式(10.22)可简化为

$$\begin{aligned}\phi_B &= \left[\phi_{p_0}\frac{b}{|\boldsymbol{d}_B|}\left(\boldsymbol{n}_B \cdot \frac{\boldsymbol{d}_B}{|\boldsymbol{d}_B|}\right) + c\right] \Big/ \left[a + \frac{b}{|\boldsymbol{d}_B|}\left(\boldsymbol{n}_B \cdot \frac{\boldsymbol{d}_B}{|\boldsymbol{d}_B|}\right)\right] \\ &= \left(\phi_{p_0}\frac{b}{|\boldsymbol{d}_B|} + c\right) \Big/ \left(a + \frac{b}{|\boldsymbol{d}_B|}\right)\end{aligned} \tag{10.23}$$

值得指出的是，与正交结构化网格中有限容积外节点法和内节点法类似，非结构化网格中有基于顶点的离散格式和基于中心的离散格式。一般而言，非结构化三角形网格外节点法的计算精度和收敛速度均优于内节点法；相同网格数下，非结构化四边形网格内节点法的计算性能优于非结构化三角形网格内节点法的计算性能。

10.2　非结构化网格 SIMPLE 算法

交错网格有效避免了压强的无物理意义振荡，该方法被广泛应用于正交结构化网格和贴体坐标网格中压强-速度耦合问题的求解。但非结构化网格中难以构建交错网格，因此通常采用同位网格 SIMPLE 算法求解压强-速度耦合问题。下面以二维稳态流动为例，简要介绍非结构化网格中同位网格 SIMPLE 算法。

1. 动量方程的离散和界面速度的动量插值

根据式(10.14)可得到各动量方程分量的离散表达式，将其写成矢量形式：

$$\boldsymbol{u}_{p_0} = \sum_{j=1}^{N}\left(\frac{a_j}{a_0}\right)_{p_0}\boldsymbol{u}_{p_j} + \left(\frac{\boldsymbol{b}}{a_0}\right)_{p_0} - \left(\frac{\Delta V}{a_0}\right)_{p_0}\nabla p_{p_0} = \boldsymbol{B}_{p_0} - \left(\frac{\Delta V}{a_0}\right)_{p_0}\nabla p_{p_0} \tag{10.24}$$

式中，N 为与 p_0 共用界面的相邻节点数；p_j 为第 j 个相邻节点；$\boldsymbol{b}$ 为对流项和扩散项离散时需要显式计算的部分，以及方程本身具有的源项。为方便推导压强修正方程，式(10.24)右边整理成了两项，即其他项 $\boldsymbol{B}_{p_0}$ 和压强梯度项 $\left(\frac{\Delta V}{a_0}\right)_{p_0}\nabla p_{p_0}$。

与结构化网格类似，为在同位网格中引入相邻点的压差，采用动量插值的方法计算界面上的速度：

$$\boldsymbol{u}_j=\boldsymbol{B}_j-\left(\frac{V}{a_0}\right)_j\nabla p_j \tag{10.25}$$

式中，$\boldsymbol{B}_j$ 和 $(V/a_0)_j$ 通过线性插值计算：

$$\boldsymbol{B}_j=\gamma\boldsymbol{B}_{p_0}+(1-\gamma)\boldsymbol{B}_{p_j} \tag{10.26}$$

$$\left(\frac{V}{a_0}\right)_j=\left[\gamma\left(\frac{V}{a_0}\right)_{p_0}+(1-\gamma)\left(\frac{V}{a_0}\right)_{p_j}\right] \tag{10.27}$$

2. 压强修正方程的推导和求解

假设初始速度场 $\boldsymbol{u}$ 和初始压强场 p，求解动量方程离散表达式(10.24)，得到临时速度 $\boldsymbol{u}^*$ 和界面上的速度 $\boldsymbol{u}_j$。在某一轮动量方程迭代过程中所求得的临时速度 $\boldsymbol{u}^*$ 满足动量方程，但不满足连续性方程，因此需对速度和压强进行修正。假设修正后的速度和压强同时满足连续性方程和动量方程，可得速度修正公式为

$$\boldsymbol{u}_j'=\boldsymbol{B}_j'-\left(\frac{\Delta V}{a_0}\right)_j\nabla p_j' \tag{10.28}$$

忽略临时速度修正的影响和压强修正值梯度中的交叉项，最终可得速度修正公式为

$$\boldsymbol{u}_j'=-\left(\frac{\Delta V}{a_0}\right)_j\frac{p_{p_j}'-p_{p_0}'}{|\boldsymbol{d}|_j}\frac{\boldsymbol{d}_j}{|\boldsymbol{d}|_j} \tag{10.29}$$

将修正后的速度 $\boldsymbol{u}^*+\boldsymbol{u}'$ 代入连续性方程中，可得压强修正方程为

$$a_{p_0}p_{p_0}'=\sum_{j=1}^{N}a_{p_j}p_{p_j}'+b_{p_0} \tag{10.30}$$

式中，$a_{p_j}=\rho_j\left(\frac{\Delta V}{a_0}\right)_j\frac{\boldsymbol{d}_j\cdot\boldsymbol{A}_j}{\left|\boldsymbol{d}_j\right|^2}$；$a_{p_0}=\sum\limits_{j=1}^{N}a_{p_j}$；$b_{p_0}=-\sum\limits_{j=1}^{N}\rho_j\boldsymbol{u}_j^*\cdot\boldsymbol{A}_j$。

3. 速度和压强的修正

求解压强修正方程式(10.30)可得到压强修正值 p'。对速度和压强进行修正，分别为

$$\boldsymbol{u}=\boldsymbol{u}^*+\boldsymbol{u}' \tag{10.31}$$

$$p=p^*+\alpha_p p' \tag{10.32}$$

4. 方程收敛性判断

判断修正后的速度和压强是否达到设定的收敛标准，如未达到，则按修正后的速度和压强更新离散动量方程的系数，并利用修正后的压强场开始下一层次的迭代计算。如果收敛，计算结束。

10.3　贴体网格和非结构化网格对比

贴体网格适合处理形状较为简单的不规则单连通区域，对于更复杂的多连通区域(如带空洞区域)推荐使用非结构化网格。两种方法的对比如表 10.2 所示。

表 10.2　贴体网格与非结构化网格对比

对比项		贴体网格	非结构化网格
网格	编号及存储	节点编号有序，与邻点关系明确，内节点周围的单元数目相同，生成网格计算量相对较小	节点编号无规则，需存储节点之间、计算单元之间及边界间相互联系的信息，生成工作量和存储信息量较大，对计算机要求较高
网格	适用性	处理形状简单的不规则单连通区域优势显著，适用的范围比较窄	适用的范围广，对复杂不规则多连通区域仍具有十分灵活的适应能力
网格	自适应	网格加密尤其是区域内部加密实施难度较大	容易控制网格大小和节点密度，易实现局部加密
数学模型		涉及控制方程变换，较为复杂	控制方程无需变换
离散求解		离散复杂，尤其是三维；对流项高阶格式构建复杂	相对简单，但对流项一般不超过二阶精度，高阶格式构建困难
计算稳定性		相同网格系统下贴体坐标健壮性一般优于非结构网格	

10.4　典型习题解析

例 1　试简述相同网格系统下贴体坐标健壮性一般优于非结构网格的原因。

【解析】本题考查贴体网格和非结构化网格压强修正方法的区别。

在贴体坐标系中，压强修正方程中的交叉导数项一般不省略，而在非结构化网格中，压强修正值梯度中的交叉项一般忽略，当网格线倾斜程度较严重时，健壮性相对变差。因而相同网格系统下贴体坐标健壮性一般优于非结构网格。

例 2　图 10.4 为边长为 1 的正三角形网格，共有四个节点分别为 p_0,p_1,p_2,p_3，其位置分别为 $(0,0)$, $(0,\sqrt{3}/3)$, $(-0.5,-\sqrt{3}/6)$, $(0.5,-\sqrt{3}/6)$，对应的变量 ϕ 值 $\phi_{p_0},\phi_{p_1},\phi_{p_2},\phi_{p_3}$ 分别为 1,1.5,1.5,0.5，节点坐标和变量 ϕ 值见图 10.4。试分别采用 Green-Gauss 方法和最小二乘法计算 p_0 点的梯度。

【解析】本题考查非结构化三角形网格下梯度的求解方法。

(1) Green-Gauss 方法。

首先计算主控容积大小和各界面面积矢量。由题意可知，主控容积大小为

$$\Delta V_{p_0} = \sqrt{3}/4 \tag{10.33}$$

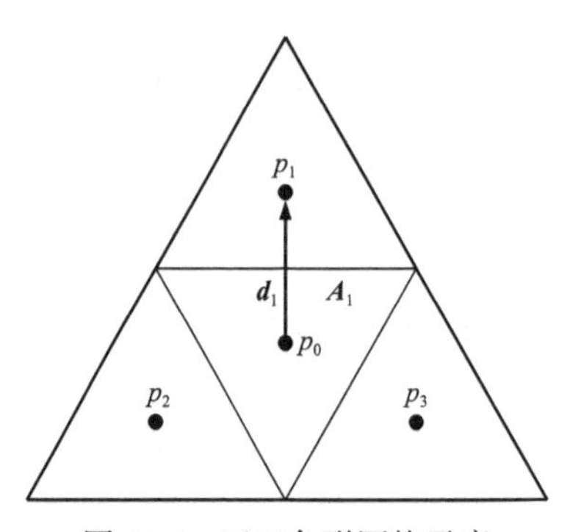

图 10.4　正三角形网格示意

各个面的面积矢量为

$$\boldsymbol{A}_1 = A_1 \cdot \frac{\boldsymbol{d}_1}{|\boldsymbol{d}_1|} = 1 \times \frac{\frac{\sqrt{3}}{3}\boldsymbol{j}}{\frac{\sqrt{3}}{3}} = \boldsymbol{j} \tag{10.34}$$

$$\boldsymbol{A}_2 = -\frac{\sqrt{3}}{2}\boldsymbol{i} - 0.5\boldsymbol{j} \tag{10.35}$$

$$\boldsymbol{A}_3 = \frac{\sqrt{3}}{2}\boldsymbol{i} - 0.5\boldsymbol{j} \tag{10.36}$$

其次，插值得到各界面中心点的值。如图 10.5 所示，由于界面中心点同相邻控制容积连线与界面的交点重合，可以直接通过线性插值得到界面中心点的值：

$$\phi_1 = \frac{\phi_{p_0} + \phi_{p_1}}{2} = \frac{1+1.5}{2} = 1.25 \tag{10.37}$$

$$\phi_2 = \frac{\phi_{p_0} + \phi_{p_2}}{2} = \frac{1+1.5}{2} = 1.25 \tag{10.38}$$

$$\phi_3 = \frac{\phi_{p_0} + \phi_{p_3}}{2} = \frac{1+0.5}{2} = 0.75 \tag{10.39}$$

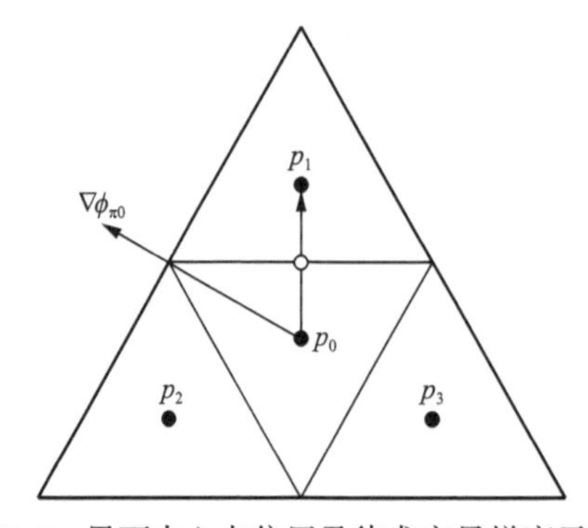

图 10.5　界面中心点位置及待求变量梯度示意图

将式(10.34)～式(10.39)代入 Green-Gauss 方法中节点梯度计算公式可得

$$
\begin{aligned}
(\nabla\phi)_{p_0} &= \frac{1}{V_{p_0}}\sum_{j=1}^{N}\phi_j\cdot\boldsymbol{A}_j \\
&= \frac{4}{\sqrt{3}}\left[1.25\times\boldsymbol{j}+1.25\times(-\sqrt{3}/2\boldsymbol{i}-0.5\boldsymbol{j})+0.75\times(\sqrt{3}/2\boldsymbol{i}-0.5\boldsymbol{j})\right] \\
&= -\boldsymbol{i}+0.577\boldsymbol{j}
\end{aligned}
\tag{10.40}
$$

(2)最小二乘法。

首先计算节点 p_0 和 p_1, p_2, p_3 点之间的距离矢量 $\boldsymbol{d}_1,\boldsymbol{d}_2,\boldsymbol{d}_3$ (图 10.6)：

$$\boldsymbol{d}_1=\frac{\sqrt{3}}{3}\boldsymbol{i} \tag{10.41}$$

$$\boldsymbol{d}_2=-0.5\boldsymbol{i}-\frac{\sqrt{3}}{6}\boldsymbol{j} \tag{10.42}$$

$$\boldsymbol{d}_3=0.5\boldsymbol{i}-\frac{\sqrt{3}}{6}\boldsymbol{j} \tag{10.43}$$

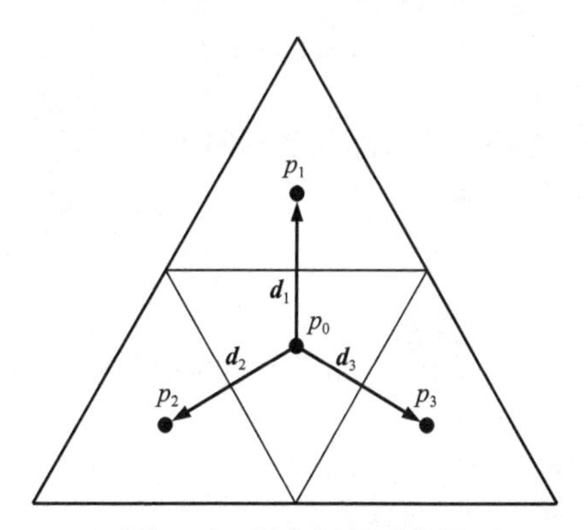

图 10.6　距离矢量示意图

再次计算 p_0 到 p_1, p_2, p_3 点方向 ϕ 的变化率(图 10.7)：

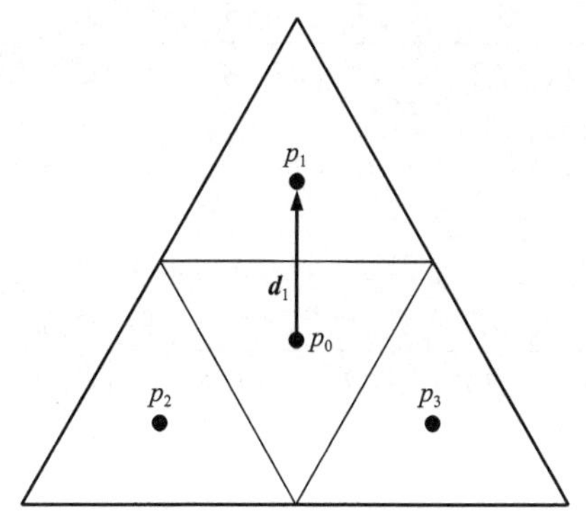

图 10.7　变量梯度示意图

$$\frac{\phi_{p_1}-\phi_{p_0}}{|\boldsymbol{d}_1|}=\frac{1.5-1}{\sqrt{3}/3}=\frac{\sqrt{3}}{2} \tag{10.44}$$

$$\frac{\phi_{p_2}-\phi_{p_0}}{|\boldsymbol{d}_2|}=\frac{1.5-1}{\sqrt{3}/3}=\frac{\sqrt{3}}{2} \tag{10.45}$$

$$\frac{\phi_{p_3}-\phi_{p_0}}{|\boldsymbol{d}_3|}=\frac{0.5-1}{\sqrt{3}/3}=-\frac{\sqrt{3}}{2} \tag{10.46}$$

构造矩阵 $\boldsymbol{G}$，由题意可知，

$$\begin{aligned}G_{11}&=\frac{d_1^1\cdot d_1^1}{|\boldsymbol{d}_1|^3}+\frac{d_2^1\cdot d_2^1}{|\boldsymbol{d}_2|^3}+\frac{d_3^1\cdot d_3^1}{|\boldsymbol{d}_3|^3}\\&=\frac{0\times 0}{(\sqrt{3}/3)^3}+\frac{(-0.5)\times(-0.5)}{(\sqrt{3}/3)^3}+\frac{(0.5)\times(0.5)}{(\sqrt{3}/3)^3}\\&=2.5981\end{aligned} \tag{10.47}$$

同理可求得

$$G_{12}=G_{21}=0 \tag{10.48}$$

$$G_{22}=2.5981 \tag{10.49}$$

因此 $\boldsymbol{G}$ 矩阵可写为

$$\boldsymbol{G}=\begin{bmatrix}2.5981 & 0\\ 0 & 2.5981\end{bmatrix} \tag{10.50}$$

构造向量 $\boldsymbol{h}$，由题意可知

$$\begin{aligned}h_1&=\frac{\phi_{p_1}-\phi_{p_0}}{|\boldsymbol{d}_1|}\frac{d_1^1}{|\boldsymbol{d}_1|^2}+\frac{\phi_{p_2}-\phi_{p_0}}{|\boldsymbol{d}_2|}\frac{d_2^1}{|\boldsymbol{d}_2|^2}+\frac{\phi_{p_3}-\phi_{p_0}}{|\boldsymbol{d}_3|}\frac{d_3^1}{|\boldsymbol{d}_3|^2}\\&=\frac{\sqrt{3}}{2}\cdot\frac{0}{(\sqrt{3}/3)^2}+\frac{\sqrt{3}}{2}\cdot\frac{-0.5}{(\sqrt{3}/3)^2}+\left(\frac{-\sqrt{3}}{2}\right)\cdot\frac{0.5}{(\sqrt{3}/3)^2}\\&=-2.5981\end{aligned} \tag{10.51}$$

同理可得

$$h_2=\frac{\phi_{p_1}-\phi_{p_0}}{|\boldsymbol{d}_1|}\frac{d_1^{(2)}}{|\boldsymbol{d}_1|^2}+\frac{\phi_{p_2}-\phi_{p_0}}{|\boldsymbol{d}_2|}\frac{d_2^{(2)}}{|\boldsymbol{d}_2|^2}+\frac{\phi_{p_3}-\phi_{p_0}}{|\boldsymbol{d}_3|}\frac{d_3^{(2)}}{|\boldsymbol{d}_3|^2}=1.5 \tag{10.52}$$

求解矩阵方程 $\boldsymbol{GX}=\boldsymbol{h}$

$$\begin{bmatrix} 2.5981 & 0 \\ 0 & 2.5981 \end{bmatrix} \begin{bmatrix} \partial\phi / \partial x \\ \partial\phi / \partial y \end{bmatrix} = \begin{bmatrix} -2.5981 \\ 1.5 \end{bmatrix} \tag{10.53}$$

解得 $\dfrac{\partial\phi}{\partial x} = -1$, $\dfrac{\partial\phi}{\partial y} = 0.577$，代入梯度表达式可得

$$(\nabla\phi)_{p_0} = \frac{\partial\phi}{\partial x}\boldsymbol{i} + \frac{\partial\phi}{\partial y}\boldsymbol{j} = -\boldsymbol{i} + 0.577\boldsymbol{j} \tag{10.54}$$

例 3　图 10.8 为边长为 1 的正方形网格，共有 5 个节点 p_0, p_1, p_2, p_3, p_4，对应的变量 $\phi_{p0}, \phi_{p1}, \phi_{p2}, \phi_{p3}, \phi_{p4}$ 的值分别为 5,4,4,6,6，如图 10.8 中所示。假设 P_0 控制容积的体积为 1，试采用 Green-Gauss 方法求出 p_0 点的梯度 $\nabla\phi_{p_0}$。

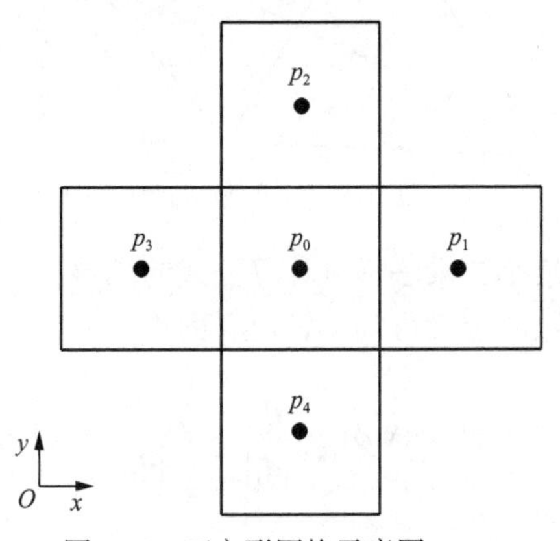

图 10.8　正方形网格示意图

【解析】本题考查非结构化四边形网格下梯度的求解方法。

在 Green-Gauss 方法中，p_0 点的梯度表达式为

$$\nabla\phi_{p_0} = \frac{1}{V_{p_0}} \sum_{j=1}^{4} \phi_j \boldsymbol{A}_j \tag{10.55}$$

式中，p_0 控制容积的体积为 1。

东、北、西、南四个界面的界面矢量和界面中心点的值分别为

$$\boldsymbol{A}_1 = \boldsymbol{i}, \phi_1 = \frac{4+5}{2} = 4.5 \tag{10.56}$$

$$\boldsymbol{A}_2 = \boldsymbol{j}, \phi_2 = \frac{4+5}{2} = 4.5 \tag{10.57}$$

$$\boldsymbol{A}_3 = -\boldsymbol{i}, \phi_3 = \frac{5+6}{2} = 5.5 \tag{10.58}$$

$$\boldsymbol{A}_4 = -\boldsymbol{j}, \phi_4 = \frac{5+6}{2} = 5.5 \tag{10.59}$$

将式(10.56)～式(10.59)代入式(10.55)得

$$\nabla\phi_{p_0} = -1\boldsymbol{i} - 1\boldsymbol{j} \tag{10.60}$$

例 4　针对图 10.9 的三角形网格，试推导采用最小二乘法计算 p_0 点处梯度的表达式。

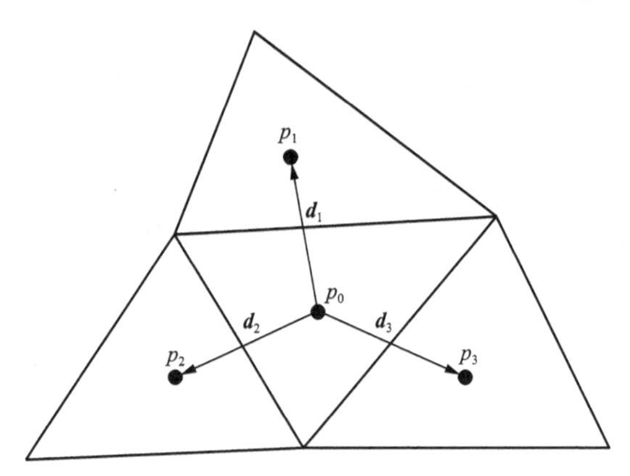

图 10.9　三角形网格示意图

【解析】本题考查最小二乘法梯度计算公式的推导。

根据梯度和方向导数的定义可知，针对界面 1，

$$(\nabla\phi)_{p_0} \cdot \frac{\boldsymbol{d}_1}{|\boldsymbol{d}_1|} = \frac{\phi_{p_1} - \phi_{p_0}}{|\boldsymbol{d}_1|} \tag{10.61}$$

将 $(\nabla\phi)_{p_0} = \dfrac{\partial\phi}{\partial x}\boldsymbol{i} + \dfrac{\partial\phi}{\partial y}\boldsymbol{j}$ 和 $\boldsymbol{d}_1 = d_1^x\boldsymbol{i} + d_1^y\boldsymbol{j}$ 代入式(10.61)可得

$$\frac{\partial\phi}{\partial x}\frac{d_1^x}{|\boldsymbol{d}_1|} + \frac{\partial\phi}{\partial y}\frac{d_1^y}{|\boldsymbol{d}_1|} = \frac{\phi_{p_1} - \phi_{p_0}}{|\boldsymbol{d}_1|} \tag{10.62}$$

同理，针对界面 2 和界面 3 可分别得

$$\frac{\partial\phi}{\partial x}\frac{d_2^x}{|\boldsymbol{d}_2|} + \frac{\partial\phi}{\partial y}\frac{d_2^y}{|\boldsymbol{d}_2|} = \frac{\phi_{p_2} - \phi_{p_0}}{|\boldsymbol{d}_2|} \tag{10.63}$$

$$\frac{\partial\phi}{\partial x}\frac{d_3^x}{|\boldsymbol{d}_3|} + \frac{\partial\phi}{\partial y}\frac{d_3^y}{|\boldsymbol{d}_3|} = \frac{\phi_{p_3} - \phi_{p_0}}{|\boldsymbol{d}_3|} \tag{10.64}$$

将式(10.62)～式(10.64)写成矩阵的形式：

$$\begin{bmatrix} A_{11} & A_{12} \\ A_{21} & A_{22} \\ A_{31} & A_{32} \end{bmatrix} \begin{bmatrix} X_1 \\ X_2 \end{bmatrix} = \begin{bmatrix} b_1 \\ b_2 \\ b_3 \end{bmatrix} \tag{10.65}$$

式中，$A_{ij}=\dfrac{d_i^j}{|\boldsymbol{d}_i|}$，其中 $d_i^1=d_i^x$，$d_i^2=d_i^y$；$X_1=\dfrac{\partial\phi}{\partial x}$；$X_2=\dfrac{\partial\phi}{\partial y}$；$b_i=\dfrac{\phi_{p_i}-\phi_{p_0}}{|\boldsymbol{d}_i|}$。

分析可知，式(10.65)是一个超定矩阵，在数学上可以求得其最小二乘解：

$$\boldsymbol{X}=\boldsymbol{G}^{-1}\boldsymbol{h} \tag{10.66}$$

式中，$\boldsymbol{G}=\boldsymbol{A}^{\mathrm{T}}\boldsymbol{A}$, $G_{kl}=\sum_{j=1}^{3}\dfrac{d_j^k\cdot d_j^l}{|\boldsymbol{d}_j|^2}$；$\boldsymbol{h}=\boldsymbol{A}^{\mathrm{T}}\boldsymbol{b}$；$h_k=\sum_{j=1}^{3}\dfrac{\phi_{p_j}-\phi_{p_0}}{|\boldsymbol{d}_j|}\cdot\dfrac{d_j^k}{|\boldsymbol{d}_j|}$。

式(10.66)表达的物理意义是：寻找梯度 $\nabla\phi$，使其在三个方向上投影得到的变化率，与采用差分计算的各方向的变换率，在最小二乘意义上最为接近，其数学表达式为

$$(\nabla\phi)_{p_0}=\arg\min\left[\sum_{j=1}^{3}\left((\nabla\phi)_{p_0}\cdot\frac{\boldsymbol{d}_j}{|\boldsymbol{d}_j|}-\frac{\phi_{p_j}-\phi_{p_0}}{|\boldsymbol{d}_j|}\right)^2\right] \tag{10.67}$$

式中，$\arg\min()$ 表示使括号中式子取得最小值时的参数值。但是，式(10.67)将各个方向的变化率视为同等重要，显然 p_j 与 p_0 靠得越近，采用差分计算的 j 方向变化率越准确，其值占的权重应该越大。根据距离的倒数，采用加权最小二乘求解梯度，精度会更高，其数学表达式为

$$\nabla\phi_{p_0}=\arg\min\left[\sum_{j=1}^{3}\frac{1}{|\boldsymbol{d}_j|}\left(\nabla\phi_{p_0}\cdot\frac{\boldsymbol{d}_j}{|\boldsymbol{d}_j|}-\frac{\phi_{p_j}-\phi_{p_0}}{|\boldsymbol{d}_j|}\right)^2\right] \tag{10.68}$$

在数学上，式(10.65)的加权最小二乘解为

$$\boldsymbol{X}=\boldsymbol{G}^{-1}\boldsymbol{h}$$

式中，$\boldsymbol{G}=\boldsymbol{A}^{\mathrm{T}}\boldsymbol{C}\boldsymbol{A}$，$\boldsymbol{C}$ 为权矩阵，$\boldsymbol{C}=\mathrm{diag}(1/|\boldsymbol{d}_1|,1/|\boldsymbol{d}_2|,1/|\boldsymbol{d}_3|)$，则 $G_{kl}=\sum_{j=1}^{3}\dfrac{d_j^k\cdot d_j^l}{|\boldsymbol{d}_j|^3}$；

$\boldsymbol{h}=\boldsymbol{A}^{\mathrm{T}}\boldsymbol{C}\boldsymbol{b}$，$h_k=\sum_{j=1}^{3}\dfrac{\phi_{p_j}-\phi_{p_0}}{|\boldsymbol{d}_j|}\cdot\dfrac{d_j^k}{|\boldsymbol{d}_j|^2}$。

例 5　图 10.10 所示为边长为 3m、倾斜角为 60°的平行四边形区域上的二维稳态导热问题。已知导热系数 $\lambda=1\mathrm{W/(m\cdot ℃)}$，左边界为第一类边界条件 $T_{\mathrm{w1}}=200℃$，右边界为第三类边界条件，其中 $h_{\mathrm{f}}=10\mathrm{W/(m^2\cdot ℃)}$，外部温度 $T_{\mathrm{f}}=500℃$，上边界为绝热边界条件，下边界为第一类边界条件 $T_{\mathrm{w2}}=400℃$。试采用非结构化网格方法求解该问题。

【解析】本题考查非结构化网格下物理问题求解的一般过程。

(1)对于导热问题，非结构化网格扩散方程离散形式为

$$a_0T_{P_0}=\sum_{j=1}^{N}a_jT_{P_j}+b_0 \tag{10.69}$$

其离散系数和源项表达式如表 10.3 所示。

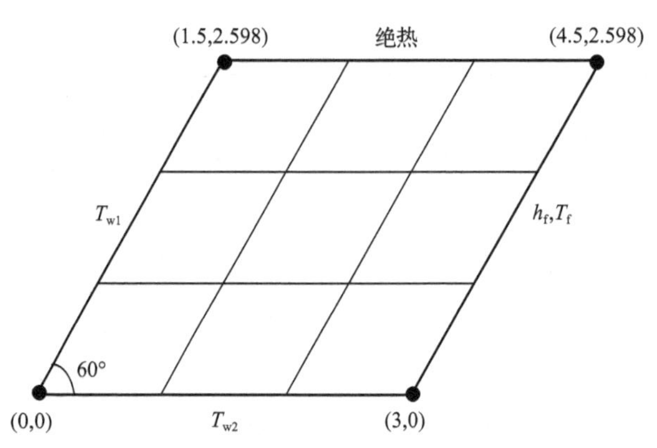

图 10.10　平行四边形区域导热问题示意图

表 10.3　非结构化网格控制方程离散系数和源项

a_0	a_j	b_0
$\sum_{j=1}^{4} a_j$	$\dfrac{\lambda_j}{\lvert \boldsymbol{d}_j \rvert} \dfrac{\boldsymbol{d}_j}{\lvert \boldsymbol{d}_j \rvert} \cdot \boldsymbol{A}_j$	$\sum_{j=1}^{N} \lambda_j \left[(\nabla T)_j - (\nabla T)_j \cdot \dfrac{\boldsymbol{d}_j}{\lvert \boldsymbol{d}_j \rvert} \dfrac{\boldsymbol{d}_j}{\lvert \boldsymbol{d}_j \rvert} \right] \cdot \boldsymbol{A}_j$

注：$\boldsymbol{d}_j$ 为该控制中心到相邻单元 j 控制中心距离向量，当两个控制中心都为内节点时，$\lvert \boldsymbol{d}_j \rvert = 1$，$\boldsymbol{d}_j \cdot \boldsymbol{A}_j = \sqrt{3}/2$；对于边界节点，$\lvert \boldsymbol{d}_j \rvert = \dfrac{1}{2}$，$\boldsymbol{d}_j \cdot \boldsymbol{A}_j = \sqrt{3}/4$。

对于非结构化网格周围单元分布本无规律，但本题中网格为特殊的四边形网格，网格示意图如图 10.11 所示，按东南西北区分离散系数，离散系数计算结果如表 10.4 所示。

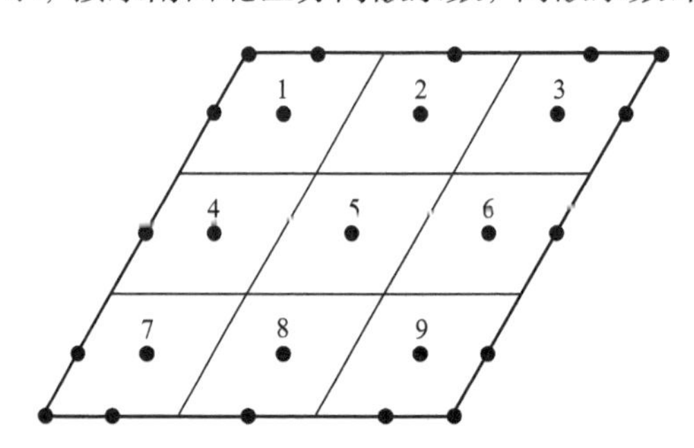

图 10.11　计算区域网格离散及节点排布

表 10.4　非结构化网格控制方程离散系数值

节点	a_W	a_E	a_S	a_N
内节点 1	1.732	0.866	0.866	1.732
内节点 2	0.866	0.866	0.866	1.732
内节点 3	0.866	1.732	0.866	1.732
内节点 4	1.732	0.866	0.866	0.866
内节点 5	0.866	0.866	0.866	0.866
内节点 6	0.866	1.732	0.866	0.866

续表

节点	a_W	a_E	a_S	a_N
内节点 7	1.732	0.866	1.732	0.866
内节点 8	0.866	0.866	1.732	0.866
内节点 9	0.866	1.732	1.732	0.866

可以看到由于交叉导数项的存在，源项中含有待求物理量，故需要迭代求解，初场对应的源项如表 10.5 所示。

表 10.5　非结构化网格控制方程源项值

节点	b_0
内节点 1	0.00
内节点 2	36.908
内节点 3	36.908
内节点 4	28.868
内节点 5	65.776
内节点 6	65.776
内节点 7	28.868
内节点 8	65.776
内节点 9	65.776

(2)定义平均误差为

$$\mathrm{Err}=\frac{\sum_{i=1}^{9}\left|T(i)-T_0(i)\right|}{9} \tag{10.70}$$

图 10.12 为温度误差随迭代次数下降趋势，可见经过 10 次迭代后，误差显著减小至 0.965℃，迭代 29 次即达到收敛(小于 10^{-4}℃)，收敛后的计算结果见表 10.6。

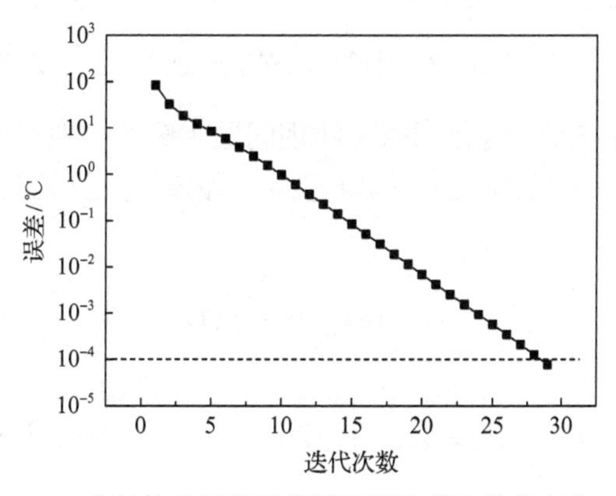

图 10.12　非结构化网格温度误差随迭代次数的变化

表 10.6　各控制容积节点上收敛数值解

节点	数值解
内节点 1	285.81
内节点 2	389.03
内节点 3	466.04
内节点 4	274.44
内节点 5	368.68
内节点 6	448.54
内节点 7	303.90
内节点 8	369.75
内节点 9	429.21

例 6　采用非结构化网格方法求解图 10.13 的计算区域导热问题。其中，三角形单元边长为 1m，材料的导热系数 $\lambda = 1\mathrm{W/(m \cdot ℃)}$，$AB$ 边界为第一类边界条件，$T_w = 100℃$，AC 边界为绝热边界条件，BC 边界为第三类边界条件，其中 $h_f = 8\sqrt{3}\ \mathrm{W/(m^2 \cdot ℃)}$，环境温度为 $T_f = 30℃$。

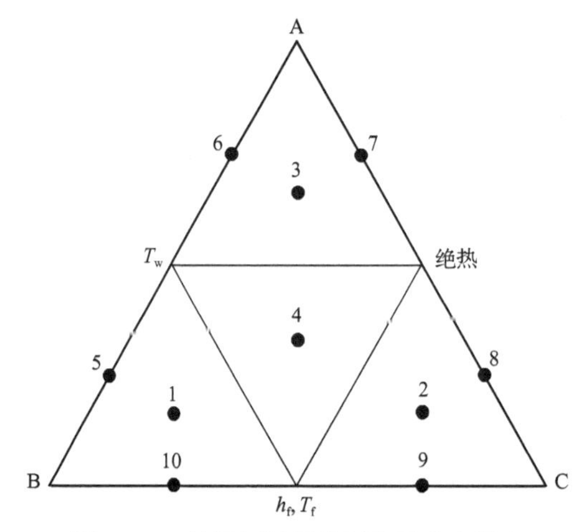

图 10.13　计算区域网格划分及节点排布

【解析】本题考查非结构化网格下物理问题求解的一般过程。本题中由于网格节点连线与相应界面垂直，扩散项交叉导数项为 0，即离散方程的源项为 0，此时离散控制方程可写为

$$a_0 T_{P_0} = \sum_{j=1}^{N} a_j T_{P_j}$$

式中，$a_j = \dfrac{\lambda_j}{\left|\boldsymbol{d}_j\right|^2}(\boldsymbol{d}_j \cdot \boldsymbol{A}_j)$；$a_0 = \sum\limits_{j=1}^{N} a_j$；其中，$\boldsymbol{A}_j$ 为控制容积界面的面积矢量，本题中由题意可知 $\left|\boldsymbol{A}_j\right| = 1$；$\boldsymbol{d}_j$ 为该控制中心到相邻单元 j 控制中心的距离向量，当两个控制中

心都为内节点时，$|\boldsymbol{d}_j| = 1/\sqrt{3}$，此时 $\boldsymbol{d}_j \cdot \boldsymbol{A}_j = |\boldsymbol{d}_j| \cdot |\boldsymbol{A}_j| = 1/\sqrt{3}$，当相邻控制中心为边界上点时，$|\boldsymbol{d}_j| = 1/2\sqrt{3}$，此时 $\boldsymbol{d}_j \cdot \boldsymbol{A}_j = |\boldsymbol{d}_j| \cdot |\boldsymbol{A}_j| = 1/2\sqrt{3}$。下面分别给出每个节点上控制方程的离散方程表达式。

(1) 对节点 1 有

$$(\sqrt{3} + 2\sqrt{3} + 2\sqrt{3})T_1 = \sqrt{3}T_4 + 2\sqrt{3}T_5 + 2\sqrt{3}T_{10} \tag{10.71}$$

式(10.71)化简得

$$5T_1 = T_4 + 2T_5 + 2T_{10} \tag{10.72}$$

由于 $T_5 = 100$，式(10.72)进一步化简为

$$5T_1 = T_4 + 2T_{10} + 200 \tag{10.73}$$

由第三类边界条件 $h_\mathrm{f}(T_\mathrm{f} - T_{10}) = -\lambda \dfrac{T_1 - T_{10}}{|\boldsymbol{d}_{10}|}$ 可得 $T_{10} = \dfrac{h_\mathrm{f} T_\mathrm{f} + \lambda \dfrac{T_1}{|\boldsymbol{d}_{10}|}}{\lambda \dfrac{1}{|\boldsymbol{d}_{10}|} + h_\mathrm{f}}$，即

$$T_{10} = \frac{240\sqrt{3} + 2\sqrt{3}T_1}{2\sqrt{3} + 8\sqrt{3}} = 24 + 0.2T_1 \tag{10.74}$$

将式(10.74)代入式(10.73)得

$$4.6T_1 = T_4 + 248 \tag{10.75}$$

(2) 对节点 2 有

$$(\sqrt{3} + 2\sqrt{3} + 2\sqrt{3})T_2 = \sqrt{3}T_4 + 2\sqrt{3}T_8 + 2\sqrt{3}T_9 \tag{10.76}$$

式(10.76)进一步化简得

$$5T_2 = T_4 + 2T_8 + 2T_9 \tag{10.77}$$

由第二类边界条件得 $T_8 = T_2$，代入式(10.77)得

$$3T_2 = T_4 + 2T_9 \tag{10.78}$$

由第三类边界条件可得 $T_9 = \dfrac{h_\mathrm{f} T_\mathrm{f} + \lambda \dfrac{T_2}{|\boldsymbol{d}_9|}}{\lambda \dfrac{1}{|\boldsymbol{d}_9|} + h_\mathrm{f}}$，即

$$T_9 = \frac{240\sqrt{3} + 2\sqrt{3}T_2}{2\sqrt{3} + 8\sqrt{3}} = 24 + 0.2T_2 \tag{10.79}$$

将式(10.79)代入式(10.78)得

$$2.6T_2 = T_4 + 48 \tag{10.80}$$

对于节点 3 有

$$(\sqrt{3} + 2\sqrt{3} + 2\sqrt{3})T_3 = \sqrt{3}T_4 + 2\sqrt{3}T_6 + 2\sqrt{3}T_7 \tag{10.81}$$

式(10.81)化简可得

$$5T_3 = T_4 + 2T_6 + 2T_7 \tag{10.82}$$

由第二类边界条件得 $T_7 = T_3$，式(10.82)化简为

$$3T_3 = T_4 + 2T_6 \tag{10.83}$$

由第一类边界条件 $T_6 = 100℃$，式(10.83)进一步化简为

$$3T_3 = T_4 + 200 \tag{10.84}$$

对于节点 4 有

$$(\sqrt{3} + \sqrt{3} + \sqrt{3})T_4 = \sqrt{3}T_1 + \sqrt{3}T_2 + \sqrt{3}T_3 \tag{10.85}$$

式(10.85)化简得

$$3T_4 = T_1 + T_2 + T_3 \tag{10.86}$$

联立式(10.75)、式(10.80)、式(10.84)、式(10.86)得

$$\begin{cases} 4.6T_1 = T_4 + 248 \\ 2.6T_2 = T_4 + 48 \\ 3T_3 = T_4 + 200 \\ 3T_4 = T_1 + T_2 + T_3 \end{cases} \tag{10.87}$$

解方程组(10.87)，可得内节点温度为

$$T_1 = 68.55℃, T_2 = 44.36℃, T_3 = 89.11℃, T_4 = 67.34℃$$

根据边界条件，可得边界温度为

$$T_5 = 100℃, T_6 = 100℃, T_7 = 89.11℃, T_8 = 44.36℃, T_9 = 32.87℃, T_{10} = 37.71℃$$

10.5 编 程 实 践

图 10.14 所示为 60° 角的斜方腔顶盖驱动流问题，Re =1000，初始的速度场为零。分别采用正三角网格和平行四边形网格两种非结构化网格来离散计算区域，并编程求解，

要求如下。

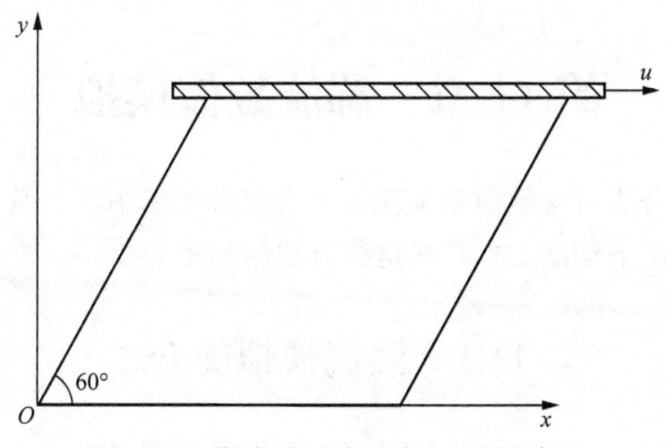

图 10.14　斜方腔顶盖驱动流问题示意图

(1)写出正三角网格和平行四边形网格的控制容积节点坐标表达式。

(2)写出顶盖驱动流问题的无量纲控制方程及边界条件。

(3)写出通用控制方程在非结构化网格上的离散过程。

(4)通过与相关文献数据对比，验证程序的正确性。

(5)通过比较相同网格数目时计算结果的误差,分析正三角网格和平行四边形网格计算精度的差异。

(6)通过比较达到相同精度时所需的计算耗时,分析正三角网格和平行四边形网格计算速度的差异。

(7)总结编程和调程的心得体会及对非结构正三角网格和平行四边形网格的认识。

第 11 章　湍流数值模拟

湍流数值模拟可分为直接数值模拟法和非直接数值模拟法，其中非直接数值模拟法包含大涡模拟法和雷诺平均法，本章对这些方法作简单介绍。

11.1　湍流模拟简介

湍流是三维不规则非定常流动，流动空间分布着不同尺度的涡。大尺度涡强烈依赖于流场的边界条件和初始条件，与平均流动之间有强烈的相互作用；小尺度涡由大尺度涡产生，受边界条件和初始条件的影响较小，主要起耗散作用。根据计算机条件(CPU、内存等)和研究湍流目的(整场全部信息、主要特征信息、平均信息)的不同，湍流数值模拟的精细程度有不同的层次：①求解全部尺度的涡；②求解大尺度涡；③求解全部尺度涡的平均信息。常用的湍流数值模拟方法可分为如图 11.1 所示的类型。

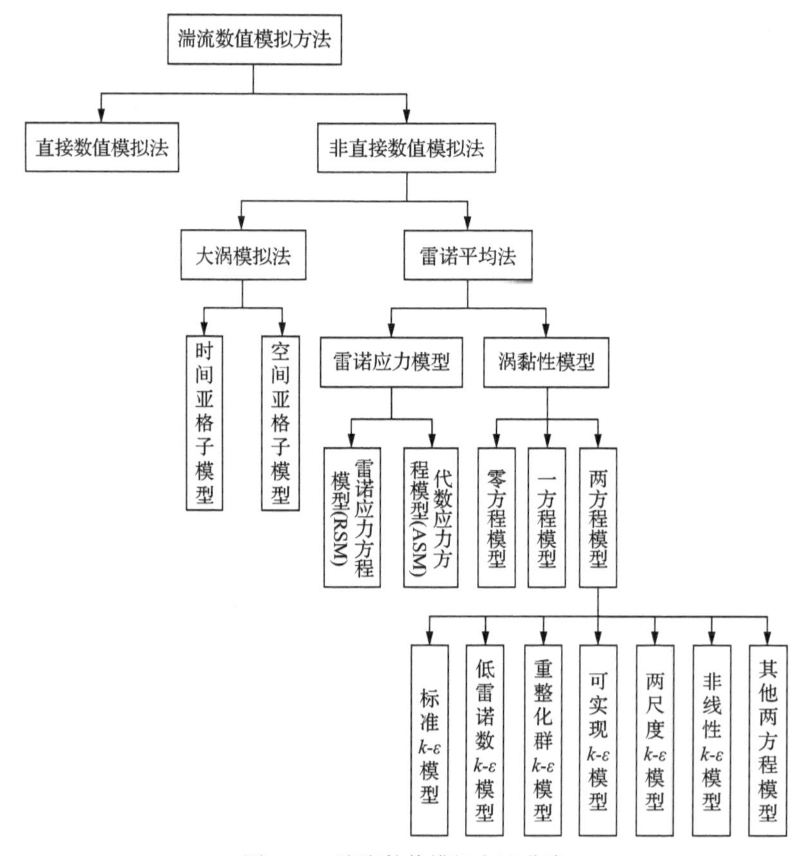

图 11.1　湍流数值模拟方法分类

11.2　湍流直接数值模拟方法

直接数值模拟方法(direct numerical simulation，DNS)是不引入任何湍流模式假设，直接求解流动控制方程，得到所有尺度的湍流运动的数值计算方法。采用该方法可以获得湍流场的全部信息以及瞬时流动演化过程。

湍流中最大尺度的涡由流场的几何形状确定，最小尺度涡的大小为科尔莫戈罗夫(Kolmogorov)耗散尺度，即$\eta = \left(\frac{\nu^3}{\varepsilon}\right)^{1/4}$。直接数值模拟计算区域的选取应该足够大，至少包含一个最大尺度的涡。同时，划分网格时，要求网格尺度足够小，能分辨出流场中最小尺度(耗散尺度)的涡。这样才可以保证 DNS 得到从耗散尺度到最大尺度湍流的全部信息。在实际的计算中，综合考虑精度和计算耗时，在近壁区法向网格尺度一般要严格地满足 Kolmogorov 耗散尺度，而在流向和展向及远离壁面区，网格尺度可以大于 Kolmogorov 耗散尺度。计算表明，该处理对计算精度的影响不大。

DNS 初场的选取一般采用如下方式：在待求问题层流解的基础上，叠加一个满足连续性方程的扰动场作为初场，但往往扰动会快速衰减掉，趋向层流解，因而需要多次叠加满足连续性方程的扰动场，使得脉动场能够持续下去。

对复杂湍流问题，与谱方法相比高阶差分格式具有实施简单的优点，建议采用高阶紧致格式离散对流项。由于 DNS 需要将从最小尺度到最大尺度之间的时空信息准确刻画出来，对每一时层的计算精度要求很高。为尽快衰减计算误差，建议采用多重网格方法求解。

11.3　大涡模拟方法

大涡模拟方法(large eddy simulation，LES)是通过过滤器将湍流分解为大尺度运动和小尺度运动，对大尺度运动采用过滤后的控制方程直接求解，小尺度运动对大尺度运动的影响通过构建亚格子模型进行模化来实现的一种数值模拟方法，其基本思想如图 11.2 所示。

LES 的过滤方法有空间过滤和时间过滤，分别对应空间亚格子模型和时间亚格子模型。空间亚格子模型采用物理空间或谱空间的低通滤波器，将具有高频的小尺度运动分量过滤掉，而低频的大尺度运动分量不能通过滤波器。时间亚格子模型采用时间域上的低通滤波器将湍流运动分解为大尺度运动和小尺度运动。与空间亚格子模型相比，时间亚格子模型不需要求解类似于空间亚格子模型中的涡黏系数等模型参数，更适用于复杂几何形状的计算区域。而且时间过滤采用的过滤尺度可以与时间步长不在同一个数量级上，尺度比例可显著大于空间过滤尺度比例。

常用的亚格子模型有 Smagorinsky 模型、动态 Smagorinsky 模型和结构函数模型等涡黏型亚格子模型，尺度相似模型和 Liu-Meneveau-Katz 模型等结构型亚格子模型及混合亚格子模型。目前 Smagorinsky 模型和动态 Smagorinsky 模型应用较为广泛。前者实施简单，但涡黏系数需通过经验常数确定，计算精度较低。而后者的模型参数通过湍流流场信息实时计算获得，与湍流实际过程更相符，计算更准确。

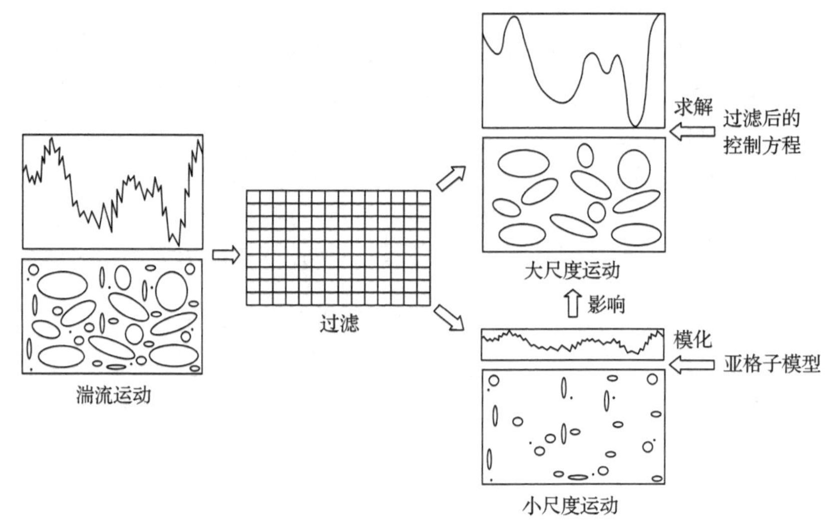

图 11.2　大涡模拟基本思想

11.4　雷诺平均方法

雷诺平均方法(Reynolds average Navier-Stokes，RANS)是一种对 Navier-Stokes(N-S)方程进行时间平均，得到含有雷诺应力的时均方程，借助模型建立雷诺应力与时均物理量的关系，从而封闭时均 N-S 方程的方法。

对 N-S 方程进行雷诺时均得到雷诺方程如下：

$$\frac{\partial(\rho\overline{u}_i)}{\partial t}+\frac{\partial(\rho\overline{u}_i\overline{u}_j)}{\partial x_j}=-\frac{\partial\overline{p}}{\partial x_i}+\frac{\partial}{\partial x_j}\left(\mu\frac{\partial\overline{u}}{\partial x_j}-\rho\overline{u_i'u_j'}\right)\quad(i=1,2,3)\tag{11.1}$$

对其他ϕ变量方程做同样处理，可得类似的方程：

$$\frac{\partial(\rho\overline{\phi})}{\partial t}+\frac{\partial(\rho\overline{u}_j\overline{\phi})}{\partial x_j}=\frac{\partial}{\partial x_j}\left(\Gamma\frac{\partial\overline{\phi}}{\partial x_j}-\rho\overline{u_j'\phi'}\right)+S\tag{11.2}$$

以 N-S 方程的求解为例，时均后所得雷诺方程形式上与 N-S 方程相似，只是增加了因湍流脉动形成的雷诺应力项

$$\boldsymbol{R}=-\rho\begin{pmatrix}\overline{u'u'} & \overline{u'v'} & \overline{u'w'}\\ \overline{v'u'} & \overline{v'v'} & \overline{v'w'}\\ \overline{w'u'} & \overline{w'v'} & \overline{w'w'}\end{pmatrix}\tag{11.3}$$

时均连续性方程与雷诺方程一共有 4 个方程，但未知量除 u,v,w,p 之外，还有雷诺应力

的 6 个分量，因此方程组不封闭。为此需要引入湍流模型来构造脉动项与时均项的关系式，以封闭方程组。根据构造方法的不同，湍流模型主要有雷诺应力模型和涡黏性模型。

雷诺应力模型从各向异性的前提出发，直接建立雷诺应力与其他二阶关联量的输运方程，分为雷诺应力方程模型和代数应力方程模型。前者是直接建立以雷诺应力为因变量的微分方程，然后作适当假设使之封闭的各向异性模型。该模型具有方程多、计算量大、难收敛的特点。后者为弥补雷诺应力方程模型计算量大的不足，在保证湍流各向异性的前提下将应力的微分方程简化为代数表达式，但计算量仍然较大。

涡黏性模型采用 Boussinesq 假设将湍流脉动所造成的附加应力像层流运动应力那样与时均应变率关联起来：

$$-\rho\overline{u_i'u_j'}=(\tau_{i,j})_{\mathrm{t}}=-p_{\mathrm{t}}\delta_{i,j}+\mu_{\mathrm{t}}'\left(\frac{\partial u_i}{\partial x_j}+\frac{\partial u_j}{\partial x_i}\right)-\frac{2}{3}\mu_{\mathrm{t}}'\delta_{i,j}\mathrm{div}\boldsymbol{V} \tag{11.4}$$

式中，μ_{t}' 为湍流黏性系数，与流体的黏性系数不同，为非物性参数，取决于流动状态，是空间坐标的函数，且具有各向同性的特点。值得指出的是，对于非线性 k-ε 模型，式(11.4)修正为

$$-\rho\overline{u_i'u_j'}=\frac{2}{3}\rho\delta_{i,j}k+\mu_{\mathrm{t}}'\left(\frac{\partial u_i}{\partial x_j}+\frac{\partial u_j}{\partial x_i}\right)+\rho\frac{\delta_{i,j}}{3}\sum_{m=1}^{3}c_{\tau,m}\frac{k^3}{\varepsilon^2}S_{m,l,l}-\sum_{m=1}^{3}c_{\tau,m}\frac{k^3}{\varepsilon^2}S_{m,i,j} \tag{11.5}$$

式中，$S_{m,i,j}$ $(m=1, 2, 3)$为速度梯度乘积的函数。

涡黏性模型的关键在于确定 μ_{t}'，根据确定 μ_{t}' 所需的微分方程的数量，可分为零方程模型、一方程模型以及两方程模型等。不同湍流模型的区别在于确定 μ_{t}' 的方式不同。零方程模型不需要额外求解偏微分方程，计算量小，但对几何形状复杂的流动、存在分离的流动模拟效果较差，同时该模型对湍流的上游历史效应及耗散效应无涉及。虽然一方程模型在早期用得较多，但一方程模型的特征长度需要经验确定，对湍流运动过程影响的考虑不充分，对复杂流动的模拟也不准确。两方程模型通过求解 2 个独立的偏微分方程，来计算湍流黏性系数，较充分地考虑了流动中的上游历史效应和湍流的耗散效应，目前应用最广泛。

两方程模型主要有 k-ε 模型、k-ω 模型、k-l 模型等，其中应用最普遍的为 k-ε 模型。常用的 k-ε 模型有标准 k-ε 模型、低雷诺数 k-ε 模型、重整化群 k-ε 模型、可实现 k-ε 模型、多尺度 k-ε 模型和非线性 k-ε 模型等。标准 k-ε 模型等高雷诺数湍流模型均针对充分发展的湍流，近壁区的流动雷诺数较低，湍流发展不充分不可以直接使用这些模型。有两种方法可以处理近壁面区域：一种是不求解黏性影响内部区域，使用壁面函数的半经验方法计算壁面与充分发展湍流区域之间的黏性影响区域，省去因为壁面的存在而修改湍流模型；另一种是修改湍流模型以使其能够求解近壁黏性影响区域，如一些低雷诺数模型。

由于湍流本身的复杂性，现阶段还没有对任何湍流问题都适用的湍流模型。在使用 RANS 方法进行湍流数值计算时，湍流模型的选择要综合考虑流动类型、可用计算机资

源、工程准确性及时间要求、近壁面处理等因素。涡黏性模型所需求解的方程数量比雷诺应力模型少，一般而言，所需计算时间少，收敛性好。但涡黏性模型假定 μ_t' 为各向同性的标量，在强旋流和弯曲壁面流动等湍流各向异性较强的流动中使用该类模型可能导致结果失真，此时采用雷诺应力模型能得到更好的计算结果。尽管受到各向同性假设的限制，综合考虑计算结果的准确性、计算效率和计算过程的收敛性等因素，两方程涡黏性模型目前在工程计算中应用最为广泛。

11.5　典型习题解析

例 1　试比较 DNS、LES 和 RANS 的核心思想及优缺点。

【解析】本题考查常见湍流数值模拟方法的思想及优缺点。

DNS、LES 和 RANS 的核心思想及优缺点比较见表 11.1。

表 11.1　DNS、LES 和 RANS 方法的比较

方法	核心思想	优缺点
DNS	直接对非稳态 N-S 方程进行求解	①优点：不包含人为假设和经验常数，可分辨所有尺度的涡旋，可获得湍流场实时流动演化的全部信息，计算结果精确，适合研究湍流机理，DNS 的数据库可以用来评价和改进 LES 和 RANS 模型 ②缺点：对内存和 CPU 有很高的要求，一般用于求解低雷诺数的简单问题，目前一般不适用于复杂工程湍流问题
LES	把湍流瞬时运动通过滤波操作分解为大尺度运动和小尺度运动，大尺度的涡用过滤后的控制方程直接求解，小尺度涡对大尺度涡的影响通过模型来实现	①优点：通过对小尺度涡的模化，节省了计算机内存和计算时间，且计算结果比 RANS 准确，采用高性能的计算机可以计算工程湍流问题 ②缺点：计算结果不如 DNS 准确，复杂工程问题仍需很长的计算时间
RANS	对非稳态 N-S 方程进行时间平均，得到含有雷诺应力的时均方程，借助模型建立雷诺应力与时均物理量的关系，从而封闭时均 N-S 方程	①优点：与 DNS 和 LES 相比，对计算机内存和 CPU 要求较低，给定合理的湍流模型，可得到湍流统计平均量，几乎适用于所有雷诺数范围的工程湍流计算 ②缺点：计算结果反映的是平均运动，不包含流场脉动的细节信息，难以对湍流机理进行分析，其精度与流场类型和边界条件等有关，缺乏普适性

例 2　层流的数值计算和湍流的直接数值模拟均需直接求解 N-S 方程，二者有何不同。

【解析】本题考查层流和湍流直接数值模拟的区别。

虽然均求解 N-S 方程，但与层流相比，湍流的直接数值模拟具有以下特点。

(1) 湍流是由大小不同的涡构成，要将这些涡结构的演化过程准确地刻画出来，与层流相比，需要精度高得多的时空分辨率，这要求选取很小的时间步长和空间步长。

(2) 为了通过瞬时流场计算得到平均流速、雷诺应力、脉动量的能谱等物理量，需要足够多的时空样本。以槽道湍流流动为例，达到充分发展的湍流状态需要数十万的时间积分步，这比一般的层流流动的时间积分步要多得多。故与层流相比，湍流的直接数值模拟对计算机的内存和 CPU 的要求高得多。

(3) 由于直接数值模拟需要将湍流从最小尺度到最大尺度之间的时空信息准确刻画出来，对每一时层的计算精度要求很高，一般需要更高精度的离散格式。

例 3　LES 通过滤波操作，将湍流涡结构分解为大尺度涡和小尺度涡，对小尺度涡进行模化，对大尺度涡直接计算，这种处理方式可以大幅度地减少计算所需的网格数。对于均匀各向同性湍流，如果 LES 的过滤尺度为 Kolmogorov 耗散尺度的两倍，试估算 LES 和 DNS 所用的网格量之比。

【解析】本题考查 LES 和 DNS 计算量的区别。

设均匀各向同性湍流问题的特征长度为 L，LES 和 DNS 所需的网格数分别正比于 $(L/\Delta)^3$ 和 $(L/\eta)^3$，其中 Δ 为 LES 中的过滤尺度，η 为 Kolmogorov 耗散尺度，那么 LES 所需的网格数与 DNS 所需的网格数之比估算为 $(\eta/\Delta)^3$，当 $\Delta=2\eta$ 时，LES 比 DNS 节省 87.5%的网格，显然由于网格数的减少，计算时间可以大幅地减少。

例 4　高 Re 数湍流模型和低 Re 数湍流模型中 Re 数是指物理问题的特征 Re 数吗?它的定义是什么?这两类湍流模型的区别是什么?对计算网格各有何要求?

【解析】本题考查不同类型的 k-ε 模型的区别。

这里的高低 Re 数并不是指模型中特征速度下的 Re 数。高 Re 数湍流模型和低 Re 数湍流模型中所讲的 Re 数是以湍流脉动动能 k 的平方根作为速度，又称湍流 Re 数。这两类湍流模型的主要区别在于：高 Re 数湍流模型不能直接计算近壁区流动过程，需要单独建立模型，例如壁面函数法，因此对高 Re 数模型来说，计算网格主要建立在湍流核心区；而低 Re 数湍流模型可以直接计算近壁区流动过程，由于黏性底层相对湍流核心区速度梯度较大，因此低 Re 数湍流模型下黏性底层的计算网格相对湍流核心区来说会非常密集。

例 5　常见的 k-ε 模型有标准 k-ε 模型、低雷诺数 k-ε 模型、重整化群 k-ε 模型、可实现 k-ε 模型、两尺度 k-ε 模型和非线性 k-ε 模型等。试比较这些 k-ε 模型计算湍流黏度 μ_t 的公式及模型特点。

【解析】常见的 k-ε 模型计算湍流黏度 μ_t 的公式及模型特点见表 11.2。由于湍流模型应用十分广泛，对于不同的问题，其特点可能存在较大差异，模型的特点概括并不全面，感兴趣的读者可参考相关书籍进行补充。

表 11.2　常见的 k-ε 模型的比较

模型	公式及模型特点
标准 k-ε 模型	①湍流黏度的计算公式：$\mu_t=\rho C_\mu \frac{k^2}{\varepsilon}$, $C_\mu=0.09$ ②特点：最简单的两方程模型，计算量适中，收敛性与计算精度能满足一般的工程计算要求；方程中的模型系数来自特定实验条件，且不能反映雷诺应力的各向异性，限制了模型的适用范围
Jones-Launder 的低雷诺数 k-ε 模型	①湍流黏度的计算公式：$\mu_t=C_\mu \lvert f_\mu \rvert \rho \frac{k^2}{\varepsilon}$，其中 $C_\mu=0.09$, $f_\mu=\exp\left[-\frac{2.5}{1+Re_t/50}\right]$, $Re_t=\rho k^2/(\mu\varepsilon)$ ②特点：与标准 k-ε 模型相比，控制方程中扩散系数项考虑了湍流雷诺数的影响，模型既适用于高雷诺数区域也适用于低雷诺数区域，近壁区黏性底层内的速度梯度较大，应加密网格

续表

模型	公式及模型特点
重整化群（RNG）k-ε 模型	①湍流黏度的计算公式：$\mu_t=\rho C_\mu \dfrac{k^2}{\varepsilon}$；$C_\mu=0.085$ ②特点：该模型是对瞬时 N-S 方程用重整化群的数学方法推导而来，方程形式同标准 k-ε 模型完全一样，不同的是其模型系数由理论分析而不是由实验数据得到；此外，ε 方程考虑了主流的时均应变率，使得模型可以更好地处理高应变率及流线弯曲度大的流动；计算发现根据重整化群的理论得到的系数 $C_{\varepsilon1}$=1.063 可能会导致湍动能耗散方程产生奇异性，因而该模型还有待进一步研究
可实现 k-ε 模型	①湍流黏度的计算公式：$\mu_t=\rho C_\mu \dfrac{k^2}{\varepsilon}$，$C_\mu=\dfrac{1}{A_0+A_s U^* k/\varepsilon}$ ②特点：C_μ 考虑了旋转和曲率的影响，不再为一个常数，ε 方程中耗散率产生项的形式更能体现能量在谱空间的传输；适用的流动类型比较广泛，包括有旋均匀剪切流、自由流和边界层流动等，对这些流动的模拟结果比标准 k-ε 模型好
两尺度 k-ε 模型	①湍流黏度的计算公式：$\mu_t=C_\mu \rho k k_p/\varepsilon_p$，其中 $k=k_p+k_t$，此处下标 p 表示大尺度，t 表示小尺度，$C_\mu=0.09$ ②特点：该模型将湍流中的涡旋分为尺度较大的载能涡及尺度较小的耗能涡，各有一组 k-ε 方程，在全场范围内求解出 k 与 ε；由于模型将湍流的多尺度性考虑进来，避免上述 k-ε 模型只用单个时间尺度和空间尺度的问题；载能涡与耗能涡分界不明确，普适性不强，较适合圆孔射流、浮升力流动及有分离的流动
非线性 k-ε 模型	①湍流黏度的计算公式：$\mu_t=\rho C_\mu \dfrac{k^2}{\varepsilon}$，$C_\mu=0.09$ ②特点：该模型是简单实用的各向异性模型，较标准 k-ε 模型有较大的改进，能够预测标准 k-ε 模型和低雷诺数 k-ε 模型无法预测的方管湍流中的平均二次流现象，但仍然具有涡黏模型固有的缺陷，例如没有包含雷诺应力松弛效应等

例 6 试给出如图 11.3 所示槽道湍流采用 DNS 求解时的边界条件。

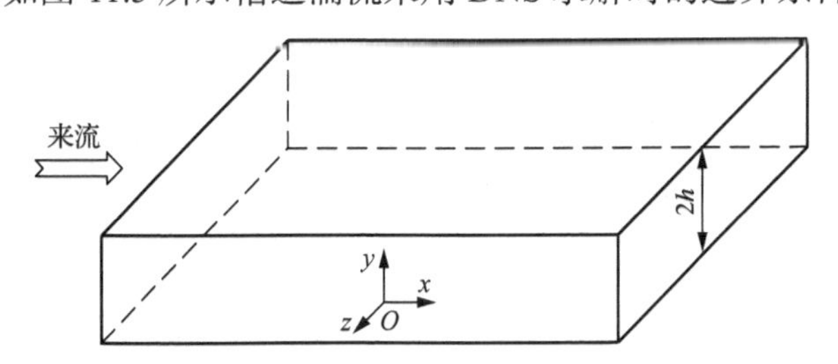

图 11.3 三维槽道湍流计算区域示意图

【解析】本题考查槽道湍流 DNS 的边界条件。

对于槽道湍流，DNS 的边界条件如表 11.3 所示。

表 11.3 槽道湍流采用 DNS 求解时的边界条件

方向	边界条件类型	边界条件
流向（x 方向）	周期性边界条件	$u(0,y,z)=u(x_l,y,z)$ $v(0,y,z)=v(x_l,y,z)$ $w(0,y,z)=w(x_l,y,z)$

续表

方向	边界条件类型	边界条件
展向（z 方向）	周期性边界条件	$u(x,y,0)=u(x,y,z_l)$ $v(x,y,0)=v(x,y,z_l)$ $w(x,y,0)=w(x,y,z_l)$
垂向（y 方向）	无滑移边界条件	$u(x,-h,z)=u(x,h,z)=0$ $v(x,-h,z)=v(x,h,z)=0$ $w(x,-h,z)=w(x,h,z)=0$

例 7　对如图 11.4 所示的圆柱形区域内流体湍流自然对流过程采用 Jones-Launder 的低雷诺数 k-ε 模型进行计算，试写出求解该问题的边界条件。

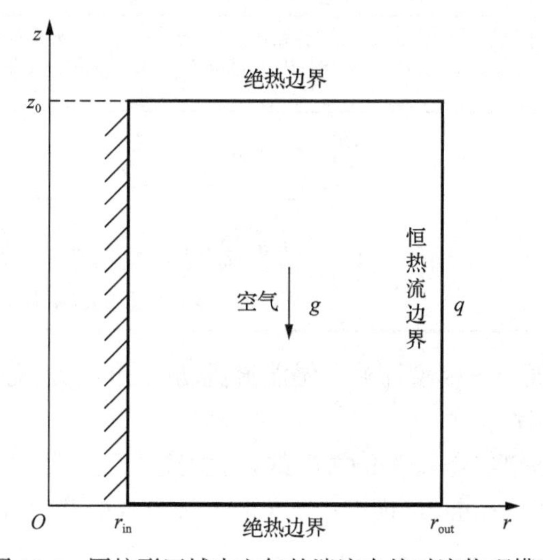

图 11.4　圆柱形区域内空气的湍流自然对流物理模型

【解析】本题考查 Jones-Launder 的低雷诺数 k-ε 模型的边界条件。

对于如图 11.4 所示的圆柱形区域内流体湍流自然对流过程，其边界条件为

$$\begin{cases} r=r_{\text{in}},\ \ u_z=0,\ u_r=0,\ (\lambda+\lambda_t)\dfrac{\partial T}{\partial r}=h_{\text{f}}(T_{\text{w}}-T_{\text{f}}),\ k=0,\ \varepsilon=0 \\ r=r_{\text{out}},\ u_z=0,\ u_r=0,\ (\lambda+\lambda_t)\dfrac{\partial T}{\partial r}=q,\ k=0,\ \varepsilon=0 \\ z=0,\ u_z=0,\ u_r=0,\ \dfrac{\partial T}{\partial z}=0,\ k=0,\ \varepsilon=0 \\ z=z_0,\ u_z=0,\ u_r=0,\ \dfrac{\partial T}{\partial z}=0,\ k=0,\ \varepsilon=0 \end{cases} \tag{11.6}$$

例 8　试给出如图 11.5 所示突扩区域湍流流动采用标准 k-ε 模型及 Jones-Launder 的低雷诺数 k-ε 模型的边界条件。

【解析】本题考查标准 k-ε 模型及 Jones-Launder 的低雷诺数 k-ε 模型的边界条件。

对于突扩区域湍流流动，标准 k-ε 模型及 Jones-Launder 的低雷诺数 k-ε 模型的边界条件如表 11.4 所示。

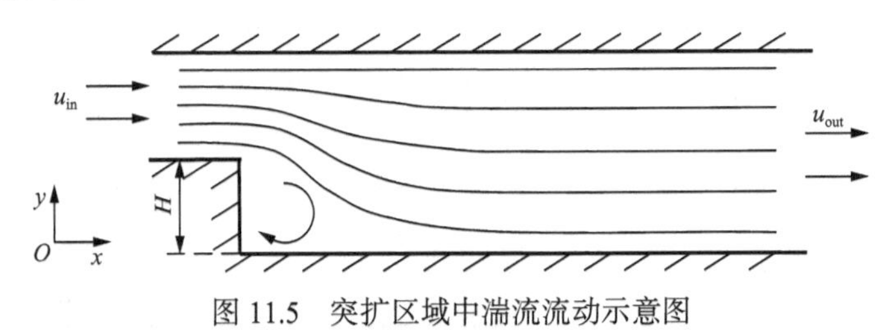

图 11.5　突扩区域中湍流流动示意图

表 11.4　突扩区域湍流流动采用不同计算方法时的边界条件

位置	边界条件
入口边界	$u=u_{in}$, $v=0$, $k=0.005u_{in}^2$, $\varepsilon=\dfrac{\rho C_\mu k^2}{\mu_t}$ （其中 $\mu_t=\dfrac{\rho uh}{1000}\sim\dfrac{\rho uh}{100}$）
出口边界	$\dfrac{\partial u}{\partial x}=0$, $v=0$, $\dfrac{\partial k}{\partial x}=0$, $\dfrac{\partial \varepsilon}{\partial x}=0$（局部单向化假定）
固体壁面	$u=0$, $v=0$, $\dfrac{\partial k}{\partial y}=0$, $\varepsilon_P=\dfrac{C_\mu^{3/4}k_P^{3/2}}{\kappa y_P}$（标准 k-ε 模型） $k=0$, $\varepsilon=0$（低雷诺数 k-ε 模型）

例 9　采用湍流标准 k-ε 模型计算二维湍流流动问题时，试说明对 k 方程和 ε 方程进行源项线性化处理的过程。

【解析】本题考查标准 k-ε 模型的源项线性化处理。

对于二维湍流流动，标准 k-ε 模型中 k 方程和 ε 方程的表达式分别如下。

$$\frac{\partial(\rho k)}{\partial t}+\frac{\partial(\rho uk)}{\partial x}+\frac{\partial(\rho vk)}{\partial y}=\frac{\partial}{\partial x}\left[\left(\mu+\frac{\mu_t}{\sigma_k}\right)\frac{\partial k}{\partial x}\right]+\frac{\partial}{\partial y}\left[\left(\mu+\frac{\mu_t}{\sigma_k}\right)\frac{\partial k}{\partial y}\right]+s_k \tag{11.7}$$

$$\frac{\partial(\rho \varepsilon)}{\partial t}+\frac{\partial(\rho u\varepsilon)}{\partial x}+\frac{\partial(\rho v\varepsilon)}{\partial y}=\frac{\partial}{\partial x}\left[\left(\mu+\frac{\mu_t}{\sigma_\varepsilon}\right)\frac{\partial \varepsilon}{\partial x}\right]+\frac{\partial}{\partial y}\left[\left(\mu+\frac{\mu_t}{\sigma_\varepsilon}\right)\frac{\partial \varepsilon}{\partial y}\right]+s_\varepsilon \tag{11.8}$$

式中，s_k 和 s_ε 表达式分别为

$$s_k=G_k-\rho\varepsilon \tag{11.9}$$

$$s_\varepsilon=\frac{\varepsilon}{k}(c_1G_k-c_2\rho\varepsilon) \tag{11.10}$$

其中，

$$G_k=\mu_t\left\{2\left[\left(\frac{\partial u}{\partial x}\right)^2+\left(\frac{\partial v}{\partial y}\right)^2\right]+\left(\frac{\partial u}{\partial y}+\frac{\partial v}{\partial x}\right)^2\right\} \tag{11.11}$$

在数值计算时，为增强迭代计算的稳定性和方便计算，通常将源项进行线性化处理。将 k 方程的源项式(11.9)和 ε 方程的源项式(11.10)进行线性化处理可得

$$s_k = G_k^* - \left(\rho \frac{\varepsilon^*}{k^*}\right) k \tag{11.12}$$

$$s_\varepsilon = c_1 G_k^* \frac{\varepsilon^*}{k^*} - \left(c_2 \rho \frac{\varepsilon^*}{k^*}\right) \varepsilon \tag{11.13}$$

式中，上面两式中右端第一项$\left(G_k^* \text{和} c_1 G_k^* \frac{\varepsilon^*}{k^*}\right)$和第二项中括号内部分$\left(\rho \frac{\varepsilon^*}{k^*} \text{和} c_2 \rho \frac{\varepsilon^*}{k^*}\right)$均看作常数项，由上一迭代步的参数计算得到；上角*表示线性化处理后的值。

将 k 方程和 ε 方程进行离散，通用表达式如式(11.14)所示。

$$a_P \phi_P = a_E \phi_E + a_W \phi_W + a_N \phi_N + a_S \phi_S + b \tag{11.14}$$

对于 k 方程，$a_{Pk} = a_{Pk}^0 + \rho \frac{\varepsilon^*}{k^*} \Delta x \Delta y, b_k = b_k^0 + G_k^* \Delta x \Delta y$。

对于 ε 方程，$a_{P\varepsilon} = a_{P\varepsilon}^0 + c_2 \rho \frac{\varepsilon^*}{k^*} \Delta x \Delta \mathrm{y}, b_\varepsilon = b_\varepsilon^0 + c_1 G_k^* \frac{\varepsilon^*}{k^*} \Delta x \Delta y$。

其中，a_P^0 和 b^0 分别为不含源项的控制方程式(11.7)和式(11.8)离散后 a_P 和 b 项表达式。

11.6　编 程 实 践

1. 湍流雷诺平均模拟

习题 1　对图 11.5 所示的突扩区域中高 *Re* 流动问题，分别采用标准 k-ε 模型、低 *Re* 数 k-ε 模型、重整化群 k-ε 模型、可实现 k-ε 模型、两尺度 k-ε 模型和非线性 k-ε 模型进行模拟。要求如下。

(1)写出各模型所对应的控制方程。

(2)写出各模型所对应的边界条件。

(3)对流项分别采用 CD、QUICK、MINMOD、SMART 格式离散，采用延迟修正技术进行实施。

(4)扩散项采用中心差分格式离散。

(5)画出计算流程图。

(6)通过与相关文献的数据对比验证，分析各湍流模型计算精度的差异。

(7)通过比较达到相同精度所需的计算耗时，分析各湍流模型收敛性的差异。

(8)通过比较计算时松弛因子的取值范围，分析各湍流模型健壮性的差异。

(9)分析对流项不同离散格式对计算精度、收敛性和健壮性的影响。

(10)总结编程和调程的心得体会及对不同湍流模型的认识。

2. 湍流自然对流模拟

习题 2　采用湍流 k-ε 模型对如图 11.6 所示的方腔内空气湍流自然对流过程进行计算，其中方腔长 l 和宽 h 均为 0.75m，左边界温度 T_h 为 50℃，右边界温度 T_c 为 10℃，上下边界绝热，计算条件如表 11.5 和图 11.6 所示。

表 11.5　空气的物性参数

空气密度 ρ/(kg/m^3)	定压比热容 c_p/[J/(kg·℃)]	动力黏度 μ/(Pa·s)	导热系数 λ/[W/(m·℃)]	体积膨胀系数 β/℃$^{-1}$
1.293	1005.2	1.72×10^{-5}	0.02435	3.663×10^{-3}

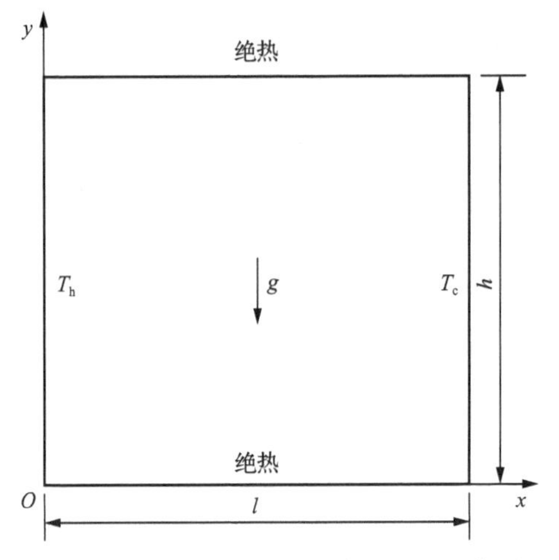

图 11.6　方腔内空气湍流自然对流示意图

为保证计算过程能够顺利收敛，湍动能 k 和湍动能耗散率 ε 初值的选取可参考文献 Ampofo 和 Karayiannis (2003)。计算结果可采用实验数据进行验证，如表 11.6 所示。

表 11.6　实验数据

X	V	U	Θ	k
0	0	0	1	0
0.002	0.1325	-8.13×10^{-4}	0.8685	6.3269×10^{-4}
0.004	0.2	6.46×10^{-4}	0.7635	0.00167
0.02	0.1308	0.00473	0.527	0.00418
0.04	0.0374	−0.00266	0.5045	0.00214
0.08	0.00215	−0.00365	0.5313	2.8862×10^{-4}
0.16	3.72×10^{-4}	−0.00165	0.5236	7.8495×10^{-5}
0.2	3.97×10^{-4}	−0.00114	0.527	6.308×10^{-5}
0.24	0.00331	−0.00109	0.5251	6.0554×10^{-5}
0.28	2.79×10^{-4}	−0.00129	0.5277	5.3822×10^{-5}

续表

X	V	U	Θ	k
0.32	1.72×10^{-4}	-9.78×10^{-4}	0.5308	5.1602×10^{-5}
0.36	1.11×10^{-4}	-5.84×10^{-4}	0.528	4.586×10^{-5}
0.4	1.81×10^{-4}	5.1×10^{-4}	0.5217	3.9896×10^{-5}
0.44	-1.27×10^{-4}	6.38×10^{-4}	0.52	3.4392×10^{-5}
0.5	-6.9×10^{-5}	5.79×10^{-4}	0.5174	3.893×10^{-5}
0.56	-4.87×10^{-4}	0.00107	0.5188	3.3565×10^{-5}
0.6	-1.81×10^{-4}	0.00179	0.5154	2.7414×10^{-5}
0.64	-6.06×10^{-4}	0.00215	0.5165	2.8126×10^{-5}
0.68	-4.94×10^{-4}	0.00237	0.519	2.3576×10^{-5}
0.72	-4.99×10^{-4}	0.00248	0.5202	2.5983×10^{-5}
0.76	-4.58×10^{-4}	0.00258	0.516	2.5547×10^{-5}
0.8	-2.27×10^{-4}	0.00345	0.5135	2.6279×10^{-5}
0.84	-2.49×10^{-4}	0.00318	0.5138	3.0907×10^{-5}
0.92	0.00441	0.00284	0.5061	3.521×10^{-4}
0.96	−0.0403	−0.00226	0.5198	0.0021
0.98	−0.1252	−0.00513	0.5047	0.00383
0.996	−0.1884	−0.00159	0.2434	0.00147
0.998	−0.1056	-5.1×10^{-4}	0.1324	5.9591×10^{-4}
1	0	0	0	0

注：X 为方腔水平方向无量纲长度；V,U,Θ,k 均为方腔水平中心线上的无量纲参数，X、V、U、Θ、k 的定义为 $X=\dfrac{x}{L}$，$V=\dfrac{v}{v_0}$，$U=\dfrac{u}{v_0}$，$\Theta=\dfrac{T-T_c}{T_h-T_c}$，$K=\dfrac{k}{v_0^2}$，$v_0=\sqrt{g\beta L(T_h-T_c)}$。

3. 湍流直接数值模拟

习题 3　对于充分发展的槽道流动，在研究湍流时通常选取充分发展区域中的某一矩形规则区域，如图 11.3 所示。其中，垂向上下两端(y 方向)为无滑移的槽道平板，展向(z 方向)和流向(x 方向)均采用周期性边界条件。以牛顿流体为研究对象，采用直接数值模拟方法求解，摩擦雷诺数取 150。

(1)写出模型对应的控制方程。

(2)写出模型对应的边界条件。

(3)采用 A-B 格式离散非稳态项，采用二阶中心差分格式离散空间项，采用隐式格式离散压强项。

(4)求解器要求采用多重网格方法。

(5) 求解湍流统计量：沿 $y^+\left(y^+=\dfrac{\rho y u_\tau}{\eta}\right)$ 方向的平均流速分布，沿 y 方向各速度脉动均方根 $\bar{u}_{\text{rms}},\bar{v}_{\text{rms}},\bar{w}_{\text{rms}}$ 的分布。

(6) 画出湍流相干结构。

(7) 总结编程和调程的心得体会及对直接数值模拟的认识。

4. 湍流大涡模拟

习题 4　对 11.6.3 的问题采用大涡模拟方法求解，其中亚格子模型采用 Smagorinsky 模型，要求同上。

第 12 章　两相界面捕捉方法及相变模型

气液/液液两相流是一种十分复杂的物理现象，普遍存在于自然界和工程实际运用中，如何精确的捕捉两相界面一直是数值研究两相界面流的难点，也是其关键问题之一。本章在分析 VOF (volume-of-fluid) 和 LS (level set) 及二者复合的相界面捕捉方法基础上，重点介绍复合界面捕捉方法——VOSET (a coupled volume-of-fluid and level set method) 及其相应的相变模型。

12.1　VOF、LS 及二者复合的界面捕捉方法概述

许多不同的界面捕捉方法被提出用于模拟存在复杂界面拓扑变化的两相流问题，其中最主要的方法包括波前追踪方法、相场方法、格子玻尔兹曼方法、VOF 方法、LS 方法及各种复合界面捕捉方法等。VOF 和 LS 及二者复合方法通过函数隐式地捕捉界面，可以非常容易地处理具有复杂界面拓扑变化的两相界面流问题，同时具有内存占用量少、方法本身简单直观等优点，因此得到较广泛的应用。

VOF 方法由 Hirt 和 Nichols 于 1981 年首次提出，该方法引入了体积分数的概念，并提出了相应的输运方程及求解方法。这里体积分数定义为单元内目标流体体积与该单元体积之比，通过体积分数在空间上的分布可以确定两相间界面的具体位置及形状。随后为了进一步提高所捕捉界面的精细和锐利度，相继提出求解体积分数输运方程的 SLIC (simple line interface method)、FLAIR (flux line-segment model for advection and interface reconstruction)、PLIC (piecewise linear interface calculation) 等方法。VOF 方法的优点是具有质量守恒特性；缺点是计算所得的表面张力精确度低，相界面附近密度和黏度等物性参数光顺性差。近年来，部分学者采用高度函数方法来提高 VOF 方法计算表面张力的精确度。

LS 方法由 Osher 和 Sethian 于 1988 年首次提出，该方法引入了 LS 函数ϕ的概念，并提出了相应的输运方程及求解方法。通常选取符号距离函数作为 LS 函数，当$\phi<0$时表示目标流体区域，当$\phi>0$时表示非目标流体区域，当$\phi=0$时表示两相间的界面。LS 方法的优点是计算所得的表面张力精确度高；相界面附近物性参数光顺性好。LS 方法的缺点是在模拟具有复杂界面拓扑变化的问题时，存在质量丢失现象。近年来，部分学者提出了一些方法用于克服 LS 方法质量不守恒这一缺点。

VOF 和 LS 两种方法优缺点互补，所以发展一种结合两种方法优点的复合方法成为必然趋势。2000 年，Sussman 和 Puckett 提出了一种耦合 VOF 和 LS 的复合方法——CLSVOF (coupled level set and volume-of-fluid method)。该方法需同时求解体积分数和 LS 函数输运方程，此外需制定二者的耦合策略，求解过程、实施和编程较为复杂。

近年来，笔者在陶文铨院士的指导下提出了一种耦合 VOF 和 LS 的复合方法——

VOSET。该方法只需求解体积分数输运方程，而 LS 函数通过简单的几何迭代方法获得。与 CLSVOF 方法相比，VOSET 方法求解、实施和编程更为简单。目前，国内外学者已成功应用 VOSET 方法研究了气泡/液滴动力学行为，膜态沸腾和核态沸腾等两相流动与换热问题。

表 12.1 对比给出了 VOF、LS 及二者复合方法求解性能的主要异同。

表 12.1　VOF、LS 及二者复合方法的求解性能

捕捉方法	质量守恒	表面张力	物性参数	实施和编程
VOF	保持守恒	精确度低	光顺性差	容易
LS	质量容易丢失	精确度高	光顺性好	容易
CLSVOF	保持守恒	精确度高	光顺性好	较难
VOSET	保持守恒	精确度高	光顺性好	容易

12.2　复合界面捕捉方法 VOSET

界面捕捉方法将目标流体和非目标流体看作一个整体，通过对一套控制方程进行求解，获得相界面位置和形状，以及两相速度、压强及其他物理量。本节以层流不可压缩不相容的二维两相流问题为例，面向直角结构化网格系统，对复合界面捕捉方法 VOSET 进行介绍。

12.2.1　所涉及的控制方程

体积分数输运方程：

$$\frac{\partial \alpha}{\partial t}+\nabla\cdot(\boldsymbol{U}\alpha)=0 \tag{12.1}$$

式中，α 为体积分数。

连续性方程：

$$\nabla\cdot\boldsymbol{U}=0 \tag{12.2}$$

动量方程：

$$\frac{\partial \boldsymbol{U}}{\partial t}+(\boldsymbol{U}\cdot\nabla)\boldsymbol{U}=\frac{1}{\rho(\phi)}\{-\nabla p+\nabla\cdot\mu(\phi)[\nabla\boldsymbol{U}+(\nabla\boldsymbol{U})^{\mathrm{T}}]+\rho(\phi)\boldsymbol{g}+\boldsymbol{F}_{\mathrm{s}}(\phi)\} \tag{12.3}$$

方程(12.3)中密度和黏度可通过式(12.4)和式(12.5)计算获得

$$\rho(\phi)=H(\phi)\rho_{\mathrm{nt}}+(1-H(\phi))\rho_{\mathrm{t}} \tag{12.4}$$

$$\mu(\phi)=H(\phi)\mu_{\mathrm{nt}}+(1-H(\phi))\mu_{\mathrm{t}} \tag{12.5}$$

式中，下标 t 和 nt 分别代表目标流体与非目标流体。光滑的赫维塞德(Heaviside)函数如下：

$$H(\phi)=\begin{cases}0, & \phi<-\varepsilon \\ \dfrac{1}{2}\left[1+\dfrac{\phi}{\varepsilon}+\dfrac{1}{\pi}\sin\left(\dfrac{\pi\phi}{\varepsilon}\right)\right], & |\phi|\leqslant\varepsilon \\ 1, & \phi>\varepsilon\end{cases} \tag{12.6}$$

式中，ε 等于 1.5 倍网格尺寸。

基于 CSF(continuum surface force)模型(连续性表面张力模型)，式(12.3)中表面张力表达式为

$$\boldsymbol{F}_{\mathrm{s}}(\phi)=-\sigma\kappa(\phi)\delta(\phi)\nabla\phi \tag{12.7}$$

式中，σ 为表面张力系数。界面曲率 $\kappa(\phi)$ 和狄拉克(Dirac)分布函数 $\delta(\phi)$ 分别为

$$\kappa(\phi)=\nabla\cdot\left(\frac{\nabla\phi}{|\nabla\phi|}\right) \tag{12.8}$$

$$\delta(\phi)=\frac{\mathrm{d}H(\phi)}{\mathrm{d}\phi}=\begin{cases}\dfrac{1+\cos(\pi\phi/\varepsilon)}{2\varepsilon}, & |\phi|\leqslant\varepsilon \\ 0, & |\phi|>\varepsilon\end{cases} \tag{12.9}$$

12.2.2　VOSET 方法的实施过程

第一步：根据计算区域划分网格，确定网格信息。

第二步：确定初始参数，如零时刻的体积分数、符号距离函数、速度等，然后把“零时刻的值”看作“当前时层的体积分数 α^k，符号距离函数 ϕ^k，速度 u^k 和 v^k 等”，其中上标 k 表示初始时层或当前时层。

第三步：根据柯朗(Courant)数(Co)确定时间步长。Co 数表达式为

$$Co=\frac{\delta t}{(\Delta/|U|)_{\min}} \tag{12.10}$$

式中，Δ 为网格尺寸；U 为网格内相应的速度分量 u^k 和 v^k。通过式(12.10)，可得时间步长：

$$\delta t=\frac{Co}{(\Delta/|U|)_{\min}} \tag{12.11}$$

第四步：通过 PLIC 方法求解体积分数输运方程，得出下一时层的体积分数 α^{k+1}，其中上标 k+1 表示下一时层。

体积分数输运方程(12.1)的离散表达式如下：

$$(\alpha_{i,j}^{k+1}-\alpha_{i,j}^{k})\Delta x\Delta y=F_{i-1/2,j}^{k}-F_{i+1/2,j}^{k}+F_{i,j-1/2}^{k}-F_{i,j+1/2}^{k} \tag{12.12}$$

式中，F 为流过网格界面的目标流体体积，例如 $F_{i+1/2,j}^{k}$ 表示流过网格 (i,j) 东界面 $(i+1/2,j)$ 的目标相流体体积。PLIC 方法求解该方程思想：首先重构界面，确定相界面的位置和形状，然后计算流过网格界面的目标流体体积，最后计算得出下一时层的体积分数。具体的求解步骤如下。

步骤 1：计算 $\alpha_{i,j}^{k}=1$ 时，流出网格边界的目标流体体积（$Q_{i+1/2,j}^{k}$，$Q_{i-1/2,j}^{k}$，$Q_{i,j+1/2}^{k}$，$Q_{i,j-1/2}^{k}$）。比如当 $u_{i+1/2,j}^{k}>0$ 时，流出网格东边界的目标流体体积为 $Q_{i+1/2,j}^{k}=u_{i+1/2,j}^{k}\delta t\Delta y$；当 $u_{i+1/2,j}^{k}<0$ 时，$Q_{i+1/2,j}^{k}=0$。

步骤 2：计算 $0<\alpha_{i,j}^{k}<1$ 时，流出网格边界的目标流体体积（$Q_{i+1/2,j}^{k}$，$Q_{i-1/2,j}^{k}$，$Q_{i,j+1/2}^{k}$，$Q_{i,j-1/2}^{k}$）。

(1) 计算网格内指向目标流体的相界面法向矢量：

$$\boldsymbol{n}_{i,j}=-(\nabla\phi^{k})_{i,j} \tag{12.13}$$

(2) 对于 $n_x\neq0$且$n_y=0$ 的 2 种垂直相界面情况，通过左右对称翻转，可转化为 $n_x^{\text{change}}>0$ 且 $n_y^{\text{change}}=0$ 的 1 种界面类型[图 12.1(a)]。

(3) 对于 $n_x=0$且$n_y\neq0$ 的 2 种水平相界面情况，通过上下对称翻转，可转化为 $n_x^{\text{change}}=0$ 且 $n_y^{\text{change}}>0$ 的 1 种界面类型[图 12.1(b)]。

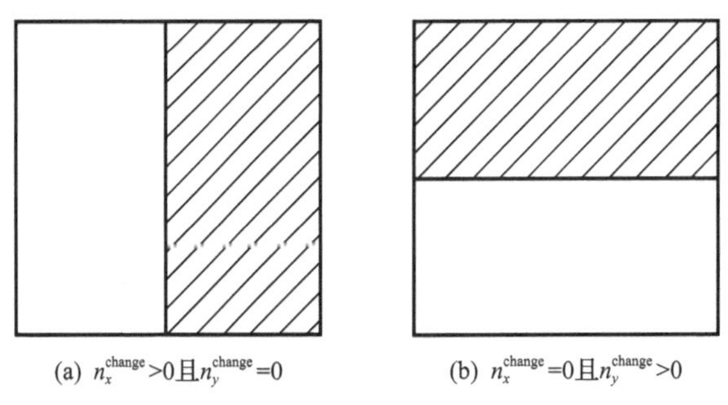

(a) $n_x^{\text{change}}>0$且$n_y^{\text{change}}=0$　　(b) $n_x^{\text{change}}=0$且$n_y^{\text{change}}>0$

图 12.1　水平和垂直相界面转化后的界面类型

(4) 对于 $n_x\neq0$且$n_y\neq0$ 的 16 种倾斜相界面情况，通过上下和/或左右对称翻转，可转化为 $n_x^{\text{change}}>0$ 且 $n_y^{\text{change}}<0$ 的 4 种界面类型(图 12.2)。

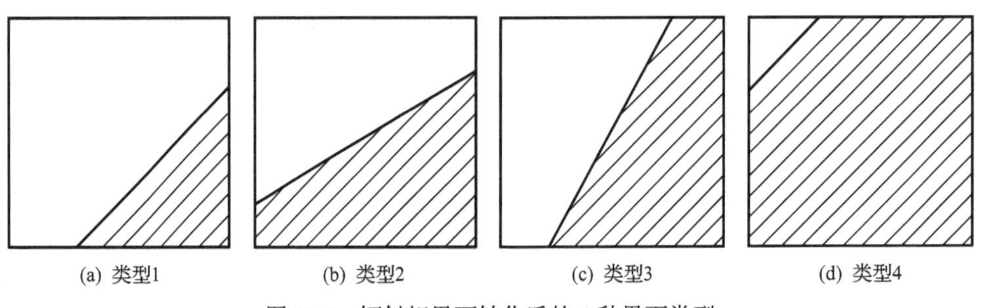

(a) 类型1　　(b) 类型2　　(c) 类型3　　(d) 类型4

图 12.2　倾斜相界面转化后的 4 种界面类型

(5)界面重构后，计算流出转化后网格边界的目标流体体积($Q_{i+1/2,j}^{k,\text{change}}$ ，$Q_{i-1/2,j}^{k,\text{change}}$ ，$Q_{i,j+1/2}^{k,\text{change}}$ ，$Q_{i,j-1/2}^{k,\text{change}}$)。比如当 $u_{i+1/2,j}^{k,\text{change}}>0$ 时，$Q_{i+1/2,j}^{k,\text{change}}$ 为图 12.3 所示的黑色区域体积；当 $u_{i+1/2,j}^{k,\text{change}}<0$ 时，$Q_{i+1/2,j}^{k,\text{change}}=0$ 。

(6)通过相反的对称翻转，即可得流出网格边界的目标流体体积($Q_{i+1/2,j}^{k}$ ，$Q_{i-1/2,j}^{k}$ ，$Q_{i,j+1/2}^{k}$ ，$Q_{i,j-1/2}^{k}$)。

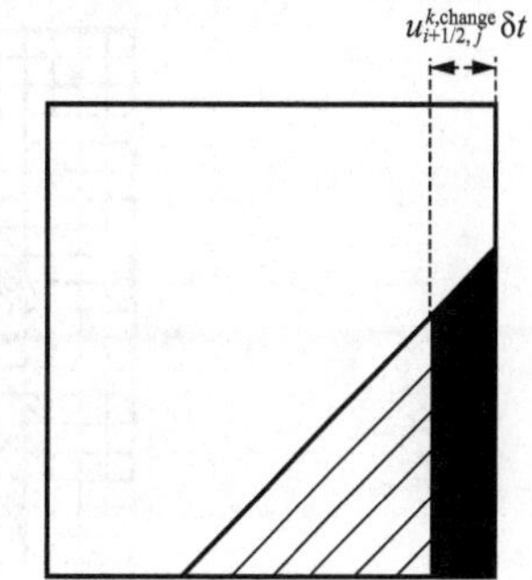

图 12.3　流出转化后网格东边界的目标流体体积

步骤 3：基于 $Q_{i+1/2,j}^{k}$ ，$Q_{i-1/2,j}^{k}$ ，$Q_{i,j+1/2}^{k}$ ，$Q_{i,j-1/2}^{k}$ ，可以获得流过网格界面的目标流体体积($F_{i+1/2,j}^{k}$ ，$F_{i-1/2,j}^{k}$ ，$F_{i,j+1/2}^{k}$ ，$F_{i,j-1/2}^{k}$)。比如当 $u_{i+1/2,j}^{k}>0$ 时，$F_{i+1/2,j}^{k}=Q_{i+1/2,j}^{k}$ ；当 $u_{i+1/2,j}^{k}<0$ 时，$F_{i+1/2,j}^{k}=-Q_{(i+1)-1/2,j}^{k}$ 。

步骤 4：将 $F_{i+1/2,j}^{k}$ ，$F_{i-1/2,j}^{k}$ ，$F_{i,j+1/2}^{k}$ ，$F_{i,j-1/2}^{k}$ 代入式(12.12)，最终计算得到下一时层的体积分数 $\alpha_{i,j}^{k+1}$ 。

第五步：基于体积分数 α^{k+1} ，通过几何迭代方法计算符号距离函数 ϕ^{k+1} 。具体的求解步骤如下。

步骤 1：在整个计算区域内为符号距离函数赋极值：

$$\phi_{i,j}^{k+1}=\begin{cases}-M, & \alpha_{i,j}^{k+1}\geqslant 0.5\\ M, & \alpha_{i,j}^{k+1}<0.5\end{cases} \tag{12.14}$$

式中，M 为计算区域内的最大几何长度，如图 12.4 所示，这样可以保证相界面附近的符号距离函数包含在设定的极值范围之内。

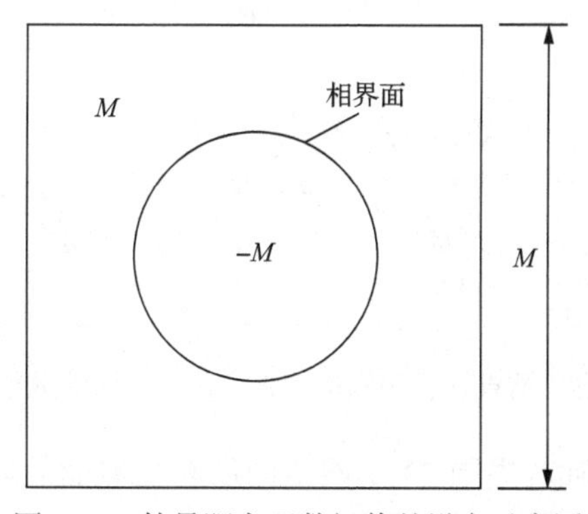

图 12.4　符号距离函数极值的设定示意图

步骤 2：由体积分数 $\alpha_{i,j}^{k+1}$ 和相界面法向矢量 $\boldsymbol{n}_{i,j}$ ，利用 PLIC 方法重构界面，确定相界面的位置和形状，其中 $\boldsymbol{n}_{i,j}$ 可通过式(12.15)确定：

$$\boldsymbol{n}_{i,j}=(\nabla\alpha^{k+1})_{i,j} \tag{12.15}$$

步骤 3：在相界面两侧各三个网格的宽度内对网格进行标识，如图 12.5 所示，这一标识区域宽度足以计算表面张力和光顺相界面附近的物性参数。由于仅在标识网格上计算符号距离函数，这样可大幅减少计算耗时。

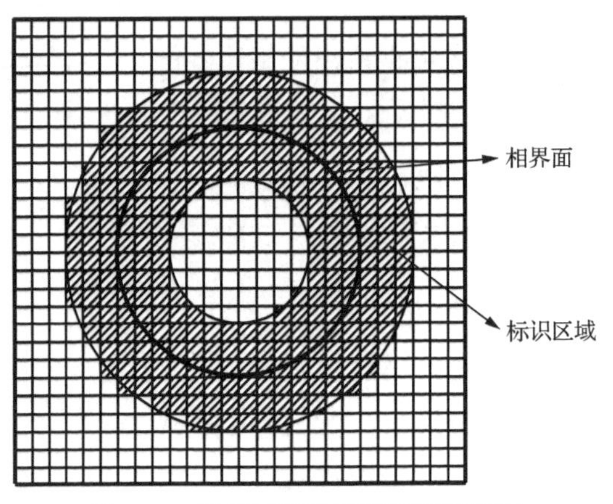

图 12.5　相界面附近标识区域示意图

步骤 4：计算标识区域内的符号距离函数 $\phi_{i,j}^{k+1}$，具体求解过程如下。

首先计算从某一网格节点到其周围 7×7 网格内任一段界面的最小距离。图 12.6 显示了节点 (i,j) 距网格内某一段相界面的最小距离，其中线段 BC 为界面。当 $\theta_1>90°$时线段 AB 为最小距离；当 $\theta_2>90°$时线段 AC 为最小距离；当 $\theta_1<90°$且 $\theta_2<90°$时垂线 AD 为最小距离。

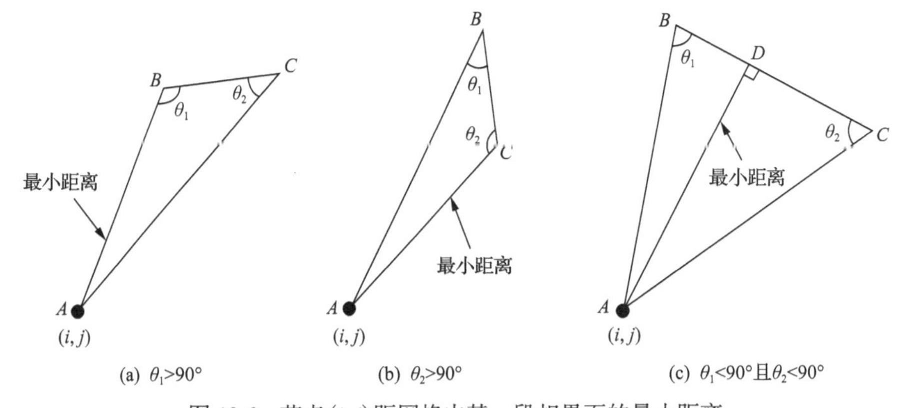

图 12.6　节点 (i,j) 距网格内某一段相界面的最小距离

然后比较从节点 (i,j) 到其周围 7×7 网格内所有相界面的最小距离，得出从节点 (i,j) 到相界面的最短距离 $d_{i,j}$，如图 12.7 所示。

最后通过式(12.16)计算得出符号距离函数：

$$\phi_{i,j}^{k+1}=\begin{cases}-d_{i,j}, & \alpha_{i,j}^{k+1}>0.5\\ 0, & \alpha_{i,j}^{k+1}=0.5\\ d_{i,j}, & \alpha_{i,j}^{k+1}<0.5\end{cases} \tag{12.16}$$

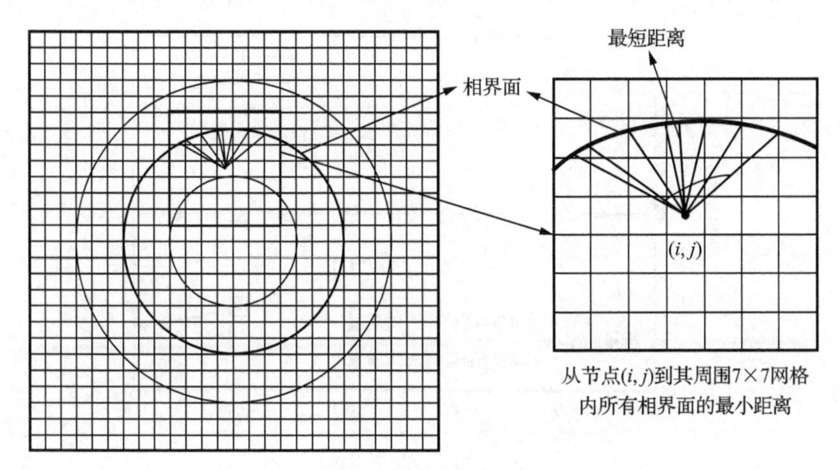

图 12.7　从节点 (i,j) 到相界面的最短距离

步骤 5：采用计算出的符号距离函数 ϕ^{k+1}，通过式(12.17)重新计算相界面的法向矢量：

$$\boldsymbol{n}_{i,j} = -(\nabla \phi^{k+1})_{i,j} \tag{12.17}$$

利用该更加精确的法线矢量，通过 PLIC 方法重构界面，重新确定相界面的位置和形状，然后返回步骤 3 重新计算符号距离函数 $\phi_{i,j}^{k+1}$。重复以上迭代直到迭代步数等于已经设定的迭代次数 N。通过以上迭代，可以得到更加精确的符号距离函数。N 通常设定为 2～3。

第六步：基于符号距离函数 ϕ^{k+1}，分别通过式(12.4)、式(12.5)和式(12.7)计算动量方程(3)中的密度 $\rho(\phi^{k+1})$、黏度 $\mu(\phi^{k+1})$ 和表面张力 $\boldsymbol{F}(\phi^{k+1})$。

第七步：通过 IDEAL 算法或其他算法耦合求解连续性方程(12.2)和动量方程(12.3)，计算得到下一时层的速度 u^{k+1}, v^{k+1} 及压强 p^{k+1}。

第八步：把计算得出的 $\alpha^{k+1}, \phi^{k+1}, u^{k+1}, v^{k+1}$ 看作 $\alpha^k, \phi^k, u^k, v^k$，并返回到第三步。重复第三步至第八步的计算，直到时间达到预设值。

12.2.3　VOSET 方法的求解性能分析

以单个气泡在静止液体中的上升运动为例，对 VOF、LS、VOSET 的求解性能进行分析比较。从图 12.8(a)可以看出，VOF 和 VOSET 方法具有很好的质量守恒特性，而 LS 方法质量守恒特性较差。从图 12.8(b)可以看出，由于 VOF 方法计算所得的表面张力误差较大，相界面附近的密度和黏度光顺性较差，导致气泡上升速度剧烈震荡；LS 方法的质量损失随着时间推进越来越严重，导致气泡上升速度后期出现了下降；而 VOSET 方法结合了 VOF 和 LS 的优点，克服了这两种方法的缺点，使得计算结果精度较高，可以获得稳定的气泡终端速度。

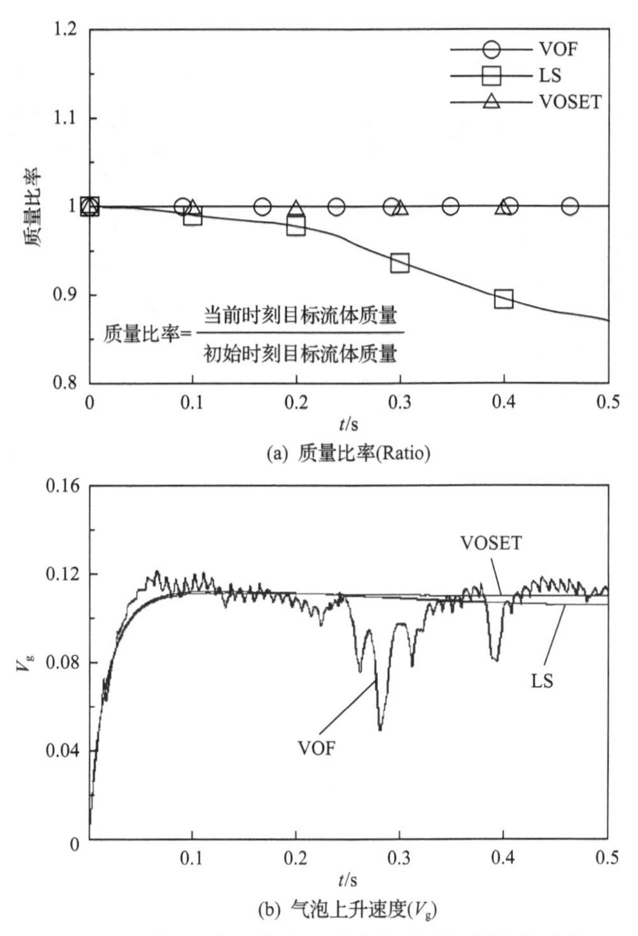

(a) 质量比率(Ratio)

(b) 气泡上升速度(V_g)

图 12.8　质量比率和气泡上升速度随时间的演化过程

厄特沃什数(Eo)=100，莫顿数(Mo)=1000，黏度比率=1000，密度比率=1000

12.3　气液相变模型

在现有气液相变模型中，通常首先设定相界面温度为饱和温度，然后计算气液两相温度分布，最后根据傅里叶定律计算得出相界面两侧热流密度的阶跃值，从而得到气液相变过程中的蒸发速率或冷凝速率。本节以层流不可压缩不相容的二维气液相变问题为例，面向直角结构化网格系统，对结合气液相变模型的复合界面捕捉方法 VOSET 进行介绍。

12.3.1　所涉及的控制方程

体积分数输运方程：

$$\frac{\partial \alpha}{\partial t} + \nabla \cdot (\boldsymbol{U}\alpha) = -\frac{\dot{m}_{\mathrm{t}\to\mathrm{nt}}}{\rho_{\mathrm{t}}} \tag{12.18}$$

式中，$\dot{m}_{\mathrm{t}\to\mathrm{nt}}$ 表示目标流体向非目标流体的质量传递速率。比如蒸发问题，当把液体看作目标流体时，$\dot{m}_{\mathrm{t}\to\mathrm{nt}}$ 表示液体向气体的蒸发速率。

连续性方程：

$$\nabla \cdot \boldsymbol{U} = \left(\frac{1}{\rho_{\mathrm{nt}}} - \frac{1}{\rho_{\mathrm{t}}}\right)\dot{m}_{\mathrm{t}\to\mathrm{nt}} \tag{12.19}$$

动量方程：

$$\frac{\partial \boldsymbol{U}}{\partial t} + (\boldsymbol{U}\cdot\nabla)\boldsymbol{U} = \frac{1}{\rho(\phi)}\{-\nabla p + \nabla\cdot\mu(\phi)[\nabla\boldsymbol{U} + (\nabla\boldsymbol{U})^{\mathrm{T}}] + \rho(\phi)\boldsymbol{g} + \boldsymbol{F}_{\mathrm{s}}(\phi)\} \tag{12.20}$$

目标流体能量方程：

$$\frac{\partial(\rho_t c_{p,t} T)}{\partial t} + \nabla\cdot(\rho_{\mathrm{t}} c_{p,\mathrm{t}} \boldsymbol{U} T) = \nabla\cdot(\lambda_{\mathrm{t}} \nabla T) \tag{12.21}$$

非目标流体能量方程：

$$\frac{\partial(\rho_{\mathrm{nt}} c_{p,\mathrm{nt}} T)}{\partial t} + \nabla\cdot(\rho_{\mathrm{nt}} c_{p,\mathrm{nt}} \boldsymbol{U} T) = \nabla\cdot(\lambda_{\mathrm{nt}} \nabla T) \tag{12.22}$$

12.3.2　结合气液相变模型的 VOSET 方法实施过程

第一步：根据计算区域划分网格，确定网格信息。

第二步：确定初始参数，如零时刻的体积分数、符号距离函数、速度、温度和质量传递速率等，然后把“零时刻的值”看作“当前时层的体积分数 α^k，符号距离函数 ϕ^k、速度 u^k 和 v^k、温度 T^k、质量传递速率 $\dot{m}^k_{\mathrm{t}\to\mathrm{nt}}$”。

第三步：根据 Courant 数确定时间步长。

第四步：通过 PLIC 方法求解体积分数输运方程(12.18)，得出下一时层的体积分数 α^{k+1}。

第五步：基于体积分数 α^{k+1}，通过几何迭代方法计算符号距离函数 ϕ^{k+1}。

第六步：基于符号距离函数 ϕ^{k+1}，计算动量方程中的密度、黏度和表面张力。

第七步：通过 IDEAL 算法或其他算法耦合求解连续性方程式(12.19)和动量方程式(12.20)，计算得到下一时层的速度 u^{k+1}、v^{k+1} 及压强 p^{k+1}。

第八步：设定相界面温度为饱和温度，然后分别计算单相目标流体、单相非目标流体和两相相界面区域(图 12.9)内的温度分布 T^{k+1}。具体求解步骤如下。

步骤 1：在单相目标流体区域，求解能量方程式(12.21)得到该区域温度分布。

步骤 2：在单相非目标流体区域，求解能量方程式(12.22)得到该区域温度分布。

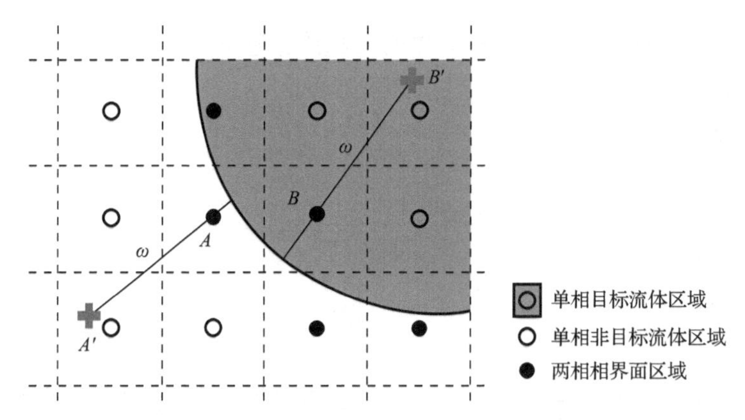

图 12.9　单相目标流体、单相非目标流体和两相相界面区域示意图

步骤 3：在两相相界面区域，通过线性插值得到该区域温度分布。比如节点 A 和节点 B 处的温度可分别通过下列线性插值公式获得

$$\frac{T_A^{k+1}-T_{\text{sat}}}{T_{A'}^{k+1}-T_{\text{sat}}}=\frac{|\phi_A^{k+1}|}{|\phi_A^{k+1}|+\omega} \tag{12.23}$$

$$\frac{T_B^{k+1}-T_{\text{sat}}}{T_{B'}^{k+1}-T_{\text{sat}}}=\frac{|\phi_B^{k+1}|}{|\phi_B^{k+1}|+\omega} \tag{12.24}$$

式中，ω 等于 1.5 倍网格尺寸；$T_{A'}^{k+1}$ 和 $T_{B'}^{k+1}$ 通过周边节点温度插值获得；T_{sat} 为相界面上的问题；ϕ_A^{k+1} 和 ϕ_B^{k+1} 为符号距离函数。重复上述三个步骤，直到获得满足收敛条件的解。

第九步；基于两相温度分布 T^{k+1}，计算目标流体向非目标流体的质量传递速率 $\dot{m}_{\text{t}\to\text{nt}}^{k+1}$。具体求解过程如下：

$$\dot{m}_{\text{t}\to\text{nt}}^{k+1}=\frac{1}{h_{\text{fg}}V_{i,j}}\int_{\Gamma}\dot{q}_{\text{t}\to\text{nt}}^{k+1}\text{d}A \tag{12.25}$$

式中，h_{fg} 为气化潜热；$V_{i,j}$ 为网格 (i,j) 的体积；Γ 为网格 (i,j) 内的气液相界面；$\dot{q}_{\text{t}\to\text{nt}}^{k+1}$ 为相界面两侧热流密度的阶跃值。

$$\dot{q}_{\text{t}\to\text{nt}}^{k+1}=\lambda_{\text{t}}\left.\frac{\partial T^{k+1}}{\partial n}\right|_{\text{t}}-\lambda_{\text{nt}}\left.\frac{\partial T^{k+1}}{\partial n}\right|_{\text{nt}} \tag{12.26}$$

式中，n 为相界面法线方向，指向目标流体。

$$\left.\frac{\partial T^{k+1}}{\partial n}\right|_{\text{t}}\approx\frac{-T_4^{k+1}+4T_3^{k+1}-3T_{\text{sat}}}{2\omega} \tag{12.27}$$

$$\left.\frac{\partial T^{k+1}}{\partial n}\right|_{\rm nt} \approx \frac{T_2^{k+1} - 4T_1^{k+1} + 3T_{\rm sat}}{2\omega} \tag{12.28}$$

式中，T_1^{k+1}，T_2^{k+1}，T_3^{k+1}，T_4^{k+1} 的位置如图 12.10 所示，其数值可通过周边节点温度插值获得；ω 等于 1.5 倍网格尺寸。

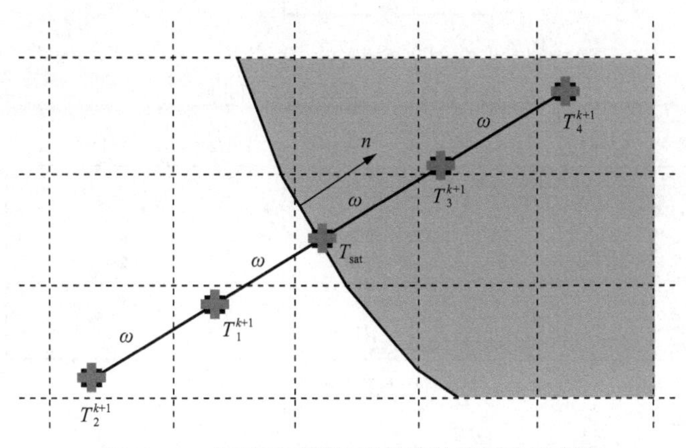

图 12.10　相界面两侧温度梯度计算方法示意图

第十步：把计算得出的 α^{k+1}，ϕ^{k+1}，u^{k+1}，v^{k+1}，T^{k+1}，$\dot{m}_{\rm t\to nt}^{k+1}$ 看作 α^k，ϕ^k，u^k，v^k，T^k，$\dot{m}_{\rm t\to nt}^{k}$，并返回到第三步。重复第三步至第十步的计算，直到时间达到预设值。

12.4　典型习题解析

例 1　在求解体积分数输运方程时，为什么 VOF 方法中的"几何求解方法"较"代数求解方法"可以得到更精确和锐利的相界面。

【解析】 本题考查 VOF 方法中几何求解方法保持精确性和锐利性的原因。

代数求解方法包括一阶迎风、二阶迎风、QUICK 格式等。下面以一维两相流动问题(图 12.11)和一阶迎风格式为例，对代数求解方法的性能进行分析。体积分数输运方程(12.1)在网格(i)和$(i+1)$上的离散形式分别为

$$\frac{\alpha_i^{k+1} - \alpha_i^k}{\delta t}\Delta x\Delta y = u_{i-1/2}^k\alpha_{i-1}^k\Delta y - u_{i+1/2}^k\alpha_i^k\Delta y \tag{12.29}$$

$$\frac{\alpha_{i+1}^{k+1} - \alpha_{i+1}^k}{\delta t}\Delta x\Delta y = u_{i+1/2}^k\alpha_i^k\Delta y - u_{i+3/2}^k\alpha_{i+1}^k\Delta y \tag{12.30}$$

从而可得 α_i^{k+1}=0.46，α_{i+1}^{k+1}=0.04，其对应的下一时层相界面分布如图 12.12(a)所示，该计算结果与实际结果偏差较大，存在两个相界面，因此代数求解方法精确性和锐利性较差。

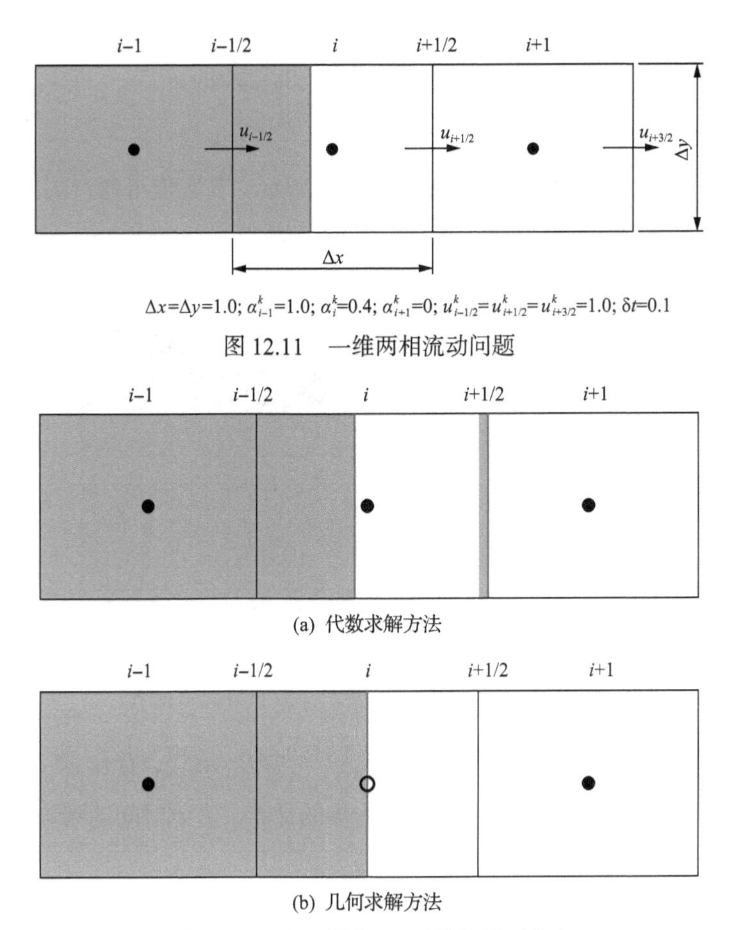

$\Delta x=\Delta y=1.0;\ \alpha_{i-1}^{k}=1.0;\ \alpha_{i}^{k}=0.4;\ \alpha_{i+1}^{k}=0;\ u_{i-1/2}^{k}=u_{i+1/2}^{k}=u_{i+3/2}^{k}=1.0;\ \delta t=0.1$

图 12.11　一维两相流动问题

(a) 代数求解方法

(b) 几何求解方法

图 12.12　下一时层 k+1 时的相界面分布

几何求解方法主要包括两种：分段常数方法(Hirt 和 Nichols 型方法、SLIC 方法等)；分段线性方法(FLAIR 方法、PLIC 方法等)。下面以一维两相流动问题(图 12.11)和 PLIC 方法为例，对几何求解方法的性能进行分析。体积分数输运方程式(12.1)在网格(i)和(i+1)上的离散形式分别为

$$(\alpha_i^{k+1}-\alpha_i^k)\Delta x\Delta y=F_{i-1/2}^k-F_{i+1/2}^k \tag{12.31}$$

$$(\alpha_{i+1}^{k+1}-\alpha_{i+1}^k)\Delta x\Delta y=F_{i+1/2}^k-F_{i+3/2}^k \tag{12.32}$$

式中，流过网格边界(i–1/2)的目标流体体积为 $F_{i-1/2}^k$=0.1；流过网格边界(i+1/2)的目标流体体积为 $F_{i+1/2}^k$=0；流过网格边界(i+3/2)的目标流体体积为 $F_{i+3/2}^k$=0。从而可得 α_i^{k+1}=0.5，α_{i+1}^{k+1}=0，其对应的下一时层相界面分布如图 12.12(b)所示，该计算结果与实际结果完全一致，因此几何求解方法具有较高的精确性和锐利性。

例 2　在求解体积分数输运方程时，VOF 方法中的 PLIC 方法和 VOSET 方法中的 PLIC 方法有什么区别？哪个方法精度更高？

【解析】本题考查 VOSET 方法中 PLIC 方法的新特点。

在采用 PLIC 方法求解体积分数输运方程时，首先需要根据体积分数 $\alpha_{i,j}$ 和相界面法向矢量 $\boldsymbol{n}_{i,j}$ 重构界面，确定出相界面的位置和形状。

对于 VOF 方法中的 PLIC 方法，$\boldsymbol{n}_{i,j}$ 为体积分数的梯度，即 $\boldsymbol{n}_{i,j}=(\nabla\alpha)_{i,j}$。由于体积分数为分段函数，所以通过体积分数获得的 $\boldsymbol{n}_{i,j}$ 精度较低，导致重构的相界面连续性和光顺性较差，与实际相界面偏差较大，如图 12.13(a)所示。

对于 VOSET 方法中的 PLIC 方法，$\boldsymbol{n}_{i,j}$ 为符号距离函数的梯度，即 $\boldsymbol{n}_{i,j}=-(\nabla\phi)_{i,j}$。由于符号距离函数为光滑函数，所以通过符号距离函数获得的 $\boldsymbol{n}_{i,j}$ 精度较高，使重构的相界面具有很好的连续性和光顺性，与实际相界面几乎完全吻合，如图 12.13(b)所示。

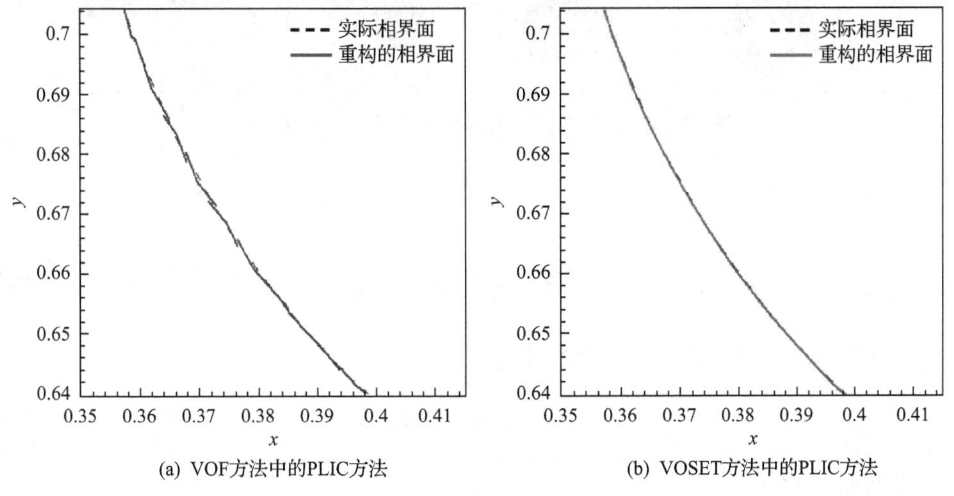

(a) VOF方法中的PLIC方法　　(b) VOSET方法中的PLIC方法

图 12.13　不同方法重构的相界面

例 3　在 VOSET 方法中，通过几何方法计算符号距离函数时，为什么要采用迭代求解的方式？

【解析】 本题考查几何方法计算符号距离函数时采用迭代求解的原因。

在 VOSET 方法中，首先采用体积分数计算相界面法线矢量，然后确定相界面的位置和形状，最后采用几何方法获得符号距离函数。但是由于体积分数为分段函数，得到的相界面法线矢量偏差较大，导致第一次计算获得的符号距离函数精度较低。当采用迭代求解时，在第二次计算过程中就可以避免采用体积分数，而是采用上次所得的光滑的符号距离函数计算相界面法线矢量，提高了再次获得的符号距离函数精度。最终通过多次迭代求解，可以得到精确的符号距离函数，如图 12.14 所示。因此，在 VOSET 方法中，计算符号距离函数时采用几何迭代方法。

例 4　与 VOF 方法相比，为什么 VOSET 方法计算所得的表面张力精度较高，相界面附近密度和黏度等物性参数光顺性较好？

【解析】 本题考查 VOSET 方法表面张力精度高和物性参数顺性好的原因。

在 VOF 方法中，表面张力表达式为

$$\boldsymbol{F}_{\mathrm{s}}(\alpha)=\sigma\kappa(\alpha)\nabla\alpha \tag{12.33}$$

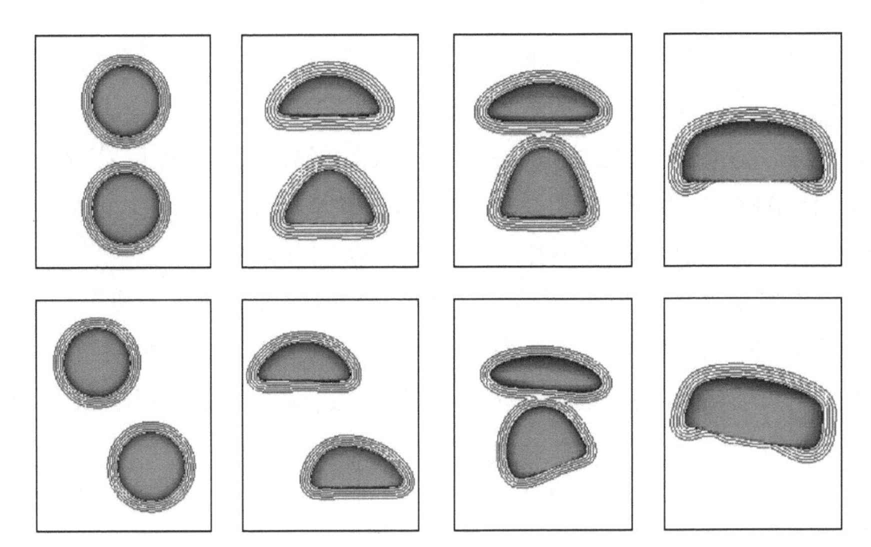

图 12.14　几何迭代方法计算得出的符号距离函数

式中，界面曲率 $\kappa(\alpha)$ 为

$$\kappa(\alpha)=-\left(\nabla\cdot\frac{\nabla\alpha}{|\nabla\alpha|}\right) \tag{12.34}$$

在 VOSET 方法中，表面张力表达式为

$$\boldsymbol{F}_{\mathrm{s}}(\phi)=-\sigma\kappa(\phi)\delta(\phi)\nabla\phi \tag{12.35}$$

式中，界面曲率 $\kappa(\phi)$ 为

$$\kappa(\phi)-\nabla\cdot\left(\frac{\nabla\phi}{|\nabla\phi|}\right) \tag{12.36}$$

影响表面张力精度最关键的参数为界面曲率。对于 VOF 方法，界面曲率由体积分数计算得到[式(12.34)]，由于体积分数为分段函数，导致计算所得的界面曲率精度较低。图 12.15(a)显示了 VOF 方法计算所得的圆形气泡界面曲率，可以看出计算结果与理论解偏差较大。对于圆形气泡，界面曲率和半径乘积的理论解为 1，即 $\kappa\times R=1$。对于 VOSET 方法，界面曲率由符号距离函数计算得到[式(12.36)]，由于符号距离函数为光滑函数，计算所得的界面曲率精度较高。图 12.15(b)显示了 VOSET 方法计算所得的圆形气泡界面曲率，可以看出计算结果与理论解相一致。

在 VOF 方法中，密度和黏度可通过式(12.37)和式(12.38)计算获得

$$\rho(\alpha)=(1-\alpha)\rho_{\mathrm{nt}}+\alpha\rho_{\mathrm{t}} \tag{12.37}$$

$$\mu(\alpha)=(1-\alpha)\mu_{\mathrm{nt}}+\alpha\mu_{\mathrm{t}} \tag{12.38}$$

在 VOSET 方法中，密度和黏度可通过式(12.39)和式(12.40)计算获得

$$\rho(\phi)=H(\phi)\rho_{\mathrm{nt}}+(1-H(\phi))\rho_{\mathrm{t}} \tag{12.39}$$

$$\mu(\phi)=H(\phi)\mu_{\mathrm{nt}}+(1-H(\phi))\mu_{\mathrm{t}} \tag{12.40}$$

对于 VOF 方法，密度和黏度等物性参数由体积分数计算得到[式(12.37)和式(12.38)]，由于体积分数为分段函数，导致密度和黏度等物性参数光顺性较差，如图 12.16(a)所示。对于 VOSET 方法，密度和黏度等物性参数由符号距离函数计算得到[式(12.39)和式(12.40)]，由于符号距离函数为光滑函数，计算所得的密度和黏度等物性参数光顺性较好，如图 12.16(b)所示。

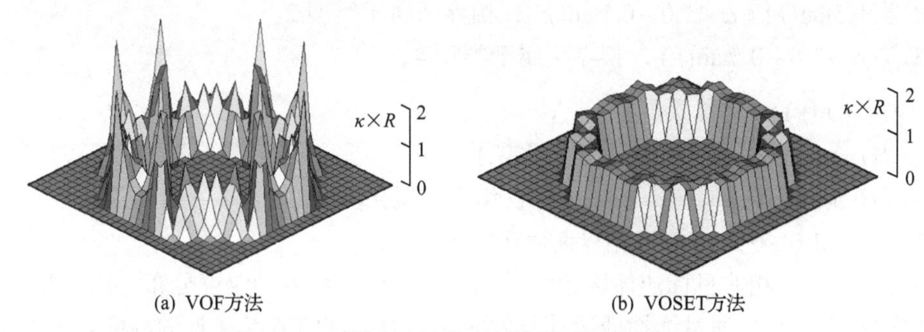

(a) VOF方法　　　　(b) VOSET方法

图 12.15　不同方法计算所得的圆形气泡界面曲率

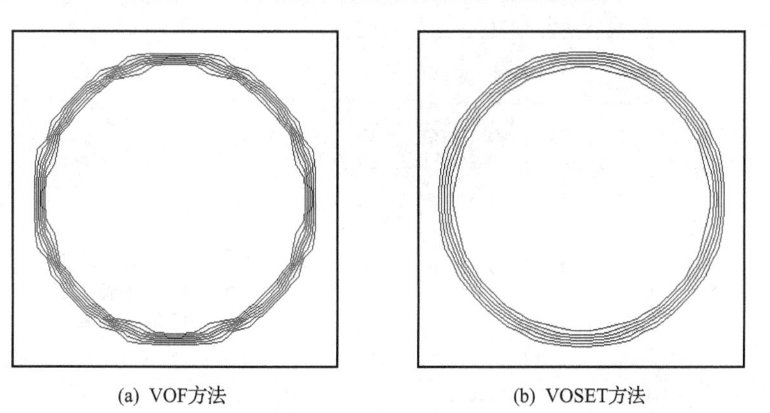
(a) VOF方法　　　　(b) VOSET方法

图 12.16　不同方法计算所得的圆形气泡界面附近的密度等势线

例 5　对于二维两相问题和直角结构化网格系统，在 PLIC 方法重构界面的过程中，$n_x \neq 0$且$n_y \neq 0$的 16 种倾斜相界面可转化为$n_x^{\mathrm{change}}>0$且$n_y^{\mathrm{change}}<0$的 4 种界面类型，如图 12.2 所示。请给出判断这 4 种界面类型的方法。

【解析】 本题考查二维直角结构化网格中 PLIC 方法的界面类型判定方法。

根据网格内相界面法线矢量的两个投影可以确定出相界面与 x 轴的夹角 β：

$$\beta=\arctan\left(\frac{|n_x^{\mathrm{change}}|}{|n_y^{\mathrm{change}}|}\right) \tag{12.41}$$

将夹角 β 规整化为

$$\gamma = \arctan\left(\frac{\Delta x}{\Delta y}\tan\beta\right) \tag{12.42}$$

式中，γ 的范围为 $(0, \pi/2)$；Δx 和 Δy 为网格尺寸。

根据网格内的体积分数α和相界面与 x 轴的规整夹角 γ 就可以确定相界面属于图 12.2 中的哪种类型，具体确定过程如下。

1) 对于 $\tan(\gamma)\leqslant 1$ 的情况

(1) 当 $\alpha \leqslant 0.5\tan(\gamma)$，相界面属于类型 1。

(2) 当 $0.5\tan(\gamma) < \alpha \leqslant 1.0-0.5\tan(\gamma)$，相界面属于类型 2。

(3) 当 $\alpha > 1.0-0.5\tan(\gamma)$，相界面属于类型 4。

2) 对于 $\tan(\gamma) > 1$ 的情况

(1) 当 $\alpha \leqslant 0.5\cot(\gamma)$，相界面属于类型 1。

(2) 当 $0.5\cot(\gamma) < \alpha \leqslant 1.0-0.5\cot(\gamma)$，相界面属于类型 3。

(3) 当 $\alpha > 1.0-0.5\cot(\gamma)$，相界面属于类型 4。

例 6 已知单相非目标流体区域和单相目标流体区域内的温度分布，以及相界面温度，请根据图 12.17，通过线性插值计算两相相界面区域内节点 A 处的温度。

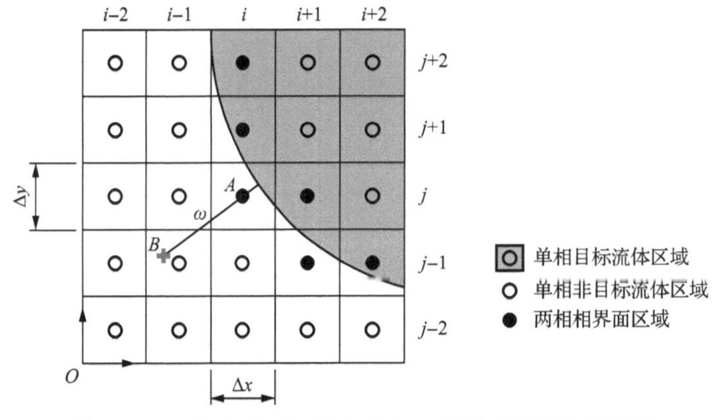

图 12.17 两相相界面区域内节点 A 处温度计算的示意图

计算中涉及的已知数据为：网格大小Δx=Δy=0.001m；相界面温度 T_{sat}=373K；单相非目标流体区域内 $T_{i-2,j-1}$=347.8K, $T_{i-1,j-1}$=356K, $T_{i-2,j}$=352.6K, $T_{i-1,j}$=361.5K; ϕ_A= $\phi_{i,j}$=0.0003m; ω=1.5Δx=0.0015m；指向目标流体的相界面法线单位矢量：n_x=0.813；n_y=0.58。

【解析】本题考查界面相界区域内节点温度的插值计算方法。

两相相界面区域内节点 A 处的温度可通过下列线性插值公式获得

$$\frac{T_A - T_{\text{sat}}}{T_B - T_{\text{sat}}} = \frac{|\phi_A|}{|\phi_A| + \omega} \tag{12.43}$$

式中，ω=0.0015m; ϕ_A=0.0003m; T_{sat}=373K；T_B 需通过周边节点温度插值获得。

B 点的坐标为 $x_B = x_A - \omega \times n_x = 0.00128\,(\text{m})$；$y_B = y_A - \omega \times n_y = 0.00163\,(\text{m})$。

B 点处于节点$(i-2, j-1)$, $(i-2, j)$, $(i-1, j-1)$, $(i-1, j)$之间，所以 B 点温度可通过这四个节点温度插值得到，如图 12.17 和图 12.18 所示，具体求解过程如下。

$$T_1 = \frac{x_B - x_{i-2,j}}{x_{i-1,j} - x_{i-2,j}} T_{i-1,j} + \frac{x_{i-1,j} - x_B}{x_{i-1,j} - x_{i-2,j}} T_{i-2,j} \tag{12.44}$$

可以得到 $T_1 = 359.54\text{K}$。

$$T_2 = \frac{x_B - x_{i-2,j-1}}{x_{i-1,j-1} - x_{i-2,j-1}} T_{i-1,j-1} + \frac{x_{i-1,j-1} - x_B}{x_{i-1,j-1} - x_{i-2,j-1}} T_{i-2,j-1} \tag{12.45}$$

可以得到 $T_2 = 354.20\text{K}$。

$$T_B = \frac{y_B - y_2}{y_1 - y_2} T_1 + \frac{y_1 - y_B}{y_1 - y_2} T_2 \tag{12.46}$$

可以得到 $T_B = 354.89\text{K}$。将 T_B 代入式(12.43)，最终可得 T_A=369.98K 。

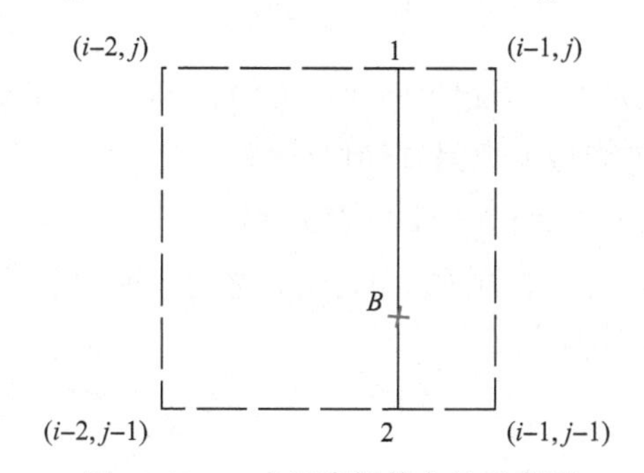

图 12.18　B 点温度插值方法示意图

例 7　已知整场的温度分布和相界面温度，请根据图 12.19，计算网格(i,j)内相界面两侧的温度梯度。

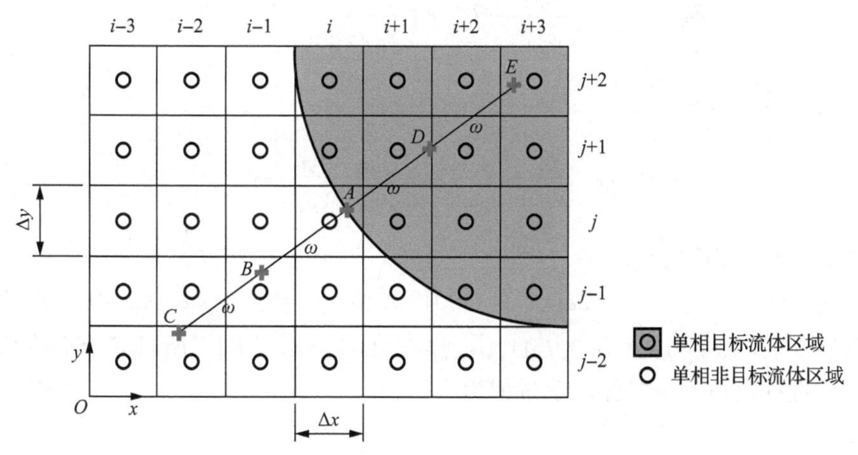

图 12.19　网格(i, j)内相界面两侧温度梯度计算方法的示意图

计算中涉及的已知数据：网格大小$\Delta x=\Delta y=0.001$m；相界面温度 $T_A=T_{sat}=373$K，相界面上中心点A坐标为$x_A=0.00375$m, $y_A=0.00266$m；非目标流体区域内 $T_{i,j}=370.0$K, $T_{i,j-1}=363.5$K, $T_{i-1,j}=361.5$K, $T_{i-1,j-1}=356.0$K, $T_{i-2,j-1}=347.8$K, $T_{i-2,j-2}=341.9$K, $T_{i-3,j-1}=339.2$K, $T_{i-3,j-2}=333.9$K；目标流体区域内 $T_{i+1,j+1}=368.7$K, $T_{i+1,j+2}=367.2$K, $T_{i+2,j+1}=365.5$K, $T_{i+2,j+2}=363.3$K, $T_{i+3,j+1}=363.3$K, $T_{i+3,j+2}=359.8$K; $\omega=1.5\Delta x=0.0015$m；指向目标流体的相界面法线单位矢量：$n_x=0.813$; $n_y=0.58$。

【解析】 本题考查相边界两侧温度梯度的计算方法。

网格(i,j)内相界面非目标流体侧的温度梯度为

$$\left.\frac{\partial T}{\partial n}\right|_{\mathrm{nt}} \approx \frac{T_C-4T_B+3T_A}{2\omega} \tag{12.47}$$

网格(i,j)内相界面目标流体侧的温度梯度为

$$\left.\frac{\partial T}{\partial n}\right|_{\mathrm{t}} \approx \frac{-T_E+4T_D-3T_A}{2\omega} \tag{12.48}$$

式(12.47)和式(12.48)中，n 为相界面法线方向，指向目标流体；$\omega=0.0015$m; $T_A=T_{sat}=373$K; T_B, T_C, T_D, T_E需通过周边节点温度插值获得。

B 点的坐标为：$x_B=x_A-\omega\times n_x=0.00253$(m)；$y_B=y_A-\omega\times n_y=0.00179$(m)。

B 点处于节点$(i-1,j-1)$，$(i-1,j)$，$(i,j-1)$，(i,j)之间，所以 B 点温度可通过这四个节点温度插值得到，具体求解过程为

$$T_{B1}=\frac{x_B-x_{i-1,j}}{x_{i,j}-x_{i-1,j}}T_{i,j}+\frac{x_{i,j}-x_B}{x_{i,j}-x_{i-1,j}}T_{i-1,j} \tag{12.49}$$

可以得到$T_{B1}=361.76$K。

$$T_{B2}=\frac{x_B-x_{i-1,j-1}}{x_{i,j-1}-x_{i-1,j-1}}T_{i,j-1}+\frac{x_{i,j-1}-x_B}{x_{i,j-1}-x_{i-1,j-1}}T_{i-1,j-1} \tag{12.50}$$

可以得到$T_{B2}=356.23$K。

$$T_B=\frac{y_B-y_{B2}}{y_{B1}-y_{B2}}T_{B1}+\frac{y_{B1}-y_B}{y_{B1}-y_{B2}}T_{B2} \tag{12.51}$$

可以得到$T_B=357.83$K。

C 点的坐标为：$x_C=x_A-2\omega\times n_x=0.00131$(m)；$y_C=y_A-2\omega\times n_y=0.00092$(m)。

C 点处于节点$(i-3,j-2)$，$(i-3,j-1)$，$(i-2,j-2)$，$(i-2,j-1)$之间，所以 C 点温度可通过这四个节点温度插值得到，具体求解过程为

$$T_{C1}=\frac{x_C-x_{i-3,j-1}}{x_{i-2,j-1}-x_{i-3,j-1}}T_{i-2,j-1}+\frac{x_{i-2,j-1}-x_C}{x_{i-2,j-1}-x_{i-3,j-1}}T_{i-3,j-1} \tag{12.52}$$

可以得到$T_{C1}=346.17\text{K}$。

$$T_{C2}=\frac{x_C-x_{i-3,j-2}}{x_{i-2,j-2}-x_{i-3,j-2}}T_{i-2,j-2}+\frac{x_{i-2,j-2}-x_C}{x_{i-2,j-2}-x_{i-3,j-2}}T_{i-3,j-2} \tag{12.53}$$

可以得到$T_{C2}=340.38\text{K}$。

$$T_C=\frac{y_C-y_{C2}}{y_{C1}-y_{C2}}T_{C1}+\frac{y_{C1}-y_C}{y_{C1}-y_{C2}}T_{C2} \tag{12.54}$$

可以得到$T_C=342.81\text{K}$。

将T_B, T_C代入式(12.47)，最终可以得到网格(i,j)内相界面非目标流体侧的温度梯度：10163.3K/m。

D点的坐标为：$x_D=x_A+\omega\times n_x=0.00497(\text{m})$；$y_D=y_A+\omega\times n_y=0.00353(\text{m})$。

D点处于节点$(i+1, j+1)$, $(i+1, j+2)$, $(i+2, j+1)$, $(i+2, j+2)$之间，所以D点温度可通过这四个节点温度插值得到，具体求解过程为

$$T_{D1}=\frac{x_D-x_{i+1,j+2}}{x_{i+2,j+2}-x_{i+1,j+2}}T_{i+2,j+2}+\frac{x_{i+2,j+2}-x_D}{x_{i+2,j+2}-x_{i+1,j+2}}T_{i+1,j+2} \tag{12.55}$$

可以得到$T_{D1}=365.37\text{K}$。

$$T_{D2}=\frac{x_D-x_{i+1,j+1}}{x_{i+2,j+1}-x_{i+1,j+1}}T_{i+2,j+1}+\frac{x_{i+2,j+1}-x_D}{x_{i+2,j+1}-x_{i+1,j+1}}T_{i+1,j+1} \tag{12.56}$$

可以得到$T_{D2}=367.20\text{K}$。

$$T_D=\frac{y_D-y_{D2}}{y_{D1}-y_{D2}}T_{D1}+\frac{y_{D1}-y_D}{y_{D1}-y_{D2}}T_{D2} \tag{12.57}$$

可以得到$T_D=367.15\text{K}$。

E点的坐标为：$x_E=x_A+2\omega\times n_x=0.00619(\text{m})$；$y_E=y_A+2\omega\times n_y=0.0044(\text{m})$。

E点处于节点$(i+2, j+1)$, $(i+2, j+2)$, $(i+3, j+1)$, $(i+3, j+2)$之间，所以E点温度可通过这四个节点温度插值得到，具体求解过程为

$$T_{E1}=\frac{x_E-x_{i+2,j+2}}{x_{i+3,j+2}-x_{i+2,j+2}}T_{i+3,j+2}+\frac{x_{i+3,j+2}-x_E}{x_{i+3,j+2}-x_{i+2,j+2}}T_{i+2,j+2} \tag{12.58}$$

可以得到$T_{E1}=360.89\text{K}$。

$$T_{E2}=\frac{x_E-x_{i+2,j+1}}{x_{i+3,j+1}-x_{i+2,j+1}}T_{i+3,j+1}+\frac{x_{i+3,j+1}-x_E}{x_{i+3,j+1}-x_{i+2,j+1}}T_{i+2,j+1} \tag{12.59}$$

可以得到$T_{E2}=363.98\text{K}$。

$$T_E = \frac{y_E - y_{E2}}{y_{E1} - y_{E2}} T_{E1} + \frac{y_{E1} - y_E}{y_{E1} - y_{E2}} T_{E2} \tag{12.60}$$

可以得到 $T_E = 361.20\text{K}$。

将 T_D 和 T_E 代入式(12.48)，最终可以得到网格 (i, j) 内相界面目标流体侧的温度梯度：–3866.7K/m。

例 8　对于三维两相问题，面向直角结构化网格系统，请给出 PLIC 方法重构界面过程中相界面的类型。

【解析】 本题考查三维直角结构化网格中 PLIC 方法界面重构过程中的界面类型。

根据网格内体积分数和指向目标流体的相界面法向矢量 $\boldsymbol{n}$，可以确定出以下相界面类型。

(1) $n_x \neq 0$，$n_y = 0$ 且 $n_z = 0$ 的情况，通过对称翻转，可转化为 $n_x^{\text{change}} > 0$，$n_y^{\text{change}} = 0$ 且 $n_z^{\text{change}} = 0$ 的 1 种界面类型(图 12.20)。

(2) $n_x = 0$，$n_y \neq 0$ 且 $n_z = 0$ 的情况，通过对称翻转，可转化为 $n_x^{\text{change}} = 0$，$n_y^{\text{change}} > 0$ 且 $n_z^{\text{change}} = 0$ 的 1 种界面类型(图 12.21)。

(3) $n_x = 0$，$n_y = 0$ 且 $n_z \neq 0$ 的情况，通过对称翻转，可转化为 $n_x^{\text{change}} = 0$，$n_y^{\text{change}} = 0$ 且 $n_z^{\text{change}} > 0$ 的 1 种界面类型(图 12.22)。

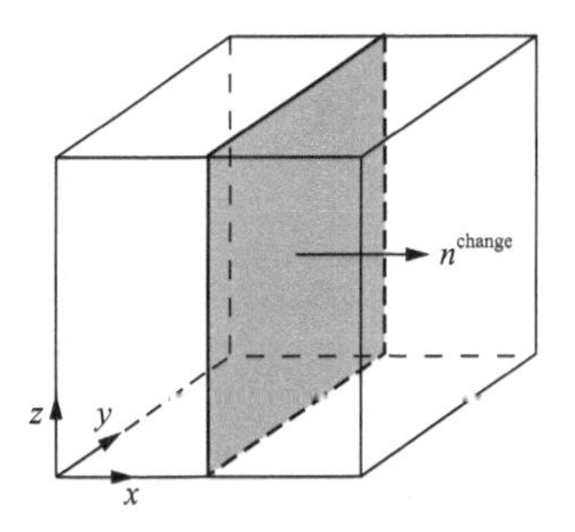

图 12.20　$n_x^{\text{change}} > 0$，$n_y^{\text{change}} = 0$ 且 $n_z^{\text{change}} = 0$ 时的界面类型

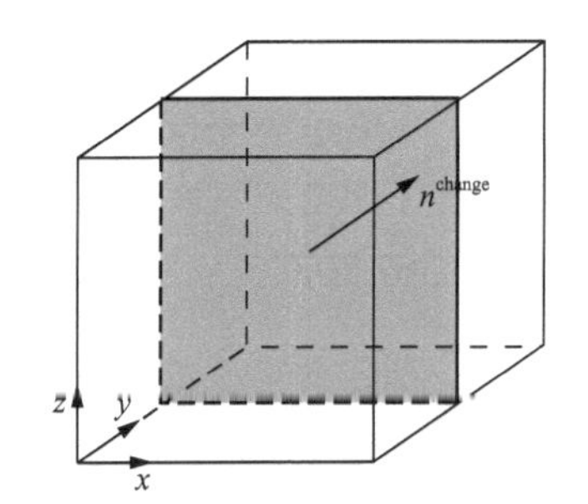

图 12.21　$n_x^{\text{change}} = 0$，$n_y^{\text{change}} > 0$ 且 $n_z^{\text{change}} = 0$ 时的界面类型

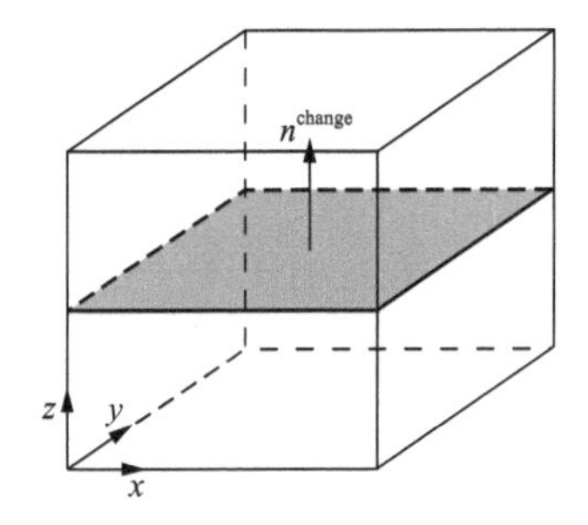

图 12.22　$n_x^{\text{change}} = 0$，$n_y^{\text{change}} = 0$ 且 $n_z^{\text{change}} > 0$ 时的界面类型

(4) 在相界面法向矢量的三个分量中，有一个分量为零的情况，通过旋转及对称翻转，可转化为 $n_x^{\text{change}} = 0$，$n_y^{\text{change}} < 0$ 且 $n_z^{\text{change}} < 0$ 的 4 种界面类型(图 12.23)。

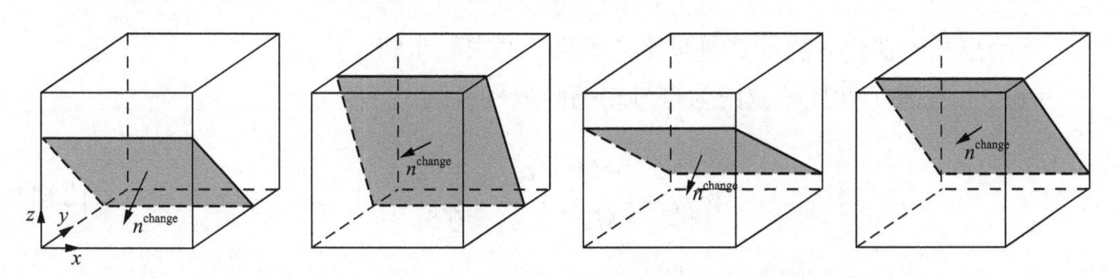

图 12.23　$n_x^{\text{change}}=0$，$n_y^{\text{change}}<0$ 且 $n_z^{\text{change}}<0$ 时的界面类型

(5)相界面法向矢量的三个分量都不为零的情况，通过旋转及对称翻转，可转化为 $n_x^{\text{change}}<n_y^{\text{change}}<n_z^{\text{change}}<0$ 且 $|n_x^{\text{change}}|+|n_y^{\text{change}}|\leqslant|n_z^{\text{change}}|$ 的 7 种界面类型(图 12.24)；$n_x^{\text{change}}<n_y^{\text{change}}<n_z^{\text{change}}<0$ 且 $|n_x^{\text{change}}|+|n_y^{\text{change}}|>|n_z^{\text{change}}|$ 的 7 种界面类型(图 12.25)。

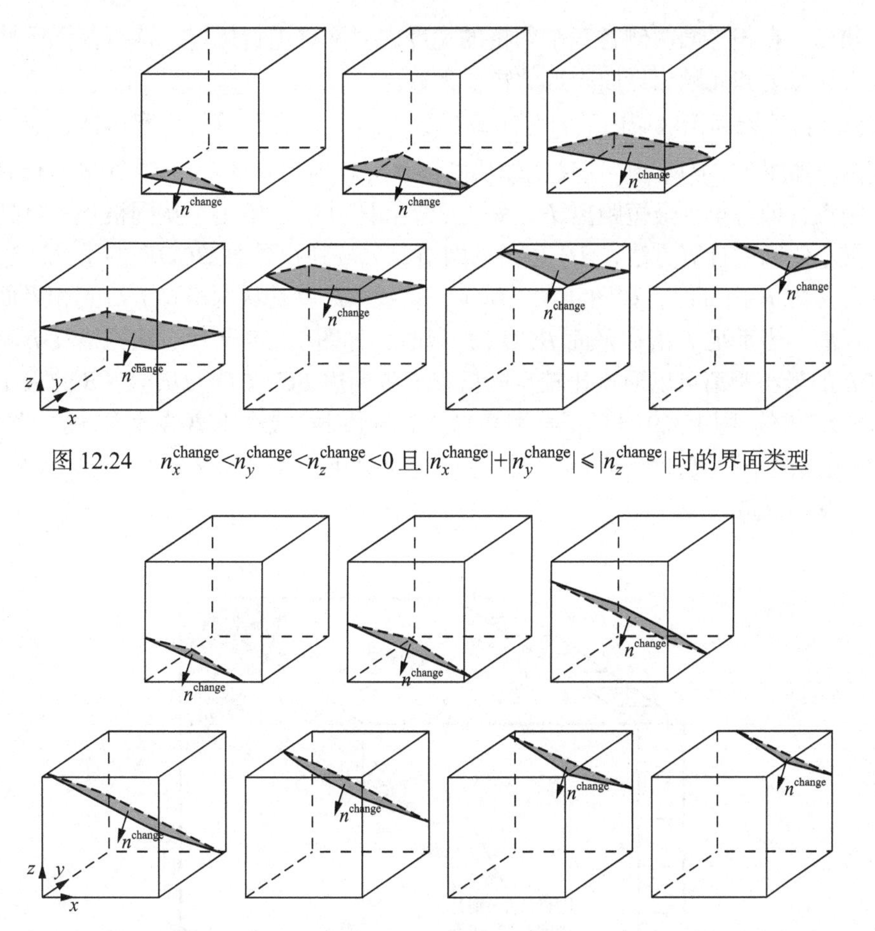

图 12.24　$n_x^{\text{change}}<n_y^{\text{change}}<n_z^{\text{change}}<0$ 且 $|n_x^{\text{change}}|+|n_y^{\text{change}}|\leqslant|n_z^{\text{change}}|$ 时的界面类型

图 12.25　$n_x^{\text{change}}<n_y^{\text{change}}<n_z^{\text{change}}<0$ 且 $|n_x^{\text{change}}|+|n_y^{\text{change}}|>|n_z^{\text{change}}|$ 时的界面类型

例 9　对于三维两相问题，面向直角结构化网格系统，基于体积分数 α，请给出几何迭代方法计算符号距离函数 ϕ 的求解步骤。

【解析】 本题考查三维结构化网格中几何迭代方法的求解步骤。

以下给出几何迭代方法计算符号距离函数 ϕ 的求解步骤。

步骤 1：在整个计算区域内为符号距离函数赋极值。

$$\phi_{i,j,k} = \begin{cases} -M, & \alpha_{i,j,k} \geqslant 0.5 \\ M, & \alpha_{i,j,k} < 0.5 \end{cases} \tag{12.61}$$

式中，M 为计算区域内的最大几何长度。

步骤 2：根据体积分数 $\alpha_{i,j,k}$ 和相界面法向矢量 $\boldsymbol{n}_{i,j,k}$，利用 PLIC 方法重构界面，确定相界面的位置和形状，其中 $\boldsymbol{n}_{i,j.k}$ 可通过式(12.62)确定。

$$\boldsymbol{n}_{i,j,k} = (\nabla\alpha)_{i,j,k} \tag{12.62}$$

步骤 3：在相界面两侧各三个网格的宽度内对网格进行标识，这一标识区域宽度足以计算表面张力和光顺相界面附近的物性参数。

步骤 4：计算标识区域内的符号距离函数 $\phi_{i,j,k}$。为得到符号距离函数，应首先计算最短距离。如图 12.26 所示，通过比较从网格(i, j, k)到其周围 $7\times7\times7$ 网格内相界面的所有最小距离，即可得到最短距离 d。图 12.27 和图 12.28 给出了从网格(i, j, k)到相界面 $BCDE$ 最小距离的计算方法，AF 是指从网格(i, j, k)到相界面 $BCDE$ 的垂线。当垂足 F 落在平面 $BCDE$ 内部时，如图 12.27 所示，垂线 AF 就是从网格(i, j, k)到相界面 $BCDE$ 的最小距离。当垂足 F 落在平面 $BCDE$ 外部时，如图 12.28 所示，从网格(i, j, k)到相界面 $BCDE$ 的最小距离可以通过比较从网格(i, j, k)到边 BC、CD、DE 及 EB 的最小距离得出。以边 BC 为例，图 12.29 显示了从网格(i, j, k)到边 BC 最小距离的计算方法，当 $\theta_1 > 90°$ 时，AB 就是最小距离；当 $\theta_2 > 90°$ 时，AC 就是最小距离；当 $\theta_1 < 90°$ 且 $\theta_2 < 90°$ 时，垂线 AG 为最小距离。

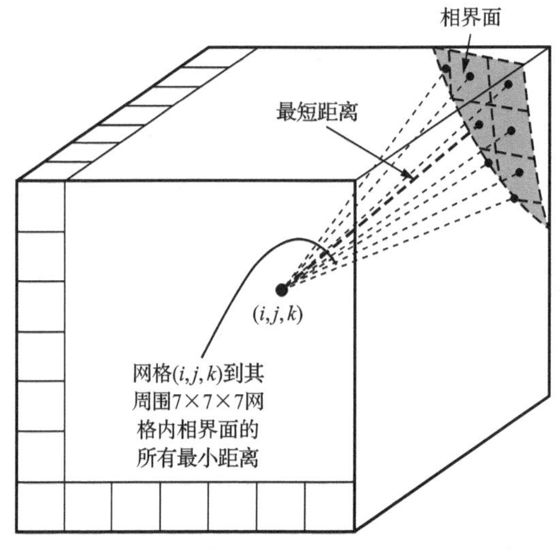

图 12.26　从节点(i, j, k)到相界面的最短距离

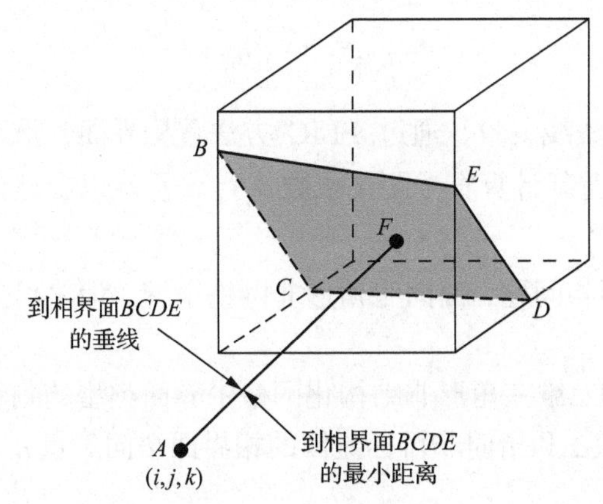

图 12.27　从网格 (i,j,k) 到相界面 $BCDE$ 的最小距离(垂足 F 在相界面 $BCDE$ 内)

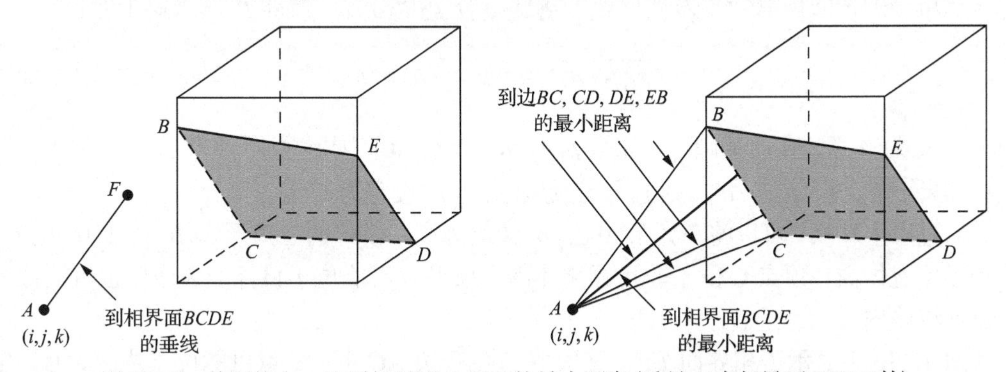

图 12.28　从网格 (i,j,k) 到相界面 $BCDE$ 的最小距离(垂足 F 在相界面 $BCDE$ 外)

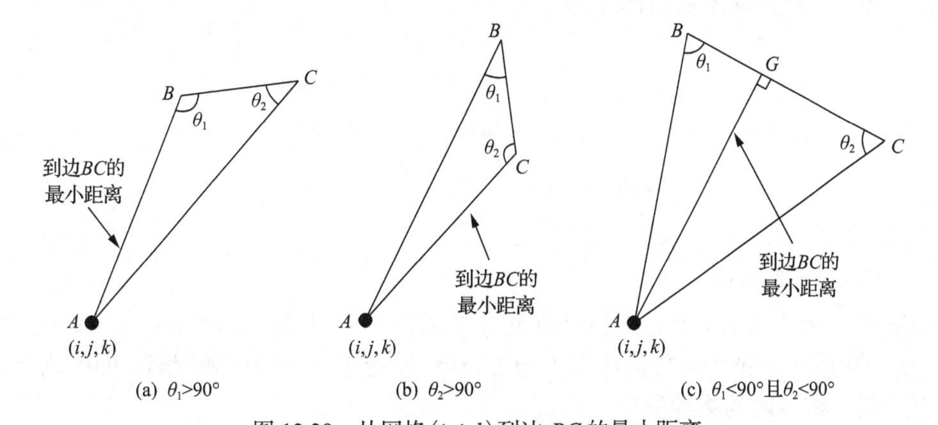

图 12.29　从网格 (i,j,k) 到边 BC 的最小距离

依据上述计算所得的最短距离 $d_{i,j,k}$，最终可以得到符号距离函数：

$$\phi_{i,j,k}=\begin{cases}-d_{i,j,k}, & \alpha_{i,j,k}>0.5\\ 0, & \alpha_{i,j,k}=0.5\\ d_{i,j,k}, & \alpha_{i,j,k}<0.5\end{cases}\tag{12.63}$$

步骤5：采用计算出的符号距离函数，通过式(12.64)重新计算相界面的法向矢量：

$$\boldsymbol{n}_{i,j,k} = -(\nabla\phi)_{i,j,k} \tag{12.64}$$

利用该更加精确的法线矢量，通过 PLIC 方法重构界面，重新确定相界面的位置和形状，然后返回步骤 4 重新计算符号距离函数 $\phi_{i,j,k}$。重复以上迭代直到迭代步数等于设定的迭代次数 N。

例 10　对于二维两相问题，面向三角形非网格系统，请给出重构界面过程中相界面的类型。

【解析】 本题考查二维三角形非结构化网格中界面类型的判定方法。

根据网格内体积分数α和指向非目标流体的相界面法向矢量$\boldsymbol{n}$，可通过以下过程确定出相界面的类型。

三角形网格的顶点分别为 $p_1(x_1,y_1), p_2(x_2,y_2), p_3(x_3,y_3)$。假如 p_1 满足以下条件：

$$(\overline{p_1p_2}\cdot\boldsymbol{n})>0, (\overline{p_1p_3}\cdot\boldsymbol{n})>0 \tag{12.65}$$

则 p_1 设定为 A 点。在此基础上，如果 $\overline{p_1p_2}\cdot\boldsymbol{n}<\overline{p_1p_3}\cdot\boldsymbol{n}$，则 p_2 设定为 B 点，p_3 设定为 C 点；如果 $\overline{p_1p_2}\cdot\boldsymbol{n}>\overline{p_1p_3}\cdot\boldsymbol{n}$，则 p_3 设定为 B 点，p_2 设定为 C 点。

通过以上转换，可以将三角形 $\Delta p_1p_2p_3$ 转化为统一模式的三角形 ΔABC，其中顶点 A 位于目标流体内；顶点 C 位于非目标流体内；顶点 B 可能位于目标流体内，也可能位于非目标流体内。

图 12.30 中显示了相界面 EF，其中 F 点位于边 AC 上；E 点可能位于边 AB 上，也可能位于边 BC 上，具体判断标准为

$$\begin{cases} E\in AB, & \left(\alpha=\dfrac{S_{AEF}}{S_{ABC}}\right)\leqslant\left(\alpha^*=\dfrac{S_{ABD}}{S_{ABC}}\right) \\ E\in BC, & \left(\alpha=\dfrac{S_{AEF}}{S_{ABC}}\right)>\left(\alpha^*=\dfrac{S_{ABD}}{S_{ABC}}\right) \end{cases} \tag{12.66}$$

式中，上角*表示临界值。

如果 E 点位于边 AB 上，则顶点 B 位于非目标流体内[图 12.30(a)]；如果 E 点位于边 BC 上，则顶点 B 位于目标流体内[图 12.30(b)]。通过以上转化和判断，即可确定出重构界面过程中相界面的 2 种类型。

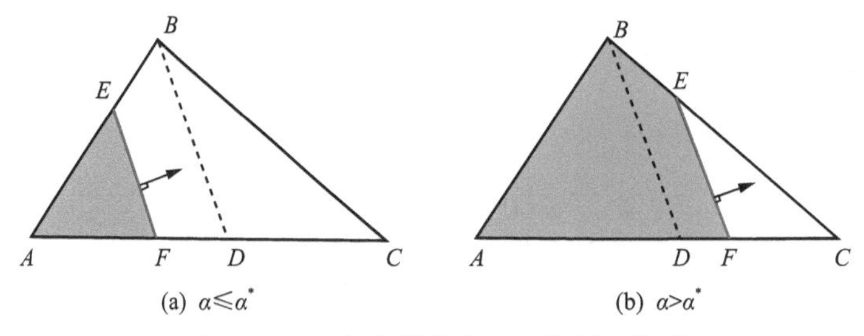

图 12.30　三角形网格内的 2 种界面类型

12.5　编 程 实 践

1. 二维 VOSET 方法

习题 1　二维情况下单个气泡在静止液体中的上升运动问题。该问题计算区域为 0.05m×0.15m 的矩形区域,区域内部充满静止液体,初始直径 d_e 为 0.01m 的气泡从(0.025, 0.02)(单位为 m)的位置释放。确定气泡运动特性的四个无量纲数为

$$Mo = g\mu_l^4 / \rho_l\sigma^3 = 0.1 \tag{12.67}$$

$$Eo = gd_e^2(\rho_l - \rho_g) / \sigma = 10.0 \tag{12.68}$$

$$\mu_l / \mu_g = 1000.0 \tag{12.69}$$

$$\rho_l / \rho_g = 1000.0 \tag{12.70}$$

式中,下标 g 和 l 分别表示气相和液相。请采用二维 VOSET 方法求解上述问题,要求如下。

(1)计算时间为 0.5s。

(2)采用二维交错网格离散计算区域。

(3)非稳态项采用一阶隐式格式。

(4)对流项采用有界高阶组合格式 MUSCL。

(5)采用压强-速度耦合算法 IDEAL。

(6)每隔 0.01s 保存一次速度场、压强场、体积分数场和符号距离函数场,并以动画形式显示气泡上升过程中速度场、压强场和相界面的变化过程。

(7)画出气泡上升速度随时间的变化曲线。

(8)通过文献(Sun and Tao, 2010)中的相应结果进行验证。

2. 三维 VOSET 方法

习题 2　三维情况下同轴两个气泡在静止液体中的上升和合并问题。该问题计算区域为 0.04m×0.04m×0.08m 的矩形区域，区域内部充满静止液体，初始直径 d_e 为 0.01m 的两个气泡从(0.02m, 0.02m, 0.01m)和(0.02m, 0.02m, 0.025m)的位置释放。确定气泡运动特性的四个无量纲数：$Mo = 2.0\times10^{-4}$, Eo=16.0, $\mu_l / \mu_g = 1000.0$, $\rho_l / \rho_g = 1000.0$。请采用三维 VOSET 方法求解上述问题，要求如下。

(1)计算时间为 0.1s。

(2)采用三维交错网格离散计算区域。

(3)非稳态项采用一阶隐式格式。

(4)对流项采用有界高阶组合格式 MUSCL。

(5)采用压强-速度耦合算法 IDEAL。

(6)每隔 0.002s 保存一次速度场、压强场、体积分数场和符号距离函数场，并以动

画形式显示气泡上升过程中速度场、压强场和相界面的变化过程。

（7）通过文献（Sun et al., 2017）中的相应结果进行验证。

3. 结合气液相变模型的 VOSET 方法

习题 3 图 12.31 为二维膜态沸腾问题。过热蒸汽物性为：ρ_v=5kg/m^3, μ_v=0.005Pa.s, λ_v=1w/（m·K）, $c_{p,v}$=200J/（kg·K）；饱和液体物性为ρ_l=200kg/m^3, μ_l=0.1Pa.s, λ_l=10w/（m·K）, $c_{p,l}$ =400J/（kg·K）；气化潜热 h_{fg}=10^{4}J/kg；表面张力系数σ= 0.1N/m；重力加速度 g = 9.81m/s^2。Tayler 不稳定性波长为

$$\lambda_0 = 2\pi\sqrt{\frac{3\sigma}{(\rho_l - \rho_g)g}} \tag{12.71}$$

如图 12.31 所示，宽度为λ_0，高度为 3λ_0，初始相界面位置为

$$y = \frac{\lambda_0}{128}\left(4.0 + \cos\left(\frac{2\pi x}{\lambda}\right)\right) \tag{12.72}$$

壁面温度比饱和温度高 5K，即ΔT=T_w–T_{sat}=5K。请采用结合气液相变模型的 VOSET 方法求解上述问题，要求如下。

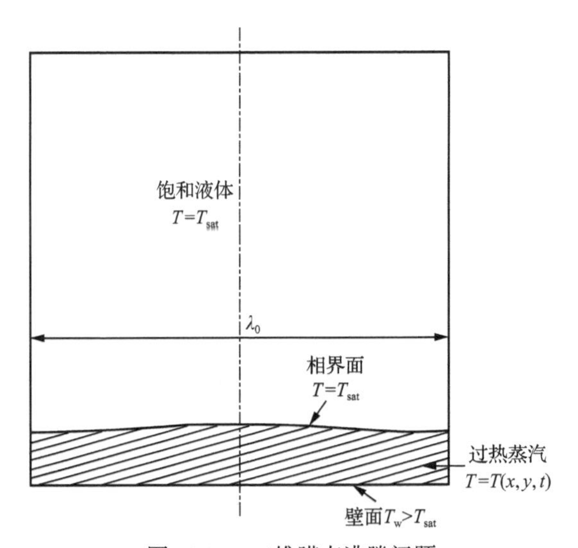

图 12.31　二维膜态沸腾问题

（1）计算时间为 2s。

（2）采用二维交错网格离散计算区域。

（3）非稳态项采用一阶隐式格式。

（4）对流项采用有界高阶组合格式 MUSCL。

（5）采用压强-速度耦合算法 IDEAL。

(6)每隔 0.04s 保存一次速度场、压强场、温度场、体积分数场和符号距离函数场，并以动画形式显示气泡上升过程中速度场、压强场、温度场和相界面的变化过程。

(7)画出壁面努塞特数(Nu)随时间的变化曲线。

(8)通过文献(Sun et al., 2012; 2014)中的相应结果进行验证。

第 13 章　解的验证和分析

解的验证和分析是指通过将数值解与分析解或/和实验结果等可靠数据进行对比，以判断数值解是否合理、是否满足研究或/和工程实际的要求的过程。数值模拟结束后，对数值解正确与否进行考核是结果分析和讨论的前提，而解的验证和分析为这种考核提供了依据。本章简要介绍解的验证、理查森(Richardson)外推法和误差估计三个方面的内容。

13.1　解 的 验 证

数值模拟结束后，需对所得到数值解的准确性进行验证，一般可采用基准解或可靠的实验测定结果验证数值解的准确性。其中，基准解是指被学术界普遍认同的可以作为对比依据的精确解或高精度的数值计算结果。常见的典型问题的精确解又包括人为构筑精确解和理想问题精确解。可靠的实验测定结果主要指准确度较高的实验数据，且实验数据是以数字而不是以图线形式给出，数据及有关信息比较完整并容易获得，且实验数据有不确定度的分析。

基准解问题是流动与传热数值计算中的一个重要课题，前人在这方面进行了大量的研究。笔者曾在拙著《流动与传热数值计算——若干问题的研究与探讨》中对不同坐标系和非规则区域上的基准解问题进行过研究，下面给出部分结果，有兴趣的读者可参考拙著。

首先给出直角坐标系、圆柱坐标系和极坐标系下驱动流的部分基准解。图 13.1 给出了驱动流在三种坐标下的示意图，腔体的高宽比(h/l)分别取 1.0, 2.0, 3.0 三种情况，圆柱坐标系下内外半径比 r_2/r_1 取 11.0，图 13.1 中 CL 为中心线。以腔体的宽度 l 为特征尺寸，

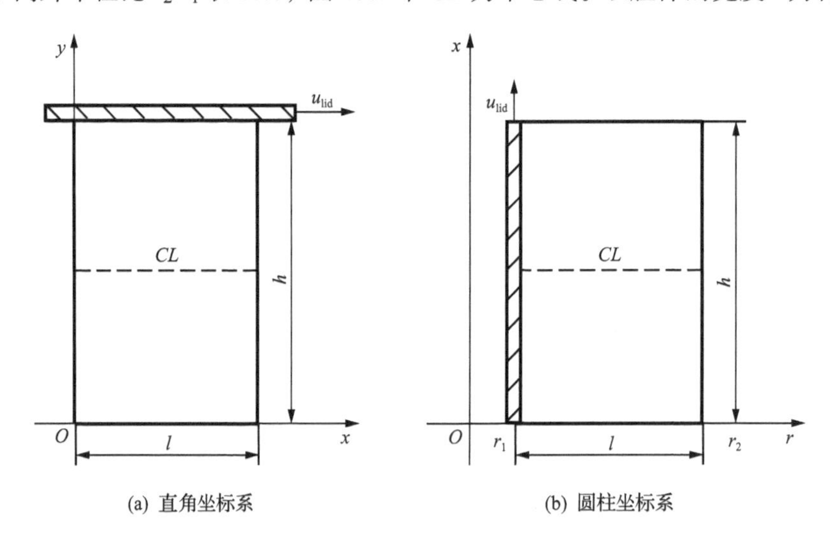

(a) 直角坐标系　　(b) 圆柱坐标系

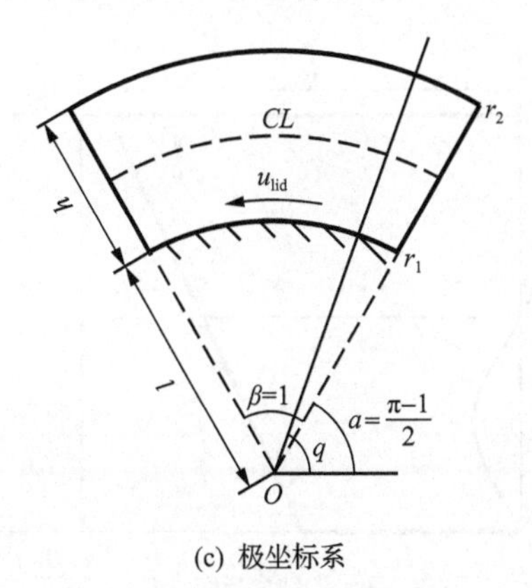

(c) 极坐标系

图 13.1　三种坐标系下的驱动流物理模型

Re 的定义为 $Re=\dfrac{u_{\text{lid}}l}{\nu}$，计算中 Re 取 2500。对 h/l 为 3.0 的圆柱坐标系下的流动，网格数取 1312×1024，其他条件下网格数均取 1024×1024。

然后给出了菱形斜腔、梯形腔和曲线梯形腔三种不规则计算区域(图 13.2)上的部分基准解。其中图 13.2(c)左边界曲线的表达式为 $x(y)=0.1\sin[\pi-2\pi(y/l)]$。计算网格数取 1024×1024，$Re$ 取 100 和 5000。

1. 直角坐标系下的基准解

直角坐标系下的驱动流流线图见图 13.3，流函数最大值、最小值位置见表 13.1，计算区域中心线上的特征速度值见表 13.2。

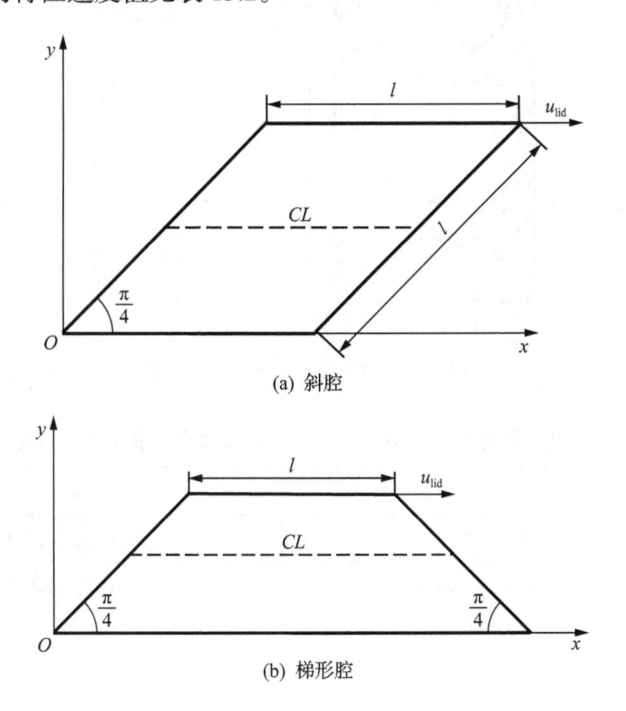

(a) 斜腔

(b) 梯形腔

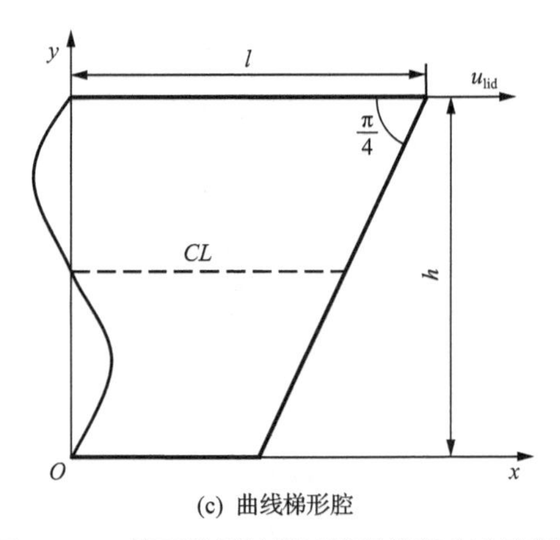

(c) 曲线梯形腔

图 13.2　二维不规则计算区域顶盖驱动流示意图

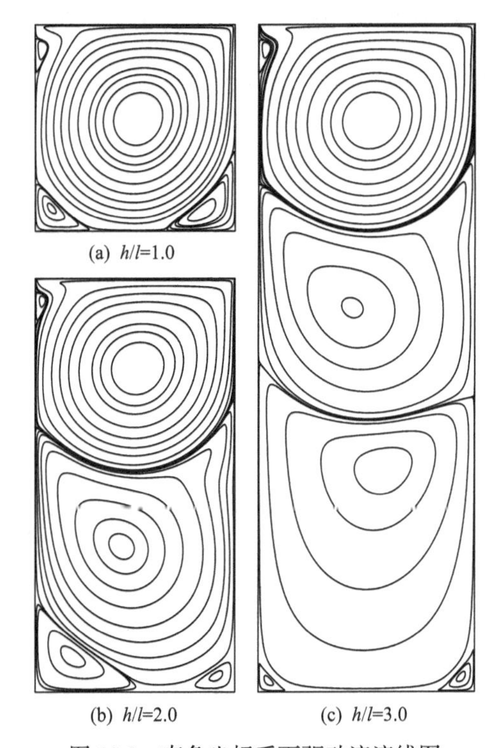

图 13.3　直角坐标系下驱动流流线图

表 13.1　直角坐标系下驱动流流函数最大值、最小值的位置

h/l	$\psi_{max}(x/l, y/l)$	$\psi_{min}(x/l, y/l)$
1.0	(0.52002, 0.54443)	(0.83350, 0.09033)
2.0	(0.51904, 1.56738)	(0.43799, 0.70410)
3.0	(0.51904, 2.56787)	(0.43311, 1.72412)

表 13.2　直角坐标系下驱动流计算区域中心线 *CL* 上的特征速度值

h/l=1.0		h/l=2.0		h/l=3.0	
x/l	u_y / u_{lid}	x/l	u_y / u_{lid}	x/l	u_y / u_{lid}
0	0	0	0	0	0
0.04346	0.32021	0.01807	–0.06271	0.05322	–0.00831
0.10498	0.42312	0.0542	–0.11048	0.13525	–0.03601
0.31104	0.21068	0.10693	–0.06414	0.21436	–0.04911
0.50342	0.01243	0.18604	–0.00872	0.38428	–0.01843
0.69287	–0.1864	0.28564	0.01294	0.56104	0.01912
0.88525	–0.41383	0.36475	0.01649	0.72412	0.03513
0.94092	–0.56198	0.55615	0.00861	0.83252	0.02951
0.97705	–0.27818	0.82178	0.02564	0.93115	0.01802
1.0	0	1.0	0	1.0	0

2. 圆柱坐标系基准解

圆柱坐标系下的驱动流流线图见图 13.4，流函数最大值、最小值位置见表 13.3，计算区域中心线上的特征速度值见表 13.4。

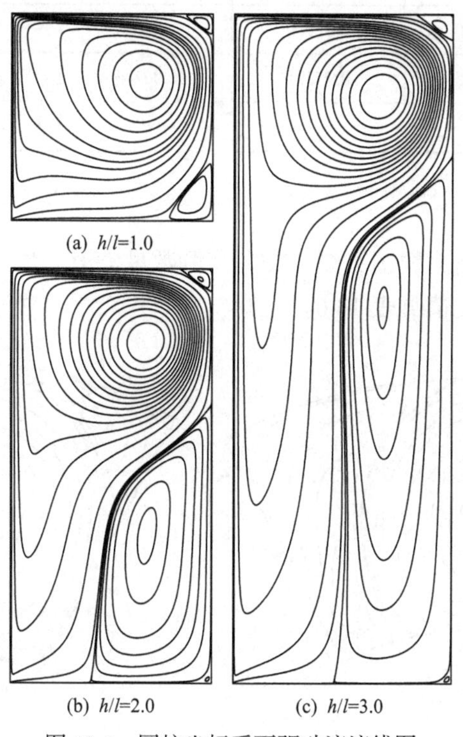

(a) h/l=1.0

(b) h/l=2.0　　(c) h/l=3.0

图 13.4　圆柱坐标系下驱动流流线图

表 13.3　圆柱坐标系下驱动流流函数最大值、最小值的位置

h/l	$\psi_{max}(r/l, x/l)$	$\psi_{min}(r/l, x/l)$
1.0	(0.77725, 0.67334)	(1.00381, 0.12061)
2.0	(0.77627, 1.64355)	(0.77725, 0.72363)
3.0	(0.77529, 2.63300)	(0.78311, 1.69322)

表 13.4　圆柱坐标系下驱动流计算区域 *CL* 线上的特征速度值

h/l=1.0		h/l=2.0		h/l=3.0	
r/l	u_x / u_{lid}	r/l	u_x / u_{lid}	r/l	u_x / u_{lid}
0.1	1.0	0.1	1.0	0.1	1.0
0.11611	0.50344	0.12393	0.47604	0.12783	0.49335
0.16201	0.05760	0.18447	0.03547	0.17373	0.12124
0.24697	0.02322	0.27334	−0.02227	0.22354	0.00771
0.35732	0.02664	0.41299	−0.02006	0.31143	−0.03821
0.47646	0.02886	0.55361	−0.01474	0.52334	−0.02558
0.63174	0.02078	0.68838	−0.00845	0.74795	−0.00211
0.80166	−0.01340	0.82119	−0.00192	0.93936	0.00429
0.95010	−0.04255	0.95791	0.00246	1.02041	0.00318
1.1	0	1.1	0	1.1	0

3. 极坐标系基准解

极坐标系下的驱动流流线图见图 13.5，流函数最大值、最小值位置见表 13.5，计算区域中心线上的特征速度值见表 13.6。

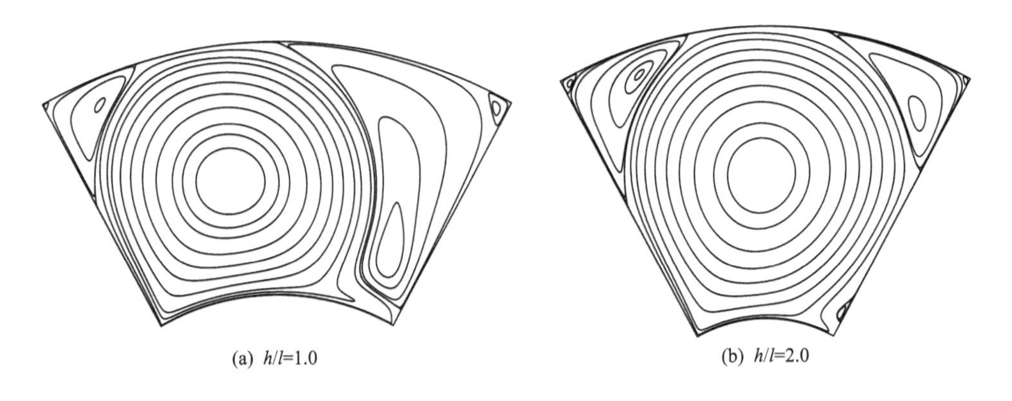

(a) h/l=1.0　　(b) h/l=2.0

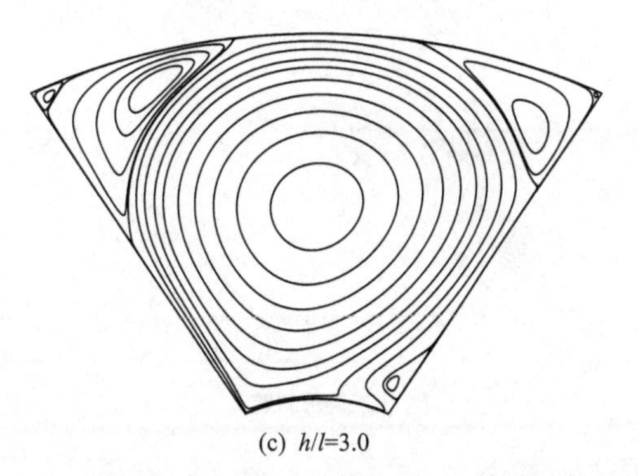

(c) h/l=3.0

图 13.5　极坐标系下驱动流流线图

表 13.5　极坐标系下驱动流流函数最大值、最小值的位置

h/l	$\psi_{\max}(r/l, \theta)$	$\psi_{\min}(r/l, \theta)$
1.0	(1.46240, 1.70214)	(1.24658, 1.18945)
2.0	(1.98145, 1.58496)	(2.81934, 1.88964)
3.0	(2.58643, 1.57128)	(3.74365, 1.86230)

表 13.6　极坐标系下驱动流计算区域 *CL* 线上的特征速度值

h/l=1.0		h/l=2.0		h/l=3.0	
θ	u_r / u_{lid}	θ	u_r / u_{lid}	θ	u_r / u_{lid}
1.07080	0	1.07080	0	1.07080	0
1.15918	0.03118	1.11035	–0.20188	1.09472	–0.16472
1.26855	–0.04511	1.17675	–0.29509	1.16308	–0.24361
1.39355	–0.36459	1.37109	–0.16041	1.36523	–0.12592
1.60156	–0.12201	1.57812	–0.00496	1.56152	–0.00745
1.79882	0.12038	1.76855	0.14375	1.76757	0.11749
1.98339	0.37652	1.97168	0.30372	1.96289	0.23088
2.02441	0.51673	2.01269	0.39796	2.01171	0.30846
2.04882	0.27944	2.04199	0.20363	2.04296	0.15539
2.07080	0	2.07080	0	2.07080	0

4. 不规则区域上的基准解

不规则区域上的顶盖驱动流流线图见图 13.6，流函数最大值、最小值位置见表 13.7，计算区域中心线上的特征速度值见表 13.8。

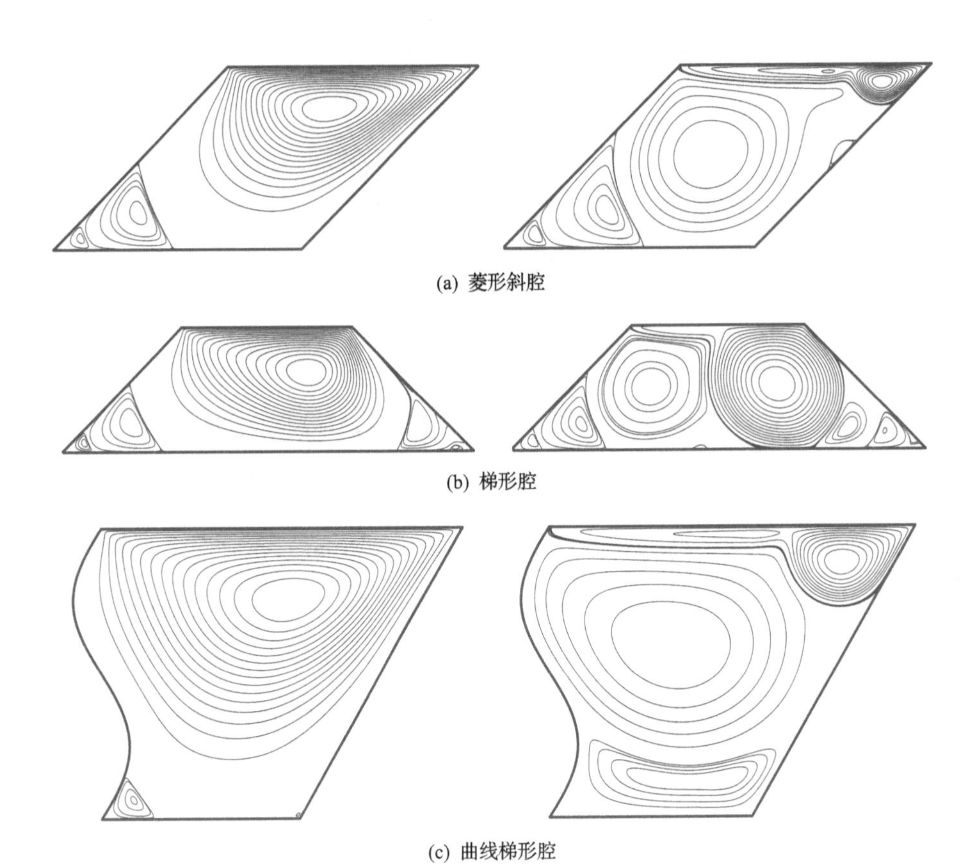

(a) 菱形斜腔

(b) 梯形腔

(c) 曲线梯形腔

图 13.6　顶盖驱动流的流线图(左图 Re=100，右图 Re=5000)

表 13.7　顶盖驱动流流函数最大值、最小值的位置

Re	计算区域	$\psi_{\max}(x/l, y/l)$	$\psi_{\min}(x/l,y/l)$
100	菱形斜腔	(0.34118,0.14294)	(1.1136, 0.54621)
	梯形腔	(2.0905, 0.14985)	(1.4521, 0.45230)
	曲线梯形腔	(1.1607, 0.77832)	(0.67577, 0.75684)
5000	菱形斜腔	(0.82501, 0.36115)	(1.5075, 0.63736)
	梯形腔	(0.81884, 0.35701)	(1.5476, 0.37082)
	曲线梯形腔	(0.43199, 0.59278)	(1.0282, 0.87402)

表 13.8　顶盖驱动流 *CL* 线上的特征速度值

序号	菱形斜腔				梯形腔				曲线梯形腔			
	Re=100		*Re*=5000		*Re*=100		*Re*=5000		*Re*=100		*Re*=5000	
	x/l	u_y/u_{lid}	x/l	u_y/u_{lid}	x/l	u_y/u_{lid}	x/l	u_y/u_{lid}	x/l	u_y/u_{lid}	x/l	u_y/u_{lid}
1	0.48344	0.016186	0.41508	−0.00018421	0.50799	0.015314	0.47175	−0.034113	0.044320	0.053153	0.0082171	−0.038986
2	0.54398	0.035563	0.45414	−0.019243	0.63077	0.056115	0.54368	−0.087201	0.093018	0.098201	0.024288	−0.084306
3	0.61429	0.062448	0.47758	−0.043275	0.76163	0.099909	0.68847	−0.035995	0.14710	0.13119	0.063752	−0.12707
4	0.68656	0.086198	0.49906	−0.068651	0.91364	0.12618	0.98339	0.049650	0.23148	0.14703	0.15101	−0.087492
5	0.76859	0.097719	0.54203	−0.095177	1.0651	0.14262	1.1151	0.080769	0.33628	0.12928	0.23336	−0.059787
6	0.85658	0.083862	0.60258	−0.068461	1.2274	0.13826	1.1557	0.19369	0.42581	0.093143	0.35119	−0.025592
7	0.91704	0.058394	0.68461	−0.040638	1.3303	0.10065	1.1775	0.31039	0.50462	0.046436	0.48392	0.010627
8	0.99516	0.0077321	0.77445	−0.013768	1.4529	0.0010866	1.2211	0.43781	0.58225	−0.012722	0.55186	0.029230
9	1.0479	−0.035782	0.87603	0.015303	1.5325	−0.10356	1.3272	0.29213	0.63192	−0.056805	0.61086	0.046041
10	1.0889	−0.070897	0.97367	0.043142	1.5873	−0.18602	1.6133	−0.0851837	0.68778	−0.10953	0.67425	0.065122
11	1.1416	−0.11559	1.0245	0.057900	1.6394	−0.26420	1.8006	−0.33026	0.75397	−0.16658	0.73247	0.083464
12	1.2315	−0.15747	1.0928	0.069327	1.7190	−0.32817	1.8564	−0.39765	0.84683	−0.20658	0.78736	0.092441
13	1.2940	−0.12382	1.1592	0.056567	1.7937	−0.27462	1.8955	−0.50935	0.91515	−0.17121	0.85882	0.073202
14	1.3174	−0.087798	1.2061	0.033967	1.8423	−0.19617	1.9243	−0.26227	0.95174	−0.11736	0.91110	0.043631
15	1.3390	−0.041316	1.2745	0.0062552	1.9170	−0.077765	1.9830	0.020729	0.98454	−0.043339	0.97016	0.010041

13.2　理查森外推法及 CFD 计算中的误差估计

13.2.1　理查森外推法

广义的理查森(Richardson)外推法是采用一系列精度较低的离散值估计精度较高的连续值。根据理查森外推法的基本思想，在数值模拟中，假设计算所得数值解等于精确解与空间步长的幂级数之和：

$$\phi = \phi_{\text{exact}} + g_1 h + g_2 h^2 + g_3 h^3 + \cdots \tag{13.1}$$

式中，h 为空间步长；g 为常数，与空间步长无关；ϕ_{exact} 为精确解；ϕ 为数值解，当 $g_1=0$ 且 $g_2 \neq 0$ 时，认为 ϕ 具有二阶截差精度。

由式(13.1)可得数值解的误差为

$$\varepsilon = \phi_{\text{exact}} - \phi \tag{13.2}$$

值得指出的是，上式中数值解的误差包括离散误差、舍入误差和迭代计算不完全误差。

假设 ϕ_h 表示细网格 h 上具有 p 阶截差精度的数值解，$\phi_{\alpha h}$ 表示粗网格 αh（α 为调节网格疏密的参数)上具有 p 阶截差精度的数值解，由理查森外推法可得

$$\phi_h = \phi_{\text{exact}} + g_1 h^p + g_2 h^{p+1} + g_3 h^{p+2} + \cdots \tag{13.3}$$

$$\phi_{\alpha h} = \phi_{\text{exact}} + g_1 (\alpha h)^p + g_2 (\alpha h)^{p+1} + g_3 (\alpha h)^{p+2} + \cdots \tag{13.4}$$

由式(13.3)和式(13.4)可得精确解为

$$\phi_{\text{exact}} = \phi_h + \frac{\phi_h - \phi_{\alpha h}}{\alpha^p - 1} + O(h^{p+1}) \tag{13.5}$$

式中，p 为格式精度，取决于所采用的离散格式。

由以上分析可知，理查森外推法是一种简单易行的数值计算结果后处理方法，其基于误差渐进展开公式，可以采用不同疏密网格上的计算结果，以较少的计算量获得更为准确的数值解。此外，理查森外推法还可以估计所用离散方法截断误差的阶数和数值解的截断误差。

假设数值计算过程中数值解单调地趋近于其收敛值，且网格划分已足够密，离散误差只考虑截断误差，且截断误差中的高阶项相对于首项可以忽略不计，并假设舍入误差与不完全迭代误差忽略不计。此时式(13.4)可写为

$$\phi_{\alpha h} = \phi_{\text{exact}} + c(\alpha h)^p \tag{13.6}$$

假设采用三套不同粗细网格上的数值解 $\phi_h, \phi_{2h}, \phi_{4h}$ 估计数值计算的截断误差，取调节网格疏密的参数 α =1, 2, 4，可得精确解的估计值为

$$\phi_{\text{exact}} \cong \frac{2^p \phi_h - \phi_{2h}}{2^p - 1} \tag{13.7}$$

式中，$p = \dfrac{\ln[(\phi_{2h} - \phi_{4h}) / (\phi_h - \phi_{2h})]}{\ln 2}$；$c = \dfrac{\phi_h - \phi_{\text{exact}}}{h^p}$。

将式(13.7)等号两侧各减去 ϕ_h，可得网格步长为 h 时数值解的截断误差估计值为

$$\varepsilon_h = \phi_{\text{exact}} - \phi_h = \frac{\phi_h - \phi_{2h}}{2^p - 1} \tag{13.8}$$

式中，由于理查森外推法中假设不考虑舍入误差与不完全迭代误差，ε_h 可代表截断误差。

特别地，如果计算中采用的离散格式具有二阶精度时，即式(13.7)中的 p=2，则有

$$\phi_{\text{exact}} \cong \frac{4\phi_h - \phi_{2h}}{3} \tag{13.9}$$

式中，当离散格式的截断误差表达式中不存在三阶项时，ϕ_{exact} 具有四阶精度，但当二阶离散格式截断误差中含有三阶项时(如二阶迎风)，上式仅有三阶精度。为了应用式(13.9)计算某点收敛解的估计值，ϕ_h 和 ϕ_{2h} 必须是同一位置上的值，但粗网格步长不要求一定是细网格的整数倍。值得指出的是，理查森外推法是基于泰勒级数展开推导得到，要求计算中没有振荡或不连续等情况存在。

13.2.2　CFD 计算中的误差估计

由式(13.5)可计算得到密网格数值解 ϕ_h 的相对误差估计值为

$$E = \left| \frac{\phi_h - \phi_{\text{exact}}}{\phi_h} \right| = \left| \frac{\phi_{\alpha h} - \phi_h}{\phi_h} \right| \frac{1}{\alpha^p - 1} = \frac{|\eta'|}{\alpha^p - 1} \tag{13.10}$$

式中，$\eta' = \dfrac{\phi_{\alpha h} - \phi_h}{\phi_h}$ 为密网格和粗网格上数值解的相对误差。

为合理表征细网格的数值解逼近渐进收敛解的程度，在式(13.10)的基础上，定义网格收敛指标(grid convergence index, GCI)为

$$\text{GCI} = F_{\text{S}} \frac{|\eta'|}{\alpha^p - 1} \tag{13.11}$$

式中，F_{S} 为安全系数，当采用两套粗细不同的网格估计 GCI 时，F_{S}=3，当采用三套及以上粗细不同的网格时，F_{S}=1.25；调节网格疏密的参数 $\alpha = \left(\dfrac{N_1}{N_2}\right)^{\frac{1}{d}} = \left(\dfrac{N_2}{N_3}\right)^{\frac{1}{d}}$，其中 N_1, N_2, N_3 为 3 套由细到粗的网格数目，d 为问题的维数。

网格收敛性指标 GCI 表示数值解偏离渐近收敛解的程度，也即数值解的误差带，是

网格收敛的不确定性度量。数值计算时，为了验证不同粗细网格上的数值解是否均位于渐进收敛解的范围内，可以通过 3 套不同粗细网格计算的 GCI 计算渐进范围值：

$$r=\frac{\alpha^{p}\mathrm{GCI}_{12}}{\mathrm{GCI}_{23}} \tag{13.12}$$

式中，r=1 表示渐进收敛，r 越接近 1，表示数值解越趋于渐进收敛；下标 1, 2, 3 表示由细到粗的三套不同尺度的网格。

13.3　典型习题解析

例 1　实验数据要成为可以对比的高精度解，需要具备哪些条件?

【解析】 本题考查实验数据可作为对比的高精度解的条件。

定量实验测定结果满足以下几个条件时，可以作为高精度解：①测定结果的准确度比较高，是以数字而不是以图线的形式给出；②数据及关键信息比较完整；③数据容易获得；④有不确定度分析。所谓数据比较完全是指获得这批数据的边界条件、进口或初始条件叙述明确，使数值计算工作者可依这些条件来进行模拟。

例 2　如图 13.7 所示两个同心圆柱形成的圆环，外圆柱半径 r_1，内圆柱体半径 r_2。初始时刻，环内流体静止不动；$t>0$ 时刻，两个同心圆柱分别以等角速度 ω_1 和 ω_2 绕圆心柱 O 旋转。假设圆环内流体运动为层流流动。若圆筒之间的流体密度 ρ，动力黏度 μ，试求此时筒间的流速分布的解析解。

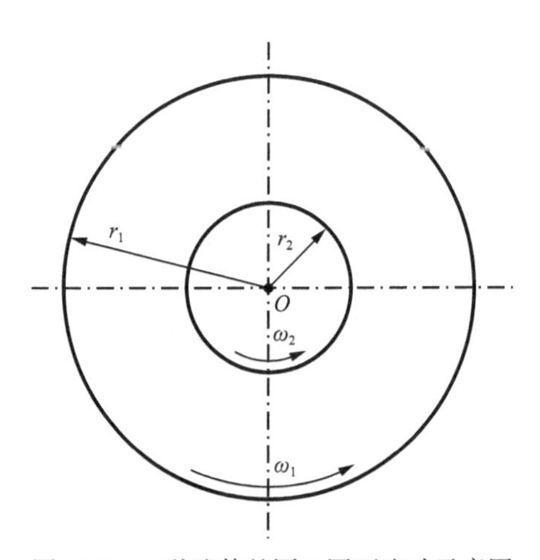

图 13.7　一种流体的同心圆环流动示意图

【解析】 本题考查物理问题解析解的推导。

取圆柱坐标系，使 z 轴与圆心重合。分析题意可知：①由于流动为平面圆周运动，$u_r=u_z=0$，$\frac{\partial u_r}{\partial z}=\frac{\partial u_\theta}{\partial z}=\frac{\partial u_z}{\partial z}=0$；②由①结合连续性方程 $\frac{\partial(ru_r)}{\partial r}+\frac{\partial(u_\theta)}{\partial\theta}+\frac{\partial(ru_z)}{\partial z}=0$，

可得$\dfrac{\partial u_\theta}{\partial \theta}=0$；③对于恒定流动，$\dfrac{\partial u_r}{\partial t}=\dfrac{\partial u_\theta}{\partial t}=\dfrac{\partial u_z}{\partial t}=0$；④不计质量力，故$f_r=f_\theta=f_z=0$；⑤由题意可知压强只与半径有关，故$\dfrac{\partial p}{\partial \theta}=\dfrac{\partial p}{\partial z}=0$。

于是动量方程可简化为

$$\frac{\partial p}{\partial r}=\rho\ (r\text{ 方向}) \tag{13.13}$$

$$\frac{\mathrm{d}^2 u_\theta}{\mathrm{d}r^2}+\frac{1}{r}\frac{\mathrm{d}u_\theta}{\mathrm{d}r}-\frac{u_\theta}{r^2}=0\ (\theta\text{ 方向}) \tag{13.14}$$

由题意可得流动边界条件为

$$r=r_1,\ u_\theta=\omega_1 r_1 \tag{13.15}$$

$$r=r_2,\ u_\theta=\omega_2 r_2 \tag{13.16}$$

将式(13.15)和式(13.16)代入简化后的动量方程式(13.13)和式(13.14)，并积分求解，可得

$$u_\theta=Ar+\frac{B}{r} \tag{13.17}$$

式中，$A=(\omega_1 r_1^2-\omega_2 r_2^2)/(r_1^2-r_2^2)$；$B=\left[(\omega_2-\omega_1)r_1^2 r_2^2\right]/\left(r_1^2-r_2^2\right)$。

例 3　如图 13.8 所示，当例 2 中圆环内有两种互不相融的不可压缩流体，两种流体的分界面为r_3，流体密度分别为ρ_1和ρ_2，动力黏度分别为μ_1和μ_2，试求达到稳态时筒间流速分布的解析解。

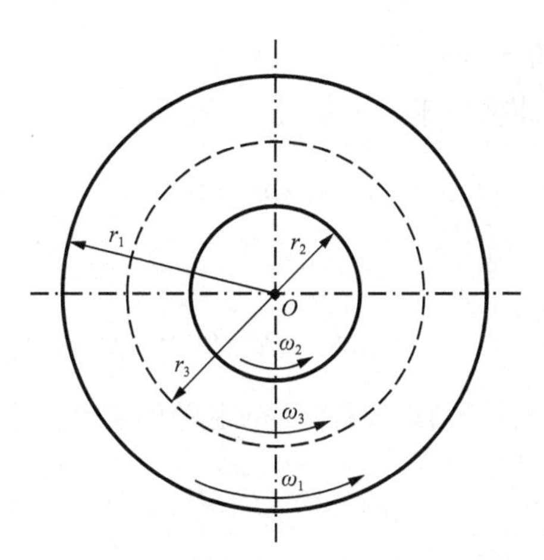

图 13.8　两种流体的同心圆环流动示意图

【解析】 本题考查物理问题解析解的推导。

在例 2 所有假设的基础上，将流体区域分成两个部分，可知这两部分的速度表达式满

足如下分布规律：

$$u_\theta = A_1 r + \frac{B_1}{r}, \quad r_3 > r > r_2 \tag{13.18}$$

$$u_\theta = A_2 r + \frac{B_2}{r}, \quad r_1 > r > r_3 \tag{13.19}$$

由题意可得如下边界条件：

$$r = r_1, u_\theta = r_1\omega_1 \tag{13.20}$$

$$r = r_2, u_\theta = r_2\omega_2 \tag{13.21}$$

此外，在两种流体交界处流速相等，且剪切力相等

$$r = r_3, u_\theta\big|_1 = u_\theta\big|_2, \mu r\frac{\mathrm{d}}{\mathrm{d}r}\left(\frac{u_\theta}{r}\right)\bigg|_1 = \mu r\frac{\mathrm{d}}{\mathrm{d}r}\left(\frac{u_\theta}{r}\right)\bigg|_2 \tag{13.22}$$

将边界条件式(13.20)～式(13.22)代入速度表达式，可求解得

$$\begin{aligned} &A_1 = \omega_1 - \frac{B_1}{r_1^2}, B_1 = \frac{r_3(\omega_1 - \omega_2)}{\dfrac{r_3}{r_1^2} - \dfrac{1}{r_3}\left(1 - \dfrac{\mu_1}{\mu_2}\right) - \dfrac{r_3}{r_2^2}\dfrac{\mu_1}{\mu_2}} \\ &A_2 = \omega_2 - \frac{B_2}{r_2^2}, B_2 = \frac{\mu_1}{\mu_2}B_1 \end{aligned} \tag{13.23}$$

例 4　一维稳态无源项对流扩散问题模型方程为$\dfrac{\mathrm{d}\Phi}{\mathrm{d}X} = \dfrac{1}{Pe}\dfrac{\mathrm{d}^2\Phi}{\mathrm{d}X^2}$，边界条件为$\Phi\big|_{X=0} = 0, \Phi\big|_{X=1} = 1$，试推导该模型方程的解析解。

【解析】 由题意知，模型方程写成微分方程的形式为

$$\Phi'' - Pe\Phi' = 0 \tag{13.24}$$

式(13.24)的特征方程：

$$r^2 - rPe = 0 \tag{13.25}$$

由于特征方程满足$Pe^2 > 0$，模型方程有两个不相等的实根，分别为

$$r_1 = Pe, \; r_2 = 0 \tag{13.26}$$

因此模型方程的通解为

$$\Phi = C_1\mathrm{e}^{PeX} + C_2 \tag{13.27}$$

将边界条件$\Phi|_{X=0}=0$，$\Phi|_{X=1}=1$代入式(13.27)可得

$$C_1=\frac{1}{\mathrm{e}^{Pe}-1}\,,\ C_2=-\frac{1}{\mathrm{e}^{Pe}-1} \tag{13.28}$$

将式(13.28)代入式(13.27)可得模型方程的解析解为

$$\Phi=\frac{\mathrm{e}^{PeX}-1}{\mathrm{e}^{Pe}-1} \tag{13.29}$$

例 5　图 13.9 所示为二维阶梯形纯标量场在倾斜的均匀流场中的传递，控制方程为$\frac{\partial(u\phi)}{\partial x}+\frac{\partial(v\phi)}{\partial y}=0$，计算区域为 1×1，速度分布 u=cosθ, v=sinθ，左边界条件为 ϕ=1(a<y<1)，ϕ=0(0≤y≤a)，上边界和右边界为零梯度边界条件，下边界为 0。试推导该问题的解析解。

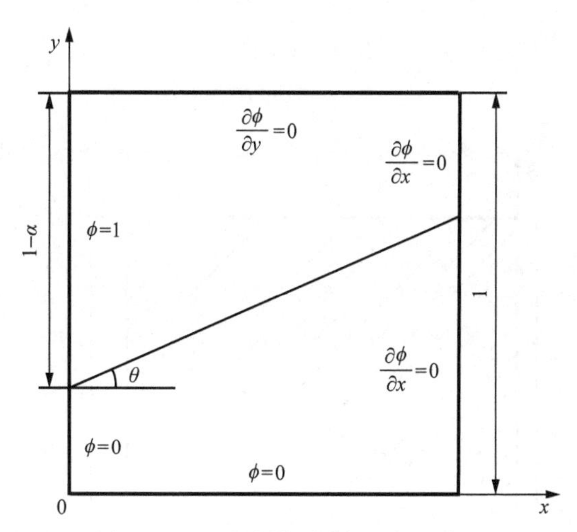

图 13.9　二维阶梯形纯标量场示意图

【解析】 本题考查方程解析解。

由题意，控制方程可化简为

$$\frac{\partial\phi}{\partial x}+\tan\theta\frac{\partial\phi}{\partial y}=0 \tag{13.30}$$

由于偏微分方程不能直接通过积分来求解，下面首先将其转化为常微分方程再求解。上述方程可采用特征线法转化为常微分方程。上式的特征方程为

$$\mathrm{d}x=\frac{\mathrm{d}y}{\tan\theta} \tag{13.31}$$

求解式(13.31)得到特征线为

$$y = x\tan\theta + C_1 \tag{13.32}$$

由特征线的定义，函数ϕ在沿特征线时，原偏微分方程(13.30)可以化为

$$\mathrm{d}\phi = \frac{\partial\phi}{\partial x} + \frac{\mathrm{d}y}{\mathrm{d}x}\frac{\partial\phi}{\partial y} = 0 \tag{13.33}$$

式(13.33)积分求解得

$$\phi = C_2 \tag{13.34}$$

由于式(13.34)只有在特征线上成立，可以将求解区域用无数条特征线来覆盖，即通过连续改变 C_1 来求解整个区域的解。而由 $\phi = C_2$ 可得待求函数在求解区域内是常函数，因此可以根据边界条件来确定某个特征线上的解。根据题意边界条件，可得本题的解析解(图 13.10)为

$$\phi = \begin{cases} 1, & y - \tan\theta \cdot x > a \\ 0, & y - \tan\theta \cdot x \leqslant a \end{cases} \tag{13.35}$$

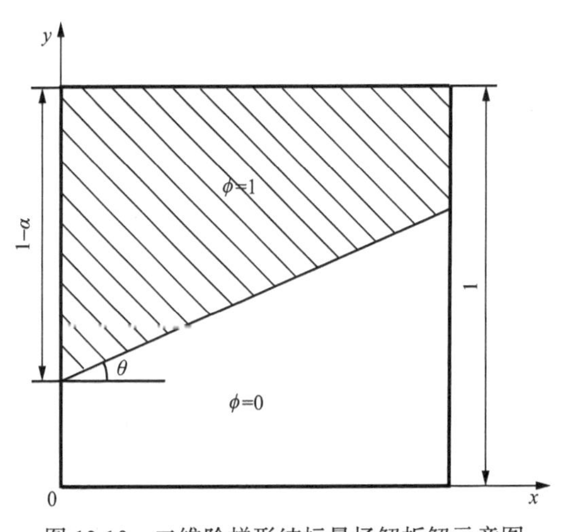

图 13.10　二维阶梯形纯标量场解析解示意图

例 6　图 13.11 所示为阶梯形标量场在 90°转角内的无旋流场中的传递，控制方程：$\dfrac{\partial(u\phi)}{\partial x} + \dfrac{\partial(v\phi)}{\partial y} = 0$，计算区域为 1×1；速度分布：$u=-x$, $v=y$；边界条件：左、上和下边界为零梯度边界，右边界$\phi=0\,(0\leqslant y\leqslant a)$, $\phi=1\,(a<y\leqslant 1)$。试求该问题的解析解。

【解析】 本题考查物理问题解析解的推导。

由题意，速度分布为 $u=-x$, $v=y$，代入控制方程可化简为

$$\frac{\partial(-x\phi)}{\partial x} + \frac{\partial(y\phi)}{\partial y} = -x\frac{\partial\phi}{\partial x} + y\frac{\partial\phi}{\partial y} = 0 \tag{13.36}$$

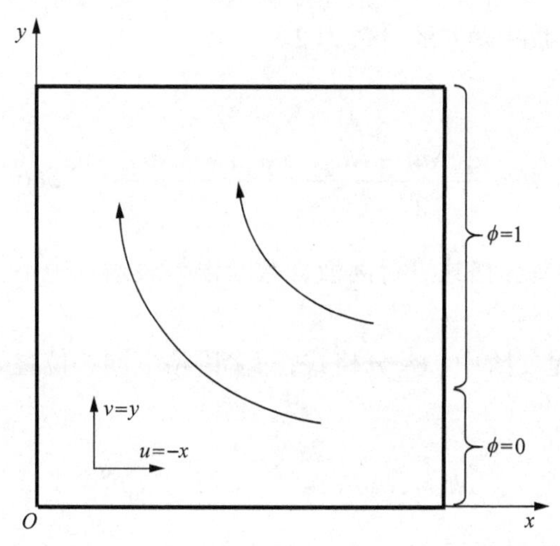

图 13.11　阶梯形标量场在 90°转角内的无旋流场示意图

式(13.36)的特征方程为

$$\frac{dx}{-x}=\frac{dy}{y} \tag{13.37}$$

求解式(13.37)得特征线为

$$-\ln x=\ln C_1 y \tag{13.38}$$

进一步化简得

$$xy=C_2 \tag{13.39}$$

因此，由特征线定义可得到函数 ϕ 在沿特征线时为常数。

例 7　已知采用三套网格 20×20×20, 40×40×40, 80×80×80 计算得到的计算区域某点的努塞特(Nusselt)数(Nu)分别为 2.646, 2.586, 2.571，且均具有二阶截差精度。

(1)试估计所采用离散方法截断误差的阶数。

(2)试采用较细的两套网格估计高精度的 Nu，如果计算中采用的是二阶中心差分格式，试说明 Nu 估计值的精度。

(3)试采用三套网格估计高精度的 Nu，如果计算中采用的是二阶中心差分格式，试说明 Nu 估计值的精度。

【解析】 本题考查理查森外推法的应用。

(1)由题意知，Nu_h=2.571, Nu_{2h}=2.586, Nu_{4h}=2.646

$$\begin{aligned}n&=\frac{\ln[(Nu_{2h}-Nu_{4h})/(Nu_h-Nu_{2h})]}{\ln 2}\\&=\frac{\ln[(2.586-2.646)/(2.571-2.586)]}{\ln 2}\\&=2\end{aligned}$$

因此，该离散方法截断误差的阶数为 2。

(2) 由题意可得

$$Nu = \frac{2^n Nu_h - Nu_{2h}}{2^n - 1} = \frac{4Nu_h - Nu_{2h}}{3} = 2.566$$

由于采用二阶中心差分格式进行离散，截断误差表达式中不含有三阶项，因此该估计值具有四阶精度。

(3) 计算中采用的是二阶中心差分格式，三套网格上同一位置处的数值解与真解的对应关系可展开为

$$Nu = Nu_h + a_2 h^2 + a_4 h^4 + a_6 h^6 \tag{13.40}$$

$$Nu = Nu_{2h} + a_2 (2h)^2 + a_4 (2h)^4 + a_6 (2h)^6 \tag{13.41}$$

$$Nu = Nu_{4h} + a_2 (4h)^2 + a_4 (4h)^4 + a_6 (4h)^6 \tag{13.42}$$

由式 (13.40) ～式 (13.42) 可得

$$Nu = \frac{64Nu_h - 20Nu_{2h} + Nu_{4h}}{45} + O(h^6) \tag{13.43}$$

代入可得 Nu=2.566，该估计值具有六阶精度。

例 8　已知某流场在三套不同粗细网格上的收敛数值解计算结果如表 13.9 所示，该问题为三维问题，在各个方向上粗细网格尺寸比为 2∶1。

(1) 计算收敛阶数 p。

(2) 计算最密网格上数值解的相对误差估计值。

(3) 计算网格收敛指数 GCI_{12} 和 GCI_{23}，说明三套网格的数值解是否趋于渐进收敛解；采用较细的两套网格估计精度较高的数值解，并说明估计值的误差带。

表 13.9　三套不同粗细网格上的收敛数值解

网格层次	网格尺寸	数值解
1	1	0.97050
2	2	0.96854
3	4	0.96178

【解析】 本题考查数值解的误差估计。

(1) 收敛阶数 p 的计算如下：

$$\begin{aligned} p &= \frac{\ln[(\phi_3 - \phi_2)/(\phi_2 - \phi_1)]}{\ln \alpha} \\ &= \frac{\ln[(0.96178 - 0.96854)/(0.96854 - 0.97050)]}{\ln 2} \\ &= 1.78617 \end{aligned}$$

(2)最密网格为网格层次 1，其相对误差(E)估计值为

$$E=\frac{|\eta'|}{\alpha^p-1}=\left|\frac{\phi_2-\phi_1}{\phi_1}\right|\frac{1}{\alpha^p-1}$$
$$=\left|\frac{0.96854-0.97050}{0.97050}\right|\frac{1}{2^{1.78617}-1}$$
$$=8.25\times10^{-2}\%$$

(3)题目中采用三套粗细不同的网格估算网格收敛指数，安全系数F_S取 1.25。网格 1 和 2 的收敛指标 GCI_{12} 为

$$GCI_{12}=F_S\frac{|\eta'_{12}|}{\alpha^p-1}=1.25\frac{\left|\frac{0.97050-0.96854}{0.97050}\right|}{2^{1.78617}-1}\times100\%=0.103\%$$

网格 2 和 3 的收敛指标 GCI_{23} 为

$$GCI_{23}=F_S\frac{|\eta'_{23}|}{\alpha^p-1}=1.25\frac{\left|\frac{0.96854-0.96178}{0.96854}\right|}{2^{1.78617}-1}\times100\%=0.356\%$$

渐进范围为

$$r=\frac{\alpha^p GCI_{12}}{GCI_{23}}=\frac{2^{1.78617}0.103\%}{0.356\%}=0.9979$$

从上式可以看出，渐进范围值趋近于 1，数值解很好地趋近于收敛解。

当采用较细网格上的数值解估算较高精度的数值解ϕ时，

$$\phi=\phi_1+\frac{\phi_1-\phi_2}{\alpha^p-1}=0.97050+\frac{0.97050-0.96854}{2^{1.78617}-1}=0.97130$$

估计值的误差带为0.103%或$0.103\%\times0.97130=0.001$。

13.4　编 程 实 践

理查森外推法。

习题 1　编程求解第 8 章中编程题 8.9 节习题 1 中的顶盖驱动流问题，计算条件同 8.9.1，要求如下。

(1)试采用 100×100、200×200 和 400×400 三套网格上的数值解，利用理查森外推法获得更高精度的流场数值解。

(2)试根据数值解说明所采用对流项离散格式的精度。

(3)总结编程和调程的心得体会，及对理查森外推法的认识。

第 14 章　计算结果的后处理

为方便对计算结果深入分析，需对数据进行图形化后处理。本章首先介绍常用的后处理软件及三维方腔自然对流问题的物理模型，再以三维方腔自然对流问题数值计算结果的图形化过程为例，阐述不同后处理方法。

14.1　后处理软件介绍

分析流动与传热数值计算结果时，常用的后处理软件有 Origin 和 Tecplot，二者的对比如表 14.1 所示，下面进行简要介绍。

14.1.1　Origin 软件

Origin 是美国 OriginLab 公司开发的数据绘图和分析软件，功能强大且操作灵活，是众多科研工作者进行数据作图和分析时首选的工具。在绘图方面，该软件提供了几十种二维和三维图形模板，并且允许用户自定义模板。在数据分析方面，可对数据进行统计、信号处理、图像处理、峰值分析和曲线拟合等多种操作。

Origin 可接受的数据格式比较灵活，可直接导入后缀为“.txt”，“.dat”，“.xls”，“.xlsx”的文件，也可以将数据直接粘贴到 Origin 界面的表格中。Origin 绘制出的图形可采用多种格式输出，如 JPEG, GIF, EPS, TIFF 等。本章第 14.3 节将以 Origin 9 版本为例具体讨论如何绘制点线图。

14.1.2　Tecplot 软件

Tecplot 是由美国 Tecplot 公司推出的功能强大的数据分析和可视化处理软件。Tecplot 软件提供了丰富的绘图形式，包括 *X-Y* 曲线图，2D 面绘图及 3D 体绘图，且可根据数据绘制图形、生成动画，实现工程绘图与数据可视化功能的结合。随着其功能的扩展和完善，在科学研究中的应用日益广泛，用户遍及流体力学、传热学、地球科学等研究领域。

Tecplot 软件易学易用，界面简单，擅长处理场图，对导入的数据文件格式要求严格，一般为“.dat”文件。本章 14.4～14.8 节将以 Tecplot 360 EX 2015 版本为例讨论如何绘制等值线图、等值面图、速度矢量图、流线图及动态图。

表 14.1　Origin 和 Tecplot 对比

对比项	Origin	Tecplot
支持文件格式	.txt, .dat, .xls, .xlsx	.dat
导出文件格式	JPEG, GIF, EPS, TIFF	JPEG, EPS, TIFF, PNG, WMF
常用绘图类型	二维线图、散点图等	二维面绘图、三维体绘图等
其他功能	数学分析	制作动画

14.2 物理问题

以下将以三维方腔自然对流数值计算结果的后处理为例，从不同的图形类型出发，分别介绍绘制相应图形的数据文件准备、操作步骤以及最终效果。

图 14.1 所示为三维方腔自然对流的物理问题示意图，方腔的左右边界面分别为高温面和低温面，前后上下四个边界面均为绝热面，无量纲速度在 X、Y、Z 三个方向的分量分别为 $U(X, Y, Z)$、$V(X, Y, Z)$、$W(X, Y, Z)$；无量纲压强分布为 $P(X, Y, Z)$；无量纲温度分布为 $\Theta(X, Y, Z)$。计算在 $Gr=10^5$, $Pr=0.703$、节点数为 102×102×102 的条件下进行，将计算结果按照一定格式输出指定线及面上节点的速度、温度等变量至“.dat”文件中，为绘制相应图形做准备。

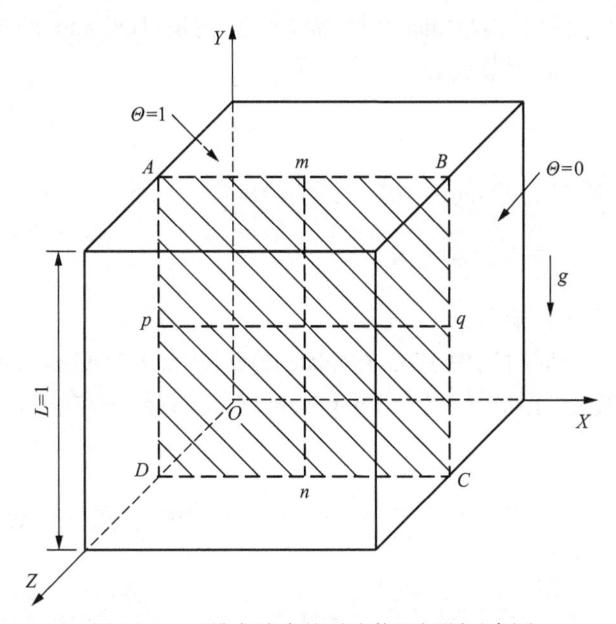

图 14.1　三维方腔自然对流物理问题示意图

14.3 点线图

点线图是常用的图表类型之一，可直观地显示变量的变化趋势及数据的分布情况。本节以三维方腔自然对流物理问题示意图中的线 AB, DC, pq, mn 上的温度和线 AD 上的 Nu 数为例，说明如何使用 Origin 软件制作同一坐标下多条温度的点线图及双 Y 轴坐标下温度与 Nu 数的点线图。

14.3.1 数据文件的准备

使用 Origin 软件绘制点线图，需知道节点的坐标值和对应的变量值，因此导入的数据文件应整理成坐标与变量值一一对应的形式。此处以线 AB 上的温度数据 1DΘ-AB.dat

文件为例说明可导入 Origin 软件的“.dat”文件格式。如图 14.2 所示，1DΘ-AB.dat 文件中每行数据依次表示节点的 X 轴坐标值及该节点对应的温度值。

图 14.2　1DΘ-AB.dat 文件

类似可得线 DC 上的 1DΘ-DC.dat 文件、线 pq 上的 1DΘ-pq.dat 文件、线 mn 上的 1DΘ-mn.dat 文件和线 AD 上的 NU-AD.dat 文件，需要注意的是，1DΘ-mn.dat 文件和 NU-AD.dat 文件中的第一列数据应表示节点的 Y 轴坐标值。

14.3.2　操作步骤

得到相关数据文件后，不同类型点线图的绘制步骤如下。

1. 同一坐标下的多条温度点线图

1) 数据文件的导入与命名

打开 Origin 软件，同时选中 1DΘ-AB.dat, 1DΘ-DC.dat, 1DΘ-pq.dat 文件并拖动至空白界面区域，即可完成数据的导入。在 Long Name 行对数据进行命名，所得界面如图 14.3 所示。

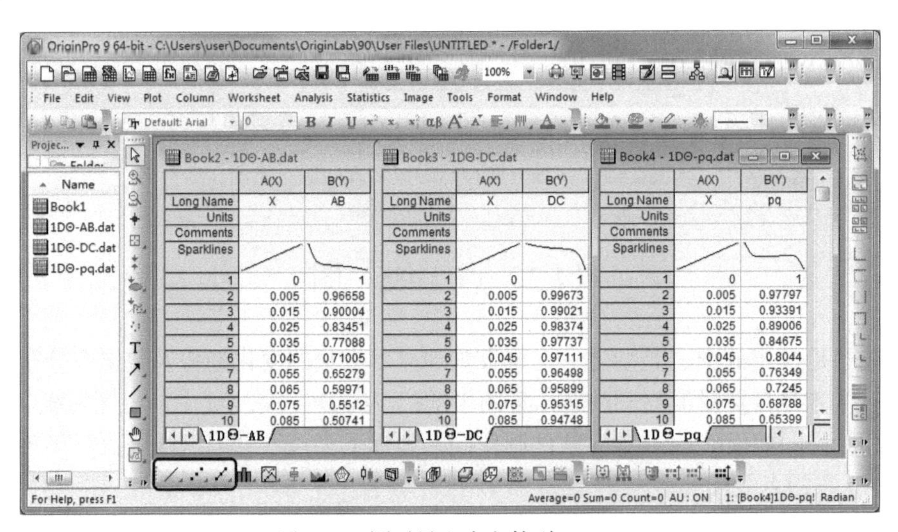

图 14.3　同时导入多文件到 Origin

2) 绘图

Origin 提供了多种绘图种类，如 Line(线图)、Scatter(散点图)、Line+Symbol(线+点

形式）等，这些功能均可在下拉菜单“Plot”中选择，也可在如图 14.3 中左下角所示功能框内选择。

（1）线 AB 上的温度点线图制作。

在 Book2-1DΘ-AB.dat 表格中同时选中 X 和 AB 两列数据，单击“Line”图标选择“Line+Symbol”选项，即可得如图 14.4 所示温度线图。

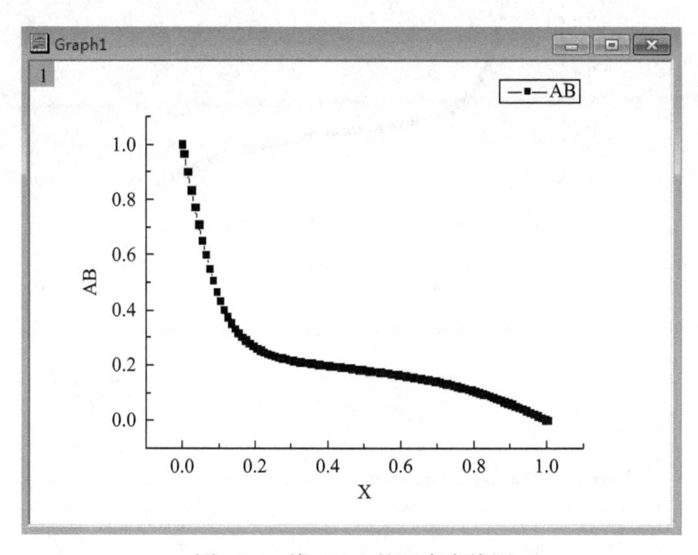

图 14.4　线 AB 上的温度点线图

（2）增加线 DC 及线 pq 上的温度点线图。

在如图 14.4 所示 Graph1 界面上右键单击左上角数字 1 选择“Layer Contents…”选项，所得界面如图 14.5 所示，同时选中左侧表格中的“1DΘ-DC.dat”及“1DΘ-pq.dat”，单击向右箭头“→”，此时“Close”变为“OK”，单击“OK”，所得界面如图 14.6 所示。

（3）更新图例。

从图 14.6 中可看出线 DC 及线 pq 的图例未出现，因此，需更新图例。单击“Graph”选择“Update Legend”，再选择“Open Dialog…”，所得界面如图 14.7 所示，单击“OK”，即可显示出线 DC 及线 pq 的图例。

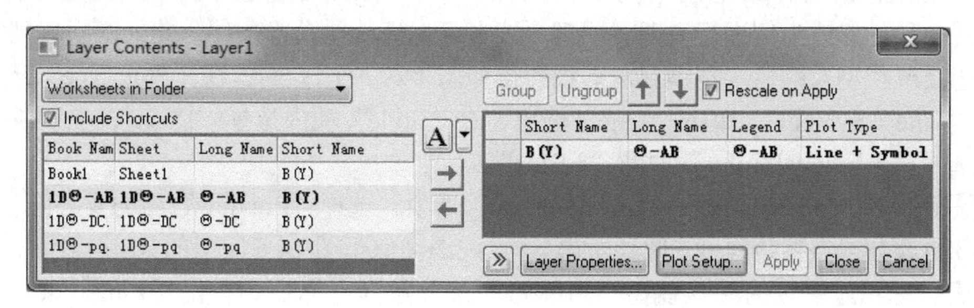

图 14.5　“Layer Content-Layer1”选项卡

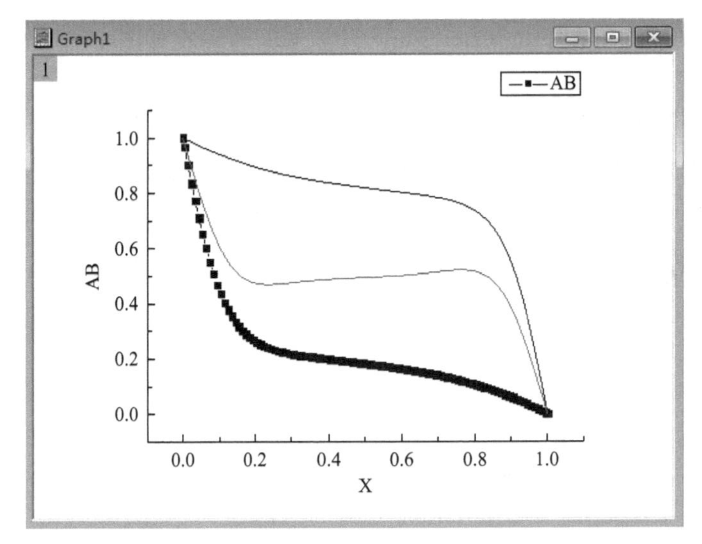

图 14.6　增加线 *DC* 及线 *pq* 的温度点线图

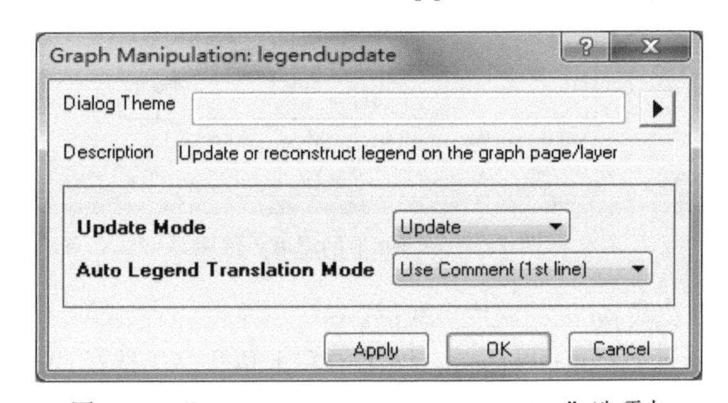

图 14.7　“Graph Manipulation：legendupdate”选项卡

(4) 解除 *DC* 及 *pq* 点线图的组合。

为方便对某一条点线图进行修改，需解除 *DC* 及 *pq* 点线图的组合。右键单击图 14.6 中任意点线图，选择“Ungroup”，即可解除组合。

(5) 区分 *AB*, *DC*, *pq* 点线图。

为明显分辨 *AB*, *DC*, *pq* 点线图，需对点线图的线型、颜色及数据点标识等参数进行修改。双击图 14.6 中 *pq* 点线图，所得界面如图 14.8 所示，此处以对 *pq* 点线图的线型与颜色等条件的修改为例进行说明。同理，读者可选择其他设置条件，此处不一一列举。

①更改线型及颜色。左键双击点线图得如图 14.9 所示界面，在“Plot Type”选项中选择“Line + Symbol”，单击“Line”选项，在“Style”项内选择“Dash”，在“Color”项内选择“Individual Color”项的“4 Blue”。

②更改数据点标识类型。单击“Symbol”选项，选择“Preview”项的实心圆。

③更改数据点稀疏程度。此处所得 *pq* 点线图类似于图 14.6 所示的 *AB* 点线图，线型被数据点标识遮盖，为凸显线型，可省略一部分数据点标识。单击“Line”选项，在“Symbol/Line interface”项内取消对“Gap to Symbol”的勾选。单击“Drop Lines”选项，勾选“Skip Point”项，并将数字修改为 4。

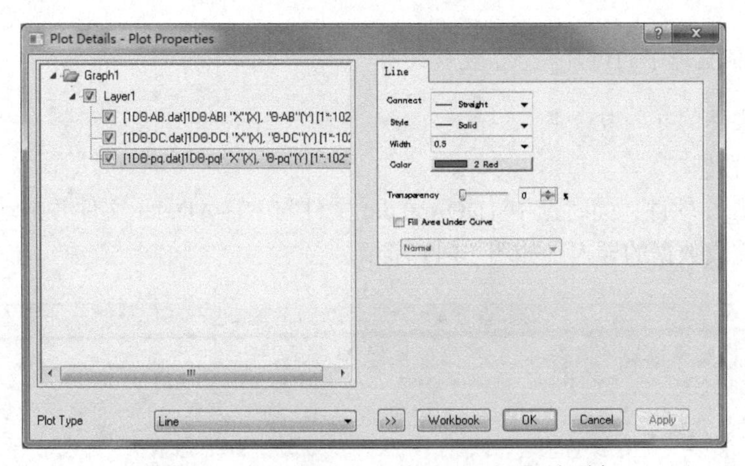

图 14.8　“Plot Details - Plot Properties”选项卡

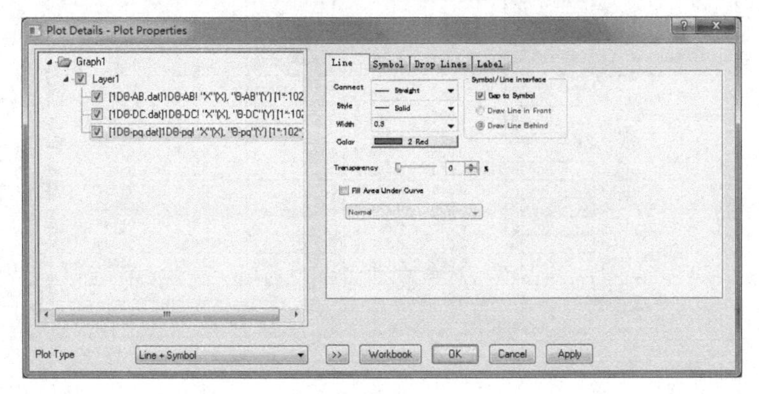

图 14.9　选择“Line + Symbol”后的“Plot Details - Plot Properties”选项卡

最后单击“OK”，即可完成对 pq 点线图的条件设置。按照类似的操作步骤可修改 DC 及 AB 点线图的相关参数，效果如图 14.10 所示。

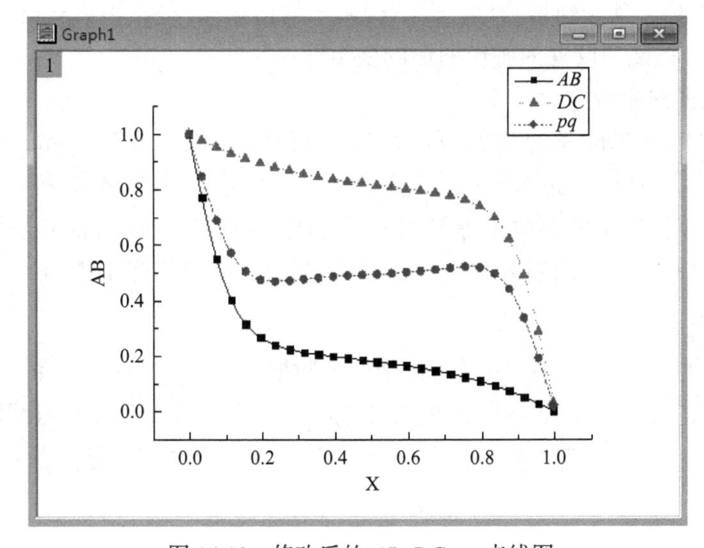

图 14.10　修改后的 AB, DC, pq 点线图

2. 双 Y 轴坐标下的温度与 Nu 数点线图

1) 数据文件的导入与命名

(1) 导入数据。

打开 Origin 软件，同时选中 1DΘ-mn.dat 文件与 NU-AD.dat 文件并拖动至空白界面区域，即可完成数据的导入，如图 14.11 所示。

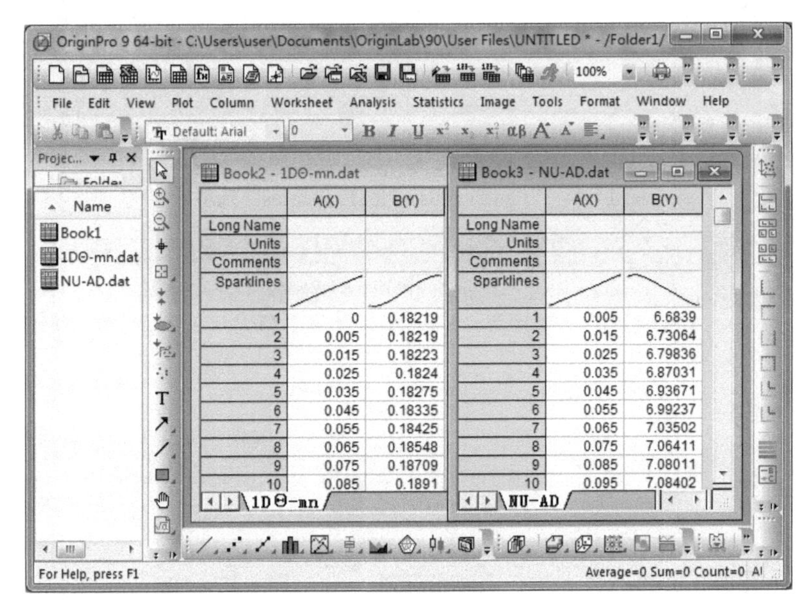

图 14.11　导入 1DΘ-mn.dat 文件与 NU-AD.dat 文件至 Origin 软件

(2) 新增空白列。

在 Book-2-1DΘ-mn.dat 表格的空白界面处单击右键，选择“Add New Column”即可新增一列空白表格，此处新增两列，并选择第三列标题 C(Y)，单击右键选择“Set As”项的“X”，即可将该列设置为所作图形的横坐标。

(3) 整合数据并命名。

将 Book3-NU-AD.dat 表格中的两列数据复制粘贴至 Book-2-1DΘ-mn.dat 表格新增的两列空白表格中，并在 Long Name 对数据命名，所得界面如图 14.12 所示。注意此处由于线 mn 与线 AD 上节点的 Y 轴坐标值相等,可省略 Book-2-1DΘ-mn.dat 表格中的 C(X2) 列数据，对双 Y 轴坐标下的温度与 Nu 数点线图的最终效果不产生影响。

2) 数据的选中及绘图

在 Book2-1DΘ-mn.dat 表格中同时选中四列数据，单击“Plot”选择“Multi-Curve”中的“Double-Y”选项，即可得初步的双 Y 轴坐标下的温度与 Nu 数点线图。此处可参照前文同一坐标下的多条温度点线图的绘制中步骤(5)，设置图形相关条件参数，效果如图 14.13 所示。

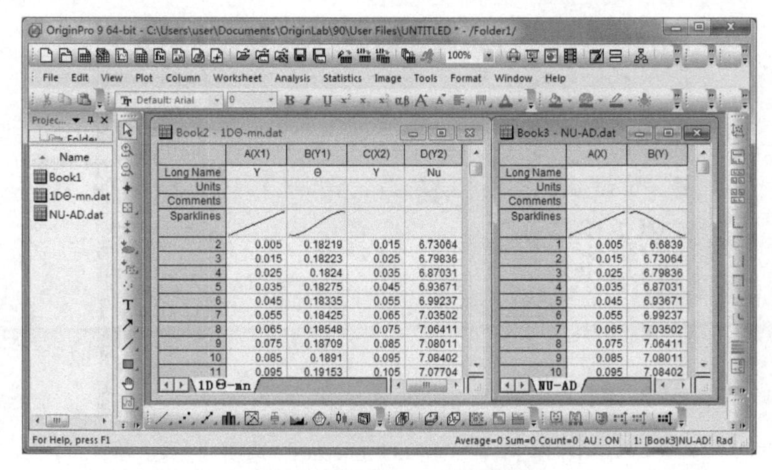

图 14.12　整合之后的数据表格

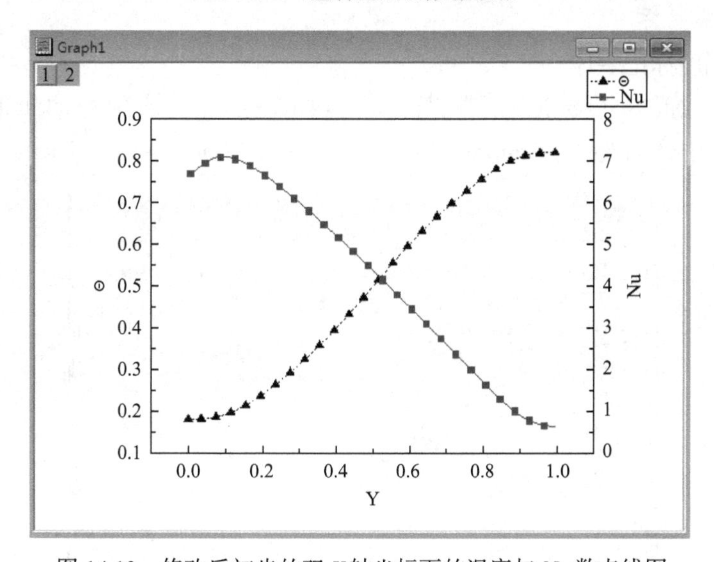

图 14.13　修改后初步的双 Y 轴坐标下的温度与 Nu 数点线图

3. 图形美化和编辑

为达到更好的图形效果，需进一步对图形进行编辑，下文以同一坐标下的多条温度点线图为例进行说明。

1) 对图例的修改

在如图 14.10 所示界面上，右键单击图例方框，选择“Properties…”选项，所得界面如图 14.14 所示。单击“Default：Arial”选择“Times New Roman”选项，并分别设置为斜体，单击“OK”完成操作。左键单击图例并拖动图例至合适位置。

2) 修改坐标轴标题

右键单击横坐标标题 X，选择“Properties…”选项，所得界面与图 14.14 类似，此处将字体设置为“Times New Roman”和斜体。同理，修改纵坐标标题与上述操作相似。

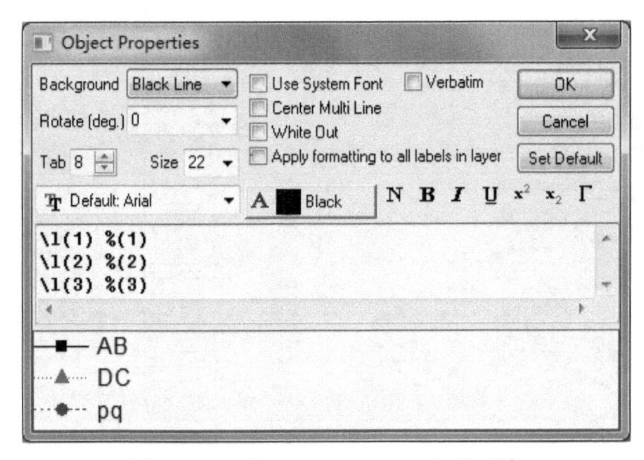

图 14.14　“Object Properties”选项卡

3) 修改横纵坐标

(1) 修改刻度标记字体。

双击任意坐标轴刻度标记，所得界面如图 14.15 所示，默认在“Tick Labels”选项下。在“Selection”中分别选择“Bottom”和“Left”，修改“Font”项为“Times New Roman”。

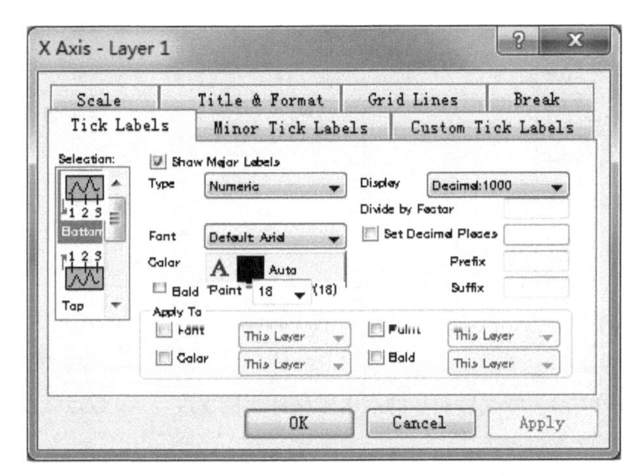

图 14.15　“X Axis - Layer 1”选项卡

(2) 修改横纵坐标取值范围。

选择“Scale”选项，如图 14.16 所示。分别将“From”与“To”后数值修改为–0.05 和 1.05，并保持“Increment”后面的默认值 0.2 不变，即可调整纵坐标的取值范围。在“Selection”部分选择“Horizontal”，可根据横坐标数据范围进行类似的修改。

(3) 修改刻度标记位置。

选择“Title & Format”选项，默认在“Bottom”选项下，如图 14.17 所示。分别选择“Major Ticks”项及“Minor Ticks”项为“In”。同理，在“Selection”部分选择“Left”选项进行如上操作，即可分别将横纵坐标轴上的刻度标记位置改为内侧。

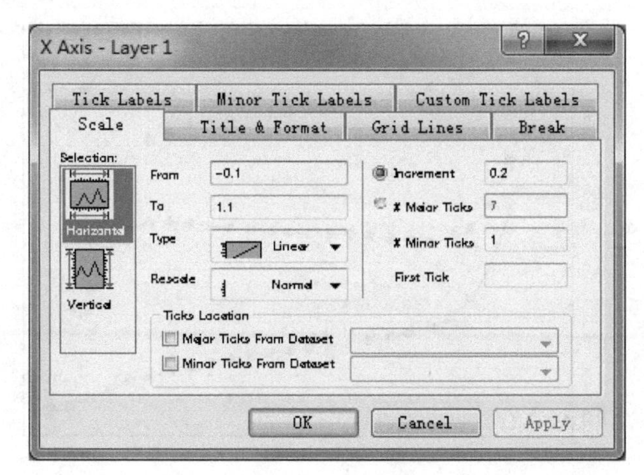

图 14.16　“X Axis - Layer 1”选项卡的“Scale”选项

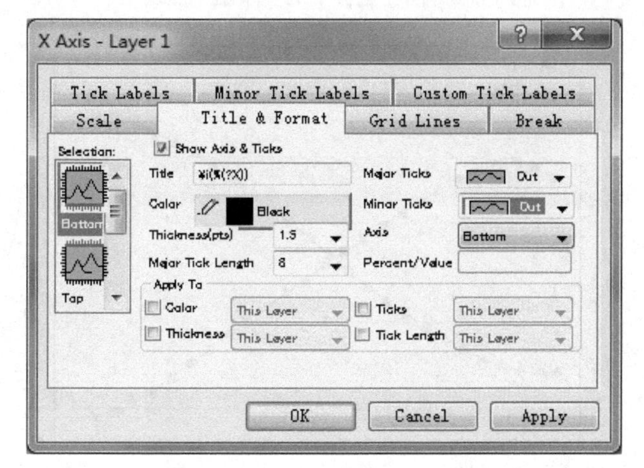

图 14.17　“X Axis - Layer 1”选项卡的“Title & Format”选项

(4) 添加边框。

选择“Title & Format”选项，在“Selection”中分别选择“Top”及“Right”选项，勾选“Show Axis & Ticks”，并选择“Major Ticks”及“Minor Ticks”的“None”选项，完成边框的添加。

最后单击“OK”，即可完成对图形的编辑。另外，在“X Axis - Layer 1”选项卡中还可设置网格线、间断点等，以达到图形的美观目的，此处不一一列举，读者可自行尝试。对于双 *Y* 轴坐标下的温度与 *Nu* 数点线图的美化和编辑过程与此操作类似，不再赘述。

14.3.3　效果展示

图形经过美化和编辑后，选择“Edit”的“Copy Page”选项，即可将所得点线图复制到剪贴板，以作他用。最终结果如图 14.18 和图 14.19 所示。

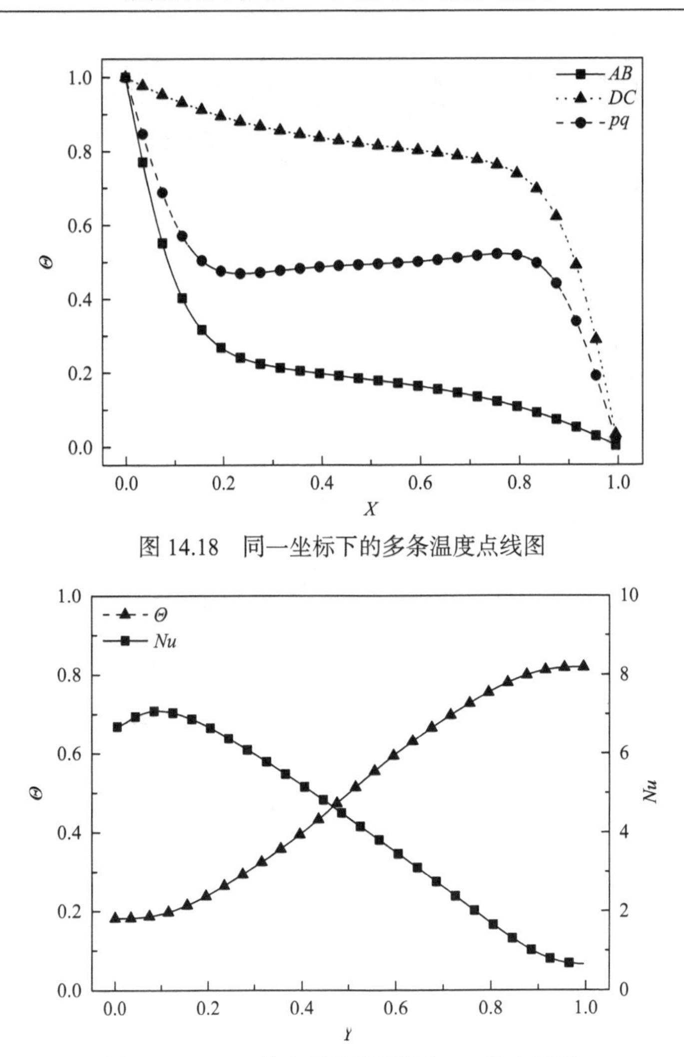

图 14.18　同一坐标下的多条温度点线图

图 14.19　双 Y 轴坐标下的温度与 Nu 数点线图

14.4　等 值 线 图

等值线图是在物理区域上由同一变量的多条等值线组成的图形，分为线图和云图两种，可直观观察到二维区域内场的分布情况。本节以三维方腔自然对流物理问题中的二维面 $ABCD$ 上等温线图为例，说明使用 Tecplot 软件制作二维温度等值线图的过程。

14.4.1　数据文件的准备

使用 Tecplot 软件绘制等值线图时，需知道节点的坐标值和对应的变量值。输出如图 14.20 所示的 2DΘ-ABCD.dat 文件代码，其中前三行为 Tecplot 软件对导入的结构化网格数据文件格式的要求。

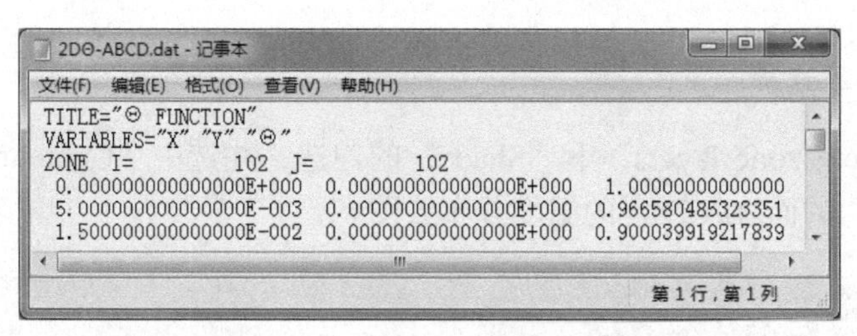

图 14.20　2DΘ-ABCD.dat 文件

(1)第一行“TITLE="Θ FUNCTION"”表示 2DΘ-ABCD.dat 文件的标题为“Θ FUNCTION”，代表所求函数为温度。

(2)第二行“VARIABLES="X" "Y" "Θ"”表示 2DΘ-ABCD.dat 文件中的变量，此处“X”代表节点的 X 轴坐标值，“Y”代表节点的 Y 轴坐标值，"Θ"代表点(X, Y)所对应的温度。

(3)第三行“ZONE I=102 J=102”表示 2DΘ-ABCD.dat 文件中的空间节点信息，此处 I、J 分别代表三维方腔自然对流物理模型中 X 轴、Y 轴的节点数。

(4)第四行及其后续行中的数据为计算结果，每行数据依次表示节点的 X 轴坐标值、Y 轴坐标值以及温度值，注意此处的数据输出顺序与第二行中的定义变量顺序保持一致。

14.4.2　操作步骤

得到 2DΘ-ABCD.dat 文件后，等值线图的绘制步骤如下。

1. 数据文件的导入

打开 Tecplot 软件，拖动 2DΘ-ABCD.dat 文件至图形编辑区，所得界面如图 14.21 所示。

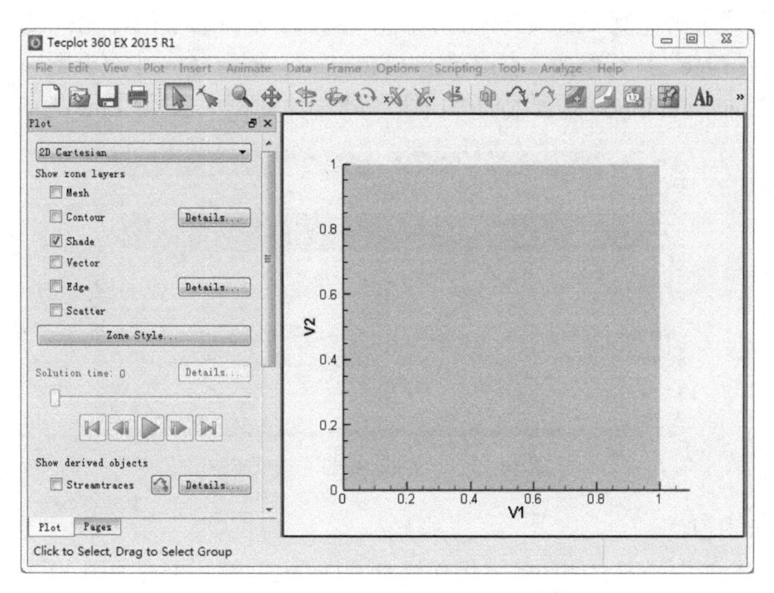

图 14.21　导入 2DΘ-ABCD.dat 文件

2. 图形类型的选择

取消对“Show zone layers”下“Shade”的勾选，并选中“Contour”选项，即可得到如图 14.22 所示的面 *ABCD* 上的温度分布云图。

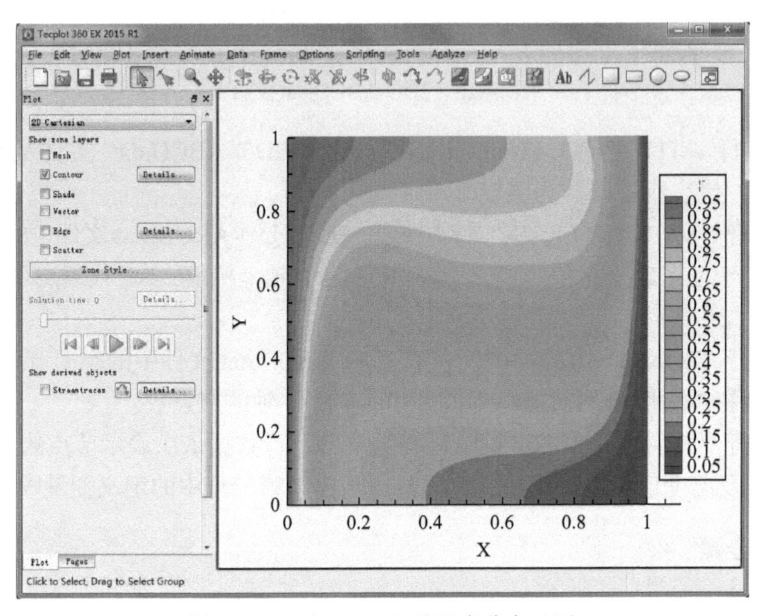

图 14.22　面 *ABCD* 上的温度分布云图

3. 图形美化和编辑

1) 修改云图为等值线图

双击图形或单击左侧“Zone Style”，所得界面如图 14.23 所示，在“Contour”选项下的“Contour Type”进行修改，右键单击“Flood”可选择“Flood”(云图)、“Lines”(等值线图)或“Lines and Flood”(云图加等值线)等形式，此例中选择“Lines”，单击“Close”。

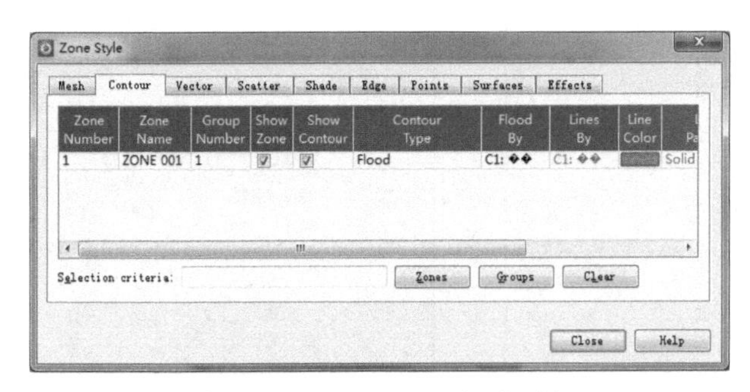

图 14.23　“Zone Style”选项卡

2) 删除云图图例

单击图 14.22 中云图右侧图例，操作键盘“Delete”键，出现如图 14.24 所示界面，单击“OK”。

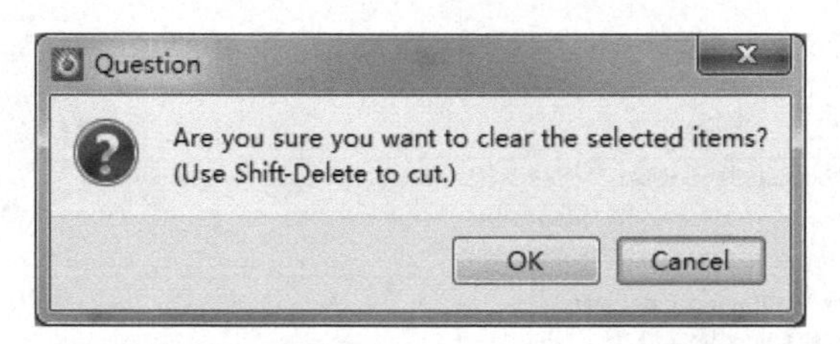

图 14.24　删除图例的“Question”选项卡

3) 编辑坐标轴

双击图 14.22 中的横坐标标题“X”, 可进入“Axis Details”选项卡, 此处默认为“Title”选项。所得界面如图 14.25 所示。

(1) 修改坐标轴标题。

在默认的“Title”选项下, 选择“Use text”项可更改 X 轴标题, 此处不修改。在“Font”项中选择“Times New Roman”字体, 另外, 该选项中还可通过“Color”及“Position along line”等选项修改坐标轴标题颜色及位置等参数, 此例中均保持默认值不变。按照类似的操作步骤可对 Y 轴标题进行修改。

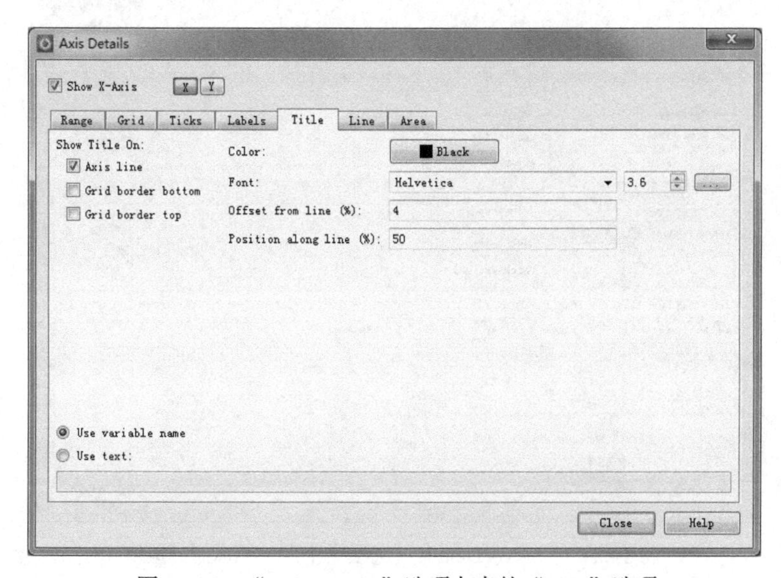

图 14.25　“Axis Details”选项卡中的“Title”选项

(2) 修改坐标轴取值范围。

单击“Range”选项, 所得界面如图 14.26 所示, 该选项中可对 X 轴及 Y 轴的取值范围进行修改。取消对“Preserve length when changing range”的勾选以保证 X 轴及 Y 轴的进行修改时互不影响, 并分别将“X”及“Y”轴的最大值“Max”设置为 1。

(3) 修改坐标轴刻度标记的位置。

单击“Ticks”选项, 所得界面如图 14.27 所示。分别将“X”及“Y”轴的“Tick direction”选项修改为“Out”, 将刻度标记设置为朝外。

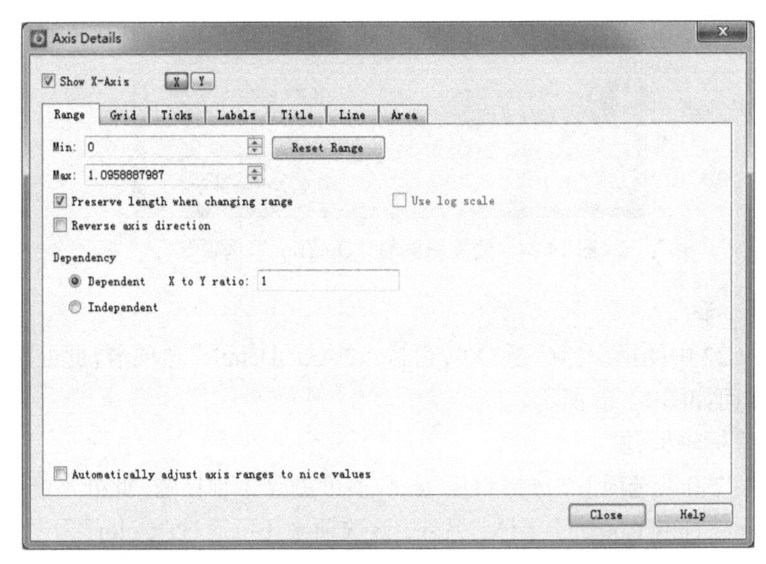

图 14.26　“Axis Details”选项卡中的“Range”选项

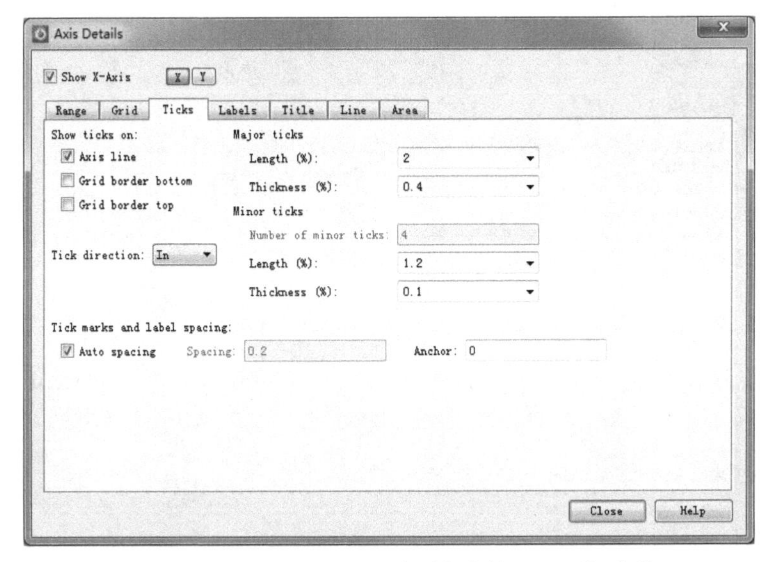

图 14.27　“Axis Details”选项卡中的“Ticks”选项

(4)修改坐标轴刻度标记的字体。

单击“Labels”选项，所得界面如图 14.28 所示。分别设置“X”轴及“Y”轴的“Font”项为“Times New Roman”。

(5)添加图形边框。

单击“Line”选项，所得界面如图 14.29 所示。勾选“Show grid border”选项。

另外，单击“Grid”选项及“Area”选项，可分别实现对网格及面的相关处理，此例中保持默认值。最后单击“Close”，即可完成“Axis Details”选项卡中的相关操作步骤。

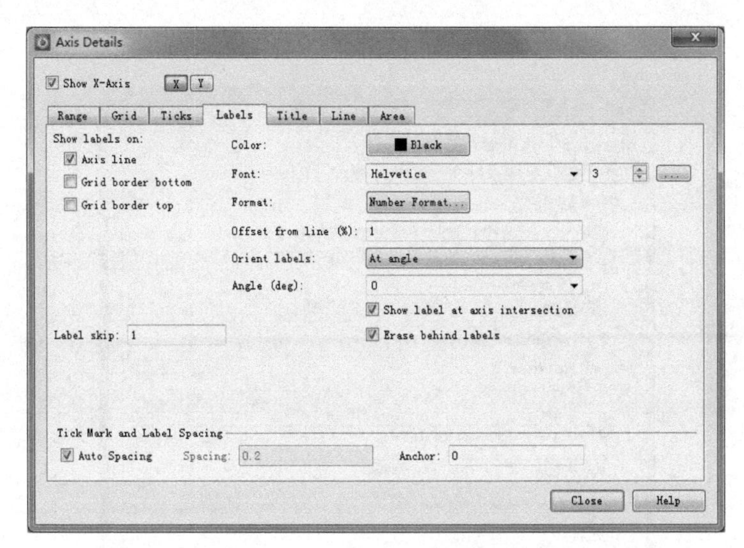

图 14.28　“Axis Details”选项卡中的“Labels”选项

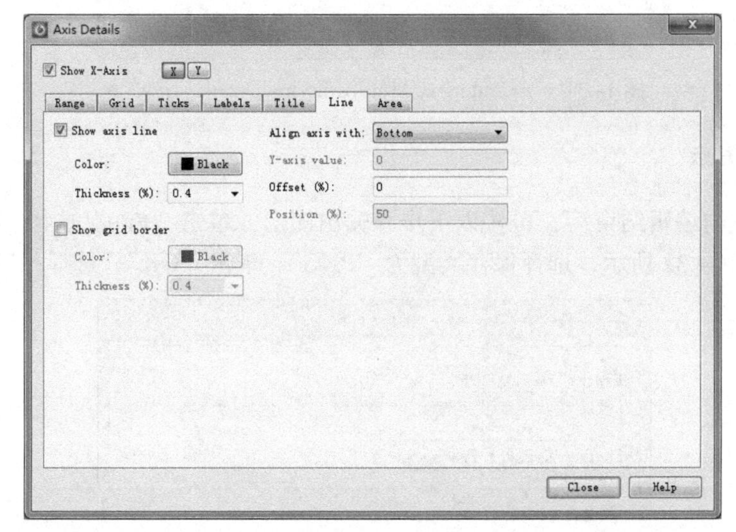

图 14.29　“Axis Details”选项卡中的“Line”选项

4) 编辑等值线图

(1) 添加无量纲温度值。

单击如图 14.30 中方框所示按钮，并单击图形中各等值线，即可为各条等值线添加无量纲温度值。

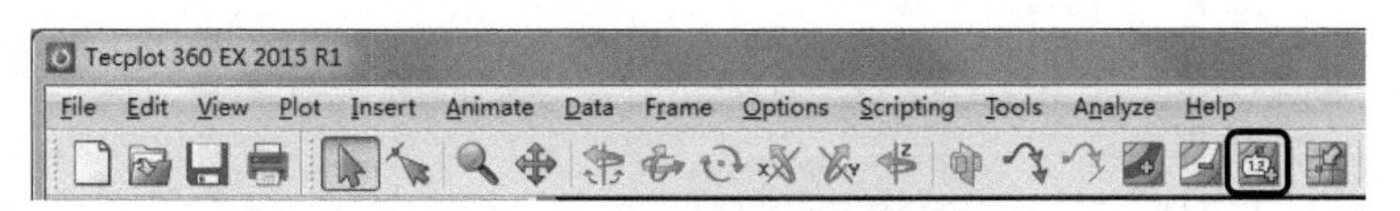

图 14.30　为等值线添加数值按钮

(2) 修改标识数字字体及字号。

双击任意等值线上的无量纲温度，可得如图 14.31 所示界面。选择“Font”项的“Times

New Roman”，并修改“Size”项为 2.5，单击“Close”。

图 14.31　“Contour & Multi-Coloring Details”选项卡

14.4.3　效果展示

图形美化与编辑结束后，可按以下步骤输出图形：单击“File”选择“Export...”，所得界面如图 14.32 所示，选择保存类型为“PNG”，单击“OK”，选择相应的文件保存

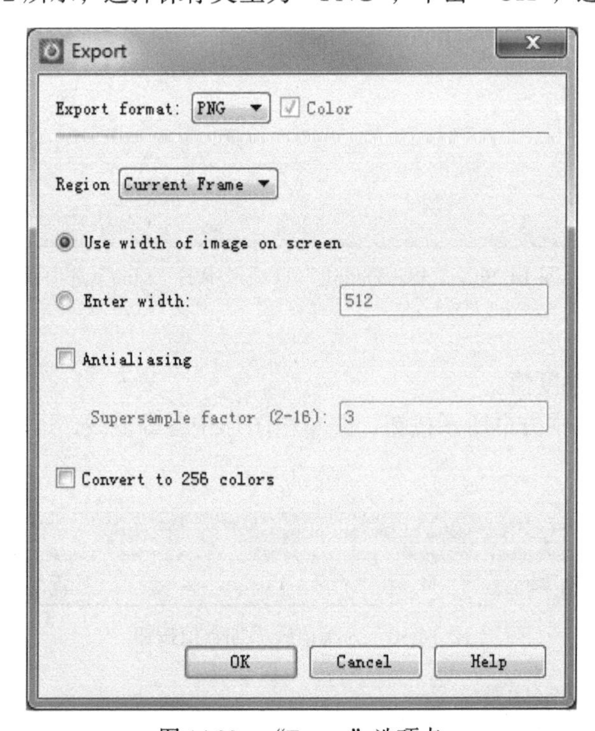

图 14.32　“Export”选项卡

路径并命名，即可得到二维面 *ABCD* 上的等温线图，如图 14.33 所示。

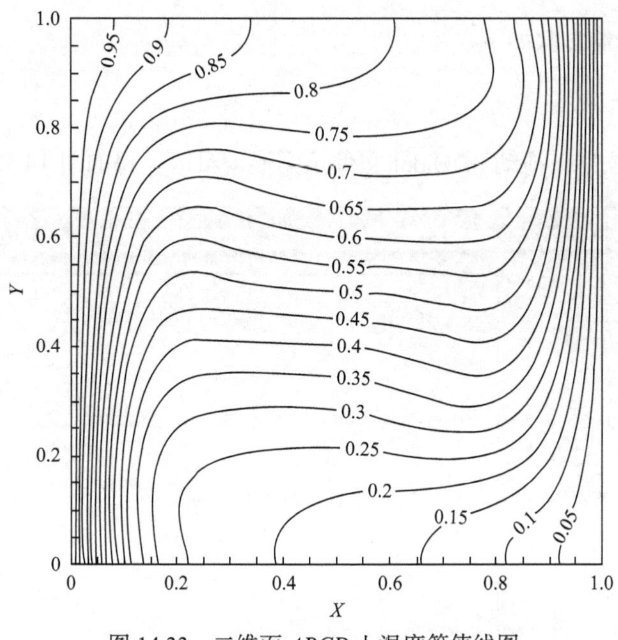

图 14.33　二维面 *ABCD* 上温度等值线图

14.5　等 值 面 图

等值面图是在物理区域上由同一变量的多个等值面组成的图形，分为线图和云图两种，可直观观察到三维区域内场的分布情况。本节以三维方腔自然对流物理问题中的温度等值面图为例，说明使用 Tecplot 软件制作温度等值面图的过程。

14.5.1　数据文件的准备

使用 Tecplot 软件绘制等值面图时，需知道节点的坐标值和对应的变量值。如图 14.34 所示，3DΘ.dat 文件中前三行为 Tecplot 对导入的数据文件格式的要求，与 14.4.1 节中的图形数据文件相比，增加了 *Z* 轴的相关信息，具体包括变量名“Z”、总节点数 *K* 及每个节点对应的 *Z* 坐标值。

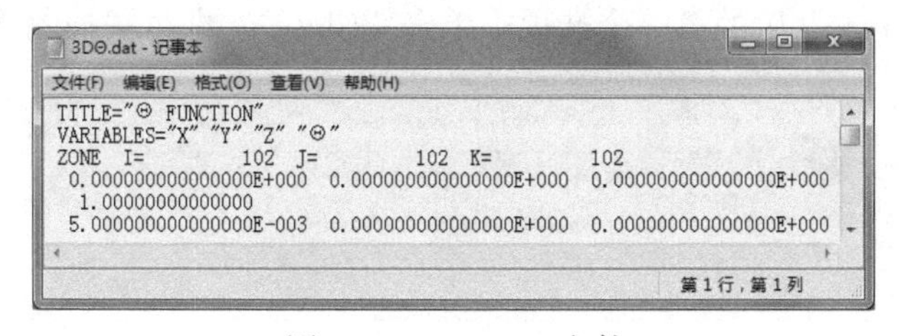

图 14.34　3DΘ.dat 文件

14.5.2　操作步骤

等值面图的绘制步骤如下。

1. 数据文件的导入

打开 Tecplot 软件，拖动 3DΘ.dat 文件至图形编辑区，得如图 14.35 所示界面。

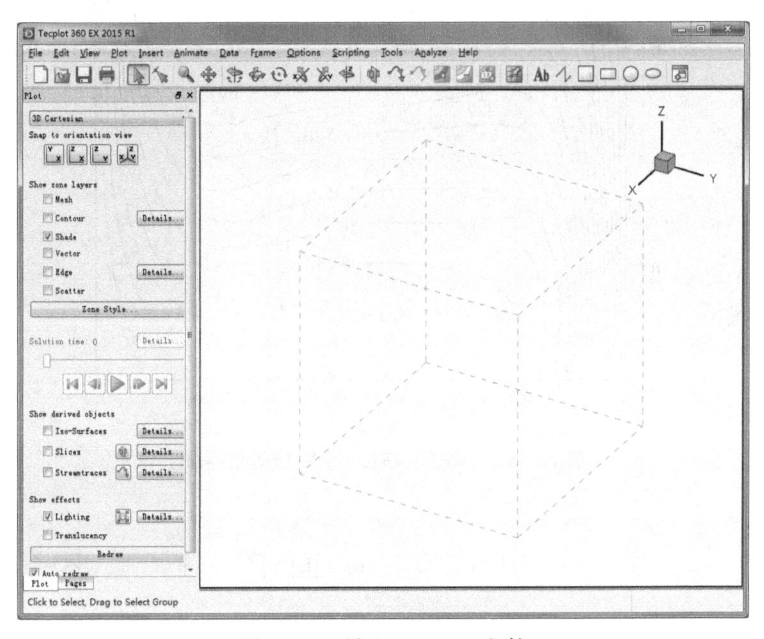

图 14.35　导入 3DΘ.dat 文件

2. 图形类型的选择

在“Plot”选项中选择“Contour”选项，所得“Question”界面如图 14.36 所示，单击“Yes”，即可得初步的等值面云图，如图 14.37 所示。

3. 图形美化和编辑

1) 编辑图例

双击图例标题，所得界面如图 14.38 所示。单击“Legend Box...”所得界面如图 14.39 所示，选择“Box type”后的第一个选项，单击“Close”，即可去掉图例的外边框。取消

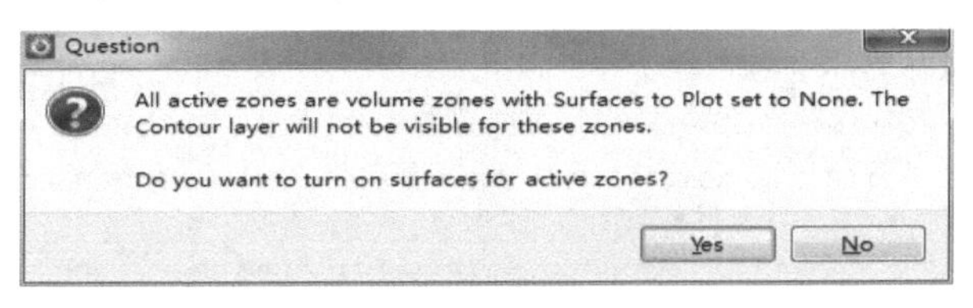

图 14.36　“Question”界面

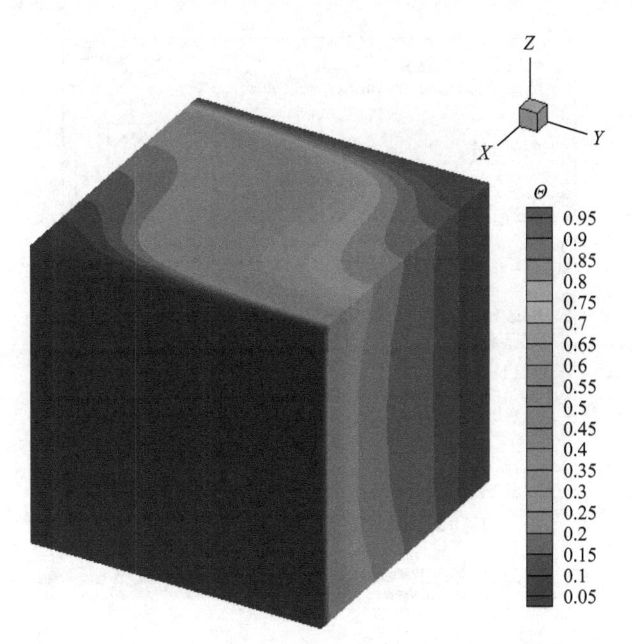

图 14.37　初步无量纲温度等值面云图(扫码见彩图)

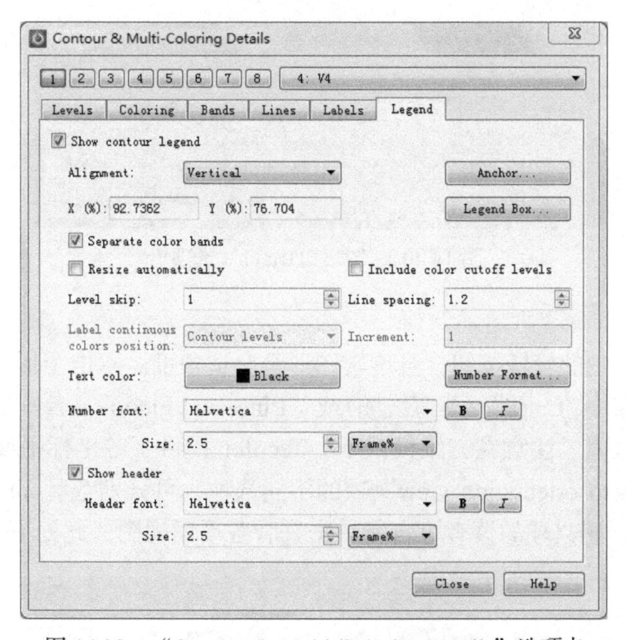

图 14.38　“Contour & Multi-Coloring Details”选项卡

对“Show header”的勾选，选择“Number font”项的“Times New Roman”，单击“Close”。选择“Insert”中“Text”选项，单击图例标题位置，所得界面如图 14.40 所示，在文本框中输入 Θ，并选择“Font”项的“Times New Roman”与斜体，最后单击“Accept”，可完成对图例标题的修改。

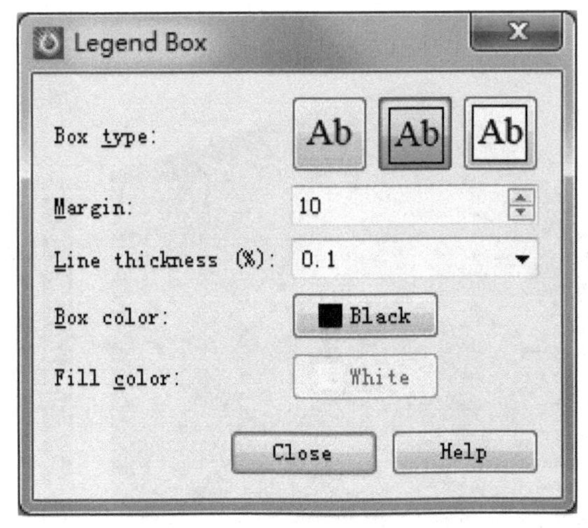

图 14.39 “Legend Box”选项卡

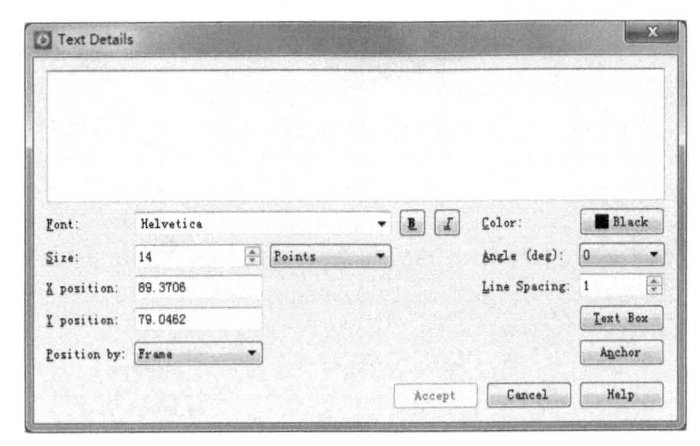

图 14.40 “Text Details”选项卡

2) 编辑图形

单击图 14.41 中的旋转按钮，可旋转图形至合适角度。双击图形，可设置图形类型为“Flood”（云图）、“Lines”（等值线图）或“Lines and Flood”（云图加等值线）等形式，此例中均保持默认值。注意在三维模式下，Tecplot 提供了各坐标平面上的视图，单击图 14.41 中“Snap to orientation view”项的不同选项，可分别查看 *XY* 平面、*XZ* 平面、*YZ* 平面上的视图，感兴趣的读者可自行单击查看各平面视图，此处不一一列举。

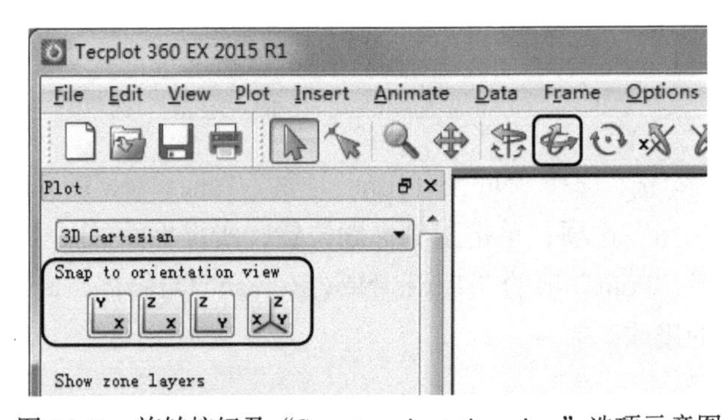

图 14.41 旋转按钮及“Snap to orientation view”选项示意图

14.5.3　效果展示

图形美化与编辑结束后，可参考 14.4.3 节效果展示中图形输出的相关操作。最终可得如图 14.42 所示三维方腔的无量纲温度等值面图。

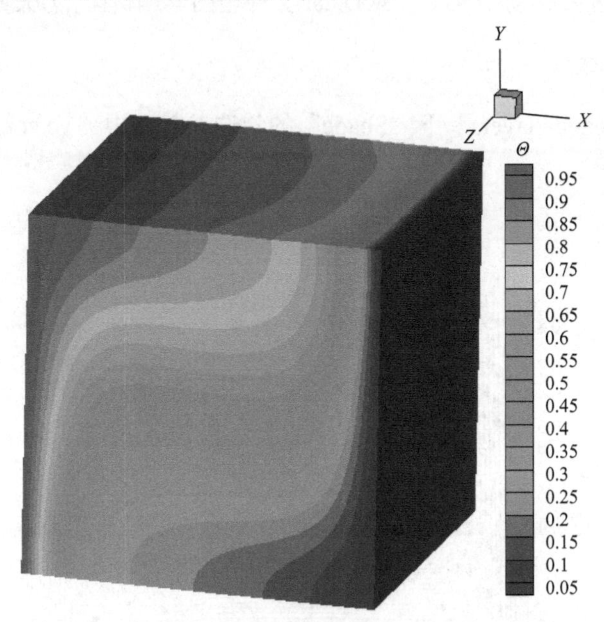

图 14.42　三维方腔的无量纲温度等值面图(扫码见彩图)

14.6　速度矢量图

速度矢量图是反映速度变化、旋涡、回流等的有效手段，是流场分析中常用的图谱之一。本节以三维方腔自然对流物理问题中的二维面 *ABCD* 上的 *U*, *V* 速度合成矢量图为例，说明使用 Tecplot 软件制作速度合成矢量图的操作过程。

14.6.1　数据文件的准备

为绘制二维面上的速度矢量图，需知道节点的坐标值及对应 *X*、*Y* 轴方向上的速度分量。如图 14.43 所示，2DUV-ABCD 文件中前三行为 Tecplot 对导入的数据文件格式的要求。与 14.4.1 节图形数据文件相比，目标变量变为 *X* 及 *Y* 方向速度分量，需将温度结果替换成速度的计算结果，变化内容包括文件的标题、变量名“U”“V”及其对应的数值大小。

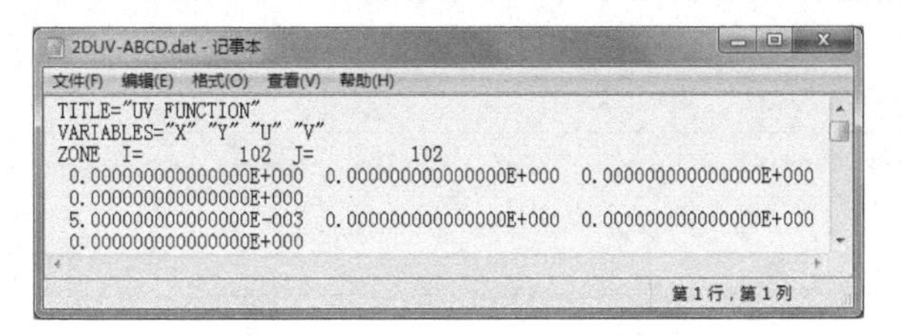
2DUV-ABCD.dat - 记事本

文件(F)　编辑(E)　格式(O)　查看(V)　帮助(H)

```
TITLE="UV FUNCTION"
VARIABLES="X" "Y" "U" "V"
ZONE  I=         102  J=         102
 0.000000000000000E+000  0.000000000000000E+000  0.000000000000000E+000
 0.000000000000000E+000
 5.000000000000000E-003  0.000000000000000E+000  0.000000000000000E+000
 0.000000000000000E+000
```

第 1 行，第 1 列

图 14.43　2DUV-ABCD 文件

14.6.2 操作步骤

1. 数据文件导入

打开 Tecplot 软件，拖动 2DUV-ABCD.dat 文件至图形编辑区，为矢量图的制作做准备。

2. 图形类型的选择

取消对“Show zone layers”下“Shade”的勾选，并选中“Vector”选项，所得界面如图 14.44 所示。

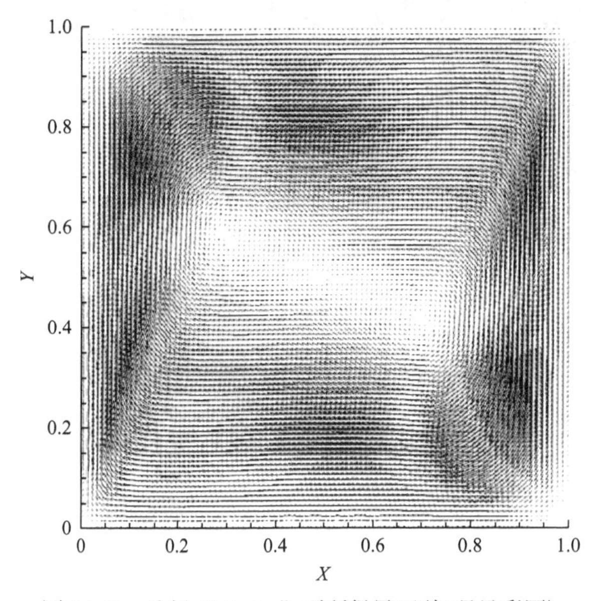

图 14.44 选择“Vector”项所得界面(扫码见彩图)

3. 图形美化和编辑

(1)修改矢量图的稀疏程度。双击图形区域或单击“Zone Style”，所得界面如图 14.45 所示。选择“Points”选项，所得如图 14.46 所示界面，右键单击“Index Skip”方框下的

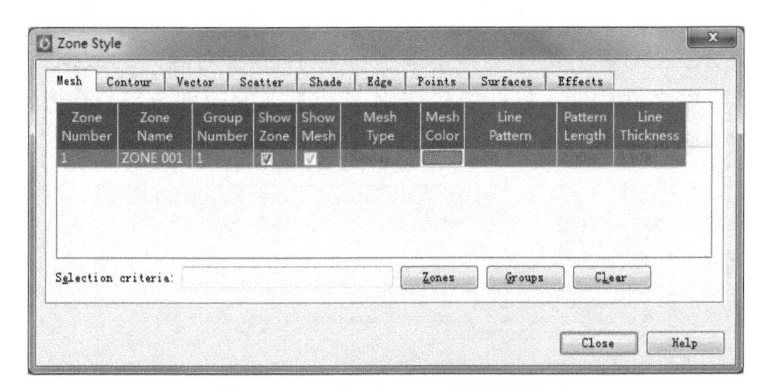

图 14.45 “Zone Style”选项卡

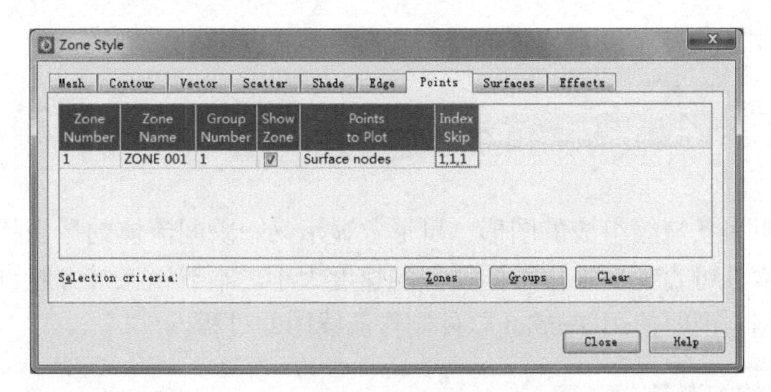

图 14.46　“Zone Style”中的“Points”选项

“1,1,1”, 选择“Enter Index skipping”, 所得界面如图 14.47 所示, 分别将“I skip”,“J skip”,“K skip”均设置为 3，单击“OK”，再单击“Close”。

(2)对图形坐标轴及标题相关条件参数的编辑, 可参考 14.4.2 节的图形美化和编辑模块中阐述的在“Axis Details”选项卡内的相关操作，此处不再赘述。

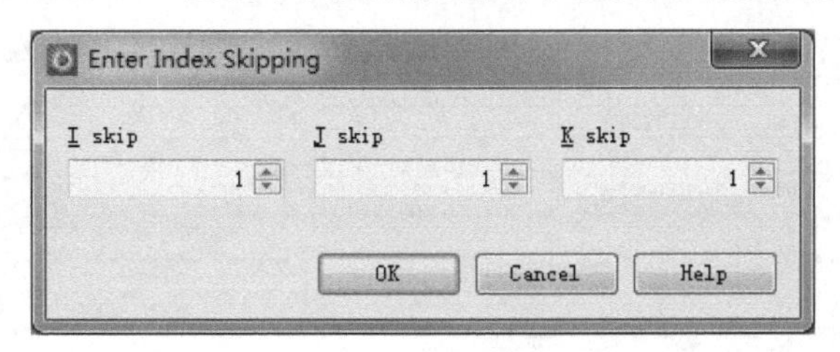

图 14.47　“Enter Index Skipping”选项卡

14.6.3　效果展示

图形美化与编辑结束后，可参考 14.4.3 节的相关操作输出图形。最终可得如图 14.48

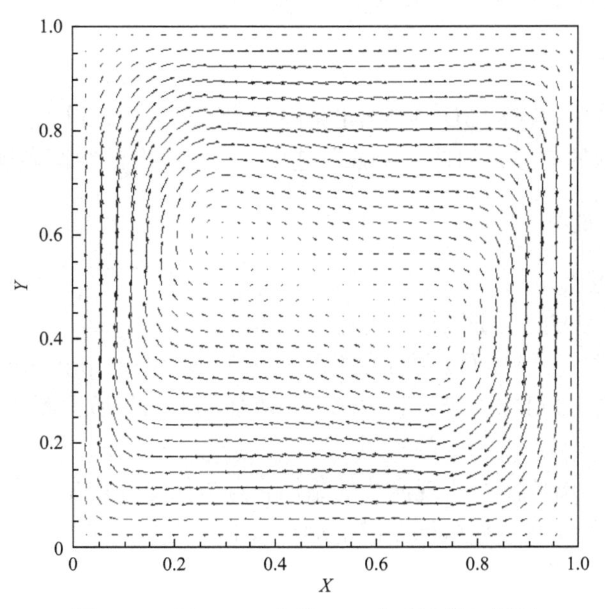

图 14.48　面 *ABCD* 上的 *U*, *V* 合成速度矢量图

所示的面 *ABCD* 上的 *U*, *V* 合成速度矢量图。

14.7　流　线　图

流线图是由多条流线组成的图形，可形象显示某一瞬间流体的运动状况。流线图中流线的疏密程度，可直观反映出不同质点的速度大小。本节以三维方腔自然对流物理问题的流线图为例，说明使用 Tecplot 软件制作流线图的过程。

14.7.1　数据文件的准备

使用 Tecplot 软件绘制流线图时，需知道节点的坐标值和相应方向上的速度分量。应在程序中编写能输出如图 14.49 所示的头文件及数据的代码，3DUVW.dat 文件中的前三行为 Tecplot 软件对导入数据文件格式的要求，与 14.6.1 节图形数据文件相比，增加了 *Z* 方向的节点坐标和速度分量。

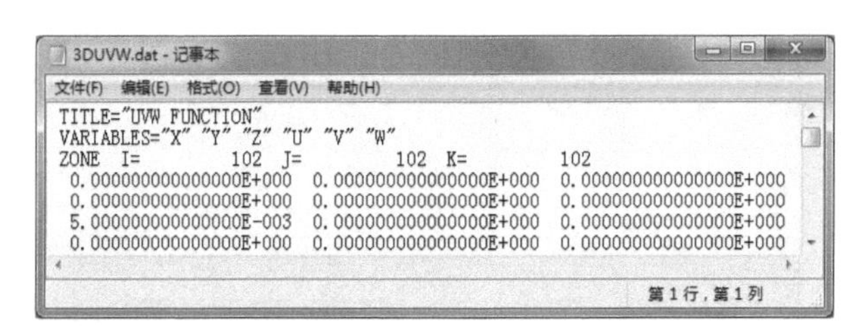


```
TITLE="UVW FUNCTION"
VARIABLES="X" "Y" "Z" "U" "V" "W"
ZONE  I=          102  J=          102  K=          102
 0.000000000000000E+000  0.000000000000000E+000  0.000000000000000E+000
 0.000000000000000E+000  0.000000000000000E+000  0.000000000000000E+000
 5.000000000000000E-003  0.000000000000000E+000  0.000000000000000E+000
 0.000000000000000E+000  0.000000000000000E+000  0.000000000000000E+000
```

图 14.49　3DUVW.dat 文件

14.7.2　操作步骤

得到 3DUVW.dat 文件之后，流线图的绘制步骤如下。

1. 数据文件导入

打开 Tecplot 软件，拖动 3DUVW.dat 文件至图形编辑区，得到如图 14.50 所示界面，取消“Shade”选项的勾选，勾选“Edge”选项，为流线图的绘制做准备。

2. 图形类型的选择

(1) 添加辅助面。

为直接选中三维方腔内部区域，勾选“Show derived objects”项的“Slice”，并单击后方的“Details...”，所得界面如图 14.51 所示，修改“Show primary slice”项的数值为 0.5，单击“Close”，即可在三维方腔内部区域添加辅助面，所得图形如图 14.52 所示。

(2) 添加流线。

通过工具栏中的流线图标实现流线的添加。点击如图 14.53 中方框位置处的按钮，单击辅助面左上角位置并按住鼠标左键拖动至右下角位置，即可完成三维方腔内部区域流线的添加，如图 14.54 所示。

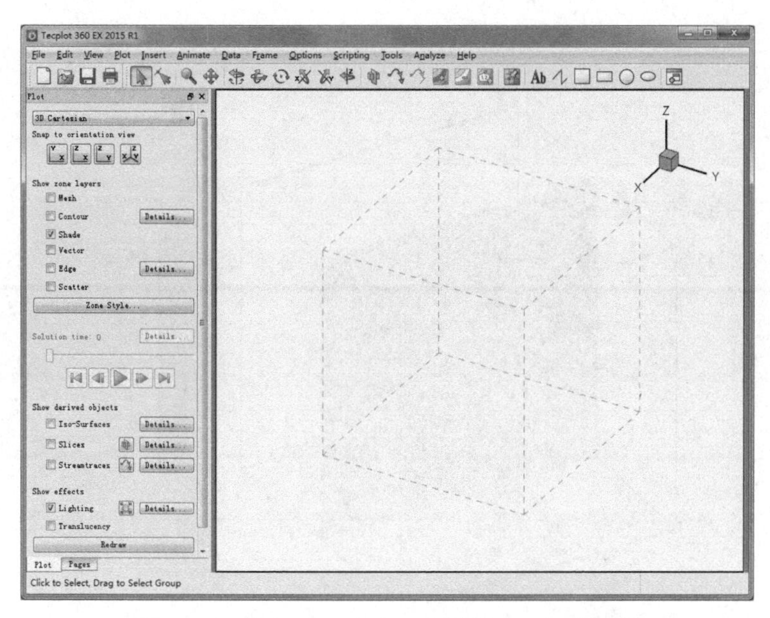

图 14.50　拖动 3DUVW.dat 文件到 Tecplot 编辑区

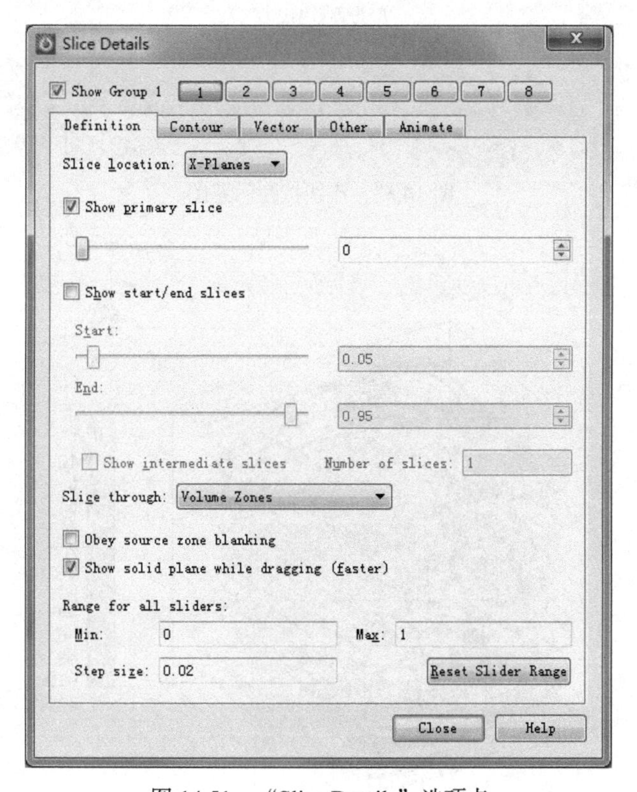

图 14.51　“Slice Details”选项卡

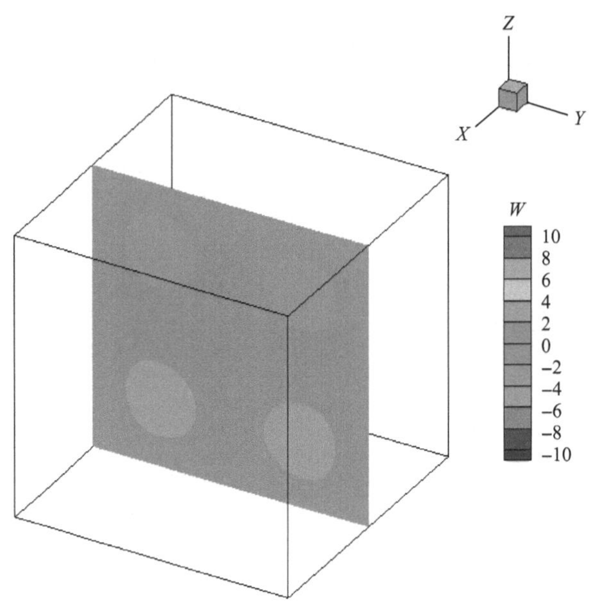

图 14.52　添加内部辅助面的图形

W 为无量纲速度

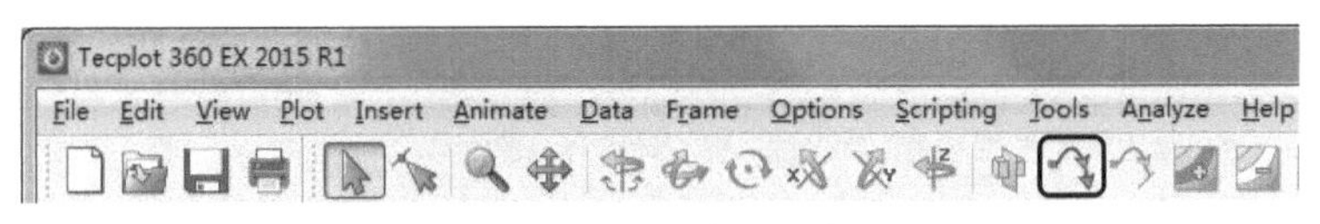

图 14.53　流线按钮示意图

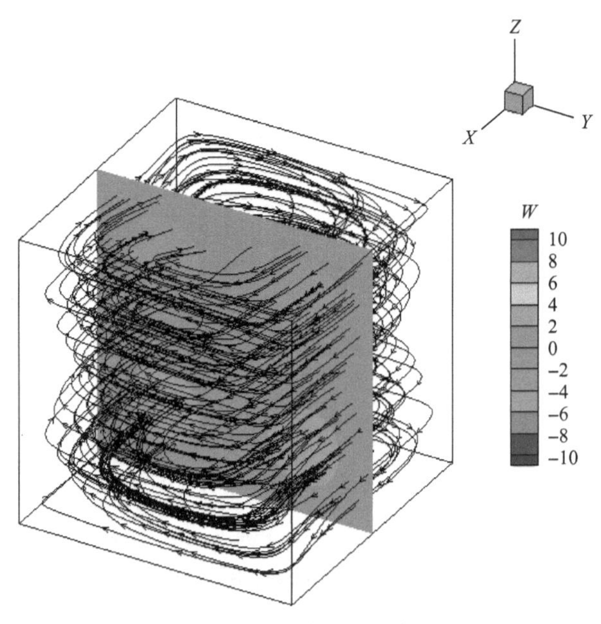

图 14.54　初步所得流线图

3. 图形美化和编辑

取消对“Slice”选项的勾选。双击任意流线，所得界面如图 14.55 所示，默认为“Placement”选项，该选项下可通过“Number of seed points”和“Delete Last”或“Delete All”等选项修改流线的疏密程度及删除流线。

具体操作为：单击“Lines”选项，所得界面如图 14.56 所示，该选项下可设置流线的颜色、粗细等属性。读者可自行尝试各参数的设置，使得流线图更加美观。

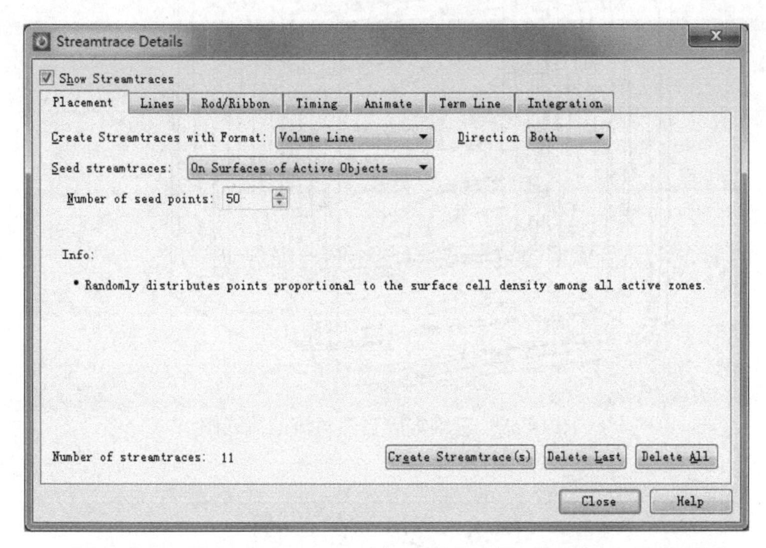

图 14.55　“Streamtrace Details”选项卡中的“Placement”选项

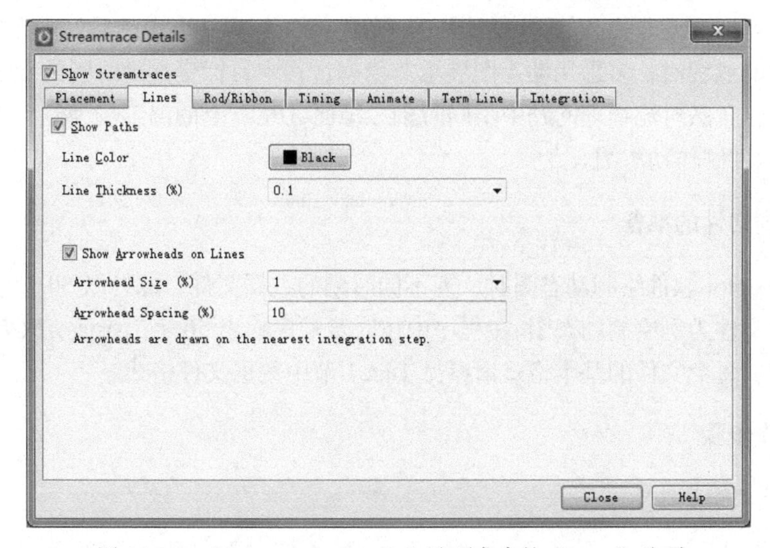

图 14.56　“Streamtrace Details”选项卡中的“Lines”选项

14.7.3　效果展示

图形美化与编辑结束后，可参考 14.4.3 节的相关操作输出图形。最终可得如图 14.57

所示的三维方腔自然对流的流线图。

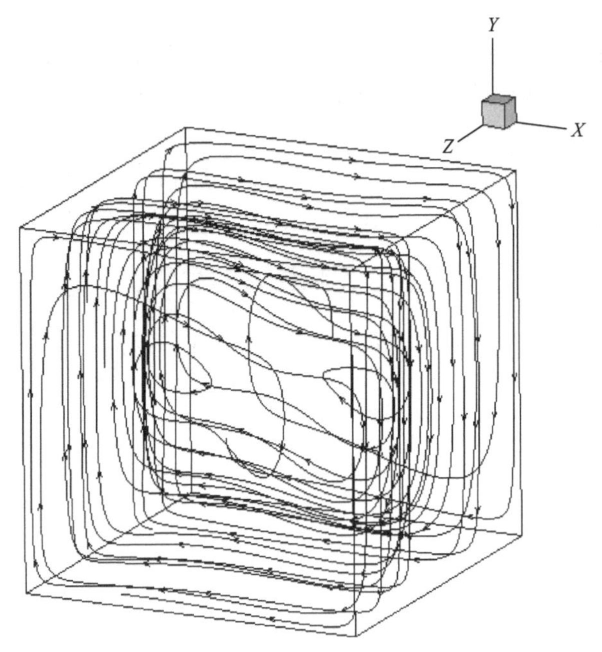

图 14.57　三维方腔自然对流的流线图

14.8　动　态　图

针对稳态情况或非稳态的瞬时状况，可采用 14.3 至 14.7 节中的后处理方式，而研究非稳态问题的过程时，多采用动态图展示非稳态过程中目标变量随时间的变化情况。本节以三维方腔自然对流物理问题中不同时刻二维面 *ABCD* 上的温度场为例，说明如何使用 Tecplot 软件制作动态图。

14.8.1　数据文件的准备

使用 Tecplot 软件绘制动态图时，需不同时刻的数据文件，此处以 50 个连续时步的温度场数据文件为例绘制动态图。在程序中按时步顺序输出 50 个二维面 *ABCD* 上的温度场数据文件，每个文件的基本格式请参见 14.4.1 节中数据文件格式。

14.8.2　操作步骤

1. 数据文件导入

单击“File”菜单，选择“Load Data File(s)”选项，同时导入上述的 50 个数据文件，注意导入文件时应选择“Tecplot Data Loader(*.plt;*. dat;*.tec;*. bin)”格式。勾选“Contour”选项。

2. 绘制动态图

单击“Data”选择“Edit Time Strands...”所得界面如图 14.58 所示，单击“Apply”后选择“Close”，即可得由数据文件图像所组成的动画。此时如图 14.59 所示的动画播放按钮可选择，单击播放按钮，可在 Tecplot 软件编辑区查看动画。

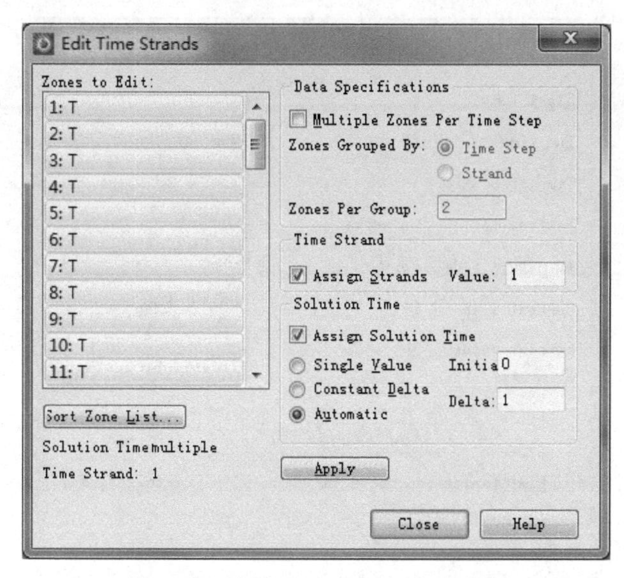

图 14.58　“Edit Time Strands”选项卡

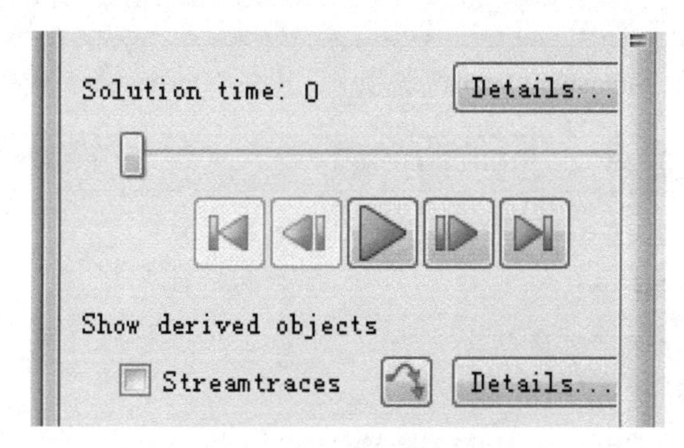

图 14.59　动画按钮工具栏

3. 编辑动态图

(1) 对图形坐标轴及标题相关条件参数的编辑，可参考 14.4.2 节操作步骤图形美化和编辑中在“Axis Details”选项卡内的相关操作，此处不再赘述。

(2) 局部动态图的制作。需制作局部动态图时，选择“Animate”项的“Time”，所得界面如图 14.60 所示，“Start time”表示动态图的起始数据文件，“End time”表示动态图的结束数据文件，“Time step skip”表示数据文件间的间隔数量，读者可自行设置参数并查看效果，此处不做详细阐述。

4. 输出动态图

在如图 14.60 所示对话框中，“Destination”中可选择“On screen”或“To file”，前者表示将动画在屏幕上输出，后者表示将动画输出到指定的文件夹中。选择“To file”，所得界面如图 14.61 所示，单击“Animate to File”，所得界面如图 14.62 所示，选择“Export

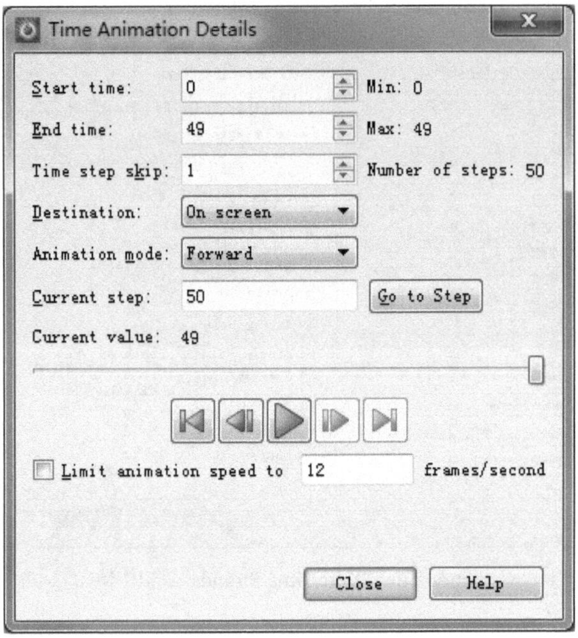

图 14.60　“Time Animation Details”选项卡，其中“Destination”选择“On screen”

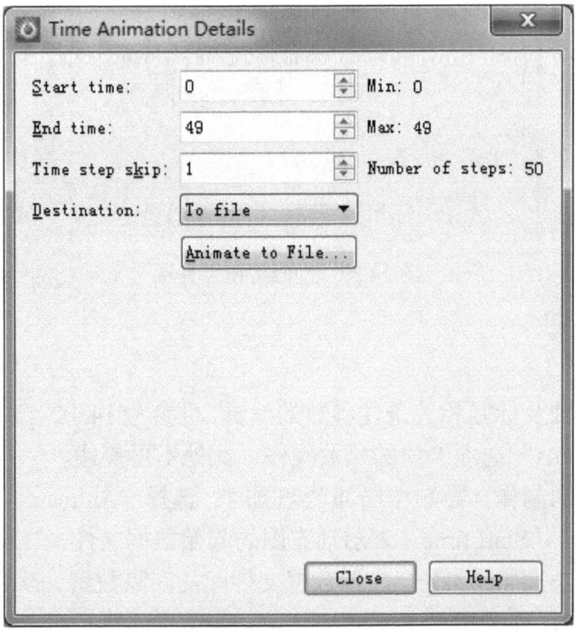

图 14.61　“Time Animation Details”选项卡，其中“Destination”选择“To file”

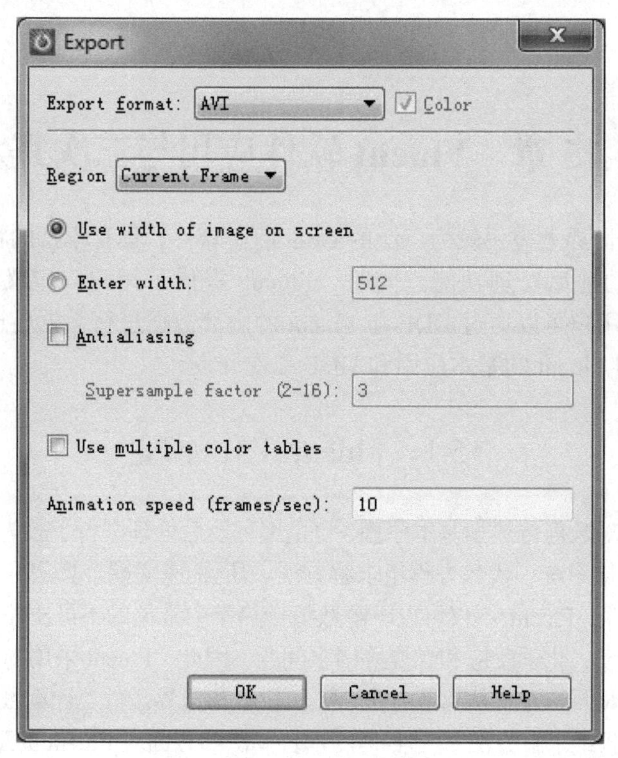

图 14.62　“Export”选项卡

format”项的 AVI 格式，“Animation speed”选项中输入合适的动画播放速度值，例如 10，单击“OK”，选择文件的保存路径，最后单击“Close”，即可完成动态图的输出。

第 15 章　Fluent 软件应用与二次开发

Fluent 是目前世界上应用较为广泛的 CFD 商业软件，具有丰富的物理模型、先进的数值方法和强大的前后处理功能。同时，Fluent 提供了用户自定义函数(user-defined functions, UDF)，用户可以通过 UDF 与 Fluent 的内部数据进行数据传递，实现现有功能的扩展。本章介绍 Fluent 的基本应用和 UDF 二次开发。

15.1　Fluent 工作原理

本书前述章节对数值传热学基本原理、自主编程及后处理进行了较为全面的介绍，涉及多种离散方法、网格系统、代数方程组求解方法、压强-速度耦合算法等。作为一款成熟的通用 CFD 商业软件，Fluent 不仅可以求解数值传热学中常见的不可压缩流动传热问题，还可以求解可压缩流动、化学反应和燃烧等诸多问题。因此，Fluent 采用的数值方法有着自身的特点。下面通过对照的方式从离散方法、控制方程和边界条件、计算区域的离散、控制方程的离散、代数方程组求解方法、压强-速度耦合算法等方面对 Fluent 的工作原理进行介绍。

(1)离散方法。

常见的数值离散方法：有限差分法、有限容积法、有限元法、边界元法和谱方法等。本书重点对有限差分法(第 4 章)和有限容积法(第 5 章、第 9 和 10 章)进行了介绍。有限容积法能始终保证物理量的通量守恒且具有明确的物理意义、形式简单、计算速度较快、适应性强，因此在工程实际中应用最为广泛，也是 Fluent 软件所采用的离散方法。

(2)控制方程和边界条件。

本书表 2.2 总结了数值传热学中常见控制方程及其适用条件。针对表 2.2 中的适用条件，Fluent 求解的控制方程可参考表 2.2。此外，Fluent 能够求解的物理问题更加多样，针对不满足表 2.2 中控制方程适用条件的物理问题，应参考 Fluent 理论指南中提供的控制方程，或从质量、动量、能量守恒以及相关理论模型出发，推导适用的控制方程。值得指出的是，数值传热学中研究的问题多为不可压缩牛顿流体流动且比热容为常数，因此通常采用以温度为变量的能量方程。而 Fluent 的研究对象非常宽泛，一般采用更为通用的以总能或焓为变量的能量方程。

本书第 2 章介绍了最常见的 3 类边界条件，并给出了导热问题和不可压缩流动问题常见边界条件的具体形式。针对不同的流动问题，Fluent 提供了非常丰富的边界条件，这些边界条件本质上都属于 3 类边界条件。对于导热问题和不可压缩流动问题，Fluent 中最常用的边界条件有：入口(velocity-inlet, pressure-inlet)、出口(pressure-outlet, outflow)、固体壁面(wall)、对称边界(symmetry)、轴对称边界(axis)等。

(3)计算区域的离散。

本书第 5 章、第 9 和 10 章分别介绍了正交结构化网格、贴体坐标和非结构化网格下的有限容积法。正交结构化网格通常用于简单计算区域，贴体坐标一般应用于边界形状不太复杂的计算区域。对于非常复杂的计算区域，常采用非结构化网格离散和求解。Fluent 所支持的网格系统为非结构化网格。

(4)控制方程的离散。

本书第 5 章对控制方程的离散进行了详细介绍。Fluent 中控制方程的离散基本类似。对于非稳态项，Fluent 提供了一阶隐式、二阶隐式和有界二阶隐式 3 种离散格式；对于对流项(动量方程、湍动能、湍流耗散率等)，提供了一阶迎风格式、二阶迎风格式、QUICK 格式、MUSCL 格式、中心差分格式和有界中心差分格式；对于压强，提供了 Second Order、Standard、PRESTO!、Linear、Body Force Weighted 5 种格式；对于梯度，提供了 Green-Gauss Cell Based、Green-Gauss Node Based、Least Squares Cell Based 3 种离散方法。本书第 10 章介绍的 Green-Gauss 方法和最小二乘法分别对应的是 Green-Gauss Cell Based 和 Least Squares Cell Based。Fluent 中默认的梯度计算方法为 Least Squares Cell Based。

(5)代数方程组求解方法。

本书第 7 章对常见的代数方程组求解方法进行了介绍，如 TDMA 方法、Jacobi 迭代、Gauss-Seidel 迭代、ADI 迭代、共轭梯度法(CG)和多重网格方法(MG)。对于大型稀疏矩阵，一般多重网格方法的计算效率最高，实施难度也最大。根据网格系统划分，多重网格方法可分为几何多重网格(GMG)和代数多重网格(AMG)。其中 GMG 一般适用于简单边界形状且采用结构化网格，AMG 适用于复杂边界形状且采用非结构化网格。Fluent 中采用的代数方程组求解方法为 AMG。

(6)压强-速度耦合算法。

数值传热学研究的问题绝大多数均可当作不可压缩流动来处理，因此本书第 8 章重点介绍了面向不可压缩流动的压强修正算法(SIMPLE 算法和 IDEAL 算法)以及分步法中的二步法(投影法)。Fluent 是一个通用软件，既可以求解不可压缩流动，也可以求解可压缩流动。一般来说，不可压缩流动推荐采用压强基求解器，主要包括 3 种压强修正算法(SIMPLE、SIMPLEC、PISO 算法)和联立求解代数方程的方法(Coupled 算法)。对于可压缩流动，一般推荐密度基求解器，主要包括 Roe-FDS 和 AUSM 两种方法。

(7)湍流模型。

本书第 11 章对湍流数值模拟方法进行了简单介绍，主要包括 DNS、LES 和 RANS 方法。Fluent 主要采用的是 RANS 方法和 LES 方法。其中，RANS 方法有 Spalart-Allmaras 模型、k-ε 模型(Standard k-ε 模型、RNG k-ε 模型、Realizable k-ε 模型)、k-ω 模型(Standard k-ω 模型、GEKO k-ω 模型、BSL k-ω 模型和 SST k-ω 模型)、k-kl-ω 转捩模型、SST 转捩模型、雷诺应力模型、Scale-Adaptive Simulation(SAS)模型和 Detached Eddy Simulation (DES)模型等。

(8)多相流模型。

本书第 12 章对多相流模型中的界面捕捉方法 VOSET 进行了介绍。Fluent 中有 VOF 模型、欧拉(Eulerian)模型和 Mixture 模型。VOF 模型也是一种界面捕捉方法，主要用于捕捉两种或多种不相溶流体的界面位置。Eulerian 模型在 3 种模型中最复杂，其求解每一相的连续性方程和动量方程。压强项和各界面交换系数是耦合在一起的，耦合方式依赖于所含相的情况。颗粒流与非颗粒流的处理存在较大差异。Eulerian 模型主要用于气泡流、液滴流等流型，应用领域包括鼓泡床、流化床等。Mixture 模型求解的是混合相的动量方程，并通过相对速度来描述离散相。Mixture 模型的应用领域包括低负荷颗粒流、气泡流、沉降和旋风分离器等，也可用于离散相没有相对速度的均匀多相流。

Fluent 提供了丰富而完整的文档资料，想深入了解 Fluent 工作原理和使用的读者可参考如下用户文档。

(1) ANSYS Fluent Theory Guide.

(2) ANSYS Fluent User's Guide.

(3) ANSYS Fluent in ANSYS Workbench User's Guide.

(4) ANSYS Fluent as a Server User's Guide.

(5) ANSYS Fluent Text Command List.

(6) ANSYS Fluent Customization Manual.

(7) ANSYS Fluid Dynamics Verification Manual.

15.2　Fluent 基本使用

本节介绍 Fluent 的工作流程、工作界面和使用步骤。

15.2.1　工作流程

采用 Fluent 求解问题与采用编程方法的思路基本一致，但存在一些差异，下面简要介绍采用 Fluent 进行数值模拟的工作流程。

(1) 物理问题的分析和简化。

从计算区域、流动状态、物性参数、边界条件等方面对待求物理问题进行分析，确定数值模拟要计算的主要物理量及需要关注的细节问题。在充分理解物理本质的基础上，对物理问题进行合理简化，得到能实现数值模拟目的且兼顾计算精度和效率的物理模型。这一步对数值模拟的成功至关重要，也是对流体力学和传热学理解不深刻、缺乏自主编程经验的部分软件使用者容易忽视的。

(2) 确定计算区域并生成几何模型。

对于空间相对封闭的物理问题，计算区域比较容易确定。当研究的物理问题为一个复杂物理系统的一部分时，需合理地确定计算区域，尤其是选取合适的进、出口边界的位置。计算区域确定后即可进行几何建模，对于简单计算区域，建议采用网格生成软件自带的几何建模功能，对于复杂计算区域，建议采用专业的三维建模软件进行建模，如 Solidworks、UG、Pro/E 等。

(3) 网格生成。

完成几何建模后下一步应进行网格生成。目前网格生成技术已经相当成熟，市面上的网格生成软件多达百种，其中很多网格生成软件都支持输出为 Fluent 可识别的网格类型，如 Fluent meshing、ANSYS meshing、ICEM CFD、PointWise、ANSA、HyperMesh、Gambit 等。为了保证计算精度和计算效率，应尽量生成正交性好的四边形网格或六面体网格。对于难以生成六面体网格的复杂三维模型，可选择生成更加便捷的六面体核心网格或多面体网格，避免花费过多的时间在网格生成上。

(4)选择物理模型。

Fluent 提供了非常丰富的物理模型，用户需根据第一步确定的需要模拟的物理现象，选择合适的物理模型。如流动为湍流，则需要选择湍流模型；若流动涉及传热，则需要选择能量方程；如流动为多相流，则需要选择多相流模型等。值得注意的是，针对同一物理问题可能会有多个物理模型均可求解，此时应根据关注的物理量并综合考虑计算精度和效率选择最合适的模型。

(5)设置边界条件、求解器参数、初始化并迭代计算。

(6)计算结果可视化。

计算结束之后，通常需要对数据进行图形化处理以实现直观化。Fluent 软件自带后处理功能，但获得更加精美的图形，一般采用更专业的后处理软件，如第 14 章介绍的 Origin 和 Tecplot 软件。常用绘图类型有点线图、等值线图、等值面图、速度矢量图、流线图和动态图等。

(7)解的分析与验证。

根据可视化图形，对数值解中包含的信息和规律进行分析和应用。同时，将数值解与分析解或实验解等可靠数据进行对比，以判断数值解是否合理。该部分内容详见本书第 13 章。

15.2.2　工作界面

Fluent 2020 版本的工作界面如图 15.1 所示，主要包括 Ribbon 工具条、模型树、参数面板、图形窗口、视图工具栏、TUI 窗口等元素，其中 Ribbon 工具条是 Fluent 17.0 版

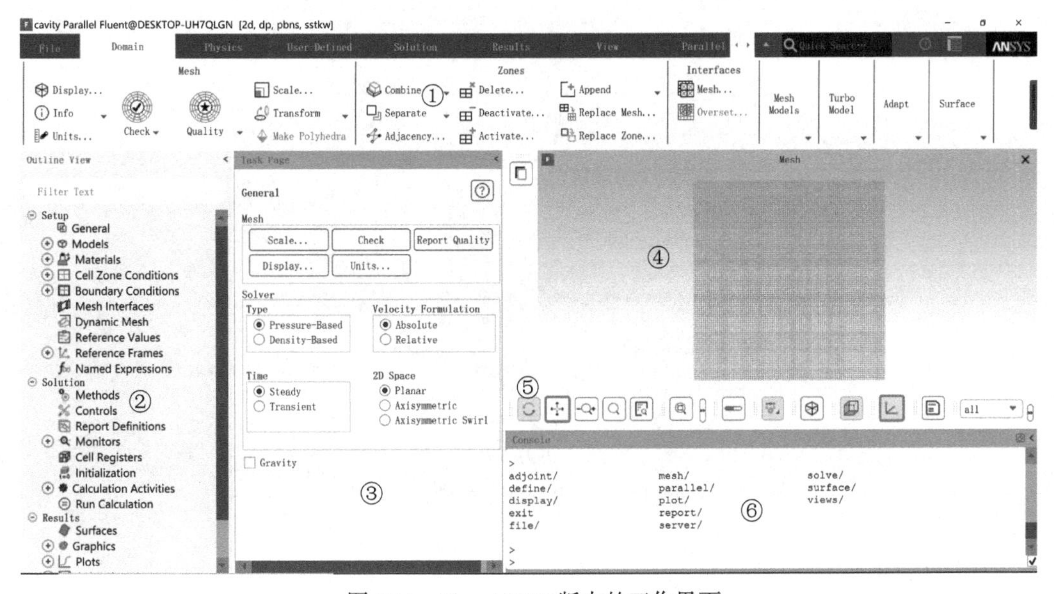

图 15.1　Fluent 2020 版本的工作界面

本之后新增的元素。

Fluent 2020 工作界面中各元素的主要功能见表 15.1。

表 15.1　Fluent 2020 工作界面元素及其主要功能

编号	元素	主要功能
1	Ribbon 工具条	按照功能进行分类的工具按钮集合，包括文件、区域、物理、用户自定义、求解、结果、可视化、并行、设计等
2	模型树	按数值传热学工作流程进行排序，包括前处理、求解器、后处理等
3	参数面板	模型节点对应的参数设置面板
4	图形窗口	显示模型及后处理图形、数据
5	视图工具栏	控制图形窗口中的图形显示
6	TUI 窗口	输出信息及输入 TUI 命令

15.2.3　使用步骤

Fluent 的模型和参数设置主要通过模型树实现，模型树节点是按照数值传热学求解问题的一般步骤进行排列的。开启的模型不同，相应的模型树节点会有所增减。根据模型树节点，Fluent 的主要使用步骤如下。

1. “General”

通用节点，包括计算区域尺寸缩放、网格质量检查、网格显示、求解器类型设置、稳态或瞬态设置等，如图 15.2 所示。

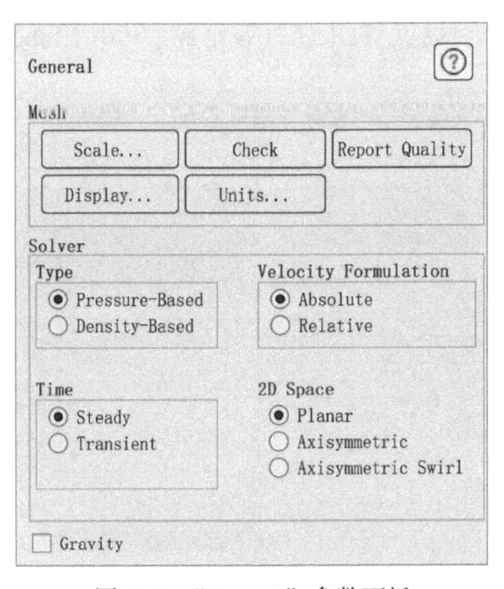

图 15.2　“General”参数面板

2. “Models”

Fluent 提供了非常丰富的物理模型，包括多相流模型、传热模型、湍流模型等，如

图 15.3 所示。用户需根据物理问题，选择合适的物理模型。

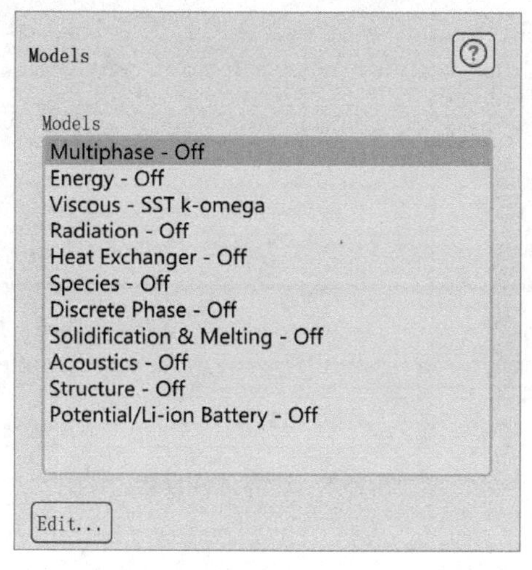

图 15.3 “Models”参数面板

3. “Materials”

材料设置，设置工作介质的物性参数等。设置面板如图 15.4 所示。

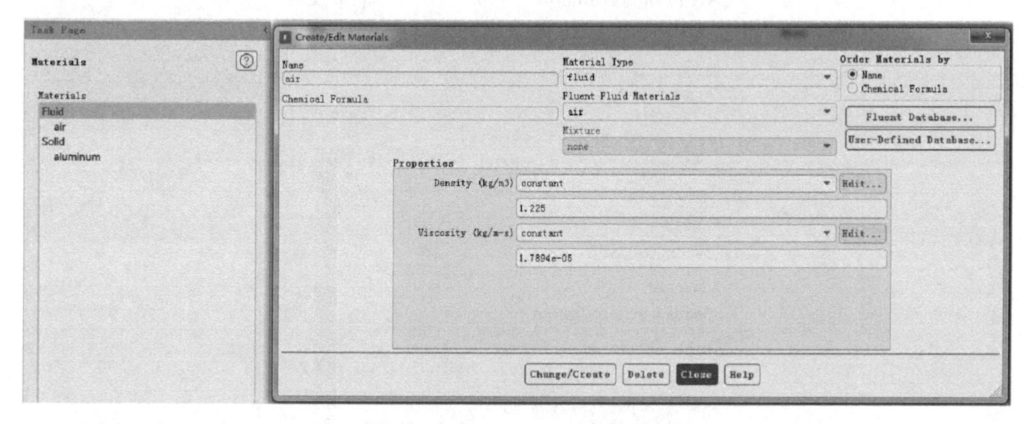

图 15.4 “Materials”参数面板

4. “Cell Zone Conditions”

设置区域属性，如指定区域介质、区域运动等参数。

5. “Boundary Conditions”

Fluent 中边界条件很多，其设置步骤如图 15.5 所示。单击模型树节点“Boundary Conditions”，在右侧控制面板的“Zone”列表框中选中要设置的边界，设置正确的边界类型“Type”，单击按钮“Edit”，在弹出的边界参数设置对话框中设置相应的参数。

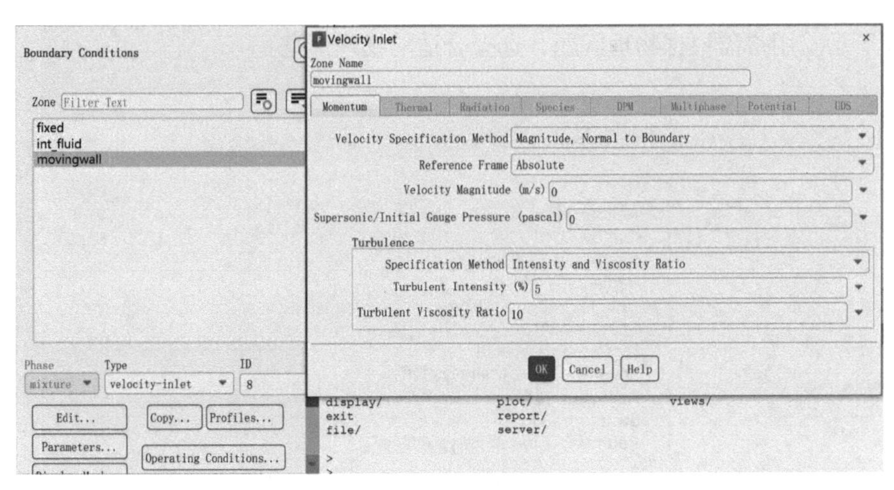

图 15.5　边界条件设置

6. “Solution Methods”

求解方法，设置压强-速度耦合求解算法、空间项和时间项离散格式等，设置面板如图 15.6 所示。

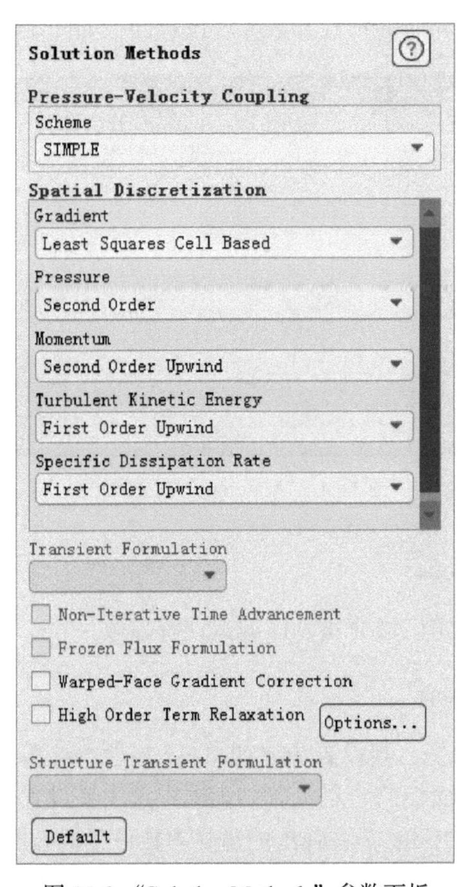

图 15.6　“Solution Methods”参数面板

7. “Solution Controls”

求解控制参数设置，用于调节计算过程的收敛性和稳定性，主要设置参数为亚松弛因子(Under-Relaxation Factors)，如图 15.7 所示。

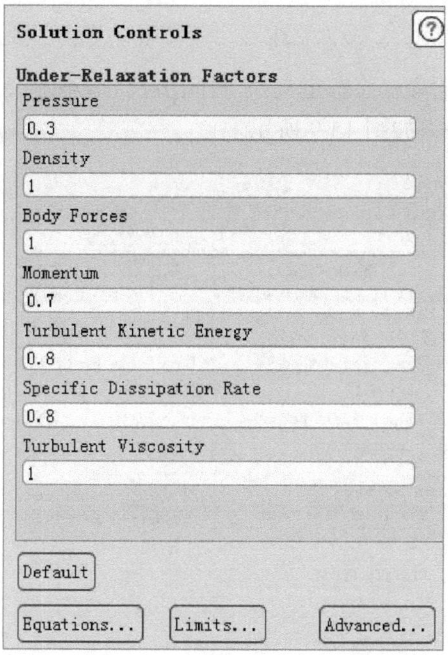

Solution Controls

Under-Relaxation Factors

Pressure

0.3

Density

1

Body Forces

1

Momentum

0.7

Turbulent Kinetic Energy

0.8

Specific Dissipation Rate

0.8

Turbulent Viscosity

1

Default

Equations...　Limits...　Advanced...

图 15.7　“Solution Controls”参数面板

8. “Monitor”

设置监视器，包括残差监视器、面监视器、体监视器和收敛监视器的定义及设置等。

9. “Solution Initialization”

计算初始化，如图 15.8 所示。

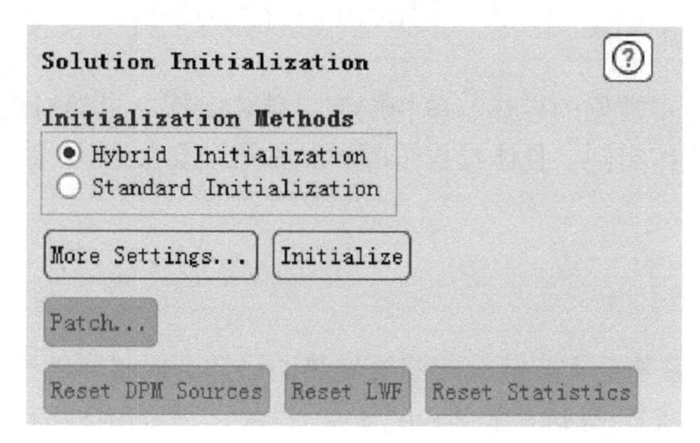

图 15.8　“Solution Initialization”参数面板

初始条件是指系统待求变量在初始时刻的分布情况。对于稳态问题，初始条件的设置会影响计算过程的收敛性，但不会影响最终计算结果。当初始条件设置与真实状态存在较大差异时，可能会造成收敛困难。因此应选择合适的初始值，从而加快收敛速度。对于瞬态问题，初始条件直接决定了计算结果的正确性，应根据实际情况进行设置。

10. “Run Calculation”

执行计算，指定迭代步数(稳态定义)、时间步长(瞬态定义)、时间步数(瞬态定义)、内迭代次数(瞬态定义)等，如图 15.9 所示。

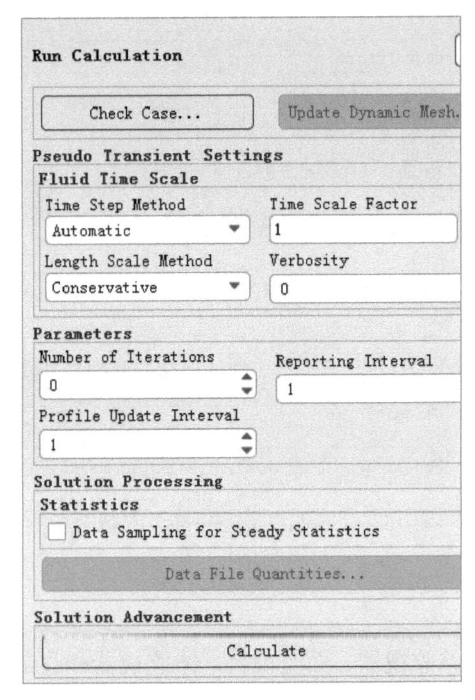

图 15.9　“Run Calculation”参数面板

15.3　Fluent 工作实例

针对数值传热学中常见的导热、单相层流、单相湍流、自然对流、多相流问题，本书分别给出了 1 个工作实例，具体操作步骤详见本书配套 MOOC 教程。

15.3.1　导热问题

(1)问题描述。

图 15.10 所示为常物性无内热源的圆筒导热。已知圆筒材料的密度 $\rho = 2719\,\text{kg/m}^3$、比热容 $c_p = 871\,\text{J/(kg·K)}$、导热系数 λ=202.4 W/(m·K)，圆筒内壁面和外壁面温度分别为 $T_1 = 500\,\text{K}$ 和 $T_2 = 300\,\text{K}$，内径和外径分别为 $r_1 = 0.5\,\text{m}$ 和 $r_2 = 1\,\text{m}$。试求解圆筒的温度分布。

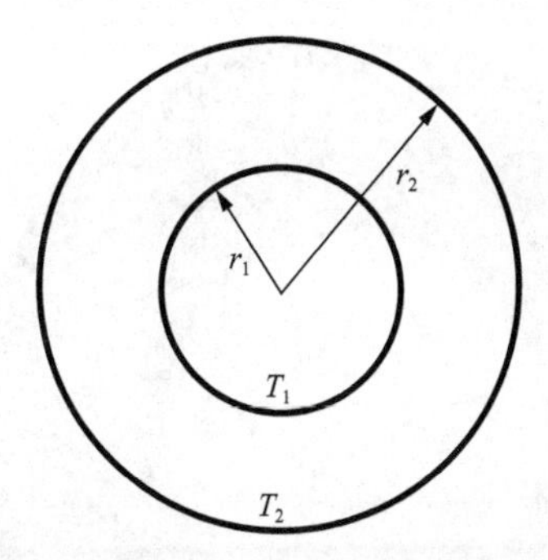

图 15.10　圆筒导热示意图

(2)控制方程。

本实例为常物性无内热源的导热问题，且仅关注最终达到稳定状态的结果，因此本书第 2 章给出的固体区域内傅里叶导热方程可进一步简化为

$$\nabla\cdot(\lambda\nabla T)=0 \tag{15.1}$$

(3)分析解。

根据传热学和高等数学知识，该物理问题的分析解为

$$\frac{T_1-T}{T_1-T_2}=\frac{\ln(r/r_1)}{\ln(r_2/r_1)} \tag{15.2}$$

(4)网格。

采用 ICEM CFD 软件生成二维四边形为主网格，如图 15.11 所示。

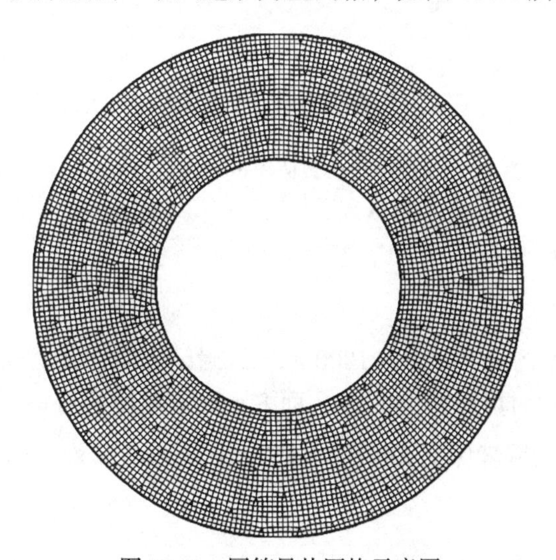

图 15.11　圆筒导热网格示意图

(5)计算结果。

图 15.12 为数值计算得到的温度分布云图。图 15.13 为数值计算结果与分析解的比较，两者吻合良好。

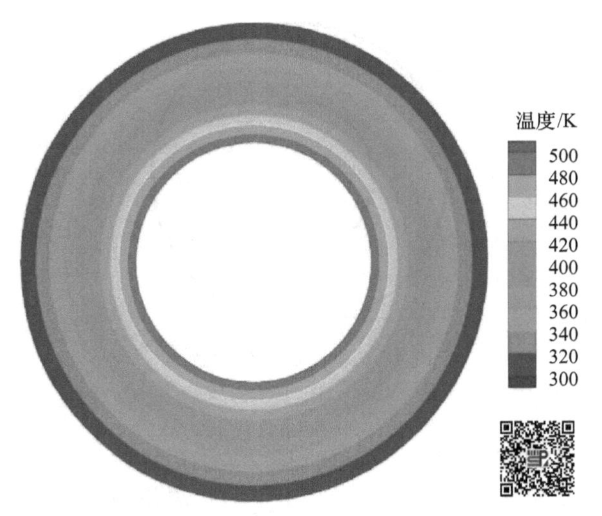

图 15.12　圆筒导热问题温度分布云图(扫码见彩图)

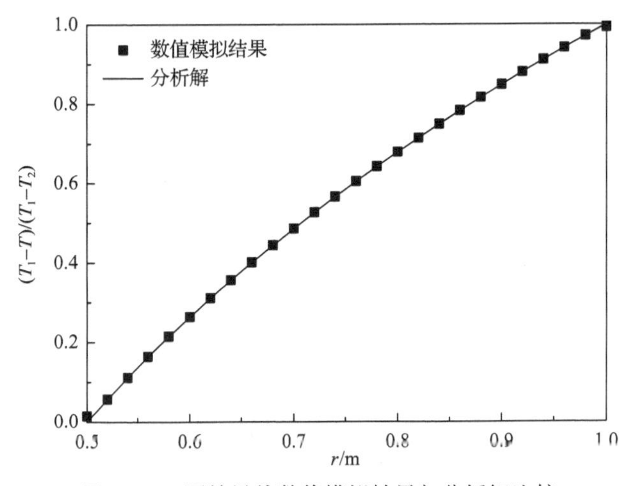

图 15.13　圆筒导热数值模拟结果与分析解比较

15.3.2　单相层流问题

(1)问题描述。

求解第 8 章 8.9 节习题 1 中 Re=1000 的二维封闭方腔顶盖驱动流问题。值得指出的是，在求解无量纲方程时可直接设置 Re，而 Fluent 求解的是有量纲控制方程，无法直接设置 Re，需通过参数设置来保证 Re=1000，此处设置 $u=1\text{m/s}$，$l=1\text{m}$，$\rho=1\text{kg/m}^3$，$\mu=0.001\text{kg/(m·s)}$。

(2)控制方程。

该物理问题为不可压缩牛顿流体流动且黏度为常数，控制方程可参考第 2 章：

$$\nabla\cdot\boldsymbol{u}=0 \tag{15.3}$$

$$\nabla\cdot(\rho\boldsymbol{u}\boldsymbol{u})=-\nabla p+\nabla\cdot(\mu\nabla\boldsymbol{u}) \tag{15.4}$$

(3) 网格。

采用 ICEM CFD 软件生成二维四边形网格，如图 15.14 所示。

图 15.14　二维封闭方腔顶盖驱动流网格示意图

(4) 计算结果。

图 15.15 将 Fluent 数值计算结果与基准解进行了对比，两者吻合良好。

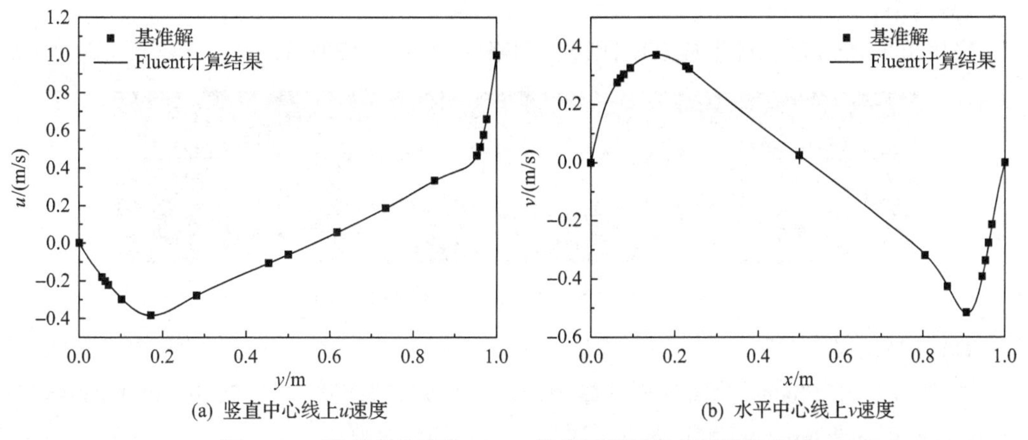

图 15.15　顶盖驱动流动 Fluent 数值计算结果与基准解比较

15.3.3　单相湍流问题

(1) 问题描述。

求解如图 15.16 所示的突扩区域湍流流动。台阶高度 $H = 0.0127\,\mathrm{m}$，入口位于台阶上游 $4H$，出口位于台阶下游 $40H$，计算区域上部到底部的距离为 $9H$。空气密度 $\rho = 1\,\mathrm{kg/m^3}$，$\mu = 0.000015\,\mathrm{kg/(m\cdot s)}$，基于台阶高度的 Re=37400。湍流模型采用可实现的 k-ε 模型，壁面函数采用增强型壁面函数。入口处采用基于 1/7 次方指数律的速度、湍动能、湍流耗散率分布来模拟充分发展湍流边界层，其中边界层厚度为 $1.5H$。

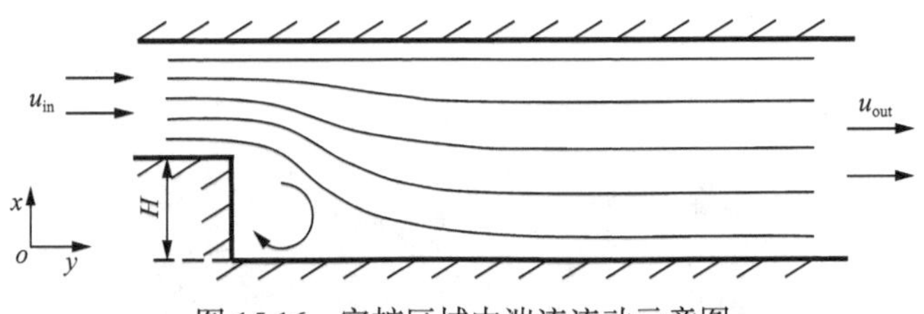

图 15.16　突扩区域中湍流流动示意图

(2) 控制方程。

该物理问题为不可压缩牛顿流体湍流流动，控制方程为

$$\nabla \cdot \boldsymbol{u} = 0 \tag{15.5}$$

$$\nabla \cdot (\rho \boldsymbol{u}\boldsymbol{u}) = -\nabla p + \nabla \cdot [(\mu + \mu_t)(\nabla \boldsymbol{u} + \nabla \boldsymbol{u}^T)] \tag{15.6}$$

$$\nabla \cdot (\rho \boldsymbol{u} k) = \nabla \cdot \left[\left(\mu + \frac{\mu_t}{\sigma_k}\right)\nabla k\right] + G_k - \rho\varepsilon \tag{15.7}$$

$$\nabla \cdot (\rho \boldsymbol{u} \varepsilon) = \nabla \cdot \left[\left(\mu + \frac{\mu_t}{\sigma_\varepsilon}\right)\nabla \varepsilon\right] + \rho C_1 S\varepsilon - \rho C_2 \frac{\varepsilon^2}{k + \sqrt{\upsilon\varepsilon}} + C_{1\varepsilon}\frac{\varepsilon}{k} C_{3\varepsilon} C_b \tag{15.8}$$

式中，$C_1, C_2, C_{1\varepsilon}, C_{3\varepsilon}$为模型常数。

(3) 网格。

采用 ICEM CFD 软件生成二维四边形网格，如图 15.17 所示。

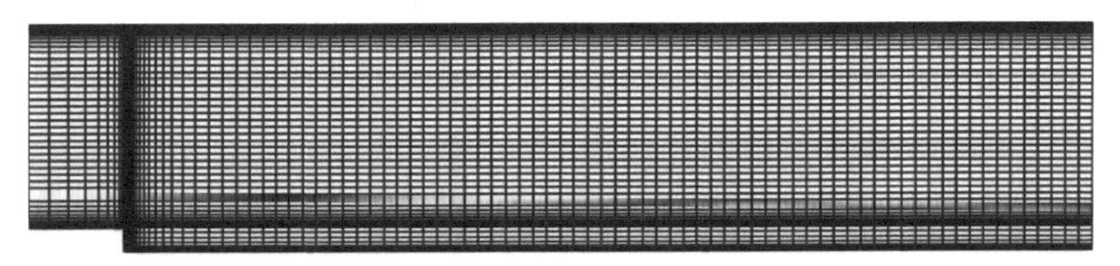

图 15.17　突扩区域湍流流动网格示意图

(4) 计算结果。

图 15.18 将 Fluent 数值计算的摩擦系数和压强系数与实验数据 (https://turbmodels.larc.nasa.gov/backstep_val.html) 进行了对比，两者吻合良好。

15.3.4　自然对流问题

(1) 问题描述。

求解如图 15.19 所示的封闭方腔内空气自然对流湍流流动。已知：方腔的长度 l、宽度 W 和高度 H 分别为 0.52, 0.076, 2.18m；方腔左、右壁面温度 T_1 和 T_2 分别为 15.1℃和 34.7℃，温差为 19.6℃。其余壁面为绝热壁面；基于方腔宽度的瑞利数 $Ra = 0.86 \times 10^6$，为湍流流动。本案例采用 Boussinesq 假设进行求解，参考温度 $T_0 = \frac{T_1 + T_2}{2} = 24.9℃$，对应的参考密度 $\rho_0 = 1.185\,\text{kg/m}^3$、定压比热容 $c_p = 1005\,\text{J/(kg·K)}$、导热系数 $\lambda = 0.02605\,\text{W/(m·K)}$、

黏度 $\mu = 1.843 \times 10^{-5}\ \mathrm{kg/(m \cdot s)}$、体胀系数 $\beta = 0.0033\mathrm{K}^{-1}$。湍流模型采用 RNG k - ε 模型，壁面函数采用增强型壁面函数。

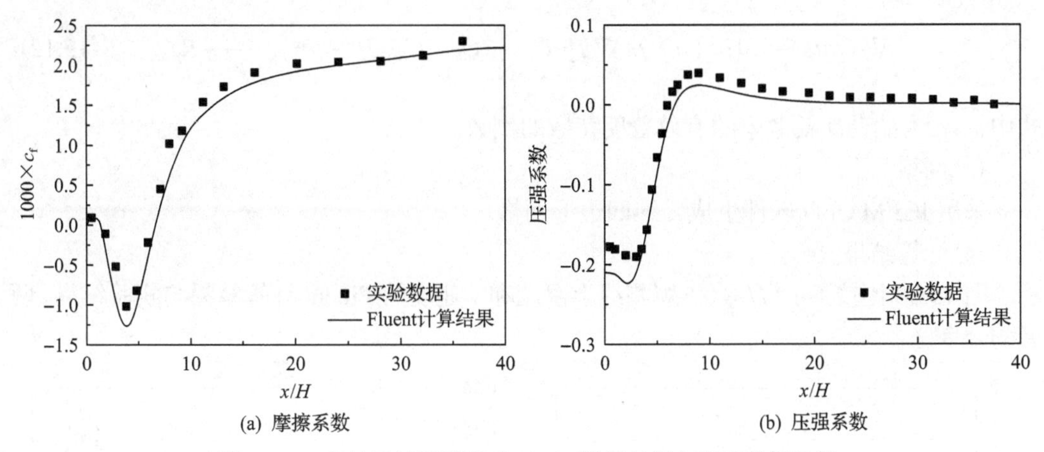

图 15.18　突扩区域湍流流动 Fluent 计算结果与实验数据比较

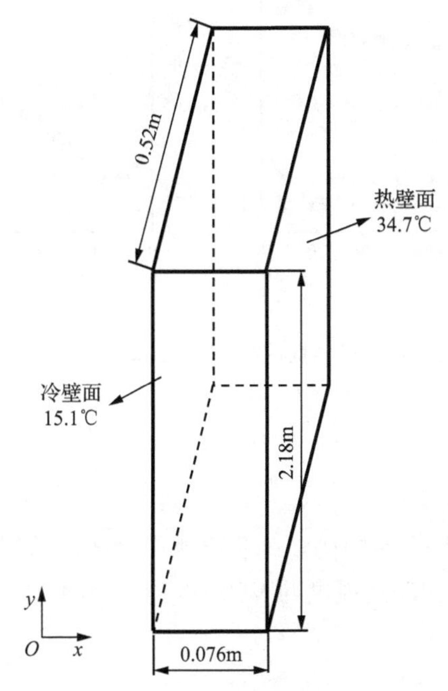

图 15.19　封闭方腔示意图

(2) 控制方程。

该物理问题为自然对流湍流流动，基于 Boussinesq 假设的控制方程为

$$\nabla \cdot \boldsymbol{u} = 0 \tag{15.9}$$

$$\nabla \cdot (\rho \boldsymbol{u}\boldsymbol{u}) = -\nabla p + \nabla \cdot [(\mu + \mu_t)(\nabla \boldsymbol{u} + \nabla \boldsymbol{u}^{\mathrm{T}})] + \rho_0 (1 - \beta (T - T_0)) \boldsymbol{g} \tag{15.10}$$

$$\nabla \cdot (\rho \boldsymbol{u} k) = \nabla \cdot (\alpha_k (\mu + \mu_t) \nabla k) + G_k + G_b - \rho \varepsilon \tag{15.11}$$

式中，G_k 为平均速度梯度生成的湍动能；G_b 为由浮力引起的湍动能；α_k 为湍动能的有效普朗特数的倒数。

$$\nabla\cdot(\rho\boldsymbol{u}\varepsilon)=\nabla\cdot[\alpha_\varepsilon(\mu+\mu_t)\nabla\varepsilon]+C_{1\varepsilon}\frac{\varepsilon}{k}(C_k+C_{3\varepsilon}G_b)-\rho C_{2\varepsilon}\frac{\varepsilon^2}{k}-R_\varepsilon \tag{15.12}$$

式中，α_ε 为湍动能耗散率的有效普朗特数的倒数。

(3) 网格。

采用 ICEM CFD 软件生成二维四边形网格。

(4) 计算结果。

图 15.20 比较了 $y/H=0.5$ 观测线上温度和 v 速度的 Fluent 计算结果与实验结果，两者吻合良好。

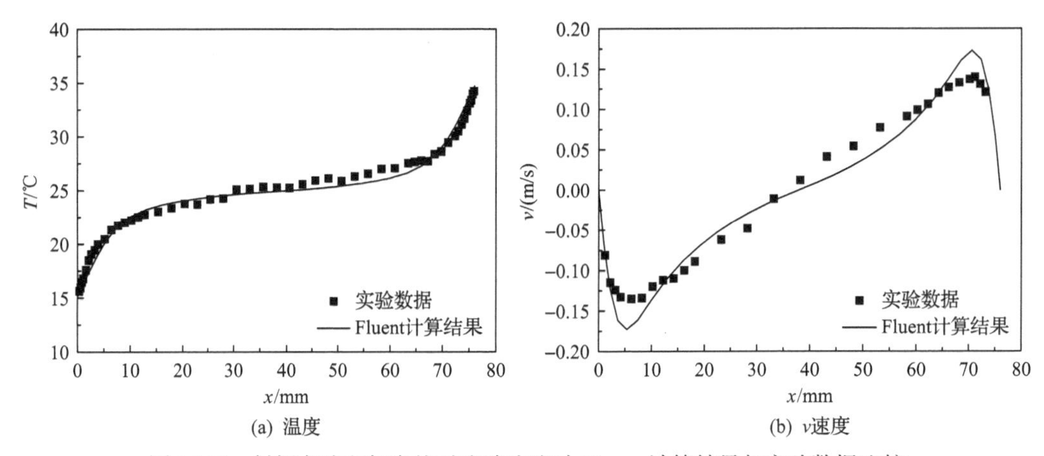

图 15.20　封闭方腔空气自然对流湍流流动 Fluent 计算结果与实验数据比较

15.3.5　多相流问题

(1) 问题描述。

求解第 12 章 12.5 节习题 3 中的二维膜态沸腾问题。值得指出的是，Fluent 中没有 VOSET 方法，本案例采用 Fluent 提供的 VOF 和 Level Set 耦合的方法，为简单起见，气液相变模型采用 Lee 模型。

(2) 控制方程。

体积分数传输方程：

$$\frac{\partial\alpha_l}{\partial t}+\nabla\cdot(\boldsymbol{u}\alpha_l)=\frac{\dot{m}_l}{\rho_l} \tag{15.13}$$

$$\frac{\partial\alpha_v}{\partial t}+\nabla\cdot(\boldsymbol{u}\alpha_v)=\frac{\dot{m}_v}{\rho_v} \tag{15.14}$$

式中，$\dot{m}_l$ 和 $\dot{m}_v$ 分别为的冷凝和蒸发速率，$\dot{m}_v=-\dot{m}_l$。

动量方程：

$$\frac{\partial}{\partial t}(\rho \boldsymbol{u})+\nabla\cdot(\rho \boldsymbol{u}\boldsymbol{u})=-\nabla p+\nabla\cdot[\mu(\nabla \boldsymbol{u}+\nabla \boldsymbol{u}^{\mathrm{T}})]+\rho \boldsymbol{g}+F_{\mathrm{V}} \tag{15.15}$$

能量方程：

$$\frac{\partial}{\partial t}(\rho h)+\nabla\cdot(\rho \boldsymbol{u}h)=\nabla\cdot(\lambda\nabla T)+S_h \tag{15.16}$$

式中，

$$S_h=\begin{cases} r_1\alpha_1\rho_1(T_1-T_{\mathrm{sat}})/T_{\mathrm{sat}}, & T_1\geqslant T_{\mathrm{sat}} \\ r_{\mathrm{v}}\alpha_{\mathrm{v}}\rho_{\mathrm{v}}(T_1-T_{\mathrm{sat}})/T_{\mathrm{sat}}, & T_1<T_{\mathrm{sat}} \end{cases} \tag{15.17}$$

(3) 网格。

采用 ICEM CFD 软件生成二维四边形网格。

(4) 计算结果。

这里以第 12 章 12.5 节习题 3 中的二维膜态沸腾为例，对 Lee 模型的性能进行分析。图 15.21 给出了 Lee 模型计算得到的努塞特数 Nu。如图 15.21 所示，计算得到的努塞特数 Nu 随时间呈现周期性变化，相应的平均努塞特数 Nu 为 1.81。

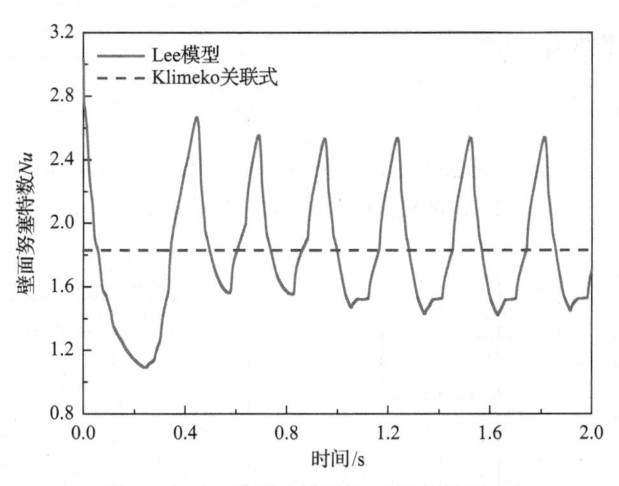

图 15.21　二维膜态沸腾壁面努塞特数 Nu

15.4　Fluent UDF 简介

15.4.1　UDF 的常用功能

根据压强-速度耦合求解的方式，Fluent 求解器可分为分离式求解器和耦合式求解器，在数值传热学中常用的是分离式求解器。图 15.22 给出了 UDF 在 Fluent 分离式求解器中的应用。从 Fluent 的求解流程来看，UDF 的常用功能有自定义初始化、边界条件、变量调整、源项、标量方程和物性等。此外，UDF 还可用于湍流模型、多相流模型和气液相变模型等模型的开发。

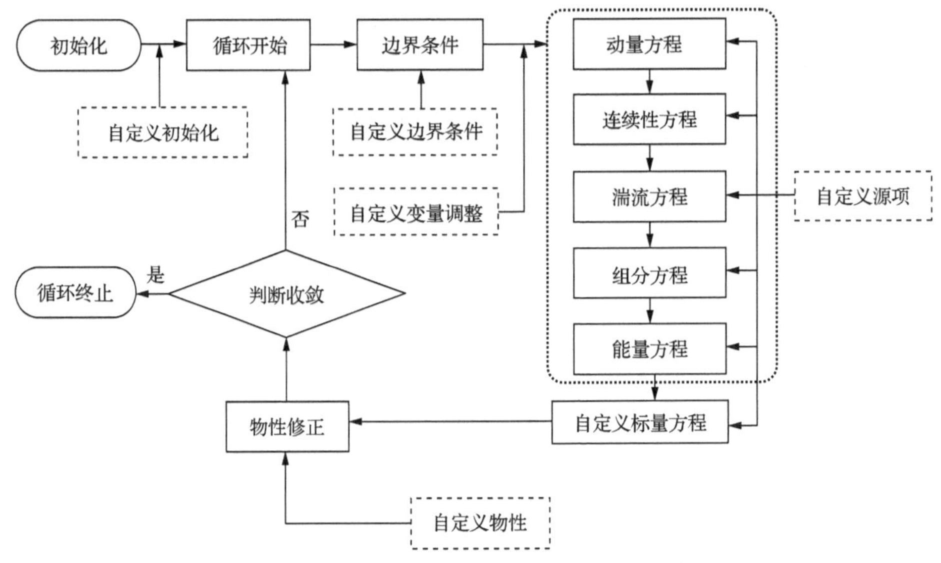

图 15.22　UDF 在 Fluent 分离式求解器中的应用

15.4.2　Fluent 数据结构

1. Fluent 网格拓扑

在介绍 Fluent 的数据类型之前，首先需要了解 Fluent 的网格拓扑。图 15.23 给出了 Fluent 网格拓扑的示意图，对应的 Fluent 网格术语见表 15.2。

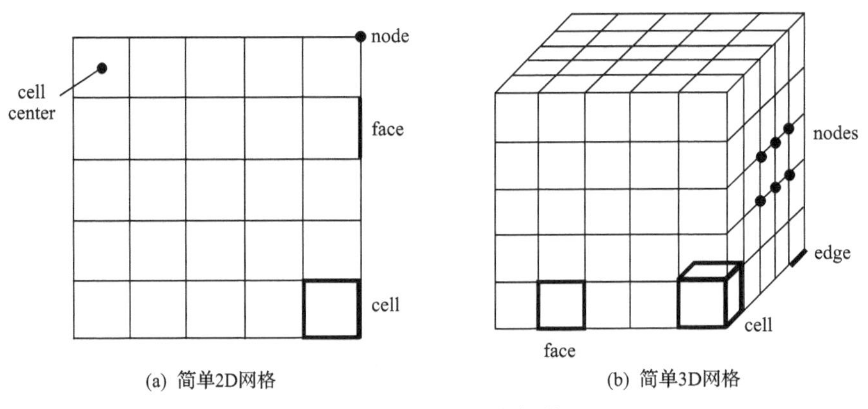

图 15.23　Fluent 网格拓扑

2. Fluent 数据结构

在编写 UDF 时，除了可以使用 C 语言数据类型外，还可以直接使用 Fluent 指定的与求解器数据相关的数据类型，常用的 Fluent 数据类型见表 15.3。

表 15.2　Fluent 网格术语

Fluent 网格术语	含义
节点(node)	网格点
节点线程(node thread)	节点的集合
面(face)	2D 单元的边或 3D 单元的面
边(edge)	3D 单元的边
面线程(face thread)	面的集合
单元(cell)	计算区域被分割成的控制体积
单元中心(cell center)	单元数据存储的地方
单元线程(cell thread)	单元的集合
区域(domain)	由网格定义的所有节点、面和单元线程的集合

表 15.3　常用 Fluent 数据类型

Fluent 数据类型	含义
Node	节点相关的数据容器
face_t	整数数据类型，用于识别面线程内给定的面
cell_t	整数数据类型，用于识别单元线程内给定的单元
Thread	单元或面的集合相关的数据容器
Domain	与网格中所有节点、面和单元线程集合相关的数据容器

15.4.3　UDF 的编译类型

UDF 是用户用 C 语言编写的自定义函数，可以动态地链接到 Fluent 求解器上来实现用户的需求。UDF 具体的编译类型有解释型 UDF(Interpreted UDF)和编译型 UDF(Compiled UDF)。其中，解释型 UDF 在运行时读入并解释，而编译型 UDF 则在编译时被嵌入共享库中并与 Fluent 连接。两种 UDF 编译类型的对比见表 15.4。在数值计算中需要根据具体情况选择 UDF 的编译类型。

表 15.4　解释型 UDF 和编译型 UDF 对比

对比项	解释型 UDF	编译型 UDF
特点	可移植到其他平台，不需要 C 语言编译器，运行所需内存更多，执行速度较慢	可完全使用 C 语言特性，可访问其他语言的函数(具体取决于操作系统和编译器)，可直接访问 Fluent 数据，编程灵活，执行速度较快
限制	不能使用 C 语言的所有特性，不能链接到编译系统或用户自定义库，只能通过预定义宏访问 Fluent 数据	需要第三方 C 语言编译器，依赖操作系统和 Fluent 版本
适用场合	适用于简单问题	简单问题和复杂问题均适用

15.5　UDF 常用宏命令

15.5.1　访问 Fluent 变量的宏

UDF 可使用标准 C 语言的库函数，也可以使用 Fluent 提供的预定义宏，通过这些预定义宏可以获得 Fluent 求解器的数据。本节主要介绍 UDF 中常用的宏，主要包括 DEFINE 宏、访问 Fluent 变量的宏、循环宏、并行计算宏和其他常用宏。

1. 访问单元的宏

表 15.5 列出了 Fluent 中访问单元的常用宏，主要包括访问单元流体变量的宏和访问材料性质的宏，关于其他宏的介绍可参考 Fluent UDF 手册。表 15.5 中，后缀_G, _RG, _M1, _M2 分别表示梯度矢量、改造的梯度矢量、前一时步下的值和前两时步下的值。值得指出的是，表 15.5 以温度为例给出了这些下标的用法，事实上这些下标也可用于除了单元压强(C_P)外的所有变量。单元压强的梯度矢量和相应的分量是通过使用 C_DP 得到的，而不是 C_P_G。此外，在调用梯度矢量和改造的梯度矢量时把某一分量作为参数就可以得到相应的梯度分量，其中参数 0, 1, 2 分别代表 *X* 方向、*Y* 方向和 *Z* 方向的分量。

表 15.5　访问单元的常用宏

访问单元的宏	名称(参数)	参数类型	返回值
流体变量	C_P(c, t)	cell_t c, Thread *t	压强
	C_U(c, t)	cell_t c, Thread *t	*X* 方向的速度
	C_V(c, t)	cell_t c, Thread *t	*Y* 方向的速度
	C_W(c, t)	cell_t c, Thread *t	*Z* 方向的速度
	C_T(c, t)	cell_t c, Thread *t	温度
	C_H(c, t)	cell_t c, Thread *t	焓
	C_K(c, t)	cell_t c, Thread *t	湍动能
	C_D(c, t)	cell_t c, Thread *t	湍流耗散率
	C_O(c, t)	cell_t c, Thread *t	比耗散率
	C_VOF(c, t)	cell_t c, Thread *t	相体积分数
	C_UDSI(c, t, i)	cell_t c, Thread *t, int i	用户自定义的单元标量
	C_UDMI(c, t, i)	cell_t c, Thread *t, int i	用户自定义的单元存储器
	C_T_G(c, t)	cell_t c, Thread *t	温度梯度矢量
	C_T_G(c, t)[i]	cell_t c, Thread *t, int i	温度梯度矢量的分量
	C_T_RG(c, t)	cell_t c, Thread *t	改造后温度梯度矢量
	C_T_RG(c, t)[i]	cell_t c, Thread *t, int i	改造后温度梯度矢量的分量

续表

访问单元的宏	名称(参数)	参数类型	返回值
流体变量	C_T_M1(c, t)	cell_t c, Thread *t	前一时步下的温度
	C_T_M2(c, t)	cell_t c, Thread *t	前两时步下的温度
	C_DP(c, t)	cell_t c, Thread *t	压强梯度矢量
	C_DP(c, t)[i]	cell_t c, Thread *t, int i	压强梯度矢量的分量
材料性质	C_R(c, t)	cell_t c, Thread *t	密度
	C_MU_L(c, t)	cell_t c, Thread *t	层流动力黏度
	C_MU_T(c, t)	cell_t c, Thread *t	湍流动力黏度
	C_MU_EFF(c, t)	cell_t c, Thread *t	有效黏度
	C_K_L(c, t)	cell_t c, Thread *t	导热系数
	C_K_T(c, t, prt)	cell_t c, Thread *t, real prt	湍流导热系数
	C_K_EFF(c, t, prt)	cell_t c, Thread *t, real prt	有效导热系数
	C_CP(c, t)	cell_t c, Thread *t	比热容
	C_NUT(c, t)	cell_t c, Thread *t	湍流运动黏度

2. 访问面的宏

表 15.6 列出了 Fluent 中访问面的常用宏，主要包括访问面流体变量的宏、用户自定义面标量和存储器的宏和访问混合面变量的宏。

表 15.6　访问面的常用宏

访问面的宏	名称(参数)	参数类型	返回值
边界面流体变量	F_U(f, t)	face_t f, Thread *t	*X* 方向的速度
	F_V(f, t)	face_t f, Thread *t	*Y* 方向的速度
	F_W(f, t)	face_t f, Thread *t	*Z* 方向的速度
	F_T(f, t)	face_t f, Thread *t	温度
	F_H(f, t)	face_t f, Thread *t	焓
	F_K(f, t)	face_t f, Thread *t	湍动能
	F_D(f, t)	face_t f, Thread *t	湍流耗散率
内部和边界面流体变量	F_P(f, t)	face_t f, Thread *t	压强
	F_FLUX(f, t)	face_t f, Thread *t	通过面的质量流量
面标量和面存储器	F_UDSI(f, t, i)	face_t f, Thread *t, int i	用户自定义面标量
	F_UDMI(f, t, i)	face_t f, Thread *t, int i	用户自定义面储存器
相邻单元及其线程指针	F_C0(f, t)	face_t f, Thread *t	c0 单元
	F_C1(f, t)	face_t f, Thread *t	c1 单元
	THREAD_T0(t)	Thread *t	单元 c0 的线程指针
	THREAD_T1(t)	Thread *t	单元 c1 的线程指针

3. 访问点的宏

表 15.7 列出的宏返回单元节点的坐标。

表 15.7　访问点的常用宏

访问节点的宏	名称(参数)	参数类型	返回值
节点坐标	NODE_X(node)	Node *node	节点的 X 坐标
	NODE_Y(node)	Node *node	节点的 Y 坐标
	NODE_Z(node)	Node *node	节点的 Z 坐标

4. 访问几何的宏

表 15.8 列出了 Fluent 中访问几何的常用宏，这些宏主要用于计算节点和面的数量、单元和面的重心、表面积、单元体积等。

表 15.8　访问几何的常用宏

访问几何的宏	名称(参数)	参数类型	返回值
节点和面的数量	C_NNODES(c, t)	cell_t c, Thread *t	一个单元中的节点数
	C_NFACES(c, t)	cell_t c, Thread *t	一个单元中面的个数
	F_NNODES(f, t)	face_t f, Thread *t	一个面中的节点数
单元和面的重心	C_CENTROID(x, c, t)	real x[ND_ND], cell_t c, Thread *t	单元重心的坐标
	F_CENTROID(x, f, t)	real x[ND_ND], face_t f, Thread *t	面心的坐标
表面积	F_AREA(A, f, t)	A[ND_ND], face_t f, Thread *t	面积矢量
单元体积	C_VOLUME(c, t)	cell_t c, Thread *t	单元体积(轴对称模型中体积需除以 2π)

15.5.2　实用工具宏

1. 循环宏

在使用 UDF 的过程中，经常会对计算区域中的节点、单元和线程进行循环操作。为此，Fluent 提供了一系列的预定义宏来完成循环任务，如表 15.9 所示。其中，单元线程中所有单元的循环经常嵌套在 thread_loop_c 中，面线程中所有面的循环经常嵌套在 thread_loop_f 中。

2. 并行计算宏

(1)计算节点与主机。

在并行计算中，需要将计算域划分为多个区域，并将数据分配到不同计算进程中，称为计算节点(NODE)。每个计算节点在自己的数据集上执行相同的程序，且与其他计算节点一起执行。主机(HOST)不包含网格单元、面或节点等信息(使用 DPM 共享内存模型时除外)，其主要目的是解释来自 Cortex 的命令(负责用户界面和图形相关功能的 Fluent 进程)，并传递数据到一个计算节点，该节点再将数据分配给其他计算节点。

表 15.9　常用的循环宏

循环宏	功能	示例

thread_loop_c	循环区域中单元线程	Domain *domain;
		Thread *c_thread;
		thread_loop_c(c_thread, domain)
		{
		}

thread_loop_f	循环区域中面线程	Thread *f_thread;
		Domain *domain;
		thread_loop_f(f_thread, domain)
		{
		}

begin_c_loop 和 end_c_loop	循环单元线程中单元	cell_t c;
		Thread *c_thread;
		begin_c_loop(c, c_thread)
		{
		}
		end_c_loop(c, c_thread)

begin_f_loop 和 end_f_loop	循环面线程中的面	face_t f;
		Thread *f_thread;
		begin_f_loop(f, f_thread)
		{
		}
		end_f_loop(f, f_thread)

c_face_loop	循环单元中的面	cell_t c;
		Thread *t;
		face_t f;
		Thread *tf;
		int n;
		c_face_loop(c, t, n)
		{
		f = C_FACE(c, t, n);
		tf = C_FACE_THREAD(c, t, n);
		}

c_node_loop	循环单元节点	cell_t c;
		Thread *t;
		int n;
		Node *node;
		c_node_loop(c, t, n)
		{
		node = C_NODE(c, t, n);
		}

(2)编译指令。

为了考虑串行计算和并行计算之间的差异性并兼顾 UDF 程序对串行计算和并行计算的通用性，在编写 UDF 时需注意编译指令的使用，常用的编译指令如表 15.10 所示。

表 15.10　UDF 中常用编译指令

编译指令	功能
#if RP_HOST #endif	主机执行时编译
#if RP_NODE #endif	计算节点执行时编译
#if !RP_HOST #endif	计算节点执行时编译
#if !RP_NODE #endif	主机执行时编译

(3)并行计算中常用宏。

在并行计算中，分区网格中的单元可分为两种：内部单元和外部单元(图 15.24)。计算节点上的内部单元完全包含在相应的分区网格，而外部单元则对应于相邻计算节点的内部单元。在分区网格中内部单元、外部单元和所有单元的循环分别对应不同的宏，如表 15.11 所示。

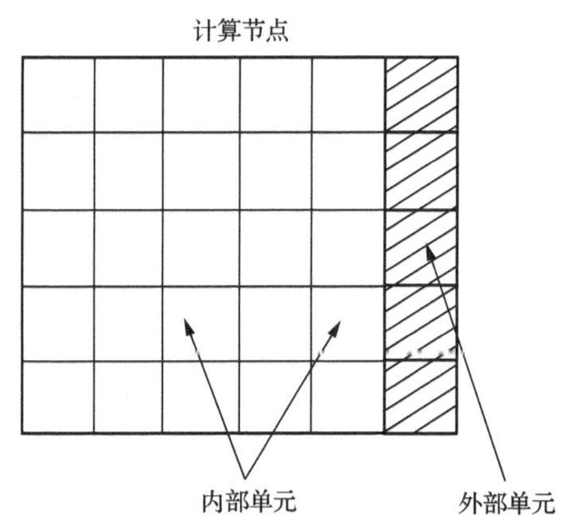

图 15.24　计算节点所对应分区网格示意图

表 15.11　分区网格中单元的循环宏

循环宏	功能

begin_c_loop_int(c, tc)
{
}
end_c_loop_int(c, tc)
	循环分区网格中的内部单元

begin_c_loop_ext(c, tc)
{
}
end_c_loop_ext(c, tc)
	循环分区网格中的外部单元

begin_c_loop(c, tc)
{
}
end_c_loop(c, tc)
	循环分区网格中的内部单元和外部单元

在并行计算中，往往需要收集所有计算节点上的数据进行全局操作，如全局求和、全局最大和全局最小等，对应的宏见表 15.12。全局求和的示例如下：

表 15.12　并行计算中全局操作宏

名称(参数)	功能
PRF_GRSUM1(x)	返回所有计算节点上某变量的和
PRF_GRHIGH1(x)	返回所有计算节点上某变量的最大值
PRF_GRLOW1(x)	返回所有计算节点上某变量的最小值

```
sum_a=0.0;
begin_c_loop_int(c, t)
{
    sum_a = sum_a+C_VOLUME(c, t)*C_VOF(c, tp);
}
end_c_loop_int(c, t)

#if RP_NODE
    sum_a = PRF_GRSUM1(sum_a);
#endif
```

3. 其他常用宏

除了上述宏之外，在使用 UDF 的过程中还会经常用到一些其他的宏，如表 15.13 所示。

表 15.13　其他常用宏

宏	功能	示例
Get_Domain	恢复控制区指针	/*控制区指针未显式作为自变量传递给 UDF 时使用*/ Get_Domain(domain_id);
Lookup_Thread	查找边界区域的线程指针	int zone_ID = 2; Thread *thread_name = Lookup_Thread(domain, zone_ID);

THREAD_SUB_THREAD	查找混合物组分的线程指针	/*查找主相的线程指针*/
		tp = THREAD_SUB_THREAD(t, 0);
		/*查找从属相线程指针*/
		ts = THREAD_SUB_THREAD(t, 1);

THREAD_SUPER_THREAD	查找混合物线程指针	Thread *subthread; Thread *mixture_thread = THREAD_SUPER_THREAD(subthread);

续表

宏	功能	示例

DOMAIN_SUB_DOMAIN	查找相控制区指针	/*查找主相控制区指针*/
		pDomain = DOMAIN_SUB_DOMAIN (t, 0);
		/*查找从属相控制区指针*/
		tDomain = DOMAIN_SUB_DOMAIN (t, 1);

15.6　常用 DEFINE 宏

DEFINE 宏一般包括通用求解宏、模型指定宏、多相流模型宏、离散相模型宏、动网格宏和用户自定义标量方程宏等。表 15.14 列出了常用的通用求解宏和模型指定宏，其他宏的定义可参考 Fluent UDF 手册。

表 15.14　常用 DEFINE 宏

	名称(参数)	参数类型	返回值
通用求解宏	DEFINE_ADJUST (name, d)	symbol name, Domain *d	void
	DEFINE_DELTAT (name, d)	symbol name, Domain *d	real
	DEFINE_EXECUTE_AT_END (name)	symbol name	void
	DEFINE_INIT (name, d)	symbol name, Domain *d	void
	DEFINE_ON_DEMAND (name)	symbol name	void
	DEFINE_RW_FILE (name, fp)	symbol name, FILE *fp	void
模型指定宏	DEFINE_DIFFUSIVITY (name, c, t, i)	symbol name, cell_t c, Thread *t, int i	real
	DEFINE_PROFILE (name, t, i)	symbol name, Thread *t, int i	void
	DEFINE_PROPERTY (name, c, t)	symbol name, cell_t c, Thread *t	real
	DEFINE_SOURCE (name, c, t, dS, eqn)	symbol name, cell_t c, Thread *t, real dS[], int eqn	real

1. 常用通用求解宏

(1) DEFINE_ADJUST。

该宏的功能是调整或修改 Fluent 变量，例如修改流动变量(如速度、压强)并计算积分。此外，还可以用它对某一标量在计算域内进行积分，并根据结果调整边界条件。在每一迭代步中都可以执行该宏定义的函数，并在求解输运方程之前的每一迭代步调用它。

(2) DEFINE_DELTAT。

该宏的功能是在求解非稳态问题时控制时间步长。需要注意的是，只有在“Run Calculation”面板下“Time Stepping Method”下拉列表中选择“Adaptive”时，才可以使用该宏。

(3) DEFINE_EXECUTE_AT_END。

该宏的功能是计算特定时间或迭代步的流动变量或其他用户关注的变量。对于稳态计算，该宏在迭代步结束时执行；对于非稳态计算，该宏在时间步结束时执行。

(4) DEFINE_INIT。

该宏的功能是对流场变量进行初始化。该宏在每次初始化时都会被执行一次，并在求解器完成默认初始化后立即调用。

(5) DEFINE_ON_DEMAND。

该宏可用于指定在 Fluent 中“按需”执行的 UDF，而不是让 Fluent 在计算过程中自动调用它。该宏在被激活后立即执行，但在求解器迭代求解时无法访问。

(6) DEFINE_RW_FILE。

该宏的功能是读写 case 和 data 文件，可用于保存和恢复任何数据类型的自定义变量(如整数、实数、结构体)或保存动态信息(如条件采样中出现的次数)。需要注意的是，使用该宏时读、写顺序必须相同。

2. 常用模型指定宏

(1) DEFINE_DIFFUSIVITY。

该宏的功能是定义组分输运方程或自定义标量方程的扩散系数。

(2) DEFINE_PROFILE。

该宏的功能是自定义边界条件，其变量的数值随时间或空间坐标变化。

(3) DEFINE_PROPERTY。

该宏的功能是自定义物质的材料属性。值得指出的是，自定义组分输运方程的扩散系数时，必须使用 DEFINE_DIFFUSIVITY 而不是 DEFINE_PROPERTY。

(4) DEFINE_SOURCE。

该宏的功能是定义输运方程的源项(DO 辐射模型除外)。值得指出的是，dS 表示源项对输运方程变量的偏导数，用于源项的线性化。

15.7　UDF 应用实例

本节以 Sun 相变换热模型通过 UDF 在 Fluent 中的实施为例，展示 UDF 在模型开发中的应用。

15.7.1　开发背景

Fluent 软件采用的界面捕捉方法为 VOF 方法，主要用于求解流动问题，尚缺少准确的气液相变模型。第 12 章给出的精确气液相变模型需用到相界面位置等详细信息，而这些信息无法通过 UDF 获取，因此很难在 Fluent 中实现。为了克服上述问题，笔者基于 Fluent 中的 VOF 方法提出了一种高精度的简化气液相变模型(Sun 相变换热模型)，并通过 UDF 实现了该模型在 Fluent 平台上的开发。下面对 Sun 相变换热模型及相应的 UDF 程序进行介绍。

15.7.2 基于 VOF 方法的 Sun 相变换热模型

1. 所涉及的控制方程

体积分数传输方程：

$$\frac{\partial \alpha_1}{\partial t}+\nabla\cdot(\boldsymbol{u}\alpha_1)=\frac{\dot{m}_1}{\rho_1} \tag{15.18}$$

$$\frac{\partial \alpha_{\mathrm{v}}}{\partial t}+\nabla\cdot(\boldsymbol{u}\alpha_{\mathrm{v}})=\frac{\dot{m}_{\mathrm{v}}}{\rho_{\mathrm{v}}} \tag{15.19}$$

式中，$\dot{m}_1$ 和 $\dot{m}_{\mathrm{v}}$ 分别为冷凝速率和蒸发速率，$\dot{m}_{\mathrm{v}}=-\dot{m}_1$，$\alpha_1+\alpha_{\mathrm{v}}=1$。

动量方程：

$$\frac{\partial}{\partial t}(\rho\boldsymbol{u})+\nabla\cdot(\rho\boldsymbol{u}\boldsymbol{u})=-\nabla p+\nabla\cdot[\mu(\nabla\boldsymbol{u}+\nabla\boldsymbol{u}^{\mathrm{T}})]+\rho\boldsymbol{g}+F_{\mathrm{V}} \tag{15.20}$$

能量方程：

$$\frac{\partial}{\partial t}(\rho h)+\nabla\cdot(\rho\boldsymbol{u}h)=\nabla\cdot[\lambda\nabla T]+S_h \tag{15.21}$$

2. Sun 相变换热模型

Sun 相变换热模型在 Fluent 中实施的关键在于通过 UDF 计算 $\dot{m}_1$，$\dot{m}_{\mathrm{v}}$，S_{h}，并分别添加到式(15.18)、式(15.19)和式(15.21)的源项中。该模型主要适用于一相不饱和、另一相饱和的情况，下面对其进行介绍。

(1)假设饱和相的导热系数等于非饱和相的导热系数，即 $\lambda_{\mathrm{s}}=\lambda_{\mathrm{uns}}$。

当一相不饱和而另一相饱和时，相界面两侧热流密度的阶跃值可表示为

$$\|\boldsymbol{q}_{\mathrm{I}}\|=\left(-\lambda_{\mathrm{uns}}\frac{\partial T}{\partial n}\bigg|_{\mathrm{uns}}\right)\boldsymbol{n} \tag{15.22}$$

式(15.22)由 λ_{uns} 决定，与 λ_{s} 无关，因此可以假设 λ_{s} 等于 λ_{uns}。

(2)计算冷凝速率 $\dot{m}_1$ 和蒸发速率 $\dot{m}_{\mathrm{v}}$。

如图 15.25 所示，将网格标记为两类，其中存在相界面的网格标记为 C_{I}，与相界面相邻的饱和相网格标记为 C_{Is}。

冷凝速率是由输出 C_{I} 和 C_{Is} 的热量确定的。从 C_{I} 中输出的热量可表示为

$$Q_{C_{\mathrm{I}},\mathrm{out}}=\sum_{f\in C_{\mathrm{I}}}\max\{(-\lambda_{\mathrm{uns}}A_{\mathrm{f}}\nabla T_{\mathrm{f}})\cdot\boldsymbol{n}_{\mathrm{f,out}},0\} \tag{15.23}$$

式中，f 为 C_{I} 的面；A_{f} 为面积；∇T_{f} 是单元表面的温度梯度；$\boldsymbol{n}_{\mathrm{f,out}}$ 为 C_{I} 单元表面处的

外法向单位矢量。

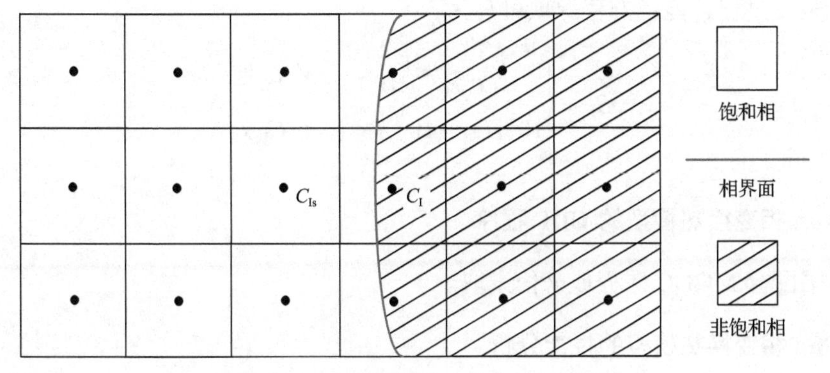

图 15.25　两类网格（C_{I} 和 C_{Is}）示意图

从 C_{Is} 中输出的热量可表示为

$$Q_{C_{\mathrm{Is}},\mathrm{out}} = \sum_{f \in C_{\mathrm{Is}}} \max\{(-\lambda_{\mathrm{uns}} A_{\mathrm{f}} \nabla T_{\mathrm{f}}) \cdot \boldsymbol{n}_{\mathrm{f,out}}, 0\} \tag{15.24}$$

根据 $Q_{C_{\mathrm{I}},\mathrm{out}}$ 和 $Q_{C_{\mathrm{Is}},\mathrm{out}}$，即可计算得到冷凝速率：

$$\dot{m}_{\mathrm{l}} = -\dot{m}_{\mathrm{v}} = \frac{Q_{C_{\mathrm{I}},\mathrm{out}} + Q_{C_{\mathrm{Is}},\mathrm{out}}}{h_{\mathrm{fg}} V_{C_{\mathrm{I}}}} \tag{15.25}$$

蒸发速率是由输入 C_{I} 和 C_{Is} 的热量确定的。C_{I} 中输入的热量可表示为

$$Q_{C_{\mathrm{I}},\mathrm{in}} = \sum_{f \in C_{\mathrm{I}}} \max\{(-\lambda_{\mathrm{uns}} A_{\mathrm{f}} \nabla T_{\mathrm{f}}) \cdot \boldsymbol{n}_{\mathrm{f,in}}, 0\} \tag{15.26}$$

C_{Is} 中输入的热量可表示为

$$Q_{C_{\mathrm{Is}},\mathrm{in}} = \sum_{f \in C_{\mathrm{Is}}} \max\{(-\lambda_{\mathrm{uns}} A_{\mathrm{f}} \nabla T_{\mathrm{f}}) \cdot \boldsymbol{n}_{\mathrm{f,in}}, 0\} \tag{15.27}$$

根据 $Q_{C_{\mathrm{I}},\mathrm{in}}$ 和 $Q_{C_{\mathrm{Is}},\mathrm{in}}$，即可计算得到蒸发速率：

$$\dot{m}_{\mathrm{v}} = -\dot{m}_{\mathrm{l}} = \frac{Q_{C_{\mathrm{I}},\mathrm{in}} + Q_{C_{\mathrm{Is}},\mathrm{in}}}{h_{\mathrm{fg}} V_{C_{\mathrm{I}}}} \tag{15.28}$$

(3) 计算能量方程源项 S_h。

对于冷凝过程，能量方程源项可写为

$$S_h = \begin{cases} Q_{C_{\mathrm{I}},\mathrm{out}} / V_{C_{\mathrm{I}}}, & \text{在}C_{\mathrm{I}}\text{处} \\ 10^{30} T_{\mathrm{sat}} - 10^{30} T_{C_{\mathrm{Is}}}, & \text{在}C_{\mathrm{Is}}\text{处} \end{cases} \tag{15.29}$$

其中 C_{Is} 处的温度通过大系数法设置为饱和温度。

对于蒸发过程，能量方程源项可写为：

$$S_h = \begin{cases} Q_{C_I,\text{in}} / V_{C_I}, & \text{在}C_I\text{处} \\ 10^{30} T_{\text{sat}} - 10^{30} T_{C_{Is}}, & \text{在}C_{Is}\text{处} \end{cases} \tag{15.30}$$

15.7.3　Sun 相变换热模型的 UDF 程序

见本书配套 MOOC 课程或来信索取。

15.7.4　Sun 相变换热模型的性能分析

这里以第 12 章 12.5 节习题 3 中的二维膜态沸腾为例，对 Sun 相变换热模型的性能进行分析。图 15.26 给出了 Sun 相变换热模型计算得到的努塞特数 *Nu*。如图所示，计算得到的努塞特数 *Nu* 随时间呈现周期性变化，相应的平均努塞特数 *Nu* 为 1.83，与 Klimeko 关联式只有 4%的偏差，证实了 Sun 相变换热模型的计算精度(详见 Sun et al., 2014)。

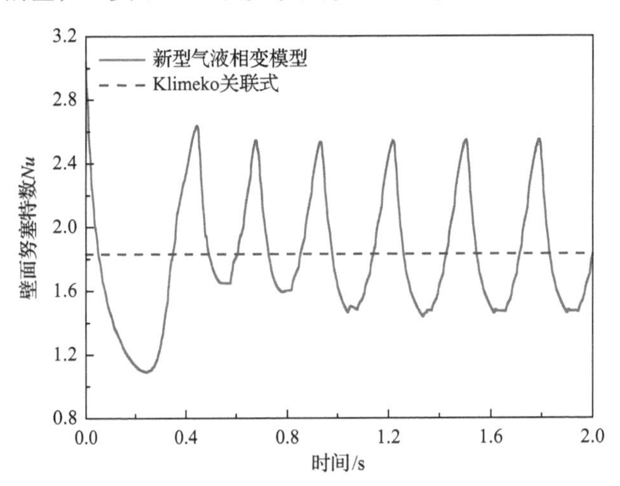

图 15.26　二维膜态沸腾壁面努塞特数 *Nu*

15.8　典型习题解析

例 1　试给出 Fluent 中常用的入口边界条件、出口边界条件和其他边界条件，并说明其应用范围。

【解析】 本题考查 Fluent 中的常用边界条件。

Fluent 中常用的边界条件及其应用范围见表 15.15。

例 2　速度入口边界(velocity-inlet)是否可以用于流动出口，与 outflow 边界相比有何优势?

【解析】 本题考查 velocity-inlet 边界条件在出口的应用。

表 15.15　Fluent 中常用边界条件及其应用范围

边界条件分类	边界条件类型	应用范围
入口边界	velocity-inlet（速度入口）	设置入口速度，通常用于不可压缩流动
	pressure-inlet（压强入口）	设置入口总压，适用于不可压缩流动和可压缩流动
	massflow-inlet（质量流量入口）	设置入口质量流量，通常用于可压缩流动
出口边界	pressure-out（压强出口）	设置出口压强，适用于不可压缩流动和可压缩流动
	outflow（自由出流）	用于充分发展位置，计算过程中易出现回流现象；无法应用于可压缩流动，也不能与压强边界组合使用
其他边界	wall（壁面）	默认为无滑移光滑壁面，用户可以设置壁面无滑移速度
	axis（轴对称）	用于旋转几何的二维模型，对称轴必须为 X 轴正向，且模型必须建立在 X 轴上方
	symmetry（对称）	用于几何和物理现象均对称的问题，对称轴必须为 X 轴正向，且模型必须建立在 X 轴上方
	interface（交界面）	用于多区域计算模型，通过 interface 完成相邻两个区域交界面的数据传递
	interior（内部面）	通常为计算域内部网格面，无需进行设置

将流动出口设置为 velocity-inlet，并将速度值设置为负数时，velocity-inlet 可用作出口边界。采用 outflow 边界易出现回流现象，当回流严重时会导致计算收敛速度较慢。与 outflow 边界相比，将 velocity-inlet 用于出口边界可减少回流现象的发生，有助于计算过程的收敛。

例 3　流动出口采用 velocity-inlet 作为边界条件时，温度在标准模块中只能设置为固定值，试写出将出口边界处温度设置为零梯度的 UDF 程序。

【解析】 本题考查如何通过 UDF 将温度边界条件设置为零梯度。

将出口边界处温度设置为零梯度的 UDF 程序如下所示。

```
DEFINE_PROFILE(temperature, thread, position)
{
#if !RP_HOST
    Thread* toutb;
    cell_t cb;
    face_t f;
    toutb = THREAD_T0(thread);

    begin_f_loop(f, thread)
    {
        cb = F_C0(f, thread);
```

```
        F_PROFILE(f, thread, position) = C_T(cb, toutb);
    }
    end_f_loop(f, thread)
#endif
}
```

例 4　试给出 Fluent 中计算区域初始化的方法。

【解析】 本题考查 Fluent 中的初始化方法。

Fluent 标准模块中的初始化方法主要有 Standard Initialization, Hybird Initialization, FMG Initialization, Patch。此外，用户还可以采用之前的计算结果作为初值，或者采用 UDF 函数来进行初始化。各种初始化方法如表 15.16 所示。

表 15.16　Fluent 中各种初始化方法

初始化方法	特点
Standard Initialization	将整个计算区域设置为均匀初始场，最简单
Hybrid Initialization	Fluent 中默认初始化方法，通过求解拉普拉斯方程进行初始化，得到的是非均匀初始场
FMG Initialization	常用于旋转机械、扩张或螺旋流道流动等复杂流动，计算量较大，大于 Hybrid 方法，但提供的初始场更为合理；使用 FMG 初始化前，需先采用 Standard Initialization 或 Hybrid Initialization 进行初始化，然后通过 TUI 命令 Solve/initialize/set-fmg-initialization 来启用，输入一系列参数后，再通过 TUI 命令 Solve/initialize/fmg/-initialization 进行初始化
Patch	在初始化结果基础上再进行补充初始化的一种方法。使用前需标记 Patch 的区域。对于 2D 模型，区域为矩形或圆形；对于 3D 模型，区域为六面体、球体或圆柱体
计算结果作为初始场	当网格固定、仅计算条件改变时，先采用简单条件进行计算，计算结果直接作为初始值，再改变计算条件进行计算；当网格或计算条件发生改变时，采用插值方法(File/Interpolate)进行初始化

例 5　试给出 Fluent 中的 5 种近壁面处理方法，并说明其特点。

【解析】 本题考查 Fluent 中湍流模型的近壁面处理方法。

Fluent 提供了 5 种近壁面处理方法：标准壁面函数(standard wall functions)、可缩放壁面函数(scalable wall functions)、非平衡壁面函数(non-equilibrium wall functions)、增强壁面处理(enhanced wall treatment)及 Menter_Lechner。对于 SA 模型和 k-ω 系列模型，Fluent 默认采用增强壁面处理，无需通过界面选择；对于 k-ε 模型和雷诺应力模型，需根据流动类型在界面选择合适的壁面函数。同时，用户还可以自定义壁面函数(User-Defined Wall Functions)。几种近壁面处理方法的特点如表 15.17 所示。

表 15.17　Fluent 中近壁面处理方法

近壁面处理方法	特点	典型应用场景
标准壁面函数	要求第一层网格节点处于湍流核心区，y^+ 值应介于 30～300，网格尺度递增系数应不大于 1.2	简单剪切流动
可缩放壁面函数	改善第一层网格节点在计算迭代过程中处于黏性子层与核心层之间摇摆从而导致计算不稳定的问题	k-ε 系列湍流模型

续表

近壁面处理方法	特点	典型应用场景
非平衡壁面函数	y^+ 值应介于 30～300，网格尺度递增系数应不大于 1.2	大压强梯度、分离、再附着、冲击/射流等流动
增强壁面处理	结合了壁面定律和两层区域模型，在边界层内层对 k-ε 模型修正，一般要求近壁面网格能解析黏性子层（y^+ <5），边界层内层有 10～15 层网格）	无法应用对数律的复杂流动，如非平衡壁面剪切层、低雷诺数流动
Menter_Lechner	近壁面采用了新的低雷诺数公式，而不是基于双层区域模型，对 y^+ 的适应性较好，避免了低雷诺数 k-ε 模型的不足	k-ε 系列湍流模型

例 6　试根据 y^+ 估算第一层网格节点高度的方法。

【解析】 本题考查如何根据 y^+ 估算第一层网格高度。

根据 y^+ 估算第一层网格节点高度的方法如下。

第一步：估算雷诺数 $\left(Re=\dfrac{\rho uL}{\mu}\right)$。

第二步：估算壁面摩擦系数，其表达式有很多种，如 $C_{\mathrm{f}}=0.058Re^{-0.2}$。

第三步：计算壁面剪切应力 $\left(\tau_{\mathrm{w}}=\dfrac{1}{2}C_{\mathrm{f}}\rho U_{\infty}{}^{2}\right)$。

第四步：利用壁面剪切应力估算速度 U_τ $\left(U_\tau=\sqrt{\dfrac{\tau_{\mathrm{w}}}{\rho}}\right)$。

第五步：计算第一层网格高度 y $\left(y=\dfrac{y^+\mu}{U_\tau\rho}\right)$。

网上有许多 y^+ 的计算工具或网站，如 pointwise 提供的 http://www.pointwise.com/yplus/。值得指出的是，在数值计算之前，局部速度未知，因此 y^+ 只能估算得到，在计算结果后需查看 y^+ 的分布，看其是否满足壁面函数的要求，若差距较大，需重新生成网格再次进行计算。还有一种无须多次试算的方法是在计算过程中根据 y^+ 值对网格计算自适应加密。

例 7　试指出采用 Fluent 计算自然对流时的注意事项。

【解析】 本题考查 Fluent 中自然对流模拟的注意事项。

采用 Fluent 计算自然对流时，需注意以下问题。

(1) 若流动湍流，采用湍流模型进行模拟时，需考虑浮升力的影响。

(2) 压强插值格式一般采用 Body Force Weighted 或 PRESTO!，标准插值格式可能会导致壁面处速度分布计算错误。

(3) 当区域内流体密度变化不超过 20%时，建议采用 Boussinesq 假设以提高计算效率，否则应采用可压缩流动来计算。

15.9　编 程 实 践

1. 变物性导热问题

习题 1　一维和二维情况下非均匀介质导热问题。图 15.27(a)给出的是热扩散系数为 α_1 和 α_2 的两层平板导热($k'=\alpha_1/\alpha_2$，表示不均匀程度)，两层平板交界面竖直且假设为无穷大，因此可简化为一维问题，左、右壁面的温度分别为 273K 和 373K，计算区域为 1m。图 15.27(b)中计算区域为 1m×1m 的矩形区域，介质 1 的区域为 1/4 圆，其他区域为介质 2，两个区域热扩散系数 α_1 和 α_2 的比值 $k'=5.2$，左、右壁面的温度分别为 273K 和 373K，上下壁面绝热。采用 Fluent 软件求解上述问题，要求如下。

(1)写出控制方程和边界条件。

(2)采用 ICEM CFD 软件进行几何建模和网格划分。

(3)物性变化通过编写 UDF 程序实现。

(4)针对问题(a)，比较 $k'=10, 100, 1000, 100000$ 时的计算结果，画出温度分布图。

(5)针对问题(b)，画出温度分布等值线图以及 y=0.5 观测线上的温度分布图。

(6)通过文献(Zhang et al., 2018; Huang et al., 2019)中的相应结果进行验证。

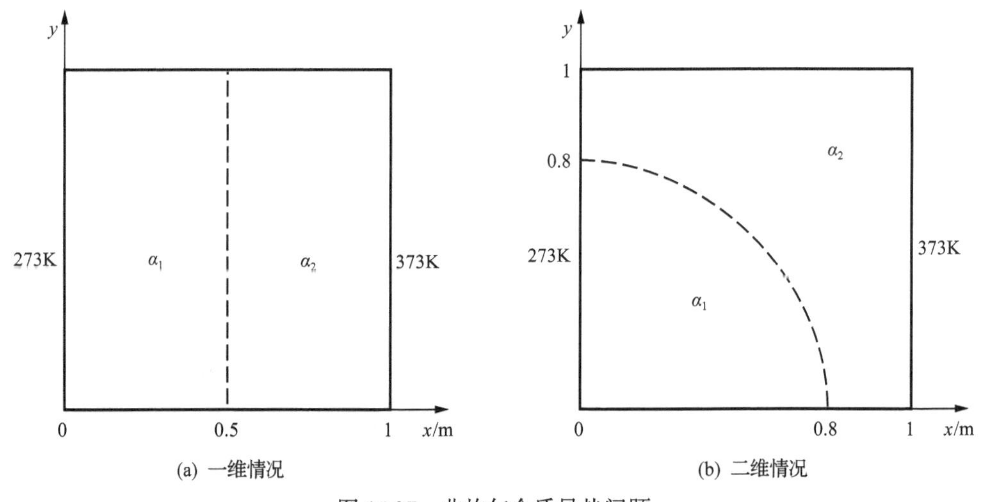

图 15.27　非均匀介质导热问题

2. 湍流模型改进

习题 2　针对标准 SST k-ω 模型求解湍流射流冲击传热精度较低的问题，在标准 SST k-ω 模型的基础上，考虑交叉扩散项和 Kato-Launder 模型的影响，开发改进的 SST k-ω 模型。采用文献中湍流射流冲击传热算例对模型进行验证，要求如下。

(1)查阅 ANSYS Fluent Theory Guide，写出 Fluent 中 SST k-ω 模型的控制方程。

(2)查阅文献，写出交叉扩散项和 Kato-Launder 模型的表达式。

(3)通过 UDF 函数，在 SST k-ω 模型基础上添加交叉扩散项和 Kato-Launder 模型。

(4)采用 ICEM CFD 软件进行几何建模和网格划分。

(5)对比标准 SST k-ω 模型和改进 SST k-ω 模型的计算结果，画出压强、平均速度、摩擦系数、努塞特数 Nu 的分布图。

第 16 章　OpenFOAM 软件应用与二次开发

开源场运算与操作 OpenFOAM（open source field operation and manipulation）是目前世界上应用较为广泛的流动与传热数值计算开源软件，具有功能强大、开放性好和可扩展性强等优点。用户可在原有代码的基础上添加新模型、算法和离散格式等，从而开发满足自身需求的自定义求解器。基于 OpenFOAM 8 版本，本章介绍 OpenFOAM 的基本应用和自定义求解器开发。

16.1　OpenFOAM 简介

OpenFOAM本质上是一个 C++类库，用于创建可执行文件，如应用程序（application）。OpenFOAM 内置的应用程序分为两类：求解器（solver）和工具（utilities）。不同于通常所说的代数方程组求解器，OpenFOAM 中的求解器是指为求解特定流动与传热问题而设计的一整套求解流程，涉及方程离散、压强-速度方程耦合求解、代数方程组求解等诸多方面；工具则是为执行数据操作等任务而设计的小程序。OpenFOAM 的工作原理与 Fluent 大体相同，在此不再赘述。下面简单介绍 OpenFOAM 的总体架构、编程语言、代码框架、标准求解器、学习文档和学习建议等。

16.1.1　OpenFOAM 总体架构

OpenFOAM 的总体架构如图 16.1 所示，主要包括前处理、求解器和后处理。在前处理方面，网格工具是最核心的部分，主要包括网格生成、网格转换、网格操作和其他高级网格工具。OpenFOAM 自带的网格生成工具为 blockMesh 和 snappyHexMesh，其中 blockMesh 主要针对简单规则区域生成四边形或六面体网格，snappyHexMesh 主要针对复杂不规则区域生成多面体网格。同时，OpenFOAM 还可以将其他网格生成软件（如 ICEM CFD、Gambit 等）生成的网格转换为 OpenFOAM 可识别的格式。此外，OpenFOAM

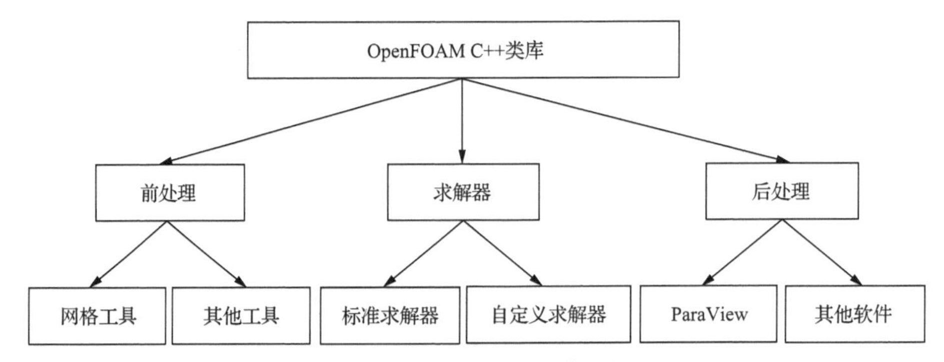

图 16.1　OpenFOAM 总体架构

还提供了网格映射、初始化等其他前处理工具。在求解器方面，OpenFOAM 提供了大量的标准求解器，同时用户还可以通过物理、数学和编程技术等知识自定义求解器。在后处理方面，OpenFOAM 提供了数据处理、数据提取(如点提取、线提取)、算例控制和可视化等后处理工具，其中可视化工具主要采用的是开源可视化软件 ParaView，用户也可以选择 Tecplot 和 EnSight 等商业可视化软件。

16.1.2　OpenFOAM 编程语言

流动与传热数值计算的本质是求解偏微分方程，方程本身涉及标量、矢量、张量、张量运算和量纲等信息，其求解则涉及离散、矩阵运算和求解算法等。若采用面向过程的编程语言进行软件开发，方程的离散和求解非常繁琐、工作量巨大，且代码规模庞大、重复利用率低，不利于大型软件的开发。因此，OpenFOAM 采用的开发语言为面向对象的编程语言 C++。它为 OpenFOAM 软件的开发提供了一个非常有力的工具：类。采用类来申明物理实体和抽象实体的类型及相关操作，使程序编写更加直观、代码管理更加容易。例如，通过 vectorField 类来定义速度场，则 $\boldsymbol{u}$ 是 vectorField 类的一个对象，其大小用 mag($\boldsymbol{u}$)来表示。同时，C++语言还具有继承、模板类、虚函数及操作符重载等特性，可以方便地通过自定义类来表示偏微分方程，从而极大地减少重复代码并使整体代码结构更加清晰。例如，方程 $\frac{\partial(\rho\boldsymbol{u})}{\partial t}+\nabla\cdot(\rho\boldsymbol{u}\boldsymbol{u})=\nabla\cdot(\mu\nabla\boldsymbol{u})-\nabla p$ 在 OpenFOAM 可使用如下代码来表示：

```
solve
(
 fvm::ddt(rho, U)
+ fvm::div(phi, U)
- fvm::laplacian(mu, U)
==
- fvc::grad(p)
);
```

16.1.3　OpenFOAM 代码框架

OpenFOAM 没有官方的图形用户界面，了解其代码框架有助于对 OpenFOAM 的学习和使用。表 16.1 给出了 OpenFOAM 源代码的框架。

表 16.1　OpenFOAM 的代码框架

目录	内容
applications	求解器、工具和测试函数的源代码，其子目录如下： solvers：OpenFOAM 提供的标准求解器 test：OpenFOAM 中一些基本类的测试函数 utilities：小工具箱，如网格、前处理、后处理工具等
bin	OpenFOAM 自定义的 bash 脚本

续表

目录	内容
doc	文档，如用户指南、Doxygen 生成文件等
etc	编译配置、热化学数据库等
src	所有的程序库代码，是 OpenFOAM 的核心，典型的子目录如下： finiteVolume：有限容积类 OpenFOAM：OpenFOAM 基础类，涉及网格、场等信息 thermophysicalModels：热物理模型类 transportModels：输运模型类 MomentumTransportModels：湍流模型类
tutorials	标准求解器对应的测试算例
wmake	OpenFOAM 对 g++封装后形成的编译器

16.1.4　OpenFOAM 标准求解器

根据面向物理问题的不同，OpenFOAM 的标准求解器分为 12 类(表 16.2)。每个标准求解器都适用于一类特定的问题，用户可根据需求选择合适的求解器。其中，最常用的是不可压缩类求解器、传热类求解器和多相流类求解器，表 16.3 给出了这几类求解器中应用最为广泛的标准求解器。

表 16.2　OpenFOAM 标准求解器分类

标准求解器	分类
basic	基本求解器
combustion	燃烧类求解器
compressible	可压缩类求解器
discreteMethods	离散方法类求解器
DNS	直接数值模拟类求解器
electromagnetics	电磁类求解器
financial	金融类求解器
heatTransfer	传热类求解器
incompressible	不可压缩类求解器
lagrangian	拉格朗日类求解器
multiphase	多相流类求解器
stressAnalysis	应力分析类求解器

表 16.3　常用 OpenFOAM 标准求解器

求解器类别	标准求解器	功能
不可压缩类求解器	icoFoam	牛顿流体瞬态不可压缩流动求解器
	nonNewtonianIcoFoam	非牛顿流体瞬态不可压缩流动求解器
	pimpleFoam	基于 PIMPLE 算法的大时间步瞬态不可压缩流动求解器
	pisoFoam	基于 PISO 算法的瞬态不可压缩流动求解器
	simpleFoam	稳态不可压缩流动求解器
传热类求解器	buoyantSimpleFoam	稳态可压缩湍流浮力驱动求解器
	buoyantPimpleFoam	瞬态可压缩湍流浮力驱动求解器
	chtMultiRegionFoam	瞬态/稳态固体-流体多区域传热求解器
多相流类求解器	interFoam	基于 VOF 方法的不可压、绝热、不互溶两相界面捕捉求解器
	interPhaseChangeFoam	基于 VOF 方法的不可压、绝热、不互溶、存在相变的两相界面捕捉求解器
	multiphaseEulerFoam	基于欧拉模型的可压、不互溶多相求解器

16.1.5　OpenFOAM 文档

学习开源软件，源程序是最好的文档，因此结合数值传热学知识直接阅读源程序是学习 OpenFOAM 的最好办法。除了源程序外，常用的 OpenFOAM 学习文档如下。

(1) OpenFOAM 用户指南(OpenFOAM User Guide)。

OpenFOAM 官方提供的用户指南，主要包括经典算例、求解器和库、算例结构、网格生成和转换、后处理、模型和物理属性等内容。

(2) OpenFOAM 编程指南(OpenFOAM Programmer’s Guide)。

OpenFOAM 官方提供的编程指南，主要包括张量基础、方程离散和典型算例分析等内容。需要注意的是，OpenFOAM 4.0 版本之后不再提供编程指南。

(3) Error analysis and estimation for the finite volume method with applications to fluid flows。

这是第一篇基于 OpenFOAM 的博士论文，部分章节详细介绍了 OpenFOAM 所用控制方程和有限容积离散方面的理论知识。

(4) *The Finite Volume Method in Computational Fluid Dynamics: An Advanced Introduction with OpenFOAM and Matlab*。

该书由基础、离散、算法和应用 4 个部分组成。其中，基础部分主要包括矢量计算、物理现象的数学描述、离散过程、有限容积法、有限容积网格等；离散部分主要涉及非稳态项、对流项、扩散项、源项和梯度的离散，代数方程组求解，高阶有界格式等；算法部分主要介绍了不可压缩和可压缩流动下压强-速度耦合求解算法；应用部分主要涉及湍流模型、边界条件等。

(5) *The OpenFOAM Technology Primer*。

该书由 OpenFOAM 使用和编程两部分组成。使用部分介绍了网格生成和转换、算例设置和后处理等；编程部分介绍了 OpenFOAM 库的设计、高效编程技巧、湍流模型、前后处理工具编写、自定义求解器开发、边界条件、输运模型、函数对象和动网格等。

此外，众多 OpenFOAM 使用者在个人网站和博客上分享的使用经验也是很好的学习资料。需要注意的是，OpenFOAM 软件的更新频率较快，不同版本之间存在较大差异，因此在学习和使用这些资料时应注意版本之间的差异，更多地关注思路与方法。

16.1.6 OpenFOAM 学习建议

OpenFOAM 的代码量非常大(行数为百万级，且在不断更新和增加)，掌握所有代码是不现实的，因此在学习 OpenFOAM 时，要有把握全局的能力，专注于自身的研究问题。下面是学习 OpenFOAM 的一些建议。

(1)理论知识。

数值传热学是学习和使用 OpenFOAM 的基石，因此要想学好 OpenFOAM，首先要掌握好数值传热学的基本知识；在此基础上研读所从事研究方向的教材、专著和文献，掌握所研究问题的模型和算法。

(2)软件使用。

按照《OpenFOAM 用户指南》提供的经典算例一步步操作，熟悉 OpenFOAM 的基本流程；大量运行 OpenFOAM 自带的测试算例，熟练掌握 OpenFOAM 的使用；尝试用标准求解器做算例求解新的物理问题，并根据需求修改算例设置，掌握 OpenFOAM 的使用。

(3)编程开发。

OpenFOAM 是采用 C++语言开发的，掌握面向对象的编程思想和基本的 C++语言知识是 OpenFOAM 程序开发的基础；熟练掌握 OpenFOAM 中常用的类及其功能，遇到新的类时能够快速通过 doxygen 找到类的定义和功能；在编写程序时，先找到 OpenFOAM 中的类似代码，复制粘贴然后以此为基础进行修改；尝试将文献中的新模型和新算法植入 OpenFOAM 中，从而掌握 OpenFOAM 的程序开发。

16.2 OpenFOAM 算例设置

OpenFOAM 算例主要由 0, constant, system 三个文件夹组成，其中 0 文件夹下的文件用于设置速度、压强等变量的边界条件和初始条件，constant 文件夹下的文件用于设置物理特性，system 文件夹下的文件用于设置控制字典、离散格式、求解器等。下面以 icoFoam 求解器下的 cavity 算例为例介绍 OpenFOAM 的算例设置。

16.2.1 网格生成

如前所述，OpenFOAM 自带的网格生成工具为 blockMesh 和 snappyHexMesh，同时也可采用其他软件生成网格后转换为 OpenFOAM 可识别的格式。该 cavity 算例中采用的网格生成工具为 blockMesh，其字典文件 blockMeshDict 位于 system 目录下。OpenFOAM 默认采用的是三维网格，在求解二维算例时，需在边界条件中将垂直于第三个方向的边界面设置为“empty”。blockMeshDict 文件的详细解释如下。

```
convertToMeters 0.1;//缩放因子，OpenFOAM默认单位为m，可通过该因子进行区域缩放
vertices  //点位置列表
(
  (0 0 0)  //顶点0
  (1 0 0)  //顶点1
  (1 1 0)  //顶点2
  (0 1 0)  //顶点3
  (0 0 0.1)  //顶点4
  (1 0 0.1)  //顶点5
  (1 1 0.1)  //顶点6
  (0 1 0.1)  //顶点7
);
blocks  //块列表
(
    hex (0 1 2 3 4 5 6 7) //顶点数，8个顶点构成一个块
    (20 20 1) //每个方向的网格数，本算例为二维问题，因此第三个方向网格数为1
    simpleGrading (1 1 1) //网格单元膨胀率，控制网格的均匀性，数值为1时为均匀网格
);
edges  //定义曲线，本算例均为直线，无需设置
(
);
boundary  //边界
(
  movingWall  //边界名称，对应上壁面
  {
    type wall;  //边界类型为壁面
    faces
    (
      (3 7 6 2) // 3, 7, 6, 2四个顶点构成上壁面
    );
  }
  fixedWalls  //边界名称，对应左、右和下壁面
  {
    type wall;  //边界类型为壁面
    faces
    (
      (0 4 7 3)  //左壁面
      (2 6 5 1)  //右壁面
      (1 5 4 0)  //下壁面
    );
  }
  frontAndBack  //边界名称，对应前、后壁面
```

```
  {
    type empty;  //本算例为二维问题，因此前、后壁面设置为 empty
    faces
    (
      (0 3 2 1)  //前壁面
      (4 5 6 7)  //后壁面
    );
  }
);
mergePatchPairs  //拥有多个块时，设置块之间的连接关系，本算例无需设置
(
);
```

16.2.2　边界条件与初始条件

边界条件和初始条件均存储于 0 文件夹中。与 Fluent 不同，OpenFOAM 中每个变量都有单独的文件。网格生成完后，用户就可以在 0 文件夹中设置边界条件和初始条件，每个边界的名称和类型需与网格文件 polyMesh 下 boundary 中的名称完全一致。

本算例为层流问题，仅需设置速度场和压强场。速度场文件的详细解释如下：

```
FoamFile
{
  version  2.0;
  format   ascii;
  class    volVectorField; //场的类型，体矢量场
  object   U; //场的名称
}
// * * * * * * * * * * * * * * * * * * * * * * * * * * * * * * * * * * * * * //
dimensions   [0 1 -1 0 0 0 0];//场的单位，m/s
internalField uniform (0 0 0);//初始条件：内部场为均匀场，均为 0
boundaryField //边界条件
{
  movingWall //边界名称
  {
    type      fixedValue; //第一类边界条件，固定值
    value     uniform (1 0 0); //速度的数值
  }
  fixedWalls //边界名称
  {
    type      noSlip; //第二类边界条件，零梯度
  }
  frontAndBack //边界名称
  {
```

```
    type      empty; //二维问题，设置为 empty，不参与方程离散和求解
  }
}
// ************************************************************************* //
```

压强场文件的详细解释如下：

```
FoamFile
{
  version  2.0;
  format   ascii;
  class    volScalarField; //场的类型，体标量场
  object   p; //场的名称
}
// * * * * * * * * * * * * * * * * * * * * * * * * * * * * * * * * * * * * * //
dimensions   [0 2 -2 0 0 0 0]; //场的单位，压强除去密度的单位，并非实际压强的单位
internalField uniform 0; //初始条件：内部场为均匀场，均为 0
boundaryField
{
  movingWall //边界名称
  {
    type      zeroGradient; //第二类边界条件，零梯度
  }
  fixedWalls //边界名称
  {
    type      zeroGradient; //第二类边界条件，零梯度
  }
  frontAndBack //边界名称
  {
    type      empty; //二维问题，设置为 empty，不参与方程离散和求解
  }
}
// ************************************************************************* //
```

16.2.3 物理特性

算例的物理特性均储存在 constant 文件夹中，通常是以 Properties 为后缀的字典文件。典型的物理特性文件如下。

(1) transportProperties：黏度、密度等物性参数。

(2) momentumTransport：湍流模型。

(3) thermophysicalProperties：热物性参数。

本算例为演示算例，较为简单，仅有 transportProperties，具体如下：

```
nu       [0 2 -1 0 0 0 0] 0.01; //运动黏度，单位为 m2/s，大小为 0.01
```

16.2.4 控制字典

算例的控制文件 controlDict 位于 system 文件夹下，它可以对时间步、输入输出时间、场数据的读取和写入来进行控制。对于 icoFoam 中的 cavity 算例，controlDict 设置如下：

```
application   icoFoam; //当前算例求解器的名称
startFrom    startTime;//程序开始执行时间
startTime    0; //以 startTime设置的时间开始
stopAt      endTime; //程序结束时间
endTime     0.5; //以 endTime设置的时间结束
deltaT      0.005; //时间步长
writeControl  timeStep; //按时间步长输出文件，也可按照其他方式输出
writeInterval  20; //20个时间步长输出一次
purgeWrite   0; //输出文件时是否覆盖历史时刻文件，0为不覆盖，大于0依次覆盖
writeFormat  ascii; //输出文件的格式
writePrecision 6; //写的精度
writeCompression off; //是否对生成数据进行压缩
timeFormat   general; //时间文件夹格式
timePrecision  6; //时间文件夹精度
runTimeModifiable true; //求解过程是否允许修改算例参数
```

16.2.5 离散格式

算例的离散格式文件 fvSchemes 位于 system 文件夹下，用于指定非稳态项、对流项、扩散项、源项等的离散。对于 cavity 算例，fvSchemes 设置如下：

```
ddtSchemes //非稳态项离散格式
{
  default    Euler;
}
gradSchemes //梯度项离散格式
{
  default    Gauss linear;
  grad(p)    Gauss linear;
}
divSchemes //散度项离散格式
{
  default    none;
  div(phi,U)   Gauss linear;
}
laplacianSchemes //拉普拉斯项离散格式
{
  default    Gauss linear orthogonal;
}
```

```
interpolationSchemes //体心到面心插值格式
{
  default    linear;
}
snGradSchemes //面法向梯度离散格式
{
  default    orthogonal;
}
```

一般算例均包含上述 6 项，对于 k-ω SST 模型等模型，还需设置 wallDist 指定壁面距离。

1) 非稳态项离散格式

非稳态项离散格式在 ddtSchemes 字典下设定，其选项如表 16.4 所示。

表 16.4　非稳态项离散格式

离散格式	特点
steadyState	忽略非稳态项，用于稳态模拟
Euler	非稳态，一阶，有界，隐式
backward	非稳态，二阶，可能越界，隐式
CrankNicholson	非稳态，二阶，有界，隐式
localEuler	局部时间步，一阶，隐式

需要注意的是，OpenFOAM 中的 C-N 格式定义了偏移系数 ϕ 。当 ϕ=1 时，该格式为严格的 C-N 格式；当 ϕ=0 时，该格式为 Euler 格式。由于 C-N 格式在一些情况下不稳定，实际应用中通常取 ϕ=0.9 。

2) 梯度项离散格式

梯度离散格式在 gradSchemes 字典下设定，其选项如表 16.5 所示。

表 16.5　梯度项离散格式

离散格式	特点
Gauss linear	使用高斯积分计算梯度，体心到面心的插值格式采用中心差分
leastSquares	使用最小二乘法计算梯度，更加精确，但是在四面体网格上更容易振荡
Gauss cubic	使用高斯积分计算梯度，体心到面心的插值格式采用三阶格式，主要用于 dnsFoam 求解器

需要注意的是，当计算网格质量较差时，特定梯度项的离散需要梯度限制器以改进有界性和稳定性，如 grad(U) cellLimited Gauss linear 1。cellLimited 表示使用计算梯度将体心值插值到面上时，面值不超出相邻单元的数值，其中 1 保证有界，0 表示没有限制。

3) 散度项离散格式

散度项离散格式($\nabla\cdot$)在 divSchemes 字典下设定。对于非对流项，一般使用 Gauss

linear 格式。对于对流项，常见的离散格式如表 16.6 所示。

表 16.6 梯度项离散格式

离散格式	特点
upwind	一阶迎风格式、有界、精度较差
linearUpwind	二阶迎风格式、无界、需要指定速度梯度
linear	中心差分格式，二阶、无界
limitedLinear	在 linear 格式的迎风方向进行限制，需要指定一个系数， 1 表示最强的限制器，0 表示 linear 格式
LUST	75%的 linear 附加 25%的 linearUpwind，需要指定速度梯度

散度项离散格式的使用需注意如下事项。

(1) 散度项包括两种，一种为对流项，速度 $\boldsymbol{U}$ 提供对流通量，如 $\nabla\cdot(\boldsymbol{U}k)$，另一种本质上是扩散的，如 $\nabla\cdot\nu(\nabla\boldsymbol{U})^{\mathrm{T}}$。需要区分的是，$\nabla\cdot(\Gamma\nabla\boldsymbol{U})$ 为拉普拉斯项，不是散度项。

(2) 对于矢量场，可以在离散格式上加 V，如 Gauss limitedLinearV 1, Gauss linearUpwindV grad (U)。不同于传统格式在每个方向使用不同的限制器，带 V 的格式对每个方向使用相同的限制器。这个方向基于梯度变化最大的方向，因此限制作用非常强，计算非常稳定，但牺牲了精度。

(3) 对于不可压缩流动，通常附加 bounded 关键词，以提高收敛性和稳定性，如 bounded Gauss limitedLinearV 1, bounded Gauss linearUpwindV grad (U)。

(4) 对于需要在 0～1 之间严格有界的标量，可在离散格式后添加 01 将变量限制在 0 和 1 之间，如 Gauss limitedLinear01 1。

4) 拉普拉斯项离散格式

拉普拉斯项离散格式在 laplacianSchemes 字典下设定，目前只有 Gauss 格式可选，并且需要为扩散系数以及面法向梯度指定插值格式，规则为 Gauss＜interpolationScheme＞＜snGradScheme＞。一般来说，扩散系数的插值选用 linear 格式，面法向梯度格式的选择需重点考虑是否加入非正交修正。

5) 插值格式

插值格式在 interpolationScheme 字典下设定，用于定义网格体心到面心的插值格式。OpenFOAM 中，大部分算例均使用的是 linear 格式，只有在 DNS、应力分析等算例中采用 cubic 插值格式。

6) 面法向梯度格式

面法向梯度格式在 snGradSchemes 字典下设定，为某个量在两个相邻网格中心单元处值的面梯度分量。常见的面法向梯度离散格式如表 16.7 所示。

表 16.7　面法向梯度离散格式

离散格式	特点
orthogonal	适用于正交网格，无非正交修正
corrected	显式的带有非正交修正
uncorrected	不带有非正交修正
limited ψ	限制性非正交修正
bounded	对正标量有阶修正
fourth	四阶格式

对于正交网格或非正交角度非常低的网格(如小于 5°)，通常采用 orthogonal 或 uncorrected 格式。对于非正交网格，为了增强数值稳定性，一般需添加非正交修正 corrected。corrected 格式对隐式离散的正交部分以及显式离散的非正交部分应用了亚松弛因子(cos α)增加对角占优特性。uncorrected 格式等同于没有正交修正的 corrected 格式。选择 limited 格式时需添加关键字 ψ，其值在 0～1：当 ψ=0 时，对应 uncorrected 格式；当 ψ=0.33 时，为非正交修正小于等于 0.5 倍的正交修正；当 ψ=0.5 时，为非正交修正小于等于正交修正；当 ψ=1 时，为完全修正，对应 corrected。ψ 的取值通常为 0.33(稳定性较好)或 0.5(精度较高)。对于小于 70°的非正交角度，推荐选用 corrected 格式，也可依据情况选择是否添加 limited 限制器。如果非正交角度大于 80°，那么收敛性会受到非常大的影响。

16.2.6　求解器设置

算例的求解器设置文件 fvSolution 位于 system 文件夹下，用于指定代数方程组求解和压强-速度耦合求解。对于 cavity 算例，fvSolution 设置如下：

```
solvers
{
  p
  {
    solver      PCG;
    preconditioner DIC;
    tolerance    1e-06;
    relTol      0.05;
  }
  pFinal
  {
    $p;
    relTol      0;
  }
  U
  {
```

```
    solver      smoothSolver;
    smoother     symGaussSeidel;
    tolerance    1e-05;
    relTol      0;
  }
}
PISO
{
  nCorrectors   2;
  nNonOrthogonalCorrectors 0;
  pRefCell    0;
  pRefValue    0;
}
```

1)代数方程组求解

OpenFOAM 中常见的代数方程组求解方法如表 16.8 所示。

表 16.8 代数方程组求解方法

求解方法	特点
PCG/PBiCG/PBiCGStab	预条件共轭梯度求解器，PCG 用于求解对称矩阵，PBiCG/PBiCGStab 用于求解非对称矩阵
smoothSolver	光顺求解器
GAMG	多重网格求解器
diagonal	对角矩阵求解器

对于对称矩阵(如压强)，通常采用 GAMG 多重网格求解器，可以很快收敛。对于非对称矩阵，带预条件的 PBiCGStab 求解器收敛速度较快。如果计算花费时间较长且不稳定，建议使用 PCG 求解器。

OpenFOAM 中代数方程组求解的收敛有 3 种判据：①残差小于求解器设定的误差，tolerance；②当残差和初始残差的比小于求解器设定的残差比，relTol；③迭代次数超过最大值，maxIter。

2)压强-速度耦合求解

OpenFOAM 中的压强-速度耦合求解算法主要有 PISO、SIMPLE、PIMPLE 算法，其控制参数主要有 nCorrectors、nNonOrthogonalCorrectors、nOuterCorrectors。nCorrectors 为 PISO 和 PIMPLE 调用的关键词，用来设置压强方程的迭代步数，一般设置为 2 或 3。nNonOrthogonalCorrectors 为所有算法均需指定的参数，其用于更新压强方程中显式非正交修正项的求解次数，一般设置为 0 或 1。nOuterCorrectors 为 PIMPLE 算法的关键词，用于指定 PIMPLE 算法中整个外循环的迭代次数，必须大于或等于 1，如果设置为 1，

PIMPLE 变为 PISO 算法。

16.3　OpenFOAM 基础类

OpenFOAM 软件本质上是由 C++语言编写的一个数值传热学类库，通过调用各种类最终得到一系列可直接执行的求解器和工具。本节重点介绍 OpenFOAM 的基础类，主要包括对象注册机、链表和场、时间类、空间类以及有限容积离散类。

16.3.1　对象注册机制

为了实现模型和求解器对数据的随意访问，OpenFOAM 引入了对象注册机制(objectRegistry)，将所有的数据采用统一的框架进行管理，简化模型和求解器之间数据的通讯。对象注册机制的主要用途如下。

(1)实现对象在任意位置的访问。例如：OpenFOAM 中输运模型的黏度与温度无关，当求解器需要用到温度场，而输运模型没有提供温度场接口时，可以将求解器的温度场变量注册给 mesh，然后在输运模型中使用 const volScalarField&T = mesh.db(). lookupObject＜volScalarField＞("T")查找温度场变量。

(2)通过声明 objectRegistry 类子类，使自己定义类的对象可使用对象注册机制。

(3)通过声明 regIOobject 类子类，使自定义的数据对象具有自动读写功能、自定义的类对象能在其他地方使用。

16.3.2　链表和场

OpenFOAM 需要存储大量数据并使用函数对这些数据进行操作。因此，OpenFOAM 提供了模板类 List＜Type＞。该模板类可用于创建一系列的 Type 对象来继承其特性。例如，vector 的 List 即为 List＜vector＞。

张量链表在 OpenFOAM 中通过模板类 Field＜Type＞来定义。为了使代码更加清晰易懂，Field＜Type＞的所有实例都使用 typedef 进行重命名，如 scalar、vector、tensor 和 symmTensor 的 Field 分别重命名为 scalarField、vectorField、tensorField、symmTensorField。张量场的代数算术遵循一些显而易见的数学规则，如张量场的元素数量必须一致等。OpenFOAM 也支持场和数值之间的操作，如速度场 $\boldsymbol{U}$ 的所有值都乘以标量 2：$\boldsymbol{U}=2.0\times\boldsymbol{U}$。

16.3.3　时间类

时间类位于 src\OpenFOAM\db\Time\Time.h，其父类为 clock, cpuTime, TimePaths, objectRegistry, TimeState，这几个类的功能见表 16.9。时间类的主要功能为控制系统的运行流程、controlDict 参数控制、库和函数对象的动态加载等，其常用函数见表 16.10。

表 16.9　时间类的父类及其功能

父类	功能
clock	统计程序运行时间(以时钟时间为准)
cpuTime	统计程序运行时间(以 CPU 时间为准)
TimePaths	管理 case 的路径，如 case 的根目录、system 的目录等
objectRegistry	对象注册机制，时间类是 OpenFOAM 最高层的对象注册机，网格、场和字典等均注册于时间类上
TimeState	管理程序运行中与时间相关的信息，如时间步长、上一时间步长、是否输出数据等

表 16.10　时间类的常用函数

<table>
<tr><th>函数</th><th colspan="2">功能</th></tr>
<tr><td>value()</td><td colspan="2">返回当前时间值</td></tr>
<tr><td>delta()</td><td colspan="2">返回时间步长</td></tr>
<tr><td>deltaT0()</td><td colspan="2">返回上一时刻时间步长</td></tr>
<tr><td>outputTime()</td><td colspan="2">如果当前是输出时刻，返回 true，否则返回 false</td></tr>
<tr><td>write()</td><td colspan="2">输出所有对象注册机及其子对象注册机的对象</td></tr>
<tr><td rowspan="2">run()和 loop()</td><td colspan="2">时层推进，两者的区别如下：</td></tr>
<tr><td>while (runTime.run())
{
 runTime++;
 solve;
 runTime.write();
}</td><td>while (runTime.loop())
{
 solve;
 runTime.write();
}</td></tr>
</table>

16.3.4　空间类

OpenFOAM 中的网格描述分为不同层次，其中最基本的网格类是 polyMesh，主要用于存储多面体网格信息。描述 polyMesh 需要使用下面的相关信息来定义几何和网格。

(1) points：网格单元点的位置矢量链表(vectorField)，通过 typedef 重命名为 pointField，用于记录网格内所有点的坐标。

(2) faces：网格单元面的链表(List＜face＞)，用于记录每个 face 由哪些点构成。

(3) cells：网格单元的链表(List＜cell＞)，用于记录每个 cell 由哪些面构成。

(4) owner：记录与每个 face 相邻的低下标单元，通常 cell 下标呈现升序。

(5) neighbor：记录与每个 face 相邻的高下标单元，不包含边界面(边界面没有 neighbor)。

(6) boundary：记录每个边界的类型，在 faces 中的起始位置以及包含面的个数。

在进行有限容积离散时需要存储在 polyMesh 上的几何信息，因此 OpenFOAM 将 polyMesh 扩展为 fvMesh 类，用于存储有限容积离散的相关信息。fvMesh 存储的信息如表 16.11 所示。

表 16.11　fvMesh 存储信息

类	成员函数	描述
volScalarField	V()	网格体积
surfaceVectorField	Sf()	面积矢量
surfaceScalarField	magSf()	面的大小
volVectorField	C()	网格中心
surfaceVectorField	Cf()	面心
surfaceScalarField	phi()	面通量

16.3.5　有限容积离散类

在 OpenFOAM 中，偏微分方程中的每一项都需要使用 finiteVolumeMethod 类和 finiteVolumeCalculus 类来表示，分别简写为 fvm 和 fvc。它们均包含不同微分算符的静态函数，区别在于 fvm 是对偏微分方程中的项进行隐式操作，得到系数矩阵，而 fvc 主要用于导数的显式计算以及其他显式操作。表 16.12 给出了 fvm 和 fvc 的常用函数，通过这些函数即可实现偏微分方程的离散。

表 16.12　OpenFOAM 偏微分方程离散

离散项	显式/隐式	数学形式	代码实现
非稳态项	显式和隐式	$\dfrac{\partial \phi}{\partial t}$ $\dfrac{\partial(\rho_\phi \phi)}{\partial t}$	`ddt(phi)` `ddt(rho, phi)`

对流项	显式和隐式	$\nabla\cdot(\psi)$
		$\nabla\cdot(\psi\phi)$
			`div(psi, scheme)`
			`div(psi, phi, word)`
			`div(psi, phi)`

扩散项	显式和隐式	$\nabla^2\phi$ $\nabla\cdot(\Gamma_\phi\nabla\phi)$	`laplacian(phi)` `laplacian(gamma, phi)`
源项	显式 显式和隐式	$\rho\phi$	`Sp(rho, phi)` `SuSp(rho, phi)`

梯度项	显式	$\nabla\chi$
		$\nabla\phi$
			`grad(chi)`
			`gGrad(phi)`
			`Isgrad(phi)`
			`snGrad(phi)`
			`snGradCorrection(phi)`

16.4　OpenFOAM 典型求解器

本节对 OpenFOAM 中的 2 个典型求解器 laplacianFoam 和 simpleFoam 进行解析。

16.4.1　laplacianFoam 解析及算例

laplacianFoam 求解器用于求解瞬态，各向同性的扩散问题。其求解的为瞬态椭圆形拉普拉斯方程，主要用于对固态热传导问题进行分析。该求解器是 OpenFOAM 中最简单的求解器之一。

1. 所涉及的控制方程

$$\frac{\partial T}{\partial t}-\nabla^2(D_{\mathrm{T}}T)=0 \tag{16.1}$$

式中，D_{T} 为热扩散系数，其单位为 $\mathrm{m^2/s}$，$D_{\mathrm{T}}=\dfrac{\lambda}{\rho c_p}$，$\lambda$ 为热导率，ρ 为密度，c_p 为定压比热容；T 为温度。

2. 求解器解析

laplacianFoam 求解器位于$FOAM_SOLVERS/basic /laplacianFoam，主要包含三个文件，其中 laplacianFoam.C 为主程序，createFields.H 用于初始化各物理场，write.H 用于写各种场。

首先分析 laplacianFoam.C 文件：

```
// * * * * * * * * * * * * * * * * * * * * * * * * * * * * * * * * * * * //
//头文件，涉及构建时间、组建矩阵、有限体积离散、组建网格、量纲设置等大量内容。
#include "fvCFD.H"
//主要用于热源、多孔介质和 MRF 多重参考系等导致的源项
#include "fvOptions.H"
//SIMPLE 循环文件头，本求解器没有使用 SIMPLE 算法，但是调用了 SIMPLE 的步进策略。
#include "simpleControl.H"
// * * * * * * * * * * * * * * * * * * * * * * * * * * * * * * * * * * //

int main(int argc, char *argv[])
{
  #include "setRootCaseLists.H"//设置算例的根目录

  #include "createTime.H"//创建时间对象
  #include "createMesh.H"//创建网格对象

  simpleControl simple(mesh);// 设置 SIMPLE 对象

  #include "createFields.H"//包含 createFields.H 头文件

  // * * * * * * * * * * * * * * * * * * * * * * * * * * * * * * * * //
```

```
Info<< "\nCalculating temperature distribution\n" << endl; //提示计算温度分布

  while (simple.loop(runTime))//开始 SIMPLE 循环
  {
    Info<< "Time = " << runTime.timeName() << nl << endl;//输出当前时间步

    while (simple.correctNonOrthogonal())//非正交修正
    {
      fvScalarMatrix TEqn
      (
        fvm::ddt(T)//时间项
        - fvm::laplacian(DT, T)//扩散项
       ==
        fvOptions(T)//源项
      );

      fvOptions.constrain(TEqn);
      TEqn.solve();
      fvOptions.correct(T);
    }

    #include "write.H"//输出 T 的梯度

    Info<< "ExecutionTime = " << runTime.elapsedCpuTime() << " s"
      << " ClockTime = " << runTime.elapsedClockTime() << " s"
      << nl << endl;//输出运行时间
  }

  Info<< "End\n" << endl;

  return 0;
    }


// ************************************************************************* //
```

接下来看 createFields.H：

```
// ************************************************************************* //

Info<< "Reading field T\n" << endl;//提示读入温度场
volScalarField T//声明 volScalarField 类型，名称为 T
(
  IOobject//定义输出类
```

```
  (
    "T",//场的名字
    runTime.timeName(),//储存在运行时间
    mesh,//注册于网格
    IOobject::MUST_READ,// 必须进行读取
    IOobject::AUTO_WRITE//自动写场
  ),
  mesh//场定义在网格
);


Info<< "Reading transportProperties \n" << endl;//提示读取输运性质

IOdictionary transportProperties//声明IOdictionary类型,命名为transportProperties
(
  IOobject
  (
    "transportProperties",
    runTime.constant(),
    mesh,
    IOobject::MUST_READ_IF_MODIFIED,// 在字典文件被更改的时候进行读取
    IOobject::NO_WRITE//不写入字典文件
  )
);


Info<< "Reading diffusivity DT\n" << endl;

dimensionedScalar DT//创建有单位的标量
(
  transportProperties.lookup("DT")//transportProperties查找DT值并读取
);

     #include "createFvOptions.H"
// ************************************************************* //
```

下面分析 write.H：

```
// ************************************************************* //
if (runTime.writeTime())// 判断是不是所需要输出的时间步，是，则执行下面语句
  {
   volVectorField gradT(fvc::grad(T));//创建gradT场,将其值初始化为fvc::grad(T)

    volScalarField gradTx//创建标量场
```

```
    (
      IOobject
      (
        "gradTx",//标量场名字
        runTime.timeName(),//存储运行时间
        mesh,// 注册于网格
        IOobject::NO_READ,
        IOobject::AUTO_WRITE
      ),
      gradT.component(vector::X)// 创建 gradT 的 x 分量
    );

    volScalarField gradTy
    (
      IOobject
      (
        "gradTy",
        runTime.timeName(),
        mesh,
        IOobject::NO_READ,
        IOobject::AUTO_WRITE
      ),
      gradT.component(vector::Y)
    );

    volScalarField gradTz
    (
      IOobject
      (
        "gradTz",
        runTime.timeName(),
        mesh,
        IOobject::NO_READ,
        IOobject::AUTO_WRITE
      ),
      gradT.component(vector::Z)
    );

    runTime.write()
  }
// ************************************************************* //
```

3. 算例

算例采用 15.3.1 节中的导热问题。值得注意的是，该问题为常物性无内热源的导热问题，且仅关注稳态结果，使用 laplacianFoam 求解时需将时间项离散格式设置为 steadyState。图 16.2 将 OpenFOAM 计算结果与 Fluent 计算结果和分析解进行了对比，三者吻合良好。

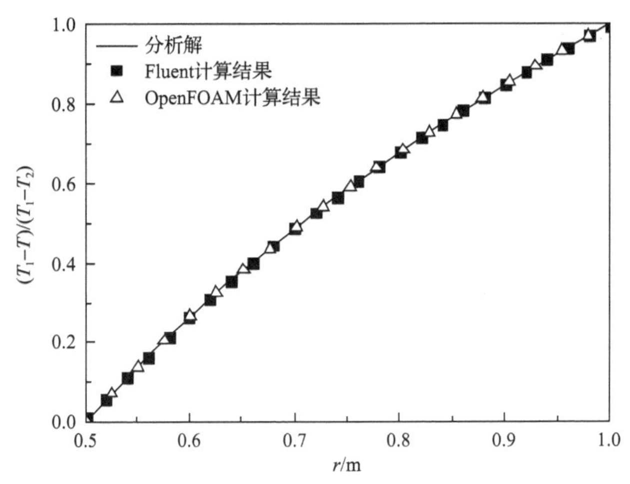

图 16.2　圆筒导热 OpenFOAM 计算结果与 Fluent 计算结果及分析解比较

16.4.2　simpleFoam 解析及算例

simpleFoam 是 OpenFOAM 中最常用的求解器之一，用于求解稳态不可压缩湍流流动问题。在该求解器中，压强-速度耦合求解可采用 SIMPLE 算法或 SIMPLEC 算法。不同于数值传热学中的常见方法，OpenFOAM 中的 SIMPLE 算法和 SIMPLEC 算法均直接求解压强方程，而不是压强修正方程。

1. 所涉及的控制方程

连续性方程：

$$\nabla \cdot \boldsymbol{u} = 0 \tag{16.2}$$

动量方程：

$$\nabla \cdot (\boldsymbol{uu}) - \nabla \cdot (\nu + \nu_t)[\nabla \boldsymbol{u} + (\nabla \boldsymbol{u})^{\mathrm{T}}] = -\nabla p + \boldsymbol{g} \tag{16.3}$$

式中，ν 为运动黏度，$\mathrm{m^2/s}$；ν_t 为湍流运动黏度，$\mathrm{m^2/s}$；p 为压强，$\mathrm{m^2/s^2}$；$\boldsymbol{g}$ 为重力加速度，$\mathrm{m/s^2}$。

关于上述动量方程，需作以下两点说明。

(1) 式中湍流黏度 ν_t 是由湍流模型计算得到的，OpenFOAM 提供了丰富的湍流模型，感兴趣的读者可阅览 OpenFOAM 的湍流模型库，在此不再赘述。

(2) 在 OpenFOAM 中，所有不可压缩求解器的控制方程均除以了密度这一常量，因此式中的 p 是压强除以密度后的动压，其单位为 m^2/s^2。

2. 求解器解析

simpleFoam 求解器位于$FOAM_SOLVERS/incompressible/simpleFoam，主要包含四个文件，其中 simpleFoam.C 为主程序，createFields.H 用于初始化各物理场，UEqn.H 用于求解动量方程，pEqn.H 用于求解压强方程。

首先分析 simpleFoam.C 文件：

```
#include "fvCFD.H"//有限容积头文件，涉及时间、网格、有限容积离散、边界条件等
#include "singlePhaseTransportModel.H"//单相流动输运模型类，主要用于黏度计算
#include "kinematicMomentumTransportModel.H"//湍流模型的命名空间
#include "simpleControl.H"//声明 simpleConrol 类，提供一系列成员函数执行 simple 循环指令
#include "fvOptions.H" //主要用于热源、多孔介质和 MRF 多重参考系等导致的源项

// * * * * * * * * * * * * * * * * * * * * * * * * * * * * * * * * * * * * * //

int main(int argc, char *argv[])
{
  #include "postProcess.H"//声明后处理文件，以便实时调用

  #include "setRootCaseLists.H"//设置算例的根目录
  #include "createTime.H"//创建时间对象 runTime
  #include "createMesh.H"//创建网格对象 mesh
  #include "createControl.H"//定义 simpleControl 类的对象 simple
  #include "createFields.H"//创建场初始化各物理场
  #include "initContinuityErrs.H" //定义并初始化连续性残差

  turbulence->validate();//在求解前确认已正确计算湍流黏度

  // * * * * * * * * * * * * * * * * * * * * * * * * * * * * * * * * * * * //

  Info<< "\nStarting time loop\n" << endl; //终端输出信息

  while (simple.loop(runTime)) //判断是否执行 SIMPLE 循环
  {
    Info<< "Time = " << runTime.timeName() << nl << endl; //输出当前时间步
    // --- Pressure-velocity SIMPLE corrector
    {
      #include "UEqn.H"//求解动量方程
      #include "pEqn.H"//求解压强方程
```

```
    }

    laminarTransport.correct();//修正运动黏度 nu
    turbulence->correct();//求解湍流模型方程

    runTime.write();//输出场

    Info<< "ExecutionTime = " << runTime.elapsedCpuTime() << " s"
      << " ClockTime = " << runTime.elapsedClockTime() << " s"
      << nl << endl;
  }

  Info<< "End\n" << endl;

  return 0;
}
```

接下来分析 createFields.H：

```
Info<< "Reading field p\n" << endl; //终端输出“读取压强场 p”
volScalarField p          //通过 volScalarField 类的构造函数，定义一个对象 p
(                 //该构造函数有两个参数
  IOobject            //一个是对 IOobject 构造函数的调用
  (
    "p",          //变量名称
    runTime.timeName(),   //由 runTime 对象的成员函数 timeName()获取当前时间步
    mesh,          //网格对象 mesh
    IOobject::MUST_READ, //必读，因而需要用户在 case 中提供 p 文件
    IOobject::AUTO_WRITE //自动写
  ),
  mesh      //另一个参数是对象 mesh，通过 mesh 对象间接读取数据进行初始化
);

Info<< "Reading field U\n" << endl; //终端输出“读取速度场 U”
volVectorField U//类似的，定义矢量场 U，必读，自动写，需要用户提供 U 文件
(
  IOobject
  (
    "U",
    runTime.timeName(),
    mesh,
    IOobject::MUST_READ,
    IOobject::AUTO_WRITE
  ),
```

```
  mesh
);

#include "createPhi.H"//调用头文件 createPhi.H


label pRefCell = 0; //默认压强参照点
scalar pRefValue = 0.0; //默认参考压强
//根据算例文件中 system/fvSolution 下的设置修改压强参照点和参考压强
setRefCell(p, simple.dict(), pRefCell, pRefValue);
mesh.setFluxRequired(p.name());


singlePhaseTransportModel laminarTransport(U, phi); //定义单相流动输运模型类的
对象

autoPtr<incompressible::momentumTransportModel> turbulence//定义湍流模型的指针
(
  incompressible::momentumTransportModel::New(U, phi, laminarTransport)
);

#include "createMRF.H"//调用头文件 createMRF.H, 用于多重参考系定义
#include "createFvOptions.H"//调用头文件 createFvOptions.H, 用于定义源项
```

下面来看 UEqn.H 文件：

```
  // Momentum predictor

  MRF.correctBoundaryVelocity(U);

  tmp<fvVectorMatrix> tUEqn //半离散化的动量方程(不带压强梯度项)
  (
    fvm::div(phi, U) //对流项离散，方程式(16.3)左边第一项
   + MRF.DDt(U)
   + turbulence->divDevSigma(U) //扩散项离散, 方程式(16.3)左边第二项
   ==
    fvOptions(U) //源项
  );
  fvVectorMatrix& UEqn = tUEqn.ref();
  UEqn.relax();//对速度场进行亚松驰

  fvOptions.constrain(UEqn); //通过源项实现特定区域速度恒定(若指定)
//若算例文件中 fvSolution 文件中 SIMPLE 下的 momentumPredictor 设为 yes，则为真
  if (simple.momentumPredictor())
```

```
 {
   solve(UEqn == -fvc::grad(p)); //求解动量方程

   fvOptions.correct(U); //通过源项实现速度限值修正(若指定)
 }
```

下面进入 pEqn.H 文件：

```
{
  volScalarField rAU(1.0/UEqn.A());//rAU = 1/A
  volVectorField HbyA(constrainHbyA(rAU*UEqn.H(), U, p)); //HbyA=H/A
  surfaceScalarField phiHbyA("phiHbyA", fvc::flux(HbyA));
  MRF.makeRelative(phiHbyA);
  adjustPhi(phiHbyA, U, p);

  tmp<volScalarField> rAtU(rAU);
//若算例文件中 fvSolution 文件中 SIMPLE 下的 consistent 设为 yes， 则为真，调用
SIMPLEC
  if (simple.consistent())
  {
    rAtU = 1.0/(1.0/rAU - UEqn.H1());
    phiHbyA +=
      fvc::interpolate(rAtU() - rAU)*fvc::snGrad(p)*mesh.magSf();
    HbyA -= (rAU - rAtU())*fvc::grad(p);
  }

  tUEqn.clear();

  // Update the pressure BCs to ensure flux consistency
  constrainPressure(p, U, phiHbyA, rAtU(), MRF);

  // Non-orthogonal pressure corrector loop
  while (simple.correctNonOrthogonal())
  {
    fvScalarMatrix pEqn
    (
      fvm::laplacian(rAtU(), p) == fvc::div(phiHbyA)
    );
    pEqn.setReference(pRefCell, pRefValue);

    pEqn.solve();//求解压强方程
    if (simple.finalNonOrthogonalIter())
    {
      phi = phiHbyA - pEqn.flux();//计算面通量
```

```
    }
  }

  #include "continuityErrs.H"

  // Explicitly relax pressure for momentum corrector
  p.relax();//对压强场进行亚松驰

  // Momentum corrector
  U = HbyA - rAtU()*fvc::grad(p);
  U.correctBoundaryConditions();//对边界条件进行修正
  fvOptions.correct(U); //对 U 进行修正
}
```

3. 算例

算例采用 15.3.2 中的顶盖驱动流动问题。图 16.3 将 OpenFOAM 数值计算结果、Fluent 数值计算结果与基准解进行了对比，三者吻合良好。

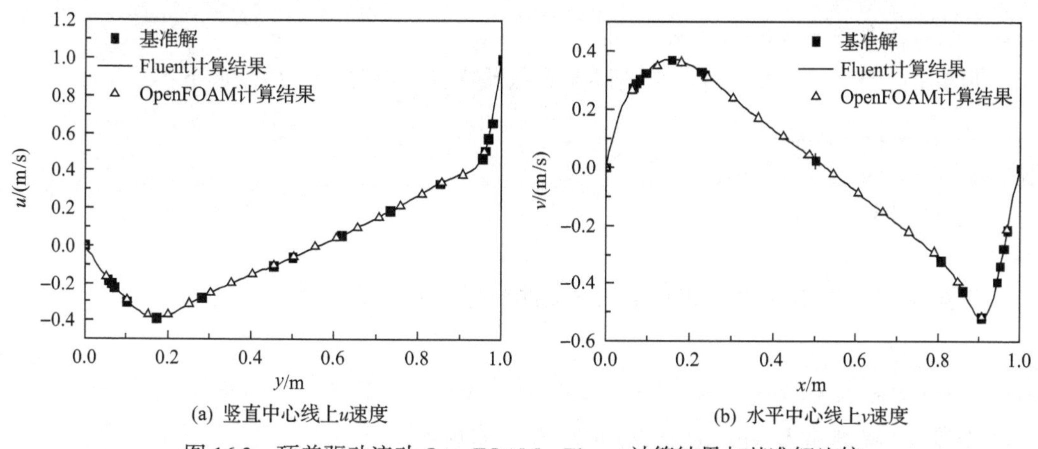

(a) 竖直中心线上 u 速度　　(b) 水平中心线上 v 速度

图 16.3　顶盖驱动流动 OpenFOAM、Fluent 计算结果与基准解比较

16.5　OpenFOAM 自定义求解器开发实例

16.4 节对 OpenFOAM 中常用的几个标准求解器进行了解析，使读者对 OpenFOAM 的求解器结构有了初步认识。下面以笔者针对稳态不可压缩流动问题开发的 idealSteadyFoam 为例，展示如何基于 OpenFOAM 开发自定义求解器。

16.5.1　开发背景

IDEAL 算法是一种高效的全隐压强-速度耦合算法，得到了国内外学者的广泛认可。随着流动传热工程问题日益复杂，求解问题的几何结构趋于复杂多样，控制方程的非线性不断增强，导致 IDEAL 算法的发展面临着两大瓶颈：一是现有研究均基于自主开发代码程序，很难被其他学者掌握；二是现有研究均是基于简单几何结构和层流过程，尚未研究 IDEAL 算法在复杂问题下的适用性，限制其推广应用。为了克服这两大瓶颈，笔者基于 OpenFOAM 软件开发了稳态不可压缩流动求解器 idealSteadyFoam，在该求解器中压强-速度耦合求解采用 IDEAL 算法。

16.5.2 开发步骤

本书第 8 章对 IDEAL 算法的求解过程进行了详细介绍，在此不再赘述。下面介绍如何以 simpleControl 类和 simpleFoam 求解器为基础，快速完成 idealSteadyFoam 求解器的开发。具体步骤如下。

第一步：建立 idealSteadyFoam 求解器的目录并编译。

步骤 1：复制 simpleFoam 求解器，并重命名为 idealSteadyFoam。终端操作命令如下：

```
cd $HOME/OpenFOAM/user-5.0/
mkdir application
cd application/
cp -r $FOAM_SOLVERS/ incompressible/simpleFoam/ ./idealSteadyFoam
```

其中，user 需替换为系统用户名。

步骤 2：删除不需要文件，并清除所有依赖文件。终端操作命令如下：

```
cd idealSteadyFoam/
rm -r porousSimpleFoam/
rm -r SRFSimpleFoam/
wclean
```

步骤 3：修改 Make 文件夹中的 file 文件内容如下：

```
idealSteadyFoam.C
EXE = $(FOAM_USER_APPBIN)/idealSteadyFoam
```

步骤 4：终端输入 wmake 命令，编译生成求解器。

第二步：定义 idealControl 类。

步骤 1：复制 simpleControl 类，并重命名为 idealControl。终端操作命令如下：

```
mkdir finiteVolume
cd finiteVolume/
cp -r $FOAM_SRC/finiteVolume/cfdTools/general/solutionControl/simpleControl/.
/idealControl
```

步骤 2：将 simpleControl.H 和 simpleControl.C 分别更名为 idealControl.H 和 idealControl.C，然后将 idealControl.H 和 idealControl.C 中的 simple 关键字都替换为 ideal、SIMPLE 都替换为 IDEAL。

步骤 3：在 idealControl.H 和 idealControl.C 中添加相应语句，具体语句及位置见表 16.13

和表 16.14。

表 16.13　idealControl.H 添加的语句及其位置

添加语句	添加位置
//- The number of first inner iteration process for pressure equation label N1_; //- The number of second inner iteration process for pressure equation label N2_;	Protected Data下

//- The number of first inner iteration process for pressure equation
inline label N1() const;
 	
//- The number of second inner iteration process for pressure equation
inline label N2() const;
	Member Functions下

#include "idealControlI.H"	#endif语句前

表 16.14　idealControl.C 添加的语句及其位置

添加语句	添加位置

// Read solution controls
const dictionary& idealDict = dict();
N1_=idealDict.lookupOrDefault<label>("N1", 4);
N2_=idealDict.lookupOrDefault<label>("N2", 4);
	solutionControl::read(true)语句之后

N1_(4), N2_(4)	initialised_(false)语言之后，且在initialised_(false)后加逗号

步骤 4：新建内联函数 idealControlI.H，具体内容如下：

```
// * * * * * * * * * * * * * * * Member Functions * * * * * * * * * * * * * * //

inline Foam::label Foam::idealControl::N1() const
{
  return N1_;
}

inline Foam::label Foam::idealControl::N2() const
{
  return N2_;
```

```
}
```

步骤 5：在 finiteVolume 下新建 Make 文件夹，再新建 files 和 options 文件，具体内容见表 16.15。

表 16.15　新建文件名称及内容

<table>
<tr><th>文件</th><th>内容</th></tr>
<tr><td>files</td><td><pre>idealControl/idealControl.C
LIB = $(FOAM_USER_LIBBIN)/libmyfiniteVolume</pre></td></tr>
<tr><td>options</td><td><pre>EXE_INC = \
  -I$(LIB_SRC)/triSurface/lnInclude \
  -I$(LIB_SRC)/meshTools/lnInclude \
  -I$(LIB_SRC)/finiteVolume/lnInclude \

LIB_LIBS = \
  -lOpenFOAM \
  -ltriSurface \
  -lmeshTools \
-lfiniteVolume</pre></td></tr>
</table>

步骤 6：在终端输入 wmake libso，编译生成 idealControl 类。

第三步：自定义 idealSteadyFoam 求解器。

步骤 1：将 createFields.H 中的“setRefCell(p, simple.dict(), pRefCell, pRefValue)”语句修改为“setRefCell(p, mesh.solutionDict().subDict("IDEAL"), pRefCell, pRefValue)”。

步骤 2：删除 UEqn.H 文件。

步骤 3：修改 pEqn.H，具体如下：

```
{
  volScalarField rAU(1.0/UEqn.A());
  volVectorField HbyA(constrainHbyA(rAU*UEqn.H(), U, p));
  surfaceScalarField phiHbyA("phiHbyA", fvc::flux(HbyA));
  MRF.makeRelative(phiHbyA);
  adjustPhi(phiHbyA, U, p);

  // Update the pressure BCs to ensure flux consistency
  constrainPressure(p, U, phiHbyA, rAU, MRF);

  // Non-orthogonal pressure corrector loop
  while (ideal.correctNonOrthogonal())
  {
    fvScalarMatrix pEqn
    (
      fvm::laplacian(rAU, p) == fvc::div(phiHbyA)
```

```
    );

    pEqn.setReference(pRefCell, pRefValue);

    pEqn.solve();

    if (ideal.finalNonOrthogonalIter())
    {
      phi = phiHbyA - pEqn.flux();
    }
  }

  #include "continuityErrs.H"

  // Explicitly relax pressure for momentum corrector
  p.relax();

  // Momentum corrector
  U = HbyA - rAU*fvc::grad(p);
  U.correctBoundaryConditions();
  fvOptions.correct(U);
}
```

步骤 4：将 idealSteadyFoam.C 文件中的 simple 关键字全部替换为 ideal，SIMPLE 关键字全部替换为 IDEAL，将压强-速度耦合求解的核心代码替换为

```
    // Momentum predictor
    MRF.correctBoundaryVelocity(U);

    fvVectorMatrix UEqn
    (
      fvm::div(phi, U)
     + MRF.DDt(U)
     + turbulence->divDevReff(U)
     ==
      fvOptions(U)
    );

    UEqn.relax();
    fvOptions.constrain(UEqn);
    for (int corr=0; corr<ideal.N1(); corr++)
    {
      #include "pEqn.H"
```

```
    }

    solve(UEqn == -fvc::grad(p));

    fvOptions.correct(U);

    for (int corr=0; corr<ideal.N2(); corr++)
    {
      #include "pEqn.H"
    }
```

步骤 5：修改 Make 文件夹下的 options 文件，具体如下：

```
EXE_INC = \
  -I$(LIB_SRC)/TurbulenceModels/turbulenceModels/lnInclude \
  -I$(LIB_SRC)/TurbulenceModels/incompressible/lnInclude \
  -I$(LIB_SRC)/transportModels \
  -I$(LIB_SRC)/transportModels/incompressible/singlePhaseTransportModel \
  -I$(LIB_SRC)/finiteVolume/lnInclude \
  -I$(LIB_SRC)/meshTools/lnInclude \
  -I$(LIB_SRC)/sampling/lnInclude \
  -IfiniteVolume/lnInclude/

EXE_LIBS = \
  -lturbulenceModels \
  -lincompressibleTurbulenceModels \
  -lincompressibleTransportModels \
  -lfiniteVolume \
  -lmeshTools \
  -lfvOptions \
  -lsampling \
  $(FOAM_USER_LIBBIN)/libmyfiniteVolume.so
```

步骤 6：在终端输入 wmake 命令，编译生成 idealSteadyFoam 求解器。

16.5.3 求解性能分析

这里以直流式旋流分离器为例，对 IDEAL 算法的求解性能进行分析。图 16.4 比较了 SIMPLE, SIMPLEC, IDEAL 算法在不同湍流模型下的计算时间和健壮性。如图 16.4(a)和(b)所示，当湍流模型为 k-ω SST 模型和 k-ω 模型时，SIMPLE 和 SIMPLEC 算法只能在亚松弛因子 $\alpha \leqslant 0.8$ ($E \leqslant 4$)时得到收敛解，而 IDEAL 算法在 α 取值达到 0.97 时，仍能获得收敛解。当速度亚松弛因子取值较大时，IDEAL 算法的计算效率高于 SIMPLE 和 SIMPLEC 算法。图 16.4(c)仅给出了 IDEAL 算法在不同时步倍率下的计算时间。这是由于湍流模型为标准 k-ε 模型时，SIMPLE 和 SIMPLEC 算法均无法获得收敛的解，而 IDEAL 算法在 α 取值达到 0.97 时，仍能获得收敛解。综上所述，IDEAL 算法在不同湍流模型下的收敛性和健壮性均优于 SIMPLE 和 SIMPLEC 算法[详见文献 Deng 等(2017)]。

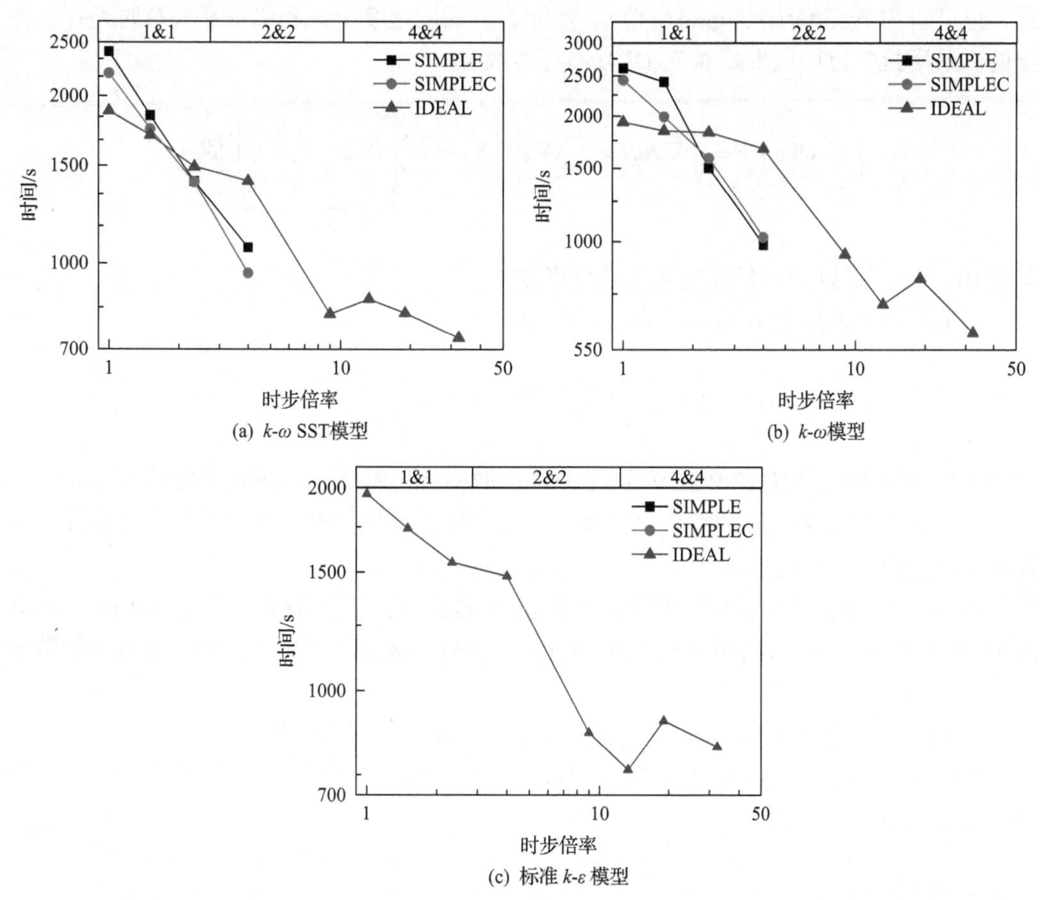

图 16.4　SIMPLE, SIMPLEC, IDEAL 算法在不同湍流模型下计算时间和健壮性比较

16.6　典型习题解析

例 1　对于稳态问题，对流项离散格式附加 bounded 关键词通常可加快收敛速度，对于非稳态问题则不然，试分析原因。

【解析】 本题考查对流项离散格式。

对于对流项，有 $\boldsymbol{U}\cdot\nabla\phi=\nabla\cdot(\boldsymbol{U}\phi)-(\nabla\cdot\boldsymbol{U})\phi$。对于稳态问题，收敛时 $\nabla\cdot\boldsymbol{U}=0$，也就是上式中第三项 $(\nabla\cdot\boldsymbol{U})\phi$ 为 0。但在收敛前，$(\nabla\cdot\boldsymbol{U})\phi\neq0$，通过附加 bounded 关键词，OpenFOAM 在计算过程中会包含这一项，使每一迭代步的计算结果更为准确，从而加速收敛。然而，对于非稳态问题，每一时间步均收敛($\nabla\cdot\boldsymbol{U}\approx0$)，因此无需附加 bounded

关键词考虑 $(\nabla\cdot\boldsymbol{U})\phi$ 项的影响。

例 2　在数值传热学中，扩散项通常写为 div[grad(ϕ)]，而在 OpenFOAM 中扩散项写为 laplacian(ϕ)，试分析对比两者的差异。

【解析】 本题考查扩散项的离散。

从数学形式上来看，扩散项 $\nabla\cdot(\nabla\phi)$ 在 OpenFOAM 中既可写为 fvc::laplacian(psi) 的形式，也可写为 fvc::div(fvc::grad(psi))。然而，方程的连续形式和离散形式有时是存在差异的。采用拉普拉斯项形式对 $\nabla\cdot(\nabla\phi)$ 进行离散有

$$\int\nabla\cdot(\nabla\phi)\mathrm{d}V=\int\nabla\phi\mathrm{d}S=\sum(\nabla\phi)_f\boldsymbol{S}_f=\sum\underbrace{\left((\nabla\phi)_f\cdot\frac{\boldsymbol{S}_f}{\left|\boldsymbol{S}_f\right|}\right)}_{\text{snGrad}}\cdot\left|\boldsymbol{S}_f\right|$$

其中 snGrad 项可以调用紧致基架点进行离散。

若采用散度梯度的形式对 $\nabla\cdot(\nabla\phi)$ 进行离散有

$$\int\nabla\cdot(\nabla\phi)\mathrm{d}V=\int\nabla\cdot\left(\frac{1}{\Delta V}\sum\phi_f\boldsymbol{S}_f\right)\mathrm{d}V=\sum\left(\frac{1}{\Delta V}\sum\phi_f\boldsymbol{S}_f\right)_f\cdot\boldsymbol{S}_f$$

式中，$\nabla\phi$ 调用梯度离散格式；$\nabla\cdot$ 调用散度离散格式，整体上形成非紧致基架点。

压强方程存在压强 p 的拉普拉斯项，只有采用拉普拉斯形式进行离散，才能保证调用紧致基架点防止震荡。

例 3　在 OpenFOAM 的不可压缩湍流求解器中，扩散项通常写为 turbulence->divDevSigma(U)，试查找源代码找到 divDevSigma() 函数的定义，并整理成常见的数学形式。

【解析】 本题考查如何查考找 OpenFOAM，并翻译成数学公式。

在 www.openfoam.org 网站上的 C++ Source Code Guide 中输入 divDevSigma，可找到相关信息如下(图 16.5)。

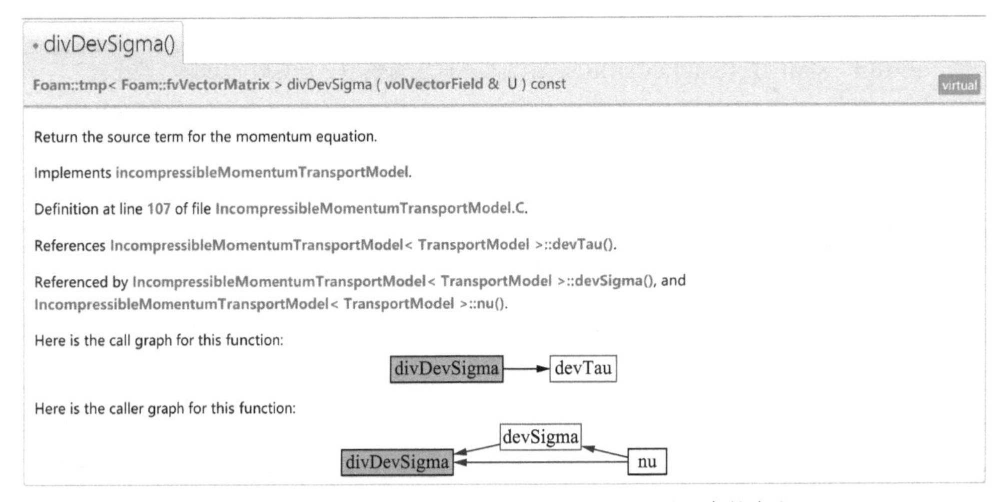
• divDevSigma()

Foam::tmp< Foam::fvVectorMatrix > divDevSigma (volVectorField & U) const　virtual

Return the source term for the momentum equation.

Implements incompressibleMomentumTransportModel.

Definition at line 107 of file IncompressibleMomentumTransportModel.C.

References IncompressibleMomentumTransportModel< TransportModel >::devTau().

Referenced by IncompressibleMomentumTransportModel< TransportModel >::devSigma(), and IncompressibleMomentumTransportModel< TransportModel >::nu().

Here is the call graph for this function:

Here is the caller graph for this function:

图 16.5　divDevSigma 在 C++ Source Code Guide 中的定义

divDevSigma 定义在 src/MomentumTransportModels/incompressible/Incompressible MomentumTransportModel 目录下的 IncompressibleMomentumTransportModel.C 文件中，其函数定义为

```
template<class TransportModel>
Foam::tmp<Foam::fvVectorMatrix>
Foam::IncompressibleMomentumTransportModel<TransportModel>::divDevSigma
(
  volVectorField& U
) const
{
  return divDevTau(U);
```

下面进一步查找 divDevTau 函数的定义。对于 RAS 模型，其定义为

```
template<class BasicMomentumTransportModel>
Foam::tmp<Foam::fvVectorMatrix>
Foam::linearViscousStress<BasicMomentumTransportModel>::divDevTau
(
  volVectorField& U
) const
{
  return
  (
   -
fvc::div((this->alpha_*this->rho_*this->nuEff())*dev2(T(fvc::grad(U))))
   - fvm::laplacian(this->alpha_*this->rho_*this->nuEff(), U)
  );
}
```

对于不可压缩湍流流动，将代码整理成数学形式有

$$\text{divDevReff} = -\nabla\cdot(\nu_{\text{eff}}(\nabla\boldsymbol{U})^{\text{T}}) - \nabla\cdot(\nu_{\text{eff}}(\nabla\boldsymbol{U}))$$

例 4　试编写程序，读取 OpenFOAM 算例的网格信息，并输出网格单元的中心位置矢量、每个网格的体积以及面中心的位置矢量。

【解析】 本题考查 OpenFOAM 的网格信息。

编写该程序的核心思想为定义 fvMesh 类的对象 mesh，读取网格信息，然后利用函数 C()、V()和 Cf()获取相应的网格信息。

```
\*-----------------------------------------------------------------------
---*/
#include "argList.H"
#include "fvMesh.H"
```

```
#include "volFields.H"
#include "surfaceFields.H"

using namespace Foam;

// * * * * * * * * * * * * * * * * * * * * * * * * * * * * * * * * * * * //
// Main program:
int main(int argc, char *argv[])
{
  #include "setRootCase.H"
  #include "createTime.H"
  Info<< "Create mesh, no clear-out\n" << endl;
  fvMesh mesh
  (
    IOobject
    (
      fvMesh::defaultRegion,
      runTime.timeName(),
      runTime,
      IOobject::MUST_READ
    )
  );

  Info<< mesh.C() << endl;
  Info<< mesh.V() << endl;

  surfaceVectorField Cf = mesh.Cf();

  Info<< Cf << endl;
  Info<< "End\n" << endl;
  return 0;
}
// ********************************************************************** //
```

例 5　试采用 OpenFOAM 软件求解 15.3.4 节中的封闭方腔内空气自然对流湍流流动问题，并与 Fluent 计算结果以及实验结果进行对比。

【解析】 本题考查使用 OpenFOAM 计算自然对流问题。

该问题为稳态自然对流传热问题，需采用 buoyantSimpleFoam 求解器进行求解。图 16.6 比较了 $y/H=0.5$ 观测线上温度和 v 速度的 OpenFOAM 计算结果、Fluent 计算结果与实验结果，三者吻合良好。

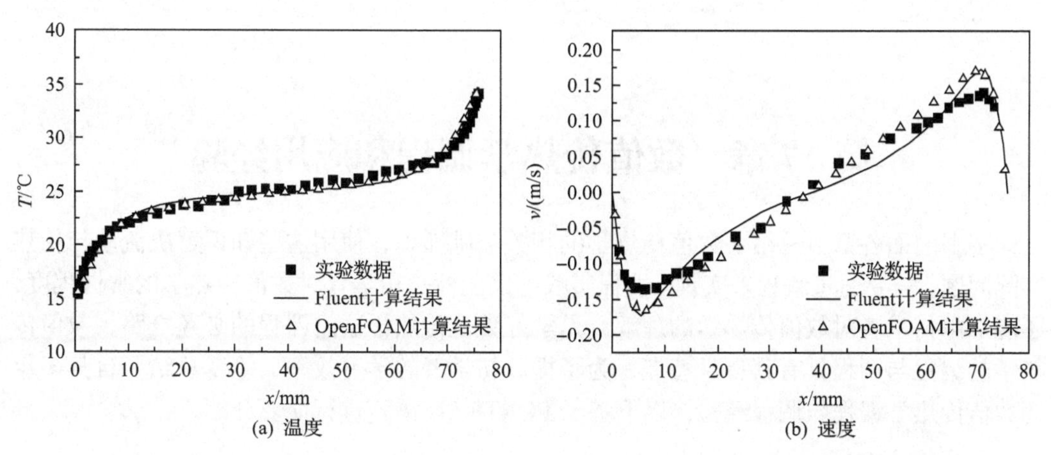

图 16.6　封闭方腔空气自然对流湍流流动 Fluent, OpenFOAM 计算结果与实验数据比较

16.7　编 程 实 践

1. 变物性导热问题

习题 1　针对 15.9 节中习题 1 的变物性导热问题，试采用 OpenFOAM 进行求解，并与 Fluent 的计算结果进行比较。

2. 湍流模型改进

习题 2　针对 15.9 节中习题 2 的改进 SST k-ω 模型开发问题，试采用 OpenFOAM 进行开发，并与 Fluent 的计算结果进行比较。

3. Sun 相变换热模型

习题 3　针对 15.7 节中的 Sun 相变换热模型，试采用 OpenFOAM 进行模型开发，并与 Fluent 的计算结果进行比较。

第 17 章　数值传热学调程和应用经验

本书前面各章节总结了数值传热学的相关基础知识，使用这些知识解决流动与传热实际问题，需要通过编程来实现。编程实践不仅能检验初学者对数值传热学的掌握程度，还能加深初学者对数值传热学的理解，是学好数值传热学这门课程的必经之路。数值传热学的编程与调程具有其自身特点，为了提高初学者的学习效率，笔者总结了自身多年的数值传热学编程与调程经验，以下基于 FORTRAN 语言进行简要介绍。

17.1　数值传热学编程风格和建议

编程是数值传热学的实施手段，对于初学者而言，养成良好的编程风格和编程习惯，有利于编程实践的开展以及后期程序的修改与拓展。本节结合数值传热学特点，介绍其编程风格，并给出编程建议。

17.1.1　数值传热学编程风格

程序模块化是编程的最基本原则之一，具有编程与调程方便、可移植性好等优点。根据数值传热学的特点，可从程序模块功能的角度将程序从大的方面划分为以下几大模块。

(1) 输入及初始化模块：该模块主要为实施算法进行计算条件上的准备。

①输入子模块：进行计算条件的输入，包括计算区域大小和形状、时空步长等参数。

②网格生成模块：根据输入的计算条件进行计算区域网格划分。

③初始化子模块：进行初场设置，对稳态问题，该初场即迭代初值，对非稳态问题，该初场即初始状态。

(2) 计算求解模块：该模块主要负责求解算法的实施。

①方程离散子模块：根据选用的求解算法对应的方程模型和离散化方法，进行离散方程组系数和源项的求解。

②代数方程组求解子模块：根据选用的方程组求解方法对方程组进行求解。

(3) 输出模块：该模块主要完成计算结果的展示和输出。

对以上功能模块还可以进一步细分，例如在方程离散模块中可以设置对流项离散和附加源项法等子模块；代数方程组求解模块中可以设置不同求解器子模块。

除了程序模块化之外，还需注意以下几点。

(1) 变量和功能模块命名规则：对变量命名时，应尽量根据学科常用的变量命名习惯进行命名，例如压强变量通常命名为 P。而对功能模块命名时，应尽量根据其实现的功能进行命名，例如初始化/初始条件模块一般写为 INIT(...)。

(2) 代码排版：采用满足缩进规范的排版模式有利于程序的阅读、修改和调试，并可清晰地展示程序的逻辑结构。

(3)程序注释：在编写数值传热程序的同时，对变量含义和功能模块等进行注释，不仅可增加程序的可读性，还可为后期程序修改和扩展提供便利。

表 17.1 以 IDEAL 算法求解三维方腔自然对流的程序为例，展示以上编程风格。

表 17.1　编程风格示意

!*** !程序功能：三维方腔自然对流的 IDEAL 算法 !求解方法：有限容积法 !网格划分：同位网格 !离散格式：扩散项采用中心差分格式；对流项采用 SGSD 格式，同时 !采用延迟修正方法 !求解器：ADI 迭代法 !模块划分：该程序主要包括主程序模块-MAIN，输入模块-INPUT，网格生成模块-GRID,初始化模块-INIT，边界条件模块-BOUND，方程离散和求解算法模块-IDEAL,代数方程求解模块-SOLVE 和输出模块-OUTPUT 等 !***	对程序整体进行简单介绍
!***************************全局变量定义模块*************************** MODULE GLOBAL IMPLICIT NONE INTEGER, PARAMETER :: ID=110,JD=110,KD=110 LOGICAL LSTOP REAL(KIND=8) FLOW,DIFF,ACOF REAL(KIND=8) F(ID,JD,KD,11),RHO(ID,JD,KD),GAM(ID,JD,KD), & CON(ID,JD,KD), AIP(ID,JD,KD),AIM(ID,JD,KD),AJP(ID,JD,KD),& AJM(ID,JD,KD),AKP(ID,JD,KD), AKM(ID,JD,KD),AP(ID,JD,KD),& X(ID),XU(ID),XDIF(ID),XCV(ID),Y(JD),YV(JD), YDIF(JD), & YCV(JD),Z(KD),ZW(KD),ZDIF(KD),ZCV(KD),AX(JD,KD),AY(ID,KD),& AZ(ID,JD),FX(ID),FXM(ID),FY(JD),FYM(JD),FZ(KD),FZM(KD)& REAL(KIND=8) SMAXU,SMAXV,SMAXW,SMAXP,SMAXT,SAVEU,SAVEV,& SAVEW,SAVEP,SAVET .... END MODULE	根据学科常用的变量命名习惯进行命名
!***************************变量含义注释********************************* ! ID---X方向最大网格数； JD---Y方向最大网格数； KD---Z方向最大网格数 ! F---待求解变量，序号1指速度U，2指速度V，3指速度W，5指温度T，11指压强P ! RHO---密度；GAM---广义扩散系数；CON---离散方程源项 ! AIP,AIM,AJP,AJM,AKP,AKM,AP---离散方程系数 ! X,Y,Z---计算节点坐标值；XU,YV,ZV---控制容积界面位置 ! XDIF,YDIF,ZDIF---两相邻计算节点间距；XCV,YCV,ZCV---两相邻界面间距 ! AX,AY,AZ---控制容积界面位置面积；FX,FXM,FY,FYM,FZ,FZM---插值系数 ! SMAXU---u动量方程整场规正余量的最大值 ! SMAXV---v动量方程整场规正余量的最大值	详细的变量注释

续表

```
! SMAXW---w动量方程整场规正余量的最大值
! SMAXP---压强方程整场规正余量的最大值
! SMAXT---能量方程整场规正余量的最大值
! SAVEU---u动量方程整场规正余量的平均值
! SAVEV---v动量方程整场规正余量的平均值
! SAVEW---w动量方程整场规正余量的平均值
! SAVEP---压强方程整场规正余量的平均值
! SAVET---能量方程整场规正余量的平均值

.......

!*************************************************************************
主程序模块
!*************************************************************************
  PROGRAM MAIN
  USE GLOBAL
  IMPLICIT NONE
  INTEGER I
  CALL INPUT
  CALL GRID
  CALL INIT
  DO I=1,10E10
    CALL DENSE
    CALL BOUND
    CALL IDEAL
    CALL OUTPUT
    IF(LSTOP) STOP
  ENDDO
  END
!***************************************************************************
                    子程序模块
!***************************************************************************
!********************************输入模块********************************
    SUBROUTINE INPUT

    .......

  END
!******************************网格生成模块******************************
    SUBROUTINE GRID

    .......

  END
!********************************初始化模块******************************
```

模块化编程，由主程序控制实施过程

对模块功能进行说明

程序模块根据其实现的功能进行命名

续表

```
  SUBROUTINE INIT

   .......

 END
!**************************边界条件设定模块*****************************
  SUBROUTINE BOUND

   .......

   END
!************************方程离散和求解算法模块************************
 SUBROUTINE IDEAL
   .......

   !----u动量方程整场规正余量的最大值和平均值---------------------
   A_MAX=0.0
 F_MAX=0.0
 DO K=2,N2
   DO J=2,M2
     DO I=2,L2
       A_MAX(I,J,K)=MAX(A_MAX(I,J,K),ABS(AP(I,J,K)))
       A_MAX(I,J,K)=MAX(A_MAX(I,J,K),ABS(AIP(I,J,K)))
       A_MAX(I,J,K)=MAX(A_MAX(I,J,K),ABS(AIM(I,J,K)))
       A_MAX(I,J,K)=MAX(A_MAX(I,J,K),ABS(AJP(I,J,K)))
       A_MAX(I,J,K)=MAX(A_MAX(I,J,K),ABS(AJM(I,J,K)))
       A_MAX(I,J,K)=MAX(A_MAX(I,J,K),ABS(AKP(I,J,K)))
       A_MAX(I,J,K)=MAX(A_MAX(I,J,K),ABS(AKM(I,J,K)))
       F_MAX=MAX(F_MAX,ABS(F(I,J,K,NF)))
     ENDDO
       ENDDO
 ENDDO
 SMAXU=0.0
 SAVEU=0.0
 DO K=2,N2
   DO J=2,M2
     DO I=2,L2
       AAAA=(AP(I,J,K)*F(I,J,K,NF)-(AIP(I,J,K)*F(I+1,J,K,NF)+&
       AIM(I,J,K)*F(I-1,J,K,NF)+AJP(I,J,K)*F(I,J+1,K,NF)+&
       AJM(I,J,K)*F(I,J-1,K,NF)+AKP(I,J,K)*F(I,J,K+1,NF)+&
       AKM(I,J,K)*F(I,J,K-1,NF)+CONB(I,J,K)))/&
       (A_MAX(I,J,K)*F_MAX+1.0E-30)
       SMAXU=MAX(SMAXU,ABS(AAAA))
       SAVEU=SAVEU+ABS(AAAA)
     ENDDO
```

规正余量的最大值和平均值计算

代码满足缩进规范

续表

```
    ENDDO
  ENDDO
   SAVEU=SAVEU/((L1-2)*(M1-2)*(N1-2))
        .......
  END
!*****************附加源项法及广义扩散系数等设定模块********************
  SUBROUTINE GAMSOR
   .......
  END

!************************代数方程组求解器模块**************************
   SUBROUTINE SOLVE
        .......
    END

!*****************************数据输出模块*****************************
    SUBROUTINE OUTPUT

    .......

    !----局部 NU 数最大值的相对变化率----------------------
   IF(ITER.GT.0) THEN
    DO K=2,N2
      DO J=2,M2
        DTDY_H=(T(1,J,K)-T(2,J,K))/XDIF(2)
        NU_H=DTDY_H*YL
        NU_MAX(ITER)=MAX(NU_MAX(ITER),ABS(NU_H))
        DTDY_C=(T(L2,J,K)-T(L1,J,K))/XDIF(L1)
        NU_C=DTDY_C*YL
        NU_MAX(ITER)=MAX(NU_MAX(ITER),ABS(NU_C))
      ENDDO
    ENDDO
    IF(ITER.GT.10) THEN
NU_MAX_VARI=ABS(NU_MAX(ITER)-NU_MAX(ITER-10))/(NU_MAX(ITER)+1.0E-30)
    ENDIF
  ENDIF

        .......

    IF(SMAXU.GT.EPSS.OR.SMAXV.GT.EPSS.OR.SMAXW.GT.EPSS.OR. & SMAXP.GT.EPSS.
    OR.SMAXT.GT.EPSS.OR.SAVEU.GT.EPSS.OR. & SAVEV.GT.EPSS.OR.SAVEW.GT.EPSS.
    OR.SAVEP.GT.EPSS.OR. &
  SAVET.GT.EPSS.OR.NU_MAX_VARI.GT.EPSSNU.OR. ITER.LE.10.AND.&
  ITER.LT.LAST) RETURN
  LSTOP=.TRUE.
        .......
```

计算局部 NU 数最大值的相对变化率

进行多标准结果收敛判断(规正余量、局部 NU 数最大值的相对变化率以及最大、最小迭代步)

结果以文件形式输出

续表

```
  OPEN(21,FILE='UVT.DAT')
   WRITE(21,*)'VARIABLES="X" "Y" "U" "V" "P" "T"'
 WRITE(21,*)'ZONE ',' I=',L1,' J=',M1
 DO J=1,M1
   DO I=1,L1
    WRITE(21,*)X(I),Y(J),U(I,J,MMZ),V(I,J,MMZ),P(I,J,MMZ),&
    F(I,J,MMZ,5)
   ENDDO
 ENDDO
 CLOSE(21)
      .......

  END
```

17.1.2　数值传热学编程建议

不同流动与传热问题的编程过程不尽相同，但存在诸多共性。为让初学者少走弯路，笔者根据数值传热学特点，结合以往的编程经验，给出如下建议。

(1) 变量定义。

每个子函数中建议添加强制变量定义语句“IMPLICIT NONE”，添加该编译指令后编译器将自动检查变量在使用前是否进行了定义，防止因为疏忽出现的变量名称书写错误；当定义浮点型变量时，建议采用双精度型，以减少计算机舍入误差对数值计算结果的影响；当局部数组长度定义较大时，可能导致子函数内存溢出，建议采用全局数组或动态数组，当使用动态数组时，内存要及时释放。

(2) 输入文件。

当参数以文件的形式输入时，建议采用相对路径，避免程序源文件变换存储路径时，导致文件读取错误。

(3) 网格划分。

网格划分时，建议在待求变量变化剧烈的区域进行局部加密；网格长宽比不宜过大；网格进行非均分划分时需均匀过渡。

(4) 边界条件。

建议按照第 5 章介绍的附加源项法将常用的三类边界条件统一处理，使程序更加简洁明了。

(5) 初始化/初始条件。

对于稳态问题，初场应参考类似问题的数值计算经验进行设置，以保证各变量之间的协调性和计算过程的稳定性，提高程序收敛速度。对于非稳态问题，初始条件是指实际物理问题的初始状态，应根据实际情况设置。

(6) 离散方程系数和源项。

当采用内节点法进行方程离散时，建议对边界邻点和其他内节点分别处理；当控制方程源项是待求变量的函数时，建议采用局部线性化(斜率为负数)处理，以保证离散方程系数矩阵主对角占优；在同位网格中，建议采用笔者提出的改进动量插值方法获得压强修正方程或压强方程的系数和源项，该方法可得到与亚松弛因子和时间步长均无关的解。

(7) 代数方程组求解及其收敛标准。

在求解压强修正值的代数方程组之前，为加速收敛，应将压强修正值的迭代初场设置为 0；在 CS 格式多重网格的实施过程中，在粗网格上求解待求变量误差的代数方程组之前，需将误差的迭代初场设置为 0；内迭代求解代数方程组所得结果仅为临时值，建议设置较为宽松的收敛标准。

(8) 求解算法及其收敛标准。

对于复杂问题，建议采用具有收敛性和健壮性较好的求解算法；对于工程问题，为了提高计算效率，选取较大的时间步长，建议采用全隐格式离散；对于对流换热的机理研究，为了捕捉物理量在时间上的微小变化，应选取较小的时间步长，建议使用显式的求解算法提高求解效率；在进行求解算法收敛性判断时，建议采用多重标准，如规正余量和特征值的相对变化率等，以确保得到准确的收敛结果。

(9) 结果输出。

建议每隔若干迭代步输出规正余量和特征值的相对变化率等，以便对求解过程进行实时监控；文件输出时，建议采用相对路径；当涉及大量文件读写时，建议使用无格式的二进制文件，减少文件读写耗时；当输出文件较多时，建议根据文件内容类型，输出到不同的文件夹中，以便管理和分析；对于计算耗时较长的问题，建议每隔一定迭代步以文件形式输出中间结果，当程序意外中断时可读取中间结果继续计算。

(10) 其他。

当分母中存在变量时，建议在分母上加一个小量(如 10^{-30})，以免出现除“0”问题；为了减少开发难度和提高程序的复用性，建议将通用功能模块进行封装。

17.2　数值传热学编程常见错误及调程建议

数值传热学的程序涉及多个功能模块，各个模块之间相互关联，在编程过程中极易出现各种类型的错误。数值传热学编程常见错误可分为两类，第一类是语法错误，第二类是逻辑错误。本节主要介绍这两类错误，并给出调程建议。

17.2.1　数值传热学编程中常见语法错误

常见的语法错误可分为编译时语法错误和运行时语法错误。编译时发生语法错误，编译系统会告知出现错误的位置及原因。常见的错误包括以下几种。

(1) 函数传参错误。例如自定义函数名为“SOLVE(A)”，而调用该函数时写成没有参数传递的“SOLVE()”。

(2) 数据类型错误。例如调用平方根函数时，错误地写成了“SQRT(2)”的形式，正确方式应为“SQRT(2D0)”或“SQRT(2.0)”。

(3) 代码中出现编译器无法识别的字符。例如希腊字母或中文状态下的括号、分号等。

(4) 当使用“IMPLICIT NONE”编译指令时，变量使用之前未定义。

(5)“IF”或“DO”等逻辑语句的格式未正确编写。例如“IF”没有对应的“END IF”或“DO”没有对应的“END DO”。

当运行中发生语法错误时，程序将发生中断或监测结果出现 NaN 或 Infinity 等情况，编译器不会提示具体的错误原因，更不会指定错误的位置。常见的错误包括以下几种。

(1)运算操作不合法。例如“对负数开方”或者“分母为零”等。

(2)数组越界。例如代数方程组的求解过程中涉及相邻节点间的运算：T(I, J)=[AW(I, J)*T(I-1, J)+AE(I, J)*T(I+1, J)+B(I, J)]/AP(I, J)，此时“I+1”或者“I-1”可能会超出数组定义范围。

(3)文件路径错误。例如读取的目标文件未在指定路径下。

(4)输入文件数据不完整。例如程序需读入 20 个数据，而输入文件中仅有 19 个数据。

(5)读入数据类型错误。例如从输入文件中读取整型或浮点数数据时遇到非数字的字符。

(6)堆栈溢出。例如函数中的局部数组长度通过形参确定，当调用该函数时，传入形参过大，导致堆栈溢出。

17.2.2　数值传热学编程中常见逻辑错误

逻辑错误是指编译器无法直接识别的错误，该错误可能导致程序运行过程中出现发散、无法收敛或结果不正确等问题。以下给出常见的逻辑错误及原因。

1. 导致计算发散的逻辑错误及原因

(1)字符书写或遗漏错误。例如将“+”写成“−”；将“T(I, J+1)”写成“T(I, J)”等。

(2)变量未初始化。对于 FORTRAN 语言而言，全局变量未初始化默认为 0，而局部变量未初始化则默认为一个很大的负数，直接采用未初始化的变量进行运算，可能导致计算发散。

(3)除零操作。当程序出现除零操作时，计算结果为无穷大，超出数据类型允许范围，导致计算发散。

(4)初始条件设置不合理。例如在湍流数值模拟中，当各待求变量初始场设置不合理时，各变量之间不协调，导致 k, ε中间计算结果出现负值或很大的值，与实际物理现象相悖，致使计算发散。

(5)初值稳定性不满足。采用显式格式离散控制方程时，过大的时间步长或过于密集的网格不满足初值稳定性条件，可能导致计算发散。

(6)亚松弛因子过大。当选取的亚松弛因子超出算法的收敛区间时，将导致计算发散。

(7)时间步长过大。对于非稳态问题，时间步长过大可能导致计算发散。

2. 导致计算收敛困难或无法收敛的逻辑错误及原因

(1)算法实施不合理。例如在 SIMPLE 算法实施过程中，压强修正方程的内迭代初场未设置为 0，导致计算过程收敛缓慢。

(2)代数方程组求解器实施不合理。例如对于多重网格，CS 格式中粗网格上的迭代初场未设置为 0；限定算子和延拓算子选取不恰当；网格层数以及每层光顺次数设置不合理等，直接影响代数方程组求解的收敛速度。

(3) 整场质量不守恒。例如处理出口边界条件时，如果整场质量不进行强制守恒，通常很难获得收敛的解。

(4) 亚松弛因子过小。当选取的亚松弛因子过小时，将导致计算收敛缓慢，耗时较长。

(5) 收敛标准过于严格。收敛标准设置过于严格，可能导致程序无法收敛，陷入死循环。

3. 导致计算结果不正确的逻辑错误及原因

(1) 参数输入错误。当计算参数输入有误时，所得到的收敛解为错误的计算结果。

(2) 整型相除问题。例如在程序中写入语句“L=3/2*H”，预期 L 的结果为 1.5H，但实际结果为 H，导致计算结果错误。

(3) 网格设置问题。当网格过于稀疏时，所获得计算结果与网格尺寸相关，未达到网格无关的解，导致计算结果出现偏差。

(4) 边界条件问题。处理第二类边界条件时，未正确区分热流密度方向；处理第三类边界条件时，未正确区分傅里叶导热公式与牛顿冷却公式之间的正负号关系。

(5) 对流项离散格式问题。当离散格式精度过低时，如采用一阶迎风格式，会引起假扩散现象，导致计算结果不够准确；当采用条件稳定或非有界格式时，在物理量变化剧烈的区域会造成数值解的非物理振荡或越界现象。

(6) 动量插值问题。在同位网格中，当采用与时间步长和亚松弛因子相关的动量插值方法时，会导致计算结果不唯一。

(7) 收敛标准过于宽松。过于宽松的收敛标准下获得的收敛结果会与准确结果具有一定偏差。

17.2.3　数值传热学调程建议

程序调试既需要编程者掌握一定的调程技巧，又要求编程者具有把握全局的能力及足够的耐心和细致。为提高调程效率，笔者结合多年的调程经验，给出如下建议。

(1) 模块-功能-整体逐级调试。

在调试过程中，建议采用“逐块调试，稳步推进”的调程原则。该原则核心思想为：首先，逐个调试每个模块，确保其正确性；然后，以功能为单位整合相应的模块，进行功能调试；最后，集成所有功能，完成整体调试。

(2) 从简单问题到复杂问题调试。

在调试过程中，建议采用“由简至繁”的调程方法，具体可分为以下三种情况：①从简单到复杂，如由简单网格到复杂网格，由一阶迎风格式到高阶有界格式，由简单求解器到复杂高效求解器，由层流到湍流，由单相到多相等；②从单场到多场，先调试单场，逐个击破，再多场耦合调试；③复杂问题拆解，将复杂问题拆解为多个可验证的简单问题，再叠加为复杂问题，从而保证复杂问题程序的正确性。

(3) 断点调试。

断点调试是编译器自带的调试工具，可根据自己对错误程序的初步判断在程序的某一位置或者多个位置设置断点，以便查看断点位置各个变量当前值，判断程序错误原因。该调程方法具有便捷高效的特点，将在下一节进行详细介绍。

(4) 窗口输出调试。

利用输出窗口对程序进行监控调试。随迭代过程的推进，将一些重要的变量(如控制容积最大质量残差等)和方程收敛判据(如离散方程规正余量等)输出到命令窗口，根据输出内容进行错误判断和原因分析。

(5) 可视化调试。

数值传热学程序调试过程中，通常很难通过局部数据准确判断程序的错误原因，建议将流场、温度场和压强场等计算结果以文件形式输出，然后采用后处理软件(如 Tecplot、Origin 等)进行可视化分析。

(6) 手算对比调试。

将复杂问题拆解为可手算的简单问题，然后通过手算方式计算待求结果，并与模拟结果进行对比分析，准确判断程序错误所在位置和类型。

(7) 轮换性调试。

采用轮换性原则将所有计算区域和边界条件旋转 90°，通过对比两次计算结果差异，可确定数组下标等是否有误。

(8) 程序正确性及健壮性验证。

①程序结果正确性验证：加密网格，验证计算结果是否为网格无关解；输出所计算的物理场特征值，判断是否满足物理意义；采用 Tecplot 等软件进行结果可视化分析，判断是否存在奇异点；搭建经典问题的数值实验算例，与基准解进行对比验证，或者与商业软件(ANSYS Fluent、STAR-CCM+等)和开源软件(OpenFOAM、SU2 等)的计算结果进行对比验证；对于工程问题，最有效的验证方法是与可靠的实验数据进行对比验证。

②程序健壮性验证：在多种计算条件以及极端计算条件情况下对程序的健壮性进行测试，如更换计算区域、更换边界条件等。

17.3　调程工具简介

流动传热问题一般为多变量耦合问题，程序复杂，通常在调试过程中需同时监控多个变量。为了提高调程效率，可利用编译环境自带的断点调试功能进行多变量监控与输出。本节以 IDEAL 算法求解三维方腔自然对流的程序为例，介绍 Visual Studio 编译器的断点调试功能。

(1) 设置断点的方法。

用鼠标左键单击代码左侧的竖直栏即可生成断点。如图 17.1 所示，在多个功能模块的调用语句处均设置了断点。

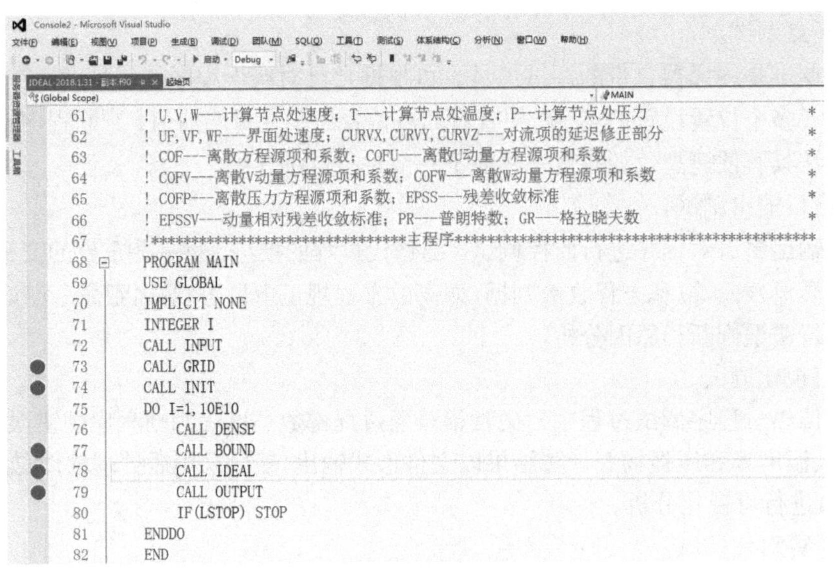

图 17.1　设置程序断点示意图

(2)断点执行。

按 F5 键，程序将会执行到第一个断点处暂停，如图 17.2 所示。

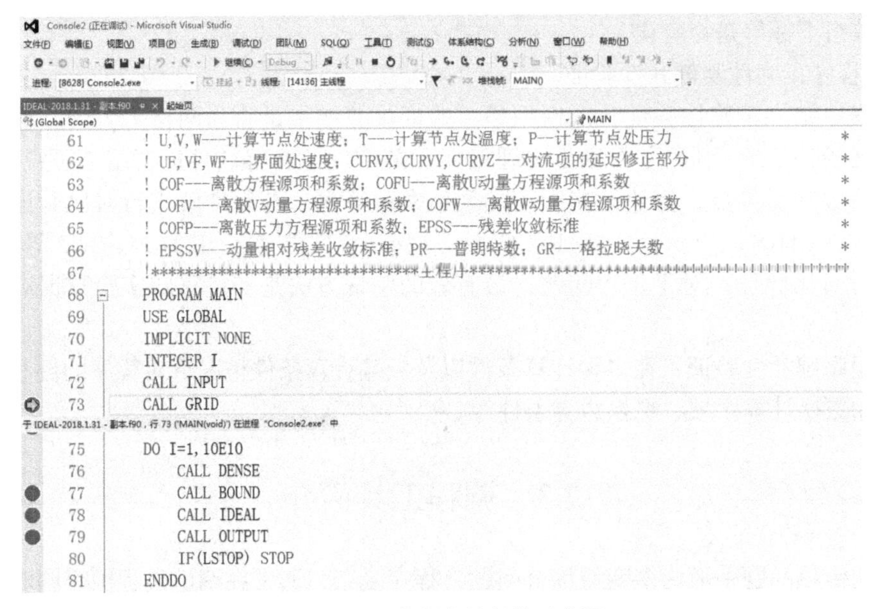

图 17.2　程序断点处暂停示意图

(3)单步调试程序。

按 F11 键可进入网格生成模块“GRID”进行网格信息确认。如图 17.3 所示，此时可按 F11 键可继续进行逐语句调试。如无需查看网格生成信息，程序运行至图 17.2 中调试箭头所指位置时，按 F10 键，调试箭头直接指向图 17.1 中初始化模块调用语句“CALL INIT”。

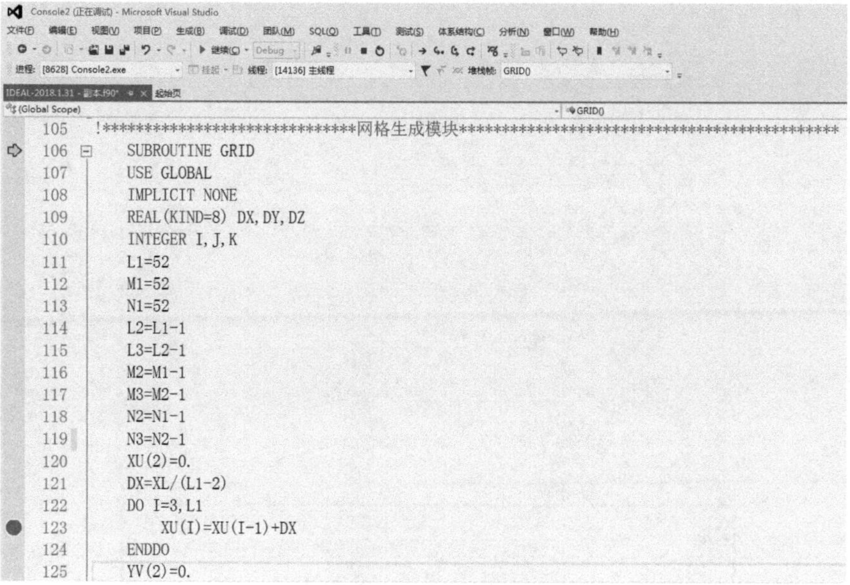

```
Console2 (正在调试) - Microsoft Visual Studio
IDEAL-2018.1.31 - 副本.f90*    起始页
(Global Scope)                                   GRID()
105  !******************************网格生成模块**********************************************
106      SUBROUTINE GRID
107      USE GLOBAL
108      IMPLICIT NONE
109      REAL(KIND=8) DX,DY,DZ
110      INTEGER I,J,K
111      L1=52
112      M1=52
113      N1=52
114      L2=L1-1
115      L3=L2-1
116      M2=M1-1
117      M3=M2-1
118      N2=N1-1
119      N3=N2-1
120      XU(2)=0.
121      DX=XL/(L1-2)
122      DO I=3,L1
123          XU(I)=XU(I-1)+DX
124      ENDDO
125      YV(2)=0.
```

图 17.3　逐语句调试示意图

(4)条件断点。

在图 17.3 中，如查看“I=L1-1”时的网格信息需手动循环 L1-1 次，而条件断点可快速实现该功能。具体操作如下：右键单击断点，在弹出菜单中选择“条件”，然后设置断点命中条件，结果如图 17.4 所示。

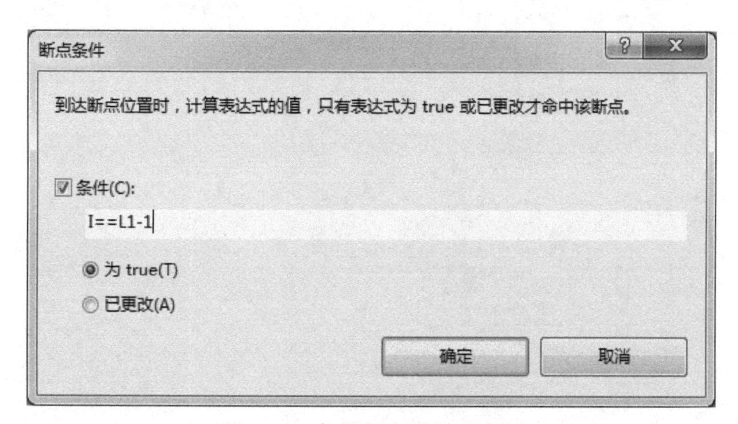

图 17.4　条件断点设置示意图

(5)调试窗口。

调试窗口位于编译器界面下方，可通过调试窗口获取多个变量的当前值。如图 17.5 所示，在调试窗口中的“局部变量”下可查看“当前函数”内各变量的实时值；如图 17.6 所示，在“监视 1”下通过输入变量名称可查看指定局部变量或全局变量的实时值；除此之外，在“调用堆栈”中切换函数栈可更改“当前函数”，从而查看其他函数内局部变量的实时值。

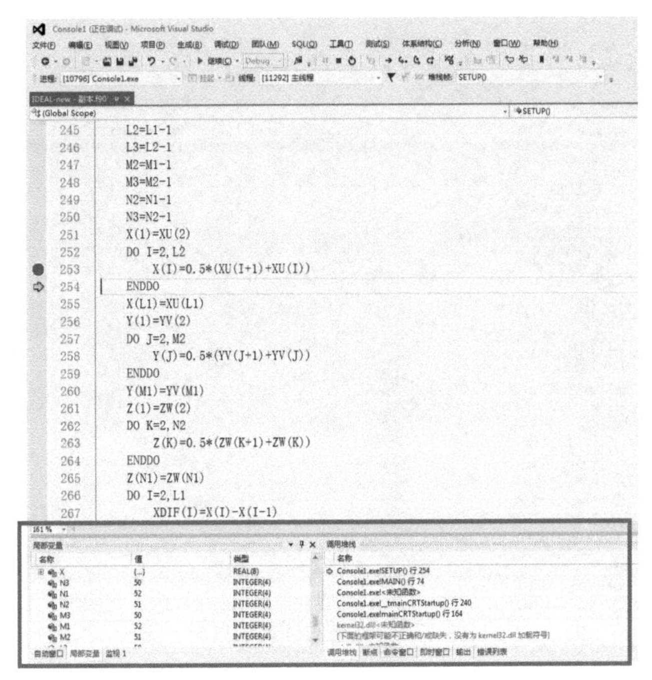

图 17.5　局部变量查看示意图

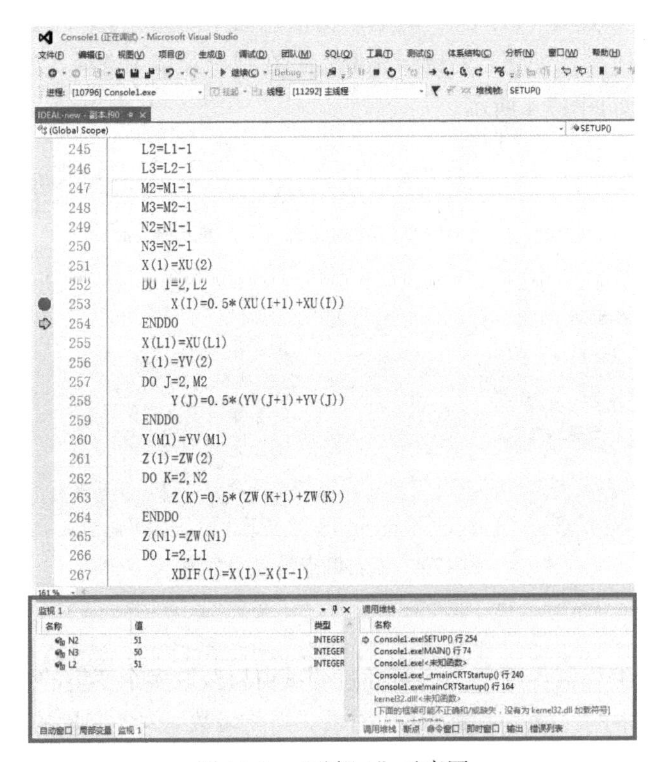

图 17.6　“监视 1”示意图

(6) 鼠标查看。

将鼠标悬浮在某个变量的上方可直接查看它的实时值，如图 17.7 所示。

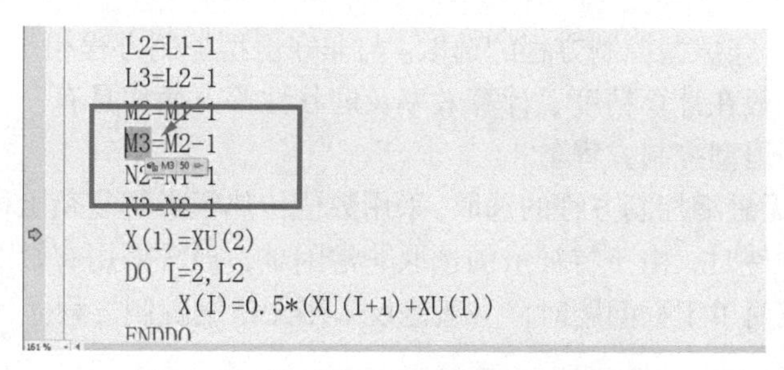

图 17.7　利用鼠标悬浮查看变量值示意图

17.4　数值传热学应用经验

初学者在应用数值传热学解决流动与传热问题时，常会面临诸多困惑，比如选择什么样的研究手段、选择什么样的湍流模型、选择哪种对流项离散格式等。为了帮助初学者解决这些问题，本章总结了笔者多年来从事数值传热学科研工作所积累的应用经验。

1. 流动与传热数值计算研究手段的选取

采用数值方法求解流动与传热问题主要有自主编程、商业软件和开源软件三种研究手段。研究者应综合考虑研究基础、自身数值计算背景、问题复杂程度和时间要求等因素选择合适的研究手段。对于研究问题相对简单，侧重于新模型、新算法开发的研究者来说，自主编程是最好的选择。对侧重于工程应用、不太关心模型和算法开发的研究者来说，商业软件是最好的选择。对于需要开发新模型和新算法，同时又不想从头开发程序的研究者，开源软件是一个好的选择。

2. 湍流数值模拟方法的选取

(1)湍流数值计算方法的选取。在流动与传热机理研究中，一般采用直接数值模拟方法或大涡模拟方法。工程问题一般对流换热较强(雷诺数或格拉晓夫数较大)，现有的计算机能力通常无法满足直接数值模拟或大涡模拟的要求，因此，对于工程问题一般推荐采用雷诺平均方法。

(2)湍流模型的选取。由于湍流本身的复杂性，现阶段还没有对任何物理问题都适用的湍流模型。在使用雷诺平均方法进行湍流数值计算时，湍流模型的选择要综合考虑物理流动、可用计算机资源、工程准确性、时间要求及近壁面处理等方面。对于一般工程问题，推荐采用两方程涡黏性模型。对于强旋流和弯曲壁面流动等湍流各向异性较强的流动，推荐采用雷诺应力模型。

3. 控制方程形式的选取

(1)通用控制方程的选取。如果采用温度为求解变量，传统通用控制方程只适用于比热容为常数的情况。在比热容变化较大的情况下，可能导致计算结果失真甚至错误。此时建议采用通用控制方程新形式。

(2) 守恒型和非守恒型控制方程的选取。与非守恒型控制方程相比，截差精度相同时守恒型控制方程一般在计算精度、计算效率及健壮性等方面均具有一定的优势，在数值计算中推荐采用守恒型控制方程。

(3) 有量纲和无量纲控制方程的选取。采用数值传热学求解复杂工程流动与传热问题或编制大型通用软件时，由于特征量的选取非常困难，通常采用有量纲控制方程。研究流动与传热机理或简单工程问题时，一般建议采用无量纲控制方程。

4. 计算区域离散方法的选取

(1) 结构化网格和非结构化网格的选取。与结构化网格相比，非结构化网格因其具有节点几何拓扑关系灵活、便于控制网格尺寸分布、易于实现局部加密和自适应处理等优点，更适用于复杂不规则区域的网格剖分。对于简单规则区域，推荐采用结构网格，对于复杂不规则区域，推荐采用非结构网格。

(2) 结构化网格内节点法和外节点法的选取。内节点法在非均分网格时，截差精度一般比外节点法高，一般推荐采用内节点法。

(3) 非结构化三角形网格内外节点布置方式的选取。三角形网格外节点法的计算精度高于内节点法，其收敛速度也快于内节点法。一般推荐采用外节点法。

(4) 非结构化三角形网格和四边形网格的选择。在三角形与四边形网格均采用内节点法的情况下，四边形网格在计算精度和收敛速度方面均优于三角形网格，因此一般推荐采用非结构化四边形网格。

(5) 均匀网格和非均匀网格的选取。为了节省计算时间，通常建议采用非均匀网格，在待求物理量变化剧烈的区域或位置对网格进行局部加密。值得指出的是，加密时网格需平缓过渡，不同方向的网格尺度不应相差太大，网格增长因子一般建议取 0.8～1.25。

5. 边界条件离散方法的选取

(1) 边界节点离散格式的选取。内部节点采用隐式格式而边界节点采用显式格式会带来相容性问题，降低计算精度和计算效率。因此，边界节点一般推荐采用隐式格式离散。若边界节点采用显式格式离散，应分析其影响，如果影响较大应慎用。

(2) 边界条件处理和离散方法的选取。边界条件的处理和离散通常采用两种方法：补充边界节点代数方程法和附加源项法。补充边界节点代数方程法简单明了，易于理解，便于得到不同离散精度的边界节点代数方程。附加源项法可对不同类型的边界条件进行统一处理，易于编制通用程序，计算效率一般高于补充边界节点代数方程法。在能够使用附加源项法的情况下，边界条件的处理和离散推荐采用附加源项法。一般情况下，二阶精度的附加源项法，计算精度比一阶要高，建议采用二阶精度的附加源项法。

6. 控制方程离散格式的选取

(1) 非稳态项离散格式的选取。为了选取较大的时间步长，提高计算效率，在工程计算中非稳态项一般采用全隐格式离散。在对流换热机理研究中，为了捕捉物理量在时间上的微小变化，计算时间步长的取值应比较小，一般推荐采用高阶格式离散非稳态项。

(2) 对流项离散格式的选取。有界格式是绝对稳定的格式，具有二阶截差精度，且对于非极性强的对流换热问题，其计算效率与 QUICK 格式基本相当。基于有界格式的这些优点，建议在工程实际问题中应尽可能采用有界格式离散对流项，以保证得到精度较高且具有物理意义的数值解。

(3) 扩散项离散格式的选取。对工程问题而言，扩散项采用二阶格式和高阶格式离散时计算结果差异不大，因此扩散项一般推荐采用二阶中心差分格式离散。

7. 压强-速度耦合算法的选取

常用的压强修正算法有 SIMPLE、SIMPLER、SIMPLEC、PISO 和 IDEAL 等算法。IDEAL 算法基于直接求解压强方程改进压强这一思想，在每个迭代层次上对压强方程进行两次内迭代计算，第一次内迭代计算用于克服 SIMPLE 算法的第一个假设，第二次内迭代计算用于克服 SIMPLE 算法的第二个假设。这样在每个迭代层次上充分满足了速度和压强之间的耦合，从而大大提高了算法的健壮性和求解的收敛速度。为了提高计算效率并保证数值计算过程的稳定性，推荐采用高效健壮的 IDEAL 算法。

8. 代数方程组求解方法的选取

对于数据规模较小的代数方程组，应优先选用实施简单的 Gauss-Seidel 或 Jacobi 点迭代进行求解。对于大型稀疏方程组，不同求解方法的计算效率往往相差很大。针对串行程序而言，不同迭代法的求解效率按从高到低一般可排序为 MG, CG, ADI, Gauss-Seidel, Jacobi(其中 Gauss-Seidel, Jacobi 线迭代的计算效率一般分别高于 Gauss-Seidel 和 Jacobi 点迭代)。从计算效率和实施的容易程度上来看，推荐采用 CG 方法来求解大型稀疏方程组。

9. 两相界面捕捉方法的选取

目前应用较广泛的两相界面捕捉方法有 VOF, LS 及二者的复合方法。VOF 方法具有质量守恒特性，但计算所得的表面张力精确度低，相界面附近物性参数光顺性差，而 LS 方法具有与之相反的优缺点。VOSET 复合方法结合了二者的优点，克服了二者的缺点，此外，与 CLSVOF 复合方法相比，该方法只需求解体积分数输运方程，而 LS 函数通过简单的几何迭代方法获得，具有求解、实施和编程更为简单等特点，为此推荐采用精确的 VOSET 方法。

10. 收敛标准的选取

基于规正余量的收敛标准具有不受物理问题性质、离散方程表达形式、网格尺度、控制方程是否无量纲化等因素影响的优点，不同物理问题或同一物理问题不同离散方程形式的规正余量均能下降到相近的数量级，有利于收敛标准的设置。为了确保数值计算结果完全收敛，建议同时采用规正余量和特征量的相对偏差作为收敛标准。

11. 网格无关解的选取

对一般的工程问题，通常取两套相差较大的网格(一般密网格在各个方向的网格数为粗网格的 2 倍)进行计算，计算所得特征物理量(如平均努塞特数、最大努塞特数、平均阻力系数、最大阻力系数、最大流速等)的相对偏差小于 1%～5%，物理量的等值线或等值面吻合较好时，就可以认为获得了与网格无关的解。在研究对精度要求较高的工程问题或流动与传热机理问题时，一般要求两套网格得到的特征物理量的相对偏差小于 1%，甚至更小，此时物理量的局部细节特征相同，等值线或等值面基本重合。当两套网格在各个方向或某个方向的网格数相差较小时，需采用网格收敛指数来判定是否获得了网格无关解。

主要参考文献

陈作斌. 2003. 计算流体力学及应用. 北京: 国防工业出版社.

程心一. 1984. 计算流体动力学: 偏微分方程的数值解法. 北京: 科学出版社.

董秋枫. 2012. 六面体网格自动生成算法的研究与实现. 北京: 北京化工大学.

付祥钊. 2007. 计算流体力学. 重庆: 重庆大学出版社.

高歌. 2015. 计算流体力学：典型算法与算例. 北京: 机械工业出版社.

郭宽良. 1987. 数值计算传热学. 合肥: 安徽科学技术出版社.

郭宽良. 2012. 高等传热和流动问题的数值计算. 镇江: 江苏大学出版社.

韩鹏, 陈熙. 1997. 关于对流-导热耦合问题整体求解方法的讨论. 全国第七届计算传热学会议论文集, 北京, 32-37.

韩志熔. 2013. 网格自适应与并行计算在气动力计算中的应用. 南京: 南京航空航天大学.

黄晓梅, 张伟林. 2016. FORTRAN90 程序设计. 合肥: 安徽大学出版社.

霍尔曼 J P. 2005. 传热学. 北京: 机械工业出版社.

焦枫. 2019. 基于几何分解的网格生成方法研究. 济南: 山东大学.

李敬法, 宇波, 汤雅雯, 等. 2013. 不同有界组合格式计算效率对比研究. 中国工程热物理年会传热传质分会, 重庆.

李敬法, 宋克伟, 王艺, 等. 2016. 基于局部信息优先的代数多重网格粗化策略研究. 工程热物理学报, 37(4): 0851-0858.

李敬法, 石国赟, 陈宇杰, 等. 2020. 流动与传热数值计算通用控制方程的研究. 北京石油化工学院学报, 28(4): 18-23.

李万平. 2004. 计算流体力学. 武汉: 华中科技大学出版社.

刘超群. 1995. 多重网格法及其在计算流体力学中的应用. 北京: 清华大学出版社.

刘国勇. 2016. 流体力学数值方法. 北京: 冶金工业出版社.

刘儒勋. 2003. 计算流体力学的若干新方法. 北京: 科学出版社.

陆昌根. 2014. 流体力学中的数值计算方法. 北京: 科学出版社.

罗森诺 W M. 1992. 传热学基础手册. 北京: 科学出版社.

马良. 2016. 具有内部特征约束的四边形网格生成方法研究.济南: 山东大学.

帕坦卡. 1984. 传热与流体流动的数值计算. 北京: 科学出版社.

彭彪. 2018. 动边界非定常流动网格自适应模拟的研究. 南京: 南京航空航天大学.

彭国伦. 2005. FORTRAN 95 程序设计. 北京: 中国电力出版社.

任安禄. 2003. 不可压缩粘性流场计算方法. 北京: 国防工业出版社.

任玉新, 陈海昕. 2006. 计算流体力学基础. 北京: 清华大学出版社.

石国赟, 陈宇杰, 朱剑琴, 等. 2024. 柱坐标系强守恒型动量方程离散方法研究. 工程热物理学报, 45(2)(出版中).

施天谟. 1987. 计算传热学. 北京: 科学出版社.

孙东亮, 屈治国, 何雅玲, 等. 2009. 求解流动与传热问题的一种高效稳定的分离式算法-IDEAL. 工程热物理学报, 30(8): 1369-1372.

孙东亮, 王艳宁, 张奥林, 等. 2017. 不同网格扭曲率下压力修正全隐算法-IDEAL 求解性能研究. 计算力学学报, 34(2): 183-190.

孙力胜. 2010. 基于前沿推进技术的自适应曲面三角形和四边形网格生成方法研究. 杭州: 浙江大学.

陶文铨. 1991. 计算流体力学与传热学. 北京: 中国建筑工业出版社.

陶文铨. 2000. 计算传热学的近代进展. 北京: 科学出版社.

陶文铨. 2001. 数值传热学. 西安: 西安交通大学出版社.

田瑞峰, 刘平安. 2015. 传热与流体流动的数值计算. 哈尔滨: 哈尔滨工程大学出版社.

王承尧. 2000. 计算流体力学及其并行算法. 长沙: 国防科技大学出版社.

王福军. 2004. 计算流体动力学分析: CFD 软件原理与应用. 北京: 清华大学出版社.

王敏, 宇波, 李敬法, 等. 2013. 二维圆柱坐标系中的驱动流和自然对流基准解研究. 中国工程热物理年会传热传质分会, 重庆.

吴江航. 1988. 计算流体力学的理论、方法及应用. 北京: 科学出版社.

吴子牛. 2001. 计算流体力学基本原理. 北京: 科学出版社.

阎超. 2006. 计算流体力学方法及应用. 北京: 北京航空航天大学出版社.

杨世铭. 陶文铨. 1998. 传热学. 第三版. 北京: 高等教育出版社.

宇波. 2015. 流动与传热数值计算——若干问题的研究与探讨. 北京: 科学出版社.

宇波. 2016. 应用流体力学. 第三版. 青岛: 中国石油大学出版社.

宇波, 焦开拓, 陈宇杰, 等. 2023. 有限容积法对流项离散格式的稳定性与有界性研究. 西安交通大学学报, 57(4): 107-121.

宇波, 焦开拓, 陈宇杰, 等. 2023. 有限容积法离散方程截断误差本质及其来源. 科学通报, 68(10): 1266-1280.

宇波, 王艺, 李敬法, 等. 2023. 能源动力核心课数值传热学绪论教学改革. 高教学刊, 9(19): 52-56.

宇波, 王艺, 李敬法, 等. 2023. 数值传热学课程中网格生成相关内容的导入式与案例式融合教学模式研究. 化工高等教育, 40(3): 136-144.

宇波, 禹国军, 韩东旭, 等. 2023. "数值传热学"中贴体网格与非结构化网格上的有限容积法对比教学. 实验室研究与探索, 42(7): 252-256.

宇波, 禹国军, 王艺, 等. 2023. CFD/NHT 教学中若干易混淆概念的综合辨析教学方法. 力学与实践, 45(4): 920-927.

宇波, 苏越, 孙树瑜, 等. 2024. 流动与传热数值计算中任意网格基架点下导数差分通式研究, 工程热物理学报. (出版中)

张德良. 2010. 计算流体力学教程. 北京: 高等教育出版社.

张涵信. 2003. 计算流体力学：差分方法的原理和应用. 北京: 国防工业出版社.

张兆顺. 2005. 湍流理论与模拟. 北京: 清华大学出版社.

赵宇，宇波. 2013. 一种改进的非结构化四边形网格铺砌算法. 工程热物理学报, 34(4): 728-732.

郑建靖. 2016. 面向并行计算流体动力学模拟的非结构动网格生成的若干问题研究. 杭州: 浙江大学.

周春堰. 1987. 计算流体力学导论. 上海: 上海交通大学出版社.

周璇, 李水乡, 孙树立, 等. 2011. 非结构网格变形方法研究进展. 力学进展, 41(5): 547-561.

周正贵. 2008. 计算流体力学基础理论与实际应用. 南京: 东南大学出版社.

朱自强. 1998. 应用计算流体力学. 北京: 北京航空航天大学出版社.

Altas I, Burrage K. 1994. A high accuracy defect-correction multigrid method for the steady incompressible Navier-Stokes equations. Journal of Computational Physics, 114(2): 227-233.

Amano R S, Goel P. 1984. A numerical study of a separating and reattaching flow by using Reynolds stress turbulence closure. Numerical Heat Transfer, 7(3): 343-357.

Ampofo F, Karayiannis T G. 2003. Experimental benchmark data for turbulent natural convection in an air filled square cavity. International Journal of Heat and Mass Transfer, 46(19): 3551-3572.

ANSYS, Inc. 2013. ANSYS Fluent 15.0 UDF Manual. ANSYS Inc, Canonsburg, PA.

ANSYS, Inc. 2020. ANSYS Fluent Customization Manual. ANSYS Inc, Canonsburg, PA.

Ao S M, Wang P, Zhang L, et al. 2019. Study on IDEAL algorithm for macroscopic model of fluid flow and heat transfer in porous media. International Conference on Computational & Experimental Engineering and Sciences, March 25-28, Tokyo, Japan.

Arrufat T, Crialesi-Esposito M, Fuster D, et al. 2021. A mass-momentum consistent, volume-of-fluid method for incompressible flow on staggered grids. Computers & Fluids, 215: 104785.

Baehmann P L, Wittchen S L, Shephard M S, et al. 1987. Robust, geometrically based, automatic two-dimensional mesh generation. International Journal for Numerical Methods in Engineering, 24(6): 1043-1078.

Bakhvalov N S. 1966. On the convergence of a relaxation method with natural constraints on the elliptic operator. USSR Computational Mathematics & Mathematical Physics, 6(5): 101-135.

Barton I E, Kirby R. 2000. Finite difference scheme for the solution of fluid flow problems on non-staggered grids. International Journal for Numerical Methods in Fluids, 33(7): 939-959.

Betts P L, Bokhari I H. 2000. Experiments on turbulent natural convection in an enclosed tall cavity. International Journal of Heat and Fluid Flow, 21: 675-683.

Blacker T. 2001. Automated conformal hexahedral meshing constraints, challenges and opportunities. Engineering with Computers, 17(3): 201-210.

Botella O, Peyret R. 1998. Benchmark spectral results on the lid-driven cavity flow. Computers & Fluids, 27(4): 421-433.

Botte G G, Ritter J A, White R E. 2000. Comparison of finite difference and control volume methods for solving differential equations. Computers & Chemical Engineering, 24(12): 2633-2654.

Brandt A. 1977. Multi-level adaptive solutions to boundary-value problems. Mathematics of Computation, 31(138): 333-390.

Brandt A, Yavneh I. 1993. Accelerated multigrid convergence and high-Reynolds recirculating flows. SIAM Journal on Scientific Computing, 14(3): 607-626.

Brannick J, Brezina M, MacLachlan S, et al. 2006. An energy-based AMG coarsening strategy. Numerical Linear Algebra with Applications, 13(2-3): 133-148.

Bruneau C H, Saad M. 2006. The 2D lid-driven cavity problem revisited. Computers & Fluids, 35(3): 326-348.

Cao Z Z, Sun D L, Yu B, et al. 2017. A coupled volume-of-fluid and level set (VOSET) method based on remapping algorithm for unstructured triangular grids. International Journal of Heat and Mass Transfer, 111: 232-245.

Cao Z Z, Sun D L, Wei J J, et al. 2018. A coupled volume-of-fluid and level set method based on multi-dimensional advection for unstructured triangular meshes. Chemical Engineering Science, 176: 560-579.

Cao Z Z, Sun D L, Yu B, et al. 2018. A coupled volume of fluid and level set method based on analytic PLIC for unstructured quadrilateral grids. Numerical Heat Transfer Part B, 73(4): 189-205.

Cao Z Z, Sun D L, Wei J J, et al. 2019. A coupled volume-of-fluid and level set method based on general curvilinear grids with accurate surface tension calculation. Journal of Computational Physics, 396: 799-818.

Cao Z Z, Zhou J, Wei J J, et al. 2019. Experimental and numerical study on bubble dynamics and heat transfer during nucleate boiling of FC-72. International Journal of Heat and Mass Transfer, 139: 822-831.

Cao Z Z, Zhou J, Liu A, et al. 2020. A three dimensional coupled VOF and Level set (VOSET) method with and without phase change on general curvilinear grids. Chemical Engineering Science, 223: 115705.

Cheng B, Topping B H V. 1998. Improved adaptive quadrilateral mesh generation using fission elements. Advances in Engineering Software, 29(7-9): 733-744.

Choi S K. 1999. Note on the use of momentum interpolation method for unsteady flows. Numerical Heat Transfer: Part A: Applications, 36(5): 545-550.

Darwish M S. 1993. A new high-resolution scheme based on the normalized variable formulation. Numerical Heat Transfer, Part B: Fundamentals, 24(3): 353-371.

Date A W. 2005. Introduction to computational fluid dynamics. Cambridge: Cambridge University Press.

Davis G D V. 1983. Natural convection of air in a square cavity: A bench mark numerical solution. International Journal for Numerical Methods in Fluids, 3(3): 249-264.

Demirdžić I, Lilek Ž, Perić M. 1992. Fluid flow and heat transfer test problems for non-orthogonal grids: Bench-mark solutions. International Journal for Numerical Methods in Fluids, 15(3): 329-354.

Deng Y J, Sun D L, Yu B, et al. 2017. Implementation of the IDEAL algorithm for complex steady-state incompressible fluid flow problems in OpenFOAM. International Communications in Heat and Mass Transfer, 88: 63-73.

Driver M D, Seegmiller H L. 1985. Features of a reattaching turbulent shear layer in divergent channel flow. AIAA Journal, 23(2): 163-171.

Erturk E, Gökçöl C. 2006. Fourth-order compact formulation of Navier-Stokes equations and driven cavity flow at high Reynolds numbers. International Journal for Numerical Methods in Fluids, 50(4): 421-436.

Falgout R D. 2006. An introduction to algebraic multigrid computing. Computing in Science & Engineering, 8(6): 24-33.

Ferziger J H. 1988. A note on numerical accuracy. International journal for numerical methods in fluids, 8(9): 995-996.

Ferziger J H. 1993. Estimation and reduction of numerical error. ASME Fluids Engineering Division, 158: 1.

Ferziger J H, Perić M. 2002. Computational methods for fluid dynamics. Berlin: Springer.

Garimella R V, Shashkov M J, Knupp P M. 2004. Triangular and quadrilateral surface mesh quality optimization using local parametrization. Computer Methods in Applied Mechanics and Engineering, 193 (9-11) : 913-928.

Gaskell P H, Lau A K C. 1988. Curvature-compensated convective transport: SMART, A new boundedness-preserving transport algorithm. International Journal for Numerical Methods in Fluids, 8 (6) : 617-641.

Ghia U, Ghia K N, Shin C T. 1982. High-Re solutions for incompressible flow using the Navier-Stokes equations and a multigrid method. Journal of Computational Physics, 48 (3) : 387-411.

Gray D D, Giorgin A. 1976. The validity of the Boussinesq approximation for liquids and gases. International Journal of Heat and Mass Transfer, 19 (5) : 545-551.

Greenshields C J. 2015. OpenFOAM Programmer's Guide 3.0.1. The OpenFOAM Foundation.

Greenshields C J. 2017. OpenFOAM User Guide 5.0. The OpenFOAM Foundation.

Greenshields C J. 2020. OpenFOAM User Guide 8.0. The OpenFOAM Foundation.

Hackbusch W. 1985. Multi-grid methods and applications. Berlin: Springer-Verlag.

Hanjalic K, Launder B E, Schiestel R. 1980. Multiple-time-scale concepts in turbulent transport modeling. Turbulent Shear Flows, 2: 36-49.

Henkes R, Van Der Vlugt F F, Hoogendoorn C J. 1991. Natural-convection flow in a square cavity calculated with low-Reynolds-number turbulence models. International Journal of Heat and Mass Transfer, 34 (2) : 377-388.

Henson V E, Yang U M. 2002. BoomeAMG: A parallel algebraic multigrid solver and preconditioner. Applied Numerical Mathematics, 41 (1) : 155-177.

Hirt C W, Nichols D B. 1981. Volume-of-fluid (VOF) method for the dynamics of free boundaries. Journal of Computational Physics, 39: 201-205.

Hortmann M, Perić M, Scheuerer G. 1990. Finite volume multigrid prediction of laminar natural convection: Bench-mark solutions. International Journal for Numerical Methods in Fluids, 11 (2) : 189-207.

Huang H, Prosperetti A. 1994. Effect of grid orthogonality on the solution accuracy of the two-dimensional convection-diffusion equation. Numerical Heat Transfer, 26 (1) : 1-20.

Huang H , Sun T , Zhang G , et al. 2019. Evaluation of a developed SST k-ω turbulence model for the prediction of turbulent slot jet impingement heat transfer. International Journal of Heat and Mass Transfer, 139: 700-712.

Jasak H. 1996. Error analysis and estimation for the finite volume method with applications to fluid flow. Ph.D. thesis, Imperial College London.

John D, Anderson J R. 2010. 计算流体力学入门. 北京: 清华大学出版社.

Johnston B P, Sullivan J M, Kwasnik A. 1991. Automatic conversion of triangular finite element meshes to quadrilateral elements. International Journal for Numerical Methods in Engineering, 31 (1) : 67-84.

Juretić F, Gosman A D. 2010. Error analysis of the finite-volume method with respect to mesh type. Numerical heat transfer, Part B: Fundamentals, 57 (6) : 414-439.

Koutmos P, Kostouros N C. 1995. Calculation of complex near-wall turbulent flows with a low-Reynolds-number k-ε model. International Journal for Numerical Methods in Fluids, 21 (2) : 113-127.

Le Quéré P. 1991. Accurate solutions to the square thermally driven cavity at high Rayleigh number. Computers & Fluids, 20 (1) : 29-41.

Lee C K, Lo S H. 1994. A new scheme for the generation of a graded quadrilateral mesh. Computers & Structures, 52 (5) : 847-857.

Leonard B P. 1988. Simple high-accuracy resolution program for convective modelling of discontinuities. International Journal for Numerical Methods in Fluids, 8 (10) : 1291-1318.

Leonard B P. 1991. The ULTIMATE conservative difference scheme applied to unsteady one-dimensional advection. Computer Methods in Applied Mechanics and Engineering, 88 (1) : 17-74.

Leonard B P. 1994. Comparison of truncation error of finite-difference and finite-volume formulations of convection terms. Applied Mathematical Modelling, 18(1): 46-50.

Lewis R W, Nithiarasu P, Seetharamu K N. 2008. Fundamentals of the finite element method for heat and fluid flow. West Sussex: John Wiley & Sons.

Li G, Sun D L, Yu B, et al. 2019. Research on interface capture method VOSET based on GPU parallel computing// The 7th Asian Symposium on Computational Heat Transfer and Fluid Flow, Tokyo.

Li J F, Yu B, Zhao Y, et al. 2014. Flux conservation principle on construction of residual restriction operators for multigrid method. International Communications in Heat and Mass Transfer, 54: 60-66.

Li J F, Yu B, Wang M. 2015. Benchmark solutions for two-dimensional fluid flow and heat transfer problems in irregular regions using multigrid method. Advances in Mechanical Engineering, 7(11): 1-17.

Li J F, Yu B, Zhang X Y, et al. 2015. An improved convergence criterion based on normalized residual for heat transfer and fluid flow numerical simulation. International Journal of Heat and Mass Transfer, 91: 246-254.

Li J F, Yu B, Wang Y, et al. 2015. Study on computational efficiency of composite schemes for convection-diffusion equations using single-grid and multigrid methods. Journal of Thermal Science and Technology, 10(1): 1-9.

Li J F, Gong L, Liang Y T, et al. 2020. Introduction to the special issue on advances in modeling and simulation of complex heat transfer and fluid flow. Computer Modeling in Engineering & Sciences, 24(1): 1-4.

Li R L, Yu B, Li W. 2013. A multigrid prolongation relaxation method for solving non-linear equations and its applications. Progress in Computational Fluid Dynamics, 13(3-4): 202-211.

Li W, Yu B, Wang X R, et al. 2012. A finite volume method for cylindrical heat conduction problems based on local analytical solution. International Journal of Heat and Mass Transfer, 55(21-22): 5570-5582.

Li W, Yu B, Wang Y, et al. 2012. Study on general governing equations of computational heat transfer and fluid flow. Communications in Computational Physics, 12(5): 1482-1494.

Li W, Yu B, Wang X, et al. 2013. Study on the Second-Order Additional Source Term Method for Handling Boundary Conditions. Numerical Heat Transfer, Part B: Fundamentals, 63(1): 44-61.

Li W, Yu B, Wang Y, et al. 2013. A technical note on stability analysis of the composite high-resolution schemes satisfying convective boundedness criteria. Progress in Computational Fluid Dynamics, an International Journal, 13(6): 357-367.

Li Z Y, Tao W Q. 2002.0A new stability-guaranteed second-order difference scheme. Numer Heat Transfer, Part B: Fundamentals, 42(4): 349-365.

Liu A, Sun D L, Yu B, et al. 2021. An adaptive coupled volume-of-fluid and level set method based on unstructured grids. Physics of Fluids, 33(1): 012102.

Liu Q F, Zeng J P. 2010. Convergence analysis of multigrid methods with residual scaling techniques. Journal of Computational and Applied Mathematics, 234(10): 2932-2942.

Liu R W, Wang D J, Zhang X Y, et al. 2013. Comparison study on the performances of finite volume method and finite difference method. Journal of Applied Mathematics, 2013: 10 pages.

Luo K, Shao C X, Chai M, et al. 2019. Level set method for atomization and evaporation simulations. Progress in Energy and Combustion Science, 73: 65-94.

Majumdar S. 1988. Role of underrelaxation in momentum interpolation for calculation of flow with nonstaggered grids. Numerical Heat Transfer, 13(1): 125-132.

Maric T, Hoepken J, Mooney K. 2014. The OpenFOAM technology primer. sourceflux UG.

Minkowycz W J, Sparrow E M, Murthy J Y. 2009. Handbook of numerical heat transfer. Second edition. New Jersey: John Wiley & Sons.

Moin P. 1997. Progress in large eddy simulation of turbulent flows. Aerospace Sciences Meeting and Exhibit.

Moin P, Mahesh K. 1998. Direct numerical simulation: A tool in turbulence research. Annual Review of Fluid Mechanics, 30(1): 539-578.

Moukalled F, Mangani L, Darwish M. 2015. The finite volume method in computational fluid dynamics: An advanced introduction with OpenFOAM and Matlab. Springer Publishing Company, Incorporated.

Moukalled F, Mangani L, Darwish M. 2016. The Finite Volume Method in Computational Fluid Dynamics: An Advanced Introduction with OpenFOAM and Matlab. Heidelberg: Springer Publishing Company.

Ni M J, Tao W Q, Wang S J. 1998. Stability-controllable second-order difference scheme for convection term. J. of Therm. Sci, 7(2): 119-130.

Oosterlee C W, Wesseling P, Segal A, et al. 1993. Benchmark solutions for the incompressible Navier-Stokes equations in general co-ordinates on staggered grids. International Journal for Numerical Methods in Fluids, 17(4): 301-321.

Osher S, Sethian J A. 1988. Fronts propagating with curvature dependent speed: Algorithms based on Hamilton-Jacobi formulations. Journal of Computational Physics, 79: 12-49.

Papanicolaou E, Belessiotis V. 2002. Transient natural convection in a cylindrical enclosure at high Rayleigh numbers. International Journal of Heat and Mass Transfer, 45(7): 1425-1444.

Park C, Noh J S, Jang I S, et al. 2007. A new automated scheme of quadrilateral mesh generation for randomly distributed line constraints. Computer-Aided Design, 39(4): 258-267.

Patankar S V, Sparrow E M, Ivanović M. 1978. Thermal interactions among the confining walls of a turbulent recirculating flow. International Journal of Heat & Mass Transfer, 21(3): 269-274.

Patankar S V. 1980. Numerical heat transfer and fluid flow. WashingtonDC: Hemisphere Publishing Corporation.

Qi Y Q, Sun D L, Yu B, et al. 2019. Effects of different algebraic equation solution methods on solving performance of interface capturing method-VOSET+IDEAL. The 7th Asian Symposium on Computational Heat Transfer and Fluid Flow, September 3-7, Tokyo, Japan.

Rahman M M, Miettinen A, Siikonen T. 1996. Modified SIMPLE formulation on a collocated grid with an assessment of the simplified QUICK scheme. Numerical Heat Transfer, 30(3): 291-314.

Rhie C M, Chow W L. 1983. Numerical study of the turbulent flow past an airfoil with trailing edge separation. AIAA Journal, 21(11): 1525-1532.

Roache P J. 1998. Fundamentals of computational fluid dynamics. New Mexico: Hermosa Publishers.

Roache P J. 1998. Verification and validation in computational science and engineering. New Mexico: Hermosa Publishers.

Shaw G J, Sivaloganathan S. 1988. On the smoothing properties of the SIMPLE pressure-correction algorithm. International Journal for Numerical Methods in Fluids, 8(4): 441-461.

Shi G Y, Yu B, Jiao K T, et al. 2024. Strongly conservative discretization of governing equations in cylindrical coordinates. Computers & Fluids, 268: 106092.

Singh R J, Chandy A J. 2020. Numerical investigations of the development and suppression of the natural convection flow and heat transfer in the presence of electromagnetic force. International Journal of Heat and Mass Transfer, 157: 119823.

Spalding D B. 1972. A two-equation model of turbulence. VDI-Forschungsheft, 549: 5-16.

Speziale C G. 1991. Analytical methods for the development of Reynolds-stress closures in turbulence. Annual Review of Fluid Mechanics, 23(1): 107-157.

Stüben K. 2001. A review of algebraic multigrid. Journal of Computational and Applied Mathematics, 128(1-2): 281-309.

Sun D L, Qu Z G, He Y L, et al. 2008. An efficient segregated algorithm for incompressible fluid flow and heat transfer problems-IDEAL (Inner Doubly Iterative Efficient Algorithm for Linked Equations) part II: Application Examples. Numerical Heat Transfer, Part B: Fundamentals, 53(1): 18-38.

Sun D L, Qu Z G, He Y L, et al. 2009. Implementation of an efficient segregated algorithm-IDEAL on a 3D collocated grid system. Chinese Science Bulletin, 54(6): 929-942.

Sun D L, Yang Y P, Xu J L, et al. 2009. Performance Analysis of IDEAL Algorithm Combined with Bi-CGSTAB Method. Numerical Heat Transfer, Part B: Fundamentals, 56(6): 411-431.

Sun D L, Qu Z G, He Y L, et al. 2009. Performance analysis of IDEAL algorithm for three-dimensional incompressible fluid flow and heat transfer problems. International Journal for Numerical Methods in Fluids, 61 (10): 1132-1160.

Sun D L, Tao W Q. 2010. A coupled volume-of-fluid and level set (VOSET) method for computing incompressible two-phase flows. International Journal of Heat and Mass Transfer, 53: 645-655.

Sun D L, Liu Q P, Xu J L, et al. 2011. Effects of inner iteration times on the performance of IDEAL algorithm. International Communications in Heat and Mass Transfer, 38 (9): 1195-1200.

Sun D L, Tao W Q, Xu J L, et al. 2011. Implementation of the IDEAL Algorithm on Nonorthogonal Curvilinear Coordinates for the Solution of 3-D Incompressible Fluid Flow and Heat Transfer Problems. Numerical Heat Transfer, Part B: Fundamentals, 59 (2): 147-168.

Sun D L, Xu J L, Wang L. 2012. Development of a vapor-liquid phase change model for volume-of-fluid method in FLUENT. International Communications in Heat Mass Transfer, 39 (8): 1101-1106.

Sun D L, Xu J L, Ding P, et al. 2013. Implementation of the Ideal Algorithm on Unsteady Two-Phase Flows and Application Examples. Numerical Heat Transfer, Part B: Fundamentals, 63 (3): 204-221.

Sun D L, Xu J L, Chen Q C. 2014. Modeling of evaporation and condensation phase-change problems with FLUENT. Numerical Heat Transfer, Part B: Fundamentals, 66: 326-342.

Sun D L, Wang Y N, Shen L Q, et al. 2016. Performance analyses of the IDEAL algorithm combined with fuzzy control method for 3D incompressible fluid flow and heat transfer problems. Numerical Heat Transfer, Part B: Fundamentals, 69 (5): 432-446.

Sun D L, Yu S, Yu B, et al. 2017. A VOSET method combined with IDEAL algorithm for 3D two-phase flows with large density and viscosity ratio. International Journal of Heat and Mass Transfer, 144: 155-168.

Sun D L, Qi Y Q, Li J F, et al. 2021. Study on solving performance of VOSET plus IDEAL with different algebraic equation solution methods. Applied Thermal Engineering, 184: 116368.

Sussman M, Puckett E G. 2000. A coupled level set and volume-of-fluid method for computing 3D and axisymmetric incompressible two-phase flows. Journal of Computational Physics, 162: 301-337.

Sweby P K. 1984. High resolution schemes using flux limiters for hyperbolic conservation laws. SIAM Journal on Numerical Analysis, 21 (5): 995-1011.

Tang Y W, Yu B, Xie J Y, et al. 2013. Study on accuracy and solution of the high-resolution schemes. The 4th Asian Symposium on Computational Heat Transfer and Fluid Flow, Hong Kong, 3-6 June.

Tang Y W, Yu B, Xie J Y, et al. 2014. Study on accuracy of the high-resolution schemes. Advances in Mechanical Engineering, 2014: 1-13.

Van D J, Raithby G D. 1984. Enhancemen of the SIMPLE method for predicting incompressible fluid flow. Numerical Heat Transfer, 7 (2): 147-163.

Van der Vorst H A. 1992. Bi-CGSTAB: A fast and smoothly converging variant of Bi-CG for the solution of nonsymmetric linear systems. SIAM Journal on scientific and Statistical Computing, 13 (2): 631-644.

Versteeg H, Malalsekera W. 1995. An introduction to computational fluid dynamics: The Finite Volume Method. Essex: Longman Scientific and Technical.

Wakashima S, Saitoh T S. 2004. Benchmark solutions for natural convection in a cubic cavity using the high-order time-space method. International Journal of Heat and Mass Transfer, 47 (4): 853-864.

Wang M, Yu B, Li J F, et al. 2013. Study on the benchmark solution for mixed convection in a square cavity based on a finite volume multigrid procedure. The 4th Asian Symposium on Computational Heat Transfer and Fluid Flow, Hong Kong, 3-6 June.

Wang P, Yu B, Xie J Y, et al. 2013. Study on the convective term discretized by strong conservation and weak conservation schemes for incompressible fluid flow and heat transfer. Journal of Applied Mathematics, 2013: 499-520.

Wang P, Yu B, Li J F, et al. 2015. A novel finite volume method for cylindrical heat conduction problems. International Communications in Heat and Mass Transfer, 63: 8-16.

Wei J J, Yu B, Tao W Q, et al. 2003. A new high-order-accurate and bounded scheme for incompressible flow. Numerical Heat Transfer, Part B: Fundamentals, 43 (1): 19-41.

Wei J J, Yu B, Tao W Q, et al. 2006. A new general convective boundedness criterion. Numerical Heat Transfer, Part B: Fundamentals, 49(6): 585-598.

Wei J J, Yu B, Tao W Q, et al. 2009. Overshoot/Undershoot behaviour predicted by some high-resolution composite schemes following G/L CBC. Progress in Computational Fluid Dynamics, 9(3-5): 277-282.

Yan C, Yu J, Xu JL, et al. 2001. On the achievements and prospects for the methods of computational fluid dynamics. Advances in Mechanics, 41(5): 562-589.

Yu B, Lin M J, Tao W Q. 1999. Automatic generation of unstructured grids with Delaunay triangulation and its application. Heat and Mass Transfer, 35(5): 361-370.

Yu B, Ozoe H, Tao W Q. 2001. A modified pressure-correction scheme for the SIMPLER method, MSIMPLER. Numerical Heat Transfer, Part B: Fundamentals, 39(5): 435-449.

Yu B, Tao W Q, Zhang D S, et al. 2001. Discussion on numerical stability and boundedness of convective discretized scheme. Numerical Heat Transfer, Part B: Fundamentals, 40(4): 343-365.

Yu B, Kawaguchi Y, Tao W Q, et al. 2002. Checkerboard pressure predictions due to the underrelaxation factor and time step size for a nonstaggered grid with momentum interpolation method. Numerical Heat Transfer, Part B: Fundamentals, 41(1): 85-94.

Yu B, Tao W Q, Wei J J, et al. 2002. Discussion on momentum interpolation method for collocated grids of incompressible flow. Numerical Heat Transfer, Part B: Fundamentals, 42(2): 141-166.

Yu B, Ozoe H, Tao W Q. 2005. A collocated finite volume method for incompressible flow on unstructured meshes. Progress in Computational Fluid Dynamics, 5(3-5): 181-189.

Yu G J, Yu B, Sun S Y, et al. 2012. Comparative study on triangular and quadrilateral meshes by a finite-volume method with a central difference scheme. Numerical Heat Transfer, Part B: Fundamentals, 62(4): 243-263.

Yu G J, Yu B, Zhao Y, et al. 2012. Comparative studies on accuracy and convergence rate between the cell-centered scheme and the cell-vertex scheme for triangular grids. International Journal of Heat and Mass Transfer, 55(25-26): 8051-8060.

Yu G J, Yu B, Zhao Y, et al. 2013. An unstructured grids-based discretization method for convection-diffusion equations in the two-dimensional cylindrical coordinate systems. International Journal of Heat and Mass Transfer, 67: 581-592.

Zhang K , Wang C A , Tan J Y . 2018. Numerical study with OpenFOAM on heat conduction problems in heterogeneous media. International Journal of Heat and Mass Transfer, 124: 1156-1162.

Zhang L, Deng Y J, Sun D L, et al. 2019. Implementation of the IDEAL algorithm for complex unsteady incompressible fluid flow problems in OpenFOAM. The 7th Asian Symposium on Computational Heat Transfer and Fluid Flow, Tokyo.

Zhang W H, Yu B, Zhao Y, et al. 2013. A Study on the consistency of discretization equation in unsteady heat transfer calculations. Advances in Mechanical Engineering, 2013: 8.

Zhao Y, Yu B, Tao W. 2013. An improved paving method of automatic quadrilateral mesh generation. Numerical Heat Transfer, Part B: Fundamentals, 64(3): 218-238.

附　录

为方便初学者有针对性地开展编程训练，本书第3～16章共给出了42道编程训练题，题量较大。为了帮助初学者克服畏难心理并吸收他人的经验体会，笔者给出了指导的部分学生的数值传热学学习经历和心得体会，详见附录1。此外，为了帮助初学者快速掌握编程和调程方法并养成良好的编程风格，从而更好地完成本书所给的编程训练题，同时本书给出了9道代表性编程题的参考程序供读者参考，相关说明见附录2。

附录1　数值传热学学习经历及心得体会

笔者多年来一直从事数值传热学的教学和科研工作，下面是笔者指导的部分学生的数值传热学学习经历及心得体会，希望对读者有所帮助。

学生 1：大四毕业后的暑假，在没有任何编程和数值计算基础的情况下，自学了一部分数值传热学理论，并尝试采用一周时间编写了投影法程序，但是计算结果出现错误。研一开学后，通过《数值传热学》课堂学习发现程序中边界处理有误，用了1天时间进行修改，最终得到正确计算结果。后来，研一上学期着手修改课题组一个无法给出正确结果的基于贴体坐标的导热计算程序，逐行琢磨了两个星期后，果断放弃了对该程序的修改，而是重新编写该程序，用时10天左右完成程序编写和调试。由此可见，与其修改别人的程序，不如自己重新编写一遍。后期，在读博士期间，编写了POD数值计算的科研程序、热油管道数值模拟相关的横向项目程序及其他一些程序，总计几万行。总的来说，个人感觉，从一窍不通到略有所悟，关键在于坚持。

学生 2：数值传热学的编程既难又不难，在编程调程过程中首先要沉住气，然后才能享受程序突然调通时的喜悦。以下分享我在编程过程中的两点深刻体会，希望对初学者有所帮助。

(1)大四下学期和暑假期间，按照课题组的要求，自学部分数值传热学和FORTRAN语言，研究生入学前在家编写了TDMA求解器。编写这个求解器的时候，最初我感觉算法上无从下手，编程语言上一脸茫然。数值传热学教材上的TDMA求解方法讲解时注重内部节点递推过程的推导，对边界的处理过程讲解较弱，导致初学者感觉即使掌握了算法思想，在实现上也较为困难。同时我大学期间学的是VB语言，跟FORTRAN语言风格差异较大，前者属于面向对象语言，后者属于面向过程语言。在这种不知所措的情况下，我强行动手，在算法上，经过仔细琢磨，我手动计算五个方程来理解TDMA求解过程。编程语言上，我没有先把FORTRAN学完，而是一边编程一边查阅教材，主要关注数字格式和控制语句。在对算法理解的基础上，我又逐步输出计算过程，与手算过程进行比较，所以足足花了一个下午才把TDMA编写成功。虽然这个过程比较费时费力，但这个过程让我理解到，编程语言都是类通的，关键是对算法本身的理解，而且编程一定要自己动手，逐步前行，不能空想。

(2) 研究生入学后，有了前面的经验，我又完成了基于局部解析解的圆柱坐标扩散方程有限容积法的大程序。这个程序我先按照自己编写的风格完成计算过程，确保计算结果正确。随后，我拿自己的程序和课题组师兄的程序进行对比，发现师兄们的标准模块化编程风格逻辑清晰、容易理解，调试过程明显轻松很多。有了这些认识，我模仿师兄的程序，认真地修改自己的程序，做到标准化模块化。

有了以上两次经验和锻炼，此后我的编程效率明显提高了很多。研一的科研训练期间，投影法和 SIMPLE 算法的编写都是两天完成，并提出采用坐标变换的方式简化圆柱坐标问题的计算过程并提高计算精度，还用 MATLAB 解决了办公室的 POD 基函数计算极其耗时且无法计算超大样本的问题。研二后我自主编写了大型复杂结构的天然气管网水力热力计算程序，这个程序采用模块化编程风格，共编写三年多，但程序各模块之间逻辑依旧清晰易懂，大大地节省了我调程的时间，提高了科研效率。

学生 3：硕士研究生正式入学前参加了课题组为新生组织的《数值传热学》暑期培训班，这是我第一次较为系统地接触数值传热学及相关编程。暑期培训期间，我学习了一维 CS 格式和 FAS 格式多重网格程序，并在此基础上根据自己的理解编写了二维 CS 格式和二维 FAS 格式多重网格程序。由于直角坐标系问题比较简单，编程和调程的过程较为顺利。暑期培训结束后，我的编程训练题为编写基于贴体坐标系 SIMPLE 算法的多重网格程序。考虑到程序较复杂，本着从易到难、从简到繁的顺序，我采用任务分解法，首先熟悉贴体坐标系，编写了贴体坐标系下二维对流换热方程的计算程序，然后再熟悉 SIMPLE 算法，编写了直角坐标系 SIMPLE 算法程序，在此基础上将 SIMPLE 算法与贴体坐标系相结合，编写了基于贴体坐标的 SIMPLE 算法，最后将贴体坐标系 SIMPLE 算法与多重网格方法相结合，完成了编程，程序总长度 3000 多行。整个编程大约花了 40 天时间，但后期调试程序又花了接近 30 天时间。通过这次较为系统地编程训练，我认识到：①编程和调程都非常辛苦，调程不仅非常耗时，而且对人的心理也是一个很大的考验，所以一定要坚持，相信柳暗花明又一村；②调程和编程一样重要，要重视调程技巧。为减小调程工作量，在编程时就应尽量减少错误，例如，编程时可以写一行调试一行，确保所写的每一行代码都没问题；③编程和调程时要注意对程序做一定的注释，这样既可以帮助自己查漏补缺，在日后重新看程序时也可以迅速帮助自己回忆起以前的内容；④如果程序较为复杂，应进行任务分解，并且遵循从易到难、从简到繁的原则。经过前期的编程训练之后，我在后来的研究生科研生活中编程工作就顺利了。后期编写一维代数多重网格方法时只用了两周时间就完成了编程和调程的全部工作，程序总长度 800 多行；编写表面活性剂湍流减阻大涡模拟程序时大约花了两个月时间完成了编程和调程工作，程序总长度 5000 多行。总体来说，编程时要细心、要坚持、要热爱。

学生 4：从硕士研究生二年级起，我开始了数值传热学理论的学习和程序的编写。我编写的第一个程序是基于投影法的黏性流体方腔顶盖驱动流计算程序。从此以后，我还编(改)写了基于多重网格方法的直角坐标、圆柱坐标和极坐标驱动流和自然对流程序。此外，基于自主开发的湍流数值计算程序模块、固液相变程序模块以及浸入边界程序模块，我还编写了浮顶油罐温降胶凝和温升融化数值计算程序。通过以上程序的编写，我个人感觉程序编写过程绝非一帆风顺，但也并非完全不可把握。在程序开发初期，由于对物理问题认识不深入，对数学模型离散方法掌握不到位以及对程序语言的不熟悉等，导致为查找程序的错误时，往往需要消耗大量的时间和精力。然而，随着编程经验的逐步丰富以及对物理问题理解的逐渐深入，程序调试需要的时间逐渐减少。我个人认为程序调试应重点关注以下 3 方面。

①保证物理数学模型准确。根据实际物理问题，考虑主要因素，建立合理的物理模型，并仔细检查物理模型的准确性。建立与该物理模型相对应的数学模型，通过查阅相关教材和文献等方法，仔细核实数学公式的准确性。

②保证程序模块完整，逻辑关系正确。对已经建立的数学模型进行离散，针对离散结果，按照网格划分、初值赋予、变量初始化、核心计算模块和变量输出的模式编写计算程序，并完善各个模块。仔细检查各模块之间逻辑关系的正确性。

③保证程序各模块准确。调试程序各模块。调试网格划分模块，查看网格尺寸是否为负，判断网格尺寸是否均匀过渡等；调试程序赋值模块，判断主要参数是否已经赋值，且所赋数值在合理范围内；调试主要计算模块(如动量方程计算模块，压强修正方程计算模块、能量方程计算模块等)，判断其逻辑关系是否正确，各重循环的起点和终点是否正确等；调试输出模块，判断变量输出顺序及所需变量是否完全输出。此外，对于非稳态问题，宜间隔一定时间步保存计算结果。

编写数值计算程序的重点在于对实际物理问题的理解，数学模型的建立与离散以及计算机语言的实现，而且每个环节对于数值程序的正确编写都至关重要，每个步骤都需要仔细推敲，且需要具备仔细、认真的工作态度。

学生 5：我刚开始接触数值传热编程大概是十年前的硕士研究生阶段。先后编写了贴体坐标稳态导热程序，基于贴体坐标热油管道 POD 温度场快速求解程序。这两个程序基本上是从无到有，难度比较大，加之当时编程经验也不足，花了一年左右才基本完成，这个阶段各种经验教训都经历过，编程能力也在潜移默化中大大提高。进入博士阶段后，结合导师的项目，我开始了多相流沸腾传热传质先进数值算法研究。耗时一周将高精度自由界面捕捉 VOSET 方法拓展到了非结构化网格；先后编写了基于非结构 VOSET 相变程序，开发了动态自适应界面捕捉算法；编写了三维贴体网格程序，开发了基于贴体网格的界面捕捉算法；在课题组前期工作的基础上，编写了三维核态沸腾单气泡传热传质程序。一路走来，我觉得要做个数值传热编程小达人，首先需做到思路清晰，写程序是个表达思想的过程，正确的公式推导和捋清思路可以事半功倍；其次要做到细心和善于总结，在编程过程中，注重小细节和小技巧可以省心省力；再次要多学习并吃透通用性教学程序和已有的程序，做到登高望远；最后若能多点坚持和热爱，用心编写程序，往往会收获更多。

学生 6：结缘数值传热学是在大二的下学期，老师分配给我的第一个题目，是把三角形网格转化为四边形网格。当时已经修完 C 语言的入门课程，但写过的程序仅限应付考试。面对这样的挑战，有种不知所措、难以下手的感觉。幸运的是，在老师和师兄的鼓励下，我跌跌撞撞地完成了这个任务。现在看来，当时的代码十分臃肿与混乱，但它却可能是我编程生涯中最重要的一段程序。它使我认识到：对待错误不要有畏惧心理，不要试图写出一次运行通过的程序；当面对庞大繁复的任务感到茫然时，从最简单的部分开始写起，抽丝剥茧，后面会越写越顺。正式进入课题组后，作为科研技能培训的一部分，需要基于 SIMPLE 算法模拟自然对流问题，复杂程度陡然上升。为了不被打断思路，我熬了一个通宵试图把代码写完，结果却是像走进了迷宫，岔路和错误越来越多，与正确的道路仿佛渐行渐远。这样下去，写出的程序即便能给出正确的结果，也必定是一个由于逻辑混乱而缺乏可读性的怪物。于是，我清空界面上的代码，重读了一遍算法思路和逻辑框图，确认脑海中已经形成了一个清晰的路径之后，再提枪上马，重新从第一行开始写起。这一次，我知道了如何去躲开逻辑地图上的地雷，从而顺利地调通了程序。经过编写 SIMPLE 程序的洗礼，我意识到：代码是逻辑的体现，理顺逻辑再写代码，是提高编程效率的不二法门。在此后的科研中，通过编程，我一次次将自己在多相流方面的小思路、小算法得以实现。每当遇到难以调通的错误，我总是提醒自己：抱怨是没有用的，编译器绝对正确，永远要从自身逻辑寻找错误，只要投入持续的耐心和足够的努力，就一定可以解决问题。这句话屡试不爽，而通过不断排除错误而逐渐接近目标，其间所收获的欣喜和成就感，恐怕也是编程最大的魅力所在吧。

学生 7：大二下学期参加《数值传热学》学习小组，在师兄的指导下初步接触数值传热学中的基本理论和方法。当时有很严重的畏难情绪，感觉百无头绪，不敢着手开始编程，对课程的学习也只是懵懵懂懂，不知其所以然。由于没有真正地进行实践，即使经过大三大四两年的进一步培训也只是纸上谈兵，流于表面。大四暑假，在和宇老师深入恳谈后，迈出了编程的第一步，投影法程序用了一个星期的时间调试出正确结果。进度在同一批中实属末游，但我却找到了编程的乐趣。随后，编写与调试 SIMPLE 程序用了两天时间，追赶上了课题组平均水平。在有了兴趣，经验和方法的基础上，我随后完成了对宏观和介观多尺度上多种算法的自学和编程实现，对复杂的流动传热问题了解愈发深入，也正在更加有自信地追赶学习与大数据和人工智能技术相结合的前沿技术方法。我相信，源于兴趣，勇于尝试，忠于坚持，是以编程实践的方式理解、体会和感悟数值传热学这门“广、深、大”学科的可行的思想路线。

学生 8：大四下学期研究生考研复试结束后，我自学了一部分数值传热学理论，但没有进行编程训练，对很多知识的理解还停留在表面、不够深入。随后，我参加了宇老师为课题组新生组织的数值传热学暑期培训，通过老师和师兄们的讲解对基本理论有了更加深入的理解。理论培训结束后，我又进行了编程训练。由于本科期间使用的主要编程语言为 MATLAB 和 VB，在编程之前我花费了两天时间认真学习了 FORTRAN 语言的基本语法。然后，我开始着手编写投影法和 SIMPLE 算法的程序，其中投影法花了 1 天时间，SIMPLE 算法花了一周多时间。通过这两个编程训练，我才真正感觉自己入门了。在后续的科研工作中，由于研究问题较为复杂，考虑到时间成本，我并未自主开发程序进行研究，而是选择了商业软件 ANSYS Fluent 以及开源软件 OpenFOAM。得益于前期的数值传热学理论学习和编程训练，我较快地理解并掌握了 ANSYS Fluent 和 OpenFOAM

的使用，遇到问题也能更好地进行分析并有效地解决。总结来说，在流动与传热数值计算中，研究手段的选择以及编程语言的选择都是次要的，最根本的还是对物理问题本身的理解和对数值传热学基本理论的掌握程度。

学生 9：大四下学期自学了数值传热学 PPT 并完成了课题组安排的 12 道习题。通过这一个学期的自学，自己大致了解了数值传热学的一些基本知识，但在自学过程中仍对部分内容存在着一定的困惑。随后在《数值传热学》暑假培训期间，通过师兄们对该课程的讲解，解开了我在自学过程中存在的种种疑惑。最后结合 PPT 课件和自身的理解，自己编写了多重网格方法、交错网格下的投影法、交错网格下的 SIMPLE 算法和同位网格下的 SIMPLE 算法这四个程序，每个程序的编制和调试大约花费了 2～3 天的时间，最终均顺利完成。从自身的角度出发，我认为带着问题和疑惑学习《数值传热学》这门课程往往会起到事半功倍的效果，此外，编程前梳理程序的逻辑顺序与注意事项可对程序的高效率编制起到重要作用。

学生 10：在本科毕业的暑假，我在师兄的指导下花了一周的时间学习了数值传热学的基础理论，而后为了巩固所学知识，开始着手复现一些经典算例。这期间，我首先从一维导热问题入手，系统地利用数值传热学的知识和方法，仅花了不到 1 小时便完成了程序的编写和调试，得到了正确的结果，尽管这一定程度也得益于我本科期间接近两年 ACM 编程比赛的经历，不过最重要的是，这使我有了足够的信心，觉得数值模拟也没有想象中的那么复杂和困难。接下来，针对更复杂的二维顶盖驱动流问题，我首先尝试了比较简单的投影法，尽管程序的编写仅花了不到半天的时间，但由于对边界处理的疏忽，程序调试了近两天才修正了源程序的 BUG，不过这也给我积累了不少调试相关程序的经验，因此接下来编写 SIMPLE 算法的时候过程就轻松了许多，仅用了 1 天时间就完成了基于有限差分法的 SIMPLE 程序编写和调试，最后我还尝试了有限容积的 SIMPLE 算法，同样也只用了 2 天时间就成功得到了正确结果。在整个数值传热学的编程过程中，我不仅对所学知识有了更深入的理解，同时对如何利用数值模拟解决实际问题也有了初步的认识，这为我后来进行天然气管网仿真方面的研究打下了重要基础。

学生 11：从大二到大四连续三年暑假参加宇波老师组织的数值传热学暑期培训。第一次参加时，懵懵懂懂，单纯地听课学习，没有进行任何的编程实践。结果在接下来的一个学年里，由于没有进行任何相关的数值模拟研究，暑假学到的理论知识便变得七零八碎。第二次参加再次走了第一次的老路，直到大四暑假才真正将学到的理论知识运用到实践中。针对二维顶盖驱动问题，编写了交错网格下的投影法，以及同位网格和交错网格下的 SIMPLE 算法。每一个程序的编写和调试时间都在四天以内，在其间遇到了许多问题，但每一个问题的解决都进一步加深了我对投影法和 SIMPLE 算法的理解。其中遇到的数据类型错误和输出结果文件格式错误尤为低级，究其原因，主要是自己操之过急，没有充分熟悉编程语言与后处理工具的特点。通过总结自身三次学习数值传热学的经历，我认为学习数值传热学的重点在于掌握知识之后的编程实践，通过编程实践，才能不断加深自己对算法本身的理解，同时也是对自身学习成果的检验。除此之外，在正式开始编程实践之前，建议充分了解使用的工具，避免出现和算法本身无关的低级错误，切记步步为营，稳步推进。

学生 12： 2016 年大四毕业后的暑假提前来到课题组参加数值传热学培训。培训分理论课与编程实践两部分，共三周时间。前期的理论课学习中感觉很多知识深奥晦涩，似懂非懂。后期的编程实践中，首先编写了便于入门的投影法，因为担心自己基础薄弱，跟不上安排的进度，故在学习完投影法理论课之后便立马开始公式的推导等，遇到不懂的问题及时与同学沟通交流，最后在四天时间内完成了该算法的编写并调试成功，得到了正确结果；随后开始编写有一定难度的 SIMPLE 算法，这其中困难重重，在前两次检查错误无果之后断然决定再次重新编写程序，终于在第三次重新编写并逐行多次检查程序之后得以运行成功，得到了正确的结果，这个过程共花了四天半的时间。总结起来，前期的理论知识在编程实践中得到了体现，同时加深了我对数值传热学的理解。虽然在此之前没有接触过编程，也没有学过类似课程，但通过暑期培训后能完成两个大程序的编写并得到正确结果，给我的启发是只要肯付出努力，多学习，常交流，勤实践，最终会取得理想的结果。

附录 2　关于部分典型编程实践题程序代码的说明

本书提供了二维对流扩散问题的求解、离散方程的相容性分析、三维稳态方腔自然对流问题的求解、不同迭代法对比、贴体网格下的导热问题求解、贴体网格下的顶盖驱动流求解、湍流直接数值模拟、二维气液两相流及三维气液两相流这九个问题的程序代码。这些程序代码均采用模块化编程的思想编写，并对主要变量的含义和所有功能模块进行了注释，读者可通过发送电子邮件至 cupljf@163.com 索取。为方便读者能够快速了解和熟悉本书给出的典型编程实践程序代码，附表 1 对各程序代码所对应的编程题号、采用的离散格式和求解器以及程序可实现的功能等进行了汇总说明。

附表 1　本书程序代码简要说明

程序名称	对应题目	采用的离散格式及求解器	其他说明	程序功能
2DSCD	3.3 节习题 4 二维对流扩散问题的求解	1.对流项采用 SUP、CD、QUICK、MINMOD、SMART、HOAB 格式离散，并采用延迟修正技术实施 2.扩散项采用中心差分格式离散 3.求解器采用 ADI-TDMA 方法	1.读者可在程序运行窗口上直接选择对流项离散格式 2.输出结果：①二维物理量场；②水平中心线处物理量的分布；③CPU 计算耗时	通过求解二维阶梯形区域稳态对流扩散问题，考察不同对流离散格式的计算效率
1DUD	4.3 节习题 1 离散方程的相容性分析	1.非稳态项采用隐式格式离散 2.扩散项采用中心差分格式离散 3.求解器采用 Gauss-Seidel 迭代法	1.读者可在程序运行窗口上直接选择边界点的求解方式 2.输出结果为计算收敛时温度沿一维坐标的分布	通过求解一维无源项非稳态导热问题，考察当边界点分别采用显式求解和隐式求解时离散方程相容性
3DIDEAL	5.3 节习题 3 三维稳态方腔自然对流问题的求解	1. 对流项采用 SGSD 格式离散，并采用延迟修正技术实施 2.扩散项采用中心差分格式离散 3.求解器采用 ADI-TDMA 方法	1.采用三维同位网格 2.采用 IDEAL 算法实现速度和压强的耦合求解 3.采用基于规则余量的收敛标准	通过求解三维稳态方腔自然对流问题，掌握同位网格中 IDEAL 算法实施过程

续表

程序名称	对应题目	采用的离散格式及求解器	其他说明	程序功能
1DMG	6.3 节习题 1 不同迭代法对比	1.扩散项采用中心差分格式离散 2.求解器分别采用 Jacobi 迭代、Gauss-Seidel 迭代、共轭梯度法和 CS 格式的多重网格方法 3.边界条件采用附加源项法处理	1.读者可在程序运行窗口上选择不同的求解器 2.输出结果：①温度沿一维坐标的分布；②CPU 计算耗时	通过求解一维有源项稳态导热问题,考察求解器分别采用 Jacobi 迭代法、Gauss-Seidel 迭代法、CG 法和 CS 格式多重网格法时的计算效率
2DBFC	7.3 节习题 2 贴体网格下的导热问题求解	1.扩散项采用中心差分格式离散 2.求解器采用多重网格方法，其中光顺器采用 TDMA 方法	1.网格信息需从外部文件中读入 2.第二、三类边界条件采用补充边界节点代数方程的处理方法 3.输出结果：①二维温度场分布；②CPU 计算耗时	采用贴体坐标法,求解某二维偏心圆区域的导热问题
2DBFCSIMPLE	7.3 节习题 3 贴体网格下的顶盖驱动流求解	1.对流项和扩散项均采用中心差分格式离散 2.采用延迟修正技术处理对流项 3.求解器采用 SIP 方法	1.网格信息可从外部文件中读入，也可通过本程序生成 2.输出结果：①计算区域中线上的速度；②二维速度场、压强场和流函数；③CPU 计算耗时	采用贴体坐标法,求解某二维 60°角斜方腔顶盖流问题
3DDNS	8.3 节习题 3 湍流直接数值模拟	1.非稳态项采用 Adams-Bashforth 格式离散 2.对流项和扩散项均采用中心差分格式离散，压强项采用隐式格式离散 3.求解器采用多重网格方法 4.压强速度耦合采用投影法处理	1.初场信息从外部文件中读入 2.文件编号从外部文件中读入 3.输出结果：①不同计算时刻三维速度场和压强场；②CPU 计算耗时	求解牛顿流体充分发展的三维槽道湍流流动问题
2DVOSET	12.5 节习题 1 二维情况下单个气泡在静止液体中的上升运动问题	1.计算时间为 0.5s 2.采用二维交错网格离散计算区域 3.非稳态项采用一阶隐式格式 4.对流项采用有界高阶组合格式 MUSCL 5.采用压强-速度耦合算法 IDEAL	1.每隔 0.01s 保存一次速度场、压强场、体积分数场和符号距离函数场，并以动画形式显示气泡上升过程中速度场、压强场和相界面的变化过程 2.画出气泡上升速度随时间的变化曲线	通过求解该问题,掌握二维 VOSET 方法的实施过程
3DVOSET	12.5节习题2三维情况下同轴两个气泡在静止液体中的上升和合并问题	1.计算时间为 0.1s 2.采用三维交错网格离散计算区域 3.非稳态项采用一阶隐式格式 4.对流项采用有界高阶组合格式 MUSCL 5.采用压强-速度耦合算法 IDEAL	每隔 0.002s 保存一次速度场、压强场、体积分数场和符号距离函数场，并以动画形式显示气泡上升过程中速度场、压强场和相界面的变化过程	通过求解该问题,掌握三维 VOSET 方法的实施过程

附录 3　数值传热学变量及符号表

符号	名称	单位
英文字母符号		
$\boldsymbol{A}$	离散方程组系数矩阵	
	面积矢量	m^2
A_E, A_A	进出口面积	
a, b, c	系数或函数	
a_j	离散方程中邻点 j 的系数	
a_k	差分表达式中 ϕ_k 前面的系数	
a_P	节点 P 的系数	
$a_{P,\mathrm{ad}}$	附加源项法中系数 a_P 的附加项	
$\boldsymbol{b}$	离散方程组源项向量	
b	离散方程的源项	
$\boldsymbol{b}_{dc}$	延迟修正产生的源项	
$\boldsymbol{C}$	权矩阵	
C	振幅	
C	作为上标表示对流项	
CD	中心差分格式	
Co	Courant 数	
C_μ	模型系数	
c_o	原油比热容	J/(kg · K)
c_p	定压比热容	
c_s	土壤比热容	
c_V	比定容热容	
c_1, c_2	经验常数	
D	界面扩导	
	全导数	
	作为上标表示扩散项	
d	直径	m
d_in	管道内径	
d_out	管道外径	
$\boldsymbol{d}$	距离矢量	

续表

符号	名称	单位
$d\boldsymbol{S}$	微元体面积矢量	m^2
dV	微元体体积	m^3
dx, dy, dz	微元体边长	m
dz	微元管段	
e, w, n, s, u, d	界面编号	
e	比内能	J/kg
ei	东界面相邻两节点连线与东界面的交点	
$\boldsymbol{F}$	作用力	m/s^2
$\boldsymbol{F}_s$	表面张力	N/m^3
F	流过网格界面目标流体体积	m^3
	界面质量流量	kg/s
	质量流量	
Fo	网格傅里叶数	
f	摩擦因子	
$\boldsymbol{f}$	单位质量力	m/s^2
GCI	网格收敛指数	
Gr	格拉晓夫数	
G_k	湍动能生成项	W/m^3 或 $kg/(m \cdot s^3)$
g	重力加速度	m/s^2
H	Heaviside 函数	
h	比焓	J/kg
	空间步长	m
	网格疏密变化的分界位置	
h_f	对流换热系数	$W/(m^2 \cdot K)$ 或 $W/(m^2 \cdot ℃)$
h_{fg}	汽化潜热	J/kg
$\boldsymbol{I}$	坐标基矢量	
I	虚数	
$\boldsymbol{i}, \boldsymbol{j}, \boldsymbol{k}$	x，y，z 方向单位矢量	
i, j, k	节点编号	
$\boldsymbol{I}_k^{k+1}$	限定算子	
$\boldsymbol{I}_{k+1}^k$	延拓算子	
J	界面通量	

续表

符号	名称	单位
J	控制容积的胀缩程度	
	雅可比(Jacobi)因子	
j	网格或节点序号	
K	渗透率	m^2
	比动能	J/kg
K_d	模糊区渗透率	m^2
K_0	基于两相区结构的常数	
k	湍动能	m^2/s^2
L	相变潜热	J/kg
l	长度	m
	节点之间的距离或节点和界面的距离	
N	界面数	
	网格线的数目	
Nu	努塞特数	
ni	北界面相邻两节点连线与北界面的交点	
下标 nb	待求节点的邻点	
M	壁面法向网格总数	
N	迭代次数	
$\boldsymbol{n}$	界面外法向单位矢量	
n	时层	
$\boldsymbol{P}$	产生项	$kg/(m\cdot s^3)$
p	压强(黑体时为张量)	Pa
	格式精度	
	x 方向上的波数	
	格式精度	
p^*	初始压强	Pa
P'	压强修正值	
P, W, E, N, S, U, D	节点编号	
Pe	贝克莱数	
Pe_Δ	网格贝克莱数	
Pr	普朗特数	
Q	y 方向上的波数	

续表

符号	名称	单位
Q_0	网格非正交引入的附加源项	
q	热流密度(黑体时为张量)	W/m^2
	公比	
	增长因子	
$\boldsymbol{R}$	雷诺应力张量	$kg/(m \cdot s^2)$
R	截断误差	
R_1, R_2	内径，外径	m
r_1, r_2		
Re	雷诺数	
Res	余量	
Rẽs	规正余量	
R_0	贴体坐标变换源项	
$\boldsymbol{S}$	变形速率张量	
	面积矢量	m^2
	气体与颗粒相互作用引起的动量源项	$kg/(m^2 \cdot s^2)$
S	源项	
S^*	无量纲源项	
S_C	源项线性化后的常数项	
$S_{C,ad}$	附加源项法中系数 b 的附加项	
S_P	源项线性化斜率	
S_T	能量源项	W/m^3
S_u	动量源项	
S_ϕ	广义源项	
SUD	二阶迎风格式	
si	南界面相邻两节点连线与南界面的交点	
T	温度	K
T^*	特征温度	
T_c	边界温度	
T_f	流体温度	
T_{in}	入口温度	
T_{lo}	液相原油温度	
T_{ref}	参考温度	

续表

符号	名称	单位
T_{sat}	相界面温度	K
T_w	壁面温度	
	固液相界面温度	
t	时间	s
$\boldsymbol{U}$	逆变速度矢量	m/s
$\boldsymbol{u}$	速度矢量	
$\boldsymbol{u}'$	速度矢量修正值	
	脉动速度矢量	
$\overline{\boldsymbol{u}}$	时均速度矢量	
$\overline{\boldsymbol{u}'}$	时均脉动速度矢量	
$\boldsymbol{u}^*$	中间速度矢量	
$\langle \boldsymbol{u} \rangle$		
u_{in}	入口速度	
$\boldsymbol{u}_p$	颗粒速度	
u_{lid}	顶盖拖动速度	
u_{out}	出口速度	
u_r, u_θ, u_z	圆柱坐标系速度分量	
u_r, u_θ, u_φ	球坐标系速度分量	
u_x, u_y, u_z	直角坐标系速度分量	
V	控制体体积	m^3
v	比体积	m^3/kg
wi	西界面相邻两节点连线与西界面的交点	
X	无量纲长度	
x_B	边界点的 x 坐标	
x_{Bn}	边界邻点的 x 坐标	
x_{Bf}	边界远邻点的 x 坐标	
x, y, z	直角坐标系坐标轴分量	
r, θ, z	圆柱坐标系坐标轴分量	
r, θ, φ	球坐标系坐标轴分量	
$\tilde{x}$	规正空间坐标	
希腊字母符号		
α	网格疏密参数	

续表

符号	名称	单位
α	η 方向度规系数	
	松弛因子	
	$\eta\zeta$ 方向的度规系数	
	体积分数	
α_k	高阶紧致格式变量的系数	
α_{o}	原油区固液相界面对流换热系数	
β	体积膨胀系数	1/K
	网格正交性参数	
	$\xi\zeta$ 方向的度规系数	
	插值因子	
β_k	高阶紧致格式变量前面的系数	
Γ	扩散系数	
Γ_ϕ	广义扩散系数	
γ	ξ 方向度规系数	
	$\xi\eta$ 方向的度规系数	
	插值因子	
Δ	网格尺寸	m
ΔV	控制容积体积	m^3
Δx	x 方向网格步长	m
Δy	y 方向网格步长	
Δz	z 方向网格步长	
$\delta_x, \delta_y, \delta_z$	节点间距	
	Dirac 分布函数	
ε	耗散项	$kg/(m\cdot s^3)$
	湍流耗散率	m^2/s^3
	数值解的误差	
	误差扰动	
	网格尺寸	
	相对误差	
η	总误差	
	耗散尺度	
η_{c}	计算误差	
η_{d}	离散误差	
η_{m}	模型误差	

续表

符号	名称	单位
η_s	求解误差	
Θ	无量纲温度	
θ	x 方向上的相位	
κ	界面曲率	1/m
λ	导热系数	W/(m·K)或 W/(m·℃)
λ_o	原油导热系数	
λ_s	土壤导热系数	
λ_t	湍流导热系数	
μ	动力黏度	Pa·s
μ_t	湍流黏度	
π	圆周率	
ρ	密度	kg/m^3
ρ_s	土壤密度	
ρ_o	原油密度	
ρ_p	颗粒密度	
ρ_ϕ	广义密度	
σ	表面张力系数	
σ_k	湍动能普朗特数	
$\boldsymbol{\tau}$	应力张量	Pa
τ	无量纲时间	
τ_r	颗粒松弛时间	s
ψ	流函数	m^2/s
$\boldsymbol{\Phi}$	压强应变项	$kg/(m\cdot s^3)$
	无量纲待求变量	
Φ	无量纲化后的通用变量	
ϕ	通用变量	
	y 方向上的相位	
	符号距离函数	
ϕ_P	节点 P 的待求变量	
$\tilde{\phi}$	规正变量	
ϕ_c	数值解	

续表

符号	名称	单位
ϕ_d	离散方程精确解	
ϕ_e	实验测试解	
ϕ_g	网格无关解	
ϕ_m	数学模型精确解	
ϕ_r	真实解	
ω	涡量	1/s

附录4　矢量微分符及其运算

1. 矢量微分运算符(哈密顿算子)∇

$$\nabla=\frac{\partial}{\partial x}\boldsymbol{i}+\frac{\partial}{\partial y}\boldsymbol{j}+\frac{\partial}{\partial z}\boldsymbol{k}$$

显然，∇ 既是矢量，又是微分算符，但它仅对写在其后的量有微分作用。

2. 梯度 ∇p

$$\nabla p=\left(\frac{\partial}{\partial x}\boldsymbol{i}+\frac{\partial}{\partial y}\boldsymbol{j}+\frac{\partial}{\partial z}\boldsymbol{k}\right)p=\frac{\partial p}{\partial x}\boldsymbol{i}+\frac{\partial p}{\partial y}\boldsymbol{j}+\frac{\partial p}{\partial z}\boldsymbol{k}$$

可见，梯度 ∇p 为矢量。

3. 散度 $\nabla\cdot\boldsymbol{u}$

$$\nabla\cdot\boldsymbol{u}=\frac{\partial}{\partial x}u_x+\frac{\partial}{\partial y}u_y+\frac{\partial}{\partial z}u_z=\frac{\partial u_x}{\partial x}+\frac{\partial u_y}{\partial y}+\frac{\partial u_z}{\partial z}$$

可见，散度 $\nabla\cdot\boldsymbol{u}$ 为标量。

4. 旋度 $\nabla\times\boldsymbol{u}$

$$\nabla\times\boldsymbol{u}=\begin{vmatrix}\boldsymbol{i} & \boldsymbol{j} & \boldsymbol{k}\\ \dfrac{\partial}{\partial x} & \dfrac{\partial}{\partial y} & \dfrac{\partial}{\partial z}\\ u_x & u_y & u_z\end{vmatrix}$$

$$=\left(\frac{\partial u_z}{\partial y}-\frac{\partial u_y}{\partial z}\right)\boldsymbol{i}+\left(\frac{\partial u_x}{\partial z}-\frac{\partial u_z}{\partial x}\right)\boldsymbol{j}+\left(\frac{\partial u_y}{\partial x}-\frac{\partial u_x}{\partial y}\right)\boldsymbol{k}$$

显然，旋度$\nabla\times\boldsymbol{u}$为矢量。

5. 矢量计算常用公式

(1) $\nabla(c\phi)=c\nabla\phi$.

(2) $\nabla(\phi_1\pm\phi_2)=\nabla\phi_1\pm\nabla\phi_2$.

(3) $\nabla(\phi_1\phi_2)=\phi_1\nabla\phi_2+\phi_2\nabla\phi_1$.

(4) $\nabla(\phi_1/\phi_2)=\dfrac{1}{\phi_2^2}(\phi_2\nabla\phi_1-\phi_1\nabla\phi_2)$.

(5) $\nabla[f(\phi)]=f'(\phi)\nabla\phi$.

(6) $\nabla\cdot(\boldsymbol{a}\pm\boldsymbol{b})=\nabla\cdot\boldsymbol{a}\pm\nabla\cdot\boldsymbol{b}$.

(7) $\nabla\cdot(c\boldsymbol{a})=c\nabla\cdot\boldsymbol{a}$.

(8) $\nabla\cdot(\phi\boldsymbol{a})=\phi\nabla\cdot\boldsymbol{a}+\boldsymbol{a}\cdot\nabla\phi$.

(9) $\nabla\times(\boldsymbol{a}\pm\boldsymbol{b})=\nabla\times\boldsymbol{a}\pm\nabla\times\boldsymbol{b}$.

(10) $\nabla\times(c\boldsymbol{a})=c\nabla\times\boldsymbol{a}$.

(11) $\nabla\times(\phi\boldsymbol{a})=\phi\nabla\times\boldsymbol{a}+\nabla\phi\times\boldsymbol{a}$.

(12) $\nabla\cdot(\nabla\times\boldsymbol{a})=0$.

(13) $\nabla\times(\nabla\phi)=0$.

(14) $\nabla\cdot(\nabla\phi)=\nabla^2\phi$.

(15) $\nabla\cdot(\boldsymbol{a}\times\boldsymbol{b})=\boldsymbol{b}\cdot(\nabla\times\boldsymbol{a})-\boldsymbol{a}\cdot(\nabla\times\boldsymbol{b})$.

(16) $\nabla\times(\boldsymbol{a}\times\boldsymbol{b})=(\boldsymbol{b}\cdot\nabla)\boldsymbol{a}-(\boldsymbol{a}\cdot\nabla)\boldsymbol{b}+\boldsymbol{a}(\nabla\cdot\boldsymbol{b})-\boldsymbol{b}(\nabla\cdot\boldsymbol{a})$.

(17) $\nabla(\boldsymbol{a}\cdot\boldsymbol{b})=(\boldsymbol{b}\cdot\nabla)\boldsymbol{a}+(\boldsymbol{a}\cdot\nabla)\boldsymbol{b}+\boldsymbol{b}\times(\nabla\times\boldsymbol{a})+\boldsymbol{a}\times(\nabla\times\boldsymbol{b})$.

(18) $(\boldsymbol{a}\cdot\nabla)\boldsymbol{a}=\nabla\left(\dfrac{\boldsymbol{a}^2}{2}\right)-\boldsymbol{a}\times(\nabla\times\boldsymbol{a})$.

(19) $\nabla\times(\nabla\times\boldsymbol{a})=\nabla(\nabla\cdot\boldsymbol{a})-\nabla^2\boldsymbol{a}$.

式中，$\boldsymbol{a}$，$\boldsymbol{b}$为矢量函数；ϕ为标量函数；c为常数。

6. 高斯定理

设空间区域CV由分片光滑的双侧封闭曲面CS围成。若函数$P(x,y,z)$，$Q(x,y,z)$，$R(x,y,z)$及其一阶偏导数在CV上连续，有

$$\int_{CV}\left(\frac{\partial P}{\partial x}+\frac{\partial Q}{\partial y}+\frac{\partial R}{\partial z}\right)\mathrm{d}V=\oint_{CS}P\mathrm{d}y\mathrm{d}z+Q\mathrm{d}z\mathrm{d}x+R\mathrm{d}x\mathrm{d}y$$

或记作

$$\int_{CV}\left(\frac{\partial P}{\partial x}+\frac{\partial Q}{\partial y}+\frac{\partial R}{\partial z}\right)\mathrm{d}V=\oint_{CS}(P\cos\alpha+Q\cos\beta+R\cos\gamma)\mathrm{d}A$$

式中，A的正侧为外侧；$\cos\alpha$，$\cos\beta$，$\cos\gamma$分别为A外法向量的方向余弦。